Alfred Böge

Mechanik und Festigkeitslehre

Lehr- und Lernsystem
Mechanik und Festigkeitslehre

Böge
- Mechanik und Festigkeitslehre (Lehrbuch)

Böge/Schlemmer
- Aufgabensammlung zur Mechanik und Festigkeitslehre

Böge/Schlemmer
- Lösungen zur Aufgabensammlung

Böge
- Formeln und Tabellen zur Mechanik und Festigkeitslehre

Böge
- Höhere Mathematik zur Mechanik und Festigkeitslehre

Böge
- PC-Studienprogramme Mechanik und Festigkeitslehre
  und Einzelprogramme zum Zentralen- und
  Allgemeinen Kräftesystem

Alfred Böge

Mechanik und Festigkeitslehre

Unter Mitarbeit von Wolfgang Böge,
Walter Schlemmer und Wolfgang Weißbach

22., überarbeitete und erweiterte Auflage

mit 636 Abbildungen, 26 Arbeitsplänen,
20 Lehrbeispielen und 16 Tafeln

Friedr. Vieweg & Sohn Braunschweig / Wiesbaden

Die Deutsche Bibliothek – CIP-Einheitsaufnahme

Mechanik und Festigkeitslehre / Alfred Böge.
Unter Mitarb. von Wolfgang Böge, Walter Schlemmer
und Wolfgang Weissbach. – Braunschweig;
Wiesbaden: Vieweg.
(Viewegs Fachbücher der Technik)
Teilw. verf. von Alfred Böge; Walter Schlemmer

NE: Böge, Alfred; Schlemmer, Walter

[Lehrbuch]. – 22., überarb. und erw. Aufl. – 1992
ISBN 3-528-94010-7

Approbiert für den Unterrichtsgebrauch an Höheren technischen und gewerblichen Lehranstalten in der Republik Österreich unter Aktenzeichen Zl. 25.066/8-19/85.

Die Liste der Auflagen seit 1970 zeigt die intensive Weiterentwicklung des Werkes:

12., überarbeitete Auflage 1970
13., überarbeitete Auflage 1971
14., unveränderte Auflage 1972
15., vollständig neu bearbeitete und erweiterte Auflage 1974
16., durchgesehene Auflage 1975
Nachdruck 1977
17., überarbeitete Auflage 1979
2 Nachdrucke
18., überarbeitete Auflage 1981
3 Nachdrucke
19., überarbeitete Auflage 1983
20., überarbeitete Auflage 1984
5 Nachdrucke
21., verbesserte Auflage 1990
Nachdruck 1991
22., überarbeitete und erweiterte Auflage 1992

Der Verlag Vieweg ist ein Unternehmen der Verlagsgruppe Bertelsmann International.

Satz: Vieweg, Braunschweig
Druck und Verarbeitung: C. W. Niemeyer, Hameln
Gedruckt auf säurefreiem Papier
Printed in Germany

ISBN 3-528-94010-7

Vorwort

Dieses Lehrbuch ist aus der Unterrichtsarbeit mit den Studierenden der Technikerschule entstanden. Es soll ihnen helfen, das Ausbildungsziel in den Fächern Mechanik und Festigkeitslehre sicher zu erreichen.

Eingeführt oder empfohlen wird das Buch seit langem auch an Fachoberschulen und Fachgymnasien, ebenso in den Anfangssemestern der entsprechenden Fachhochschulen, Hochschulen und Universitäten.

Das Lehrbuch ist das Basiswerk des Lehr- und Lernsystems Mechanik und Festigkeitslehre. Dazu gehören die Aufgabensammlung, das Lösungsbuch und die Formelsammlung. Das Heft „Höhere Mathematik zur Mechanik und Festigkeitslehre" dient der mathematischen Weiterführung.

Das Buch ist so aufgebaut, daß der Studierende dem Lehrstoff im Unterricht leicht folgen und seine Kenntnisse bei der Hausarbeit schrittweise vertiefen kann.

Auf der linken Buchseite steht der Lehrtext mit Merksätzen und Regeln. Rechts daneben wird der Lehrtext ergänzt und zeichnerisch erläutert. Hinzu kommen die mathematischen Herleitungen und Beispiele. Vielfach entspricht die rechte Spalte dem Tafelbild des Lehrers:

Linke Spalte	*Rechte Spalte*
Lehrtext Merksätze Regeln	Zeichnungen, mathematische Herleitungen mit Berechnungsgleichung, Hinweise und Beispiele

Dieser strukturierte Aufbau erleichtert die einzelnen Arbeitsvorgänge:

Erstes Durcharbeiten des Stoffes	–	linke Spalte und rechte Spalte
Wiederholen	–	Merksätze der linken Spalte und Formelstudium mit Herleitungen in der rechten Spalte
Aufgaben lösen	–	Zeichnungen und Beispiele der rechten Spalte
Nachschlagen	–	Inhaltsverzeichnis, Sachwortverzeichnis sowie Formeln und Hinweise der rechten Spalte.

Die neue 22. Auflage enthält vor allem die folgenden Erweiterungen:

1. Im Abschnitt „Rechnerische Ermittlung der Resultierenden" wird der Begriff Richtungswinkel eingeführt. Die Berechnungen werden dadurch übersichtlicher.
2. In einem zusätzlichen Kapitel wird ein Lösungsverfahren für die direkte Stützkraftberechnung dargestellt (Abschnitt 1.2.5). Damit kann der Schüler selbst ein Rechenprogramm schreiben und übergeordnete Lösungsverfahren für die Praxis entwickeln.
3. Die Reibung auf der schiefen Ebene wird allgemeingültig dargestellt (Zugkraft mit beliebigem Richtungswinkel).

Braunschweig, März 1992 *Alfred Böge*

Zusammenstellung der wichtigsten didaktischen und methodischen Grundsätze in diesem Buch:

- Die gesetzlich vorgeschriebenen Einheiten werden umfassend erläutert.
- In den Übungen wird gezeigt, wie man mit den gesetzlichen und internationalen Einheiten (SI-Einheiten) rechnet.
- Lehrbeispiele zeigen die Form schriftlicher Arbeiten im Beruf.
- Arbeitspläne erleichtern das Lösen von Aufgaben und machen die Verfahren durchschaubar.
- Lehrtext, Merksätze, Bild und mathematische Entwicklung sind augenfällig als Lerneinheit nebeneinander gestellt.
- Lehrbuch, Aufgabensammlung, Formelsammlung und Lösungsbuch sind aufeinander abgestimmt.

Inhaltsverzeichnis

1. Statik in der Ebene

Arbeitspläne

Lehrbeispiele

Tafeln

Das griechische Alphabet

Alpha	A	α	Ny	N	ν
Beta	B	β	Xi	Ξ	ξ
Gamma	Γ	γ	Omikron	O	o
Delta	Δ	δ	Pi	Π	π
Epsilon	E	ϵ	Rho	P	ρ
Zeta	Z	ζ	Sigma	Σ	σ
Eta	H	η	Tau	T	τ
Theta	Θ	ϑ	Ypsilon	Y	υ
Jota	I	ι	Phi	Φ	φ
Kappa	K	κ	Chi	X	χ
Lambda	Λ	λ	Psi	Ψ	ψ
My	M	μ	Omega	Ω	ω

1. Statik in der Ebene

1.1. Grundlagen

1.1.1. Die Aufgaben der Statik

An technischen Bauteilen greifen *Belastungskräfte* an, hervorgerufen durch Lasten, Eigengewicht, Winddruck, Gasdruck, Zahnkräfte, Riemenkräfte, Zerspanungswiderstände, Reibungswiderstände usw.

Mit den Verfahren der Statik werden die *Stützkräfte* ermittelt, die den Körper im *Gleichgewicht* halten. Die Ermittlung der Stützkräfte ist der erste Schritt zur Konstruktion eines Maschinen- oder Bauteils. Sind alle angreifenden Kräfte bekannt, können die Abmessungen der Bauteile nach den Regeln der Festigkeitslehre festgelegt werden:

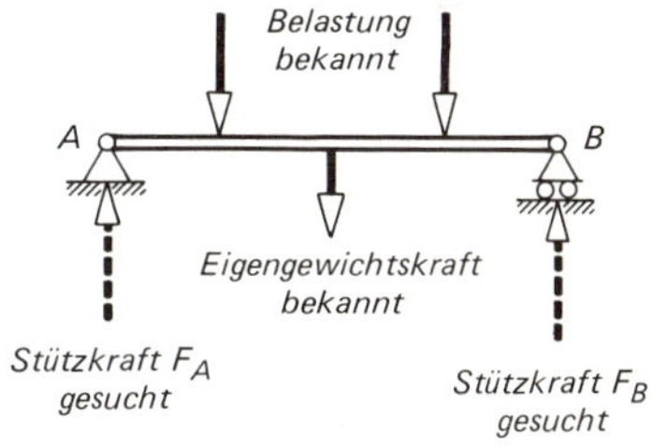

Belastungskräfte und Stützkräfte

> Die Ergebnisse der Statik sind die Grundlage der Festigkeitsrechnung.

Beispiel:
Erst wenn alle an einer Getriebewelle angreifenden Kräfte bekannt sind, können Wellen- und Lagerdurchmesser bestimmt werden.

1.1.2. Physikalische Größen in der Statik

Die wichtigsten Größen der Statik sind

die *Kraft F* (Kurzzeichen *F* von engl. force), die in Newton (N), Dekanewton (daN) oder Kilonewton (kN) gemessen und angegeben wird;

Das Newton (gesprochen: njuten) ist die gesetzliche und internationale Einheit für die Kraft

1 daN = 10 N   1 kN = 10^3 N = 1000 N
1 MN = 10^6 N

das *Moment M* der Kraft *F* (*Kraftmoment*), das in Newtonmeter (Nm) und Newtonmillimeter (Nmm) angegeben wird.

Bewirkt das Kraftmoment eine Drehung des Bauteils, dann nennt man es *Drehmoment M*. In der Festigkeitslehre wird ein *biegendes* Kraftmoment als *Biegemoment* M_b, ein *tordierendes* (verdrehendes) Kraftmoment als *Torsionsmoment T* bezeichnet.

1.1.2.1. Die Kraft F

Die *Wirkung* einer Kraft läßt sich nur dann genau angeben, wenn drei Bestimmungsstücke bekannt sind:

der *Betrag* der Kraft (z. B. $F = 18$ N),
die *Wirklinie* WL,
der *Richtungssinn*.

Die Kraft wird zeichnerisch durch einen Pfeil dargestellt. Die Länge des Pfeiles gibt über einen bestimmten *Kräftemaßstab* den *Betrag* der Kraft an. Die Pfeilspitze bestimmt den *Richtungssinn*. Die *Wirklinie* zeigt, wo und unter welchem Winkel zu einer beliebig festgelegten Bezugsachse die Kraft wirkt.

Statt der Bezeichnung Maßstab wird auch Maßstabsfaktor verwendet.

Ist ein Körper frei beweglich, so *verschiebt* ihn eine Kraft in Richtung ihrer Wirklinie, ohne ihn zu drehen (hydraulischer Pressenstößel, Drucktaste, Flugzeug).

Eine Kraft, die auf einen Körper dieselbe Wirkung ausübt wie zwei (oder mehrere) gleichzeitig wirkende Kräfte F_1 und F_2, nennt man die *Resultierende* F_r dieser Kräfte:

> Die Resultierende F_r ist eine *gedachte Ersatzkraft* für mehrere Einzelkräfte.

Man muß die Resultierende kennen, wenn man eine genaue Angabe über die Wirkung mehrerer Kräfte auf einen Körper machen will, z. B. darüber, in welche Richtung er sich verschiebt.

Größen, die erst durch ihren Betrag *und* ihre Richtung (Richtungssinn und Wirklinie) eindeutig bestimmt sind, heißen *Vektoren* = gerichtete Größen (z. B. Kräfte, Wege, Geschwindigkeiten, Beschleunigungen). Größen, bei denen zur eindeutigen Bestimmung die Angabe ihres Betrages genügt, heißen *Skalare* (nicht gerichtete Größen), z. B. Wärme, Temperatur, Masse, Arbeit, Leistung.

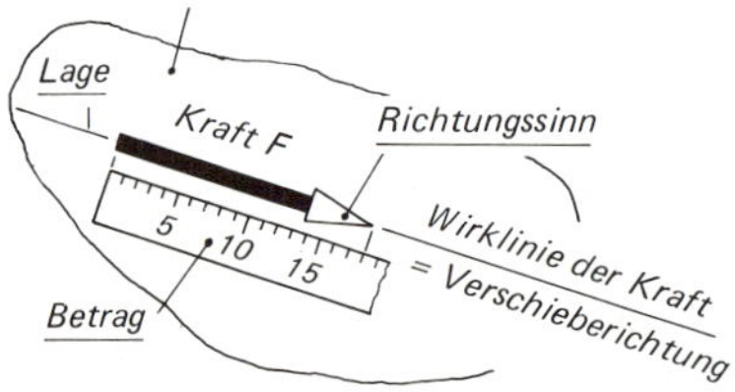

Lageplan
mit eingezeichneter Kraft F = 18 N
Kräftemaßstab $M_K = 1\,\frac{N}{mm}$ *(1 mm ≙ 1 N)*

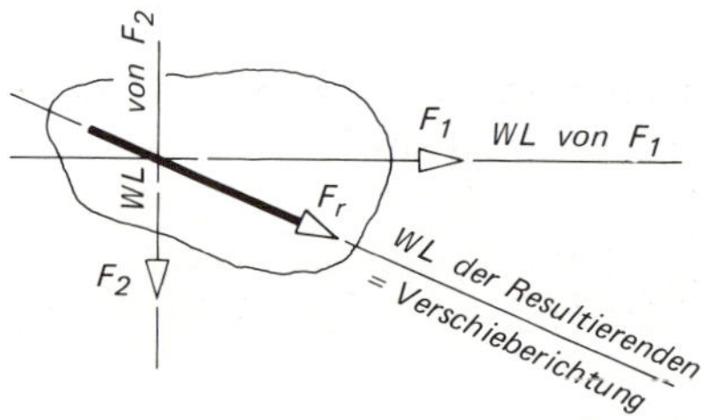

1.1.2.2. Das Drehmoment M

Wirken zwei gleichgroße, gegensinnige Kräfte auf parallelen Wirklinien mit dem *Wirkabstand l* (⊥ zu den Wirklinien gemessen), so erzeugen sie ein *Drehmoment M*. Man nennt die beiden Kräfte ein *Kräftepaar*.

Ist ein Körper frei beweglich, so *dreht* ihn das Drehmoment auf der Stelle, ohne ihn zu verschieben (Welle, Handrad, Tretkurbel, Handkurbel, Drehstabfeder).

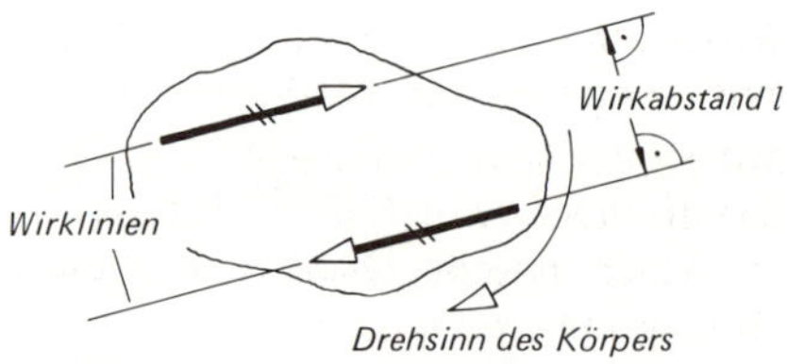

Das Kräftepaar erzeugt ein Drehmoment

Es ist eine Täuschung, wenn wir meinen, daß sich ein Körper unter der Wirkung einer *Einzel*kraft dreht (Hebelkraft F_1 am Schalthebel). Würden wir das Lager wegnehmen, wäre die Drehbewegung nicht möglich, es sei denn, wir stützten mit der freien Hand die Welle an der Lagerstelle ab: Wir erzeugen demnach auch hier ein Kräfte*paar*. Die zweite Kraft eines Kräftepaares ist oft eine Lagerkraft.

Wir kennzeichnen die zusammengehörigen Kräfte eines Kräftepaares durch zwei kurze Schrägstriche.

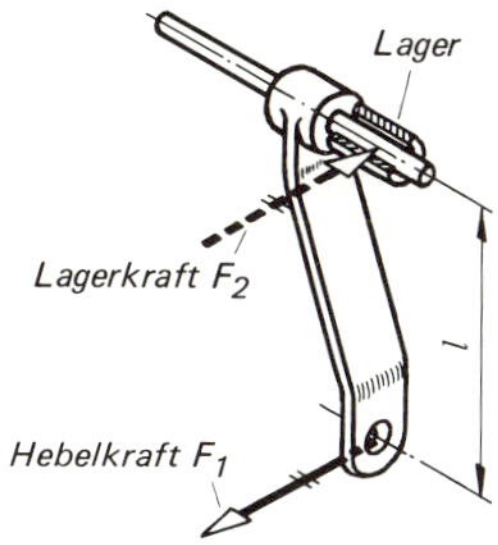

Kräftepaar am Schalthebel

Die Drehwirkung eines Kräftepaares spüren wir, wenn wir versuchen, einen Fahrradlenker an seiner Drehachse festzuhalten. Dabei stellen wir fest, daß die Drehwirkung um so größer ist, je größer die Kraft F wird. Außerdem wird sich eine um so größere Drehwirkung einstellen, je größer wir den Wirkabstand l zwischen den beiden Kräften machen, je weiter außen wir am Lenker anfassen.

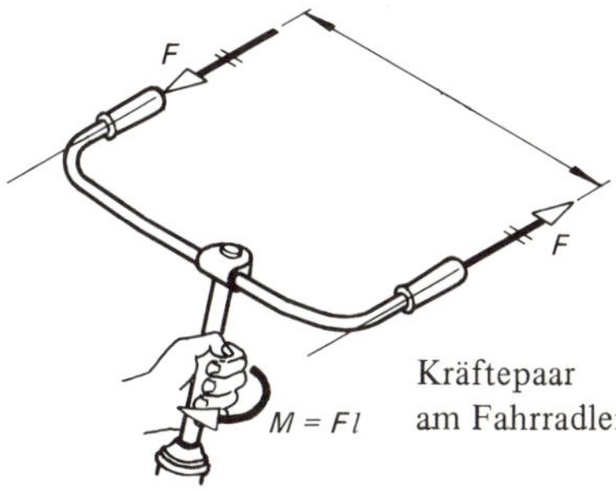

Kräftepaar am Fahrradlenker

Ein Drehmoment setzt immer voraus, daß ein Kräftepaar vorhanden ist.

> Die Drehwirkung eines Kräftepaares bezeichnet man als sein *Drehmoment M.*

Wir bestimmen den Betrag des Drehmoments als das Produkt aus *Kraft F* (z. B. in N) und *Wirkabstand l* (z. B. in m). Der Wirkabstand ist der senkrecht zu den Wirklinien gemessene Abstand.

> Drehmoment M = Kraft F × Wirkabstand l

$$M = Fl$$

M	F	l
Nm	N	m

Der Drehsinn des Drehmoments wird durch das Vorzeichen angegeben.

(+) = Linksdrehsinn ↺

(−) = Rechtsdrehsinn ↻

Das Produkt aus einer Einzelkraft F und ihrem Wirkabstand l von einem beliebigen Bezugspunkt heißt *Kraftmoment* $M = Fl$.

Mit Kraftmomenten arbeitet man bei der Lösung bestimmter statischer Aufgaben, z. B. bei den statischen Gleichgewichtsbedingungen und beim Momentensatz.

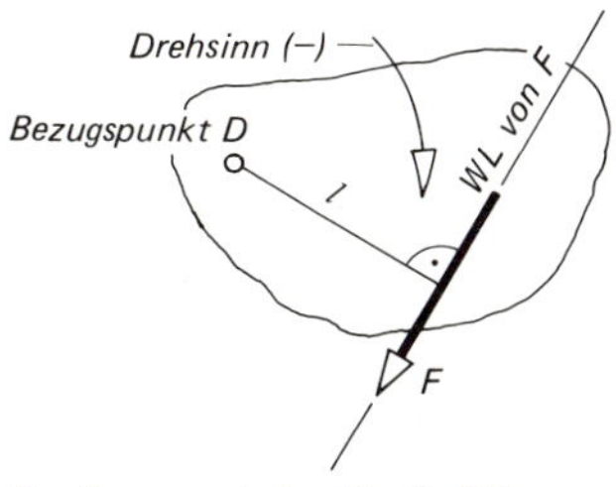

Kraftmoment der Kraft F bezogen auf den Punkt D: $M = Fl$

1.1.3. Übungen zur Berechnung von Drehmomenten

1. Übung: Für die Tretkurbelwelle eines Fahrrades sollen die Drehmomente M_1, M_2, M_3 in den drei skizzierten Stellungen berechnet werden. In allen Stellungen wirkt die Kraft F_1 senkrecht nach unten. In Stellung 1 steht die Tretkurbel waagerecht, in Stellung 3 senkrecht. Stellung 2 liegt zwischen beiden Stellungen. Wie verändert sich das Drehmoment mit fortschreitender Kurbeldrehung?

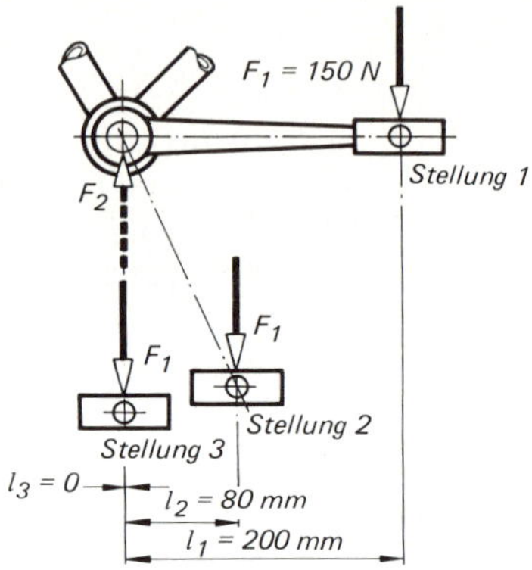

Lösung: Als Folge der Kraft F_1 an der Tretkurbel tritt im Tretkurbellager eine gleich große, entgegengesetzt gerichtete Kraft F_2 auf. Beide bilden ein Kräftepaar, das ein Drehmoment M erzeugt. Es ergibt sich als Produkt aus der Kraft F_1 und ihrem jeweiligen Wirkabstand von der Kraft F_2. Die Drehmomente M_1 und M_2 haben Rechtsdrehsinn. Sie erhalten daher das negative Vorzeichen.

$$M_1 = -F_1 l_1 = -150\,\text{N} \cdot 0{,}2\,\text{m} = -30\,\text{Nm}$$
$$M_2 = -F_1 l_2 = -150\,\text{N} \cdot 0{,}08\,\text{m} = -12\,\text{Nm}$$
$$M_3 = -F_1 l_3 = -150\,\text{N} \cdot 0\,\text{m} = 0$$

Das Drehmoment fällt von seinem Maximalwert in der waagerechten Stellung bis auf Null in der senkrechten Stellung der Tretkurbel.

2. Übung: Die Kraft F_1 wirkt nicht mehr senkrecht, sondern unter dem Winkel $\alpha = 45°$ auf die Tretkurbel. Wie groß ist jetzt das Drehmoment an der Tretkurbelwelle bei waagerechter Tretkurbelstellung?

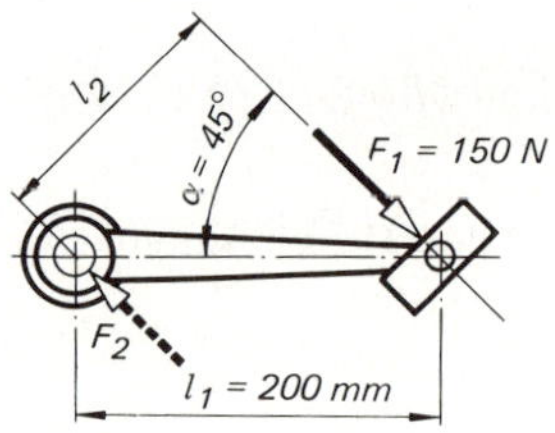

Lösung: Der Wirkabstand l_2 zwischen den Wirklinien der Kräfte F_1 und F_2 ist jetzt kleiner geworden als vorher in der Stellung 1.

Dadurch ergibt sich auch ein kleineres Drehmoment M. Es erhält das negative Vorzeichen, weil es Rechtsdrehsinn besitzt.

$$l_2 = l_1 \sin\alpha$$
$$l_2 = 0{,}2\,\text{m} \cdot \sin 45°$$
$$l_2 = 0{,}141\,\text{m}$$

$$M = -F_1 l_2 = -150\,\text{N} \cdot 0{,}141\,\text{m}$$
$$M = -21{,}15\,\text{Nm}$$

1.1.4. Bewegungsmöglichkeiten (Freiheitsgrade) eines Körpers

Jeder frei bewegliche Körper kann eine andere Lage erhalten, indem man ihn verschiebt oder dreht. Diese Bewegungen heißen Translation (Verschiebung) und Rotation (Drehung). Die Bewegungsmöglichkeiten, die ein Körper hat, nennt man seine *Freiheitsgrade.*

1.1.4.1. Freiheitsgrade im Raum

Ein Körper, der *im Raum* frei beweglich ist, kann sich in Richtung der drei Achsen eines räumlichen Koordinatensystems verschieben: ① ② ③ . Er kann sich außerdem um jede der drei Achsen drehen: ④ ⑤ ⑥.

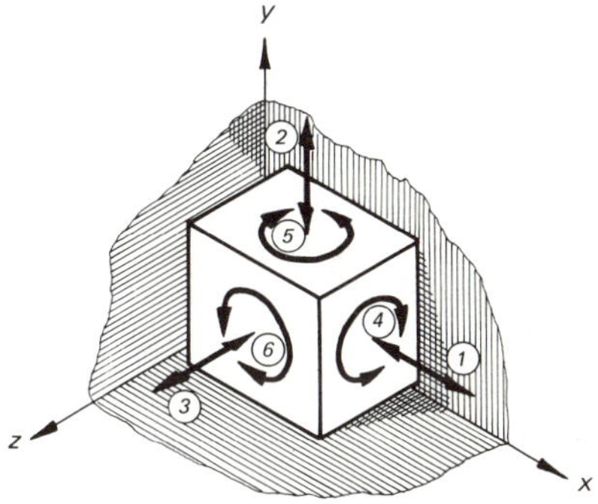

Ein im Raum frei beweglicher Körper hat 6 Freiheitsgrade.

Jede beliebige Bewegung im Raum läßt sich auf diese 6 Freiheitsgrade zurückführen.

1.1.4.2. Freiheitsgrade in der Ebene

Ein Körper, der nur *in einer Ebene* frei beweglich ist, kann sich nur in Richtung der zwei Achsen eines ebenen Koordinatensystems verschieben: ① ②, und um die senkrecht zu der Ebene stehende Raumachse drehen: ③, wenn er die Ebene nicht ganz oder teilweise verlassen soll.

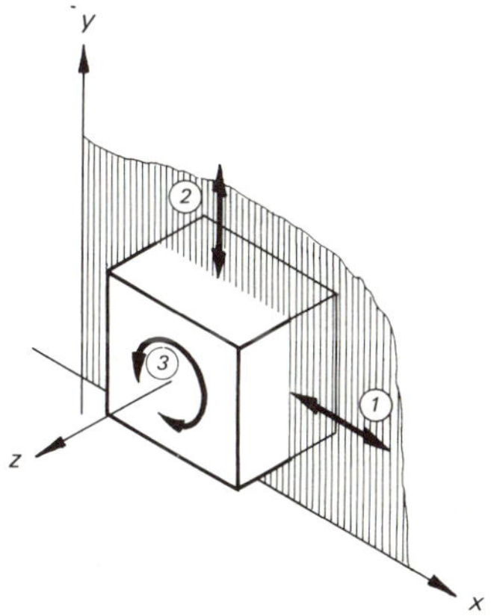

Ein in der Ebene frei beweglicher Körper hat 3 Freiheitsgrade.

Jede beliebige Bewegung in der Ebene läßt sich auf diese 3 Freiheitsgrade zurückführen.

1.1.5. Gleichgewicht des Körpers in der Ebene (Gleichgewichtsbedingungen)

Aus 1.1.2 wissen wir, daß die Ursache einer *Verschiebung* eine *Kraft F,* die Ursache einer *Drehung* ein *Kraftmoment M* ist. Daraus können wir folgern:

Wird ein Körper verschoben, muß eine Kraft *F* wirken,

wird er gedreht, muß ein Kraftmoment *M* wirken,

wird er verschoben und gedreht, müssen eine Kraft *F* und ein Kraftmoment *M* wirken.

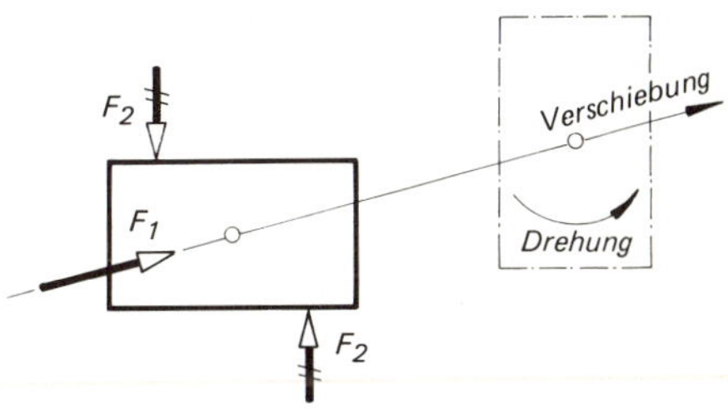

Umgekehrt können wir aber auch schließen, daß dann *keine* Kraft wirkt, wenn sich ein Körper nicht verschiebt, und *kein* Kraftmoment, wenn er sich nicht dreht.

Keine Verschiebung: $F = 0$
Keine Drehung: $M = 0$

Körper, die mit anderen fest verbunden sind, lassen sich auch durch Kräfte und Momente nicht gegeneinander bewegen. Hier werden durch die Verbindungen (wie Verschraubung, Lagerung, Klebung) Gegenkräfte und Gegenkraftmomente erzeugt.

Beispiel:
Fräsmaschinentisch und darauf befestigter Schraubstock bewegen sich nicht gegeneinander, obwohl über das Werkstück Kräfte in den Schraubstock eingeleitet werden.

Alle Kräfte und *alle* Kraftmomente heben sich in solchen Fällen in ihrer Wirkung auf – wir sagen: Kräfte und Kraftmomente stehen miteinander im *Gleichgewicht.* Dann muß die Summe aller Kräfte gleich Null und die Summe aller Kraftmomente gleich Null sein, weil sich der Körper so verhält, als wirkten *keine* Kraft und *kein* Kraftmoment.

Keine Verschiebung: $\Sigma F = 0$
Keine Drehung: $\Sigma M = 0$

Σ (Sigma) bedeutet:
Summe aller ..., d.h. die Summe aller Kräfte und die Summe aller Kraftmomente ist gleich Null.

Beziehen wir diese Erkenntnis nun auf die 3 Freiheitsgrade des Körpers in der Ebene (1.1.4.2), dann erkennen wir:

Ein Körper ist dann im Gleichgewicht, wenn
die Summe aller Kräfte in Richtung der x-Achse gleich Null,
die Summe aller Kräfte in Richtung der y-Achse gleich Null,
die Summe aller Kraftmomente um die z-Achse gleich Null
ist.

$$\Sigma F_x = 0$$
$$\Sigma F_y = 0$$
$$\Sigma M_{(z)} = 0$$

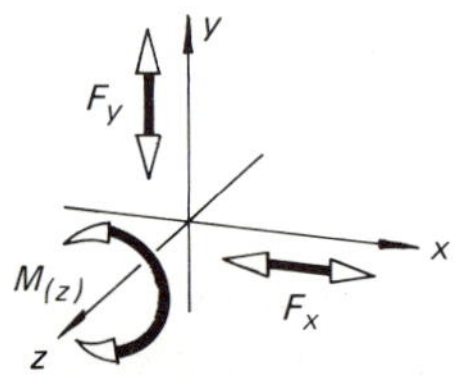

Mit Hilfe dieser ***drei Gleichgewichtsbedingungen*** berechnet man unbekannte Kräfte und Kraftmomente.

Nach dem Trägheitsgesetz gilt das für alle Körper, deren Bewegungs*zustand* sich nicht ändert. Demnach ist ein Körper in 3 Fällen im Gleichgewicht:
wenn er ruht (Geschwindigkeit $v = 0$),
wenn er sich auf gerader Bahn mit gleichbleibender Geschwindigkeit bewegt (v = konstant)
und wenn er mit konstanter Drehzahl n umläuft (n = konstant).

Beachte: Ruhelage und gleichförmig geradlinige oder rotierende Bewegung sind *gleichwertige* Zustände, d.h. es gelten die Gleichgewichtsbedingungen.

1.1.6. Die statischen Grundoperationen

Fast alle Lösungsverfahren der Statik können auf die folgenden Grundoperationen zurückgeführt werden. Sie sind das „kleine Einmaleins der Statik".

1.1.6.1. Parallelogrammsatz (erste Grundoperation)

Die erste Grundoperation dient der Kräftereduktion zweier bekannter Kräfte und der Zerlegung einer Kraft in zwei Komponenten.

Kräftereduktion ist die Zurückführung (Ersetzung) zweier oder mehrerer Kräfte auf ihre Resultierende.

Komponenten einer Kraft sind in der Regel zwei Kräfte, die gemeinsam dieselbe Wirkung haben wie diese eine Kraft.

Beachte: Kräfte sind Vektoren. Man kann die Summe zweier Kräfte deshalb nicht einfach durch Addition ihrer Beträge bilden, sondern man muß sie als Diagonale des Kräfteparallelogramms ermitteln.

Parallelogrammsatz
Die Resultierende F_r (Ersatzkraft) zweier in einem Punkt A angreifender Kräfte F_1 und F_2 ist die Diagonale des aus beiden Kräften gebildeten Parallelogramms.

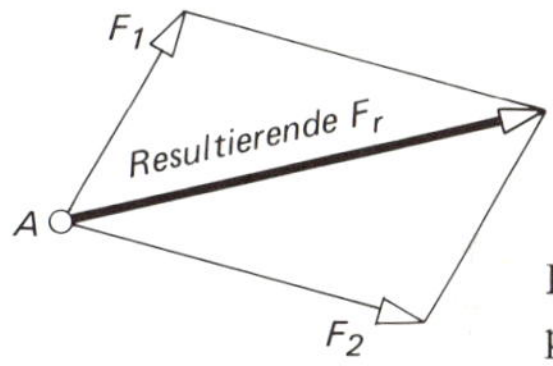

Kräfteparallelogramm

Das bedeutet, daß Kräfte – wie alle Vektoren – stets *geometrisch* addiert werden müssen, d.h. unter Berücksichtigung ihres Betrages, ihrer Wirklinie und ihres Richtungssinnes.

Wir kommen einfacher zum gleichen Ergebnis mit dem *Kräftedreieck* (Krafteck, Kräftezug), wenn wir die Kräfte ihrem Betrag und Richtungssinn entsprechend maßstabsgerecht aneinanderreihen. Dabei ist die Reihenfolge der Kräfte beliebig.

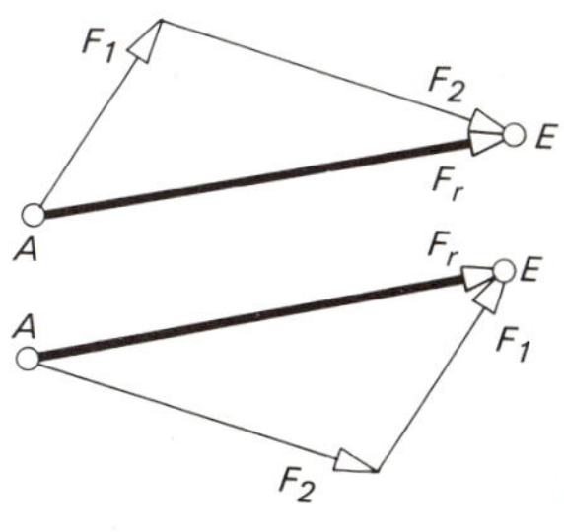

Kräftedreiecke als Ersatz für das Kräfteparallelogramm

Im Krafteck ist die Resultierende F_r die Verbindungslinie *vom* Anfangspunkt A der zuerst gezeichneten *zum* Endpunkt E der zuletzt gezeichneten Kraft.

Hinweis: Bei der Krafteckzeichnung ist die Reihenfolge beliebig. Man kann F_1 an F_2 oder F_2 an F_1 ansetzen.

Die Umkehrung der Kräftereduktion ist die *Zerlegung einer Kraft F* in zwei Komponenten. Voraussetzung hierfür ist, daß die Wirklinien der Komponenten bekannt sind.

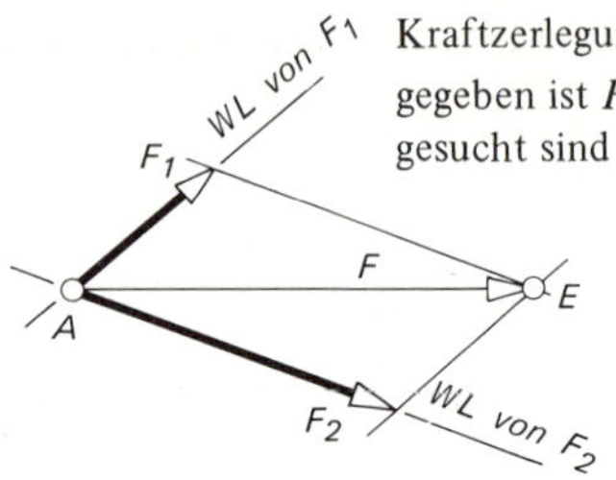

Kraftzerlegung: gegeben ist F, gesucht sind F_1 und F_2

Man zieht zu den gegebenen Wirklinien der Komponenten Parallelen durch den Endpunkt E der maßstäblich aufgezeichneten Kraft F und erhält ein Kräfteparallelogramm, aus dem man die Beträge der gesuchten Komponenten F_1 und F_2 ablesen kann.

Hinweis: Die Zerlegung ist auch möglich, wenn man die Wirklinie der *einen* Kraft durch den Anfangspunkt A, die *andere* durch den Endpunkt E der gegebenen Kraft F legt (Kräftedreieck, siehe S. 7).

Die Aufgabe, eine Kraft in mehr als zwei Komponenten zu zerlegen, ist „statisch unbestimmt", d.h. es sind unendlich viele Lösungen möglich.

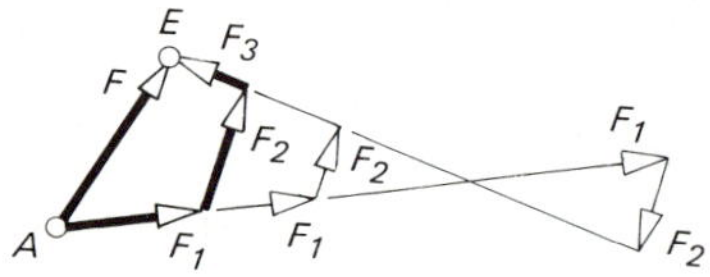

1.1.6.2. Erweiterungssatz (zweite Grundoperation)

Bei der zweiten Grundoperation gehen wir von der Erkenntnis aus, daß zwei Kräfte mit gleichem Betrag, gleicher Wirklinie und entgegengesetztem Richtungssinn sich aufheben, weil ihre Resultierende gleich Null ist ($F_r = 0$). Fügt man zwei solche Kräfte einem beliebigen Kräftesystem hinzu, so wird es dadurch nicht verändert.

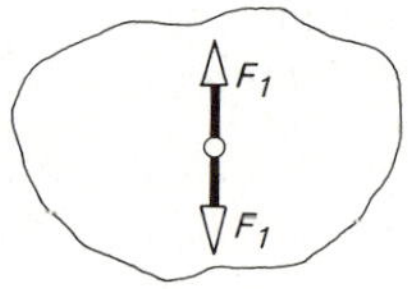

vorhandenes Kräftesystem

System ist im Gleichgewicht

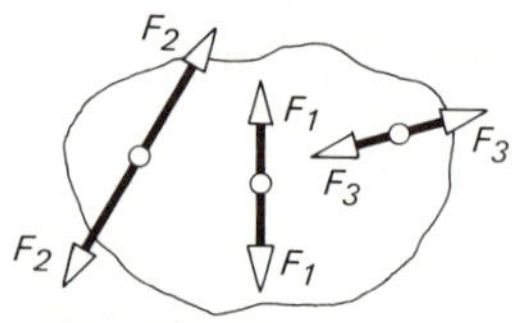

Kräfte F_2 und F_3 hinzugefügt

System bleibt im Gleichgewicht

Erweiterungssatz

Einem Kräftesystem dürfen Kräfte hinzugefügt oder weggenommen werden, wenn sie sich das Gleichgewicht halten, d.h. wenn sie gleichgroß und gegensinnig sind und auf einer gemeinsamen Wirklinie liegen.

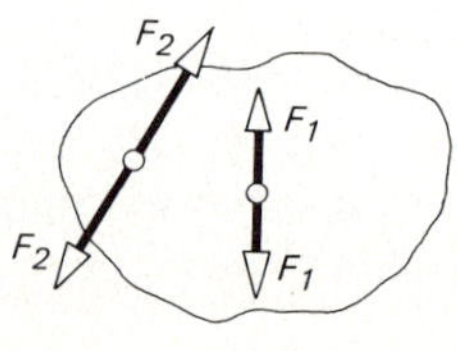

Kräfte F_3 weggenommen

System bleibt im Gleichgewicht

1.1.6.3. Längsverschiebungssatz (dritte Grundoperation)

Der Längsverschiebungssatz ergibt sich aus der zweiten Grundoperation:

An einem beliebigen Angriffspunkt A wirkt eine Kraft F. Auf ihrer Wirklinie fügt man im Punkt B zwei genauso große Kräfte F hinzu, die gegensinnig zueinander wirken.

Anschließend nimmt man die Kraft F im Punkt A und die zu ihr gegensinnige Kraft F im Punkt B weg. Es bleibt die Kraft F übrig, die aber nicht mehr im Punkt A, sondern im Punkt B angreift.

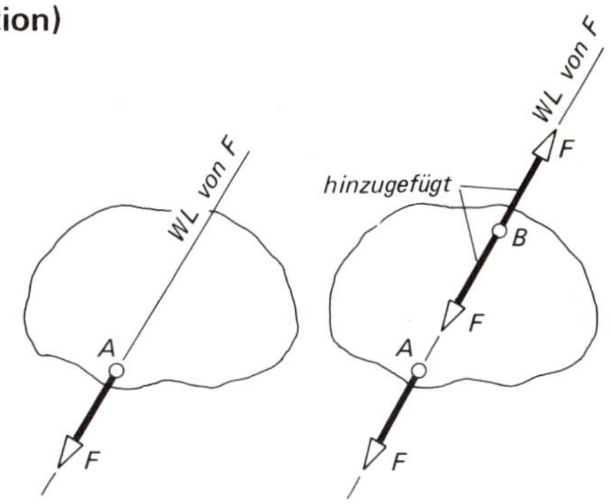

Daraus folgt:

> **Längsverschiebungssatz**
> Kräfte dürfen auf ihrer Wirklinie verschoben werden, ohne daß sich ihre Wirkung auf den Körper ändert.

Man nennt darum die Kraft F einen *linienflüchtigen* Vektor.

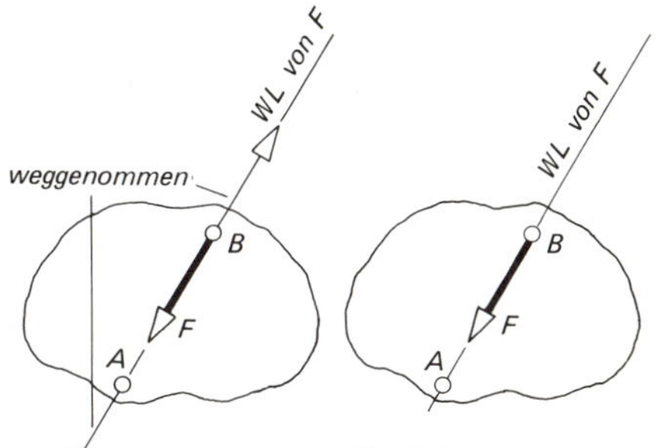

Kraft F von A nach B verschoben

1.1.6.4. Parallelverschiebungssatz (vierte Grundoperation)

Auch der Parallelverschiebungssatz ergibt sich aus der zweiten Grundoperation:

An einem beliebigen Angriffspunkt wirkt eine Kraft F. Auf einer zur Kraft F parallelen Wirklinie mit beliebigem Abstand l fügt man zwei genausogroße Kräfte F hinzu, die gegensinnig zueinander wirken.

Die ursprüngliche Kraft F bildet mit einer der beiden hinzugefügten Kräfte ein Kräftepaar, das man durch sein Kraftmoment $M = Fl$ ersetzen kann.

Daraus folgt:

> **Parallelverschiebungssatz**
> Eine Kraft darf auf eine parallele Wirklinie mit dem Abstand l verschoben werden, wenn ein Kraftmoment M = Kraft F mal Verschiebeabstand l hinzugefügt wird.

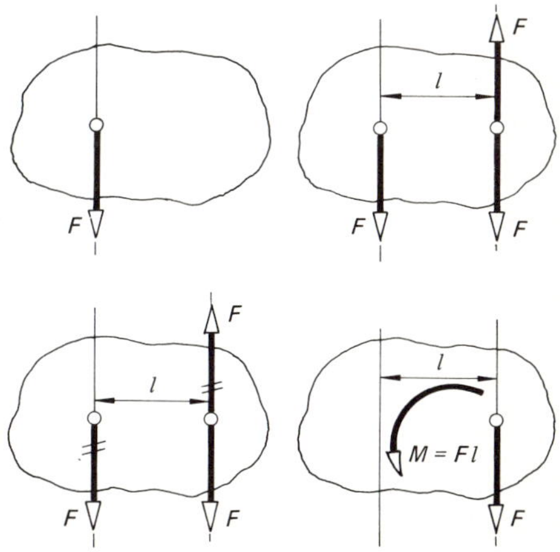

F parallel verschoben, $M = Fl$ hinzugefügt.

Lehrbeispiel: Die statischen Grundoperationen

Aufgabenstellung:

Mit Hilfe der statischen Grundoperationen sollen die beiden gegebenen Parallelkräfte F_1 und F_2 zu einer Resultierenden zusammengesetzt werden.

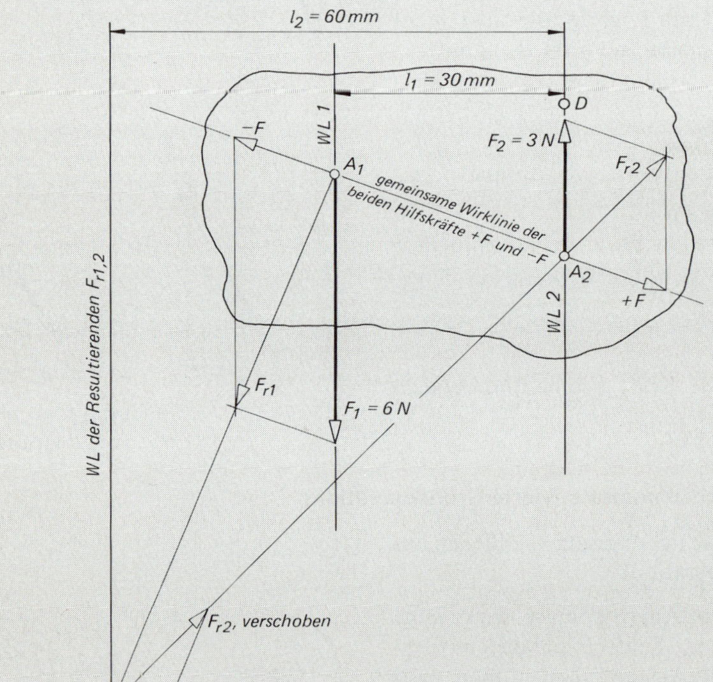

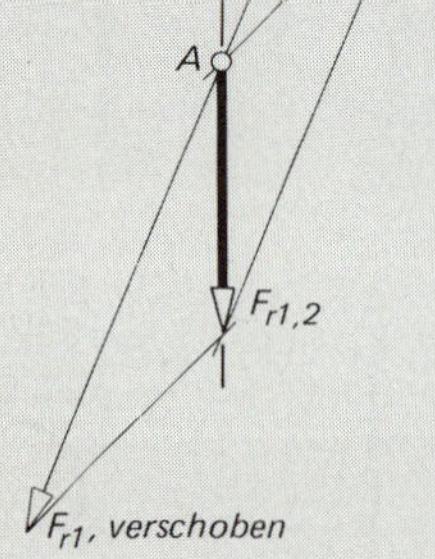

Lösung:

Zeichnen Sie eine beliebige Gerade. Sie schneidet die Wirklinien von F_1 und F_2 in den Punkten A_1 und A_2; bringen Sie dort zwei Hilfskräfte von gleichem Betrag (– F; + F) an; ermitteln Sie an beiden Punkten die Resultierende F_{r1} und F_{r2}; verschieben Sie diese auf ihren Wirklinien bis zum Schnittpunkt A; ermitteln Sie dort die Resultierende $F_{r1,2}$ und ihren Abstand vom Bezugspunkt D.

Ergebnis: $F_{r1,2} = 3\ N$; $l_2 = 60\ mm$.

1.1.7. Das Freimachen der Bauteile (Freischneiden)

1.1.7.1. Zweck und Beschreibung des Verfahrens, Oberflächen- und Volumenkräfte

In der Statik sollen wir hauptsächlich lernen, wie man zeichnerisch und rechnerisch unbekannte Kräfte bestimmt, z.B. die Stützkräfte (Lagerkräfte), die eine Getriebewelle oder einen Drehkran im Gleichgewicht halten.

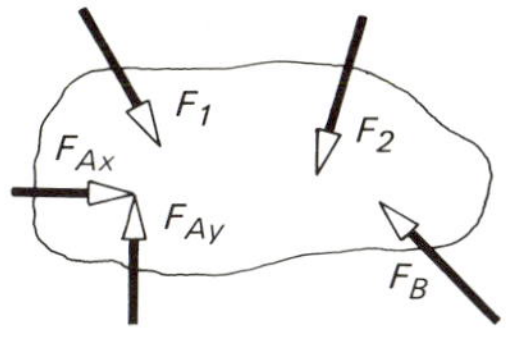

Beispiel:
F_1, F_2 bekannte Kräfte,
F_{Ax}, F_{Ay}, F_B gesuchte Stützkräfte

Solche Aufgaben können nur dann richtig gelöst werden, wenn tatsächlich *alle* am Bauteil (Getriebewelle, Drehkran, Winkelhebel, Schraube usw.) angreifenden Kräfte in die Untersuchung einbezogen worden sind.

Hinweis: Nehmen wir etwa die tatsächlich wirkende Stützkraftkomponente F_{Ax} nicht in die rechnerischen Gleichgewichtsbedingungen auf ($\Sigma F_x = 0$, $\Sigma F_y = 0$, $\Sigma M = 0$), dann *muß* die Lösung falsch werden.

Jedes Bauteil wirkt auf die angrenzenden Bauteile mit sogenannten Oberflächenkräften, die wir uns im Mittelpunkt M der Berührungsfläche A angreifend denken, wie im Falle der beiden zusammengepreßten Bauteile 1 und 2. Oberflächenkräfte heißen auch äußere Kräfte.

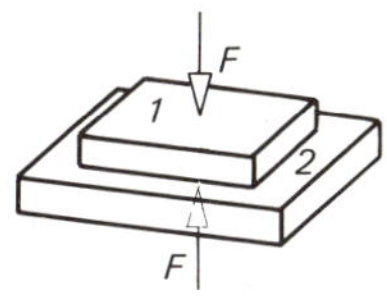

Tatsächlich verteilt sich jede Oberflächenkraft mehr oder weniger gleichmäßig auf die Flächenteilchen der Berührungsfläche A (siehe 5.5.1 und 5.5.2).

Auf jede Berührungsfläche eines Körpers wirkt die von ihr ausgeübte Oberflächenkraft vom anderen Körper zurück (Aktion = Reaktion). Es ist also $F_{1,2}$ (Kraft F von 1 auf 2) gleich $F_{2,1}$ (Kraft F von 2 auf 1).

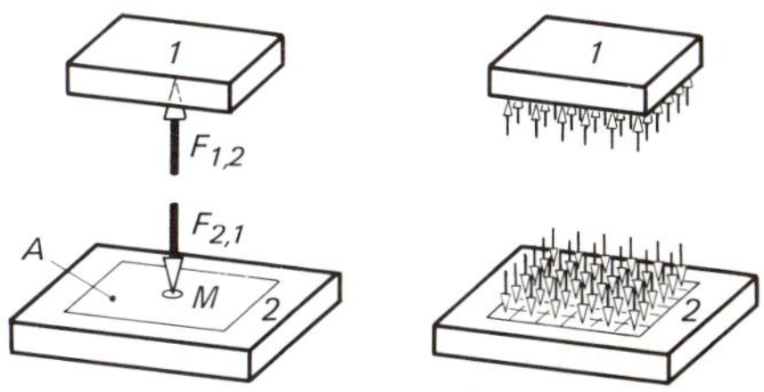

Außer den Oberflächenkräften können noch sogenannte Volumenkräfte wirken, die wir uns im Massenschwerpunkt (Massenmittelpunkt) M des Körpers angreifend denken. Die wichtigste und stets wirkende Volumenkraft ist die Gewichtskraft G. Eine andere Volumenkraft ist die durch Magnete erzeugte Kraft.

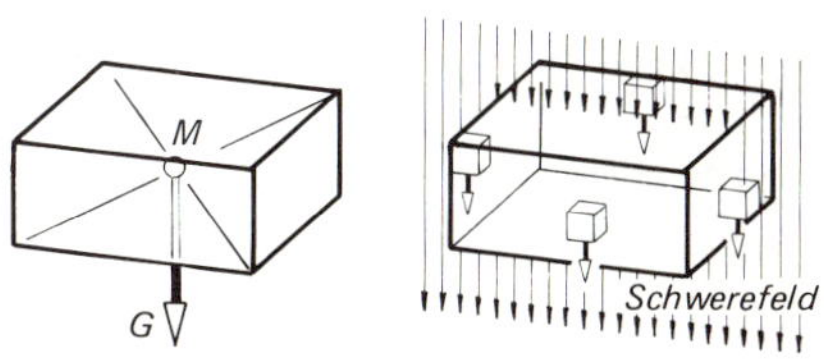

Gemeinsames Kennzeichen von Volumenkräften ist das Vorhandensein eines „Feldes", z.B. des Schwerefeldes der Erde oder eines Magnetfeldes. Volumenkräfte heißen daher auch Feldkräfte.

Hinweis: Ob die Gewichtskraft beim Freimachen berücksichtigt wird, hängt davon ab, ob ihre Wirkung im Verhältnis zu den Wirkungen der anderen Kräfte groß oder klein ist.

Um sicherzugehen, *alle* am Bauteil angreifenden Kräfte *richtig* erfaßt zu haben, geht jeder statischen Untersuchung das sogenannte Freimachen voraus.

Hinweis: Statt „Freimachen" wird auch die Bezeichnung „Freischneiden" verwendet.

Freimachen oder Freischneiden heißt:

Man nimmt die Nachbarbauteile, die das freizumachende Bauteil berühren, Stück für Stück weg. Dafür bringt man an den Berührungsstellen diejenigen Kräfte an, die von den weggenommenen Bauteilen auf das freigemachte Bauteil wirken.

Zum Freimachen gehört:

Die *Angriffspunkte aller* Kräfte und
die *Wirklinien* dieser Kräfte richtig festlegen,
den *Richtungssinn* in bezug auf den freigemachten Körper eintragen.

Wir können richtig und sicher freimachen, wenn wir die folgenden Regeln beachten.

1.1.7.2. Seile, Ketten, Riemen und ähnliche flexible Bauteile

Regel 1

Seile und ähnliche flexible Bauteile können *nur Zug*kräfte in Seilrichtung ausüben oder aufnehmen.

Zugkräfte wirken stets vom Angriffspunkt am freigemachten Bauteil weg.

Beispiel:

Der Kranhaken soll freigemacht werden.

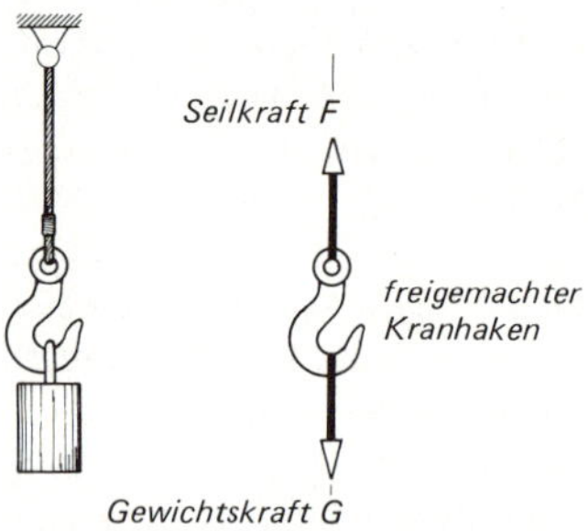

Wir nehmen den angehängten Zylinder weg und ersetzen ihn im Berührungspunkt durch die nach unten ziehende Gewichtskraft G. Ebenso nehmen wir das Seil weg (abschneiden) und erkennen, daß wir es durch eine nach oben gerichtete Zugkraft $F = G$ ersetzen müssen, wenn Gleichgewicht herrschen soll.

Die Erfahrung lehrt, daß man mit einem flexiblen Bauteil keine Druckkraft auf einen anderen Körper ausüben kann.

Es ist gleichgültig, ob das Seil durch eine Rolle umgelenkt wird: An jeder Stelle des Seiles wirkt die gleiche Zugkraft, und zwar in der jeweiligen Seilrichtung.

1.1.7.3. Zweigelenkstäbe

Regel 2
Zweigelenkstäbe können Zug- oder Druckkräfte aufnehmen, deren Wirklinie die Verbindungsgerade der Gelenkpunkte ist.
Druckkräfte wirken stets auf den Angriffspunkt am freigemachten Bauteil zu.

Die Form des Zweigelenkstabes hat keinen Einfluß; er kann gerade oder gekrümmt sein oder jede beliebige andere Form haben. Zweigelenkstäbe dürfen nur an *zwei Punkten* mit Nachbarbauteilen verbunden sein und *keine Kräfte an anderen Stellen* aufnehmen. Zwei Kräfte können nur dann im Gleichgewicht sein, wenn sie eine gemeinsame Wirklinie haben, die durch die beiden Gelenkpunkte verlaufen muß.

Beispiel:
Der Zweigelenkstab (Pendelstütze) stützt eine Plattform ab.

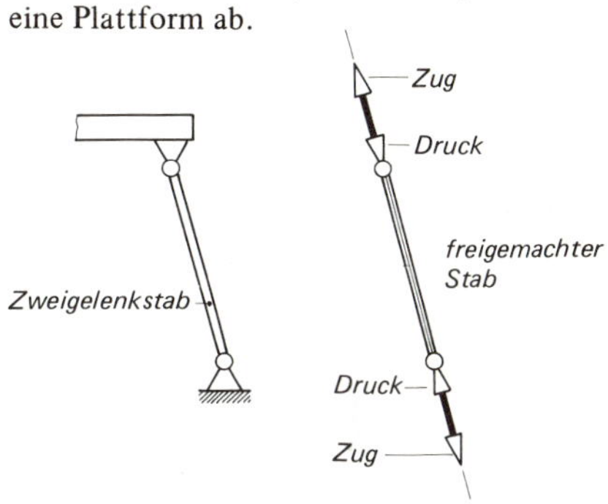

Hier nimmt der Zweigelenkstab Druckkräfte auf. Er könnte aber auch Zugkräfte aufnehmen, z. B. wenn der Wind unter die Plattform faßt.

1.1.7.4. Berührungsflächen (ebene Stützflächen)

Regel 3
Berührungsflächen können Normal- und Tangentialkräfte aufnehmen.
Normalkräfte wirken stets auf die Berührungsfläche am freigemachten Bauteil zu.

Berühren sich zwei Bauteile, so wirkt *in jedem Fall* zwischen beiden eine Normalkraft F_N. Ihre Wirklinie steht *stets* senkrecht zur Berührungsfläche.

Bewegen sich beide Bauteile nicht gegeneinander, dann tritt eine Tangentialkraft F_T nur dann auf, wenn es zur Aufrechterhaltung des Gleichgewichts erforderlich ist. Das ist beispielsweise *immer* der Fall, wenn die Berührungsfläche nicht waagerecht liegt (schiefe Ebene).

Die Tangentialkraft wird durch Reibung oder Rollwiderstand hervorgerufen. Ihre Wirklinie liegt *stets* in der Berührungsebene, also senkrecht zur Wirklinie der Normalkraft. Den Richtungssinn können wir in den meisten Fällen erkennen, wenn wir alle übrigen Kräfte am freigemachten Bauteil eingezeichnet haben. Die Tangentialkraft wirkt der Bewegung entgegen, die durch die übrigen Kräfte verursacht werden würde.

Beispiel 1:
Ein prismatischer Körper liegt auf einer waagerechten Unterlage (z.B. Richtplatte) in Ruhe.

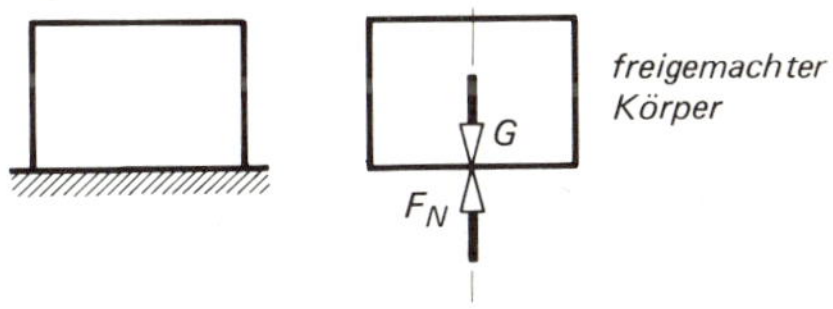

Gewichtskraft G und Normalkraft F_N haben gleiche Wirklinie und sind im Gleichgewicht.

Beispiel 2:
Der gleiche Körper liegt auf einer schiefen Ebene in Ruhe.

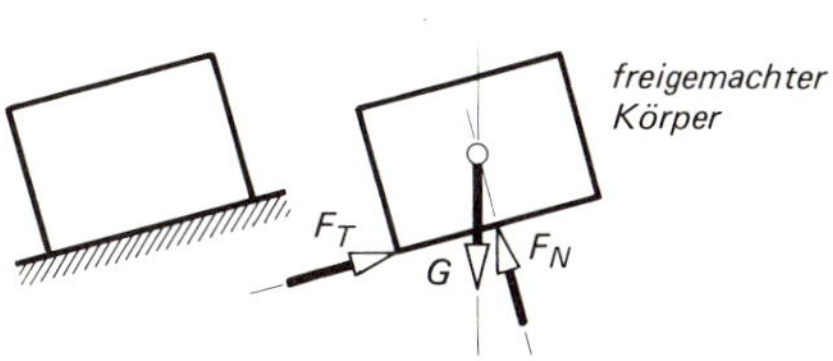

Gewichtskraft G und Normalkraft F_N allein können nicht im Gleichgewicht sein. Der Körper würde abwärts gleiten, wenn ihn nicht die Tangentialkraft F_T daran hindern würde.

Auch wenn zwei Bauteile auf ihrer Berührungsfläche gegeneinander gleiten oder das eine auf dem anderen abrollt, wirkt *immer* eine Tangentialkraft F_T. Der Richtungssinn ist in diesem Falle sicher zu erkennen: Auf das schnellere Bauteil wirkt die Tangentialkraft (Reibung!) seiner Bewegungsrichtung entgegen, auf das langsamere wirkt sie in Bewegungsrichtung des schnelleren. In vielen Fällen ist das „langsamere" Bauteil eine ruhende Unterlage.

Gleiten zwei Bauteile in entgegengesetzter Richtung aufeinander, so wirkt an beiden die Tangentialkraft entgegen der jeweiligen Bewegungsrichtung.

Bleibt ein Bauteil in Ruhe, obwohl eine äußere Kraft versucht, es auf seiner Unterlage zu verschieben, so tritt auch bei waagerechter Berührungsfläche eine Tangentialkraft auf. Sie ist zur Aufrechterhaltung des Gleichgewichts erforderlich.

Beispiel 3:

Der Körper wird durch die Kraft F auf der Unterlage verschoben.

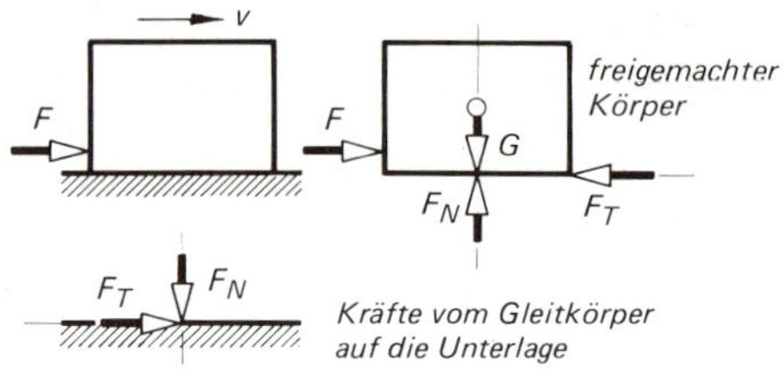

Die Bilder des freigemachten Körpers und der Unterlage verändern sich nicht, gleichgültig, ob der Körper sich relativ zur Unterlage bewegt oder nicht.

1.1.7.5. Rollkörper (gewölbte Stützflächen)

Regel 4

Rollkörper können Radial- und Tangentialkräfte aufnehmen.

Die Radialkräfte wirken stets auf den Berührungspunkt am freigemachten Körper zu.

Zwischen Rollkörper und Unterlage wirkt eine Radialkraft F_r. Ihre Wirklinie verläuft durch den Berührungspunkt und den Rollkörpermittelpunkt. Die Gewichtskraft des Rollkörpers wird meistens vernachlässigt, weil sie klein gegenüber den übrigen Kräften ist.

Die Bezeichnungen „Radialkraft" und „Normalkraft" (1.1.7.4) sind gleichwertig, denn die Wirklinie der Radialkraft steht stets senkrecht („normal") auf der Berührungstangente.

Eine Tangentialkraft F_T tritt am *ruhenden* Rollkörper nur unter den gleichen Bedingungen auf wie an Berührungsflächen (siehe Regel 3, Seite 13). Ihre Wirklinie ist die Tangente an den Rollkörper im Berührungspunkt und steht darum immer senkrecht zur Wirklinie der Radialkraft.

Beispiel 1:

Eine Rolle ruht auf einer waagerechten Ebene und stützt eine waagerecht liegende Platte ab.

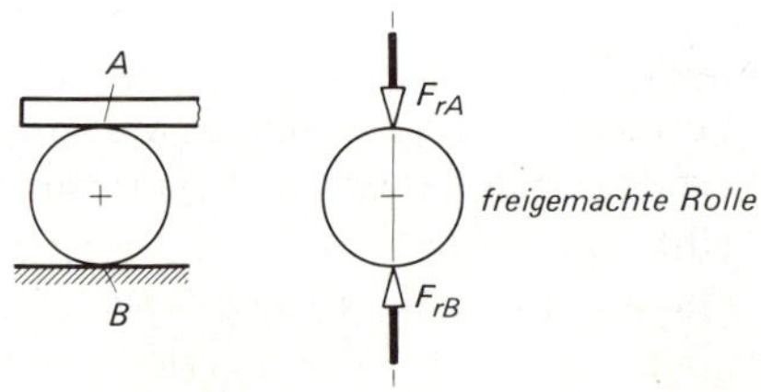

Die Berührungspunkte A und B liegen senkrecht übereinander. Die Radialkräfte F_{rA} und F_{rB} haben eine gemeinsame Wirklinie und sind im Gleichgewicht. Es wirkt keine Tangentialkraft.

An *rollenden* Rollkörpern wirken *immer* Tangentialkräfte. Sie verursachen die Drehung des Rollkörpers um seine Drehachse beim Abrollen. Radialkräfte können deswegen keine Drehung hervorrufen, weil ihre Wirklinien durch den Drehmittelpunkt verlaufen.

Die Tangentialkraft wirkt – genau wie an Berührungsflächen – auf das schnellere Bauteil der Richtung seiner Translationsbewegung entgegen. Auf das langsamere wirkt sie in der Translationsrichtung des schnelleren Bauteils. Auch hier ist das „langsamere“ Bauteil häufig eine ruhende Unterlage.

Bewegen sich die Bauteile in entgegengesetzter Richtung zueinander, dann wirkt die Tangentialkraft entgegen der jeweiligen Bewegungsrichtung.

Beispiel 2:

Die Platte wird durch die Kraft F nach rechts gezogen.

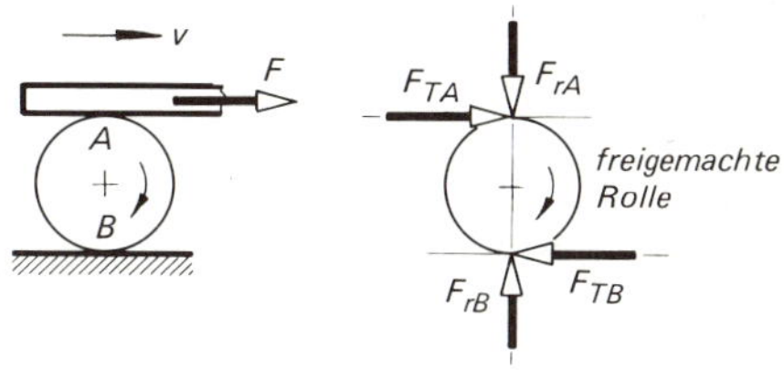

In den Punkten A und B wirken jetzt auch Tangentialkräfte (Kräftepaar!). Sie führen zur Drehung der Rolle.

1.1.7.6. Einwertige Lager (Loslager)

Regel 5

Einwertige Lager nehmen nur Kräfte senkrecht zur Stützfläche auf (Normalkräfte).

Sie wirken auf den freigemachten Lagerpunkt zu.

Beispiel:

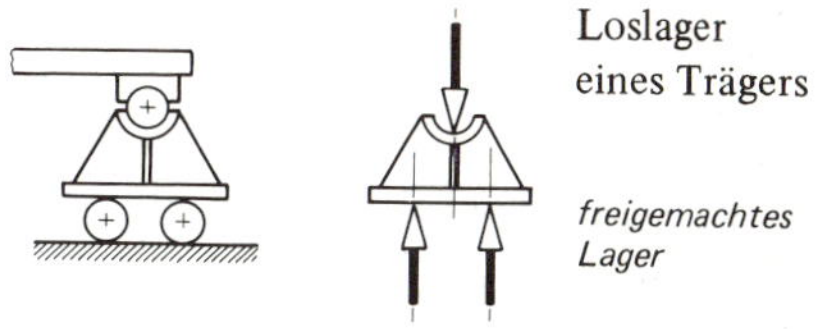

Aus Regel 4 ergibt sich, daß nur Kräfte senkrecht zur Stützfläche aufgenommen werden.

Einwertige Lager werden für Träger auf zwei Stützen verwendet, um die Wärmeausdehnung in Längsrichtung nicht zu behindern.

Hier liegen die gleichen Verhältnisse vor wie bei Berührungsflächen und Rollkörpern. Die möglichen Tangentialkräfte werden jedoch *nicht* berücksichtigt, weil man davon ausgehen kann, daß keine nennenswerte Längsbewegung auftritt.

1.1.7.7. Zweiwertige Lager (Festlager)

Regel 6
Zweiwertige Lager können Kräfte in jeder beliebigen Richtung aufnehmen.
Beim Freimachen ersetzt man die Lagerkraft durch zwei senkrecht aufeinander stehende Komponenten.

Träger auf zwei Stützen, Wellen und Achsen erhalten meistens *ein* zweiwertiges Lager (Festlager), das eine unzulässige Längsverschiebung verhindern soll.

Zweiwertige Lager erkennt man am sichersten durch einen Vergleich mit dem einwertigen Lager, die *Bewegungsprobe:*

Verschiebt man die Unterlage des einwertigen Lagers *in ihrer eigenen Ebene,* so bleibt das gelagerte Bauteil in Ruhe.
Beim zweiwertigen Lager bewegt sich das gelagerte Bauteil bei *jeder* Verschiebung der Unterlage mit.

Beim einwertigen Lager wirkt in der Verschiebeebene offenbar keine Kraft; wohl aber wirkt *senkrecht dazu* immer eine Normalkraft. Das zweiwertige Lager dagegen nimmt Kräfte aus jeder beliebigen Richtung auf, so daß wir hier im Gegensatz zu den Regeln 1 bis 5 beim Freimachen die Wirklinie der Lagerkraft nicht eindeutig festlegen können. Da aber nach dem Parallelogrammsatz jede Kraft in zwei Komponenten zerlegt werden kann, helfen wir uns hier mit einem Kunstgriff: Wir zeichnen auf zwei senkrecht zueinander stehenden Wirklinien die beiden Komponenten ein. Dabei versuchen wir, ihren Richtungssinn unter Berücksichtigung der übrigen Kräfte zu bestimmen. Darum empfiehlt es sich, das zweiwertige Lager immer zuletzt freizumachen.

Beispiel 1:

Träger auf zwei Stützen

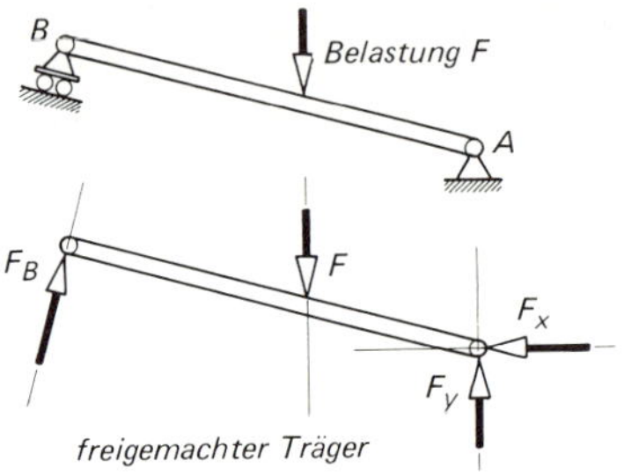

Lager B ist einwertig, wie die Bewegungsprobe ergibt. Also wirkt eine Normalkraft F_B senkrecht zur Stützfläche. Lager A ist zweiwertig (Bewegungsprobe!). Wir tragen eine waagerechte und eine senkrechte Wirklinie ein. Die Komponente F_y muß eindeutig noch oben wirken. Weil F_B nach *rechts* oben wirkt, muß F_x nach links gerichtet sein.

Beispiel 2:

Tür mit Halslager A und Spurlager B

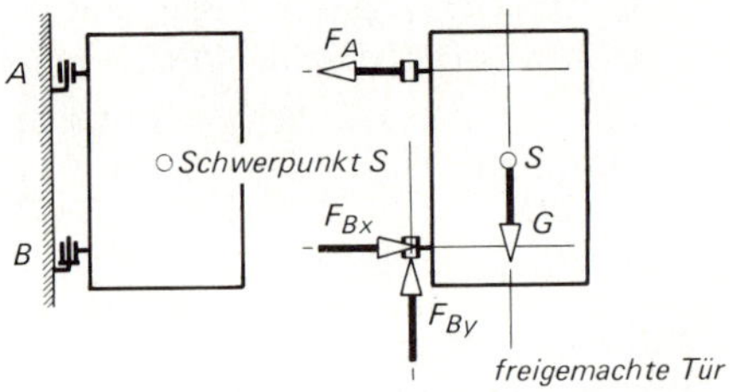

Bewegungsprobe: B ist zweiwertig, A einwertig.
Nimm den Stützhaken bei A weg: die Tür dreht nach rechts. Folglich muß F_A nach links wirken. Nimm den Stützhaken bei B weg: die Tür dreht nach links. F_{Bx} wirkt also nach rechts.

1.1.8. Übungen zum Freimachen

Richtiges Freimachen ist die Voraussetzung für die richtige Lösung vieler Statikaufgaben. Wir wollen uns deshalb an ein systematisches Arbeiten gewöhnen und verfahren immer nach folgendem

Arbeitsplan:

Lageskizze des freizumachenden Bauteils zeichnen.	1. Schritt
Kraftangriffspunkte = Berührungspunkte mit den Nachbarbauteilen festlegen.	2. Schritt
Wirklinien aller Kräfte nach den Regeln 1 ... 6 für das Freimachen einzeichnen.	3. Schritt
Richtungssinn für alle Kraftpfeile nach den Regeln 1 ... 6 festlegen.	4. Schritt

1. Übung: Aus dem skizzierten Kurbelgetriebe für eine Pumpe sollen für die gezeichnete Stellung bei linksdrehender Kurbelwelle die Schubstange, der Kreuzkopf und die Kreuzkopfführung freigemacht werden. Alle Gewichtskräfte sind klein gegenüber den Betriebskräften und werden vernachlässigt.

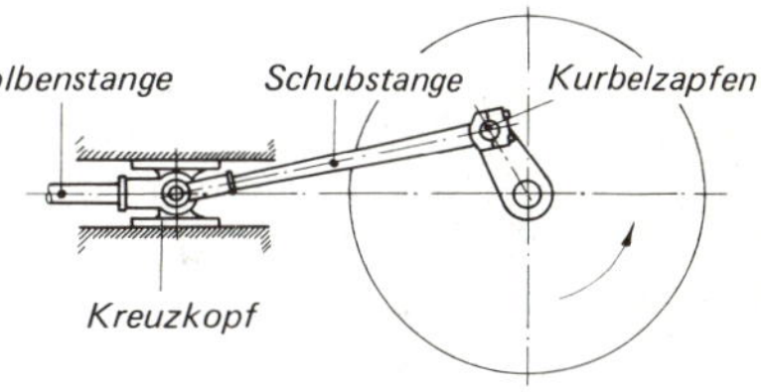

Lösung: Zuerst wird die *Schubstange* in der zu untersuchenden Betriebslage aufgezeichnet, und zwar zunächst ohne die Kraftpfeile.

1. Schritt

freigemachte Schubstange

Sie berührt nur in ihren Gelenkpunkten die Nachbarbauteile Kurbelzapfen und Kreuzkopf. Sie hat also zwei Kraftangriffspunkte.

2. Schritt

Kraftangriffspunkte sind die Gelenke.

Die Schubstange ist folglich ein Zweigelenkstab und wird nach Regel 2 freigemacht.

3. Schritt

Die Wirklinie der beiden Kräfte F_1 und F_2 ist die Längsachse der Schubstange.

Die Schubstange wird gegen den Arbeitswiderstand nach links geschoben und drückt ihrerseits den Kreuzkopf nach links. Sie nimmt also *Druck*kräfte auf.

4. Schritt

Die Kraftpfeile werden auf der Wirklinie eingezeichnet mit Richtungssinn *auf* die Schubstange *zu* (= Druckkraft).

Dann wird der *Kreuzkopf* in seiner augenblicklichen Betriebslage aufgezeichnet. Schrittweise tragen wir die Kraftangriffspunkte, Wirklinien und Kraftpfeile ein:

1. Schritt

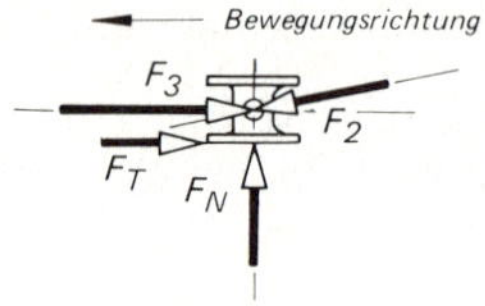

freigemachter Kreuzkopf

Im Gelenk ist der Kreuzkopf mit der Schubstange und der Kolbenstange verbunden. Das ist *ein* Kraftangriffspunkt mit *zwei* Kräften. Außerdem liegt der Kreuzkopf auf seiner unteren Führungsfläche auf. Das ist der zweite Kraftangriffspunkt.

2. Schritt

Kraftangriffspunkte sind das Gelenk und die untere Berührungsfläche.

Die Wirklinien der Schubstangenkraft F_2 und der Kolbenstangenkraft F_3 sind die Längsachsen beider Stangen (Regel 2, Seite 13). Weil der Kreuzkopf sich gegen die Führung bewegt, wirkt in der Berührungsfläche außer der Normalkraft eine Tangentialkraft (Reibkraft).

3. Schritt

Wir zeichnen die Wirklinien der Kräfte F_2 und F_3 ein. Die Wirklinie der Normalkraft F_N liegt rechtwinklig zur Führungsfläche, die der Tangentialkraft F_T in der Führungsfläche.

Schubstange und Kolbenstange *drücken* auf den Kreuzkopf. Die Normalkraft wirkt nach Regel 3 *auf* die Berührungsfläche am Kreuzkopf *zu*. Die Tangentialkraft will den „schnelleren" Kreuzkopf bremsen (Reibkraft).

4. Schritt

Die Kraftpfeile werden eingezeichnet: F_2 und F_3 als Druckkräfte gegen den Gelenkpunkt gerichtet, F_N nach oben auf den Kreuzkopf und F_T der Kreuzkopfbewegung entgegen nach rechts.

Von der *Kreuzkopfführung* wird in der Betriebslage nur die untere Führungsfläche belastet. Wir skizzieren diese Fläche und gehen dann schrittweise vor wie vorher.

1. Schritt

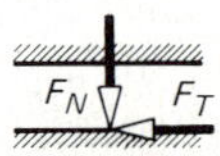

Kräfte vom Kreuzkopf auf die Kreuzkopfführung

Sehen wir davon ab, daß die Führung noch mit anderen Maschinenteilen verbunden ist, dann hat sie nur Berührung mit dem Kreuzkopf.

2. Schritt

Kraftangriffspunkt ist der Mittelpunkt der Berührungsfläche (siehe 1.1.7.1).

Nach Regel 3 (Seite 13) wirken bei gleitendem Kreuzkopf und ruhender Führung eine Normal- und eine Tangentialkraft.

3. Schritt

Wir zeichnen die Wirklinie der Normalkraft senkrecht zur Berührungsfläche und die der Tangentialkraft *in* der Berührungsfläche ein.

Die Normalkraft wirkt *auf* die Berührungsfläche *zu*. Die Tangentialkraft versucht, die stillstehende Führung in der Bewegungsrichtung des Kreuzkopfes mitzunehmen (Reibkraft).

4. Schritt

Der Kraftpfeil für die Normalkraft ist nach unten auf die Führung gerichtet. Für die Tangentialkraft zeichnen wir einen nach links gerichteten Kraftpfeil ein.

2. Übung: Der aufwärts fahrende Wagen eines Schrägaufzuges soll freigemacht werden.

Hierbei ist zu beachten, daß der Wagen mitsamt seiner Ladung *als Ganzes* freizumachen ist und nicht etwa seine Einzelteile.

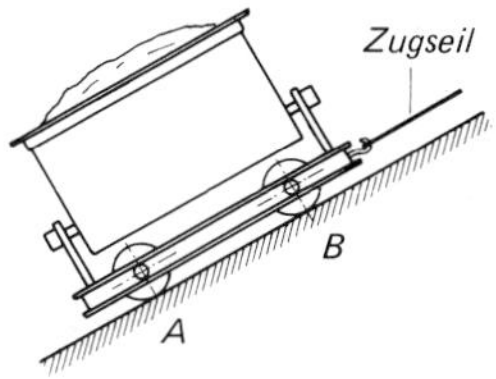

Lösung: Wir skizzieren den Wagen in seiner augenblicklichen Betriebslage, und zwar zunächst wieder ohne Festlegung der Kraftangriffspunkte, Wirklinien und Kraftpfeile. Wichtig ist, daß der Wagen auch wirklich schrägstehend gezeichnet und nichz etwa in die waagerechte Lage heruntergeklappt wird.

1. Schritt

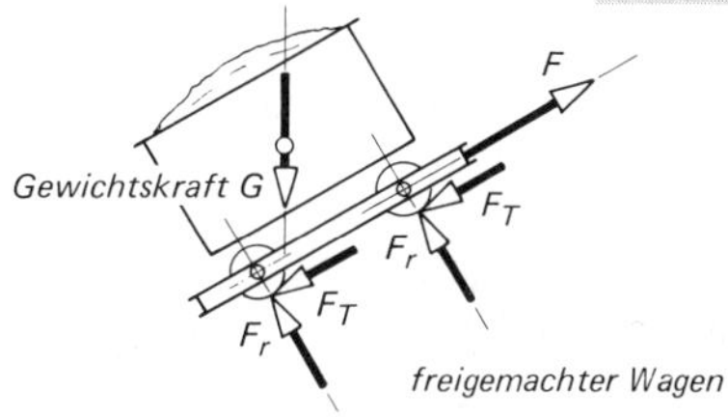

Hätte der Wagen mit seiner Ladung keine Gewichtskraft, dann könnten zwischen ihm und seinen Nachbarbauteilen gar keine Kräfte wirken. Hier *muß* die Gewichtskraft G berücksichtigt werden.

Im Zughaken ist das Seil eingehängt, die Räder berühren die Fahrbahn. Seil und Fahrbahn sind also Nachbarbauteile des Wagens.

2. Schritt

Wir kennzeichnen in der Skizze den Schwerpunkt des Wagens, den Zughaken und die Auflagepunkte A und B der beiden Räder als Kraftangriffspunkte.

Die Gewichtskraft G wirkt immer auf der Lotrechten. Am Zughaken wird nach Regel 1 freigemacht, denn wir haben dort ein Seil weggenommen. Die Räder machen wir nach Regel 4 (Seite 14) für Rollkörper frei. Da der Wagen *rollt,* wirken an beiden Rädern Radial- und Tangentialkräfte.

3. Schritt

Durch den Schwerpunkt zeichnen wir die lotrechte Wirklinie der Gewichtskraft G. Die Wirklinie der Seilkraft liegt in Seilrichtung. Die Wirklinien der Radialkräfte verlaufen durch die Berührungs- und Radmittelpunkte, die der Tangentialkräfte rechtwinklig dazu.

Die Gewichtskraft G wirkt immer nach unten. Die Seilkraft F *zieht* am Zughaken. Die Radialkräfte F_r sind *auf* die Räder *zu* gerichtet. Die Tangentialkräfte F_T versuchen den Wagen zu bremsen, weil er schneller ist als die ruhende Fahrbahn.

4. Schritt

Die Kraftpfeile werden eingezeichnet: G nach unten, F als Zugkraft vom Zughaken weg, F_r nach links oben und F_T der Bewegung des Wagens entgegen nach links unten.

In diesem Fall wäre es falsch, wenn wir auch die Kräfte einzeichnen würden, die zwischen den Rädern und ihren Achsen, oder zwischen den Achsen und dem Gestell, oder zwischen dem Gestell und dem Behälter wirken. Wir sollen nicht die *Teile* freimachen, sondern den *ganzen* Wagen.

Beachte: Wenn ein aus mehreren Teilen bestehender Körper freigemacht werden soll, dann behandeln wir ihn so, als bestünde er nur aus einem Teil.

3. Übung: Der skizzierte Wanddrehkran ist in dem oberen Halslager A und dem unteren Spurlager B drehbar. An seinem Lastseil trägt er ein Werkstück, das ihn auf der eingezeichneten Wirklinie mit der senkrecht nach unten wirkenden äußeren Kraft F belastet. Der Schwenkarm des Kranes soll freigemacht werden.

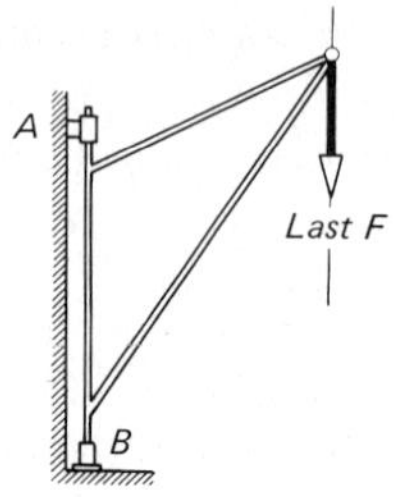

1. Schritt

Lösung: Wir skizzieren den Schwenkarm in der vorgegebenen Lage, zunächst wieder ohne Kraftangriffspunkte, Wirklinien und Kraftpfeile.

In diesem Fall ist die von dem Werkstück hervorgerufene äußere Kraft F bereits mit Angriffspunkt, Wirklinie und Richtungssinn bekannt. Wir zeichnen darum den Kraftpfeil F bereits ein, bevor wir nach dem Arbeitsplan weitergehen.

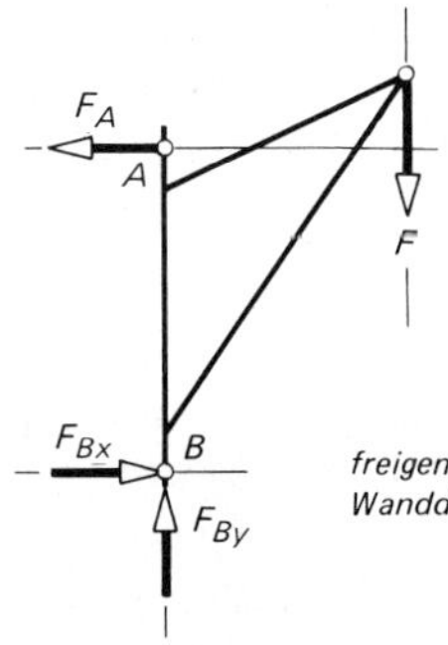

2. Schritt

Nachbarbauteile des Schwenkarms sind die beiden Lager A und B.

Wir zeichnen die Kraftangriffspunkte A und B ein.

3. Schritt

Die Bewegungsprobe für beide Lager ergibt: Das Halslager A ist einwertig (Regel 5, Seite 15), denn wir können es mit seiner Unterlage nach oben und unten verschieben, ohne daß der Schwenkarm sich bewegt. Verschieben wir dagegen das Spurlager B, so bewegt sich der Schwenkarm bei jeder beliebigen Verschiebung mit; das Spurlager B ist zweiwertig und wird nach Regel 6 freigemacht.

Die Wirklinie der Lagerkraft F_A liegt waagerecht, weil die Lagerfläche senkrecht steht. Die Wirklinien der Komponenten der Spurlagerkraft F_B zeichnen wir in Richtung der Lagerachse und rechtwinklig dazu ein.

4. Schritt

Bei zweifach gelagerten Bauteilen bestimmen wir den Richtungssinn der Lagerkräfte auf folgende Weise: Nehmen wir das obere Lager fort, würde der Schwenkarm oben nach rechts drehen. Die Lagerkraft F_A verhindert dies.

Wir zeichnen auf der Wirklinie der Halslagerkraft F_A einen nach links gerichteten Kraftpfeil ein, weil nur dann der Schwenkarm am Wegdrehen nach rechts gehindert werden kann.

Nehmen wir aber nur das untere Lager fort, dann würde der Schwenkarm unten nach links drehen und außerdem nach unten fallen. Beides müssen die Lagerkraftkomponenten F_{Bx} und F_{By} verhindern.

Wir zeichnen auf der waagerechten Wirklinie von F_{Bx} einen nach rechts gerichteten und auf der senkrechten Wirklinie von F_{By} einen nach oben gerichteten Kraftpfeil ein.

1.1.9. Zentrales und allgemeines Kräftesystem

Unter einem Kräftesystem versteht man beliebig viele Kräfte, die gleichzeitig an einem Bauteil wirken.

Ein *zentrales Kräftesystem* liegt vor, wenn sich die Wirklinien aller Kräfte in einem gemeinsamen Punkt schneiden. Wir nennen diesen Schnittpunkt den *Zentralpunkt A* des Kräftesystems. Nach dem Längsverschiebungssatz können wir alle Kräfte des Systems auf ihren Wirklinien in diesen Zentralpunkt verschieben. Ein zentrales Kräftesystem kann einen Körper nur verschieben, aber nicht drehen.

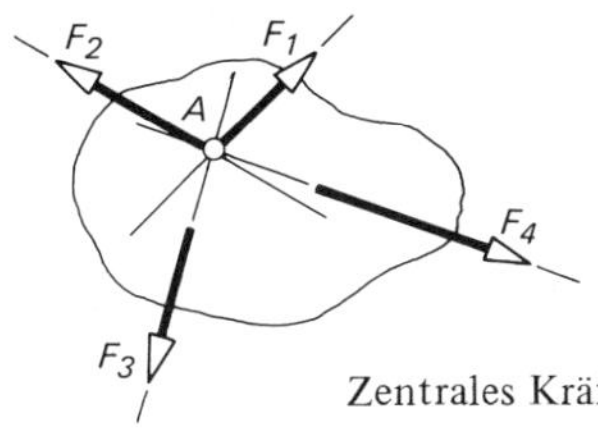

Zentrales Kräftesystem

Ein *allgemeines Kräftesystem* besteht aus Kräften, deren Wirklinien mehr als einen Schnittpunkt miteinander haben.

Allgemeine Kräftesysteme können genauso wie zentrale Kräftesysteme einen Körper verschieben. Sie können ihn aber außerdem drehen oder beide Bewegungen gleichzeitig hervorrufen.

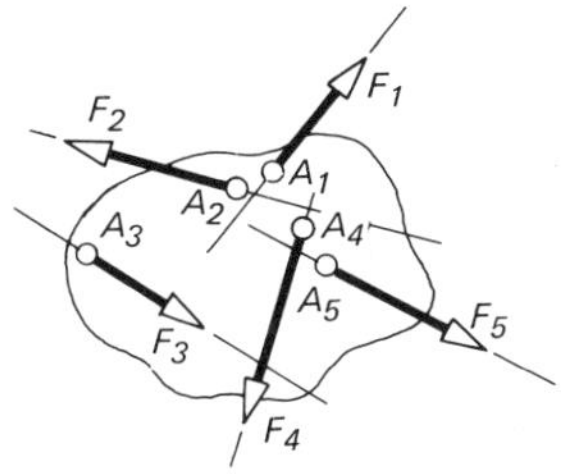

Allgemeines Kräftesystem

1.2. Die Grundaufgaben der Statik

1.2.1. Die zwei Hauptaufgaben

1. Hauptaufgabe: In einem Kräftesystem sind alle Kräfte nach Betrag, Lage und Richtungssinn bekannt.

Um eine Aussage über die Wirkung des Kräftesystems auf ein Bauteil machen zu können (z.B. Verschiebung), muß die *Resultierende* F_r ermittelt werden.

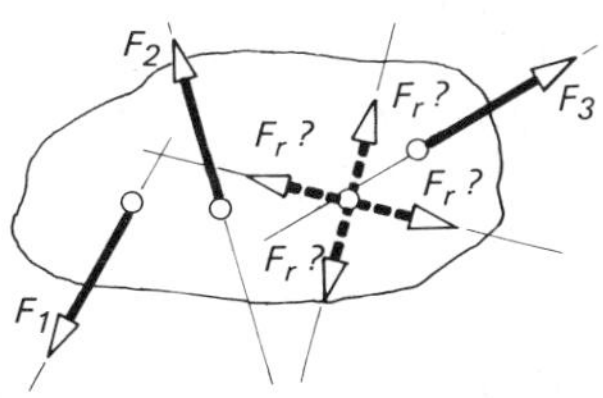

bekannt: F_1, F_2, F_3
gesucht: F_r

2. Hauptaufgabe: In einem Kräftesystem, das sich im Gleichgewicht befindet, ist nur *ein Teil* der Kräfte bekannt.

Um eine Festigkeitsrechnung an dem Bauteil ausführen zu können, müssen die noch *unbekannten Kräfte* ermittelt werden.

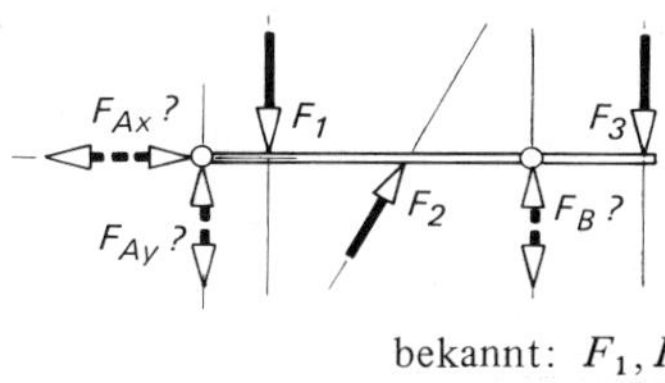

bekannt: F_1, F_2, F_3
gesucht: F_{Ax}, F_{Ay}, F_B

1.2.2. Die zwei Lösungsmethoden

Jede der beiden Hauptaufgaben ist auf zweierlei Weise lösbar: *zeichnerisch* und *rechnerisch*.

Die zeichnerische Lösung erfordert

einen maßstäblich aufgezeichneten *Lageplan,* der das Bauteil (meist in vereinfachter Darstellung) mit allen, ebenfalls maßstäblich eingezeichneten Wirklinien darstellt, und

einen *Kräfteplan,* der alle Kräfte maßstabs- und richtungsgerecht enthält.

Hinweis: Lageplan und Kräfteplan werden stets auf *einem* Blatt aufgezeichnet.

Längen- und Kräftemaßstab werden so gewählt, daß die Pläne nicht zu klein werden.

Der Lageplan wird zuerst gezeichnet, und daraus wird der Kräfteplan durch Parallelverschiebung der Wirklinien aus dem Lageplan in den Kräfteplan entwickelt. Zeichnen Sie *stets* zwei getrennte Pläne!

Die rechnerische Lösung erfordert

eine *Lageskizze,* die unmaßstäblich sein kann, aber alle Kräfte als Kraftpfeile sowie alle erforderlichen Längenmaße und Winkel – insbesondere die zwischen den Wirklinien der Kräfte und einer Bezugsachse – enthalten muß, und

den rechnerischen Ansatz in Form einer Gleichung oder eines Gleichungssystems, das aus der Lageskizze entwickelt wird.

Hinweis: Bei der rechnerischen Lösung kann man „analytisch" vorgehen (analytische Methode) oder Kraftecke „trigonometrisch" auswerten. Zur analytischen Lösung legt man die Kraftpfeile in ein rechtwinkliges Achsenkreuz und arbeitet mit ihren senkrecht aufeinanderstehenden Komponenten (x- und y-Komponenten).

1.2.3. Die vier Grundaufgaben der Statik im zentralen Kräftesystem

1.2.3.1. Zeichnerische Ermittlung der Resultierenden (erste Grundaufgabe)

Aufgabe: Ein gegebenes Kräftesystem soll zeichnerisch reduziert werden, d. h. von der Resultierenden F_r sind Betrag und Richtungswinkel α_r zu bestimmen.

Über den Angriffspunkt der Resultierenden sind wir uns sofort klar: F_r muß im Zentralpunkt A des Kräftesystems angreifen.

Die römischen Ziffern I, II, III und IV bezeichnen die vier Quadranten des rechtwinkligen Achsenkreuzes. In der Aufgabe wirkt F_1 im I. Quadranten, F_2 wirkt im II. und F_3 im IV. Quadranten.

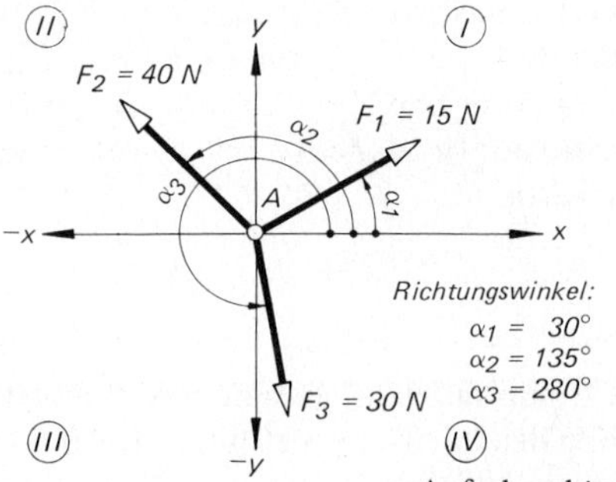

Aufgabenskizze

Hinweis: Richtungswinkel α ist der Winkel, den die Wirklinie einer Kraft mit der positiven x-Achse eines rechtwinkligen Achsenkreuzes einschließt.

Lösung: Wir zeichnen zuerst einen Lageplan. Grundlage dafür ist ein rechtwinkliges Achsenkreuz, dessen Schnittpunkt der Zentralpunkt A des Kräftesystems ist. Durch diesen Zentralpunkt legen wir mit den gegebenen Richtungswinkeln $\alpha_1 = 30°$, $\alpha_2 = 135°$ und $\alpha_3 = 280°$ die Wirklinien aller gegebenen Kräfte.

Je genauer wir im Lageplan die Winkel antragen, desto genauer wird das Ergebnis.

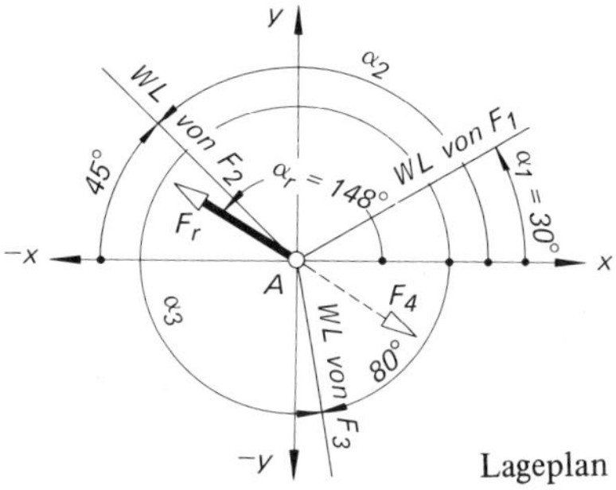

Lageplan

Für den Kräfteplan legen wir nun einen Anfangspunkt A fest. Wir zeichnen eine Parallele zu einer der drei Kräfte (hier F_3) durch den Punkt A und entwickeln den Kräfteplan weiter, indem wir in gleicher Weise durch Parallelverschiebung die übrigen Kräfte in *beliebiger* Reihenfolge (1. Grundoperation) maßstabsgerecht und richtungsgemäß so aneinanderreihen, daß sich ein fortlaufender, offener Kräftezug mit dem Endpunkt E ergibt.

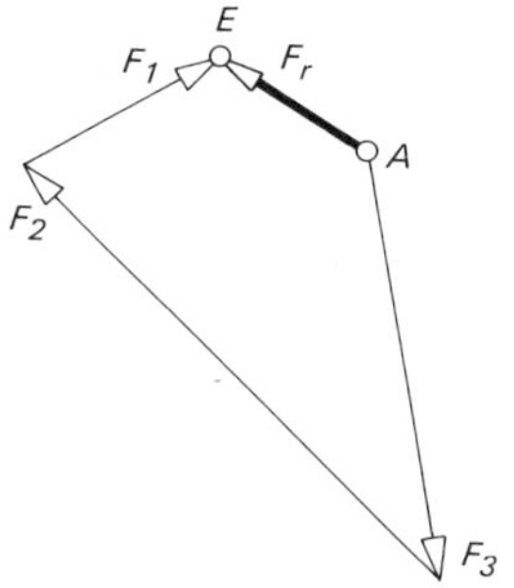

Kräfteplan
Kräftemaßstab:

$M_K = 10 \frac{N}{cm}$

$(1\,cm \mathrel{\hat{=}} 10\,N)$

Die Resultierende F_r ist die Verbindungslinie zwischen Anfangspunkt A und Endpunkt E des Kräftezuges. Ihr Richtungssinn weist *vom* Anfangspunkt *zum* Endpunkt.

Aus der Länge der Verbindungslinie von A nach E können wir mit Hilfe des festgelegten Kräftemaßstabes den Betrag der Resultierenden berechnen.

Wir messen für F_r ab: $L_r = 1{,}2$ cm. Damit wird

$F_r = L_r M_K = 1{,}2\text{ cm} \cdot 10 \frac{N}{cm}$

$F_r = 12$ N.

Die Resultierende wird nun aus dem Kräfteplan parallel in den Zentralpunkt A des Lageplans verschoben. Hier können wir den Richtungswinkel α_r ablesen.

Im Lageplan messen wir den Richtungswinkel ab: $\alpha_r = 148°$.

Ergebnis:
Die Resultierende wirkt mit 12 N unter einem Winkel von 148° zur positiven x-Achse nach links oben.

Jetzt wissen wir, wie sich der Körper unter der Einwirkung der gegebenen Kräfte verhält, d. h. ob und in welcher Richtung er sich verschiebt. Zugleich erkennen wir, welche zusätzliche Kraft (hier F_4) im Zentralpunkt A wirken müßte, wenn Gleichgewicht hergestellt werden soll.

Unter der Wirkung der Kräfte F_1, F_2 und F_3 verschiebt sich der Körper unter 148° zur positiven x-Achse so nach links oben, als ob eine Kraft von 12 N allein auf ihn einwirken würde.

Um ihn im Gleichgewicht zu halten, müßten wir auf der Wirklinie von F_r mit 12 N nach rechts unten ziehen (im Lageplan gestrichelt eingezeichnete Gleichgewichtskraft F_4).

Arbeitsplan zur zeichnerischen Ermittlung der Resultierenden:

Lageplan mit den Wirklinien aller Kräfte winkelgetreu in ein rechtwinkliges Achsenkreuz einzeichnen.	1. Schritt
Im Kräfteplan die gegebenen Kräfte in beliebiger Reihenfolge maßstäblich aneinanderreihen.	2. Schritt
Anfangs- und Endpunkt des Kräftezuges verbinden, Richtungssinn eintragen.	3. Schritt
Resultierende F_r in den Zentralpunkt des Lageplans übertragen.	4. Schritt
Ergebnisse abmessen (Betrag und Richtungswinkel).	5. Schritt

1.2.3.2. Rechnerische Ermittlung der Resultierenden (zweite Grundaufgabe)

Aufgabe: Dasselbe Kräftesystem wie in der 1. Grundaufgabe soll rechnerisch reduziert werden. Damit erhalten wir zugleich die Möglichkeit, das dort gefundene Ergebnis zu kontrollieren.

Die Aufgabe soll nach der *analytischen Methode*, d. h. durch Kräftezerlegung gelöst werden.

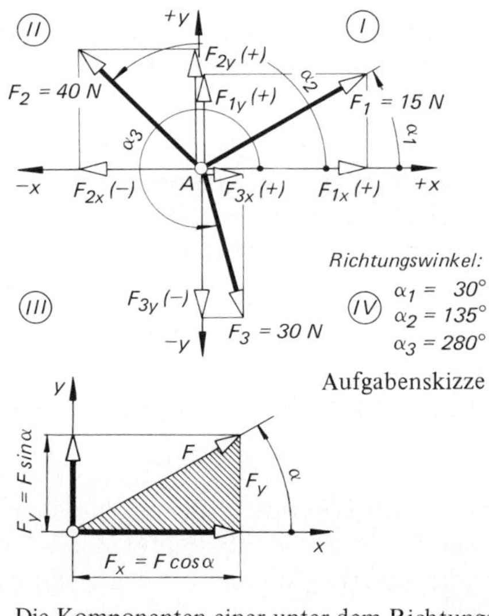

Aufgabenskizze

Vorüberlegung: Der rechnerischen Lösung dieser Aufgabe liegen folgende Gedanken zugrunde:

1. Jede Kraft wird in die beiden senkrecht aufeinanderstehenden Komponenten in Richtung der Achsen eines rechtwinkligen Achsenkreuzes zerlegt. Als Bezugswinkel für die Wirklinien der Kräfte verwenden wir stets den Winkel α, den die Kraft mit der *positiven* x-Achse einschließt, und zwar im positiven Linksdrehsinn von 0° bis + 360° (Richtungswinkel). Wir erhalten dann Berechnungsgleichungen, die wir immer wieder in derselben Form gebrauchen können.
Der Rechner liefert uns durch das Vorzeichen beim Ergebnis den Richtungssinn der Kraftkomponenten F_x und F_y mit. Das negative Vorzeichen für eine x-Komponente zeigt den Richtungssinn „nach links“, für eine y-Komponente „nach unten“ an.

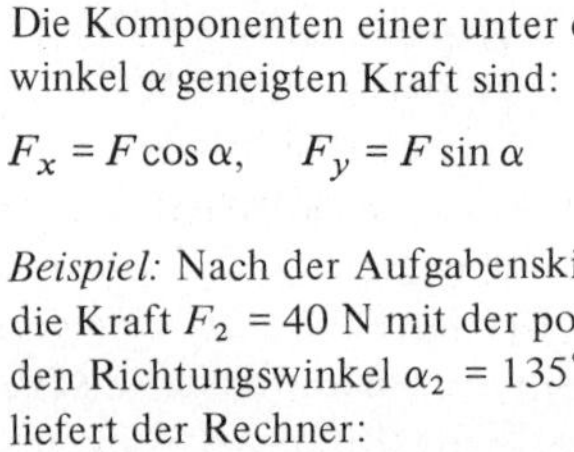

Die Komponenten einer unter dem Richtungswinkel α geneigten Kraft sind:

$$F_x = F \cos\alpha, \quad F_y = F \sin\alpha$$

Beispiel: Nach der Aufgabenskizze schließt die Kraft F_2 = 40 N mit der positiven x-Achse den Richtungswinkel α_2 = 135° ein. Dazu liefert der Rechner:

$$F_{2x} = F_2 \cos\alpha_2 = 40\,\text{N} \cdot \cos 135° = -28{,}28\,\text{N}$$
$$F_{2y} = F_2 \sin\alpha_2 = 40\,\text{N} \cdot \sin 135° = +28{,}28\,\text{N}$$

Die Kraftkomponente F_{2x} wirkt nach links, F_{2y} wirkt nach oben.

Wir schreiben nun die Gleichungen zur Berechnung der senkrecht aufeinander stehenden Komponenten in der allgemeinen Form. Der Buchstabe n steht für den Index 1, 2, 3, ... der Kräfte F und ihrer Richtungswinkel α.

Die x-Komponenten F_{nx} sind die Produkte aus den Kraftbeträgen F_n und dem Kosinus der Richtungswinkel α_n. Bei den y-Komponenten tritt an die Stelle der Kosinusfunktion die Sinusfunktion.

$$F_{nx} = F_n \cos \alpha_n$$

für die x-Komponenten

$$F_{ny} = F_n \sin \alpha_n$$

für die y-Komponenten

Die Summe der x-Komponenten der Einzelkräfte ist die x-Komponente F_{rx} der gesuchten Resultierenden ($F_{rx} = \Sigma F_{nx}$). Gleiches gilt für die y-Komponente F_{ry} der Resultierenden ($F_{ry} = \Sigma F_{ny}$).

$$F_{rx} = \Sigma F_{nx}$$

$$F_{rx} = F_1 \cos\alpha_1 + F_2 \cos\alpha_2 + \ldots + F_n \cos\alpha_n$$

x-Komponente der Resultierenden F_r

Setzen wir stets den Richtungswinkel ein, zum Beispiel $\alpha_2 = 135°$, brauchen wir uns um den Richtungssinn der Komponenten nicht zu kümmern. Der Rechner nimmt das jeweilige Vorzeichen bei der Addition mit.

$$F_{ry} = \Sigma F_{ny}$$

$$F_{ry} = F_1 \sin\alpha_1 + F_2 \sin\alpha_2 + \ldots + F_n \sin\alpha_n$$

y-Komponente der Resultierenden F_r

Da die beiden Komponenten F_{rx} und F_{ry} senkrecht aufeinander stehen, können wir mit dem Lehrsatz des Pythagoras den Betrag F_r der Resultierenden berechnen, denn F_r ist die Diagonale des rechtwinkligen Kraftecks aus F_{rx}, F_{ry} und F_r.

$$F_r = \sqrt{F_{rx}^2 + F_{ry}^2}$$

Betrag der Resultierenden F_r

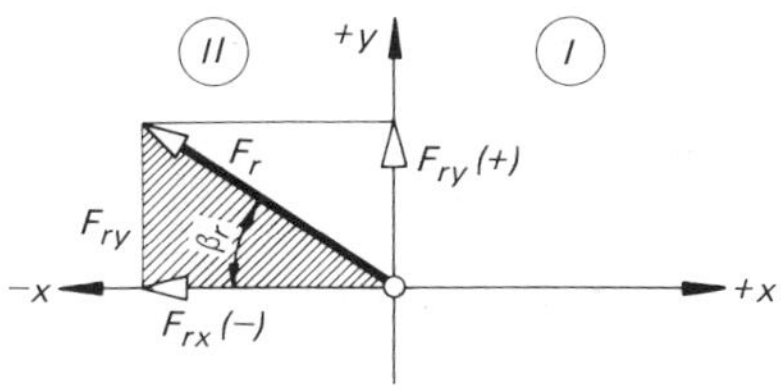

Der Richtungswinkel α_r der Resultierenden kann nicht auf direktem Wege ermittelt werden. Wir brauchen erst den spitzen Winkel β_r, den die Wirklinie der Resultierenden F_r mit der x-Achse einschließt. Es ist gleichgültig, in welchem Quadranten die Resultierende liegt. Dieser spitze Winkel β_r kann im rechtwinkligen Dreieck mit der Tangensfunktion ermittelt werden, denn die beiden Katheten F_{rx} und F_{ry} sind jetzt bekannt.

Damit sich keine negativen Winkel ergeben, darf nur mit den Beträgen gerechnet werden.

$$\tan \beta_r = \frac{|F_{ry}|}{|F_{rx}|}$$

$$\beta_r = \arctan \frac{|F_{ry}|}{|F_{ry}|}$$

Hinweis: Die Größen F_{ry} und F_{rx} stehen in senkrechten Strichen (Betragszeichen), d. h. es sind nur die Beträge (ohne Vorzeichen) einzusetzen.

Je nach Lage der Resultierenden F_r im rechtwinkligen Achsenkreuz ergeben sich folgende Gleichungen zur Berechnung des Richtungswinkels α_r.

F_r liegt im I. Quadranten:

In diesem Fall ist der Richtungswinkel α_r gleich dem spitzen Winkel β_r zwischen der positiven x-Achse und der Wirklinie der Resultierenden. Die Resultierende F_r liegt dann im I. Quadranten, wenn die Komponentenberechnung ergibt:

F_{rx} → positives Vorzeichen $(F_{rx} \geqslant 0)$
F_{ry} → positives Vorzeichen $(F_{ry} \geqslant 0)$

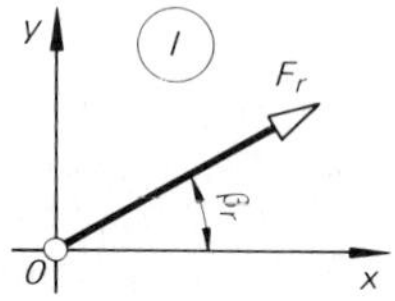

$\alpha_r = \beta_r$

$$\alpha_r = \arctan \frac{|F_{ry}|}{|F_{rx}|}$$

F_r liegt im II. Quadranten:

Der spitze Winkel β_r liegt zwischen der negativen x-Achse und der Wirklinie der Resultierenden. Die Resultierende F_r liegt dann im II. Quadranten, wenn die Komponentenberechnung ergibt:

F_{rx} → negatives Vorzeichen $(F_{rx} < 0)$
F_{ry} → positives Vorzeichen $(F_{ry} \geqslant 0)$

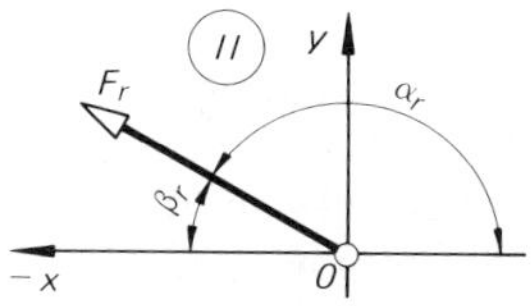

$\alpha_r = 180° - \beta_r$

$$\alpha_r = 180° - \arctan \frac{|F_{ry}|}{|F_{rx}|}$$

F_r liegt im III. Quadranten:

Der spitze Winkel β_r liegt zwischen der negativen x-Achse und der Wirklinie der Resultierenden.

Die Resultierende F_r liegt dann im III. Quadranten, wenn die Komponentenberechnung ergibt:

F_{rx} → negatives Vorzeichen $(F_{rx} < 0)$
F_{ry} → negatives Vorzeichen $(F_{ry} < 0)$

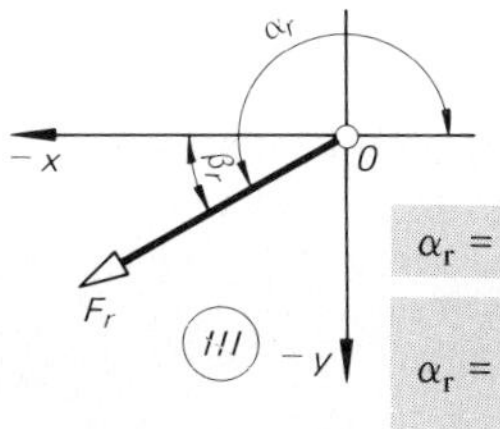

$\alpha_r = 180° + \beta_r$

$$\alpha_r = 180° + \arctan \frac{|F_{ry}|}{|F_{rx}|}$$

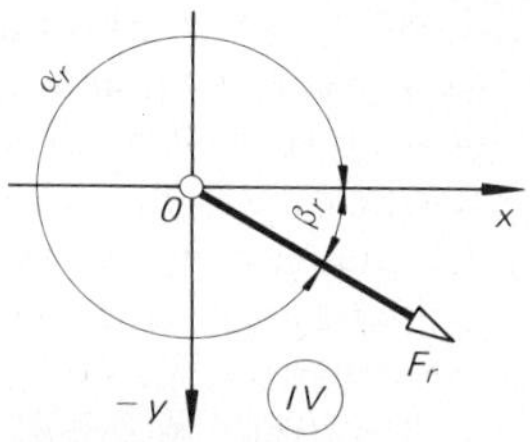

F_r liegt im IV. Quadranten:

Der spitze Winkel β_r liegt zwischen der positiven x-Achse und der Wirklinie der Resultierenden.

Die Resultierende F_r liegt dann im IV. Quadranten, wenn die Komponentenberechnung ergibt:

F_{rx} → positives Vorzeichen $(F_{rx} \geqslant 0)$
F_{ry} → negatives Vorzeichen $(F_{ry} < 0)$

$\alpha_r = 360° - \beta_r$

$$\alpha_r = 360° - \arctan \frac{|F_{ry}|}{|F_{rx}|}$$

Lösung: Wir suchen die Resultierende F_r des gegebenen Kräftesystems. Als erstes schreiben wir die gegebenen Beträge und Richtungswinkel α der Kräfte F_1, F_2 und F_3 auf.

Gegeben:

$F_1 = 15$ N $\alpha_1 = 30°$
$F_2 = 40$ N $\alpha_2 = 135°$
$F_3 = 30$ N $\alpha_3 = 280°$

Mit dem Rechner bilden wir die Produktsummen zur Berechnung der Komponenten F_{rx} und F_{ry} der Resultierenden.

$$F_{rx} = (15 \cdot \cos 30° + 40 \cdot \cos 135° + 30 \cdot \cos 280°)\ \text{N}$$
$$F_{rx} = -10{,}08\ \text{N}$$
$$F_{ry} = (15 \cdot \sin 30° + 40 \cdot \sin 135° + 30 \cdot \sin 280°)\ \text{N}$$
$$F_{ry} = +6{,}24\ \text{N}$$

Wir können auch mit einer Tabelle arbeiten, in die wir die gegebenen und berechneten Größen eintragen. Durch Addition der Spalten für F_{nx} und F_{ny} erhalten wir die beiden Komponenten F_{rx} und F_{ry} der Resultierenden F_r.

n	F_n	α_n	$F_{nx} = F_n \cos\alpha_n$	$F_{ny} = F_n \sin\alpha_n$
1	15 N	30°	+ 12,99 N	+ 7,50 N
2	40 N	135°	− 28,28 N	+ 28,28 N
3	30 N	280°	+ 5,21 N	− 29,54 N
			$F_{rx} = -10{,}08$ N	$F_{ry} = +6{,}24$ N

Mit dem Lehrsatz des Pythagoras berechnen wir den Betrag der Resultierenden.

$$F_r = \sqrt{F_{rx}^2 + F_{ry}^2} = \sqrt{(-10{,}08\ \text{N})^2 + (6{,}24\ \text{N})^2}$$
$$F_r = 11{,}855\ \text{N}$$

Die x-Komponente F_{rx} der Resultierenden hat das negative Vorzeichen, die y-Komponente F_{ry} das positive Vorzeichen. Die Resultierende F_r liegt also im II. Quadranten. Damit liegt die Gleichung zur Berechnung des Richtungswinkels α_r der Resultierenden fest.

$$\alpha_r = 180° - \arctan \frac{|F_{ry}|}{|F_{rx}|}$$
$$\alpha_r = 180° - \arctan \frac{6{,}24\ \text{N}}{10{,}08\ \text{N}}$$
$$\alpha_r = 180° - 31{,}76°$$
$$\alpha_r = 148{,}24°$$

Die rechnerischen Ergebnisse für F_r und α_r stimmen mit den zeichnerischen annähernd überein.

Arbeitsplan zur rechnerischen Ermittlung der Resultierenden:

Lageskizze mit allen gegebenen Kräften unmaßstäblich aufzeichnen. Die x und y-Komponenten eintragen.	1. Schritt
Gegebene Kraftbeträge F_1, F_2, F_3 ... und Richtungswinkel α_1, α_2, α_3 ... aufschreiben. Richtungswinkel von der positiven x-Achse von 0° bis 360° im Linksdrehsinn festlegen.	2. Schritt
Mit den Kraftbeträgen und Richtungswinkeln die Komponenten F_{rx} und F_{ry} der Resultierenden F_r berechnen.	3. Schritt
Betrag der Resultierenden F_r aus den Komponenten F_{rx} und F_{ry} berechnen (Pythagoras).	4. Schritt
Aus den Vorzeichen für die Komponenten F_{rx} und F_{ry} den Quadranten für die Resultierende F_r feststellen.	5. Schritt
Richtungswinkel α_r der Resultierenden F_r berechnen.	6. Schritt

1.2.3.3. Zeichnerische Ermittlung unbekannter Kräfte (dritte Grundaufgabe), die zeichnerische Gleichgewichtsbedingung

Aufgabe: Dasselbe Kräftesystem wie in der ersten und zweiten Grundaufgabe mit den bekannten Kräften F_1, F_2 und F_3 soll durch zwei Kräfte, F_4 und F_5, ins Gleichgewicht gesetzt werden.

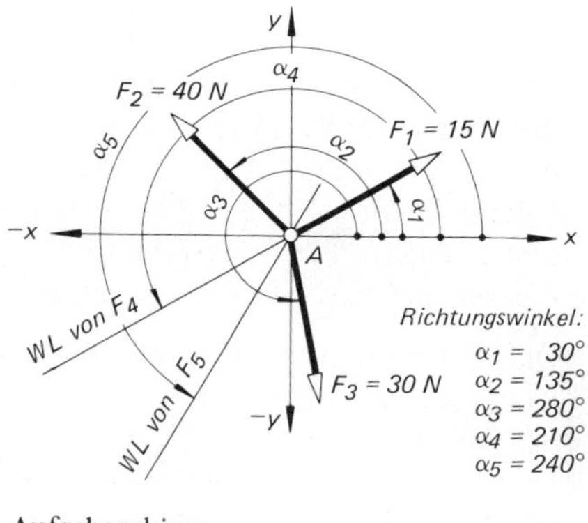

Aufgabenskizze

Annahme: Die Wirklinien der beiden Gleichgewichtskräfte F_4 und F_5 schließen mit der positiven x-Achse die Winkel $\alpha_4 = 210°$ und $\alpha_5 = 240°$ ein.

Betrag und Richtungssinn der Gleichgewichtskräfte F_4 und F_5 sollen zeichnerisch ermittelt werden.

Vorüberlegung: Ein Körper kann nur dann im Gleichgewicht sein, wenn die Resultierende *aller* an ihm wirkenden Kräfte gleich Null ist. Das bedeutet, daß im Kräfteplan Anfangs- und Endpunkt des Kräftezuges zusammenfallen. Es ergibt sich ein *geschlossener* Kräftezug.

Lösung: Wie in der ersten Grundaufgabe zeichnen wir einen Lageplan. Grundlage ist auch hier wieder ein rechtwinkliges Achsenkreuz, dessen Schnittpunkt der Zentralpunkt A des Kräftesystems ist. Durch diesen Punkt legen wir die Wirklinien *aller* Kräfte, also auch die der noch unbekannten Gleichgewichtskräfte F_4 und F_5. Wir wollen uns bemühen, die Neigungswinkel der Wirklinien so genau wie möglich anzutragen. Denn wir haben bei der ersten und zweiten Grundaufgabe gesehen, daß die zeichnerische Lösung ohnehin ungenauer ist als die rechnerische, und mangelnde Sorgfalt beim Zeichnen vergrößert den Fehler.

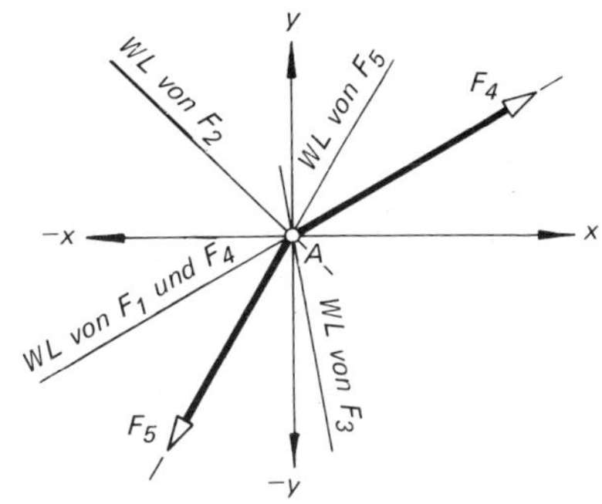

Lageplan mit allen Wirklinien

Für den Kräfteplan legen wir den Anfangspunkt A und den Kräftemaßstab fest. Wir legen eine Parallele zu einer der Wirklinien der bekannten Kräfte durch den Anfangspunkt A des Kräfteplanes und zeichnen dort die entsprechende Kraft mit der maßstabsgerechten Länge ein (z.B. F_1). In gleicher Weise verfahren wir mit den übrigen *bekannten* Kräften und erhalten wieder einen offenen Kräftezug von A nach E'. Dann legen wir zur Wirklinie von einer der beiden unbekannten Kräfte F_4 oder F_5 eine Parallele durch den Punkt E' des Kräfteplans, die dort den Kräftezug fortsetzen soll. Zur Wirklinie der anderen unbekannten Kraft zeichnen wir eine Parallele durch den Anfangspunkt A des Kräftezuges. Die beiden zuletzt gezeichneten Linien schneiden sich in einem Punkt. Sie bilden dadurch gemeinsam mit den gegebenen Kräften ein *geschlossenes* Krafteck.

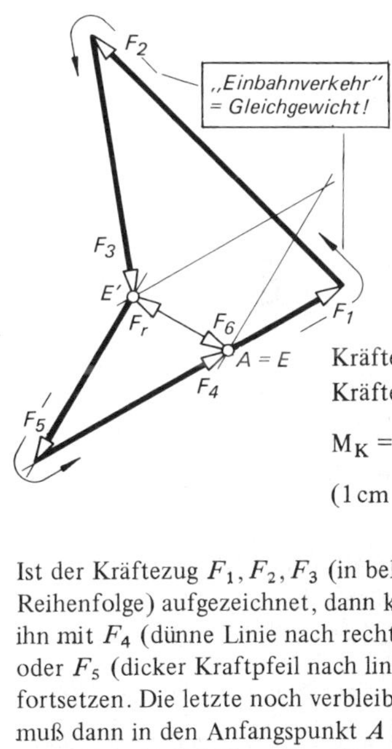

Kräfteplan
Kräftemaßstab:
$M_K = 10 \frac{N}{cm}$
($1\,cm \mathrel{\hat{=}} 10\,N$)

Ist der Kräftezug F_1, F_2, F_3 (in beliebiger Reihenfolge) aufgezeichnet, dann können wir ihn mit F_4 (dünne Linie nach rechts oben) oder F_5 (dicker Kraftpfeil nach links unten) fortsetzen. Die letzte noch verbleibende Kraft muß dann in den Anfangspunkt A zurücklaufen (Kraftpfeil F_4 nach rechts oben oder dünne Linie nach links unten). *Nur dann* wird die Resultierende gleich Null.

Der Schnittpunkt der Parallelen zu den Wirklinien von F_4 und F_5 bestimmt im Kräfteplan die Länge der Kraftpfeile F_4 und F_5. Wir können nun mit Hilfe des Kräftemaßstabes die Beträge der beiden Kräfte berechnen.

Wir messen ab: $F_4 = 2{,}4\,cm \cdot 10 \frac{N}{cm} = 24\,N$

$F_5 = 2{,}1\,cm \cdot 10 \frac{N}{cm} = 21\,N$

Der Richtungssinn ergibt sich aus der Notwendigkeit, daß der *fortlaufende* Kräftezug in seinen Anfangspunkt zurückkehrt. Alle Kräfte müssen im Sinne eines „Einbahnverkehrs" aneinandergereiht werden.

Ergebnis:
Um die Kräfte F_1, F_2, F_3 im Gleichgewicht zu halten, müssen auf ihren vorgegebenen Wirklinien die Kraft F_4 mit 24 N nach der „Einbahnverkehrs"-Regel nach ***rechts oben*** und die Kraft F_5 mit 21 N nach ***links unten*** wirken.

Die *zeichnerische Gleichgewichtsbedingung* lautet also:

> Ein zentrales Kräftesystem ist im Gleichgewicht, wenn sich das Krafteck schließt.

Hinweis: Diese Bedingung gilt auch für allgemeine Kräftesysteme, allerdings treten dann noch weitere Bedingungen hinzu (siehe 1.2.4.3).

Nachüberlegung: Die in den Kräfteplan eingezeichnete Kraft F_r ist die Resultierende der Kräfte $F_{1...3}$. Die Kraft F_6 ist die Einzelkraft, mit der das Gleichgewicht hergestellt werden könnte.

Hinweis: Wir hatten also eigentlich nur die Aufgabe zu lösen, die gegebene Kraft F_6 in zwei Komponenten mit gegebenen Wirklinien zu zerlegen.

Arbeitsplan zur zeichnerischen Ermittlung unbekannter Kräfte:

Lageplan mit den Wirklinien *aller* Kräfte einschließlich der unbekannten winkelgetreu in ein rechtwinkliges Achsenkreuz einzeichnen.	1. Schritt
Im Kräfteplan die gegebenen Kräfte maßstäblich aneinanderreihen.	2. Schritt
Die Wirklinie der einen unbekannten Kraft aus dem Lageplan in den Endpunkt des Kräftezugs im Kräfteplan parallel verschieben, die der anderen unbekannten Kraft in den Anfangspunkt.	3. Schritt
Beträge der unbekannten Kräfte abmessen.	4. Schritt
Richtungssinn nach der „Einbahnverkehrs"regel festlegen.	5. Schritt

Lehrbeispiel: Zeichnerische Bestimmung der Resultierenden F_r eines zentralen Kräftesystems

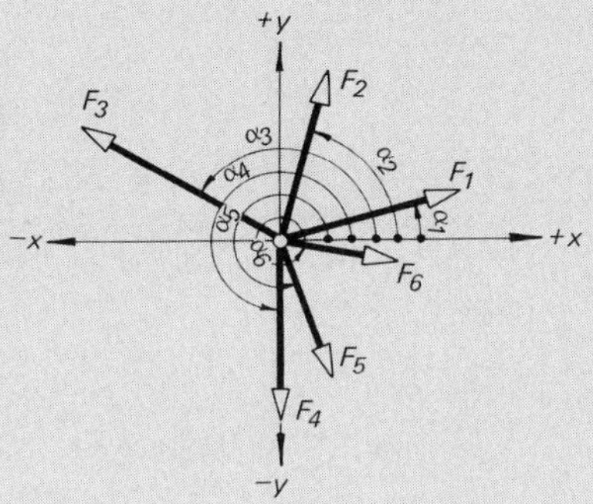

Gegebene Kräfte und Winkel:

Kräfte	Richtungswinkel α	spitzer Winkel zur x-Achse
$F_1 = 20\,N$	$\alpha_1 = 20°$	$\beta_1 = 20°$
$F_2 = 40\,N$	$\alpha_2 = 75°$	$\beta_2 = 75°$
$F_3 = 50\,N$	$\alpha_3 = 150°$	$\beta_3 = 30°$
$F_4 = 80\,N$	$\alpha_4 = 270°$	$\beta_4 = 90°$
$F_5 = 45\,N$	$\alpha_5 = 290°$	$\beta_5 = 70°$
$F_6 = 35\,N$	$\alpha_6 = 350°$	$\beta_6 = 10°$

Lösung:

Die Wirklinien der Kräfte $F_1 \ldots F_6$ werden unter den gegebenen Winkeln in den Lageplan eingezeichnet. Dann werden im Kräfteplan durch Parallelverschiebung der Wirklinien die Kräfte $F_1 \ldots F_6$ in beliebiger Reihenfolge maßstabsgerecht aneinandergereiht. Die Resultierende F_r ist dann der Pfeil vom Anfangspunkt A der ersten zum Endpunkt E der letzten Kraft.

Lageplan

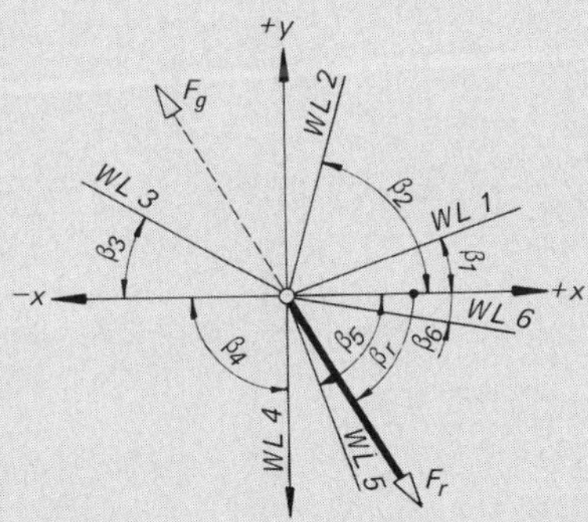

Kräfteplan

Kräftemaßstab:

$M_K = 25\,\frac{N}{cm}$

$(1\,cm \mathrel{\widehat{=}} 25\,N)$

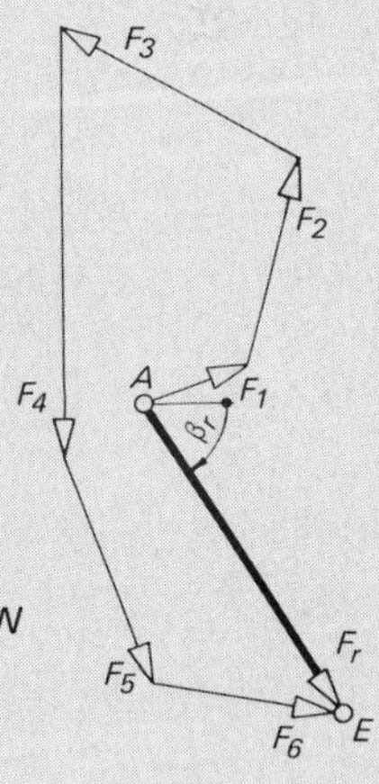

Ergebnis:

$F_r = 2{,}75\,cm \cdot 25\,\frac{N}{cm} = 68\,N$

$\beta_r = 58°$

Damit sind die Resultierende $F_r = 68\,N$ und $\beta_r = 58°$ bestimmt und F_r kann in den Lageplan übertragen werden.

(Die Gleichgewichtskraft F_g ist gleich F_r, nur entgegengesetzt gerichtet.)

Lehrbeispiel: Rechnerische Bestimmung der Resultierenden F_r eines zentralen Kräftesystems

Gegebene Kräfte und Winkel wie im vorigen Lehrbeispiel.
Zur besseren Kontrolle kann eine Tabelle angelegt werden.

n	F_n	α_n	$F_{nx} = F_n \cos\alpha_n$	$F_{ny} = F_n \sin\alpha_n$
1	20 N	20°	+ 18,794 N	+ 6,840 N
2	40 N	75°	+ 10,353 N	+ 38,637 N
3	50 N	150°	− 43,301 N	+ 25,0 N
4	80 N	270°	−	− 80,0 N
5	45 N	290°	+ 15,391 N	− 42,286 N
6	35 N	350°	+ 34,468 N	− 6,078 N
			$F_{rx} = +35{,}705$ N	$F_{ry} = -57{,}886$ N

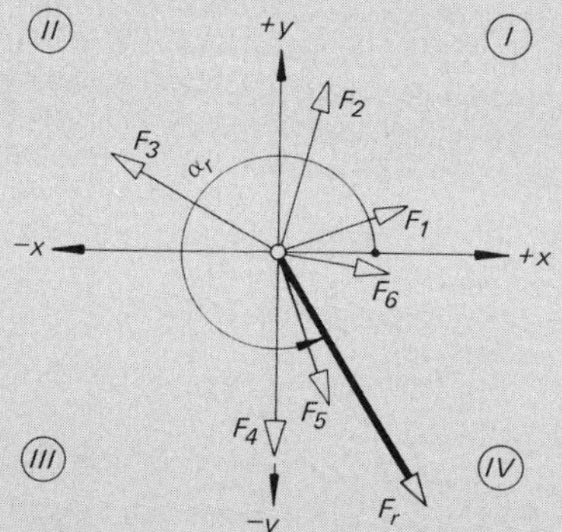

Lageskizze

$$F_{rx} = \Sigma F_{nx} = F_{1x} + F_{2x} + F_{3x} + \ldots + F_{6x} = +35{,}705\ \text{N}$$
$$F_{ry} = \Sigma F_{ny} = F_{1y} + F_{2y} + F_{3y} + \ldots + F_{6y} = -57{,}886\ \text{N}$$

Jetzt kann F_r berechnet werden:

$$F_r = \sqrt{F_{rx}^2 + F_{ry}^2} = \sqrt{(+35{,}705\ \text{N})^2 + (-57{,}886\ \text{N})^2} = 68{,}01\ \text{N}$$

F_{rx} hat positives Vorzeichen, F_{ry} negatives. Damit liegt die Gleichung zur Berechnung des Richtungswinkels α_r fest:

$$\alpha_r = 360° - \arctan\frac{|F_{ry}|}{|F_{rx}|} = 360° - \arctan\frac{57{,}866\ \text{N}}{35{,}705\ \text{N}} = 301{,}7°$$

1.2.3.4. Rechnerische Ermittlung unbekannter Kräfte (vierte Grundaufgabe), die rechnerischen Gleichgewichtsbedingungen

Aufgabe: Dieselben Gleichgewichtskräfte F_4 und F_5 wie in der 3. Grundaufgabe sollen jetzt rechnerisch ermittelt werden, und zwar wieder – wie in der 2. Grundaufgabe – nach der analytischen Methode, d. h. durch Kräftezerlegung.

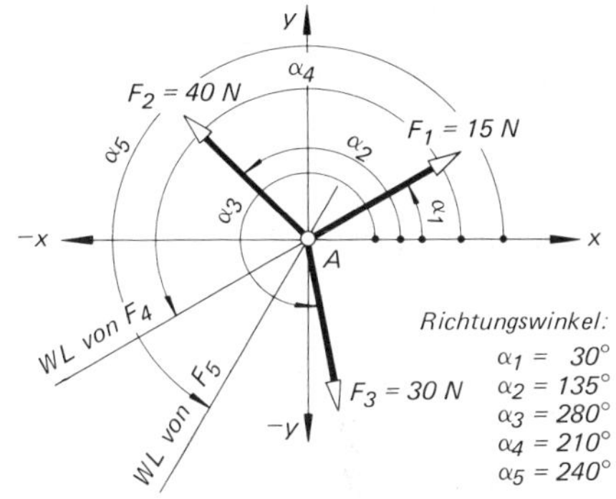

Aufgabenskizze

Lösung: Wir zeichnen eine unmaßstäbliche Lageskizze mit allen Kräften. Für die gesuchten Kräfte F_4 und F_5 nehmen wir den Richtungssinn an und zeichnen z. B. nach links unten gerichtete Kraftpfeile ein.

Ob die Richtungsannahme richtig oder falsch war, stellt sich bei der späteren Rechnung heraus.

In der Lageskizze zerlegen wir alle Kräfte in ihre x- und y-Komponenten.

Die spätere Rechnung wird übersichtlicher und einfacher, wenn wir zunächst das System der gegebenen Kräfte auf die gleiche Weise reduziere wie bei der Ermittlung der Resultierenden.

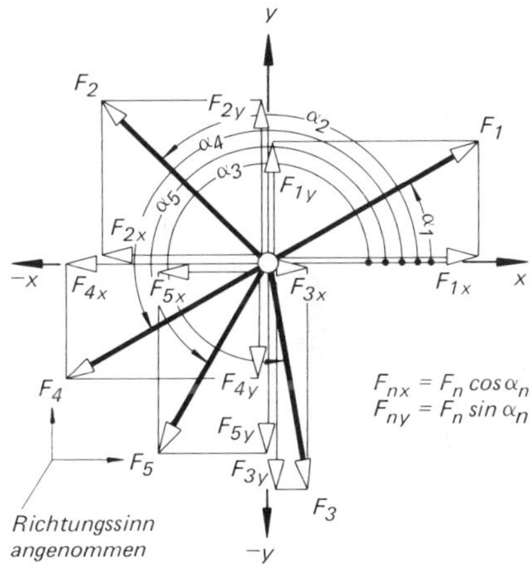

Lageskizze zur rechnerischen Lösung

Die resultierende x-Komponente der gegebenen Kräfte ist die Produktsumme aus den Kraftbeträgen und den Kosinusfunktionen der Richtungswinkel.

Der Taschenrechner liefert uns das Ergebnis.

$$\Sigma F_{nx} = F_1 \cos\alpha_1 + F_2 \cos\alpha_2 + F_3 \cos\alpha_3$$
$$\Sigma F_{nx} = -10{,}08\ \text{N}$$

Die resultierende y-Komponente der gegebenen Kräfte erhalten wir auf gleiche Weise mit den Sinusfunktionswerten.

$$\Sigma F_{ny} = F_1 \sin\alpha_1 + F_2 \sin\alpha_2 + F_3 \sin\alpha_3$$
$$\Sigma F_{ny} = +6{,}24\ \text{N}$$

Wir haben diese vorbereitenden Rechnungen nur durchgeführt, weil das System aus drei gegebenen Kräften besteht.

Hinweis: Bei nur einer gegebenen Kraft gehen wir so vor, wie in der folgenden Übung im Abschnitt 1.2.3.5.

Den Ansatz zur rechnerischen Lösung geben uns nun die *rechnerischen Gleichgewichtsbedingungen:*

> Ein zentrales Kräftesystem ist im Gleichgewicht, wenn
> die Summe aller Kräfte in x-Richtung und
> die Summe aller Kräfte in y-Richtung
> gleich Null ist.

Wir setzen die Summe aller Kräfte (Komponenten) in Richtung der x-Achse und in Richtung der y-Achse gleich Null. Damit erhalten wir ein Gleichungssystem mit zwei Unbekannten, das wir schrittweise nach diesen Unbekannten auflösen.

Ergibt sich für eine der unbekannten Kräfte oder für beide ein negatives Vorzeichen, war der in der Lageskizze angenommene Richtungssinn falsch. Der errechnete Betrag ist richtig, nur wirkt die Kraft im entgegengesetzten Sinne als angenommen.
Hat die zuerst errechnete Kraft ein Minus-Vorzeichen, muß es in der weiteren Rechnung mitgeführt werden.

Im Ergebnis müssen wir also ein Minuszeichen dadurch berücksichtigen, daß wir den ursprünglich in der Lageskizze angenommenen Richtungssinn für die betreffende Kraft umkehren.

$$\text{I. } \Sigma F_x = 0 = \Sigma F_{nx} + F_4 \cos\alpha_4 + F_5 \cos\alpha_5$$
$$\text{II. } \Sigma F_y = 0 = \Sigma F_{ny} + F_4 \sin\alpha_4 + F_5 \sin\alpha_5$$

Beide Gleichungen nach F_4 aufgelöst und gleichgesetzt ergibt eine Gleichung für F_5:

$$\text{I. } F_4 = \frac{-\Sigma F_{nx} - F_5 \cos\alpha_5}{\cos\alpha_4}$$

$$\text{II. } F_4 = \frac{-\Sigma F_{ny} - F_5 \sin\alpha_5}{\sin\alpha_4}$$

$$-\Sigma F_{nx} \sin\alpha_4 - F_5 \cos\alpha_5 \sin\alpha_4$$
$$= -\Sigma F_{ny} \cos\alpha_4 - F_5 \sin\alpha_5 \cos\alpha_4$$

$$F_5 (\cos\alpha_5 \sin\alpha_4 - \sin\alpha_5 \cos\alpha_4)$$
$$= \Sigma F_{ny} \cos\alpha_4 - \Sigma F_{nx} \sin\alpha_4$$

$$F_5 = \frac{\Sigma F_{ny} \cos\alpha_4 - \Sigma F_{nx} \sin\alpha_4}{\cos\alpha_5 \sin\alpha_4 - \sin\alpha_5 \cos\alpha_4}$$

$$F_5 = \frac{6{,}24\,\text{N} \cdot \cos 210^\circ - (-10{,}08\,\text{N}) \cdot \sin 210^\circ}{\cos 240^\circ \cdot \sin 210^\circ - \sin 240^\circ \cdot \cos 210^\circ}$$

$$F_5 = 20{,}888\,\text{N}$$

Mit F_5 kann nun F_4 nach Gleichung I bestimmt werden:

$$F_4 = \frac{-\Sigma F_{nx} - F_5 \cos\alpha_5}{\cos\alpha_4}$$

$$F_4 = \frac{-(-10{,}08\,\text{N}) - 20{,}888\,\text{N} \cdot \cos 240^\circ}{\cos 210^\circ} = -23{,}699\,\text{N}$$

Ergebnis:
Um Gleichgewicht zu erreichen, muß auf den vorgegebenen Wirklinien die Kraft F_4 mit 23,699 N nach rechts oben, die Kraft F_5 mit 20,888 N nach links unten wirken.

Arbeitsplan zur rechnerischen Ermittlung unbekannter Kräfte:

Lageskizze mit allen gegebenen und gesuchten Kräften zeichnen, dabei den Richtungssinn der gesuchten Kräfte willkürlich annehmen.	1. Schritt
Die x- und y-Komponenten aller Kräfte in die Lageskizze eintragen.	2. Schritt
Gleichgewichtsbedingungen mit Hilfe der Lageskizze ansetzen ($\Sigma F_x = 0$, $\Sigma F_y = 0$). Bei mehreren gegebenen Kräften vorher ΣF_{nx} und ΣF_{ny} berechnen.	3. Schritt
Gleichungssystem auflösen und unbekannte Kräfte berechnen.	4. Schritt
Bei negativem Betrag für eine berechnete Kraft den angenommenen Richtungssinn umkehren.	5. Schritt

1.2.3.5. Übung zur dritten und vierten Grundaufgabe

Aufgabe: Eine Walze liegt in einer unsymmetrischen prismatischen Nut. Sie wird in ihrem höchsten Punkt mit einer senkrecht wirkenden Kraft F_1 = 800 N belastet.

Die Stützkräfte an ihren Auflagepunkten sollen zeichnerisch und rechnerisch ermittelt werden. Die Gewichtskraft der Walze soll vernachlässigt werden.

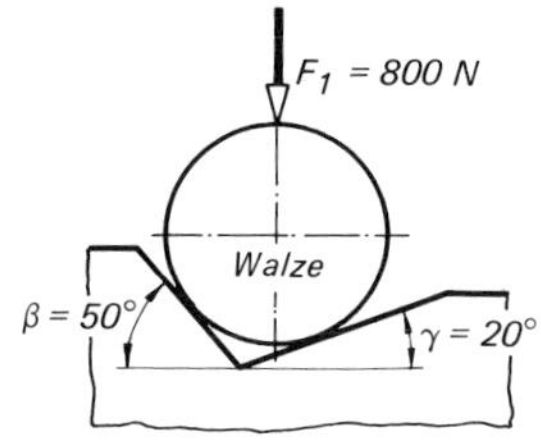

Aufgabenskizze

a) Zeichnerische Lösung

Um *alle* Kräfte zu erkennen, die auf die Walze wirken, müssen wir sie freimachen. Nach der Regel 4 (Seite 14) wirken auf die Walze an den Auflagepunkten nur Radialkräfte, weil sie ruht.

Wir zeichnen den Lageplan der freigemachten Walze mit den Wirklinien der drei Kräfte F_1, F_2 und F_3 und erkennen, daß der Walzenmittelpunkt als gemeinsamer Schnittpunkt aller Wirklinien der Zentralpunkt des Kräftesystems ist.

1. Schritt

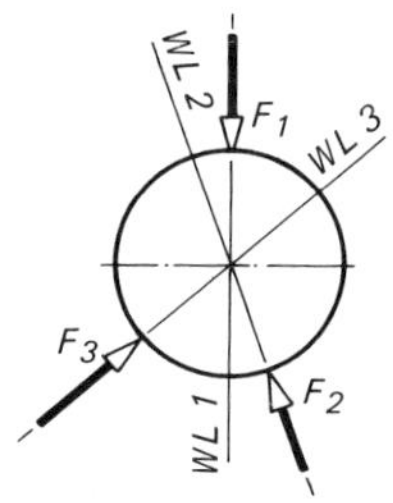

Lageplan

Wir müssen nun aus den Kräften F_1, F_2 und F_3 ein geschlossenes Krafteck zeichnen. Dazu tragen wir im Kräfteplan die bekannte Kraft F_1 maßstäblich und mit dem richtigen Richtungssinn ein.

2. Schritt

Dann konstruieren wir das geschlossene Krafteck durch Parallelverschiebung der Wirklinien der Kräfte F_2 und F_3 aus dem Lageplan in den Kräfteplan. Dabei ergibt sich entweder das dick oder das dünn ausgezogene Dreieck; beide sind richtig.

3. Schritt

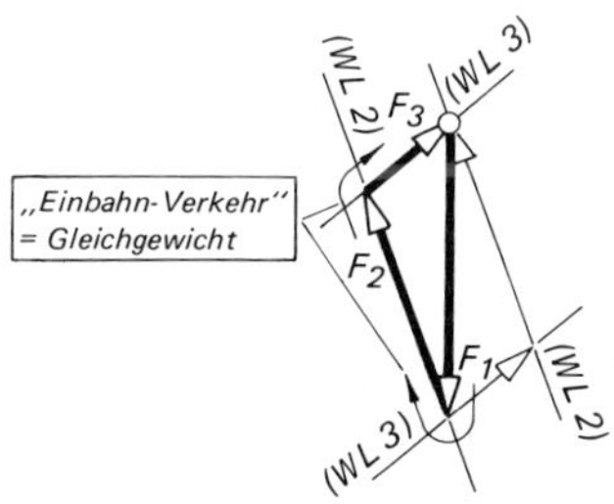

Kräfteplan mit geschlossenem Krafteck

Kräftemaßstab: $M_K = 400 \frac{N}{cm}$ (1 cm ≙ 400 N)

Aus der Länge der Kraftpfeile F_2 und F_3 berechnen wir mit Hilfe des festgelegten Kräftemaßstabes die Beträge der beiden Kräfte.

4. Schritt

Wir messen ab:

$$F_2 = 1{,}65\ \text{cm} \cdot 400\ \frac{N}{cm} = 660\ N$$

$$F_3 = 0{,}72\ \text{cm} \cdot 400\ \frac{N}{cm} = 290\ N$$

Der Richtungssinn der Kräfte F_2 und F_3 ergibt sich aus der Bedingung des *fortlaufenden* geschlossenen Kräftezuges (Einbahnverkehrs-Regel).

5. Schritt

Ergebnis:
Die Stützkraft am rechten Auflagepunkt wirkt mit 660 N nach links oben, die am linken mit 290 N nach rechts oben.

b) Rechnerische Lösung nach der analytischen Methode

1. Schritt

Wir zeichnen die Lageskizze der freigemachten Walze mit den drei angreifenden Kräften F_1, F_2 und F_3, berechnen die zugehörigen Richtungswinkel α_1, α_2, α_3 und tragen sie in die Skizze ein.

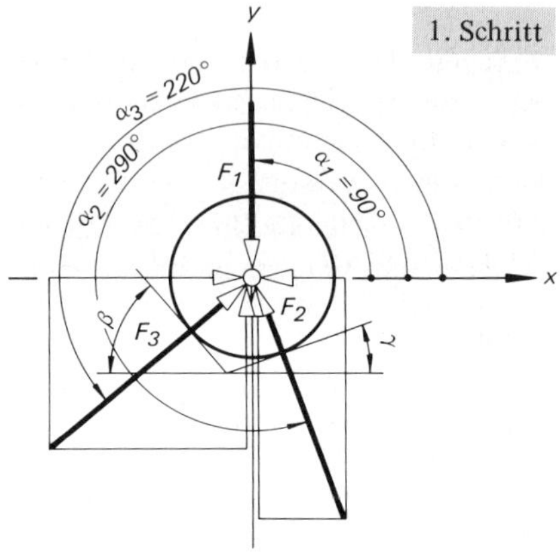

2. Schritt

Wir setzen nun die beiden rechnerischen Gleichgewichtsbedingungen für das zentrale Kräftesystem mit den Kräften aus der Lageskizze an.

$$\text{I. } \Sigma F_x = 0 = F_1 \cos\alpha_1 + F_2 \cos\alpha_2 + F_3 \cos\alpha_3$$
$$\text{II. } \Sigma F_y = 0 = F_1 \sin\alpha_1 + F_2 \sin\alpha_2 + F_3 \sin\alpha_3$$

3. Schritt

Der Ansatz ergibt ein Gleichungssystem mit den beiden Unbekannten F_2 und F_3, das wir nach den Regeln der Gleichungslehre lösen, hier z.B. mit dem Gleichsetzungsverfahren:

$$F_3 = \frac{-F_1 \cos\alpha_1 - F_2 \cos\alpha_2}{\cos\alpha_3} = \frac{-F_1 \sin\alpha_1 - F_2 \sin\alpha_2}{\sin\alpha_3}$$

$$-F_1 \cos\alpha_1 \sin\alpha_3 - F_2 \cos\alpha_2 \sin\alpha_3 = -F_1 \sin\alpha_1 \cos\alpha_3 - F_2 \sin\alpha_2 \cos\alpha_3$$

$$F_2 \underbrace{(\sin\alpha_2 \cos\alpha_3 - \cos\alpha_2 \sin\alpha_3)}_{\sin(\alpha_2 - \alpha_3)} = F_1 \underbrace{(\cos\alpha_1 \sin\alpha_3 - \sin\alpha_1 \cos\alpha_3)}_{\sin(\alpha_3 - \alpha_1)}$$

$$F_2 = F_1 \frac{\sin(\alpha_3 - \alpha_1)}{\sin(\alpha_2 - \alpha_3)} = 800\,\text{N} \cdot \frac{\sin(220° - 90°)}{\sin(290° - 220°)} = 652\,\text{N}$$

$$F_3 = \frac{-F_1 \cos\alpha_1 - F_2 \cos\alpha_2}{\cos\alpha_3} = \frac{-800\,\text{N} \cdot \cos 90° - 652\,\text{N} \cdot \cos 290°}{\cos 220°} = 291\,\text{N}$$

4. Schritt

Da sich beide Kräfte positiv ergeben, war der angenommene Richtungssinn richtig.

Die Kraft F_2 wirkt nach links oben, die Kraft F_3 nach rechts oben.

c) Rechnerische Lösung nach der trigonometrischen Methode

Ergeben sich bei der Lösung von Statikaufgaben Kraftecke in Dreiecksform, so ist deren trigonometrische Auswertung oft der einfachste Lösungsweg. Bei rechtwinkligen Kraft-Dreiecken reichen die *Winkelfunktionen* aus, bei schiefwinkligen Kraft-Dreiecken, wie in der vorliegenden Aufgabe, sind darüber hinaus *Sinussatz* oder *Kosinussatz* erforderlich.

Hinweis: Über die trigonometrische Auswertung von Kraft-Dreiecken beliebiger Form sollte eingehender im Fach Mathematik gesprochen werden, wenn die erforderlichen trigonometrischen Kenntnisse vorhanden sind. Dann lassen sich die unterschiedlichen Aufgaben mit Verständnis bewältigen.

Wie in allen Fällen der Lösung nach der trigonometrischen Methode zeichnen wir auch für unsere Aufgabe zuerst eine unmaßstäbliche Krafteckskizze, in die wir alle Winkel sowie die Kräfte als Seitenlängen des Dreiecks eintragen. Der noch fehlende Winkel δ ergibt sich hier aus der Bedingung, daß die Winkelsumme $\gamma + \beta + \delta = 180°$ betragen muß: $\delta = 180° - (\gamma + \beta) = 110°$.

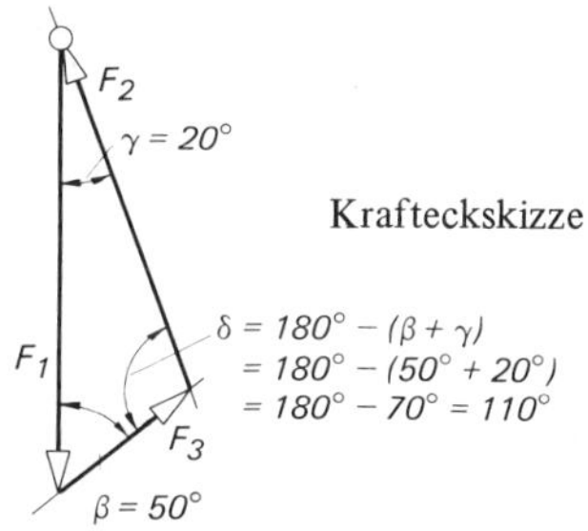

Krafteck nach Seite 32, 3. Schritt, dünn ausgezogenes Dreieck

Da alle drei Winkel und eine Seite des Dreiecks bekannt sind, können wir mit dem Sinussatz die beiden noch fehlenden Seitenlängen berechnen. Das sind hier die Kräfte F_2 und F_3.

$$\frac{F_3}{\sin\gamma} = \frac{F_2}{\sin\beta} = \frac{F_1}{\sin\delta}$$

Sinussatz mit den Bezeichnungen aus der Krafteckskizze

Aus der Gleichung $F_3/\sin\gamma = F_1/\sin\delta$ erhalten wir die noch unbekannte Kraft F_3.
Auf dem gleichen Wege erhalten wir aus $F_2/\sin\beta = F_1/\sin\delta$ die noch fehlende Kraft F_2.

$$F_3 = F_1 \frac{\sin\gamma}{\sin\delta} = 800\,\text{N} \cdot \frac{\sin 20°}{\sin 110°} = 291\,\text{N}$$

$$F_2 = F_1 \frac{\sin\beta}{\sin\delta} = 800\,\text{N} \cdot \frac{\sin 50°}{\sin 110°} = 652\,\text{N}$$

Der Richtungssinn der Kräfte ergibt sich aus dem Umfahrungssinn des Kraftecks (Einbahnverkehr).

Wir finden auch hier dasselbe Ergebnis wie vorher.

1.2.4. Die vier Grundaufgaben der Statik im allgemeinen Kräftesystem

1.2.4.1. Zeichnerische Ermittlung der Resultierenden (fünfte Grundaufgabe), das Seileckverfahren

Aufgabe: Ein gegebenes allgemeines Kräftesystem soll reduziert werden, d. h. seine Resultierende F_r ist nach Betrag, Lage und Richtungssinn zu bestimmen. Der nebenstehende maßstäbliche Lageplan enthält auch die Kräfte maßstabsgerecht, d. h. die Länge der Kraftpfeile entspricht den Beträgen der Kräfte.

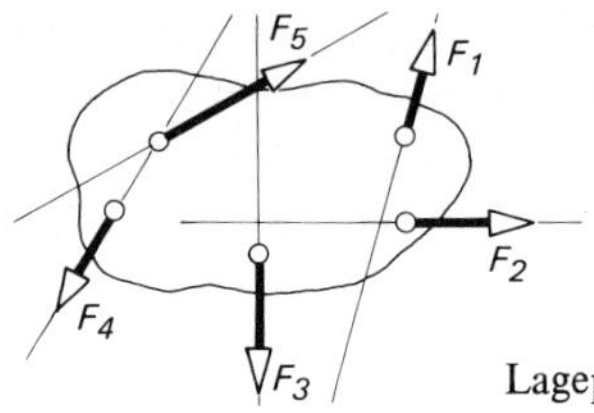

Lageplan

Vorüberlegung: Da die Wirklinien der Kräfte keinen gemeinsamen Schnittpunkt haben, können wir auch nicht voraussagen, *wo* die Wirklinie der Resultierenden liegt. Das ist neu gegenüber dem zentralen Kräftesystem (siehe 1.2.3.1).

Es gibt zwei Lösungsmöglichkeiten:

Hinweis: Ein allgemeines Kräftesystem hat *keinen* Zentralpunkt.

a) Wiederholte Parallelogrammkonstruktion

Wir fassen zwei Kräfte zu einer Zwischenresultierenden zusammen, diese wieder mit einer günstig liegenden dritten Kraft zur nächsten Zwischenresultierenden und so fort, bis sämtliche Kräfte schrittweise durch Parallelogrammzeichnung erfaßt sind und damit die Gesamtresultierende des Kräftesystems gefunden worden ist. Lage- und Kräfteplan werden hier also zusammengefaßt.

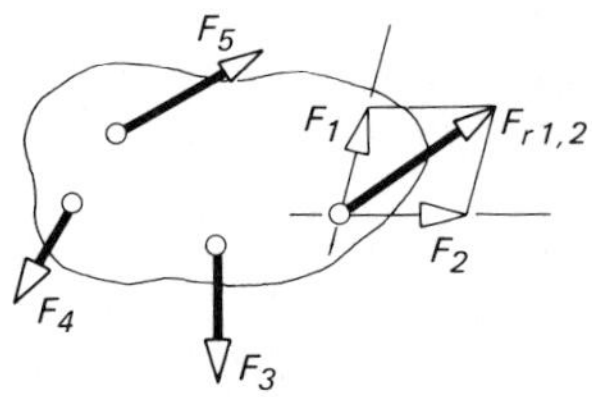

Im nebenstehenden Beispiel haben wir F_1 und F_2 zur Zwischenresultierenden $F_{r1,2}$, diese dann mit F_3 zur neuen Zwischenresultierenden $F_{r1,2,3}$ zusammengesetzt und so fort.

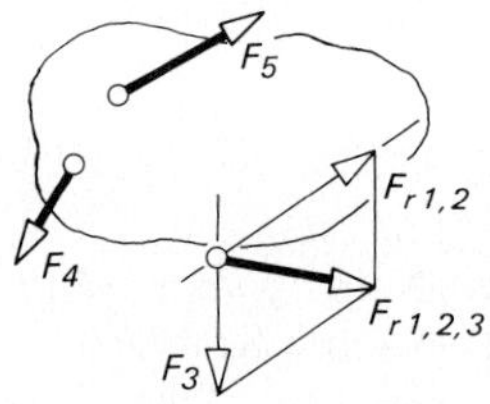

Wir hätten auch jede andere Reihenfolge wählen können, um zum selben Ergebnis zu kommen:

Die Reihenfolge der Kräfte ist beliebig. Vergleiche mit dem Kräfteplan S. 23.

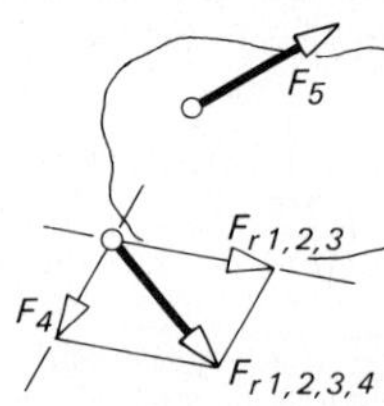

Das Verfahren ist umständlich und versagt ganz, wenn die Kräfte sich nicht auf der Zeichenebene zum Schnitt bringen lassen wie bei parallelen oder annähernd parallelen Kräften. Gerade dieser Fall kommt aber in der Technik häufig vor, so daß wir meist das folgende Verfahren benutzen werden.

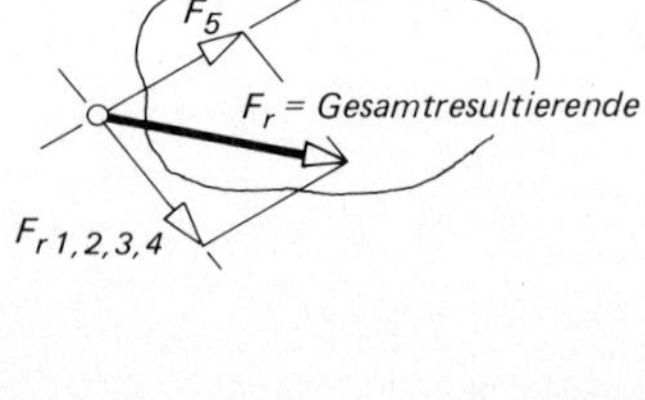

b) Das Seileckverfahren

Aufgabe: Für das dargestellte Kräftesystem soll die Resultierende F_r nach Betrag, Lage und Richtungssinn zeichnerisch ermittelt werden.

Die drei gegebenen Kräfte $F_1 = 55$ N, $F_2 = 25$ N und $F_3 = 40$ N sind im Lageplan maßstäblich gezeichnet.

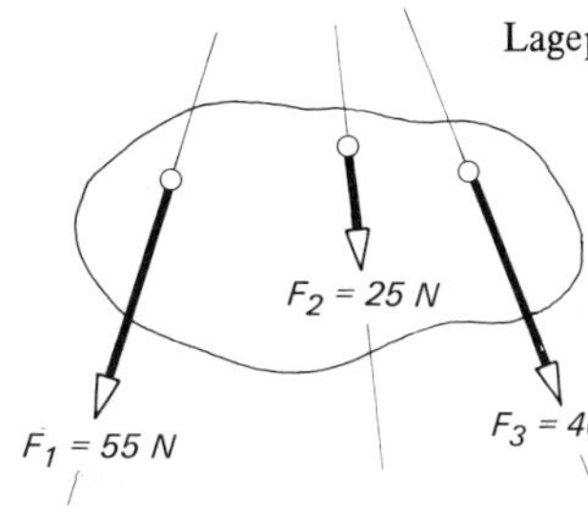

Lageplan

Lösung: Aus dem Lageplan entwickeln wir in der bekannten Weise durch Parallelverschiebung der Wirklinien der Kräfte $F_1 \ldots F_3$ den Kräfteplan. Dazu reihen wir wie in der 1. Grundaufgabe die drei Kräfte in beliebiger Reihenfolge maßstäblich und richtungsgemäß aneinander und zeichnen die Resultierende F_r als Verbindungslinie vom Anfangspunkt der ersten zum Endpunkt der letzten Kraft.

Damit kennen wir den *Betrag*, den *Richtungssinn* und den *Neigungswinkel* der Resultierenden. Ihre *Lage* können wir aber nur im Lageplan bestimmen.

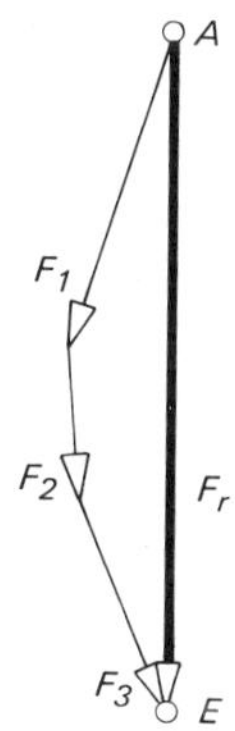

Kräfteplan

Kräftemaßstab:

$M_K = 25 \frac{\text{N}}{\text{cm}}$

(1 cm ≙ 25 N)

Wir messen ab:
$F_r = 4{,}6$ cm; das entspricht einer Kraft $F_r = 115$ N, die nach unten gerichtet ist.

Der Kunstgriff beim Seileckverfahren besteht darin, daß man im Kräfteplan jede Kraft in 2 Komponenten zerlegt und zwar derart, daß sich alle Komponenten in einem Punkt – dem Pol P – treffen. Dabei kann der Pol P beliebig gewählt werden. Es wird

F_1 zerlegt in die Komponenten S_0 und S_1,
F_2 zerlegt in die Komponenten $-S_1$ und S_2,
F_3 zerlegt in die Komponenten $-S_2$ und S_3.

Die Teilkräfte S_1 und $-S_1$, S_2 und $-S_2$ ... sind jeweils gleich groß und gegensinnig, heben sich also auf. Damit bleiben nur noch Anfangs- und Endkomponente S_0 und S_3 im Kräfteplan übrig. Dies sind die Komponenten der Resultierenden F_r.

In gleicher Weise geht man im Lageplan vor.

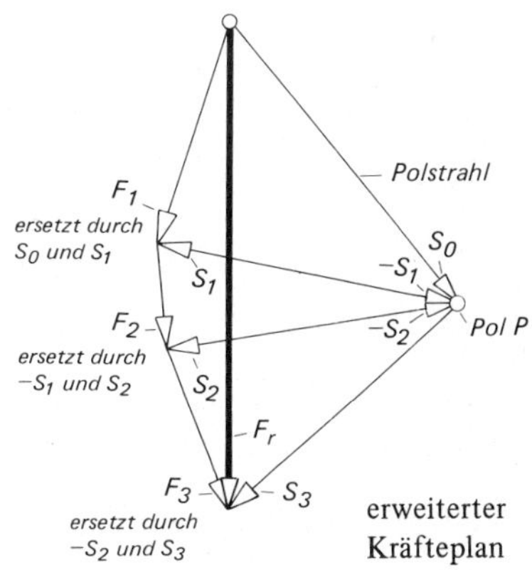

erweiterter Kräfteplan

Man zerlegt – ohne Berücksichtigung des Betrages – die Kraft

F_1 wieder in S_0 und S_1 auf WL1, (Richtungen
F_2 wieder in $-S_1$ und S_2 auf WL2, aus dem
F_3 wieder in $-S_2$ und S_3 auf WL3, Kräfteplan!)

und zwar so, daß die Wirklinien der Komponenten S_1 und $-S_1$ bzw. S_2 und $-S_2$ zusammenfallen. Zerlegungspunkt I ist beliebig, die folgenden ergeben sich. Es heben sich also auch im Lageplan S_1 und $-S_1$, S_2 und $-S_2$ wieder auf, und es bleiben nur noch die Komponenten S_0 und S_3 übrig. Dies sind die Komponenten der Resultierenden F_r (siehe Kräfteplan). Der Schnittpunkt ihrer Wirklinien muß ein Punkt der Wirklinie der Resultierenden sein (S). Damit ist auch deren *Lage* am Körper bestimmt.

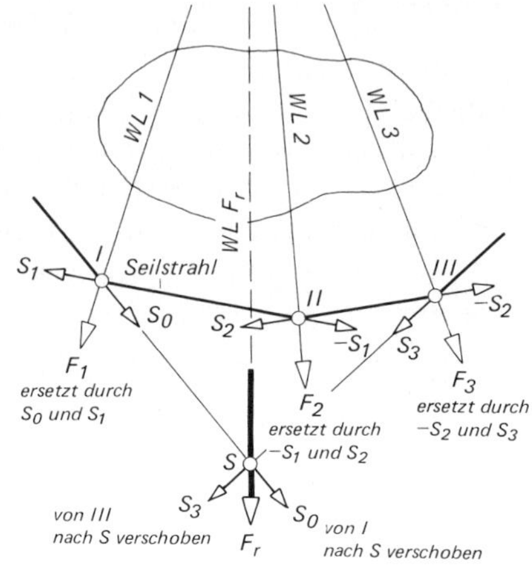

Ergebnis:
Die Resultierende wirkt mit 115 N auf der gefundenen Wirklinie nach unten.

Man bezeichnet die Kräfte S_0, S_1, $-S_1$, S_2 ... im Kräfteplan als *Polstrahlen,* im Lageplan dagegen als *Seilstrahlen.*

Bei der praktischen Arbeit mit dem Seileckverfahren zeichnen wir Pol- und Seilstrahlen nur als einfache Geraden, also ohne Pfeile, und bezeichnen sie mit 0, 1, 2, ... (siehe Lehrbeispiel S. 41).

Beachte: Zu jedem Seilstrahlenschnittpunkt I, II, III ... im Lageplan gehört ein Polstrahlendreieck im Kräfteplan. Bringen Sie stets die richtigen Seilstrahlen auf der richtigen Wirklinie zum Schnitt, also S_0 und S_1 auf WL1, $-S_1$ und S_2 auf WL2 usf. Die zusammengehörigen Seilstrahlen zeigt der Kräfteplan.

Der Linienzug, gebildet durch die Schnittpunkte der Teilkräfte (I, II, III ...), heißt *Seileck,* weil ein zwischen den Kräften ausgespanntes Seil im Gleichgewicht ist und in den einzelnen Seilabschnitten die Seilkräfte S_0, S_1 usw. auftreten.

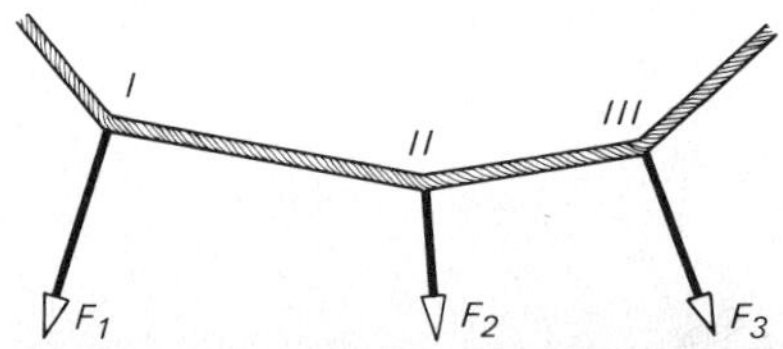

Arbeitsplan zum Seileckverfahren:

Lageplan des freigemachten Bauteils zeichnen.	1. Schritt
Einzelkräfte durch Krafteckzeichnung zu F_r vereinigen.	2. Schritt
Pol P beliebig wählen und Polstrahlen im Kräfteplan zeichnen.	3. Schritt
Seilstrahlen im Lageplan zeichnen (durch Parallelverschiebung der Polstrahlen aus dem Kräfteplan); Anfangspunkt I beliebig.	4. Schritt
Anfangs- und Endseilstrahl zum Schnitt bringen.	5. Schritt
Schnittpunkt S der Seilzugenden ergibt *Lage* von F_r im Lageplan, *Betrag* und *Richtungssinn* aus dem Kräfteplan.	6. Schritt

Lehrbeispiel: Seileckverfahren, Zusammensetzung zweier Parallelkräfte

a) Die Kräfte sind parallel, gleichsinnig, gleich groß:

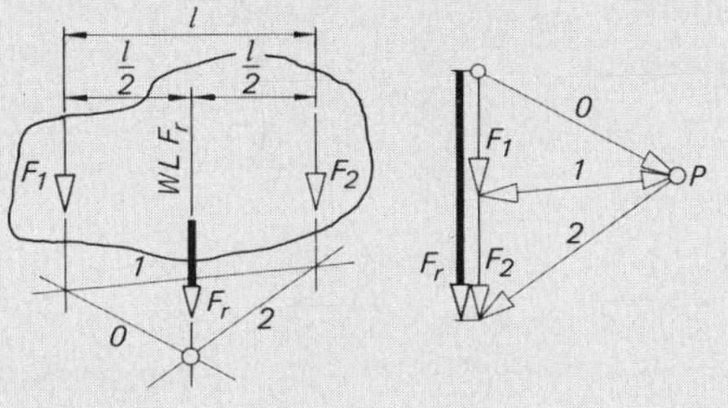

Lösung:

$F_r = F_1 + F_2$

Die Wirklinie der Resultierenden liegt auf halbem Abstand zwischen den Kräften.

b) Die Kräfte sind parallel, gleichsinnig, ungleich groß:

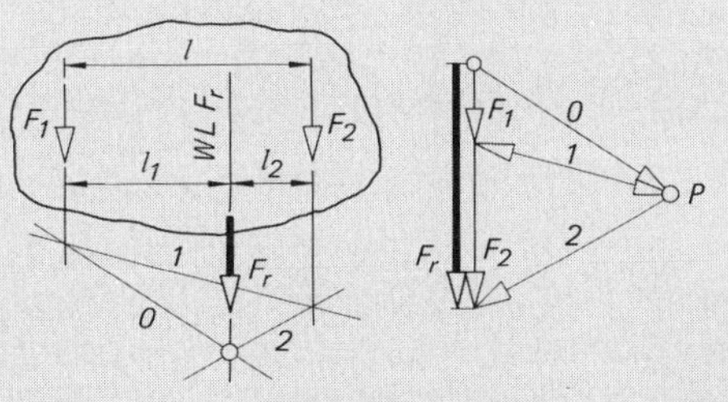

Lösung:

$F_r = F_1 + F_2$

Die Wirklinie der Resultierenden teilt den Abstand l im umgekehrten Verhältnis der Kräfte F_1 und F_2.

c) Die Kräfte sind parallel, gegensinnig, ungleich groß:

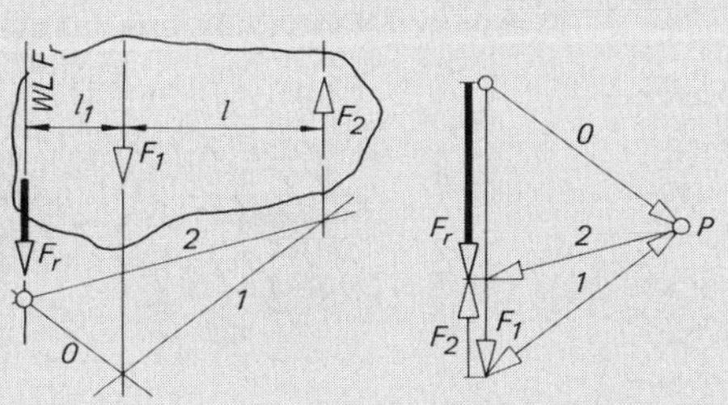

Lösung:

$F_r = F_1 - F_2$

Beachte:
Die Wirklinie der Resultierenden liegt nicht zwischen den beiden Wirklinien von F_1 und F_2.

d) Die Kräfte sind parallel, gegensinnig, gleich groß:

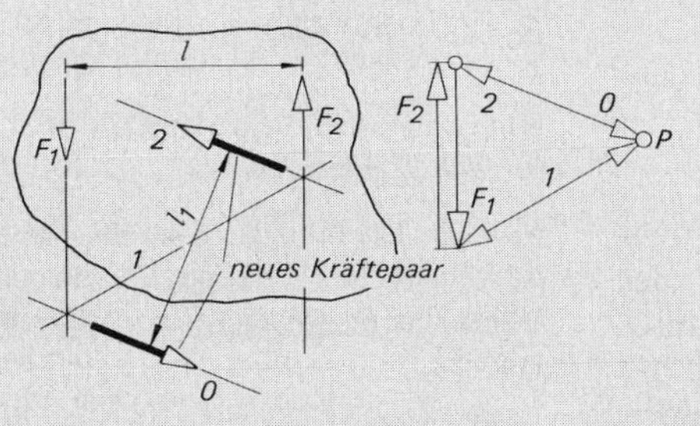

Lösung:

$F_r = F_1 - F_2 = 0$

Die Zusammensetzung liefert keine Resultierende, sondern zwei gleich große gegensinnig parallele Kräfte (0 und 2) mit anderer Lage und anderem Abstand.

1.2.4.2. Rechnerische Ermittlung der Resultierenden (sechste Grundaufgabe), der Momentensatz

Aufgabe: Für das in der Lageskizze dargestellte Kräftesystem soll die Resultierende nach Betrag, Lage und Richtungssinn rechnerisch ermittelt werden. Die Wirklinien der Kräfte liegen parallel, weil dieser Fall die größere praktische Bedeutung hat und der Lösungsgang übersichtlicher wird.

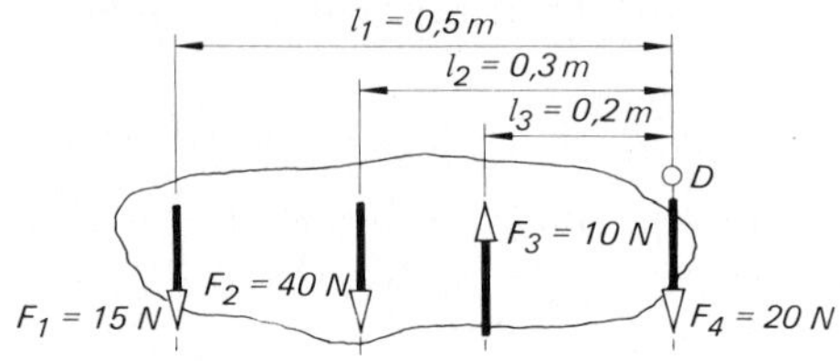

Vorüberlegung: *Betrag, Neigungswinkel* und *Richtungssinn* der Resultierenden können wir auf dieselbe Weise berechnen wie in der 2. Grundaufgabe. Damit haben wir zugleich Klarheit über die *Verschiebe*wirkung des Kräftesystems.

$$F_{rx} = \Sigma F_{nx} \qquad F_{ry} = \Sigma F_{ny}$$

$$F_r = \sqrt{F_{rx}^2 + F_{ry}^2} \qquad \alpha_r = \arctan \frac{|F_{ry}|}{|F_{rx}|}$$

Die Resultierende muß aber auch die gleiche *Dreh*wirkung wie das Kräftesystem haben, und davon hängt ihre *Lage* ab. Diese Erkenntnis ist im *Momentensatz* festgelegt:

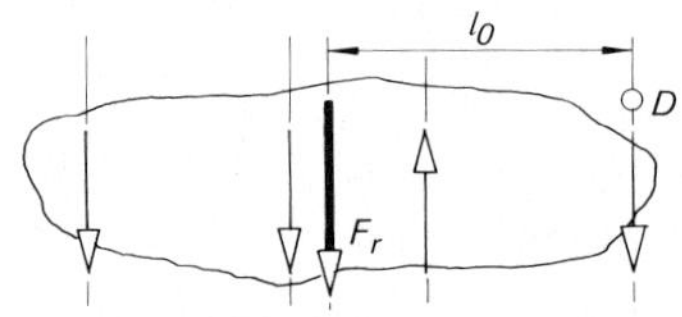

> Das Kraftmoment M_r der Resultierenden, bezogen auf einen beliebigen Punkt *D*, ist gleich der Summe der Kraftmomente der Einzelkräfte in bezug auf denselben Punkt.

$$M_r \;= M_1 + M_2 + M_3 + \ldots + M_n$$
$$F_r l_0 = F_1 l_1 + F_2 l_2 + F_3 l_3 + \cdots + F_n l_n$$

Momentensatz

Beachte: Vorzeichen entsprechend dem Drehsinn einsetzen (links +, rechts −)!

Lösung: Wir zeichnen eine unmaßstäbliche *Lageskizze*, in die wir alle gegebenen Kräfte und alle bekannten Abstandsmaße eintragen. In der Lageskizze legen wir einen Momentenbezugspunkt *D* für den Ansatz des Momentensatzes fest, und zwar zweckmäßig auf der Wirklinie einer gegebenen Kraft, weil deren Kraftmoment dann Null wird und nicht mit in die Rechnung eingeht.

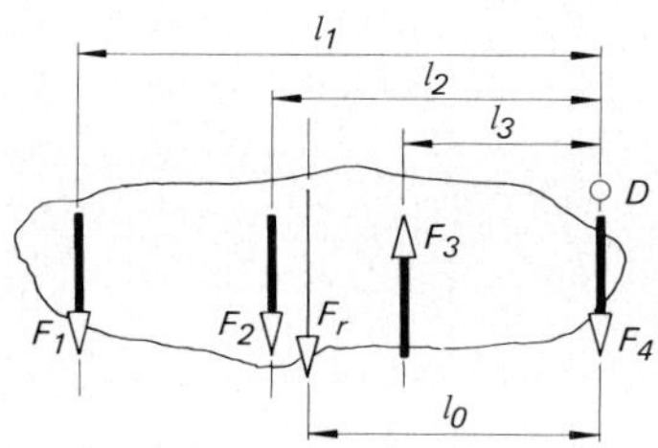

Nach der Lageskizze berechnen wir den *Betrag* und den *Richtungssinn* der Resultierenden.

Da hier alle Wirklinien parallel sind, brauchen wir nur die algebraische Summe aller Kräfte zu ermitteln.

$$F_r = \Sigma F_y = -F_1 - F_2 + F_3 - F_4$$
$$F_r = -15\text{ N} - 40\text{ N} + 10\text{ N} - 20\text{ N}$$
$$F_r = -65\text{ N}$$

Minusvorzeichen bedeutet hier:
F_r wirkt *nach unten*!

Erst dann zeichnen wir die Resultierende mit dem ermittelten Richtungssinn in die Lageskizze ein, und zwar auf einer Wirklinie, deren Lage wir unter Berücksichtigung der gegebenen Kräfte „nach Gefühl" annehmen (hier zwischen den Wirklinien von F_2 und F_3).

Beachte: Die Festlegung der WL von F_r ist willkürlich; wir hätten sie hier auch rechts vom Bezugspunkt *D* einzeichnen können.

Die *tatsächliche* Lage der Resultierenden bestimmen wir mit dem Momentensatz. Den Bezugspunkt D haben wir auf der Wirklinie der Kraft F_4 festgelegt. Dann wird das Kraftmoment der Kraft F_4 gleich Null, weil ihr Wirkabstand l_4 gleich Null ist.

$$+M_r = +M_1 + M_2 - M_3 \pm M_4$$
$$F_r l_0 = F_1 l_1 + F_2 l_2 - F_3 l_3 \pm 0$$

Die Vorzeichen in der Ansatzgleichung (+ und −) kennzeichnen den *Drehsinn der Kraftmomente,* sie haben also nichts mit dem Richtungssinn der *Kräfte* zu tun. Wir ersetzen zuerst jedes Kraftmoment durch das Produkt aus Kraft und Abstand, ohne *deren* Vorzeichen zu beachten, und setzen erst dann das Vorzeichen für jedes Kraftmoment ein.

$$l_0 = \frac{F_1 l_1 + F_2 l_2 - F_3 l_3}{F_r}$$

$$l_0 = \frac{15\,\text{N} \cdot 0{,}5\,\text{m} + 40\,\text{N} \cdot 0{,}3\,\text{m} - 10\,\text{N} \cdot 0{,}2\,\text{m}}{65\,\text{N}}$$

$$l_0 = 0{,}269\,\text{m}$$

Ergibt sich der Abstand l_0 positiv – wie in diesem Falle – dann haben wir die Wirklinie der Resultierenden richtig in den Lageplan eingezeichnet. Ergibt er sich negativ, dann liegt die Wirklinie im errechneten Abstand *auf der anderen Seite des Bezugspunkts D.*

Ergebnis:
Die Resultierende wirkt mit 65 N in einem Abstand von 0,269 m links vom Bezugspunkt D senkrecht nach unten.

Arbeitsplan zum Momentensatz:

Lageskizze mit den gegebenen Kräften zeichnen.	1. Schritt
Resultierende und gegebenenfalls ihren Neigungswinkel berechnen.	2. Schritt
Resultierende in die Lageskizze einzeichnen (Lage der Wirklinie annehmen).	3. Schritt
Momentensatz aufstellen, dabei auf richtige Vorzeichen achten.	4. Schritt
Gleichung nach l_0 auflösen.	5. Schritt
Bei Minusvorzeichen im Ergebnis: Lage korrigieren.	6. Schritt

1.2.4.3. Zeichnerische Ermittlung von unbekannten Kräften (siebte Grundaufgabe), die zeichnerischen Gleichgewichtsbedingungen

Für diese Aufgabe stehen uns vier Lösungsverfahren zur Verfügung.

Hinweis: Für alle Verfahren müssen wieder ein *Lage*plan und ein *Kräfte*plan *maßstäblich* gezeichnet werden.

a) **Das 2-Kräfte-Verfahren** (Gleichgewicht von 2 Kräften)

Zwei Kräfte sind im Gleichgewicht, wenn sie auf gleicher Wirklinie mit gleichem Betrag gegensinnig wirken.

Aufgabe: Eine Einzelkraft F_1, die auch die Resultierende eines Kräftesystems sein kann, greift im Punkt A_1 eines Körpers an und soll durch *eine* unbekannte Kraft F_2 ins Gleichgewicht gesetzt werden.

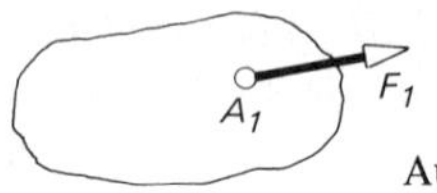

Aufgabenskizze

Lösung: Wir zeichnen im Lageplan die Wirklinie der gegebenen Kraft F_1 ein. Der Körper kann nur dann in Ruhe sein (keine Verschiebung *und* keine Drehung), wenn die Kraft F_2 auf derselben Wirklinie liegt und wenn der Kräfteplan geschlossen ist.

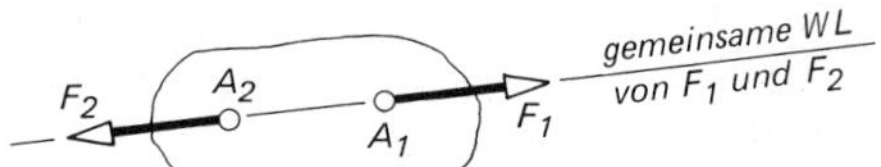

Lageplan

Auf dieser Gleichgewichtsbedingung bauen auch die folgenden Lösungsverfahren auf.

Kräfteplan

b) Das 3-Kräfte-Verfahren (Gleichgewicht von 3 *nicht parallelen* Kräften)

> Drei nicht parallele Kräfte sind im Gleichgewicht, wenn die Wirklinien der Kräfte sich in einem Punkt schneiden und das Krafteck sich schließt.

Hinweis: Das 3-Kräfte-Verfahren ist nicht anwendbar bei *parallelen* Wirklinien.

Aufgabe: Ein Wanddrehkran wird an seinem Lastseil mit einer Kraft $F = 30$ kN belastet. Er hat oben ein einwertiges Halslager A und unten ein zweiwertiges Spurlager B.

Die Kräfte F_A und F_B in diesen beiden Lagern sollen zeichnerisch ermittelt werden.

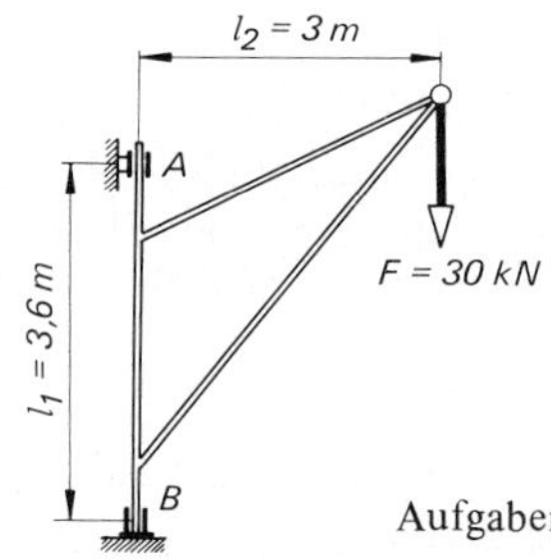

Aufgabenskizze

Vorüberlegung: Im Lageplan des Wanddrehkranes erkennen wir die Kräfte:

Belastung F:
Betrag, Wirklinie und Richtungssinn sind *bekannt,*

Halslagerkraft F_A:
Betrag *unbekannt,* Wirklinie *bekannt* (einwertiges Lager!), Richtungssinn angenommen;

Spurlagerkraft F_B:
Betrag, Wirklinie und Richtungssinn *unbekannt* (zweiwertiges Lager!); wir ersetzen sie zunächst durch ihre Komponenten F_{Bx} und F_{By}, die wir mit angenommenem Richtungssinn einzeichnen.

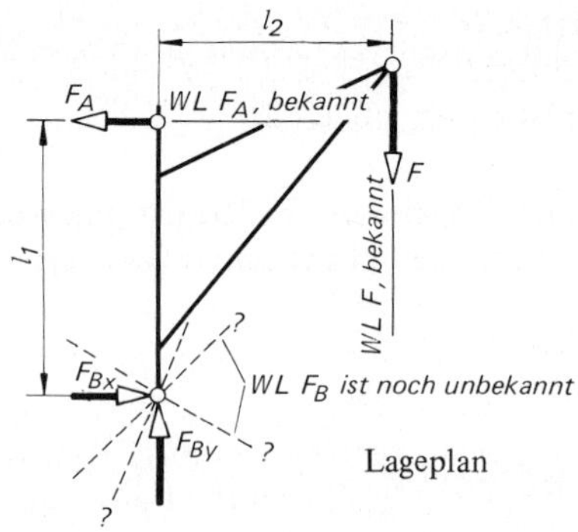

Lageplan

Bevor wir nicht die Wirklinie von F_B kennen, können wir keinen Kräfteplan zeichnen, also auch die Beträge von F_A und F_B nicht ermitteln. Wir müssen zuerst die Wirklinie von F_B finden.

Fassen wir gedanklich die Kräfte F_A und F, deren Wirklinien bekannt sind, zur Resultierenden F_r zusammen, so haben wir es wieder mit nur 2 Kräften zu tun. Angriffspunkt der Resultierenden F_r ist der Punkt S, der Schnittpunkt der Wirklinien der Kräfte F_A und F. Die Resultierende F_r kann mit der Lagerkraft F_B nach dem 2-Kräfte-Verfahren nur *dann* im Gleichgewicht stehen, wenn beide Kräfte auf *gleicher Wirklinie* liegen und ihr Krafteck geschlossen wird. Also muß die Wirklinie der Lagerkraft F_B ebenfalls durch den Punkt S gehen.

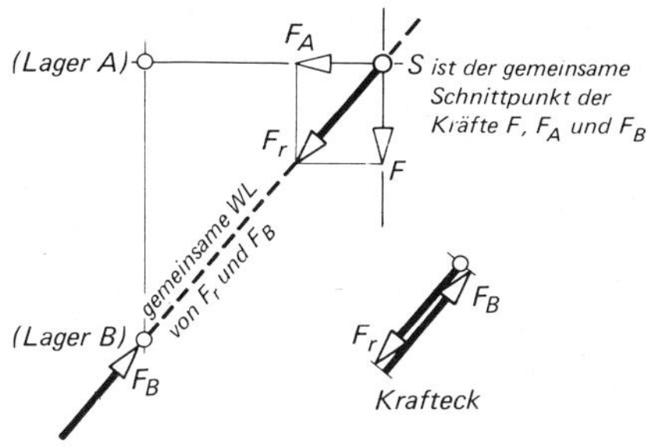

Lösung: Wie bei jeder zeichnerischen Lösung zeichnen wir erst den Lageplan mit allen bekannten Wirklinien maßstäblich auf. Nach der Vorüberlegung wollen wir im Lageplan die Wirklinie der Spurlagerkraft F_B festlegen. Dazu bringen wir die Wirklinien der Kräfte F und F_A zum Schnitt. Ihr Schnittpunkt S ist *ein* Punkt der Wirklinie von F_B. Der *andere* Punkt ist der Lagerpunkt B selbst. Legen wir jetzt eine Gerade durch die Punkte B und S, so muß diese die Wirklinie der Spurlagerkraft F_B sein.

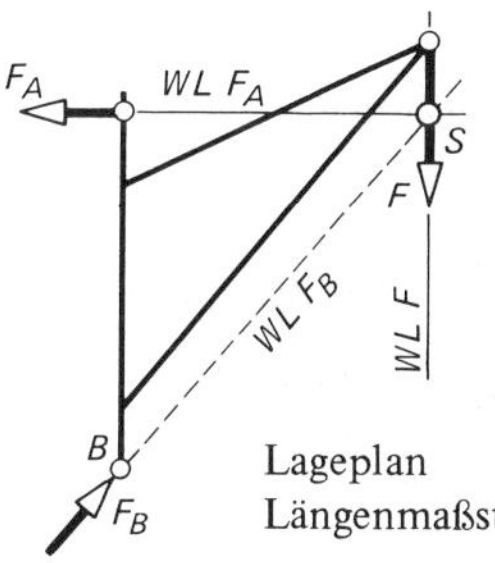

Lageplan
Längenmaßstab: $M_L = 1{,}5\ \frac{m}{cm}$
(1 cm ≙ 1,5 m)

Nachdem nun alle Wirklinien bekannt sind, können wir den Kräfteplan zeichnen. Wir verschieben zuerst die gegebene Kraft F parallel aus dem Lageplan und beginnen damit den Kräftezug, nachdem wir einen Kräftemaßstab festgelegt haben. Dann wird das Krafteck mit den parallel verschobenen Kräften F_A und F_B auf genau die gleiche Weise geschlossen, wie wir das bei der 3. Grundaufgabe gelernt haben (Seite 28).

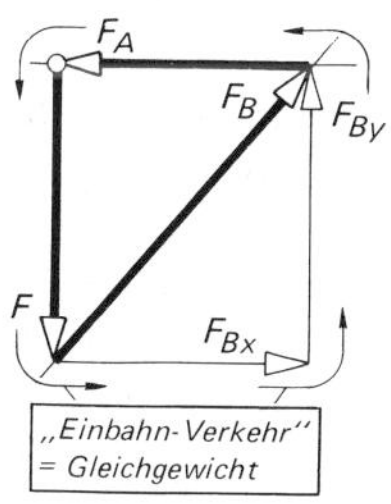

Kräfteplan
Kräftemaßstab:
$M_K = 15\ \frac{kN}{cm}$
(1 cm ≙ 15 kN)

Aus der Länge der Kraftpfeile können wir wieder mit Hilfe des Kräftemaßstabes die Beträge der Kräfte F_A und F_B berechnen. Dasselbe gilt für die Komponenten F_{Bx} und F_{By} der Spurlagerkraft.

Der Richtungssinn der gesuchten Kräfte ergibt sich aus dem Umfahrungssinn des Kraftecks nach der Einbahnverkehrs-Regel. Den Neigungswinkel der Spurlagerkraft entnehmen wir dem Lageplan oder dem Kräfteplan.

Zum Schluß übertragen wir die gefundenen Kräfte wie üblich in den Lageplan.

Wir messen ab:

$$F_A = 1{,}7\ \text{cm} \cdot 15\ \frac{\text{kN}}{\text{cm}} = 25{,}5\ \text{kN}$$

$$F_B = 2{,}6\ \text{cm} \cdot 15\ \frac{\text{kN}}{\text{cm}} = 39\ \text{kN}$$

Ergebnis:

Um Gleichgewicht zu erreichen, muß im Halslager eine Kraft von 25,5 kN waagerecht nach links, im Spurlager eine Kraft von 39 kN nach rechts oben wirken.

Arbeitsplan zum 3-Kräfte-Verfahren:

Lageplan mit freigemachtem Bauteil zeichnen und darin Wirklinien der Belastung und der einwertigen Lagerkraft festlegen.	1. Schritt
Bekannte Wirklinien zum Schnitt S bringen.	2. Schritt
Schnittpunkt S mit zweiwertigem Lagerpunkt verbinden; damit sind alle Wirklinien bekannt.	3. Schritt
Krafteck mit der bekannten Kraft oder den bekannten Kräften anfangen.	4. Schritt
Krafteck mit den unbekannten Kräften schließen.	5. Schritt
Richtungssinn der Gleichgewichtskräfte in den Lageplan übertragen.	6. Schritt

c) **Das 4-Kräfte-Verfahren** (Gleichgewicht von 4 *nicht parallelen* Kräften)

Vier nicht parallele Kräfte sind im Gleichgewicht, wenn die Resultierenden je zweier Kräfte eine gemeinsame Wirklinie – die Culmannsche Gerade – haben und das Krafteck sich schließt.

Hinweis: Das 4-Kräfte-Verfahren ist nicht anwendbar bei mehr als zwei parallelen Kräften.

Aufgabe: Ein gerader Stab hat an seinen beiden Enden zwei frei drehbare Rollen A und B, die sich an einer senkrechten und einer abwärts geneigten Fläche reibungsfrei abstützen. Der Stab würde durch die Kraft $F_1 = 50$ N nach unten verschoben werden, wenn ihn nicht die waagerecht gespannte Zugfeder in der skizzierten Ruhelage festhielte. Die Federkraft F_2 und die Stützkräfte F_A, F_B an den Rollen sollen zeichnerisch ermittelt werden.

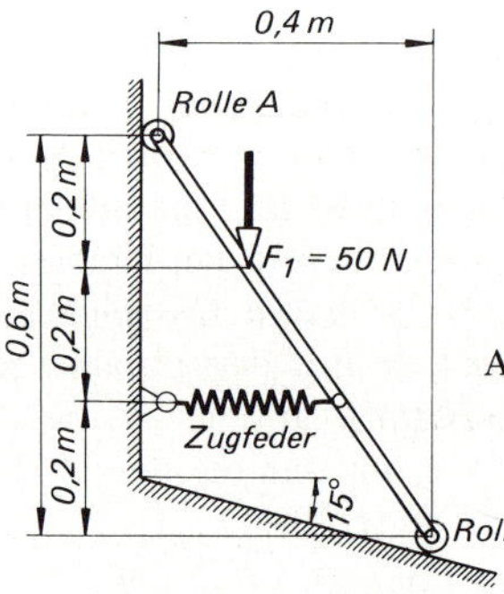

Aufgabenskizze

Vorüberlegung: Im Lageplan des freigemachten Rollstabes erkennen wir die Kräfte:

Belastung F_1: Betrag, Wirklinie und Richtungssinn sind *bekannt;*

Federkraft F_2: Betrag *unbekannt,* Wirklinie und Richtungssinn *bekannt* (Zugfeder überträgt nur Zugkräfte in Spannrichtung);

Stützkraft F_A : Betrag *unbekannt,* Wirklinie und Richtungssinn *bekannt* (Rollkörper);

Stützkraft F_B: Betrag *unbekannt,* Wirklinie und Richtungssinn *bekannt* (Rollkörper).

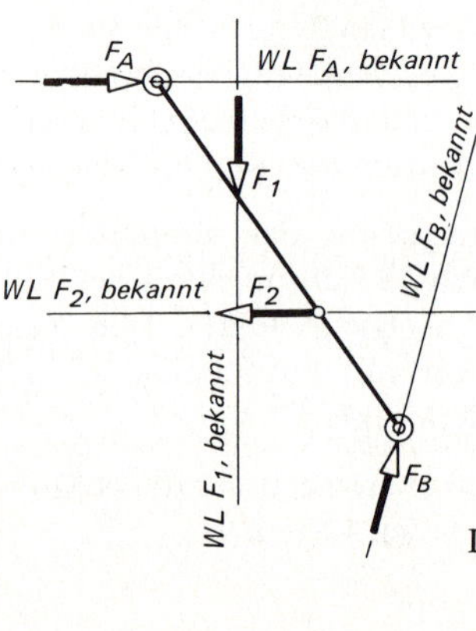

Lageplan

Es wirken also 4 Kräfte mit bekannten Wirklinien und bekanntem Richtungssinn. Für drei von ihnen müssen nur noch die Beträge ermittelt werden.

Fassen wir nun wieder (wie beim 3-Kräfte-Verfahren) gedanklich je 2 Kräfte zu einer Resultierenden zusammen, z.B. die Kräfte F_1 und F_A zu $F_{r1,A}$ und die Kräfte F_2 und F_B zu $F_{r2,B}$, so haben wir es wiederum mit nur 2 Kräften zu tun. Diese beiden Resultierenden können nur im Gleichgewicht stehen, wenn sie eine gemeinsame Wirklinie haben. Das kann aber nur die Verbindungsgerade der beiden Schnittpunkte I und II sein.

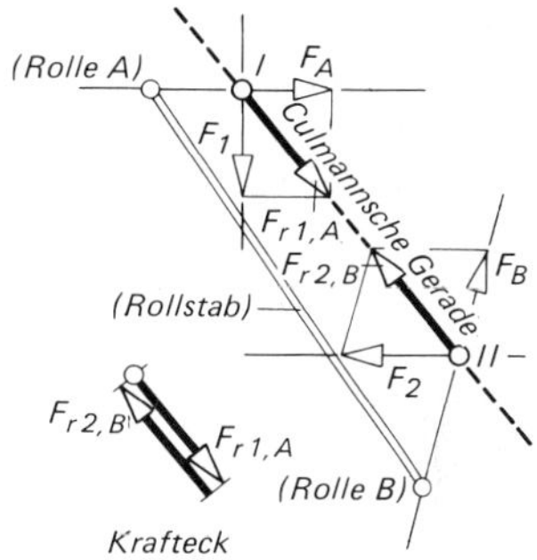

Die auf der gemeinsamen Culmannschen Geraden wirkenden Resultierenden $F_{r1,A}$ und $F_{r2,B}$ müssen natürlich wieder ein geschlossenes Krafteck ergeben.

Welche beiden Kräfte wir jeweils zu ihrer Resultierenden zusammenfassen, ist gleichgültig. Wir können z.B. auch die Kräfte F_1 und F_2 zur Resultierenden $F_{r1,2}$ und F_A und F_B zur Resultierenden $F_{rA,B}$ zusammenfassen. Das ergibt dann zwar eine andere Lage der Culmannschen Geraden und ein anderes Krafteck der beiden Resultierenden. Das Ergebnis wird aber hierdurch nicht beeinflußt. Voraussetzung für die Anwendbarkeit des 4-Kräfte-Verfahrens ist nur, daß alle vier Wirklinien bekannt sind.

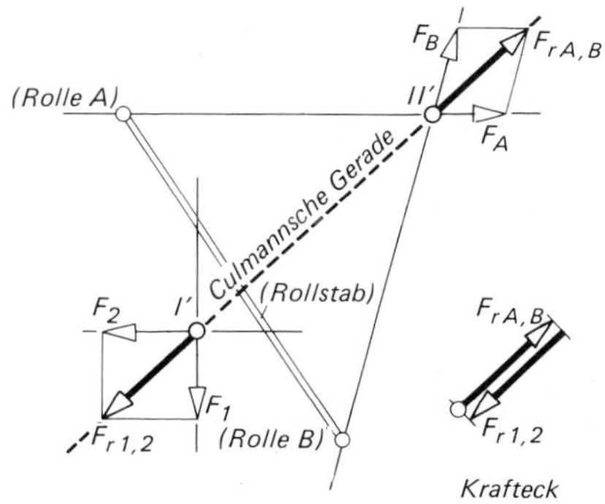

Lösung: Wir zeichnen im maßstäblichen Lageplan des Rollstabes die Wirklinie der gegebenen Kraft F_1 ein. Nach den Regeln für das Freimachen der Bauteile (hier Regeln 1 und 4, Seite 12 und 14) ermitteln wir die Wirklinien der noch unbekannten Gleichgewichtskräfte F_2, F_A und F_B und tragen sie ebenfalls in den Lageplan ein. Dann bringen wir je zwei Wirklinien miteinander zum Schnitt, z.B. F_1 und F_A im Schnittpunkt I und F_2 und F_B im Schnittpunkt II. Jetzt können wir die Culmannsche Gerade als Verbindungslinie der beiden Schnittpunkte einzeichnen. Sie ist die gemeinsame Wirklinie der beiden Teilresultierenden $F_{r1,A}$ und $F_{r2,B}$.

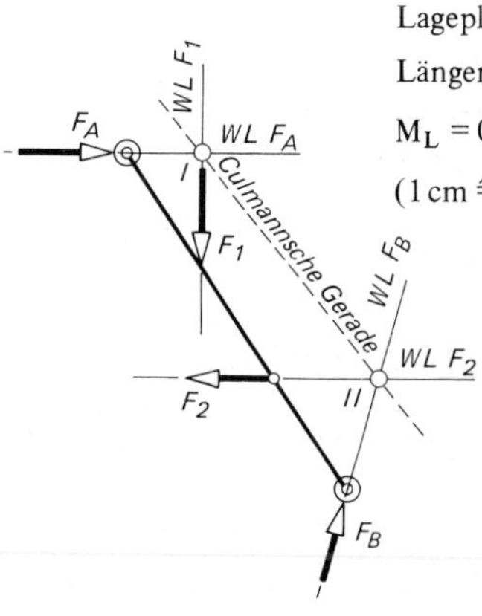

Lageplan

Längenmaßstab:

$M_L = 0{,}2 \frac{m}{cm}$

($1\,cm \mathrel{\hat{=}} 0{,}2\,m$)

Im Kräfteplan zeichnen wir zuerst die gegebene Kraft F_1 maßstäblich und richtungsgemäß auf. Dann übertragen wir die Culmannsche Gerade vom Lage- in den Kräfteplan, lassen sie durch Anfangs- oder Endpunkt von F_1 laufen und schließen dieses Krafteck durch die zugehörige Kraft F_A. Das Krafteck zeigt die Kräfte F_1, F_A und ihre Teilresultierende $F_{r1,A}$. Die gleichgroße Teilresultierende $F_{r2,B}$ hat entgegengesetzten Richtungssinn. Aus ihr und den parallelverschobenen Kräften F_2 und F_B bilden wir das zweite Teilkrafteck als Zerlegungsdreieck, und damit ist der Kräftezug aus F_1, F_2, F_B und F_A geschlossen.

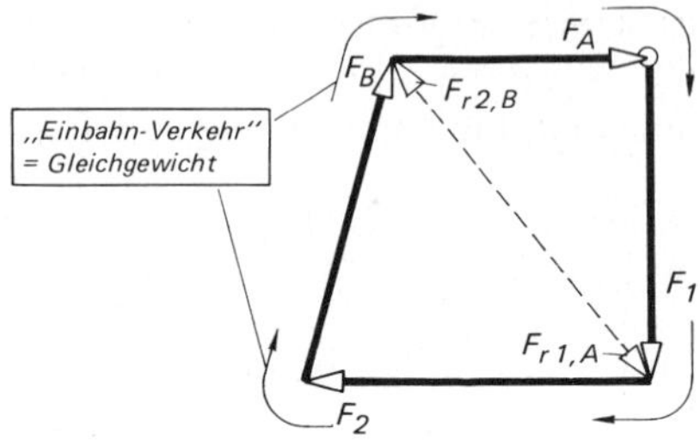

Kräfteplan
Kräftemaßstab: $M_K = 20 \frac{N}{cm}$ (1 cm ≙ 20 N)

Aus der Länge der Kraftpfeile berechnen wir dann mit Hilfe des Kräftemaßstabes die Beträge der Gleichgewichtskräfte.

Wir messen ab:

$$F_2 = 2{,}65\ \text{cm} \cdot 20 \frac{\text{N}}{\text{cm}} = 53\ \text{N}$$

$$F_A = 1{,}95\ \text{cm} \cdot 20 \frac{\text{N}}{\text{cm}} = 39\ \text{N}$$

$$F_B = 2{,}6\ \text{cm} \cdot 20 \frac{\text{N}}{\text{cm}} = 52\ \text{N}$$

Den Richtungssinn der Kräfte F_2, F_B und F_A finden wir aus der Bedingung des fortlaufenden Kräftezuges, d. h. den Umfahrungssinn beim Einzeichnen der Pfeilspitzen müssen wir, von F_1 ausgehend, beibehalten (Einbahnverkehr).

Ergebnis:
Um Gleichgewicht zu erreichen, muß die Feder mit 53 N nach links ziehen, an der Rolle A eine Stützkraft von 39 N nach rechts und an der Rolle B eine Stützkraft von 52 N nach rechts oben wirken.

Arbeitsplan zum 4-Kräfte-Verfahren:

Lageplan des freigemachten Bauteils zeichnen und darin die Wirklinien der Belastung und der Stützkräfte festlegen. — 1. Schritt

Wirklinien von je zwei Kräften zum Schnitt bringen. — 2. Schritt

Gefundene Schnittpunkte zur Wirklinie der beiden Resultierenden (= Culmannsche Gerade) verbinden. — 3. Schritt

Kräfteplan mit der nach Betrag, Lage und Richtungssinn bekannten Kraft anfangen. — 4. Schritt

Kräfteplan mit der Culmannschen Geraden und den Wirklinien der anderen Kräfte schließen. — 5. Schritt

Beachte: Die Kräfte eines Schnittpunktes im Lageplan ergeben ein Teil-Dreieck im Kräfteplan.

d) Das Schlußlinienverfahren (Gleichgewicht von *parallelen* Kräften)

Alle an einem Körper wirkenden Kräfte sind dann im Gleichgewicht, wenn sich *Krafteck und Seileck* schließen.

Hinweis: Das Schlußlinienverfahren ist auch anwendbar bei nicht parallelen Kräften, also auch bei Aufgaben, die mit dem 3- oder dem 4-Kräfte-Verfahren lösbar sind.

Aufgabe: Ein zweifach gestützter Träger ist mit zwei senkrecht nach unten wirkenden Kräften $F_1 = 40$ kN und $F_2 = 25$ kN belastet. Wir sollen die Stützkräfte F_A und F_B ermitteln, die dadurch in den Lagern A und B hervorgerufen werden.

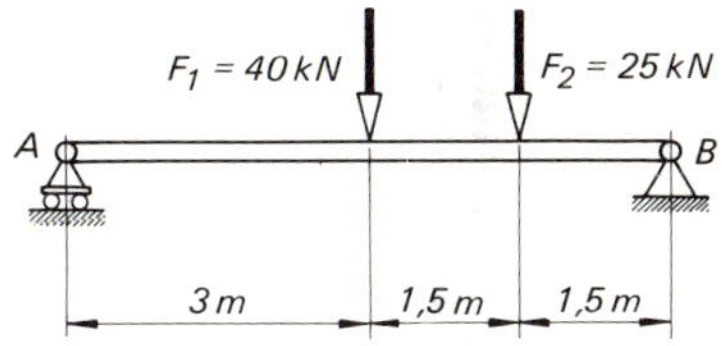

Aufgabenskizze

Lösung: Die Grundlage für das Schlußlinienverfahren ist das Seileckverfahren.

Wir zeichnen den Lageplan mit den Wirklinien der Kräfte F_A, F_B, F_1 und F_2, ebenso bauen wir den Kräfteplan aus den Kräften F_1 und F_2 auf, die wir – wie beim Seileckverfahren gelernt – in Richtung des beliebigen Poles P in die Komponenten S_0, S_1, $-S_1$ und S_2 zerlegen. Im Lageplan zeichnen wir das Seileck mit den Seilstrahlen S_0, S_1, S_2.

Im Lageplan bringen wir nun die beiden äußeren Seilstrahlen S_0 und S_2 mit den Wirklinien der Stützkräfte F_A und F_B zum Schnitt, wobei die Zuordnung beliebig ist (hier wurden S_0 mit WLF_A und S_2 mit WLF_B zum Schnitt gebracht). Die Verbindungslinie der beiden Schnittpunkte ist die *Schlußlinie S,* die das Seileck schließt.

Tatsächlich haben wir jetzt im Lageplan die Stützkraft F_B durch die Seilstrahlen (Kräfte!) $-S_2$ und S und die Stützkraft F_A durch die Seilstrahlen $-S$ und $-S_0$ ersetzt. Da die Kräfte S und $-S$ auf gleicher Wirklinie liegen, der Schlußlinie, heben sie sich in ihrer Wirkung genauso auf, wie die übrigen Seilstrahlen. Es herrscht also Gleichgewicht.

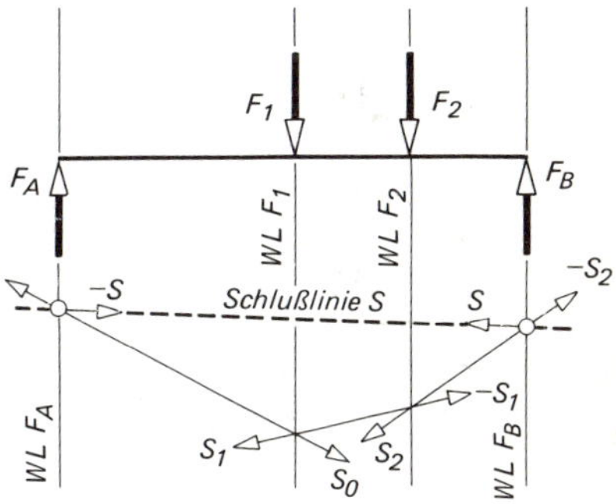

Lageplan
Längenmaßstab: $M_L = 1{,}5\ \frac{\text{m}}{\text{cm}}$ (1 cm ≙ 1,5 m)

Hinweis: Das einwertige Lager A ist waagerecht abgestützt, die Wirklinie der Stützkraft F_A kann also nur senkrecht liegen, d. h. parallel zu den Wirklinien der Kräfte F_1 und F_2. Dann kann aber auch im Lager B nur eine senkrechte Stützkraft F_B wirken, weil jede waagerechte Kraftkomponente den Träger seitlich verschieben müßte.

Parallel zur Schlußlinie zeichnen wir im Kräfteplan den *Polstrahl S* ein, der im Teilpunkt T die gesuchten Stützkräfte voneinander abgrenzt. Im Lageplan schneiden sich der Seilstrahl S_0 und die Schlußlinie S auf der Wirklinie der Stützkraft F_A. Das bedeutet, daß $-S_0$ und $-S$ Komponenten von F_A sind. Folglich müssen diese drei Kräfte

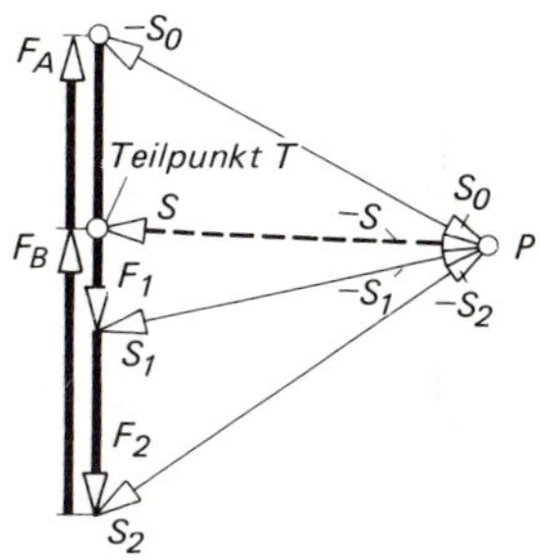

Kräfteplan
Kräftemaßstab: $M_K = 20\ \frac{\text{kN}}{\text{cm}}$ (1 cm ≙ 20 kN)

auch als Polstrahlen ein Zerlegungsdreieck im Kräfteplan bilden. Das gleiche gilt für die Stützkraft F_B mit den Polstrahlen S und $-S_2$. Im Kräfteplan erkennen wir, daß sich alle Polstrahlen in ihrer Wirkung aufheben. Ebenso die Kräfte F_1, F_2, F_A und F_B. Es herrscht also Gleichgewicht.

Aus der Länge der Kraftpfeile bestimmen wir nun mit dem Kräftemaßstab die Beträge der beiden Stützkräfte F_A und F_B.

Ihr Richtungssinn ergibt sich wie gewohnt aus der Einbahnverkehrs-Regel.

Das Schlußlinienverfahren ist auch dann anwendbar, wenn die Wirklinien der Kräfte nicht parallel liegen („schräger Kraftangriff“, siehe Lehrbeispiel Seite 52). Weil in diesen Fällen die Wirklinie der Stützkraft im zweiwertigen Lager unbekannt ist, *muß* der Anfangsseilstrahl im Lageplan so eingezeichnet werden, daß er durch das zweiwertige Lager geht. Dieser Punkt ist mit Sicherheit ein Schnittpunkt zwischen der Wirklinie der zweiwertigen Lagerkraft und dem Anfangsseilstrahl, also der erste Punkt der Schlußlinie.

Hinweis: Die Kräfte F_B und F_A laufen im Anschluß an die Kraft F_2 zum Anfangspunkt der Kraft F_1 zurück. *Tatsächlich* besteht das Krafteck also aus zwei *aufeinander liegenden* Geraden. Wegen der größeren Übersichtlichkeit sind diese Geraden aber als Parallelen nebeneinander gezeichnet worden.

Wir messen ab: $F_A = 1{,}3\ \text{cm} \cdot 20\ \dfrac{\text{kN}}{\text{cm}} = 26\ \text{kN}$

$$F_B = 1{,}95\ \text{cm} \cdot 20\ \frac{\text{kN}}{\text{cm}} = 39\ \text{kN}$$

Ergebnis:

Die Stützkräfte wirken im Lager A mit 26 kN und im Lager B mit 39 kN nach oben.

Hinweis: Bei der praktischen Ausführung des Schlußlinienverfahrens macht man sich kaum noch Gedanken über die Herkunft oder die Bedeutung der Schlußlinie. Das ist auch nicht nötig, wenn man nur darauf achtet, daß man den Kräften immer *gleich*benannte Seil- und Polstrahlen zuordnet. Weiter wird man die Seil- und Polstrahlen nicht mehr mit z.B. $S_0, -S_0, S_1, -S_1$ usw. bezeichnen, sondern einfach die Ziffern 0, 1, 2 usw. ohne Angabe des Richtungssinnes benutzen. Wichtig ist aber die Erkenntnis, daß die Polstrahlen tatsächlich Kräfte darstellen.

Arbeitsplan zum Schlußlinienverfahren:

Lageplan des freigemachten Bauteils mit den Wirklinien aller Kräfte zeichnen.	1. Schritt
Kräftezug aus den Belastungskräften zeichnen; Pol P beliebig wählen, Polstrahlen zeichnen.	2. Schritt
Seilstrahlen im Lageplan zeichnen; Anfangspunkt beliebig bei parallelen Belastungs- und Stützkräften, bei *schrägem* Kraftangriff Anfangs-Seilstrahl durch das *zwei*wertige Lager legen.	3. Schritt
Anfangs- und Endseilstrahl mit den Wirklinien der Stützkräfte zum Schnitt bringen.	4. Schritt
Verbindungslinie der gefundenen Schnittpunkte als „Schlußlinie“ im Seileck zeichnen.	5. Schritt
Schlußlinie in den Kräfteplan übertragen, Teilpunkt festlegen.	6. Schritt
Stützkräfte nach zugehörigen Seilstrahlen in das Krafteck einzeichnen.	7. Schritt

Lehrbeispiel: Schlußlinienverfahren beim Kragträger

Aufgabenstellung:

Für den skizzierten Kragträger auf 2 Stützen sollen die Stützkräfte F_A und F_B zeichnerisch nach dem Schlußlinienverfahren bestimmt und rechnerisch nachgeprüft werden.

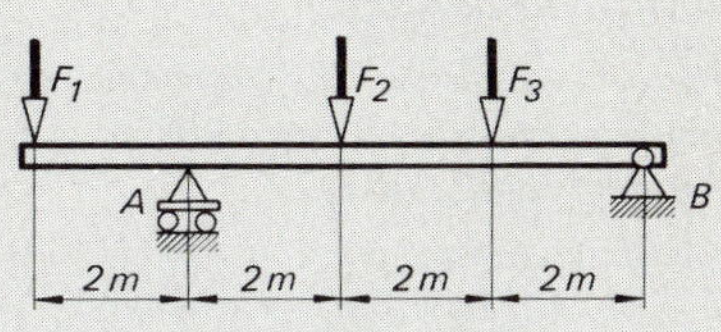

Gegebene Kräfte:

$F_1 = 20\,kN$; $F_2 = 30\,kN$; $F_3 = 50\,kN$

Zeichnerische Lösung:

Lageplan

Längenmaßstab: $M_L = 2\,\frac{m}{cm}$ (1cm ≙ 2m)

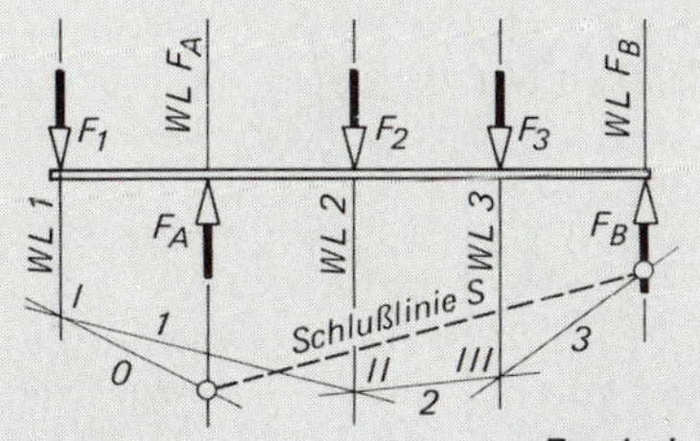

Kräfteplan

Kräftemaßstab: $M_K = 25\,\frac{kN}{cm}$ (1cm ≙ 25kN)

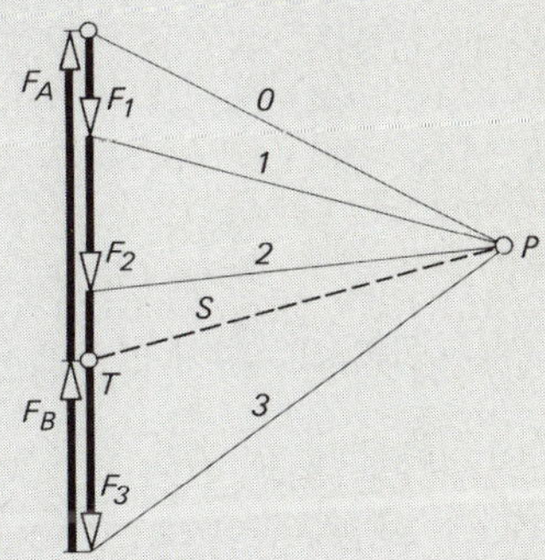

Ergebnis:

$$F_A = 2{,}55\,cm \cdot 25\,\frac{kN}{cm} = 64\,kN$$

$$F_B = 1{,}45\,cm \cdot 25\,\frac{kN}{cm} = 36\,kN$$

Beachte: a) *Der Seilstrahl 1 muß von I über WLF_A hinausgezogen werden bis zum Schnittpunkt II, denn F_2 wird ersetzt durch Polstrahlen 1 und 2. Häufige Fehlerquelle!*

b) *Seilstrahlenden 0 und 3 sind Komponenten der Stützkräfte, müssen also mit WLF_A bzw. mit WLF_B zum Schnitt gebracht werden. (Seileck zeigt Schleifenbildung.)*

Rechnerische Nachprüfung:

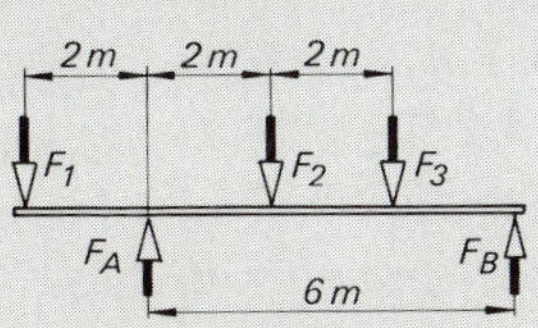

Lageskizze

I. $\Sigma F_x = 0$ keine vorhanden

II. $\Sigma F_y = 0 = -F_1 + F_A - F_2 - F_3 + F_B$

III. $\Sigma M_{(A)} = 0 = +F_1 \cdot 2m - F_2 \cdot 2m - F_3 \cdot 4m + F_B \cdot 6m$

$$F_B = \frac{-20\,kN \cdot 2m + 30\,kN \cdot 2m + 50\,kN \cdot 4m}{6\,m} = 36{,}67\,kN$$

II. $F_A = F_1 + F_2 + F_3 - F_B = 63{,}33\,kN$

Lehrbeispiel: Schlußlinienverfahren bei schrägen Kräften

Aufgabenstellung:

Für den skizzierten Kragträger sind die Stützkräfte zeichnerisch zu bestimmen und rechnerisch nachzuprüfen.

Gegebene Kräfte:

$F_1 = 5\,kN$; $F_2 = 2\,kN$; $F_3 = 2\,kN$

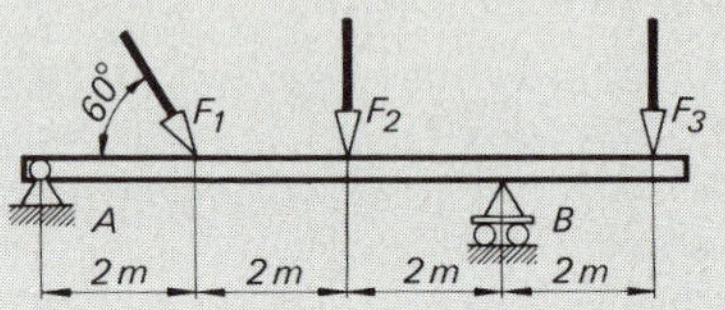

Zeichnerische Lösung:

Lageplan

Längenmaßstab: $M_L = 2\,\frac{m}{cm}$ (1 cm ≙ 2 m)

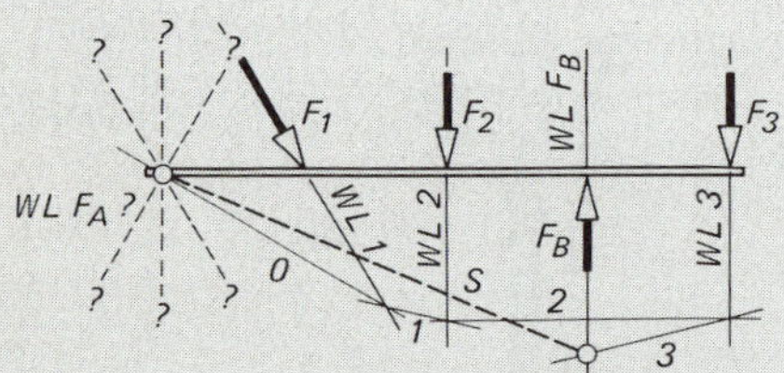

Kräfteplan

Kräftemaßstab: $M_K = 2{,}5\,\frac{kN}{cm}$ (1 cm ≙ 2,5 kN)

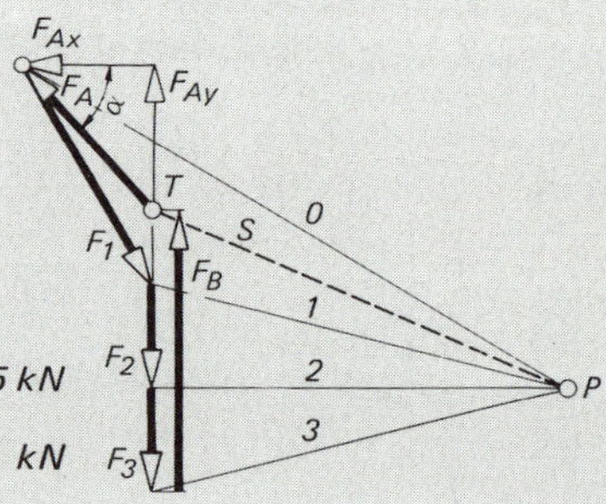

Ergebnis: $F_A = 1{,}5\,cm \cdot 2{,}5\,\frac{kN}{cm} = 3{,}75\,kN$

$F_{Ax} = 1{,}0\,cm \cdot 2{,}5\,\frac{kN}{cm} = 2{,}5\,kN$

$F_{Ay} = 1{,}1\,cm \cdot 2{,}5\,\frac{kN}{cm} = 2{,}75\,kN$

$F_B = 2{,}2\,cm \cdot 2{,}5\,\frac{kN}{cm} = 5{,}5\,kN$

Beachte: Der erste Seilstrahl (0) muß durch Lagerpunkt A gelegt werden, da die Wirklinie der Lagerkraft noch nicht bekannt ist. A ist der einzige bekannte Punkt von WL F_A.
Ein Punkt der Schlußlinie steht damit schon fest. Zweiter Punkt ist Schnittpunkt des letzten Seilstrahles (3) mit der Wirklinie von F_B.
Im Krafteck sind „S" und „3" Komponenten der senkrechten Lagerkraft F_B. Damit ist Teilpunkt T gefunden. Das Krafteck wird mit F_A geschlossen.

Rechnerische Nachprüfung:

I. $\Sigma F_x = 0 = -F_{Ax} + F_{1x}$

$F_{Ax} = F_{1x} = F_1 \cdot \cos 60° = 5\,kN \cdot 0{,}5 = 2{,}5\,kN$

II. $\Sigma F_y = 0 = +F_{Ay} - F_{1y} - F_2 + F_B - F_3$

III. $\Sigma M_{(A)} = 0 = -F_{1y} \cdot 2m - F_2 \cdot 4m + F_B \cdot 6m - F_3 \cdot 8m$

$$F_B = \frac{4{,}33\,kN \cdot 2m + 2\,kN \cdot 4m + 2\,kN \cdot 8m}{6m} = 5{,}44\,kN$$

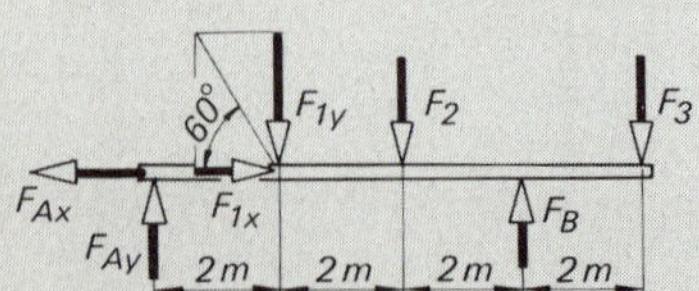

$F_{1x} = F_1 \cos 60°$ $F_{1y} = F_1 \sin 60°$

Lageskizze

II. $F_{Ay} = F_{1y} + F_2 - F_B + F_3$

$F_{Ay} = 4{,}33\,kN + 2\,kN - 5{,}44\,kN + 2\,kN = 2{,}89\,kN$

$F_A = \sqrt{F_{Ax}^2 + F_{Ay}^2} = 3{,}82\,kN$

$$\alpha = \arctan \frac{F_{Ay}}{F_{Ax}} = \arctan \frac{2{,}89\,kN}{2{,}5\,kN} = 49°$$

1.2.4.4. Rechnerische Ermittlung unbekannter Kräfte (achte Grundaufgabe), die rechnerischen Gleichgewichtsbedingungen

Die *rechnerischen Gleichgewichtsbedingungen* im allgemeinen Kräftesystem lauten:

I. $\Sigma F_x = 0$
II. $\Sigma F_y = 0$
III. $\Sigma M_{(D)} = 0$

Der Körper ist *dann* im Gleichgewicht, wenn

die Summe aller Kräfte (oder Komponenten) in Richtung der x-Achse gleich Null ist,

die Summe aller Kräfte (oder Komponenten) in Richtung der y-Achse gleich Null ist und

die Summe aller Kraftmomente, bezogen auf einen beliebigen Punkt D, gleich Null ist.

Aufgabe: Ein Wanddrehkran wird an seinem Lastseil mit einer Kraft $F = 30$ kN belastet.

Die Stützkräfte in seinem Halslager A und seinem Spurlager B sollen berechnet werden. Es handelt sich hierbei um die gleiche Aufgabe, die wir schon mit dem 3-Kräfte-Verfahren gelöst haben (siehe Seite 44). Wir können das dort gefundene Ergebnis mit dieser Rechnung nachprüfen.

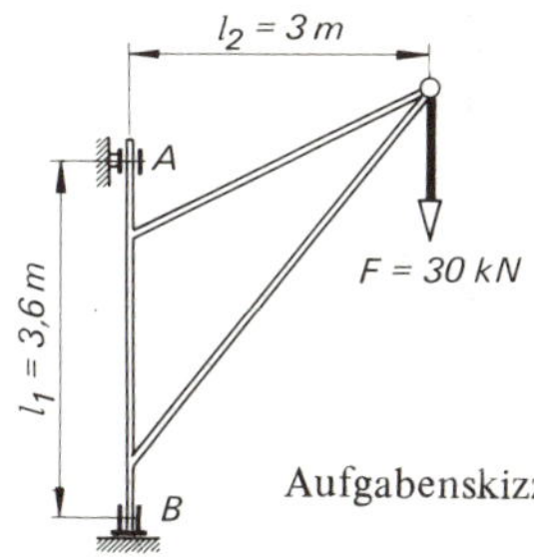

Aufgabenskizze

Vorüberlegung: Bei jeder rechnerischen Behandlung eines beliebigen Kräftesystems müssen wir *alle* Kräfte, auch die unbekannten, in x- und y-Komponenten nach den Achsrichtungen eines rechtwinkligen Achsenkreuzes zerlegen. Vergessen wir eine Kraft, wird die Lösung falsch.

Wir legen das Achsenkreuz nach der Lageskizze so fest, daß möglichst wenige Kräfte in Komponenten zerlegt werden müssen. Im Normalfall liegt dann die x-Achse waagerecht und die y-Achse senkrecht. Mitunter ist es zweckmäßiger, das Achsenkreuz anders zu legen, wie das nebenstehende Beispiel zeigt.

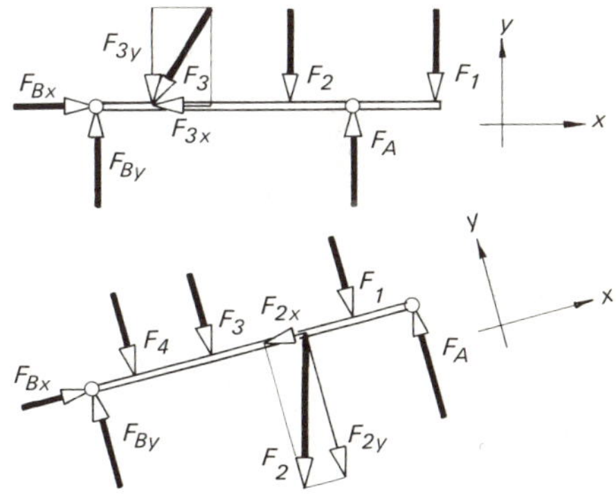

Beispiele für zweckmäßige Lage der Achsen

Lösung: Wir zeichnen die (unmaßstäbliche) Lageskizze des freigemachten Wanddrehkrans und tragen entsprechend den Regeln für das Freimachen *alle* Kräfte ein, auch die noch unbekannten:

Belastung F: Betrag, Wirklinie und Richtungssinn *bekannt;*

Halslagerkraft F_A: Betrag *unbekannt,* Wirklinie *bekannt,* Richtungssinn „nach Gefühl" *angenommen;* Spurlagerkraft F_B: Betrag, Wirklinie und Richtungssinn *unbekannt;* wir tragen daher ihre Komponenten F_{Bx} und F_{By} in Richtung der beiden

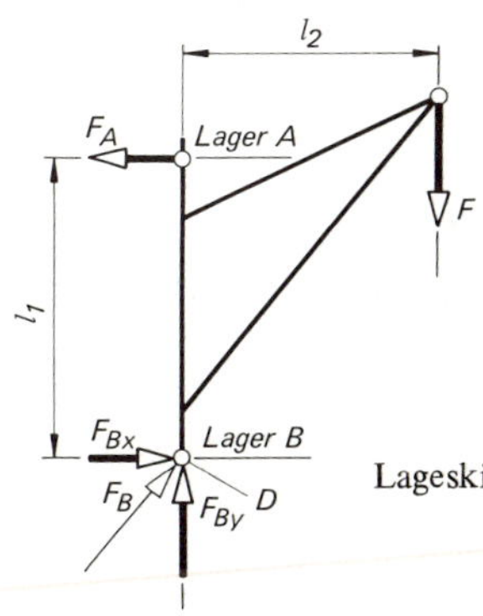

Lageskizze

Achsen ein, die wir waagerecht und senkrecht legen. Ihr Richtungssinn wird nach Gefühl angenommen.

Anhand der Lageskizze stellen wir nun die Gleichgewichtsbedingungen auf. Wir erhalten damit ein Gleichungssystem mit den drei Unbekannten F_A, F_{Bx} und F_{By}, das wir mit den Regeln der Gleichungslehre schrittweise nach diesen Größen auflösen.

I. $\Sigma F_x = 0 = -F_A + F_{Bx}$

II. $\Sigma F_y = 0 = -F + F_{By}$

III. $\Sigma M_{(D)} = 0 = F_A l_1 - F l_2$

III. $F_A = \dfrac{F l_2}{l_1} = \dfrac{30\text{ kN} \cdot 3\text{ m}}{3{,}6\text{ m}} = 25\text{ kN}$

I. $F_{Bx} = F_A = 25\text{ kN}$

II. $F_{By} = F = 30\text{ kN}$

Den Momentenbezugspunkt D für Gleichung III legen wir in den Schnittpunkt möglichst vieler unbekannter Kräfte, die damit keine Drehwirkung haben und in der Momentengleichgewichtsbedingung nicht erscheinen. In den meisten Fällen enthält dann diese Gleichung nur eine Unbekannte, die sofort berechnet werden kann: *Die Momentengleichung* (III) *ist meist der Schlüssel zur Lösung!* Wichtig ist weiter die Erkenntnis, daß auch jeder Punkt *außerhalb* der Bauteile als Bezugspunkt benutzt werden kann, wenn sich damit einfachere Rechnungen ergeben.

Die Kräfte F_A, F_{Bx} und F_{By} ergeben sich aus der Rechnung positiv (d.h. mit Plus-Vorzeichen). Das bedeutet, daß in der Lageskizze ihr Richtungssinn richtig angenommen wurde.

Ergibt sich eine negative Kraft (d.h. mit Minus-Vorzeichen), dann bedeutet das, daß sie dem angenommenen Richtungssinn entgegen wirkt.

Beachte: Das Minus-Zeichen muß bei der weiteren Auflösung des Gleichungssystems mitgeführt werden!

Aus den Komponenten F_{Bx} und F_{By} berechnen wir die Stützkraft F_B als Resultierende wie in der 2. Grundaufgabe. Falls erforderlich, wird der Neigungswinkel ihrer Wirklinie über die Tangensfunktion ermittelt.

$F_B = \sqrt{F_{Bx}^2 + F_{By}^2} = \sqrt{(25\text{ kN})^2 + (30\text{ kN})^2}$

$F_B = 39\text{ kN}$

Ergebnis:

Im Lager A wirkt eine Kraft von 25 kN nach links, im Lager B eine Kraft von 39 kN nach rechts oben.

Arbeitsplan:

Lageskizze des freigemachten Bauteils mit allen Kräften zeichnen; Richtungssinn der unbekannten Kräfte nach Gefühl annehmen.	1. Schritt
Gleichgewichtsbedingungen aufstellen und auswerten.	2. Schritt
Falls erforderlich, Richtungssinn der unbekannten Kräfte korrigieren.	3. Schritt

Nachüberlegung: Die Lösung hat uns gezeigt, daß die Berechnung der Kraft*beträge* eine rein mathematische Aufgabe ist, nämlich die Auflösung eines Gleichungssystems mit 3 Unbekannten. Wir benutzen dazu die 3 Gleichgewichtsbedingungen in der bekannten Form.

Die Lösung ist aber auch mit 3 beliebigen anderen Gleichungen möglich, wenn sie die Belastungsverhältnisse durch die bekannten und unbekannten Kräfte korrekt wiedergeben und voneinander unabhängig sind. Diese Behauptung soll am schon bekannten Beispiel des Wanddrehkrans bewiesen werden.

Stellen wir die Momentengleichgewichtsbedingung für drei verschiedene Bezugspunkte auf, dann erhalten wir ein solches Gleichungssystem. Die drei Bezugspunkte dürfen nur nicht auf einer Geraden liegen, weil sich sonst voneinander abhängige Gleichungen ergeben und das Gleichungssystem dann nicht zu eindeutigen Lösungen führt, oder eine der unbekannten Kräfte im Gleichungssystem nicht enthalten ist.

Beispiel:

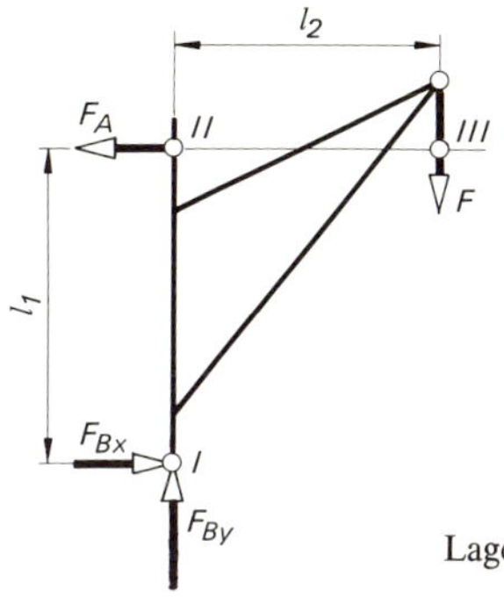

Gegeben:
$F = 30$ kN
$l_1 = 3{,}6$ m
$l_2 = 3$ m

Lageskizze

I. $\Sigma M_{(I)} = 0 = F_A l_1 - F l_2$
II. $\Sigma M_{(II)} = 0 = F_{Bx} l_1 - F l_2$
III. $\Sigma M_{(III)} = 0 = F_{Bx} l_1 - F_{By} l_2$

$$\text{I.}\quad F_A = \frac{F l_2}{l_1} = \frac{30\text{ kN} \cdot 3\text{ m}}{3{,}6\text{ m}} = 25\text{ kN}$$

$$\text{II.}\quad F_{Bx} = \frac{F l_2}{l_1} = \frac{30\text{ kN} \cdot 3\text{ m}}{3{,}6\text{ m}} = 25\text{ kN}$$

$$\text{III.}\quad F_{By} = \frac{F_{Bx} l_1}{l_2} = \frac{25\text{ kN} \cdot 3{,}6\text{ m}}{3\text{ m}} = 30\text{ kN}$$

Wir haben damit eine weitere *rechnerische Gleichgewichtsbedingung* gefunden:

Ein Körper befindet sich im Gleichgewicht, wenn die Summe aller an ihm wirkenden Kraftmomente in bezug auf drei nicht auf einer Geraden liegenden Punkte gleich Null ist.

Hinweis: Auf diese Weise berechnet man beim Ritterschen Schnittverfahren unbekannte Stabkräfte in Fachwerken (Seite 75).

1.2.4.5. Übung zur Stützkraftberechnung

Der skizzierte federbelastete Winkelhebel wird von einem Festlager (zweiwertig) und einem Loslager (einwertig) im Ruhezustand gehalten. In der gezeichneten Hebelstellung beträgt die Spannkraft der Zugfeder $F = 1$ kN.

Mit Hilfe der drei rechnerischen Gleichgewichtsbedingungen sollen die Stützkräfte in den beiden Lagerpunkten ermittelt werden.

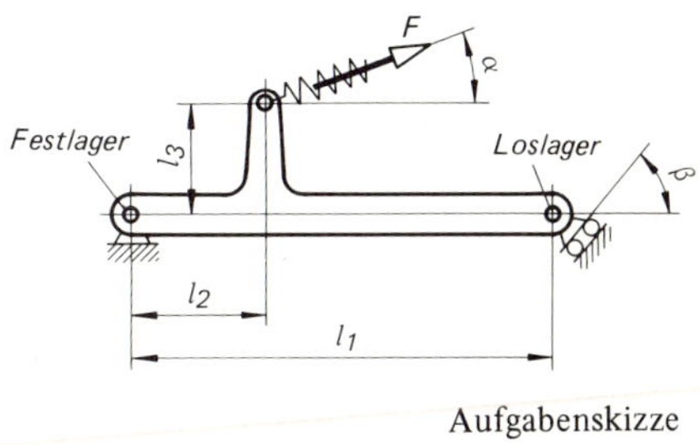

Aufgabenskizze

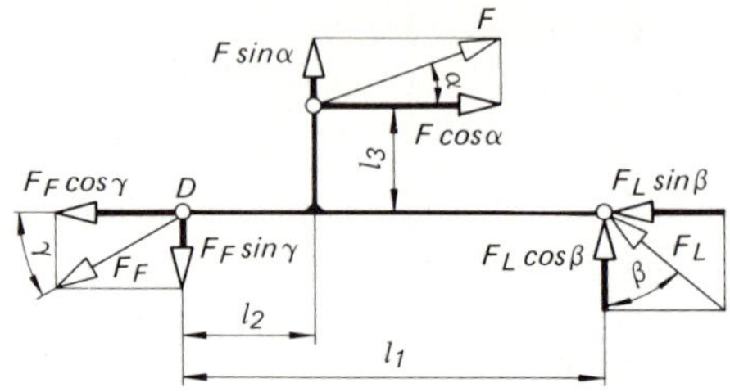

Lageskizze

Wir zeichnen die Lageskizze mit allen am Winkelhebel angreifenden Kräften und deren Komponenten in x- und y-Richtung. Das sind

Belastungskraft F mit $F_x = F\cos\alpha$ und
$F_y = F\sin\alpha$
Loslagerkraft F_L mit $F_{Lx} = F_L \sin\beta$ und
$F_{Ly} = F_L \cos\beta$
Festlagerkraft F_F mit $F_{Fx} = F_F \cos\gamma$ und
$F_{Fy} = F_F \sin\gamma$

Die Loslagerkraft F_L wirkt senkrecht zur Stützfläche des Loslagers. Der Richtungssinn wird angenommen, ebenso der Richtungssinn der Festlagerkraft F_F und ihrer Komponenten.

Gegeben:
$F = 1$ kN, $\alpha = 20°$, $\beta = 50°$
$l_1 = 120$ mm, $l_2 = 40$ mm
$l_3 = 30$ mm

Mit den Bezeichnungen aus der Lageskizze stellen wir nun die drei rechnerischen Gleichgewichtsbedingungen auf.

Den Drehpunkt D für den Ansatz der Momentengleichgewichtsbedingung legen wir wieder in den Festlagerpunkt D, weil Gleichung III dann nur eine Unbekannte enthält (F_L).

Aus der Momentengleichgewichtsbedingung $\Sigma M_{(D)} = 0$ erhalten wir den Betrag der Loslagerkraft $F_L = 188{,}1$ N.

I. $\Sigma F_x = 0 = F\cos\alpha - F_L \sin\beta - F_F \cos\gamma$

II. $\Sigma F_y = 0 = F\sin\alpha + F_L \cos\beta - F_F \sin\gamma$

III. $\Sigma M_{(D)} = 0 = F\sin\alpha l_2 - F\cos\alpha l_3 + F_L \cos\beta l_1$

$$F_L = \frac{F(l_3 \cos\alpha - l_2 \sin\alpha)}{l_1 \cos\beta}$$

$$F_L = \frac{1000\text{ N}(30 \cdot \cos 20° - 40 \cdot \sin 20°)\text{ mm}}{120\text{ mm} \cdot \cos 50°}$$

$$F_L = 188{,}1\text{ N}$$

Die beiden Kräftegleichgewichtsbedingungen $\Sigma F_x = 0$ und $\Sigma F_y = 0$ lösen wir nach $F_{Fx} = F_F \cos\gamma$ und $F_{Fy} = F_F \sin\gamma$ auf und berechnen diese Komponenten der Festlagerkraft F_F.

I. $F_F \cos\gamma = F\cos\alpha - F_L \sin\beta = F_{Fx}$
$F_{Fx} = 1000\text{ N} \cdot \cos 20° - 188{,}1\text{ N} \cdot \sin 50°$
$F_{Fx} = 795{,}6$ N

II. $F_F \sin\gamma = F\sin\alpha + F_L \cos\beta = F_{Fy}$
$F_{Fy} = 1000\text{ N} \cdot \sin 20° + 188{,}1\text{ N} \cdot \cos 50°$
$F_{Fy} = 462{,}9$ N

Die Rechnung ergibt für beide Kraftkomponenten F_{Fx} und F_{Fy} das positive Vorzeichen. Dies zeigt, daß wir den Richtungssinn der Festlagerkraft F_F richtig angenommen hatten.

Die Komponenten F_{Fx} und F_{Fy} stehen senkrecht aufeinander, so daß mit dem Satz des Pythagoras der Betrag der Festlagerkraft F_F berechnet werden kann.

$$F_F = \sqrt{F_{Fx}^2 + F_{Fy}^2}$$

$$F_F = \sqrt{(795{,}6\text{ N})^2 + (462{,}9\text{ N})^2}$$

$$F_F = 920{,}5\text{ N}$$

Die Lageskizze zeigt, daß wir den Winkel γ aus dem rechtwinkligen Dreieck mit den Komponenten F_{Fx} und F_{Fy} über die Tangensfunktion berechnen können (Abschnitt 1.2.3.2.).

$$\gamma = \arctan\frac{|F_{Fy}|}{|F_{Fx}|} = \arctan\frac{462{,}9\text{ N}}{795{,}6\text{ N}}$$

$$\gamma = 30{,}19°$$

1.2.5. Systemanalytisches Lösungsverfahren zur Stützkraftberechnung

Dieser Abschnitt sollte erst dann bearbeitet werden, wenn die zeichnerische und rechnerische Ermittlung von Stützkräften an zweifach gelagerten Bauteilen sicher beherrscht werden (einschließlich 3- und 4-Kräfteverfahren).

Die Bezeichnung „systemanalytisch" soll darauf hinweisen, daß Kräfte *und* geometrische Größen in einem rechtwinkligen Achsenkreuz erfaßt und mathematisch allgemeingültig verarbeitet werden.

Mit den drei rechnerischen Gleichgewichtsbedingungen $\Sigma F_x = 0$, $\Sigma F_y = 0$ und $\Sigma M = 0$ wollen wir ein Gleichungssystem entwickeln, mit dem die Stützkräfte (Fest- und Loslagerkräfte) bei beliebiger Lageranordnung „automatisiert" berechnet werden können. Vorausgesetzt wird nur, daß die Körper (Träger, Kran, Hebel usw.) durch ein Festlager und ein Loslager gehalten werden, wie der Winkelhebel in der vorhergehenden Aufgabe. Für die Anzahl der Belastungskräfte F gibt es keine Beschränkung, auch nicht für ihre Lage zueinander.

Gleichungssysteme dieser Art sind Bausteine für die Entwicklung von Rechenprogrammen.

1.2.5.1. Herleitung der Systemgleichungen

Das gesuchte Gleichungssystem wird mit Hilfe der folgenden Aufgabe an einem Winkelrollhebel entwickelt.

Aufgabe: Der skizzierte Winkelrollhebel wird im Festlager und im Loslager statisch bestimmt gehalten. Neben der Bemaßung ist die Belastungskraft F_1 mit dem Richtungswinkel α_1 gegeben. Zu berechnen sind: Festlagerkraft F_F und deren Komponenten F_{Fx}, F_{Fy} und die Loslagerkraft F_L. Wichtig ist noch die Erkenntnis, daß bei allen Aufgaben dieser Art der Richtungswinkel α_L der Loslagerkraft F_L bekannt sein muß: Die Loslagerkraft F_L steht stets senkrecht auf der Auflagerfläche (siehe Abschnitt 1.1.7.6 und 1.1.7.7).

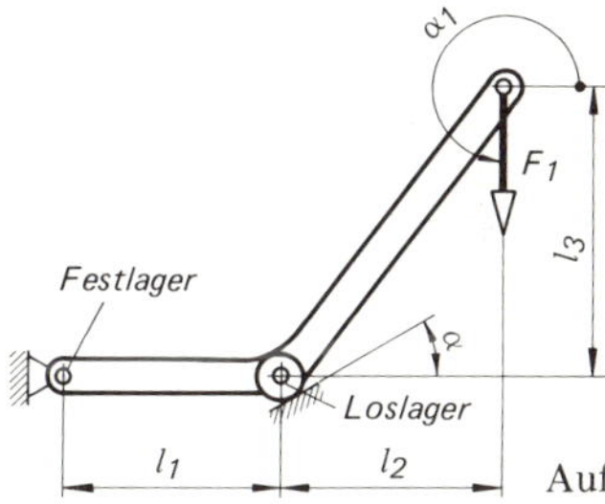

Aufgabenskizze

Gegeben:
$F_1 = 350$ N, $\alpha_1 = 270°$
$l_1 = 300$ mm, $l_2 = 300$ mm,
$l_3 = 400$ mm, $\alpha = 30°$.

Lösung: Wir legen die Lageskizze des freigemachten Hebels in den ersten Quadranten eines rechtwinkligen Achsenkreuzes. Aus den gegebenen Maßen berechnen wir die Koordinaten der Kraftangriffspunkte x_1, y_1 für die Kraft F_1 sowie x_F, y_F für den Festlagerpunkt PF und x_L, y_L für den Loslagerpunkt PL.

Alle gegebenen Größen fassen wir in einer Tabelle zusammen.

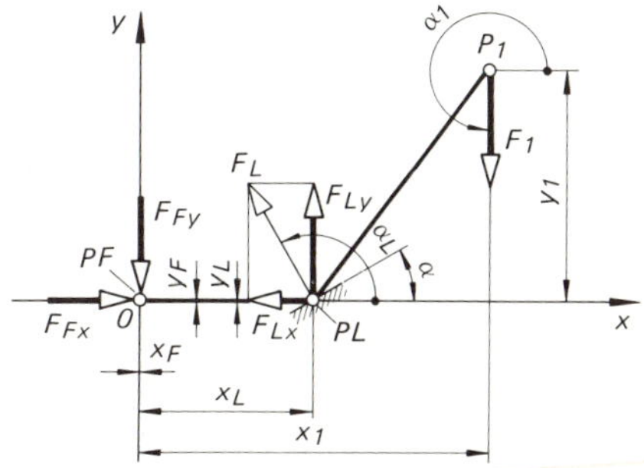

Lageskizze

Tabelle der gegebene Größen

	F_n in N	α_n in °	x_n in mm	y_n in mm
1	350	270	600	400
2	...	...	...	...
3	...	...	...	...
4	...	...	...	...

Koordinaten des Festlagerpunktes	$x_F = 0$ $y_F = 0$
Koordinaten des Loslagerpunktes	$x_L = 300$ mm $y_L = 0$
Richtungswinkel der Loslagerkraft F_L	$\alpha_L = 120°$

Ausgangsgleichung zur Stützkraftberechnung ist auch hier die Momentengleichgewichtsbedingung $\Sigma M_{(PF)} = 0$ um den Festlagerpunkt PF. Für einen programmierten Rechnungsablauf muß die Gleichung so geschrieben werden, daß sie für jeden Richtungswinkel α_1 gilt, also auch für den skizzierten Fall mit dem angenommenen Richtungswinkel α_1 im ersten Quadranten $0 \leqslant \alpha_1 \leqslant 90°$.

Die x-Komponente der Kraft F_1 ist $F_{1x} = F_1 \cos\alpha_1$, die y-Komponente ist $F_{1y} = F_1 \sin\alpha_1$.

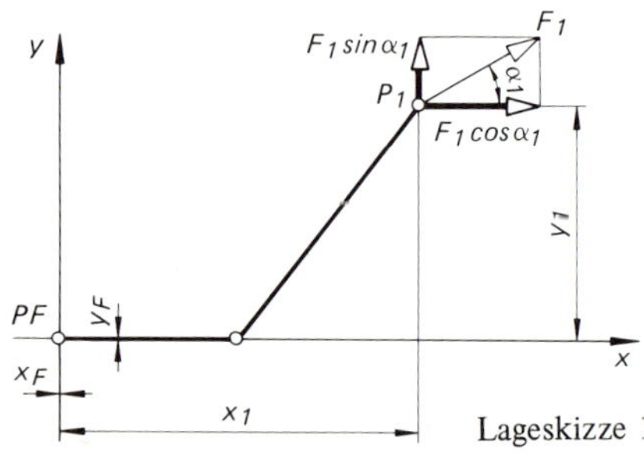

Lageskizze 1
Winkelrollhebel mit beliebig angenommenem Richtungswinkel α_1 im ersten Quadranten.

$M_{x1} = F_1 \cos\alpha_1 \; |(y_1 - y_F)|$
$M_{y1} = F_1 \sin\alpha_1 \; |(x_1 - x_F)|$

Im allgemeinen Fall kann der Kraftangriffspunkt P_1 jede beliebige Lage zum Momentendrehpunkt PF einnehmen. Zum Beispiel kann $x_1 < x_F$ sein. Damit der Klammerausdruck für die Koordinatendifferenz stets einen positiven Wert hat, setzen wir ihn in Betragsstriche ($| \; |$), rechnen also stets mit dem Absolutwert der Differenz.

Jeder Rechner bringt die Vorzeichen einer Kreisfunktion in die Rechnung ein, z. B. das negative Vorzeichen bei $\cos 120° = -0{,}5$. Daher können die ausgerechneten Beträge für die Momente M_{x1}, M_{y1} positiv oder negativ werden, je nach Winkelbetrag und -funktion.

Wir prüfen, welches Vorzeichen die Gleichungen für M_{x1} und M_{y1} haben müssen, damit das Vorzeichen des berechneten Betrags immer dem Drehsinn der Kraft F_1 um den Drehpunkt PF entspricht (+ für Linksdrehsinn und – für Rechtsdrehsinn).

Prüfen wir mit $\alpha_1 = 30°$, ergeben sich für beide Momente positive Beträge. Das ist falsch, denn F_{1x} und F_{1y} haben in bezug auf den Drehpunkt PF entgegengesetzten Drehsinn (siehe Lageskizze 1).

Beispiel:

Mit den drei gegebenen Größen F_1, α_1, x_1 und y_1 aus der Tabelle wird bei einem angenommenen Richtungswinkel $\alpha_1 = 30°$

$M_{x1} = F_1 \cos\alpha_1 \; |(y_1 - y_F)|$
$M_{x1} = 350\ \text{N} \cdot \cos 30° \cdot |(0{,}4 - 0)\ \text{m}|$
$M_{x1} = +121{,}2\ \text{Nm}$

$M_{y1} = F_1 \sin\alpha_1 \; |(x_1 - x_F)|$
$M_{y1} = 350\ \text{N} \cdot \sin 30° \cdot |(0{,}6 - 0)\ \text{m}|$
$M_{y1} = +105\ \text{Nm}$

Beide Momente haben positives Vorzeichen, würden also nach der Vorzeichenregel *links*drehend wirken.

Dagegen zeigt die Lageskizze 1, daß M_{x1} rechtsdrehend und M_{y1} linksdrehend wirkt.

Prüfen wir die Gleichungen mit dem Richtungswinkel α_1 in allen vier Quadranten, z. B. mit 120°, 210° und 330, dann zeigt sich, daß allein die nebenstehende Gleichungsform die Übereinstimmung von Betragsvorzeichen nach der Rechnung und Momentendrehsinn nach der Lageskizze ergibt.

$$M_{x1} = -F_1 \cos\alpha_1 \; |(y_1 - y_F)|$$
$$M_{y1} = +F_1 \sin\alpha_1 \; |(x_1 - y_F)|$$

Gleichungssystem für den Fall $x_1 > x_F$ und $y_1 > y_F$.

Allerdings gelten die beiden Gleichungen vorerst nur dann, wenn der Kraftangriffspunkt P_1 rechts und oberhalb vom Momentendrehpunkt *PF* (Festlagerpunkt) liegt. Dann ist $x_1 > x_F$ und $y_1 > y_F$.

Denken wir uns den Festlagerpunkt *PF* in ein rechtwinkliges Achsenkreuz gelegt, dann liegt in unserer Aufgabe der Kraftangriffspunkt P_1 im I. Quadranten. Nur für diesen Fall ($x_1 > x_F$ und $y_1 > y_F$) gelten die Momentengleichungen in der hergeleiteten Form. Gesucht wird aber ein Gleichungssystem, das für alle Lagen des Punktes P_1 gilt, also auch für den II., III. und IV. Quadranten im Lageschema. Dazu bleibt nichts anderes übrig, als die gleiche Untersuchung wie im I. Quadranten durchzuführen. Auch hier verwenden wir markante Richtungswinkel α_n, z. B. 30°, 120°, 210°, 330°. Die Analyse ist einfach, denn die Gleichungen sind bekannt. Es geht nur darum, die Vorzeichen zu finden, bei denen das Betragsvorzeichen nach der Rechnung mit dem Momentendrehsinn nach dem Lageschema übereinstimmt.

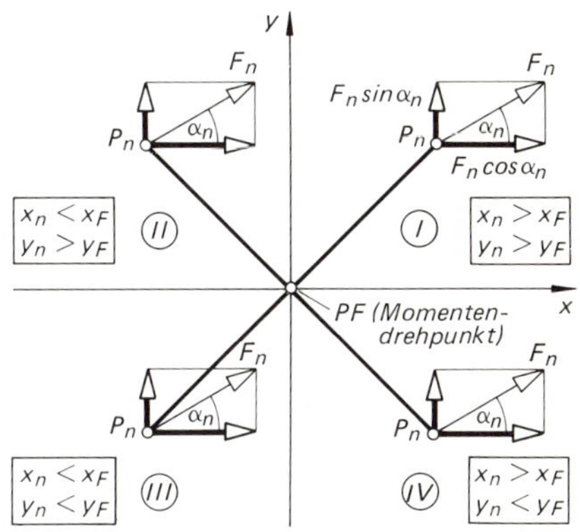

Lageschema für die Kraftangriffspunkte P_n in bezug zum Momentendrehpunkt (Festlagerpunkt *PF*).

Die Untersuchungen führen zu dem folgenden Gleichungssystem, das für alle Lagen von Kraftangriffspunkten P_n und Richtungswinkeln α_n gilt:

Beachte: Der Index n steht für die natürlichen Zahlen 1 bis zur Anzahl der äußeren Kräfte, z. B. $F_1 \ldots F_4$.

Für Kräfte F_n, deren Angriffspunkt P_n in bezug auf den Momentendrehpunkt *PF* im ersten Quadranten liegt, gilt Gleichung (I):

$$M_{xn} = -F_n \cos\alpha_n \; |(y_n - y_F)|$$
$$M_{yn} = +F_n \sin\alpha_n \; |(x_n - x_F)| \qquad \text{(I)}$$

Gilt für $x_n \geqslant x_F$ und $y_n \geqslant y_F$ (Koordinatenbedingung)

Für Kräfte F_n, deren Angriffspunkt P_n in bezug auf den Momentendrehpunkt *PF* im zweiten Quadranten liegt, gilt Gleichung (II):

$$M_{xn} = -F_n \cos\alpha_n \; |(y_n - y_F)|$$
$$M_{yn} = -F_n \sin\alpha_n \; |(x_n - x_F)| \qquad \text{(II)}$$

Gilt für $x_n < x_F$ und $y_n \geqslant y_F$ (Koordinatenbedingung)

Für Kräfte F_n, deren Angriffspunkt P_n in bezug auf den Momentendrehpunkt *PF* im dritten Quadranten liegt, gilt Gleichung (III):

$$M_{xn} = +F_n \cos\alpha_n \, |(y_n - y_F)| \qquad \text{(III)}$$
$$M_{yn} = -F_n \sin\alpha_n \, |(x_n - y_F)|$$

Gilt für $x_n < x_F$ und $y_n < y_F$ (Koordinatenbedingung)

Für Kräfte F_n, deren Angriffspunkt P_n in bezug auf den Momentendrehpunkt *PF* im vierten Quadranten liegt, gilt Gleichung (IV):

$$M_{xn} = +F_n \cos\alpha_n \, |(y_n - y_F)| \qquad \text{(IV)}$$
$$M_{yn} = +F_n \sin\alpha_n \, |(x_n - x_F)|$$

Gilt für $x_n \geqslant x_F$ und $y_n < y_F$ (Koordinatenbedingung)

Zur Lösung einer Aufgabe haben wir stets zuerst die zutreffende Koordinatenbedingung herauszusuchen. Damit stellen wir fest, mit welcher der vier Gleichungen die vorliegende Aufgabe zu lösen ist. Zur Gliederung der Lösung bezeichnen wir diesen Schritt als *Abfrage 1.*

In unserer Aufgabe führt die Abfrage 1 zu

$x_n = x_1 > x_F$ und $y_n = y_1 > y_F$
(600 mm > 0 und 400 mm > 0).

Ein Vergleich der vier Koordinatenbedingungen zeigt, daß mit Gleichung (I) zu rechnen ist.

In unserer Aufgabe mit dem Winkelrollhebel ergibt die Rechnung $M_{x1} = 0$, weil die Kraft F_1 senkrecht nach unten wirkt und damit keine x-Komponente hat. Dagegen bewirkt die y-Komponente F_{1y} das Moment $M_{y1} = -210$ Nm. Entsprechend dem negativen Vorzeichen wirkt es rechtsdrehend auf den Festlagerpunkt *FL*.

$$M_{x1} = -350 \text{ N} \cdot \cos 270° \, |(400 - 0)| \text{ mm}$$
$$M_{x1} = 0$$
$$M_{y1} = +350 \text{ N} \cdot \sin 270° \, |(600 - 0)| \text{ mm}$$
$$M_{y1} = -210\,000 \text{ Nmm} = -210 \text{ Nm} \circlearrowright$$

Greifen mehr als eine Belastungskraft am Körper an (F_1, F_2, F_3 ...), muß der Rechnungsgang entsprechend häufig durchlaufen werden. Für jede Kraft wird festgestellt, welche der vier Gleichungen (I) ... (IV) gilt (*Abfrage 1*). Danach werden die Momente M_{x1}, M_{y1}, M_{x2}, M_{y2}, M_{x3}, M_{y3} ... berechnet.

In einem Rechnerprogramm sorgt eine Programmschleife mit Abfrage für die Wiederholung des Rechenganges (siehe Abschnitt 1.2.5.4.).

Zugewiesen wird diejenige Gleichung, für die die Koordinatenbedingung gilt.

Wir können den weiteren Rechnungsgang vereinfachen, wenn wir die statischen Momente der Einzelkräfte M_{xn}, M_{yn} in bezug auf den Momentendrehpunkt *PF* (Festlagerpunkt) zu einem resultierenden Gesamtmoment M_g addieren.

$$M_g = \Sigma M_{xn} + \Sigma M_{yn}$$
$$M_g = M_{x1} + M_{x2} + \ldots M_{y1} + M_{y2} + \ldots$$

Neben den Belastungskräften F_n wirkt stets noch die Loslagerkraft F_L drehend in bezug auf den Festlagerpunkt *PF*. Deren statisches Moment ist $M_L = M_{xL} + M_{yL}$.

Die vier Gleichungen (I) ... (IV) gelten für jede Kraft, die auf den Körper wirkt, also auch für die Loslagerkraft F_L mit ihren Komponenten $F_{Lx} = F_L \cos\alpha_L$ und $F_{Ly} = F_L \sin\alpha_L$.

Mit Hilfe der Koordinatenbedingungen wird als gültige Gleichung für unsere Aufgabe Gleichung (I) ermittelt.

Da

$x_L = 300 > x_F = 0$ und

$y_L = 0 = y_F = 0$

ist, liegt der Loslagerpunkt *PL* im ersten Quadranten, und es gelten die Gleichungen (I):

$$M_{xL} = -F_L \cos\alpha_L \, |(y_L - y_F)| \qquad \text{(I)}$$
$$M_{yL} = +F_L \sin\alpha_L \, |(x_L - x_F)|$$

Die Gleichungen werden für die weitere Entwicklung gebraucht. Da F_L noch nicht bekannt ist, könnte M_L an dieser Stelle auch noch nicht berechnet werden.

Wir haben jetzt alle Gleichungen beisammen, die für die Momentengleichgewichtsbedingung $\Sigma M_{(PF)} = 0$ erforderlich sind.

$$\Sigma M_{(PF)} = 0$$
$$\Sigma M_{(PF)} = M_g + M_{xL} + M_{yL} = 0$$

$$M_g = M_{x1} + M_{y1} + \ldots M_{xn} + M_{yn}$$

Aus der Momentengleichgewichtsbedingung $\Sigma M_{(PF)} = 0$ entwickeln wir nun eine Gleichung für die Loslagerkraft F_L.

Je nach Lage des Loslagerpunkts *PL* in bezug auf den Momentendrehpunkt *PF* erhalten wir vier Gleichungen:

$$\Sigma M_{(PL)} = 0 = M_g + M_{xL} + M_{yL}$$
$$F_L = ?$$

Liegt der Loslagerpunkt *PL* in bezug auf den Momentendrehpunkt *PF* im ersten Quadranten, gilt für die Berechnung von M_{xL} und M_{yL} die Gleichung (I).

$$M_g + M_{xL} + M_{yL} = 0$$
$$M_g + [-F_L \cos\alpha_L \, |(y_L - y_F)|] + [+F_L \sin\alpha_L \, |(x_L - x_F)|] = 0$$

Damit ergibt sich die Gleichung (V):

$$F_L = \frac{-M_g}{\sin\alpha_L \, |(x_L - x_F)| - \cos\alpha_L \, |(y_L - y_F)|} \qquad \text{(V)}$$

Gilt für $x_L \geqslant x_F$ und $y_L \geqslant y_F$
(Koordinatenbedingung)

Liegt der Loslagerpunkt *PL* in bezug auf den Momentendrehpunkt *PF* im zweiten Quadranten, gilt für die Berechnung von M_{xL} und M_{yL} die Gleichung (II).

$$M_g + M_{xL} + M_{yL} = 0$$
$$M_g + [-F_L \cos\alpha_L \, |(y_L - y_F)|] + [-F_L \sin\alpha_L \, |(x_L - x_F)|] = 0$$

Damit ergibt sich Gleichung (VI):

$$F_L = \frac{-M_g}{-\sin\alpha_L \, |(x_L - x_F)| - \cos\alpha_L \, |(y_L - y_F)|} \qquad \text{(VI)}$$

Gilt für $x_L < x_F$ und $y_L \geqslant y_F$
(Koordinatenbedingung)

Liegt der Loslagerpunkt *PL* in bezug auf den Momentendrehpunkt *PF* im dritten Quadranten, gilt für die Berechnung von M_{xL} und M_{yL} die Gleichung (III).

$$M_g + M_{xL} + M_{yL} = 0$$
$$M_g + [+F_L \cos\alpha_L \,|(y_L - y_F)|] + [-F_L \sin\alpha_L \,|(x_L - x_F)|] = 0$$

Damit ergibt sich die Gleichung (VII):

$$F_L = \frac{-M_g}{-\sin\alpha_L \,|(x_L - x_F)| + \cos\alpha_L \,|(y_L - y_F)|} \quad \text{(VII)}$$

Gilt für $x_L < x_F$ und $y_L < y_F$ (Koordinatenbedingung)

Liegt der Loslagerpunkt *PL* in bezug auf den Momentendrehpunkt *PF* im vierten Quadranten, gilt für die Berechnung von M_{xL} und M_{yL} die Gleichung (IV).

$$M_g + M_{xL} + M_{yL} = 0$$
$$M_g + [+F_L \cos\alpha_L \,|(y_L - y_F)|] + [+F_L \sin\alpha_L \,|(x_L - x_F)|] = 0$$

Damit ergibt sich die Gleichung (VIII):

$$F_L = \frac{-M_g}{\sin\alpha_L \,|(x_L - x_F)] + \cos\alpha_L \,|(y_L - y_F)|} \quad \text{(VIII)}$$

Gilt für $x_L \geqslant x_F$ und $y_L < y_F$ (Koordinatenbedingung)

Eine *Abfrage 2* im Lösungsgang hat das Ziel, die gültige Gleichung aus (V) ... (VIII) herauszufinden.

Richtgrößen für die Auswahl der richtigen Gleichung sind die Koordinaten x_L, y_L, x_F, y_F (siehe Lageskizze 1, Seite 58).

Fehlerwarnung: Der ausgerechnete Betrag für die Loslagerkraft F_L muß stets positiv sein. Ergibt sich ein negativer Betrag, muß Richtungswinkel α_L überprüft werden. Meist wurde sein Betrag um ± 180° falsch angenommen.

In unserer Aufgabe ist

$x_L = 300\text{ mm} > x_F = 0$ und
$y_L = 0 = y_F = 0$.

Damit gilt für die Berechnung der Loslagerkraft F_L die Gleichung (V) mit $x_L > x_F$ und $y_L = y_F$:

Da nur eine äußere Kraft F_1 am Winkelhebel angreift, ist die Momentensumme $M_g = M_{x1} + M_{y1} = 0 + (-210)\text{ Nm} = -210\text{ Nm}$ (schon berechnet).

$$F_L = \frac{-M_g}{\sin\alpha_L \,|(x_L - x_F)| - \cos\alpha_L \,|(y_L - y_F)|}$$

$$F_L = \frac{-(-210)\text{ Nm}}{\sin 120° \cdot |(0{,}3 - 0)\text{ m} - \cos 120° \,|(0 - 0)}$$

$$F_L = 808{,}29\text{ N}.$$

Bis zu diesem Lösungsstand haben wir nur die Momentengleichgewichtsbedingung benutzt und damit die Loslagerkraft F_L berechnet. Jetzt fehlt noch die Berechnung der Festlagerkraft F_F und deren Richtungswinkel α_F. Dazu stehen die beiden Kräftegleichgewichtsbedingungen $\Sigma F_x = 0$ und $\Sigma F_y = 0$ zur Verfügung.

Bisher verwendet:
Momentengleichgewichtsbedingung

III. $\Sigma M_{(PF)} = 0$
$\Sigma F_n \cos\alpha_n + \Sigma F_n \sin\alpha_n + M_{xL} + M_{yL} = 0$

Noch verwendbar:
Kräftegleichgewichtsbedingungen:

I. $\Sigma F_x = 0$
$\Sigma F_n \cos\alpha_n + F_L \cos\alpha_L + F_F \cos\alpha_F = 0$

II. $\Sigma F_y = 0$
$\Sigma F_n \sin\alpha_n + F_L \sin\alpha_L + F_F \sin\alpha_F = 0$

Im allgemeinen Fall greifen mehrere Belastungskräfte F_n am Körper an. Dann werden die Summenausdrücke in Gleichung (IX) gesondert ausgerechnet. Wir erhalten damit die Resultierenden der x-Komponenten F_{rx} und der y-Komponenten F_{ry}.

$$\Sigma F_n \cos\alpha_n = F_1 \cos\alpha_1 + F_2 \cos\alpha_2 + \ldots = F_{rx}$$
$$\Sigma F_n \sin\alpha_n = F_1 \sin\alpha_1 + F_2 \sin\alpha_2 + \ldots = F_{ry}$$

(IX)

Eingesetzt in die Kräftegleichgewichtsbedingungen:

I. $F_{rx} + F_L \cos\alpha_L + F_F \cos\alpha_F = 0$

II. $F_{ry} + F_L \sin\alpha_L + F_F \sin\alpha_F = 0$

In einem Rechnerprogramm wird eine solche Summierung mit einer von F_1 bis F_n laufenden Schleife durchgeführt, z. B. bei 6 Belastungskräften durchlaufend von $n = 1$ bis $n = 6$ mit Addition der einzelnen Glieder.

In der Aufgabe greift nur die Kraft F_1 als Belastungskraft an:

$F_{rx} = F_1 \cos\alpha_1$

$F_{rx} = 350\ \text{N} \cdot \cos 270° = 0$

$F_{ry} = F_1 \sin\alpha_1$

$F_{ry} = 350\ \text{N} \cdot \sin 270° = -350\ \text{N}.$

Die beiden Ausdrücke für $F_F \cos\alpha_F$ und $F_F \sin\alpha_F$ aus Gleichung I. und II. sind die beiden senkrecht aufeinanderstehenden Komponenten der Festlagerkraft F_F in x- und y-Richtung. Der Betrag der Festlagerkraft F_F kann daher mit dem Satz des Pythagoras berechnet werden.

I. $F_F \cos\alpha_F = F_{Fx} = -(F_{rx} + F_L \cos\alpha_L)$

II. $F_F \sin\alpha_F = F_{Fy} = -(F_{ry} + F_L \sin\alpha_L)$

$$F_{Fx} = -(F_{rx} + F_L \cos\alpha_L)$$
$$F_{Fy} = -(F_{ry} + F_L \sin\alpha_L) \qquad \text{(X)}$$

$$F_F = \sqrt{F_{Fx}^2 + F_{Fy}^2} \qquad \text{(XIa)}$$

$$F_F = \sqrt{[-(F_{rx} + F_L \cos\alpha_L)]^2 + [-(F_{ry} + F_L \sin\alpha_L)]^2}$$

(XIb)

Für unsere Aufgabe mit dem Winkelrollhebel wird

$F_{rx} = 0,\ F_{ry} = -350\ \text{N},$

$F_L \cos\alpha_L = 808{,}29\ \text{N} \cdot \cos 120° = -404{,}145\ \text{N}$

$F_L \sin\alpha_L = 808{,}29\ \text{N} \cdot \sin 120° = 700\ \text{N}$

$F_F = \sqrt{[-(0 + (-404{,}145\ \text{N}))]^2 + [-(-350\ \text{N} + 700\ \text{N})]^2}$

$F_F = 534{,}6\ \text{N}$

Den Abschluß unseres allgemeingültigen Lösungsansatzes bilden die Gleichungen, mit denen der Richtungswinkel α_F der Festlagerkraft F_F berechnet werden kann. Hierzu gelten die Überlegungen aus dem Abschnitt 1.2.3 und die dort hergeleiteten Beziehungen. Wir müssen nur die hier festgelegten Bezeichnungen einbauen.

Zunächst muß der spitze Winkel β_F zwischen der Wirklinie von F_F und der x-Achse des Achsenkreuzes berechnet werden.

$$\beta_F = \arctan \frac{|F_{Fy}|}{|F_{Fx}|} \qquad \text{(XII)}$$

Je nach Lage der Festlagerkraft F_F im Achsenkreuz gelten dann die in Abschnitt 1.2.3 hergeleiteten Beziehungen zur Berechnung des Richtungswinkels α_F der Festlagerkraft. Die richtige Auswahl aus den vier Gleichungen erfordert also noch eine *Abfrage 3*. Richtgrößen sind hier die Beträge der Festlagerkomponenten F_{Fx} und F_{Fy}.

Nach Abschnitt 1.2.3 gilt für

$F_{Fx} \geqslant 0$ und $F_{Fy} \geqslant 0$:
$\alpha_F = \beta_F$ (XIII)

$F_{Fx} < 0$ und $F_{Fy} \geqslant 0$:
$\alpha_F = 180° - \beta_F$ (XIV)

$F_{Fx} < 0$ und $F_{Fy} < 0$:
$\alpha_F = 180° + \beta_F$ (XV)

$F_{Fx} \geqslant 0$ und $F_{Fy} < 0$:
$\alpha_F = 360° - \beta_F$ (XVI)

Für die Aufgabe wird nach Gleichung (X)

$F_{Fx} = -[0 + (-404{,}145\ \text{N})] = 404{,}145\ \text{N}$

$F_{Fy} = -(-350\ \text{N} + 700\ \text{N}) = -350\ \text{N}$

$$\beta_F = \arctan \frac{|-350\ \text{N}|}{|404{,}145\ \text{N}|} = 40{,}89°$$

Wegen $F_{Fx} > 0$ und $F_{Fy} < 0$ gilt Gleichung (XVI):

$\alpha_F = 360° - \beta_F = 319{,}11°$

1.2.5.2 Zusammenstellung der Systemgleichungen

Koordinatenbedingung	Momentenbedingung der Kräfte F_n	Loslagerkraft F_L
$x_n, x_L \geqslant x_F$ $y_n, y_L \geqslant y_F$	$M_{xn} = -F_n \cos\alpha_n\ \lvert(y_n - y_F)\rvert$ $M_{yn} = +F_n \sin\alpha_n\ \lvert(x_n - x_F)\rvert$ (I)	$F_L = \dfrac{-M_g}{\sin\alpha_L\ \lvert(x_L - x_F)\rvert - \cos\alpha_L\ \lvert(y_L - y_F)\rvert}$ (V)
$x_n, x_L < x_F$ $y_n, y_L \geqslant y_F$	$M_{xn} = -F_n \cos\alpha_n\ \lvert(y_n - y_F)\rvert$ $M_{yn} = -F_n \sin\alpha_n\ \lvert(x_n - x_F)\rvert$ (II)	$F_L = \dfrac{-M_g}{-\sin\alpha_L\ \lvert(x_L - x_F)\rvert - \cos\alpha_L\ \lvert(y_L - y_F)\rvert}$ (VI)
$x_n, x_L < x_F$ $y_n, y_L < y_F$	$M_{xn} = +F_n \cos\alpha_n\ \lvert(y_n - y_F)\rvert$ $M_{yn} = -F_n \sin\alpha_n\ \lvert(x_n - x_F)\rvert$ (III)	$F_L = \dfrac{-M_g}{-\sin\alpha_L\ \lvert(x_L - x_F)\rvert + \cos\alpha_L\ \lvert(y_L - y_F)\rvert}$ (VII)
$x_n, x_L \geqslant x_F$ $y_n, y_L < y_F$	$M_{xn} = +F_n \cos\alpha_n\ \lvert(y_n - y_F)\rvert$ $M_{yn} = +F_n \sin\alpha_n\ \lvert(x_n - x_F)\rvert$ (IV)	$F_L = \dfrac{-M_g}{\sin\alpha_L\ \lvert(x_L - x_F)\rvert + \cos\alpha_L\ \lvert(y_L - y_F)\rvert}$ (VIII)
Festlagerkaft F_F und Richtungswinkel α_F		$M_g = \Sigma M_{xn} + \Sigma M_{yn}$ (resultierendes Moment)
$F_{rx} = F_1 \cos\alpha_1 + F_2 \cos\alpha_2 + \ldots$ $F_{ry} = F_1 \sin\alpha_1 + F_2 \sin\alpha_2 + \ldots$ (IX)		$\beta_F = \arctan \dfrac{\lvert F_{Fy}\rvert}{\lvert F_{Fx}\rvert}$ (XII)
$F_{Fx} = -(F_{rx} + F_L \cos\alpha_L)$ $F_{Fy} = -(F_{ry} + F_L \sin\alpha_L)$ (X)		für $F_{Fx} \geqslant 0$ und $F_{Fy} \geqslant 0$: $\alpha_F = \beta_F$ für $F_{Fx} < 0$ und $F_{Fy} \geqslant 0$: $\alpha_F = 180° - \beta_F$ für $F_{Fx} < 0$ und $F_{Fy} < 0$: $\alpha_F = 180° + \beta_F$ für $F_{Fx} \geqslant 0$ und $F_{Fy} < 0$: $\alpha_F = 360° - \beta_F$
$F_F = \sqrt{F_{Fx}^2 + F_{Fy}^2}$ (XIa)		
$F_F = \sqrt{[-(F_{rx} + F_L \cos\alpha_L)]^2 + [-(F_{ry} + F_L \sin\alpha_L)]^2}$ (XIb)		

1.2.5.3 Übung zum systemanalytischen Lösungsverfahren zur Stützkraftberechnung

Die Skizze zeigt den Klapptisch einer Biegepresse mit der üblichen Bemaßung.[1] Der Tisch wird durch den Hydraulikkolben um das Festlager geschwenkt.

Für die skizzierte waagerechte Tischlage sind zu berechnen:

a) die Koordinaten der Kraftangriffspunkte und der Richtungswinkel α_L der Loslagerkraft F_L (Kolbenkraft),
b) der Betrag der Loslagerkraft F_L,
c) der Betrag der Festlagerkraft F_F in den Schwenklagern,
d) der Richtungswinkel α_F der Festlagerkraft F_F.

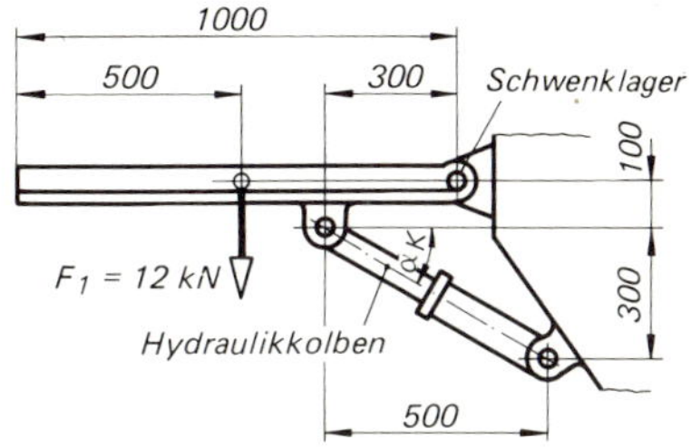

Aufgabenskizze

Lösung:

a) Die Rechnung wird einfacher, wenn wir das rechtwinklige Achsenkreuz so legen, daß sich nur positive Koordinaten für die Kraftangriffspunkte ergeben.

Legen wir die x-Achse in den tiefsten Kraftangriffspunkt (Loslagerkraft F_L), ist die y-Koordinate $y_L = 0$.

Noch einfacher hätten wir die y-Achse in die Wirklinie der Kraft F_1 legen können.

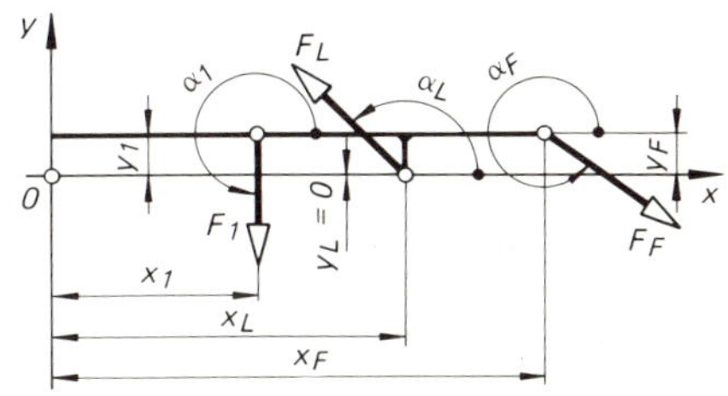

Lageskizze

$F_1 = 12000\,\text{N}, \alpha_1 = 270°, x_1 = 0{,}5\,\text{m}, y_1 = 0{,}1\,\text{m}$

$x_F = 1\,\text{m},\ y_F = 0{,}1\,\text{m}$

$x_L = 0{,}7\,\text{m},\ y_L = 0$

$$\alpha_L \text{ aus } \arctan\alpha_K = \frac{0{,}3\,\text{m}}{0{,}5\,\text{m}} = 30{,}96°$$

$$\alpha_L = 180° - \alpha_K = 149{,}04°$$

b) Die Lageskizze zeigt, daß $x_1 < x_F$ und $y_1 = y_F$ ist (*Abfrage 1*). Folglich gilt zur Berechnung der Komponentenmomente M_{x1} und M_{y1} die Gleichung (II). Wegen $|(y_1 - y_F)| = 0$ und $\cos 270° = 0$ ist auch $M_{x1} = 0$, was bei einer senkrecht wirkenden Kraft ohne x-Komponente auch nicht anders sein kann. Die Summe beider Teilmomente ist das Gesamtmoment $M_g = M_{x1} + M_{y1}$.

$$M_{x1} = -F_1 \cos\alpha_1\ |(y_1 - y_F)|$$
$$= -12000\,\text{N} \cdot \cos 270°\ |(0{,}1 - 0{,}1)\,\text{m}|$$
$$M_{x1} = 0$$
$$M_{y1} = -F_1 \sin\alpha_1\ |(x_1 - x_F)|$$
$$= -12000\,\text{N} \cdot \sin 270°\ |0{,}5 - 1)\,\text{m}|$$
$$M_{y1} = +\ 6000\,\text{Nm}$$
$$M_g = M_{x1} + M_{y1} = 0 + (+\,6000\,\text{Nm})$$
$$M_g = +\,6000\,\text{Nm} \circlearrowleft$$

[1]) Aufgabe 91 aus der Aufgabensammlung zur Mechanik und Festigkeitslehre

Für die Berechnung der Loslagerkraft F_L gelten die Gleichungen (V) ... (VIII).
Nach der Lageskizze ist $x_L < x_F$ und $y_L < y_F$. Die Loslagerkraft F_L ist also mit Gleichung (VII) zu berechnen (*Abfrage 2*).

$$F_L = \frac{-M_g}{-\sin\alpha_L\,|(x_L - x_F)| + \cos\alpha_L\,|(y_L - y_F)|}$$

$$F_L = \frac{-(+6000\ \mathrm{Nm})}{-\sin 149{,}04^\circ \cdot |(0{,}7-1)\ \mathrm{m}| + \cos 149{,}04^\circ \cdot |(0-0{,}1)\ \mathrm{m}|}$$

$$F_L = 24\,991\ \mathrm{N}$$

c) Nach Gleichung (IX) berechnen wir die Komponenten F_{rx} und F_{ry}. Natürlich wird die Komponente $F_{rx} = 0$, denn die Kraft F_1 wirkt senkrecht nach unten, hat also keine Komponente in x-Richtung.

$$F_{rx} = F_1 \cos\alpha_1 = 12\,000\ \mathrm{N} \cdot \cos 270^\circ$$
$$F_{rx} = 0$$
$$F_{ry} = F_1 \sin\alpha_1 = 12\,000\ \mathrm{N} \cdot \sin 270^\circ$$
$$F_{ry} = -12\,000\ \mathrm{N}$$

Jetzt lassen sich mit Gleichung (X) die Komponenten F_{Fx} und F_{Fy} der Festlagerkraft F_F berechnen.
Wie bei allen Rechnungen muß auch hier genau auf die exakte Vorzeichenmitnahme geachtet werden.

$$F_{Fx} = -(F_{rx} + F_L \cos\alpha_L)$$
$$F_{Fx} = -(0 + 24\,991\ \mathrm{N} \cdot \cos 149{,}04^\circ)$$
$$F_{Fx} = 21\,430\ \mathrm{N}$$
$$F_{Fy} = -(F_{ry} + F_L \sin\alpha_L)$$
$$F_{Fy} = -(-12000\ \mathrm{N} + 24991\ \mathrm{N} \cdot \sin 149{,}04^\circ)$$
$$F_{Fy} = -856{,}4\ \mathrm{N}$$

Mit den Komponenten der Festlagerkraft können wir nach einer der Gleichungen (XIa) oder (XIb) den Betrag der Festlagerkraft F_F berechnen. Da wir die Komponenten bereits kennen, verwenden wir Gleichung (XIa).

$$F_F = \sqrt{F_{Fx}^2 + F_{Fy}^2}$$
$$F_F = \sqrt{(21430\ \mathrm{N})^2 + (-856{,}4\ \mathrm{N})^2}$$
$$F_F = 21447\ \mathrm{N}$$

d) Zum Schluß ermitteln wir den Richtungswinkel α_F der Festlagerkraft F_F. Erforderlich ist dazu der spitze Winkel β_F, den die Wirklinie der Festlagerkraft mit der x-Achse einschließt. Es gilt die Gleichung (XII).

$$\beta_F = \arctan \frac{|F_{Fy}|}{|F_{Fx}|}$$
$$\beta_F = \arctan \frac{|-856{,}4\ \mathrm{N}|}{|21430\ \mathrm{N}|} = 2{,}29^\circ$$

Bestimmungsgleichung für den Richtungswinkel α_F ist wegen $F_{Fx} > 0$ und $F_{Fy} < 0$ die Gleichung (XVI), ausgewählt durch die *Abfrage 3*.

$$\alpha_F = 360^\circ - \beta_F = 360^\circ - 2{,}29^\circ$$
$$\alpha_F = 357{,}71^\circ$$

1.2.5.4. Beschreibung des Programmlaufs zur Stützkraftberechnung

Der Übungsablauf zeigt uns, wie ein PC-Programm gegliedert sein muß.

Nach dem Programmstart folgt die Aufforderung zur Eingabe der Kraftbeträge F_n, der Richtungswinkel α_n und der Koordinaten x, y für die Angriffspunkte sämtlicher Kräfte.

Es folgt eine Programmschleife für die Anzahl der gegebenen Kräfte und Durchläufe. Für z. B. $F_1 \ldots F_6$ ist der Anfangswert $n = 1$, der Endwert $n = AZ = 6$.

Die anschließende Programmverzweigung enthält die Abfrage zur Lage der Kräfte F_n zur Festlagerkraft F_F: $x_n \geqslant x_F$ und $y_n \geqslant y_F$ usw., siehe Gleichungen (I) ... (IV). Danach erfolgt die Zuweisung der gültigen Gleichung und die Berechnung der Momente M_{xn} und M_{yn}.

Nach dem letzten Schleifendurchlauf ($n = AZ$) werden die Momente M_{xn} und M_{yn} zum Gesamtmoment M_g addiert:

$M_g = M_{x1} + M_{x2} + \ldots + M_{y1} + M_{y2} + \ldots$

Es folgt eine zweite Programmverzweigung mit den Abfragen nach der Lage der Loslagerkraft F_L zur Festlagerkraft F_F entsprechend den Gleichungen (V) ... (VIII). Nach dem Ergebnis der Abfrage wird die gültige Gleichung zugewiesen und ausgerechnet ($F_L = \ldots$).

Anschließend werden nach den Gleichungen (IX) und (X) die Teilresultierenden F_{rx}, F_{ry} der Belastungskräfte F_n und die Komponenten F_{Fx} und F_{Fy} der Festlagerkraft F_F berechnet.

Mit Gleichung (XIa) oder (XIb) kann nun die Festlagerkraft F_F berechnet werden.

Mit Gleichung (XII) wird der spitze Winkel β_F der Festlagerkraft F_F zur x-Achse berechnet.

Nach dem Ergebnis der Abfrage 3 weist das Programm eine der Gleichungen (XIII) ... (XVI) zu, mit der dann der Richtungswinkel α_F der Festlagerkraft F_F berechnet wird.

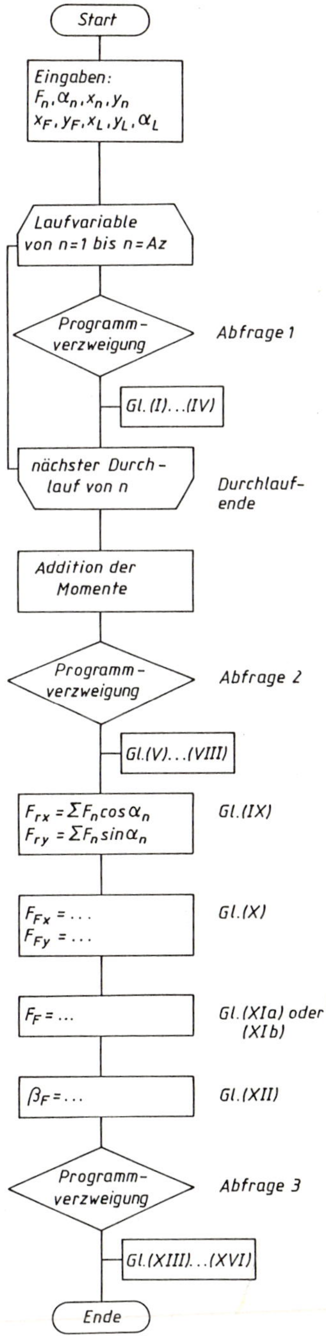

1.3. Statik der Fachwerke

1.3.1. Aufbau von Fachwerken

Das Fachwerk ist eine Tragkonstruktion aus Profilstäben. Es ersetzt Massivträger bei geringem Werkstoffaufwand.

Das einfachste Fachwerk ist der *Dreiecksverband* mit den „Stäben" 1, 2, 3 und den „Knoten" I, II, III (Knotenpunkte). Man gebraucht das Dreieck, weil es die einfachste *starre* Figur ist. Weitere Stäbe werden in gleicher Weise angeschlossen.

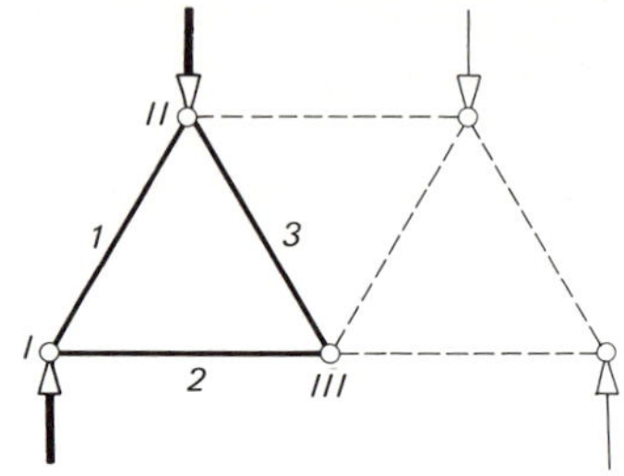

Aufbau eines Fachwerks aus Dreiecken

Die Verbindungsstellen der Stäbe (die Knotenpunkte) werden als Gelenke angesehen. Dann sind alle Stäbe des Fachwerks *Zweigelenkstäbe* (siehe 1.1.7) und nehmen nur Zug- oder Druckkräfte auf, wenn man auch die „äußeren Kräfte" (die Belastungen) nur an den Knotenpunkten angreifen läßt. Man erreicht damit die bestmögliche Werkstoffausnutzung, weil bei Zug- und Druckbeanspruchung im Gegensatz zur Biegebeanspruchung der ganze Stabquerschnitt gleichmäßig bis an die zulässige Spannungsgrenze ausgenutzt werden kann (siehe Festigkeitslehre).

Hinweis: In der praktischen Ausführung sind die Stäbe über „Knotenbleche" miteinander vernietet, verschraubt oder verschweißt. Sie können dadurch auch Biegemomente aufnehmen. Diese sind aber nur gering und werden in der Festigkeitsrechnung durch den Ansatz einer geringeren zulässigen Spannung berücksichtigt.

Wir wollen nun einige Verfahren kennenlernen, mit denen man die Zug- und Druckkräfte in den Stäben („Stabkräfte") ermitteln kann.

Hinweis: Stabkräfte sind *innere Kräfte*. Sie wirken innerhalb des Fachwerks.

Belastungen sind *äußere Kräfte*. Sie wirken von außen auf die Knotenpunkte des Fachwerks.

1.3.2. Der Cremonaplan (zeichnerisches Verfahren zur Ermittlung aller Stabkräfte eines Fachwerks)

Aufgabe: Ein Fachwerk wird mit den Kräften $F_1 = 4$ kN, $F_2 = 2$ kN und $F_3 = 3$ kN nach Skizze belastet („äußere Kräfte").

Alle Stabkräfte sollen zeichnerisch ermittelt werden („innere Kräfte").

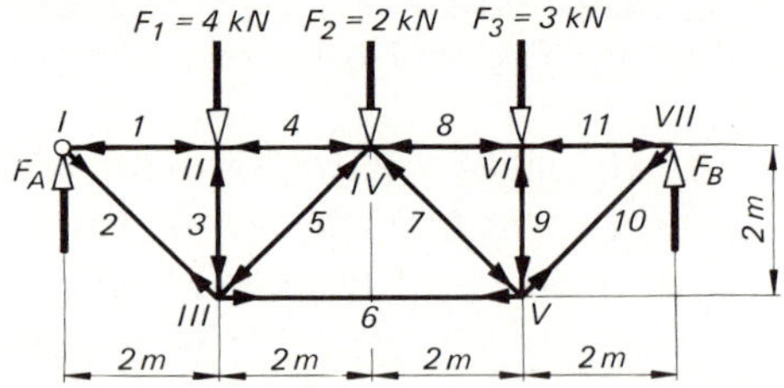

Aufgabenskizze

Um wegen der Vielzahl der Kräfte nicht den Überblick zu verlieren, bezeichnen wir die Stäbe (und später auch die Stabkräfte) mit den arabischen Zahlen 1 ... 11, die Knotenpunkte mit den römischen Zahlen I ... VII, und zwar in beliebiger Reihenfolge.

Man bezeichnet die Stäbe

1, 4, 8, 11 als Obergurtstäbe,
2, 6, 10 als Untergurtstäbe,
3, 5, 7, 9 als Füllstäbe, davon die Stäbe
3 und 9 als Pfosten (Vertikale),
5 und 7 als Schrägen (Diagonale).

Der Lösung der Aufgabe geht die zeichnerische oder rechnerische Ermittlung der Stützkräfte voraus, weil die Bestimmung der Stabkräfte in vielen Fällen erst dann möglich ist, wenn *alle* äußeren Kräfte bekannt sind.

Wir verwenden hier die drei rechnerischen Gleichgewichtsbedingungen
$\Sigma F_x = 0$, $\Sigma F_y = 0$, $\Sigma M_{(I)} = 0$.
Damit erhalten wir
$F_A = 4{,}75$ kN und $F_B = 4{,}25$ kN.

$\Sigma F_x = 0$; keine waagerechten Kräfte vorhanden.

$\Sigma F_y = 0 = +F_A - F_1 - F_2 - F_3 + F_B$

$\Sigma M_{(I)} = 0$

$-F_1 \cdot 2\,\text{m} - F_2 \cdot 4\,\text{m} - F_3 \cdot 6\,\text{m} + F_B \cdot 8\,\text{m} = 0$

$$F_B = \frac{F_1 \cdot 2\,\text{m} + F_2 \cdot 4\,\text{m} + F_3 \cdot 6\,\text{m}}{8\,\text{m}} = 4{,}25\ \text{kN}$$

$F_A = F_1 + F_2 + F_3 - F_B = 4{,}75$ kN

Vorüberlegung: Der Gesamtkörper (das Fachwerk) ist im Gleichgewicht. Dann muß aber auch jeder einzelne Knotenpunkt im Gleichgewicht sein. Jeder Knoten ist als Schnittpunkt aller an ihm angreifenden Stabkräfte und Belastungskräfte der Zentralpunkt eines zentralen Kräftesystems, dessen Wirklinien durch die Lage der Stäbe im Fachwerk und durch die Lage der äußeren Kräfte bestimmt sind.

Wir können uns einen beliebigen Knoten aus dem Fachwerk „herausgeschnitten" denken, seinen Lageplan zeichnen und daraus nach der 3. Grundaufgabe seinen Kräfteplan entwickeln. Aus dem Kräfteplan entnehmen wir den Betrag der Stabkräfte. Den dort gefundenen Richtungssinn übertragen wir in den Lageplan und erkennen dort, ob die Stabkraft auf den Knoten *drückt* (Pfeil zum Knoten hin, Stab 1) oder am Knoten *zieht* (Pfeil vom Knoten weg, Stab 2). Zugkräfte kennzeichnen wir dann im Kräfteplan mit einem Plus-, Druckkräfte mit einem Minuszeichen.

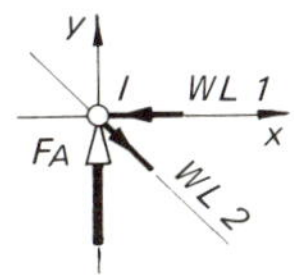

Lageplan
für Knoten I

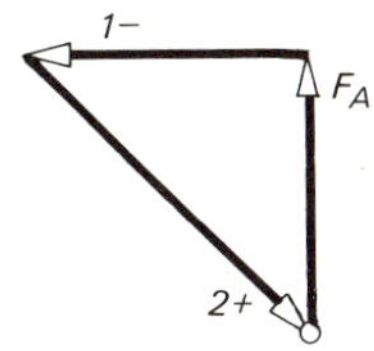

Kräfteplan

So können wir schrittweise von Knoten zu Knoten fortschreiten und dabei die bereits ermittelten Stabkräfte als bekannte Kräfte weiterverwenden. Das führt uns zur 1. Lösungsmöglichkeit mit Hilfe von Einzelkraftecken, die wir dann zur 2. Lösungsmöglichkeit, dem Cremonaplan, weiterentwickeln.

1. Lösung: Einzelkraftecke

Wir zeichnen einen maßstäblichen Lageplan des Fachwerks mit allen äußeren Kräften, der zunächst die Richtungspfeile für die Stabkräfte noch nicht enthält.

Mit der Konstruktion der Kraftecke beginnen wir an einem Knoten, der nicht mehr als zwei unbekannte Stabkräfte hat (z.B. Knoten I), weil wir nur dann eine statisch bestimmte Lösung finden (siehe 1.1.6.1).

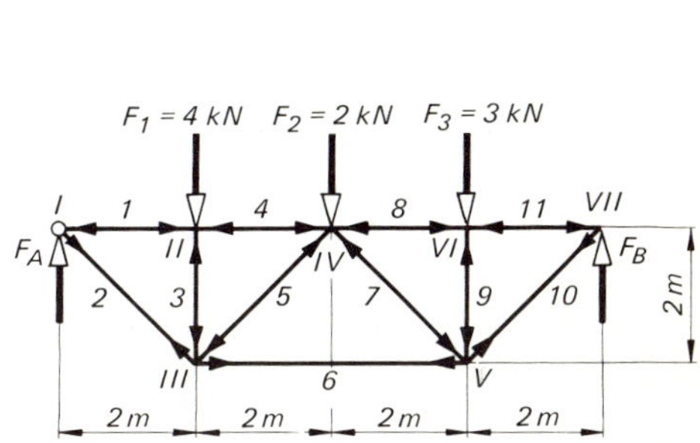

Lageplan

Dazu verschieben wir „die Stäbe" (= Wirklinien) parallel aus dem Lageplan in den Kräfteplan. Aus dem Kräfteplan ergeben sich die Beträge der Stabkräfte (z.B. 1 und 2) und ihr Richtungssinn. Diesen übertragen wir sofort als Pfeil in den Lageplan, und zwar *unmittelbar neben* den betrachteten Knoten. Wir erkennen: Stab 1 ist ein Druckstab. Er erhält im Kräfteplan ein Minuszeichen. Stab 2 ist ein Zugstab, den wir mit einem Pluszeichen kennzeichnen. Dann übertragen wir den Richtungssinn der Stabkräfte auf die Nachbarknoten.

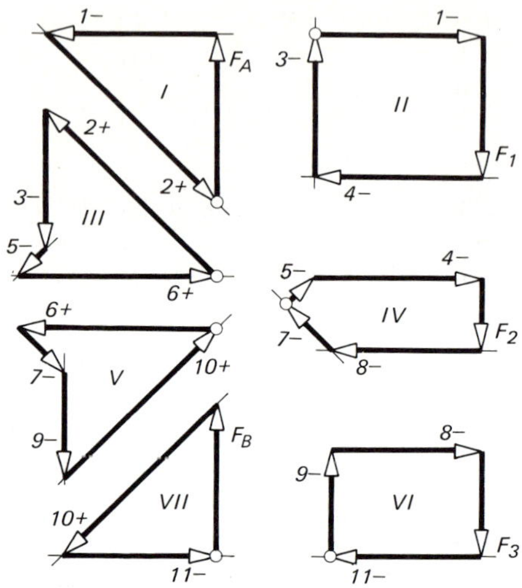

Kräftepläne für die Knoten I...VII

Kräftemaßstab: $M_K = 2{,}5\,\frac{kN}{cm}$ (1 cm ≙ 2,5 kN)

Stab 1 ist ein Druckstab. Wenn er auf Knoten I nach links drückt, dann drückt er auf Knoten II nach rechts. Wir zeichnen in den Lageplan am Knoten II einen nach rechts gerichteten Pfeil ein.

Stab 2 ist ein Zugstab. Er *zieht* also auch am Knoten III, und wir tragen dort einen vom Knoten weg gerichteten Pfeil ein.

Jeder Stab muß also im Lageplan an seinen Enden zwei *entgegengesetzt gerichtete* Pfeile erhalten.

Beachte: Falsches Übertragen der Richtungspfeile aus dem Kräfteplan in den Lageplan und von Knoten zu Nachbarknoten ist eine der häufigsten Fehlerquellen.

Die für einen Knoten ermittelten Stabkräfte sind dann für die nachfolgenden Knoten *bekannte* Kräfte.

In gleicher Weise fahren wir Knoten für Knoten fort. Die Reihenfolge ist beliebig; wir müssen nur darauf achten, daß an dem zu untersuchenden Knoten nicht mehr als zwei Stabkräfte unbekannt sind.

Wir können jetzt mit dem Knoten II (Stabkräfte 3 und 4 unbekannt) oder dem Knoten VII (Stabkräfte 10 und 11 unbekannt) fortfahren, nicht dagegen mit Knoten III (Stabkräfte 3, 5, 6 unbekannt).

Am Ende erhalten wir sieben Kraftecke, in denen jede Stabkraft insgesamt zweimal erscheint, weil jeder Stab zwei Knoten miteinander verbindet. Im folgenden *Cremonaplan* werden die Kraftecke so aneinandergereiht, daß jede Stabkraft nur einmal vorkommt.

2. Lösung: Cremonaplan (siehe gegenüberliegende Seite)

Wir zeichnen zuerst einen maßstäblichen Lageplan des Fachwerks mit allen äußeren Kräften. Die Richtungspfeile für die Stabkräfte können wir auch hier erst einzeichnen, wenn die Kraftrichtungen aus dem Cremonaplan erkannt sind.

Bei der ersten Lösung hatten wir die Reihenfolge der Kräfte in den Einzelkraftecken scheinbar beliebig gewählt. Beim Aufzeichnen des Cremonaplanes müssen wir uns von vornherein für eine bestimmte Reihenfolge entscheiden. Wir zeichnen sie z. B. für den Knoten I in der Reihenfolge auf, wie sie sich beim Umfahren des Knotens im Uhrzeigersinn ergibt: $F_A \rightarrow 1 \rightarrow 2$. Diesen gewählten „Kraftfolgesinn" *müssen* wir bei allen anderen Knoten beibehalten.

Bevor wir mit der Konstruktion des Cremonaplanes beginnen, zeichnen wir den maßstäblichen Kräfteplan der *äußeren Kräfte,* wobei wir den vorher festgelegten Kraftfolgesinn ebenfalls einhalten *müssen.* Wir zeichnen die Kräfte also in der Reihenfolge aneinander, wie sie sich beim Umfahren des ganzen Fachwerks im Uhrzeigersinn ergibt: $F_A \rightarrow F_1 \rightarrow F_2 \rightarrow F_3 \rightarrow F_B$ (dicke Kraftpfeile). Die Aufzeichnung des Cremonaplanes geht von diesem äußeren Krafteck aus.

Wir beginnen dabei mit einem Knotenpunkt, an dem nur zwei unbekannte Stabkräfte angreifen, z. B. Knotenpunkt I. Entsprechend dem festgelegten Kraftfolgesinn müssen wir an die Pfeilspitze von F_A die Stabkraft 1 anschließen und mit 2 wieder in den Anfangspunkt von F_A zurückkehren. Ein geschlossenes Krafteck in dieser Stabfolge ($1 \rightarrow 2$) ist nur möglich, wenn wir von der Pfeilspitze F_A mit Stabkraft 1 nach *links* gehen. Diese Überlegung ist *vor* der Krafteckzeichnung nötig, weil wir sonst nicht wissen, ob wir mit 1 nach links oder rechts gehen sollen. Die Wirklinien der Stabkräfte entnehmen wir wieder dem Lageplan. Umfahren wir das so gewonnene Krafteck von F_A ausgehend, so bekommen wir den Richtungssinn der Stabkräfte, den wir durch Pfeile im Lageplan festhalten (Gegenpfeile am anderen Stabende nicht vergessen!) Pfeile im Kräfteplan würden nur verwirren, Vorzeichen genügen. Wir gehen nun zum Knoten II, an dem jetzt auch nur noch zwei Kräfte unbekannt sind (3 und 4!), da Stabkraft 1 schon ermittelt wurde. Mit 1 beginnend ist der Kraftfolgesinn: 1, F_1, 4, 3, wobei Stabkraft 1 jetzt von links nach rechts zeigt (Pfeil im Lageplan!). Das Krafteck im Cremonaplan wird also aufgebaut aus 1, daran anschließend F_1, dann 4 und mit 3 zum Anfangspunkt von 1 zurück. Haben wir auch hier wieder den Richtungssinn der Stabkräfte festgelegt und die Pfeile entsprechend in den Lageplan übertragen, bearbeiten wir den nächsten Knoten. Die Reihenfolge der Knotenpunkte ist beliebig, jedoch kommen wir nur an solchen Knoten weiter, an denen höchstens zwei Kräfte unbekannt sind.

Eine Übersichtstabelle zeigt zum Schluß die Beträge der Stabkräfte, unterteilt in Zug- und Druckkräfte.

Ist das Fachwerk symmetrisch aufgebaut *und* symmetrisch belastet, genügt es, eine Hälfte des Cremonaplanes zu zeichnen.

Stoßen drei Stäbe wie nebenstehend skizziert zusammen, so ist die Stabkraft im dritten Stab gleich der in Stabrichtung angreifenden Belastung.

Trägt der Knoten in solchem Fall keine Belastung, ist der dritte Stab ein Nullstab (keine Stabkraft).

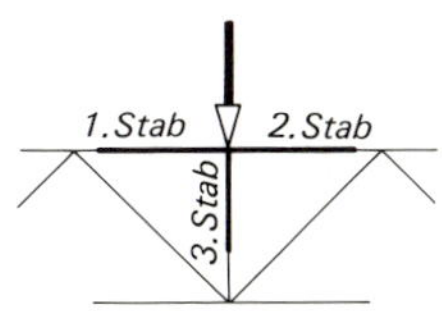

Nullstäbe nehmen erst durch elastische Verformung belasteter Stäbe Kräfte auf. Sie sollen die Knickgefahr langer Druckstäbe verringern.

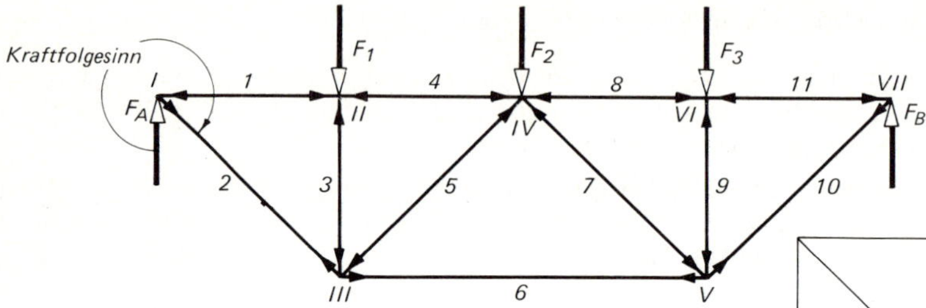

Lageplan
Längenmaßstab:
$M_L = 1 \frac{m}{cm}$ (1 cm ≙ 1 m)

Kräftetabelle
Kräfte in kN (aus Cremonaplan)

Stab	Zug	Druck
1		4,75
2	6,70	
3		4,00
4		4,75
5		1,05
6	5,50	
7		1,75
8		4,25
9		3,00
10	6,00	
11		4,25

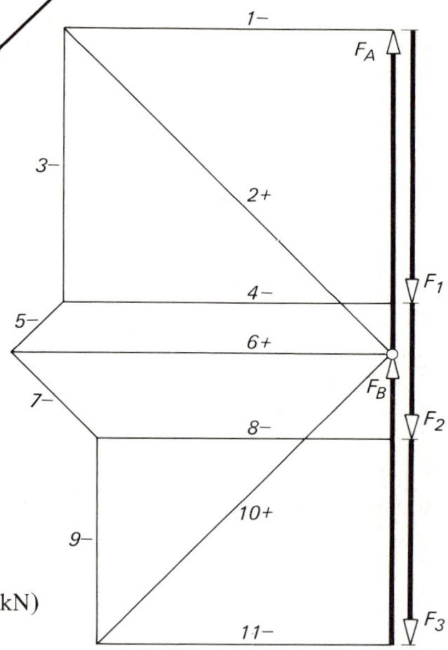

Cremonaplan
Kräftemaßstab:
$M_K = 1{,}2 \frac{kN}{cm}$ (1 cm ≙ 1,2 kN)

Arbeitsplan zum Cremonaplan:

Stützkräfte zeichnerisch oder rechnerisch ermitteln. — 1. Schritt

Lageplan zeichnen und Kraftfolgesinn festlegen. — 2. Schritt

Äußeres Krafteck zeichnen; innere Kraftecke anbauen, für jeden Knoten eines; Reihenfolge der Knoten beliebig, jedoch an jedem Knoten den für das äußere Krafteck gewählten Kraftfolgesinn beibehalten. — 3. Schritt

Nach jeder Krafteckzeichnung sofort Richtungssinn der Stabkräfte ermitteln und durch Pfeile im Lageplan kennzeichnen. — 4. Schritt

Gegenpfeile eintragen. — 5. Schritt

Im Kräfteplan Stabkräfte durch Plus- oder Minusvorzeichen als Zug- oder Druckkräfte kennzeichnen. — 6. Schritt

Stabkräfte abgreifen und in eine Tabelle unterteilt nach Zug- und Druckkräften eintragen. — 7. Schritt

1.3.3. Das Culmannsche Schnittverfahren (zeichnerisches Verfahren zur Ermittlung einzelner Stabkräfte)

Aufgabe: Für das aus 1.3.2 bekannte Fachwerk sollen die Stabkräfte S_4, S_5 und S_6 zeichnerisch ermittelt werden.

Der Lösung geht auch hier die Bestimmung der Stützkräfte voraus, die wir bereits mit $F_A = 4{,}75$ kN und $F_B = 4{,}25$ kN ermittelt haben.

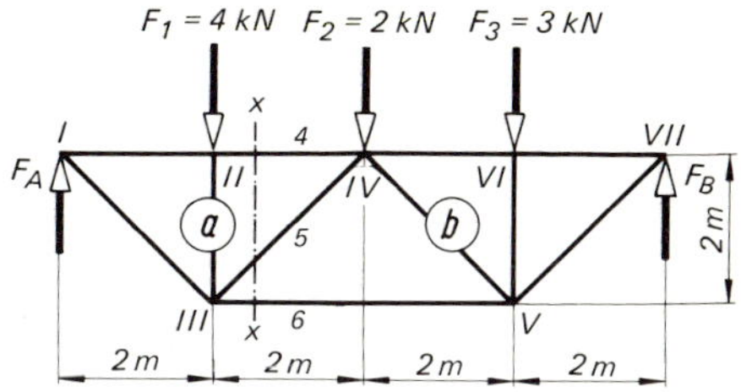

Vorüberlegung: Wir können das Fachwerk durch einen gedachten Schnitt an der Stelle x–x in zwei Teile (a) und (b) zerlegen. Der Schnitt trifft die Stäbe 4, 5 und 6, deren Stabkräfte ermittelt werden sollen. Machen wir nun einen der Teile frei, z. B. (a), dann müssen wir nach den Regeln für das Freimachen an den Schnittstellen die Stabkräfte S_4, S_5 und S_6 einzeichnen. Sie sind mit den beiden äußeren Kräften F_A und F_1 im Gleichgewicht. Fassen wir diese beiden bekannten Kräfte zu ihrer Resultierenden F_r zusammen, dann erhalten wir eine Aufgabe, die wir mit dem 4-Kräfte-Verfahren lösen können: eine bekannte Kraft F_r ist im Gleichgewicht mit 3 Kräften bekannter Wirklinie.

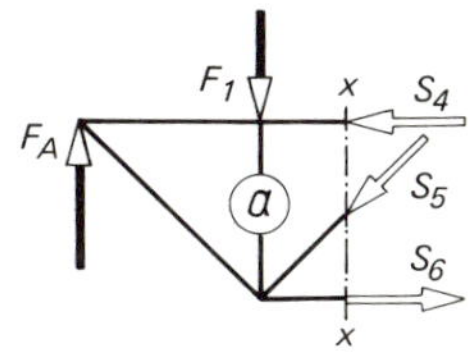

Freigemachter Fachwerkteil (a)

Beachte: Durch den Schnitt x–x muß das Fachwerk in zwei *völlig* voneinander getrennte Teile zerlegt werden. Der Schnitt darf aber nicht mehr als 3 Stäbe treffen, weil sonst das 4-Kräfte-Verfahren nicht angewendet werden kann.

Lösung: Wir zeichnen vom Fachwerkteil (a) einen maßstäblichen Lageplan, den wir sowohl zur Bestimmung der Wirklinie der Resultierenden F_r aus den Kräften F_A und F_1 mit dem Seileckverfahren, als auch zur Bestimmung der Culmannschen Geraden verwenden.

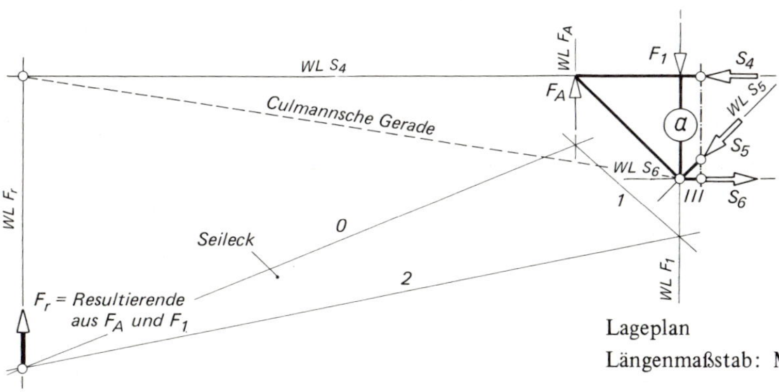

Lageplan
Längenmaßstab: $M_L = 1{,}5\ \frac{m}{cm}$ (1 cm ≙ 1,5 m)

Zunächst ermitteln wir aus den äußeren Kräften F_A und F_1 die Resultierende F_r. Dazu wenden wir das Seileckverfahren an und zeichnen einen gesonderten Kräfteplan.

Da die Kräfte F_1 und F_A gegensinnig wirken, liegt die Wirklinie der Resultierenden nicht *zwischen* den beiden Kräften, sondern *außerhalb* (siehe auch Lehrbeispiel Seite 41).

Ist die Resultierende verhältnismäßig klein wie hier, dann haben die beiden äußeren Seilstrahlen nur geringen Neigungsunterschied. Schon geringfügige Ungenauigkeit beim Zeichnen kann ihren Schnittpunkt beträchtlich verschieben und das Ergebnis verfälschen. In solchen Fällen ist darum besondere Sorgfalt erforderlich. Wir finden hier $F_r = 0{,}75$ kN = 750 N.

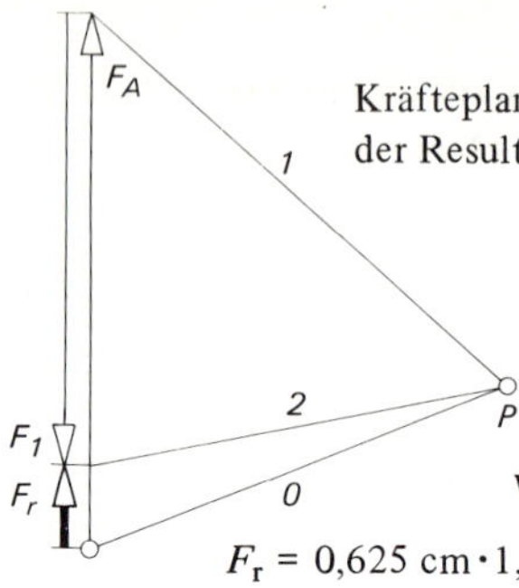

Kräfteplan zur Ermittlung der Resultierenden F_r

Kräftemaßstab:

$M_K = 1{,}2\,\frac{\text{kN}}{\text{cm}}$

(1 cm ≙ 1,2 kN)

Wir messen ab:

$F_r = 0{,}625\text{ cm} \cdot 1{,}2\,\frac{\text{kN}}{\text{cm}} = 0{,}75\text{ kN}$

Dann ermitteln wir die unbekannten Stabkräfte S_4, S_5 und S_6 nach dem 4-Kräfte-Verfahren (7. Grundaufgabe). Im Lageplan finden wir einen Punkt der Culmannschen Geraden als Schnittpunkt der Resultierenden F_r mit einer der Stabkräfte (z.B. S_4), der andere Punkt ist der Schnittpunkt der restlichen Stabkräfte S_5 und S_6 (Knoten III). Wir zeichnen die Culmannsche Gerade ein und entwickeln daraus das Gleichgewichtskrafteck für die Kräfte F_r, S_4, S_5 und S_6, beginnend mit F_r, S_4 und der Culmannschen Geraden.

Der Richtungssinn von F_r ist bekannt. Daraus ergibt sich der Richtungssinn der Stabkräfte (Einbahnverkehr!), den wir durch Pfeile im Lageplan kennzeichnen (*offene* Pfeile = *innere* Kräfte).

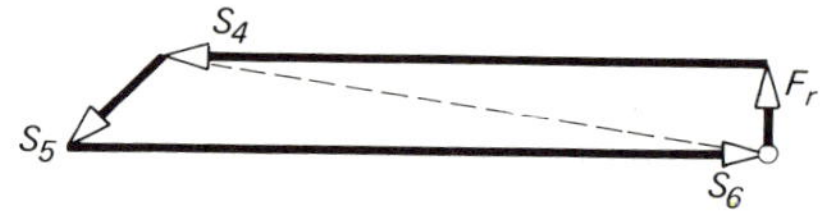

Kräfteplan zur Ermittlung der Stabkräfte S_4, S_5 und S_6

Kräftemaßstab: $M_K = 1{,}2\,\frac{\text{kN}}{\text{cm}}$ (1 cm ≙ 1,2 kN)

Wir messen ab:

$S_4 = 3{,}95\text{ cm} \cdot 1{,}2\,\frac{\text{kN}}{\text{cm}} = 4{,}74\text{ kN}$

$S_5 = 0{,}85\text{ cm} \cdot 1{,}2\,\frac{\text{kN}}{\text{cm}} = 1{,}02\text{ kN}$

$S_6 = 4{,}6\text{ cm} \cdot 1{,}2\,\frac{\text{kN}}{\text{cm}} = 5{,}5\text{ kN}$

Stab 4 ist ein Druckstab, Stab 5 ist ein Druckstab, Stab 6 ist ein Zugstab.

Arbeitsplan zum Culmannschen Schnittverfahren:

Stützkräfte zeichnerisch oder rechnerisch ermitteln.	1. Schritt
Fachwerk durch Schnitt trennen, Schnitt darf höchstens 3 unbekannte Stäbe treffen.	2. Schritt
Lageplan eines Fachwerkteiles zeichnen.	3. Schritt
Resultierende (Betrag, Richtungssinn und Wirklinie) der äußeren Kräfte einschließlich der Stützkräfte des Schnitteiles zeichnerisch bestimmen.	4. Schritt
Resultierende mit einer der gesuchten Stabkräfte zum Schnitt bringen.	5. Schritt
Verbindungslinie zwischen diesem Schnittpunkt und dem Schnittpunkt der beiden anderen Stabkräfte ist die Culmannsche Gerade.	6. Schritt
Krafteck zeichnen.	7. Schritt

1.3.4. Das Rittersche Schnittverfahren (rechnerisches Verfahren zur Ermittlung einzelner Stabkräfte)

Aufgabe: Für das aus den vorangegangenen Abschnitten bereits bekannte Fachwerk sollen die Stabkräfte S_4, S_5 und S_6 *rechnerisch* ermittelt werden. Damit können wir das Ergebnis der zeichnerischen Lösung nachprüfen.

Auch hier müssen wir die Stützkräfte $F_A = 4{,}75$ kN und $F_B = 4{,}25$ kN vorher ermittelt haben.

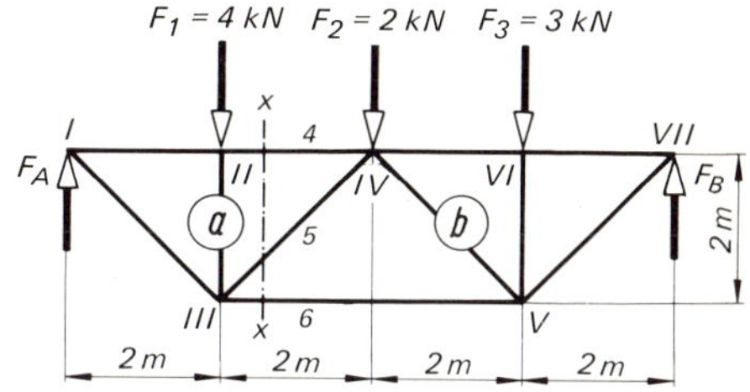

Vorüberlegung: Wir trennen wieder das Fachwerk mit einem Schnitt x–x durch die Stäbe 4, 5 und 6 in zwei Teile. Am abgeschnittenen Teil ⓐ versehen wir die geschnittenen Stäbe zunächst mit *Zug*kräften S_4, S_5 und S_6. Diese drei inneren Kräfte müssen mit den beiden äußeren Kräften F_A und F_1 im Gleichgewicht sein, folglich sind die *rechnerischen Gleichgewichtsbedingungen* nach 1.2.4.4 erfüllt.

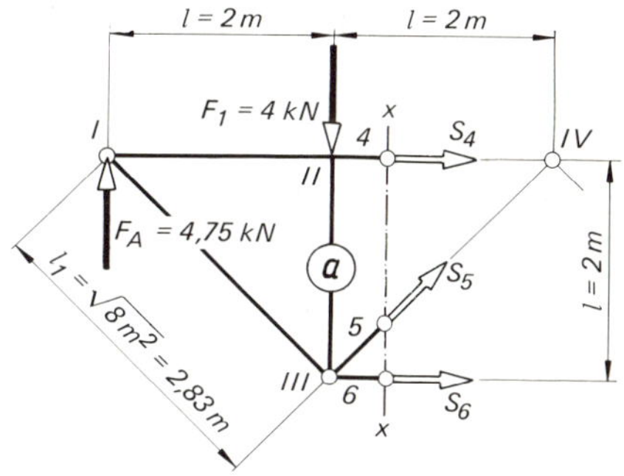

Lösung: Wir stellen die 3 Momentengleichgewichtsbedingungen für 3 verschiedene Bezugspunkte auf, die nicht auf einer Geraden liegen. Als Bezugspunkte wählen wir zweckmäßigerweise die Schnittpunkte der zu berechnenden Stabkräfte, weil sich dann Gleichungen mit nur einer Unbekannten ergeben. Die Bezugspunkte dürfen auch außerhalb des abgeschnittenen Fachwerkteils liegen. Die Stabkräfte S_5 und S_6 schneiden sich im Knoten III (erster Bezugspunkt), die Stabkräfte S_4 und S_5 im Knoten IV (zweiter Bezugspunkt). Als dritten Bezugspunkt können wir sowohl den Knoten I als auch den Knoten II wählen.

$$\Sigma M_{(III)} = 0 = -S_4 l - F_A l$$

$$S_4 = \frac{-F_A l}{l} = -F_A = -4{,}75 \text{ kN}$$

Am Minuszeichen im Ergebnis erkennen wir, daß die Kraft S_4 entgegen dem angenommenen Richtungssinn wirkt; Stab 4 ist also ein Druckstab.

$$\Sigma M_{(IV)} = 0 = F_1 l - F_A \cdot 2l + S_6 l$$

$$S_6 = \frac{F_A \cdot 2l - F_1 l}{l} = 2F_A - F_1 = 5{,}5 \text{ kN}$$

$$\Sigma M_{(I)} = 0 = S_6 l + S_5 l_1 - F_1 l$$

$$S_5 = \frac{F_1 l - S_6 l}{l_1} = \frac{(F_1 - S_6) l}{l_1} = -1{,}06 \text{ kN}$$

Ergibt sich aus der Rechnung eine Stabkraft mit *negativem* Vorzeichen, dann ist der Stab ein *Druck*stab.

Ist das Ergebnis *positiv*, handelt es sich um einen *Zug*stab.

In manchen Fällen ist der Lösungsansatz mit den üblichen Gleichgewichtsbedingungen (Kräfte- und Momentengleichgewichtsbedingung) vorteilhafter.

Ergebnis:

Stab 4 ist ein Druckstab mit 4,75 kN
Stab 5 ist ein Druckstab mit 1,06 kN
Stab 6 ist ein Zugstab mit 5,5 kN

Arbeitsplan zum Ritterschen Schnittverfahren:

Stützkräfte zeichnerisch oder rechnerisch ermitteln.	1. Schritt
Fachwerk durch Schnitt trennen; Schnitt darf höchstens 3 unbekannte Stäbe treffen.	2. Schritt
Lageskizze eines Fachwerkteils zeichnen, Stabkräfte als Zugkräfte annehmen.	3. Schritt
Drei Momentengleichgewichtsbedingungen aufstellen.	4. Schritt
Gleichungen auswerten (positives Ergebnis bedeutet Zugstab, negatives Druckstab).	5. Schritt

Lehrbeispiel: Cremonaplan

Aufgabenstellung:

Für den skizzierten Dachbinder ist der Cremonaplan zu zeichnen. Die Stabkräfte sind in einer Tabelle zusammenzustellen.

Gegebene Kräfte:
$F_1 = F_2 = F_3 = 20\ kN$

Lösung:

Lageplan
Längenmaßstab:
$M_L = 2\ \frac{m}{cm}$
(1cm ≙ 2m)

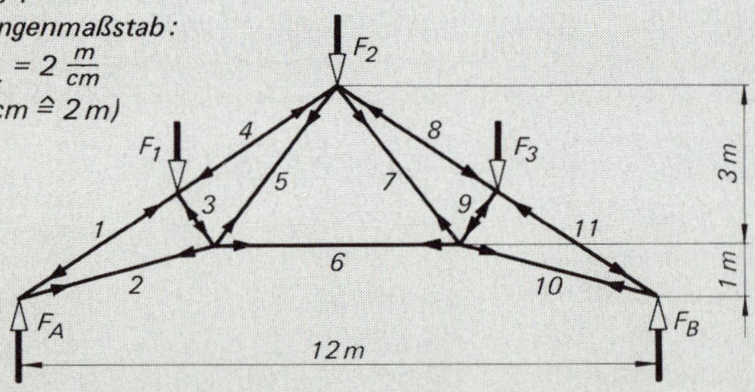

Bestimmung der Stützkräfte:
Da symmetrische Belastung vorliegt, ist

$$F_A = F_B = \frac{F_1 + F_2 + F_3}{2} = 30\ kN$$

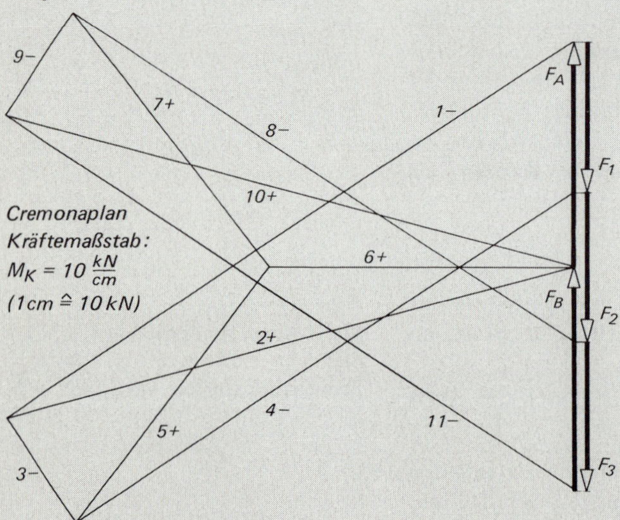

Cremonaplan
Kräftemaßstab:
$M_K = 10\ \frac{kN}{cm}$
(1cm ≙ 10kN)

Stabkräfte in kN		
Stab	Zug	Druck
1		90
2	78	
3		16,5
4		79
5	43	
6	40	
7	43	
8		79
9		16,5
10	78	
11		90

2. Schwerpunktslehre

2.1. Begriffsbestimmung für Schwerlinie, Schwerebene und Schwerpunkt

Wir denken uns einen ebenen Blechabschnitt in drei Teilkörper zerlegt und durch eine Symmetrieebene mit den Teilflächen A_1, A_2 und A_3 in zwei gleichdicke Scheiben geschnitten.

Auf jeden der drei Teilkörper wirkt die Erdanziehung mit den parallelen Teil-Gewichtskräften G_1, G_2 und G_3 lotrecht nach unten. Ihre Summe – die Resultierende – ist die Gewichtskraft des Blechabschnitts $G = G_1 + G_2 + G_3$.

Die Wirklinie dieser Resultierenden heißt *Schwerlinie,* weil auf ihr die Gewichtskraft oder *Schwerkraft* des Körpers wirkt.

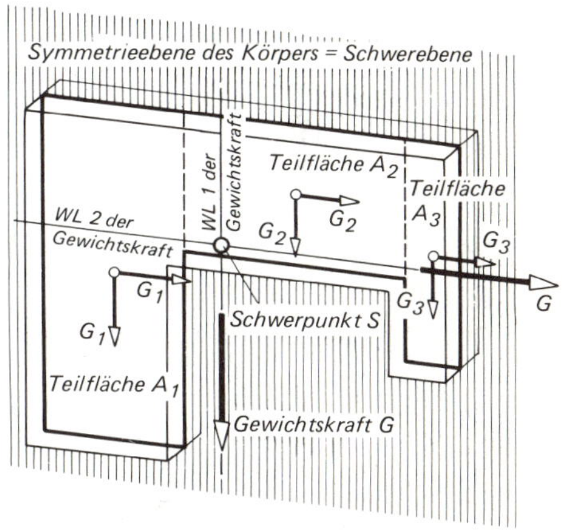

In der gezeichneten Lage wird die erste Wirklinie (WL 1) der Gewichtskraft G ermittelt. Zur Bestimmung der zweiten Wirklinie (WL 2) müssen wir uns den Körper um 90° im Uhrzeigersinn gedreht vorstellen. Es wäre auch jede andere Winkeldrehung möglich, jedoch nicht so zweckmäßig.

Drehen wir den Körper in der Symmetrieebene in eine beliebige andere Lage, so erhalten wir eine zweite Wirklinie der Gewichtskraft (WL 2), eine zweite Schwerlinie. Der Schnittpunkt der beiden Schwerlinien ist der Angriffspunkt der Gewichtskraft G für *jede* Körperlage und heißt *Schwerpunkt S.*

Alle durch den Schwerpunkt gehenden Geraden oder Ebenen heißen *Schwerlinie* oder *Schwerebene.*

Im Schwerpunkt S gestützt oder aufgehängt, bleibt der Körper in jeder beliebigen Lage in Ruhe, er befindet sich also im Gleichgewicht.

Jede Symmetrielinie ist eine Schwerlinie, jede Symmetrieebene ist eine Schwerebene. Irgendwo auf ihnen liegt der Schwerpunkt.

Beachte: Hat der Körper eine Symmetrielinie, so liegt damit schon *eine* Schwerlinie fest. Wir brauchen dann nur noch die zweite, senkrecht dazu stehende Schwerlinie zu bestimmen.

Für komplizierte Körper wird die Lage des Schwerpunkts durch Versuche ermittelt. Für einfacher aufgebaute Körper können wir sie mit Hilfe der in der Statik gewonnenen Erkenntnisse bestimmen: Wir ermitteln die Wirklinie der Gewichtskraft aus den parallelen Teilgewichtskräften

rechnerisch mit dem *Momentensatz* (Seite 42),
zeichnerisch mit dem *Seileckverfahren* (Seite 38),

und zwar für zwei zueinander senkrechte Lagen.

Beachte: Der Schwerpunkt ist derjenige körperfeste Punkt, durch den in jeder Lage des Körpers die Resultierende der Gewichtskräfte aller Einzelteilchen hindurchgeht.

2.2. Der Flächenschwerpunkt

2.2.1. Flächen haben einen Schwerpunkt

Wir wollen den Lösungsansatz zur Schwerpunktsbestimmung für eine dünne, symmetrische Blechscheibe mit Hilfe des Momentensatzes entwickeln. Wir denken uns die Scheibe aus zwei Teilstücken mit den Teilflächen A_1 und A_2 und der Dicke s zusammengesetzt.

Der Schwerpunkt muß auf der Symmetrielinie x liegen. Wir brauchen nur noch den Schwerpunktsabstand x_0 von der rechten Blechkante zu bestimmen.

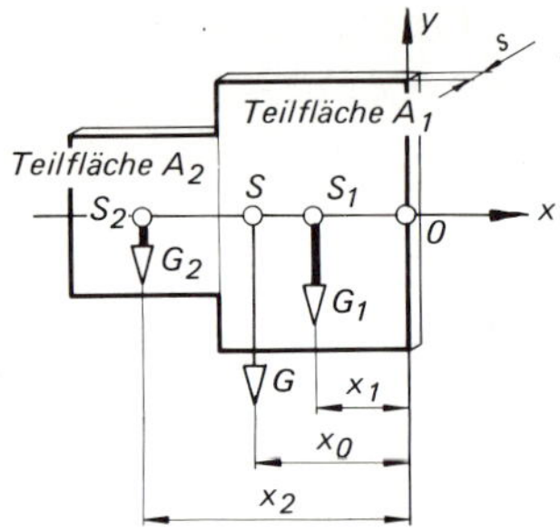

Die Teilgewichtskräfte G_1 und G_2 berechnen wir aus dem Volumen der Teilstücke, der Dichte ρ ihres Werkstoffs und der Fallbeschleunigung g. Das Volumen der Teilstücke wird aus den Teilflächen A_1, A_2 und der Blechdicke s bestimmt.

$G_1 = m_1 g = V_1 \rho g$

$G_2 = m_2 g = V_2 \rho g$

$V_1 = A_1 s$ und $V_2 = A_2 s$

folglich ist

$G_1 = A_1 s \rho g$ und $G_2 = A_2 s \rho g$

Die Gewichtskraft G der ganzen Blechscheibe berechnen wir in gleicher Weise mit der Gesamtfläche $A = A_1 + A_2$.

$G = G_1 + G_2 = (A_1 + A_2) s \rho g$

$G = A s \rho g$

Dann stellen wir den Momentensatz auf (Seite 42). Für die Gewichtskräfte setzen wir die oben gefundenen Beziehungen ein und entwickeln daraus eine Bestimmungsgleichung für den Schwerpunktsabstand x_0, aus der sich die Blechdicke s, die Dichte ρ und die Fallbeschleunigung g herauskürzen.

Momentensatz:

$+ G x_0 = + G_1 x_1 + G_2 x_2$

Vorzeichen beachten! *Links*drehsinn ist *positiv*!

$A s \rho g x_0 = A_1 s \rho g x_1 + A_2 s \rho g x_2$

$$x_0 = \frac{(A_1 x_1 + A_2 x_2) s \rho g}{A s \rho g} = \frac{A_1 x_1 + A_2 x_2}{A}$$

Das Ergebnis zeigt, daß wir die Schwerpunktslage auch mit den Teil*flächen* und der Gesamt*fläche* ermitteln können.

Auch Flächen haben also einen Schwerpunkt.

Die Bestimmung des Flächenschwerpunkts ist z.B. für die Berechnung von Flächenmomenten 2. Grades in der Festigkeitslehre erforderlich.

$$A x_0 = A_1 x_1 + A_2 x_2 + \ldots + A_n x_n = \Sigma A_n x_n$$

Momentensatz für Flächen

Beachte: Für die Flächenmomente Ax sind die Vorzeichen entsprechend dem Drehsinn einzusetzen (links +, rechts −).

Die Flächenmomente Ax heißen nach DIN 1304 *Flächenmomente 1. Grades.*

2.2.2. Schwerpunkte einfacher Flächen

Dreieck

Der Schwerpunkt der Dreieckfläche liegt im Schnittpunkt der Seitenhalbierenden.

Schwerpunktsabstand $y_0 = \frac{h}{3}$

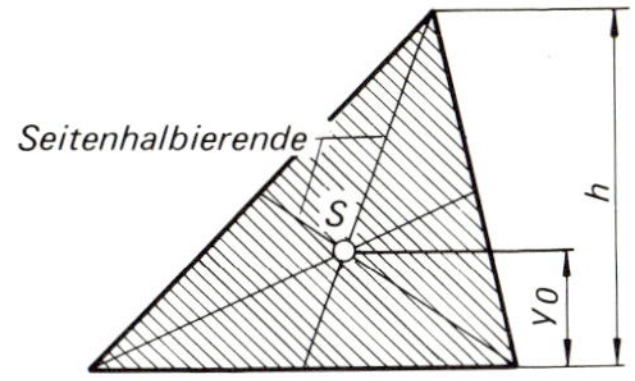

Parallelogramm

Der Schwerpunkt der Parallelogrammfläche liegt im Schnittpunkt der Diagonalen.

Schwerpunktsabstand $y_0 = \frac{h}{2}$

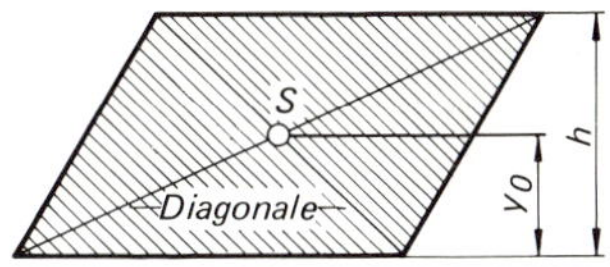

Trapez

Wir tragen an die Seite a die Seite b an und umgekehrt. Damit können wir die Strecke AB zeichnen. Dann verbinden wir die Mitten der Seiten a und b miteinander durch eine Gerade. Der Schnittpunkt ist der Flächenschwerpunkt.

Schwerpunktsabstände

$$y_0 = \frac{h}{3} \cdot \frac{a + 2b}{a + b}$$

$$y'_0 = \frac{h}{3} \cdot \frac{2a + b}{a + b}$$

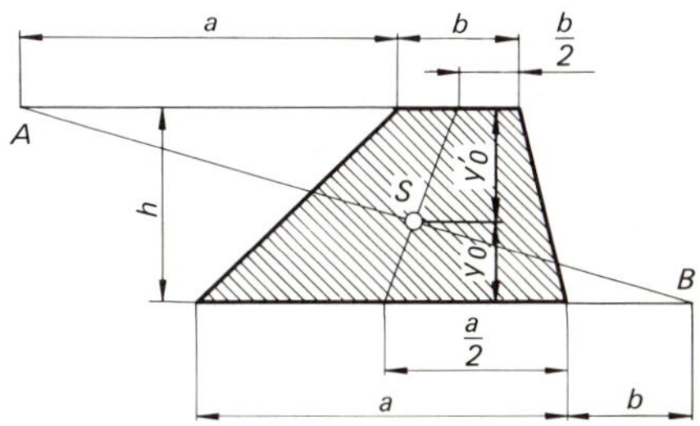

Die Seite a kann auch nach rechts an die Seite b und die Seite b nach links an die Seite a angetragen werden.

Kreisausschnitt

Schwerpunktsabstand $y_0 = \frac{2}{3} \cdot \frac{R\,s}{b}$

Halbkreisfläche: $y_0 = \frac{4\,R}{3\,\pi} = 0{,}4244\,R$

Viertelkreisfläche: $y_0 = \frac{4\sqrt{2}\,R}{3\,\pi} = 0{,}6002\,R$

Sechstelkreisfläche: $y_0 = \frac{2\,R}{\pi} = 0{,}6366\,R$

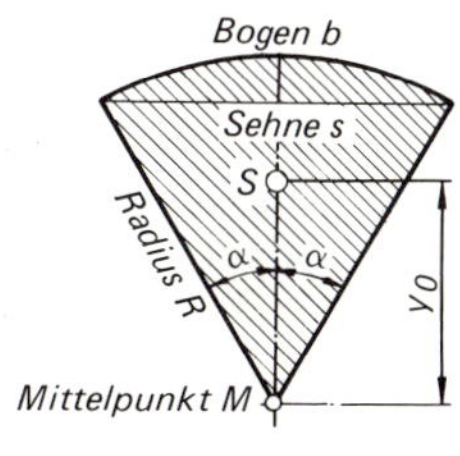

Bogenlänge $b = 2R\,\alpha°/57{,}3°$

Sehnenlänge $s = 2R\,\sin\alpha$

Kreisringstück

Schwerpunktsabstand $y_0 = 38{,}197\,\frac{(R^3 - r^3)\sin\alpha}{(R^2 - r^2)\,\alpha°}$

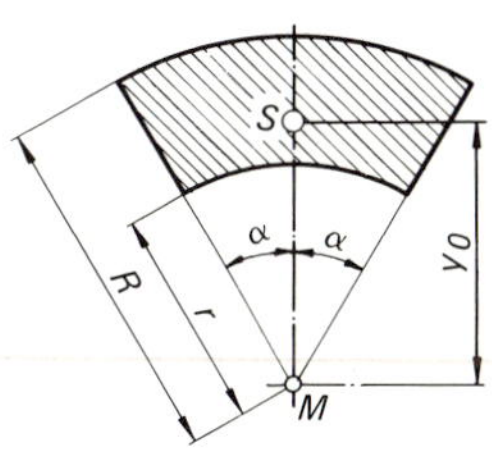

Kreisabschnitt

Schwerpunktsabstand $y_0 = \dfrac{s^3}{12\,A}$

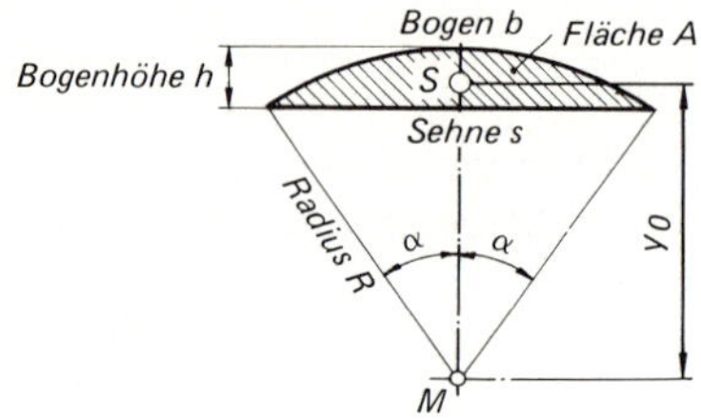

Sehnenlänge $s = 2\,R\,\sin\alpha$

Flächeninhalt $A = \dfrac{R\,(b-s) + s\,h}{2}$

Bogenhöhe $h = 2\,R\,\sin^2\dfrac{\alpha}{2}$

2.2.3. Schwerpunkte zusammengesetzter Flächen

2.2.3.1. Rechnerische Bestimmung des Flächenschwerpunkts

Der Schwerpunkt zusammengesetzter Flächen wird mit dem *Momentensatz für Flächen* nach 2.2.1 bestimmt. Ist die Fläche unsymmetrisch, müssen wir die Lage *zweier* Schwerlinien ermitteln. Ihr Schnittpunkt ist der Schwerpunkt S.

Wir zerlegen die Fläche in Teilflächen mit bekannter Schwerpunktslage, z. B. in ein Rechteck A_1 und ein Quadrat A_2, und zeichnen die Teil-Schwerpunkte S_1 und S_2 ein. Dann legen wir einen Momentenbezugspunkt O fest, und zwar möglichst so, daß alle Flächenmomente gleichen Drehsinn erhalten. Wir wählen hier die rechte untere Ecke der Fläche und legen durch diesen Punkt ein rechtwinkliges Achsenkreuz.

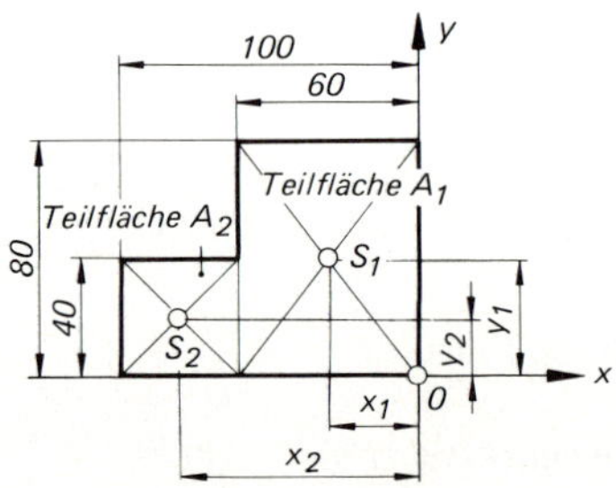

Aus den gegebenen Abmessungen berechnen wir die Teilflächen A_1 und A_2, ihre Schwerpunktsabstände x_1, x_2 von der y-Achse und y_1, y_2 von der x-Achse und die Gesamtfläche A.

$A_1 = 80\text{ mm} \cdot 60\text{ mm} = 4\,800\text{ mm}^2$
$A_2 = 40\text{ mm} \cdot 40\text{ mm} = 1\,600\text{ mm}^2$
$A = A_1 + A_2 = 6\,400\text{ mm}^2$

$x_1 = 30\text{ mm}$ $x_2 = 80\text{ mm}$
$y_1 = 40\text{ mm}$ $y_2 = 20\text{ mm}$

Aus 2.2.1 wissen wir, daß die Flächeninhalte wie Gewichtskräfte behandelt werden können. Das deuten wir durch senkrecht nach unten und waagerecht nach rechts gerichtete Pfeile in den Teilschwerpunkten an. Den Gesamtschwerpunkt S zeichnen wir in einer beliebig angenommenen Lage mit den beiden Pfeilen für die Gesamtfläche A und den Schwerpunktsabständen x_0 und y_0 ein.

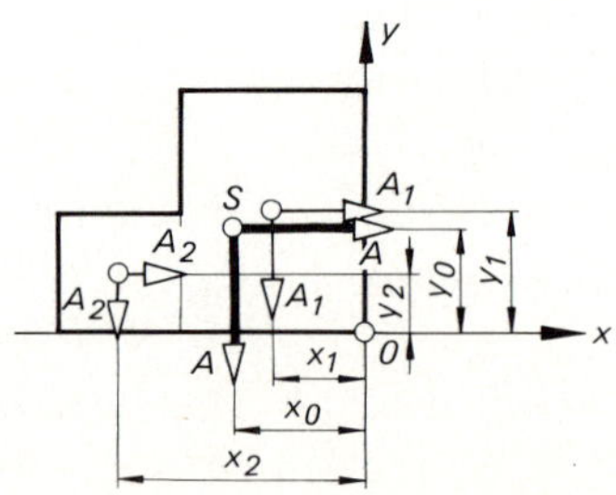

Mit Hilfe der senkrechten „Flächenpfeile“ können wir nun den Momentensatz für Flächen bezogen auf den Punkt O aufstellen. Dabei müssen wir auf den Momentendrehsinn achten. In diesem Fall sind alle Momente linksdrehend. Sie erhalten das positive Vorzeichen.

Momentensatz:

$$+A\,x_0 = +A_1\,x_1 + A_2\,x_2$$

Aus dem Momentensatz entwickeln wir eine Bestimmungsgleichung für den Schwerpunktsabstand x_0 und berechnen ihn daraus.

$$x_0 = \frac{A_1\,x_1 + A_2\,x_2}{A}$$

$$x_0 = \frac{4\,800\ \text{mm}^2 \cdot 30\ \text{mm} + 1\,600\ \text{mm}^2 \cdot 80\ \text{mm}}{6\,400\ \text{mm}^2}$$

$$x_0 = 42{,}5\ \text{mm}$$

Die senkrechte Schwerlinie hat einen Abstand $x_0 = 42{,}5$ mm von der y-Achse.

Zur Ermittlung der waagerechten Schwerlinie stellen wir noch einmal den Momentensatz für den Bezugspunkt O auf, diesmal mit den waagerechten „Flächenpfeilen“. Daraus berechnen wir den Abstand y_0 des Schwerpunkts S von der x-Achse auf die gleiche Weise wie vorher den Abstand x_0. Bei diesem Ansatz sind alle Momente rechtsdrehend, also negativ.

Mit dem Schnittpunkt der beiden Schwerlinien ist der Schwerpunkt S der Gesamtfläche bestimmt.

Momentensatz:

$$-A\,y_0 = -A_1\,y_1 - A_2\,y_2$$

$$y_0 = \frac{A_1\,y_1 + A_2\,y_2}{A}$$

$$y_0 = \frac{4\,800\ \text{mm}^2 \cdot 40\ \text{mm} + 1\,600\ \text{mm}^2 \cdot 20\ \text{mm}}{6\,400\ \text{mm}^2}$$

$$y_0 = 35\ \text{mm}$$

Die waagerechte Schwerlinie hat einen Abstand $y_0 = 35$ mm von der x-Achse.

Arbeitsplan zur rechnerischen Bestimmung des Flächenschwerpunkts:

Fläche in Teilflächen mit bekanntem Schwerpunkt zerlegen.	1. Schritt
Momentenbezugspunkt O festlegen.	2. Schritt
Gesamtschwerpunkt mit angenommener Lage sowie Schwerpunktsabstände x_0 und y_0 einzeichnen.	3. Schritt
Teilflächen, Gesamtfläche und Teilschwerpunktsabstände berechnen.	4. Schritt
Momentensatz für zwei zueinander senkrechte Achsen aufstellen, Momentendrehsinn beachten.	5. Schritt
Nach x_0 und y_0 auflösen und Schwerpunktsabstände ausrechnen.	6. Schritt

2.2.3.2. Zeichnerische Bestimmung des Flächenschwerpunkts

Zur zeichnerischen Bestimmung des Schwerpunkts zusammengesetzter Flächen arbeiten wir mit dem *Seileckverfahren*, weil die Flächen wie parallele Gewichtskräfte behandelt werden dürfen.

Wir zeichnen in einem Lageplan die zusammengesetzte Fläche maßstäblich auf, zerlegen sie in Teilflächen A_1, A_2, und legen durch die Teilschwerpunkte je eine senkrechte und eine waagerechte „Wirklinie".

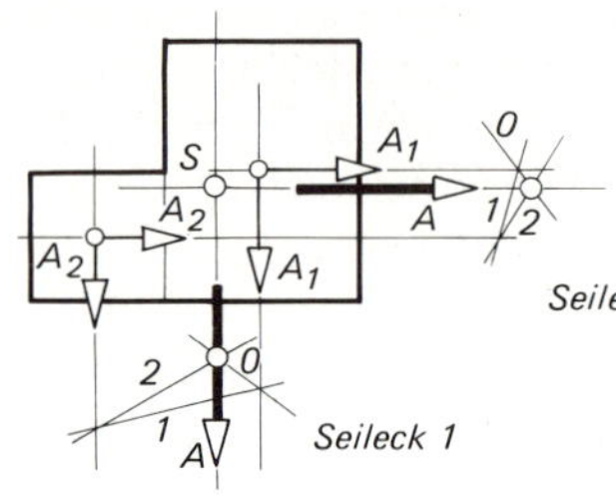

Lageplan
Längenmaßstab: $M_L = 30\,\frac{mm}{cm}$ (1 cm ≙ 30 mm)

Wir behandeln nun die Teilflächen wie Kräfte und entwickeln durch Parallelverschiebung aus den senkrechten und den waagerechten Flächen-Wirklinien je einen maßstäblichen „Kräfte"plan. Für jeden Kräfteplan legen wir einen Pol P_1, P_2 fest und zeichnen die Polstrahlen ein.

Durch Parallelverschiebung der Polstrahlen aus dem Kräfteplan in den Lageplan erhalten wir zwei Seilecke, die uns je eine „Wirklinie" der Gesamtfläche liefern.

Der Schnittpunkt dieser Wirklinien ist der Schwerpunkt S der Gesamtfläche.

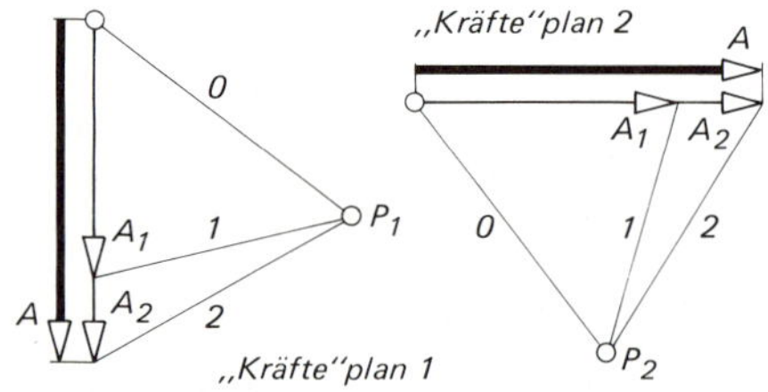

„Kräfte"pläne
„Kräfte"maßstab:
$M_K = 2000\,\frac{mm^2}{cm}$ (1 cm ≙ 2000 mm^2)

Arbeitsplan zur zeichnerischen Bestimmung des Flächenschwerpunkts:

Fläche maßstäblich aufzeichnen (Lageplan) und durch die Teilschwerpunkte je eine senkrechte und waagerechte Wirklinie legen.	1. Schritt
Kräftepläne für senkrechte und waagerechte Richtung zeichnen (bei Symmetrie nur *einen* Kräfteplan).	2. Schritt
Pole festlegen und Polstrahlen einzeichnen.	3. Schritt
Seilecke durch Parallelverschiebung zeichnen, Schnittpunkte der äußeren Seilstrahlen ergeben Lage der Schwerlinien.	4. Schritt

2.2.3.3. Übungen zur Bestimmung des Flächenschwerpunkts

1. Übung: Für die skizzierte zusammengesetzte Fläche soll die Lage des Schwerpunkts rechnerisch bestimmt werden.

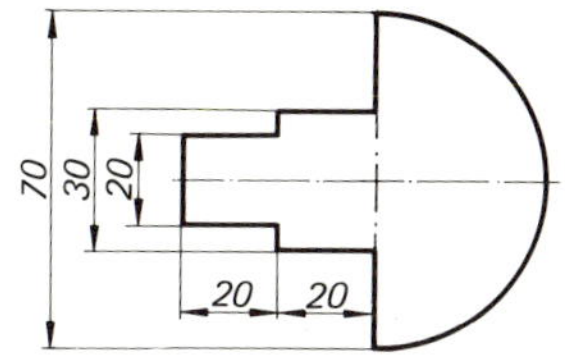

1. Schritt

Lösung: Wir müssen die Fläche in 3 Teilflächen mit bekanntem Schwerpunkt zerlegen: die Halbkreisfläche A_1, die Rechteckfläche A_2 und die Quadratfläche A_3, und die Schwerpunktsabstände x_1, x_2 und x_3 einzeichnen.

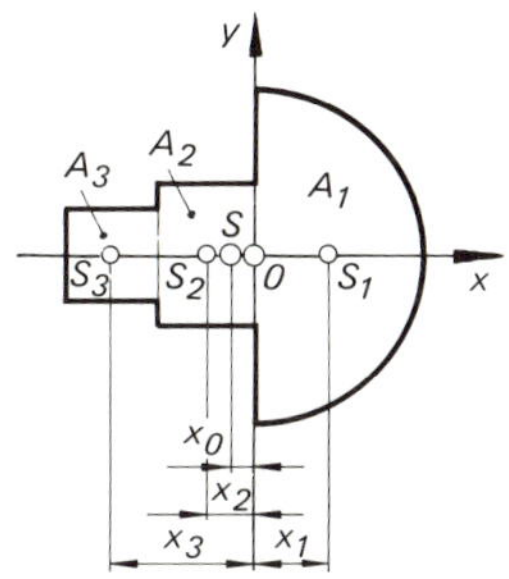

2. Schritt

Wir wählen als Momentenbezugspunkt O den Schnittpunkt zwischen Symmetrielinie und Halbkreisachse.

3. Schritt

Wir legen den Gesamtschwerpunkt S in *der* Lage fest, in der wir ihn vermuten, und tragen den Schwerpunktsabstand x_0 in die Skizze ein.

Dann führen wir die Rechnung in drei weiteren Schritten aus:

4. Schritt

Zuerst werden die Teilflächen, die Gesamtfläche und die Teilschwerpunktsabstände berechnet.

$$A_1 = \frac{\pi}{8} \cdot (70\text{ mm})^2 = 1923\text{ mm}^2$$

$$A_2 = 600\text{ mm}^2, \quad A_3 = 400\text{ mm}^2$$

$$A = A_1 + A_2 + A_3 = 2923\text{ mm}^2$$

$$x_1 = 0{,}4244 R = 0{,}4244 \cdot 35\text{ mm} = 14{,}9\text{ mm}$$

$$x_2 = 10\text{ mm} \qquad x_3 = 30\text{ mm}$$

5. Schritt

Dann stellen wir den Momentensatz für den Bezugspunkt O auf. Das Moment der Teilfläche A_1 ist rechtsdrehend, also negativ. Alle anderen Teilflächen sind positiv.

$$+A\,x_0 = -A_1 x_1 + A_2 x_2 + A_3 x_3$$

6. Schritt

Den Momentensatz lösen wir nach x_0 auf und beachten dabei sorgfältig die Vorzeichen. Die Rechnung ergibt einen negativen Wert für x_0. Das bedeutet, daß der Drehsinn für das Moment der Gesamtfläche falsch angenommen wurde (siehe Momentensatz für Kräfte, 1.2.4.2), d.h. der Schwerpunkt S liegt nicht links, sondern rechts vom Bezugspunkt O.

$$x_0 = \frac{-A_1 x_1 + A_2 x_2 + A_3 x_3}{A}$$

$$x_0 = \frac{-10\,650\text{ mm}^3}{2\,923\text{ mm}^2} = -3{,}6\text{ mm}$$

Ergebnis:

Der Schwerpunkt S liegt auf der Symmetrielinie 3,6 mm rechts vom Halbkreismittelpunkt.

Beachte: Ergibt sich ein negativer Schwerpunktsabstand, dann liegt der Schwerpunkt auf der *anderen* Seite des Bezugspunkts.

Die zweite Schwerlinie brauchen wir nicht zu ermitteln. Es ist die waagerechte Symmetrielinie.

2. Übung: Aus einer Rechteckfläche sind ein kleineres Rechteck und eine Kreisfläche symmetrisch ausgespart. Der Schwerpunkt der Gesamtfläche soll rechnerisch bestimmt werden.

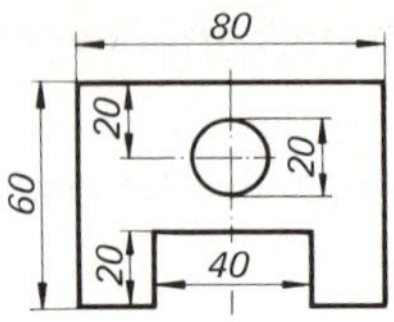

Lösung: Die Gesamtfläche ist aus 3 Teilflächen entstanden: Von der großen Rechteckfläche A_1 wurden die Kreisfläche A_2 und die kleine Rechteckfläche A_3 fortgenommen. A_2 und A_3 wollen wir als „negative“ Flächen bezeichnen.

1. Schritt

$A = A_1 - A_2 - A_3$

In der Skizze kennzeichnen wir die Teilfläche A_1 durch einen nach rechts gerichteten Pfeil, die Teilflächen A_2 und A_3 durch nach links gerichtete Pfeile. Die Schwerpunktsabstände y_1, y_2 und y_3 tragen wir ein.

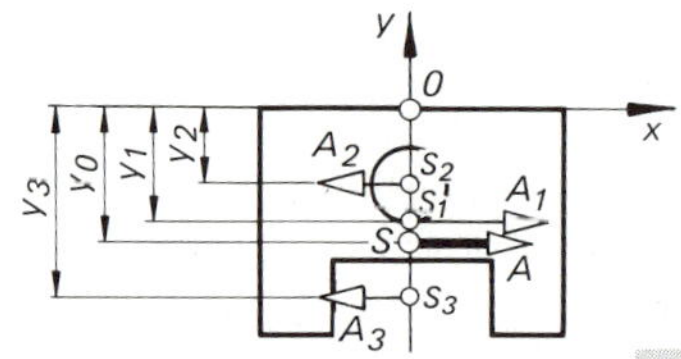

2. Schritt

Als Momentenbezugspunkt O wählen wir einen Punkt auf der oberen Rechteckseite. Wir können uns dann bei der Annahme des Gesamtschwerpunkts S nicht irren; er *muß unterhalb* des Bezugspunkts liegen. Den Abstand y_0 tragen wir in die Skizze ein und für die Gesamtfläche A einen *nach rechts* gerichteten Pfeil.

3. Schritt

Die Rechnung beginnen wir wieder mit der Berechnung der Teilflächen, der Gesamtfläche und der Schwerpunktsabstände.

4. Schritt

$A_1 = 4\,800\ \text{mm}^2$, $A_2 = 314\ \text{mm}^2$,
$A_3 = 800\ \text{mm}^2$
$A = A_1 - A_2 - A_3 = 3\,686\ \text{mm}^2$
$y_1 = 30$ mm; $y_2 = 20$ mm; $y_3 = 50$ mm

Beim Aufstellen des Momentensatzes für den Bezugspunkt O müssen wir bei der Festlegung des Drehsinns die eingezeichneten Pfeilrichtungen beachten. Die negativen Flächen wirken wie negative Kräfte. Der Drehsinn ihrer Momente ist entgegen dem der positiven Flächen gerichtet.

5. Schritt

$$+A\,y_0 = +A_1 y_1 - A_2 y_2 - A_3 y_3$$

Beachte: Für negative Flächen (Aussparungen) kehrt sich der Momentendrehsinn um.

Der Momentensatz wird nun nach y_0 aufgelöst, und der Schwerpunktsabstand wird aus der entwickelten Gleichung ausgerechnet. Das positive Ergebnis sagt uns, daß wir den Schwerpunkt S auf der richtigen Seite des Bezugspunktes O angenommen haben.

6. Schritt

$$y_0 = \frac{A_1 y_1 - A_2 y_2 - A_3 y_3}{A}$$

$$y_0 = \frac{144\,000\ \text{mm}^3 - 6\,280\ \text{mm}^3 - 40\,000\ \text{mm}^3}{3\,686\ \text{mm}^2}$$

$$y_0 = 26{,}5\ \text{mm}$$

Ergebnis: Der Schwerpunkt S liegt auf der Symmetrielinie 26,5 mm unterhalb der oberen Rechteckseite.

Die zweite Schwerlinie liegt mit der Symmetrielinie fest.

2.3. Der Linienschwerpunkt

2.3.1. Linien haben einen Schwerpunkt

Wie in 2.2.1 gehen wir wieder von der Schwerpunktsbestimmung für einen Körper aus. Wir untersuchen einen zweifach abgekanteten Stab. Er hat auf der ganzen Länge den gleichen Querschnitt A. Wir stellen uns den Stab in 3 gerade Teilstücke mit den Teillängen l_1, l_2, l_3 vor.

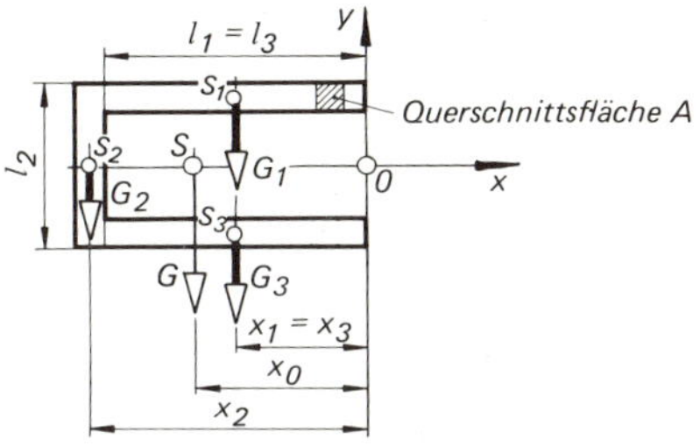

Der ganze Stab ist symmetrisch in bezug auf die eingezeichnete x-Achse.

Die Teilgewichtskräfte G_1, G_2, G_3 berechnen wir aus dem Volumen der Teilstücke, der Dichte ihres Werkstoffes und der Fallbeschleunigung, das Volumen der Teilstücke aus ihren Teillängen l_1, l_2, l_3 und der Querschnittsfläche A.

$$G_1 = m_1 g = V_1 \rho g = A\, l_1\, \rho g$$
$$G_2 = m_2 g = V_2 \rho g = A\, l_2\, \rho g$$
$$G_3 = m_3 g = V_3 \rho g = A\, l_3\, \rho g$$

Die Gewichtskraft G des ganzen Stabes berechnen wir in gleicher Weise mit der Gesamtlänge $l = l_1 + l_2 + l_3$.

$$G = G_1 + G_2 + G_3 = (l_1 + l_2 + l_3) A \rho g$$
$$G = A l \rho g$$

Dann stellen wir den Momentensatz nach 1.2.4.2 auf, setzen die für die Gewichtskräfte gefundenen Beziehungen ein und entwickeln daraus eine Bestimmungsgleichung für den Schwerpunktsabstand x_0. Die Fläche A, die Dichte ρ und die Fallbeschleunigung g kürzen sich wieder heraus.

Momentensatz:

$$+ G x_0 = + G_1 x_1 + G_2 x_2 + G_3 x_3$$
$$A l \rho g x_0 = A l_1 \rho g x_1 + A l_2 \rho g x_2 + A l_3 \rho g x_3$$
$$x_0 = \frac{(l_1 x_1 + l_2 x_2 + l_3 x_3) A \rho g}{l A \rho g}$$
$$x_0 = \frac{l_1 x_1 + l_2 x_2 + l_3 x_3}{l}$$

Das Ergebnis zeigt, daß wir die Schwerpunktslage auch mit den Teil*längen* und der Gesamt*länge* ermitteln können.

Auch Linien haben also einen Schwerpunkt.

Wir müssen ihn z. B. als Schnittkantenschwerpunkt bei der Konstruktion von Stanzwerkzeugen bestimmen.

$$l x_0 = l_1 x_1 + l_2 x_2 + \ldots + l_n x_n = \Sigma\, l_n x_n$$

Momentensatz für Linien

Beachte: Für die Linienmomente lx sind die Vorzeichen entsprechend dem Drehsinn einzusetzen (links +, rechts −).

2.3.2. Schwerpunkte einfacher Linien

Gerade Linie (Strecke)

Der Schwerpunkt einer Strecke liegt auf ihrer Mitte.

Schwerpunktsabstand $y_0 = \frac{l}{2}$

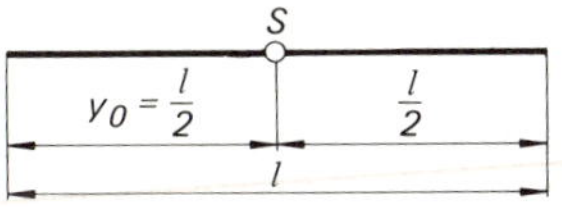

Dreiecksumfang

Die Dreiecksseiten werden halbiert und das Hilfsdreieck *ABC* gezeichnet. Der Schwerpunkt ist der Mittelpunkt des darin einbeschriebenen Kreises.

Schwerpunktsabstand $$y_0 = \frac{h}{2} \cdot \frac{a+b}{a+b+c}$$

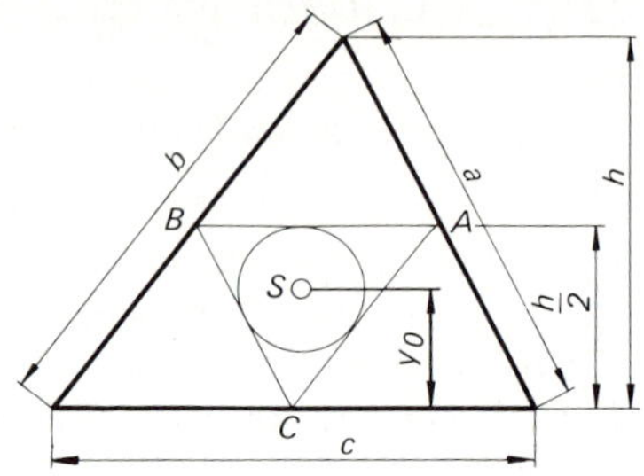

Parallelogrammumfang

Der Schwerpunkt des Parallelogrammumfangs (Quadrat, Rechteck, Rhombus, Rhomboid) liegt im Schnittpunkt der Diagonalen.

Schwerpunktsabstand $$y_0 = \frac{h}{2}$$

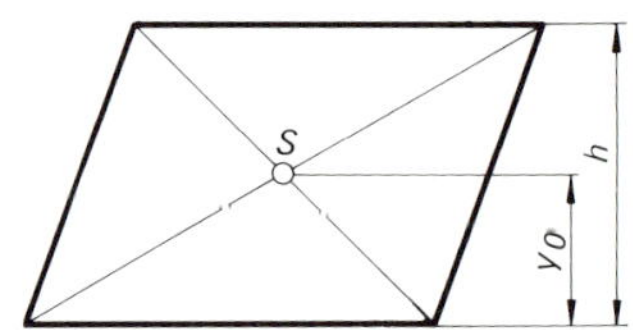

Kreisbogen

Schwerpunktsabstand $$y_0 = \frac{R\,s}{b}$$

Halbkreisbogen: $$y_0 = \frac{2R}{\pi} = 0{,}6366\,R$$

Viertelkreisbogen: $$y_0 = \frac{2\sqrt{2}\,R}{\pi} = 0{,}9003\,R$$

Sechstelkreisbogen: $$y_0 = \frac{3R}{\pi} = 0{,}9549\,R$$

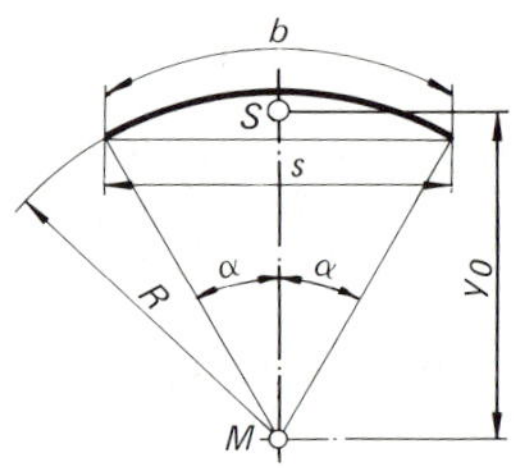

Bogenlänge $b = 2\,R\,\alpha^\circ/57{,}3^\circ$

Sehnenlänge $s = 2\,R\,\sin\alpha$

2.3.3. Schwerpunkte zusammengesetzter Linien (Linienzüge)

2.3.3.1. Rechnerische Bestimmung des Linienschwerpunkts

Für Linienzüge wird der Schwerpunkt mit dem *Momentensatz für Linien* nach 2.3.1 bestimmt. Bei unsymmetrischen Linienzügen müssen wir die Lage für *zwei* Schwerlinien bestimmen. Im übrigen gelten die gleichen Regeln wie für den Momentensatz für Flächen (siehe 2.2.1).

Wir zerlegen den Linienzug in Teillinien mit bekannter Schwerpunktslage, z.B. in zwei Strecken l_1, l_3 und einen Halbkreisbogen l_2, und zeichnen die Teilschwerpunkte S_1, S_2, S_3 ein. Die Lage des Gesamtschwerpunkts S nehmen wir an. Dann wird ein Momentenbezugspunkt O festgelegt. Bei symmetrischen Linienzügen wählen wir dafür zweckmäßig einen Punkt auf der Symmetrielinie.

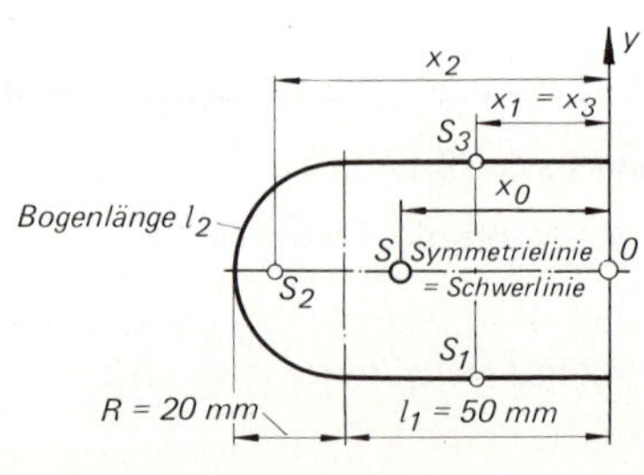

Aus den gegebenen Abmessungen des Linienzuges berechnen wir die Längen der Teillinien l_1, l_2, l_3, ihre Schwerpunktsabstände x_1, x_2, x_3 von der y-Achse und die Gesamtlänge $l = l_1 + l_2 + l_3$.

$l_1 = l_3 = 50$ mm
$l_2 = \pi R = \pi \cdot 20$ mm $= 62{,}8$ mm
$l = l_1 + l_2 + l_3 = 162{,}8$ mm
$x_1 = 25$ mm $\quad x_3 = 25$ mm
$x_2 = l_1 + 0{,}6366\, R =$
$= 50$ mm $+ 0{,}6366 \cdot 20$ mm $= 62{,}7$ mm

Der Momentensatz für Linien liefert uns nun wieder eine Bestimmungsgleichung für den Schwerpunktsabstand x_0, aus der wir x_0 berechnen. Das Ergebnis ist positiv, folglich hatten wir den Gesamtschwerpunkt auf der richtigen Seite des Bezugspunkts O angenommen. Das war auch nicht anders zu erwarten, weil der Bezugspunkt ans Ende des Linienzuges gelegt worden war.

Momentensatz:

$$+ l x_0 = + l_1 x_1 + l_2 x_2 + l_3 x_3$$

$$x_0 = \frac{l_1 x_1 + l_2 x_2 + l_3 x_3}{l}$$

$$x_0 = \frac{1250\ \text{mm}^2 + 3938\ \text{mm}^2 + 1250\ \text{mm}^2}{162{,}8\ \text{mm}}$$

$$x_0 = 39{,}5\ \text{mm}$$

Die zweite Schwerlinie ist die Symmetrielinie des Linienzuges.

Der Schwerpunkt liegt auf der Symmetrielinie 39,5 mm links vom rechten Ende des Linienzuges.

Arbeitsplan zur rechnerischen Bestimmung des Linienschwerpunkts:

Linienzug in Teillinien mit bekanntem Schwerpunkt zerlegen.	1. Schritt
Momentenbezugspunkt O festlegen.	2. Schritt
Gesamtschwerpunkt S mit angenommener Lage und den Schwerpunktsabständen x_0, y_0 einzeichnen.	3. Schritt
Teillängen, Gesamtlänge und Teilschwerpunktsabstände berechnen.	4. Schritt
Momentensatz für zwei zueinander senkrechte Achsen aufstellen, Momentendrehsinn beachten.	5. Schritt
Nach x_0 und y_0 auflösen und Schwerpunktsabstände ausrechnen.	6. Schritt

2.3.3.2. Zeichnerische Bestimmung des Linienschwerpunkts

Der Schwerpunkt zusammengesetzter Linienzüge wird wie der Flächenschwerpunkt zeichnerisch mit dem *Seileckverfahren* nach 1.2.4.1 bestimmt.

Wir zeichnen wieder einen maßstäblichen Lageplan des Linienzuges mit der genauen Lage der Teilschwerpunkte. Durch jeden Teilschwerpunkt legen wir eine senkrechte „Wirklinie", bei unsymmetrischen Linienzügen auch noch je eine waagerechte.

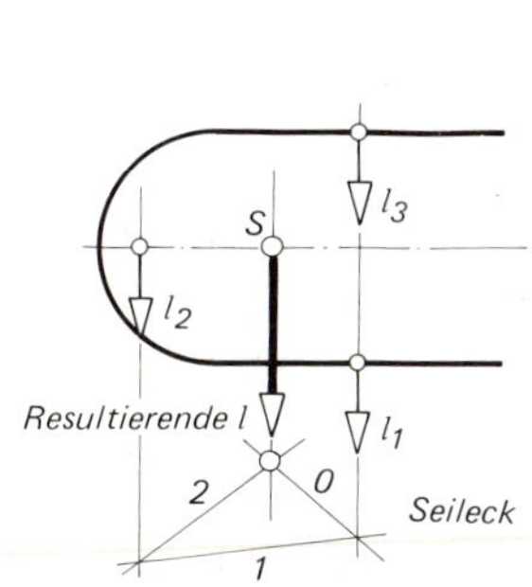

Lageplan
Längenmaßstab: $M_L = 25\ \frac{\text{mm}}{\text{cm}}$ (1 cm ≙ 25 mm)

Im „Kräfte"plan werden die Längen der Teillinien als senkrechte „Kraft"pfeile maßstäblich aneinandergereiht. Ist der Linienzug unsymmetrisch, zeichnen wir einen zweiten „Kräfte"plan mit waagerechten „Kraft"pfeilen für die Teillinien. Die Resultierende dieser „Kräfte"züge entspricht der Gesamtlänge l. Für beide Pläne legen wir einen Pol beliebig fest und zeichnen die Polstrahlen ein.

Aus Pol- und Seilstrahlen entwickeln wir das Seileck, das uns mit dem Schnittpunkt der äußeren Seilstrahlen einen Punkt der senkrechten (oder waagerechten) Schwerlinie liefert.

Der Schnittpunkt der Schwerlinie mit der Symmetrielinie (oder der Schnittpunkt beider Schwerlinien) ist der Schwerpunkt S des Linienzuges.

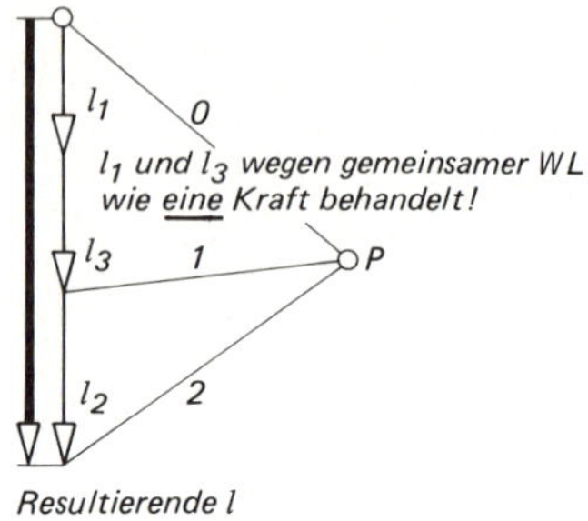

„Kräfte"plan

„Kräfte"maßstab:

$M_K = 50 \frac{mm}{cm}$ (1 cm ≙ 50 mm)

Arbeitsplan zur zeichnerischen Bestimmung des Linienschwerpunkts:

Linienzug maßstäblich aufzeichnen (Lageplan) und durch die Teilschwerpunkte je eine senkrechte und waagerechte Wirklinie legen.	1. Schritt
Kräftepläne für senkrechte und waagerechte Richtung zeichnen (bei Symmetrie nur *einen* Kräfteplan).	2. Schritt
Pole festlegen und Polstrahlen einzeichnen.	3. Schritt
Seileck durch Parallelverschiebung zeichnen, Schnittpunkt der äußeren Seilstrahlen ergibt Lage der Schwerlinien.	4. Schritt

2.4. Guldinsche Regeln

2.4.1. Volumenberechnung

Ein Rotations*körper* entsteht durch Drehung seiner *Profilfläche* um seine Symmetrieachse. Bei *einer* Drehung „erzeugt" die Profilfläche das *Volumen* des Körpers. Wir können uns vorstellen, daß jedes Flächenteilchen an der Erzeugung des Volumens mit einem bestimmten Volumenanteil beteiligt ist.

Das kleine Flächenteilchen ΔA erzeugt das Ringvolumen $\Delta V = 2\pi x \Delta A$. Die Summe aller Teilvolumen ist das Gesamtvolumen V.

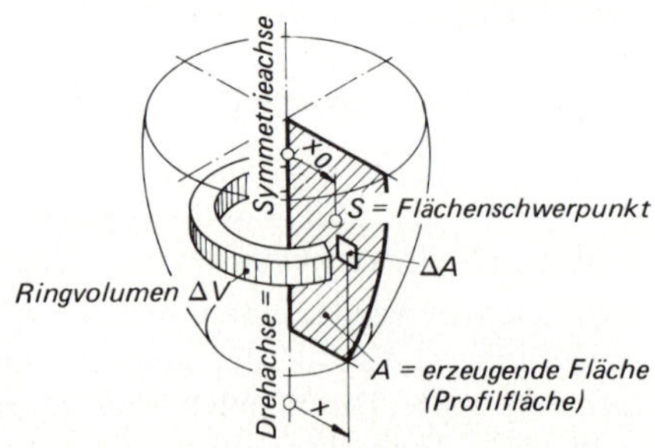

$$V = \Sigma \Delta V = \Sigma 2\pi x \Delta A = 2\pi \Sigma \Delta A x$$

Der Summenausdruck $\Sigma \Delta A x$ ist die Momentensumme aller Teilflächen, bezogen auf die Drehachse (siehe 2.2.1. Momentensatz für Flächen), und damit gleich dem Moment $A x_0$ der ganzen Profilfläche A. Daraus ergibt sich die *Guldinsche Volumenregel:*

$\Sigma \Delta A x = A x_0$

Setzen wir $A x_0$ in die erste Gleichung ein, dann wird

$V = 2 \pi A x_0$.

Darin ist das Produkt $2 \pi x_0$ der Weg, den der Schwerpunkt S der Profilfläche bei einer Umdrehung zurücklegt.

Das Volumen eines Rotationskörpers ist das Produkt aus der Profilfläche und ihrem Schwerpunktsweg bei einer Umdrehung.

$V = A \cdot 2 \pi x_0$ *Volumen*

A Profilfläche

x_0 Schwerpunktsabstand der Profilfläche von der Drehachse nach 2.2.3.1.

2.4.2. Oberflächenberechnung

Oberflächen oder *Mantelflächen* von Rotationskörpern entstehen durch Drehung ihrer *Profillinie* um die Symmetrieachse. Dabei ist jedes Längenteilchen der Profillinie mit einem bestimmten Flächenanteil beteiligt.

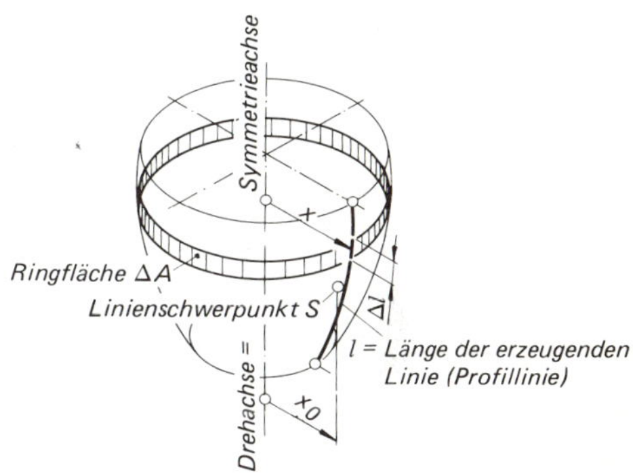

Die kleine Teillänge Δl der Mantellinie erzeugt bei einer Drehung die Ringfläche $\Delta A = 2 \pi x \Delta l$. Die Summe aller Teilflächen ist die Mantelfläche A.

$A = \Sigma \Delta A = \Sigma 2 \pi x \Delta l = 2 \pi \Sigma \Delta l x$

Der Summenausdruck $\Sigma \Delta l x$ ist die Momentensumme aller Teillängen, bezogen auf die Drehachse (siehe 2.3.1. Momentensatz für Linien), und damit gleich dem Moment der ganzen Profillinie l.

Daraus ergibt sich die *Guldinsche Oberflächenregel:*

$\Sigma \Delta l x = l x_0$

Setzen wir $l x_0$ in die erste Gleichung ein, dann wird

$A = 2 \pi l x_0$.

Darin ist das Produkt $2 \pi x_0$ der Weg, den der Schwerpunkt S der Profillinie bei einer Umdrehung zurücklegt.

Die Oberfläche (Mantelfläche) eines Rotationskörpers ist das Produkt aus der Länge der Profillinie und ihrem Schwerpunktsweg bei einer Umdrehung.

$A = l \cdot 2 \pi x_0$ *Oberfläche Mantelfläche*

l Länge der Profillinie

x_0 Schwerpunktsabstand der Profillinie von der Drehachse nach 2.3.3.1.

2.4.3. Übungen mit den Guldinschen Regeln

1. Übung: Der Rauminhalt der Kugel

Lösung: Die erzeugende Profilfläche ist eine Halbkreisfläche mit dem Radius r und dem Schwerpunktsabstand $x_0 = 4r/3\pi$ von der Drehachse (siehe 2.2.2).

$$V = A \cdot 2\pi x_0 = \frac{\pi r^2}{2} \cdot 2\pi \frac{4r}{3\pi} = \frac{4}{3}\pi r^3$$

$$V = \frac{4}{3}\pi r^3$$

2. Übung: Der Rauminhalt des Kegels

Lösung: Die erzeugende Fläche ist ein Dreieck mit der Höhe h, der Grundlinie r und dem Schwerpunktsabstand $x_0 = r/3$ von der Drehachse.

$$V = A \cdot 2\pi x_0 = \frac{rh}{2} \cdot 2\pi \frac{r}{3} = \frac{1}{3}\pi r^2 h$$

$$V = \frac{\pi}{3} r^2 h$$

3. Übung: Die Oberfläche der Kugel

Lösung: Die Profillinie ist ein Halbkreisbogen mit dem Radius r und dem Schwerpunktsabstand $x_0 = 2r/\pi$ von der Drehachse (siehe 2.3.2).

$$A = l \cdot 2\pi x_0 = \pi r \cdot 2\pi \frac{2r}{\pi} = 4\pi r^2$$

$$A = 4\pi r^2$$

4. Übung: Die Mantelfläche des Kegels

Lösung: Die erzeugende Linie ist die Mantellinie mit der Länge s und dem Schwerpunktsabstand $x_0 = r/2$ von der Drehachse.

$$A = l \cdot 2\pi x_0 = s \cdot 2\pi \frac{r}{2} = \pi r s$$

$$A = \pi r s$$

2.5. Gleichgewichtslagen und Standsicherheit

2.5.1. Gleichgewichtslagen

Die Lage des Schwerpunkts eines Körpers in bezug auf seine Standfläche bestimmt seine Standsicherheit. Wir unterscheiden folgende Gleichgewichtslagen:

2.5.1.1. Stabiles Gleichgewicht

liegt vor, wenn der Schwerpunkt S bei kleinster Lageänderung *gehoben* wird. Hierbei entsteht immer ein *rückstellendes Kraftmoment,* das den Körper wieder in die Ausgangslage zurückführt.

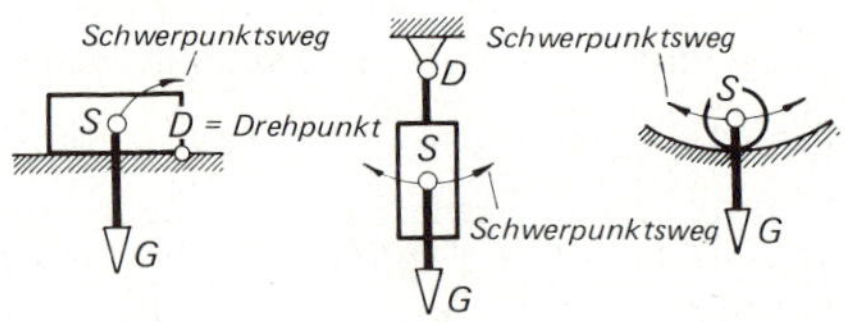

2.5.1.2. Labiles Gleichgewicht

liegt vor, wenn der Schwerpunkt S bei kleinster Lageänderung *gesenkt* wird. Hierbei entsteht immer ein *ablenkendes Kraftmoment,* das den Körper immer weiter aus der Ausgangslage herausführt.

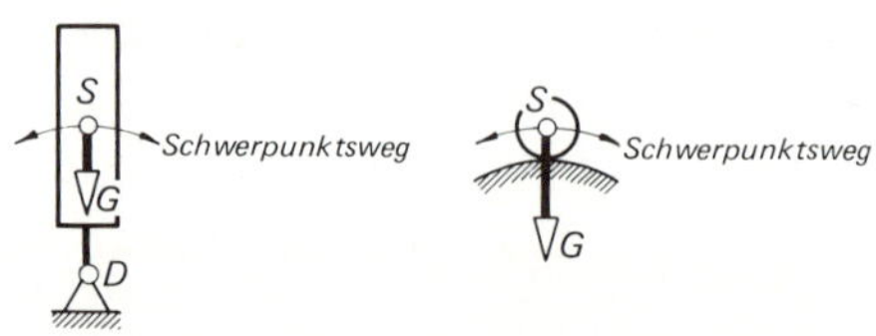

2.5.1.3. Indifferentes Gleichgewicht

liegt vor, wenn der Schwerpunkt S bei kleinster Lageänderung weder gehoben noch gesenkt wird. Hierbei entstehen weder rückstellende noch ablenkende Kraftmomente.

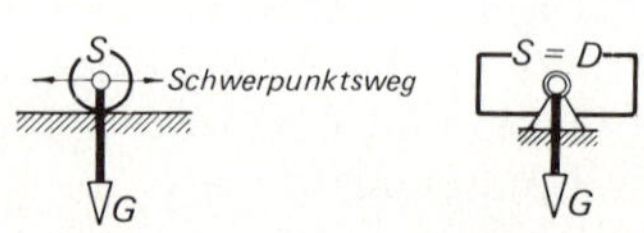

2.5.2. Standsicherheit

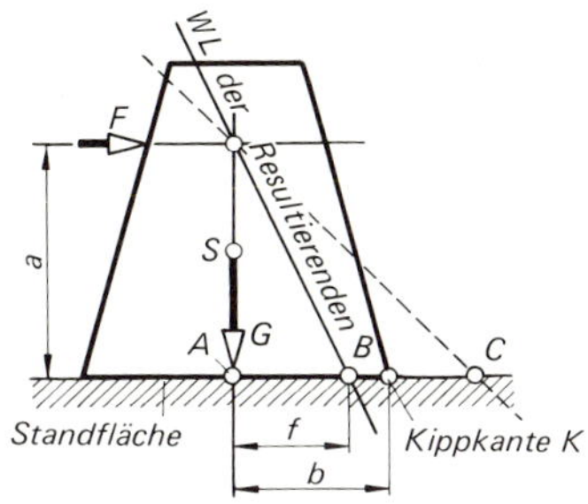

Ein Körper steht frei auf einer waagerechten Ebene. In der Höhe a über der Standfläche wirkt eine Kraft F waagerecht auf ihn. Wir wissen aus der Erfahrung, daß die Kraft F den Körper kippen kann. Er führt dann eine *Drehbewegung* um die Kippkante K als Drehmittelpunkt aus. Eine Drehung ist aber nur möglich, wenn ein *Kraftmoment* auf den Körper wirkt.

Im Augenblick des Ankippens wirken das

Kippmoment $M_k = F a$,

das den Körper zu kippen versucht, und das entgegengerichtete

$M_k = Fa$ *Kippmoment*

Standmoment $M_s = G b$,

das den Körper in der Ruhelage zu halten sucht.

$M_s = G b$ *Standmoment*

Der Körper wird nicht kippen, solange das Standmoment größer ist als das Kippmoment. Der Grad der Sicherheit gegen Kippen wird durch das Verhältnis beider Momente ausgedrückt, die *Standsicherheit* S.

$$S = \frac{M_s}{M_k} = \frac{G b}{F a}$$ *Standsicherheit*

Ist $S = 1$, also $G b = F a$, so geht die Resultierende F_r der beiden Kräfte durch die Kippkante K (*keine* Drehung!). Der Körper befindet sich gerade noch im Gleichgewicht. Je mehr sich Punkt B dem Punkte A nähert, um so größer ist die Standsicherheit ($S > 1$). Fällt B mit A zusammen, ist die Standsicherheit unendlich groß.

Wandert Punkt B über die Kippkante K hinaus (Punkt C), so ist $S < 1$ und der Körper kippt um.

Eine Betrachtung der geometrischen Verhältnisse zeigt:

Die Abstände f und a verhalten sich zueinander wie die Kräfte F und G.

$$\frac{f}{a} = \frac{F}{G} \quad \text{und daraus} \quad a = \frac{fG}{F}.$$

Diesen Ausdruck in die Standsicherheitsgleichung eingesetzt, ergibt:

$$S = \frac{M_s}{M_k} = \frac{G b}{F a} = \frac{b}{f}$$ *Standsicherheit*

3. Reibung

3.1. Grunderkenntnisse über die Reibung

Wollen wir den Reitstock einer Drehmaschine auf dem Drehmaschinenbett verschieben, so spüren wir einen Widerstand. Diese bewegungshemmende Kraft ist die Reibungskraft, kurz *Reibkraft.* Solange sich die Berührungsflächen nicht gegeneinander bewegen, sprechen wir von *Ruhe-* oder *Haftreibung,* im anderen Fall von *Gleitreibung.* Dabei steht meistens einer der beiden Körper still (Reitstockverschiebung auf dem Bett). Die Erfahrung sagt uns, daß der gleitende Körper mehr oder weniger schnell zur Ruhe kommt, wenn nicht fortwährend eine Antriebskraft die Reibkraft überwindet.

Durch Versuche können wir zu einigen Grunderkenntnissen über die wichtigsten Gesetze der Reibung kommen.

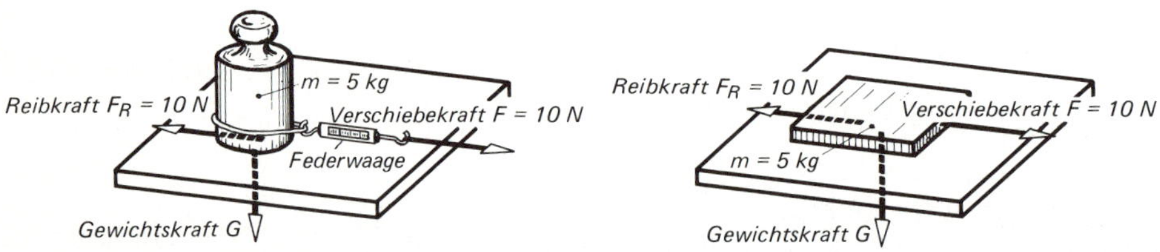

a) Wir setzen ein Wägestück von der Masse $m = 5$ kg auf eine feststehende Tischplatte, legen eine Schlinge darum und messen mit einer Federwaage die parallel zur Tischebene erforderliche Verschiebekraft F bei konstanter Geschwindigkeit. Sie ist notwendig, um die zwischen beiden Körpern wirkende Reibkraft F_R zu überwinden. Wir erkennen:

   Die Reibkraft F_R ist eine in der Berührungsfläche wirkende Tangentialkraft. Sie versucht, den schnelleren Körper (das Wägestück) zu verzögern, den langsameren oder stillstehenden Körper (den Tisch) dagegen zu beschleunigen. Die Kupplung ist ein gutes Beispiel dafür.

   Bewegen sich beide Körper gegensinnig zueinander, dann wirkt die Reibkraft auf beide verzögernd.

b) Verschieben wir einen Körper mit anderer Grundfläche, aber gleichem Werkstoff und gleicher Masse $m = 5$ kg in gleicher Weise, so stellt sich an der Federwaage die gleiche Kraftanzeige ein. Wir erkennen:

   Die Reibkraft F_R ist unabhängig von der Größe der Gleitfläche. Wir können diese merkwürdige Erscheinung damit erklären, daß auch glatte, ebene Flächen nur in drei Punkten aufliegen.

c) Verdoppeln wir die Masse auf 10 kg, so verdoppelt sich auch die Gewichtskraft G und damit auch die Normalkraft F_N zwischen beiden Körpern. An der Federwaage stellt sich jetzt die doppelte Verschiebekraft ein, d.h. wir müssen jetzt mit 20 N statt vorher mit 10 N ziehen. Wir erkennen:

   Die Reibkraft F_R ist proportional der Normalkraft F_N, mit der die beiden Flächen aufeinandergedrückt werden.

d) Benutzen wir für das Wägestück eine andere Unterlage, z.B. eine Hartfaserplatte, so stellt sich auch eine andere Verschiebekraft, also auch eine andere Reibkraft ein. Wir erkennen: Die Reibkraft ist abhängig von den Werkstoffen der beiden aufeinander gleitenden Körper.

e) Schon bevor wir das Wägestück aus der Ruhe in die Bewegung bringen, zeigt die Federwaage eine Kraft an, die von Null bis zu einem Höchstwert ansteigt, der größer ist, als die Reibkraft F_R zwischen gleitenden Flächen. Wir erkennen:

Auch zwischen ruhenden Körpern kann eine Reibkraft wirken. Wir nennen sie die *Haftreibkraft* F_{R0}. Sie kann größer werden als die Gleitreibkraft F_R.

f) Durch weitere Versuche können wir noch zu folgenden Erkenntnissen kommen:

Bei nicht allzu großer Gleitgeschwindigkeit ist die Reibkraft F_R unabhängig von der Gleitgeschwindigkeit zwischen beiden Flächen.

Auch ein rollender Körper wird durch eine Kraft abgebremst, die wir den *Rollwiderstand* nennen. Er ist erfahrungsgemäß kleiner als die Gleit- oder Haftreibkraft.

Innerhalb bewegter (strömender) Flüssigkeiten und Gase tritt ebenfalls Reibung auf. Auch sie versucht, die schnelleren Strömungsfäden zu verlangsamen und die langsameren zu beschleunigen.

3.2. Gleitreibung und Haftreibung

3.2.1. Reibwinkel, Reibzahl und Reibkraft

Ein Körper drückt mit seiner Gewichtskraft G = Normalkraft F_N senkrecht auf eine waagerechte Gleitfläche und wird durch die Kraft F mit gleichbleibender Geschwindigkeit v bewegt. Beim Verschieben muß die *Gleit*reibkraft überwunden werden, die wir fortan kurz als *Reibkraft* F_R bezeichnen wollen. Sie wirkt stets *tangential* in der Berührungsfläche. Um ihren *Richtungssinn* richtig zu erkennen, wollen wir uns einprägen:

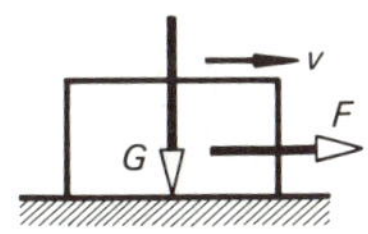

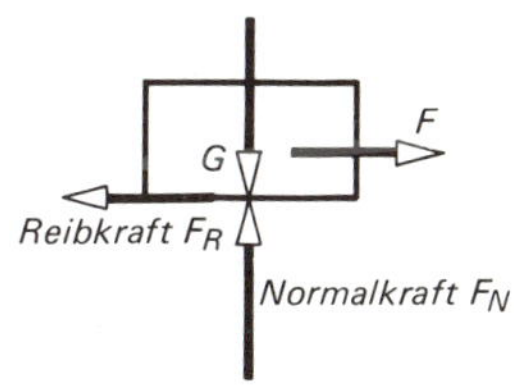

freigemachter Körper

> Die Reibkraft versucht, den schnelleren Körper zu verzögern, den langsameren (oder stillstehenden) dagegen zu beschleunigen. Ruhen beide Körper, so betrachte den zu erwartenden Bewegungszustand!

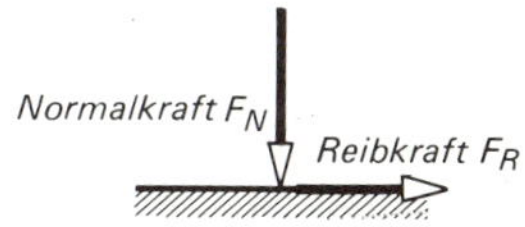

Kräfte auf die Gleitfläche

Der Kräfteplan zeigt die vier miteinander im Gleichgewicht stehenden Kräfte. Die eingezeichnete Diagonale ist die Resultierende aus der Normalkraft F_N und der Reibkraft F_R, die wir als *Ersatzkraft* F_e bezeichnen wollen. Wir erkennen, daß mit zunehmender Reibkraft F_R der Winkel ρ zwischen Normalkraft F_N und Ersatzkraft F_e größer wird, und daß die Reibkraft der Tangensfunktion dieses Winkels proportional ist. Wir nennen ihn den *Reibwinkel* ρ. Seine Tangensfunktions wird als *Reibzahl* μ bezeichnet.

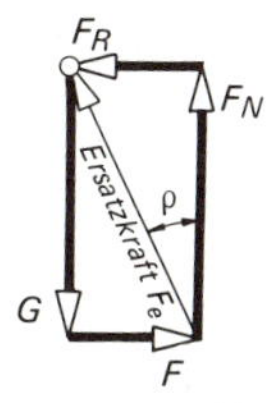

Kräfteplan

$$\tan \rho = \frac{F_R}{F_N} \Rightarrow F_R = F_N \tan \rho$$

Reibzahl $\mu = \tan \rho$

Aus diesen Beziehungen erhalten wir eine Gleichung zur Berechnung der Reibkraft F_R.

Reibkraft = Normalkraft × Reibzahl

$F_R = F_N \mu$ *Reibkraft*

Ruhen beide Körper aufeinander, dann kann die *Haftreibkraft* von Null bis auf einen Höchstwert anwachsen, der größer ist als F_R. Dann ist aber auch der Reibwinkel größer als ρ. Wir bezeichnen ihn als den *Haftreibwinkel* ρ_0. Seine Tangensfunktion ist die *Haftreibzahl* μ_0. Sie ist größer als die Gleitreibzahl μ, weil die Oberflächenrauhigkeiten im Ruhezustand ineinander eindringen können und dadurch zusätzliche Haftwirkung entsteht.

Haftreibzahl $\mu_0 = \tan\rho_0$

$\mu_0 > \mu$, weil $\rho_0 > \rho$

Wie oben erhalten wir eine Gleichung zur Berechnung der maximalen Haftreibkraft $F_{R0\,max}$.

maximale Haftreibkraft = Normalkraft × Haftreibzahl

F_R und $F_{R0\,max}$ sind stets ein von der Reibzahl bestimmter Bruchteil der Normalkraft F_N.

$F_{R0\,max} = F_N \mu_0$ *maximale Haftreibkraft*

Tafel 3.1. Reibzahlen μ_0 und μ (Klammerwerte sind die Gradzahlen für ρ_0 und ρ)

Werkstoff	Haftreibzahl μ_0 trocken	Haftreibzahl μ_0 gefettet	Gleitreibzahl μ trocken	Gleitreibzahl μ gefettet
Stahl auf Stahl	0,15 (8,5)	0,1 (5,7)	0,15 (8,5)	0,01 (0,6)
Stahl auf GG oder Bz	0,19 (10,8)	0,1 (5,7)	0,18 (10,2)	0,01 (0,6)
GG auf GG		0,16 (9,1)		0,1 (5,7)
Holz auf Holz	0,5 (26,6)	0,16 (9,1)	0,3 (16,7)	0,08 (4,6)
Holz auf Metall	0,7 (35)	0,11 (6,3)	0,5 (26,6)	0,1 (5,7)
Lederriemen auf GG		0,3 (16,7)		
Gummiriemen auf GG			0,4 (21,8)	
Textilriemen auf GG			0,4 (21,8)	
Bremsbelag auf Stahl			0,5 (26,6)	0,4 (21,8)
Lederdichtungen auf Metall	0,6 (31)	0,2 (11,3)	0,2 (11,3)	0,12 (6,8)

3.2.2. Ermittlung der Reibzahlen μ und μ_0

Zur Ermittlung der Reibzahlen benutzen wir eine „Schiefe Ebene" mit verstellbarem und ablesbarem Neigungswinkel.

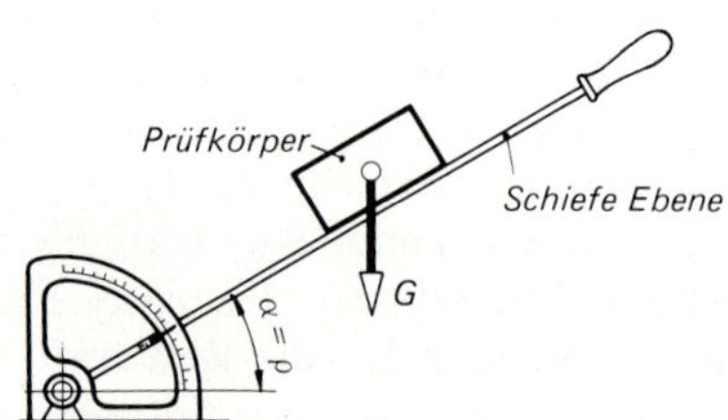

Der Prüfkörper bleibt bei zunehmender Neigung der Ebene solange in Ruhe, bis der Neigungswinkel α gleich dem *Haftreibwinkel* ρ_0 ist.

Liegt die Ebene unter dem *Reibwinkel* ρ, dann gleitet der Körper nach dem Anstoßen mit gleichbleibender Geschwindigkeit abwärts.

In beiden Fällen ist der Prüfkörper im Gleichgewicht; es ergibt sich ein geschlossenes Krafteck. Der Winkel zwischen Normalkraft F_N und Gewichtskraft G ist beim Gleiten der Reibwinkel ρ, denn G ist die Gegenkraft der Ersatzkraft F_e.

Eine Betrachtung der geometrischen Verhältnisse zeigt, daß der Reibwinkel ρ im Krafteck gleich dem Neigungswinkel α der schiefen Ebene ist.

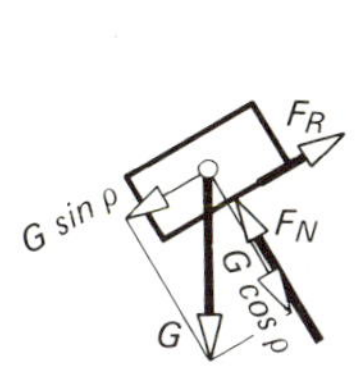

freigemachter Prüfkörper

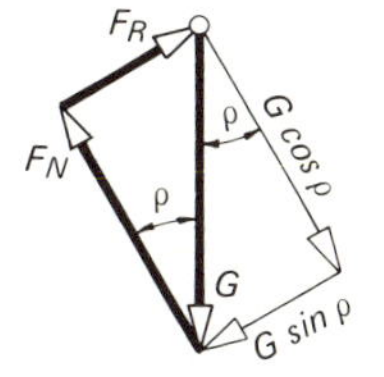

Krafteck

Wir brauchen beim Versuch also nur den Neigungswinkel der schiefen Ebene abzulesen. Seine Tangensfunktion ist die Reibzahl μ (oder μ_0).

$$\tan \rho = \frac{F_R}{F_N} = \mu \qquad \tan \rho_0 = \frac{F_{R0\,max}}{F_N} = \mu_0$$

Zum gleichen Ergebnis kommen wir auch mit Hilfe der rechnerischen Gleichgewichtsbedingungen. Als x-Achse legen wir die Richtung der schiefen Ebene fest und zerlegen die Gewichtskraft in ihre Komponenten $G \sin\rho$ und $G \cos\rho$. Dann müssen beim gleichförmigen Abwärtsgleiten die Gleichgewichtsbedingungen $\Sigma F_x = 0$ und $\Sigma F_y = 0$ erfüllt sein. Die Gleichungsentwicklung zeigt, daß der Tangens des Neigungswinkels gleich der Reibzahl μ ist, also ist auch der Neigungswinkel gleich dem Reibwinkel ρ.

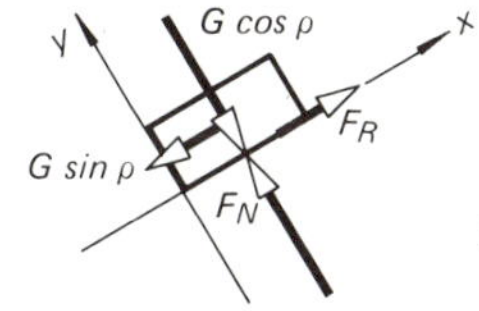

Lageskizze

I. $\Sigma F_x = 0 = -G \sin \rho + F_R$

II. $\Sigma F_y = 0 = F_N - G \cos \rho$

$G \sin \rho = F_R = F_N\,\mu; \quad G \cos \rho = F_N$

$$\frac{G \sin \rho}{G \cos \rho} = \frac{F_N\,\mu}{F_N} = \mu = \tan \rho$$

Versuche mit verändertem Neigungswinkel α lassen erkennen, daß der Körper solange in Ruhe bleibt, solange $\alpha \leqq \rho_0$ ist. Der Bereich zwischen den Winkeln Null und ρ_0 heißt *Selbsthemmungsbereich.*

Wenn $\alpha \leqq \rho_0$ ist, dann ist auch

$$\tan\alpha \leqq \tan\rho_0$$
$$\tan\alpha \leqq \mu_0$$

Selbsthemmungsbedingung

3.2.3. Der Reibungskegel

Ist uns die Reibzahl μ_0 und damit der Reibwinkel ρ_0 bekannt, können wir den sogenannten *Reibungskegel* zeichnen.

Wir drehen dazu eine um den Reibwinkel ρ_0 gegen die Wirklinie der Normalkraft F_N geneigte Gerade um die Pfeilspitze von G.

Der Körper bleibt solange in Ruhe, wie die Resultierende F_{res} aller nicht in der Berührungsebene wirkenden Kräfte *innerhalb* des Reibungskegels liegt. Jede Mantellinie des Reibungskegels ist eine Wirklinie der aus Haftreibkraft $F_{R0\,max}$ und der Normalkraft (hier $G = F_N$) zusammengesetzten Ersatzkraft F_e, die wir bei der Bearbeitung von Reibungsaufgaben immer wieder brauchen werden.

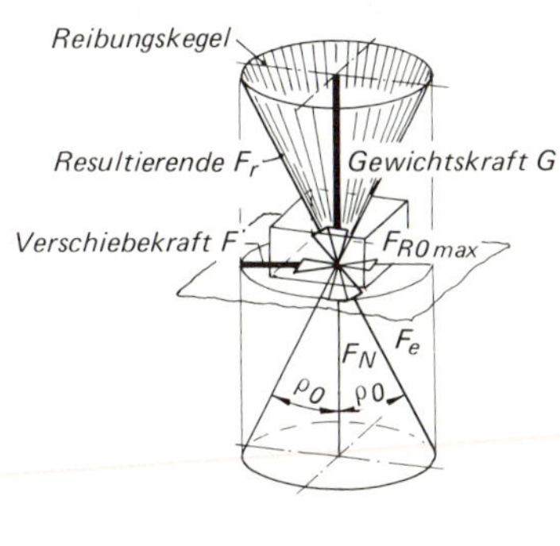

Lehrbeispiel: Reibung in Ruhe und Bewegung

Aufgabenstellung:

2 Körper a und b mit den Gewichtskräften G_1 und G_2 liegen übereinander auf einer ebenen Unterlage. In den beiden Gleitflächen sind die Reibzahlen:

$\mu_{0I} = 0{,}19$ $\mu_I = 0{,}17$

$\mu_{0II} = 0{,}12$ $\mu_{II} = 0{,}11$

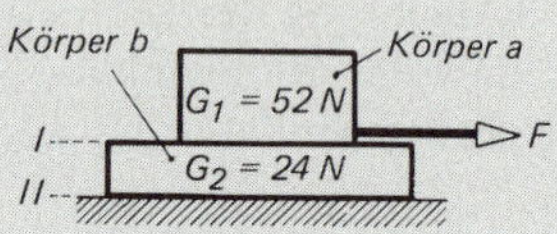

a) Wie groß muß F werden, damit der Ruhezustand gerade aufgehoben wird? Wie verhält sich Körper b?

Lösung:

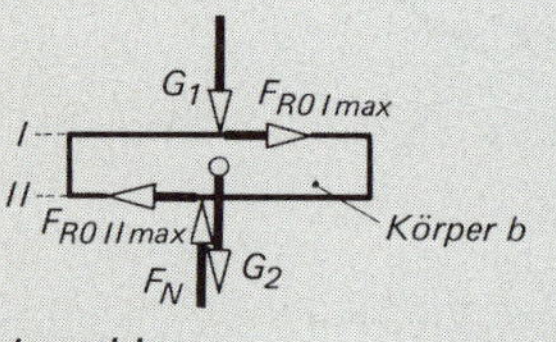

Lageskizze

$F_{R0I\,max}$ größtc Reibkraft, die Körper a auf b in Richtung von F ausübt, bevor Gleiten eintritt.

$F_{R0II\,max}$ größte Reibkraft, die den Körper b am Verschieben in Richtung von F hindert.

Für Körper b gilt:

$\Sigma F_y = 0 = -G_1 - G_2 + F_N; \quad F_N = G_1 + G_2$

$\Sigma F_x = 0 = F_{R0I\,max} - F_{R0II\,max}$

$F_{R0I\,max} = G_1 \cdot \mu_{0I} = 52\,N \cdot 0{,}19 = 9{,}88\,N$

$F_{R0II\,max} = F_N \cdot \mu_{0II} = (G_1 + G_2) \cdot \mu_{0II} = 76\,N \cdot 0{,}12 = 9{,}12\,N$

Erkenntnis: Die Reibkraft in der Ebene II ist kleiner, hier wird zuerst der Ruhezustand aufgehoben. Die Kraft F muß sein:

$$F = F_{R0II\,max} = 9{,}12\,N$$

Körper a bleibt zu b in Ruhe, sie gleiten gemeinsam auf der Unterlage.

b) Wie groß muß F sein, wenn a schon in Bewegung ist und weitergleiten soll, während b festgehalten wird?

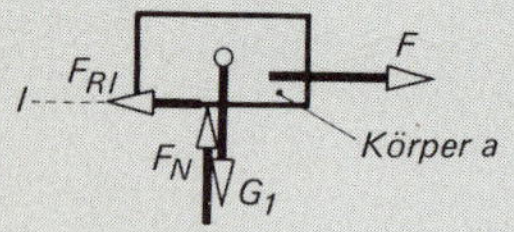

Lageskizze

Lösung:

$\Sigma F_y = 0 = -G_1 + F_N; \quad F_N = G_1$

$\Sigma F_x = 0 = F - F_{RI}; \quad F = F_{RI} = F_N \cdot \mu_I = G_1 \cdot \mu_I$

$F = 52\,N \cdot 0{,}17 = 8{,}84\,N$

Mit $F \geqslant 8{,}84\,N$ bleibt a in Bewegung.

c) Was geschieht, wenn beim Vorgang unter b) der Körper b plötzlich losgelassen wird?

Lösung:

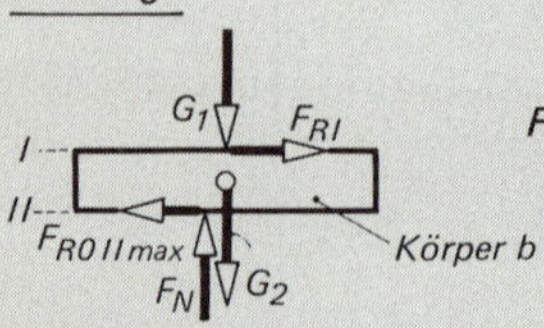

Lageskizze

F_{RI} = Reibkraft von Körper a auf b beim Gleiten ausgeübt = Mitnahmekraft. $F_{RI} = 8{,}84\,N$ siehe b)

$F_{R0II\,max}$ = Reibkraft, die Körper b auf seiner Unterlage am Verschieben hindert. $F_{R0II\,max} = 9{,}12\,N$ siehe a)

$F_{R0II\,max} > F_{RI}$!

Beim Loslassen bleibt Körper b in Ruhe.

3.2.4. Übungen zur Lösung von Reibungsaufgaben

Reibungsaufgaben können *zeichnerisch* oder *rechnerisch* gelöst werden. Wir benutzen dazu dieselben Verfahren, wie wir sie aus der Statik kennen. Nur müssen wir jetzt *schon beim Freimachen* auch die Reibkräfte (Tangentialkräfte) mit berücksichtigen.

Bei jeder *zeichnerischen Lösung* tragen wir in den Lageplan auf den Wirklinien der Normalkraft F_N und der Reibkraft F_R deren Richtungssinn durch Kraftpfeile ein. Wir dürfen uns hier in der Richtungsannahme nicht irren, weil sonst das Ergebnis falsch wird. Aus den beiden Kraftpfeilen erkennen wir den Richtungssinn der Ersatzkraft F_e (Resultierenden) der Kräfte F_N und F_R. Entsprechend diesem Richtungssinn zeichnen wir dann die Wirklinie der Ersatzkraft F_e, um den Reibwinkel ρ oder ρ_0 gegen die Wirklinie der Normalkraft F_N geneigt, in den Lageplan ein. Die weitere Lösung erfolgt nach den Regeln des anzuwendenden Verfahrens (z.B. 3-Kräfte-Verfahren).

Bei jeder *rechnerischen Lösung* wird schon im Lösungsansatz die Reibkraft durch das Produkt aus Normalkraft und Reibzahl ersetzt, z.B. $F_R = F_N\,\mu$. Dann ergeben sich wieder Gleichungssysteme mit 2 oder 3 Unbekannten, die in der bekannten Weise aufgelöst werden.

1. Übung: Die skizzierte Backenbremse wird mit der Kraft F = 200 N angezogen. Die Reibzahl beträgt μ = 0,5.

Abmessungen: l = 700 mm
l_1 = 250 mm
l_2 = 100 mm
d = 300 mm

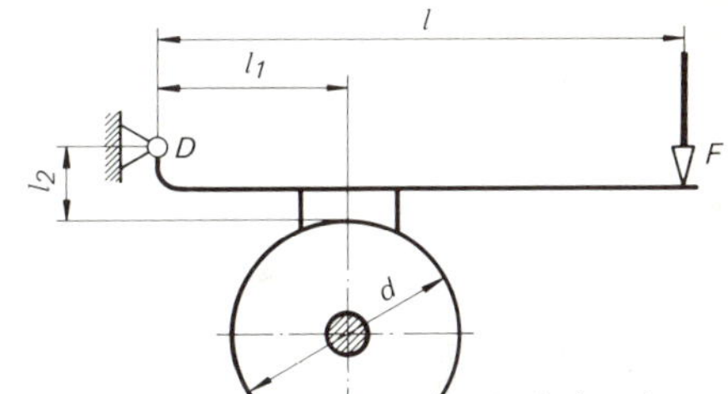

Aufgabenskizze

Für Rechtsdrehung der Bremsscheibe sollen rechnerisch ermittelt werden: Reibkraft F_R, Normalkraft F_N auf die Bremsbacke, Lagerkraft F_D im Drehpunkt D des Bremshebels, Bremsmoment M.

Lösung: Wir zeichnen die Lageskizzen des freigemachten Bremshebels und der freigemachten Bremsscheibe. Zwischen Bremsscheibe und Bremsklotz wirken an jedem Flächenteilchen Teil-Normalkräfte und Teil-Reibkräfte. Die resultierende Normalkraft F_N und die entsprechende resultierende Reibkraft F_R greift am oberen Berührungspunkt zwischen Bremsscheibe und Bremsklotz an.

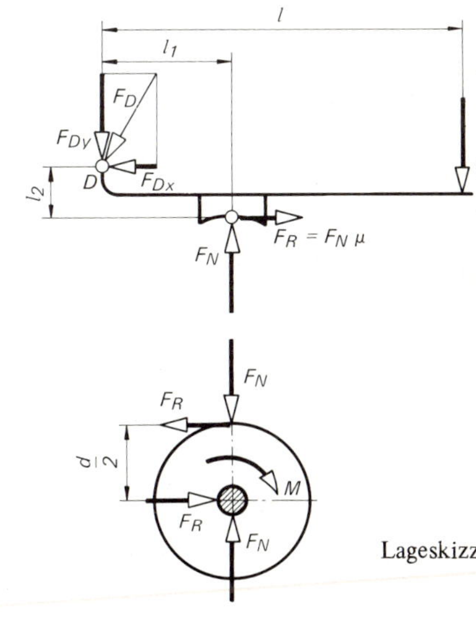

Lageskizze

Die Normalkraft F_N wirkt

bezogen auf den Bremshebel senkrecht nach oben,

bezogen auf die Bremsscheibe senkrecht nach unten.

Die Reibkraft F_R wirkt

bezogen auf den Bremshebel und bei rechtsdrehender Bremsscheibe nach rechts,

bezogen auf die Bremsscheibe nach links.

Beim Festlegen des Richtungssinns der Reibkraft F_R müssen wir sorgfältig überlegen. Ein falscher Richtungssinn für die Reibkraft führt stets zu falschen Ergebnissen der folgenden Rechnungen.

Wir beginnen mit den drei Gleichgewichtsbedingungen am freigemachten Bremshebel. Als Bezugspunkt für die Momentengleichgewichtsbedingung wählen wir den Hebeldrehpunkt D: $\Sigma M_{(D)} = 0$.

$$\text{I.}\quad \Sigma F_x = 0 = \overbrace{F_N \mu}^{F_R} - F_{Dx}$$

$$\text{II.}\quad \Sigma F_y = 0 = F_N - F - F_{Dy}$$

$$\text{III.}\quad \Sigma M_{(D)} = 0 = F_N l_1 + F_N \mu l_2 - Fl$$

Aus Gleichung III können wir die Normalkraft F_N berechnen. Mit $F_R = F_N \mu$ erhalten wir dann die Reibkraft F_R.

$$\text{III.}\quad F_N = F \frac{l}{l_1 + \mu l_2}$$

$$F_N = 200\ \text{N} \cdot \frac{700\ \text{mm}}{(250 + 0{,}5 \cdot 100)\ \text{mm}} = 466{,}7\ \text{N}$$

$$F_R = F_N \mu = 233{,}3\ \text{N}$$

Mit den Gleichungen I und II erhalten wir Berechnungsgleichungen für die Lagerkraftkomponenten F_{Dx} und F_{Dy} und damit auch für F_D.

$$\text{I.}\ F_{Dx} = F_N \mu = 233{,}3\ \text{N}$$

$$\text{II.}\ F_{Dy} = F_N - F = (466{,}7 - 200)\ \text{N} = 266{,}7\ \text{N}$$

$$F_D = \sqrt{F_{Dx}^2 + F_{Dy}^2} = 354{,}3\ \text{N}$$

Das Bremsmoment M ist das statische Moment des Kräftepaares aus den beiden Reibkräften.

$$M = F_R \frac{d}{2} = 233{,}3\ \text{N} \cdot 0{,}15\ \text{m} = 35\ \text{Nm}$$

2. Übung: Für dieselbe Bremse wie in der 1. Übung sollen die unbekannten Kräfte zeichnerisch ermittelt werden, jedoch für eine Linksdrehung der Bremsscheibe.

Lösung: Wir zeichnen den *Lageplan* des Bremshebels. Damit ist maßstäblich die Lage der Angriffspunkte aller am Bremshebel angreifenden Kräfte bekannt. Es sind drei Angriffspunkte. Wir lösen daher die Aufgabe nach dem *3-Kräfteverfahren* (1.2.4.3).

Die Wirklinie der Kraft F können wir gleich einzeichnen. Am Punkt R greift die nach links wirkende Reibkraft F_R an, ebenso die nach oben wirkende Normalkraft F_N. Punkt D ist der Angriffspunkt der Lagerkraft F_D, deren Wirklinie noch gefunden werden muß.

Bei allen Reibungsaufgaben dieser Art, bei denen die Reibzahl μ bekannt ist, müssen wir uns immer als erstes fragen, wie die Wirklinie der Ersatzkraft F_e liegt. Mit der Reibzahl μ ist stets auch der Reibwinkel $\rho = \arctan \mu$ bekannt. Er beträgt hier $\rho = \arctan 0{,}5 = 26{,}6°$.

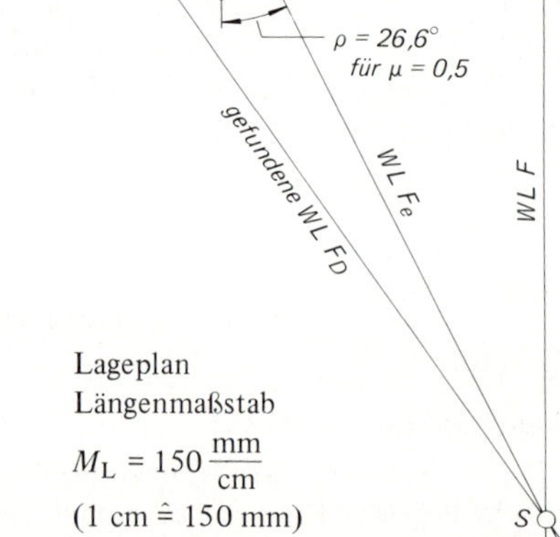

Lageplan
Längenmaßstab
$M_L = 150 \frac{\text{mm}}{\text{cm}}$
(1 cm ≙ 150 mm)

Entsprechend dem Richtungssinn von F_R und F_N wirkt die Ersatzkraft F_e nach links oben. Damit haben wir die Lage der Wirklinie $WL\ F_e$.

Wir bringen nun $WL\ F_e$ und $WL\ F$ zum Schnittpunkt S und haben damit auch die Lage der Wirklinie $WL\ F_D$ der gesuchten Lagerkraft.

Den *Kräfteplan* beginnen wir mit dem Aufzeichnen der gegebenen Kraft F. Durch Anfangs- und Endpunkt von F zeichnen wir Parallelen zu den Wirklinien $WL\ F_e$ und $WL\ F_D$ im Lageplan.

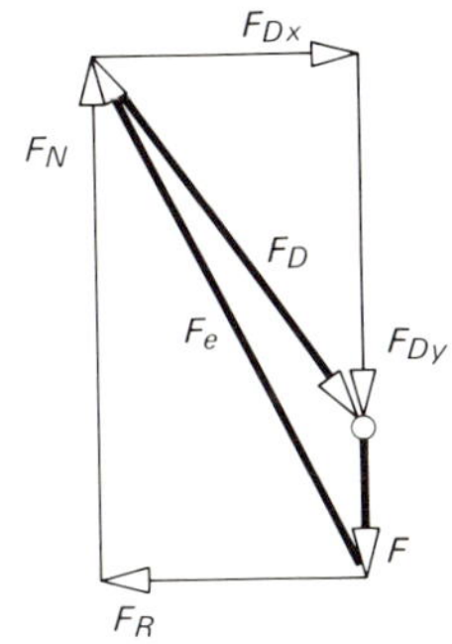

Kräfteplan

Kräftemaßstab:

$M_K = 200 \frac{N}{cm}$

(1 cm ≙ 200 N)

Damit haben wir die Längen der Kraftpfeile für die Ersatzkraft F_e und für die Lagerkraft F_D. Der Richtungssinn ergibt sich aus der Bedingung des fortlaufenden Kräftezugs (Einbahnverkehr) für das geschlossene Krafteck.

Wir messen ab:

$$F_D = 3\ \text{cm} \cdot 200 \frac{\text{N}}{\text{cm}} = 600\ \text{N}$$

$$F_{Dx} = 1{,}75\ \text{cm} \cdot 200 \frac{\text{N}}{\text{cm}} = 350\ \text{N}$$

$$F_{Dy} = 2{,}5\ \text{cm} \cdot 200 \frac{\text{N}}{\text{cm}} = 500\ \text{N}$$

$$F_N = 3{,}5\ \text{cm} \cdot 200 \frac{\text{N}}{\text{cm}} = 700\ \text{N}$$

$$F_R = 1{,}75\ \text{cm} \cdot 200 \frac{\text{N}}{\text{cm}} = 350\ \text{N}$$

Die waagerechte Komponente der Ersatzkraft F_e ist die Reibkraft F_R, die senkrechte Komponente ist die Normalkraft F_N. Auf gleiche Weise finden wir die Komponenten F_{Dx} und F_{Dy} der Lagerkraft F_D. Die Multiplikation der abgemessenen Pfeillängen mit dem festgelegten Kräftemaßstab M_K ergibt die Beträge für die gesuchten Kräfte.

Bei Rechtsdrehung der Bremsscheibe betrug die Reibkraft F_R = 233,3 N. Bei Linksdrehung ist sie größer: F_R = 350 N. Folglich ist bei Linksdrehung auch das Bremsmoment M größer als bei Rechtsdrehung der Bremsscheibe.

$$M_{(\text{Rechtsdrehung})} = 35\ \text{Nm}$$

$$M_{(\text{Linksdrehung})} = F_R \cdot \frac{d}{2} = 350\ \text{N} \cdot 0{,}15\ \text{m} = 52{,}5\ \text{Nm}$$

3. Übung: Eine federbelastete Klemmvorrichtung (Zange) hält zwischen ihren Backen ein Werkstück. Haftreibzahl an den Klemmflächen: $\mu_0 = 0{,}5$.

Die zum Herausziehen des Werkstücks erforderliche Kraft F_1 und die Lagerkraft F_D im festen Drehpunkt der Klemmarme sollen zeichnerisch ermittelt werden.

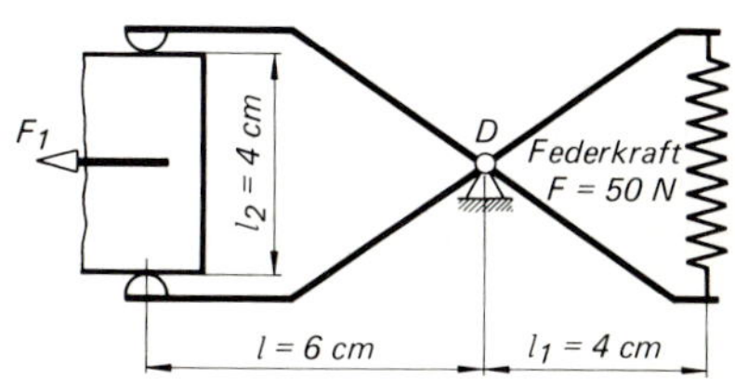

Aufgabenskizze

1. Schritt

Lösung: Wir müssen einen *Lageplan* zeichnen, und zwar für einen der beiden Klemmarme. An 3 Stellen wirken Kräfte auf ihn: an den Berührungsstellen mit der Feder, dem Lager und dem Werkstück. Die Federkraft F ist nach Betrag, Lage und Richtungssinn bekannt. Wir können ihre Wirklinie einzeichnen. Die Lagerkraft F_D ist unbekannt.

An der Klemmbacke wirken beim Herausziehen die Normalkraft F_N und die Haftreibkraft $F_{R0\,max}$, weil wir zunächst die *größtmögliche* Haftreibkraft überwinden müssen. Beide Wirklinien können wir einzeichnen, auch die Kraftpfeile: F_N wirkt *auf* die Klemmbacke und $F_{R0\,max}$ will den stillstehenden Klemmarm *nach links* mitnehmen. Daraus ergibt sich, daß die Ersatzkraft F_e nach links oben gerichtet ist. Wir können ihre Wirklinie unter dem Haftreibwinkel ρ_0 zur Wirklinie der Normalkraft F_N einzeichnen.

Nun können wir das *3-Kräfte-Verfahren* (1.2.4.3) anwenden: Die unbekannte Wirklinie der Lagerkraft F_D muß durch den Schnittpunkt S der Kräfte F und F_e und durch den Lagerpunkt D gehen.

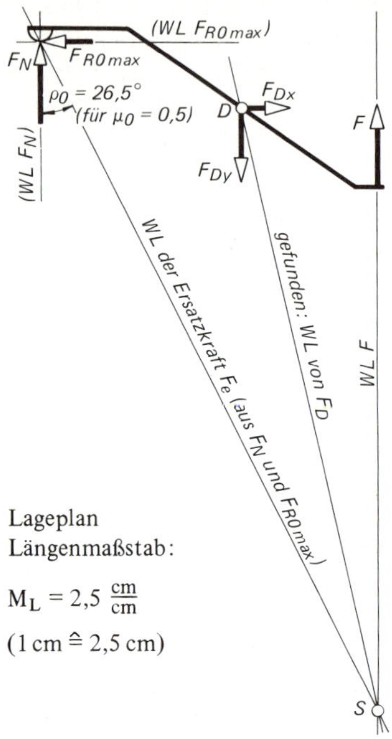

Lageplan
Längenmaßstab:

$M_L = 2{,}5\ \frac{cm}{cm}$

(1 cm ≙ 2,5 cm)

2. Schritt

Den *Kräfteplan* können wir mit Parallelen zu den drei Wirklinien aufzeichnen, beginnend mit der bekannten Federkraft F. Dort finden wir dann die Kräfte F_D und F_e sowie ihre Komponenten in waagerechter und senkrechter Richtung.

Die waagerechte Komponente der Ersatzkraft F_e ist die Haftreibkraft $F_{R0\,max}$, die senkrechte Komponente ist die Normalkraft F_N zwischen Klemmbacke und Werkstück. An der Backe des anderen Klemmarmes wirken Normalkraft F_N und Haftreibkraft $F_{R0\,max}$ mit denselben Beträgen.

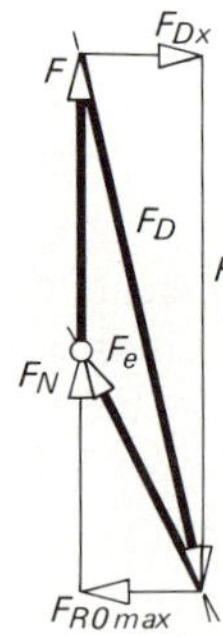

Kräfteplan
Kräftemaßstab:

$M_K = 25\ \frac{N}{cm}$

(1 cm ≙ 25 N)

3. Schritt

Mit Hilfe des festgelegten Kräftemaßstabes können wir nun die Beträge der einzelnen Kräfte und die ihrer Komponenten berechnen. Ihr Richtungssinn ergibt sich aus der Bedingung des fortlaufenden Kräftezuges (Einbahnverkehr).

Wir messen ab:

$F_D = 3{,}7\ cm \cdot 25\ \frac{N}{cm} = 92{,}5\ N$

$F_{Dx} = 0{,}8\ cm \cdot 25\ \frac{N}{cm} = 20\ N$

$F_{Dy} = 3{,}6\ cm \cdot 25\ \frac{N}{cm} = 90\ N$

$F_N = 1{,}6\ cm \cdot 25\ \frac{N}{cm} = 40\ N$

$F_{R0\,max} = 0{,}8\ cm \cdot 25\ \frac{N}{cm} = 20\ N$

Die Lageskizze des freigemachten Werkstücks zeigt, daß die Normalkräfte F_N an den beiden Klemmpunkten im Gleichgewicht sind. Die Haftreibkräfte $F_{R0\,max}$ sind beide nach rechts gerichtet, denn sie wollen das Werkstück am Herausgleiten nach links hindern.

4. Schritt

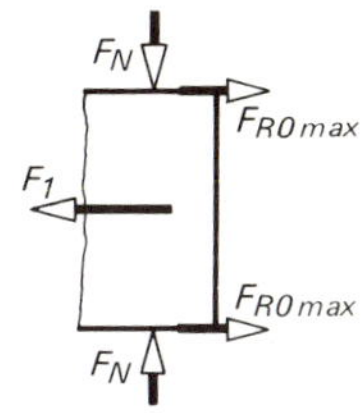

Lageskizze des freigemachten Werkstücks

Die gesuchte Kraft F_1 muß beim Herausziehen *beide* Haftreibkräfte überwinden, d.h. ihr Betrag muß mindestens gleich der Summe der Haftreibkräfte sein.

Ergebnis:
Zum Herausziehen ist eine Kraft von 40 N erforderlich. Dabei wirkt im Lager D eine Kraft von 92,5 N.

4. Übung: Dieselbe Aufgabe soll rechnerisch gelöst werden.

Lösung: Wir zeichnen die Lageskizze eines freigemachten Klemmarmes und machen in folgender Reihenfolge frei: Die Federkraft F *zieht* rechts am Klemmarm (nach oben). Die Normalkraft F_N *drückt* auf die Klemmbacke (nach oben). Die Reibkraft versucht den stillstehenden Arm mitzunehmen (nach links). Bei *diesen* beiden Kräften dürfen wir uns nicht im Richtungssinn irren, sonst wird das Ergebnis falsch. Zeichnen wir die Komponenten der Kraft F_D im zweiwertigen Lager mit falschem Richtungssinn ein, dann wird das durch ein Minus-Vorzeichen im Ergebnis angezeigt.

1. Schritt

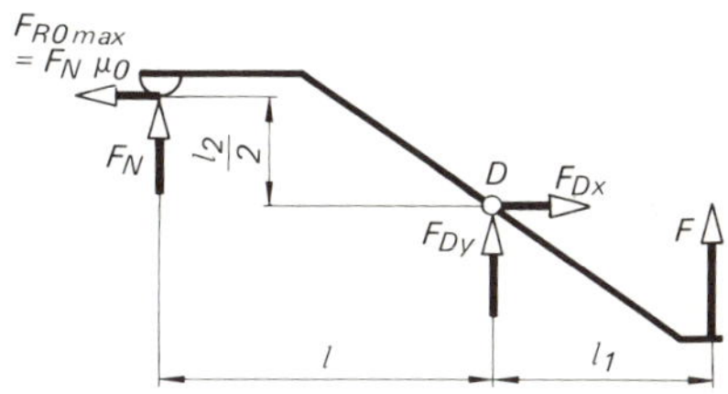

Beachte:
Der Richtungssinn der Kraft F_{Dy} wurde falsch angenommen: das Ergebnis wird negativ!

Dann setzen wir die drei rechnerischen Gleichgewichtsbedingungen für das allgemeine Kräftesystem an (siehe 1.2.4.4) und lösen dieses Gleichungssystem schrittweise nach den Größen F_N, F_{Dx} und F_{Dy} auf:

2. Schritt

$$\text{I. } \Sigma F_x = 0 = -F_{R0\,max} + F_{Dx}$$
$$\text{II. } \Sigma F_y = 0 = +F_N + F_{Dy} + F$$
$$\text{III. } \Sigma M_{(D)} = 0 = +F_{R0\,max}\,\frac{l_2}{2} - F_N\,l + F l_1$$

Wir setzen in der Gleichung III $F_{R0\,max} = F_N\,\mu_0$. Dann enthält diese Gleichung nur noch die Unbekannte F_N, und wir können sie nach F_N auflösen.

$$F_N\,l - F_N\,\mu_0\,\frac{l_2}{2} = F l_1$$
$$F_N\left(l - \mu_0\,\frac{l_2}{2}\right) = F l_1$$
$$F_N = \frac{F l_1}{l - \mu_0\,\frac{l_2}{2}} = \frac{50\text{ N}\cdot 4\text{ cm}}{6\text{ cm} - 0{,}5\cdot 2\text{ cm}} = 40\text{ N}$$

F_{Dx} und F_{R0max} berechnen wir aus Gleichung I, indem wir wieder $F_{R0max} = F_N\,\mu_0$ setzen.

$$F_{Dx} = F_{R0\,max} = F_N\,\mu_0 = 40\text{ N}\cdot 0{,}5 = 20\text{ N}$$

Gleichung II liefert uns die Lagerkraftkomponente F_{Dy} mit dem erwarteten negativen Vorzeichen.

$F_{Dy} = -F_N - F = -40\text{ N} - 50\text{ N} = -90\text{ N}$,
d.h. F_{Dy} wirkt nicht nach oben, sondern *nach unten*.

Schließlich ermitteln wir wie bei der zeichnerischen Lösung die Kraft F_1 aus der Haftreibkraft F_{R0max}. Die Lagerkraft F_D berechnen wir mit dem Lehrsatz des Pythagoras aus ihren Komponenten F_{Dx} und F_{Dy}.

$F_1 = 2 F_{R0\,max} = 2 \cdot 20\ \text{N} = 40\ \text{N}$

$F_D = \sqrt{F_{Dx}^2 + F_{Dy}^2} = \sqrt{(20\ \text{N})^2 + (90\ \text{N})^2}$

$F_D = 92{,}2\ \text{N}$

5. Übung: Der Gleitschuh des schematisch skizzierten Kurbelgetriebes wird durch die Kraft $F_1 = 1000$ N gleichförmig nach rechts verschoben. Die Schubstange S ist unter dem Winkel $\alpha = 20°$ zur Waagerechten geneigt. Die Reibzahl beträgt $\mu = 0{,}15$.

Die Schubstangenkraft F_2 soll nach der trigonometrischen Methode (1.2.3.5) ermittelt und daraus das Drehmoment M an der Kurbelscheibe berechnet werden.

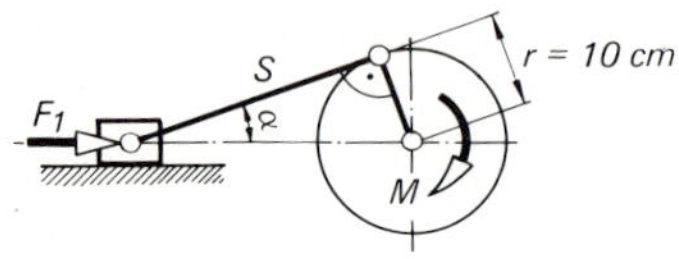

M Drehmoment an der Kurbelscheibe

Lösung: Wir müssen eine *Lageskizze* des freigemachten Gleitschuhs mit den Kräften F_1, F_2, F_N und F_R zeichnen. Die Gleitreibkraft F_R wirkt nach links.

1. Schritt

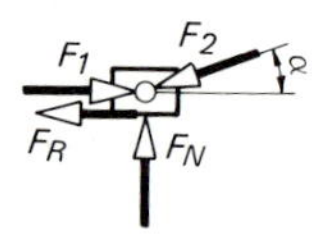

Lageskizze

Daraus entwickeln wir die *Krafteckskizze*. Wir beginnen in solchen Fällen stets mit der Normalkraft F_N und der Reibkraft F_R, die wir rechtwinklig aneinander setzen und zur Ersatzkraft F_e vereinigen. Dann müssen wir nur noch das Krafteck aus F_e, F_1 und F_2 schließen. Die Wirklinien sind bekannt. F_1 und F_2 schließen den Winkel α ein (siehe Lageskizze), F_N und F_e den Reibwinkel ρ (siehe 3.2.1). Beide Winkel tragen wir in die Krafteckskizze ein und berechnen daraus die Winkel β und γ.

2. Schritt

Krafteckskizze

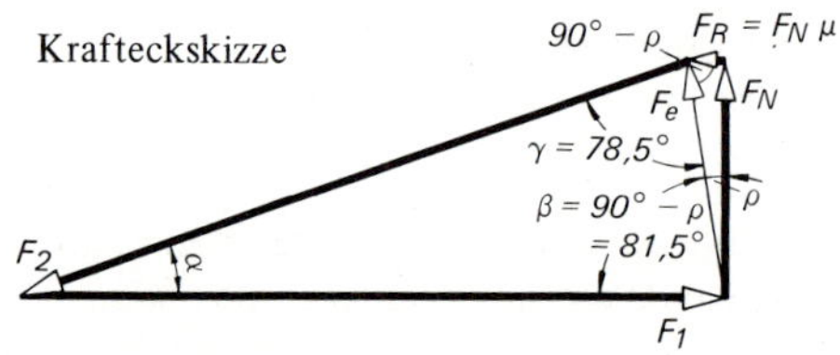

$\rho = \arctan \mu = \arctan 0{,}15 = 8{,}5°$

$\beta = 90° - \rho = 81{,}5°$

$\gamma = 180° - (\alpha + \beta) = 78{,}5°$

Dann setzen wir den *Sinussatz* mit den „Seiten" F_1 und F_2 und den gegenüberliegenden Winkeln γ und β an und berechnen daraus die Kraft F_2.

3. Schritt

$$\frac{F_2}{\sin\beta} = \frac{F_1}{\sin\gamma}; \quad F_2 = F_1 \frac{\sin\beta}{\sin\gamma}$$

$$F_2 = 1000\ \text{N} \cdot \frac{\sin 81{,}5°}{\sin 78{,}5°} = 1009\ \text{N}$$

Das Drehmoment an der Kurbelscheibe wird von der Schubstangenkraft F_2 erzeugt. Sie wirkt im Abstand $r = 10$ cm vom Drehpunkt nach rechts oben auf die Kurbelscheibe. Das Drehmoment M hat Rechtsdrehsinn.

4. Schritt

$M = F_2 r = 1009\ \text{N} \cdot 0{,}1\ \text{m}$

$M = 100{,}9\ \text{Nm}$

Ergebnis:

In der Schubstange wirkt eine Druckkraft von 1009 N. Das Drehmoment an der Kurbelscheibe beträgt 100,9 Nm.

3.3. Reibung auf der schiefen Ebene

Reibungsbetrachtungen an vielen Maschinenteilen (z. B. Schraube, Schnecke, Keil) lassen sich auf die Reibungsverhältnisse eines Körpers auf der schiefen Ebene zurückführen.

Wir unterscheiden drei Grundfälle, je nachdem, ob der Körper auf der schiefen Ebene nach oben oder nach unten verschoben oder auf der schiefen Ebene gehalten werden soll.

Wir untersuchen die Fälle anhand von Aufgaben mit unterschiedlicher Wirklinie der Verschiebekraft. Die Lösung suchen wir auf analytischem Wege mit den beiden rechnerischen Gleichgewichtsbedingungen nach der Lageskizze ($\Sigma F_x = 0$, $\Sigma F_y = 0$). Anschließend werten wir das unmaßstäblich gezeichnete Krafteck (Kraftecksskizze) trigonometrisch aus. Auf eine maßstäbliche zeichnerische Lösung verzichten wir. Sie ist hier umständlich und wegen der meist kleinen Reibwinkel (z. B. 4,3°) ungenau.

Den Körper stellen wir uns sehr flach vor, so daß er nicht kippen kann. Dann können wir die Kräfte als zentrales Kräftesystem behandeln. Diese Vereinfachung ist technisch zulässig, und sie hilft uns, das Reibungsproblem besser zu erkennen. Die mathematischen Bedingungen werden einfacher, weil dann keine Kräftepaare berücksichtigt werden müssen.

3.3.1. Verschieben des Körpers nach oben (1. Grundfall)

3.3.1.1. Zugkraft F wirkt unter beliebigem Zugwinkel

Ein Körper liegt auf einer schiefen Ebene, die unter dem Ebenenwinkel α zur Waagerechten geneigt ist. Die Zugkraft F wirkt unter dem Zugwinkel β zur Waagerechten. Der Körper wird durch die Kraft F mit gleichbleibender Geschwindigkeit nach oben gezogen.

Es soll eine Gleichung zur Berechnung der Zugkraft F entwickelt werden.

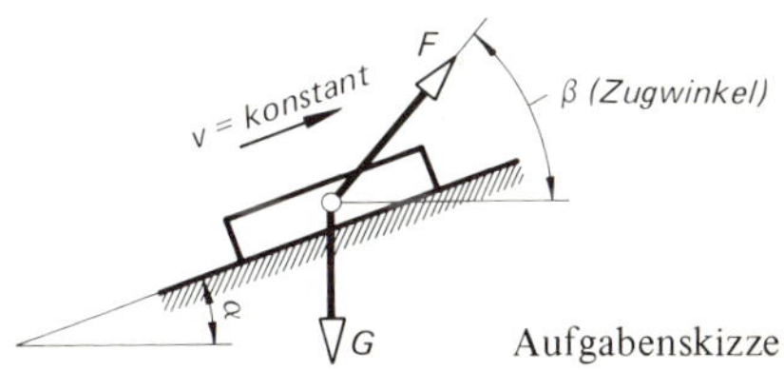

Aufgabenskizze

Gegeben: G, α, β, μ

Gesucht: $F = f(G, \alpha, \beta, \mu)$

Wir zeichnen die Lageskizze des freigemachten Körpers mit der Gewichtskraft G und ihren Komponenten $G \sin \alpha$ und $G \cos \alpha$, der Zugkraft F und deren Komponenten $F \sin \gamma$ und $F \cos \gamma$, der Normalkraft F_N und der Reibkraft $F_R = F_N \mu$. Die Reibkraft F_R bremst den Körper gegenüber der ruhenden schiefen Ebene. Sie wirkt daher der Bewegungsrichtung des Körpers entgegen nach links unten.

Die x-Achse des rechtwinkligen Achsenkreuzes legen wir in Richtung der schiefen Ebene. Dann wird die Lageskizze mit den Kraftkomponenten übersichtlicher und es ergeben sich einfachere rechnerische Beziehungen. Den Winkel $\beta - \alpha$ bezeichnen wir mit dem griechischen Buchstaben γ.

1. Schritt

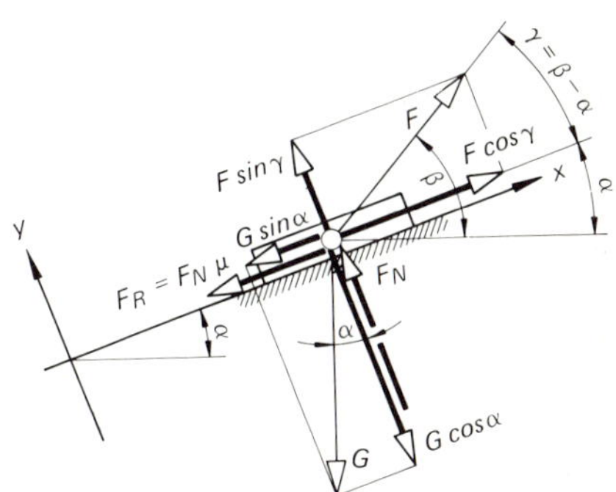

Lageskizze

Aus der Lageskizze lesen wir die beiden Gleichgewichtsbedingungen ab.

2. Schritt

I. $\Sigma F_x = 0 = F\cos\gamma - G\sin\alpha - F_R$

II. $\Sigma F_y = 0 = F_N + F\sin\gamma - G\cos\alpha$

$F_R = F_N\,\mu$

Wir lösen Gleichung II nach der Normalkraft F_N auf und setzen diesen Ausdruck in Gleichung I ein.

Die neue Gleichung I lösen wir nach der Zugkraft F auf. Damit erhalten wir die gesuchte Beziehung

$F = f(G, \alpha, \gamma, \mu)$ und mit $\gamma = \beta - \alpha$

$F = f(G, \alpha, \beta, \mu)$

3. Schritt

II. $F_N = G\cos\alpha - F\sin\gamma$

I. $\Sigma F_x = 0 = F\cos\gamma - G\sin\alpha - \overbrace{(G\cos\alpha - F\sin\gamma)}^{F_N}\mu$

$F\cos\gamma + F\sin\gamma\;\mu = G\sin\alpha + G\,\mu\cos\alpha$

$$F = G\frac{\sin\alpha + \mu\cos\alpha}{\cos\gamma + \mu\sin\gamma}$$

$$F = G\frac{\sin\alpha + \mu\cos\alpha}{\cos(\beta-\alpha) + \mu\sin(\beta-\alpha)}$$

Zugkraft beim Aufwärtszug

Diese Gleichung sieht recht kompliziert aus. Aber sie gilt auch für den allgemeinen Kraftrichtungsfall. Bei technischen Geräten wirkt die Kraft F meist parallel zur schiefen Ebene oder waagerecht. Die Zugkraftgleichung wird dann einfacher.

Beispiele: Die Kraft F wirkt parallel zur schiefen Ebene bei Schrägaufzügen und waagerecht beim Anziehen einer Schraubenverbindung (siehe Abschnitt 3.4.4).

3.3.1.2. Zugkraft *F* wirkt parallel zur schiefen Ebene

Analytische Lösung:

Wir zeichnen wieder die Lageskizze. Sie unterscheidet sich von der vorhergehenden nur durch die Richtung der Zugkraft F. Sie wirkt jetzt in Richtung der schiefen Ebene, das heißt, der Zugwinkel β ist gleich dem Ebenenwinkel α.

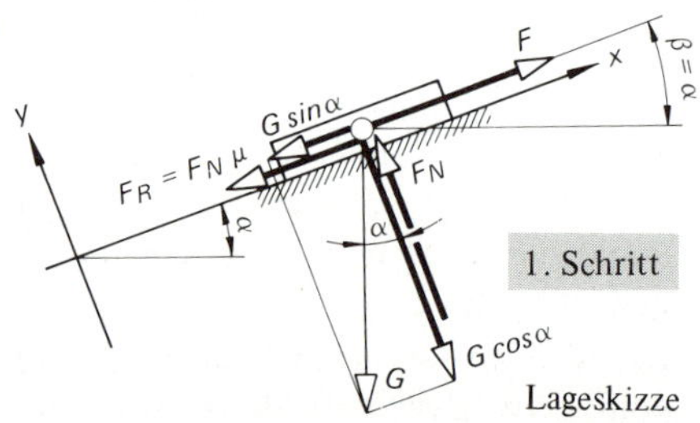

1. Schritt

Lageskizze

Wir schreiben die allgemeingültige Zugkraftgleichung hin und ersetzen darin den Zugwinkel β durch den Ebenenwinkel α: $(\beta = \alpha)$.

Im Nenner ist $\cos(\alpha - \alpha) = \cos 0 = 1$

$\sin(\alpha - \alpha) = \sin 0 = 0.$

2. Schritt

$$F = G\frac{\sin\alpha + \mu\cos\alpha}{\cos(\beta-\alpha) + \mu\sin(\beta-\alpha)}$$

$$F = G\frac{\sin\alpha + \mu\cos\alpha}{\underbrace{\cos(\alpha-\alpha)}_{1} + \mu\underbrace{\sin(\alpha-\alpha)}_{0}}$$

Damit erhalten wir die spezielle Gleichung für den Fall, daß die Zugkraft F parallel zur schiefen Ebene wirkt.

$F = G(\sin\alpha + \mu\cos\alpha)$ $\quad F = f(G, \alpha, \mu)$

Weil in Übungsaufgaben und Klausuren häufig die Herleitung der Zugkraftgleichung für den speziellen Fall verlangt wird, entwickeln wir die Gleichung noch einmal mit Hilfe der beiden Gleichgewichtsbedingungen $\Sigma F_x = 0$ und $\Sigma F_y = 0$. Das ist auch eine Kontrolle des Ergebnisses unserer vorhergehenden Entwicklung aus der allgemeinen Zugkraftgleichung.

3. Schritt

I. $\Sigma F_x = 0 = F - G\sin\alpha - \overbrace{F_N\,\mu}^{F_R}$

II. $\Sigma F_y = 0 = F_N - G\cos\alpha \Rightarrow F_N = G\cos\alpha$

Der Ausdruck für F_N wird in I. eingesetzt:

I. $\Sigma F_x = 0 = F - G\sin\alpha - G\cos\alpha\,\mu$

$F = G(\sin\alpha + \mu\cos\alpha)$

Trigonometrische Lösung:

Wir zeichnen die *Lageskizze* des freigemachten Körpers mit der Gewichtskraft G, der Verschiebekraft F, der Normalkraft F_N und der Reibkraft F_R.

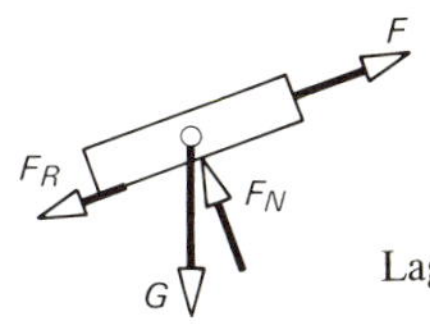

1. Schritt

Lageskizze

In der Krafteckskizze zeichnen wir zuerst die Normalkraft F_N (unmaßstäblich) senkrecht zur schiefen Ebene und schließen rechtwinklig zu ihr die Reibkraft F_R in beliebiger Länge an (dünne Pfeile). Beide fassen wir zur Ersatzkraft F_e zusammen.

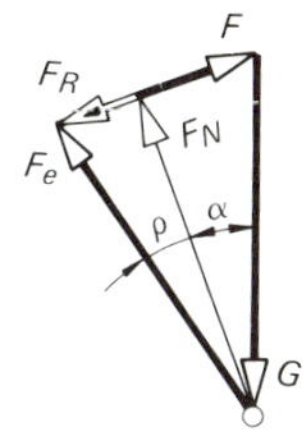

2. Schritt

Krafteckskizze

Dann schließen wir das Krafteck, indem wir in den Anfangspunkt der Kraft F_e die Gewichtskraft G und in ihren Endpunkt die Kraft F legen. Den Reibwinkel ρ tragen wir zwischen der Normalkraft F_N und der Ersatzkraft F_e, den Ebenenwinkel α der schiefen Ebene zwischen der Normalkraft F_N und der Gewichtskraft G ein.

Beachte:
Zwischen F_N und F_e liegt immer der Reibwinkel ρ,
zwischen F_N und G liegt immer der Ebenenwinkel α der schiefen Ebene,
zwischen F_R und F_e liegt immer der Winkel $90° - \rho$.

Dann setzen wir den *Sinussatz* für die Kräfte F und G und die ihnen gegenüberliegenden Winkel nach der Krafteckskizze an und entwickeln daraus eine Gleichung für die Kraft F. Wir erkennen, daß die Kraft F von der Gewichtskraft, dem Ebenenwinkel und dem Reibwinkel abhängig ist.

3. Schritt

$$\frac{F}{\sin(\alpha+\rho)} = \frac{G}{\sin(90° - \rho)} = \frac{G}{\cos\rho}$$

Beachte: $\sin(90° - \rho) = \cos\rho$

$$F = G\,\frac{\sin(\alpha+\rho)}{\cos\rho} \qquad F = f(G, \alpha, \rho)$$

Wir entwickeln die Gleichung mit Hilfe des Additionstheorems

$$\sin(\alpha+\beta) = \sin\alpha\cos\beta + \cos\alpha\sin\beta$$

weiter und erhalten sie wieder in der Form mit der Reibzahl μ.

Wird der Körper aus der Ruhe nach oben in Bewegung gesetzt, dann tritt im Krafteck an die Stelle der Reibkraft F_R die Haftreibkraft $F_{R0\,max}$ und an die Stelle des Reibwinkels ρ der Haftreibwinkel ρ_0. Beide Gleichungen gelten auch für diesen Fall, nur muß ρ durch ρ_0 und μ durch μ_0 ersetzt werden.

4. Schritt

$$\sin(\alpha+\rho) = \sin\alpha\cos\rho + \cos\alpha\sin\rho$$

$$F = G\,\frac{\sin\alpha\cos\rho + \cos\alpha\sin\rho}{\cos\rho}$$

$$F = G\left(\sin\alpha\,\frac{\cos\rho}{\cos\rho} + \cos\alpha\,\frac{\sin\rho}{\cos\rho}\right)$$

Hierin ist $\frac{\sin\rho}{\cos\rho} = \tan\rho = \mu$

$$F = G(\sin\alpha + \mu\cos\alpha) \qquad F = f(G, \alpha, \mu)$$

Nachbetrachtung: Beide Gleichungen sind „Funktionsgleichungen". Sie zeigen die Abhängigkeit der gesuchten Kraft F von den „Einflußgrößen" G, α, ρ und μ:

$$F = f(G, \alpha, \rho) \quad \text{oder} \quad F = f(G, \alpha, \mu)$$

Wir erkennen:

Die Kraft F wird umso größer, je größer die Gewichtskraft des Körpers, je größer der Ebenenwinkel der schiefen Ebene und je größer der Reibwinkel oder die Reibzahl ist. Sie erreicht einen Höchstwert, wenn der Ebenenwinkel $\alpha = 90° - \rho$ ist.

Die Diskussion der ersten Gleichung zeigt:
Die Kraft F ist der Gewichtskraft G proportional;
sie wächst mit dem Ebenenwinkel α und dem Reibwinkel ρ, denn die Summe $\alpha + \rho$ wird größer und damit auch ihre Sinusfunktion, während $\cos\rho$ kleiner wird;
den Höchstwert erreicht F, wenn $\alpha = 90° - \rho$ ist, denn dann wird $\sin(\alpha + \rho) = 1$, die Kraft F ist größer als G und nimmt bei zunehmendem Ebenenwinkel wieder ab, bis sie bei $\alpha = 90°$ genausogroß ist wie die Gewichtskraft, weil $\sin(90° + \rho) = \cos\rho$.

3.3.1.3. Zugkraft F wirkt waagerecht

Analytische Lösung:

Als erstes zeichnen wir wieder die Lageskizze.
Die Zugkraft F soll diesmal waagerecht wirken. Dieser Fall ist von besonderer Bedeutung für das Verständnis von Schraubgetrieben (Spindelpresse) und für die Berechnung von Befestigungsschrauben. Auch hier gehen wir zunächst vom allgemeinen Fall aus, bei dem die Zugkraft F unter einem beliebigen Zugwinkel β zur Waagerechten wirkt.

1. Schritt

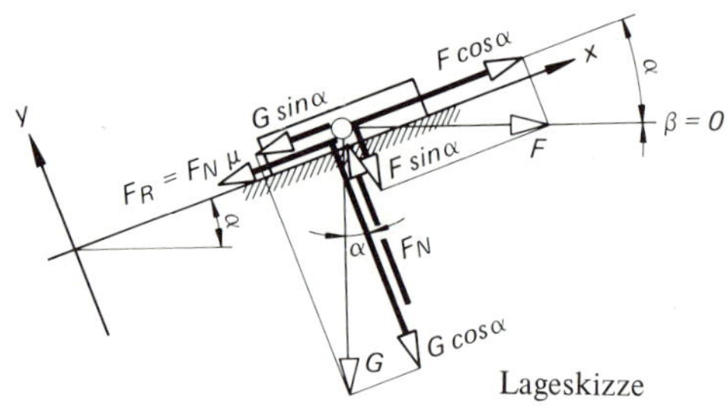

Lageskizze

Wir setzen in der allgemeingültigen Zugkraftgleichung den Zugwinkel $\beta = 0$, denn die Wirklinie der Zugkraft F soll waagerecht liegen.

Für die trigonometrischen Funktionen im Nenner gilt $\cos(-\alpha) = \cos\alpha$ und $\sin(-\alpha) = -\sin\alpha$.

2. Schritt

$$F = G\frac{\sin\alpha + \mu\cos\alpha}{\cos(\beta - \alpha) + \mu\sin(\beta - \alpha)}$$

$$F = G\frac{\sin\alpha + \mu\cos\alpha}{\underbrace{\cos(0 - \alpha)}_{\cos\alpha} + \mu\underbrace{\sin(0 - \alpha)}_{-\sin\alpha}}$$

Damit erhalten wir die spezielle Gleichung für den Fall, daß die Zugkraft F waagerecht wirkt.

$$F = G\frac{\sin\alpha + \mu\cos\alpha}{\cos\alpha - \mu\sin\alpha} \qquad F = f(G, \alpha, \mu)$$

3. Schritt

Wir wollen auch für diesen Fall die Zugkraftgleichung mit Hilfe der beiden Gleichgewichtsbedingungen $\Sigma F_x = 0$ und $\Sigma F_y = 0$ herleiten.

Die II. Gleichung lösen wir nach der Normalkraft F_N auf und setzen diesen Ausdruck in Gleichung I ein. Die Endgleichung stimmt mit der vorhergehenden überein.

$$\text{I. } \Sigma F_x = 0 = F\cos\alpha - \overbrace{F_N\mu}^{F_R} - G\sin\alpha$$

$$\text{II. } \Sigma F_y = 0 = F_N - G\cos\alpha - F\sin\alpha$$

$$F_N = G\cos\alpha + F\sin\alpha$$

$$\text{I. } \Sigma F_x = 0 = F\cos\alpha - G\sin\alpha - (G\cos\alpha + F\sin\alpha)\mu$$

$$F(\cos\alpha - \mu\sin\alpha) = G(\sin\alpha + \mu\cos\alpha)$$

$$F = G\frac{\sin\alpha + \mu\cos\alpha}{\cos\alpha - \mu\sin\alpha}$$

Im Falle der waagerechten Zugkraft F braucht man häufiger die Gleichung mit dem Reibwinkel ρ anstelle der Reibzahl μ, zum Beispiel beim Schraubengewinde. Zur Umwandlung der Gleichung setzen wir ein:

Reibzahl $\mu = \tan\rho = \dfrac{\sin\rho}{\cos\rho}$ (siehe Abschnitt 3.2.1)

Bringen wir nun Zähler und Nenner auf den gemeinsamen Nenner $\cos\rho$, erhalten wir mit den entsprechenden Additionstheoremen die gesuchte Gleichung mit dem Reibwinkel ρ.

Mit Hilfe der folgenden trigonometrischen Lösung können wir diese Gleichung direkt aus der Kraft-eckskizze ablesen.

4. Schritt

$$F = G\,\frac{\sin\alpha + \dfrac{\sin\rho}{\cos\rho}\cos\alpha}{\cos\alpha - \dfrac{\sin\rho}{\cos\rho}\sin\alpha}$$

$$F = G\,\frac{\dfrac{\sin\alpha\cos\rho + \cos\alpha\sin\rho}{\cos\rho}}{\dfrac{\cos\alpha\cos\rho - \sin\alpha\sin\rho}{\cos\rho}}$$

$$F = G\,\frac{\sin(\alpha+\rho)}{\cos(\alpha+\rho)}$$

$F = G\tan(\alpha+\rho)$ $\qquad F = f(G, \alpha, \rho)$

Trigonometrische Lösung:

Wir zeichnen die Lageskizze des freigemachten Körpers.

1. Schritt

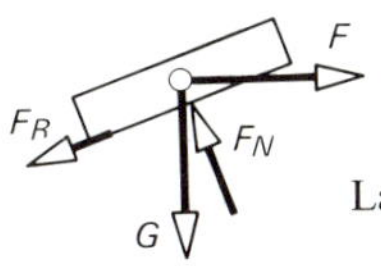

Lageskizze

Wir beginnen die Krafteckskizze wieder mit der Normalkraft F_N, an die wir rechtwinklig die Reibkraft F_R (nach links unten) anschließen. Beide werden durch die Ersatzkraft F_e ersetzt. Dann schließen wir das Krafteck aus F_e, G und F und tragen die Winkel α und ρ ein.

2. Schritt

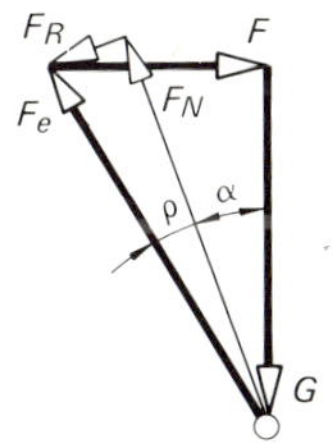

Krafteckskizze

Das Krafteck ist ein rechtwinkliges Dreieck, aus dem wir die Gleichung für die Verschiebekraft F ablesen können.

3. Schritt

$F = G\tan(\alpha+\rho)$

$F = f(G, \alpha, \rho)$

Die Gleichung gilt auch für den Fall, daß der Körper aus der Ruhe nach oben angezogen wird, wenn wir ρ durch ρ_0 ersetzen.

Nachbetrachtung: Die Gleichung zeigt, daß die Verschiebekraft F größer wird mit zunehmender Gewichtskraft G, zunehmendem Ebenenwinkel α und zunehmendem Reibwinkel ρ.

Ist $\alpha = 0$, dann ist die Verschiebekraft F gleich der Reibkraft F_R.

Ist $\alpha = 0$, wird $\tan(\alpha+\rho) = \tan\rho = \mu$, und damit $F = G\mu$. Bei waagerechter Ebene ist $G = F_N$, folglich auch $F = F_N\,\mu = F_R$.

Wächst der Neigungswinkel gegen $\alpha = 90° - \rho$, dann geht die Verschiebekraft F gegen unendlich, d. h. schon bevor der Ebenenwinkel $\alpha = 90°$ erreicht wird, ist eine Verschiebung nicht mehr möglich.

Ist $\alpha = 90° - \rho$, dann ist $\tan(\alpha+\rho) = \tan(90° - \rho + \rho)$ und $\tan 90° = \infty$. Dann wird $F = G\cdot\infty = \infty$

3.3.2. Halten des Körpers auf der schiefen Ebene (2. Grundfall)

3.3.2.1. Haltekraft F wirkt unter beliebigem Zugwinkel

Die geometrischen Größen sind die gleichen wie in den vorhergehenden Untersuchungen.

Der Körper steht gerade vor dem Abgleiten und soll durch die Kraft F auf der schiefen Ebene in der Ruhestellung gehalten werden. Die entsprechende Gleichung soll mit Hilfe der beiden Kraft-Gleichgewichtsbedingungen $\Sigma F_x = 0$ und $\Sigma F_y = 0$ gefunden werden.

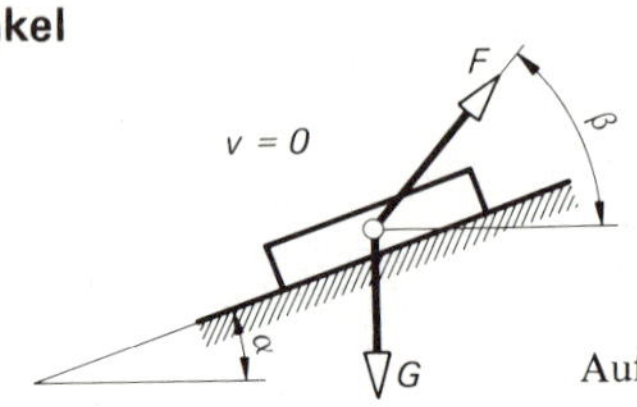

Aufgabenskizze

Gegeben: G, α, β, μ_0
Gesucht: $F = f(G, \alpha, \beta, \mu_0)$

1. Schritt

Wir zeichnen wieder die Lageskizze des freigemachten Körpers mit der x-Achse des Achsenkreuzes in Richtung der schiefen Ebene.

Im Gegensatz zum 1. Grundfall (Verschieben nach oben) wirkt hier die maximale Haftreibkraft $F_{R0\,max} = F_N\, \mu_0$ am Körper nach rechts oben. Sie versucht, ihn in der Ruhelage zu halten. Die dann noch erforderliche Haltekraft F ist mit Sicherheit kleiner als die Zugkraft zum Aufwärtsziehen im 1. Grundfall. Wegen der Ruhelage des Körpers gilt als Reibzahl die Haftreibzahl μ_0, nicht die (kleinere) Gleitreibzahl μ.

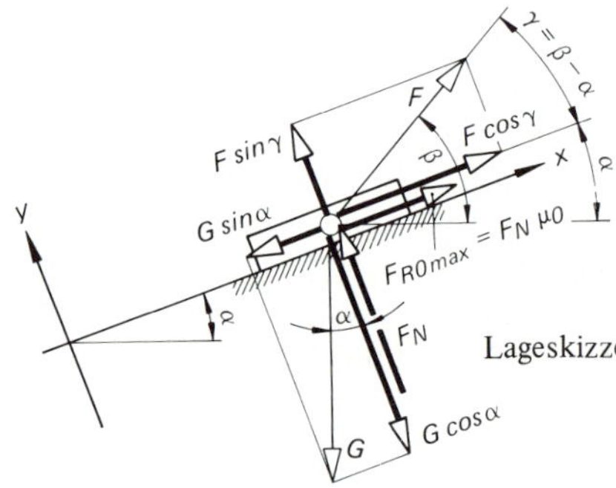

Lageskizze

2. Schritt

Aus der Lageskizze lesen wir die beiden Gleichgewichtsbedingungen ab und gehen dann genau so vor wie im 1. Grundfall. Ein Vergleich zeigt, daß sich die beiden Gleichungssysteme nur durch den Richtungssinn der Reibkraft unterscheiden.

$$\text{I. } \Sigma F_x = 0 = F\cos\gamma - G\sin\alpha + F_{R0\,max}$$
$$F_{R0\,max} = F_N\, \mu_0$$
$$\text{II. } \Sigma F_y = 0 = F_N + F\sin\gamma - G\cos\alpha$$

3. Schritt

Gleichung II lösen wir nach der Normalkraft F_N auf und setzen diesen Ausdruck in Gleichung I ein.

$$\text{II. } F_N = G\cos\alpha - F\sin\gamma$$

Diese neue Gleichung I lösen wir nach der Haltekraft F auf und erhalten damit die gesuchte Beziehung

$F = f(G, \alpha, \gamma, \mu_0)$ und mit $\gamma = \beta - \alpha$
$F = f(G, \alpha, \beta, \mu_0)$

$$\text{I. } \Sigma F_x = 0 = F\cos\gamma - G\sin\alpha + \overbrace{(G\cos\alpha - F\sin\gamma)}^{F_N}\,\mu_0$$

$$F(\cos\gamma - \mu_0 \sin\gamma) = G(\sin\alpha - \mu_0\cos\alpha)$$

$$F = G\,\frac{\sin\alpha - \mu_0\cos\alpha}{\cos\gamma - \mu_0\sin\gamma}$$

Sehen wir uns dazu die entsprechende Gleichung im 1. Grundfall an. Wir erkennen, daß beide Gleichungen sich nur durch die Vorzeichen bei den mit der Reibzahl μ_0 behafteten Gliedern unterscheiden. Die einzelnen Glieder selbst sind gleich.

$$F = G\,\frac{\sin\alpha - \mu_0\cos\alpha}{\cos(\beta-\alpha) - \mu_0\sin(\beta-\alpha)}$$

$F = f(G, \alpha, \beta, \mu_0)$

Haltekraft F bei ruhendem Körper

Wir wollen uns noch überlegen, ob und wie die Haltekraft F sich ändert, wenn der Körper mit konstanter Geschwindigkeit abwärts gleitet. Da die Reibkraft ihren Richtungssinn nach rechts oben beibehält, gibt es nur eine Änderung in der Gleichung für die Haltekraft F: An die Stelle der Haftreibzahl μ_0 tritt die Gleitreibzahl μ. Da $\mu < \mu_0$ ist, muß die Haltekraft F beim gleichförmigen Abwärtsgleiten größer sein als beim Halten des Körpers, weil die Gleitreibkraft kleiner ist als die Haftreibkraft.

4. Schritt

$$F = G\,\frac{\sin\alpha - \mu\cos\alpha}{\cos(\beta-\alpha) - \mu\sin(\beta-\alpha)}$$

Haltekraft F beim gleichförmigen Abwärtsgleiten

3.3.2.2. Haltekraft *F* wirkt parallel zur schiefen Ebene

Analytische Lösung:

Wir zeichnen die Lageskizze und gehen dann wieder so vor wie in 3.3.1.2. Haltekraft F und Haftreibkraft $F_{R0\,max}$ wirken parallel zur schiefen Ebene nach rechts oben. Der Zugwinkel β ist gleich dem Ebenenwinkel α. Das ist die Änderung des physikalischen Sachverhalts gegenüber dem allgemeinen Fall.

1. Schritt

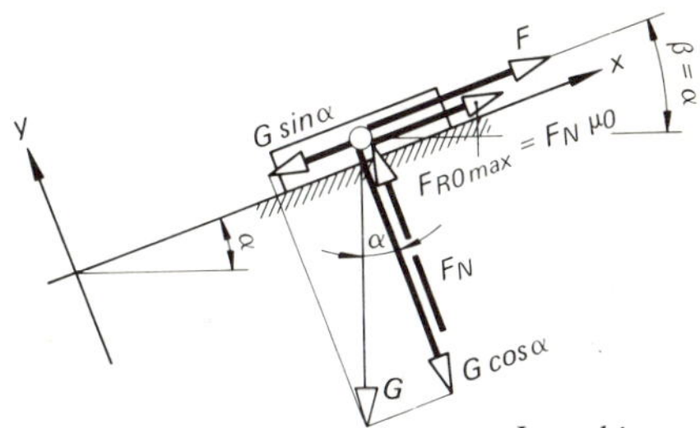

Lageskizze

Den neuen Sachverhalt bringen wir in die allgemeine Haltekraftgleichung ein, indem wir dort den Zugwinkel β durch den Ebenenwinkel α ersetzen ($\beta = \alpha$).

Im Nenner ist wieder

$\cos(\alpha - \alpha) = \cos 0 = 1$

$\sin(\alpha - \alpha) = \sin 0 = 0$

Damit erhalten wir die spezielle Gleichung für den Fall, daß die Haltekraft F parallel zur schiefen Ebene wirkt.

2. Schritt

$$F = G\,\frac{\sin\alpha - \mu_0\cos\alpha}{\cos(\beta-\alpha) - \mu_0\sin(\beta-\alpha)}$$

$$F = G\,\frac{\sin\alpha - \mu_0\cos\alpha}{\underbrace{\cos(\alpha-\alpha)}_{1} - \mu_0\underbrace{\sin(\alpha-\alpha)}_{0}}$$

$$F = G(\sin\alpha - \mu_0\cos\alpha) \qquad F = f(G, \alpha, \mu_0)$$

Zur Kontrolle wollen wir noch auf direktem Wege die Haltekraftgleichung entwickeln. Dazu setzen wir die beiden Gleichgewichtsbedingungen $\Sigma F_x = 0$ und $\Sigma F_y = 0$ an, die wir aus der Lageskizze für den speziellen Fall ablesen können.

Das Ergebnis stimmt mit der vorher entwickelten Gleichung überein.

3. Schritt

$$\text{I. } \Sigma F_x = 0 = F + \overbrace{F_N\,\mu_0}^{F_{R0\,max}} - G\sin\alpha$$

$$\text{II. } \Sigma F_y = 0 = F_N - G\cos\alpha \Rightarrow F_N = G\cos\alpha$$

Der Ausdruck für F_N wird in I. eingesetzt:

$$\text{I. } \Sigma F_x = 0 = F + G\cos\alpha\,\mu_0 - G\sin\alpha$$

$$F = G(\sin\alpha - \mu_0\cos\alpha)$$

Trigonometrische Lösung:

1. Schritt

Wir zeichnen die Lageskizze des freigemachten Körpers. Er ist gerade an der Grenze zwischen Ruhe und Bewegung nach unten. Es wirkt also die maximale Haftreibkraft $F_{R0\,max}$ der zu erwartenden Bewegungsrichtung des Körpers entgegen nach rechts oben.

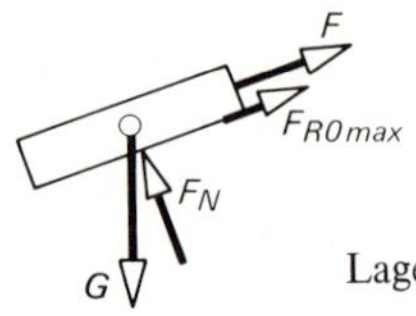

Lageskizze

2. Schritt

In der Krafteckskizze zeichnen wir wieder zuerst die Normalkraft F_N und rechtwinklig daran die Haftreibkraft F_{R0max}. Beide fassen wir zur Ersatzkraft F_e zusammen. Dann schließen wir das Krafteck aus F_e, F und G. Die Winkel α und ρ_0 tragen wir wie in der vorigen Aufgabe in die Krafteckskizze ein: α zwischen F_N und G und ρ_0 zwischen F_N und F_e.

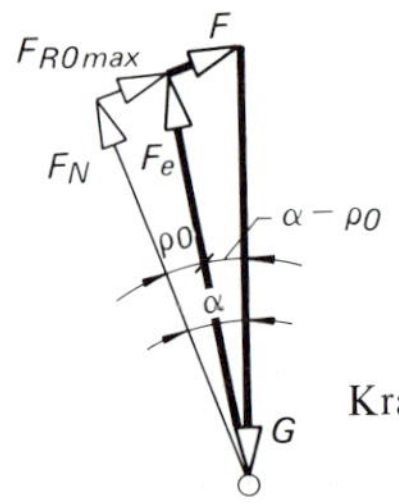

Krafteckskizze

3. Schritt

Dann setzen wir wieder den Sinussatz an und entwickeln daraus die Gleichung für die Kraft F. Aus der Gleichung erkennen wir, daß die erforderliche Haltekraft F größer wird mit zunehmender Gewichtskraft G und zunehmendem Ebenenwinkel α. Sie wird kleiner bei zunehmendem Haftreibwinkel ρ_0. Das ist leicht zu erklären, denn die Haftreibkraft unterstützt die Kraft F.

$$\frac{F}{\sin(\alpha - \rho_0)} = \frac{G}{\sin(90^\circ + \rho_0)} = \frac{G}{\cos\rho_0}$$

Beachte: $\sin(90^\circ + \rho_0) = \cos\rho_0$

$$F = G\,\frac{\sin(\alpha - \rho_0)}{\cos\rho_0} \qquad F = f(G, \alpha, \rho_0)$$

4. Schritt

Mit Hilfe des Additionstheorems

$\sin(\alpha - \rho_0) = \sin\alpha\cos\rho_0 - \cos\alpha\sin\rho_0$

finden wir auch die zweite Form der Funktionsgleichung für die Kraft F.

$$F = G(\sin\alpha - \rho_0\cos\alpha) \qquad F = f(G, \alpha, \mu_0)$$

Beide Gleichungen gelten auch für den Fall, daß der Körper gleichförmig abwärts gleitet, wenn ρ_0 durch ρ und μ_0 durch μ ersetzt wird.

Beachte: Beim Abwärtsgleiten ist die erforderliche Haltekraft F größer als in der Ruhe, weil die unterstützende Reibkraft kleiner ist.

Nachbetrachtung: Aus der ersten Gleichung können wir erkennen, daß bei reibungsfreier Auflage des Körpers ($\rho_0 = 0$) die Haltekraft F gleich der „Abtriebskomponente" der Gewichtskraft $G\sin\alpha$ wird.

Für $\rho_0 = 0$ wird die Winkeldifferenz $\alpha - \rho_0 = \alpha$ und $\cos\rho_0 = 1$, und es wird

$$F = G\,\frac{\sin(\alpha - 0)}{1} = G\sin\alpha$$

Ist der Ebenenwinkel α gleich dem Haftreibwinkel ρ_0, dann wird die Haltekraft F gleich null. Nur die Haftreibkraft $F_{R0\,max}$ hält den Körper fest.

Für $\rho_0 = \alpha$ wird $\sin(\alpha - \rho_0) = \sin 0^\circ = 0$. Dadurch erhält der ganze Quotient den Wert null, es wird

$$F = G\,\frac{\sin(\rho_0 - \rho_0)}{\cos\rho_0} = G\,\frac{0}{\cos\rho_0} = 0$$

Ist der Ebenenwinkel α kleiner als der Haftreibwinkel ρ_0, dann ergibt die Gleichung einen negativen Wert für die Haltekraft F. Das bedeutet, daß die Kraft entgegen dem angenommenen Richtungssinn wirken muß. Um aus der Ruhe in die Bewegung überzugehen, muß der Körper abwärts geschoben werden.

Für $\alpha < \rho_0$ wird die Winkeldifferenz $\alpha - \rho_0$ und damit auch ihre Sinusfunktion negativ. Dadurch ergibt sich für F ein negativer Wert.

Erkenntnis: Ist der Ebenenwinkel $\alpha \leqq \rho_0$, dann bleibt der Körper von selbst auf der schiefen Ebene liegen.

$\alpha \leqq \rho_0$ *Selbsthemmungsbedingung*

3.3.2.3. Haltekraft F wirkt waagerecht

Analytische Lösung:

1. Schritt

Wir schreiben zunächst die allgemeine Gleichung für den speziellen Fall der waagerecht wirkenden Haltekraft F um. Dann entwickeln wir aus den beiden Gleichgewichtsbedingungen die Haltekraftgleichung. Anschließend werten wir die Krafteckskizze wieder trigonometrisch aus.

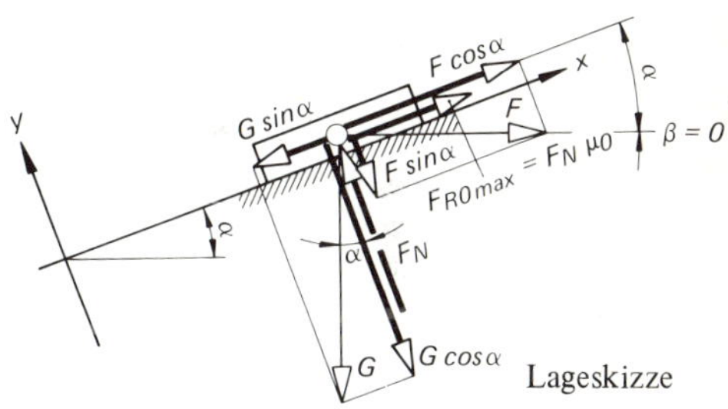

Lageskizze

2. Schritt

Die Haltekraft F soll waagerecht von links nach rechts wirken. Dann gilt für den Zugwinkel (Haltewinkel) $\beta = 0$. Diese Bedingung bringen wir in die allgemeine Gleichung ein. Da nach wie vor der Körper gerade vor dem Abgleiten stehen soll, müssen wir wieder die Haftreibzahl μ_0 einsetzen.

$$F = G \frac{\sin\alpha - \mu_0 \cos\alpha}{\cos(\beta - \alpha) - \mu_0 \sin(\beta - \alpha)}$$

$$F = G \frac{\sin\alpha - \mu_0 \cos\alpha}{\cos(0 - \alpha) - \mu_0 \sin(0 - \alpha)}$$

Mit $\beta = 0$ wird im Nenner

$\cos(-\alpha) = \cos\alpha$

$\sin(-\alpha) = -\sin\alpha$

Damit ergibt sich die spezielle Gleichung für eine waagerecht wirkende Haltekraft F.

$$F = G \frac{\sin\alpha - \mu_0 \cos\alpha}{\cos\alpha + \mu_0 \sin\alpha} \qquad F = f(G, \alpha, \mu_0)$$

Wir wollen auch hier wieder die Haltekraftgleichung aus den beiden Gleichgewichtsbedingungen $\Sigma F_x = 0$ und $\Sigma F_y = 0$ entwickeln.

Wir kommen zum gleichen Ergebnis wie im vorhergehenden Fall.

Gleitet der Körper gleichförmig abwärts, ist an Stelle der Haftreibzahl μ_0 die Gleitreibzahl μ in die Gleichung einzusetzen. Wegen $\mu < \mu_0$ ist dann die Haltekraft F größer als beim ruhenden Körper.

3. Schritt

$$\text{I. } \Sigma F_x = 0 = F\cos\alpha + \overbrace{F_N\,\mu_0}^{F_{R0\,max}} - G\sin\alpha$$

$$\text{II. } \Sigma F_y = 0 = F_N - G\cos\alpha - F\sin\alpha$$

$$F_N = G\cos\alpha + F\sin\alpha$$

Der Ausdruck für F_N wird in I. eingesetzt:

$$\text{I. } \Sigma F_x = 0 = F\cos\alpha + (G\cos\alpha + F\sin\alpha)\,\mu_0 - G\sin\alpha$$

$$F = G\,\frac{\sin\alpha - \mu_0\cos\alpha}{\cos\alpha + \mu_0\sin\alpha}$$

Trigonometrische Lösung:

Wir zeichnen die Lageskizze des freigemachten Körpers. Er ist gerade an der Grenze zwischen Ruhe und Bewegung nach unten. Folglich wirkt die maximale Haftreibkraft $F_{R0\,max}$ der zu erwartenden Bewegungsrichtung entgegen nach rechts oben.

1. Schritt

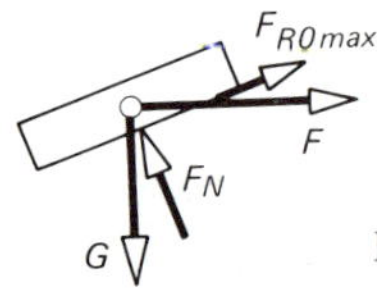

Lageskizze

Die Krafteckskizze beginnen wir wieder mit der Normalkraft F_N, schließen rechtwinklig nach rechts oben die Haftreibkraft $F_{R0\,max}$ an und fassen beide zur Ersatzkraft F_e zusammen. Das Krafteck wird mit G und F geschlossen, die Winkel α und ρ_0 werden eingetragen.

2. Schritt

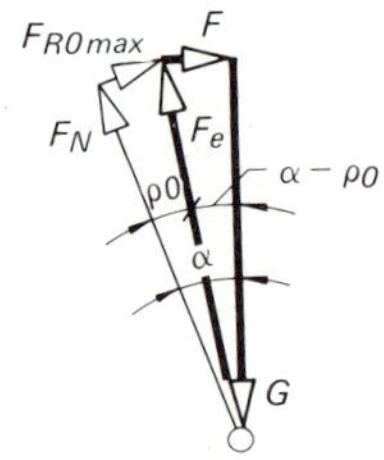

Krafteckskizze

Aus dem Krafteck lesen wir die Gleichung für die Haltekraft F ab.

3. Schritt

$$F = G\tan(\alpha - \rho_0)$$

$F = f(G, \alpha, \rho_0)$

Die Gleichung gilt auch für den Fall, daß der Körper gleichförmig abwärts gleitet, wenn wir ρ_0 durch ρ ersetzen.

Beachte: Beim Abwärtsgleiten ist die erforderliche Haltekraft F größer als in der Ruhe.

Nachbetrachtung: Die Gleichung zeigt, daß die erforderliche Haltekraft F größer wird mit zunehmender Gewichtskraft G und zunehmendem Ebenenwinkel α. Sie wird kleiner mit zunehmendem Haftreibwinkel ρ_0, weil die Haftreibkraft jetzt die Haltekraft unterstützt.

Wird der Haftreibwinkel ρ_0 größer, dann wird die Winkeldifferenz $\alpha - \rho_0$ kleiner, also auch ihre Tangensfunktion. Das ergibt aber auch einen kleineren Betrag für die Haltekraft F.

Ist der Ebenenwinkel α gleich dem Haftreibwinkel ρ_0, dann wird die Haltekraft F gleich null, d. h. es liegt Selbsthemmung vor.

Für $\alpha = \rho_0$ wird $\tan(\alpha - \rho_0) = \tan 0° = 0$, und damit

$F = G\tan(\rho_0 - \rho_0) = G \cdot 0 = 0$.

Ist der Ebenenwinkel α kleiner als der Haftreibwinkel ρ_0, dann ergibt sich eine negative Haltekraft F, der Körper muß nach unten geschoben werden.

Für $\alpha < \rho_0$ wird die Winkeldifferenz und damit auch ihre Tangensfunktion negativ. Dadurch ergibt sich für die Haltekraft F ein negativer Betrag.

3.3.3. Verschieben des Körpers nach unten (3. Grundfall)

3.3.3.1. Schubkraft F wirkt unter beliebigem Schubwinkel

Im 1. Grundfall wurde der Körper auf der schiefen Ebene nach oben gezogen, im 2. Grundfall im Ruhezustand gehalten (oder herabgelassen). Im 3. Grundfall wird der Körper unter der Wirkung der Schubkraft F gleichförmig nach unten verschoben. Die Schubkraft F wirkt unter dem Schubwinkel β zur Waagerechten. Gesucht ist die Gleichung zur Berechnung der Schubkraft F.

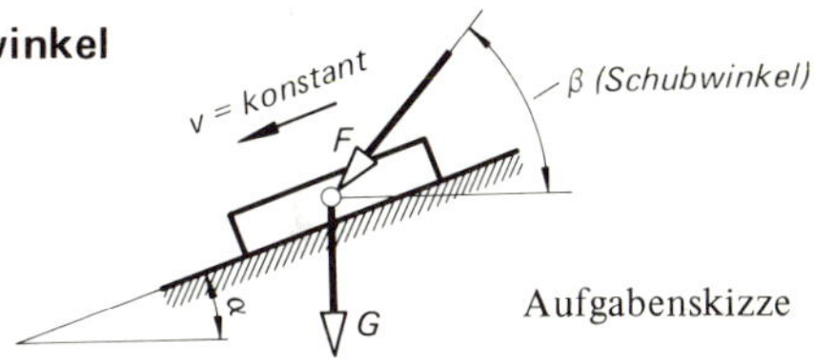

Aufgabenskizze

Gegeben: G, α, β, μ
Gesucht: $F = f(G, \alpha, \beta, \mu)$

Analytische Lösung:

1. Schritt

Als erstes zeichnen wir wieder die Lageskizze des freigemachten Körpers.

Die Reibkraft $F_R = F_N \mu$ wirkt der Bewegungsrichtung entgegen nach rechts oben auf den Körper. Sie versucht, den Körper abzubremsen, wie im 2. Grundfall. In der Lageskizze führen wir den Winkel $\gamma = \beta - \alpha$ ein. Das vereinfacht die weitere algebraische Entwicklung.

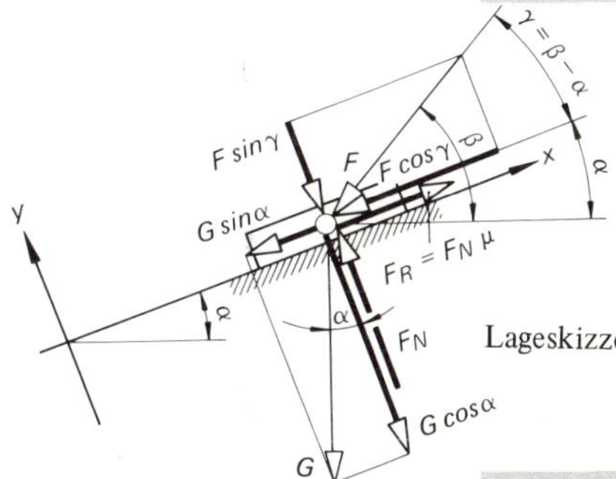

Lageskizze

2. Schritt

Aus der Lageskizze lesen wir wieder die beiden Gleichgewichtsbedingungen $\Sigma F_x = 0$ und $\Sigma F_y = 0$ ab. Für die Reibkraft setzen wir gleich $F_R = F_N \mu$ ein.

I. $\Sigma F_x = 0 = F_N \mu - F \cos\gamma - G \sin\alpha$

II. $\Sigma F_y = 0 = F_N - G \cos\alpha - F \sin\gamma$

3. Schritt

Gleichung II wird nach F_N aufgelöst und dieser Ausdruck in Gleichung I eingesetzt.
Diese neue Gleichung I lösen wir nach der Schubkraft F auf. Das ist die Beziehung

$F = f(G, \alpha, \gamma, \mu)$

Setzen wir dann wieder $\gamma = \beta - \alpha$ ein, erhalten wir die gesuchte Beziehung in der Form

$F = f(G, \alpha, \beta, \mu)$

II. $F_N = G \cos\alpha + F \sin\gamma$

I. $\Sigma F_x = 0 = (G \cos\alpha + F \sin\gamma)\mu - G \sin\alpha - F \cos\gamma$

$$F \sin\gamma\, \mu - F \cos\gamma = G \sin\alpha - G \cos\alpha\, \mu$$

$$F = G \frac{\sin\alpha - \mu \cos\alpha}{\mu \sin\gamma - \cos\gamma}$$

$$F = G \frac{\sin\alpha - \mu \cos\alpha}{\mu \sin(\beta - \alpha) - \cos(\beta - \alpha)}$$

$F = f(G, \alpha, \beta, \mu)$

Schubkraft F beim gleichförmigen Abwärtsgleiten

Nachbetrachtung: Ein Vergleich der Schubkraftgleichung mit der Haltekraftgleichung in 3.3.2.1. zeigt, daß sie fast übereinstimmen. Alle Glieder im Zähler und im Nenner sind gleich, bis auf die Vorzeichen im Nenner. Rechnet man die Kraft F mit gleichen Größen für beide Gleichungen aus, dann sind die Zahlenwerte gleich. Nur die Vorzeichen sind verschieden. Das muß so sein, denn die beiden Lageskizzen unterscheiden sich nur durch den Richtungssinn der Kraft F.

Nennervergleich:

$N_S = \mu \sin(\beta - \alpha) - \cos(\beta - \alpha)$

in der Schubkraftgleichung

$N_H = \cos(\beta - \alpha) - \mu \sin(\beta - \alpha)$

in der Haltekraftgleichung

$N_S = (-1) \cdot N_H$

3.3.3.2. Schubkraft F wirkt parallel zur schiefen Ebene

Analytische Lösung:

1. Schritt

Als erstes zeichnen wir wieder die Lageskizze. Die Schubkraft F wirkt jetzt parallel zur schiefen Ebene in negativer x-Richtung. Das gilt auch für die Gewichtskraftkomponente $G \sin\alpha$. Entgegengesetzt zur Schubkraftrichtung wirkt die Reibkraft $F_R = F_N \mu$. Senkrecht zur schiefen Ebene wirkt in negativer y-Richtung die Gewichtskraftkomponente $G \cos\alpha$, in positiver y-Richtung die Normalkraft F_N.

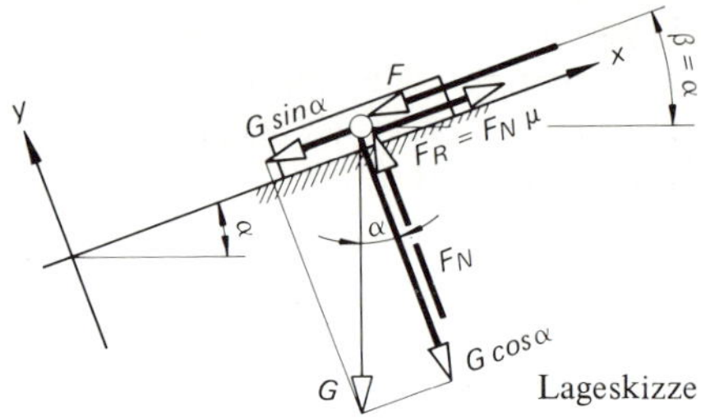

Lageskizze

2. Schritt

Da die Schubkraft parallel zur schiefen Ebene wirken soll, wird der Schubwinkel β gleich dem Ebenenwinkel α. Entsprechend schreiben wir die allgemeine Schubkraftgleichung um.

$$F = G \frac{\sin\alpha - \mu \cos\alpha}{\mu \sin(\beta - \alpha) - \cos(\beta - \alpha)}$$

Im Nenner ist dann

$$\sin(\alpha - \alpha) = \sin 0 = 0$$

$$\cos(\alpha - \alpha) = \cos 0 = 1$$

$$F = G \frac{\sin\alpha - \mu \cos\alpha}{\mu \underbrace{\sin(\alpha - \alpha)}_{0} - \underbrace{\cos(\alpha - \alpha)}_{1}}$$

$$F = G \frac{\sin\alpha - \mu \cos\alpha}{-1}$$

Damit erhalten wir die spezielle Gleichung für den Fall, daß die Schubkraft F parallel zur schiefen Ebene wirkt.

$$F = G(\mu \cos\alpha - \sin\alpha) \qquad F = f(G, \alpha, \mu)$$

Bis auf das Vorzeichen stimmt auch diese Gleichung mit der entsprechenden Haltekraftgleichung in 3.3.2.2 überein, wenn dort μ_0 durch μ ersetzt wird.

3. Schritt

Wie gewohnt finden wir die Schubkraftgleichung auch mit Hilfe der beiden Gleichgewichtsbedingungen $\Sigma F_x = 0$ und $\Sigma F_y = 0$.

I. $\Sigma F_x = 0 = F_N \mu - F - G \sin\alpha$

II. $\Sigma F_y = 0 = F_N - G \cos\alpha \Rightarrow F_N = G \cos\alpha$

I. $\Sigma F_x = 0 = (G \cos\alpha)\mu - F - G \sin\alpha$

$$F = G(\mu \cos\alpha - \sin\alpha)$$

4. Schritt

Wir wollen die Schubkraftgleichung in die Form mit dem Reibwinkel ρ bringen. Dazu ersetzen wir die Reibzahl μ durch den Tangens des Reibwinkels. Den Klammerausdruck bringen wir auf den Hauptnenner $\cos\rho$.

$$\mu = \tan\rho = \frac{\sin\rho}{\cos\rho}$$

$$F = \frac{\sin\rho \cos\alpha - \cos\rho \sin\alpha}{\cos\rho}$$

Mit Hilfe des Additionstheorems

$$\sin\rho \cos\alpha - \cos\rho \sin\alpha = \sin(\rho - \alpha)$$

finden wir die gesuchte Gleichungsform.

$$F = \frac{\sin(\rho - \alpha)}{\cos\rho}$$

$$F = G \frac{\sin(\rho - \alpha)}{\cos\rho} \qquad F = f(G, \alpha, \rho)$$

3.3.3.3. Schubkraft *F* wirkt waagerecht

Analytische Lösung:

1. Schritt

Wir gehen wieder von der Lageskizze aus. Die Schubkraft F wirkt jetzt waagerecht. Dieses Kräftesystem wirkt zum Beispiel am Gewindegang einer Schraubenverbindung, wenn sie gelöst wird.

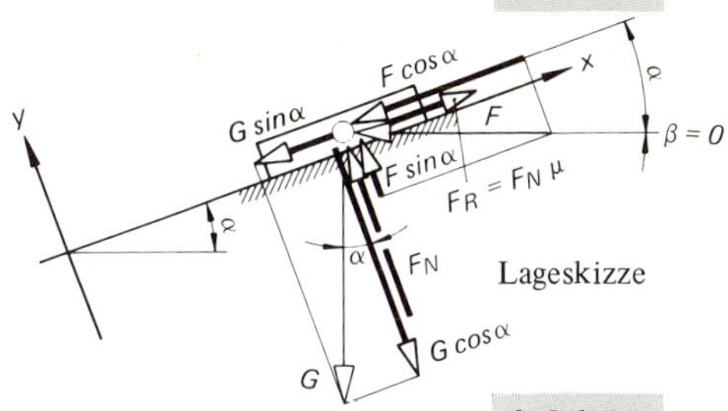

Lageskizze

2. Schritt

Bei waagerechter Schubkraftrichtung ist der Schubwinkel $\beta = 0$. Entsprechend schreiben wir wieder die allgemeine Schubkraftgleichung um.

$$F = G\,\frac{\sin\alpha - \mu\cos\alpha}{\mu\sin(\beta-\alpha) - \cos(\beta-\alpha)}$$

Mit $\beta = 0$ wird im Nenner

$\sin(-\alpha) = -\sin\alpha$

$\cos(-\alpha) = \cos\alpha$

$$F = G\,\frac{\sin\alpha - \mu\cos\alpha}{\underbrace{-\mu\sin\alpha - \cos\alpha}_{(-1)(\mu\sin\alpha + \cos\alpha)}}$$

Damit ergibt sich die spezielle Gleichung für eine waagerecht wirkende Schubkraft F.

$$F = G\,\frac{\mu\cos\alpha - \sin\alpha}{\mu\sin\alpha + \cos\alpha} \qquad F = f(G, \alpha, \mu)$$

3. Schritt

Diese Gleichung muß sich auch ergeben, wenn wir die beiden Gleichgewichtsbedingungen $\Sigma F_x = 0$ und $\Sigma F_y = 0$ auswerten.

$$\text{I. } \Sigma F_x = 0 = F_N\,\mu - G\sin\alpha - F\cos\alpha$$
$$\text{II. } \Sigma F_y = 0 = F_N + F\sin\alpha - G\cos\alpha$$
$$F_N = G\cos\alpha - F\sin\alpha$$
$$\text{I. } \Sigma F_x = 0 = (G\cos\alpha - F\sin\alpha)\,\mu - G\sin\alpha - F\cos\alpha$$
$$F\sin\alpha\,\mu + F\cos\alpha = G\cos\alpha\,\mu - G\sin\alpha$$

$$F = G\,\frac{\mu\cos\alpha - \sin\alpha}{\mu\sin\alpha + \cos\alpha}$$

4. Schritt

Wir wollen auch diese Schubkraftgleichung in die Form mit dem Reibwinkel ρ bringen. Diese Form ist bei Untersuchungen der Reibungsverhältnisse am Gewindegang gebräuchlich.

Wir ersetzen zunächst die Reibzahl μ durch den Tangens des Reibwinkels

$$\mu = \tan\rho = \frac{\sin\rho}{\cos\rho}$$

$$F = G\,\frac{\dfrac{\sin\rho}{\cos\rho}\cos\alpha - \sin\alpha\overbrace{\dfrac{\cos\rho}{\cos\rho}}^{=1}}{\dfrac{\sin\rho}{\cos\rho}\sin\alpha + \cos\alpha\dfrac{\cos\rho}{\cos\rho}}$$

Zähler und Nenner bringen wir auf den Hauptnenner $\cos\rho$ und erhalten die beiden Additionstheoreme

$$F = G\,\frac{\dfrac{\sin\rho\cos\alpha - \cos\rho\sin\alpha}{\cos\rho}}{\dfrac{\sin\rho\sin\alpha + \cos\rho\cos\alpha}{\cos\rho}}$$

$\sin\rho\cos\alpha - \cos\rho\sin\alpha = \sin(\rho - \alpha)$

$\sin\rho\sin\alpha - \cos\rho\cos\alpha = \cos(\rho - \alpha)$

$$F = G\,\frac{\sin(\rho-\alpha)}{\cos(\rho-\alpha)}$$

Diese Schubkraftgleichung unterscheidet sich von der Haltekraftgleichung in 3.3.2.3 nur durch die Winkelvorzeichen. Das ist verständlich, denn Schubkraft und Haltekraft haben entgegengesetzten Richtungssinn.

$$F = G\tan(\rho - \alpha) \qquad F = f(G, \alpha, \rho)$$

3.3.4. Übungen zur Reibung auf der schiefen Ebene

1. Übung: Auf einer schiefen Ebene (Rutsche) sollen Werkstücke nach dem Anstoßen mit konstanter Geschwindigkeit abwärts gleiten. Der Ebenenwinkel der Rutsche ist verstellbar. Die Gleitreibzahl beträgt $\mu = 0{,}3$.

Welcher Ebenenwinkel α muß eingestellt werden?

Gegeben: Gleitreibzahl $\mu = 0{,}3$
Gleitgeschwindigkeit v = konstant
Keine Zug- oder Schubkraft ($F = 0$)

Gesucht: Ebenenwinkel α

Lösung: Da keine Zug- oder Schubkraft wirkt ($F = 0$) und Gleichgewicht vorhanden ist (v = konstant), muß die Hangabtriebskomponente der Gewichtskraft ($G \sin\alpha$) gleich der Reibkraft $F_R = F_N \mu$ sein ($\Sigma F_x = 0$). Die Normalkraft F_N ist gleich der Gewichtskraftkomponente $G \cos\alpha$ ($\Sigma F_y = 0$). Daraus ergibt sich der gesuchte Ebenenwinkel $\alpha = \arctan \mu$.

$$G \sin\alpha = F_R = F_N \mu$$
$$G \cos\alpha = F_N$$
$$G \sin\alpha = G \cos\alpha \, \mu$$
$$\frac{\sin\alpha}{\cos\alpha} = \mu = \tan\alpha$$
$$\alpha = \arctan \mu = \arctan 0{,}3$$
$$\alpha = 16{,}7°$$

Das sind die Überlegungen zur Ermittlung der Gleitreibzahl μ in Abschnitt 3.2.2.

Wir hätten auch jede der in Abschnitt 3.3.3. hergeleiteten Gleichungen zur Lösung ansetzen können, z.B. die Schubkraftgleichung aus Abschnitt 3.3.3.2.

Nach Abschnitt 3.3.3.2. ist die Schubkraft

$$F = G\,(\mu \cos\alpha - \sin\alpha)$$

Da keine Zug- oder Schubkraft wirken soll, muß in dieser Gleichung $F = 0$ gesetzt werden.

$$0 = G\,(\mu \cos\alpha - \sin\alpha)$$

Ist das Produkt zweier Faktoren gleich null, muß einer der beiden null sein. Da die Gewichtskraft G nicht gleich null sein kann, muß der Faktor $\mu \cos\alpha - \sin\alpha = 0$ sein. Damit ergibt sich auch hier $\alpha = \arctan \mu = 16{,}7°$.

$$\mu \cos\alpha - \sin\alpha = 0$$
$$\sin\alpha = \mu \cos\alpha \rightarrow \frac{\sin\alpha}{\cos\alpha} = \tan\alpha = \mu$$
$$\alpha = \arctan \mu = \arctan 0{,}3$$
$$\alpha = 16{,}7°$$

2. Übung: Die Werkstücke auf der Rutsche aus der 1. Übung befinden sich zunächst in Ruhelage. Welche Kraft muß kurzzeitig parallel zur Rutsche auf ein Werkstück wirken, um es in Bewegung zu setzen? Die Schubkraft F ist als Vielfaches der Gewichtskraft G anzugeben. Die Haftreibzahl beträgt $\mu_0 = 0{,}5$.

Gegeben: Haftreibzahl $\mu_0 = 0{,}5$
Ebenenwinkel $\alpha = 16{,}7°$
Schubwinkel β = Ebenenwinkel α

Gesucht: Schubkraft $F = f(G)$

Lösung: Für die Lage der Kräfte am Werkstück gilt die Lageskizze in 3.3.3.2. und damit auch die dort hergeleitete Gleichung. Statt der Gleitreibzahl μ gilt die Haftreibzahl μ_0.

Nach Abschnitt 3.3.2. gilt mit $\mu = \mu_0$ die Schubkraftgleichung

$$F = G\,(\mu_0 \cos\alpha - \sin\alpha)$$

Damit wird

$$F = G\,(0{,}5 \cdot \cos 16{,}7° - \sin 16{,}7°)$$
$$F = 0{,}19 \cdot G$$

Besitzt ein Werkstück z.B. die Masse m = 20 kg, dann ist eine Anschubkraft $F = 0{,}19 \cdot G = 0{,}19 \cdot mg = 0{,}19 \cdot 20\,\text{kg} \cdot 9{,}81\,\text{m/s}^2 = 37{,}3\,\text{kg m/s}^2 = 37{,}3$ N erforderlich.

3.4 Reibung an Maschinenteilen

3.4.1. Prismenführung und Keilnut

Der Bettschlitten einer Werkzeugmaschine wird durch die senkrecht wirkende Belastung F in eine unsymmetrische Prismenführung gedrückt. Die Verschiebekraft F_V soll den Schlitten auf den Führungsflächen gleichförmig verschieben. Für den allgemeinen Fall gehen wir davon aus, daß zwischen den beiden Führungsflächen unterschiedliche Reibzahlen auftreten.

Es soll eine Gleichung zur Berechnung der Verschiebekraft F_V entwickelt werden.

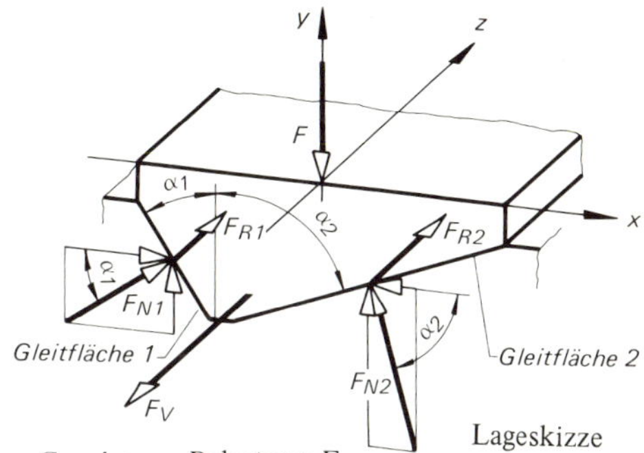

Lageskizze

Gegeben: Belastung F
Reibzahlen μ_1, μ_2
Winkel α_1, α_2

Gesucht: $F_V = f(F, \mu_1, \mu_2, \alpha_1, \alpha_2)$

Wir bringen an einer beliebigen Querschnittsscheibe des Schlittens alle wirkenden Kräfte an und schreiben dazu die Gleichgewichtsbedingungen in Richtung der drei Achsen eines räumlichen Achsenkreuzes auf.

$$\text{I.}\quad \Sigma F_z = 0 = \overbrace{F_{N1}\,\mu_1}^{F_{R1}} + \overbrace{F_{N2}\,\mu_2}^{F_{R2}} - F_V$$

$$\text{II.}\quad \Sigma F_x = 0 = F_{N1}\cos\alpha_1 - F_{N2}\cos\alpha_2$$

$$\text{III.}\quad \Sigma F_y = 0 = F_{N1}\sin\alpha_1 + F_{N2}\sin\alpha_2 - F$$

Gleichung II lösen wir nach F_{N2} auf und schreiben damit Gleichung I um.

$$\text{II.}\quad F_{N2} = F_{N1}\,\frac{\cos\alpha_1}{\cos\alpha_2}$$

$$\text{I.}\quad F_V = F_{N1}\left(\mu_1 + \mu_2\,\frac{\cos\alpha_1}{\cos\alpha_2}\right)$$

In gleicher Weise gehen wir mit Gleichung III vor. Dort erweitern wir $\sin\alpha_1$ mit $\cos\alpha_2/\cos\alpha_2$.

$$\text{III.}\quad F = F_{N1}\left(\sin\alpha_1\,\frac{\cos\alpha_2}{\cos\alpha_2} + \frac{\cos\alpha_1}{\cos\alpha_2}\sin\alpha_2\right)$$

$$F = F_{N1}\,\frac{\sin\alpha_1\cos\alpha_2 + \cos\alpha_1\sin\alpha_2}{\cos\alpha_2} = F_{N1}\,\frac{\sin(\alpha_1+\alpha_2)}{\cos\alpha_2}$$

Wir lösen nun Gleichung III nach F_{N1} auf und setzen diesen Ausdruck in die Gleichung I ein. Daraus erhalten wir die gesuchte Gleichung für die Verschiebekraft F_V.

$$\text{I.}\quad F_V = \frac{F\cos\alpha_2}{\sin(\alpha_1+\alpha_2)}\left(\mu_1 + \frac{\cos\alpha_1}{\cos\alpha_2}\mu_2\right)$$

$$F_V = F\,\frac{\mu_1\cos\alpha_2 + \mu_2\cos\alpha_1}{\sin(\alpha_1+\alpha_2)}$$

$F_V = f(F, \mu_1, \mu_2, \alpha_1, \alpha_2)$

Die symmetrische Prismenführung ist ein Sonderfall mit $\alpha_1 = \alpha_2 = \alpha$. Da man auch gleiche Reibzahlen für beide Gleitflächen annehmen kann, erhält man eine einfache Beziehung für die Verschiebekraft F_V. Nach den Gesetzen der Trigonometrie ist der Ausdruck $\sin 2\alpha = 2\sin\alpha\cos\alpha$.

$$F_V = F\,\frac{2\,\mu\cos\alpha}{\sin 2\alpha} = F\,\frac{2\,\mu\cos\alpha}{2\sin\alpha\cos\alpha} = F\,\frac{\mu}{\sin\alpha}$$

$$F_V = F\mu' = F_R \qquad \text{Keilreibkraft}$$

In diesem Falle ist es üblich, mit der Keilreibzahl $\mu' = \mu/\sin\alpha$ zu arbeiten. Darin ist α der halbe Keilwinkel.

$$\mu' = \frac{\mu}{\sin\alpha} \qquad \text{Keilreibzahl}$$

Die Gleichung für die Keilreibzahl zeigt, daß Keilnuten größere Reibungskräfte übertragen können als Ebenen ($\mu' > \mu$). Daher können Keilriemen größere Umfangskräfte (Drehmomente) übertragen als Flachriemen.

Beachte:
Kleiner Winkel α ergibt große Keilreibzahl, großer Winkel α ergibt kleine Keilreibzahl.

Beispiel:
Normalkeilriemen haben Keilwinkel (Rillenwinkel) von 32°, 34°, 36° und 38°.

3.4.2. Zylinderführung

Zylinderführungen an bewegten Maschinenteilen (Pressenstößel, Ziehschlitten) sollen reibungsarm führen und nicht klemmen. In manchen Fällen wird aber *verlangt,* daß die Führung klemmt, z. B. bei Bohrmaschinentischen, um auch im ungeklemmten Zustand sicheren Halt zu gewährleisten. Wir müssen also wissen, unter welchen Bedingungen eine Zylinderführungsbuchse klemmt.

Zylinderführungen haben immer ein Passungsspiel. Bei exzentrisch angreifender Verschiebekraft kippt (verkantet) die Buchse gegen den Führungszylinder. Betrachten wir beide als absolut starre Körper (keine Verformung), dann legt sich die Buchse an zwei im Längsschnitt diagonal gegenüberliegenden Punkten des Zylinders an. Dort treten Normal- und Reibkräfte auf.

Aufgabe: Eine im Abstand l_1 von der Führungsmitte wirkende Kraft F versucht, eine Führungsbuchse von der Länge l zu verschieben. Unter welcher Bedingung klemmt die Buchse?

Zeichnerische Untersuchung: Wir zeichnen einen *Lageplan* und tragen zuerst die Kraft F auf ihrer Wirklinie ein. Die Buchse wird rechtsherum kippen und legt sich links oben im Punkt I und rechts unten im Punkt II an den Zylinder an. Dort zeichnen wir die Normalkräfte F_{N1} und F_{N2} (auf die Buchse zu gerichtet!) ein. Die Kraft F versucht, die Buchse nach unten zu verschieben. Die Reibkräfte F_{R1} und F_{R2} zeichnen wir mit entgegengesetztem Richtungsinn ein (nach oben gerichtet).

Lageplan

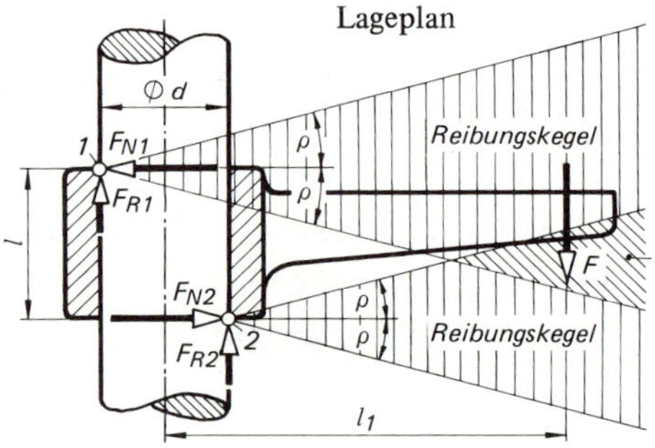

Wir fassen gedanklich die Normal- und Reibkräfte zu ihren Ersatzkräften zusammen. Ihre Wirklinien können nach 3.2.3 nur innerhalb des Reibungskegels liegen, weil die Reibkraft nie über den Betrag $F_N \tan\rho$ anwachsen kann. Nun ist Gleichgewicht (Klemmen) nur möglich, wenn sich die beiden Ersatzkräfte mit der Kraft F in einem Punkt schneiden (siehe 1.2.4.3, 3-Kräfte-Verfahren). Dieser Punkt kann aber nur in der Überdeckungsfläche A der beiden Reibungskegel liegen, weil die Wirklinien der Ersatzkräfte *nicht außerhalb* der Reibungskegel liegen können. Folglich lautet die *zeichnerische Klemmbedingung:*

> Eine Zylinderführung klemmt, wenn die Wirklinie der Resultierenden aller Verschiebekräfte durch die Überdeckungsfläche der beiden Reibungskegel geht.

Im Lageplan sind die Reibungskegel für die *Gleit*reibung eingezeichnet.

Die Reibkegel für die *Haft*reibung haben einen größeren Kegelwinkel, nämlich $2\rho_0$. Ihre Überdeckungsfläche A reicht also noch weiter nach links. Wir könnten dann bei klemmender Buchse die Wirklinie der Kraft F bis an die Grenze der Überdeckungsfläche nach links verschieben, ohne daß die Buchse zu gleiten beginnt. Wird sie aber durch irgendeinen Umstand in Bewegung gesetzt, dann verklemmt sie sich nicht wieder, denn jetzt treten wieder die Reibungskegel für Gleitreibung auf, und die Wirklinie der Kraft F liegt dann im weißen Feld *außerhalb* der Überdeckungsfläche.

Hinweis: Diese Klemmbedingung gilt auch für andere Führungsquerschnitte mit gegenüberliegenden Führungsflächen, z. B. für die Flachführung mit seitlichen Führungsflächen.

Rechnerische Untersuchung: Wir zeichnen eine *Lageskizze* (unmaßstäblich) entsprechend dem Lageplan der zeichnerischen Untersuchung und stellen dafür die drei rechnerischen Gleichgewichtsbedingungen auf.

I. $\Sigma F_x = 0 = F_{N2} - F_{N1}$
II. $\Sigma F_y = 0 = F_{R1} + F_{R2} - F$
III. $\Sigma M_{(2)} = 0 = F_{N1}\, l - F_{R1}\, d - F(l_1 - \frac{d}{2})$

Aus der ersten Gleichung erkennen wir, daß die Normalkräfte F_{N1} und F_{N2} gleich groß sind. Wegen der an beiden Flächen gleichen Reibzahl sind dann auch die beiden Reibkräfte F_R gleich groß.

I. $F_{N1} = F_{N2}$, daraus folgt:
$F_{N1}\,\mu = F_{N2}\,\mu \rightarrow F_{R1} = F_{R2}$

Die Entwicklung der Gleichungen II und III ergibt die *rechnerische Klemmbedingung:*

II. $F = 2 F_{N1}\,\mu$; in III. eingesetzt:
III. $F_{N1}\, l - F_{N1}\,\mu d - 2 F_{N1}\,\mu (l_1 - \frac{d}{2}) = 0 \mid : F_{N1}$
$l - \mu d - 2\mu l_1 + 2\mu \frac{d}{2} = 0$

Eine Zylinderführung klemmt, wenn die Führungslänge $l \leqq 2\,\mu l_1$ ist. Hierin ist l_1 der Wirkabstand der Verschiebekraft von der Führungsmitte.

$l \leqq 2\mu l_1$ *Klemmbedingung*

Ist $l > 2\,\mu l_1$, dann gleitet die Führungsbuchse, und zwar um so leichter, je größer die Führungslänge l ist.

Beachte: Die Klemmbedingung ist unabhängig vom Betrag der Verschiebekraft F.

3.4.3. Lager[1)]

3.4.3.1. Reibung am Tragzapfen (Querlager)

Der Tragzapfen einer Welle belastet das Lager mit der Kraft F und verursacht dadurch eine gleichgroße Normalkraft F_N. Versucht das Wellendrehmoment den ruhenden Zapfen zu drehen, dann wirkt zunächst die Haftreibkraft $F_{R0\,max} = F_N\,\mu_0$ mit ihrem „Reibmoment" der Drehung entgegen. Man nennt diesen Zustand *Anlaufreibung.* Die Reibzahl beträgt dann $\mu_0 \approx 0{,}1 \ldots 0{,}25$. Beim Anfahren tritt *Mischreibung* auf. Die Reibzahl verringert sich von μ_0 auf die *Tragzapfenreibzahl,* kurz *Zapfenreibzahl* $\mu = 0{,}01 \ldots 0{,}1$. Erst bei höheren Gleitgeschwindigkeiten bildet sich zwischen Zapfen und Lager ein tragfähiger Schmierfilm mit *Flüssigkeitsreibung.* Die Zapfenreibzahl sinkt dann weiter auf $\mu \approx 0{,}002 \ldots 0{,}01$.

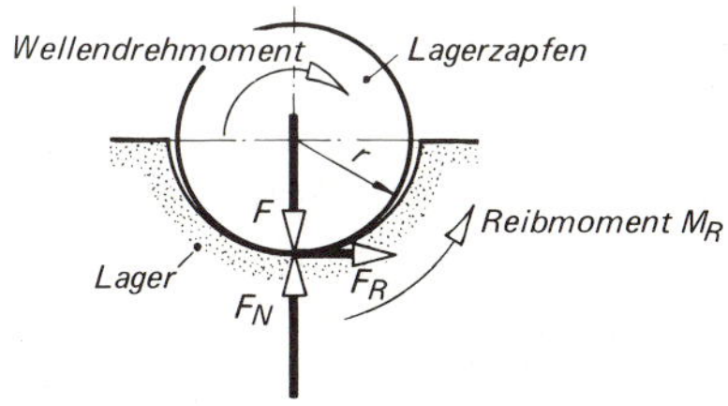

Beispiel für die Veränderung der Zapfenreibzahl μ:
Schmierung: Öl
Werkstoff: Welle aus Stahl, Lager aus Rotguß
Anlaufreibung: $\mu_0 = 0{,}14$
Mischreibung: $\mu = 0{,}02 \ldots 0{,}1$
Flüssigkeitsreibung: $\mu = 0{,}003 \ldots 0{,}006$

1) Genauere Untersuchungen in *Roloff/Matek:* Maschinenelemente

Lagerkraft F und Normalkraft F_N sind praktisch gleichgroß. Darum wird die Lagerreibkraft unmittelbar aus der Lagerkraft berechnet.

$F_R = F\mu$ *Lagerreibkraft*

Die Lagerreibkraft erzeugt ein dem Wellendrehmoment entgegengerichtetes Reibmoment M_R.

$M_R = F_R r = F\mu r$ *Reibmoment*

Dreht sich der Zapfen im Lager mit der Umfangsgeschwindigkeit v (Gleitgeschwindigkeit) oder der Winkelgeschwindigkeit ω, so läßt sich die Reibleistung P_R berechnen, entweder als Produkt aus Reibkraft F_R und Umfangsgeschwindigkeit v oder als Produkt aus Reibmoment M_R und Winkelgeschwindigkeit ω.

$P_R = F_R v$
$P_R = M_R \omega$ *Reibleistung*

P_R	F_R	M_R	r	v	ω	μ
$W = \frac{Nm}{s}$	N	Nm	m	$\frac{m}{s}$	$\frac{rad}{s} = \frac{1}{s}$	1

3.4.3.2. Reibung am Spurzapfen (Längslager)

Beim Spurzapfen fällt die Wirklinie der Belastung F mit der Drehachse der Welle zusammen. Die Normalkraft verteilt sich gleichmäßig über die Stirnfläche des Zapfens. Dasselbe gilt für die Reibkraft.

Wir berechnen die Reibkraft F_R aus der Belastung F und der *Spurzapfenreibzahl* μ: $F_R = F\mu$. Die Reibzahlen für Quer- und Längslager werden aus Versuchen bestimmt. Die Spurzapfenreibzahl ist außer von Schmierung und Werkstoffpaarung von der Bauart abhängig (siehe Arbeitshilfen, Band 2).

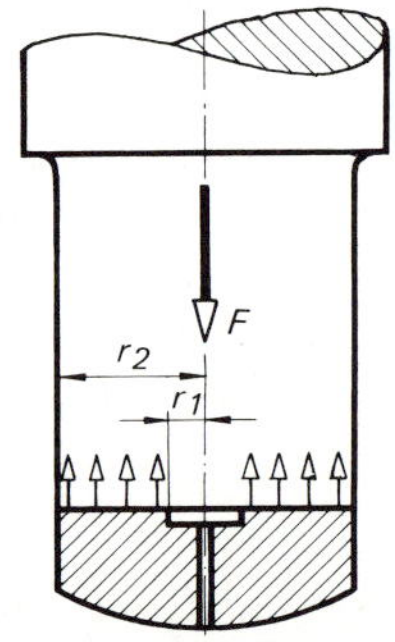

$F_R = F\mu$

Reibkraft

Ringspurzapfen

Die Skizze zeigt einen Ringspurzapfen. Für den Wirkabstand der Reibkraft von der Drehachse wird der mittlere Radius $r_m = (r_1 + r_2)/2$ gesetzt und damit das Reibmoment M_R berechnet.

Beim Vollspurzapfen hat die Lagerfläche keine mittlere Aussparung, und dann wird $r_m = r_2/2$.

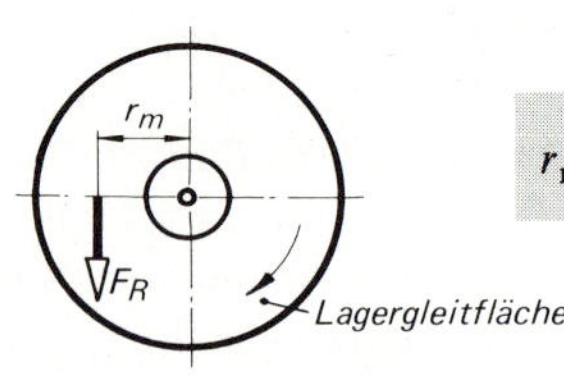

$$r_m = \frac{r_1 + r_2}{2}$$

$M_R = F_R r_m = F\mu r_m$ *Reibmoment*

Die Reibleistung P_R berechnen wir genauso wie beim Tragzapfen, z.B. als Produkt aus dem Reibmoment und der Winkelgeschwindigkeit.

$P_R = M_R \omega$ *Reibleistung*

3.4.3.3. Übungen zur Trag- und Spurzapfenreibung

1. Übung: Eine Welle belastet ihre beiden Querlager mit je einer Kraft $F = 3800$ N. Der Zapfendurchmesser beträgt 50 mm, die Drehzahl 3600 min^{-1}, die Zapfenreibzahl 0,006.

Gegeben:
Belastung $F = 3800$ N
Zapfendurchmesser $d = 0{,}05$ m
Drehzahl $n = 3600\ \text{min}^{-1}$
Zapfenreibzahl $\mu = 0{,}006$

Reibmoment M_R und Reibleistung P_R sind zu berechnen.

Gesucht:
M_R, P_R

Lösung: Das Reibmoment wird aus Belastung, Zapfenreibzahl und Zapfenradius ermittelt. Als Belastung müssen wir hier *beide* Lagerkräfte, also $2\,F$, einsetzen.

$$M_R = 2 F \mu r = 2 \cdot 3800\ \text{N} \cdot 0{,}006 \cdot 0{,}025\ \text{m}$$
$$M_R = 1{,}14\ \text{Nm}$$

Aus dem Reibmoment und der Winkelgeschwindigkeit können wir die Reibleistung errechnen. Die Winkelgeschwindigkeit ermitteln wir vorher aus der Drehzahl.

$$\omega = 2\pi n = 2\pi \cdot 3600\ \text{min}^{-1} = 377\ \frac{\text{rad}}{\text{s}}$$

$$P_R = M_R\,\omega = 1{,}14\ \text{Nm} \cdot 377\ \frac{\text{rad}}{\text{s}} = 430\ \frac{\text{Nm}}{\text{s}}$$
$$P_R = 430\ \text{W} = 0{,}43\ \text{kW}$$

2. Übung: Ein Ringspurlager wird mit $F = 12$ kN belastet. Der Innenradius der Lagerfläche beträgt $r_1 = 10$ mm, der Außenradius $r_2 = 40$ mm, die Spurzapfenreibzahl $\mu = 0{,}02$. Die Drehzahl beträgt 2000 min^{-1}.

Gegeben:
Belastung $F = 12\ \text{kN} = 12 \cdot 10^3$ N
Spurzapfenreibzahl $\mu = 0{,}02 = 2 \cdot 10^{-2}$
Innenradius $r_1 = 10$ mm
Außenradius $r_2 = 40$ mm
Drehzahl $n = 2000\ \text{min}^{-1}$

Reibmoment und Reibleistung sind zu berechnen.

Gesucht:
M_R, P_R

Lösung: Wir ermitteln zunächst den Wirkabstand r_m der Reibkraft und dann mit der Belastung F und der Spurzapfenreibzahl das Reibmoment.

$$r_m = \frac{r_1 + r_2}{2} = \frac{10\ \text{mm} + 40\ \text{mm}}{2} = 25\ \text{mm}$$
$$M_R = F \mu r_m = 12 \cdot 10^3\ \text{N} \cdot 2 \cdot 10^{-2} \cdot 25 \cdot 10^{-3}\ \text{m}$$
$$M_R = 600 \cdot 10^{-2}\ \text{Nm} = 6\ \text{Nm}$$

Die Reibleistung berechnen wir wieder als Produkt aus Reibmoment M_R und Winkelgeschwindigkeit $\omega = 2\,\pi n$.

$$P_R = M_R \cdot 2\pi n = 6\ \text{Nm} \cdot 2\pi \cdot 2000\ \text{min}^{-1}$$
$$P_R = 75\,400\ \frac{\text{Nm}}{\text{min}} = 1257\ \frac{\text{Nm}}{\text{s}} = 1{,}257\ \text{kW}$$

3.4.4. Schraube und Schraubgetriebe

3.4.4.1. Bewegungsschraube mit Flachgewinde

Das Anziehen (Heben der Last) und Lösen (Senken der Last) einer Bewegungs- oder Befestigungsschraube entspricht dem Hinaufschieben und Herabziehen eines Körpers auf einer schiefen Ebene durch eine *waagerechte* Umfangskraft F_u (siehe 3.3.3 und 3.3.4).

Alle Kräfte werden auf einen Punkt im Längsschnitt der Schraube mit dem Flankenradius r_2 bezogen.

Bei unseren Betrachtungen gehen wir von dem Normalfall aus, daß das Gewinde selbsthemmend ist. Dann ist der Reibwinkel ρ größer als der Steigungswinkel α.

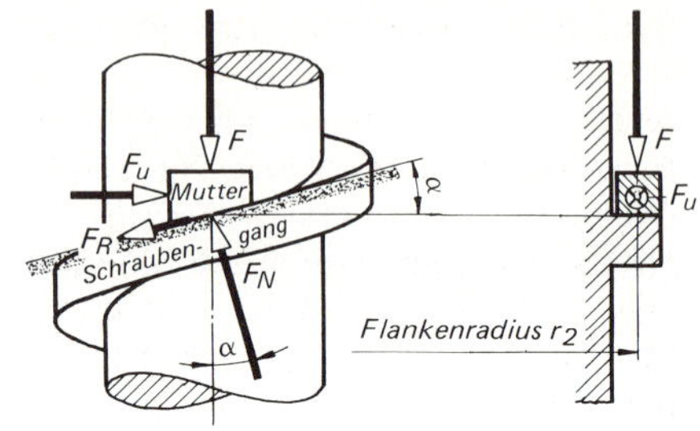

F Schraubenlängskraft = Vorspannkraft
F_u Umfangskraft, angreifend am Flankenradius r_2
F_R Reibkraft im Gewinde
F_N Normalkraft zwischen Schraube und Mutter
α Steigungswinkel der mittleren Gewindelinie

Im Bild ist der abgewickelte Gewindegang als schiefe Ebene dargestellt. Ihre Basislänge ist der Flankenumfang $2\pi r_2$ und ihre Höhe die Gewindesteigung P. Beim Anziehen (Heben) wirkt die Umfangskraft F_u waagerecht nach rechts und die Reibkraft F_R nach links unten, beim Lösen (Senken) haben beide umgekehrten Richtungssinn.

Aus den Kraftecken ergeben sich dieselben Gleichungen für die Umfangskraft wie bei der schiefen Ebene für die Verschiebe- und die Haltekraft:

$F_u = F \tan(\rho + \alpha)$ für das Anziehen und

$F_u = F \tan(\rho - \alpha)$ für das Lösen.

Die Winkel sind hier nur deswegen vertauscht, weil wir für die Entwicklung $\rho > \alpha$ (Selbsthemmung) angenommen haben.

Kräfte beim

Anziehen (Heben) Lösen (Senken)

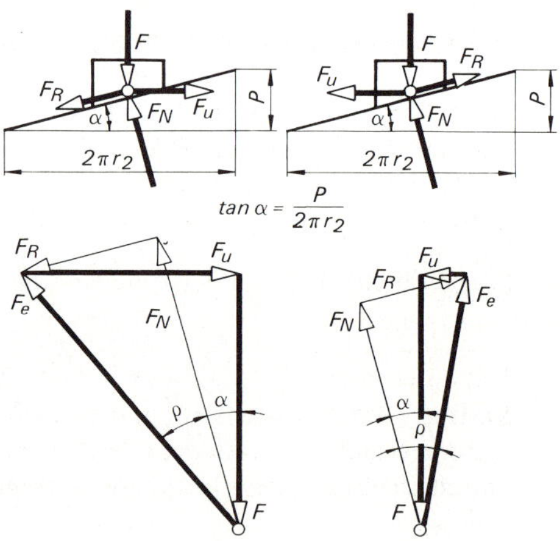

Es ist üblich, die Gleichungen in der Form zu schreiben, wie wir sie von der schiefen Ebene her kennen.

Beim Rechnen sollte jedoch stets der kleinere Winkel vom größeren abgezogen werden, um immer einen positiven Tangenswert zu erhalten.

Die Frage, ob die Last mit der errechneten Kraft F_u gesenkt oder am Senken gehindert werden muß, beantworten wir durch einen Vergleich der Winkel α und ρ.

$$F_u = F \tan(\alpha \pm \rho)$$ *Umfangskraft*

(+) für Heben, (−) für Senken

Ist $\rho < \alpha$, heißt das:
keine Selbsthemmung, Last muß mit F_u am Senken gehindert werden.

Ist $\rho > \alpha$, heißt das:
Selbsthemmung, Last muß mit F_u gesenkt werden.

Die Umfangskraft F_u wirkt im Abstand r_2 (Flankenradius) von der Schraubenlängsachse. Sie erzeugt das beim Heben oder Senken zu überwindende Gewindereibmoment M_{RG}.

$$M_{RG} = F_u r_2 = F r_2 \tan(\alpha \pm \rho)$$ *Gewindereibmoment*

(+) für Heben, (−) für Senken

Der *Wirkungsgrad* des Schraubgetriebes beim Heben ist das Verhältnis der Nutzarbeit W_n zur aufgewendeten Arbeit W_a. Beziehen wir beide Arbeiten auf *eine* Schraubenumdrehung, dann ist die Nutzarbeit das Produkt aus Schraubenlängskraft F und Steigungshöhe P (Hubarbeit). Die aufgewendete Arbeit ist das Produkt aus Umfangskraft F_u und Flankenumfang $2\pi r_2$.

$$\eta = \frac{W_n}{W_a}$$

$$W_n = FP; \quad W_a = F_u \cdot 2\pi r_2$$

$$\eta = \frac{FP}{F_u \cdot 2\pi r_2}$$

$F_u = F \tan(\alpha + \rho)$ und $\frac{P}{2\pi r_2} = \tan\alpha$

in die Ansatzgleichung eingesetzt ergibt:

Bei $\rho = \alpha$ beginnt der Bereich der Selbsthemmung. Dann ist der Wirkungsgrad $\eta = \tan\rho / \tan 2\rho$. Da die Steigungswinkel meist klein sind, kann $\tan 2\rho \approx 2\tan\rho$ gesetzt werden. Wir erkennen, daß an der Selbsthemmungsgrenze der Wirkungsgrad $\eta \approx \tan\rho / 2\tan\rho = 0{,}5$ wird.

$$\eta = \frac{\tan\alpha}{\tan(\alpha + \rho)}$$ *Wirkungsgrad für Schraubgetriebe*

Beachte: Ist der Wirkungsgrad des Schraubgetriebes $\eta \leqq 0{,}5$, liegt Selbsthemmung vor.

3.4.4.2. Bewegungsschraube mit Spitz- und Trapezgewinde

Bei Spitz- und Trapezgewinde mit dem Flankenwinkel β wirkt die Normalkraft F'_N nicht in derselben Ebene wie die Längskraft F, die Umfangskraft F_u und die Reibkraft F_R, sondern sie ist um den halben Flankenwinkel gegen diese Ebene geneigt.

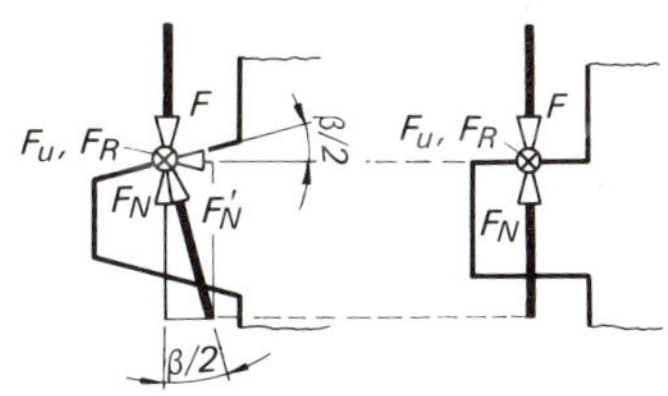

Um Gleichgewicht zu halten, muß die Normalkraft F'_N größer sein als F_N beim Flachgewinde. Dann ist auch die Reibkraft F_R größer. Damit wir trotzdem mit denselben Gleichungen wie beim Flachgewinde arbeiten können, fassen wir den Quotienten $\mu/\cos(\beta/2)$ zur Reibzahl μ' zusammen.

$$F'_N = \frac{F_N}{\cos(\beta/2)}$$

$$F_R = F'_N \mu = \frac{F_N}{\cos(\beta/2)} \mu = F_N \frac{\mu}{\cos(\beta/2)}$$

Setzen wir $\frac{\mu}{\cos(\beta/2)} = \mu'$, dann wird

$F_R = F_N \mu'$.

Für Spitz- und Trapezgewinde gelten dieselben Gleichungen wie für das Flachgewinde, wenn man statt der Reibzahl μ die Reibzahl $\mu' = \mu/\cos(\beta/2)$ und für den Reibwinkel ρ den Reibwinkel ρ' einsetzt.

Für metrisches ISO-Trapezgewinde nach DIN 103 ist

$\beta = 30°$ und damit $\mu' = 1{,}04\,\mu$,

für metrisches ISO-Gewinde nach DIN 13 ist

$\beta = 60°$ und damit $\mu' = 1{,}15\,\mu$.

Der Reibwinkel ρ' wird aus der Reibzahl μ' ermittelt: $\tan\rho' = \mu'$

3.4.4.3 Befestigungsschraube mit Spitzgewinde

Bei Schraubverbindungen mit Befestigungsschrauben wird eine Längskraft F in der Schraube erst dann erzeugt, wenn Mutter und Schraubenkopf fest auf den zu verbindenden Teilen aufliegen. Die Erfahrung lehrt, daß das Anzugsmoment M_A aus Handkraft F_h und Schlüsselradius l mit fortschreitender Drehung der Mutter zunimmt. Gleichzeitig wächst auch die Vorspannkraft F in der Schraube.

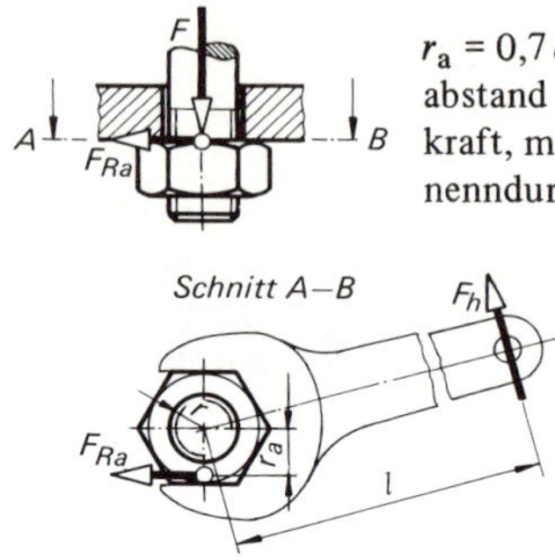

$r_a = 0{,}7\,d = 1{,}4\,r$ Wirkabstand der Auflagereibkraft, mit d = Gewindenenndurchmesser ($d = 2r$).

Das kennen wir aus der Praxis: Bei zu starkem Anziehen wächst die Schraubenlängskraft F so stark an, daß die Schraube zerreißt.

Im Bild wurde die gesamte Schraubenlängskraft F auf Schraubenkopf und Mutter in jeweils $F/2$ aufgeteilt. In Wirklichkeit entsteht durch die Längskraft eine Oberflächenkraft auf den Auflageflächen von Kopf und Mutter (siehe 1.1.7.1).

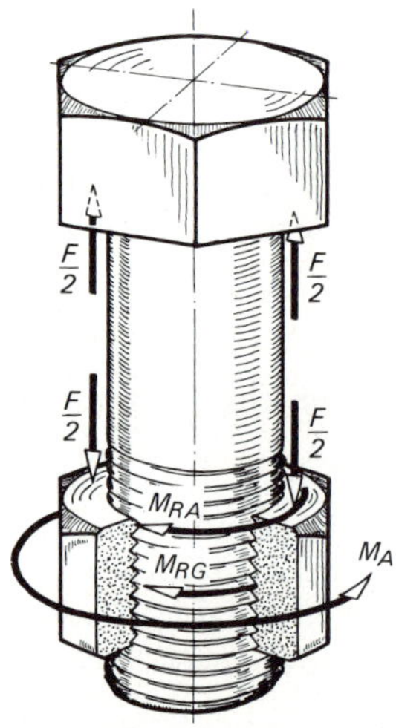

Dem Anzugsmoment M_A wirken in der Schraubverbindung *zwei* Kraftmomente entgegen.

das *Gewindereibmoment* M_{RG} (wie bei der Bewegungsschraube)

und

das *Auflagereibmoment* M_{RA} an der Auflagefläche der Mutter.

Das Gewindereibmoment ergibt sich aus den gleichen Überlegungen wie bei der Bewegungsschraube mit Spitzgewinde und mit Flachgewinde.

$$M_{RG} = F r_2 \tan(\alpha \pm \rho')$$ *Gewindereibmoment*

bei Stahl auf Stahl (trocken) ist bei metrischem ISO-Gewinde $\rho' \approx 9°$

Das Auflagereibmoment ergibt sich aus der Auflagereibkraft F_{Ra} und ihrem Wirkabstand r_a von der Schraubenmitte. Für Sechskantschrauben wird $r_a = 0{,}7\,d$ angenommen (d = Gewinde*nenn*durchmesser, z. B. für M 10: d = 10 mm).

$$M_{RA} = F_{Ra}\, r_a = F \mu_a r_a$$ *Auflagereibmoment*

μ_a Reibzahl an der Auflagefläche (bei Stahl auf Stahl ist $\mu_a \approx 0{,}15$)

Die Summe dieser beiden Momente ist gleich dem Anzugsmoment. Aus dieser Erkenntnis können wir eine Gleichung für das Anzugsmoment M_A beim Anziehen und Lösen einer *Schraubverbindung* in Abhängigkeit von der Schraubenlängskraft F entwickeln.

$$M_A = M_{RG} + M_{RA}$$

$$M_A = F r_2 \tan(\alpha \pm \rho') + F \mu_a r_a$$

$$M_A = F\,[r_2 \tan(\alpha \pm \rho') + \mu_a r_a]$$ *Anzugsmoment*

(+) für Anziehen, (−) für Lösen

3.4.5. Seilreibung

Über einen *feststehenden* zylindrischen Körper ist ein Seil gelegt, an dessen einem Ende eine angehängte Last mit der Kraft F_2 nach unten zieht. Die am anderen Seilende wirkende Kraft F_1 soll die Last gleichförmig nach oben ziehen. Aus der Erfahrung wissen wir, daß dann die Kraft F_1 größer sein muß als die Kraft F_2. Die Erklärung dafür ist leicht gefunden.

Aus 1.1.7 wissen wir, daß zylindrische Körper bei Berührung mit anderen Körpern Radial- und Tangentialkräfte aufnehmen können. Die hier auftretende Tangentialkraft ist die *Seilreibkraft* F_R, die zwischen dem Zylindermantel und dem Seil wirkt und das Seil zu bremsen versucht. Die Kraft F_1 muß also um die Seilreibkraft F_R größer sein als die Kraft F_2.

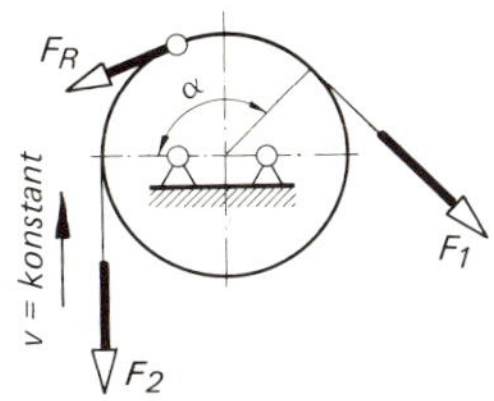

Die Seilreibkraft F_R wirkt verteilt auf der ganzen vom Seil umspannten Mantelfläche des Zylinders. Wir können sie uns aber einfach an irgendeinem Punkt dieser Fläche wirkend vorstellen.
Bei gleichförmiger Bewegung muß die in Richtung des einen Seilendes ziehende Kraft F_1 gleich der Summe der beiden in entgegengesetzter Seilrichtung wirkenden Kräfte $F_2 + F_R$ sein: $F_1 = F_2 + F_R$.
Wir verstehen unter der Seilkraft F_1 immer die *größere* der beiden Kräfte an den Seilenden.

Die Seilreibkraft ist selbstverständlich abhängig von der Reibzahl μ zwischen Seil und Zylinder. Die Erfahrung lehrt aber, daß die erforderliche Zugkraft F_1 ganz erheblich ansteigt, wenn der Umschlingungswinkel α vergrößert wird, z. B. wenn wir das Seil mehrfach um den Zylinder schlingen. Demzufolge wird auch die Seilreibkraft F_R mit zunehmendem Umschlingungswinkel α größer.

Der *Umschlingungswinkel* α wird in rad gemessen (Bogenmaß).

Umrechnungsbeziehung:

$$\alpha = \alpha^\circ \frac{2\pi}{360^\circ}$$

Hierin ist α° der im Gradmaß gemessene Umschlingungswinkel.

Die Seilzugkraft F_1 ist also abhängig von der Belastung F_2 am anderen Seilende, von der Reibzahl μ und vom Umschlingungswinkel α: $F_1 = f(F_2, \mu, \alpha)$.
Die Herleitung der Gleichung $F_1 = F_2\, e^{\mu\alpha}$ ist nur mit Hilfe der Infinitesimalrechnung möglich.

$$F_1 = F_2\, e^{\mu\alpha} \qquad \textit{Seilzugkraft}$$

e = 2,71828 ... heißt Eulersche Zahl

Daraus ergibt sich für die

Seilreibkraft

$$F_R = F_1 - F_2 = F_2 (e^{\mu\alpha} - 1) = F_1 \frac{e^{\mu\alpha} - 1}{e^{\mu\alpha}}$$

Werte für $e^{\mu\alpha}$ kann man aus Tafeln entnehmen (Tafel 3.2, Seite 126) oder logarithmisch berechnen. Auf vielen Taschenrechnern läßt sich die Berechnung jedoch einfacher durchführen.

An die Stelle des Seiles kann auch ein Band (Bremsband) oder ein Treibriemen treten. Dann ist F_R die größtmögliche Bremskraft oder die größte auf den Riemen übertragbare Umfangskraft.

Beispiel für die logarithmische Berechnung von $e^{\mu\alpha}$:

Gegeben: $\mu = 0{,}25$, $\alpha = 150^\circ$
Gesucht: $e^{\mu\alpha}$
Lösung:

$$\alpha = 150^\circ \cdot \frac{2\pi}{360^\circ} = 2{,}62 \text{ rad}$$

$$\lg e^{\mu\alpha} = \mu\alpha \lg e = 0{,}25 \cdot 2{,}62 \cdot 0{,}4343 = 0{,}284$$

$$e^{\mu\alpha} = 1{,}925$$

Tafel 3.2. Werte für $e^{\mu\alpha}$ in Abhängigkeit vom Umschlingungswinkel α und von der Reibzahl μ

		Reibzahlen μ						
$\alpha°$	α	0,05	0,1	0,15	0,2	0,3	0,4	0,5
36	0,2 π	1,032	1,065	1,099	1,134	1,207	1,286	1,369
72	0,4 π	1,065	1,134	1,207	1,286	1,458	1,653	1,874
108	0,6 π	1,099	1,207	1,327	1,458	1,760	2,125	2,566
144	0,8 π	1,134	1,286	1,458	1,653	2,125	2,733	3,514
180	1,0 π	1,170	1,369	1,602	1,874	2,566	3,514	4,810
216	1,2 π	1,207	1,458	1,760	2,125	3,099	4,518	6,586
252	1,4 π	1,246	1,552	1,934	2,410	3,741	5,808	9,017
288	1,6 π	1,286	1,653	2,125	2,733	4,518	7,468	12,35
324	1,8 π	1,327	1,760	2,336	3,099	5,455	9,602	16,90
360	2,0 π	1,369	1,874	2,566	3,514	6,586	12,35	23,14
540	3 π	1,602	2,566	4,111	6,586	16,90	43,38	111,3
720	4 π	1,874	3,514	6,586	12,35	43,38	152,1	535,5
900	5 π	2,193	4,810	10,55	23,14	111,3	535,5	2 576
1080	6 π	2,566	6,586	16,90	43,38	285,7	1 881	12 390
1260	7 π	3,003	9,017	27,08	81,31	733,1	6 611	59 610
1440	8 π	3,514	12,35	43,38	152,4	1 881	23 230	286 800
1620	9 π	4,111	16,90	69,49	285,7	4 829	81 610	1 379 000
1800	10 π	4,810	23,14	111,3	535,5	12 390	286 800	6 636 000

3.4.6. Bremse

In diesem Abschnitt werden die Bauteile (Bremshebel und Bremsscheibe) nicht im freigemachten Zustand gezeichnet. Das geschieht nur aus Platzgründen. Die in diesem Sinne korrekten Darstellungen zeigt die Lageskizze im Abschnitt 3.2.4 (1. Übung).

3.4.6.1. Backen- oder Klotzbremse

Bei der Backenbremse bestimmt die Lage des Bremshebeldrehpunkts D die Wirkungsweise der Bremse. Sie kann für *eine* Drehrichtung der Bremsscheibe *selbsthemmend* oder für beide Drehrichtungen *gleichbleibend* sein.

a) Backenbremse mit überhöhtem Drehpunkt D

Die Belastung F am Bremshebelende ruft zwischen Scheibe und Backe die Normalkraft F_N hervor. Wirkt an der Bremsscheibenwelle ein Drehmoment, so ruft es ein entgegengerichtetes *Bremsmoment M* aus der Reibkraft F_R und dem Scheibenradius r hervor.

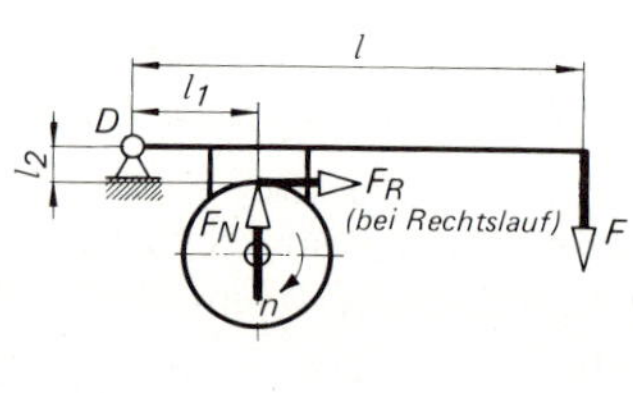

Die Skizze zeigt Normalkraft F_N und Reibkraft F_R, wie sie bei Rechtslauf *auf die Bremsbacke* wirken. Bei Linkslauf kehrt die Reibkraft F_R ihren Richtungssinn um.

Beim Abbremsen ist der Bremshebel im Gleichgewicht, folglich muß auch die Momentengleichgewichtsbedingung erfüllt sein. Setzen wir in beiden Gleichungen $F_R = F_N \mu$, so erhalten wir eine Bestimmungsgleichung für die erforderliche *Hebelkraft F*.

$\Sigma M_{(D)} = 0 = F_N l_1 + F_R l_2 - F l$ bei Rechtslauf

$\Sigma M_{(D)} = 0 = F_N l_1 - F_R l_2 - F l$ bei Linkslauf

$F_R = F_N \mu$ eingesetzt, ergibt

$$F = F_N \frac{(l_1 \pm \mu l_2)}{l}$$ *Hebelkraft*

(+) bei Rechtslauf, (−) bei Linkslauf

Die Gleichung zeigt, daß bei *Linkslauf* mit zunehmender Überhöhung l_2 des Drehpunkts die Klammerdifferenz immer kleiner wird und gegen Null geht. Das bedeutet, daß die Hebelkraft schließlich Null wird. Dann hält *die Reibkraft allein* die Bremsscheibe fest, es liegt *Selbsthemmung* vor. Bei Rechtslauf ist Selbsthemmung nicht möglich.

Selbsthemmung bei Linkslauf tritt ein, wenn $l_1 - \mu l_2 = 0$ wird:

$$l_1 \leqq \mu l_2$$ *Selbsthemmungsbedingung*

Aus der Gleichung für die Hebelkraft F ergibt sich ferner, daß bei Linkslauf und gleichbleibender Hebelkraft F die Bremswirkung größer ist als bei Rechtslauf. Die Backenbremse mit überhöhtem Drehpunkt ist also dann besonders geeignet, wenn nur in *einer* Richtung gebremst wird, z.B. als Hubwerksbremse an Hebezeugen und Aufzügen.

In der Gleichung für die Hebelkraft F ist der Klammerausdruck für Linkslauf $(l_1 - \mu l_2)$ kleiner als für Rechtslauf $(l_1 + \mu l_2)$.

Wenn in beiden Fällen die Hebelkraft F gleich groß ist, dann bedeutet das, daß bei Linkslauf eine größere Normalkraft und dadurch eine größere Reibkraft auftritt.

b) Backenbremse mit unterzogenem Drehpunkt D

Der Bremshebeldrehpunkt D liegt bei dieser Bremse auf derselben Seite der Reibkraftwirklinie wie die Bremsscheibe.

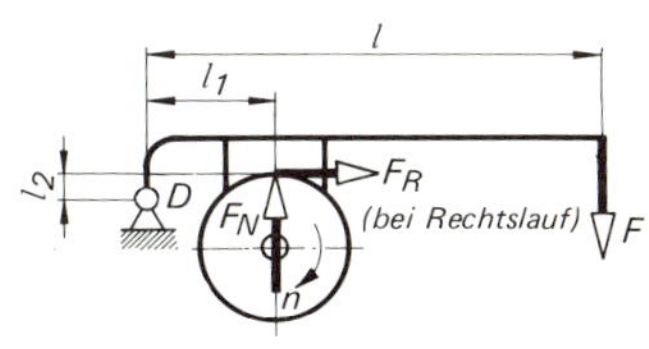

Auch hier muß beim Abbremsen die Momentengleichgewichtsbedingung für den Bremshebel erfüllt sein.

Setzen wir wieder in beiden Gleichungen für die Reibkraft $F_R = F_N \mu$, dann ergibt sich daraus die Bestimmungsgleichung für die Hebelkraft F fast in der gleichen Form wie bei der Bremse mit überhöhtem Drehpunkt, nur die Vorzeichen in der Klammer sind vertauscht. Das bedeutet, daß beide Bremsen dieselbe Bremswirkung haben, nur für jeweils umgekehrten Drehsinn.

$\Sigma M_{(D)} = 0 = F_N l_1 - F_R l_2 - F l$ bei Rechtslauf

$\Sigma M_{(D)} = 0 = F_N l_1 + F_R l_2 - F l$ bei Linkslauf

$F_R = F_N \mu$ eingesetzt, ergibt

$$F = F_N \frac{(l_1 \mp \mu l_2)}{l}$$ *Hebelkraft*

(−) bei Rechtslauf, (+) bei Linkslauf

Hier ist also auch *Selbsthemmung* möglich, und zwar unter den gleichen Bedingungen wie vorher, aber nur bei *Rechtslauf.*

Selbsthemmung tritt bei Rechtslauf ein, wenn $l_1 - \mu l_2 = 0$ wird.

Auch die Backenbremse mit unterzogenem Drehpunkt ist besonders für *eine* Bremsrichtung geeignet.

$l_1 \leqq \mu l_2$ *Selbsthemmungsbedingung*

c) Backenbremse mit tangentialem Drehpunkt D

Hier liegt der Bremshebeldrehpunkt auf der Wirklinie der Reibkraft F_R, die als Tangentialkraft an der Bremsscheibe angreift.

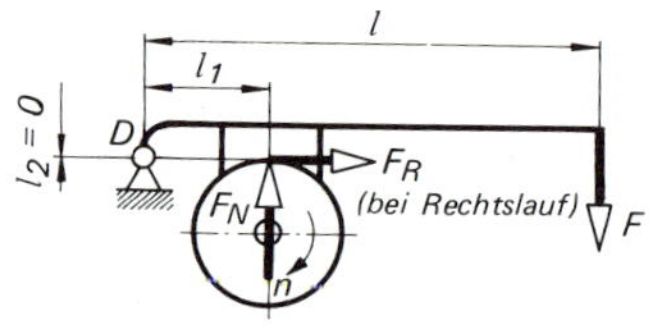

Dadurch hat die Reibkraft F_R in bezug auf den Hebeldrehpunkt weder bei Rechts- noch bei Linkslauf ein Kraftmoment. Sie fällt beim Aufstellen der Momentengleichgewichtsbedingung aus der Gleichung heraus.

$\Sigma M_{(D)} = 0 = F_N l_1 - F l$
bei Rechtslauf *und* Linkslauf.

Aus der Gleichung für die Hebelkraft F ist zu sehen, daß F nur noch von der Normalkraft F_N und dem Verhältnis der beiden Hebelarme l_1 und l abhängig ist, und daß für *beide* Drehrichtungen die Bremswirkung gleichbleibend ist.

$$F = F_N \frac{l_1}{l}$$ *Hebelkraft*

Die Backenbremse mit tangentialem Drehpunkt ist besonders in den Fällen geeignet, wo für beide Richtungen gleiche Bremswirkung verlangt wird, z. B. bei Fahrwerkbremsen.

Beachte: Da bei einer Bremse keine der beiden Größen F_N und l_1 gleich Null werden kann, ist Selbsthemmung *nicht möglich.*

3.4.6.2. Bandbremse

Bei der Bandbremse wird die Bremswirkung durch Seilreibung (Bandreibung) erzielt. Für die Spannkräfte F_1 und F_2 an den Bandenden und für die Reibkraft F_R gelten die Beziehungen aus 3.4.5.

$$F_1 = F_2 \, e^{\mu\alpha}$$

$$F_R = F_1 - F_2 = F_2 (e^{\mu\alpha} - 1) = F_1 \frac{(e^{\mu\alpha} - 1)}{e^{\mu\alpha}}$$

a) Einfache Bandbremse

Bei der einfachen Bandbremse ist ein Bandende am Bremshebeldrehpunkt befestigt, das andere am Bremshebel. Durch die Hebelkraft F wird das Band gespannt, und bei Drehung der Bremsscheibe entstehen in den Bandenden infolge der Seilreibung unterschiedliche Spannkräfte F_1 und F_2.

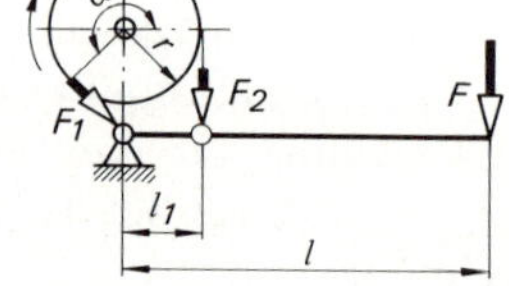

Die Kräfte F_1, F_2 und F_R wirken bei Rechtslauf in den eingezeichneten Richtungen *auf das Bremsband.*

Am Bremshebel herrscht Momentengleichgewicht (Ruhe). Beziehen wir die Kraftmomente auf den Hebeldrehpunkt, dann hat die Kraft F_1 kein Moment. Die Spannkraft F_2 wird also von der Hebelkraft F und den Hebellängen l und l_1 bestimmt.

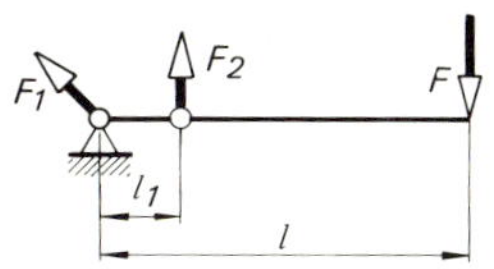

$$\Sigma M = 0 = F_2 l_1 - Fl \qquad F_2 = F\frac{l}{l_1}$$

Nach den Gesetzen der Seilreibung können wir aus der Kraft F_2 die Bandreibkraft F_R = Bremskraft an der Bremsscheibe ermitteln. Sie wirkt im Abstand r von der Bremsscheibenmitte und erzeugt das *Bremsmoment* $M = F_R\, r$.

$$F_R = F_2(e^{\mu\alpha} - 1) = F\frac{l}{l_1}(e^{\mu\alpha} - 1)$$

$$M = F_R\, r = Fr\frac{l}{l_1}(e^{\mu\alpha} - 1) \qquad \textit{Bremsmoment}$$

Aus der Gleichung erkennen wir, daß das Bremsmoment vergrößert werden kann durch größere Hebelkraft F, größeren Scheibenradius r, größere Hebellänge l, kleineren Bandabstand l_1, größere Reibzahl μ, größeren Umschlingungswinkel α.

Selbsthemmung ist nicht möglich.

Bei Linkslauf wechseln F_1 und F_2 ihre Angriffspunkte. Für die gleiche Bremswirkung wäre dann eine erheblich größere Hebelkraft F erforderlich. Die einfache Bandbremse wird darum nur für *einen* Drehsinn verwendet.

b) Summenbremse

Die Summenbremse hat einen zweiarmigen gespreizten Winkelhebel. Die Bandenden sind an den beiden gleichlangen Spreizarmen befestigt. Beim Anziehen der Bremse werden beide Bandenden gleichzeitig gespannt.

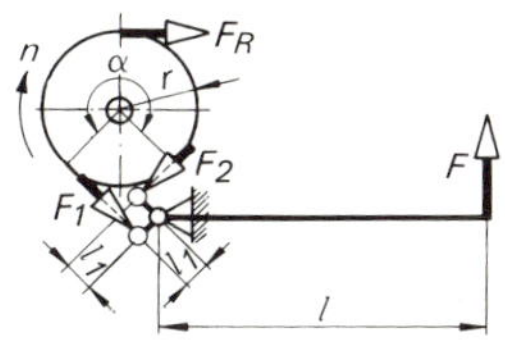

Die Kräfte F_1, F_2 und F_R wirken bei Rechtslauf *auf das Bremsband*.

Am Bremshebel herrscht Momentengleichgewicht. Bezogen auf den Hebeldrehpunkt haben jetzt *beide* Bandkräfte ein Kraftmoment, und zwar im gleichen Drehsinn.

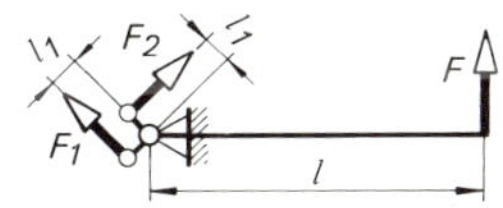

$$\Sigma M = 0 = Fl - (F_1 + F_2)\, l_1$$

Wir lösen die Momentengleichgewichtsbedingung nach $F_1 + F_2$ auf. Dann ersetzen wir schrittweise nach den Gesetzen der Seilreibung F_1 durch F_2 und F_2 durch F_r und erhalten schließlich eine Gleichung für das *Bremsmoment M*.

$$F_1 + F_2 = F\frac{l}{l_1} = F_2\, e^{\mu\alpha} + F_2 = F_2(e^{\mu\alpha} + 1)$$

$$F_2 = \frac{F_R}{e^{\mu\alpha} - 1} \text{ eingesetzt:}$$

$$F\frac{l}{l_1} = F_R\frac{e^{\mu\alpha} + 1}{e^{\mu\alpha} - 1} \rightarrow F_R = F\frac{l}{l_1}\cdot\frac{e^{\mu\alpha} - 1}{e^{\mu\alpha} + 1}$$

$$M = F_R\, r = Fr\frac{l}{l_1}\cdot\frac{e^{\mu\alpha} - 1}{e^{\mu\alpha} + 1} \qquad \textit{Bremsmoment}$$

Bei Linkslauf wechseln F_1 und F_2 zwar ihre Angriffspunkte. Das ändert aber wegen der gleichen Abstände l_1 und dem gleichen Momentendrehsinn nichts an den Gleichgewichtsverhältnissen. Das Bremsmoment ist für Rechts- und Linkslauf gleich.

Der Vergleich mit der Bremsmomentgleichung für die einfache Bandbremse zeigt den Nachteil der Summenbremse:

Bei gleicher Hebelkraft F beträgt das Bremsmoment der Summenbremse nur den $(e^{\mu\alpha} + 1)$-ten Teil von dem der einfachen Bandbremse.

Selbsthemmung ist nicht möglich.

c) Differenzbremse

Auch die Differenzbremse hat einen zweiarmigen Bremshebel. Die Bandenden sind aber auf verschiedenen Seiten des Hebeldrehpunktes befestigt. Beim Anziehen der Bremse wird das rechte Bandende gespannt, das linke dagegen entspannt. Die Bremse kann also nur dann funktionieren, wenn der Abstand $l_2 > l_1$ ist.

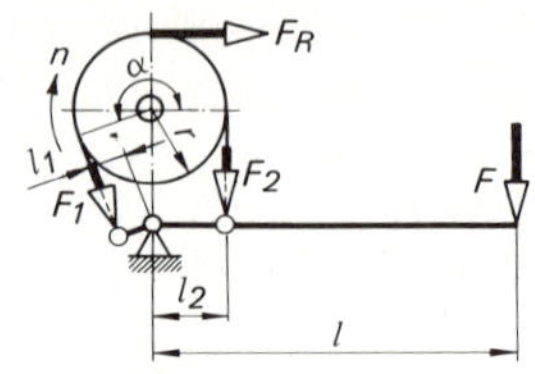

Die eingezeichneten Kräfte F_1, F_2 und F_R wirken bei Rechtslauf *auf das Bremsband*.

Die Betrachtung des Momentengleichgewichts zeigt, daß die Kraft F_1 mit ihrem Moment das Moment der Hebelkraft *unterstützt* und dadurch die Bremswirkung verstärkt.

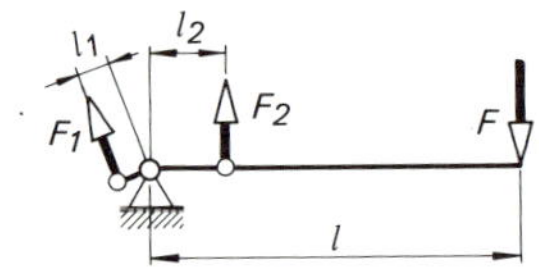

$$\Sigma M = 0 = F_2\, l_2 - F_1\, l_1 - F\, l$$

Wir lösen die Momentengleichgewichtsbedingung nach Fl auf und ersetzen wieder schrittweise F_1 durch F_2 und F_2 durch F_R und erhalten daraus die Gleichung für das *Bremsmoment M*.

$F l = F_2\, l_2 - F_1\, l_1$; mit $F_1 = F_2\, e^{\mu\alpha}$ wird

$F l = F_2\, l_2 - F_2\, e^{\mu\alpha}\, l_1 = F_2(l_2 - l_1\, e^{\mu\alpha})$;

mit $F_2 = \dfrac{F_R}{e^{\mu\alpha} - 1}$ wird

$$F\, l = F_R\, \frac{l_2 - l_1\, e^{\mu\alpha}}{e^{\mu\alpha} - 1} \rightarrow F_R = F\, l\, \frac{e^{\mu\alpha} - 1}{l_2 - l_1\, e^{\mu\alpha}}$$

$$M = F_R\, r = F r\, l\, \frac{e^{\mu\alpha} - 1}{l_2 - l_1\, e^{\mu\alpha}}$$ *Bremsmoment*

Aus der Gleichung erkennen wir, daß mit zunehmendem Abstand l_1 die Nennerdifferenz immer kleiner wird und schließlich gegen null geht. Das Bremsmoment wird unendlich groß, d.h. die Kraft F_1 zieht allein die Bremse an, auch wenn die Hebelkraft $F = 0$ ist. Dann liegt *Selbsthemmung* vor.

Selbsthemmung tritt bei Rechtslauf ein, wenn

$l_2 - l_1\, e^{\mu\alpha} \leqq 0$

wird. Daraus ergibt sich die

Selbsthemmungsbedingung

$$l_2 \leqq l_1\, e^{\mu\alpha}$$

Bei Linkslauf vertauschen F_1 und F_2 ihre Angriffspunkte. Dann wirkt die *größere* Bandspannkraft beim Anziehen der Bremse der Hebelkraft F *entgegen*, die nur von der *kleineren* Spannkraft F_2 *unterstützt* wird. Soll die gleiche Bremswirkung erreicht werden, dann ist also eine erheblich größere Hebelkraft F erforderlich. Aus diesem Grund wird die Differenzbremse nur für *eine* Drehrichtung verwendet, z.B. an Bauaufzügen.

Der Vergleich mit der einfachen Bandbremse zeigt den Vorteil der Differenzbremse:

Bei gleicher Hebelkraft F ist das Bremsmoment größer, denn hier ist die Nennerdifferenz $l_2 - l_1\, e^{\mu\alpha}$ kleiner als der Nenner l_1 bei der einfachen Bandbremse.

Beachte: Der Abstand l_2 bei der Differenzbremse entspricht dem Abstand l_1 bei der einfachen Bandbremse.

3.4.7. Rollwiderstand (Rollreibung)

Betrachten wir einen Rollkörper und seine Unterlage als absolut starre Körper, dann ist Rollen nur infolge der tangential wirkenden Haftreibkraft möglich. Sonst müßte der Rollkörper auf der Unterlage gleiten.

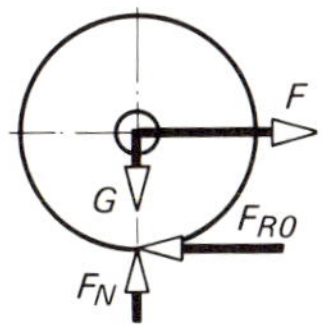

Freigemachter „starrer" Rollkörper

Tatsächlich drückt sich der Rollkörper etwas in die Unterlage ein und er verformt sich auch selbst geringfügig. Wir können hier also nicht mehr von „echter" Reibung sprechen, sondern müssen uns den Rollvorgang als ein fortwährendes Kippen über die Kante D vorstellen (vgl. 2.5.2. Standsicherheit).

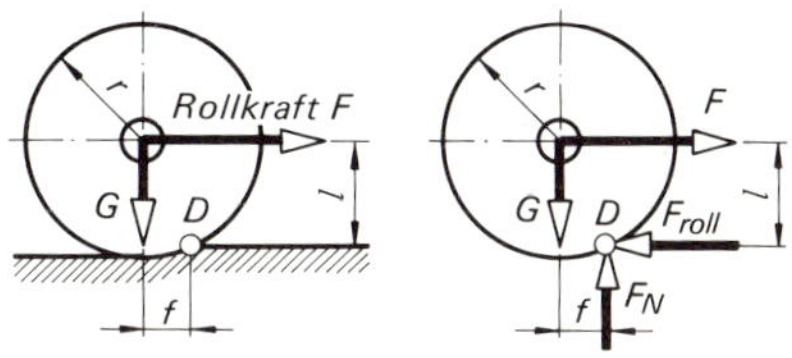

„Wirklicher" Rollkörper

Bei gleichförmiger Rollbewegung herrscht Gleichgewicht. Aus der Momentengleichgewichtsbedingung erhalten wir eine Gleichung für die *Rollkraft* F. Wegen der geringen Eindrücktiefe können wir in dieser Gleichung den Kippabstand l gleich dem Rollradius r setzen.

$\Sigma M_{(D)} = 0 = G f - F l; \quad l \approx r$

$$F = G\frac{f}{r}$$ *Rollkraft*

F, G	f	r
N	cm	cm

Die Gewichtskraft steht hier für die Belastung der Radachse.

Die Rollkraftgleichung zeigt, daß die Rollkraft F mit zunehmendem Rollradius r kleiner wird.

Beachte: Große Räder oder Kugeln rollen leichter als kleinere.

Den Abstand f bezeichnet man als „Hebelarm der Rollreibung". Er ist abhängig vom Werkstoff der Unterlage und des Rollkörpers und wird gewöhnlich in cm angegeben. Aus diesem Grund setzen wir in die Gleichung auch den Rollradius r zweckmäßig in cm ein.

Werte für den Hebelarm der Rollreibung:
Für Grauguß und Stahl auf Stahl ist $f \approx 0{,}05$ cm,
für gehärtete Stahlrollen und -kugeln auf gehärteten Laufringen (Wälzlager) ist $f \approx 0{,}0005 \ldots 0{,}001$ cm.

3.4.8. Fahrwiderstand

Wird ein Fahrzeug mit konstanter Geschwindigkeit auf *horizontaler* Fahrbahn fortbewegt, sind Widerstände zu überwinden:

der Luftwiderstand,
der Rollwiderstand,
der Widerstand durch Lagerreibung.

Die beiden letzten faßt man zum *Fahrwiderstand* F_w zusammen.

$$F_w = F_N \mu_f$$ *Fahrwiderstand*

F_N gesamte Normalkraft (Anpreßkraft des Fahrzeugs an *allen* Rädern).
Bei horizontaler Fahrbahn ist die Normalkraft F_N gleich der Gewichtskraft G des Fahrzeugs.

μ_f Fahrwiderstandszahl; sie wird durch Versuche ermittelt.

Bei horizontaler Fahrbahn ist die erforderliche Zugkraft F_z gleich dem Fahrwiderstand (ohne Luftwiderstand).

Bei *geneigter* Fahrbahn ist zusätzlich die *Hangabtriebskraft* $F_a = G \sin\alpha$ zu überwinden. Sie ist oft erheblich größer als der Fahrwiderstand. α ist der Neigungswinkel der Fahrbahn zur Waagerechten.

Erfahrungswerte für μ_f:

Eisenbahn	0,0025
Straßenbahn mit Wälzlagern	0,005
Straßenbahn mit Gleitlagern	0,018
Kraftfahrzeug auf Asphalt	0,025
Drahtseilbahn	0,01

Damit sich die Räder drehen, muß die Haftreibkraft $F_{R0\,max}$ zwischen Rädern und Fahrbahn größer sein als der Fahrwiderstand F_w. Daraus ergibt sich die *Rollbedingung* $\mu_0 \geqslant \mu_f$. Bei $\mu_0 < \mu_f$ gleiten die Räder auf der Fahrbahn.

Für die Rollbewegung ist erforderlich, daß $F_{R0\,max} \geqslant F_w$, d.h. $F_N \mu_0 \geqslant F_N \mu_f$ ist.

$\mu_0 \geqq \mu_f$ *Rollbedingung*

3.4.9. Übungen zum Rollwiderstand und Fahrwiderstand

1. Übung: Die Laufachse einer Lokomotive mit zwei Rädern von 1,1 m Durchmesser hat 1,2 t Masse. Sie soll durch eine in Achsmitte angreifende Kraft F auf waagerechten Schienen in gleichförmiger Bewegung gehalten werden. Der Hebelarm der Rollreibung beträgt 0,05 cm.

Wie groß sind die erforderliche Rollkraft F und der Rollwiderstand F_{roll}?

Gegeben:
Durchmesser $d = 2r = 1{,}1$ m
Masse $m = 1{,}2 \cdot 10^3$ kg
Hebelarm $f = 0{,}05$ cm

Gesucht:
Rollkraft F, Rollwiderstand F_{roll}

Lösung: Wir können die Rollkraft F mit der in 3.4.7 entwickelten Gleichung bestimmen.

Der Rollwiderstand F_{roll} ist hier gleich der Rollkraft F.

$$F = G\frac{f}{r} = mg\frac{f}{r}$$

$$F = 1{,}2 \cdot 10^3\,\text{kg} \cdot 9{,}81\,\frac{\text{m}}{\text{s}^2} \cdot \frac{5 \cdot 10^{-4}\,\text{m}}{5{,}5 \cdot 10^{-1}\,\text{m}}$$

$$F = 10{,}7\,\text{N} = F_{roll}$$

2. Übung: Der Tisch einer Werkzeugmaschine läuft auf einer Zylinderrollenführung. Er belastet die Rollen mit einer Kraft $F_1 = 1800$ N. Rollen und Führungsschienen sind gehärtet ($f = 0{,}001$ cm). Die Rollen haben 18 mm Durchmesser.

Welche Kraft braucht man, um den Tisch zu verschieben?

Gegeben:
Belastung $F_1 = 1{,}8 \cdot 10^3$ N
Hebelarm $f = 10^{-5}$ m
Rollendurchmesser $d = 18 \cdot 10^{-3}$ m

Gesucht:
Verschiebekraft F

Lösung: Wir dürfen alle Kräfte auf *eine* Rolle beziehen, denn ob an 100 Rollen je ein Hundertstel der Kräfte wirkt oder an einer Rolle alle Kräfte ist gleichgültig.

Die Gewichtskräfte der Rollen dürfen wir vernachlässigen, denn sie sind klein gegenüber der Belastung F_1.

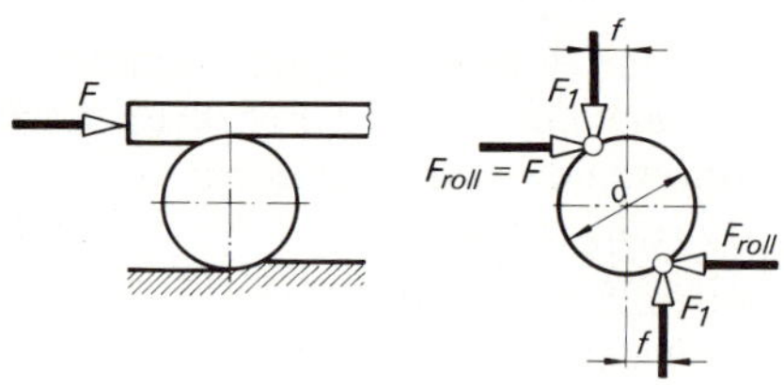

Rollwiderstand tritt an der unteren *und* an der oberen Führungsschiene auf.

Die Verschiebekraft F am Tisch hat ihre Gegenkraft im Rollwiderstand F_{roll} oben, folglich ist $F = F_{roll}$.

Das Rollmoment Fd ist gleich dem Lastmoment $F_1 \cdot 2f$. Für unterschiedliche Werkstoffe ist statt $2f$ die Summe $(f_1 + f_2)$ einzusetzen.

$$F_{roll}d = Fd = F_1 \cdot 2f$$

$$F = F_1\frac{2f}{d} = F_1\frac{2f}{2r} = F_1\frac{f}{r}$$

$$F = 1{,}8 \cdot 10^3\,\text{N} \cdot \frac{10^{-5}\,\text{m}}{9 \cdot 10^{-3}\,\text{m}} = 2\,\text{N}$$

3. Übung: Eine Kugel von 20 mm Durchmesser liegt auf einer schiefen Ebene.

Bei welchem Neigungswinkel α beginnt die Kugel zu rollen, wenn der Hebelarm der Rollreibung $f = 0{,}1$ cm beträgt?

Gegeben:
Durchmesser $d = 20$ mm
Hebelarm $f = 0{,}1$ cm

Gesucht:
Neigungswinkel α

Lösung: Die Kugel beginnt dann zu rollen, wenn die Wirklinie der Gewichtskraft G durch die „Kippkante" D geht (siehe 2.5.2). Die Rollkraft ist dann die Komponente $G \sin\alpha$, die „Belastung" die Komponente $G \cos\alpha$.

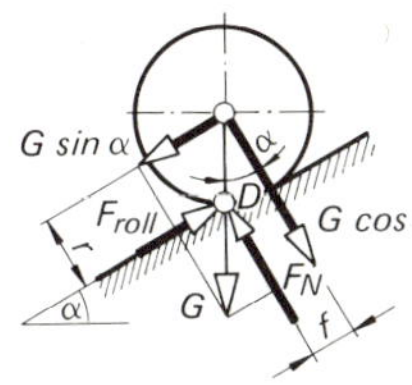

Das linksdrehende Kraftmoment $G \sin\alpha\, r$ ist gleich dem rechtsdrehenden Kraftmoment $G \cos\alpha\, f$. Damit ist der Lösungsansatz gefunden.

$$G \sin\alpha\, r = G \cos\alpha\, f$$

$$\frac{G \sin\alpha}{G \cos\alpha} = \frac{f}{r}$$

Die Diskussion der Gleichung $\tan\alpha = f/r$ läßt erkennen, daß mit zunehmendem Kugelradius r die Tangensfunktion und damit der Neigungswinkel kleiner wird: Große Rollkörper rollen leichter als kleine!

$$\tan\alpha = \frac{f}{r}$$

$$\alpha = \arctan\frac{f}{r} = \arctan\frac{0{,}1\text{ cm}}{1\text{ cm}} = 5{,}71°$$

4. Übung: Ein Kraftfahrzeug mit 1100 kg Masse wird auf einer waagerechten Asphaltstraße gleichförmig geschoben.

Wie groß ist der zu überwindende Fahrwiderstand F_w?

Gegeben:
Masse $m = 1{,}1 \cdot 10^3$ kg
Fahrwiderstandszahl $\mu_f = 0{,}025$ (siehe 3.4.8)

Gesucht:
Fahrwiderstand F_w

Lösung: Wir berechnen den Fahrwiderstand F_w aus der Normalkraft F_N und der Fahrwiderstandszahl μ_f. Die *gesamte* Normalkraft an den vier Rädern ist bei waagerechter Fahrbahn gleich der Gewichtskraft G = Masse m mal Fallbeschleunigung g. Die Fahrwiderstandszahl entnehmen wir den Erfahrungswerten (3.4.8).

$$F_w = F_N \mu_f = G \mu_f = m g \mu_f$$

$$F_w = 1{,}1 \cdot 10^3\,\text{kg} \cdot 9{,}81\,\frac{\text{m}}{\text{s}^2} \cdot 25 \cdot 10^{-3}$$

$$F_w = 270\,\frac{\text{kgm}}{\text{s}^2} = 270\text{ N}$$

5. Übung: Ein Güterzug mit 1000 t Masse fährt auf waagerechter Strecke mit konstanter Geschwindigkeit.

Wie groß sind der Fahrwiderstand F_w des ganzen Zuges und die Zugkraft am Zughaken der Lokomotive?

Gegeben:
Masse $m = 1000\text{ t} = 10^6$ kg
Fahrwiderstandszahl $\mu_f = 0{,}0025$

Gesucht:
Fahrwiderstand F_w, Zugkraft F_z

Lösung: Die Überlegungen zur Lösung dieser Aufgabe sind die gleichen wie in der 4. Übung. Lediglich die Beträge der Masse und der Fahrwiderstandszahl sind andere.

Da die Zugkraft nur den Fahrwiderstand zu überwinden hat, sind beide gleich groß.

$F_w = F_N \mu_f = G \mu_f = m g \mu_f$

$F_w = 10^6 \text{ kg} \cdot 9{,}81 \frac{\text{m}}{\text{s}^2} \cdot 2{,}5 \cdot 10^{-3}$

$F_w = 24{,}53 \cdot 10^3 \frac{\text{kgm}}{\text{s}^2} = 24530 \text{ N}$

$F_w = F_z = 24{,}53 \text{ kN}$

6. Übung: Derselbe Güterzug wie in der 5. Übung wird eine Steigung 1:100 gleichförmig bergauf gezogen.

Wie groß ist jetzt die erforderliche Zugkraft F_z?

Gegeben:

Dieselben Größen wie in Übung 5; zusätzlich Steigung 1:100, das heißt, der Tangens des Steigungswinkels beträgt 1/100, $\tan\alpha = 0{,}01$

Gesucht:

Zugkraft F_z

Lösung: Wir orientieren uns über die Kräfteverhältnisse anhand einer Lageskizze. Ob wir dabei den ganzen Zug betrachten oder nur *einen* Wagen mit der Masse $m = 1000$ t, ist gleichgültig. Wir erkennen:

Da Gleichgewicht herrscht, ist die Normalkraft $F_N = G \cos\alpha$. Außerdem muß die Zugkraft F_z gleich der Summe aus Fahrwiderstand F_w und Hangabtriebskraft $G \sin\alpha$ sein.

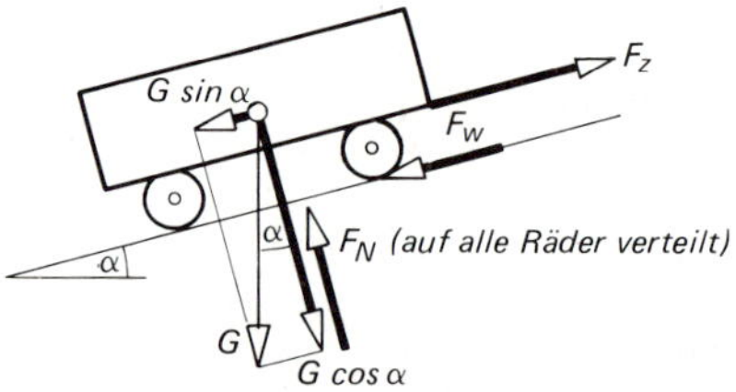

Zuerst ermitteln wir den Steigungswinkel α aus seiner Tangensfunktion. Der Winkel ist so klein, daß wir in der weiteren Rechnung $\sin\alpha = \tan\alpha = 0{,}01$ und $\cos\alpha = 1$ setzen dürfen.

$\alpha = 0{,}573° = 34{,}4'$

Dann setzen wir die Gleichgewichtsbedingung für die Kräfte in Richtung der Steigung an (x-Kräfte), und lösen schrittweise nach F_z auf.

$\Sigma F_x = 0 = F_z - F_w - G \sin\alpha$

$F_z = F_w + G \sin\alpha = F_N \mu_f + G \sin\alpha$

$F_z = G \cos\alpha \mu_f + G \sin\alpha = G(\mu_f \cos\alpha + \sin\alpha)$

$F_z = mg(\mu_f \cos\alpha + \sin\alpha);$

$\cos\alpha = 0{,}99995 \approx 1$ gesetzt:

Die Gleichung $F_z = mg(\mu_f + \sin\alpha)$ zeigt, daß der Steigungswinkel α die Zugkraft stark beeinflußt. Hier ist $\sin\alpha = 4\mu_f$, d.h. die Hangabtriebskraft $G \sin\alpha$ ist viermal so groß wie der Fahrwiderstand F_w.

$F_z = mg(\mu_f + \sin\alpha)$

$F_z = 10^6 \text{ kg} \cdot 9{,}81 \frac{\text{m}}{\text{s}^2} \cdot (0{,}0025 + 0{,}01)$

$F_z = 12{,}26 \cdot 10^4 \text{ N} = 122{,}6 \text{ kN}$

3.4.10. Rolle und Rollenzug

3.4.10.1. Feste Rolle (Leit- oder Umlenkrolle)

Die Achse der festen Rolle liegt räumlich fest. Ohne Reibung wäre die Zugkraft F im Seil gleich der Gewichtskraft G. Infolge der Zapfenreibung (siehe 3.4.3.1) ist beim Heben der Last die Zugkraft jedoch stets größer als die Gewichtskraft ($F > G$). Aber auch ohne Berücksichtigung der Zapfenreibung wäre $F > G$, denn die Reibung zwischen den einzelnen Drähten des Seils macht das Seil biegesteif. Dadurch weicht der auflaufende Seilstrang um die seitliche Auslenkung e_1 nach außen. Der ablaufende Seilstrang schmiegt sich um e_2 an die Rolle nach innen an. Dadurch vergrößert sich der Wirkabstand der Gewichtskraft G vom Rollendrehpunkt D auf den Betrag $r + e_1$, während sich der Wirkabstand der Zugkraft F auf $r - e_2$ verringert.

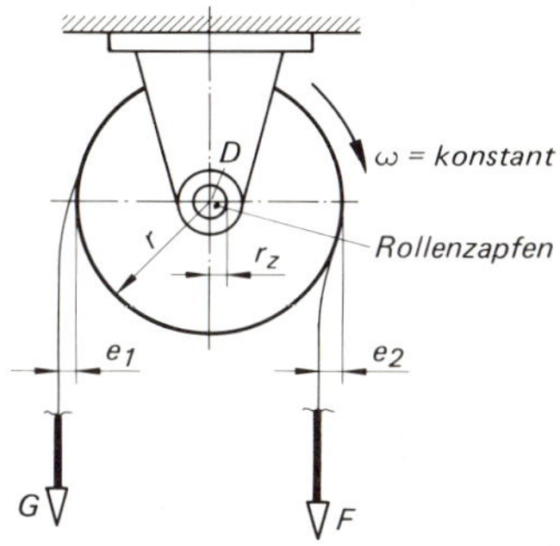

G Gewichtskraft
F Zugkraft
r Rollenradius
r_z Zapfenradius

Zur Gleichgewichtsbetrachtung skizzieren wir wie gewohnt die Lageskizze des Systems Rolle/Seil. Die praktisch kaum erfaßbaren Auslenkungen e_1 und e_2 sollen gleich groß sein, also $e_1 = e_2 = e$. Die Rolle dreht sich beim Heben der Last mit konstanter Winkelgeschwindigkeit ω rechts herum. Linksdrehend wirkt dann das Reibmoment $M_R = F_R\, r_z = F_N\, \mu r_z = (G + F)\, \mu r_z$.

Erläuterungen zum Reibmoment M_R siehe Abschnitt 3.4.3.1.

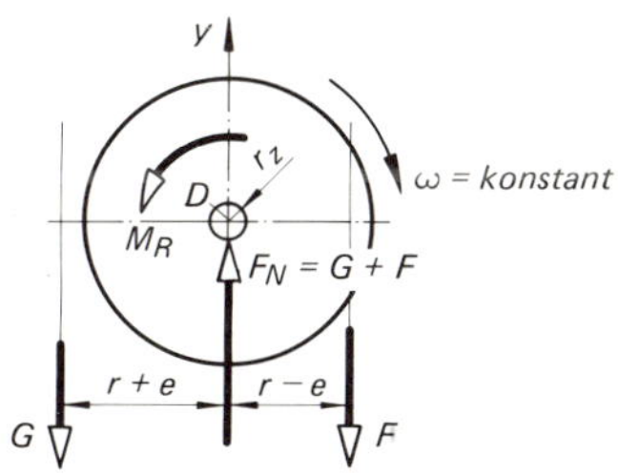

Lageskizze für Lastheben

Für die *Reibungsbetrachtung* am Rollenbolzen oder -zapfen kann die Zugkraft F ungefähr gleich der Gewichtskraft G gesetzt werden ($F \approx G$). Das Reibmoment wird dann $M_R = 2\, G \mu r_z$. Legen wir den Momentendrehpunkt D auf die Wirklinie der noch unbekannten Normalkraft F_N (Lagerkraft) in den Rollenmittelpunkt, so führt die algebraische Entwicklung zu einer Gleichung für die Zugkraft F.

$$\Sigma F_y = 0 = -G + F_N - F$$
$$F_N = G + F$$
$$\Sigma M_{(D)} = 0 = G(r + e) - F(r - e) + M_R$$
$$G(r + e) - F(r - e) + 2G\mu r_z = 0$$
$$F(r - e) = G(r + e + 2\mu r_z)$$

$$F = G\,\frac{r + e + 2\mu r_z}{r - e}$$

Zugkraft an der festen Rolle beim Lastheben

Nach Abschnitt 4.5.6 ist der Wirkungsgrad η das Verhältnis von Nutzarbeit W_n zur aufgewendeten Arbeit W_a. Die Nutzarbeit W_n ist hier das Produkt aus der Gewichtskraft G und dem Hubweg s, also $W_n = Gs$ (Hubarbeit). Entsprechend gilt für die aufgewendete Arbeit $W_a = Fs$. Kraft- und Lastweg sind gleich groß ($s_1 = s_2 = s$).

$$\eta_f = \frac{\text{Nutzarbeit } W_n}{\text{aufgewendete Arbeit } W_a} = \frac{Gs}{Fs}$$

$$\eta_f = \frac{G}{F} \quad \rightarrow \quad F = \frac{G}{\eta_f}$$

Mit den beiden Ausdrücken für die Zugkraft F stehen uns also zwei voneinander unabhängige Gleichungen mit zwei Unbekannten (F und η_f) zur Verfügung. Die Gleichsetzungsmethode führt hier am einfachsten zu einer Gleichung für den Wirkungsgrad η_f der festen Rolle.

$$F = \frac{G}{\eta_f} = G\,\frac{r + e + 2\mu r_z}{r - e}$$

$$\eta_f = \frac{r - e}{r + e + 2\mu r_z}$$

Wirkungsgrad der festen Rolle

Wie die Gleichung zeigt, ist der Wirkungsgrad η_f abhängig vom Rollenradius r, vom Zapfenradius r_z, von der Zapfenreibzahl μ und von der Auslenkung e. Die Größen r und r_z sind konstruktiv festgelegt, dagegen können Zapfenreibzahl μ und Auslenkung e nur angenommen werden. Dabei ist die Festlegung eines Auslenkungsbetrages am schwierigsten. Nun zeigt eine Rechnung mit bestimmten Beträgen von r, r_z und μ, bei $e = 0$; 0,5 mm; 1 mm und 2 mm die geringe Abhängigkeit des Wirkungsgrades η_f vom Auslenkungsbetrag e. Es ist daher berechtigt, mit einem *Mittelwert* $\eta_f = 0{,}95$ zu rechnen.

Berechnungsbeispiel:

Für $r = 200$ mm, $r_z = 30$ mm und $\mu = 0{,}15$ sowie $e_1 = 0$; $e_2 = 0{,}5$ mm; $e_3 = 1$ mm und $e_4 = 2$ mm liefert die Wirkungsgradgleichung:

$\eta_{f1} = 0{,}957 \approx 0{,}96$ für $e_1 = 0$
$\eta_{f2} = 0{,}952 \approx 0{,}95$ für $e_2 = 0{,}5$ mm
$\eta_{f3} = 0{,}948 \approx 0{,}95$ für $e_3 = 1$ mm
$\eta_{f4} = 0{,}938 \approx 0{,}94$ für $e_4 = 2$ mm

3.4.10.2. Lose Rolle

Die Last mit der Gewichtskraft G hängt an der Achse der losen Rolle und verteilt sich daher auf *zwei* Seilstränge. Der eine Strang ist z.B. an der Auslegerspitze eines Drehkrans befestigt, am anderen Strang greift die Zugkraft F an. War bei der festen Rolle ohne Reibungsverluste $F = G$, so ist bei der losen Rolle $F = F_s = G/2$. Die aufgewendete Arbeit ist $W_a = Fs_1$, die Nutzarbeit $W_n = Gs_2$. Ohne Reibungsverluste sind beide Beträge gleich groß, also $Fs_1 = Gs_2$. Mit $F = G/2$ wird dann $Gs_1/2 = Gs_2$, also auch $s_1 = 2s_2$. Der Kraftweg s_1 ist doppelt so groß wie der Lastweg s_2.

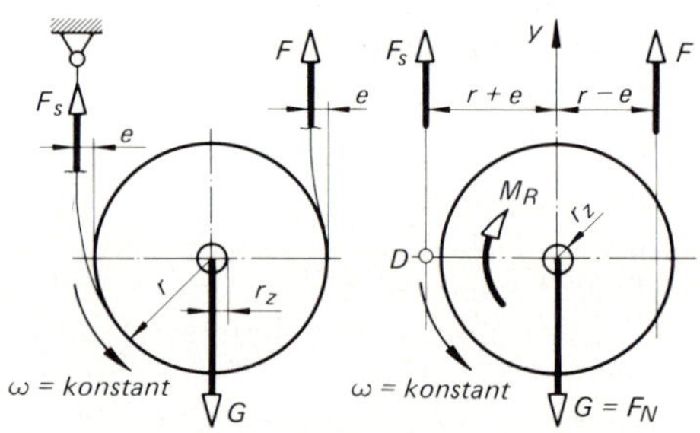

Lageskizze für Lastheben

Wie bei der festen Rolle stellen wir die Gleichgewichtsbedingungen nach der Lageskizze auf. Auch hier wird angenommen, daß die seitliche Auslenkung am auf- und am ablaufenden Seilstrang gleich groß ist ($e_1 = e_2 = e$).

Den Momentendrehpunkt D legen wir auf die Wirklinie der Seilkraft F_s, weil die Entwicklung der Momentengleichgewichtsbedingung dann zu einer Gleichung mit nur einer Unbekannten führt (Zugkraft F).

$$\Sigma F_y = 0 = F_s - G + F$$
$$G = F_s + F$$
$$\Sigma M_{(D)} = 0 = -G(r+e) - M_R + F\overbrace{(r - e + r + e)}^{2r}$$
$$M_R = F_R r_z = F_N \mu r_z = G \mu r_z$$
$$2Fr = G(r+e) + G\mu r_z = G(r + e + \mu r_z)$$

$$F = \frac{G}{2}\,\frac{r + e + \mu r_z}{r}$$

Zugkraft an der losen Rolle beim Lastheben

Auch bei Berücksichtigung der Reibung gilt für den Kraftweg $s_1 = 2s_2$. Allerdings bleibt nicht mehr $F = G/2$. Mit der Nutzarbeit $W_n = G s_2$ und der aufgewendeten Arbeit $W_a = F s_1 = F \cdot 2 s_2$ erhalten wir wie bei der festen Rolle eine Gleichung für den Wirkungsgrad η_l der losen Rolle und daraus eine Gleichung für die Zugkraft F.

$$\eta_l = \frac{W_n}{W_a} = \frac{G s_2}{F 2 s_2}$$

$$\eta_l = \frac{G}{2F} \quad \rightarrow \quad F = \frac{G}{2\eta_l}$$

Wie bei der festen Rolle verfügen wir auch hier über zwei voneinander unabhängige Gleichungen für die Zugkraft F, die wir gleichsetzen und nach dem Wirkungsgrad η_l auflösen können.

$$F = \frac{G}{2\eta_l} = \frac{G}{2}\,\frac{r + e + \mu r_z}{r}$$

$$\eta_l = \frac{r}{r + e + \mu r_z}$$

Wirkungsgrad der losen Rolle

Ein Vergleich der beiden Gleichungen für die Wirkungsgrade η_l und η_f zeigt, daß der Zähler in der Wirkungsgradgleichung für die lose Rolle größer ist als der Zähler in der Gleichung für die feste Rolle. Dagegen ist der Nenner bei η_l kleiner als bei η_f. Folglich ist der Wirkungsgrad η_l der losen Rolle größer als der Wirkungsgrad η_f der festen Rolle ($\eta_l > \eta_f$).

Zählervergleich: $r > r - e$
Nennervergleich: $r + e + \mu r_z < r + e + 2\mu r_z$
folglich ist
$\eta_l > \eta_f$

Das wird rechnerisch bestätigt mit den für die feste Rolle angenommenen Größen (siehe oben). Für praktische Rechnungen verzichtet man jedoch auf unterschiedliche Beträge für die Wirkungsgrade der festen und der losen Rolle. Man rechnet mit $\eta_f = \eta_l = \eta = 0{,}96$ für Gleitlagerung der Rolle ($\eta = 0{,}98$ für Wälzlagerung).

Für $r = 200$ mm, $r_z = 30$ mm, $\mu = 0{,}15$ und $e = 1$ mm wird der Wirkungsgrad für die lose Rolle:

$$\eta_l = \frac{r}{r + e + \mu r_z}$$

$$\eta_l = \frac{200\ \text{mm}}{(200 + 1 + 0{,}15 \cdot 30)\ \text{mm}}$$

$$\eta_l = 0{,}973 > \eta_f = 0{,}948$$

3.4.10.3. Rollenzug

Rollenzüge sind Übersetzungsmittel zwischen Last und Kraft. Sie bestehen aus festen und losen Rollen, die in Flaschen (Kloben) gelagert sind. Die Rollen können untereinander oder auch nebeneinander liegen. Das eine Seilende ist mit einer Flasche verbunden, am anderen Ende greift die Zugkraft F an.

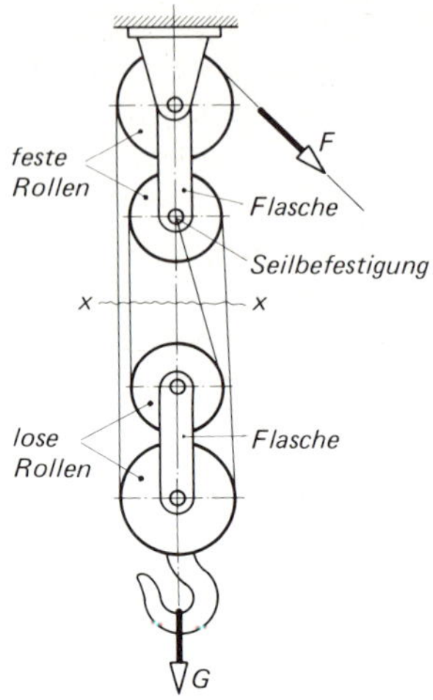

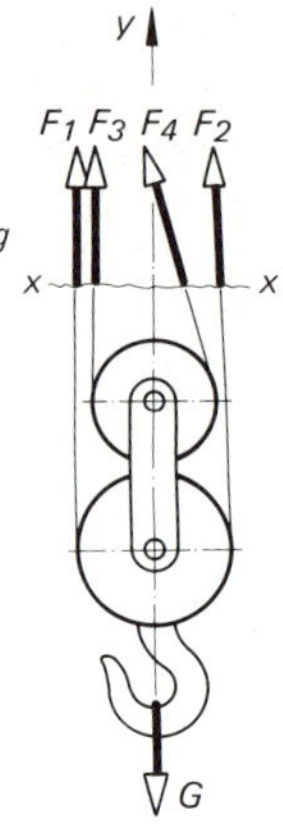

Lageskizze der unteren Flasche

Zur statischen Analyse des skizzierten Rollenzuges beim Heben der Last wird die untere Flasche freigemacht. Der Schnitt x–x trifft hier *vier* tragende Seilstränge. Für alle Rollen soll der Wirkungsgrad gleich groß sein ($\eta_f = \eta_l = \eta$). Mit den für feste und lose Rollen entwickelten Gleichungen ist dann $F_1 = \eta F$, $F_2 = \eta F_1 = \eta^2 F$, $F_3 = \eta F_2 = \eta^3 F$ und $F_4 = \eta^4 F$. Damit kann die Kräftegleichgewichtsbedingung $\Sigma F_y = 0$ aufgestellt werden.

$$\Sigma F_y = 0 = F_1 + F_2 + F_3 + F_4 - G$$
$$\eta F + \eta^2 F + \eta^3 F + \eta^4 F = G$$
$$F(\eta + \eta^2 + \eta^3 + \eta^4) = G$$
$$F = G\frac{1}{\eta + \eta^2 + \eta^3 + \eta^4} = G\frac{1}{\eta(1 + \eta + \eta^2 + \eta^3)}$$

Der Ausdruck $(1 + \eta + \eta^2 + \eta^3)$ läßt sich algebraisch vereinfachen. Es ist

$$1 + \eta + \eta^2 + \eta^3 = \frac{1 - \eta^4}{1 - \eta}$$

Der Beweis läßt sich durch Polynomdivision führen, indem man $1 - \eta^4$ durch $1 - \eta$ teilt (siehe Technikerhandbuch).

$$F = G\frac{1 - \eta}{\eta(1 - \eta^4)} = mg\frac{1 - \eta}{\eta(1 - \eta^4)}$$

Der spezielle Fall mit vier tragenden Seilsträngen kann leicht auf beliebige Konstruktionen mit n tragenden Seilsträngen erweitert werden. Als Exponent steht dann „n" statt „4" in der Zugkraftgleichung des Rollenzugs.

$$F = mg\frac{1 - \eta}{\eta(1 - \eta^n)}$$

Zugkraftgleichung für Rollenzüge mit n tragenden Seilsträngen beim Lastheben

Von den „Lasten", die mit Rollenzügen bewegt werden sollen, ist meistens die Masse m in kg bekannt. Aus diesem Grunde wird nach 4.4.3 ($G = mg$) die Zugkraftgleichung mit der Masse m geschrieben (Fallbeschleunigung $g = 9{,}81$ m/s²).

Eine Beziehung zwischen dem Kraftweg s_1 und dem Lastweg s_2 läßt sich wie bei der losen Rolle mit der Nutzarbeit $W_n = G s_2$ und der aufgewendeten Arbeit $W_a = F s_1$ herleiten. Ohne Reibungsverluste ist auch hier $W_n = W_a$, und die Gewichtskraft G ist gleich dem n-fachen der Zugkraft F ($G = nF$ oder $F = G/n$). Beispielsweise ist bei der losen Rolle $G = 2F$, weil $n = 2$ tragende Seilstränge vorhanden sind.

$$W_n = W_a$$
$$G s_2 = F s_1 \quad (G = nF)$$
$$nF s_2 = F s_1$$

$$s_1 = n s_2$$

Weggleichung für Rollenzüge mit n tragenden Seilsträngen

Mit der Weggleichung $s_1 = ns_2$ kann nun wie bei den Rollen eine Wirkungsgradgleichung für den Rollenzug entwickelt werden. Ausgangsgleichung ist die allgemeine Wirkungsgradgleichung $\eta_r = W_n / W_a$ mit der Nutzarbeit $W_n = Gs_2$ und der aufgewendeten Arbeit $W_a = Fs_1 = Fns_2$.

$$\eta_r = \frac{W_n}{W_a} = \frac{Gs_2}{Fs_1} = \frac{Gs_2}{nFs_2}$$

$$\eta_r = \frac{G}{nF} \quad \rightarrow \quad F = \frac{G}{n\eta_r}$$

Auch hier liegen wieder zwei voneinander unabhängige Gleichungen für die Zugkraft F vor, die gleichgesetzt und nach dem Wirkungsgrad η_r des Rollenzuges aufgelöst werden können.

Darin steht mit η der Wirkungsgrad der einzelnen Rolle, wobei zwischen fester und loser Rolle nicht unterschieden wird ($\eta_f = \eta_l = \eta = 0{,}96$).

$$F = \frac{G}{n\eta_r} = G\,\frac{1-\eta}{\eta(1-\eta^n)}$$

$$\eta_r = \frac{\eta(1-\eta^n)}{n(1-\eta)}$$

Wirkungsgrad η_r des Rollenzuges für n tragende Seilstränge

Die folgende Tabelle gibt Werte für den *Wirkungsgrad* η_r in Abhängigkeit von der Anzahl n der tragenden Seilstränge an ($\eta = 0{,}96$):

n	1	2	3	4	5	6	7	8	9	10
η_r	0,960	0,941	0,922	0,904	0,886	0,869	0,852	0,836	0,820	0,804

3.4.10.4. Übung zum Rollenzug

Mit dem in 3.4.10.3 skizzierten Rollenzug soll ein Werkstück von 900 kg Masse auf eine Höhe von 7 m gehoben werden.

Berechne:

a) die Zugkraft F im Seil beim Heben,

b) die Länge s_1 des ablaufenden Seilstrangs!

Gegeben:

Masse $m = 900$ kg

Anzahl der tragenden Seilstränge $n = 4$

Lastweg $s_2 = 7$ m

Rollenwirkungsgrad $\eta = 0{,}96$

Gesucht:

Zugkraft F, Ablauflänge s_1

Lösung:

a) Die Zugkraft F beim Lastheben wird mit der Zugkraftgleichung für Rollenzüge für $n = 4$ tragende Seilstränge berechnet.

$$F = mg\,\frac{1-\eta}{\eta(1-\eta^n)}$$

$$F = 900\text{ kg} \cdot 9{,}81\,\frac{\text{m}}{\text{s}^2} \cdot \frac{1-0{,}96}{0{,}96 \cdot (1-0{,}96^4)}$$

$$F = 2442\,\frac{\text{kgm}}{\text{s}^2} = 2442\text{ N}$$

b) Nach der Weggleichung für Rollenzüge ist der Kraftweg s_1 (Ablauflänge) n mal so groß wie der Lastweg s_2, hier also 4 mal so groß.

$$s_1 = ns_2 = 4 \cdot 7\text{ m} = 28\text{ m}$$

4. Dynamik

4.1. Allgemeine Bewegungslehre

4.1.1. Größen und *v,t*-Diagramm, Ordnung der Bewegungen

In der Bewegungslehre[1]) entwickeln wir Gleichungen, mit denen sich die Ortsveränderung von Körpern und Körperpunkten beschreiben und berechnen läßt. Die Ursachen der Ortsveränderung, also die einwirkenden Kräfte und Kraftmomente, werden in der Bewegungslehre nicht untersucht.

Beispiel:
Der Stößel einer Waagerecht-Stoßmaschine wird aus der Ruhelage heraus beschleunigt.
Die Abmessungen aller Bauteile, die diese Bewegung in den Stößel einleiten, hängen vom Betrag der Beschleunigung ab.
Also muß dieser Betrag berechnet werden.

Wir können Längenabschnitte und Zeitabschnitte messen. Die Länge des Weges, den ein Körper (oder ein Punkt dieses Körpers) durchläuft, nennen wir „Wegabschnitt" und benutzen dafür das Kurzzeichen „Δs". Ebenso sprechen wir vom „Zeitabschnitt Δt", wenn wir z. B. die Anzahl Sekunden (s) angeben, die während der Ortsveränderung vergangen sind.

Hinweis: Wege (Wegabschnitte) werden mit dem Buchstaben s bezeichnet (von lat. spatium), Zeiten (Zeitabschnitte) mit dem Buchstaben t (lat. tempus).
Der griechische Buchstabe Delta (Δ) steht für „Differenz", weil Weg- und Zeitabschnitte Differenzen von Längen und Zeiten sind:

$\Delta s = s_2 - s_1 \qquad \Delta t = t_2 - t_1$

Gesprochen wird „Delta-es" und „Delta-te", also nicht etwa „Delta mal s".

Unsere Vorstellung wird klarer und das Verständnis erleichtert, wenn wir uns immer nur auf einen *Punkt* des bewegten Körpers konzentrieren.

Beispiel:
Bei der umlaufenden Schleifscheibe beobachten wir die Bewegung eines Schleifkornes am Scheibenumfang.

Wegabschnitt Δs und Zeitabschnitt Δt sind sogenannte Basisgrößen, sie können direkt gemessen werden. Die zugehörigen Einheiten sind die Basiseinheiten Meter (Kurzzeichen m) und Sekunde (Kurzzeichen s).

Geschwindigkeit v (lat. velocitas) und Beschleunigung a (lat. acceleratio) sind die aus den Basisgrößen abgeleiteten Größen der Bewegung. Man unterscheidet also Basisgrößen und abgeleitete Größen.

Zusammenstellung der Größen der Bewegung und ihrer Einheiten:

Wegabschnitt Δs	in m
Zeitabschnitt Δt	in s
Geschwindigkeit v	in $\frac{\text{m}}{\text{s}}$
Beschleunigung a (Verzögerung)	in $\frac{\text{m}}{\text{s}^2}$

Beachte: Zeichen für Beschleunigung *und* Verzögerung ist der Buchstabe a.

[1]) Die Bewegungslehre wird auch als Kinematik bezeichnet.

Die Bewegungen eines Körperpunktes können wir zeitlich oder/und räumlich ordnen.

Zeitliche Ordnung (Bewegungs*zustand*):

1. gleichförmige Bewegung,
2. ungleichförmige Bewegung.

Räumliche Ordnung (Bewegungs*bahn*):

1. geradlinige Bewegung,
2. krummlinige Bewegung.

Die ungleichförmige Bewegung wird auch als beschleunigte oder verzögerte Bewegung bezeichnet.

Spezialfall der krummlinigen Bewegung ist die Kreisbewegung (Bewegung auf einer Kreisbahn).

Beispiele:

Vorschubbewegungen an Werkzeugmaschinen sind meist geradlinig gleichförmige Bewegungen.

Der freie Fall ist eine geradlinig ungleichförmige Bewegung (beschleunigte Bewegung).

Ein Punkt am Umfang einer Schleifscheibe bewegt sich krummlinig gleichförmig (gleichförmig auf einer Kreisbahn).

Beim Auslaufen einer Schleifscheibe bewegt sich ein Schleifkorn krummlinig ungleichförmig (verzögert auf einer Kreisbahn).

Kennzeichen der *ungleichförmigen* Bewegung ist die Beschleunigung oder die Verzögerung. Beim beschleunigt bewegten Körper nimmt die Geschwindigkeit fortwährend zu, beim verzögert bewegten Körper nimmt sie laufend ab. Kurz sagt man: Bei der *ungleichförmigen* Bewegung ist stets $v \neq$ konstant.

Beispiele:

Freier Fall ist eine gleichmäßig beschleunigte Bewegung, senkrechter Wurf nach oben eine gleichmäßig verzögerte.

Der Stößel der Waagerecht-Stoßmaschine dagegen bewegt sich ungleichmäßig beschleunigt und verzögert.

Von besonderer Bedeutung sind die Fälle, in denen die Zu- oder Abnahme der Geschwindigkeit v in gleichen Zeitabschnitten Δt gleich groß bleibt (konstante Zu- oder Abnahme). Man spricht dann von einer *gleichmäßig* beschleunigten oder verzögerten Bewegung.

Beachte: Eine gleichmäßig beschleunigte (verzögerte) Bewegung liegt vor, wenn die Geschwindigkeit $v \neq$ konstant (ungleich konstant, nicht konstant), die Beschleunigung (Verzögerung) dagegen a = konstant ist.

Die *zeitliche* Ordnung von Bewegungen läßt sich am besten im *Geschwindigkeit-Zeit-Diagramm* (v,t-Diagramm) erkennen:

Über der Zeitachse t wird von links nach rechts fortschreitend die Geschwindigkeit v aufgetragen. Wir unterscheiden drei Fälle und benutzen als Kriterium die Veränderung von Geschwindigkeit v und Beschleunigung oder Verzögerung a:

v = konstant, $a = 0$ } gleichförmige Bewegung ①

$v \neq$ konstant, $a \neq 0$ } ungleichförmige Bewegung ②

$v \neq$ konstant, a = konstant } gleichmäßig beschleunigte (verzögerte) Bewegung ③

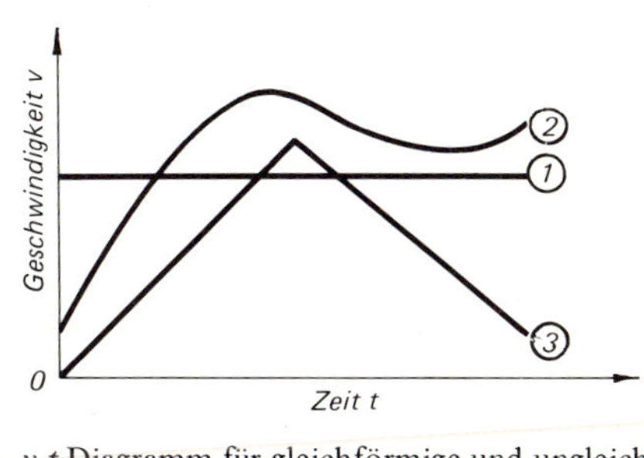

v,t-Diagramm für gleichförmige und ungleichförmige Bewegung

4.1.2. Übungen mit dem v,t-Diagramm

1. Es soll das v,t-Diagramm für den freien Fall skizziert werden:

Der freie Fall ist eine gleichmäßig beschleunigte Bewegung, denn die Beschleunigung ist konstant, sie heißt Fallbeschleunigung $g = 9{,}81\ \mathrm{m/s^2} \approx 10\ \mathrm{m/s^2}$. Die v-Linie ist also eine ansteigende Gerade. Die Geschwindigkeit nimmt in jeder Zeiteinheit um den gleichen Betrag Δv = konstant zu.

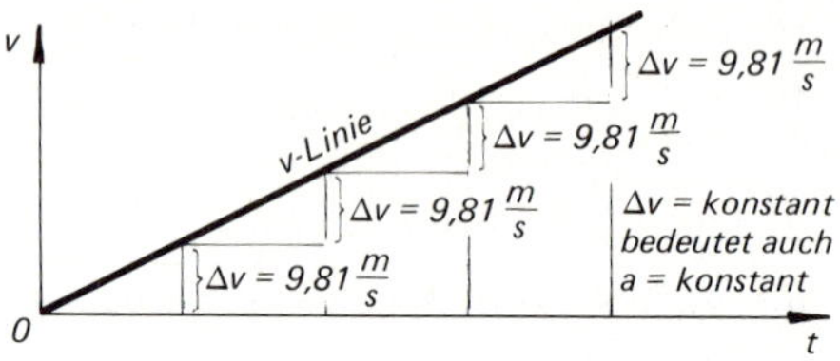

v,t-Diagramm des freien Falls ($v \neq$ konstant; $a = g$ = konstant; $g = 9{,}81\ \mathrm{m/s^2}$)

2. Es soll das v,t-Diagramm für den senkrechten Wurf nach oben mit anschließendem freien Fall skizziert werden:

Beim senkrechten Wurf nach oben ist die Verzögerung ebenso groß wie die Beschleunigung während des freien Falls ($g = 9{,}81\ \mathrm{m/s^2}$), und sie bleibt auch konstant. Der senkrechte Wurf ist demnach nichts anderes als der „umgekehrt" betrachtete freie Fall. Anfangsgeschwindigkeit v_0 und Endgeschwindigkeit v_t sind daher gleich groß. v_0 ist die Geschwindigkeit zur Zeit $t = 0$, v_t ist die Geschwindigkeit bei der Rückkehr zur Abwurfstelle. Die v-Linie schneidet die t-Achse. Von dort an hat die Geschwindigkeit entgegengesetzten Richtungssinn.

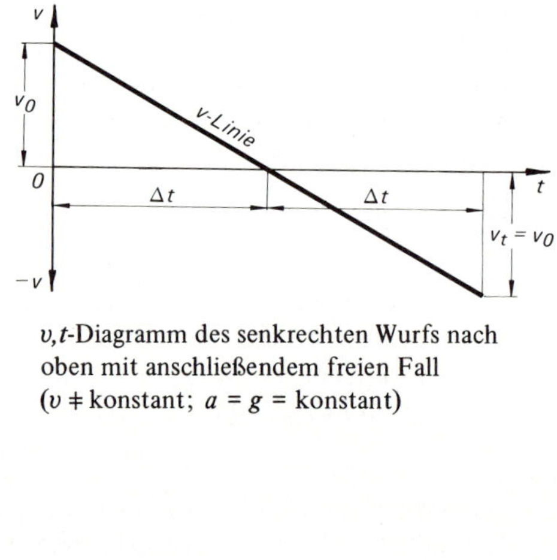

v,t-Diagramm des senkrechten Wurfs nach oben mit anschließendem freien Fall ($v \neq$ konstant; $a = g$ = konstant)

3. Es soll das v,t-Diagramm für den senkrechten Wurf nach unten skizziert werden:

Wie beim freien Fall (Übung 1.) ist die v-Linie eine ansteigende Gerade. Da der Körper schon eine Anfangsgeschwindigkeit v_0 besitzt, wird die Gerade um den Betrag von v_0 parallel verschoben eingezeichnet. Nach dem Zeitabschnitt Δt besitzt der Körper die Endgeschwindigkeit v_t, die um die Geschwindigkeitszunahme $\Delta v = v_t - v_0$ größer ist als v_0.

Der Bewegungsablauf vor dem Erreichen der Anfangsgeschwindigkeit v_0 wurde nicht eingetragen.

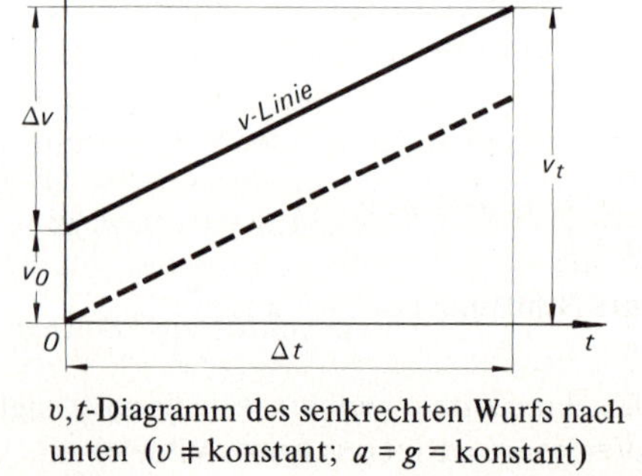

v,t-Diagramm des senkrechten Wurfs nach unten ($v \neq$ konstant; $a = g$ = konstant)

4. Es soll das v, t-Diagramm der Stößelbewegung einer Waagerecht-Stoßmaschine skizziert werden:

Der Stößel bewegt sich ungleichförmig, denn er muß erst beschleunigt und dann verzögert werden (Anfangs- und Endgeschwindigkeit sind Null). Im Unterschied zum freien Fall ist diese ungleichförmige Bewegung jedoch *nicht* gleichmäßig beschleunigt und verzögert, sondern ungleichmäßig. Es ist also $a \neq$ konstant.

Der Größtwert der Geschwindigkeit liegt in Hubmitte (v_{max}).

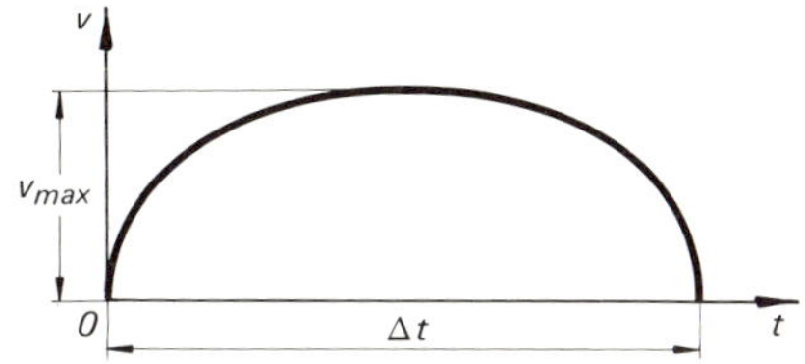

v,t-Diagramm eines Stößelhubes der Waagerechtstoßmaschine ($v \neq$ konstant; $a \neq$ konstant)

5. Ein Körper wird aus der Ruhelage heraus während $\Delta t_1 = 5$ s gleichmäßig beschleunigt und erreicht die Geschwindigkeit $v = 12$ m/s, die er während $\Delta t_2 = 10$ s beibehält. Anschließend wird die Bewegung während $\Delta t_3 = 2{,}5$ s gleichmäßig bis zur Ruhelage verzögert.

Es ist das v, t-Diagramm des Bewegungsvorganges maßstäblich zu zeichnen und daraus das Beschleunigungs-Zeit-Diagramm (a, t-Diagramm) zu entwickeln:

Im v, t-Diagramm ist die v-Linie während des Zeitabschnitts Δt_3 steiler geneigt als während des Zeitabschnitts Δt_1 ($\alpha_2 > \alpha_1$).

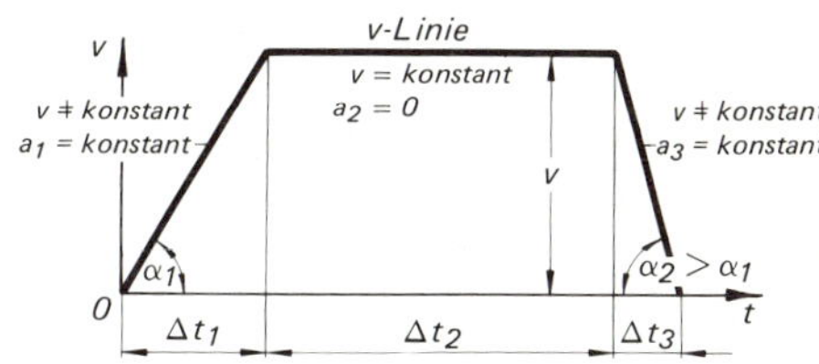

v, t-Diagramm

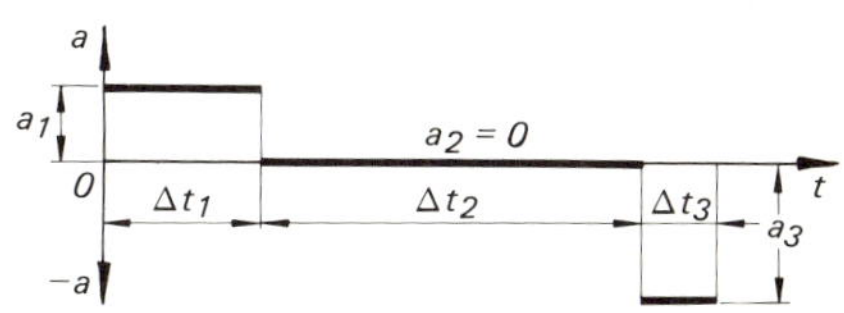

Auch wenn wir die Beschleunigungen a_1, a_3 noch nicht berechnen können, sagt uns die Tatsache $\Delta t_1 = 2\,\Delta t_3$, daß $a_3 = 2\,a_1$ sein wird. Während Δt_2 ist keine Beschleunigung vorhanden ($a_2 = 0$).

Aus dem v, t-Diagramm entwickeltes a, t-Diagramm

6. Es soll das v, t-Diagramm für die Bewegung eines Schleifkorns skizziert werden, wenn die Schleifscheibe nach dem Abschalten des Antriebs gleichmäßig verzögert ausläuft:

Die v-Linie ist eine von v_0 bis auf $v_t = 0$ abfallende Gerade. Eine Gerade deshalb, weil *gleichmäßige* Verzögerung vorausgesetzt wurde.

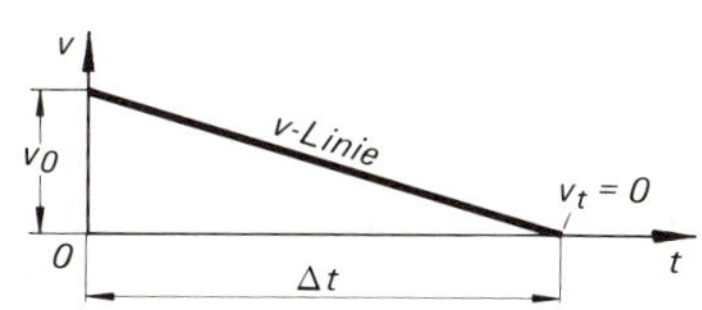

v, t-Diagramm für auslaufende Schleifscheibe ($v \neq$ konstant; a = konstant)

4.1.3. Gesetze und Diagramme der gleichförmigen Bewegung, Geschwindigkeitsbegriff

Die folgenden Gesetzmäßigkeiten gelten unabhängig von der *Bahn* des Körperpunktes, also für geradlinige und krummlinige Bewegungen. Zur Vereinfachung stellen wir uns erst einmal eine gerade Bahn vor. Die Bewegung auf der Kreisbahn wird gesondert behandelt, weil dort besondere geometrische Größen benutzt werden.

Wir beobachten die Bewegung des Werkzeugträgers einer Drehmaschine bei eingeschaltetem Längsvorschub, oder die Bewegung des Tisches einer Fräsmaschine. Mit Bandmaß und Stoppuhr können wir feststellen, daß sich Werkzeugträger oder Tisch in gleichen Zeitabschnitten Δt stets um den gleichen Wegabschnitt Δs verschoben haben. Das ist das Kennzeichen der gleichförmigen Bewegung:

Beispiel:
Wir stellen fest, daß sich der Fräsmaschinentisch nach jeweils 10 s um 30 mm verschoben hat.
Der Zeitabschnitt beträgt $\Delta t = 10$ s.
Der Wegabschnitt beträgt $\Delta s = 30$ mm.

> Ein Körper oder Körperpunkt bewegt sich dann gleichförmig, wenn er in gleichen, beliebig kleinen Zeitabschnitten Δt stets gleiche Wegabschnitte Δs zurücklegt.

Exakt gleichförmig ist eine Bewegung nur dann, wenn auch in beliebig kleinen Zeitabschnitten, z.B. in einer millionstel Sekunde, die durchlaufenen Wegabschnitte gleich groß bleiben.

Teilen wir den durchlaufenen Wegabschnitt Δs durch den zugehörigen Zeitabschnitt Δt, dann erhalten wir die Geschwindigkeit v:

> Die *Geschwindigkeit* v eines gleichförmig bewegten Körpers ist der Quotient aus Weg- und Zeitabschnitt.
> Die Geschwindigkeit ist ein Vektor; mehrere Geschwindigkeiten dürfen also nur geometrisch addiert werden.

$$v = \frac{\Delta s}{\Delta t}$$

v	Δs	Δt
$\frac{\text{m}}{\text{s}}$	m	s

Grundgleichung der gleichförmigen Bewegung

Bewegt sich ein Körper nicht gleichförmig, erhalten wir über die Definitionsgleichung der Geschwindigkeit $v = \Delta s/\Delta t$ seine Durchschnittsgeschwindigkeit oder mittlere Geschwindigkeit v_m.

Beispiel:
Der Stößel einer Waagerecht-Stoßmaschine durchläuft einen Hub von 0,6 m in 1,5 s. Dann ist

$$v_m = \frac{\Delta s}{\Delta t} = \frac{0{,}6\ \text{m}}{1{,}5\ \text{s}} = 0{,}4\ \frac{\text{m}}{\text{s}} = 24\ \frac{\text{m}}{\text{min}}$$

Die *Einheit für die Geschwindigkeit* v ergibt sich aus ihrer Definitionsgleichung. Wir brauchen also nur für die rechts vom Gleichheitszeichen stehenden Größen die Einheiten einzusetzen. Die Klammern sollen darauf hinweisen, daß nur die *Einheit* der Größe benutzt werden soll.

$$(v) = \frac{(s)}{(t)} = \frac{\text{Weg-Einheit}}{\text{Zeit-Einheit}}$$

Beispiele:

$$(v) = \frac{(s)}{(t)} = \frac{\text{m}}{\text{s}} = \text{m}\,\text{s}^{-1};\quad (v) = \frac{(s)}{(t)} = \frac{\text{mm}}{\text{min}}$$

Die Einheiten Meter (m) und Sekunde (s) sind gesetzliche Basiseinheiten.

Zur Umrechnung von m/s in km/h oder umgekehrt brauchen wir nur 1 km = 1000 m = 10^3 m und 1 h = 3600 s = $3{,}6 \cdot 10^3$ s einzusetzen. Umrechnungszahl für diesen Fall ist demnach 3,6.

$$1\,\frac{\text{km}}{\text{h}} = 1 \cdot \frac{10^3\,\text{m}}{3{,}6 \cdot 10^3\,\text{s}} = \frac{1}{3{,}6}\,\frac{\text{m}}{\text{s}}$$

$$1\,\frac{\text{km}}{\text{h}} = \frac{1}{3{,}6}\,\frac{\text{m}}{\text{s}}$$

$$1\,\frac{\text{m}}{\text{s}} = 3{,}6\,\frac{\text{km}}{\text{h}}$$

Bewegungsabläufe werden leichter überschaubar, wenn wir sie zeichnerisch im rechtwinkligen Achsenkreuz erfassen. Auch im einfachen Fall der gleichförmigen Bewegung erkennen wir schon Gesetzmäßigkeiten, die uns später bei der ungleichförmigen Bewegung helfen, schwierigere Aufgaben zu lösen. Das gilt vor allem für das Geschwindigkeit-Zeit-Diagramm (v, t-Diagramm).

Hinweis: Auf der waagerechten Achse tragen wir immer die Zeit t auf. Die senkrechte Achse trägt entweder den Weg s oder die Geschwindigkeit v oder die Beschleunigung a:

Weg-Zeit-Diagramm (s, t-Diagramm),

Geschwindigkeit-Zeit-Diagramm (v, t-Diagramm),

Beschleunigung-Zeit-Diagramm (a, t-Diagramm).

Im *Weg-Zeit-Diagramm* erhalten wir bei gleichförmiger Bewegung für die Weglinie eine ansteigende Gerade, weil in gleichen Zeitabschnitten (z. B. Δt = 1 s) gleiche Wegabschnitte zurückgelegt werden (z. B. Δs = 5 m).

Eine steilere Gerade würde zeigen, daß der Körper in gleichen Zeitabschnitten Δt größere Wegabschnitte Δs durchläuft, das heißt, die Geschwindigkeit v wäre größer.

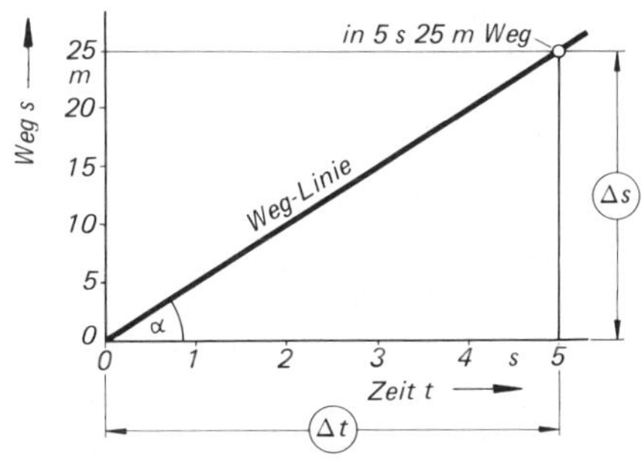

s, t-Diagramm der gleichförmigen Bewegung

Die Weg-Linie im s, t-Diagramm ist stets die Hypotenuse eines rechtwinkligen Dreiecks, mit Δt und Δs als Katheten. Wir erkennen:

Der Tangens des Neigungswinkels α der Weg-Linie entspricht dem Zahlenwert der Geschwindigkeit v ($\tan\alpha \mathrel{\hat{=}} v$).

$$\tan\alpha \mathrel{\hat{=}} v = \frac{\Delta s}{\Delta t} = \text{konstant}$$

Wir dürfen nicht schreiben $v = \tan\alpha$, sondern nur $v \mathrel{\hat{=}} \tan\alpha$ (v entspricht $\tan\alpha$), denn es handelt sich um Größen verschiedener Art, wie schon die verschiedenen Einheiten zeigen. v besitzt die Einheit m/s, der Tangens eines Winkels dagegen die Einheit Eins (Verhältnisgröße aus zwei Längen).

Beispiel:

$v_1 = 0{,}5\,\frac{\text{m}}{\text{s}} \mathrel{\hat{=}} \tan\alpha_1$; $\alpha_1 = 26{,}6°$

$v_2 = 1\,\frac{\text{m}}{\text{s}} \mathrel{\hat{=}} \tan\alpha_2$; $\alpha_2 = 45°$

Diese Winkel treten im s, t-Diagramm aber nur dann auf, wenn auf den beiden Achsen die Länge für eine Zeiteinheit und für eine Wegeinheit gleich ist (gleicher Maßstab).

Im *Geschwindigkeit-Zeit-Diagramm* erhalten wir bei gleichförmiger Bewegung für die Geschwindigkeits-Linie eine zur t-Achse parallele Gerade, weil zu jedem Zeitpunkt die Geschwindigkeit v gleich groß ist (v = konstant). Die Geschwindigkeits-Linie begrenzt mit Δt und v eine Rechteckfläche A, deren Inhalt sich aus dem Produkt $v\,\Delta t$ ergibt. Das ist aber zugleich der von einem Körper mit der Geschwindigkeit v durchlaufene Weg, denn aus $v = \Delta s/\Delta t$ wird $\Delta s = v\,\Delta t$:

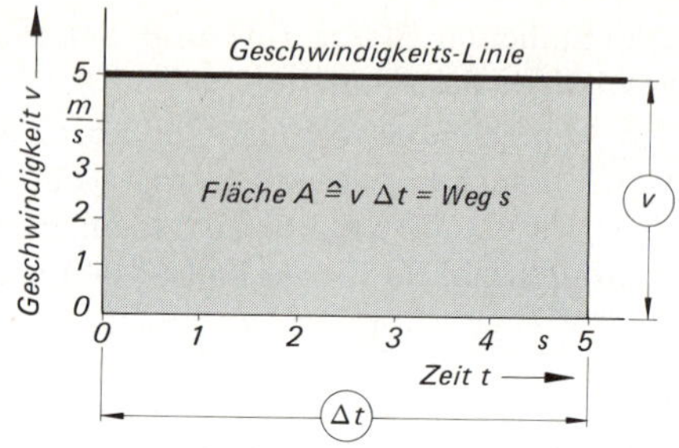

v,t-Diagramm der gleichförmigen Bewegung

Die Fläche A unter der Geschwindigkeitslinie im v,t-Diagramm entspricht dem Wegabschnitt Δs ($A \mathrel{\hat{=}} \Delta s$).
Kurz: Diagrammfläche ≙ Wegabschnitt.

Fläche $A \mathrel{\hat{=}}$ Weg $\Delta s = v\,\Delta t$

Diese Erkenntnis erleichtert uns das Lösen schwieriger Aufgaben, vor allem bei ungleichförmigem Bewegungsablauf.

Beachte: Fläche $A \mathrel{\hat{=}}$ Wegabschnitt Δs gilt immer. Daher skizzieren wir stets zuerst das v,t-Diagramm für den Bewegungsvorgang.

Im *Beschleunigung-Zeit-Diagramm* erhalten wir bei gleichförmiger Bewegung für die Beschleunigungslinie eine auf der t-Achse liegende Gerade, weil zu jedem Zeitpunkt die Beschleunigung $a = 0$ ist. Das muß so sein, weil v = konstant voraussetzt, daß sich der Körper weder beschleunigt noch verzögert. Das a,t-Diagramm hat daher nur bei beschleunigter (verzögerter) Bewegung Bedeutung.

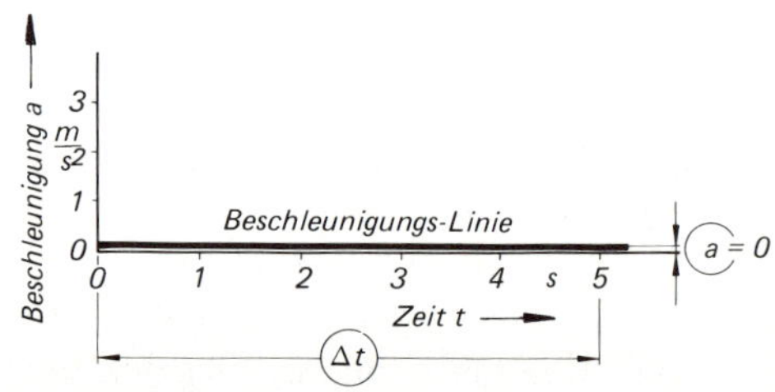

a,t-Diagramm der gleichförmigen Bewegung

4.1.4. Gesetze und Diagramme der gleichmäßig beschleunigten (verzögerten) Bewegung, Beschleunigungsbegriff

Wird ein Körper beschleunigt oder verzögert (Auto beim Anfahren oder Bremsen), dann ändert sich seine Geschwindigkeit. Es ist also $v \neq$ konstant, im Gegensatz zur gleichförmigen Bewegung. Daher dürfen wir nicht mit $v = \Delta s/\Delta t$ rechnen, weil wir damit nur die „gedachte" mittlere Geschwindigkeit erhielten (Durchschnittsgeschwindigkeit). In Anlehnung an die Definition der gleichförmigen Bewegung müssen wir hier sagen:

Beachte: Die *gleichmäßig* beschleunigte oder verzögerte Bewegung ist der wichtige Sonderfall der ungleichförmigen Bewegung.

Da die folgenden Gesetze sowohl für die beschleunigte als auch für die verzögerte Bewegung gelten, sprechen wir im allgemeinen Fall nur von einer beschleunigten Bewegung.

Ein Körper oder Körperpunkt bewegt sich dann ungleichförmig, wenn er in gleichen, beliebig kleinen Zeitabschnitten Δt stets ungleiche Wegabschnitte Δs zurücklegt.

$v = \Delta s/\Delta t$ ergibt nur die mittlere Geschwindigkeit.

Annähernd genau erhielten wir die „Momentangeschwindigkeit v", wenn wir den Wegabschnitt Δs für einen außerordentlich kleinen Zeitabschnitt Δt messen könnten.

Anschauliches Beispiel einer ungleichförmigen Bewegung ist neben der Bewegung des Stößels der Waagerecht-Stoßmaschine die Bewegung des Kolbens im Zylinder des Verbrennungsmotors. Beide Bewegungen sind sogar noch *un*gleichmäßig beschleunigt und verzögert.

In gleichen Zeitabschnitten, gekennzeichnet durch den gleichförmig umlaufenden Kurbelzapfen, legt der Kolben in der Nähe der Totpunkte nur kleine Wegabschnitte zurück. Dazwischen legt der Kolben in gleichen Zeitabschnitten größere Wegabschnitte zurück. An den Umkehrpunkten (Totpunkten) steht der Kolben einen Augenblick still, seine Geschwindigkeit ist dann Null.

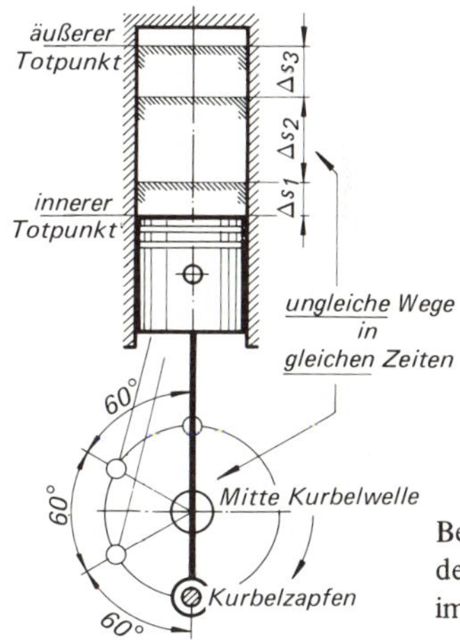

Bewegung des Kolbens im Zylinder

Aus allem, was wir bisher gesagt haben, können wir erkennen:

Kennzeichen der beschleunigten oder verzögerten Bewegung (der ungleichförmigen Bewegung) ist die Zu- oder Abnahme der Geschwindigkeit v, also eine Geschwindigkeits*änderung* Δv.

Wie Δs und Δt ist auch Δv eine Differenz, nämlich die Differenz zweier Momentangeschwindigkeiten, z.B.

$$\Delta v = v_2 - v_1 \quad \text{oder} \quad \Delta v = v_t - v_0 .$$

Ist die Bewegung *gleichmäßig* beschleunigt (verzögert), und nur diesen Fall wollen wir behandeln, dann ist die Geschwindigkeitsänderung gleichbleibend (Δv = konstant). Daher muß die Geschwindigkeitslinie im v, t-Diagramm eine ansteigende oder abfallende Gerade sein. Wird ein Körper aus der Ruhelage heraus gleichmäßig beschleunigt, so daß er nach $\Delta t = 6$ s eine Momentangeschwindigkeit $v_t = 9$ m/s besitzt, dann beträgt seine Geschwindigkeits*zunahme* in jeder Sekunde $\Delta v = 1{,}5$ m/s.

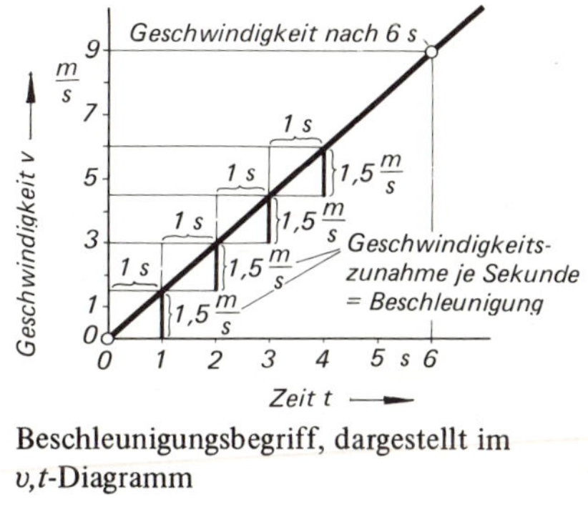

Beschleunigungsbegriff, dargestellt im v,t-Diagramm

Offenbar ist der Quotient aus Geschwindigkeitszunahme und zugehörigem Zeitabschnitt ein Maß dafür, wie schnell eine bestimmte Momentangeschwindigkeit erreicht wird:

> Die *Beschleunigung* a eines gleichmäßig beschleunigten (verzögerten) Körpers ist der Quotient aus der Geschwindigkeits*änderung* Δv und dem zugehörigen Zeitabschnitt Δt. Die Beschleunigung ist ein Vektor; mehrere Beschleunigungen dürfen also nur geometrisch addiert werden.

$$a = \frac{\text{Geschwindigkeitsänderung } \Delta v}{\text{zugehöriger Zeitabschnitt } \Delta t}$$

$$a = \frac{\Delta v}{\Delta t}$$

a	Δv	Δt
$\frac{\text{m}}{\text{s}^2}$	$\frac{\text{m}}{\text{s}}$	s

Grundgleichung der gleichmäßig beschleunigten (verzögerten) Bewegung

Gleichmäßig beschleunigt oder verzögert heißt, daß die Beschleunigung oder Verzögerung konstant bleibt (a = konstant). Im a, t-Diagramm muß die Beschleunigungslinie eine zur t-Achse parallele Gerade sein, so wie die Geschwindigkeitslinie im v, t-Diagramm bei gleichförmiger Bewegung.

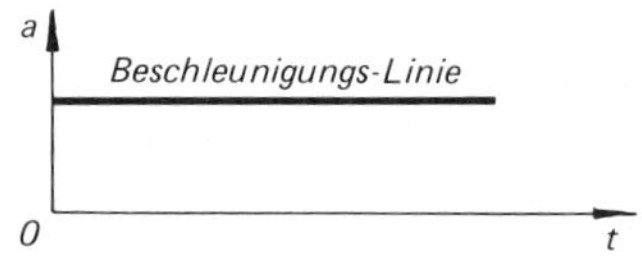

a, t-Diagramm der gleichmäßig beschleunigten Bewegung

Die *Einheit für die Beschleunigung* a ergibt sich in gewohnter Weise aus der Definitionsgleichung für die Größe. Mit den gesetzlichen Basiseinheiten Meter (m) und Sekunde (s) erhalten wir als Einheit das „Meter je Sekundequadrat".

$$(a) = \frac{(v)}{(t)} = \frac{\frac{\text{m}}{\text{s}}}{\text{s}} = \frac{\text{m}}{\text{s}^2} = \text{m}\,\text{s}^{-2}$$

Wir wollen nun nachweisen, daß im Hinblick auf die Fläche unter der Geschwindigkeits-Linie im v, t-Diagramm das gleiche gilt wie für die gleichförmige Bewegung:

Die Geschwindigkeit v ändert sich von $v_0 = 0$ am Anfang auf v_t am Ende des Zeitabschnittes Δt. Weil die Geschwindigkeitsänderung konstant ist, ergibt sich die mittlere Geschwindigkeit zu $v_m = (v_0 + v_t)/2 = v_t/2$, und der zurückgelegte Weg zu $\Delta s = v_m \Delta t = v_t \Delta t/2$. Das entspricht aber auch dem Flächeninhalt der Dreieckfläche unter der v-Linie:

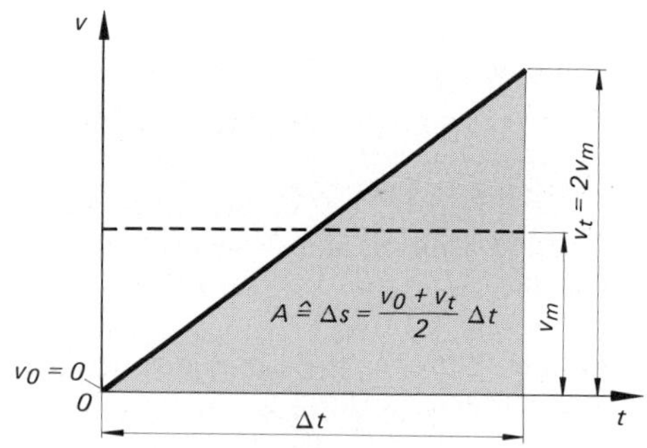

Mittlere Geschwindigkeit v_m

> In jedem v, t-Diagramm entspricht die Fläche A unter der Geschwindigkeitslinie dem Wegabschnitt Δs ($A \mathrel{\hat{=}} \Delta s$).

Fläche $A \mathrel{\hat{=}}$ Weg Δs

Gilt für jede Bewegung

Mit dieser Erkenntnis können wir nun einen Lösungsplan entwickeln, der uns alle zur Lösung erforderlichen Gleichungen liefert.

Beachte: Wir brauchen nur die Grundgleichung $a = \Delta v/\Delta t$ im Kopf zu haben; alle anderen Gleichungen können wir aus dem v, t-Diagramm ablesen.

4.1.5. Arbeitsplan für Aufgaben bei geradliniger Bewegung

v, t-Diagramm aufzeichnen

1. Schritt

Wir machen uns klar, ob die Bewegung beschleunigt (ansteigende v-Linie) oder verzögert ist (fallende v-Linie) und ob die Bewegung aus dem Ruhezustand heraus erfolgt oder bis zur Ruhestellung verläuft. Danach skizzieren wir das v, t-Diagramm (unmaßstäblich).

Als Beispiel betrachten wir eine gleichmäßig beschleunigte Bewegung mit Anfangsgeschwindigkeit ($v_0 \neq 0$).

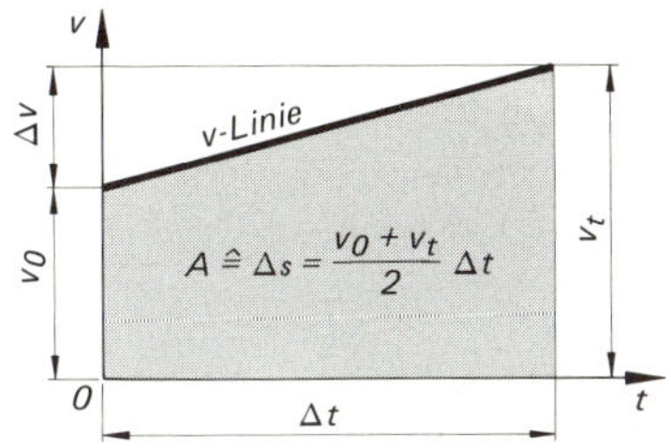

Grundgleichung hinschreiben

2. Schritt

Ausgangsgleichung ist stets die Definitionsgleichung für die Beschleunigung $a = \Delta v / \Delta t$, die wir noch in der erweiterten Form mit den speziellen Bezeichnungen aus dem v, t-Diagramm hinschreiben: hier also mit $\Delta v = v_t - v_0$.

$$a = \frac{\Delta v}{\Delta t} = \frac{v_t - v_0}{\Delta t}$$

Weggleichungen hinschreiben

3. Schritt

Wir wissen, daß die Fläche A unter der v-Linie dem Wegabschnitt Δs entspricht. Je nach Flächenform (hier Trapez) entwickeln wir mit den eingetragenen Bezeichnungen Gleichungen für Δs, zunächst ohne Rücksicht darauf, ob wir für die spezielle Aufgabenstellung alle Gleichungen brauchen: In der Praxis werden wir häufig alle Größen der Bewegung bestimmen müssen.

$$\Delta s = \frac{v_0 + v_t}{2} \Delta t \quad \text{(Trapezfläche)}$$

$$\Delta s = v_0 \Delta t + \frac{\Delta v \, \Delta t}{2}; \qquad \Delta v = v_t - v_0$$

(Rechteckfläche + Dreieckfläche)

$$\Delta s = v_t \Delta t - \frac{\Delta v \, \Delta t}{2}; \qquad \Delta v = v_t - v_0$$

(Rechteckfläche − Dreieckfläche)

Gleichungen auswerten

4. Schritt

Grundgleichung und Weggleichungen bilden ein Gleichungssystem mit mehreren Unbekannten. In der Regel werden zwei Unbekannte gesucht. Es genügen dann meistens die Grundgleichung und eine der Weggleichungen zur Lösung.

Wir nehmen hier an, es sei $\Delta t = f(v_0, a, \Delta s)$ gesucht, also v_0, a, Δs gegeben und der Zeitabschnitt Δt die gesuchte Größe. Benutzen wir die Gleichsetzungsmethode, können wir sowohl die Grundgleichung als auch die erste Weggleichung nach v_t auflösen, beide Gleichungen gleichsetzen und auf gewohnte Weise weiterentwickeln. Als Ergebnis erhalten wir eine gemischt-quadratische Gleichung.

$$a = \frac{v_t - v_0}{\Delta t} \implies v_t = v_0 + a \, \Delta t$$

(Grundgleichung)

$$\Delta s = \frac{v_0 + v_t}{2} \Delta t \implies v_t = \frac{2 \, \Delta s}{\Delta t} - v_0$$

(erste Weggleichung)

$$v_0 + a \, \Delta t = \frac{2 \, \Delta s}{\Delta t} - v_0$$

$$(\Delta t)^2 + \frac{2 v_0}{a} \Delta t - \frac{2 \, \Delta s}{a} = 0$$

$$\Delta t_{1,2} = -\frac{v_0}{a} \pm \sqrt{\left(\frac{v_0}{a}\right)^2 + \frac{2 \, \Delta s}{a}}$$

$\Delta t = f(v_0, a, \Delta s)$

Tafel 4.1. Gleichmäßig beschleunigte geradlinige Bewegung

Die Gleichungen gelten auch für den *freien Fall*: Für Beschleunigung a wird die Fallbeschleunigung $g = 9{,}81\ \text{m/s}^2 \approx 10\ \text{m/s}^2$ eingesetzt. Die Normfallbeschleunigung beträgt $g_n = 9{,}80665\ \text{m/s}^2$.
Alle Aufgaben des Buches wurden mit $g = 9{,}81\ \text{m/s}^2$ gerechnet.

Die Gleichungen dieser Tafel gelten in Verbindung mit den Bezeichnungen der nebenstehenden v, t-Diagramme.

Einheiten

Δs	Δt	v_0, v_t	a, g
m	s	$\frac{\text{m}}{\text{s}}$	$\frac{\text{m}}{\text{s}^2}$

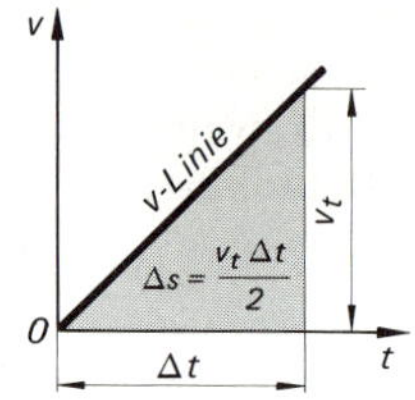

Beschleunigte Bewegung ohne Anfangsgeschwindigkeit ($v_0 = 0$)

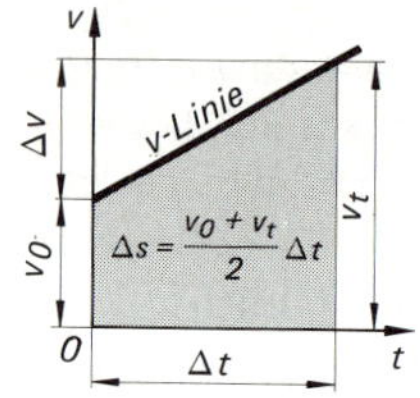

Beschleunigte Bewegung mit Anfangsgeschwindigkeit ($v_0 \neq 0$)

Beschleunigung a (Definition)	$a = \dfrac{\text{Geschwindigkeitszunahme } \Delta v}{\text{Zeitabschnitt } \Delta t}$ in $\dfrac{\text{m}}{\text{s}^2}$
Beschleunigung a (bei $v_0 = 0$)	$a = \dfrac{v_t}{\Delta t} = \dfrac{v_t^2}{2\,\Delta s} = \dfrac{2\,\Delta s}{(\Delta t)^2}$
Beschleunigung a (bei $v_0 \neq 0$)	$a = \dfrac{v_t - v_0}{\Delta t} = \dfrac{v_t^2 - v_0^2}{2\,\Delta s}$
Endgeschwindigkeit v_t (bei $v_0 = 0$)	$v_t = a\,\Delta t = \sqrt{2\,a\,\Delta s}$
Endgeschwindigkeit v_t (bei $v_0 \neq 0$)	$v_t = v_0 + \Delta v = v_0 + a\,\Delta t$ $v_t = \sqrt{v_0^2 + 2\,a\,\Delta s}$
Wegabschnitt Δs (bei $v_0 = 0$)	$\Delta s = \dfrac{v_t\,\Delta t}{2} = \dfrac{a\,(\Delta t)^2}{2} = \dfrac{v_t^2}{2\,a}$
Wegabschnitt Δs (bei $v_0 \neq 0$)	$\Delta s = \dfrac{v_0 + v_t}{2}\,\Delta t = v_0\,\Delta t + \dfrac{a\,(\Delta t)^2}{2}$ $\Delta s = \dfrac{v_t^2 - v_0^2}{2a}$
Zeitabschnitt Δt (bei $v_0 = 0$)	$\Delta t = \dfrac{v_t}{a} = \sqrt{\dfrac{2\,\Delta s}{a}}$
Zeitabschnitt Δt (bei $v_0 \neq 0$)	$\Delta t = \dfrac{v_t - v_0}{a} = -\dfrac{v_0}{a} \pm \sqrt{\left(\dfrac{v_0}{a}\right)^2 + \dfrac{2\,\Delta s}{a}}$

Tafel 4.2. Gleichmäßig verzögerte geradlinige Bewegung

Die Gleichungen gelten auch für den *senkrechten Wurf nach oben*: Für die Verzögerung a wird die Fallbeschleunigung $g = 9{,}81\ \mathrm{m/s^2}$ eingesetzt. Die Normfallbeschleunigung beträgt $g_n = 9{,}806\,65\ \mathrm{m/s^2}$. Alle Aufgaben des Buches wurden mit $g = 9{,}81\ \mathrm{m/s^2}$ gerechnet.

Die Gleichungen dieser Tafel gelten in Verbindung mit den Bezeichnungen der nebenstehenden v, t-Diagramme.

Einheiten

Δs	Δt	v_0, v_t	a, g
m	s	$\frac{\mathrm{m}}{\mathrm{s}}$	$\frac{\mathrm{m}}{\mathrm{s}^2}$

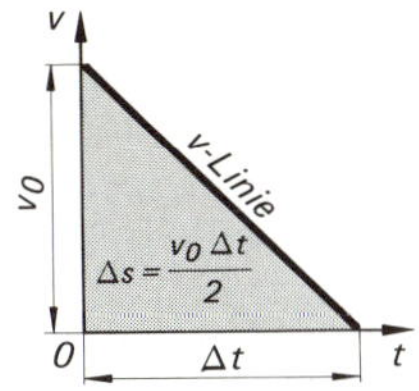

Verzögerte Bewegung ohne Endgeschwindigkeit ($v_t = 0$)

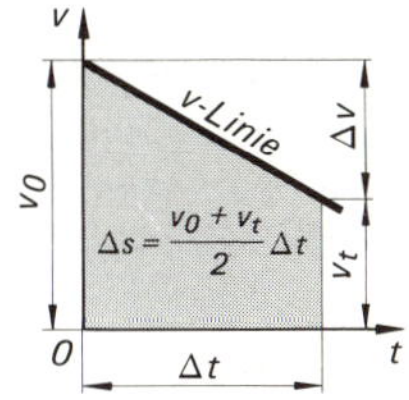

Verzögerte Bewegung mit Endgeschwindigkeit ($v_t \neq 0$)

Verzögerung a (Definition)	$a = \dfrac{\text{Geschwindigkeitsabnahme } \Delta v}{\text{Zeitabschnitt } \Delta t}$ in $\dfrac{\mathrm{m}}{\mathrm{s}^2}$
Verzögerung a (bei $v_t = 0$)	$a = \dfrac{v_0}{\Delta t} = \dfrac{v_0^2}{2\,\Delta s} = \dfrac{2\,\Delta s}{(\Delta t)^2}$
Verzögerung a (bei $v_t \neq 0$)	$a = \dfrac{v_0 - v_t}{\Delta t} = \dfrac{v_0^2 - v_t^2}{2\,\Delta s}$
Anfangsgeschwindigkeit v_0 (bei $v_t = 0$)	$v_0 = a\,\Delta t = \sqrt{2\,a\,\Delta s}$
Endgeschwindigkeit v_t	$v_t = v_0 - \Delta v = v_0 - a\,\Delta t$ $v_t = \sqrt{v_0^2 - 2\,a\,\Delta s}$
Wegabschnitt Δs (bei $v_t = 0$)	$\Delta s = \dfrac{v_0\,\Delta t}{2} = \dfrac{a\,(\Delta t)^2}{2} = \dfrac{v_0^2}{2\,a}$
Wegabschnitt Δs (bei $v_t \neq 0$)	$\Delta s = \dfrac{v_0 + v_t}{2}\,\Delta t = v_0\,\Delta t - \dfrac{a\,(\Delta t)^2}{2}$ $\Delta s = \dfrac{v_0^2 - v_t^2}{2\,a}$
Zeitabschnitt Δt (bei $v_t = 0$)	$\Delta t = \dfrac{v_0}{a} = \sqrt{\dfrac{2\,\Delta s}{a}}$
Zeitabschnitt Δt (bei $v_t \neq 0$)	$\Delta t = \dfrac{v_0 - v_t}{a} = \dfrac{v_0}{a} \pm \sqrt{\left(\dfrac{v_0}{a}\right)^2 - \dfrac{2\,\Delta s}{a}}$

Lehrbeispiele: v,t-Diagramm

Aufgabenstellung:

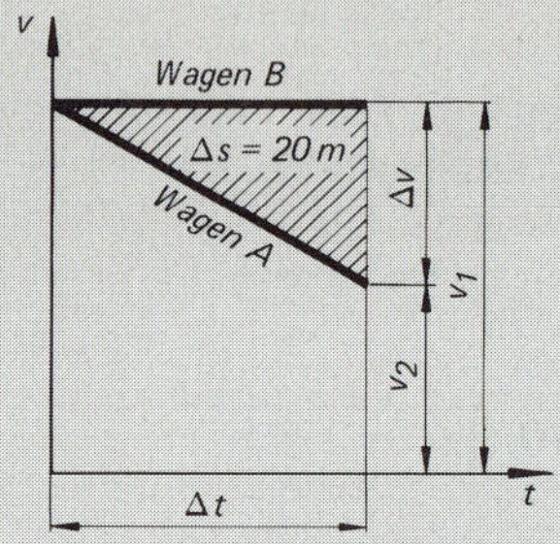

Zwei Wagen A und B fahren mit einer Geschwindigkeit von 75 km/h im Abstand von 20 m hintereinander. Der vordere Wagen A bremst plötzlich mit einer Verzögerung von 3,5 m/s².

Wie viele Sekunden nach dem Bremsen von A fährt B auf? Wie groß ist dann die Geschwindigkeit des Wagens A?

Lösung:

Das v,t-Diagramm zeigt die Bewegungen als Geraden. Die Flächen darunter entsprechen den zurückgelegten Wegen. Im Zeitpunkt t des Überholens hat B einen 20 m längeren Weg als A zurückgelegt, dann ist der Abstand auf Null gesunken. Diesem Weg $\Delta s = 20$ m entspricht die schraffierte Diagrammfläche.

$$\Delta s = \frac{\Delta v \Delta t}{2}; \quad a = \frac{\Delta v}{\Delta t} \Rightarrow \Delta v = a\,\Delta t \text{ eingesetzt}$$

$$\Delta s = \frac{a\,\Delta t\,\Delta t}{2} = \frac{a\,(\Delta t)^2}{2}$$

$$\Delta t = \sqrt{\frac{2\Delta s}{a}} = \sqrt{\frac{2 \cdot 20\,\text{m}}{3{,}5\,\frac{\text{m}}{\text{s}^2}}} = \sqrt{11{,}43\,\text{s}^2} = 3{,}38\,\text{s}$$

$$v_2 = v_1 - a\,\Delta t = 20{,}83\,\frac{\text{m}}{\text{s}} - 3{,}5\,\frac{\text{m}}{\text{s}^2} \cdot 3{,}38\,\text{s} = 9{,}0\,\frac{\text{m}}{\text{s}} = 32{,}4\,\frac{\text{km}}{\text{h}}$$

Aufgabenstellung:

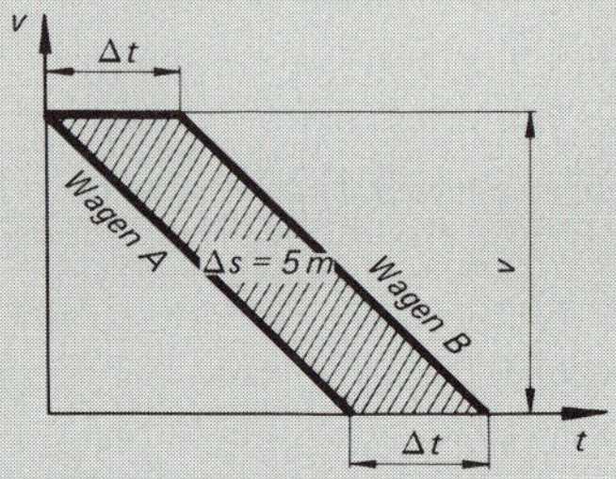

Zwei Wagen A und B fahren im Abstand von 5 m mit der gleichen Geschwindigkeit von 36 km/h hintereinander. Der vordere Wagen A bremst plötzlich. Wie groß darf die Reaktionszeit Δt beim Fahrer des Wagens B höchstens sein, damit er nicht auffährt? Die Bremsverzögerung ist für beide Wagen gleich.

Lösung:

Das v,t-Diagramm zeigt, daß B bis zum Stillstand einen längeren Weg zurücklegt als A. Der Unterschied darf nicht mehr als 5 m betragen. Dieser Wegdifferenz $\Delta s = 5$ m entspricht die schraffierte Diagrammfläche.

$$\Delta s = v\,\Delta t = 5\,\text{m}$$

$$\Delta t = \frac{\Delta s}{v} = \frac{5\,\text{m}}{10\,\frac{\text{m}}{\text{s}}} = 0{,}5\,\text{s}$$

Der Betrag der Bremsverzögerung hat keinen Einfluß auf die Größe der schraffierten Fläche und damit auch nicht auf die Reaktionszeit Δt, solange für beide Wagen die Bremsverzögerung gleich groß ist.

4.1.6. Übungen zur gleichmäßig beschleunigten und verzögerten Bewegung

Wir wollen konsequent nach dem vorher erarbeiteten Lösungsplan vorgehen, auch wenn es in einigen Fällen nicht notwendig erscheint.

Aus der Physik wissen wir, daß *freier Fall* und *senkrechter Wurf* zu den gleichmäßig beschleunigten und verzögerten Bewegungen gehören. Einige solcher Aufgaben werden wir daher hier mit behandeln. Wenn nicht anders angegeben, rechnen wir mit der konstanten Fallbeschleunigung $g = 9{,}81\ \mathrm{m/s^2}$.

1. Übung: Ein Auto wird aus der Geschwindigkeit $v_0 = 100$ km/h gleichmäßig bis zum Stillstand abgebremst. Die Bremsverzögerung soll $a = 6\ \mathrm{m/s^2}$ betragen (Notbremsung).

Es ist eine Gleichung für den Bremsweg Δs zu entwickeln und daraus Δs zu berechnen.

Gegeben: $v_0 = 100\,\frac{\mathrm{km}}{\mathrm{h}} = \frac{100}{3{,}6}\,\frac{\mathrm{m}}{\mathrm{s}} = 27{,}78\,\frac{\mathrm{m}}{\mathrm{s}}$

$a = 6\,\frac{\mathrm{m}}{\mathrm{s^2}}$

Gesucht: $\Delta s = f(v_0, a)$

Lösung: Die v-Linie im skizzierten v, t-Diagramm ist eine von $\Delta v = v_0$ abfallende Gerade. Mit v_0 und Δt begrenzt sie eine Dreieckfläche, die dem Bremsweg Δs entspricht.

1. Schritt

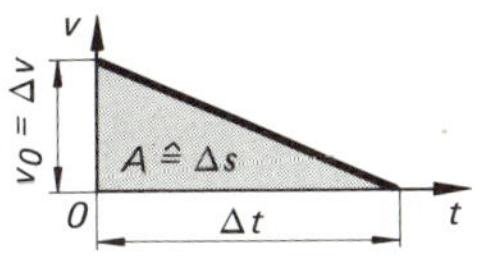

Die Grundgleichung wird in allgemeiner und spezieller Form hingeschrieben.

2. Schritt

$$a = \frac{\Delta v}{\Delta t} = \frac{v_0}{\Delta t}$$

Die Weggleichung lesen wir aus dem v, t-Diagramm ab (Dreieckfläche).

3. Schritt

$$\Delta s = \frac{v_0\,\Delta t}{2}$$

Zum Schluß entwickeln wir mit Hilfe der Einsetzungsmethode aus Grund- und Weggleichung die gesuchte Beziehung $\Delta s = f(v_0, a)$ und berechnen daraus den Bremsweg Δs.

Die Gleichung für Δs finden wir auch in Tafel 4.2.

4. Schritt

$$a = \frac{v_0}{\Delta t} \Rightarrow \Delta t = \frac{v_0}{a}$$

$$\Delta s = \frac{v_0\,\Delta t}{2} = \frac{v_0\,\frac{v_0}{a}}{2} = \frac{v_0^2}{2a}$$

$$\Delta s = \frac{v_0^2}{2a} = \frac{(27{,}78\,\frac{\mathrm{m}}{\mathrm{s}})^2}{2\cdot 6\,\frac{\mathrm{m}}{\mathrm{s^2}}} = 64{,}3\ \mathrm{m}$$

$\Delta s = f(v_0, a)$

In vielen Fällen kommt es in der Technik nicht nur auf den Betrag einer Größe an, sondern man will auch wissen, in welcher Weise die beteiligten Größen voneinander abhängen.

Beispiel:
Die Beziehung $\Delta s = f(v_0, a)$ sagt uns:
Der Bremsweg für Autos wächst mit dem *Quadrat* der Geschwindigkeit.

2. Übung: Ein Triebwagen kommt aus der Ruhestellung heraus in 10 s auf eine Geschwindigkeit von 60 km/h.

Es soll der Weg bestimmt werden, den er beim Beschleunigen zurückgelegt hat, sowie die vom Triebwagen entwickelte Beschleunigung a.

Gegeben: $\Delta t = 10$ s

$v_0 = 0$

$v_t = 60\,\frac{\mathrm{km}}{\mathrm{h}} = \frac{60}{3{,}6}\,\frac{\mathrm{m}}{\mathrm{s}} = 16{,}67\,\frac{\mathrm{m}}{\mathrm{s}}$

Gesucht: $\Delta s = f(\Delta t, v_t)$

$a = f(\Delta t, v_t)$

Lösung: Wir skizzieren das v, t-Diagramm mit $v_0 = 0$, das heißt, die v-Linie ist eine vom Ursprung des Achsenkreuzes aus ansteigende Gerade. Sie begrenzt mit Δt und v_t eine Dreieckfläche, die dem zurückgelegten Wegabschnitt Δs entspricht ($A \mathrel{\hat{=}} \Delta s$).

1. Schritt

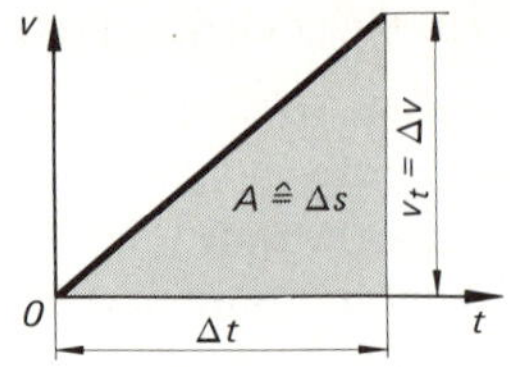

Die Grundgleichung ist zugleich die gesuchte Bestimmungsgleichung für a.

2. Schritt

$$a = \frac{\Delta v}{\Delta t} = \frac{v_t}{\Delta t}$$

Die gesuchte Gleichung für Δs lesen wir aus dem v, t-Diagramm ab.

3. Schritt

$$\Delta s = \frac{v_t \Delta t}{2}$$

Die Rechnung führen wir korrekt aus, das heißt, wir schreiben zuerst die Bestimmungsgleichung mit den Kurzzeichen für die Größen hin und ersetzen im nächsten Schritt jede Größe durch das Produkt aus Zahlenwert und Einheit.

4. Schritt

$$a = \frac{v_t}{\Delta t} = \frac{16{,}67\,\frac{\text{m}}{\text{s}}}{10\ \text{s}} = 1{,}667\ \frac{\text{m}}{\text{s}^2}$$

$$a = f(\Delta t, v_t)$$

Die Einheit der gesuchten Größe ergibt sich aus den Einheiten der gegebenen Größen.

$$\Delta s = \frac{v_t \Delta t}{2} = \frac{16{,}67\,\frac{\text{m}}{\text{s}} \cdot 10\ \text{s}}{2} = 83{,}35\ \text{m}$$

$$\Delta s = f(\Delta t, v_t)$$

3. Übung: Ein Fahrzeug beschleunigt in 5 s auf 40 km/h, fährt dann 50 s lang mit dieser Geschwindigkeit und bremst in 4 s bis zum Stillstand.

Es ist der Gesamtweg für diesen Bewegungsvorgang zu bestimmen.

Gegeben: $\Delta t_1 = 5\ \text{s}$
$\Delta t_2 = 50\ \text{s}$
$\Delta t_3 = 4\ \text{s}$

$$\Delta v = 40\ \frac{\text{km}}{\text{h}} = \frac{40}{3{,}6}\ \frac{\text{m}}{\text{s}} = 11{,}11\ \frac{\text{m}}{\text{s}}$$

Gesucht: $\Delta s = f(\Delta t_1, \Delta t_2, \Delta t_3, \Delta v)$

Lösung: In das v, t-Diagramm haben wir einzutragen:

Eine ansteigende Gerade über dem Zeitabschnitt Δt_1,

daran anschließend die zur t-Achse parallele v-Linie über Δt_2 und

abschließend die fallende Gerade über Δt_3.

1. Schritt

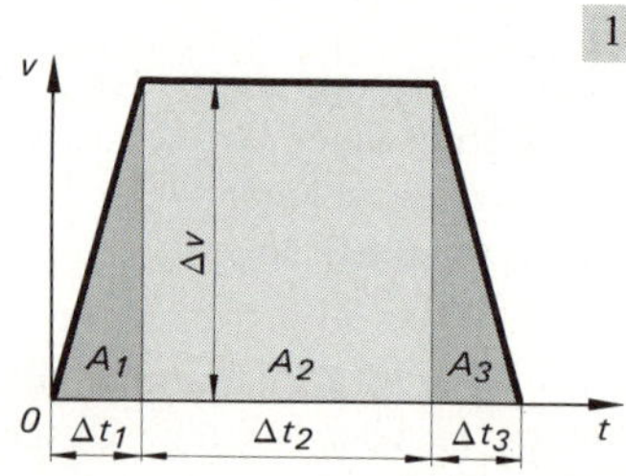

Dann stellen wir die Grundgleichungen für alle drei Bewegungsabschnitte auf.

2. Schritt

$$a_1 = \frac{\Delta v}{\Delta t_1};\ a_2 = 0;\ a_3 = \frac{\Delta v}{\Delta t_3}$$

3. Schritt

Die von den v-Linien begrenzte Gesamtfläche zerlegen wir in drei Teilflächen:

A_1 ≙ Beschleunigungsweg Δs_1 (Dreieck),

A_2 ≙ Weg Δs_2 mit Δv = konstant (Rechteck),

A_3 ≙ Verzögerungsweg Δs_3 (Dreieck).

$$\Delta s_1 = \frac{\Delta v\, \Delta t_1}{2} \quad \text{(Dreieckfläche)}$$

$$\Delta s_2 = \Delta v\, \Delta t_2 \quad \text{(Rechteckfläche)}$$

$$\Delta s_3 = \frac{\Delta v\, \Delta t_3}{2} \quad \text{(Dreieckfläche)}$$

4. Schritt

Damit haben wir die Weggleichungen und auch die gesuchte Bestimmungsgleichung für Δs. Nun können wir den Gesamtweg ausrechnen.

$$\Delta s = \Delta s_1 + \Delta s_2 + \Delta s_3$$

$$\Delta s = \frac{\Delta v\, \Delta t_1}{2} + \Delta v\, \Delta t_2 + \frac{\Delta v\, \Delta t_3}{2}$$

Auch wenn wir nicht alle Grundgleichungen brauchen, schreiben wir sie hin, denn die Aufgabenstellungen in der Praxis sind immer umfangreicher als das hier möglich ist. Meistens wird man für alle Größen Gleichungen entwickeln müssen.

$$\Delta s = \Delta v \left(\frac{\Delta t_1}{2} + \Delta t_2 + \frac{\Delta t_3}{2}\right)$$

$$\Delta s = f(\Delta t_1, \Delta t_2, \Delta t_3, \Delta v)$$

$$\Delta s = 11{,}11\ \frac{\text{m}}{\text{s}}(2{,}5\ \text{s} + 50\ \text{s} + 2\ \text{s})$$

$$\Delta s = 605{,}5\ \text{m}$$

4. Übung: Ein Auto fährt aus dem Stillstand heraus an, erreicht die Geschwindigkeit von 110 km/h und hat nach insgesamt 15 Sekunden 300 m zurückgelegt.

Gegeben: $v_t = \Delta v = 110\ \frac{\text{km}}{\text{h}} = 30{,}56\ \frac{\text{m}}{\text{s}}$
$\Delta t = 15\ \text{s}$
$\Delta s = 300\ \text{m}$

Es ist die Beschleunigung zu bestimmen (Schaltzeiten vernachlässigen).

Gesucht: $a = f(\Delta v, \Delta t, \Delta s)$

Lösung: Es wäre falsch, die ansteigende Geschwindigkeitslinie von Punkt A nach C zu ziehen. In der Aufgabenstellung wird nur gesagt, daß die Geschwindigkeit von 110 km/h irgendwann zwischen 0 und 15 s erreicht wird, in einer noch unbekannten Beschleunigungszeit. Daher haben wir als neue Größe die Beschleunigungszeit Δt_b einzuführen.

1. Schritt

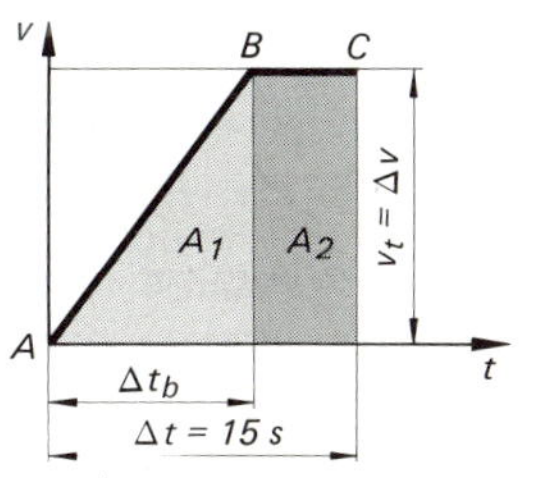

2. Schritt

Für die Grundgleichung muß dann $a = \Delta v / \Delta t_b$ stehen, nicht etwa $a = \Delta v / \Delta t$.

$$a = \frac{\Delta v}{\Delta t_b}$$

3. Schritt

Die Gesamtfläche unter der v-Linie können wir bestimmen aus

a) Dreieckfläche A_1 + Rechteckfläche A_2,

b) Rechteckfläche $(A_1 + A_2 + A_3)$ – Dreieckfläche A_3.

Wir müssen erkennen, daß $A_3 = A_1$ ist (kongruente Dreiecke).

$$\Delta s = \frac{\Delta v\, \Delta t_b}{2} + \Delta v(\Delta t - \Delta t_b)$$
(Dreieck + Rechteck)

$$\Delta s = \Delta v\, \Delta t - \frac{\Delta v\, \Delta t_b}{2}$$
(Rechteck – Dreieck)

Der 3. Schritt führte zu zwei Weggleichungen. Die zweite ist die zweckmäßigere, weil die Größe Δt_b nur in einem Glied erscheint. Tatsächlich führt sie uns in Verbindung mit der Grundgleichung (2. Schritt) algebraisch einfacher zum Ziel (4. Schritt). Grundsätzlich hätten wir aber auch mit der ersten Weggleichung arbeiten können.

4. Schritt

$$a = \frac{\Delta v}{\Delta t_b}$$

$$\Delta s = \Delta v\,\Delta t - \frac{\Delta v\,\Delta t_b}{2}$$

$$\frac{\Delta v}{a} = \frac{2(\Delta v\,\Delta t - \Delta s)}{\Delta v}$$

$$a = \frac{\Delta v^2}{2(\Delta v\,\Delta t - \Delta s)} \qquad a = 2{,}95\,\frac{\mathrm{m}}{\mathrm{s}^2}$$

$$a = f(\Delta v, \Delta t, \Delta s)$$

5. Übung: Ein Autofahrer fährt mit 120 km/h. Er sieht ein Hindernis, bremst nach kurzer Reaktionszeit mit einer Verzögerung von 5 m/s² und kommt 160 m nach dem Erblicken des Hindernisses zum Stehen.

Gesucht werden die Reaktionszeit Δt_R (vom Erblicken des Hindernisses bis zum Ansprechen der Bremse) und der dabei durchfahrene Weg Δs_R.

Gegeben: $v = 120\,\frac{\mathrm{km}}{\mathrm{h}} = 33{,}33\,\frac{\mathrm{m}}{\mathrm{s}}$

$a = 5\,\frac{\mathrm{m}}{\mathrm{s}^2}$

$\Delta s = 160\,\mathrm{m}$

Gesucht: $\Delta t_R = f(v, a, \Delta s)$

$\Delta s_R = f(v, a, \Delta s)$

Lösung: Die Gesamtzeit Δt setzt sich zusammen aus der Reaktionszeit Δt_R und der Verzögerungszeit Δt_V. Entsprechend ist der Gesamtweg $\Delta s = \Delta s_R + \Delta s_V$. Dabei müssen wir beachten, daß während der Reaktionszeit Δt_R die Geschwindigkeit v konstant bleibt. Δs_R entspricht einer Rechteckfläche, Δs_V der Dreieckfläche.

1. Schritt

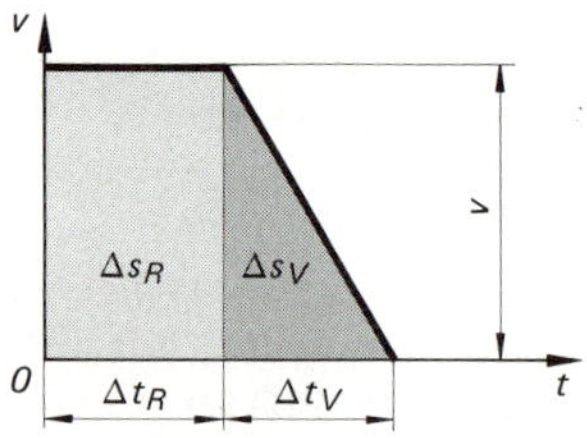

Das bedeutet auch, daß wir in die Grundgleichung den Zeitabschnitt Δt_V einsetzen müssen.

2. Schritt

$$a = \frac{\Delta v}{\Delta t} = \frac{v}{\Delta t_V}$$

3. Schritt

$$\Delta s = \Delta s_R + \Delta s_V$$

$$\Delta s = v\,\Delta t_R + \frac{v\,\Delta t_V}{2}$$

Im 4. Schritt benutzen wir wieder die Gleichsetzungsmethode, indem wir die Grundgleichung und die Weggleichung nach Δt_V auflösen und die erhaltenen Ausdrücke gleichsetzen. Daraus erhalten wir $\Delta t_R = f(v, a, \Delta s)$.

4. Schritt

$$a = \frac{v}{\Delta t_V} \Rightarrow \Delta t_V = \frac{v}{a}$$

$$\Delta s = v\,\Delta t_R + \frac{v\,\Delta t_V}{2} \Rightarrow \Delta t_V = \frac{2(\Delta s - v\,\Delta t_R)}{v}$$

$$\Delta t_R = \frac{2a\,\Delta s - v^2}{2av} \qquad \Delta t_R = 1{,}467\,\mathrm{s}$$

$$\Delta t_R = f(v, a, \Delta s)$$

Die Bestimmungsgleichung für Δs_R entwickeln wir wieder aus Grund- und Weggleichung, benutzen also nicht den vorher berechneten Wert für Δt_R, um $\Delta s_R = v\,\Delta t_R$ zu berechnen. Nur mit der Bestimmungsgleichung $\Delta s_R = f(v, a, \Delta s)$ haben wir einen Überblick über die gegenseitigen Abhängigkeiten zwischen den gegebenen Größen und dem Reaktionsweg.

Auf gleiche Weise ergibt sich für

$$\Delta s_R = \Delta s - \frac{v^2}{2a} \qquad \Delta s_R = 48{,}9\ \text{m}$$

$$\Delta s_R = f(v, a, \Delta s)$$

Damit haben wir auch die Möglichkeit, eine echte Probe vorzunehmen.

Probe:
$$\Delta s_R = v\,\Delta t_R = 33{,}33\ \frac{\text{m}}{\text{s}} \cdot 1{,}467\ \text{s} = 48{,}9\ \text{m}$$

6. Übung: Ein Stein wird senkrecht nach oben geworfen und schlägt nach 3,8 s wieder auf.

Zu bestimmen ist seine Steighöhe h.

Gegeben: $a = g = 9{,}81\ \frac{\text{m}}{\text{s}^2}$

$\Delta t = 3{,}8\ \text{s}$

Gesucht: $h = f(g, \Delta t)$

Beachte: Vielfach wird vergessen, daß die Fallbeschleunigung g eine gegebene Größe ist.

Lösung: Freier Fall und senkrechter Wurf sind gleichmäßig beschleunigte (verzögerte) Bewegungen mit $g = 9{,}81\ \text{m/s}^2$ = konstant. Die v-Linie schneidet die Zeitachse (siehe 4.1.2 zweite Übung). Die Steighöhe h wird während $\Delta t = 3{,}8$ s zweimal zurückgelegt, folglich ergeben sich im v, t-Diagramm zwei deckungsgleiche rechtwinklige Dreiecke.

1. Schritt

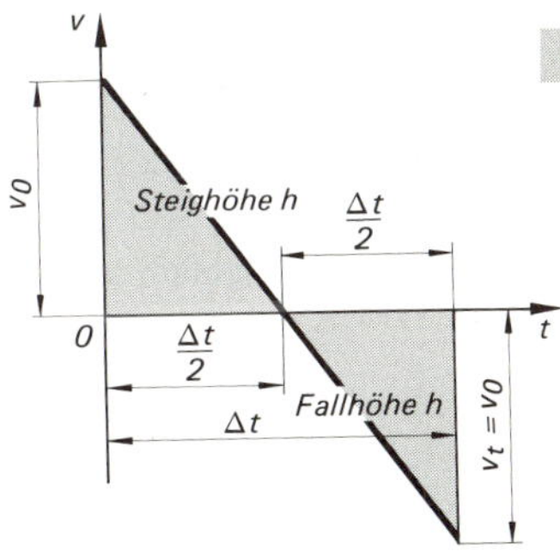

Im übrigen verfahren wir auf gewohnte Weise, nur daß wir jetzt statt der allgemeinen Beschleunigung a die Fallbeschleunigung g einsetzen.

2. Schritt

$$g = \frac{v_0}{\frac{\Delta t}{2}} = \frac{2\,v_0}{\Delta t}$$

Nachdem wir die Grundgleichung hingeschrieben haben, lesen wir die Weggleichung aus dem v, t-Diagramm ab.

3. Schritt

$$h = \frac{v_0\,\frac{\Delta t}{2}}{2} = \frac{v_0\,\Delta t}{4}$$

Grundgleichung und Weggleichung werden nach v_0 aufgelöst und gleichgesetzt. Aus dieser Gleichung finden wir die gesuchte Bestimmungsgleichung $h = f(g, \Delta t)$.

4. Schritt

$$v_0 = \frac{g\,\Delta t}{2}; \quad v_0 = \frac{4h}{\Delta t}$$

$$\frac{g\,\Delta t}{2} = \frac{4h}{\Delta t}$$

$$h = \frac{g(\Delta t)^2}{8} = \frac{9{,}81\ \frac{\text{m}}{\text{s}^2} \cdot (3{,}8\ \text{s})^2}{8} = 17{,}71\ \text{m}$$

$$h = f(g, \Delta t)$$

7. Übung: Von einem Turm wird ein Stein fallen gelassen. Der Aufschlag des Steines auf dem Boden wird oben nach $\Delta t = 5{,}3$ s gehört. Die Schallgeschwindigkeit beträgt $v_s = 333$ m/s.

Gegeben: $a = g = 9{,}81 \frac{\text{m}}{\text{s}^2}$

$v_s = 333 \frac{\text{m}}{\text{s}}$; $\Delta t = 5{,}3$ s

Es soll eine Gleichung zur Bestimmung der Turmhöhe $h = f(\Delta t, v_s, g)$ entwickelt und damit h berechnet werden.

Gesucht: $h = f(\Delta t, v_s, g)$

Lösung: Wir unterteilen die Gesamtzeit Δt vom Fallbeginn bis zum Höreindruck in die Fallzeit Δt_f und die Schallzeit Δt_s. Während Δt_f ist die v-Linie eine von 0 bis v_e ansteigende Gerade (freier Fall mit Aufschlaggeschwindigkeit = Endgeschwindigkeit v_e). Da der Schall mit konstanter Geschwindigkeit v_s nach oben steigt, verläuft die v-Linie während Δt_s waagerecht (gleichförmige Bewegung).

Stein und Schall müssen den gleichen Weg zurücklegen:

Turmhöhe h = Fallweg Δs_f = Schallweg Δs_s.

Im v,t-Diagramm muß demnach die Dreieckfläche A_1 gleich der Rechteckfläche A_2 sein.

1. Schritt

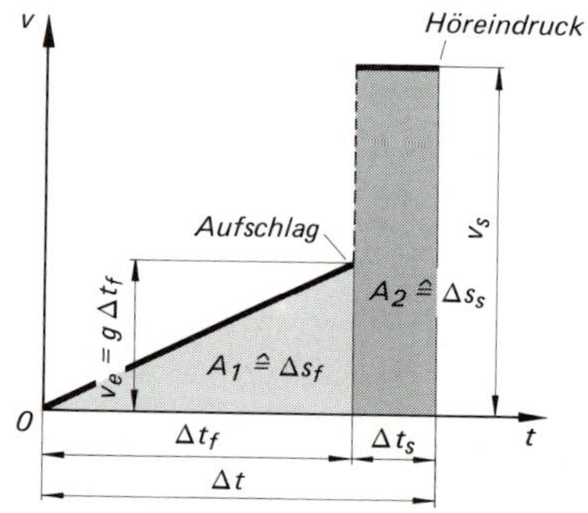

In den Nenner der Grundgleichung setzen wir aus der Bedingung $\Delta t = \Delta t_f + \Delta t_s \Rightarrow \Delta t_f = \Delta t - \Delta t_s$ ein.

$$a = g = \frac{\Delta v}{\Delta t} = \frac{v_e}{\Delta t_f} = \frac{v_e}{\Delta t - \Delta t_s}$$

2. Schritt

Die Weggleichung für die Turmhöhe h finden wir aus der Dreieckfläche $A_1 \triangleq v_e \Delta t_f/2$ und der Rechteckfläche $A_2 \triangleq v_s \Delta t_s$. Beide Flächen sind gleich groß.

$$h \triangleq A_1 = A_2$$
$$h = \Delta s_f = \Delta s_s$$
$$h = \frac{v_e \Delta t_f}{2} = v_s \Delta t_s$$

3. Schritt

Grund- und Weggleichung lösen wir nach v_e auf und setzen die gefundenen Ausdrücke gleich. Aus der zweiten Weggleichung ($h = v_s \Delta t_s$) setzen wir für die Schallzeit $\Delta t_s = h/v_s$ und schreiben das Binom in der dreigliedrigen Form.

4. Schritt

$$v_e = g(\Delta t - \Delta t_s) = \frac{2h}{\Delta t_f} = \frac{2h}{\Delta t - \Delta t_s}$$

$$g(\Delta t - \Delta t_s) = \frac{2h}{\Delta t - \Delta t_s}$$

$$h = \frac{g}{2}(\Delta t - \Delta t_s)^2$$

$$h = \frac{g}{2}\left(\Delta t - \frac{h}{v_s}\right)^2 \quad \text{für } \Delta t_s = \frac{h}{v_s} \text{ eingesetzt:}$$

$$h = \frac{g}{2}\left[(\Delta t)^2 - 2\,\Delta t\,\frac{h}{v_s} + \frac{h^2}{v_s^2}\right]$$

Abschließend bringen wir die Gleichung auf die Normalform und lösen diese nach h auf. Das ist die gesuchte Bestimmungsgleichung für die Turmhöhe h.

$$h^2 - h\frac{2v_s^2}{g}\left(1 + \frac{g\Delta t}{v_s}\right) + v_s^2\Delta t^2 = 0$$

$$h_{1,2} = \frac{v_s^2}{g}\left(1 + \frac{g\Delta t}{v_s}\right) \pm$$
$$\pm\sqrt{\left[\frac{v_s^2}{g}\left(1 + \frac{g\Delta t}{v_s}\right)\right]^2 - v_s^2(\Delta t)^2}$$

$$h = f(\Delta t, v_s, g)$$

Von den beiden berechneten Werten kann nur $h_1 = 119{,}8$ m richtig sein; $h_2 = 26017$ m ist bei $\Delta t = 5{,}3$ s und $v_s = 333$ m/s unmöglich.

$h_1 = 119{,}8$ m $\qquad h_2 = 26017$ m

4.1.7. Zusammengesetzte Bewegungen

4.1.7.1. Kennzeichen der zusammengesetzten Bewegung

Beim Kopieren eines Kegelstumpfes auf der Drehmaschine soll die Meißelspitze vom Anfangspunkt A zum Endpunkt E wandern. Der Drehmeißel wird dabei *gleichzeitig*

vom Bettschlitten mit dem Längsvorschub s_l und

vom Planschlitten mit dem Planvorschub s_p

geradlinig bewegt. Zwei Einzelbewegungen „überlagern" sich hier zu einer resultierenden (zusammengesetzten) Bewegung:

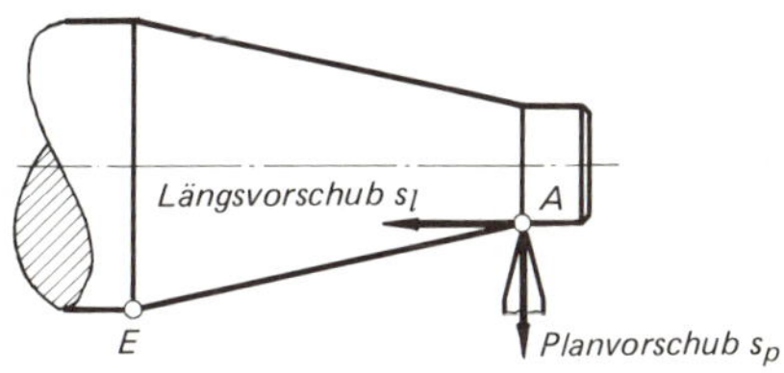

Zusammengesetzte Bewegung

> Eine zusammengesetzte Bewegung entsteht durch Überlagerung von Einzelbewegungen.

Die Einzelbewegungen können gleichförmig oder ungleichförmig sein; sie können in beliebiger Richtung zueinander verlaufen.

4.1.7.2. Überlagerungsprinzip

Wir erreichen den Endpunkt E der Meißelspitze auch, wenn wir von A ausgehend zunächst den Längsvorschub allein laufen lassen, bis Punkt B erreicht ist, und dann anschließend mit dem Planvorschub bis E fahren. Auch in umgekehrter Reihenfolge hätten wir das Ziel erreicht:

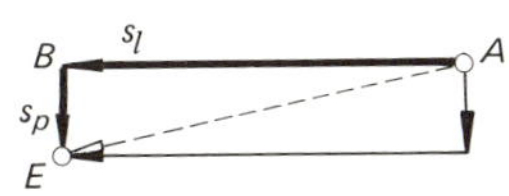

Geometrische Addition von Wegen

> Man findet den Ort eines Körperpunktes bei zusammengesetzter Bewegung, indem man die Einzelbewegungen gedanklich *nacheinander* ausführt. Die Reihenfolge ist beliebig.

Zur Lösung von Aufgaben setzt man die für die Einzelbewegung gültigen Gesetze an (siehe waagerechter Wurf, Seite 161).

4.1.7.3. Zusammensetzen und Zerlegen von Wegen, Geschwindigkeiten und Beschleunigungen

Soll ein Körper oder Körperpunkt von A nach E gelangen, dann kann diese Ortsveränderung auf verschiedene Weise ablaufen. Der kürzeste Weg wird durch den „Ortsvektor s" gekennzeichnet. Aber auch mit den beiden senkrecht aufeinander stehenden Ortsvektoren s_x, s_y kommen wir von A nach E, oder mit den beiden beliebig gerichteten Ortsvektoren s_1, s_2. Wie alle Vektoren sind auch die Ortsvektoren eindeutig bestimmt durch ihren Betrag (z. B. $s = 4$ m), durch ihre Richtung (z. B. $\alpha = 30°$) und durch den Richtungssinn (Pfeil zeigt von A nach E). Das gleiche gilt für Geschwindigkeiten und Beschleunigungen:

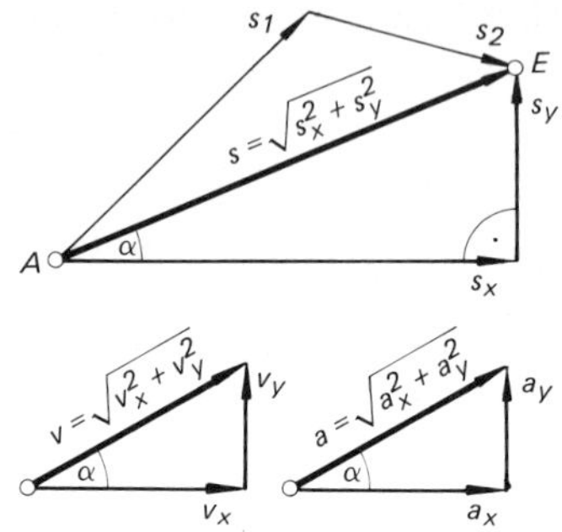

Geometrische Addition von Wegen, Geschwindigkeiten und Beschleunigungen

Wege (Wegabschnitte) s, Geschwindigkeiten v und Beschleunigungen a sind Vektoren (gerichtete Größen). Sie werden rechnerisch und zeichnerisch behandelt wie Kräfte, also geometrisch addiert.

Wie bei Kräften gilt der Parallelogrammsatz; Längs- und Parallelverschiebungssatz sowie Erweiterungssatz haben hier keinen Sinn (siehe Statik, Seite 7).

4.1.8. Übungen zur zusammengesetzten Bewegung

4.1.8.1. Überlagerung von zwei gleichförmig geradlinigen Bewegungen

1. Übung: Der Laufkran in einer Gießerei fährt mit der Geschwindigkeit v_1 = 120 m/min. Gleichzeitig bewegt sich senkrecht zur Fahrtrichtung die Laufkatze mit v_2 = 40 m/min.

Es soll die Geschwindigkeit der an der Laufkatze hängenden Last und der Neigungswinkel α des Lastweges zur Fahrtrichtung des Krans bestimmt werden.

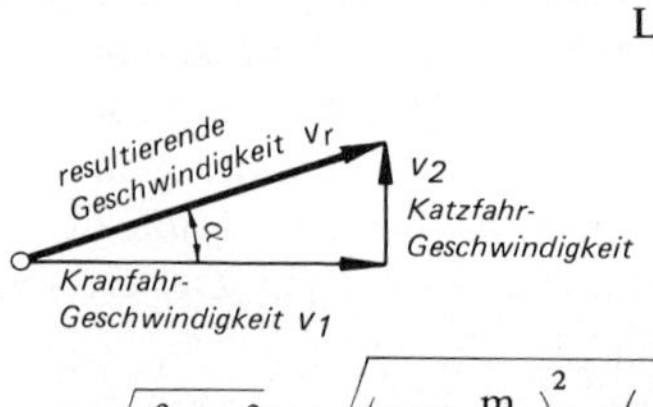

Lageskizze

Lösung: Die beiden Geschwindigkeitsvektoren stehen senkrecht aufeinander. Die gesuchte Geschwindigkeit ist die Resultierende aus diesen beiden, die wir mit dem Lehrsatz des Pythagoras berechnen können.

Aus dem Geschwindigkeitsdreieck sehen wir, daß sich der Neigungswinkel α über die Tangensfunktion bestimmen läßt.

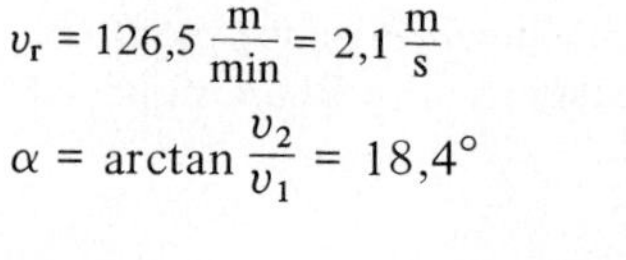

$$v_r = \sqrt{v_1^2 + v_2^2} = \sqrt{\left(120 \frac{\text{m}}{\text{min}}\right)^2 + \left(40 \frac{\text{m}}{\text{min}}\right)^2}$$

$$v_r = 126{,}5 \frac{\text{m}}{\text{min}} = 2{,}1 \frac{\text{m}}{\text{s}}$$

$$\alpha = \arctan \frac{v_2}{v_1} = 18{,}4°$$

2. Übung: Ein Boot überquert vom Punkt A aus einen Fluß. Die Eigengeschwindigkeit des Bootes beträgt $v_1 = 30$ km/h und liegt unter dem Winkel $\alpha = 30°$ zur Stromrichtung. Durch die Strömungsgeschwindigkeit $v_2 = 10$ km/h wird das Boot aus seiner Fahrtrichtung abgelenkt und erreicht das gegenüberliegende Ufer im Punkt B.

Zu bestimmen sind:

a) die resultierende Geschwindigkeit v_r des Bootes,

b) der Winkel β,

c) die Strecke l_2.

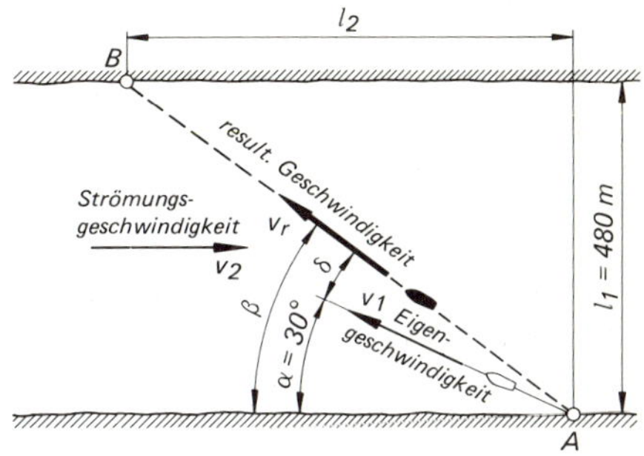

Lageskizze

Lösung: Wir skizzieren das Geschwindigkeitsdreieck aus v_1, v_2, v_r und tragen die Winkel ein. Nach dem Parallelogrammsatz muß die resultierende Geschwindigkeit v_r *vom* Anfangspunkt der zuerst gezeichneten *zum* Endpunkt der zuletzt gezeichneten Geschwindigkeit (hier v_2) gerichtet sein. Über den Kosinussatz berechnen wir dann v_r. Natürlich können wir auch die zeichnerische Lösung allein oder zusätzlich anfertigen.

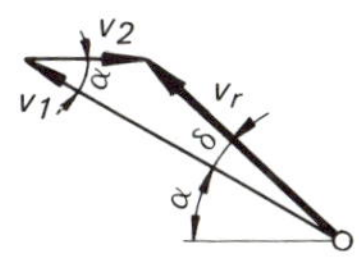

Geschwindigkeitsskizze

$$v_r = \sqrt{v_1^2 + v_2^2 - 2\, v_1 v_2 \cos\alpha}$$

$$v_r = 21{,}9\ \frac{\text{km}}{\text{h}}$$

Der Sinussatz liefert uns dann den Winkel δ zwischen v_1 und v_r, mit dem wir den Winkel β berechnen können.

$$\frac{\sin\alpha}{v_r} = \frac{\sin\delta}{v_2}$$

$$\sin\delta = \frac{v_2}{v_r}\sin\alpha = \frac{10\ \frac{\text{km}}{\text{h}}}{21{,}9\ \frac{\text{km}}{\text{h}}} \cdot \sin 30° \Rightarrow \delta = 13{,}2°$$

$$\beta = \alpha + \delta = 43{,}2°$$

Zum Schluß finden wir über die Tangensfunktion die gesuchte Strecke l_2.

$$l_2 = \frac{l_1}{\tan\beta} = \frac{480\ \text{m}}{\tan 43{,}2°} = 511\ \text{m}$$

4.1.8.2. Überlagerung von gleichförmiger und gleichmäßig beschleunigter Bewegung

a) Waagerechter Wurf (ohne Luftwiderstand)

Der waagerechte Wurf ist gut geeignet, das Überlagerungsprinzip zu verstehen:

Ein Körper, z.B. eine Kugel, bewegt sich auf horizontaler Unterlage in x-Richtung mit konstanter Geschwindigkeit v_x. Sobald die Kugel die Unterlage verlassen hat, unterliegt sie den Gesetzen des freien Falls. Der gleichförmigen Bewegung in x-Richtung überlagert sich eine gleichmäßig beschleunigte Bewegung in y-Richtung. Wie wir später sehen werden, ist die Wurfbahn eine Parabel.

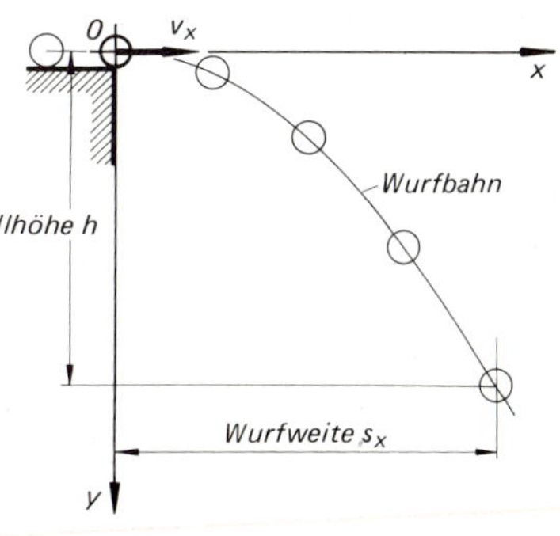

Mit etwas Phantasie erkennen wir jede Bewegung für sich allein:

Als Beobachter B_y sehen wir nicht, wie die Kugel fällt, sondern nur, wie sie sich mit konstanter Geschwindigkeit v_x fortbewegt. Als Beoachter B_x sehen wir nicht, daß die Kugel auf uns zukommt, sondern nur, daß sie mit zunehmender Geschwindigkeit v_y frei herabfällt.

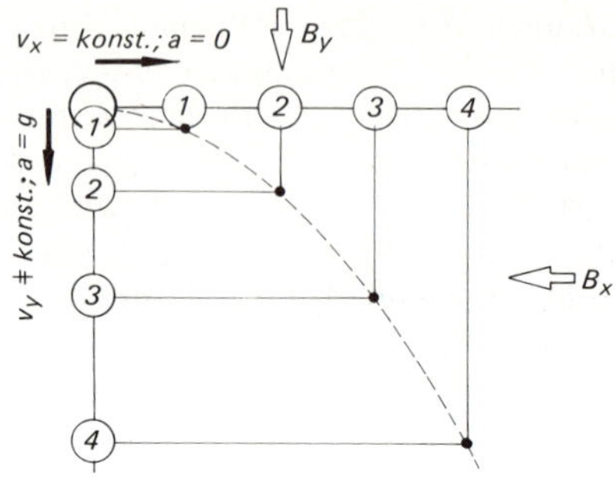

Zur rechnerischen Behandlung des Problems brauchen wir nur die bisher gewonnenen Erkenntnisse anzuwenden. Dazu stellen wir die beiden Einzelbewegungen im v, t-Diagramm dar.

Das erste Diagramm gilt für die gleichförmige Bewegung des Körpers in x-Richtung mit v_x = konstant und damit $s_x = v_x \Delta t$.

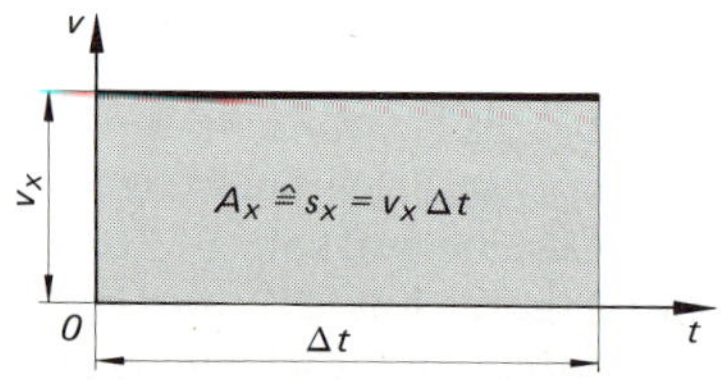

Das zweite Diagramm (für den gleichen Zeitabschnitt Δt) ist das v, t-Diagramm für den freien Fall mit $v_0 = 0$ (ohne Anfangsgeschwindigkeit). Auch das ist kein Neuland für uns, denn wir kennen die Grundgleichung $g = \Delta v/\Delta t = v_y/\Delta t$, und wissen, wie wir die Weggleichungen für diesen Fall entwickeln (siehe 4.1.5).

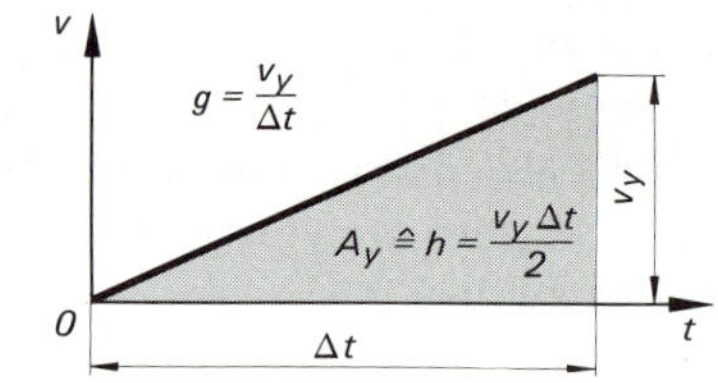

Damit stehen uns alle Gleichungen zur Verfügung, die wir für einen beliebigen speziellen Fall brauchen. Es ist also nur eine Frage unserer mathematischen Geschicklichkeit, wie schnell wir eine Lösung gefunden haben. Einige Übungen sollen uns den Weg zeigen.

$$s_x = v_x \Delta t$$ Weggleichung (Wurfweite)

$$g = \frac{v_y}{\Delta t}$$ Grundgleichung

$$h = \frac{v_y \Delta t}{2} = \frac{v_y^2}{2g} = \frac{g(\Delta t)^2}{2}$$ Weggleichungen (Fallhöhe)

1. Übung: Von einem $h = 80$ m über der Auftreffebene liegenden Punkt wird ein Körper mit $v_x = 297$ m/s horizontal abgeschossen.

Gegeben: $a = g = 9{,}81 \ \frac{\text{m}}{\text{s}^2}$

$h = 80$ m

$v_x = 297 \ \frac{\text{m}}{\text{s}}$

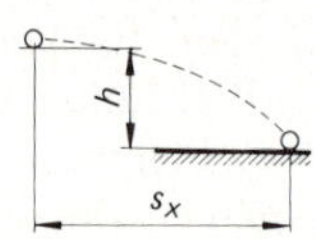

Gesucht wird die Wurfweite s_x.

Gesucht: $s_x = f(v_x, h, g)$

Lösung: Für die horizontale (gleichförmige) Bewegung gilt die Weggleichung $s_x = v_x \Delta t$. Der freie Fall (die vertikale Bewegung) wird durch die drei Weggleichungen erfaßt. Die hier zweckmäßigste ist die Gleichung $h = g(\Delta t)^2/2$, weil sie nicht die zusätzliche Unbekannte v_y enthält.

horizontale Bewegung	vertikale Bewegung
$s_x = v_x \Delta t$	$h = \frac{g(\Delta t)^2}{2}$
$\Delta t = \frac{s_x}{v_x}$	$\Delta t = \sqrt{\frac{2h}{g}}$

In bekannter Weise lösen wir beide Gleichungen nach Δt auf, setzen sie gleich und erhalten die Bestimmungsgleichung $s_x = f(v_x, h, g)$, nach der wir s_x berechnen.

$$s_x = v_x \sqrt{\frac{2h}{g}} \qquad s_x = 297\,\frac{\text{m}}{\text{s}} \sqrt{\frac{2 \cdot 80\,\text{m}}{9{,}81\,\frac{\text{m}}{\text{s}^2}}}$$

$$s_x = f(v_x, h, g) \qquad s_x = 1\,199\ \text{m}$$

2. **Übung**: Wir wollen uns nun Klarheit darüber verschaffen, wie die *Wurfbahn beim waagerechten Wurf* aussieht. Zunächst suchen wir die allgemeine Beziehung für die Wurfbahn, d. h. wir müssen eine Funktionsgleichung für die Fallhöhe h in Abhängigkeit von der Wurfweite s_x finden. Diese Beziehung haben wir für die vorhergehende Übung schon entwickelt, sie braucht nur umgestellt zu werden.

Aus der obigen Übung haben wir:

$$s_x = v_x \sqrt{\frac{2h}{g}} = f(v_x, h, g).$$

Nach Quadrieren und Umstellen folgt daraus:

$$h = \frac{g}{2v_x^2}\, s_x^2$$

$$h = f(g, v_x, s_x)$$

h Fallhöhe
g Fallbeschleunigung
v_x horizontale Geschwindigkeit
s_x Wurfweite

Fallbeschleunigung g und horizontale Geschwindigkeit v_x sind konstante Größen, so daß wir den Quotienten $g/2v_x^2$ als Konstante k einsetzen können.

$$\frac{g}{2v_x^2} = \text{konstant} = k$$

Damit haben wir die gesuchte Funktionsgleichung in der übersichtlichsten Form, und diese zeigt uns, daß die Fallhöhe h beim waagerechten Wurf mit dem Quadrat der Wurfweite wächst. Als Wurfbahn ergibt sich damit eine *Parabel* ($y = kx^2$).

$$h = k\, s_x^2$$

Gleichung der Wurfbahn beim waagerechten Wurf (Wurfparabel)

Trägt man h als y-Wert und s_x als x-Wert in einem Koordinatensystem auf, erhält man die allgemeine Form $y = kx^2$ der Parabel (siehe folgende Seite).

Mit der Funktionsgleichung $h = k s_x^2$ wollen wir die Wurfparabel punktweise berechnen, z. B. für die horizontale Geschwindigkeit $v_x = 3$ m/s. Zunächst bestimmen wir die Konstante

$$k = \frac{g}{2 v_x^2} = \frac{9{,}81 \frac{\text{m}}{\text{s}^2}}{2 \cdot 9 \frac{\text{m}^2}{\text{s}^2}} = 0{,}545 \frac{1}{\text{m}}$$

Damit berechnen wir für die Wurfweiten $s_x = 1$ m, 2 m und 3 m die zugehörigen Fallhöhen h und tragen diese Beträge in die Wertetafel ein. Die zueinander gehörenden Werte von s_x und h stellen Koordinaten von jeweils einem Punkt der Wurfbahn dar, die wir damit aufzeichnen können.

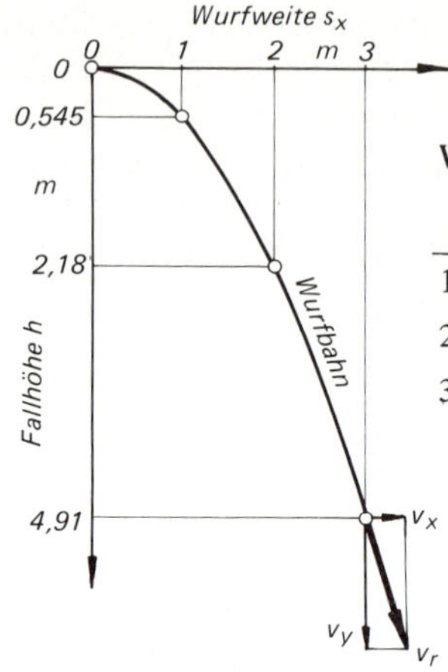

Wertetafel

s_x	h
1 m	0,545 m
2 m	2,18 m
3 m	4,91 m

Die resultierende Geschwindigkeit v_r des waagerecht abgeworfenen Körpers läßt sich für jeden Bahn- oder Zeitpunkt aus dem Geschwindigkeitsdreieck nach dem Lehrsatz des Pythagoras berechnen. Die Ausdrücke für v_y^2 haben wir auf gewohnte Weise aus Grund- und Weggleichung entwickelt.

resultierende Geschwindigkeit $\quad v_r = \sqrt{v_x^2 + v_y^2}$

Geschwindigkeit v_r nach der Wurfzeit Δt $\quad v_r = \sqrt{v_x^2 + (g\,\Delta t)^2}$

Geschwindigkeit v_r nach durchfallener Höhe h $\quad v_r = \sqrt{v_x^2 + 2 g h}$

b) Schräger Wurf (ohne Luftwiderstand)

Der Körper wird hier mit einer Anfangsgeschwindigkeit v_1 unter dem Steigungswinkel α schräg nach oben abgeworfen. Um auf gleiche Weise wie beim waagerechten Wurf die Gesetzmäßigkeiten entwickeln zu können, zerlegen wir die Abwurfgeschwindigkeit v_1 in ihre beiden senkrecht aufeinander stehenden Komponenten $v_x = v_1 \cos\alpha$ und $v_{y0} = v_1 \sin\alpha$.

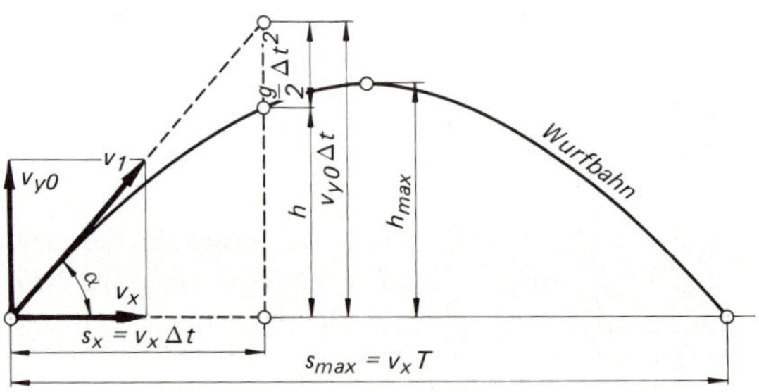

Wurfbahn beim schrägen Wurf

Wie beim waagerechten Wurf bleibt während des Bewegungsablaufs v_x = konstant (Luftwiderstand Null). v_{y0} dagegen ist die Anfangsgeschwindigkeit in lotrechter Richtung, die nach den Gesetzen des senkrechten Wurfs laufend bis auf Null abnimmt (wenn h_{max} erreicht ist), um dann unter gleicher Bedingung (g = konstant) wieder bis auf v_{y0} zuzunehmen. In der 6. Übung, Seite 157, finden wir das v, t-Diagramm dieser Einzelbewegung für die gesamte Wurfzeit bis zum Aufschlag.

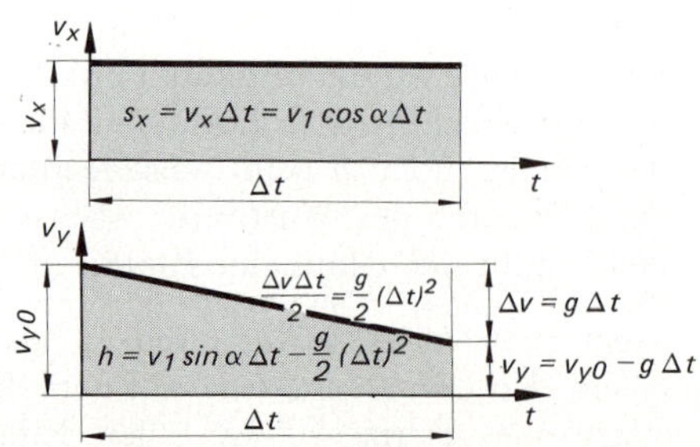

v, t-Diagramme der Einzelbewegungen

Für einen beliebigen Zeitabschnitt Δt zeichnen wir uns (wie beim waagerechten Wurf) die v, t-Diagramme der beiden Einzelbewegungen untereinander und schreiben uns daraus alle Gleichungen auf (Grund- und Weggleichungen), die wir auch hier wieder zur Lösung von Aufgaben verwenden können.

$$s_x = v_1 \cos\alpha\, \Delta t$$ *Weggleichung (Wurfweite)*

$$g = \frac{\Delta v}{\Delta t} = \frac{v_{y0} - v_y}{\Delta t}$$ *Grundgleichung*

$$h = \frac{v_{y0} + v_y}{2} \Delta t = \frac{v_{y0}^2 - v_y^2}{2g}$$

$$h = v_y \Delta t + \frac{g}{2}(\Delta t)^2$$

$$h = v_1 \sin\alpha\, \Delta t - \frac{g}{2}(\Delta t)^2$$

Weggleichungen (Wurfhöhe)

Zur *Konstruktion der Wurfbahn* müssen wir wie beim waagerechten Wurf die Abhängigkeit der Wurfhöhe h von der Wurfweite s_x kennen, also eine Funktionsgleichung für h entwickeln, in der die Zeit t nicht erscheint. Dazu lösen wir die Gleichung $s_x = v_1 \cos\alpha\, \Delta t$ nach Δt auf und setzen den gefundenen Ausdruck in die Gleichung für die Wurfhöhe $h = v_1 \sin\alpha\, \Delta t - g\,(\Delta t)^2/2$ ein. Damit erhalten wir $h = f(s_x, g, v_1, \alpha)$.

$$s_x = v_1 \cos\alpha\, \Delta t \Rightarrow \Delta t = \frac{s_x}{v_1 \cos\alpha}$$

$$h = v_1 \sin\alpha\, \Delta t - \frac{g\,(\Delta t)^2}{2}$$

$$h = v_1 \sin\alpha \frac{s_x}{v_1 \cos\alpha} - \frac{g s_x^2}{2 v_1^2 \cos^2\alpha}$$

$$h = s_x \tan\alpha - \frac{g}{2 v_1^2 \cos^2\alpha} s_x^2$$

$$h = f(s_x, g, v_1, \alpha)$$

Die Größen g, v_1, $\tan\alpha$ und $\cos\alpha$ sind konstante Größen. Mit den beiden Konstanten $k_1 = \tan\alpha$ und $k_2 = g/2 v_1^2 \cos^2\alpha$ erhalten wir die Funktionsgleichung in der zweckmäßigsten Form für die punktweise Berechnung der Wurfparabel.

$$h = k_1 s_x - k_2 s_x^2$$

Gleichung der Wurfbahn beim schrägen Wurf (Wurfparabel)

Wir wollen nun noch einige häufig gebrauchte Gleichungen entwickeln:

Die *Steigzeit* Δt_s erhalten wir aus der Gleichung $v_y = v_{y0} - g\,\Delta t$ (siehe v, t-Diagramm) und der Überlegung, daß im Scheitelpunkt der Wurfparabel die senkrechte Geschwindigkeit $v_y = 0$ ist (Richtungsumkehr der senkrechten Teilbewegung).

$$v_y = v_{y0} - g\,\Delta t; \quad v_{y0} = v_1 \sin\alpha; \quad \Delta t = \Delta t_s$$

$$v_y = v_1 \sin\alpha - g\,\Delta t_s = 0$$

$$\Delta t_s = \frac{v_1 \sin\alpha}{g}$$ *Steigzeit*

Die *Scheitelhöhe* h_{max} ist der Weg der verzögerten Bewegung in senkrechter Richtung während der Steigzeit Δt_s (Dreieckfläche im v, t-Diagramm Seite 157). Für Δt_s setzen wir die vorher entwickelte Beziehung ein.

$$h_{max} = \frac{v_1 \sin\alpha\, \Delta t_s}{2}$$

$$h_{max} = \frac{v_1^2 \sin^2\alpha}{2g}$$ *Scheitelhöhe*

Die *gesamte Wurfzeit* T bis zum Aufschlag ist das Doppelte der Steigzeit (immer unter Vernachlässigung des Luftwiderstandes).

$$T = \frac{2 v_1 \sin\alpha}{g}$$ *Wurfzeit*

Die *größte Wurfweite* s_{max} erhalten wir mit der Wurfzeit T, wenn wir allein die Einzelbewegung in horizontaler Richtung mit $v_x = v_1 \cos\alpha$ = konstant betrachten. Dann ist $s_{max} = v_x T = v_1 \cos\alpha T$. Für T setzen wir den vorher entwickelten Ausdruck ein. Zur Vereinfachung setzen wir für $2 \sin\alpha \cos\alpha = \sin 2\alpha$ ein (THB, Seite 142).

$$s_{max} = v_1 \cos\alpha\, T = v_1 \cos\alpha \frac{2 v_1 \sin\alpha}{g}$$

$$s_{max} = \frac{v_1^2 \sin 2\alpha}{g}$$ *größte Wurfweite*

Bei gegebener Abwurfgeschwindigkeit v_1 hängt s_{max} nur noch vom Steigungswinkel α ab. Da der Sinus eines Winkels nicht größer als 1 werden kann, wird der Maximalwert für die größte Wurfweite dann erreicht, wenn $\sin 2\alpha = 1$ ist. Das ist der Fall, wenn $2\alpha = 90°$ und damit der Steigungswinkel $\alpha = 45°$ beträgt.

Größter Wert für s_{max} bei $\alpha = 45°$, weil dann $\sin 2\alpha = \sin 90° = 1$ ist.

Beachte: Alle hier entwickelten Gleichungen für den schrägen Wurf gelten auch für den waagerechten Wurf, wenn in den Gleichungen $\alpha = 0$ gesetzt wird.
Der waagerechte Wurf ist also nur ein Sonderfall des schrägen Wurfs.

Übung zum schrägen Wurf: Eine Dachpfanne gleitet unter einem Winkel $\alpha = 30°$ mit einer Geschwindigkeit $v = 5$ m/s von der Dachtraufe, die 20 m über dem Erdboden liegt. Es soll eine Gleichung zur Bestimmung des Abstandes $s_x = f(v, h)$ des Auftreffpunktes von der Hausmauer entwickelt und damit s_x berechnet werden.

Gegeben: $\alpha = 30°$

$v = 5 \frac{m}{s}$

$h = 20$ m

$a = g = 9{,}81 \frac{m}{s^2}$

Gesucht: $s_x = f(h, v)$

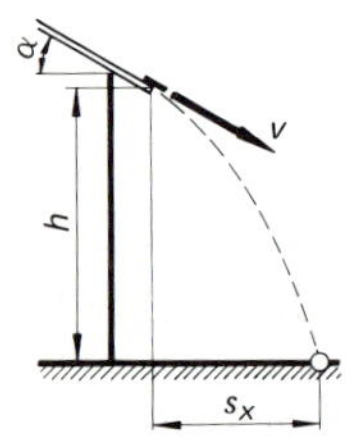

Lösung: Die Strecke s_x wird während des Zeitabschnittes Δt mit der Geschwindigkeitskomponente v_x gleichförmig zurückgelegt.

1. Schritt

$$s_x = v_x \Delta t$$

Im gleichen Zeitabschnitt Δt fällt die Dachpfanne im freien Fall um die Höhe h. Dabei steigt in senkrechter Richtung die Geschwindigkeit v_y um Δv auf v_{ey}; also ist $\Delta v = v_{ey} - v_y$.

2. Schritt

$$g = \frac{\Delta v}{\Delta t}$$

$$g = \frac{v_{ey} - v_y}{\Delta t} \quad \text{(I)}$$

Neben der Gleichung (I) erhalten wir mit der Weggleichung für den freien Fall eine zweite Gleichung, in der die beiden Unbekannten v_{ey} und Δt enthalten sind.

3. Schritt

$$h = \frac{v_y + v_{ey}}{2} \Delta t \quad \text{(II)}$$

Die beiden Gleichungen (I) und (II) lösen wir nach v_{ey} auf und setzen gleich. Da Δt im Zähler und Nenner vorkommt, ergibt sich eine gemischtquadratische Gleichung.

4. Schritt

$$v_{ey} = g \Delta t + v_y \quad \text{(I)}$$

$$v_{ey} = \frac{2h}{\Delta t} - v_y \quad \text{(II)}$$

$$g \Delta t + v_y = \frac{2h}{\Delta t} - v_y$$

Auf die übliche Weise bringen wir die Gleichung zuerst auf die Normalform, indem wir mit Δt multiplizieren und durch g dividieren (g ist Faktor beim quadratischen Glied $(\Delta t)^2$).

$$g(\Delta t)^2 + 2 v_y \Delta t - 2h = 0$$

$$(\Delta t)^2 + \frac{2 v_y}{g} \Delta t - \frac{2h}{g} = 0 \quad \text{(Normalform)}$$

Mit Hilfe der Lösungsformel für gemischt-quadratische Gleichungen finden wir eine Gleichung für den Zeitabschnitt Δt, und wir können nun den gefundenen Ausdruck in die Gleichung $s_x = v_x \Delta t$ einsetzen.

$$\Delta t_{1/2} = \boxed{-\frac{v_y}{g} \pm \sqrt{\left(\frac{v_y}{g}\right)^2 + \frac{2h}{g}}}$$

$$s_x = v_x \boxed{\Delta t}$$

Hinweis: Nur die positive Lösung für $\Delta t_{1,2}$ ist physikalisch sinnvoll.

Über die Winkelfunktionen erhalten wir $v_x = v \cos\alpha$ und $v_y = v \sin\alpha$ und damit die endgültige Form der gesuchten Beziehung $s_x = f(h, v)$, aus der wir abschließend noch den Betrag für den Abstand s_x berechnen können:

Der Aufschlagpunkt liegt um $s_x = 7{,}71$ m von der Hausmauer entfernt.

$$s_x = v_x \left[-\frac{v_y}{g} + \sqrt{\left(\frac{v_y}{g}\right)^2 + \frac{2h}{g}}\right]$$

$v_x = v \cos\alpha, \quad v_y = v \sin\alpha$

$$s_x = v \cos\alpha \left[-\frac{v \sin\alpha}{g} + \sqrt{\left(\frac{v \sin\alpha}{g}\right)^2 + \frac{2h}{g}}\right]$$

$s_x = f(h, v) \qquad s_x = 7{,}71 \text{ m}$

4.2. Gleichförmige Drehbewegung (Kreisbewegung)

Die bisher behandelten Gesetze gelten für geradlinige und krummlinige Bewegungen, also auch für die Bewegung eines Punktes auf der Kreisbahn, zum Beispiel für die Bewegung eines Schleifkorns auf einer umlaufenden Schleifscheibe. Trotzdem müssen wir die Drehbewegung besonders behandeln, weil für diese technisch wichtigste Bewegungsform besondere physikalische und geometrische Größen eingeführt wurden. Das gilt beispielsweise für die Begriffe Drehzahl, Winkelgeschwindigkeit, Winkelbeschleunigung, Übersetzung, Drehwinkel.

4.2.1. Die Drehzahl *n*

Bringen wir auf einer umlaufenden Scheibe (Werkstückspanner einer Drehmaschine, Schleifscheibe usw.) mit Kreide eine Markierung an, dann können wir die Anzahl der Umdrehungen zählen. Wir bezeichnen sie mit z, also beispielsweise $z = 25$ U (Umdrehungen). Teilen wir z durch den zugehörigen Zeitabschnitt Δt, dann erhalten wir die Drehzahl n der Scheibe:

Beachte: Die Angabe einer Drehzahl bezieht sich stets auf den ganzen umlaufenden Körper, z. B. auf den Rotor eines Elektromotors. Mit welcher *Geschwindigkeit* sich die einzelnen Punkte bewegen, wissen wir damit noch nicht.

$$n = \frac{\text{Anzahl Umdrehungen } z}{\text{Zeitabschnitt } \Delta t}$$

Drehzahl n ist der Quotient aus der Anzahl z der Umdrehungen und dem zugehörigen Zeitabschnitt Δt.

$$n = \frac{z}{\Delta t}$$

n	z	Δt
$\frac{\text{U}}{\text{min}} = \frac{1}{\text{min}} = \text{min}^{-1}$	U	min

Die Drehzahl n umlaufender Maschinenteile wird meistens auf die Minute als Zeiteinheit bezogen. Mit 1 min = 60 s können wir leicht umrechnen.

Beispiel:

$$n = 1500 \frac{\text{U}}{\text{min}} = 1500 \frac{\text{U}}{60 \text{ s}} = 25 \frac{\text{U}}{\text{s}}$$

Das Wort Umdrehung mit dem Kurzzeichen U steht nur für die Zahl 1, so daß in der Technik die Einheit für die Drehzahl n auch mit der 1 geschrieben wird, meistens in der Potenzschreibweise (min^{-1}).

Beispiel:

$$n = 1500 \frac{\text{U}}{\text{min}} = 1500 \frac{1}{\text{min}} = 1500 \text{ min}^{-1}$$

$$\frac{\text{U}}{\text{min}} = \frac{1}{\text{min}} = \text{min}^{-1}$$

4.2.2. Die Umfangsgeschwindigkeit v_u

Umfangsgeschwindigkeit v_u ist die Bezeichnung für die Geschwindigkeit eines Umfangspunktes im Abstand r von der Drehachse eines umlaufenden Körpers auf seiner Kreisbahn.

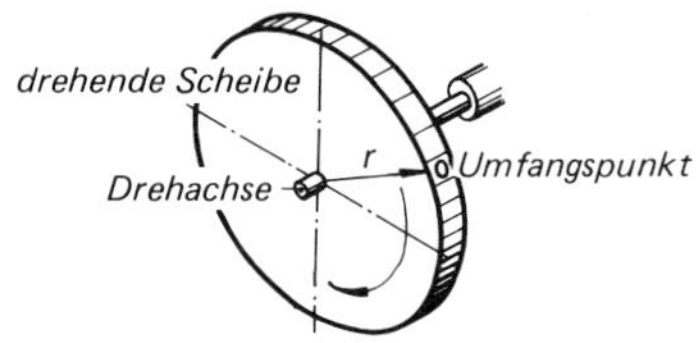

Drehbewegung um eine Drehachse

> Bei gleichförmiger Drehbewegung ist die Umfangsgeschwindigkeit v_u wie im allgemeinen Fall der Quotient aus Weg- und Zeitabschnitt.

Wie im allgemeinen Fall ist bei ungleichförmiger Drehbewegung der Quotient aus Weg- und Zeitabschnitt die mittlere Umfangsgeschwindigkeit v_{um} (Durchschnittsgeschwindigkeit).

4.2.3. Richtung der Umfangsgeschwindigkeit v_u

Wir stellen uns den Umfangspunkt B als Körper vor, der an einem Faden um die Drehachse A umläuft. Lassen wir den Faden in einer der eingezeichneten Stellungen los, so bewegt sich der Körper nach dem Trägheitsgesetz mit der momentanen Umfangsgeschwindigkeit v_u geradlinig fort und zwar in Richtung der jeweiligen Tangente an seine Kreisbahn:

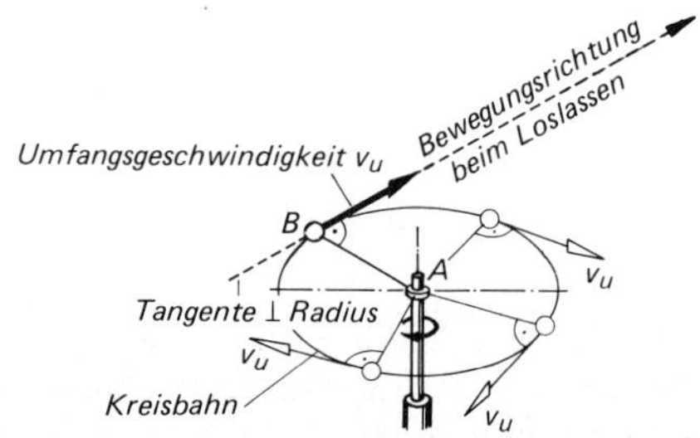

Richtung der Umfangsgeschwindigkeit

> Die Umfangsgeschwindigkeit v_u ist stets tangential gerichtet; sie ist eine Tangentialgröße.

4.2.4. Umfangsgeschwindigkeit v_u und Drehzahl n

Den Wegabschnitt Δs eines umlaufenden Umfangspunktes drücken wir durch den Kreisumfang aus. Bei z Umdrehungen wird damit $\Delta s = 2\pi r z$. Mit $z/\Delta t = n$ erhalten wir die übliche Gleichung zur Berechnung der Umfangsgeschwindigkeit.

$$v_u = \frac{\Delta s}{\Delta t} = \frac{2\pi r z}{\Delta t}$$

$$v_u = 2\pi r \frac{z}{\Delta t}$$

$$v_u = 2\pi r n$$

v_u	r	n
$\frac{\text{m}}{\text{s}}$	m	$\frac{\text{U}}{\text{s}} = \frac{1}{\text{s}} = \text{s}^{-1}$
$\frac{\text{m}}{\text{min}}$	m	$\frac{\text{U}}{\text{min}} = \frac{1}{\text{min}} = \text{min}^{-1}$

Bei der gleichförmigen Drehbewegung ist die Drehzahl n = konstant. Die Umfangsgeschwindigkeit v_u eines Umfangspunktes dagegen ändert sich, wie die Gleichung zeigt, mit dem Radius r: Je größer der Radius, um so größer ist auch v_u. Man sagt auch: v_u wächst proportional mit dem Radius ($v_u \sim r$).

Beispiel:
Wie groß ist die Umfangsgeschwindigkeit eines Umfangspunktes B, der doppelt so weit vom Scheibenmittelpunkt entfernt liegt wie Punkt A?

Lösung:
$v_{uB} = 2\pi r_B n; \qquad r_B = 2 r_A$

$v_{uB} = 2\pi \cdot 2 r_A \cdot n = 2 \cdot 2\pi r_A n = 2 v_{uA}$

4.2.4.1. Zahlenwertgleichungen für die Umfangsgeschwindigkeit

Für *Rechnungen an Werkzeugmaschinen* wird die Umfangsgeschwindigkeit als *Schnittgeschwindigkeit* v meist in m/min gebraucht (Richtwerttabellen), wobei der Durchmesser $d = 2r$ in mm eingesetzt werden soll. Man rechnet dann mit einer auf diese Einheiten zugeschnittenen Zahlenwertgleichung.

$$v = \frac{\pi d n}{1000}$$

v	d	n
$\frac{\text{m}}{\text{min}}$	mm	min^{-1}

Schnittgeschwindigkeit v an Drehmaschinen, Fräsmaschinen usw.

Für *Schleifscheiben* würden sich mit der obigen Zahlenwertgleichung zu große Zahlenwerte ergeben. Man arbeitet dort mit der Einheit m/s und muß daher im Nenner noch den Faktor 60 aufnehmen.

$$v = \frac{\pi d n}{60\,000}$$

v	d	n
$\frac{\text{m}}{\text{s}}$	mm	min^{-1}

Schnittgeschwindigkeit v für Schleifscheiben

Man entwickelt aus der *Größen*gleichung *dann* eine *Zahlenwert*gleichung, wenn häufig mit denselben Einheiten gerechnet wird.

Beachte: Beim Rechnen mit Zahlenwertgleichungen dürfen wir die Einheiten *nicht* mitschreiben!

4.2.5. Umfangsgeschwindigkeit und Mittelpunktsgeschwindigkeit

Ein Rad vom Radius r rollt ohne zu gleiten (also schlupffrei) auf seiner Unterlage. Ein Umfangspunkt besitzt die Umfangsgeschwindigkeit $v_u = 2\pi r n$. Die Geschwindigkeit des Radmittelpunktes M parallel zur Unterlage wollen wir mit Mittelpunktsgeschwindigkeit v_M bezeichnen. Die Frage ist, in welchem Verhältnis v_u und v_M zueinander stehen.

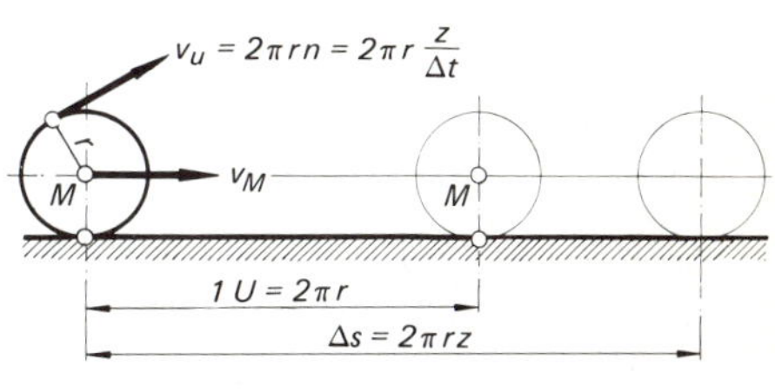

Bei 1 U rollt der Radumfang $2\pi r$ ab, bei z Umdrehungen z-mal so viel, also legt der Radmittelpunkt M den Wegabschnitt $\Delta s = 2\pi r z$ zurück. Damit ergibt sich seine Geschwindigkeit $v_M = 2\pi r z/\Delta t$. Das aber ist genau die Gleichung für die Umfangsgeschwindigkeit v_u:

Mittelpunktsgeschwindigkeit

$$v_M = \frac{2\pi r z}{\Delta t} = 2\pi r n$$

Umfangsgeschwindigkeit

$$v_u = \frac{2\pi r z}{\Delta t} = 2\pi r n$$

Beim schlupffrei rollenden Rad sind Umfangsgeschwindigkeit und Mittelpunktsgeschwindigkeit gleich groß.

$$v_M = v_u$$

4.2.6. Die Winkelgeschwindigkeit ω

Die Umfangsgeschwindigkeit v_u kennzeichnet immer nur den Bewegungszustand eines einzelnen Punktes, denn v_u ist vom Radius abhängig ($v_u \sim r$). Körperpunkte auf unterschiedlichen Radien legen bei jeder Umdrehung verschieden große Wege zurück. Für *alle* Punkte ist aber der überstrichene Drehwinkel $\Delta\varphi$ gleichgroß. Deshalb hat man für umlaufende Teile eine vom Radius unabhängige Größe definiert, die Winkelgeschwindigkeit ω (Omega):

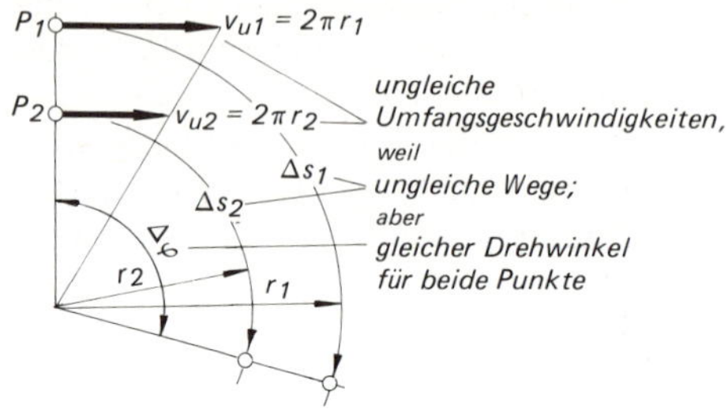

Die Winkelgeschwindigkeit ω eines gleichförmig umlaufenden Körpers ist der Quotient aus dem überstrichenen Drehwinkel $\Delta\varphi$ und dem zugehörigen Zeitabschnitt Δt. Die Winkelgeschwindigkeit ist ein Vektor; mehrere Winkelgeschwindigkeiten dürfen also nur geometrisch addiert werden.

$$\omega = \frac{\Delta\varphi}{\Delta t} = \frac{2\pi z}{\Delta t}$$

$$\omega = 2\pi n$$

Grundgleichung der gleichförmigen Drehbewegung

ω	$\Delta\varphi$	z	Δt	n
$\frac{\text{rad}}{\text{s}} \equiv \frac{1}{\text{s}}$	rad	1	s	$\frac{1}{\text{s}} = \text{s}^{-1}$

Dreht sich der Körper nicht gleichförmig, dann erhalten wir mit dieser Definitionsgleichung die mittlere Winkelgeschwindigkeit ω_m (Durchschnitts-Winkelgeschwindigkeit).

Beispiel:

Beim ungebremsten Auslaufen braucht eine Drehspindel 60 U und 90 s bis zum Stillstand. Dann ist

$$\omega_m = \frac{\Delta\varphi}{\Delta t} = \frac{2\pi z}{\Delta t} = \frac{2\pi\, 60}{90\,\text{s}} = \frac{4}{3}\pi\,\frac{\text{rad}}{\text{s}} = 4{,}19\,\frac{\text{rad}}{\text{s}}$$

Die *Einheit für die Winkelgeschwindigkeit* ω ergibt sich aus den gewählten Einheiten für den Drehwinkel und den Zeitabschnitt oder aus der gewählten Einheit für die Drehzahl n.

$$(\omega) = \frac{(\varphi)}{(t)} = \frac{\text{rad}}{\text{s}} = \frac{1}{\text{s}} = \text{s}^{-1}$$

$$(\omega) = (2\pi)(n) = \frac{\text{rad}}{\text{min}} = \frac{1}{\text{min}} = \text{min}^{-1}$$

Als Einheit für den Drehwinkel benutzt man nicht die Einheit „Grad" (obgleich grundsätzlich möglich), sondern die Einheit „Radiant" (Kurzzeichen: rad). Wie „Umdrehung U" ist auch „Radiant rad" eine Umschreibung für die Zahl 1.

Umrechnungen:

$$2\pi\,\text{rad} = 360°$$

$$1\,\text{rad} = \frac{180°}{\pi} \approx 57{,}3°$$

Statt rad/s können wir stets auch 1/s schreiben, ebenso wie statt U/min auch 1/min.

Beispiel:

$$\omega = 90\,\frac{\text{rad}}{\text{s}} = 90\,\frac{1}{\text{s}} = 90\,\text{s}^{-1}$$

4.2.7. Winkelgeschwindigkeit und Umfangsgeschwindigkeit

Aus den nun bekannten Gleichungen für Umfangs- und Winkelgeschwindigkeit können wir sofort die gegenseitige Abhängigkeit erkennen. Die Winkelgeschwindigkeit $\omega = 2\pi n$ ist in der Gleichung für v_u enthalten.

$$v_u = 2\pi r n = 2\pi n r = \omega r$$

$$v_u = \omega r$$

v_u	ω	r
$\frac{\text{m}}{\text{s}}$	$\frac{1}{\text{s}} = \frac{\text{rad}}{\text{s}}$	m

Wir können den Zusammenhang zwischen v_u und ω auch zeichnerisch darstellen. Bei gleichförmiger Drehung ist n = konstant, also auch $\omega = 2\pi n$ = konstant, und die jeweilige Umfangsgeschwindigkeit der einzelnen Umfangspunkte hängt vom Radius r ab. Man sagt auch: v_u ist proportional ω ($v_u \sim \omega$). Aus der zeichnerischen Darstellung ergibt sich, daß die Zahlenwerte der Umfangsgeschwindigkeit auf dem Einheitskreis und der Winkelgeschwindigkeit gleich groß sind.

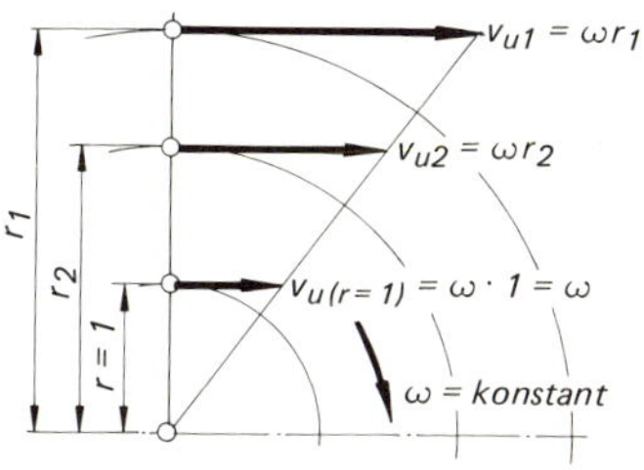

Zusammenhang zwischen Umfangs- und Winkelgeschwindigkeit

4.2.7.1. Zahlenwertgleichung für die Winkelgeschwindigkeit

Da die Drehzahl n in der Technik meist in U/min = 1/min angegeben wird, für die Winkelgeschwindigkeit ω aber die Einheit rad/s = 1/s üblich ist, arbeitet man gern mit der entsprechend zugeschnittenen Zahlenwertgleichung.

Wir erhalten die Zahlenwertgleichung für ω, indem wir in die Größengleichung $\omega = 2\pi n$ die Umrechnungszahl aus 1 min = 60 s aufnehmen und die Zahlenwerte kürzen.

Mit $\pi/30 \approx 1/10$ erhalten wir eine Beziehung zwischen Winkelgeschwindigkeit ω und Drehzahl n, mit der wir schnell überschlägig rechnen oder genaue Rechnungen kontrollieren können (Stellenzahlkontrolle).

$$\omega = 2\pi \frac{n}{60} = \pi \frac{n}{30}$$

$$\omega = \frac{\pi n}{30}$$

ω	n
$\frac{1}{s}$	$\frac{1}{min} = min^{-1}$

$$\omega \approx \frac{n}{10} = 0{,}1\, n$$

Beispiel:

Für $n = 1500\ min^{-1}$ wird

$$\omega = \frac{\pi n}{30} = \frac{\pi \cdot 1500}{30} \frac{1}{s} = 157 \frac{rad}{s}$$

$$n = 1500\ min^{-1} \Rightarrow \omega \approx 150\ s^{-1}$$

4.2.8. Baugrößen und Größen der Bewegung in Getrieben

Getriebe übertragen eine Drehbewegung von einer Antriebswelle A auf eine Abtriebswelle B, meist bei gleichzeitiger Änderung der Drehzahl n und damit auch der Winkelgeschwindigkeit ω.

Beim *Riemengetriebe* treibt ein Flach- oder Keilriemen durch Kraftschluß (nicht durch Formschluß wie beim Zahnradgetriebe) beide Scheiben mit gleicher Umfangsgeschwindigkeit

$$v_u = v_{u1} = v_{u2}$$

Der geringfügige Schlupf wird vernachlässigt.

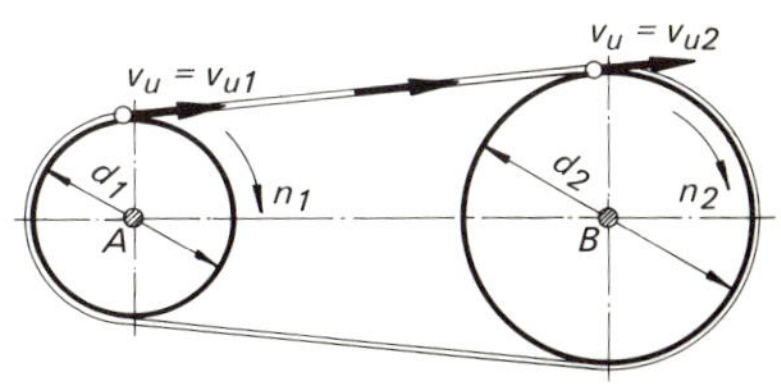

Riemengetriebe

$$v_{u_1} = v_{u_2}$$
$$2\pi r_1 n_1 = 2\pi r_2 n_2$$
$$\pi d_1 n_1 = \pi d_2 n_2 \Rightarrow \frac{n_1}{n_2} = \frac{d_2}{d_1}$$

$$\frac{n_1}{n_2} = \frac{\omega_1}{\omega_2} = \frac{d_2}{d_1}$$

d_1, d_2 sind die Baugrößen

Beim Riemengetriebe verhalten sich Drehzahlen und Winkelgeschwindigkeiten umgekehrt wie die Scheibendurchmesser.

Drehzahlen und Winkelgeschwindigkeiten verhalten sich umgekehrt wie Baugrößen.

Pressen wir die beiden Scheiben aneinander, so entsteht das *Reibradgetriebe.* Verzahnen wir beide Scheiben, so haben wir ein *Zahnradgetriebe,* das die Drehbewegung durch Formschluß (Zähne) und daher schlupflos überträgt. Hier rollen die beiden (gedachten) Teilkreise aufeinander ab (Teilkreisdurchmesser d_1, d_2). Für den Teilkreisdurchmesser kann das Produkt aus Zähnezahl und Modul gesetzt werden. Daher können wir die Teilkreisdurchmesser d_1, d_2 auch durch die Zähnezahlen z_1, z_2 ausdrücken.

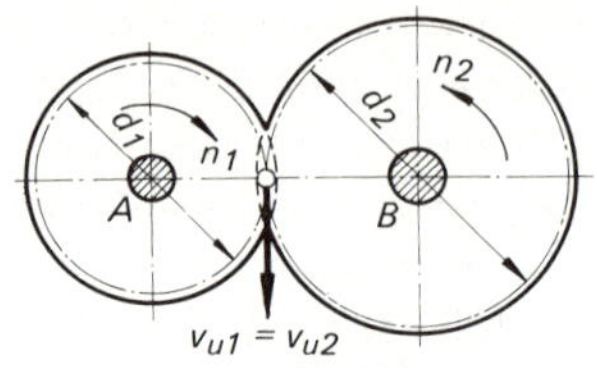

Zahnradgetriebe

$$v_{u1} = v_{u2}$$
$$\pi d_1 n_1 = \pi d_2 n_2 \qquad d = z m$$
$$\pi z_1 m n_1 = \pi z_2 m n_2$$

Beim Zahnradgetriebe verhalten sich die Drehzahlen und Winkelgeschwindigkeiten umgekehrt wie Teilkreisdurchmesser und Zähnezahlen.

$$\frac{n_1}{n_2} = \frac{\omega_1}{\omega_2} = \frac{d_2}{d_1} = \frac{z_2}{z_1}$$

d_1, d_2, z_1, z_2 sind die Baugrößen

Drehzahlen und Winkelgeschwindigkeiten verhalten sich umgekehrt wie die Baugrößen.

Das folgende Bild zeigt die wichtigsten geometrischen Größen am geradverzahnten Zahnrad (ohne Profilverschiebung). Wichtigste Größe ist der sogenannte Modul m, weil alle anderen Größen darauf bezogen werden. Sind Modul m und Zähnezahl z eines Zahnrades bekannt, können alle anderen Maße des Zahnrades berechnet werden.

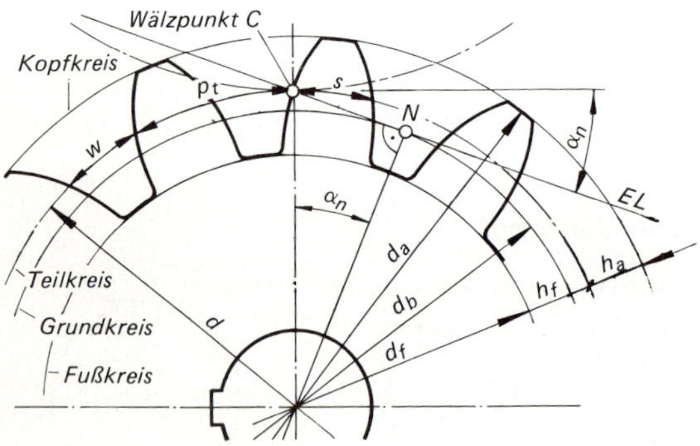

d	Teilkreis-Ø = mz
d_b	Grundkreis-Ø = $d \cos \alpha_n$
d_a	Kopfkreis-Ø = $d + 2\,m$
d_f	Fußkreis-Ø = $d - 2{,}5\,m$
p_t	Teilung = $s + w = \pi\,m$
m	Modul = p_t/π (genormt nach DIN 780 von 0,3 ... 75 mm)
α_n	Herstell-Eingriffswinkel (20°)
s	Zahndicke = $p_t/2$
w	Lückenweite = $p_t/2$
h_a	Zahnkopfhöhe = 1 m
h_f	Zahnfußhöhe = 1,25 m
E_L	Eingriffslinie

4.2.9. Übersetzung i (Übersetzungsverhältnis)

Der Begriff Übersetzung i ist festgelegt als Verhältnis (Quotient) von Antriebsdrehzahl n_{an} zu Abtriebsdrehzahl n_{ab}.

$$i = \frac{n_{an}}{n_{ab}} = \frac{n_1}{n_2} = \frac{\omega_1}{\omega_2}$$

$n_1 = \omega_1 / 2\pi$
$n_2 = \omega_2 / 2\pi$

Da die Baugrößen eines Getriebes sich umgekehrt wie die Drehzahlen und Winkelgeschwindigkeiten verhalten, können wir die Übersetzung i auch mit den Baugrößen ausdrücken.

$$i = \frac{n_1}{n_2} = \frac{\omega_1}{\omega_2} = \frac{d_2}{d_1} = \frac{z_2}{z_1}$$

Besteht ein Zahnradgetriebe aus mehreren hintereinandergeschalteten Räderpaaren, also auch aus mehreren Einzelübersetzungen, dann läßt sich aus den Einzelübersetzungen i_1, i_2, i_3 ... die Gesamtübersetzung i_{ges} bestimmen:

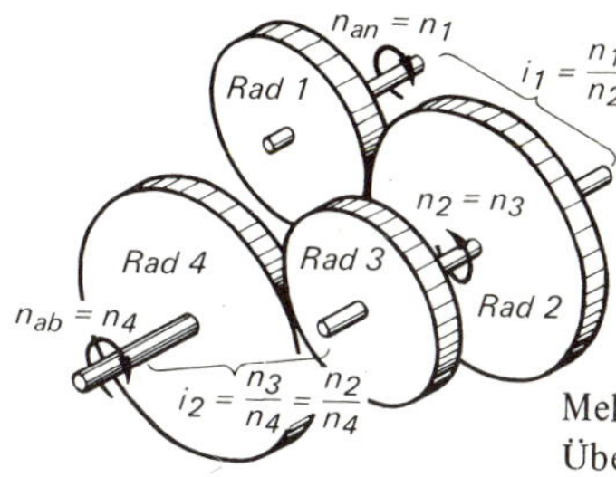

Mehrfach-Übersetzung

Die Gesamtübersetzung i_{ges} ist stets das Produkt der Einzelübersetzungen.

Aus der Definition für $i = n_{an}/n_{ab}$ ergibt sich:

$i > 1 \Rightarrow$ Übersetzung ins Langsame
$i < 1 \Rightarrow$ Übersetzung ins Schnelle

$$i_{ges} = \frac{n_{an}}{n_{ab}} = i_1 \cdot i_2 \cdot i_3 \cdot \ldots \cdot i_n$$

4.3. Gesetze und Diagramme der gleichmäßig beschleunigten (verzögerten) Drehbewegung

Wir verstehen die Gesetze und Diagramme und auch das Verfahren zum Lösen von Aufgaben der Kreisbewegung leicht, wenn wir uns der entsprechenden Gesetze erinnern, die wir in der allgemeinen Bewegungslehre entwickelt haben. Denn alles, was wir dort sagten, gilt grundsätzlich auch hier, nur müssen wir jede Größe der allgemeinen Bewegung durch die entsprechende Kreisgröße ersetzen. Das nennt man den Analogieschluß.

4.3.1. Gegenüberstellung der allgemeinen Größen mit den entsprechenden Kreisgrößen

Allgemeine Größe mit Definitionsgleichung	Einheit	Kreisgröße mit Definitionsgleichung	Einheit
Zeitabschnitt Δt	s	Zeitabschnitt Δt	s
Wegabschnitt Δs	m	Drehwinkel $\Delta\varphi$	rad = 1
Geschwindigkeit $v = \frac{\Delta s}{\Delta t}$ (v = konstant)	$\frac{m}{s}$	Winkelgeschwindigkeit $\omega = \frac{\Delta\varphi}{\Delta t}$ (ω = konstant)	$\frac{rad}{s} = \frac{1}{s}$
Geschwindigkeitsänderung $\Delta v = a\,\Delta t$	$\frac{m}{s}$	Winkelgeschwindigkeitsänderung $\Delta\omega = \alpha\,\Delta t$	$\frac{rad}{s} = \frac{1}{s}$
Beschleunigung $a = \frac{\Delta v}{\Delta t}$ (Grundgleichung)	$\frac{m}{s^2}$	Winkelbeschleunigung $\alpha = \frac{\Delta\omega}{\Delta t}$ (Grundgleichung)	$\frac{rad}{s^2} = \frac{1}{s^2}$

v, t-Diagramm je nach Aufgabenstellung:

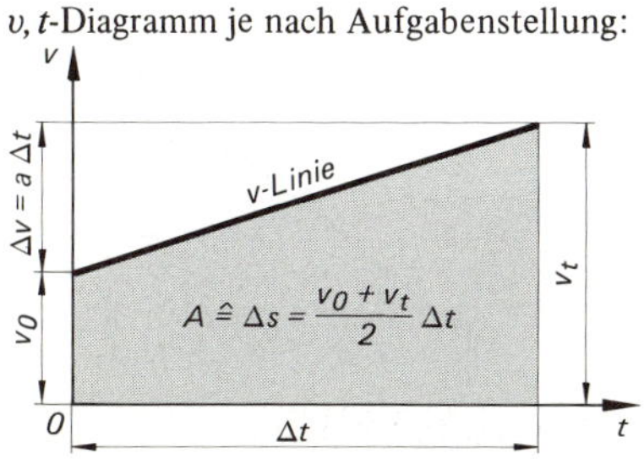

Beachte: Die Fläche A unter der v-Linie entspricht dem Wegabschnitt Δs.

ω, t-Diagramm je nach Aufgabenstellung:

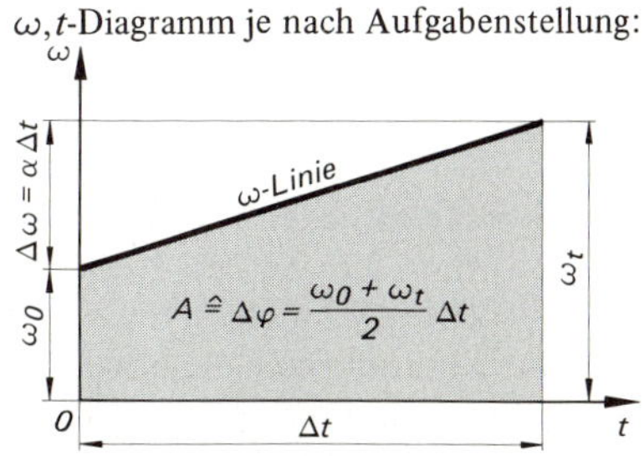

Beachte: Die Fläche A unter der ω-Linie entspricht dem Drehwinkel $\Delta\varphi$.

4.3.2. Winkelbeschleunigung α

Bei der *gleichmäßig* beschleunigten (verzögerten) Kreisbewegung muß die Änderung der Winkelgeschwindigkeit $\Delta\omega$ konstant bleiben ($\Delta\omega$ = konstant), wie im allgemeinen Fall Δv = konstant war. Die Winkelgeschwindigkeitslinie im ω, t-Diagramm muß eine ansteigende oder abfallende Gerade sein.

Wird ein Körper aus der Ruhelage heraus drehend beschleunigt, so daß er nach $\Delta t = 6$ s eine Momentan-Winkelgeschwindigkeit $\omega_t = 9$ rad/s besitzt, dann beträgt seine Winkelgeschwindigkeits*zunahme* in jeder Sekunde $\Delta\omega = 1{,}5$ rad/s.

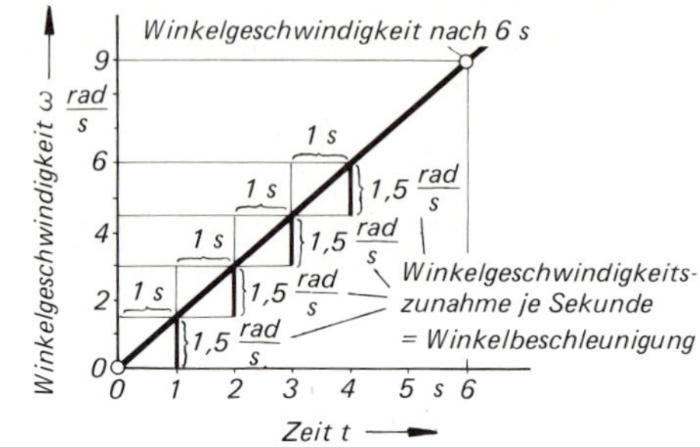

Winkelbeschleunigung α

Entsprechend der Beschleunigung a im allgemeinen Fall hat man für die Kreisbewegung die Winkelbeschleunigung α als Vergleichsgröße festgelegt:

> Die *Winkelbeschleunigung* α eines gleichmäßig beschleunigten (verzögerten) Körpers ist der Quotient aus der Winkelgeschwindig-keits*änderung* $\Delta\omega$ und dem zugehörigen Zeitabschnitt Δt.
>
> Die Winkelbeschleunigung ist ein Vektor; mehrere Winkelbeschleunigungen dürfen also nur geometrisch addiert werden.

$$\alpha = \frac{\text{Winkelgeschwindigkeitsänderung } \Delta\omega}{\text{zugehöriger Zeitabschnitt } \Delta t}$$

$$\alpha = \frac{\Delta\omega}{\Delta t}$$

α	$\Delta\omega$	Δt
$\frac{\text{rad}}{\text{s}^2} = \frac{1}{\text{s}^2}$	$\frac{\text{rad}}{\text{s}} = \frac{1}{\text{s}}$	s

Grundgleichung der gleichmäßig beschleunigten (verzögerten) Kreisbewegung

Die *Einheit der Winkelbeschleunigung* α ergibt sich in gewohnter Weise aus der Definitionsgleichung für die Größe, hier also ,,Radiant je Sekundequadrat" (beachte: rad = 1).

$$(\alpha) = \frac{(\omega)}{(t)} = \frac{\frac{\text{rad}}{\text{s}}}{\text{s}} = \frac{\text{rad}}{\text{s}^2} = \frac{1}{\text{s}^2} = \text{s}^{-2}$$

4.3.3. Der Drehwinkel im ω, t-Diagramm

Wir wollen noch nachweisen, daß für den Drehwinkel $\Delta\varphi$ im ω, t-Diagramm das gleiche gilt wie für den Wegabschnitt Δs im v, t-Diagramm (vgl. mit 4.1.4).

Die Winkelgeschwindigkeit ω ändert sich von $\omega_0 = 0$ am Anfang auf ω_t am Ende des Zeitabschnittes Δt. Weil die Winkelgeschwindigkeitsänderung konstant ist, ergibt sich die mittlere Winkelgeschwindigkeit zu $\omega_m = (\omega_0 + \omega_t)/2$ und der überstrichene Drehwinkel zu $\Delta\varphi = \omega_m\,\Delta t = \omega_t\,\Delta t/2$. Das entspricht auch dem Flächeninhalt der Dreieckfläche unter der ω-Linie.

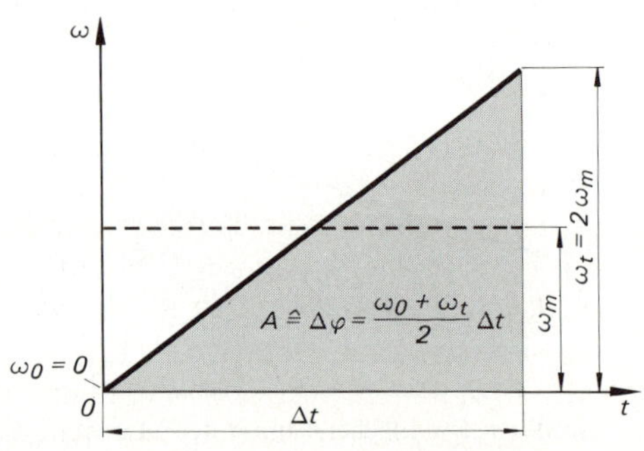

Mittlere Winkelgeschwindigkeit ω_m

In jedem ω, t-Diagramm entspricht die Fläche A unter der Winkelgeschwindigkeitslinie dem überstrichenen Drehwinkel $\Delta\varphi$ ($A \mathrel{\hat{=}} \Delta\varphi$).

Fläche $A \mathrel{\hat{=}}$ Drehwinkel $\Delta\varphi$

Gilt für jede Drehbewegung

4.3.4. Die Tangentialbeschleunigung a_T

Wird ein Körper drehend mit der Winkelbeschleunigung α bewegt, werden alle Körperpunkte in jedem Augenblick in Richtung der Tangente mit der *Tangentialbeschleunigung* a_T beschleunigt. Wie jede Beschleunigung ist auch a_T ein Verhältnis von Geschwindigkeitsänderung und Zeitabschnitt. Hier handelt es sich um die Zunahme der Umfangsgeschwindigkeit $\Delta v_u = \Delta \omega r$. Damit ist über $a_T = \Delta v_u / \Delta t = \Delta \omega r / \Delta t = \alpha r$ die Verbindung zwischen Tangential- und Kreisgröße hergestellt. Das hatten wir auch schon für v_u und ω nachgewiesen (4.2.7):

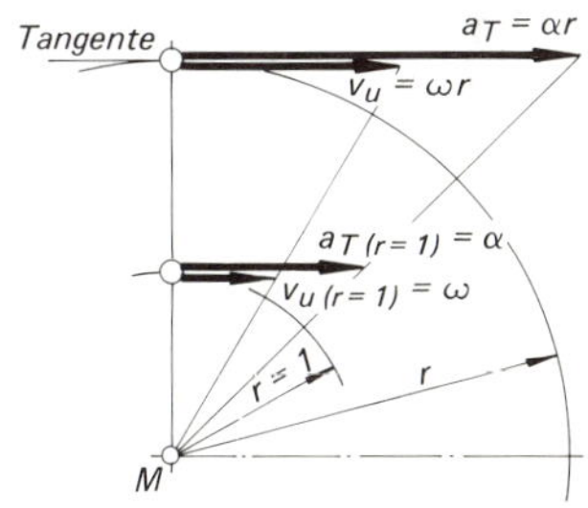

Zusammenhang zwischen Tangentialgrößen und Kreisgrößen

Tangentialgrößen (Umfangsgeschwindigkeit v_u, Tangentialbeschleunigung a_T) ergeben sich aus den Kreisgrößen durch Multiplikation mit dem Radius r.

$$a_T = \frac{\Delta v_u}{\Delta t} = \frac{\Delta \omega r}{\Delta t} = \alpha r$$

$a_T = \alpha r$

a_T	α	r
$\frac{\text{m}}{\text{s}^2}$	$\frac{\text{rad}}{\text{s}^2} = \frac{1}{\text{s}^2}$	m

4.3.5. Arbeitsplan für Aufgaben bei Kreisbewegung (Vergleiche mit 4.1.5)

ω, t-Diagramm aufzeichnen

1. Schritt

Wir prüfen, ob die Bewegung beschleunigt (ansteigende ω-Linie) oder verzögert ist (fallende ω-Linie), und ob die Bewegung aus dem Ruhezustand heraus erfolgt oder bis zur Ruhestellung verläuft. Danach skizzieren wir das ω, t-Diagramm (unmaßstäblich).

Als Beispiel betrachten wir eine gleichmäßig beschleunigte Kreisbewegung mit Anfangs-Winkelgeschwindigkeit ($\omega_0 \neq 0$).

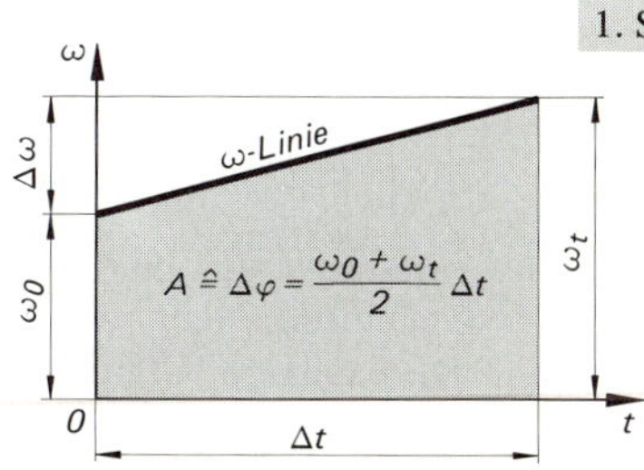

Grundgleichung hinschreiben

Ausgangsgleichung ist stets die Definitionsgleichung für die Winkelbeschleunigung $\alpha = \Delta\omega/\Delta t$.

$$\alpha = \frac{\Delta\omega}{\Delta t} = \frac{\omega_t - \omega_0}{\Delta t}$$

2. Schritt

Drehwinkelgleichungen hinschreiben

Wir wissen, daß die Fläche A unter der ω-Linie dem überstrichenen Drehwinkel $\Delta\varphi$ entspricht. Je nach Flächenform (hier Trapez) entwickeln wir mit den eingetragenen Bezeichnungen Gleichungen für $\Delta\varphi$, zunächst ohne Rücksicht darauf, ob wir für die spezielle Aufgabenstellung alle Gleichungen brauchen: In der Praxis werden häufig alle Größen der Bewegung gebraucht.

3. Schritt

$$\Delta\varphi = \frac{\omega_0 + \omega_t}{2}\Delta t$$

(Trapezfläche)

$$\Delta\varphi = \omega_0 \Delta t + \frac{\Delta\omega\,\Delta t}{2}; \qquad \Delta\omega = \omega_t - \omega_0$$

(Rechteckfläche + Dreieckfläche)

$$\Delta\varphi = \omega_t \Delta t - \frac{\Delta\omega\,\Delta t}{2}; \qquad \Delta\omega = \omega_t - \omega_0$$

(Rechteckfläche − Dreieckfläche)

Gleichungen auswerten

4. Schritt

Grundgleichung und Drehwinkelgleichungen bilden ein Gleichungssystem mit mehreren Unbekannten. In der Regel werden zwei Unbekannte gesucht. Es genügen dann meistens die Grundgleichung und eine der Drehwinkelgleichungen zur Lösung.

Hinweis: Lösung nach dem Einsetzungsverfahren oder nach dem Gleichsetzungsverfahren.

Wir nehmen hier an, es sei die Funktionsgleichung $\Delta t = f(\omega_0, \alpha, \Delta\varphi)$ gesucht. Dann sind ω_0, α, $\Delta\varphi$ gegebene Größen. Der Zeitabschnitt Δt ist die gesuchte Größe. Benutzen wir die Gleichsetzungsmethode, können wir sowohl die Grundgleichung als auch die erste Drehwinkelgleichung nach ω_t auflösen, beide Gleichungen gleichsetzen und auf gewohnte Weise weiterentwickeln.

$$\alpha = \frac{\omega_t - \omega_0}{\Delta t} \Rightarrow \omega_t = \omega_0 + \alpha\Delta t$$

(Grundgleichung)

$$\Delta\varphi = \frac{\omega_0 + \omega_t}{2}\Delta t \Rightarrow \omega_t = \frac{2\Delta\varphi}{\Delta t} - \omega_0$$

(erste Drehwinkelgleichung)

$$\omega_0 + \alpha\Delta t = \frac{2\Delta\varphi}{\Delta t} - \omega_0$$

$$2\omega_0 + \alpha\Delta t = \frac{2\Delta\varphi}{\Delta t} \quad \Big| \cdot \frac{\Delta t}{\alpha}$$

$$(\Delta t)^2 + \frac{2\omega_0}{\alpha}\Delta t - \frac{2\Delta\varphi}{\alpha} = 0$$

Als Ergebnis erhalten wir hier eine gemischtquadratische Gleichung, die wir in Tafel 4.3 wiederfinden. Die analoge Gleichung wurde in 4.1.5 entwickelt.

$$\Delta t_{1,2} = -\frac{\omega_0}{\alpha} \pm \sqrt{\left(\frac{\omega_0}{\alpha}\right)^2 + \frac{2\Delta\varphi}{\alpha}}$$

$(\Delta t = f(\omega_0, \alpha, \Delta\varphi)$

Tafel 4.3. Gleichmäßig beschleunigte Kreisbewegung

Die Gleichungen dieser Tafel gelten in Verbindung mit den Bezeichnungen der nebenstehenden ω, t-Diagramme.

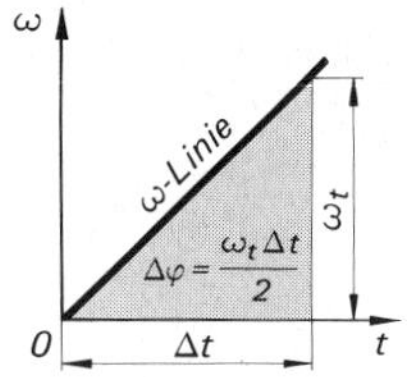

Beschleunigte Kreisbewegung ohne Anfangsgeschwindigkeit ($\omega_0 = 0$)

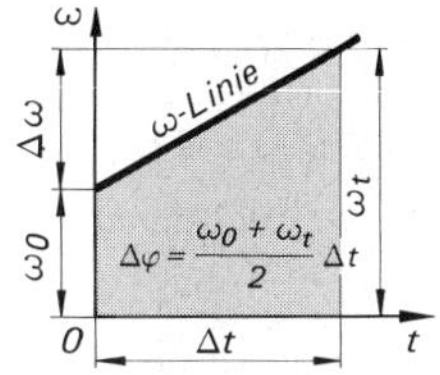

Beschleunigte Kreisbewegung mit Anfangsgeschwindigkeit ($\omega_0 \neq 0$)

Einheiten

$\Delta\varphi$	Δt	ω_0, ω_t	α	r	v_u	a_T
rad	s	$\frac{\text{rad}}{\text{s}}$	$\frac{\text{rad}}{\text{s}^2}$	m	$\frac{\text{m}}{\text{s}}$	$\frac{\text{m}}{\text{s}^2}$

Winkelbeschleunigung α (Definition)

$$\alpha = \frac{\text{Winkelgeschwindigkeitszunahme } \Delta\omega}{\text{Zeitabschnitt } \Delta t} \quad \text{in } \frac{\text{rad}}{\text{s}^2}$$

Winkelbeschleunigung α (bei $\omega_0 = 0$)

$$\alpha = \frac{\omega_t}{\Delta t} = \frac{\omega_t^2}{2\,\Delta\varphi} = \frac{2\,\Delta\varphi}{(\Delta t)^2}$$

Winkelbeschleunigung α (bei $\omega_0 \neq 0$)

$$\alpha = \frac{\omega_t - \omega_0}{\Delta t} = \frac{\omega_t^2 - \omega_0^2}{2\,\Delta\varphi}$$

Tangentialbeschleunigung a_T

$$a_T = \alpha r = \frac{\Delta\omega}{\Delta t} r = \frac{\Delta v_u}{\Delta t}$$

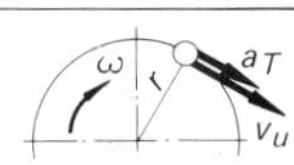

Endwinkelgeschwindigkeit ω_t (bei $\omega_0 = 0$)

$$\omega_t = \alpha\,\Delta t = \sqrt{2\,\alpha\,\Delta\varphi}$$

Endwinkelgeschwindigkeit ω_t (bei $\omega_0 \neq 0$)

$$\omega_t = \omega_0 + \Delta\omega = \omega_0 + \alpha\,\Delta t$$

$$\omega_t = \sqrt{\omega_0^2 + 2\,\alpha\,\Delta\varphi}$$

Drehwinkel $\Delta\varphi$ (bei $\omega_0 = 0$)

$$\Delta\varphi = \frac{\omega_t\,\Delta t}{2} = \frac{\alpha(\Delta t)^2}{2} = \frac{\omega_t^2}{2\,\alpha}$$

Drehwinkel $\Delta\varphi$ (bei $\omega_0 \neq 0$)

$$\Delta\varphi = \frac{\omega_0 + \omega_t}{2}\,\Delta t = \omega_0\,\Delta t + \frac{\alpha(\Delta t)^2}{2}$$

$$\Delta\varphi = \frac{\omega_t^2 - \omega_0^2}{2\alpha}$$

Zeitabschnitt Δt (bei $\omega_0 = 0$)

$$\Delta t = \frac{\omega_t}{\alpha} = \sqrt{\frac{2\,\Delta\varphi}{\alpha}}$$

Zeitabschnitt Δt (bei $\omega_0 \neq 0$)

$$\Delta t = \frac{\omega_t - \omega_0}{\alpha} = -\frac{\omega_0}{\alpha} \pm \sqrt{\left(\frac{\omega_0}{\alpha}\right)^2 + \frac{2\,\Delta\varphi}{\alpha}}$$

Tafel 4.4. Gleichmäßig verzögerte Kreisbewegung

Die Gleichungen dieser Tafel gelten in Verbindung mit den Bezeichnungen der nebenstehenden ω, t-Diagramme.

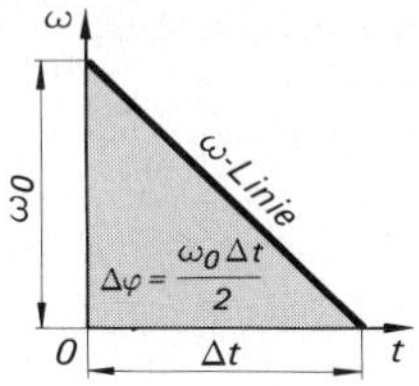

Verzögerte Kreisbewegung ohne Endgeschwindigkeit ($\omega_t = 0$)

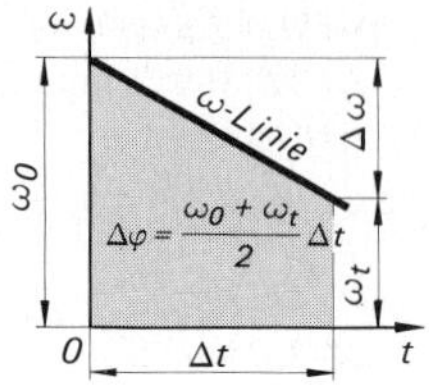

Verzögerte Kreisbewegung mit Endgeschwindigkeit ($\omega_t \neq 0$)

Einheiten

$\Delta\varphi$	Δt	ω_0, ω_t	α	r	v_u	a_T
rad	s	$\frac{rad}{s}$	$\frac{rad}{s^2}$	m	$\frac{m}{s}$	$\frac{m}{s^2}$

Winkelverzögerung α (Definition)	$\alpha = \frac{\text{Winkelgeschwindigkeitsabnahme } \Delta\omega}{\text{Zeitabschnitt } \Delta t}$ in $\frac{rad}{s^2}$
Winkelverzögerung α (bei $\omega_t = 0$)	$\alpha = \frac{\omega_0}{\Delta t} = \frac{\omega_0^2}{2\,\Delta\varphi} = \frac{2\,\Delta\varphi}{(\Delta t)^2}$
Winkelverzögerung α (bei $\omega_t \neq 0$)	$\alpha = \frac{\omega_0 - \omega_t}{\Delta t} = \frac{\omega_0^2 - \omega_t^2}{2\,\Delta\varphi}$
Tangentialverzögerung a_T	$a_T = \alpha r = \frac{\Delta\omega}{\Delta t} r = \frac{\Delta v_u}{\Delta t}$ 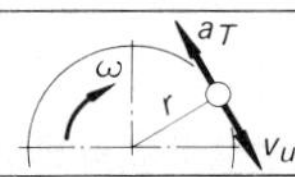
Anfangswinkelgeschwindigkeit ω_0 (bei $\omega_t = 0$)	$\omega_0 = \alpha\,\Delta t = \sqrt{2\,\alpha\,\Delta\varphi}$
Endwinkelgeschwindigkeit ω_t	$\omega_t = \omega_0 - \Delta\omega = \omega_0 - \alpha\,\Delta t$ $\omega_t = \sqrt{\omega_0^2 - 2\,\alpha\,\Delta\varphi}$
Drehwinkel $\Delta\varphi$ (bei $\omega_t = 0$)	$\Delta\varphi = \frac{\omega_0\,\Delta t}{2} = \frac{\alpha(\Delta t)^2}{2} = \frac{\omega_0^2}{2\,\alpha}$
Drehwinkel $\Delta\varphi$ (bei $\omega_t \neq 0$)	$\Delta\varphi = \frac{\omega_0 + \omega_t}{2}\,\Delta t = \omega_0\,\Delta t - \frac{\alpha(\Delta t)^2}{2}$ $\Delta\varphi = \frac{\omega_0^2 - \omega_t^2}{2\,\alpha}$
Zeitabschnitt Δt (bei $\omega_t = 0$)	$\Delta t = \frac{\omega_0}{\alpha} = \sqrt{\frac{2\,\Delta\varphi}{\alpha}}$
Zeitabschnitt Δt (bei $\omega_t \neq 0$)	$\Delta t = \frac{\omega_0 - \omega_t}{\alpha} = \frac{\omega_0}{\alpha} \pm \sqrt{\left(\frac{\omega_0}{\alpha}\right)^2 - \frac{2\,\Delta\varphi}{\alpha}}$

4.4. Dynamik der geradlinigen Bewegung (Translation)

4.4.1. Das Trägheitsgesetz (Beharrungsgesetz), erstes Newtonsches Axiom

Nach den Gesetzen des freien Falls und der Bewegung der Körper auf der schiefen Ebene fand *Galilei* das Trägheits- oder Beharrungsgesetz, das später von *Newton* formuliert wurde:

Galileo Galilei, ital. Mathematiker und Physiker, 1564–1642.

Isaac Newton, engl. Physiker, Begründer der Mechanik, 1642–1726.

Jeder Körper beharrt im Zustand der Ruhe oder der gleichförmigen geradlinigen Bewegung, solange keine resultierende Kraft auf ihn einwirkt.

Diese Körpereigenschaft heißt Trägheit oder Beharrungsvermögen.

Beachte: Ruhezustand und gleichförmig geradlinige Bewegung sind gleichwertig. In beiden Fällen wirkt keine resultierende Kraft. (Betonung auf „resultierende" Kraft.)

Galilei leitete das Trägheitsgesetz gedanklich von seinen Erkenntnissen bei den Bewegungsvorgängen auf der schiefen Ebene ab:

Aus der Höhe h fällt der Körper K auf der schiefen Ebene AO *reibungsfrei* herab. Bei O angekommen hat er eine bestimmte Geschwindigkeit ($v = \sqrt{2gh}$). Leitet man den Körper von O aus auf die verschieden geneigten Bahnen OB oder OC, so wird er wieder genau bis zur Höhe h emporsteigen.

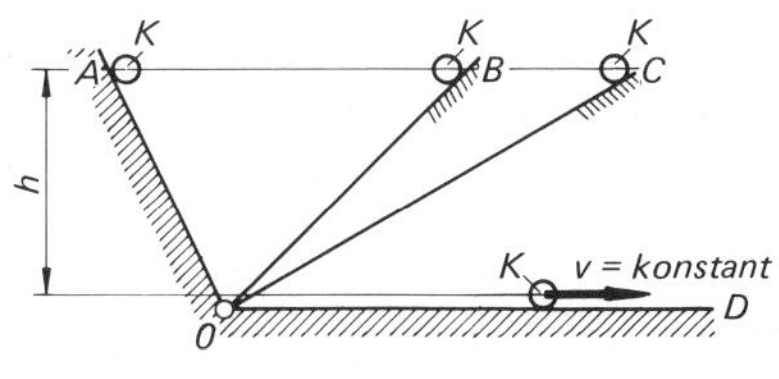

Trägheitsgesetz

Bleibt der Körper jedoch auf der horizontalen Bahn OD, wirkt jetzt *keine* zur Bahn parallele Komponente der Gewichtskraft auf ihn. Dann ist $\Sigma F = 0$, d.h. die Gewichtskraft G ist gleich der Stützkraft F_N (Normalkraft). Wegen $\Sigma F = 0$ und damit $F_{res} = 0$ muß der Körper mit konstanter Geschwindigkeit v auf seiner horizontalen Bahn geradlinig in Bewegung bleiben.

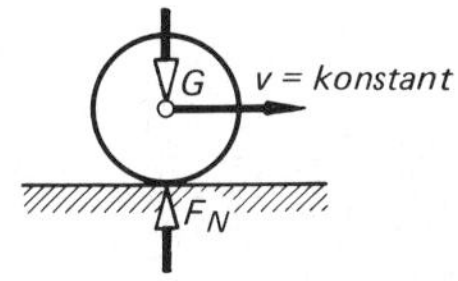

Beachte: Ist die Summe aller Kräfte gleich Null ($\Sigma F = 0$), dann heißt das auch, daß keine resultierende Kraftwirkung vorhanden ist, also $F_{res} = 0$.

Die Zustände „Ruhe“ und „gleichförmig geradlinige Bewegung“ heißen auch „Gleichgewichtszustände“ des Körpers, weil keine resultierende Kraft auf den Körper wirkt:

Ein Körper befindet sich *dann* im Gleichgewicht, wenn die Summe aller an ihm angreifenden äußeren Kräfte gleich Null ist ($\Sigma F = 0$, siehe Statik).

Beispiel:

Ein Körper, der mit v = konstant eine schiefe Ebene abwärts gleitet ist genau so „im Gleichgewicht“ wie der auf horizontaler Ebene ruhende Körper:

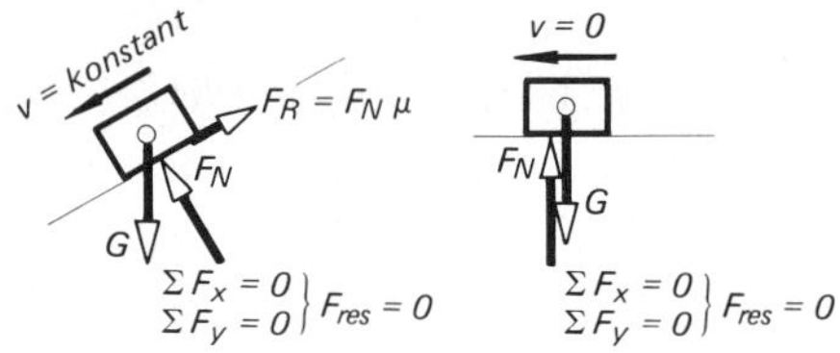

Wir können den vorstehenden Satz auch umkehren und sagen:

Es wirkt immer dann eine resultierende Kraft F_{res} auf einen Körper, wenn sein Bewegungszustand (Ruhe oder gleichförmig geradlinige Bewegung) sich ändert:

Die resultierende Kraft F_{res} ist die Ursache jeder Bewegungs*änderung* (nach Betrag und Richtung).

Eine Bewegungs*änderung* liegt nicht nur dann vor, wenn sich der *Betrag* der Geschwindigkeit ändert ($v \neq$ konstant), sondern auch dann, wenn sich ihre *Richtung* ändert, wie bei der gleichförmigen Bewegung eines Körpers auf der Kreisbahn (siehe Fliehkraft 4.9.7).

Wir finden auf der Erde keine Möglichkeit, einen Körper ohne äußere Kraftwirkung in gleichförmiger Bewegung zu halten, weil niemals die Reibungswiderstände der Bewegung (Unterlage, Wasser, Luft) ausgeschaltet werden können. Dadurch kommt jeder Körper, der sich bewegt, früher oder später zur Ruhe, wenn die Triebkraft fehlt, z. B. auch eine Stahlkugel, die über die Eisfläche eines Sees gestoßen wird. Rollwiderstand und Luftreibung ergeben hier eine bewegungsändernde resultierende Kraftwirkung, durch die die Kugel verzögert wird.

4.4.2. Stoffmenge, Masse, Gewichtskraft und Dichte

Aus der Erfahrung wissen wir, daß der Trägheitswiderstand eines Körpers von seiner *Stoffmenge* abhängt. Je größer die Stoffmenge eines Körpers ist, d. h. je mehr Stoffteilchen er enthält, desto größer muß die resultierende Kraft F_{res} sein, wenn sein Bewegungszustand geändert werden soll.

Beispiel:

Das Beschleunigen (oder Abbremsen) eines Güterwagens erfordert eine erheblich größere resultierende Kraft als die gleiche Bewegungsänderung eines Fahrrades.

Gleiche Bewegungsänderung heißt hier gleiche Beschleunigung a.

Als ein Maß für die Stoffmenge (z. B. Luftmenge, Wassermenge, Stahlmenge) wurde die *Masse m* eingeführt. Sie ist damit auch zugleich ein Maß für die Trägheit des Körpers.

Beachte:

Große Stoffmenge = große Masse m = große Trägheit.

Kleine Stoffmenge = kleine Masse m = kleine Trägheit.

Die gesetzliche und internationale Einheit der Masse m ist das Kilogramm (kg).

1 Gramm (g) = 10^{-3} kg; 1000 g = 1 kg
1 Tonne (t) = 10^3 kg; 1000 kg = 1 t.

Die Masse kann durch Wägung mit der Hebelwaage gemessen werden. Als gesetzliche Basiseinheit wurde dazu das Kilogramm (kg) eingeführt, dessen internationaler Kilogramm-Prototyp – ein Platin-Iridiumzylinder – im Internationalen Büro für Maße und Gewichte in Paris aufbewahrt wird.

Jeder Körper auf der Erde oder auf einem anderen Planeten unterliegt der Schwerkraft (Massenanziehungskraft). Diese Kraft nennt man *Gewichtskraft* (Formelzeichen: G). Sie kann mit der Federwaage im Seil eines frei aufgehängten Körpers gemessen werden.

In DIN 1304 (Allgemeine Formelzeichen) wird als Formelzeichen für die Gewichtskraft der Buchstabe G empfohlen. Jede andere äußere Kraft wird mit dem Buchstaben F (von engl. force) bezeichnet.

Die Masse m eines Körpers und seine Gewichtskraft G sind zwei physikalische Größen *verschiedener* Art, wir dürfen sie nicht miteinander verwechseln. Daher sollen beide Größen noch klarer voneinander abgegrenzt werden:

Ein Körper hat viele physikalische Eigenschaften. Sie werden durch Größen verschiedener Art beschrieben, z. B. die Temperatur ϑ, die Wärmeleitfähigkeit λ, und auch die Masse m und die Gewichtskraft G.

Betrachten wir ein 1-kg-Wägestück (man sollte nicht Gewichtsstück sagen). Es behält überall auf der Erde – auch auf anderen Planeten – seine Stoffmenge und damit auch die gleiche Trägheit.

Dagegen ändert sich die Gewichtskraft G des Wägestückes von der Masse m = 1 kg bei jedem Ortswechsel. Das liegt an der Fallbeschleunigung g, die sich mit dem Ort ändert.

Im Schwerefeld der Sonne beispielsweise ist die Gewichtskraft des Kilogrammstückes etwa 28mal so groß wie auf der Erde, während sie auf dem Mond nur etwa 1/6 der Erd-Gewichtskraft beträgt.

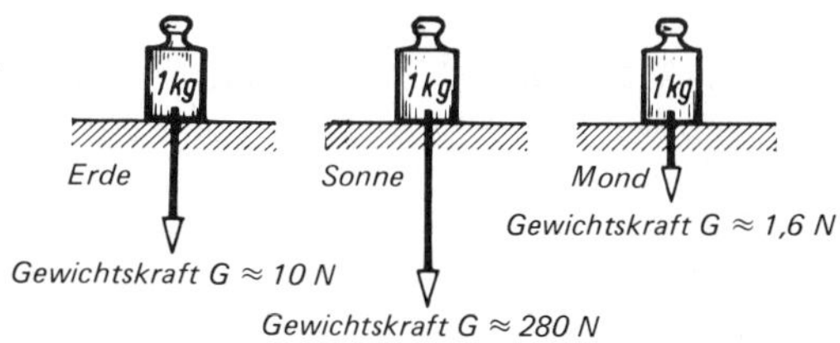

Die Gewichtskraft G ändert sich mit dem Ort, die Masse m dagegen bleibt überall dieselbe.

Auch auf der Erde selbst bleibt die Gewichtskraft G eines Körpers nicht überall gleich groß, weil sich die Fallbeschleunigung g bis zu 0,5 % ändert, wenn man sie einmal an den Polen und zum anderen am Äquator mißt. Zu internationalen Vergleichen hat man eine *Normfallbeschleunigung* g_n festgelegt. Die zur Normfallbeschleunigung gehörende Gewichtskraft heißt *Normgewichtskraft* G_n.

Beispiele:

Normfallbeschleunigung (international festgelegt):

$g_n = 9{,}80665\ \text{m/s}^2$.

Fallbeschleunigung in Äquatornähe
$g_ä = 9{,}78049\ \text{m/s}^2$,

Fallbeschleunigung in Polnähe
$g_p = 9{,}83221\ \text{m/s}^2$.

Die Masse m eines Körpers ist eine unveränderliche Größe, sie wird in kg gemessen. Die Masse ist ein Skalar; mehrere Massen dürfen also algebraisch addiert werden.

Die Gewichtskraft G eines Körpers ist eine vom Ort abhängige Größe, sie wird in Newton (N) gemessen (siehe 4.4.4).

Die Gewichtskraft ist (wie jede Kraft) ein Vektor, sie darf nur geometrisch addiert werden.

Masse m und Gewichtskraft G sind Größen verschiedener Art.

Beispiel:

Für einen Körper von der Masse $m = 1$ kg (z. B. das 1-kg-Wägestück) wird mit der Federwaage die Gewichtskraft $G = 9{,}81$ N festgestellt:

In Erdnähe verhalten sich die Zahlenwerte der Masse m in kg und der Gewichtskraft G in N etwa wie 1:10.

Die Dichte ρ eines Stoffes ist der Quotient aus der Masse m und dem zugehörigen Volumen V.

Die Einheit der Dichte ist daher auch der Quotient aus einer Masseneinheit und einer Volumeneinheit.

Neben der Einheit kg/m³ sind für die Dichte auch alle Einheiten zulässig, die als Quotient aus einer zulässigen Masseneinheit und einer zulässigen Volumeneinheit gebildet werden.

$$\text{Dichte } \rho = \frac{\text{Masse } m}{\text{Volumen } V}$$

$$\rho = \frac{m}{V}$$

ρ	m	V
$\frac{\text{kg}}{\text{m}^3}$	kg	m^3

Beispiele: $\frac{\text{kg}}{\text{dm}^3}$; $\frac{\text{kg}}{\text{cm}^3}$; $\frac{\text{g}}{\text{cm}^3}$

4.4.3. Das dynamische Grundgesetz, zweites Newtonsches Axiom

Nach dem Trägheitsgesetz wird ein Körper dann beschleunigt, verzögert oder zu einer Richtungsänderung gezwungen, wenn auf ihn eine resultierende Kraft F_{res} wirkt, d.h. wenn sich bei der zeichnerischen oder rechnerischen Zusammenfassung aller äußeren Kräfte (Kräftereduktion) eine resultierende Kraft F_{res} ergibt.

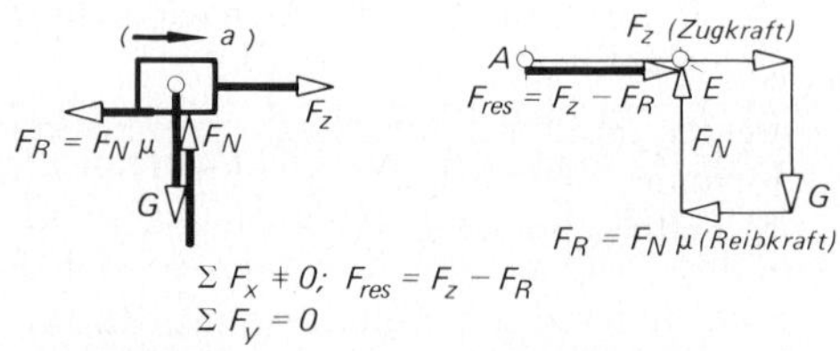

Lageskizze Kräfteplan

Der Körper wird durch $F_{res} = F_z - F_R$ (Zugkraft minus Reibkraft) in horizontaler Richtung beschleunigt.

Newton entdeckte, daß der Betrag der resultierenden Kraft F_{res} von der Masse m des Körpers und von der Beschleunigung a (oder Verzögerung a) abhängt. Jeder Versuch bestätigt dieses wichtigste Gesetz der Dynamik:

Die drei Newtonschen Axiome: Trägheitsgesetz, Dynamisches Grundgesetz, Wechselwirkungsgesetz (actio gleich reactio).

Die auf einen Körper von der Masse m einwirkende konstante resultierende Kraft F_{res} ist gleich dem Produkt aus der Masse m und der Beschleunigung (Verzögerung) a des Körpers.

resultierende Kraft F_{res} = Masse m × Beschleunigung a

$$F_{res} = m a$$

Dynamisches Grundgesetz

F_{res}	m	a
$N = \frac{kg\,m}{s^2}$	kg	$\frac{m}{s^2}$

Die Krafteinheit N (Newton) wird im folgenden Abschnitt 4.4.4 erläutert.

Wir erkennen, daß das Trägheitsgesetz (erstes Newtonsches Axiom) im dynamischen Grundgesetz enthalten ist, denn für $F_{res} = 0$ ist auch $a = 0$, d.h. der Körper wird weder beschleunigt noch verzögert.

Hinweis: Ist ein Produkt gleich Null, dann muß einer der Faktoren Null sein; bei $F_{res} = m a = 0$ kann nur $a = 0$ sein, weil $m = 0$ nicht möglich ist.

Bei $a = 0$ ruht der Körper oder er bewegt sich geradlinig gleichförmig (v = konstant). Beide Zustände sind gleichwertig.

Der *frei fallende Körper* wird mit der Fallbeschleunigung g in Richtung zum Erdmittelpunkt hin beschleunigt (beim senkrechten Wurf entsprechend verzögert). Die auf den Körper einwirkende resultierende Kraft ist die Gewichtskraft $G = F_{res}$. Damit können wir die Gewichtskraft G eines Körpers aus seiner Masse m (auf der Hebelwaage gewogen) und der örtlichen Fallbeschleunigung g bestimmen.

In den meisten Fällen kann man mit $g = 10$ m/s² rechnen; wir haben im Lehrbuch und in der Aufgabensammlung mit $g = 9{,}81$ m/s² gerechnet.

Für F_{res} wird die Gewichtskraft G und für die Beschleunigung a die Fallbeschleunigung g in das dynamische Grundgesetz eingesetzt:

Gewichtskraft G = Masse m × Fallbeschleunigung g

$$G = m g$$

Dynamisches Grundgesetz für Gewichtskräfte

G	m	g
$N = \frac{kg\,m}{s^2}$	kg	$\frac{m}{s^2}$

Die *Normgewichtskraft* G_n ist das Produkt aus der Masse m und der *Normfallbeschleunigung* g_n (siehe S. 181).

$$G_n = m g_n$$ *Normgewichtskraft*

4.4.4. Die gesetzliche und internationale Einheit für die Kraft

Die Einheit einer physikalischen Größe erhalten wir immer über die Definitionsgleichung für die jeweilige Größe. Für die Kraft F ist die Definitionsgleichung das dynamische Grundgesetz $F_{res} = ma$. Die Einheit der Masse m ist gesetzlich und international als die Basiseinheit „Kilogramm kg" festgelegt worden. Die Einheit für die Beschleunigung a liegt ebenfalls mit „Meter je Sekundequadrat m/s²" fest. Also muß die Krafteinheit das Produkt dieser beiden Einheiten sein:

> 1 Newton (N) ist diejenige resultierende Kraft, die einem Körper von der Masse $m = 1$ kg die Beschleunigung $a = 1$ m/s² erteilt.

$$(F) = (m) \cdot (a)$$

$$(F) = \text{kg} \cdot \frac{\text{m}}{\text{s}^2} = \text{m kg s}^{-2} = \text{Newton (N)}$$

$$1\,\text{N} = 1\,\frac{\text{kg m}}{\text{s}^2} = 1\,\text{m kg s}^{-2}$$

Die Form m kg s⁻² wird als „Potenzprodukt von Basiseinheiten" bezeichnet, hier der Basiseinheiten m, kg, s (Meter, Kilogramm, Sekunde).

Zur Veranschaulichung:
Hängt man eine 100 g-Tafel Schokolade an einem Faden auf, dann beträgt die Zugkraft im Faden etwa 1 Newton.
Als Krafteinheit ist das Newton natürlich auch die Einheit der Gewichtskraft G.

4.4.5. Übungen zum dynamischen Grundgesetz

1. Übung: Ein Mann stellt sich auf die Waage. Der Zeiger bleibt bei 75 kg stehen. Welche physikalische Bedeutung hat diese Anzeige?

Der Mann besitzt die Masse $m = 75$ kg und damit die Normgewichtskraft

$$G_n = m g_n = 75\,\text{kg} \cdot 9{,}80665\,\frac{\text{m}}{\text{s}^2}$$

$$G_n = 735{,}5\,\frac{\text{kg m}}{\text{s}^2} = 735{,}5\,\text{N}$$

2. Übung: An einem Kranhaken hängt ein Körper von der Masse $m = 2000$ kg. Er soll beim Heben mit 0,3 m/s² beschleunigt werden. Welche Zugkraft F_z hat das Seil aufzunehmen?

Gegeben: $m = 2000$ kg

$a = 0{,}3\,\frac{\text{m}}{\text{s}^2}$

$g = 9{,}81\,\frac{\text{m}}{\text{s}^2}$

Gesucht: Seilkraft F_z

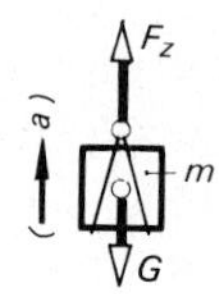

Lösung: Wir zeichnen die Lageskizze (Körper freigemacht). Beschleunigung a und Geschwindigkeit v tragen wir in Klammern ein, um sie deutlich von den Kräften zu unterscheiden. Dann zeichnen wir die Kräfteskizze. Aus der Statik ist bekannt, daß die Resultierende *vom* Anfangspunkt A *zum* Endpunkt E der äußeren Kräfte zeigt (statischer Teil der Aufgabe):

1. Schritt

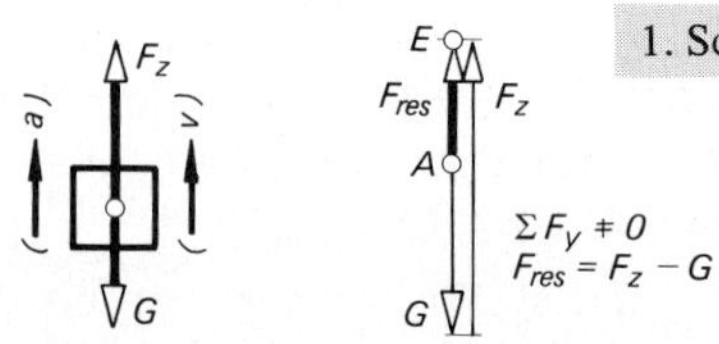

Lageskizze Kräfteskizze

> Im ersten Schritt verschafft man sich am freigemachten Körper Klarheit über den Richtungssinn der resultierenden Kraft F_{res}.

Hinweis: Als positiven Richtungssinn legen wir stets den Richtungssinn von F_{res} fest, weil dann a immer positiv wird:

$$F_{res} = F_z - G = F_z - mg$$

2. Schritt

Nachdem wir die Beziehung für die resultierende Kraft F_{res} gefunden haben, setzen wir sie in die Gleichung für das dynamische Grundgesetz ein (kinetischer Teil der Aufgabe):

$$F_{res} = F_z - mg = ma$$

> Im zweiten Schritt setzt man F_{res} mit dem Produkt ma gleich; bei mehreren Teilkörpern gleicher Beschleunigung muß die Gesamtmasse m_{ges} eingesetzt werden.

3. Schritt

In manchen Aufgaben ist die Beschleunigung a nicht direkt gegeben, sondern muß erst aus anderen Größen bestimmt werden (kinematischer Teil der Aufgabe):

In der vorliegenden Aufgabe ist die Beschleunigung $a = 0{,}3\ \text{m/s}^2$ schon bekannt.

> Im dritten Schritt ermittelt man nach 4.1.5 oder 4.1.6 eine Beziehung für die Beschleunigung a, wenn sie nicht schon gegeben ist.

4. Schritt

Zum Schluß brauchen wir nur noch alle statischen, kinetischen und kinematischen Lösungsansätze algebraisch auszuwerten:

$$F_{res} = ma = F_z - mg$$

$$F_z = ma + mg = m(a + g)$$

$$F_z = 2000\ \text{kg} \cdot \left(0{,}3\ \frac{\text{m}}{\text{s}^2} + 9{,}81\ \frac{\text{m}}{\text{s}^2}\right)$$

$$F_z = 20\,220\ \frac{\text{kg m}}{\text{s}^2} = 20{,}22\ \text{kN}$$

> Im vierten Schritt bestimmt man aus den entwickelten Gleichungen die unbekannten Größen nach den mathematischen Gesetzen.

3. Übung: Ein Kraftfahrzeug von der Masse $m = 1000$ kg soll auf horizontaler Bahn auf einer Strecke von 100 m bis zum Stillstand abgebremst werden. Die Geschwindigkeit beträgt 72 km/h, der Fahrwiderstand (Summe aller Reibungswiderstände) des Fahrzeugs beträgt $F_w = 500$ N.

Zu bestimmen ist die Bremskraft F_b.

Gegeben: $m = 1000$ kg

$\Delta s = 100$ m

$v = 72\ \frac{\text{km}}{\text{h}} = 20\ \frac{\text{m}}{\text{s}}$

$F_w = 500$ N

Gesucht: F_b (Bremskraft)

1. Schritt

Lösung: Wir fertigen als erstes wieder die Skizze des freigemachten Körpers an (Lageskizze): Gewichtskraft G und Normalkraft F_N wirken in y-Richtung ($\Sigma F_y = 0$). In x-Richtung haben wir Bremskraft F_b und Fahrwiderstand F_w nach links wirkend einzutragen. Wir nehmen an, daß das Fahrzeug sich von links nach rechts bewegt. Die Verzögerung a ist dann nach links gerichtet, ebenso wie die resultierende Kraft F_{res}, die sich nach der Kräfteskizze als Summe von F_b und F_w ergeben muß ($\Sigma F_x \neq 0$). Das Ergebnis des ersten Schrittes ist also $F_{res} = F_b + F_w$.

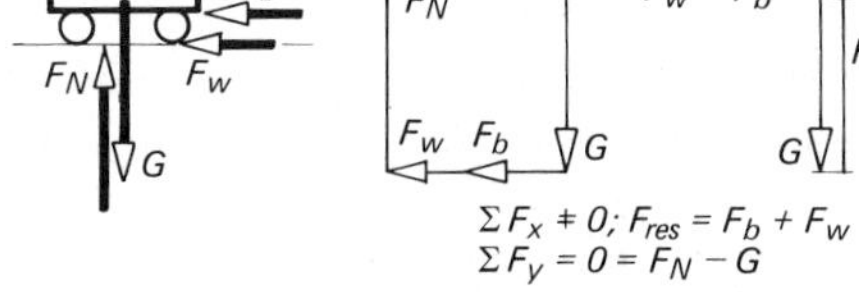

Lageskizze

Kräfteskizzen (zwei Möglichkeiten gezeichnet)

Im zweiten Schritt setzen wir wieder F_{res} und das Produkt ma gleich.

$F_{res} = F_b + F_w = ma$

2. Schritt

Im dritten Schritt haben wir hier die Beschleunigung a zu bestimmen (kinematischer Lösungsteil). Dazu benutzen wir den schon bekannten Lösungsplan nach 4.1.5, der hier verkürzt wiedergegeben wird: v, t-Diagramm, Grundgleichung, Weggleichung, Auswertung der Gleichungen ($a = v^2/2\,\Delta s$). Wir können die gefundene Gleichung für a in die weitere Rechnung übernehmen oder den Betrag berechnen.

3. Schritt

$$a = \frac{\Delta v}{\Delta t} = \frac{v}{\Delta t} \Rightarrow \Delta t = \frac{v}{a}$$

$$\Delta s = \frac{v\,\Delta t}{2} = \frac{v\frac{v}{a}}{2} = \frac{v^2}{2a}$$

$$a = \frac{v^2}{2\,\Delta s} = \frac{\left(20\,\frac{\text{m}}{\text{s}}\right)^2}{2 \cdot 100\ \text{m}} = 2\,\frac{\text{m}}{\text{s}^2}$$

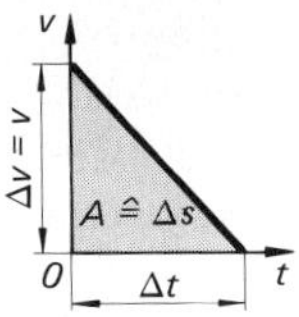

Im letzten Schritt werten wir die entwickelten Gleichungen aus und stellen die Gleichung

$F_b = f(m, v, \Delta s, F_w)$

auf, mit der wir dann noch den Betrag der Bremskraft berechnen.

4. Schritt

$$F_b + F_w = ma$$

$$F_b + F_w = m\,\frac{v^2}{2\,\Delta s}$$

$$F_b = \frac{mv^2}{2\,\Delta s} - F_w \qquad F_b = f(m, v, \Delta s, F_w)$$

Vor dem Rechnen sollten wir immer wieder prüfen, ob die Einheiten „stimmen“: Da rechts vom Gleichheitszeichen zwei Glieder stehen, müssen beide die gleiche Einheit führen. Das erste Glied hat die Einheit kg m/s² = N, die gleiche Einheit wie das zweite Glied.

$$F_b = \frac{1000\ \text{kg} \cdot 400\,\frac{\text{m}^2}{\text{s}^2}}{2 \cdot 100\ \text{m}} - 500\ \text{N} = 1500\ \text{N}$$

4.4.6. Prinzip von d'Alembert

Das *d'Alembertsche Prinzip* führt zu einem Lösungsverfahren für Dynamikaufgaben, das die meisten Techniker dem Ansatz des dynamischen Grundgesetzes vorziehen, weil es auch komplizierteste Aufgaben durchsichtig macht.

d'Alembert, französischer Gelehrter, 1717–1783.

Beachte: Auch das Prinzip von d'Alembert beruht auf dem dynamischen Grundgesetz.

Den Grundgedanken des d'Alembertschen Prinzips können wir leicht erfassen, wenn wir noch einmal die Kräfteskizzen zu den beiden letzten Übungen betrachten. In beiden Fällen erhalten wir sofort einen *geschlossenen* Kräftezug, wenn wir nur den *Richtungssinn* der resultierenden Kraft F_{res} *umkehren.* Das ist der Kunstgriff, der uns die Möglichkeit gibt, die zeichnerischen und rechnerischen Gleichgewichtsbedingungen auf Dynamikaufgaben anzuwenden. Kurz gesagt: Aus der Dynamikaufgabe wird eine Statikaufgabe gemacht. Wir wollen nun noch nachweisen, daß der Richtungssinn von F_{res} umgekehrt werden darf und welche Bedeutung das hat.

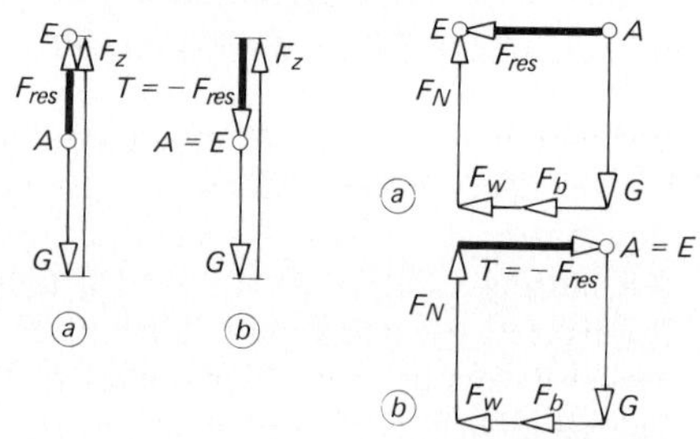

a) Kräftepläne zum dynamischen Grundgesetz

b) Kräftepläne zum d'Alembertschen Prinzip (geschlossen)

Nach dem dynamischen Grundgesetz wird jeder Körper in Pfeilrichtung der resultierenden Kraft beschleunigt. F_{res} ist also ausschließlich dazu erforderlich, die dem Körper innewohnende Trägheit zu überwinden. Die Trägheit äußert sich als eine Kraft, die sich der Beschleunigung widersetzt. Diese Trägheitskraft T ist immer genau so groß wie F_{res}, aber von *entgegengesetztem Richtungssinn.* Wächst F_{res} (Beschleunigung a wird größer), dann wächst in gleichem Maße auch die Trägheitskraft T, denn F_{res} ist nur deshalb aufzubringen, weil T vorhanden ist und umgekehrt.

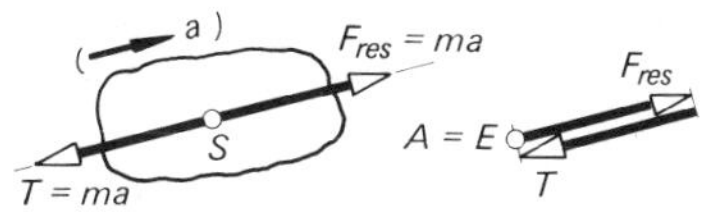

Hinweis: Wir wählen für die Trägheitskraft das Zeichen T, weil es sich nicht um eine äußere Kraft handelt: Der Körper bringt sie „aus sich heraus" hervor.

Die Trägheitskraft T wird durch die Masse m des Körpers hervorgerufen, daher tragen wir sie stets im Körperschwerpunkt S an.

Weil beide Kräfte F_{res} und T stets gleich groß sind, auf gleicher Wirklinie liegen und entgegengesetzten Richtungssinn haben, muß ihre geometrische Summe gleich Null sein.

$$F_{res} - T = 0$$

Da der Betrag von F_{res} nach dem dynamischen Grundgesetz gleich ma ist, dürfen wir auch für die Trägheitskraft $T = ma$ setzen.

Trägheitskraft $T = ma$

Resultierende Kraft F_{res} und Beschleunigung a (Verzögerung) haben stets gleichen Richtungssinn. Die Trägheitskraft T wirkt der resultierenden Kraft F_{res} entgegen. Folglich gilt auch:

Die Trägheitskraft T ist stets der Beschleunigung a (oder Verzögerung a) entgegengesetzt gerichtet.

Ist der Richtungssinn der Beschleunigung a (Verzögerung) bekannt, kennen wir auch den Richtungssinn von $T = ma$: entgegengesetzt zu a!

Betrachten wir jetzt noch einmal die beiden Kräftepläne, dann erkennen wir mit d'Alembert:

Wird ein Körper beschleunigt (verzögert), so können wir durch Einführung der Trägheitskraft $T = ma$ für den Körper die statischen Gleichgewichtsbedingungen ansetzen, um damit unbekannte Größen zu bestimmen.

Beachte: Mit Hilfe des Prinzips von d'Alembert wird aus einer „Ungleichgewichtsaufgabe" eine „Gleichgewichtsaufgabe", die nach den Gesetzen der Statik zeichnerisch oder rechnerisch gelöst werden kann.

4.4.7. Arbeitsplan zum Prinzip von d'Alembert

Körper freimachen (Lageskizze)	1. Schritt
Beschleunigungsrichtung eintragen	2. Schritt
Trägheitskraft $T = ma$ entgegengesetzt zum Richtungssinn der Beschleunigung eintragen (im Schwerpunkt angreifend)	3. Schritt
Gleichgewichtsbedingungen der Statik unter Einschluß der Trägheitskraft T ansetzen oder zeichnerische Verfahren anwenden	4. Schritt

Wie beim Lösen von Aufgaben nach dem dynamischen Grundgesetz kann es erforderlich sein, zusätzlich nach dem Lösungsplan 4.1.5 die Beschleunigung (Verzögerung) a zu bestimmen.

4.4.8. Übungen zum Prinzip von d'Alembert

1. Übung: Wie groß muß die Anzugskraft F des Lastseiles sein, wenn eine Last von der Masse $m = 1000$ kg mit der Beschleunigung $a = 1{,}6\ \text{m/s}^2$ nach oben befördert werden soll?

Gegeben: $m = 1000\ \text{kg}$

$a = 1{,}6\ \dfrac{\text{m}}{\text{s}^2}$

$g = 9{,}81\ \dfrac{\text{m}}{\text{s}^2}$

Gesucht: $F = f(m, a, g)$

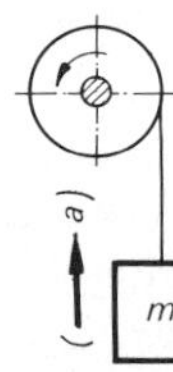

Lösung: Am Lastschwerpunkt greifen zwei äußere Kräfte an: Die Anzugskraft F im Seil und die Gewichtskraft G.

Im zweiten und dritten Schritt haben wir nur darauf zu achten, daß Trägheitskraft T und Beschleunigung a stets entgegengesetzten Richtungssinn erhalten.

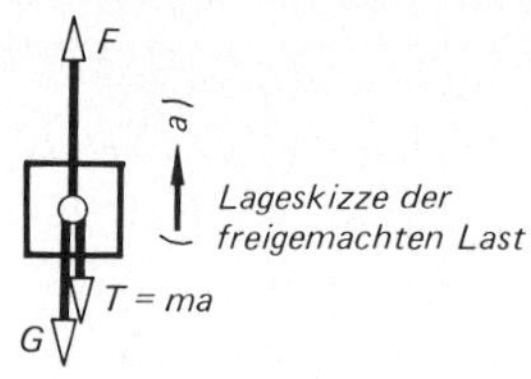

1. Schritt

2. Schritt

3. Schritt

Im vierten Schritt können wir entweder die statischen Gleichgewichtsbedingungen ansetzen, hier also $\Sigma F_y = 0$, oder es wird das geschlossene Krafteck zur zeichnerischen Lösung entwickelt. Hier wird die Funktionsgleichung $F = f(m, a, g)$ aus der rechnerischen Gleichgewichtsbedingung $\Sigma F_y = 0$ gewonnen und die zeichnerische Lösung skizziert.

4. Schritt

$$\Sigma F_y = 0 = F - G - T$$
$$F - G - T = 0$$
$$F - mg - ma = 0$$
$$F = m(g + a)$$
$$F = f(m, a, g)$$
$$F = 1000\ \text{kg}\,(9{,}81 + 1{,}6)\ \frac{\text{m}}{\text{s}^2} = 11{,}41\ \text{kN}$$

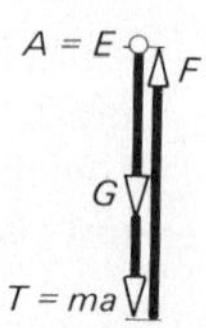

Lehrbeispiel: Prinzip von d'Alembert

Aufgabenstellung:

Ein Lkw fährt mit $v = 60$ km/h. Er ist mit einem Kessel beladen, der nur gegen seitliches Rollen gesichert ist. Reibzahlen zwischen Kessel und Lkw: $\mu_0 = 0{,}3$; $\mu = 0{,}25$; Masse des Kessels $m = 8000$ kg.

a) Welcher kürzeste Bremsweg ist möglich, ohne daß die Last ins Rutschen kommt?

Lösung:

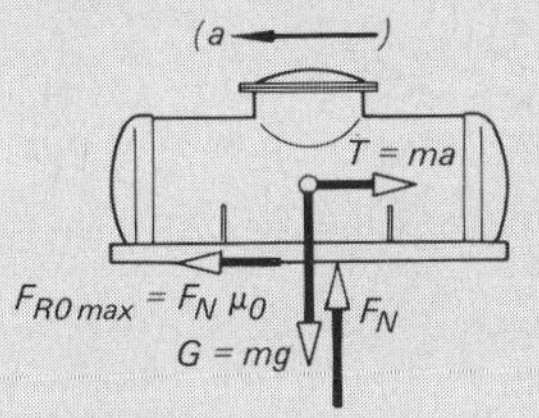

Lageskizze

Soll kein Rutschen auftreten, so muß unter Berücksichtigung des Trägheitswiderstandes T sein:

$$\Sigma F_y = 0 = F_N - G; \quad F_N = G$$

$$\Sigma F_x = 0 = -F_{R0max} + T; \quad F_{R0max} = T = ma$$

$$F_{R0max} = F_N \mu_0 = G\mu_0 = mg\mu_0$$

$$a = \frac{F_{R0max}}{m} = \frac{mg\mu_0}{m} = \mu_0 g = 0{,}3 \cdot 9{,}81 \frac{m}{s^2} = 2{,}943 \frac{m}{s^2}$$

Dem Weg Δs entspricht im v, t-Diagramm eine Dreieckfläche. Damit erhalten wir die Weggleichung $\Delta s = v\,\Delta t/2$, in die wir aus der Grundgleichung für den Zeitabschnitt $\Delta t = v/a$ einsetzen:

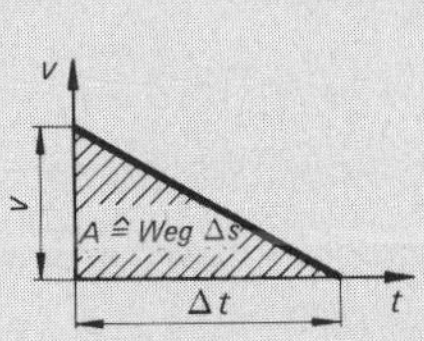

$$a = \frac{\Delta v}{\Delta t} = \frac{v}{\Delta t} \qquad \Delta s = \frac{v\,\Delta t}{2}$$

$$\Delta s = \frac{v\,\Delta t}{2}; \quad a = \frac{v}{\Delta t} \Rightarrow \Delta t = \frac{v}{a} \quad \text{eingesetzt}$$

$$\Delta s = \frac{v\frac{v}{a}}{2} = \frac{v^2}{2a}$$

$$\Delta s = \frac{\left(\frac{60}{3{,}6}\frac{m}{s}\right)^2}{2 \cdot 2{,}943 \frac{m}{s^2}} = 47{,}193 \text{ m}$$

Der Bremsweg darf nicht kleiner als 47,193 m sein.

b) Der Lkw wird gleichmäßig gebremst und kommt nach 25 m zum Stehen. Wie groß ist die Kraft F, die der Kessel auf die Stirnwand ausübt?

Lösung:

$$a = \frac{v}{\Delta t}; \quad \Delta s = \frac{v\,\Delta t}{2} \Rightarrow \Delta t = \frac{2\,\Delta s}{v} \quad \text{eingesetzt}$$

$$a = \frac{v^2}{2\,\Delta s} = \frac{\left(\frac{60}{3{,}6}\frac{m}{s}\right)^2}{2 \cdot 25 \text{ m}} = 5{,}556 \frac{m}{s^2}$$

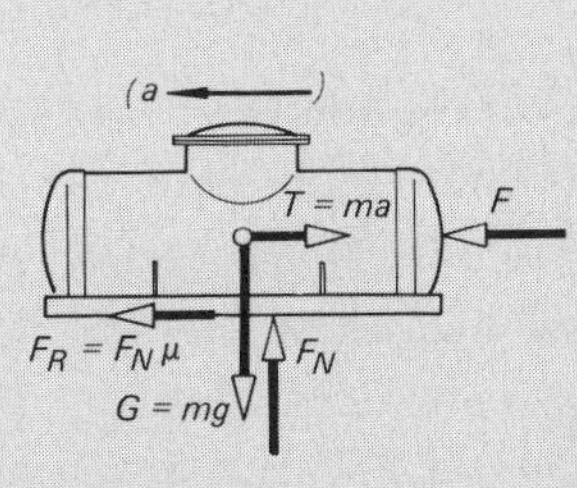

Lageskizze

$$\Sigma F_y = 0 = F_N - G; \quad F_N = G = mg$$

$$\Sigma F_x = 0 = T - F - F_R$$

$$F = T - F_R = ma - F_N \mu$$

$$F = ma - mg\mu = m(a - g\mu)$$

$$F = 8000 \text{ kg} (5{,}556 - 2{,}453) \frac{m}{s^2} = 24\,824 \frac{kgm}{s^2}$$

$$F = 24\,824 \text{ N} \approx 24{,}8 \text{ kN}$$

Die Kraft auf die Stirnwand beträgt 24,8 kN.

2. Übung: Auf einer schiefen Ebene mit dem Neigungswinkel $\alpha = 30°$ zur Horizontalen liegt ein Körper von der Masse m_1. Über Seil und Rolle ist er mit einem zweiten Körper von der Masse $m_2 = 1{,}5\, m_1$ verbunden. Die Reibzahl beträgt $\mu = 0{,}2$. Rolle und Seil sind masselos und reibungsfrei gedacht.

Mit welcher Beschleunigung a bewegen sich die beiden Körper?

Gegeben:

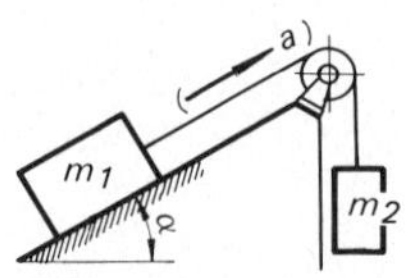

m_1
$m_2 = 1{,}5\, m_1$
$\alpha = 30°$
$\mu = 0{,}2$
$g = 9{,}81\ \frac{\text{m}}{\text{s}^2}$

Gesucht: $a = f(m, \mu, \alpha, g)$

1.–3. Schritt

Lösung: Wir schneiden das Seil gedanklich durch und fertigen für beide Körper die Lageskizze an. Da Seil und Rolle masselos und reibungsfrei sein sollen, muß die Seilkraft F an jeder Stelle des Seiles gleich groß sein, wir brauchen also nicht zwischen F_1 und F_2 zu unterscheiden.

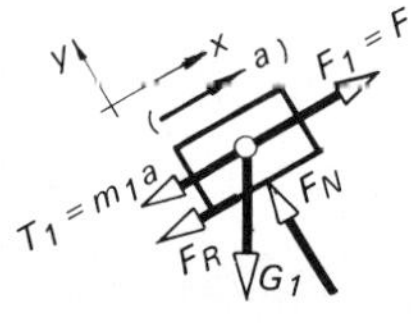

Lageskizze
für Körper 1

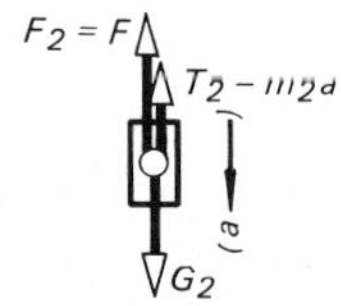

Lageskizze
für Körper 2

4. Schritt

Aus der zweiten Gleichgewichtsbedingung $\Sigma F_y = 0$ für Körper 1 folgt $F_N = G_1 \cos\alpha$. Diesen Ausdruck brauchen wir für die Reibkraft $F_R = F_N\, \mu = G_1 \cos\alpha\, \mu$ in der Gleichgewichtsbedingung $\Sigma F_x = 0$, die wir nach F auflösen. Für G_1 setzen wir $m_1 g$ ein, für die Trägheitskraft $T_1 = m_1\, a$.

$$\Sigma F_x = 0 = F - F_R - G_1 \sin\alpha - T_1$$
$$\Sigma F_y = 0 = F_N - G_1 \cos\alpha \Rightarrow F_N = G_1 \cos\alpha$$

$$F = F_R + G_1 \sin\alpha + T_1 = F_N\, \mu + G_1 \sin\alpha + T_1$$
$$F = G_1 \cos\alpha\, \mu + G_1 \sin\alpha + T_1$$
$$F = m_1\, g\, \mu \cos\alpha + m_1\, g \sin\alpha + m_1 a$$
$$F = m_1 (g\, \mu \cos\alpha + g \sin\alpha + a)$$

Für den Körper 2 haben wir nur die Gleichgewichtsbedingung $\Sigma F_y = 0$ anzusetzen. Daraus finden wir eine zweite Gleichung für die Seilkraft F.

$$\Sigma F_y = 0 = F + T_2 - G_2\,; \quad T_2 = m_2\, a$$
$$F = m_2\, g - m_2\, a = m_2 (g - a)$$

Zum Schluß setzen wir beide Gleichungen für die Seilkraft F einander gleich. Als Vereinfachung bietet sich hier an, mit dem Verhältnis der beiden Massen zu arbeiten. Wir setzen also $k = m_2/m_1$ und lösen die Gleichung nach der gesuchten Beschleunigung a auf.

$$m_1 (g\, \mu \cos\alpha + g \sin\alpha + a) = m_2 (g - a)$$
$$\frac{m_2}{m_1} = \frac{g\, \mu \cos\alpha + g \sin\alpha + a}{g - a} = k$$
$$k\, g - k\, a = g(\mu \cos\alpha + \sin\alpha) + a$$
$$a\,(1 + k) = g\,(k - \mu \cos\alpha - \sin\alpha)$$

$$a = g\, \frac{k - \mu \cos\alpha - \sin\alpha}{k + 1}$$

$$a = f(k, g, \mu, \alpha)$$

Bei dem gegebenen Neigungswinkel von 30° ergibt sich eine Beschleunigung $a = 3{,}244\ \mathrm{m/s^2}$.

$$a = 9{,}81\ \frac{\mathrm{m}}{\mathrm{s}^2} \cdot \frac{1{,}5 - 0{,}2 \cdot 0{,}866 - 0{,}5}{1{,}5 + 1}$$

$$a = 3{,}244\ \frac{\mathrm{m}}{\mathrm{s}^2}$$

Verkleinern wir den Neigungswinkel α, dann ändert sich auch die Beschleunigung, und zwar müßte sie nach der Erfahrung größer werden.

Für $\alpha = 0$ würde z. B. $\sin\alpha = 0$ und $\mu \cos\alpha = 0{,}2 \cdot 1 = 0{,}2$ und damit $a = 1{,}3\ g/2{,}5 = 5{,}101\ \mathrm{m/s^2}$.

Aufgaben dieser Art kann man auch lösen, ohne die beiden Körper voneinander zu trennen. Trotzdem sollten vorher die Lageskizzen wie oben angefertigt werden, damit die Gewichtskraftkomponenten klar erkannt und tatsächlich alle Kräfte erfaßt werden.

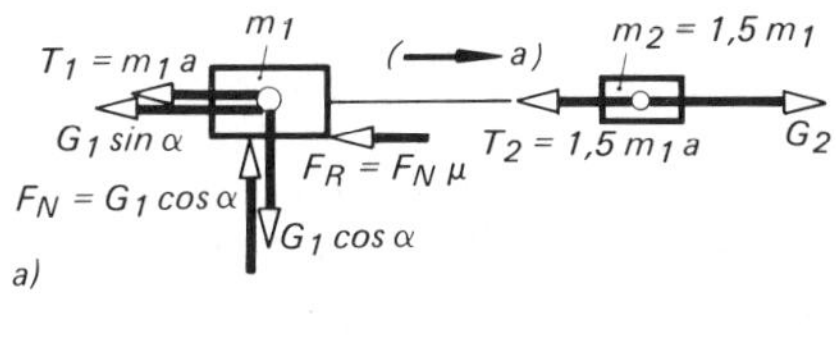

Wir können dabei nach Bild a) vorgehen und danach die Gleichgewichtsbedingung $\Sigma F_x = 0$ ansetzen. Am einfachsten wird der Ansatz zur Lösung, wenn wir beide Körper sofort zu einem zusammenfassen ($m_{ges} = 2{,}5\ m$) Bild b). Das ist richtig, weil beide Körper der gleichen Beschleunigung unterliegen. Aber auch hier sollten wir von den beiden Lageskizzen der ersten Lösung ausgehen, um klare Verhältnisse zu schaffen. Das gilt vor allem für den richtigen Ansatz für die Reibkraft $F_R = F_N \mu$, worin wir F_N in jedem Fall durch $G_1 \cos\alpha$ zu ersetzen haben.

1.–3. Schritt

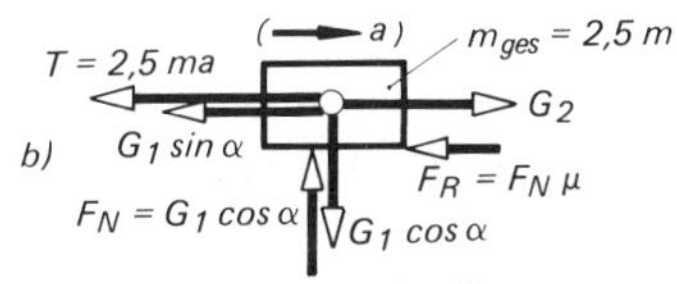

Ansatz nach Lageskizze b): 4. Schritt

$$\Sigma F_x = 0 = G_2 - T - G_1 \sin\alpha - F_N \mu$$

$$G_1 = mg; \quad G_2 = 1{,}5\ mg$$

$$F_N = G_1 \cos\alpha = mg \cos\alpha$$

$$1{,}5\ mg - 2{,}5\ ma - mg \sin\alpha - mg \cos\alpha\ \mu = 0$$

$$1{,}5\ g - 2{,}5\ a - g \sin\alpha - g\mu \cos\alpha = 0$$

$$2{,}5\ a = g(1{,}5 - \mu\cos\alpha - \sin\alpha) = 0$$

$$a = \frac{g}{2{,}5}(1{,}5 - \mu\cos\alpha - \sin\alpha) \quad = 3{,}244\ \frac{\mathrm{m}}{\mathrm{s}^2}$$

3. Übung: Ein Transportband soll die Last von der Masse m nach oben befördern. Das Band ist unter dem Winkel $\alpha = 20°$ zur Waagerechten geneigt. Die Haftreibzahl beträgt $\mu_0 = 0{,}4$.

Gegeben: $\alpha = 20°$

$\mu_0 = 0{,}4$

$g = 9{,}81\ \frac{\mathrm{m}}{\mathrm{s}^2}$

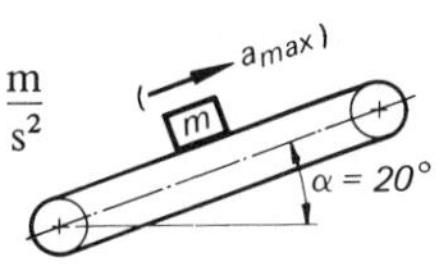

Gesucht ist die höchstzulässige Bandbeschleunigung a_{max}, bei der ein Rutschen der Last gerade noch vermieden wird.

Gesucht: $a_{max} = f(\alpha, \mu_0, g)$

Lösung: Die Lageskizze enthält alle am Körper angreifenden Kräfte einschließlich der Trägheitskraft $T = ma_{max}$. Da der Körper nach rechts oben beschleunigt wird, wirkt die Trägheitskraft T nach links unten. Die Haftreibkraft $F_{R0\,max}$ nimmt den Körper nach oben mit, muß also den entsprechenden Richtungssinn erhalten.

1.–3. Schritt

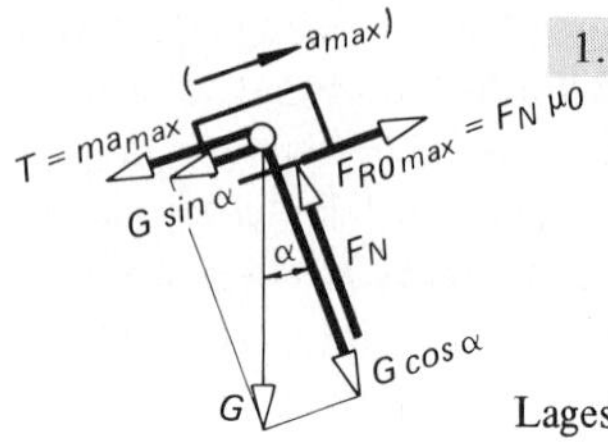

Lageskizze

Nach der Lageskizze setzen wir die beiden Gleichgewichtsbedingungen für das zentrale Kräftesystem an. Aus $\Delta F_y = 0$ finden wir die Beziehung für die Normalkraft F_N, für G setzen wir wie üblich das Produkt aus Masse m und Fallbeschleunigung g ein, ebenso für $T = ma_{max}$. Damit erhalten wir die gesuchte Gleichung und können a_{max} berechnen.

4. Schritt

$$\Sigma F_x = 0 = F_{R0\,max} - G \sin\alpha - T$$
$$\Sigma F_y = 0 = F_N - G\cos\alpha \Rightarrow F_N = G\cos\alpha$$
$$F_{R0\,max} = F_N\mu_0 = G\cos\alpha\,\mu_0 = mg\,\mu_0\cos\alpha$$
$$\Sigma F_x = 0 = mg\,\mu_0\cos\alpha - mg\sin\alpha - m\,a_{max}$$
$$a_{max} = g\,(\mu_0\cos\alpha - \sin\alpha) \qquad a_{max} = 0{,}33\ \frac{m}{s^2}$$
$$a = f(\alpha, \mu_0, g)$$

Bisher haben wir die Aufgaben mit Hilfe der rechnerischen (analytischen) Gleichgewichtsbedingungen gelöst. Natürlich können wir diese Aufgabe auch trigonometrisch lösen.

Nach 3.3.2 beginnen wir die Krafteckskizze mit F_N und F_{R0max}, die wir zu F_e zusammensetzen, um damit das geschlossene Krafteck aus F_e, T und G zu zeichnen.

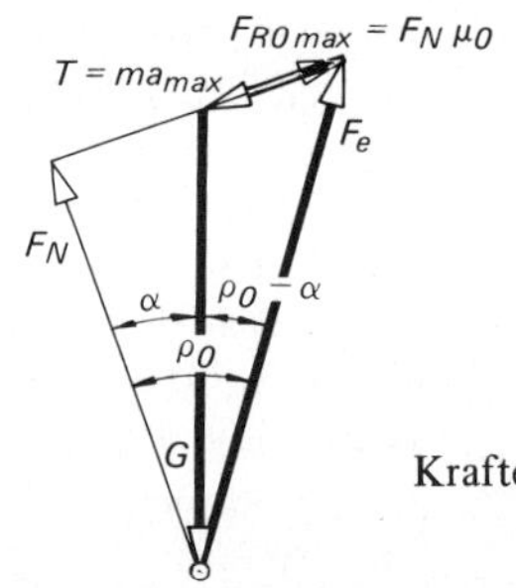

Krafteckskizze

Wir setzen den Sinussatz an und beachten dabei, daß wir für $\sin(90° - \rho_0)$ den Funktionswert $\cos\rho_0$ einsetzen können.

Die Gewichtskraft G drücken wir durch $G = mg$ aus, ebenso die Trägheitskraft T durch $T = ma_{max}$. Dann teilen wir die Gleichung durch die Masse m und lösen sie nach a_{max} auf.

$$\frac{T}{\sin(\rho_0 - \alpha)} = \frac{G}{\sin(90° - \rho_0)} = \frac{G}{\cos\rho_0}$$
$$\frac{ma_{max}}{\sin(\rho_0 - \alpha)} = \frac{mg}{\cos\rho_0} \quad \Big| : m$$
$$a_{max} = g\,\frac{\sin(\rho_0 - \alpha)}{\cos\rho_0} \qquad a_{max} = 0{,}33\ \frac{m}{s^2}$$
$$a_{max} = f(\alpha, \rho_0, g)$$

Die Rechnung führt zum gleichen Ergebnis, obwohl die Gleichung eine andere Form besitzt. Wir wollen hier zeigen, wie die erste Gleichung in die zweite überführt werden kann. Dazu ersetzen wir zunächst die Haftreibzahl μ_0 durch den Tangens des Reibwinkels. Zur Vereinfachung schreiben wir $a_{max} = a$.

$$a = g\,(\mu_0\cos\alpha - \sin\alpha)$$
$$\mu_0 = \tan\rho_0 = \frac{\sin\rho_0}{\cos\rho_0}$$
$$a = g\left(\frac{\sin\rho_0}{\cos\rho_0}\cos\alpha - \sin\alpha\right)$$

Die beiden Glieder in der Klammer bringen wir auf den Hauptnenner $\cos\rho_0$, indem wir $\sin\alpha$ mit $1 = \cos\rho_0/\cos\rho_0$ erweitern. Dadurch erhalten wir auf dem Bruchstrich einen zweigliedrigen Ausdruck, den wir nach den trigonometrischen Regeln durch $\sin(\rho_0 - \alpha)$ ersetzen können (siehe Techniker Handbuch: Additionstheoreme, Summenformeln). Unser Ziel ist erreicht.

$$a = g\left(\frac{\sin\rho_0}{\cos\rho_0}\cos\alpha - \sin\alpha\frac{\cos\rho_0}{\cos\rho_0}\right)$$

$$a = g\,\frac{\sin\rho_0\cos\alpha - \cos\rho_0\sin\alpha}{\cos\rho_0}$$

$$\underbrace{a = g\,\frac{\sin(\rho_0 - \alpha)}{\cos\rho_0}}_{\text{zweite Form}} = \underbrace{g(\mu_0\cos\alpha - \sin\alpha)}_{\text{erste Form}}$$

4.4.9. Impuls (Bewegungsgröße) und Impulserhaltungssatz

Wir können das dynamische Grundgesetz in eine andere Form bringen, mit der sich bestimmte Aufgaben einfacher lösen lassen. Dazu schreiben wir für die Beschleunigung $a = \Delta v/\Delta t$ und multiplizieren die so entstandene Gleichung mit dem Zeitabschnitt Δt. Diese Gleichung eignet sich besonders für Aufgaben, in denen der (meist sehr kurze) Zeitabschnitt Δt eine Rolle spielt. Eigentlich wird damit lediglich der dritte Schritt nach 4.4.5 in das dynamische Grundgesetz einbezogen.

$$F_{res} = m\,a \qquad a = \frac{\Delta v}{\Delta t}$$

$$F_{res} = m\,\frac{\Delta v}{\Delta t} \quad |\cdot \Delta t$$

$$F_{res}\Delta t = m\,\Delta v \qquad \Delta t = t_2 - t_1 \qquad \Delta v = v_2 - v_1$$

$$F_{res}\underbrace{(t_2 - t_1)}_{\Delta t} = m\underbrace{(v_2 - v_1)}_{\Delta v}$$ gilt für F_{res} = konstant

Das Produkt aus der resultierenden äußeren Kraft F_{res} und dem Zeitabschnitt Δt heißt Kraftstoß.

$F_{res}\,\Delta t$ Kraftstoß der resultierenden Kraft

Das Produkt aus der Masse m eines Körpers und seiner Geschwindigkeit v wird als Impuls oder Bewegungsgröße bezeichnet:

$m\,v$ Impuls (Bewegungsgröße) des Körpers

Die Änderung des Impulses eines Körpers ist gleich dem Kraftstoß der resultierenden Kraft während des betrachteten Zeitabschnittes. Der Impuls ist ein Vektor.

$$F_{res}\,\Delta t = m\,v_2 - m\,v_1$$

Ist die Resultierende F_{res} aller äußeren Kräfte gleich Null (kräftefreies System), dann ist auch der Kraftstoß $F_{res}\,\Delta t$ gleich Null:

$$F_{res}\,\Delta t = m\,v_2 - m\,v_1 = 0$$

Bei $F_{res} = 0$ bleibt der Impuls eines Körpers unverändert ($m\,v$ = konstant).

$$m\,v_2 = m\,v_1 = \text{konstant}$$

Impulserhaltungssatz

Der Impulserhaltungssatz wird beim physikalischen Vorgang „Stoß“ angewendet (siehe 4.8).

Übung: Ein Hobelmaschinentisch mit Werkstück besitzt die Masse m = 14 700 kg. Er wird aus einer Schnittgeschwindigkeit von 80 m/min in 0,5 s bis zum Stillstand gleichmäßig abgebremst.

Wie groß muß die Bremskraft F_b sein, wenn von Reibkräften abgesehen wird?

Gegeben: $m = 14700\,\text{kg}$

$$v = 80\,\frac{\text{m}}{\text{min}} = \frac{80}{60}\,\frac{\text{m}}{\text{s}}$$

$$\Delta t = 0{,}5\,\text{s}$$

Gesucht: $F_b = f(m, v, \Delta t)$

Lösung: Ohne Berücksichtigung der Reibkraft ist $F_{res} = F_b$. Da die Endgeschwindigkeit $v_t = 0$ sein soll, ist $\Delta v = v_0 - v_t = v_0 - 0 = v_0 = v$, womit sich sofort die Gleichung für die Bremskraft $F_b = f(m, v, \Delta t)$ ergibt.

$F_{res} = F_b$

$F_b\,\Delta t = m\,\Delta v \qquad \Delta v = v$

$$F_b = \frac{m\,v}{\Delta t} \qquad F_b = \frac{14{,}7 \cdot 10^3\,\text{kg} \cdot \frac{80}{60}\,\frac{\text{m}}{\text{s}}}{0{,}5\,\text{s}}$$

$F_b = f(m, v, \Delta t) \qquad F_b = 39\,200\,\text{N}$

4.5. Arbeit, Leistung, Wirkungsgrad

4.5.1. Arbeit W einer konstanten Kraft F

Soll der skizzierte Wagen längs eines Weges s gezogen (oder verschoben) werden, muß dazu eine Kraft F in Richtung des Weges wirken. Ihren Betrag können wir z. B. mit einer Federwaage messen. Wir nehmen zunächst an: Die Kraft F wirkt exakt in Richtung des Weges, also nicht etwa schräg nach oben oder unten, und ihr Betrag bleibt während des Vorgangs gleich groß (F = konstant). Um den physikalischen Aufwand bei solchen Vorgängen vergleichen zu können, hat man den Begriff der Arbeit W geschaffen:

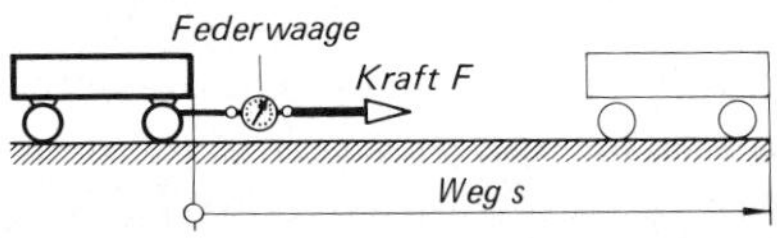

Kraftwirkung längs eines Weges ist die Arbeit W

Hinweis: Im Unterschied z.B. zur *elektrischen* Arbeit spricht man bei Kräften auch von *mechanischer* Arbeit.

> Die Arbeit W einer konstanten Kraft F ist das Produkt aus Kraft F und Verschiebeweg s (Arbeit gleich Kraft mal Weg).
> Die Arbeit ist ein Skalar.

$W = F s$

W	F	s
Nm = J	N	m

Definitionsgleichung der mechanischen Arbeit

1 Nm = 1 J = 1 Ws
Nm Newtonmeter
Ws Wattsekunde

Die Einheit für die Arbeit erhalten wir aus der Definitionsgleichung $W = Fs$.

$$(W) = (F)(s) = \text{N} \cdot \text{m} = \frac{\text{kg}\,\text{m}}{\text{s}^2} \cdot \text{m} = \frac{\text{kg}\,\text{m}^2}{\text{s}^2} = \text{J}$$

Die gesetzliche und internationale *Einheit der Arbeit* W ist das Joule J.

Die Einheit Joule wurde nach dem Physiker *J. P. Joule* (1818–1889) benannt. Aussprache: dschul.

1 Joule (Kurzzeichen J) ist gleich der Arbeit, die verrichtet wird, wenn der Angriffspunkt der Kraft 1 Newton (1 N) in Richtung der Kraft um den Weg 1 m verschoben wird (1 J = 1 Nm).

$$1 \text{ Joule (J)} = 1 \text{ Nm} = 1 \frac{\text{kg m}^2}{\text{s}^2} = 1 \text{ m}^2 \text{ kg s}^{-2}$$

Zur Veranschaulichung:

Hebt man eine 100 g-Tafel Schokolade 1 m hoch, dann hat man an der Tafel die Arbeit von etwa 1 Joule aufgebracht.

Wir müssen uns daran gewöhnen, im Ergebnis einer Rechnung nicht das Newtonmeter (Nm) als Einheit einzusetzen, sondern das Joule (J). Man hat für die mechanische Arbeit, die elektrische Arbeit, die Wärmemenge und die Energie die gleiche Einheit festgelegt, das Joule (J), weil es sich um physikalische Größen gleicher Art handelt.

Beispiel:

Ein Auto wird mit der konstanten Kraft $F = 300$ N parallel zur Fahrbahn gezogen. Der Verschiebeweg beträgt $s = 15$ m. Dann gilt für die mechanische Arbeit:

$$W = Fs = 300 \text{ N} \cdot 15 \text{ m} = 4500 \text{ Nm} = 4500 \text{ J}$$

Bei schräg am Körper angreifenden Kräften werden häufig Fehler gemacht. Zur Berechnung der aufgebrachten Arbeit W dürfen wir in solchen Fällen nur *die* Kraftkomponente einsetzen, die tatsächlich Arbeit verrichtet. Das ist stets nur die in Bewegungsrichtung fallende Kraftkomponente, hier die Kraft $F \cos\alpha$. Die zweite Komponente $F \sin\alpha$ drückt den Körper auf seine Unterlage, ohne ihn zu verschieben. Mit ihr wird also keine Arbeit im Sinne der Begriffsbestimmung aufgebracht:

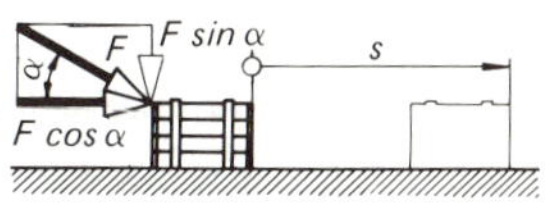

Arbeit W einer schräg wirkenden Kraft ($W = F \cos\alpha \cdot s$)

Fallen Kraft- und Wegrichtung nicht zusammen, muß mit der Kraftkomponente gerechnet werden, die in die Bewegungsrichtung fällt.

$W = F \cos\alpha \, s$ *mechanische Arbeit bei schräg angreifender Kraft*

Welche Winkelfunktion zu benutzen ist (sin oder cos), hängt von der Lage des Winkels ab (siehe 1. Übung in 4.5.4).

4.5.2. Zeichnerische Darstellung der Arbeit *W*

Tragen wir die Kraft F über dem Weg s in einem rechtwinkligen Achsenkreuz auf, so erhalten wir das Kraft-Weg-Diagramm (F, s-Diagramm). Bei konstanter Kraft F ist die Kraftlinie eine zur s-Achse parallele Gerade. Die Fläche A unter der Kraftlinie ist dann ein Rechteck mit dem Flächeninhalt $A = Fs$, und wir erkennen:

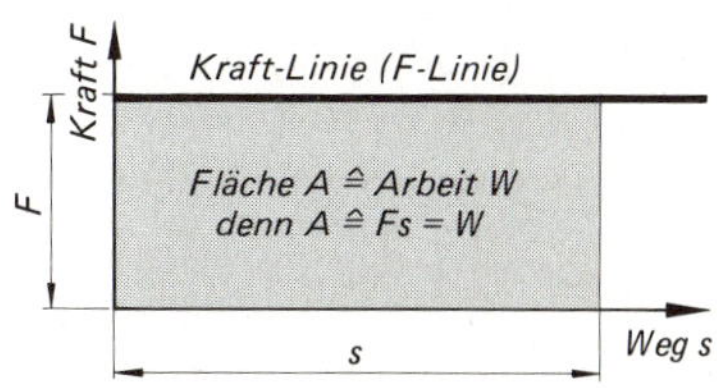

F, s-Diagramm (Arbeitsdiagramm) bei konstanter Kraft F

In jedem F,s-Diagramm entspricht die Fläche A unter der Kraftlinie der von der Kraft F aufgebrachten Arbeit W.

Fläche $A \mathrel{\hat{=}}$ Arbeit $W = Fs$

Das ist eine wichtige Erkenntnis, denn wir können jetzt auch die Arbeit W einer veränderlichen Kraft F berechnen. Das entspricht unserem Vorgehen zur Bestimmung des Wegabschnittes bei der gleichmäßig beschleunigten Bewegung im v,t-Diagramm (siehe 4.1.4). Wir zerlegen in solchen Fällen die Gesamtfläche in berechenbare Teilflächen (Rechtecke, Trapeze, Dreiecke) und erhalten die Gesamtarbeit als Summe der Teilarbeiten.

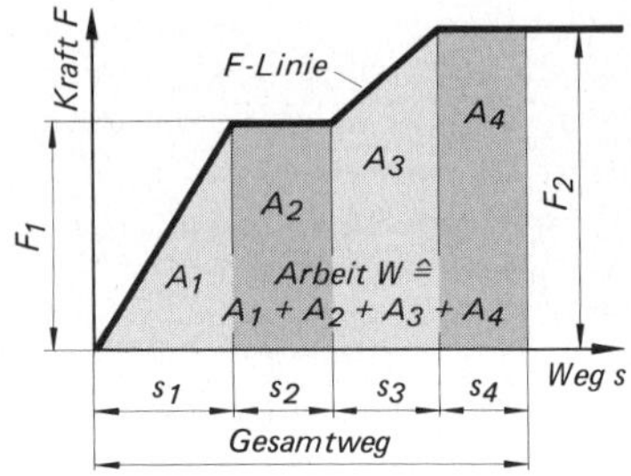

F, s-Diagramm einer veränderlichen Kraft F

4.5.3. Federarbeit W_f (Formänderungsarbeit) als Arbeit einer veränderlichen Kraft

Wichtigstes Beispiel für die Arbeit einer veränderlichen Kraft ist die zur Formänderung einer Feder aufzubringende Arbeit W_f (Federarbeit). Bei den meisten Federn steigt die zur Formänderung erforderliche Kraft von Null gleichmäßig (linear) an. Die Kraftlinie ist eine ansteigende Gerade; sie heißt auch *Federkennlinie.* Nehmen wir an, eine schon vorgespannte Schraubenzugfeder soll um Δs verlängert werden. Dann steigt die dazu erforderliche Zugkraft von F_1 auf F_2 an. Die Fläche unter der Federkennlinie hat Trapezform, das heißt, wir können die Federarbeit aus $W_f = (F_1 + F_2)\,\Delta s/2$ berechnen.

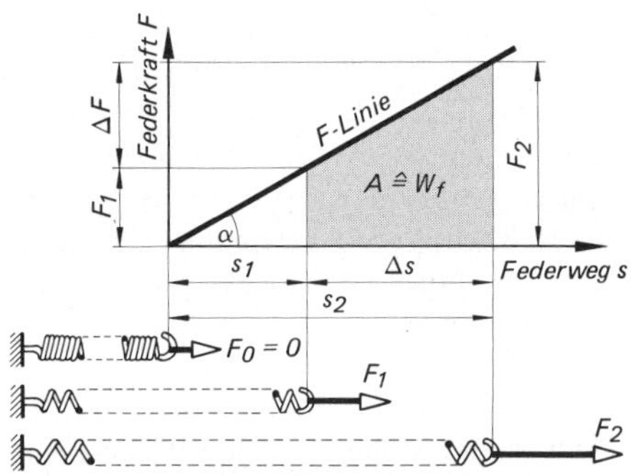

Federarbeit (Formänderungsarbeit) W_f beim Spannen einer Schraubenzugfeder

Meistens ist die *Federsteifigkeit* c (Federrate) der Feder bekannt, oder sie wird durch einen Versuch bestimmt[1]):

$$c = \frac{\text{Federkraft } F}{\text{Federweg } s}$$ *Federsteifigkeit*

Die Federsteifigkeit c gibt an, welche Kraft F für einen Federweg $s = 1$ mm erforderlich ist.

$$c = \frac{\Delta F}{\Delta s} = \frac{F_1}{s_1} = \frac{F_2}{s_2} = \ldots$$

c	F	s
$\frac{N}{mm}$	N	mm

Mit der Federsteifigkeit $c = F_1/s_1 = F_2/s_2$ und daraus $F_1 = c s_1$ sowie $F_2 = c s_2$ können wir eine Gleichung für die Federarbeit W_f entwickeln, in der nur die Federsteifigkeit c und die Federwege s_1, s_2 enthalten sind. Wie die Entwicklung zeigt, ergibt sich das Binom $(s_2 + s_1)(s_2 - s_1) = s_2^2 - s_1^2$.

$$W_f = \frac{F_1 + F_2}{2}\,\Delta s$$ *Federarbeit*

$$W_f = \frac{c\,s_1 + c\,s_2}{2}(s_2 - s_1)$$

$$W_f = \frac{c}{2}(s_2 + s_1)(s_2 - s_1)$$

[1]) Versuch in: *A. Böge*, Physik, Grundlagen – Versuche – Aufgaben – Lösungen, Verlag Vieweg, Braunschweig

Setzen wir in Rechnungen die Federsteifigkeit in N/mm und den Federweg s in mm ein, dann erhalten wir die Federarbeit W_f in Nmm. Um die gesetzliche Einheit für die Arbeit, also das Joule (J) zu erhalten, müssen wir mit 1 Nm = 10^3 Nmm umrechnen. Natürlich können wir auch gleich die Federsteifigkeit c in N/m und den Federweg s in m einsetzen.

$$W_f = \frac{c}{2}(s_2^2 - s_1^2)$$ *Federarbeit*

W_f	c	s
Nmm	$\frac{N}{mm}$	mm

1 Nm = 1 000 Nmm = 1 J

4.5.4. Übungen mit der Größe Arbeit

1. Übung: Ein Wagen von der Masse m = 400 kg soll auf eine um h = 2,4 m höher liegende Rampe gebracht werden. Das soll geschehen

a) mit Hilfe eines Kranes,
b) durch Verschieben auf einer unter α = 30° geneigten Fahrbahn.

Im Fall b) soll die Verschiebekraft F parallel zur schiefen Ebene wirken. Die Reibung soll unberücksichtigt bleiben (geringe Rollreibung).

Für beide Fälle ist die aufzubringende Arbeit W zu bestimmen.

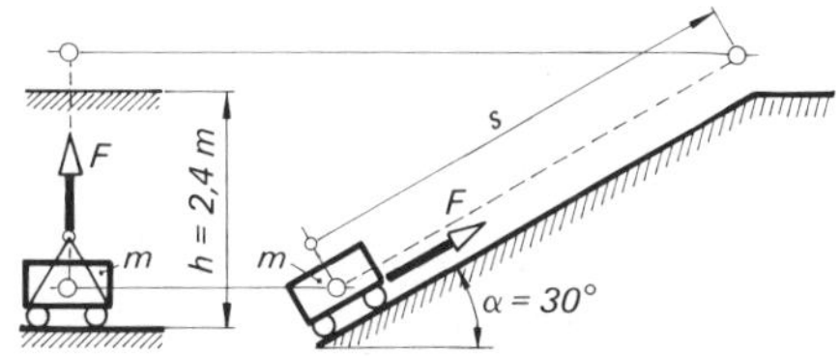

Gegeben: Masse m = 400 kg
Höhe h = 2,4 m
Winkel α = 30°

Gesucht: Hubarbeit W_h

Lösung:

a) Bei Kranen und anderen Senkrechtfördergeräten spricht man von *Hubarbeit* W_h.

Da hier die Seilkraft F gleich der konstanten Gewichtskraft $G = mg$ zu überwinden ist, gilt $W_h = Gh = mgh$.

Wichtig ist die Erkenntnis, daß für horizontale Bewegungen des Kranes mit der Last *keine* Hubarbeit aufgebracht werden muß, weil keine Höhendifferenz zu überwinden ist ($\Delta h = 0$).

$$W_h = Gh = mgh$$ *Hubarbeit*

W_h	G	m	h	g
J = Nm	N	kg	m	$\frac{m}{s^2}$

$$W_h = mgh = 400\ \text{kg} \cdot 9{,}81\ \frac{m}{s^2} \cdot 2{,}4\ \text{m}$$

$$W_h = 9\,417{,}6\ \text{Nm} = 9\,417{,}6\ \text{J}$$

b) Wir beginnen mit der Skizze des freigemachten Wagens (Lageskizze) und entwickeln daraus die Krafteckskizze. Schon hier erkennen wir, daß die zum Verschieben des Wagens erforderliche Kraft F gleich der Gewichtskraftkomponente $G \sin\alpha$ ist. Diese Komponente heißt auch *Hangabtriebskomponente* der Gewichtskraft G.

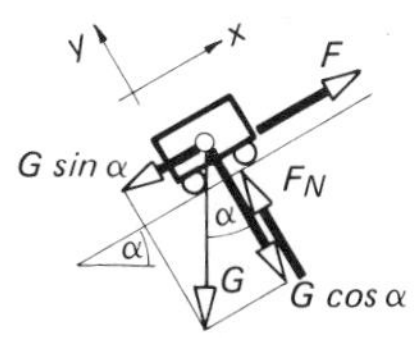

Lageskizze

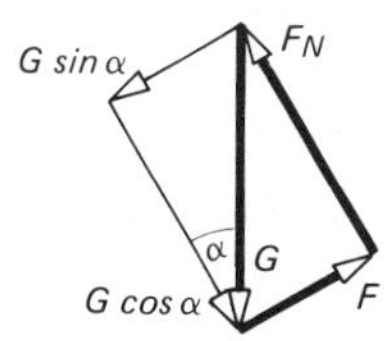

Krafteckskizze

Zu Übungszwecken setzen wir noch einmal die beiden Gleichgewichtsbedingungen an (Achsenkreuz um α zur Waagerechten gedreht).

$$\Sigma F_x = 0 = F - G \sin\alpha \Rightarrow F = G \sin\alpha$$

$$\Sigma F_y = 0 = F_N - G \cos\alpha$$

Mit $F = G \sin\alpha$ haben wir die in Wegrichtung fallende Verschiebekraft (Kraft- und Wegrichtung müssen zusammenfallen!). Den Verschiebeweg s können wir mit Hilfe der Sinusfunktion aus der Hubhöhe h bestimmen ($s = h/\sin\alpha$).

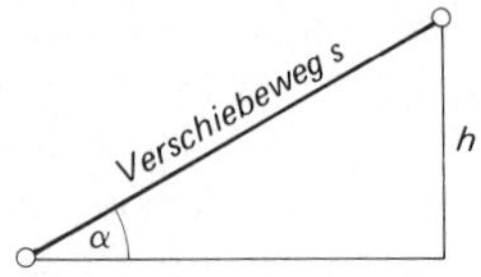

$$\sin\alpha = \frac{h}{s}$$

$$s = \frac{h}{\sin\alpha}$$

Da auch hier die Verschiebekraft konstant ist, gilt die einfache Beziehung: Arbeit ist gleich Kraft mal Weg.

Die Rechnung führt uns zum gleichen Ergebnis wie im Fall des Kranes ($\sin\alpha$ kürzt sich heraus). Das heißt:

$$W = Fs = G \sin\alpha \frac{h}{\sin\alpha}$$

$$W = G \sin\alpha \frac{h}{\sin\alpha} = Gh = mgh$$

$$W = mgh = 9\,417{,}6 \text{ J} \quad \text{(wie vorher)}$$

Es ist gleichgültig, auf welchem Weg eine Last auf eine höhere Ebene gebracht wird. Stets ist dazu die Hubarbeit W_h = Gewichtskraft G mal Hubhöhe h erforderlich. Horizontale Verschiebungen einer Last haben keinen Einfluß auf die Hubarbeit.

Beachte: Beim Verschieben einer Last auf einer schiefen Ebene wird nichts an mechanischer Arbeit gespart. Zwar wird die Verschiebekraft um so kleiner, je kleiner der Neigungswinkel α der schiefen Ebene ist, um so größer wird dann jedoch der Verschiebeweg. Das Produkt aus beiden ist immer wieder gleich der Hubarbeit.

2. **Übung**: In eine Vorrichtung sollen Schrauben-Druckfedern eingebaut werden, deren Federsteifigkeit vorher zu $c = 80$ N/mm ermittelt worden ist. Jede Feder soll nach dem Einbau unter einer Vorspannkraft $F_1 = 400$ N stehen. Sie wird dann um weitere 12 mm zusammengedrückt.

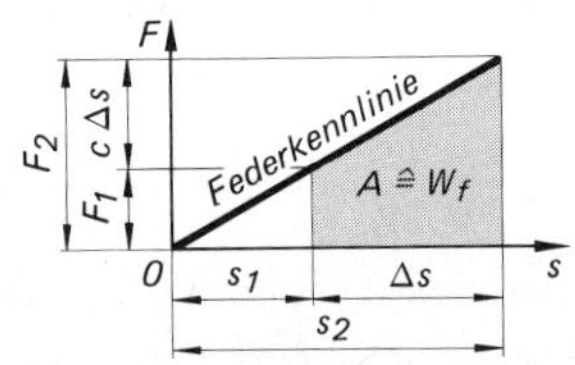

Nach dem skizzierten Federdiagramm sind zu bestimmen:

a) der Vorspannweg s_1 nach dem Einbau,
b) die maximale Federkraft F_2,
c) die Federarbeit W_f beim Betriebshub.

Gegeben: Federsteifigkeit $c = 80 \frac{\text{N}}{\text{mm}}$
Vorspannkraft $F_1 = 400$ N
$\Delta s = 12$ mm

Gesucht: Vorspannweg s_1
Federkraft F_2
Federarbeit W_f

Lösung:

a) Die Federsteifigkeit c ist der Quotient aus Federkraft und Federweg, also finden wir aus $c = F_1/s_1$ den Vorspannweg s_1.

$$c = \frac{F_1}{s_1} = \frac{F_2}{s_2} = \ldots$$

$$s_1 = \frac{F_1}{c} = \frac{400 \text{ N}}{80 \frac{\text{N}}{\text{mm}}} = 5 \text{ mm}$$

b) Auf gleiche Weise finden wir die maximale Federkraft F_2. Wir dürfen nur nicht den falschen Federweg einsetzen: Zur Federkraft F_2 gehört der Federweg s_2.

$$F_2 = c\, s_2 \quad (\text{nicht etwa} = c\,\Delta s!)$$

$$F_2 = 80 \frac{\text{N}}{\text{mm}} \cdot 17 \text{ mm} = 1\,360 \text{ N}$$

c) Die Federarbeit während des Hubes finden wir mit den entsprechenden Größen als Trapezfläche unter der Federkennlinie. Wenn wir die früher hergeleitete Gleichung mit der Federsteifigkeit c benutzen, dürfen wir nicht $(s_2^2 - s_1^2) = (\Delta s)^2$ setzen.

$$W_f = \frac{F_1 + F_2}{2} \Delta s = 10\,560 \text{ Nmm}$$

oder:

$$W_f = \frac{c}{2}(s_2^2 - s_1^2) = \frac{80}{2} \frac{\text{N}}{\text{mm}} (289 - 25) \text{ mm}^2$$

$$W_f = 10{,}56 \text{ Nm} = 10{,}56 \text{ J}$$

Wir können natürlich auch eine Funktionsgleichung $W_f = f(c, F_1, \Delta s)$ für die ursprünglich gegebenen Größen entwickeln.

$$W_f = \frac{2F_1 + c\,\Delta s}{2} \Delta s$$ *Federarbeit*

$$W_f = f(c, F_1, \Delta s)$$

3. Übung: Ein Werkstück von der Masse $m = 10$ kg soll auf horizontaler Bahn durch die Kraft F mit konstanter Geschwindigkeit v um den Weg $s_R = 2$ m verschoben werden. Die Kraft F greift unter dem Winkel $\alpha = 30°$ zur Horizontalen an. Die Gleitreibzahl zwischen Werkstück und Unterlage beträgt $\mu = 0{,}25$.

Gesucht wird eine Gleichung für die Reibarbeit W_R und deren Betrag.

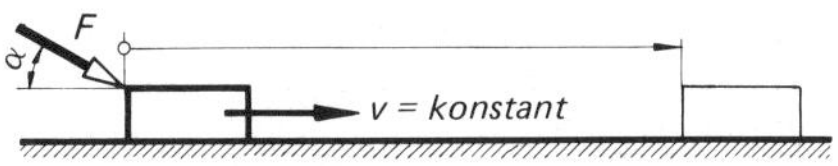

Gegeben: Masse $m = 10$ kg
Reibzahl $\mu = 0{,}25$
Winkel $\alpha = 30°$
Weg $s_R = 2$ m

Gesucht: Reibarbeit $W_R = f(m, g, F, \mu, \alpha, s_R)$

Lösung: Zunächst wollen wir festlegen, was unter Reibarbeit zu verstehen ist:

Reibarbeit W_R ist das Produkt aus der konstanten Reibkraft F_R und dem Reibweg s_R.

$$W_R = F_R\, s_R$$
$$W_R = F_N\, \mu\, s_R$$ *Reibarbeit*

Unsere erste Aufgabe ist es, eine Beziehung für die Normalkraft F_N zu entwickeln. Wir erhalten sie aus den Gleichgewichtsbedingungen für das freigemachte Werkstück, indem wir sowohl $\Sigma F_x = 0$ als auch $\Sigma F_y = 0$ nach F auflösen und dann die beiden Gleichungen gleichsetzen:

$F_N\, \mu/\cos\alpha = (F_N - G)/\sin\alpha$.

Beim Auflösen nach F_N ergibt sich der Quotient $\sin\alpha/\cos\alpha$, den wir durch $\tan\alpha$ ersetzen.

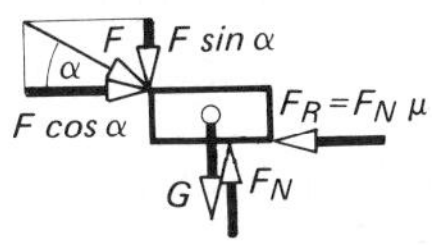

$$\Sigma F_x = 0 = F \cos\alpha - F_N\, \mu$$
$$\Sigma F_y = 0 = F_N - G - F \sin\alpha$$
$$F = F_N \frac{\mu}{\cos\alpha} = \frac{F_N - G}{\sin\alpha}$$
$$F_N = \frac{G}{1 - \mu \tan\alpha} = \frac{mg}{1 - \mu \tan\alpha}$$

Mit der Beziehung für die Normalkraft F_N erhalten wir die gesuchte Funktionsgleichung $W_R = f(m, g, \mu, \alpha, s_R)$.

$$W_R = F_R\, s_R = F_N\, \mu\, s_R = \frac{mg}{1 - \mu \tan\alpha} \mu\, s_R$$

$$W_R = f(m, g, \mu, \alpha, s_R)$$

Das Endergebnis schreiben wir mit der Einheit Joule (J), weil dies die gesetzliche Einheit für die Arbeit ist (1 Nm = 1 J).

$$W_R = \frac{10 \text{ kg} \cdot 9{,}81 \frac{\text{m}}{\text{s}^2}}{1 - 0{,}25 \cdot \tan 30°} \cdot 0{,}25 \cdot 2 \text{ m}$$

$$W_R = 57{,}32 \text{ Nm} = 57{,}32 \text{ J}$$

4.5.5. Leistung

Kennen wir die mechanische Arbeit W, die zur Ortsveränderung eines Körpers erforderlich ist, dann ist damit noch nichts über die Zeit ausgesagt, in der diese Arbeit verrichtet wird. Gerade das aber muß man in der Technik wissen, weil man zeitlich planen muß. Man hat daher die in der Zeiteinheit (1 s) verrichtete Arbeit als besondere Größe festgelegt:

Beispiel:
Zum Heben einer Last ist eine Hubarbeit $W_h = 10\,000$ J erforderlich.
Zur Planung muß man wissen, ob diese Arbeit mit den vorhandenen Geräten in einer Stunde oder in einer Minute „geleistet" werden kann.

Die Leistung P ist der Quotient aus der verrichteten Arbeit W und der dazu erforderlichen oder verwendeten Zeit t (Leistung gleich Arbeit durch Zeit).
Die Leistung ist ein Skalar.

$$P = \frac{\text{Arbeit } W}{\text{zugehörige Zeit } t}$$ *Definitionsgleichung der Leistung*

$$P = \frac{W}{t}$$

P	W	t
$\frac{J}{s} = \frac{Nm}{s} = W$	$J = Nm$	s

Mittlere Leistung während der Zeit t

$$1\,\frac{J}{s} = 1\,\frac{Nm}{s} = 1\,W$$

Die gesetzliche und internationale *Einheit der Leistung P* ist das Watt W:

Die Einheit Watt wurde nach dem englischen Erfinder der ersten brauchbaren Dampfmaschine *J. Watt* (1736–1819) benannt.

1 Watt (Kurzzeichen W) ist gleich der Leistung, bei der während der Zeit 1 s die Arbeit 1 J umgesetzt wird.

$$1\,W = 1\,\frac{J}{s} = 1\,\frac{Nm}{s} = 1\,m^2\,kg\,s^{-3}$$

Nach dem Einheitengesetz dürfen wir durch Vorsetzen von Vorsilben (Vorsätze genannt) dezimale Teile und Vielfache von Einheiten bilden, und zwar von Basiseinheiten und von Einheiten mit einem selbständigen Namen. Das Watt W ist eine solche Einheit. Ebenso das Newton N, das Joule J, das Coulomb C, das Volt V, das Farad F usw.

Vorsatzzeichen:

10^{12} =	Tera (T)	10^{-1} =	Dezi (d)
10^{9} =	Giga (G)	10^{-2} =	Zenti (c)
10^{6} =	Mega (M)	10^{-3} =	Milli (m)
10^{3} =	Kilo (k)	10^{-6} =	Mikro (μ)
10^{2} =	Hekto (h)	10^{-9} =	Nano (n)
10^{1} =	Deka (da)	10^{-12} =	Pico (p)

Beispiele: 0,00028 W = 0,28 mW = 280 μW
480 000 W = 480 kW = 0,48 MW

Mit der Gleichung $P = W/t$ berechnen wir die *mittlere* Leistung während eines Zeitabschnittes t, denn wir wissen nicht, ob in der dritten Sekunde ebensoviel Arbeit verrichtet worden ist wie in der zwölften Sekunde.

Beispiel:
Ein Kran hebt einen Körper von der Masse m = 600 kg auf h = 5 m Höhe. Der Vorgang dauert 100 s. Die Hubgeschwindigkeit v ändert sich dabei mehrfach.

$$P_h = \frac{W_h}{t} = \frac{mgh}{t} = \frac{600\,kg \cdot 9{,}81\,\frac{m}{s^2} \cdot 5\,m}{100\,s}$$

Das Endergebnis schreiben wir mit der Einheit Watt (W), weil dies die gesetzliche Einheit für die Leistung ist (1 Nm/s = 1 W).

$$P_h = 294{,}3\,\frac{Nm}{s} = 294{,}3\,\frac{J}{s} = 294{,}3\,W$$

$P_h = 0{,}294$ kW mittlere Leistung

Sind die Arbeitsbeträge je Sekunde verschieden groß, dann gilt das auch für die Leistungen. Das kann zwei Ursachen haben: Entweder ist die Kraft F, welche die Arbeit verrichtet, nicht konstant, oder es werden in gleichen Zeiten verschiedene Wege zurückgelegt, d.h. die Geschwindigkeit v ist nicht konstant. Es kann auch beides zugleich der Fall sein.

Mit der Arbeitsdefinition $W = Fs$ und der Gleichung für die konstante Geschwindigkeit $v = s/t$ erhalten wir:

$$P = \frac{W}{t} = \frac{Fs}{t} = F\frac{s}{t} = Fv$$

Leistung P = Kraft $F \times$ Geschwindigkeit v

Aus der Definitionsgleichung für die Leistung $P = W/t$ können wir eine Gleichung für die Momentanleistung entwickeln, die unbeschränkt angewendet werden kann, also auch bei konstanter Arbeit.

Beachte: Wie bei der mechanischen Arbeit W Kraft- und Wegrichtung übereinstimmen müssen, so müssen auch bei der mechanischen Leistung die Wirklinien von Kraft F und Geschwindigkeit v zusammenfallen.

Die Leistung P ist das Produkt aus der Verschiebekraft F und der Verschiebegeschwindigkeit v (Leistung gleich Kraft mal Geschwindigkeit).

$P = Fv$

Momentanleistung

P	F	v
$W = \frac{Nm}{s} = \frac{J}{s}$	N	$\frac{m}{s}$

Wir prägen uns die Definitionen der beiden technisch wichtigen Größen Arbeit W und Leistung P besser ein, wenn wir sie untereinanderstehend vor Augen haben. Wir erkennen: W enthält die Zeit t nicht, P dagegen ist geschwindigkeits-, und daher zeitabhängig.

Arbeit W = Kraft $F \cdot$ Weg s
Leistung P = Kraft $F \cdot$ Geschwindigkeit v

$W = Fs$
$P = Fv$

W	P	F	s	v
J	W	N	m	$\frac{m}{s}$

Entsprechend den speziellen Bezeichnungen für die mechanischen Arbeitsformen kennzeichnet man auch die Leistung.

Beispiele:

$$\text{Hubleistung } P_h = \frac{\text{Hubarbeit } W_h}{\text{Zeit } t}$$

$$\text{Reibleistung } P_R = \frac{\text{Reibarbeit } W_R}{\text{Zeit } t}$$

4.5.6. Wirkungsgrad

Kein technischer Vorgang läuft verlustfrei ab. Ein Teil der aufgebrachten Arbeit (oder Leistung) geht für den eigentlichen Zweck verloren. In technischen Maschinen und Vorrichtungen ist das vor allem die Reibarbeit (oder Reibleistung) infolge der unvermeidlichen Reibung zwischen den Maschinenteilen. Die Reibarbeit wird dabei in Wärme umgewandelt, spürbar in der Temperaturerhöhung der festen, flüssigen und gasförmigen Stoffteilchen.

Beispiel:
Die Reibung in den Lagern eines Getriebes erwärmt Welle und Lagerteile, ebenso wie die Reibung zwischen den Zahnflanken die Zahnräder erwärmt. Das Öl erwärmt sich und muß im Rücklauf gekühlt werden. Durch Konvektion und Strahlung geht ein Teil der Wärme an die umgebende Luft über.

Zur Beurteilung der Verluste in einzelnen Maschinenteilen, in Maschinen und Vorrichtungen hat man den Wirkungsgrad definiert:

Der Wirkungsgrad η ist das Verhältnis der Nutzarbeit W_n (Nutzleistung P_n) zur aufgewendeten Arbeit W_a (aufgewendeten Leistung P_a).

$$\eta = \frac{\text{Nutzarbeit } W_n}{\text{aufgewendete Arbeit } W_a} < 1$$

$$\eta = \frac{W_n}{W_a} = \frac{P_n}{P_a} = \frac{P_2}{P_1} < 1$$

Es ist üblich, die aufgewendete Leistung P_a als Antriebsleistung zu bezeichnen und mit dem Index 1 zu kennzeichnen ($P_a = P_{an} = P_1$). Die Nutzleistung P_n wird als Abtriebsleistung mit P_2 bezeichnet. Meistens setzt man nicht die Arbeiten sondern die Leistungen ins Verhältnis.

Hinweis: Die Wirkungsgraddefinition gilt für alle technischen Vorgänge, also auch z.B. für wärmetechnische und chemische Vorgänge. Allein wegen der stets vorhandenen Reibungswiderstände kann der Wirkungsgrad niemals den Wert 1 erreichen.

Am Beispiel eines einfachen Getriebes wollen wir untersuchen, wie sich der Gesamtwirkungsgrad η_{ges} einer Anlage aus den Einzelwirkungsgraden zusammensetzt.

Die Antriebsleistung $P_{an} = P_1$ wird durch die Lagerverluste in den Lagern 1 und 2 vermindert auf $\eta_{Lg\,1,2} \cdot P_1$. Das ist zugleich die „neue" Antriebsleistung, die in den Zahneingriff einfließt und dort verringert wird auf $\eta_{Lg\,1,2} \cdot \eta_z \cdot P_1$. Dieser Leistungsbetrag wiederum wird in den Lagern 4 und 5 auf $\eta_{Lg\,1,2} \cdot \eta_z \cdot \eta_{Lg\,4,5} \cdot P_1$ reduziert. Das ist die Abtriebsleistung $P_{ab} = P_2$.

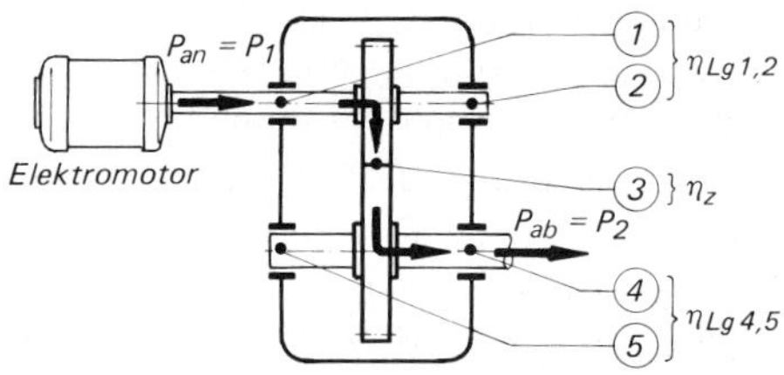

1, 2, 4, 5 Leistungsverluste durch Reibleistung in den Lagern (Lagerverluste)

3 Leistungsverlust zwischen den Zähnen (Zahnverluste)

Mit der Ausgangsgleichung $\eta = P_2/P_1$ erhalten wir dann abschließend die Beziehung für den Gesamtwirkungsgrad. Diese Erkenntnis können wir allgemein fassen:

$$\eta_{ges} = \frac{P_{ab}}{P_{an}} = \eta_{Lg\,1,2} \cdot \eta_z \cdot \eta_{Lg\,4,5} = \frac{P_2}{P_1}$$

Der Gesamtwirkungsgrad η_{ges} einer Maschine, einer Anlage, eines physikalischen Vorganges ist das Produkt der Einzelwirkungsgrade.

$$\eta_{ges} = \eta_1 \cdot \eta_2 \cdot \eta_3 \cdot \ldots \cdot \eta_n = \frac{P_{ab}}{P_{an}} = \frac{P_2}{P_1} < 1$$

Gesamtwirkungsgrad

Man gibt den Wirkungsgrad nicht nur als Dezimalzahl an, z.B. $\eta = 0{,}86$, sondern auch als Prozentzahl, z.B. $\eta = 86\,\%$.

Beispiele für Wirkungsgrade:

Gleitlager	$\eta = 0{,}98$	(98 %)
Verzahnung	$\eta = 0{,}98$	(98 %)
E-Motor	$\eta = 0{,}9$	(90 %)
Ottomotor	$\eta = 0{,}25$	(25 %)

4.5.7. Übungen mit den Größen Arbeit, Leistung, Wirkungsgrad

1. Übung: Beim Zerspanen auf einer Drehmaschine wird mit dem Schnittkraftmeßgerät die Schnittkraft $F_c = 5000$ N gemessen. Werkstückdrehzahl und -durchmesser ergeben eine Schnittgeschwindigkeit (Umfangsgeschwindigkeit) von $v_u = 60$ m/min.

Der Gesamtwirkungsgrad η_{ges} der Drehmaschine vom Elektromotor bis zur Zerspanungsstelle z wird mit 78 % angenommen.

Es ist die Antriebsleistung P_{mot} für den Motor zu bestimmen.

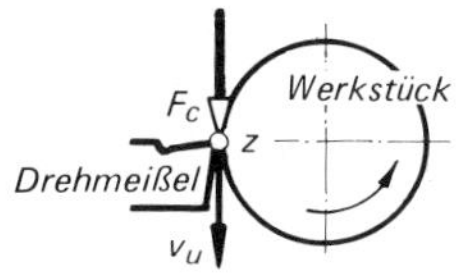

Gegeben:
Schnittkraft $F_c = 5\,000$ N
Schnittgeschwindigkeit $v_u = 60\ \dfrac{\text{m}}{\text{min}}$
Gesamtwirkungsgrad $\eta_{ges} = 0{,}78$

Gesucht: Antriebsleistung P_{mot}

Lösung: Das Schnittkraftmeßgerät zeigt nur geringe Schwankungen für den Betrag der Schnittkraft F_c an, es kann also F_c = konstant angenommen werden. Ebenso ist v_u = konstant. Die Wirklinien von Kraft und Geschwindigkeit decken sich (Tangente), so daß die Schnittleistung aus $P_c = F_c v_u$ berechnet werden kann.

Die Schnittleistung P_c beträgt:

$$P_c = F_c v_u = 5000\ \text{N} \cdot 1\ \frac{\text{m}}{\text{s}}$$

$$P_c = 5000\ \frac{\text{Nm}}{\text{s}} = 5000\ \frac{\text{J}}{\text{s}} = 5000\ \text{W}$$

$$P_c = 5\ \text{kW}$$

Aus der allgemeinen Beziehung $\eta = P_{ab}/P_{an}$ erhalten wir die erforderliche Motorleistung P_{mot}. Sie muß natürlich größer sein als die Schnittleistung ($P_{mot} > P_c$).

$$\eta_{ges} = \frac{P_{ab}}{P_{an}} = \frac{P_c}{P_{mot}}$$

$$P_{mot} = \frac{P_c}{\eta_{ges}} = \frac{5\ \text{kW}}{0{,}78} = 6{,}41\ \text{kW}$$

Bei allen Aufgaben dieser Art gehen wir in Zukunft aber nicht schrittweise vor, sondern wir gehen von der Definitionsgleichung für den Wirkungsgrad aus und bestimmen daraus die gesuchte Größe.

$$\eta_{ges} = \frac{P_{ab}}{P_{an}} = \frac{P_c}{P_{mot}} = \frac{F_c v_u}{P_{mot}}$$

$$P_{mot} = \frac{F_c v_u}{\eta_{ges}} = \frac{5000\ \text{N} \cdot 1\ \frac{\text{m}}{\text{s}}}{0{,}78} = 6{,}41\ \text{kW}$$

2. Übung: Ein Kran hebt eine Last von der Masse $m = 2$ t mit einer Hubgeschwindigkeit $v = 0{,}25$ m/s. Der Antriebsmotor entnimmt dabei dem Netz die Leistung $P_{netz} = 7$ kW, sein Wirkungsgrad beträgt $\eta_{mot} = 0{,}9$.

Es ist der Wirkungsgrad η_{anlage} der restlichen Maschinenteile vom Motorritzel bis zum Kranhaken zu bestimmen.

Gegeben: $m = 2$ t
$v = 0{,}25\ \dfrac{\text{m}}{\text{s}}$
$P_{netz} = 7$ kW
$\eta_{mot} = 0{,}9$

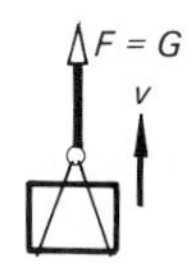

Gesucht: η_{anlage}

Lösung: Hier gehen wir von der Gleichung für den Gesamtwirkungsgrad $\eta_{ges} = \eta_{mot}\ \eta_{anlage}$ aus.

Für P_{ab} und P_{an} setzen wir dann die speziellen Größen mit den allgemeinen Bezeichnungen ein und lösen nach der gesuchten Größe auf, hier also nach η_{anlage}.

$$\eta_{ges} = \frac{P_{ab}}{P_{an}} = \frac{P_h}{P_{netz}} = \eta_{mot}\ \eta_{anlage}$$

$$\eta_{anlage} = \frac{m g v}{P_{netz}\ \eta_{mot}} \qquad P_h = m g v \ \text{(Hubleistung)}$$

$$\eta_{anlage} = \frac{2000\ \text{kg} \cdot 9{,}81\ \frac{\text{m}}{\text{s}^2} \cdot 0{,}25\ \frac{\text{m}}{\text{s}}}{7\,000\ \frac{\text{Nm}}{\text{s}} \cdot 0{,}9} = 0{,}779$$

4.6. Arbeit, Leistung, Wirkungsgrad bei der Drehbewegung (Kreisbewegung)

4.6.1. Gegenüberstellung der allgemeinen Größen mit den entsprechenden Kreisgrößen

Ebenso wie im Abschnitt 4.3.1 stellen wir hier die Kreisgrößen den allgemeinen Größen gegenüber (Analogieverfahren). Dabei erkennen wir die Gleichartigkeit einander entspechender Größen und Gleichungen und kommen zu besserem Verständnis. Wer die Definitionen der allgemeinen Größen kennt, hat dann auch sofort die Definitionen der entsprechenden Kreisgrößen zur Hand und er wird beim Lösen von Aufgaben sicherer sein. Vor allem ist die Erkenntnis wichtig, daß der Kraft F (Verschiebekraft) im allgemeinen Fall das Drehmoment M bei der Kreisbewegung entspricht ($F \hat{=} M$).

Allgemeine Größe mit Definitionsgleichung	Einheit	Kreisgröße mit Definitionsgleichung	Einheit
Zeit t	s	Zeit t	s
Verschiebeweg s	m	Drehwinkel φ	rad
Verschiebegeschwindigkeit $v = \frac{s}{t}$ (v = konstant)	$\frac{\text{m}}{\text{s}}$	Winkelgeschwindigkeit $\omega = \frac{\varphi}{t}$ (ω = konstant)	$\frac{\text{rad}}{\text{s}}$
Verschiebekraft F	N	Drehmoment $M = F_T r$	Nm
Arbeit $W = Fs$	Nm = J	Dreharbeit $W_{rot} = M\varphi = F_T r \varphi$	Nm = J
Leistung $P = \frac{W}{t} = Fv$	$\frac{\text{Nm}}{\text{s}}$ = W	Drehleistung $P_{rot} = \frac{W_{rot}}{t} = M\omega$	$\frac{\text{Nm}}{\text{s}}$ = W

F, s-Diagramm je nach Aufgabenstellung:

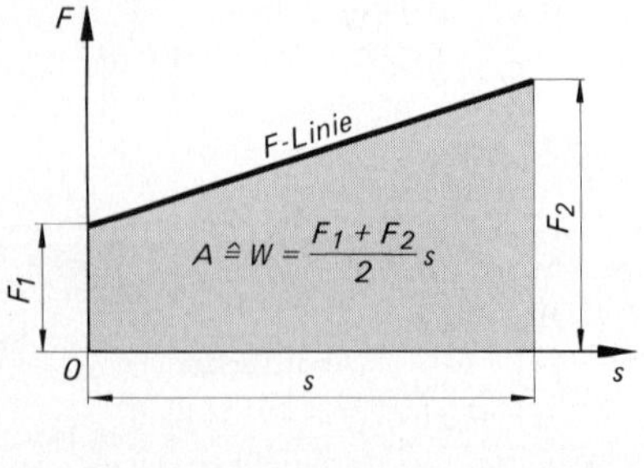

Beachte: Die Fläche A unter der F-Linie entspricht der Arbeit W.

M, φ-Diagramm je nach Aufgabenstellung:

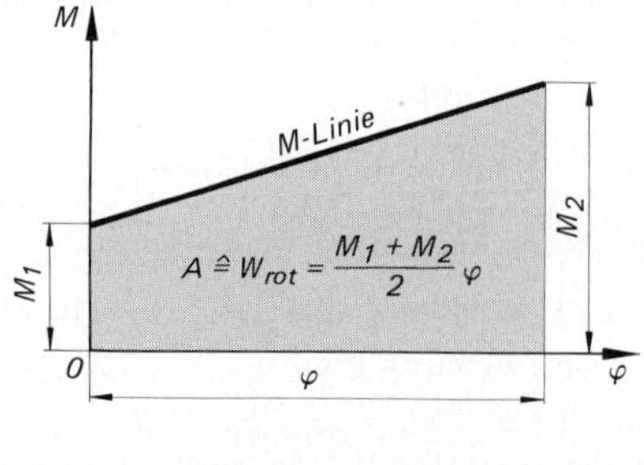

Beachte: Die Fläche A unter der M-Linie entspricht der Dreharbeit W_{rot}.

4.6.2. Dreharbeit W_{rot} (Rotationsarbeit)

An einer Kurbel oder Kurbelwelle wirkt die konstante Kraft F_T in tangentialer Richtung. Man spricht daher auch von Tangentialkraft oder Umfangskraft. F_T dreht hier die Kurbel rechts herum und verrichtet über dem Drehweg s die Dreharbeit $W_{rot} = F_T s$.

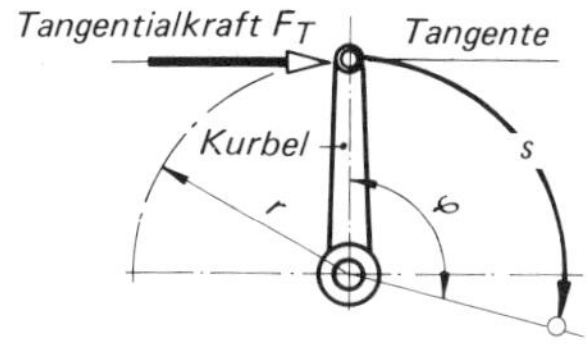

Mit der Anzahl der Umdrehungen z können wir für den Drehweg $s = 2\pi r z$ schreiben und haben damit schon eine auf Kreisgrößen bezogene Gleichung für die Dreharbeit W_{rot}.

$W_{rot} = F_T s$

$W_{rot} = F_T 2\pi r z$

W_{rot}	F_T	s, r	z
Nm = J	N	m	1

Das Produkt aus Tangentialkraft F_T und Wirkabstand r (Radius) ist das Drehmoment M. Das Produkt $2\pi z$ ist uns schon aus der Drehbewegung bekannt als Drehwinkel $\varphi = 2\pi z$. Damit erhalten wir die der allgemeinen Definition $W = Fs$ entsprechende Definitionsgleichung für die Dreharbeit W_{rot}.

$F_T r$ = Drehmoment M

$2\pi z$ = Drehwinkel φ

$$W_{rot} = F_T s = M\varphi$$ *Rotationsarbeit*

W_{rot}	M	φ
Nm = J	Nm	rad = 1

Zeichnerisch stellt sich die Dreharbeit W_{rot} im M, φ-Diagramm als Fläche unter der M-Linie dar. Wir erkennen hier wieder die Entsprechung zur Fläche unter der F-Linie im F, s-Diagramm (siehe 4.5.2):

In jedem M, φ-Diagramm entspricht die Fläche A unter der M-Linie der Rotationsarbeit W_{rot} des Drehmoments M.

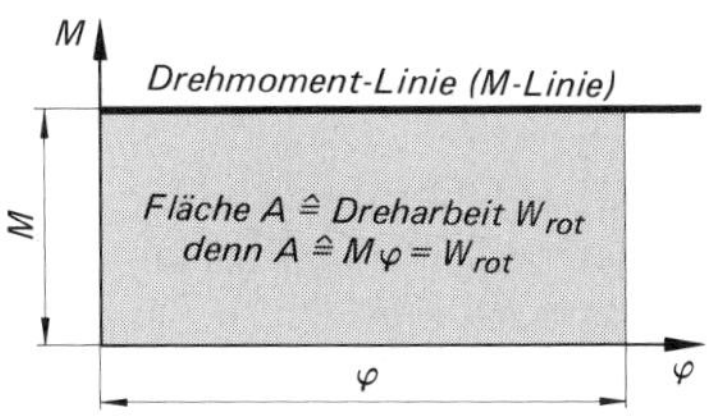

Arbeitsdiagramm für die Drehbewegung

Ist das Drehmoment M nicht konstant, sondern steigt es linear an, dann gelten die gleichen Diagramme und Gleichungen wie in den Abschnitten 4.5.2 und 4.5.3, wenn wir darin für die Federkraft F das Drehmoment M und für den Federweg s den Drehwinkel φ einsetzen.

An die Stelle der in 4.5.3 behandelten Schraubenzugfeder tritt die Torsionsstabfeder.

Beispiel:

Das Drehmoment in der Torsionsstabfeder eines Autos steigt linear von 120 Nm auf 250 Nm an. Dabei wird die Feder um 30° verdreht.

Die Federarbeit beträgt dann nach 4.5.3:

$$W_f = \frac{M_1 + M_2}{2}\varphi = \frac{(120 + 250)\text{ Nm}}{2} \cdot \frac{30° \cdot \pi}{180°}$$

$W_f = 96{,}9$ J

4.6.3. Drehleistung P_{rot} (Rotationsleistung)

Wie bei der Herleitung der Gleichung für die Dreharbeit gehen wir auch hier von der Tangentialkraft F_T aus. In jedem Augenblick sind die Tangentialkraft F_T und die Umfangsgeschwindigkeit v_u gleichgerichtet. Dann gilt die allgemeine Beziehung: Leistung ist Kraft mal Geschwindigkeit. Mit den speziellen Bezeichnungen gilt demnach $P = F_T v_u$.

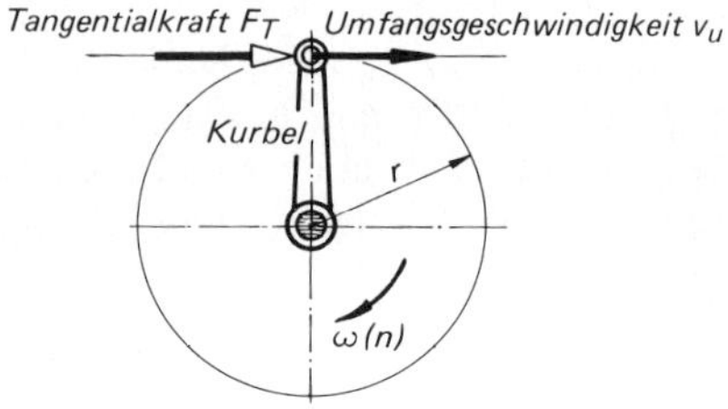

$$P_{rot} = F_T v_u$$

P_{rot}	F_T	v_u
$\frac{Nm}{s} = W$	N	$\frac{m}{s}$

Nach Abschnitt 4.2.7 können wir für die Umfangsgeschwindigkeit v_u das Produkt aus Winkelgeschwindigkeit ω und Radius r einsetzen. Das Produkt aus Tangentialkraft F_T und Radius r ist wieder das Drehmoment M. Damit erhalten wir die der allgemeinen Definition $P = Fv$ entsprechende Definitionsgleichung für die Drehleistung P_{rot} ($F \mathrel{\hat{=}} M$ und $v \mathrel{\hat{=}} \omega$, siehe 4.6.1).

$$v_u = r\,\omega = r\,2\pi n$$

$$P_{rot} = F_T r\,\omega = F_T\,2\pi r n$$

$$F_T r = \text{Drehmoment } M$$

$$P_{rot} = M\,\omega = M\,2\pi n$$

Drehleistung

Mit den kohärenten Einheiten Newton N, Meter m und Sekunde s erhalten wir als kohärente Einheit für die Leistung P das Watt W.

P_{rot}	M	ω	n
$\frac{Nm}{s} = W$	Nm	$\frac{rad}{s} = \frac{1}{s}$	$\frac{1}{s} = s^{-1}$

4.6.4. Zahlenwertgleichung für die Drehleistung P_{rot}

Auf den Leistungsschildern der Motoren ist nicht die Winkelgeschwindigkeit ω, sondern die Drehzahl n angegeben (in U/min = min^{-1}). Wollen wir diese Drehzahl unmittelbar in die Leistungsgleichung einsetzen, müssen wir sie durch 60 dividieren. Die Leistung ergibt sich dann in der Einheit Watt. Um Kilowatt kW zu bekommen, müssen wir noch durch 1000 teilen (1 kW = 1000 W).

$$P_{rot} = M n \frac{2\pi}{60 \cdot 1000} = M n \frac{1}{\frac{60\,000}{2\pi}}$$

$$P_{rot} = M n \frac{1}{9550}$$

$$P_{rot} = \frac{M n}{9550}$$

Zahlenwertgleichung

P_{rot}	M	n
kW	Nm	min^{-1}

Fassen wir den Quotienten von $2\pi/(60 \cdot 1000) = 1/9550$ zusammen, erhalten wir die in der Technik übliche Zahlenwertgleichung für die Drehleistung P_{rot}. Wie jede Zahlenwertgleichung gilt sie nur für die eingetragenen Einheiten.

Auf den Leistungsschildern steht neben der Motordrehzahl n auch die zur Verfügung stehende Leistung P. Aus beiden Angaben kann man mit der nach M aufgelösten Gleichung das verfügbare Drehmoment in Nm berechnen (siehe auch Festigkeitslehre, Torsionsbeanspruchung).

$$M = 9550 \frac{P_{rot}}{n}$$

Zahlenwertgleichung

M	P_{rot}	n
Nm	kW	min^{-1}

4.6.5. Wirkungsgrad, Drehmoment und Übersetzung

Eine wichtige Beziehung zwischen Wirkungsgrad η, Drehmoment M und Übersetzung i erhalten wir, wenn wir von der Definitionsgleichung für den Wirkungsgrad ausgehen und für die Leistung $P = M\omega$ oder $P = M\,2\pi n$ einsetzen. Man kann damit beispielsweise den Wirkungsgrad eines Getriebes berechnen, wenn man vorher An- und Abtriebsmoment gemessen und die Übersetzung an Hand der Baugrößen (z.B. Zähnezahlen) bestimmt hat.

$$\eta = \frac{P_{ab}}{P_{an}} = \frac{P_2}{P_1} = \frac{M_2\,\omega_2}{M_1\,\omega_1} = \frac{M_2\,2\pi n_2}{M_1\,2\pi n_1}$$

$$\frac{\omega_2}{\omega_1} = \frac{n_2}{n_1} = \frac{1}{i} \quad \text{(siehe 4.2.9)}$$

$$\eta = \frac{M_2}{M_1}\cdot\frac{1}{i} \qquad M_2 = M_1\,i\,\eta$$

M_2 Abtriebsmoment, M_1 Antriebsmoment

4.6.6. Übungen zu Arbeit, Leistung, Wirkungsgrad und Übersetzung bei Drehbewegung

1. Ein Werkstück von $m = 100$ kg Masse soll 10 m hoch gehoben werden. Es steht eine Winde mit Kurbelradius $r = 400$ mm zur Verfügung. Die Handkraft (Tangentialkraft) an der Kurbel soll 60 N betragen. Es soll die Anzahl z der Kurbelumdrehungen bestimmt werden, wenn von Verlusten abgesehen wird.

$W_h = mgh$ erforderliche Hubarbeit

$W_{rot} = F_T\,2\pi r z = W_h$ (Hubarbeit = Dreharbeit)

$F_T\,2\pi r z = mgh$

$$z = \frac{mgh}{F_T\,2\pi r} = \frac{100\text{ kg}\cdot 9{,}81\,\frac{\text{m}}{\text{s}^2}\cdot 10\text{ m}}{60\text{ N}\cdot 2\pi\cdot 0{,}4\text{ m}} = 65{,}05\text{ U}$$

2. Der Flanschmotor eines Getriebes gibt bei $n = 2880\text{ min}^{-1}$ eine Leistung von 18 kW ab. Das Getriebe hat eine Übersetzung von $i = 420$ und einen geschätzten Wirkungsgrad von 0,7.

Welches Drehmoment steht an der Abtriebswelle des Getriebes zur Verfügung?

$$M_1 = 9550\,\frac{P_1}{n_1} = 9550\cdot\frac{18}{2880}\text{ Nm} = 59{,}69\text{ Nm}$$

$M_2 = M_1\,i\,\eta = 59{,}69\text{ Nm}\cdot 420\cdot 0{,}7$

$M_2 = 17\,549$ Nm

Hinweis: Ohne Berücksichtigung des Wirkungsgrades hätte sich ergeben:
$M_2 = M_1\,i = 59{,}69\text{ Nm}\cdot 420 = 25\,070$ Nm

3. Auf dem Leistungsschild eines Elektromotors steht $P = 10$ kW und $n = 2860\text{ min}^{-1}$. Welches Drehmoment kann an der Motorwelle abgenommen werden?

$$M = 9550\,\frac{P_{rot}}{n} = 9550\cdot\frac{10}{2860}\text{ Nm}$$

$M = 33{,}39$ Nm

4. Ein E-Motor gibt am Wellenstumpf ein Drehmoment von 16 Nm ab bei einer Drehzahl von 2800 min^{-1}. Das Wattmeter zeigt hierbei eine elektrische Leistungsaufnahme von 5,6 kW an. Wie groß ist der Wirkungsgrad des Motors?

Hier wird *schrittweise* gelöst, um Größengleichungen und Zahlenwertgleichungen nicht miteinander zu vermischen.

$$P_{mot} = P_{ab} = P_{rot} = \frac{Mn}{9550} = \frac{16\cdot 2800}{9550}\text{ kW}$$

$P_{ab} = 4{,}69\text{ kW} = P_{mot}$

$$\eta_{mot} = \frac{P_{ab}}{P_{an}} = \frac{P_{mot}}{P_{netz}} = \frac{4{,}69\text{ kW}}{5{,}6\text{ kW}} = 0{,}838$$

Lehrbeispiel: Leistung, Drehmoment, Übersetzung, Geschwindigkeit

Für einen Kraftwagen mit Viertakt-Vierzylindermotor sind gegeben:

Kolbenhub $l = 74\ mm = 74 \cdot 10^{-3} m$
Kolbendurchmesser $d = 80\ mm = 80 \cdot 10^{-3} m$

Getriebeübersetzungen im
ersten Gang $i_1 = 3{,}6 : 1$
zweiten Gang $i_2 = 1{,}7 : 1$
dritten Gang $i_3 = 1{,}0 : 1$
Hinterachsgetriebe $i_h = 3{,}9 : 1$

Reifen: 5,6–13 mit dem Rollradius $r = 283\ mm$
mittlerer Arbeitsdruck $p = 8{,}45\ bar$
Motordrehzahl $n_m = 2300\ min^{-1}$

Berechne (ohne Berücksichtigung von η*):*

a) Die mittlere Arbeitskraft F auf den Kolben

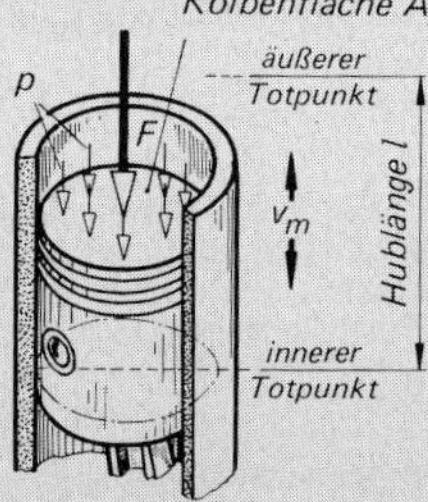

$$F = p A_k$$

$$F = 8{,}45 \cdot 10^5 \frac{N}{m^2} \cdot \frac{\pi}{4} (80 \cdot 10^{-3} m)^2$$

$$F = 4\,247\ N$$

b) Die mittlere Kolbengeschwindigkeit v_m *in* $\frac{m}{s}$ *bei* $n_m = 2300\ min^{-1}$

$$v_m = \frac{2 l n_m}{60} \qquad v_m = \frac{2 \cdot 74 \cdot 10^{-3}\ m \cdot 2\,300 \frac{1}{min}}{60 \frac{s}{min}}$$

$$v_m = 5{,}673 \frac{m}{s}$$

c) Die Motorleistung P in kW bei $n_m = 2300\ min^{-1}$

$$P = F v_m \qquad P = 4247\ N \cdot 5{,}673 \frac{m}{s}$$

$$P = 24{,}093\ kW$$

d) Das Drehmoment M in Nm bei $n_m = 2300\ min^{-1}$

$$M = 9550 \frac{P}{n_m} \qquad M = 9550 \cdot \frac{24{,}093}{2300}\ Nm = 100\ Nm$$

e) Die Drehmomente $M_{1,2,3}$ *in Nm an der Gelenkwelle in den einzelnen Gängen*

$$i_{1,2,3} = \frac{M_{1,2,3}}{M}$$

im ersten Gang: $M_1 = M i_1 = 100\ Nm \cdot 3{,}6 = 360\ Nm$
im zweiten Gang: $M_2 = M i_2 = 100\ Nm \cdot 1{,}7 = 170\ Nm$
im dritten Gang: $M_3 = M i_3 = 100\ Nm \cdot 1 \quad = 100\ Nm$

f) Das Abtriebsdrehmoment M_a in Nm an der Hinterachse

$$\underbrace{i_{1,2,3} \cdot i_h}_{i_{ges}} = \frac{M_{a1,2,3}}{M}$$

im ersten Gang: $M_{a1} = 100\ \text{Nm} \cdot \underbrace{3{,}6 \cdot 3{,}9}_{i_{ges} = 14{,}04} = 1404\ \text{Nm}$

im zweiten Gang: $M_{a2} = 100\ \text{Nm} \cdot \underbrace{1{,}7 \cdot 3{,}9}_{i_{ges} = 6{,}63} = 663\ \text{Nm}$

im dritten Gang: $M_{a3} = 100\ \text{Nm} \cdot \underbrace{1 \cdot 3{,}9}_{i_{ges} = 3{,}9} = 390\ \text{Nm}$

g) Die Vortriebskraft F_v in N an der Hinterachse

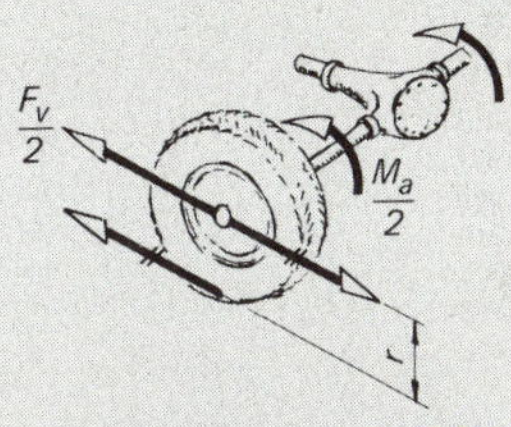

$$F_v = \frac{M_a}{r}$$

$$F_{v1} = \frac{1404\ \text{Nm}}{0{,}283\ \text{m}} = 4961\ \text{N}$$

$$F_{v2} = \frac{663\ \text{Nm}}{0{,}283\ \text{m}} = 2343\ \text{N}$$

$$F_{v3} = \frac{390\ \text{Nm}}{0{,}283\ \text{m}} = 1378\ \text{N}$$

h) Die größte Steigfähigkeit bei G = 13 000 N Wagengewichtskraft, beladen (Luft- und Fahrwiderstand vernachlässigt)

Der Wagengewichtskraft G wird am Berg durch die Normalkraft F_N und die Vortriebskraft F_v das Gleichgewicht gehalten.

$$\sin\alpha = \frac{F_v}{G} = \frac{F_{v1,2,3}}{G}$$

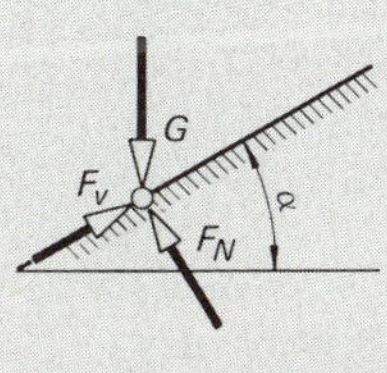

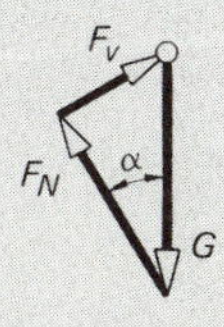

1\. Gang: $\alpha_1 = \arcsin \frac{4961\ \text{N}}{13000\ \text{N}} = 22{,}4^\circ \mathrel{\widehat{=}} 41{,}3\,\%$

2\. Gang: $\alpha_2 = \arcsin \frac{2343\ \text{N}}{13000\ \text{N}} = 10{,}4^\circ \mathrel{\widehat{=}} 18{,}3\,\%$

3\. Gang: $\alpha_3 = \arcsin \frac{1378\ \text{N}}{13000\ \text{N}} = 6{,}1^\circ \mathrel{\widehat{=}} 10{,}7\,\%$

i) Die Geschwindigkeit des Wagens in $\frac{m}{s}$ und $\frac{km}{h}$ bei höchster Motordrehzahl $n_{m\,max} = 4250\ \text{min}^{-1}$

$$v = \frac{2\pi r n_m}{i_{ges}}$$

$$v = \text{Konstante} \cdot \frac{1}{i_{ges}}$$

im ersten Gang: $v_1 = \dfrac{2\pi \cdot 0{,}283\ \text{m} \cdot 4250 \frac{1}{\text{min}}}{60 \frac{\text{s}}{\text{min}} \cdot i_{ges}} = 125{,}95 \frac{\text{m}}{\text{s}} \cdot \frac{1}{i_{ges}}$

$$v_1 = 125{,}95 \frac{\text{m}}{\text{s}} \cdot \frac{1}{14{,}04} = 8{,}97 \frac{\text{m}}{\text{s}} = 32{,}3 \frac{\text{km}}{\text{h}}$$

im zweiten Gang: $v_2 = 125{,}95 \frac{\text{m}}{\text{s}} \cdot \frac{1}{6{,}63} = 19 \frac{\text{m}}{\text{s}} = 68{,}4 \frac{\text{km}}{\text{h}}$

im dritten Gang: $v_3 = 125{,}95 \frac{\text{m}}{\text{s}} \cdot \frac{1}{3{,}9} = 32{,}3 \frac{\text{m}}{\text{s}} = 116{,}3 \frac{\text{km}}{\text{h}}$

Lehrbeispiel: Wirkungsgrad

Aufgabenstellung:

Welche Last kann mit der skizzierten Handwinde gehoben werden?

Gegebene Größen:

Handkraft	$F_h = 150\ N$
Handkurbelradius	$r_k = 350\ mm$
Gesamtwirkungsgrad	$\eta = 0{,}6$
Trommeldurchmesser	$d_t = 180\ mm$
Trommelraddurchmesser	$d_2 = 490\ mm$
Ritzeldurchmesser	$d_1 = 70\ mm$

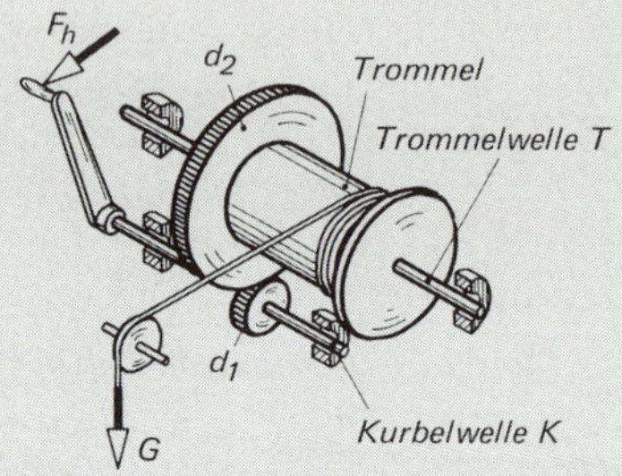

Lösung:

Die Handkraft F_h soll in jeder Kurbelstellung tangential (im rechten Winkel zum Radius) angreifen. Der Seildurchmesser kann vernachlässigt werden.

Getriebe sollen meist das Drehmoment von Welle zu Welle ändern. Übersetzungen ins Langsame vergrößern das Abtriebsmoment, Übersetzungen ins Schnelle verkleinern es.

$$\text{Übersetzung } i = \frac{\text{Antriebsdrehzahl } n_{an}}{\text{Abtriebsdrehzahl } n_{ab}} \quad \text{oder}$$

$$i = \frac{n_k}{n_t} = \frac{d_2}{d_1}$$

Beachte: Die Baugrößen (d_1, d_2) verhalten sich umgekehrt wie die Drehzahlen (n_k Drehzahl der Kurbelwelle, n_t Drehzahl der Trommelwelle).

$$i = \frac{490\ mm}{70\ mm} = 7 \text{ (Übersetzung ins Langsame, weil } i > 1 \text{ ist)}$$

Für Übersetzung i und Drehmoment M gilt:

$$i = \frac{M_2}{M_1 \eta} = \frac{M_t}{M_k \eta}$$

$$M_t = M_k\, i\, \eta = F_h\, r_k\, i\, \eta$$

$$M_t = 150\ N \cdot 0{,}35\ m \cdot 7 \cdot 0{,}6$$

$$M_t = 220{,}5\ Nm$$

M_t Trommeldrehmoment

M_k Kurbeldrehmoment

Das Drehmoment M_t der Trommelwelle T ist:

$$M_t = G\,\frac{d_t}{2} \quad \text{daraus} \quad G = \frac{2\,M_t}{d_t};$$

für $G = mg$ eingesetzt und nach der Masse m aufgelöst:

$$m = \frac{2\,M_t}{d_t\, g}$$

$$m = \frac{2 \cdot 220{,}5\ \frac{kg\,m^2}{s^2}}{0{,}18\ m \cdot 9{,}81\ \frac{m}{s^2}} = 250\ kg \text{ Last}$$

4.7. Energie

4.7.1. Energie, Begriffsbestimmung und Einheit

Unter bestimmten Bedingungen sind feste Körper, Flüssigkeiten und Gase in der Lage, von sich aus Arbeit zu verrichten. Das ist immer dann der Fall, wenn an ihnen selbst vorher eine Arbeit aufgebracht worden ist. Die im Körper „gespeicherte" Arbeit kann dann „abgerufen" werden:

Die im Körper gespeicherte Arbeitsfähigkeit heißt Energie W des Körpers.
Kurz: Energie gleich Arbeitsfähigkeit.
Die Energie ist wie die Arbeit ein Skalar, mehrere Energiebeträge dürfen also algebraisch addiert werden.

Beispiele:
Der herabfallende Bär eines Fallhammers verformt das Schmiedestück, verrichtet also Verformungsarbeit (Formänderungsarbeit).
Ein fahrendes Auto prallt auf ein Hindernis. Es verrichtet Formänderungsarbeit.
Eine vorher gespannte Schraubenfeder hebt ein Werkstück. Sie verrichtet Hubarbeit.

Nach dem Ursprung des Arbeitsvermögens der Körper unterscheidet man drei *mechanische* Energiearten: die potentielle Energie (Höhenenergie), die kinetische Energie (Bewegungsenergie) und die Spannungsenergie (Verformungsenergie) elastischer Körper.

Darüber hinaus gibt es noch andere Energiearten, z. B. Wärmeenergie, chemische Energie (in allen Brennstoffen), Atomenergie, Druckenergie, elektrische Energie, Strahlungsenergie (z. B. von der Sonne).

Beispiele:
Der Bär des Fallhammers hatte in seiner oberen Ruhelage potentielle Energie (Höhenenergie, Energie der Lage).
Das fahrende Auto besaß vor dem Aufprall kinetische Energie (Bewegungsenergie).
Gespannte Federn aller Art besitzen Spannungsenergie (Verformungsenergie).

Die verschiedenen Energiearten können ineinander überführt werden. Man spricht dann von *Energieumwandlung,* meint aber damit nicht nur die Umwandlung von einer Energieart in eine andere, sondern auch die Umwandlung von Energie in mechanische Arbeit und umgekehrt.

Beispiele:
Die chemische Energie im Brennstoff wird in Wärme umgewandelt, ebenso die Strahlungsenergie der Sonne.
Jede Reibung erzeugt Wärme: Reibarbeit wird in Wärme umgewandelt (Temperaturerhöhung der Maschinenteile).

Bei jeder *technischen* Energieumwandlung treten „Verluste" auf. Das heißt nicht, daß Energie „verschwindet", man meint damit nur, daß ein Teil der Anfangsenergie *für den beabsichtigten technischen Zweck* verloren geht.

Bei technischen Vorgängen ist der Energieaufwand stets größer als der Energienutzen. Diese Tatsache führte zur Festlegung des Begriffes Wirkungsgrad (siehe 4.5.6).

Bei der Energieumwandlung in Maschinen treten Energieverluste hauptsächlich dadurch auf, daß sich ein Teil der Energie über die Reibarbeit in Wärmeenergie umwandelt.

Hinweis: Die bei der Umwandlung von Reibarbeit in Wärme auftretende Temperaturerhöhung der Teile ist technisch nicht mehr nutzbar.

Daß Energie nicht verloren geht, sondern nur von der einen in die andere Form übergeht, ist schon seit über hundert Jahren bekannt und konnte bis heute nur bestätigt werden. Es gilt der *Satz von der Erhaltung der Energie* (Energieerhaltungssatz):

Mayer und *Helmholtz* haben diesen wichtigsten Erhaltungssatz um 1840 unabhängig voneinander gefunden. Alle Versuche haben ihn bis heute bestätigt.

Die Summe aller im Universum vorhandenen Energien bleibt erhalten (konstant); Energie kann weder aus Nichts gewonnen werden, noch geht sie verloren. Energie kann nur umgewandelt werden.

Der Energieerhaltungssatz muß auch für technische Vorgänge gelten, wenn man sie sich „abgeschlossen“ vorstellt: Man spricht dann von einem abgeschlossenen System und meint damit ein von äußeren Kräften freies System.

Da Energie die Fähigkeit der Körper ist, Arbeit zu verrichten, müssen Energie- und Arbeitseinheit gleich sein. Man verwendet für beide physikalische Größen auch das gleiche Formelzeichen (W).

Die Einheit der Energie und der Arbeit ist das Joule (J), siehe 4.5.1.

$$1\,\mathrm{J} = 1\,\mathrm{Nm} = 1\,\mathrm{Ws} = 1\,\frac{\mathrm{kg\,m^2}}{\mathrm{s^2}} = 1\,\mathrm{m^2\,kg\,s^{-2}}$$

4.7.2. Potentielle Energie W_{pot} und Hubarbeit W_h

Wird ein Körper von der Masse m um die Höhe h gegenüber einer Bezugsebene gehoben, dann ist dazu die *Hubarbeit* $W_h = Gh = mgh$ erforderlich (siehe 4.5.4).

Das ist genau die Energie oder Arbeitsfähigkeit, mit der er nun an einem anderen Körper Arbeit verrichten kann. Er kann z.B. über Seil und Rolle einen anderen Körper heben.

potentielle Energie W_{pot} = Hubarbeit W_h

$$W_{pot} = Gh = mgh$$

potentielle Energie (Höhenenergie)

W_{pot}, W_h	G	m	g	h
J = Nm	N	kg	$\frac{\mathrm{m}}{\mathrm{s}^2}$	m

Besitzt der Körper schon die potentielle Energie $W_{pot1} = mgh_1$ gegenüber der um h_1 tiefer liegenden Bezugsebene, dann ist zum weiteren Heben auf die Höhe h_2 die Hubarbeit $W_h = mg(h_2 - h_1)$ erforderlich. Das ist zugleich die Änderung der potentiellen Energie des Körpers:
$W_h = \Delta W_{pot} = W_{pot2} - W_{pot1}$.

$$W_h = mg(h_2 - h_1) = \Delta W_{pot}$$

Änderung der potentiellen Energie

4.7.3. Kinetische Energie W_{kin} und Beschleunigungsarbeit W_a

Wird ein Körper, z.B. ein Auto, aus dem Stillstand auf die Geschwindigkeit v gebracht, dann ist dazu nach dem dynamischen Grundgesetz die resultierende Kraft $F_{res} = ma$ erforderlich. F_{res} wirkt dabei in Bewegungsrichtung auf dem Weg s, verrichtet also am Körper eine Arbeit, die wir *Beschleunigungsarbeit* $W_a = F_{res}\, s$ nennen.

$$F_{res} = ma = m\,\frac{\Delta v}{\Delta t}; \quad \Delta v = v \text{ gesetzt}$$

$$F_{res}\, s = m\,\frac{v}{\Delta t}\, s$$

$$F_{res}\, s = m\,\frac{v}{\Delta t}\,\frac{v\,\Delta t}{2}$$

$$F_{res}\, s = \frac{m}{2}\, v^2 = W_a$$

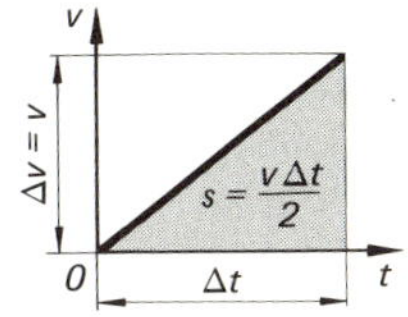

Das ist genau die Energie oder Arbeitsfähigkeit, mit der der Körper nun an einem anderen Körper Arbeit verrichten kann. Da nur solche Körper diese Energieart besitzen, die sich mit der Geschwindigkeit v bewegen, spricht man von Bewegungsenergie oder kinetischer Energie W_{kin}.

kinetische Energie W_{kin} = Beschleunigungsarbeit W_a

$$W_{kin} = \frac{m}{2}\, v^2$$

W_{kin}, W_a	m	v
J = Nm	kg	$\frac{\text{m}}{\text{s}}$

kinetische Energie (Bewegungsenergie)

Besitzt ein Körper schon die Geschwindigkeit v_1 und wird durch F_{res} auf dem Wegabschnitt s auf die Geschwindigkeit v_2 beschleunigt, dann haben wir für s nicht $v\,\Delta t/2$ (wie oben) sondern $(v_2^2 - v_1^2)/2a$ einzusetzen (Tafel 4.1, Seite 150). Damit erhalten wir eine Gleichung für die Beschleunigungsarbeit W_a in der allgemeinen Form. W_a gibt dann zugleich die Änderung der kinetischen Energie des Körpers an: $W_a = \Delta W_{kin} = W_{kin\,2} - W_{kin\,1}$.

$$F_{res}\, s = m\,a\,s = W_a$$

$$s = \frac{v_2^2 - v_1^2}{2a}$$

$$W_a = m\,a\,\frac{v_2^2 - v_1^2}{2a}$$

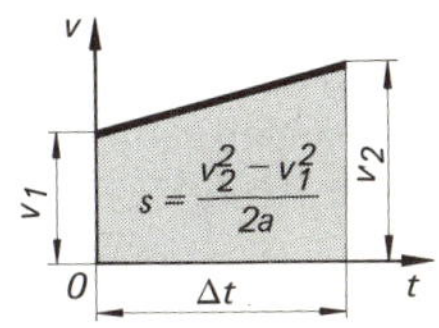

$$W_a = \frac{m}{2}\,(v_2^2 - v_1^2) = \Delta W_{kin}$$

Änderung der kinetischen Energie

4.7.4. Spannungsenergie W_s und Formänderungsarbeit W_f

Spannen wir eine vorher unverformte Feder, dann ist dazu die Formänderungsarbeit oder Federarbeit W_f erforderlich (siehe 4.5.3). Aus dem Federdiagramm (F,s-Diagramm) lesen wir dafür $W_f = F\,s/2 = c\,s^2/2$ ab, mit c als Federrate.

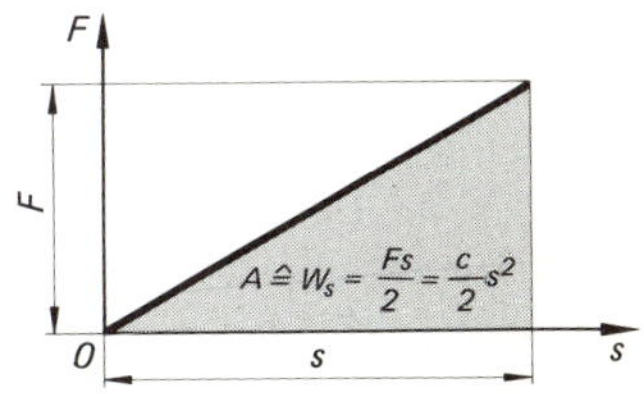

Das ist genau die Energie oder Arbeitsfähigkeit, mit der die gespannte Feder nun an einem anderen Körper Arbeit verrichten kann. Diese Energie nennen wir Spannungsenergie W_s.

Spannungsenergie W_s = Federarbeit W_f

$$W_s = \frac{F\,s}{2} = \frac{c}{2}\, s^2$$

W_f, W_s	F	s	c
J = Nm	N	m	$\frac{\text{N}}{\text{m}}$

Spannungsenergie

Besitzt die Feder schon die Spannungsenergie W_{s1}, weil sie vorgespannt worden ist, dann ist zum weiteren Spannen die Federarbeit $W_f = (F_1 + F_2)\,s/2 = c\,(s_2^2 - s_1^2)/2$ erforderlich. Das ist zugleich die Änderung der Spannungsenergie in der Feder: $W_f = \Delta W_s = W_{s2} - W_{s1}$.

$$W_f = \frac{F_1 + F_2}{2}\, s = \frac{c}{2}(s_2^2 - s_1^2) = \Delta W_s$$

Änderung der Spannungsenergie

4.7.5. Energieerhaltungssatz für technische Vorgänge

Ein Körper der Masse m, zunächst durch die Sperre S in Ruhe gehalten, wird nach seiner Freigabe durch eine Zugfeder die schiefe Ebene abwärts gezogen. Er durchläuft den Weg s vom Anfangspunkt (A) des Vorganges zum Endpunkt (E), wo die Feder gerade entspannt ist, also noch nicht zusammengedrückt wird.

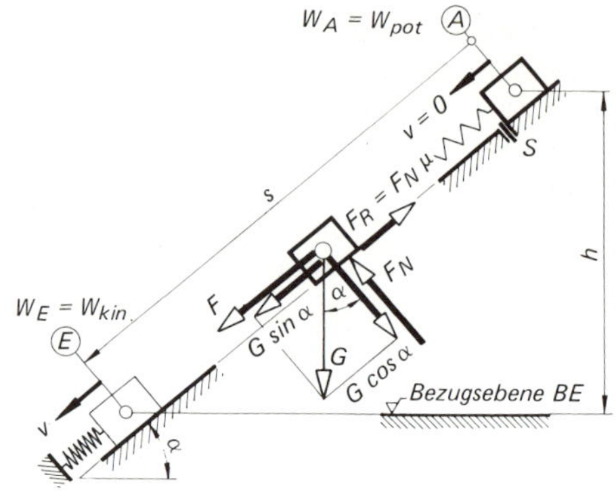

In (A) besitzt der Körper die Anfangsenergie $W_A = W_{pot} = mgh$ gegenüber der um h tiefer liegenden Bezugsebene BE.

Am Ende des Vorganges ist $W_{pot} = 0$ geworden; dafür besitzt der Körper die Endenergie $W_E = W_{kin} = mv^2/2$.

Nach dem Energieerhaltungssatz müßten die beiden Energiebeträge gleich groß sein ($W_E = W_A$). Das kann hier nicht sein, weil der Körper auf dem Wege s sowohl Energie aufgenommen als auch abgegeben hat und zwar in Form von mechanischer Arbeit:

Aufgenommen hat der Körper Energie in Form der zugeführten Federarbeit $W_{zu} = W_f = cs^2/2$. *Abgegeben* hat der Körper Energie in Form der abgeführten Reibarbeit $W_{ab} = W_R = F_R s$.

Beachte: Wir machen einen Fehler, wenn wir meinen, die Arbeit der Abtriebskomponente der Gewichtskraft $G \sin\alpha$ mit aufnehmen zu müssen:

Der Arbeitsbetrag $G \sin\alpha\, s$ ist die beim Heben um die Höhe h vorher aufgenommene potentielle Energie $W_{pot} = mgh$ (siehe 4.5.4, 1. Übung).

Die Energieumwandlung durch Zu- und Abfuhr mechanischer Arbeit können wir in das Schema der Energiebilanz eintragen und danach den Energieerhaltungssatz für technische Vorgänge aufstellen, so wie wir ihn künftig beim Lösen von Aufgaben anwenden wollen:

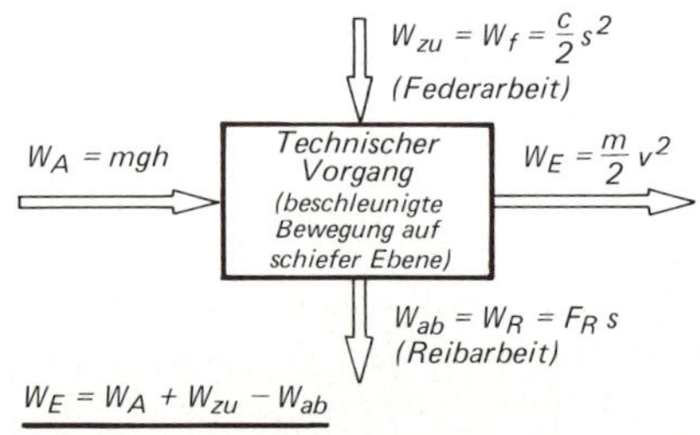

Schema der Energiebilanz

Energieerhaltungssatz

Die Energie W_E am Ende eines Vorgangs ist gleich der Energie W_A am Anfang des Vorgangs, vermehrt um die während des Vorgangs zugeführte Arbeit W_{zu} und vermindert um die während des Vorgangs abgeführte Arbeit W_{ab}.

W_E	=	W_A	+	W_{zu}	–	W_{ab}
Energie am Ende des Vorgangs	=	Energie am Anfang des Vorgangs	+	zugeführte Arbeit	–	abgeführte Arbeit

4.7.6. Übungen zum Energieerhaltungssatz

1. Übung: Ein Waggon von der Masse $m = 40\,000$ kg rollt aus der Geschwindigkeit $v = 1{,}8$ m/s auf horizontaler Bahn aus. Dabei wirkt ein Fahrwiderstand $F_w = 280$ N.

Wie lang ist der Ausrollweg s?

Gegeben: $m = 40\,000$ kg

$v = 1{,}8 \frac{\text{m}}{\text{s}}$

$F_w = 280$ N

Gesucht: Ausrollweg s

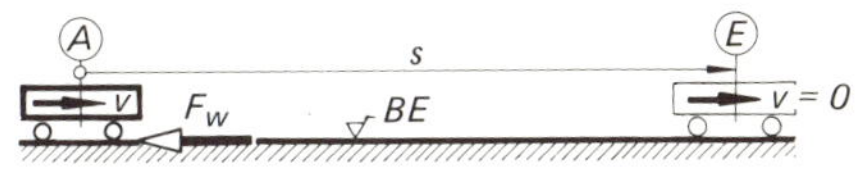

Lösung: Am Ende des Vorganges ruht der Körper auf der Bezugsebene, das heißt, seine Endenergie ist Null ($W_E = 0$).

Am Anfang des Vorganges besitzt er die kinetische Energie $W_A = mv^2/2$.

Zwischen Anfang und Ende des Vorganges wird die Arbeit des Fahrwiderstandes $W_{ab} = F_w s$ abgeführt.

Aus dem Energieerhaltungssatz finden wir damit auf einfache Weise die gesuchte Gleichung und den Betrag für den Ausrollweg s.

$$W_E = W_A - W_{ab}$$

$$0 = \frac{m}{2} v^2 - F_w s$$

$$s = \frac{m v^2}{2 F_w} \qquad s = f(m, v, F_w)$$

$$s = \frac{40\,000 \text{ kg} \cdot 3{,}24 \frac{\text{m}^2}{\text{s}^2}}{2 \cdot 280 \frac{\text{kg m}}{\text{s}^2}} = 231{,}4 \text{ m}$$

2. Übung: Die Skizze zeigt das Schema einer Sackrutsche. Die Reibzahl zwischen Sack und Rutsche soll $\mu = 0{,}3$ betragen.

Gesucht ist die Endgeschwindigkeit v des Sackes am Ende der schiefen Ebene.

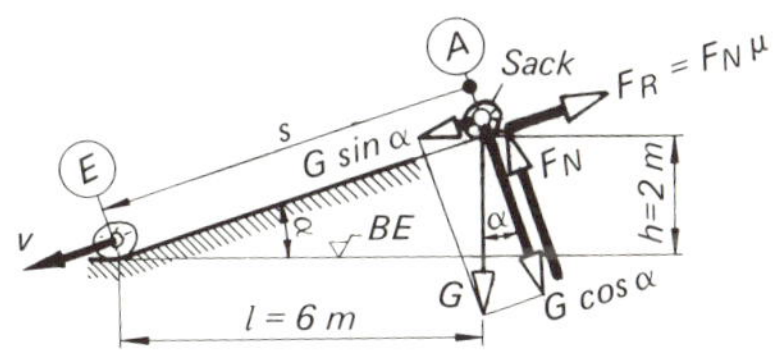

Lösung: Wir gehen wieder vom Energieerhaltungssatz aus: Die Energie am Ende des Vorganges kann nur kinetische Energie sein, denn der Körper besitzt dort die Geschwindigkeit v und der Höhenunterschied zur Bezugsebene BE ist null geworden ($W_{pot} = 0$). Am Anfang besaß der Körper nur potentielle Energie, denn er ruhte in der Höhe h. Abgeführt wird nur die Reibarbeit $W_R = F_R s$. Für die Reibkraft setzen wir $F_R = F_N \mu$ und für die Normalkraft $F_N = G \cos\alpha = mg \cos\alpha$ ein.

W_E	=	W_A	−	W_{ab}
kinetische Energie	=	potentielle Energie	−	Reibarbeit
W_{kin}	=	W_{pot}	−	W_R
$\frac{m}{2} v^2$	=	mgh	−	$F_R s$
$\frac{m}{2} v^2$	=	mgh	−	$mg \cos\alpha \, \mu s$ | $: m$
$\frac{v^2}{2}$	=	gh	−	$g \mu s \cos\alpha$

Da der Weg s nicht gegeben ist, setzen wir $s = l/\cos\alpha$ ein (l ist gegeben). Dadurch kürzt sich auch $\cos\alpha$ heraus und wir finden die einfachste Gleichung für die Endgeschwindigkeit $v = f(g, h, l)$.

$$\frac{v^2}{2} = gh - g\mu \frac{l}{\cos\alpha} \cos\alpha$$

$$v^2 = 2g(h - \mu l)$$

$$v = \sqrt{2g(h - \mu l)} \qquad v = f(g, h, \mu, l)$$

Wir erkennen, daß die erreichbare Endgeschwindigkeit des Sackes unabhängig von seiner Masse m ist. Das gilt für alle auf einer schiefen Ebene ohne zusätzliche äußere Kraftwirkung gleitenden Körper.

$$v = \sqrt{2 \cdot 9{,}81\,\frac{\text{m}}{\text{s}^2}\,(2\,\text{m} - 0{,}3 \cdot 6\,\text{m})}$$

$$v = 1{,}98\,\frac{\text{m}}{\text{s}}$$

3. **Übung**: Welcher Hubarbeit W_h oder potentieller Energie W_{pot} oder Wärmemenge Q entspricht die kinetische Energie eines Autos von 1 500 kg Masse, das mit 160 km/h fährt?

Gegeben: $m = 1500\,\text{kg}$

$$v = 160\,\frac{\text{km}}{\text{h}} = \frac{160}{3{,}6}\,\frac{\text{m}}{\text{s}}$$

Gesucht: W_{kin}

Lösung: Die kinetische Energie W_{kin} des Autos finden wir sofort und erkennen:

a) Die kinetische Energie eines Fahrzeuges wächst mit dem *Quadrat* seiner Geschwindigkeit! Eine Verdoppelung der Fahrzeuggeschwindigkeit hat also eine Erhöhung der kinetischen Energie auf das Vierfache zur Folge.

$$W_{kin} = \frac{m}{2}\,v^2 = \frac{1500\,\text{kg}}{2} \cdot \left(\frac{160}{3{,}6}\right)^2 \frac{\text{m}^2}{\text{s}^2}$$

$$W_{kin} = 1\,481\,481\,\text{Nm} = 1\,481\,481\,\text{J}$$

$$W_{kin} = W_{pot} = W_h = Q = 1\,481\,481\,\text{J}$$

b) Eine Vorstellung von den Folgen eines Aufpralls aus dieser Geschwindigkeit erhalten wir, wenn wir die Energie berechnen, die der Fallhöhe h entspricht.

$$W_{kin} = W_{pot} = m\,g\,h$$

$$h = \frac{W_{kin}}{m\,g} = \frac{1\,481\,481\,\frac{\text{kg}\,\text{m}^2}{\text{s}^2}}{1500\,\text{kg} \cdot 9{,}81\,\frac{\text{m}}{\text{s}^2}} \approx 100\,\text{m}$$

c) Da W_{kin} auch gleich der Wärmemenge Q ist, könnten wir eine entsprechende wärmetechnische Rechnung durchführen. Die Wärmemenge Q zum Erwärmen eines Stoffes ist gleich dem Produkt von Masse m, spezifischer Wärmekapazität c und Temperaturdifferenz $\Delta\vartheta$ (siehe Physik):

Die kinetische Energie des Autos würde ausreichen (bei $\eta = 1$), die Temperatur von 10 kg Wasser (10 l) um $\Delta\vartheta = 35{,}4\,°\text{C}$ zu erhöhen.

$$Q = m\,c\,\Delta\vartheta$$

Q	m	c	$\Delta\vartheta$
J = Nm	kg	$\frac{\text{J}}{\text{kg K}}$	K

$$\Delta\vartheta = \frac{Q}{m\,c} = \frac{1\,481\,481\,\text{J}}{10\,\text{kg} \cdot 4186{,}8\,\frac{\text{J}}{\text{kg K}}}$$

$$\Delta\vartheta = 35{,}4\,\text{K} = 35{,}4\,°\text{C}$$

4.8. Gerader zentrischer Stoß

4.8.1. Stoßbegriff, Kräfte und Geschwindigkeiten beim Stoß

Der physikalische Vorgang *Stoß* liegt dann vor, wenn sich zwei Körper während eines sehr kleinen Zeitabschnittes Δt berühren und dabei ihren Bewegungszustand ändern.

Beachte: Änderung des Bewegungszustandes heißt Änderung der Geschwindigkeit der Körper nach *Betrag* oder *Richtung* oder auch nach beiden gleichzeitig.

Bei der Berührung wirken an den Berührungsflächen gleich große *Normalkräfte* (Wechselwirkungsgesetz). Während der Berührungszeit Δt erfahren also beide Körper den gleichen *Kraftstoß* $F\ \Delta t$ (siehe 4.4.9). Dadurch verringert sich der Impuls mv des einen Körpers um denselben Betrag, um den der Impuls des anderen Körpers zunimmt, und wir erkennen:

Beachte: Betrachten wir die beiden Körper als *ein* System, dann sind die Normalkräfte beim Stoß *innere* Kräfte dieses Systems. Da während des Stoßes keine *äußeren* Kräfte auf die beiden Körper wirken, handelt es sich um ein *kräftefreies System* nach 4.4.9, dessen gesamter Impuls auch während des Stoßes konstant bleibt.

Die Summe der Impulse (Bewegungsgrößen) beider Körper bleibt in jedem Augenblick des Stoßes konstant.

$$m_1 v_1 + m_2 v_2 = m_1 c_1 + m_2 c_2$$

$$\Sigma\, m v = \Sigma\, m c$$

Impulserhaltungssatz für zwei Körper

m_1, m_2 Massen beider Körper
v_1, v_2 Geschwindigkeiten vor dem Stoß
c_1, c_2 Geschwindigkeiten nach dem Stoß

Da die Massen beider Körper unverändert bleiben, bedeutet das, daß die Geschwindigkeit des einen Körpers kleiner, die des anderen größer wird.

4.8.2. Merkmale des geraden zentrischen Stoßes

Durch den Berührungspunkt beider Körper bei Stoßbeginn legen wir die *Tangentialebene* und errichten darauf im Berührungspunkt eine Senkrechte, die *Stoßnormale*. Sie ist die Wirklinie der beiden Normalkräfte, die während des Stoßes zwischen beiden Körpern wirken.

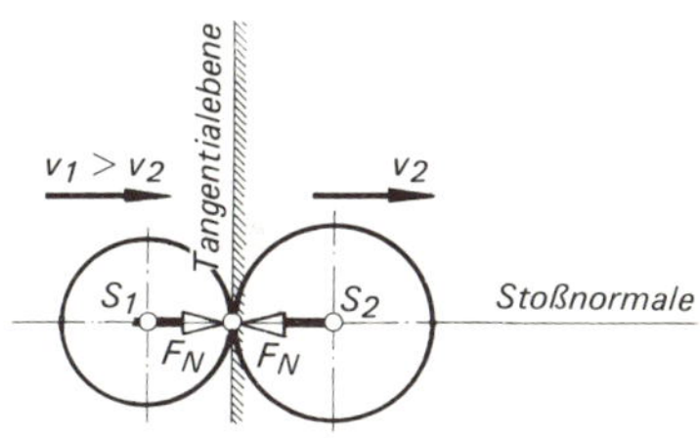

Verläuft die Stoßnormale *durch die Schwerpunkte beider* Körper, dann sprechen wir von *zentrischem Stoß*. Wird diese Bedingung nicht erfüllt, dann liegt *exzentrischer Stoß* vor.

Beachte: Die Lage der Normalkräfte im Berührungspunkt bestimmt, ob zentrischer oder exzentrischer Stoß vorliegt.

Liegen die Geschwindigkeitsvektoren v_1 und v_2 *beider Körper* beim Stoßbeginn *parallel zur Stoßnormalen,* dann sprechen wir von *geradem Stoß*. Bewegt sich einer der Körper oder auch beide nicht parallel zur Stoßnormalen, dann liegt *schiefer Stoß* vor.

Beachte: Die Richtung der Geschwindigkeiten v_1 und v_2 bestimmt, ob gerader oder schiefer Stoß vorliegt.

Beim *geraden zentrischen Stoß* verläuft die Stoßnormale durch beide Körperschwerpunkte. Beide Körper bewegen sich in Richtung der Stoßnormalen.

Beispiel für geraden zentrischen Stoß: Zusammenstoß von Kegelkugeln auf der Rücklaufbahn.

Eine weitere Unterteilung der Stoßarten ist notwendig durch das unterschiedliche *Verformungsverhalten* der Körper: man unterscheidet *elastischen, unelastischen* und *wirklichen* Stoß.

4.8.3. Elastischer Stoß

Elastische Körper verformen sich beim Stoß federnd. Nach dem Stoß ist die Verformung vollständig zurückgegangen. Auch die Verluste infolge äußerer und innerer Reibung werden vernachlässigt.

Merkmale des elastischen Stoßes:
Keine bleibende Formänderung nach dem Stoß, vollständige Trennung der Körper voneinander nach dem Stoß, verlustfreier Energieaustausch.

Zwei Kugeln bewegen sich in gleichem Richtungssinn auf gemeinsamer Bahn. Stößt die schnellere Kugel mit der Masse m_1 und der Geschwindigkeit v_1 auf die langsamere Kugel mit der Masse m_2 und der Geschwindigkeit v_2, so wird beim Stoß die schnellere Kugel verzögert und die langsamere Kugel beschleunigt. Das wissen wir aus der Erfahrung.

Zur Berechnung der Geschwindigkeiten c_1, c_2 beider Kugeln nach dem Stoß wird der gesamte Stoßvorgang in zwei Abschnitte unterteilt.

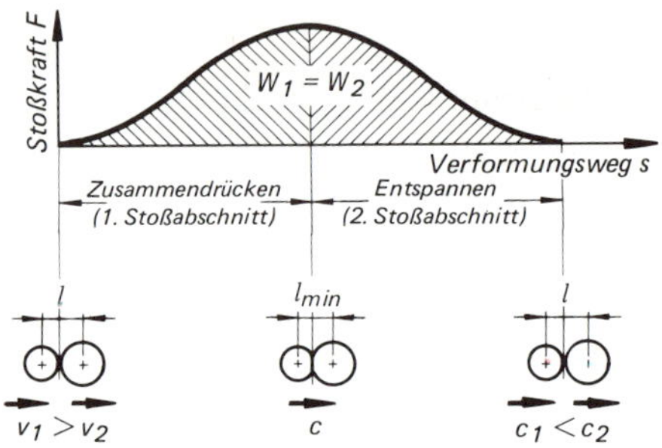

Erster Stoßabschnitt (Zusammendrücken)

Er beginnt mit der Berührung der Kugeln und endet, wenn ihr Abstand ein Minimum (l_{min}) geworden ist (siehe F,s-Schaubild). Dabei verformen sich die Kugeln. Die Formänderungsarbeit W_1 wird der kinetischen Energie der schnelleren Kugel entzogen.

Am Ende des ersten Stoßabschnittes besitzen beide Kugeln dieselbe Geschwindigkeit c.

Nach dem Impulserhaltungssatz bleibt die Summe der Impulse (Bewegungsgrößen) konstant:

$$\underbrace{m_1 v_1 + m_2 v_2}_{\text{vor dem Stoß}} = \underbrace{m_1 c + m_2 c}_{\text{nach dem ersten Stoßabschnitt}}$$

$$c = \frac{m_1 v_1 + m_2 v_2}{m_1 + m_2}$$

Geschwindigkeit beider Körper am Ende des ersten Stoßabschnittes

Zweiter Stoßabschnitt (Entspannen)

Er beginnt beim Abstandsminimum l_{min} der Kugelmittelpunkte und endet mit der Trennung der Kugeln. Dabei wird die durch die Abplattung der Kugeln gespeicherte Spannungsenergie *verlustlos* an die Kugel 2 abgegeben ($W_2 = W_1$). Kugel 1 ändert dabei ihre Geschwindigkeit von c auf c_1 und Kugel 2 von c auf c_2.

Beim Entspannen wirkt auf beide Kugeln der gleiche Kraftstoß wie beim Zusammendrücken. Folglich ist für jede der beiden Kugeln die Geschwindigkeitsänderung in beiden Stoßabschnitten gleich groß: $v_1 - c = c - c_1$ und $c - v_2 = c_2 - c$. Aus dieser Erkenntnis können wir eine Gleichung für die Geschwindigkeit c_1 der Kugel 1 nach dem Stoß entwickeln, und in gleicher Weise erhalten wir die entsprechende Gleichung für die Kugel 2.

Für Kugel 1 gilt:

$v_1 - c = c - c_1$; daraus folgt:

$$c_1 = 2c - v_1 = 2\,\frac{m_1 v_1 + m_2 v_2}{m_1 + m_2} - v_1$$

$$= \frac{2(m_1 v_1 + m_2 v_2) - (m_1 + m_2) v_1}{m_1 + m_2}$$

$$= \frac{m_1 v_1 + 2 m_2 v_2 - m_2 v_1}{m_1 + m_2}$$

$$= \frac{(m_1 - m_2) v_1 + 2 m_2 v_2}{m_1 + m_2}$$

$$c_1 = \frac{(m_1 - m_2) v_1 + 2 m_2 v_2}{m_1 + m_2}$$

$$c_2 = \frac{(m_2 - m_1) v_2 + 2 m_1 v_1}{m_1 + m_2}$$

Geschwindigkeiten beider Körper nach dem Stoß

Da wir ein „kräftefreies System" voraussetzen (es wirken keine *äußeren* Kräfte), gilt neben dem Impulserhaltungssatz auch der Energieerhaltungssatz (4.7.1):

> Beim elastischen Stoß bleibt die Summe der kinetischen Energien beider Körper bei horizontaler Bewegung konstant.

Energieerhaltungssatz für den elastischen Stoß:

$$W_{\text{Ende des Stoßes}} = W_{\text{Anfang des Stoßes}}$$

$$\frac{1}{2}(m_1 c_1^2 + m_2 c_2^2) = \frac{1}{2}(m_1 v_1^2 + m_2 v_2^2)$$

Mit Hilfe des Energieerhaltungssatzes und des Impulserhaltungssatzes können wir eine weitere wichtige Beziehung herleiten:

> Beim elastischen Stoß wird die Relativgeschwindigkeit (Differenz der Geschwindigkeiten v_1 und v_2) nicht geändert.

Der umgeformte Energieerhaltungssatz wird durch den Impulserhaltungssatz dividiert:

$$\frac{m_1(v_1^2 - c_1^2)}{m_1(v_1 - c_1)} = \frac{m_2(c_2^2 - v_2^2)}{m_2(c_2 - v_2)}$$

$$v_1 + c_1 = c_2 + v_2$$

$$v_1 - v_2 = c_2 - c_1$$

Sonderfälle des geraden zentrischen Stoßes elastischer Körper:

> Beim elastischen Stoß zweier Körper mit *gleichen Massen* tauschen die Körper ihre Geschwindigkeiten aus.

Aus der Gleichung von Seite 194:

$$c_1 = \frac{(m_1 - m_2)\,v_1 + 2\,m_2\,v_2}{m_1 + m_2}$$

ergibt sich mit $m_1 = m_2 = m$:

$$c_1 = \frac{(m - m)\,v_1 + 2\,m\,v_2}{m + m}$$

$$c_1 = \frac{2\,m\,v_2}{2\,m} = v_2 \quad \text{und analog } c_2 = v_1$$

> Beim elastischen Stoß eines Körpers gegen eine starre Wand prallt er mit gleicher Geschwindigkeit zurück.

$m_2 = \infty$; $v_2 = 0$; m_1 vernachlässigt

$$c_1 = \frac{-\,m_2\,v_1 + 2\,m_2\,0}{m_2} = -\,v_1$$

$$c_1 = -\,v_1$$

> Beim elastischen Stoß eines Körpers sehr großer Masse m_1 gegen einen ruhenden Körper kleiner Masse m_2 erhält der ruhende Körper die doppelte Geschwindigkeit des stoßenden Körpers ($c_2 = 2\,v_1$).

$m_1 \gg m_2$; $v_2 = 0$; m_2 vernachlässigt

$$c_2 = \frac{-\,m_1\,0 + 2\,m_1\,v_1}{m_1} = 2\,v_1$$

$$c_2 = 2\,v_1$$

Bewegen sich die beiden Körper auf der Stoßnormalen *aufeinander zu*, so erhalten die Geschwindigkeiten v_1 und v_2 und damit auch die Impulse beider Körper entgegengesetzte Vorzeichen (der Impuls ist ein Vektor). Beim Stoß kehrt dann entweder einer der beiden Körper seine Bewegungsrichtung um oder beide.

Auch für diesen Fall gelten für die Geschwindigkeiten c, c_1 und c_2 die entwickelten Gleichungen. Wir erkennen die Richtungsumkehr eines Körpers daran, daß seine Geschwindigkeit nach dem Stoß ein anderes Vorzeichen hat als vor dem Stoß.

4.8.4. Unelastischer Stoß

Unelastische Körper verformen sich beim Stoß plastisch, d. h. sie erhalten eine bleibende Formänderung. Es wird also angenommen, daß keiner der beiden Körper federt.

Merkmale des unelastischen Stoßes: Bleibende Formänderung nach dem Stoß, keine Trennung der Körper voneinander nach dem Stoß.

Erster Stoßabschnitt

Er verläuft wie beim elastischen Stoß, beide Körper besitzen am Ende des ersten Stoßabschnittes die gemeinsame Geschwindigkeit c. Die Formänderungsarbeit ist jedoch nicht als Spannungsenergie gespeichert, sondern in Wärme umgesetzt worden.

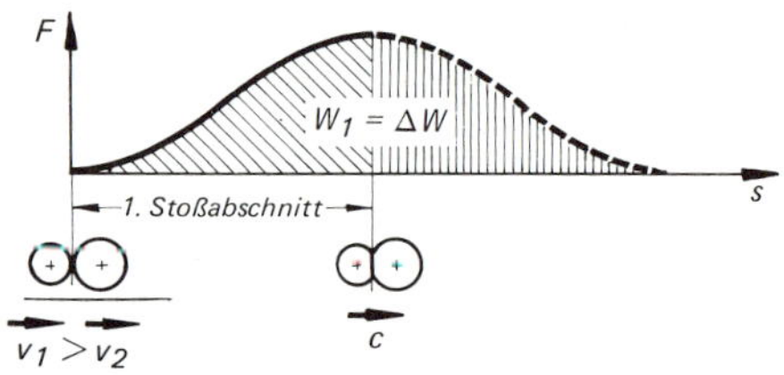

Da auch hier ein kräftefreies System vorliegt, bleibt wie beim elastischen Stoß der Gesamtimpuls erhalten, und für die Geschwindigkeit c gilt dieselbe Beziehung wie beim elastischen Stoß.

Zweiter Stoßabschnitt

Er entfällt, weil ohne die gespeicherte Spannungsenergie auch kein Kraftstoß mehr auftritt, sobald beide Körper die gemeinsame Geschwindigkeit c erreicht haben. Beide bewegen sich mit der Geschwindigkeit c weiter:

Beim unelastischen Stoß wird die Relativgeschwindigkeit zu Null. Ein Teil der kinetischen Energie wird über die Formänderungsarbeit ΔW in Wärme umgesetzt.

Der Energieverlust der Körper (= Formänderungsarbeit ΔW) wird aus dem Energiesatz berechnet, in den der Ausdruck für die Geschwindigkeit c einzusetzen ist.

Energieerhaltungssatz für den unelastischen Stoß:

$$\frac{1}{2}(m_1 + m_2)\,c^2 = \frac{1}{2}(m_1 v_1^2 + m_2 v_2^2) - \Delta W$$

$$\Delta W = \frac{1}{2}[m_1 v_1^2 + m_2 v_2^2 - (m_1 + m_2)\,c^2]$$

$$c^2 = \left[\frac{m_1 v_1 + m_2 v_2}{m_1 + m_2}\right]^2$$

eingesetzt und umgeformt ergibt:

$$\Delta W = \frac{1}{2}\,\frac{m_1 m_2 (v_1 - v_2)^2}{m_1 + m_2}$$

W	m	v
J	kg	$\frac{\text{m}}{\text{s}}$

Energieabnahme beim unelastischen Stoß

Dieser Energie„verlust“ ist für einige technische Anwendungsfälle von großer Bedeutung: das Schmieden und Kaltumformen von Werkstücken, das Nieten und das Rammen.

4.8.4.1. Schmieden und Nieten

Hierbei soll die aufgebrachte Energie der *Formänderung* dienen. Die verbleibende *kinetische Energie* der Körper nach dem Stoß muß *niedrig* gehalten werden.

Hinweis: Die Erfahrung lehrt, daß zum Nieten ein Hammer kleiner Masse und als Gegenhalter ein Körper großer Masse zweckmäßig sind.

Beim Schmieden ist der angestrebte technische Nutzen die *Formänderung* des Werkstücks. Der *Schlagwirkungsgrad* η ist dann das Verhältnis

$$\eta = \frac{\text{Formänderungsarbeit } \Delta W}{\text{kinetische Energie } W_1 \text{ vor dem Stoß}}$$

zwischen der Formänderungsarbeit ΔW und der kinetischen Energie $W_1 = m_1 v_1^2/2$ des Hammerbärs beim Stoßbeginn. Amboß und Werkstück haben die gemeinsame Masse m_2 und ihre Geschwindigkeit vor dem Stoß ist $v_2 = 0$.

$$\eta = \frac{\frac{m_1 m_2 (v_1 - v_2)^2}{2(m_1 + m_2)}}{\frac{m_1 v_1^2}{2}} = \frac{m_2 (v_1 - v_2)^2}{(m_1 + m_2) v_1^2}\,; \quad v_2 = 0$$

Die Wirkungsgradgleichung zeigt: Je größer die Amboßmasse m_2 im Verhältnis zur Bärmasse m_1 wird, um so größer wird der Wirkungsgrad.

$$\eta = \frac{m_2}{m_1 + m_2} = \frac{1}{1 + \frac{m_1}{m_2}}$$

Wirkungsgrad beim Schmieden

Tatsächlich verformt sich der Bär elastisch. Er springt also nach dem Schlag geringfügig zurück. Dadurch wird der Wirkungsgrad verringert.

Hinweis: Bei normalen Maschinenhämmern ist die Masse der Schabotte (= Amboß mit Unterbau) etwa zwanzigmal so groß wie die Masse des Bärs.

Der Schmiedevorgang ist nur annähernd ein unelastischer Stoß.

4.8.4.2. Rammen von Pfählen, Eintreiben von Keilen

Hier wird keine Formänderung angestrebt. Vielmehr sollen beide Körper nach dem ersten Stoßabschnitt eine möglichst große gemeinsame *Geschwindigkeit c* besitzen, um den Widerstand der Unterlage gegen das Eindringen zu überwinden.

Hinweis: Die Erfahrung lehrt, daß beim Rammen und Eintreiben ein schwerer Bär oder Hammer wirksamer ist als ein leichter.

Beim Rammen ist der angestrebte technische Nutzen eine *möglichst große kinetische Energie* W_2 beider Körper nach dem Stoß (genauer: nach dem 1. Stoßabschnitt, weil der Untergrund unelastisch nachgibt). Der *Schlagwirkungsgrad* η ist darum hier das Verhältnis zwischen der kinetischen Energie W_2 bei Stoßende und der kinetischen Energie W_1 bei Stoßbeginn. Auch hier ist die Geschwindigkeit des einzurammenden Pfahles (Körper 2) $v_2 = 0$.

$$\eta = \frac{\text{kinetische Energie } W_2 \text{ bei Stoßende}}{\text{kinetische Energie } W_1 \text{ beim Stoßbeginn}}$$

$$\eta = \frac{\frac{(m_1 + m_2)\,c^2}{2}}{\frac{m_1 v_1^2}{2}}\,; \quad c^2 = \left[\frac{m_1 v_1 + m_2 v_2}{m_1 + m_2}\right]^2$$

$$v_2 = 0$$

$$\eta = \frac{(m_1 + m_2)\, m_1^2 v_1^2}{m_1 v_1^2 (m_1 + m_2)^2} = \frac{m_1}{m_1 + m_2}$$

Die entwickelte Gleichung zeigt, daß der Wirkungsgrad um so größer wird, je größer die Masse m_1 des Bärs oder Hammers gegenüber der Masse m_2 des Pfahles oder Keiles ist. Damit wird die praktische Erfahrung bestätigt.

$$\eta = \frac{1}{1 + \frac{m_2}{m_1}}$$

Wirkungsgrad beim Rammen

Tatsächlich federn aber beide Körper beim Schlag. Dadurch wird der Wirkungsgrad kleiner.

Beachte: Das Rammen ist nur annähernd ein unelastischer Stoß.

4.8.5 Wirklicher Stoß

Wirkliche Körper sind weder vollkommen elastisch noch vollkommen unelastisch, so daß ihr Verhalten zwischen den beiden in 4.8.3 und 4.8.4 behandelten Grenzfällen liegt. Die Aussagen für elastischen und unelastischen Stoß lassen sich für den wirklichen Stoß kombinieren.

Merkmale des wirklichen Stoßes:

Ein Teil der Formänderungsarbeit W_1 verwandelt sich infolge der inneren Reibung in Wärme ΔW und wird nicht zurückgegeben.
Es kann bleibende Formänderung auftreten (geringer als beim unelastischen Stoß).
Trennung der Körper nach dem Stoß.

Beim wirklichen Stoß verkleinert sich die Relativgeschwindigkeit, die Formänderungsarbeit wird im zweiten Stoßabschnitt nicht vollständig zurückgegeben, sondern teilweise in Wärme umgewandelt.

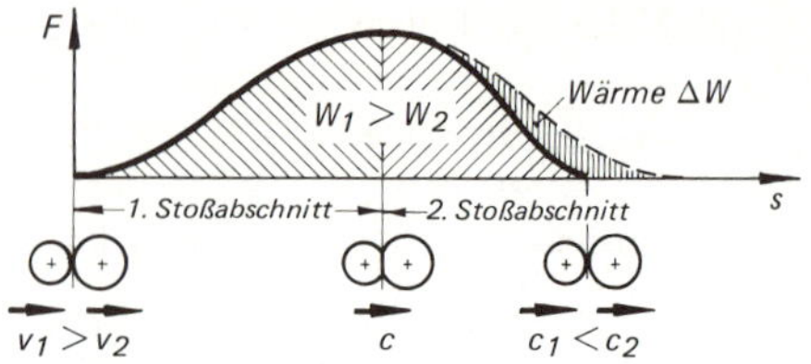

Die für den elastischen Stoß hergeleiteten Gleichungen lassen sich für den wirklichen Stoß weiterentwickeln, wenn als Verhältnis der Relativgeschwindigkeiten die Stoßzahl k eingeführt wird.

Die Stoßzahl k hängt von der Werkstoffpaarung ab und wird durch Fallversuche ermittelt.

$$k = \frac{c_2 - c_1}{v_1 - v_2}$$ *Definitionsgleichung der Stoßzahl*

Stoßzahlen:	$k = 1$	elastischer Stoß
	$k = 0$	unelastischer Stoß
	$k = 0{,}35$	Stahl bei 1100 °C
	$k = 0{,}7$	Stahl bei 20 °C

Beim Fallversuch fällt eine Kugel aus dem einen Werkstoff auf eine festliegende Unterlage aus dem anderen Werkstoff. Die Geschwindigkeit der Unterlage vor und nach dem Stoß ist gleich Null ($v_2 = 0$ und $c_2 = 0$). Die Fallhöhe h und die Rücksprunghöhe h_1 werden gemessen. Daraus wird mit den Gesetzen des freien Falls und des Wurfs senkrecht nach oben die Stoßzahl k berechnet.

$$k = \frac{0 - (-c_1)}{v_1 - 0} = \frac{c_1}{v_1} = \frac{\sqrt{2gh_1}}{\sqrt{2gh}} = \sqrt{\frac{h_1}{h}}$$

$$k = \sqrt{\frac{h_1}{h}}$$

Die Rückprallgeschwindigkeit c_1 der Kugel ist der Aufprallgeschwindigkeit v_1 entgegengerichtet und muß deshalb mit negativem Vorzeichen in die Stoßzahlgleichung eingesetzt werden.

Auch für den wirklichen Stoß gilt der Impulserhaltungssatz für kräftefreie Systeme. Setzen wir in den Impulserhaltungssatz die Beziehung für c_2 ein, die wir aus der Definitionsgleichung für die Stoßzahl entwickeln können, dann ergibt die weitere Entwicklung eine Gleichung für die Geschwindigkeit c_1 des Körpers 1 nach dem wirklichen Stoß.

Durch Vertauschen der Indizes erhalten wir die entsprechende Gleichung für die Geschwindigkeit c_2 des Körpers 2.

$$m_1 v_1 + m_2 v_2 = m_1 c_1 + m_2 c_2$$

$c_2 = k(v_1 - v_2) + c_1$ eingesetzt ergibt:

$$c_1 = \frac{m_1 v_1 + m_2 v_2 - m_2 (v_1 - v_2) k}{m_1 + m_2}$$

$$c_2 = \frac{m_1 v_1 + m_2 v_2 + m_1 (v_1 - v_2) k}{m_1 + m_2}$$

Geschwindigkeiten nach dem wirklichen Stoß

Setzen wir die so entwickelten Beziehungen für c_1 und c_2 in die Gleichung für den Energieerhaltungssatz des wirklichen Stoßes $W_2 = W_1 - \Delta W$ ein, dann erhalten wir nach einer längeren Entwicklung die Gleichung für den Energieverlust ΔW beim wirklichen Stoß.

$$W_2 = W_1 - \Delta W$$

$$\tfrac{1}{2}(m_1 c_1^2 + m_2 c_2^2) = \tfrac{1}{2}(m_1 v_1^2 + m_2 v_2^2) - \Delta W$$

$$\Delta W = \frac{1}{2} \frac{m_1 m_2 (v_1 - v_2)^2 (1 - k^2)}{m_1 + m_2}$$

Energieverlust beim wirklichen Stoß

4.8.6. Übungen zum geraden zentrischen Stoß

1. Übung: Ein beladener Waggon von 80 t Masse stößt mit einer Geschwindigkeit von 1 m/s auf einen Waggon von 15 t Masse, der ihm mit einer Geschwindigkeit von 1,8 m/s entgegenkommt.

Welche Geschwindigkeit c haben beide nach dem ersten Stoßabschnitt und mit welchen Geschwindigkeiten c_1, c_2 fahren sie nach dem Stoß weiter, wenn elastischer Stoß angenommen wird?

Gegeben: $m_1 = 80\ \text{t};\ v_1 = 1\ \frac{\text{m}}{\text{s}}$

$m_2 = 15\ \text{t};\ v_2 = -1{,}8\ \frac{\text{m}}{\text{s}}$

Gesucht: Geschwindigkeiten c, c_1 und c_2

Lösung: Da beide Waggons sich aufeinander zu bewegen, muß die eine Geschwindigkeit ein negatives Vorzeichen bekommen. Wir wählen dafür die Geschwindigkeit v_2 des kleineren Körpers, da die Erfahrung uns lehrt, daß meistens der Körper mit größerer Masse seine Bewegungsrichtung beibehält.

Die gemeinsame Geschwindigkeit c nach der ersten Stoßperiode beträgt:

$$c = \frac{m_1 v_1 + m_2 v_2}{m_1 + m_2}$$

$$c = \frac{80\ \text{t} \cdot 1\ \frac{\text{m}}{\text{s}} + 15\ \text{t} \cdot \left(-1{,}8\ \frac{\text{m}}{\text{s}}\right)}{80\ \text{t} + 15\ \text{t}} = 0{,}5579\ \frac{\text{m}}{\text{s}}$$

Der Betrag für die gemeinsame Geschwindigkeit c hat ein positives Vorzeichen, also gleichen Richtungssinn wie v_1 (kein Vorzeichenwechsel), aber entgegengesetzten Richtungssinn wie v_2 (Vorzeichenwechsel).

Zur Berechnung der Geschwindigkeiten c_1 und c_2 setzen wir in die Gleichungen aus 4.8.3 den Betrag der Geschwindigkeit v_2 mit negativem Vorzeichen ein.

$$c_1 = \frac{(m_1 - m_2)\, v_1 + 2\, m_2 v_2}{m_1 + m_2}$$

$$c_1 = \frac{(80 - 15)\ \text{t} \cdot 1\ \frac{\text{m}}{\text{s}} + 2 \cdot 15\ \text{t}\left(-1{,}8\ \frac{\text{m}}{\text{s}}\right)}{80\ \text{t} + 15\ \text{t}}$$

$$c_1 = 0{,}1158\ \frac{\text{m}}{\text{s}}$$

$$c_2 = \frac{(m_2 - m_1)\, v_2 + 2\, m_1 v_1}{m_1 + m_2}$$

$$c_2 = \frac{(15 - 80)\ \text{t} \cdot \left(-1{,}8\ \frac{\text{m}}{\text{s}}\right) + 2 \cdot 80\ \text{t} \cdot 1\ \frac{\text{m}}{\text{s}}}{80\ \text{t} + 15\ \text{t}}$$

$$c_2 = 2{,}9158\ \frac{\text{m}}{\text{s}}$$

Beide Geschwindigkeiten c_1 und c_2 ergeben sich positiv, d. h. Waggon 1 behält seine Bewegungsrichtung bei, Waggon 2 läuft rückwärts weiter.

Zusammenfassend können wir sagen:

Waggon 2 läuft nach dem Stoß in entgegengesetzter Richtung mit erhöhter Geschwindigkeit weiter, Waggon 1 wird langsamer, behält aber seine Bewegungsrichtung bei.

2. Übung: Der Bär eines Fallhammers wiegt 1000 kg und seine Schabotte 25 000 kg. Der Bär trifft mit einer Geschwindigkeit von 6 m/s auf das Werkstück. Die Stoßzahl beträgt $k = 0{,}5$.

Zu berechnen sind: Der Schlagwirkungsgrad η und die prozentuale Verteilung der Gesamtenergie am Schlagende auf Bär, Schabotte und Werkstück. Die Massen von Amboß und Werkstück können vernachlässigt werden.

Gegeben:

Bärmasse $m_1 = 1\,000$ kg

Schabottemasse $m_2 = 25\,000$ kg

Auftreffgeschwindigkeit $v_1 = 6\ \frac{\text{m}}{\text{s}}$

Stoßzahl $k = 0{,}5$

Gesucht:

Wirkungsgrad η, prozentuale Verteilung der Energie auf Bär, Werkstück und Schabotte.

Lösung: Den Wirkungsgrad berechnen wir aus *Nutzen* und *Aufwand* beim Schlag.

Der Nutzen besteht hierbei in der dem Werkstück zugeführten Verformungsarbeit. Das ist der Energieverlust ΔW beim Stoß.

$$\Delta W = \frac{m_1\, m_2}{2\,(m_1 + m_2)}\,(v_1 - v_2)^2\,(1 - k^2)$$

$$\Delta W = \frac{10^3\,\text{kg} \cdot 25 \cdot 10^3\,\text{kg}}{2 \cdot 26 \cdot 10^3\,\text{kg}} \cdot 36\,\frac{\text{m}^2}{\text{s}^2} \cdot 0{,}75$$

$$\Delta W = 12\,980{,}77\,\text{Nm} = 1{,}298 \cdot 10^4\,\text{J}$$

Als Aufwand setzen wir die Energie W_1 beider Körper unmittelbar vor dem Stoß ein. Das ist die kinetische Energie des Bärs, da die Schabotte mit Amboß und Werkstück ruht.

$$W_1 = \frac{m_1\, v_1^2}{2} = \frac{1000\,\text{kg} \cdot 36\,\frac{\text{m}^2}{\text{s}^2}}{2} = 1{,}8 \cdot 10^4\,\text{J}$$

Der errechnete Wirkungsgrad sagt aus, daß die Anfangsenergie zu 72,11 % in Verformungsarbeit umgesetzt wird. Der Rest verbleibt als kinetische Energie nach dem Stoß bei beiden Körpern.

$$\eta = \frac{\Delta W}{W_1} = \frac{1{,}298 \cdot 10^4\,\text{J}}{1{,}8 \cdot 10^4\,\text{J}} = 0{,}7211$$

Wir berechnen zunächst die Geschwindigkeiten c_1 und c_2 der Körper nach dem Stoß.

$$c_1 = \frac{m_1\, v_1 + m_2\, v_2 - m_2\,(v_1 - v_2)\,k}{m_1 + m_2}\,; \quad v_2 = 0$$

$$c_1 = \frac{m_1\, v_1 - m_2\, v_1\, k}{m_1 + m_2}$$

Die Geschwindigkeit c_1 erhält ein negatives Vorzeichen, d.h. sie ist der positiv in die Rechnung eingesetzten Geschwindigkeit v_1 entgegengerichtet (Vorzeichenwechsel = Rückprall des Hammers).

$$c_1 = \frac{10^3\,\text{kg} \cdot 6\,\frac{\text{m}}{\text{s}} - 25 \cdot 10^3\,\text{kg} \cdot 6\,\frac{\text{m}}{\text{s}} \cdot 0{,}5}{26 \cdot 10^3\,\text{kg}}$$

$$c_1 = \frac{6\,\frac{\text{m}}{\text{s}} - 75\,\frac{\text{m}}{\text{s}}}{26} = -\,2{,}6538\,\frac{\text{m}}{\text{s}}$$

Die Geschwindigkeit c_2 der Schabotte nach dem Stoß bestimmen wir am einfachsten aus der Definitionsgleichung für die Stoßzahl k.

In die Gleichung für c_2 muß c_1 mit seinem Minus-Zeichen eingesetzt werden.

$$k = \frac{c_2 - c_1}{v_1 - v_2} = \frac{c_2 - c_1}{v_1}\,; \quad \text{mit } v_2 = 0$$

$$c_2 = k\, v_1 + c_1$$

$$c_2 = 0{,}5 \cdot 6\,\frac{\text{m}}{\text{s}} + \left(-\,2{,}6538\,\frac{\text{m}}{\text{s}}\right) = +\,0{,}3462\,\frac{\text{m}}{\text{s}}$$

Nun können wir die kinetischen Energien W_{2B} für den Bär und W_{2S} für die Schabotte *nach* dem Stoß berechnen.

$$W_{2B} = \frac{m_1 c_1^2}{2} = \frac{10^3\,\text{kg} \cdot (2{,}6538\,\frac{\text{m}}{\text{s}})^2}{2}$$

$$W_{2B} = 3521{,}33\,\text{Nm} = 3{,}521 \cdot 10^3\,\text{J}$$

$$W_{2S} = \frac{m_2\, c_2^2}{2} = \frac{25 \cdot 10^3\,\text{kg} \cdot (0{,}3462\,\frac{\text{m}}{\text{s}})^2}{2}$$

$$W_{2S} = 1498{,}18\,\text{Nm} = 1{,}498 \cdot 10^3\,\text{J}$$

Die Energiebilanz zeigt, daß fast 20 % der aufgewendeten Energie durch den Rückprall des Bärs nicht in Verformungsarbeit umgesetzt werden, eine Folge des halbelastischen Stoßes mit der Stoßzahl 0,5.

Der Schlagwirkungsgrad wird dadurch beträchtlich verschlechtert (siehe S. 197).

Energiebilanz:

Körper	Energie in J	%
Bär	3 521,33	19,56
Schabotte	1 498,18	8,32
Werkstück	12 980,77	72,11
W_1	18 000,28	99,99

4.9. Dynamik der Drehbewegung (Rotation)

Wie in der Bewegungslehre wollen wir auch hier die hergeleiteten Gleichungen und die wichtigsten Erkenntnisse sofort mit den entsprechenden Gleichungen der Dynamik für die *geradlinige* Bewegung vergleichen (Analogiebetrachtung). Damit kommen wir über Bekanntes leichter zum Verständnis des Neuen.

4.9.1. Das dynamische Grundgesetz für die Drehbewegung

Das dynamische Grundgesetz $F_{res} = ma$ der geradlinigen Bewegung gilt auch für jede Teilmasse Δm des beschleunigt umlaufenden Körpers. Für die resultierende Kraft F_{res} setzen wir hier die (kleine) Tangentialkraft ΔF_T ein. Gleichsinnig gerichtet ist die Tangentialbeschleunigung a_T. Damit wird aus $F_{res} = ma$ nach 4.4.3 das dynamische Grundgesetz für die Teilmasse $\Delta F_T = \Delta m a_T$.

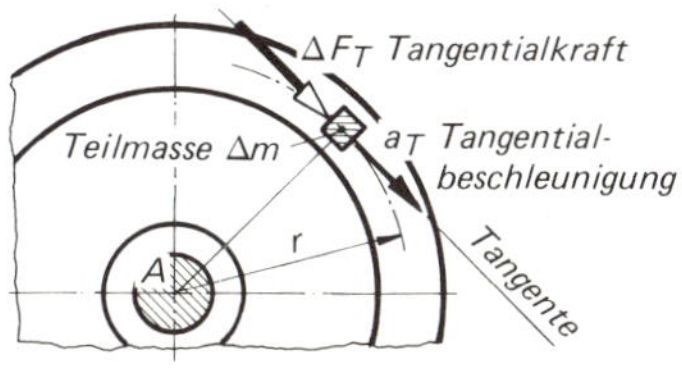

Resultierende Tangentialkraft ΔF_T und Tangentialbeschleunigung a_T der Teilmasse Δm

Multiplizieren wir das dynamische Grundgesetz für die Teilmasse Δm mit dem Radius r, dann steht links vom Gleichheitszeichen mit $\Delta F_T\, r = \Delta M$ das Teil-Drehmoment der Tangentialkraft F_T in bezug auf die Drehachse A des beschleunigt umlaufenden Körpers. Außerdem setzen wir nach 4.3.4 für die Tangentialbeschleunigung $a_T = \alpha r$ ein (α Winkelbeschleunigung).

$$F_{res} = ma$$
$$\Delta F_T = \Delta m a_T \mid \cdot r$$
$$\Delta F_T\, r = \Delta m a_T\, r$$
$$\Delta M = \Delta m a_T\, r$$
$$\Delta M = \Delta m\, \alpha r r = \Delta m r^2 \alpha$$

Wir bilden nun die Summe aller Teil-Drehmomente $\Sigma\, \Delta M$.

$$\Sigma\, \Delta M = \Sigma\, \Delta m_n r_n^2 \alpha$$

Dann steht auf der linken Gleichungsseite das resultierende Drehmoment M_{res}, was der resultierenden Kraft F_{res} bei der geradlinigen Bewegung entspricht ($M_{res} \mathrel{\hat{=}} F_{res}$).

$$M_{res} = \Sigma\, \Delta m_n r_n^2 \alpha$$

(Index n heißt natürliche Zahl, also 1, 2, 3 ...)

Auf der rechten Seite der Gleichung dürfen wir die konstante Winkelbeschleunigung α vor das Summenzeichen setzen. Der restliche Summenausdruck $\Sigma\, \Delta m_n r_n^2$ wird als *Trägheitsmoment J* bezeichnet (früher: Massenträgheitsmoment). Das müssen wir gesondert behandeln (4.9.2).

$$M_{res} = \alpha \underbrace{\Sigma\, \Delta m_n r_n^2}_{J}$$
$$M_{res} = \alpha\, J$$

Gleichungen für das Trägheitsmoment verschiedener Körper siehe Seite 228.

Damit haben wir das dynamische Grundgesetz für die Drehung eines Körpers um eine raumfeste Achse gefunden:

Das auf einen Körper vom Trägheitsmoment J einwirkende resultierende Drehmoment M_{res} ist gleich dem Produkt aus dem Trägheitsmoment J und der Winkelbeschleunigung α (Winkelverzögerung) des Körpers.

resultierendes Drehmoment M_{res} = Trägheitsmoment J × Winkelbeschleunigung α

$$M_{res} = J\alpha$$

M_{res}	J	α
$\text{Nm} = \frac{\text{kg m}^2}{\text{s}^2}$	kg m²	$\frac{\text{rad}}{\text{s}^2}$

Dynamisches Grundgesetz für Drehung
(Einheit kg m² siehe unten)

Der Vergleich mit dem dynamischen Grundgesetz $F_{res} = ma$ zeigt uns:

Das resultierende Drehmoment entspricht der resultierenden Kraft ($M_{res} \mathrel{\hat{=}} F_{res}$), das Trägheitsmoment entspricht der Masse des Körpers ($J \mathrel{\hat{=}} m$) und die Winkelbeschleunigung entspricht der Beschleunigung ($\alpha \mathrel{\hat{=}} a$).

$M_{res} \mathrel{\hat{=}} F_{res}$ $J \mathrel{\hat{=}} m$ $\alpha \mathrel{\hat{=}} a$

$$F_{res} = ma$$
$$M_{res} = J\alpha$$

siehe auch 4.3.1 und 4.6.1

4.9.2. Trägheitsmoment J und Trägheitsradius i

4.9.2.1. Definition des Trägheitsmomentes

In der Herleitung des dynamischen Grundgesetzes für die Drehung eines Körpers entstand der Summenausdruck $\Sigma \Delta m_n r_n^2$, der mit Trägheitsmoment J bezeichnet wird:

$$M_{res} = \alpha \Sigma \Delta m_n r_n^2 = \alpha J$$

Multipliziert man jede Teilmasse Δm eines Körpers mit dem Quadrat ihres Abstandes von der Drehachse, dann ergibt die Summe dieser Produkte das Trägheitsmoment J dieses Körpers.

$$J = \Delta m_1 r_1^2 + \Delta m_2 r_2^2 + \Delta m_3 r_3^2 + \ldots + \Delta m_n r_n^2$$

$$J = \Sigma \Delta m_n r_n^2$$

J	Δm	r
kg m²	kg	m

Die *Einheit des Trägheitsmomentes J* ergibt sich wie gewohnt aus der Definitionsgleichung:

$(J) = (m)(r^2)$
$(J) = \text{kg m}^2$

Mit den kohärenten Einheiten kg und m erhalten wir hier das Kilogramm-Meterquadrat (kg m²).

Natürlich können wir auch mit jedem anderen Produkt aus einer gesetzlichen Masseneinheit und dem Quadrat einer gesetzlichen Längeneinheit rechnen.

Beispiel:
$J = 0{,}004 \text{ kg m}^2 = 0{,}004 \cdot 10^3 \text{ g} \cdot 10^6 \text{ mm}^2$
$J = 4 \cdot 10^6 \text{ g mm}^2 = 4 \cdot 10^4 \text{ g cm}^2 = 40\,000 \text{ g cm}^2$

Mit Hilfe der Gesetze der Integralrechnung hat man für geometrisch einfache Körper die Berechnungsgleichungen für das Trägheitsmoment entwickelt (siehe Tafel 4.5). Für kompliziertere Körper bestimmt man das Trägheitsmoment z. B. durch Schwingungsversuche (siehe Fußnote S. 196, hier Versuch 10.12).

Beispiel:
Für einen Kreiszylinder wird in bezug auf seine Längsachse mit $m = 10$ kg und $r = 200$ mm nach Tafel 4.5, Seite 228:

$$J_x = \frac{1}{2} m r^2 = \frac{1}{2} \cdot 10 \text{ kg} \cdot (0{,}2 \text{ m})^2 = 0{,}2 \text{ kg m}^2$$

4.9.2.2. Übung zum Trägheitsmoment

Wir wollen das Verständnis für die Berechnungsgleichungen in Tafel 4.5 vertiefen, indem wir mit Hilfe der Definitionsgleichung für das Trägheitsmoment $J = \Sigma \Delta m_n r_n^2$ eine Gleichung entwickeln, die für den Kreiszylinder gilt. Für die x-Achse des Kreiszylinders müßten wir nach Tafel 4.5 die Gleichung $J_x = \frac{1}{2} \rho \pi r^4 h$ finden (ρ Dichte des Stoffes).

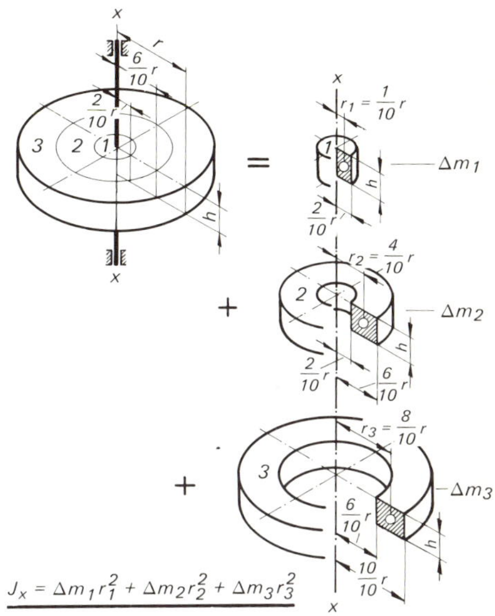

Wir lösen zunächst den Kreiszylinder in drei Teilkörper auf (Δm_1, Δm_2, Δm_3) und legen deren mittlere Radien r_1, r_2, r_3 in Abhängigkeit vom Radius r fest, denn das sind die Radien, mit deren Quadrat wir die Teilmassen Δm_1, Δm_2, Δm_3 zu multiplizieren haben ($J_x = \Sigma \Delta m_n r_n^2$).

Die Teilmassen selbst erhalten wir nach 4.4.2 als Produkt aus Dichte ρ, Fläche A und Dicke h.

$$A_1 = \pi \left(\frac{2}{10} r\right)^2 = \pi r^2 \frac{4}{100}$$

$$A_2 = \pi \left(\frac{6}{10} r\right)^2 - \pi \left(\frac{2}{10} r\right)^2 = \pi r^2 \frac{32}{100}$$

$$A_3 = \pi \left(\frac{10}{10} r\right)^2 - \pi \left(\frac{6}{10} r\right)^2 = \pi r^2 \frac{64}{100}$$

$$\Delta m_1 = \rho A_1 h = \rho h \pi r^2 \frac{4}{100}$$

$$\Delta m_2 = \rho A_2 h = \rho h \pi r^2 \frac{32}{100}$$

$$\Delta m_3 = \rho A_3 h = \rho h \pi r^2 \frac{64}{100}$$

$$\Delta m_1 r_1^2 = \rho h \pi r^2 \frac{4}{100} \cdot \frac{1}{100} r^2 = \rho \pi r^4 h \frac{4}{10\,000}$$

$$\Delta m_2 r_2^2 = \rho h \pi r^2 \frac{32}{100} \cdot \frac{16}{100} r^2 = \rho \pi r^4 h \frac{512}{10\,000}$$

$$\Delta m_3 r_3^2 = \rho h \pi r^2 \frac{64}{100} \cdot \frac{64}{100} r^2 = \rho \pi r^4 h \frac{4\,096}{10\,000}$$

Die Summierung der Produkte $\Delta m_n r_n^2 = J_x$ ergibt in unserer Rechnung vor dem Produkt $\rho \pi r^4 h$ den Faktor 1/2,17, während die exakte Berechnung zu dem Faktor 1/2,00 führen würde, wie uns Tafel 4.5 zeigt. Wenn die sehr grobe Aufteilung des Kreiszylinders schon zu dieser Annäherung führt, dann ist anzunehmen, daß eine Unterteilung in 6 oder 12 Teilkörper fast genau den exakten Faktor 1/2,00 ergibt.

$$\Sigma \Delta m_n r_n^2 = \frac{4\,612}{10\,000} \rho \pi r^4 h = \frac{1}{2{,}17} \rho \pi r^4 h$$

$$J_x = \frac{1}{2{,}17} \rho \pi r^4 h$$

(exakt nach Tafel 4.5: $J_x = \frac{1}{2{,}00} \rho \pi r^4 h$)

Tafel 4.5. Gleichungen für Trägheitsmomente J

Art des Körpers	Trägheitsmoment J (J_x um die x-Achse; J_z um die z-Achse; J_0 um die 0-Achse)
Rechteck, Quader 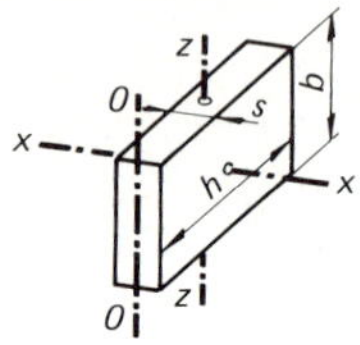	$J_x = \frac{1}{12}\, m (b^2 + h^2) = \frac{1}{12}\, \rho\, h\, b\, s (b^2 + h^2)$ bei geringer Plattendicke s ist $J_z = \frac{1}{12}\, m h^2 = \frac{1}{12}\, \rho\, b\, h^3 s;\; J_0 = \frac{1}{3}\, m h^2 = \frac{1}{3}\, \rho\, b\, h^3 s$ Würfel mit Seitenlänge a: $J_x = J_z = m \frac{a^2}{6}$
Kreiszylinder 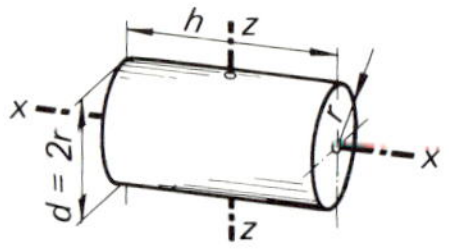	$J_x = \frac{1}{2}\, m r^2 = \frac{1}{8}\, m d^2 = \frac{1}{32}\, \rho \pi d^4 h = \frac{1}{2}\, \rho \pi r^4 h$ $J_z = \frac{1}{16}\, m (d^2 + \frac{4}{3}\, h^2) = \frac{1}{64}\, \rho \pi d^2 h (d^2 + \frac{4}{3}\, h^2)$
Hohlzylinder 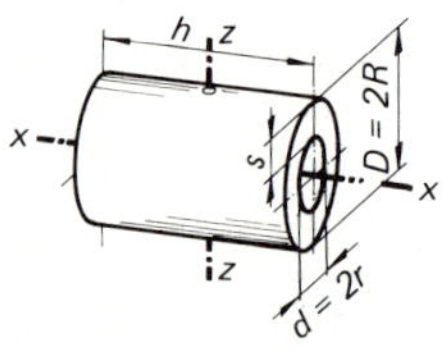	$J_x = \frac{1}{2}\, m (R^2 + r^2) = \frac{1}{8}\, m (D^2 + d^2) = \frac{1}{32}\, \rho \pi h (D^4 - d^4)$ $J_x = \frac{1}{2}\, \rho \pi h (R^4 - r^4)$ $J_z = \frac{1}{4}\, m (R^2 + r^2 + \frac{1}{3}\, h^2) = \frac{1}{16}\, m (D^2 + d^2 + \frac{4}{3}\, h^2)$
Kreiskegel 	$J_x = \frac{3}{10} m r^2$ Kreiskegelstumpf: $J_x = \frac{3}{10}\, m \frac{R^5 - r^5}{R^3 - r^3}$
Zylindermantel Hohlzylinder mit Wanddicke $s = \frac{1}{2}(D - d)$ sehr klein im Verhältnis zum mittleren Durchmesser $d_m = \frac{1}{2}(D + d)$	$J_x = \frac{1}{4}\, m d_m^2 = \frac{1}{4}\, \rho \pi d_m^3 h s$ $J_z = \frac{1}{8}\, m (d_m^2 + \frac{2}{3}\, h^2) = \frac{1}{8}\, \rho \pi d_m h s (d_m^2 + \frac{2}{3}\, h^2)$
Kugel und Halbkugel 	$J_x = \frac{2}{5}\, m r^2 = \frac{1}{10}\, m d^2 = \frac{1}{60}\, \rho \pi d^5 = \frac{8}{15}\, \rho \pi r^5$
Hohlkugel (Kugelschale) Wanddicke $s = \frac{1}{2}(D - d)$ sehr klein im Verhältnis zum mittleren Durchmesser $d_m = \frac{1}{2}(D + d)$	$J_x = J_z = \frac{1}{6}\, m d_m^2 = \frac{1}{6}\, \rho \pi d_m^4 s$
Ring 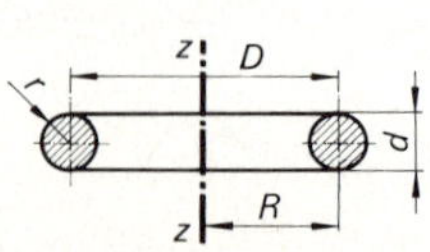	$J_z = m (R^2 + \frac{3}{4}\, r^2) = \frac{1}{4}\, m (D^2 + \frac{3}{4}\, d^2)$ $J_z = \frac{1}{16}\, \rho \pi^2 D d^2 (D^2 + \frac{3}{4}\, d^2) = \frac{1}{4}\, m D^2 \left[1 + \frac{3}{4}\left(\frac{d}{D}\right)^2\right]$

4.9.2.3. Verschiebesatz (Steinerscher Satz)

Die Berechnungsgleichungen für Trägheitsmomente J in Tafel 4.5 wurden für die *Schwerachsen* der Körper entwickelt, so wie wir es auch in unserer Herleitung der Gleichung $J_x = 0{,}5\ \rho \pi r^4 h$ für den Kreiszylinder getan haben. Diese Gleichungen gelten also für den Fall, daß die Körperschwerachse zugleich Drehachse ist.

In Tafel 4.5 sind die x-Achsen und die z-Achsen Schwerachsen der Körper.

J_x ist das Trägheitsmoment des Körpers bezogen auf die Schwerachse x–x usw.

Decken sich Körperschwerachse x–x und Drehachse *0–0* (Bezugsachse) *nicht*, wie z. B. beim Kurbelzapfen (Kreiszylinder) auf der Kurbelscheibe, dann müssen wir das Trägheitsmoment J_0 des Teilkörpers (Kurbelzapfen) in bezug auf die parallele Drehachse *0–0* nach dem Verschiebesatz von Steiner bestimmen. Das ist das gleiche Verfahren wie z. B. bei der Biegebeanspruchung in der Festigkeitslehre, wenn die Flächenschwerachse der Teilfläche nicht zugleich Biegeachse der ganzen Fläche ist (siehe 5.7.6).

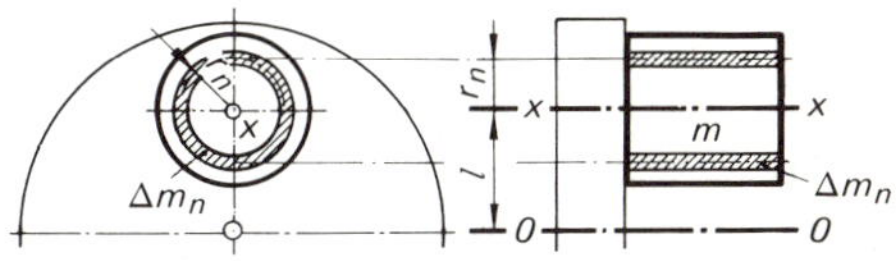

x–x Schwerachse des Kreiszylinders
0–0 Drehachse (Bezugsachse)
r_n zu Δm_n gehöriger Radius
Δm_n beliebige Teilmasse
l Abstand Schwerachse-Drehachse (Bezugsachse)

Zur Herleitung des Verschiebesatzes gehen wir von der uneingeschränkt gültigen Definitionsgleichung für das Trägheitsmoment aus, hier bezogen auf die Drehachse *0–0*. Der Abstand der Teilmasse Δm von der Bezugsachse beträgt jetzt $l + r_n$, wie die Skizze der Kurbelscheibe zeigt.

J_0 = Summe aller Teilmassen mal Abstandsquadrat

$$J_0 = \Sigma\, \Delta m\, (l + r_n)^2$$

$$J_0 = \Sigma\, \Delta m\, (l^2 + 2\, l\, r_n + r_n^2)$$

$$J_0 = \underbrace{l^2\, \Sigma\, \Delta m}_{\text{1. Glied}} + \underbrace{2\, l\, \Sigma\, \Delta m\, r_n}_{\text{2. Glied}} + \underbrace{\Sigma\, \Delta m\, r_n^2}_{\text{3. Glied}}$$

Das erste Glied der gefundenen Gleichung führt zum Produkt $m l^2$, weil $\Sigma\, \Delta m = m$ = Masse des Kurbelzapfens ist.

$$l^2\, \Sigma\, \Delta m = l^2 m = m\, l^2$$

Das zweite Glied wird Null, weil $\Sigma\, \Delta m_n\, r_n = 0$ ist. $\Sigma\, \Delta m_n\, r_n$ ist die Summe der statischen Momente aller Teilmassen bezogen auf die *Schwerachse* des Körpers. Diese Momentensumme ist gleich Null (siehe Momentensatz und Schwerpunktslehre).

$$2\, l\, \Sigma\, \Delta m_n\, r_n = 2\, l \cdot 0 = 0$$

Das dritte Glied erkennen wir sofort: Es ist das Trägheitsmoment J_x des Teilkörpers (Kurbelzapfen) in bezug auf die eigene Schwerachse ($J_x = J_s$ nach Tafel 4.5).

$$\Sigma\, \Delta m_n\, r_n^2 = J_x = J_s$$

J_s ist das Trägheitsmoment des Körpers bezogen auf die eigene Schwerachse. Es kann J_x, J_z oder J_0 nach Tafel 4.5 sein.

Damit können wir den *Verschiebesatz* formulieren:

> Das Trägheitsmoment J_0 für eine Drehachse *0–0* ist gleich dem Trägheitsmoment J_s für die *parallele* Schwerachse *s–s* des Körpers, vermehrt um das Produkt aus der Masse m des Körpers und dem Abstandsquadrat l^2 der beiden Achsen. Eine der beiden parallelen Achsen muß stets Schwerachse sein.

$$J_0 = J_s + m\,l^2$$

J_0, J_s	m	l
kg m²	kg	m

Verschiebesatz

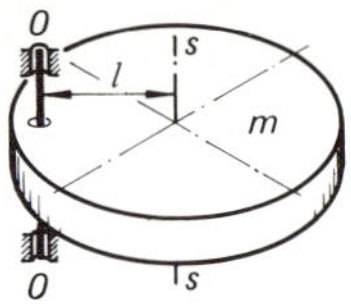

Sind die Trägheitsmomente J_{s1}, J_{s2}, J_{s3} mehrerer Teilkörper auf eine zu den Teilschwerachsen parallele Drehachse *0–0* zu beziehen, dann ist stets das Produkt $m_1 l_1^2$, $m_2 l_2^2$, $m_3 l_3^2$ hinzuzufügen.

$$J_0 = J_{s1} + m_1 l_1^2 + J_{s2} + m_2 l_2^2 + \ldots$$

Verschiebesatz

Beachte: Bei *Bohrungen* werden J_s und auch $m l^2$ für die Bohrung *negativ.*

Decken sich die Schwerachsen der Teilkörper mit der Drehachse, dann werden die Produkte $m l^2$ gleich Null, d. h. wir dürfen dann (aber nur dann) die Trägheitsmomente einfach addieren (für Bohrungen subtrahieren!).

$$J_0 = J_{s1} + J_{s2} + J_{s3} + \ldots + J_{sn}$$

(gilt nur für $l_1 = 0,\ l_2 = 0,\ l_3 = 0 \ldots l_n = 0$)

Übung: Die im Abstand $l = 200$ mm um eine Drehachse rotierende Kugel hat den Radius $r = 10$ mm und die Dichte $\rho = 8{,}6$ g/cm³. Es soll das Trägheitsmoment J_0 für die Drehachse bestimmt werden.

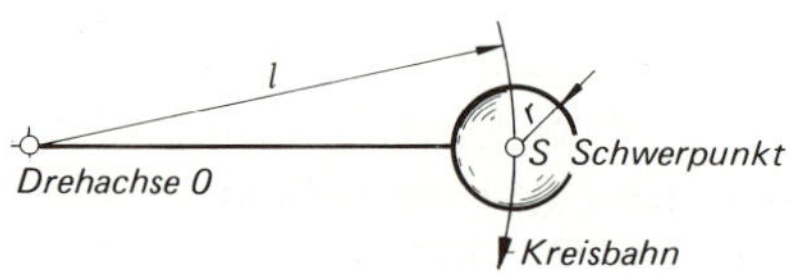

Lösung: Wir setzen den Verschiebesatz an. Für das Trägheitsmoment J_s der Kugel in bezug auf die *eigene* Schwerachse finden wir in Tafel 4.5 die Beziehung $J_x = \frac{2}{5} m r^2 = J_s$.

Aus der Mathematik kennen wir die Gleichung für das Kugelvolumen. Außerdem wissen wir, daß $m = V\rho$ ist (4.4 2).

Für die Ausrechnung benutzen wir hier als Masseneinheit das g, als Längeneinheit das cm. Mit 1 g = 10^{-3} kg und 1 cm² = 10^{-4} m² können wir abschließend leicht umrechnen.

$J_0 = J_s + m l^2$

$m = \frac{4}{3}\pi r^3 \rho$ (Kugelmasse)

$J_s = \frac{2}{5} m r^2$ (nach Tafel 4.5)

$J_0 = \frac{2}{5} m r^2 + m l^2 = m(\frac{2}{5} r^2 + l^2)$

$J_0 = \frac{4}{3}\pi r^3 \rho (\frac{2}{5} r^2 + l^2)$

$J_0 = 14\,423$ g cm² $= 14{,}4$ kg cm²

$J_0 = 14{,}4 \cdot 10^{-4}$ kg m²

4.9.2.4. Reduzierte Masse m_{red} und Trägheitsradius i

Reduzierte Masse m_{red} eines Körpers ist eine in beliebigem Abstand r von der Drehachse gedachte Ersatzmasse, die in bezug auf die Drehachse das gleiche Trägheitsmoment J_s besitzt, wie die verteilte Masse m des ursprünglichen Körpers. Dabei kann man sich die reduzierte Masse m_{red} als sehr dünnen Hohlzylinder, als Kugel, als Punkt usw. denken. Manche Rechnungen und Überlegungen werden dadurch einfacher. Je nach Wahl des Abstandes r für die reduzierte Masse erhalten wir dafür einen anderen Betrag, denn wir müssen stets von der Definitionsgleichung für das Trägheitsmoment ausgehen, in diesem Fall also von $J_s = m_{red}\, r^2$.

Beispiel:
Gesucht ist die reduzierte Masse m_{red} für einen Kreiszylinder der Masse m, wenn man sich die Masse m auf den Zylinderumfang reduziert denkt.

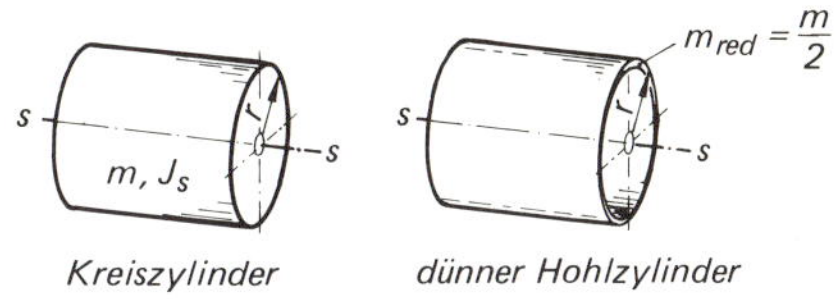

Im nebenstehenden Beispiel soll die Masse m des Kreiszylinders auf den Zylinderumfang bezogen werden (r bleibt gleich groß). Dann ergibt sich aus $J_s = m_{red}\, r^2$ die reduzierte Masse $m_{red} = J_s/r^2 = m/2$.

$$J_s = \frac{mr^2}{2} \qquad m_{red} = \frac{J_s}{r^2} = \frac{mr^2}{2r^2} = \frac{m}{2}$$

Man erhält demnach die reduzierte Masse m_{red}, indem man das Trägheitsmoment J_s des ursprünglichen Körpers durch das Quadrat des gewählten Radius teilt.

$$J_s = m_{red}\, r^2$$

$$m_{red} = \frac{J_s}{r^2}$$

m_{red} *Ersatzmasse (reduzierte Masse)*

Trägheitsradius i eines Körpers ist derjenige Abstand von der Drehachse, in dem man sich die Masse m des Körpers als reduzierte Masse umlaufend vorstellen muß, ohne daß sich das ursprüngliche Trägheitsmoment J_s des Körpers ändert.

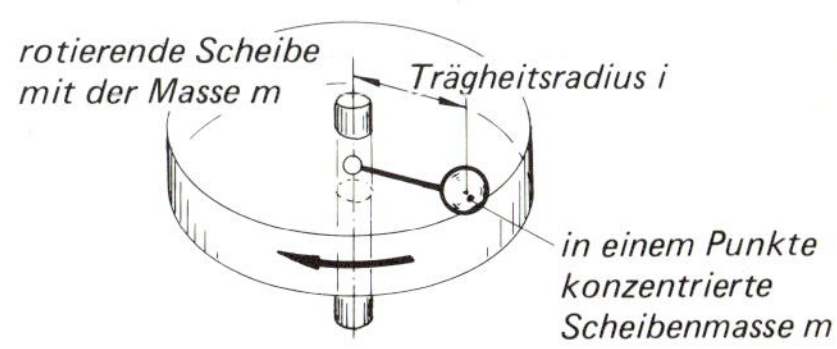

Nach der Definitionsgleichung für das Trägheitsmoment muß mit Masse m und Trägheitsradius i jetzt $J_s = m i^2$ gelten. Daraus läßt sich der Trägheitsradius bestimmen.

$$J_s = m\, i^2$$

$$i = \sqrt{\frac{J_s}{m}}$$

J_s gegebenes Trägheitsmoment
m gegebene Masse
i gesuchter Trägheitsradius

4.9.3. Übung zum dynamischen Grundgesetz für die Drehung

Übung: Durch einen Bremsversuch soll das Trägheitsmoment J einer Scheibenkupplung bestimmt werden. Die Kupplung besitzt die Masse $m = 135$ kg. Sie wird durch ein resultierendes Bremsmoment von 20 Nm in 25 s von $n_1 = 2800\ \text{min}^{-1}$ auf $n_2 = 1345\ \text{min}^{-1}$ abgebremst.

Gegeben: $M_{res} = 20$ Nm

$\Delta t = 25$ s

$$\omega_1 = \frac{\pi n_1}{30} = 293{,}2\ \frac{\text{rad}}{\text{s}}$$

$$\omega_2 = \frac{\pi n_2}{30} = 140{,}8\ \frac{\text{rad}}{\text{s}}$$

Gesucht: $J_s = J = f(M_{res}, \Delta t, \omega_1, \omega_2)$

Lösung: Im dynamischen Grundgesetz ersetzen wir die Winkelbeschleunigung α definitionsgemäß durch $\alpha = \Delta\omega/\Delta t = (\omega_1 - \omega_2)/\Delta t$ und lösen die Gleichung nach J auf.

$$M_{res} = J\,\alpha = J\,\frac{\Delta\omega}{\Delta t} = J\,\frac{\omega_1 - \omega_2}{\Delta t}$$

$$J = \frac{M_{res}\,\Delta t}{\omega_1 - \omega_2} \qquad J = f(M_{res}, \Delta t, \omega_1, \omega_2)$$

In der Ausrechnung ersetzen wir die Einheit Nm für das resultierende Drehmoment durch die Basiseinheiten (1 N = 1 kgm/s^2).

$$J = \frac{20\ \frac{\text{kg}\,\text{m}^2}{\text{s}^2} \cdot 25\ \text{s}}{(293{,}2 - 140{,}8)\ \frac{\text{rad}}{\text{s}}} = 3{,}28\ \text{kg}\,\text{m}^2$$

4.9.4. Drehimpuls (Drall) und Impulserhaltungssatz für Drehung

Wir können das dynamische Grundgesetz für Drehung in eine andere Form bringen, mit der sich bestimmte Aufgaben einfacher lösen lassen. Dazu schreiben wir für die Winkelbeschleunigung $\alpha = \Delta\omega/\Delta t$ und multiplizieren die so entstandene Gleichung mit dem Zeitabschnitt Δt. Diese Gleichung eignet sich besonders für Aufgaben, in denen der (meist sehr kurze) Zeitabschnitt Δt eine Rolle spielt (vergleiche mit 4.4.9).

$$M_{res} = J\,\alpha \qquad \alpha = \frac{\Delta\omega}{\Delta t}$$

$$M_{res} = J\,\frac{\Delta\omega}{\Delta t}\ |\cdot\Delta t$$

$$M_{res}\,\Delta t = J\,\Delta\omega \qquad \Delta t = t_2 - t_1 \qquad \Delta\omega = \omega_2 - \omega_1$$

$$M_{res}\underbrace{(t_2 - t_1)}_{\Delta t} = J\underbrace{(\omega_2 - \omega_1)}_{\Delta\omega}$$ gilt für M_{res} = konstant

Das Produkt aus dem resultierenden äußeren Drehmoment M_{res} und dem Zeitabschnitt Δt heißt Momentenstoß.

$M_{res}\,\Delta t$ Momentenstoß des resultierenden Drehmomentes

Das Produkt aus dem Trägheitsmoment J eines Körpers und seiner Winkelgeschwindigkeit ω wird als Drehimpuls oder Drall bezeichnet:

$J\,\omega$ Drehimpuls (Drall) des Körpers

Die Änderung des Drehimpulses eines Körpers ist gleich dem Momentenstoß des resultierenden Drehmomentes während des betrachteten Zeitabschnittes.
Der Drehimpuls ist ein Vektor.

$$M_{res}\,\Delta t = J\,\omega_2 - J\,\omega_1$$

Ist das resultierende Drehmoment M_{res} aller äußeren Drehmomente gleich Null (momentfreies System), dann ist auch der Momentenstoß $M_{res}\,\Delta t$ gleich Null:

$$M_{res}\,\Delta t = J\,\omega_2 - J\,\omega_1 = 0$$

> Bei $M_{res} = 0$ bleibt der Drehimpuls eines Körpers unverändert ($J\omega$ = konstant).

> $J\,\omega_2 = J\,\omega_1 =$ konstant

Impulserhaltungssatz für Drehung

Ein Vergleich der voranstehenden Entwicklungen mit den Herleitungen zum Impuls bei geradliniger Bewegung (4.4.9) zeigt deutlich die strukturelle Übereinstimmung der Gesetze der geradlinigen Bewegung und der Drehbewegung (Analogie).

4.9.5. Kinetische Energie W_{rot} (Rotationsenergie)

Wir gehen auf die gleiche Weise vor, wie im Abschnitt 4.7.3:

$$M_{res} = J\alpha = J\,\frac{\Delta\omega}{\Delta t}$$

$\Delta\omega = \omega$ gesetzt

Wird ein Körper, z. B. eine Schwungscheibe, aus dem Stillstand heraus auf die Winkelgeschwindigkeit ω gebracht, dann ist dazu nach dem dynamischen Grundgesetz das resultierende Drehmoment $M_{res} = J\alpha$ erforderlich (4.9.1). M_{res} dreht den Körper um den Drehwinkel $\Delta\varphi$, verrichtet also am Körper eine Arbeit, die *Beschleunigungsarbeit* $W_\alpha = M_{res}\,\Delta\varphi$.

$$M_{res}\,\Delta\varphi = J\,\frac{\omega}{\Delta t}\,\Delta\varphi$$

$$M_{res}\,\Delta\varphi = J\,\frac{\omega}{\Delta t}\,\frac{\omega\,\Delta t}{2}$$

$$M_{res}\,\Delta\varphi = \frac{J}{2}\,\omega^2 = W_\alpha$$

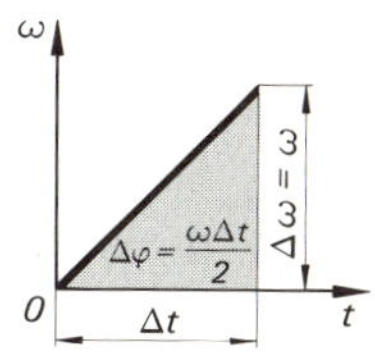

Das ist genau die Energie oder Arbeitsfähigkeit, mit der der Körper, z. B. das Schwungrad, nun an einem anderen Körper Arbeit verrichten kann. Da nur solche Körper diese Energieart besitzen, die sich mit der Winkelgeschwindigkeit ω drehen, sprechen wir von Rotationsenergie W_{rot}.

> Rotationsenergie W_{rot} = Beschleunigungsarbeit W_α

> $$W_{rot} = \frac{J}{2}\,\omega^2$$

Rotationsenergie

W_{rot}, W_α	J	ω
J = Nm	kg m²	$\frac{\text{rad}}{\text{s}}$

Mit unserer bisherigen Kenntnis der einander entsprechenden Größen der geradlinigen und der Drehbewegung hätten wir die Gleichung für die Rotationsenergie sofort hinschreiben können.

Masse $m \mathrel{\hat{=}}$ Trägheitsmoment J
Geschwindigkeit $v \mathrel{\hat{=}}$ Winkelgeschwindigkeit ω

> $$W_{kin} = \frac{m}{2}\,v^2 \Rightarrow W_{rot} = \frac{J}{2}\,\omega^2$$

Besitzt ein Körper schon die Winkelgeschwindigkeit ω_1 und wird er durch M_{res} über dem Drehwinkel $\Delta\varphi$ auf die Winkelgeschwindigkeit ω_2 gebracht, dann haben wir für $\Delta\varphi = (\omega_2^2 - \omega_1^2)/2\alpha$ einzusetzen (Tafel 4.3). Damit erhalten wir eine Gleichung für die Beschleunigungsarbeit W_α in der allgemeinen Form. W_α gibt dann zugleich die Änderung der Rotationsenergie des Körpers an ($\Delta W_{rot} = W_{rot2} - W_{rot1}$). Vergleiche mit 4.7.3.

$$M_{res}\,\Delta\varphi = J\alpha\,\Delta\varphi$$

$$\Delta\varphi = \frac{\omega_2^2 - \omega_1^2}{2\alpha}$$

$$M_{res}\,\Delta\varphi = J\alpha\,\frac{\omega_2^2 - \omega_1^2}{2\alpha}$$

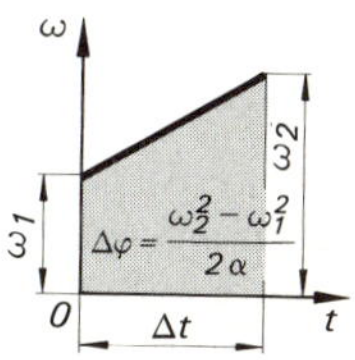

> $$W_\alpha = \frac{J}{2}\,(\omega_2^2 - \omega_1^2) = \Delta W_{rot}$$

Änderung der Rotationsenergie

4.9.6. Energieerhaltungssatz für Drehung

Der Energieerhaltungssatz für technische Vorgänge nach Abschnitt 4.7.5 muß auch für die Drehbewegung gelten:

Energieerhaltungssatz

Die Rotationsenergie $W_{\text{rot E}}$ am Ende eines Vorgangs ist gleich der Rotationsenergie $W_{\text{rot A}}$ am Anfang des Vorgangs, vermehrt um die während des Vorgangs zugeführte Arbeit W_{zu} und vermindert um die während des Vorgangs abgegebene Arbeit W_{ab}.

$W_{\text{rot E}}$	=	$W_{\text{rot A}}$	+	W_{zu}	–	W_{ab}
Rotations-energie am Ende des Vorgangs	=	Rotations-energie am Anfang des Vorgangs	+	zugeführte Arbeit	–	abgeführte Arbeit

Übung: Eine Schleifscheibe von $d_1 = 500$ mm Durchmesser und der Masse $m = 25$ kg wird bei einer Drehzahl $n = 1480\ \text{min}^{-1}$ ausgeschaltet und läuft in 387 s aus. Der Lagerdurchmesser beträgt $d_2 = 50$ mm.

Gesucht wird die mittlere Reibzahl μ in den beiden Gleitlagern der Schleifscheibenwelle.

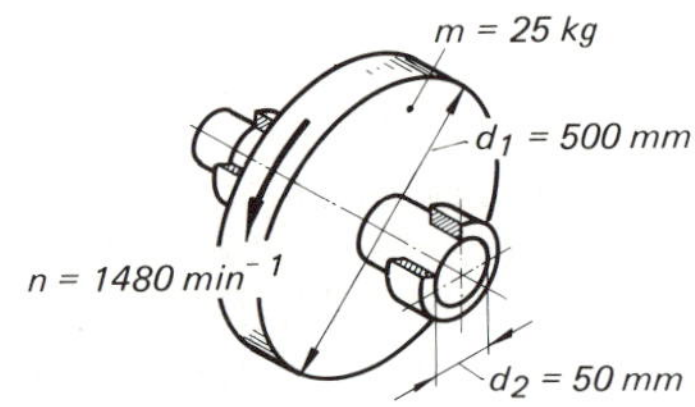

Lösung: Bei diesem „Auslaufversuch" zur Bestimmung der Reibzahl in den Lagern ist $W_{\text{rot E}} = 0$, denn am Ende des Vorgangs ruht die Scheibe. Ebenso ist $W_{zu} = 0$, weil keine Arbeit zugeführt wird. Dagegen wird während des Vorgangs Reibarbeit W_R abgeführt (Reibarbeit der Reibkraft $F_N \mu$).

$$W_{\text{rot E}} = W_{\text{rot A}} + W_{zu} - W_{ab}$$

$$0 = \frac{J}{2}\omega^2 + 0 - W_R$$

$$W_R = M_R \Delta\varphi; \quad \Delta\varphi = \frac{\omega \Delta t}{2}$$

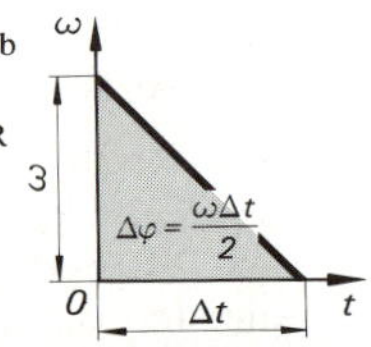

$$M_R = F_N \mu \frac{d_2}{2} = m g \mu \frac{d_2}{2}; \quad F_N = G = m g$$

$$W_R = m g \mu \frac{d_2}{2} \cdot \frac{\omega \Delta t}{2}$$

Anfangsenergie ist die Rotationsenergie $W_{rot} = J\omega^2/2$, mit $J = m r^2/2$ nach Tafel 4.5. Für r^2 müssen wir $(d_1/2)^2$ einsetzen.

$$\frac{J}{2}\omega^2 = W_R; \quad J = \frac{1}{2} m r^2 = \frac{1}{2} m \left(\frac{d_1}{2}\right)^2$$

Beim Auslaufen wird demnach die gesamte Anfangsenergie durch die Reibarbeit aufgezehrt ($W_{rot} = W_R$).

$$\frac{1}{2} \cdot \frac{1}{2} m \frac{d_1^2}{4} \omega^2 = m g \mu \frac{d_2}{2} \cdot \frac{\omega \Delta t}{2} \quad \Big| \cdot \frac{4}{m \omega}$$

$$\frac{d_1^2}{4} \omega = g \mu d_2 \Delta t$$

$$\mu = \frac{d_1^2 \omega}{4 g d_2 \Delta t} \qquad \mu = 0{,}051$$

4.9.7. Fliehkraft

4.9.7.1. Zentripetalbeschleunigung und Zentripetalkraft

Nach dem Trägheitsgesetz (4.4.1) bewegt sich jeder Körper mit konstanter Geschwindigkeit (v = konstant) auf *geradliniger* Bahn weiter, solange keine resultierende Kraft auf ihn einwirkt. Dann bleibt also nicht nur der *Betrag* des Geschwindigkeitsvektors erhalten, (z.B. $v = 4$ m/s) sondern auch *Richtung* und Richtungs*sinn*.

Beachte: Wichtig ist für die folgende Betrachtung, daß jeder Körper ohne äußere Einflüsse von sich aus bestrebt ist, die *gerade* Bewegungsbahn beizubehalten.

Soll sich ein Körper auf einer *kreisförmigen* Bahn bewegen, dann kann zwar der *Betrag* der Geschwindigkeit v_u (Umfangsgeschwindigkeit) gleich groß bleiben (v_u = konstant), aber die *Richtung* des Geschwindigkeitsvektors ändert sich laufend.

Beachte: Auch bei *gleichförmiger* Kreisbewegung muß der umlaufende Körper dauernd in Richtung zum Mittelpunkt hin *abgelenkt* werden: Das ist ein Beschleunigungsvorgang und es gilt $F_{res} = m\,a$.

Wir wollen nun den Betrag der zum Mittelpunkt M gerichteten *Zentripetalbeschleunigung* a_z bestimmen:

Bei gleichförmiger Kreisbewegung bleibt der Betrag der Umfangsgeschwindigkeit gleich groß, also $v_{u1} = v_{u2} = v_u$, jedoch hat sich ihre Richtung auf dem Wege von P_1 nach P_2 geändert. In beiden Punkten ist v_u tangential gerichtet. Der Kreisbogen $\widehat{P_1 P_2}$ muß entsprechend der Grundgleichung für die gleichförmige Bewegung gleich $v_u\,\Delta t$ sein, also $\widehat{P_1 P_2} = v_u\,\Delta t$.

Den Radius des Kreises bezeichnen wir mit r_s, um schon hier deutlich zu zeigen, daß wir immer die Umlaufbahn des *Massenschwerpunktes* eines Körpers zu betrachten haben.

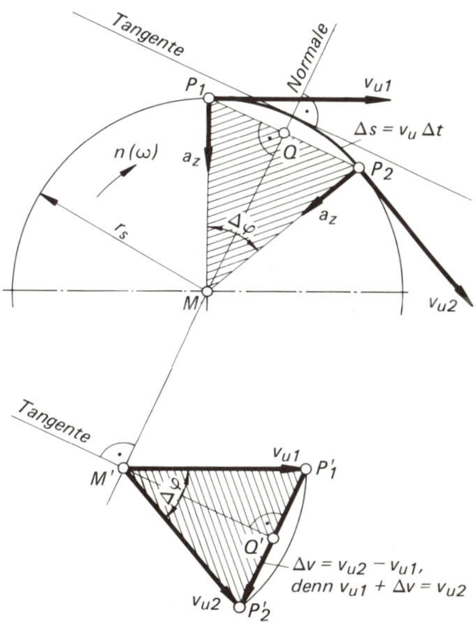

Wir zeichnen uns nun die beiden Geschwindigkeitsvektoren in den beiden Punkten P_1 und P_2 heraus (Parallelverschiebung) und bezeichnen die Endpunkte der Geschwindigkeitspfeile mit P_1' und P_2'.

Aus der Ähnlichkeit der beiden schraffierten Dreiecke können wir die Verhältnisgleichung herauslesen.

$$\frac{\widehat{P_1 P_2}}{r_s} = \frac{\widehat{P_1' P_2'}}{v_u}$$

Für sehr kleine Zeitabschnitte Δt können wir $\widehat{P_1' P_2'} = \overline{P_1' P_2'}$ setzen. Die Richtungsänderung der beiden Geschwindigkeitsvektoren v_{u1}, v_{u2} ist der Vektor der Geschwindigkeitsänderung Δv. Damit schreiben wir die Verhältnisgleichung entsprechend um.

$$\widehat{P_1 P_2} = v_u\,\Delta t$$

$$\overline{P_1' P_2'} = \Delta v$$

$$\frac{v_u\,\Delta t}{r_s} = \frac{\Delta v}{v_u}$$

Lösen wir die Gleichung nach $\Delta v / \Delta t$ auf, und beachten wir, daß jeder Quotient aus einer Geschwindigkeitsänderung und dem zugehörigen Zeitabschnitt eine Beschleunigung darstellt, dann erhalten wir die Gleichung für den Betrag der Zentripetalbeschleunigung a_z. Eine zweite Form finden wir, indem wir nach 4.2.7 für $v_u = r_s \omega$ einsetzen. Die Zentripetalbeschleunigung a_z ist zum Drehmittelpunkt gerichtet.

$$\frac{\Delta v}{\Delta t} = a_z = \frac{v_u v_u}{r_s} = \frac{v_u^2}{r_s}$$

$$a_z = \frac{v_u^2}{r_s} = r_s \omega^2$$

Zentripetalbeschleunigung

a_z	v_u	r_s	ω
$\frac{m}{s^2}$	$\frac{m}{s}$	m	$\frac{rad}{s}$

Beachte: r_s ist der Radius des Kreises, auf dem der *Schwerpunkt* des Körpers umläuft.

Ursache jeder Beschleunigung ist nach dem dynamischen Grundgesetz stets eine resultierende Kraft $F_{res} = ma$. Diese Kraft heißt hier *Zentripetalkraft* F_z. Sie steht nach d'Alembert im Gleichgewicht mit der entgegengesetzt gerichteten Trägheitskraft des Körpers, die *Fliehkraft* oder *Zentrifugalkraft* heißt. Diese Kräfte haben Bedeutung bei Fliehkraftreglern, Kreiselpumpen, Unwuchten, Schleudergußverfahren, Kurvenfahrt von Fahrzeugen usw.

$F_{res} = m a$

$F_{res} = F_z; \quad a = a_z$

$$F_z = m a_z = m r_s \omega^2 = m \frac{v_u^2}{r_s}$$

Zentripetalkraft

F_z	m	a_z	r_s	ω	v_u
$N = \frac{kg\,m}{s^2}$	kg	$\frac{m}{s^2}$	m	$\frac{rad}{s}$	$\frac{m}{s}$

4.9.7.2. Übungen zur Fliehkraft

1. Übung: Eine Rennstrecke soll in einer Kurve vom Radius $r_s = 400$ m eine Geschwindigkeit von $v = 280$ km/h ermöglichen, ohne daß an den Reifen seitliche Reibungskräfte abgestützt werden müssen. Dazu muß der Neigungswinkel α der Fahrbahn so groß werden, daß die Resultierende aus Fliehkraft F_z und Gewichtskraft G senkrecht auf der Fahrbahn steht.

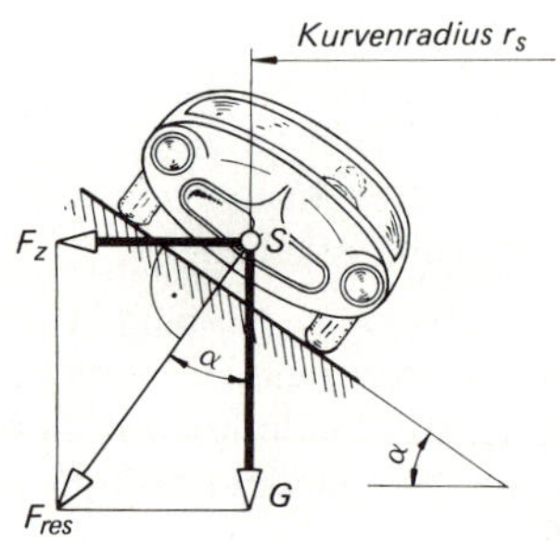

Welchen Neigungswinkel α muß die Fahrbahn erhalten?

Lösung: Der Neigungswinkel α der Fahrbahndecke zur Horizontalen tritt auch im Krafteck auf und zwar zwischen Gewichtskraft G und Resultierender F_{res}.

Die Entwicklung der Gleichung zeigt, daß der Neigungswinkel α der Fahrbahn unabhängig ist von der Masse m des Fahrzeuges, jedoch nicht von der Fallbeschleunigung g.

$$\tan\alpha = \frac{F_z}{G} = \frac{m \frac{v_u^2}{r_s}}{m g}; \quad v_u = v \text{ gesetzt}$$

$$\tan\alpha = \frac{v^2}{g r_s} \qquad \alpha = \arctan \frac{\left(\frac{280}{3,6} \frac{m}{s}\right)^2}{9,81 \frac{m}{s^2} \cdot 400\,m} = 57°$$

2. Übung: Ein Lieferwagen der Masse $m = 1000$ kg fährt mit $v = 80$ km/h durch eine nicht überhöhte Kurve vom Radius $r_s = 55$ m. Der Fahrzeugschwerpunkt S liegt $h = 0{,}65$ m über der Fahrbahndecke, die Spurweite der Räder beträgt $l = 1{,}2$ m. Als Haftreibzahl wird $\mu_0 = 0{,}6$ angenommen.

Es ist zu untersuchen, ob der Wagen in der Kurve kippt oder rutscht.

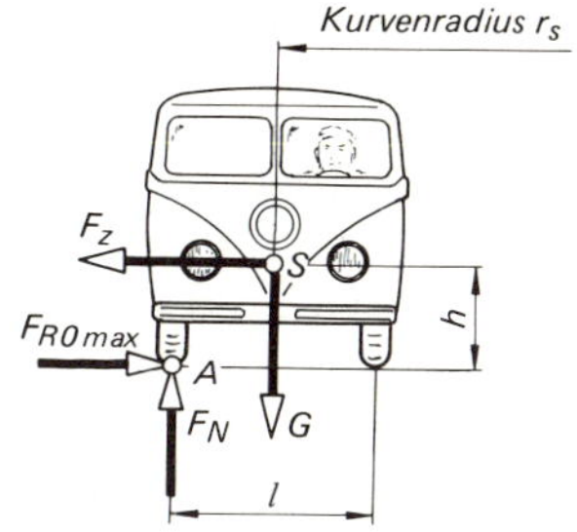

Lösung: Aus der Lageskizze erkennen wir, daß der Wagen dann nicht um A kippt, wenn das linksdrehende Moment $F_z h$ (Kippmoment) kleiner ist als das rechtsdrehende $G l/2$ (Standmoment). Auch hier zeigt uns die Entwicklung der Gleichung die Unabhängigkeit von der Masse m des Wagens.

Die Ausrechnung ergibt: Der Wagen *kippt* (gerade noch) *nicht*.

$$F_z h \leqq G \frac{l}{2}; \quad F_z = m \frac{v^2}{r_s}; \quad G = mg$$

$$\frac{v^2}{r_s} h \leqq g \frac{l}{2}$$

$$\frac{\left(\frac{80}{3{,}6} \frac{\text{m}}{\text{s}}\right)^2 \cdot 0{,}65 \text{ m}}{55 \text{ m}} \leqq 9{,}81 \frac{\text{m}}{\text{s}^2} \cdot 0{,}6 \text{ m}$$

$$5{,}836 < 5{,}886$$

Der Wagen rutscht in der Kurve, wenn die Summe der an den vier Rädern angreifenden Reibkräfte kleiner ist, als die nach links wirkende Fliehkraft F_z. Diese Bedingung überprüfen wir, indem wir die Gleichung nach der Haftreibzahl μ_0 auflösen.

Die Ausrechnung zeigt: Die Haftreibzahl μ_0 ist kleiner als erforderlich, d.h. der Wagen *rutscht* ($\mu_0 = 0{,}6 < 0{,}915$).

$$F_{R0\,max} \leqq F_z$$

$$m g \mu_0 \leqq m \frac{v^2}{r_s}$$

$$\mu_0 \leqq \frac{v^2}{g r_s}$$

$$\mu_0 \leqq \frac{\left(\frac{80}{3{,}6} \frac{\text{m}}{\text{s}}\right)^2}{9{,}81 \frac{\text{m}}{\text{s}^2} \cdot 55 \text{ m}} = 0{,}915$$

$$0{,}6 < 0{,}915$$

3. Übung: Ein dünner Ring von der Dichte ρ läuft mit der Winkelgeschwindigkeit ω (Umfangsgeschwindigkeit v_u) um.

Es soll eine Gleichung zur Bestimmung der Zugspannung σ_z im Schnitt A–B des Ringes hergeleitet werden.

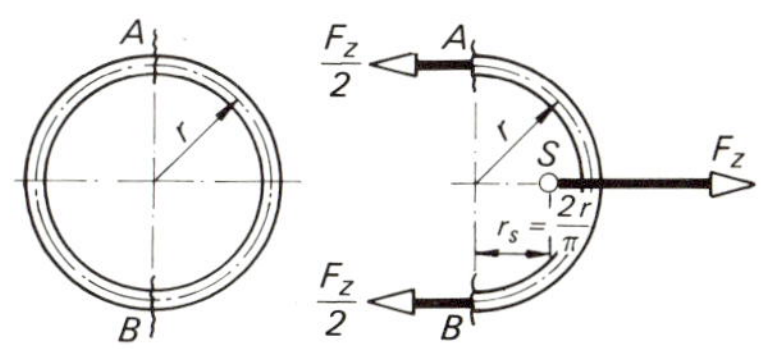

Lösung: Für den geschnittenen Ring muß in der gezeichneten Stellung die $\Sigma F_x = 0$ sein, d.h. im Flächenschwerpunkt beider Querschnitte greift die Normalkraft $F_N = F_z/2$ als innere Kraft an. Diese Normalkraft F_N erzeugt die Zugspannung $\sigma_z = F_N/S = F_z/2\,S$ (S = Querschnittsfläche).

$$\sigma_z = \frac{F_z}{2S} = \frac{m r_s \omega^2}{2S} \quad (S = \text{Querschnittsfläche})$$

$$m = V\rho = \pi r S \rho$$

$r_s = \frac{2r}{\pi}$ Schwerpunktsabstand des Halbkreisbogens

Die Fliehkraft F_z ist eine Trägheitskraft (siehe d'Alembert, 4.4.6), d. h. sie greift im Schwerpunkt der Halbkreislinie mit dem Radius r an: $r_s = 2\,r/\pi$. Wir müssen zwischen r und r_s unterscheiden!

$$\sigma_z = \frac{\pi r S \rho \frac{2r}{\pi} \omega^2}{2S}$$

Wir sehen, daß die Zugspannung σ_z unabhängig von der Querschnittsfläche S des dünnen Ringes ist.

$$\sigma_z = r^2 \omega^2 \rho$$
$$\sigma_z = v_u^2 \rho$$

σ_z	r	ω	v_u	ρ
$\frac{N}{m^2}$	m	$\frac{rad}{s}$	$\frac{m}{s}$	$\frac{kg}{m^3}$

$$1\,\frac{N}{m^2} = 10^{-6}\,\frac{N}{mm^2}$$

Dreht sich der dünne Ring mit einer Umfangsgeschwindigkeit von 36 m/s, und besitzt er eine Dichte von 7850 kg/m³, dann beträgt die Zugspannung $\sigma_z \approx 10\ N/mm^2$.

$$\sigma_z = v_u^2 \rho = 36^2\,\frac{m^2}{s^2} \cdot 7850\,\frac{kg}{m^3}$$

$$\sigma_z = 10{,}17 \cdot 10^6\,\frac{N}{m^2} = 10{,}17\,\frac{N}{mm^2}$$

4.9.8. Gegenüberstellung der translatorischen und rotatorischen Größen

Geradlinige (translatorische) Bewegung Größe	Definitionsgleichung	Einheit	**Drehende (rotatorische) Bewegung** Größe	Definitionsgleichung	Einheit
Zeit t	Basisgröße	s	Zeit t	Basisgröße	s
Verschiebeweg s	Basisgröße	m	Drehwinkel φ	$\varphi = \frac{b}{r}$	rad
Masse m	Basisgröße	kg	Trägheitsmoment J	$J = \Sigma \Delta m r^2$	kgm²
Geschwindigkeit v (v = konstant)	$v = \frac{\Delta s}{\Delta t}$	$\frac{m}{s}$	Winkelgeschwindigkeit ω (ω = konstant)	$\omega = \frac{\Delta\varphi}{\Delta t}$	$\frac{rad}{s}$
Arbeit W	$W = Fs$	J	Dreharbeit W_{rot}	$W_{rot} = M\varphi = F_T r\varphi$	J
Leistung P	$P = \frac{W}{t} = Fv$	W	Drehleistung P_{rot}	$P_{rot} = \frac{W_{rot}}{t} = M\omega$	W
Beschleunigung a	$a = \frac{\Delta v}{\Delta t}$	$\frac{m}{s^2}$	Winkelbeschleunigung α	$\alpha = \frac{\Delta\omega}{\Delta t}$	$\frac{rad}{s^2}$
Beschleunigungskraft F_{res}	$F_{res} = ma$	N	Beschleunigungsmoment M_{res}	$M_{res} = J\alpha$	Nm
kinetische Energie W_{kin}	$W_{kin} = \frac{m}{2} v^2$	J	Rotationsenergie W_{rot}	$W_{rot} = \frac{J}{2}\omega^2$	J
Impulserhaltungssatz	mv = konstant		Impulserhaltungssatz	$J\omega$ = konstant	

5. Festigkeitslehre

5.1. Grundbegriffe

5.1.1. Die Aufgabe der Festigkeitslehre

Wir betrachten die technische Zeichnung einer Getriebewelle. Sie enthält sämtliche zur Herstellung nötigen Maße. Beispielsweise sehen wir sofort, daß der linke Lagerzapfen 30 mm Durchmesser und 16 mm Länge haben soll. Wie ist der Konstrukteur, der die Welle entworfen hat, gerade auf diese Maße gekommen? Wir wollen seinen Überlegungen bei der Gestaltung der Welle einmal nachgehen.

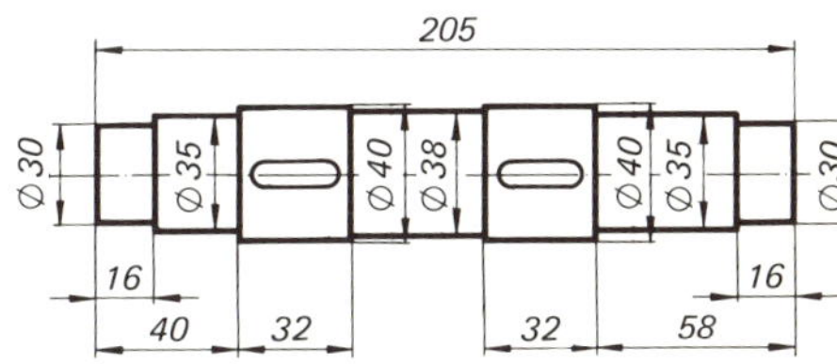

Technische Zeichnung einer Getriebewelle

Der Konstruktur kennt das Drehmoment M, das von der Welle übertragen werden soll. Mit Hilfe der statischen Gleichgewichtsbedingungen werden sämtliche an der Welle angreifenden Kräfte ermittelt. Das sind die am Zahn angreifenden Umfangskräfte F_u und Radialkräfte F_r sowie die an den Lagerzapfen angreifenden Stützkräfte F_A und F_B mit den Komponenten F_{Ay}, F_{Az} und F_{By}, F_{Bz}. Damit ist die *Belastung* der Welle bekannt. Nach einer Reihe gegebener Bedingungen werden die Abstände l, l_1, l_2 festgelegt. Der Werkstoff wird gewählt. Von diesem sind alle wichtigen Festigkeitswerte aus Tafeln oder Diagrammen greifbar. Jetzt beginnen die Überlegungen der Festigkeitslehre.

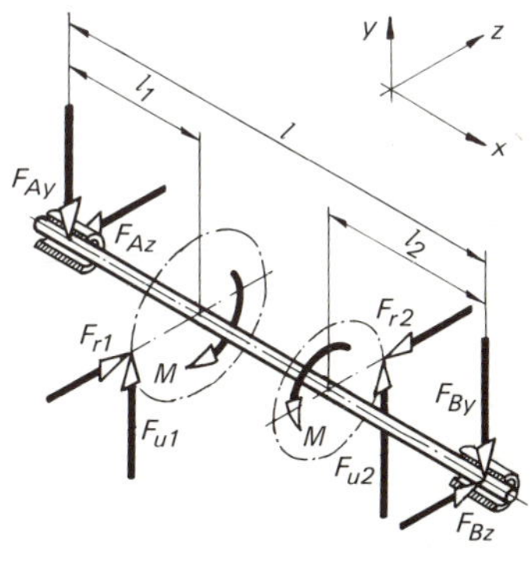

Belastungsskizze einer Getriebewelle
F_{u1}, F_{u2} Umfangskräfte, F_{r1}, F_{r2} Radialkräfte, F_{Ay}, F_{Az}, F_{By}, F_{Bz} Komponenten der Stützkräfte F_A, F_B,
M Drehmoment

Die Welle darf nicht *brechen*. Sie darf sich aber auch nicht derart stark *verformen* (durchbiegen, verdrehen), daß das Getriebe klemmt oder durch starken Verschleiß vorzeitig unbrauchbar wird, z. B. durch eine unzulässig hohe Kantenpressung in den Lagern:

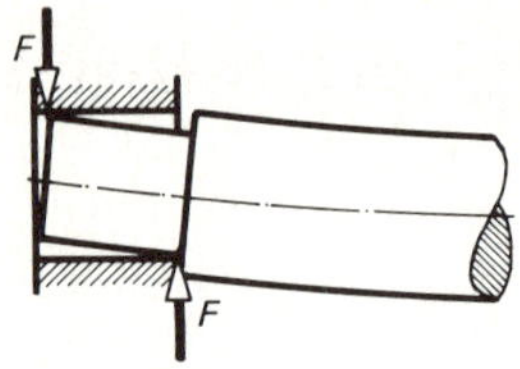

Kantenpressung im Lager infolge der Durchbiegung

Technische Bauteile (Maschinenelemente oder Konstruktionselemente genannt) sollen die Betriebsbelastungen *dauernd* ertragen, ohne sich dabei unzulässig zu verformen. Die günstigsten Abmessungen werden mit den Gleichungen der Festigkeitslehre festgelegt.

Die „von außen" auf ein Bauteil einwirkenden Kräfte, wie beispielsweise die Umfangskräfte am Zahnrad, die Stützkräfte in den Lagern und die Gewichtskräfte nennt man *äußere* Kräfte. Sie rufen im Werkstoffgefüge die *inneren* Kräfte hervor, die dem Bruch und der Verformung des Bauteils entgegenwirken. Bevor wir die Maße für ein Bauteil festlegen können, müssen wir Betrag, Richtung und Richtungssinn der inneren Kräfte kennen, z. B. die inneren Kräfte im Querschnitt x–x eines Zahnrades oder eines Hebezeugträgers.

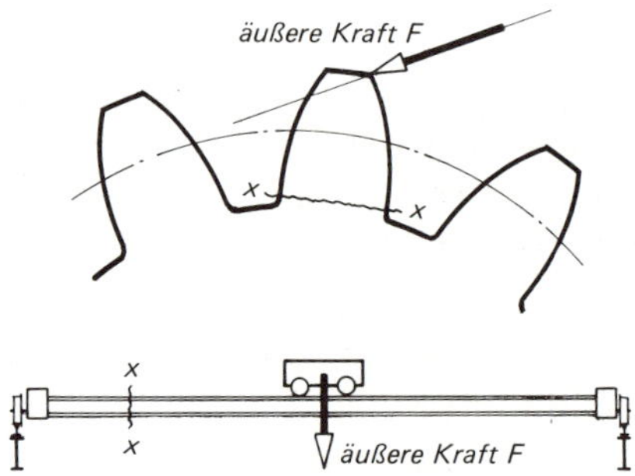

Äußere Kräfte rufen innere Kräfte hervor

5.1.2. Das Schnittverfahren zur Bestimmung des inneren Kräftesystems

Die erste und wichtigste Arbeit beim Lösen einer Aufgabe aus dem Bereich der Festigkeitslehre ist die Beantwortung der Frage, welche *inneren* Kräfte die Bauteile zu übertragen haben. Denn von der Art des „inneren Kräftesystems" hängt es ab, mit welchen Festigkeitsgleichungen gearbeitet werden muß. Aus der Statik wissen wir, daß eine Kraft nur dann eindeutig bestimmt ist, wenn ihr *Betrag* (z. B. 150 N), ihre Richtung (z. B. waagerecht, senkrecht, in Richtung der x-Achse) und ihr Richtungssinn (z. B. Druckkraft, Zugkraft) festgelegt worden sind. Das gilt auch für innere Kräfte. Das Verfahren, mit dem wir die drei Bestimmungsstücke für jede innere Kraft ermitteln, heißt *Schnittverfahren*. Wir werden es an einem einfachen Beispiel Schritt für Schritt vorführen.

Das stabförmige Bauteil mit der Querschnittsfläche S wird durch die Federkräfte $F = 50$ N belastet (äußere Kräfte). Der Stab befindet sich im Gleichgewicht, das heißt, die beiden Zugkräfte sind gleich groß (von gleichem Betrag). Sie wirken auf einer gemeinsamen Wirklinie und sind entgegengesetzt gerichtet.

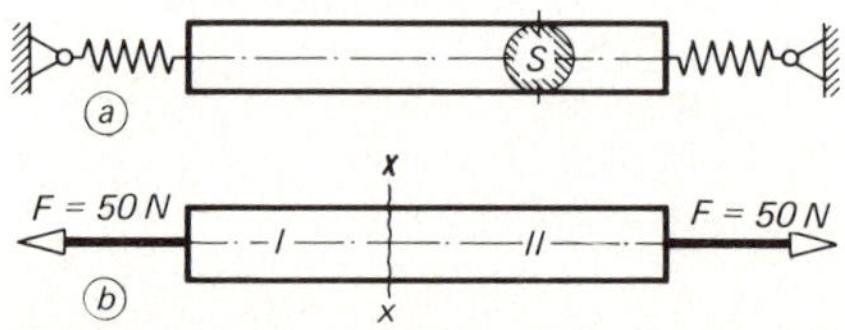

Zugfederbelasteter Rundstab (a), freigemacht (b)

Denken wir uns den Stab an der (beliebigen) Stelle x–x senkrecht zur Stabachse durchgeschnitten, so entstehen die beiden Teilstücke I und II. Der Werkstoffzusammenhang ist damit aufgehoben und eine Kraftübertragung vom Schnittufer I zum Schnittufer II nicht mehr möglich: Die beiden Teilstücke werden durch die äußeren Kräfte nach links und rechts gerissen.

Bringen wir nun im Schnittflächenschwerpunkt S eine Normalkraft F_N an, die den Restkörper wieder ins Gleichgewicht *zurückversetzt*, dann haben wir diejenige *innere* Kraft gefunden, die von der Querschnittsfläche (kurz: Schnittfläche) im *unbeschädigten* Zustand übertragen wurde.

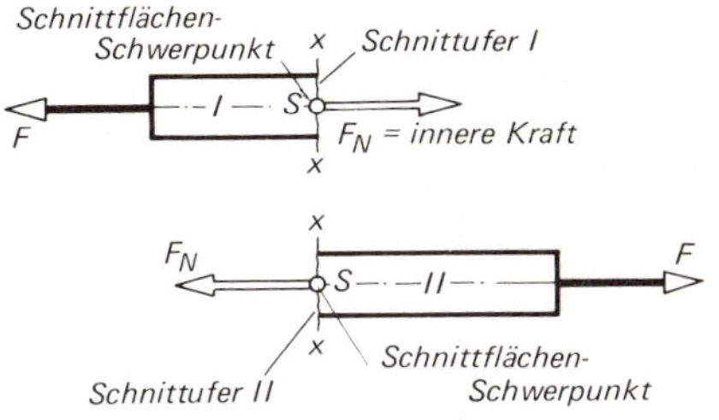

Zugfederbelasteter Rundstab getrennt in Teilstücke I und II und mit inneren Kräften versehen.

für Teilstück I:	für Teilstück II:
$-F + F_N = 0$	$-F_N + F = 0$
$F_N = F = 50$ N	$F_N = F = 50$ N

Den *Betrag* der von einem Schnittufer zu übertragenden inneren Kraft finden wir mit den rechnerischen Gleichgewichtsbedingungen aus der Statik: Für jeden Stabteil muß die Summe aller Kräfte gleich Null sein (Kraftmomente wirken hier nicht).

Ergebnis des Schnittverfahrens im Beispiel: Die untersuchte Querschnittsfläche hat eine senkrecht zur Schnittfläche wirkende innere Kraft $F_N = 50$ N zu übertragen.

Schnittverfahren:

Im Schnittflächenschwerpunkt S werden diejenigen Kräfte und Kraftmomente angebracht, die den „abgeschnittenen" Teilkörper in das Gleichgewicht zurückversetzen. Diese inneren Kräfte und Kraftmomente hat der Querschnitt zu übertragen.

*Beachte: Normal*kräfte F_N stehen *senkrecht* auf der Schnittfläche, *Quer*kräfte F_q dagegen liegen *in* der Schnittfläche.

Nach dem Wechselwirkungsgesetz (Aktion = Reaktion) von *Newton* müssen die inneren Kräfte und Kraftmomente beider Schnittufer gleichgroß sein (von gleichem Betrag), jedoch entgegengesetzten Richtungssinn haben.

5.1.3. Spannung und Beanspruchung

Nehmen wir an, wir haben mit der Schnittmethode die innere Kraft, die ein Zugstab aufzunehmen hat, mit $F_N = 300$ N gefunden. Damit wissen wir jedoch noch nicht, ob diese innere Kraft den Werkstoff stark oder weniger stark „beansprucht". Das hängt offenbar davon ab, wie viele Flächenteilchen an der Kraftübertragung beteiligt sind, z.B. 60 mm^2 oder nur 6 mm^2. Als Maß für die Höhe der *Beanspruchung* des Werkstoffes bietet sich diejenige innere Kraft an, die von der Flächen*einheit* übertragen werden muß, z.B. von 1 mm^2 oder von 1 cm^2. Setzen wir zunächst voraus, daß jedes Flächenteilchen

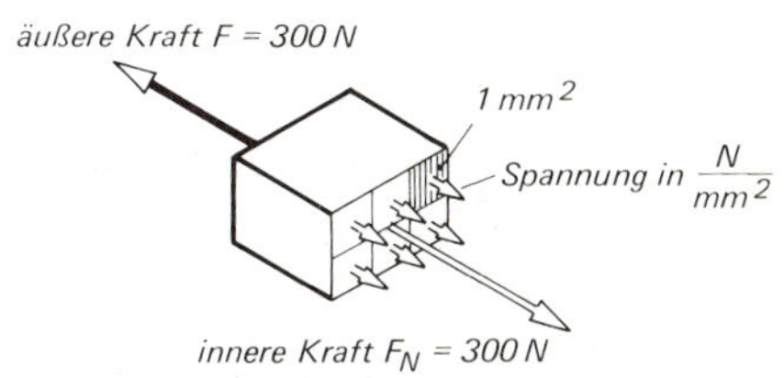

Spannung als innere Kraft je Flächeneinheit; wegen der einfacheren Rechnung wurde ein Rechteckquerschnitt gewählt.

Beachte: Der *Werkstoff* wird durch *innere Kräfte beansprucht*, der *Körper* wird durch *äußere Kräfte belastet.*

eines Querschnittes gleichmäßig an der Kraftübertragung beteiligt ist, dann brauchen wir nur die bekannte innere Kraft (z. B. F_N = 300 N) durch die Anzahl Flächenteilchen (z. B. S = 6 mm²) zu teilen, um ein Maß für die Beanspruchung zu erhalten.

Der Quotient aus innerer Kraft und der an der Kraftübertragung beteiligten Fläche heißt *Spannung*. Die Einheit der Spannung muß ebenfalls der Quotient aus einer Krafteinheit (z. B. Newton) und einer Flächeneinheit (z. B. mm²) sein:

Beispiel:
Mit F_N = 300 N und S = 6 mm² beträgt das Maß für die Beanspruchung des Werkstoffes 50 N/mm². Mit anderen Worten: Jeder Quadratmillimeter des Querschnittes überträgt eine Kraft von 50 N.

Wir sagen: „Die Spannung beträgt 50 Newton je Quadratmillimeter".

Die Spannung ist vorstellbar als die je Flächeneinheit vom Werkstoff aufzunehmende Kraft. Einheit der Spannung ist der Quotient aus einer gesetzlichen Krafteinheit und einer gesetzlichen Flächeneinheit.

Statt Spannung sagt man auch „mechanische" Spannung.

$$\text{Spannung} = \frac{\text{innere Kraft}}{\text{Querschnittsfläche}}$$

$$\text{Einheit der Spannung} = \frac{\text{N}}{\text{mm}^2}$$

Hinweis: In der Festigkeitslehre wird als Einheit der mechanischen Spannung ausschließlich das „Newton je Quadratmillimeter" verwendet.

Übung: Der Kreisquerschnitt eines Stahlstabes von 3 mm Durchmesser hat eine innere Kraft F_N = 50 N zu übertragen. Es soll die Beanspruchung des Werkstoffs bestimmt werden.

Die Rechnung zeigt, daß jeder Quadratmillimeter eine innere Kraft von 7,07 N zu übertragen hat.

Lösung: Bei d = 3 mm Durchmesser beträgt die Querschnittsfläche

$$S = \frac{\pi d^2}{4} = \frac{\pi\,(3\text{ mm})^2}{4} = 7{,}069\text{ mm}^2\,.$$

Damit ergibt sich die zu übertragende

$$\text{Spannung} = \frac{F_N}{S} = \frac{50\text{ N}}{7{,}069\text{ mm}^2} = 7{,}07\,\frac{\text{N}}{\text{mm}^2}$$

5.1.4. Die beiden Spannungsarten (Normalspannung σ und Schubspannung τ)

Nicht immer liegt die Wirklinie der äußeren Kraft in der Stabachse, sie kann auch senkrecht zur Stabachse liegen. Daher müssen wir besondere Bezeichnungen für die entsprechenden inneren Kräfte festlegen:

Steht eine innere Kraft *senkrecht* zum Querschnitt S, dann heißt sie
Normalkraft F_N,
liegt die innere Kraft dagegen *im* Querschnitt S, dann nennt man sie
Querkraft F_q.

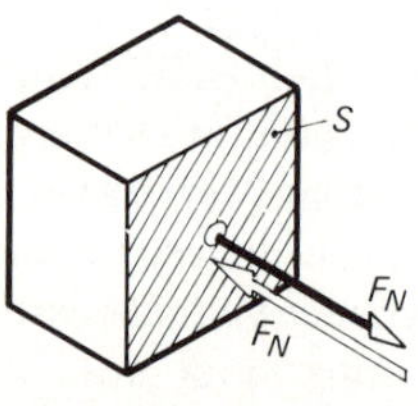

Normalkraft F_N

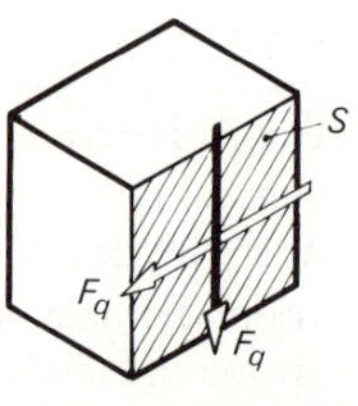

Querkraft F_q

Die beiden inneren Kräfte, die Normalkraft F_N und die Querkraft F_q, stehen senkrecht aufeinander, also auch die aus ihnen zu berechnenden Spannungen. Wir müssen daher zwei Spannungsarten unterscheiden.

Auf den Richtungs*sinn* der inneren Kräfte und darauf, wie die Wirklinie von F_q im Querschnitt liegt, brauchen wir hier noch nicht einzugehen.

Berechnen wir die Spannung aus einer inneren *Normal*kraft F_N, dann nennen wir sie *Normal*spannung und bezeichnen sie mit dem griechischen Buchstaben σ (Sigma). Wie die Normalkraft F_N muß auch die von ihr herrührende Normalspannung *senkrecht* auf dem Querschnitt stehen. Spannungen dieser Art treten als Zugspannung z. B. in Kettengliedern, als Druckspannung z. B. in Pleuelstangen auf.

Die *Normal*spannung σ, hervorgerufen durch die *Normal*kraft F_N, steht *senkrecht* auf der Querschnittsfläche.

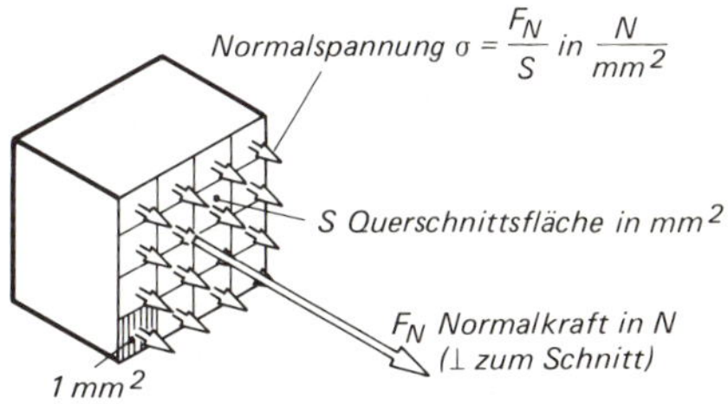

Berechnen wir die Spannung aus einer inneren *Quer*kraft F_q, dann nennen wir sie *Schub*spannung und bezeichnen sie mit dem griechischen Buchstaben τ (Tau). Wie die Querkraft F_q muß auch die von ihr herrührende Schubspannung *in* der Querschnittsfläche liegen. Spannungen dieser Art treten als Abscherspannung z. B. in Scherstiften auf.

Die *Schub*spannung τ, hervorgerufen durch die *Quer*kraft F_q, liegt *in* der Querschnittsfläche.

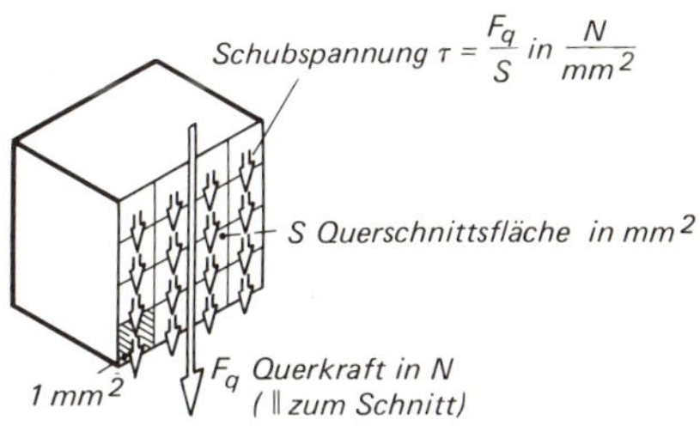

5.1.5. Die fünf Grundbeanspruchungsarten

Am stabförmigen Bauteil können wir die *Beanspruchungsarten* am einfachsten erkennen. Wir wenden in jedem Fall das Schnittverfahren an.

5.1.5.1. Zugbeanspruchung (Zug)

Die äußeren Kräfte ziehen in Richtung der Stabachse. Sie versuchen, die beiden Schnittufer I und II voneinander zu entfernen: der Stab wird verlängert (gedehnt). Die innere Kraft F_N steht *senkrecht* auf der Schnittfläche, es entsteht die *Normal*spannung σ_z (Zugspannung).

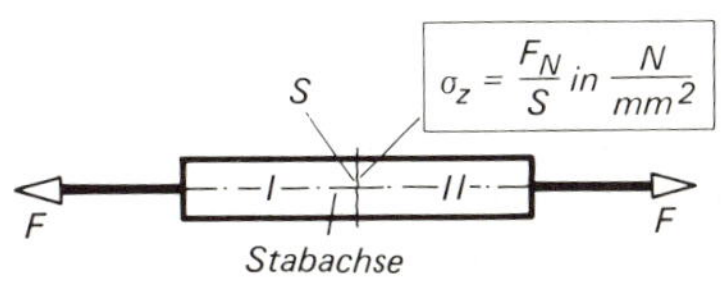

Beispiele für Zugbeanspruchung:
Seile, Ketten, Zuganker, Turbinenschaufeln und Luftschrauben infolge der Fliehkräfte, Zugstäbe in Fachwerkträgern.

5.1.5.2. Druckbeanspruchung (Druck)

Die äußeren Kräfte drücken in Richtung der Stabachse. Sie versuchen, die beiden Schnittufer einander näher zu bringen: der Stab wird verkürzt. Die innere Kraft F_N steht *senkrecht* auf der Schnittfläche, es entsteht wieder eine *Normal*spannung σ_d (Druckspannung). Bei schlanken Stäben besteht die Gefahr des „Ausknickens“. Diese Beanspruchungsart wird als Sonderfall *Knickung* behandelt (5.10).

Die Beanspruchung der Berührungsflächen von zwei aufeinander gepreßten Bauteilen heißt *Flächenpressung* (5.5).

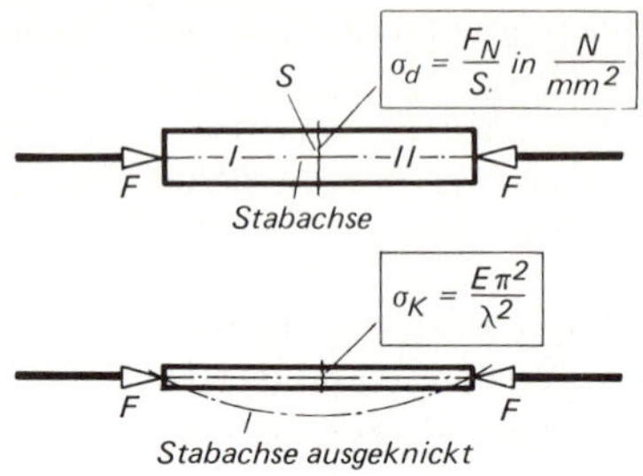

Beispiele für Druckbeanspruchung:
Kolbenstangen, Druckspindeln, Säulen, Lochstempel, Nähmaschinennadeln, Knickstäbe im Stahlhochbau und Kranbau.

5.1.5.3. Abscherbeanspruchung (Abscheren)

Die äußeren Kräfte wirken senkrecht zur Stabachse. Sie versuchen die beiden Schnittufer parallel zueinander zu verschieben. Die innere Kraft F_q liegt *in* der Schnittfläche, es entsteht die *Schub*spannung τ_a (Abscherspannung).

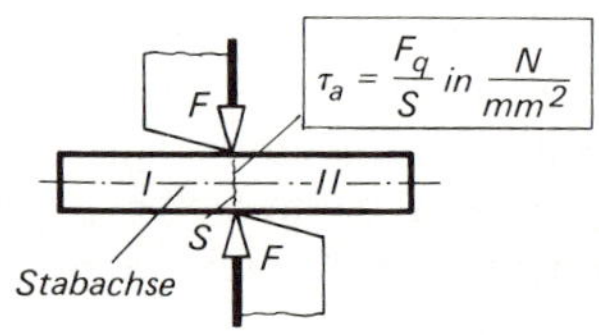

Beispiele für Abscherbeanspruchung:
Niete, gescherte und gestanzte Werkstücke.

5.1.5.4. Biegebeanspruchung (Biegung)

Die äußeren Kräfte ergeben zwei Kräftepaare, die im Gleichgewicht stehen. Die beiden Kräftepaare wirken in einer durch die Stabachse verlaufenden Ebene und versuchen die Schnittufer gegeneinander schräg zu stellen: der Stab wird gebogen.

Da das innere Kraftmoment, das Biegemoment M_b, *senkrecht* zur Schnittfläche wirkt, entsteht die Normalspannung σ (Biegespannung σ_b = Zug- und Druckspannung).

In den Gleichungen $\sigma_b = M_b/W$ und $\tau_t = T/W_p$ erscheinen die Größen W und W_p. Sie heißen Widerstandsmomente und werden in einem besonderen Abschnitt (5.7) behandelt.

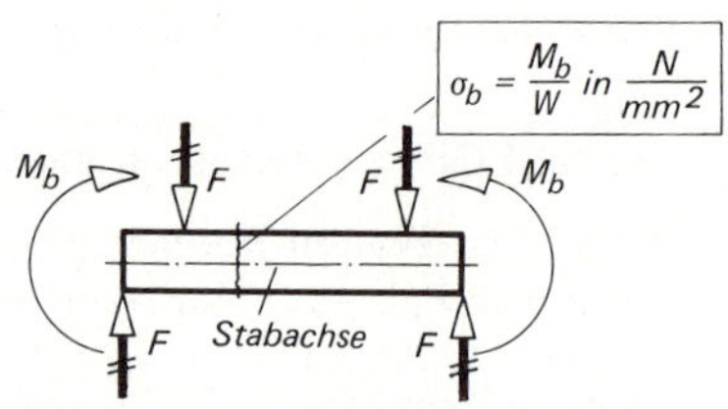

Beispiele für Biegebeanspruchung:
Biegeträger im Stahlhochbau und Kranbau, Wellen, Achsen, Drehbankbetten, Spindeln von Arbeitsmaschinen, Kranhaken.

5.1.5.5. Torsionsbeanspruchung (Torsion, Verdrehung)

Die äußeren Kräfte ergeben zwei Kräftepaare, die im Gleichgewicht stehen. Die beiden Kräftepaare wirken in zwei senkrecht zur Stabachse stehenden Ebenen und versuchen die Schnittufer gegeneinander zu verdrehen: der Stab wird verdreht (tordiert).

Da das innere Kraftmoment, das Torsionsmoment *T, in* der Schnittfläche wirkt, entsteht die Schubspannung τ (Torsionsspannung τ_t).

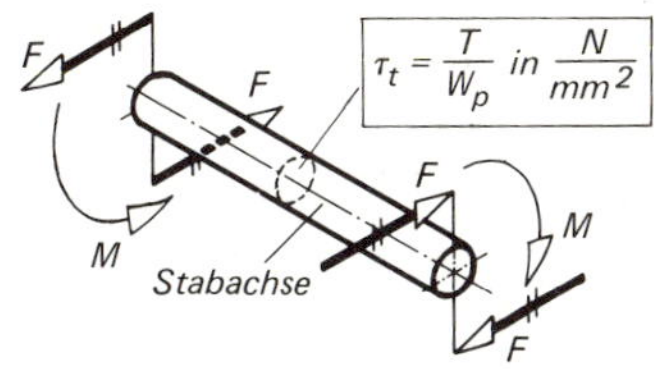

Beispiele für Torsionsbeanspruchung:
Getriebewellen, Torsionsstabfedern, Schraubenfedern, Schrauben, Kurbelwellen.

5.1.5.6. Kurzzeichen für Spannung und Beanspruchung

Aus dem Kurzzeichen für die Spannung (σ oder τ) erkennen wir, ob es sich um eine senkrecht auf dem Querschnitt stehende *Normal*spannung (Kurzzeichen σ) oder um eine im Querschnitt liegende *Schub*spannung (Kurzzeichen τ) handelt.

Die *Beanspruchungsart,* also *Zug*beanspruchung, *Druck*beanspruchung, *Abscher*beanspruchung, *Biege*beanspruchung und *Torsions*beanspruchung kennzeichnen wir mit einem Index, also einem halbzeilig tiefer gesetzten Buchstaben.

Eine Einführung in den Begriff der zulässigen Spannung finden wir im Abschnitt 5.12. Vorläufig wird die zulässige Spannung für alle Festigkeitsaufgaben gegeben (siehe „Aufgabensammlung zur Mechanik und Festigkeitslehre").

σ_z	Zugspannung
$\sigma_{z\,zul}$	zulässige Zugspannung
σ_d	Druckspannung
$\sigma_{b\,zul}$	zulässige Druckspannung
σ_b	Biegespannung
$\sigma_{b\,zul}$	zulässige Biegespannung
τ_a	Abscherspannung
$\tau_{a\,zul}$	zulässige Abscherspannung
τ_t	Torsionsspannung
$\tau_{t\,zul}$	zulässige Torsionsspannung

5.1.6. Die zusammengesetzte Beanspruchung

Die meisten Bauteile werden durch die äußeren Kräfte so beansprucht, daß mehrere der vorstehenden Grundbeanspruchungsarten gleichzeitig auftreten. Kraftrichtungen mit beliebigem Winkel zur Stabachse ergeben immer zusammengesetzte Beanspruchung. Auch hierbei gibt das Schnittverfahren Aufschluß:

Im beliebigen Schnitt x–x müssen zur Herstellung des Gleichgewichts am abgetrennten Stabteil die inneren Kräfte F_N und F_q sowie das Biegemoment M_b angebracht werden. Der Vergleich mit den fünf Grundbeanspruchungsarten ergibt Zug-, Abscher- und Biegebeanspruchung.

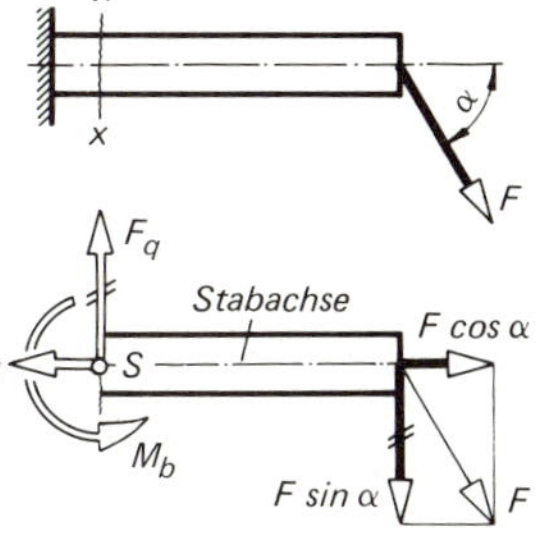

Zusammengesetzte Beanspruchung durch schräg zur Stabachse wirkende Einzelkraft *F*

5.1.7. Bestimmen des inneren Kräftesystems (Schnittverfahren) und der Beanspruchungsarten

Für die in Abschnitt 5.1.5 vorgestellten fünf Grundbeanspruchungsarten Zug, Druck, Abscheren, Biegung und Torsion gelten einfache Gleichungen, die später gründlich entwickelt werden. Jetzt geht es darum, Sicherheit im Erkennen der Beanspruchungsarten zu gewinnen, die bei den verschiedenartigen Belastungen in den Bauteilen entstehen. Den Schlüssel zum Verständnis liefert uns stets das *Schnittverfahren.* Die Fertigkeit können wir uns erwerben, wenn wir die folgenden Übungen gewissenhaft durcharbeiten.

Die Übungen eignen sich sehr gut zur Gruppenarbeit: Jede Gruppe erarbeitet eine Übung oder einen Übungsschritt.

Zur Einführung in das Schnittverfahren betrachten wir nun das allgemeine innere Kräftesystem.

Zugbeanspruchung:

$$\sigma_z = \frac{F_N}{S} = \frac{\text{Normalkraft}}{\text{Querschnittsfläche}}$$

Druckbeanspruchung:

$$\sigma_d = \frac{F_N}{S} = \frac{\text{Normalkraft}}{\text{Querschnittsfläche}}$$

Biegebeanspruchung:

$$\sigma_b = \frac{M_b}{W} = \frac{\text{Biegemoment}}{\text{axiales Widerstandsmoment}}$$

Abscherbeanspruchung:

$$\tau_a = \frac{F_q}{S} = \frac{\text{Querkraft}}{\text{Querschnittsfläche}}$$

Torsionsbeanspruchung:

$$\tau_t = \frac{T}{W_p} = \frac{\text{Torsionsmoment}}{\text{polares Widerstandsmoment}}$$

5.1.7.1. Das allgemeine innere Kräftesystem

Im allgemeinen Fall kann der Querschnitt eines Bauteils das folgende innere Kräftesystem zu übertragen haben:

eine *senkrecht zur Schnittfläche* wirkende innere Kraft F_N, sie erzeugt die Normalspannung σ;

eine *in der Schnittfläche* liegende innere Kraft F_q, sie erzeugt die Schubspannung τ;

ein *senkrecht zur Schnittfläche* wirkendes *Biegemoment* M_b, es erzeugt die Normalspannung σ (Biegespannung σ_b), weil das zugehörige Kräftepaar *senkrecht* auf der Schnittfläche steht;

ein *in der Schnittfläche* liegendes *Torsionsmoment* T, es erzeugt die Schubspannung τ (Torsionsspannung τ_t), weil das zugehörige Kräftepaar *in* der Schnittfläche wirkt.

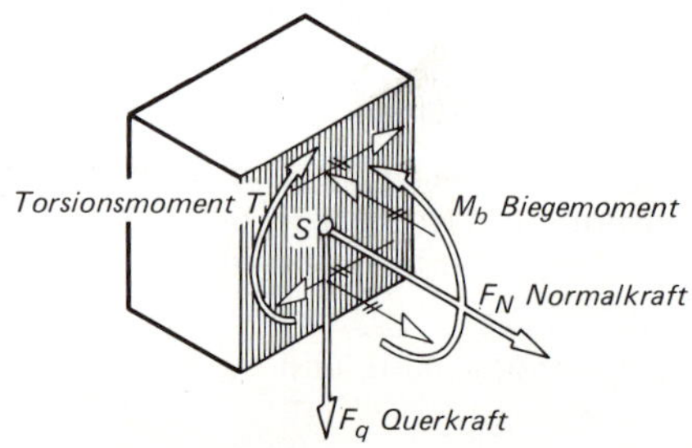

Das allgemeine innere Kräftesystem

In schwierigen Fällen wollen wir – um Fehler auszuschließen – diese vier statischen Größen in der Schnittfläche anbringen und mit den Gleichgewichtsbedingungen am „abgeschnittenen" Bauteil die inneren Kräfte und Momente bestimmen.

Meist wird es genügen, wenn wir durch Hinzufügen von inneren Kräften und Kraftmomenten das abgeschnittene Bauteil Schritt für Schritt ins Gleichgewicht setzen. So verfahren wir in den folgenden Übungen.

Da diese Übungen eine der wichtigsten Grundaufgaben der Festigkeitslehre erfassen, gehen wir nach einem *Arbeitsplan* vor. Wir erkennen sofort, daß in jedem Fall zuerst die äußeren Kräfte und Kraftmomente zu bestimmen sind, so wie wir das in der Statik gelernt haben.

5.1.7.2. Arbeitsplan zur Bestimmung des inneren Kräftesystems und der Beanspruchungsarten

Äußere Kräfte und Kraftmomente mit Hilfe der statischen Gleichgewichtsbedingungen bestimmen (zeichnerisch oder rechnerisch).	1. Schritt
Bauteil durch einen Schnitt quer zur Stabachse an der Stelle schneiden, deren Beanspruchung untersucht werden soll.	2. Schritt
In den Schnitt Normalkraft F_N, Querkraft F_q und Kraftmomente M_b und T so einzeichnen, daß der Restkörper wieder im Gleichgewicht steht.	3. Schritt
Beträge der inneren Kräfte und Kraftmomente mit Hilfe der rechnerischen Gleichgewichtsbedingungen bestimmen.	4. Schritt
Beanspruchungsarten durch Vergleich des inneren Kräftesystems mit den Angaben im Abschnitt 5.1.5 festlegen.	5. Schritt
Spannungen nach 5.1.7 berechnen.	6. Schritt

5.1.7.3. Übungen zum Schnittverfahren

1. Übung: Durch die Last F wird ein Seil (Kette, Draht) belastet. Wir machen das Seil frei und zerlegen es durch den Schnitt x–x in Teil I und II. Der betrachtete Restkörper ist wieder im Gleichgewicht, wenn wir im Schnitt die senkrecht zur Schnittfläche wirkende innere Kraft $F_N = F = 4000$ N anbringen ($\Sigma F_y = 0$). Der Vergleich mit den Angaben im Abschnitt 5.1.5 ergibt, daß *Zug*beanspruchung vorliegt. Es tritt die Normalspannung σ_z (Zugspannung) auf. Ihr Betrag wird bestimmt durch die Zug-Hauptgleichung $\sigma_z = F_N / S$.

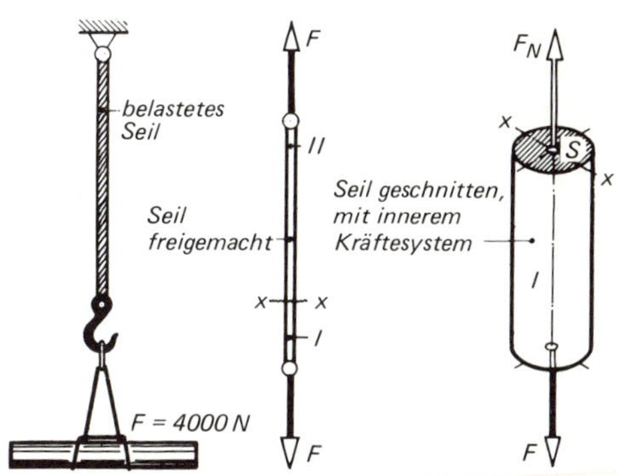

Inneres Kräftesystem beim Seil

2. Übung: Das innere Kräftesystem im Querschnitt x–x eines Stützträgers soll bestimmt werden. Zunächst müssen mit Hilfe der Gleichgewichtsbedingungen am Gesamtkörper die Stützkräfte F_A und F_B berechnet werden.

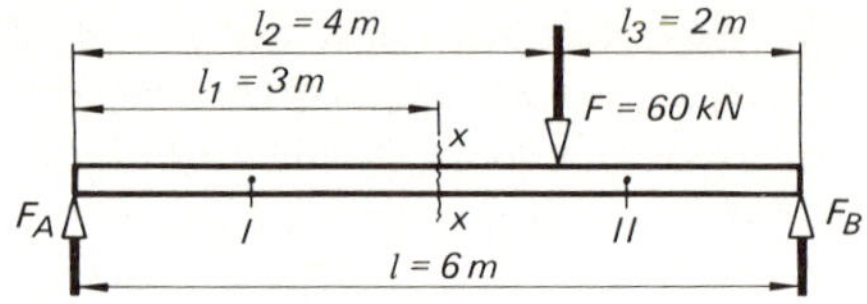

Stützträger, freigemacht

Die Rechnung ergibt
für die Stützkraft $F_A = 20\text{ kN} = 20\,000\text{ N}$,
für die Stützkraft $F_B = 40\text{ kN} = 40\,000\text{ N}$.

$$\Sigma M_{(A)} = 0 = F_B l - F l_2$$

$$F_B = F\frac{l_2}{l} = 60\text{ kN}\,\frac{4\text{ m}}{6\text{ m}} = 40\text{ kN}$$

$$\Sigma F_y = 0 = F_A - F + F_B$$

$$F_A = F - F_B = 20\text{ kN}$$

Sehen wir uns nun die Teilstücke an, zunächst Teil I. Soll sich der Restkörper I nicht mehr verschieben, müssen wir im Schnitt eine nach unten wirkende innere Kraft $F_q = F_A = 20\,000$ N anbringen ($\Sigma F_y = 0$). Nun bilden F_q und F_A jedoch ein Kräftepaar, das den Restkörper rechtsdrehend belastet. Folglich bringen wir im Schnitt ein linksdrehendes, senkrecht zur Fläche wirkendes Biegemoment $M_b = F_A l_1 = 60\,000$ Nm an, das die Drehung verhindert ($\Sigma M_{(S)} = 0$).

Auf diese Weise können wir auch den Restkörper II untersuchen.

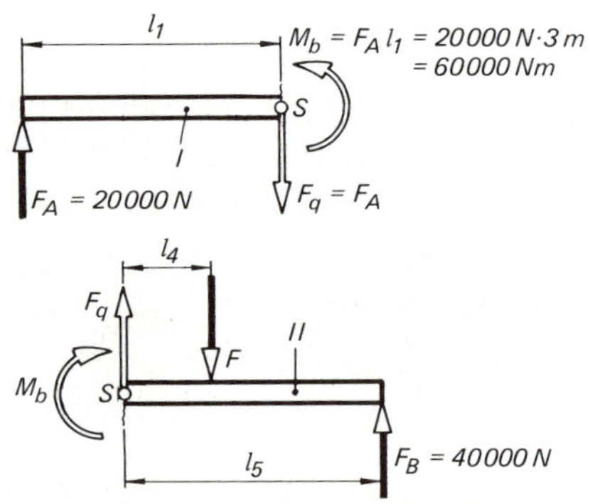

Stützbalken geschnitten und mit innerem Kräftesystem versehen. Die inneren Kräftesysteme in I und II sind gleich groß und entgegengesetzt gerichtet.

Wir erkennen:

Waagerecht wirkende Kräfte sind nicht vorhanden. Die *im* Schnitt wirkende innere Kraft $F_q = 20\,000$ N ergibt nach Abschnitt 5.1.5 *Abscher*beanspruchung mit *Schub*spannung τ_a (Abscherspannung). Ihr Betrag wird bestimmt durch die Abscher-Hauptgleichung $\tau_a = F_q/S$.

Außer der inneren Querkraft F_q hat der Querschnitt noch ein Biegemoment M_b zu übertragen. Wie jedes Drehmoment wird auch das Biegemoment M_b durch ein Kräftepaar erzeugt. Die Teilkräfte dieses Kräftepaares stehen hier senkrecht zur Fläche und ergeben nach Abschnitt 5.1.5 *Biege*beanspruchung mit der *Normal*spannung σ_b. Ihr Betrag wird bestimmt durch die Biege-Hauptgleichung $\sigma_b = M_b/W$.

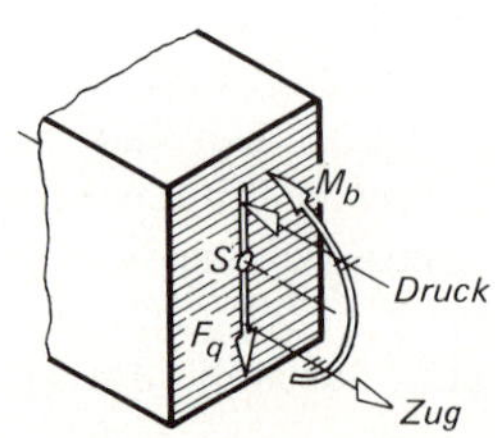

Biegemoment und Kräftepaar

3. Übung: Durch das Anziehen soll in der Schraubenspindel der skizzierten Schraubzwinge eine Längskraft $F = 3\,000$ N entstehen. Diese Kraft wird die Schraubzwinge etwas aufweiten. Wir wollen versuchen, für die willkürlich gelegten Schnitte x–x und y–y das innere Kräftesystem und die dort zu übertragenden Beanspruchungsarten festzulegen.

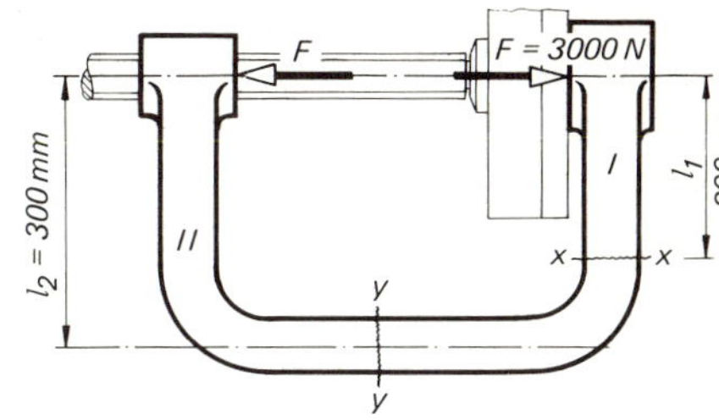

Schraubzwinge mit äußerer Belastung F

a) Schnitt x–x

Die Kraft F würde Schnitteil I nach rechts verschieben. Daher müssen wir im Schnitt die innere Kraft $F_q = F = 3\,000$ N anbringen ($\Sigma F_x = 0$). Äußere Kraft F und innere Kraft F_q ergeben nun aber ein Kräftepaar, das den Körper mit dem rechtsdrehenden Kraftmoment

$$M = -F l_1 = -3\,000\ \text{N} \cdot 0{,}2\ \text{m} = -600\ \text{Nm}$$

rechtsherum drehen würde. Gleichgewicht bringt erst das eingezeichnete linksdrehende Biegemoment $M_b = F l_1 = 600$ Nm ($\Sigma M_{(S)} = 0$). Damit liegen auch die Beanspruchungsarten fest.

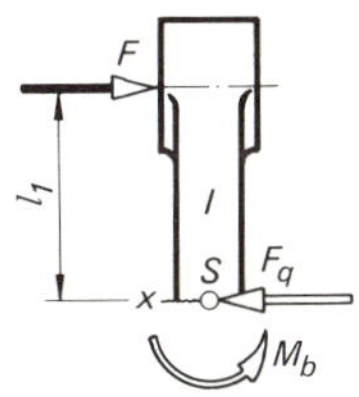

$$\Sigma F_x = 0 = F - F_q$$
$$F_q = F = 3\,000\ \text{N}$$
$$\Sigma M_{(S)} = 0 = -F l_1 + M_b$$
$$M_b = F l_1 = 600\ \text{Nm}$$

Inneres Kräftesystem am Teilstück I

Beanspruchungsarten im Schnitt x–x: *Abscher*beanspruchung durch die Querkraft $F_q = F = 3\,000$ N mit Abscherspannung $\tau_a = F_q/S$ und *Biege*beanspruchung durch das Biegemoment $M_b = F l_1 = 600$ Nm mit Biegespannung $\sigma_b = M_b/W$.

b) Schnitt y–y

Zur Herstellung des Gleichgewichtes am abgeschnittenen Bauteil II müssen wir im Schnitt die innere Normalkraft $F_N = F = 3000$ N anbringen ($\Sigma F_x = 0$). Auch hier haben wir dann ein Kräftepaar mit dem Kraftmoment $F l_2$, dem wir mit dem eingezeichneten Biegemoment $M_b = -F l_2$ rechtsdrehend entgegenwirken müssen ($\Sigma M_{(S)} = 0$). Damit liegen auch für diesen Schnitt die Beanspruchungsarten fest.

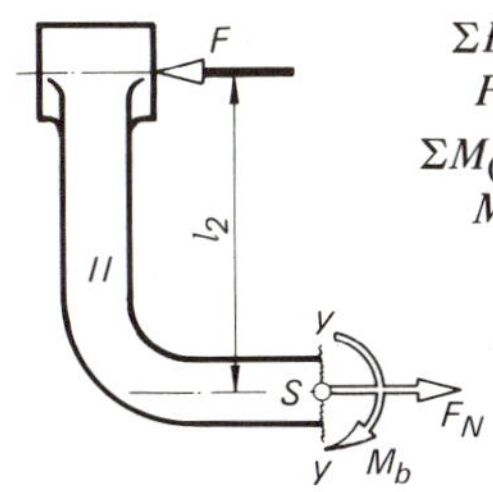

$$\Sigma F_x = 0 = -F + F_N$$
$$F_N = F = 3000\ \text{N}$$
$$\Sigma M_{(S)} = 0 = F l_2 - M_b$$
$$M_b = F l_2 = 900\ \text{Nm}$$

Inneres Kräftesystem am Teilstück II

Beanspruchungsarten im Schnitt y–y: *Zug*beanspruchung durch die Normalkraft $F_N = F = 3000$ N mit Zugspannung $\sigma_z = F_N/S$ und *Biege*beanspruchung durch das Biegemoment $M_b = F l_2 = 900$ Nm mit Biegespannung $\sigma_b = M_b/W$.

4. Übung: Wir kommen jetzt zu einer recht schwierigen Aufgabe: Für die drei eingezeichneten Schnittstellen I, II, III einer Handkurbel sollen das innere Kräftesystem und die Beanspruchungsarten bestimmt werden. Gleiche oder ähnliche Probleme begegnen uns in der Praxis häufig, z. B. bei Kurbelwellen, bei Getriebewellen, überall dort, wo eine äußere Kraft drehend auf einen Körper wirkt.

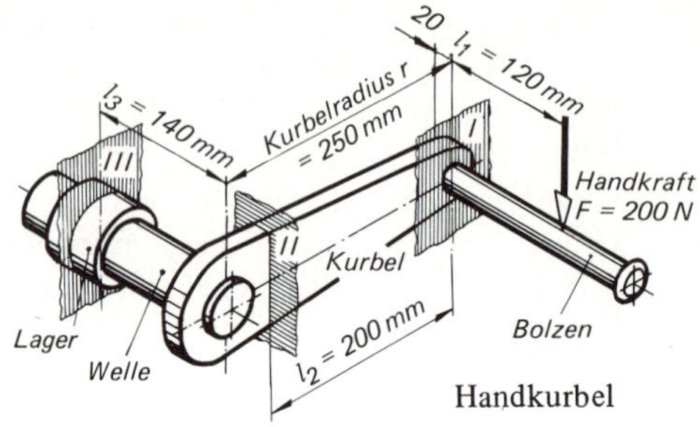

Handkurbel

a) Schnittstelle I (Bolzen)

Um das Gleichgewicht am abgeschnittenen Bolzen wieder herzustellen, müssen wir zunächst die innere Querkraft $F_q = F = 200$ N anbringen ($\Sigma F_y = 0$). Dadurch entsteht das aus F_q und F bestehende (rechtsdrehende) Kräftepaar. In gleicher Ebene wirkt das linksdrehende Biegemoment $M_b = 200 \text{ N} \cdot 0{,}120 \text{ m} = 24$ Nm. Es ergibt sich aus der Momentengleichgewichtsbedingung um den Schnittflächenschwerpunkt S ($\Sigma M_{(S)} = 0$).

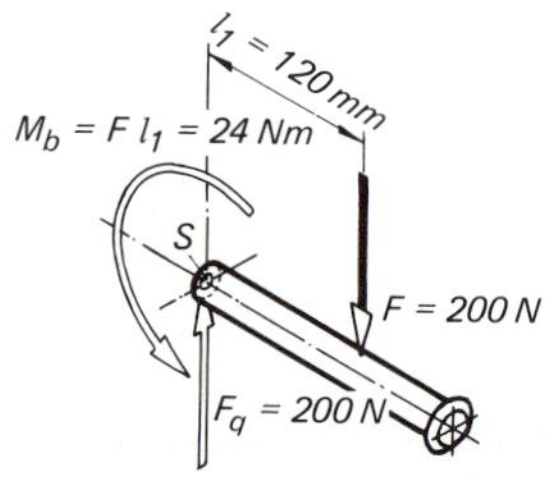

Inneres Kräftesystem in der Schnittstelle I

$$\Sigma F_y = 0 = -F + F_q$$
$$F_q = F = 200 \text{ N}$$
$$\Sigma M_{(S)} = 0 = -F\,l_1 + M_b$$
$$M_b = F\,l_1 = 200 \text{ N} \cdot 0{,}12 \text{ m} = 24 \text{ Nm}$$

Die Beanspruchungsarten mit der jeweiligen Spannung, hier Abscherspannung τ_a und Biegespannung σ_b, erhalten wir durch Vergleich mit den Angaben im Abschnitt 5.1.5.

Beanspruchungsarten im Schnitt I:

*Abscher*beanspruchung durch die Querkraft $F_q = F = 200$ N mit Abscherspannung $\tau_a = F_q/S$ und

*Biege*beanspruchung durch das Biegemoment $M_b = F\,l_1 = 24$ Nm mit Biegespannung $\sigma_b = M_b/W$.

b) Schnittstelle II (Kurbel)

Bevor wir das innere Kräftesystem im Schnitt II des Kurbelarmes bestimmen können, müssen wir wissen, wie die Handkraft F in bezug auf den Kurbelarm wirkt. Um das festzustellen, bringen wir nach dem Parallelverschiebungssatz (siehe Statik) im Kurbelarmpunkt A zwei gleich groß gegensinnige Kräfte F an. Wir erkennen, daß die Handkraft im Punkt A zweierlei bewirkt. Einmal die nach unten gerichtete Kraft F, zum anderen aber noch das dem Kräftepaar (zweifach gestrichene Kräfte) entsprechende (rechtsdrehende) Drehmoment

$M = Fl_1' = 26$ Nm.

Mit diesem in A wirkenden Kräftesystem können wir nun weiterarbeiten.

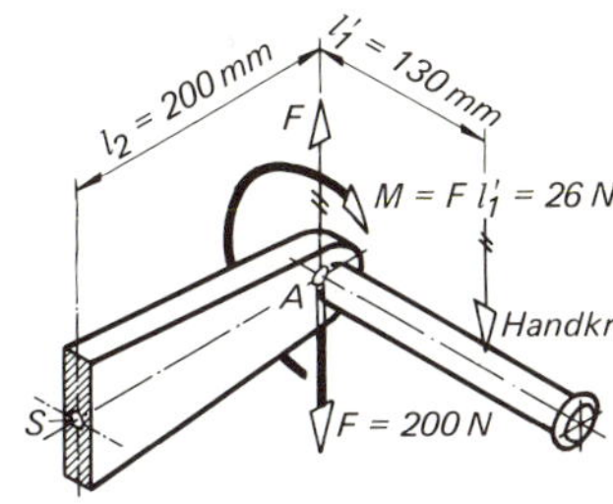

Kurbelarm mit Bolzenkraft F und äußerem Kräftesystem in A

Die in A angreifende Einzelkraft $F = 200$ N und das um A drehende Drehmoment $M = 26$ Nm sind dasjenige äußere Kräftesystem, dem wir in der Querschnittsstelle II ein entsprechendes inneres Kräftesystem entgegensetzen müssen.

Der Kurbelarm soll sich weder verschieben, noch soll er sich drehen.

Die Verschiebung schließen wir aus, indem wir im Schnitt die Querkraft $F_q = F = 200$ N anbringen ($\Sigma F_y = 0$).

Dadurch entsteht ein Kräftepaar (aus F und F_q), dem wir im Schnitt ein entsprechendes Moment entgegensetzen müssen. Das kann nur das um die x-Achse drehende Biegemoment $M_b = Fl_2 = 40$ Nm sein ($\Sigma M_{(S)} = 0$).

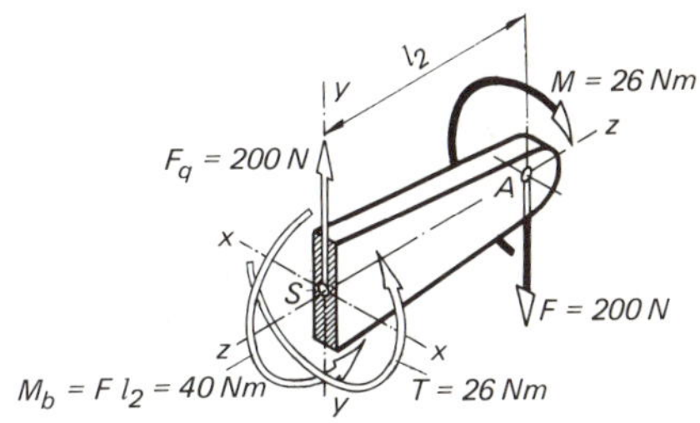

Inneres Kräftesystem in der Schnittstelle II

$$\Sigma F_y = 0 = -F + F_q$$
$$F_q = F = 200 \text{ N}$$
$$\Sigma M_{(S)} = 0 = -Fl_2 + M_b$$
$$M_b = Fl_2 = 200 \text{ N} \cdot 0{,}2 \text{ m} = 40 \text{ Nm}$$
$$\Sigma M_{(S)} = 0 = -M + T$$
$$T = M = 26 \text{ Nm}$$

Nun würde aber das äußere Drehmoment $M = 26$ Nm den Kurbelarm um die z-Achse rechtsherum drehen. Folglich hat der Querschnitt noch das linksdrehende und in der Fläche liegende Torsionsmoment

$T = M = 26$ Nm

zu übertragen. Statt $\Sigma M_{(S)} = 0$ müßten wir hier exakter $\Sigma M_{(z\text{-Achse})} = 0$ sagen.

Die Beanspruchungsarten mit der zugehörigen Spannung erhalten wir wie gewohnt nach Abschnitt 5.1.5.

Beanspruchungsarten im Schnitt II:

*Abscher*beanspruchung durch die Querkraft $F_q = F = 200$ N mit Abscherspannung $\tau_a = F_q/S$.

*Biege*beanspruchung durch das Biegemoment $M_b = Fl_2 = 40$ Nm mit Biegespannung $\sigma_b = M_b/W$ und

*Torsions*beanspruchung durch das Torsionsmoment $T = 26$ Nm mit der Torsionsspannung $\tau_t = T/W_p$.

c) Schnittstelle III (Kurbelwelle)

Auch hier müssen wir erst einmal feststellen, welche Wirkung die Handkraft F auf den zu untersuchenden Körper ausübt. Dazu verlängern wir die Achse x–x der Welle bis zum Schnittpunkt B. Dort bringen wir die beiden gleich großen gegensinnigen Kräfte F an. Wir erhalten in bezug auf die x-Achse die äußere Kraft $F = 200$ N und das dem gestrichenen Kräftepaar entsprechende (rechtsdrehende) Drehmoment

$M = Fr = 50$ Nm.

Mit diesem in B wirkenden Kräftesystem können wir weiterarbeiten.

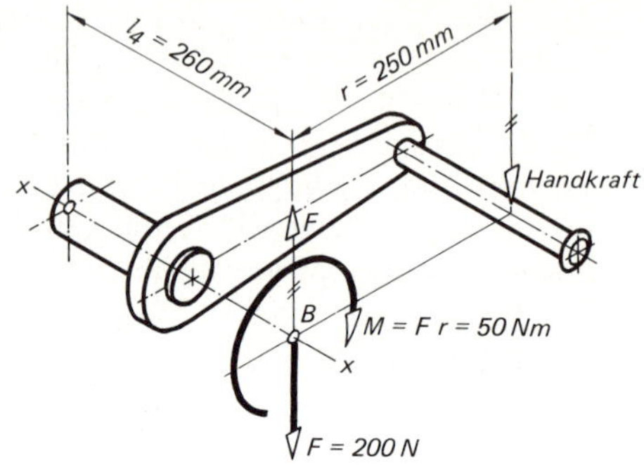

Handkurbel mit Bolzenkraft F und äußerem Kräftesystem in B

Schritt für Schritt wollen wir noch einmal den abgeschnittenen Körper ins Gleichgewicht zurückversetzen:

Zuerst bringen wir eine nach oben gerichtete Querkraft F_q im Schnittflächenschwerpunkt an. Damit wird das Gleichgewicht in senkrechter Richtung wieder hergestellt ($\Sigma F_y = 0$).

Nun ist aber das Kräftepaar F, F_q entstanden, das die Welle rechtsdrehend belastet. Folglich müssen wir als nächstes ein in gleicher Ebene wirkendes Kraftmoment im Schnitt anbringen, das linksdrehende Biegemoment

$M_b = Fl_4 = 52$ Nm ($\Sigma M_{(S)} = 0$).

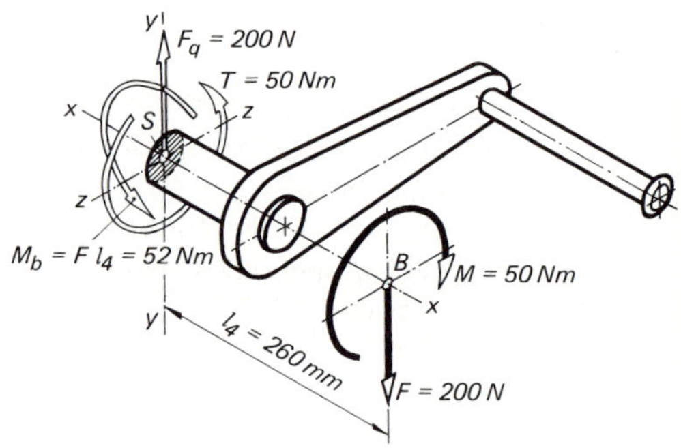

Inneres Kräftesystem in der Schnittstelle III

Bis hierher ist gesichert, daß sich die Welle in der x, y-Ebene weder verschiebt noch dreht. Sie würde sich aber unter der Wirkung des Drehmomentes M um die x-Achse drehen (gegenüber dem Restteil der Welle). Das verhindert das in der Schnittebene liegende linksdrehende Torsionsmoment $T = 50$ Nm.

$$\Sigma F_y = 0 = -F + F_q$$
$$F_q = F = 200 \text{ N}$$
$$\Sigma M_{(S)} = 0 = -F l_4 + M_b$$
$$M_b = F l_4 = 200 \text{ N} \cdot 0{,}26 \text{ m} = 52 \text{ Nm}$$
$$\Sigma M_{(S)} = 0 = -M + T$$
$$T = M = 50 \text{ Nm}$$

Wie üblich erhalten wir die Beanspruchungsarten und die Spannungen nach Abschnitt 5.1.5.

Beanspruchungsarten im Schnitt III:
*Abscher*beanspruchung durch die Querkraft $F_q = 200$ N mit Abscherspannung $\tau_a = F_q/S$,
*Biege*beanspruchung durch das Biegemoment $M_b = 52$ Nm mit Biegespannung $\sigma_b = M_b/W$
und
*Torsions*beanspruchung durch das Torsionsmoment $T = 50$ Nm mit Torsionsspannung $\tau_t = T/W_p$.

5.2. Beanspruchung auf Zug

5.2.1. Spannung

Ein Stab von beliebiger, gleichbleibender Querschnittsfläche S wird durch die äußere Kraft F auf Zug beansprucht.

Wir legen einen Schnitt x–x senkrecht zur Stabachse. Das Gleichgewicht am linken Stabteil wird hergestellt durch die im Schnittflächenschwerpunkt S angreifende innere Kraft F_N senkrecht zum Schnitt (Normalkraft). Die Gleichgewichtsbedingung $\Sigma F_x = 0$ ergibt $F_N = F$.

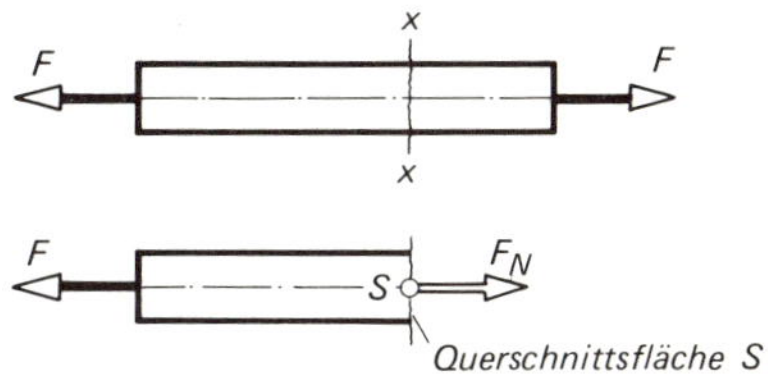

Zugbeanspruchter Stab

Wir unterstellen nun, daß jedes Flächenteilchen des Querschnitts gleich stark an der Aufnahme der inneren Kraft beteiligt ist. Dann erhalten wir die Zugspannung σ_z einfach als Quotienten aus der Normalkraft F_N und dem Flächeninhalt S der Querschnittsfläche.

Damit haben wir die Zug-Hauptgleichung gefunden, die für die gerade vorliegende Aufgabe umgestellt werden kann.

$$\textit{Zugspannung}\ \sigma_z = \frac{\text{Normalkraft } F_N}{\text{Querschnittsfläche } S}$$

$$\sigma_z = \frac{F_N}{S}$$

Zug-Hauptgleichung

σ_z	F_N	S
$\frac{N}{mm^2}$	N	mm^2

Je nach vorliegender Aufgabe wird die Zug-Hauptgleichung umgestellt:

Ist der Querschnitt längs der Stabachse gleichbleibend, herrscht auch in jedem Schnitt die gleiche Spannung. Bei (allmählichen) Querschnittsänderungen gehört zum kleineren Querschnitt die größere Spannung und umgekehrt. Die im sogenannten *gefährdeten Querschnitt* herrschende Spannung darf den festgelegten zulässigen Spannungswert nicht überschreiten.

Gefährdet ist bei Zugbeanspruchung der Querschnitt mit der kleinsten Fläche.

$$S_{erf} = \frac{F_N}{\sigma_{z\,zul}}$$ erforderlicher Querschnitt

$$\sigma_{z\,vorh} = \frac{F_N}{S} \leqq \sigma_{z\,zul}$$ vorhandene Spannung

$$F_{N\,max} = S\,\sigma_{z\,zul}$$ maximale Belastung

5.2.2. Erkennen des gefährdeten Querschnitts in zugbeanspruchten Bauteilen

Eine festigkeitstechnische Aufgabe kann nur dann richtig gelöst werden, wenn das zu untersuchende Bauteil richtig freigemacht und der *gefährdete* Querschnitt S_{gef} richtig erkannt worden ist.

Zur Übung wird das Aufsuchen des gefährdeten Querschnitts bei Zugbeanspruchung an einigen häufig vorkommenden Bauteilen erläutert.

5.2.2.1. Profilstäbe mit Querbohrung

In ungeschwächten Profilstäben (Kreis-, Kreisring, Rechteck-, Winkel-, Doppel-T-Profile usw.) muß in jedem Querschnitt längs der Zugachse die gleiche Spannung herrschen, weil die Querschnittsfläche überall gleich groß ist. Querbohrungen oder Querschnittsminderung anderer Art führen an dieser Stelle zur Spannungserhöhung. Dort liegt also auch der gefährdete Querschnitt S_{gef}, für den wir mit den gewählten Bezeichnungen für die geometrischen Größen (Durchmesser d, Breite b, Dicke s usw.) eine Gleichung hinschreiben können, z. B. für den gefährdeten Querschnitt eines Flachstahles in der Form $S_{gef} = bs - ds = s(b - d)$. Falsch wäre etwa $S_{gef} = bs - sd^2\,\pi/4$!

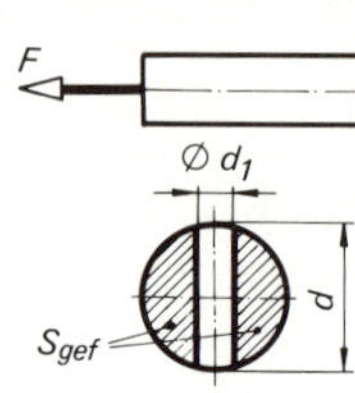

$$S_{gef} = S_x = \frac{\pi}{4}d^2 - dd_1$$

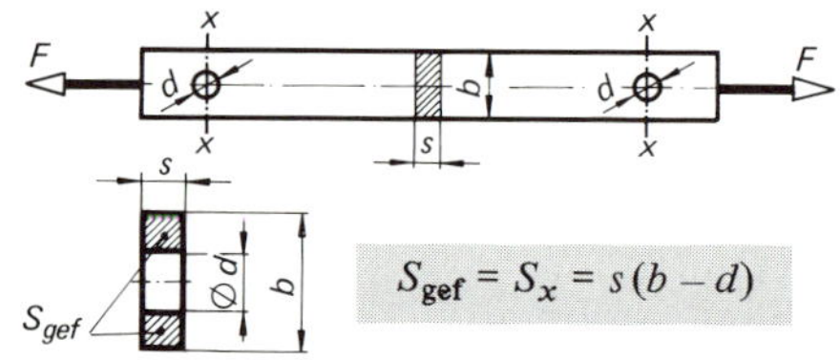

$$S_{gef} = S_x = s(b - d)$$

5.2.2.2. Zuglaschen

Ändern sich bei Zugstäben Querschnittsform oder Flächeninhalt längs der Zugachse, so legen wir einen Schnitt nach jeder Querschnittsänderung, in der skizzierten Zuglasche beispielsweise die Schnitte x–x und y–y. Erst der Vergleich der Flächeninhalte S_x, S_y läßt den gefährdeten Querschnitt erkennen; er liegt dort, wo der Flächeninhalt am kleinsten ist, denn nach $\sigma_z = F_N/S$ gehört zum kleineren Querschnitt die größere Spannung und umgekehrt.

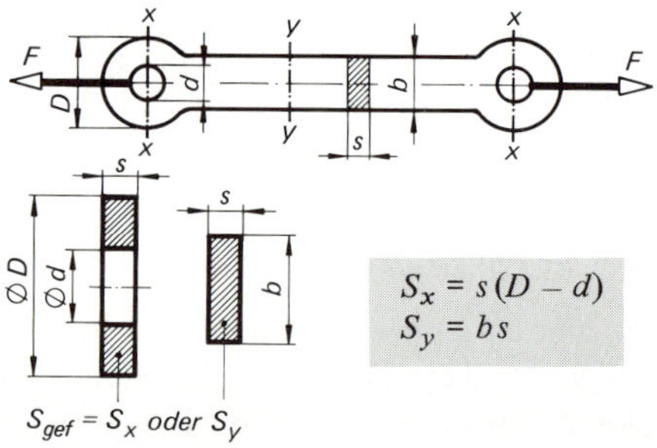

$$S_x = s(D - d)$$
$$S_y = bs$$

5.2.2.3. Zugschrauben

Auch für Schrauben gilt, daß der gefährdete Querschnitt dort liegt, wo sich der kleinste Flächeninhalt ergibt. Setzen wir einen Schnitt im Gewindegrund eines Spitzgewindes an, dann endet dieser Schnitt auf der anderen Seite im Gewindegang, und die Form des Querschnittes weicht etwas von der Kreisform ab. Der so entstandene gefährdete Querschnitt heißt *Spannungsquerschnitt* A_S. Er ist für alle Befestigungsgewinde (Spitzgewinde) berechnet worden. Wir können ihn in mm² den Tafeln entnehmen (siehe Formelsammlung).

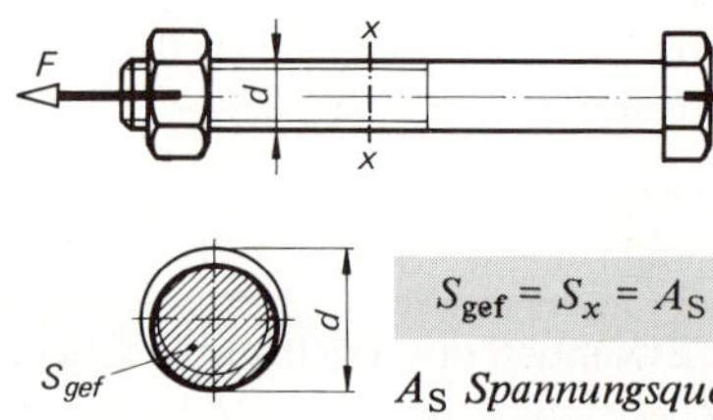

$$S_{gef} = S_x = A_S$$

A_S *Spannungsquerschnitt*

Hinweis: Als gefährdeten Querschnitt bei Bewegungsgewinden (z.B. Trapezgewinde) nimmt man stets den Kernquerschnitt.

5.2.2.4. Herabhängende Stäbe oder Seile

Denken wir uns einen frei herabhängenden Stab von unten nach oben fortschreitend durch die Schnitte $x_1 - x_1$, $x_2 - x_2$ usw. zerlegt, dann hat der jeweils höher liegende Schnitt eine größere Teilgewichtskraft G_x aufzunehmen. Das bedeutet, daß die Spannung an der Einspannstelle am größten ist. Dort liegt der gefährdete Querschnitt. Da die Belastung durch das Eigengewicht linear zunimmt, muß die Begrenzung der Spannungsverteilung eine Gerade sein. Trägt der Stab am unteren Ende noch die Last F, dann beträgt die Gesamtbelastung $F_{ges} = F + G$. Damit ist die maximale Spannung σ_{max} zu berechnen.

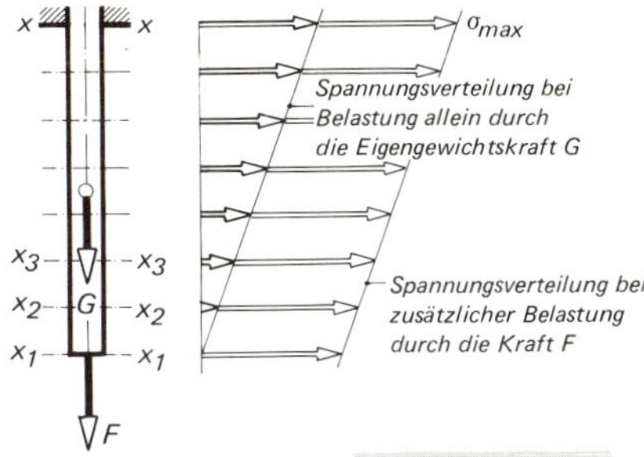

$$S_{gef} = S_x \qquad \sigma_{max} = \frac{F + G}{S_x}$$

S_x Querschnitt an der Einspannstelle

Vielfach muß bei solchen Aufgaben die Gewichtskraft G berechnet werden. Dazu ersetzen wir die Gewichtskraft durch das Produkt aus dem Volumen V, der Dichte ρ des Stoffes und der Fallbeschleunigung g.

Ist die Masse m des Stabes gegeben, dann erhalten wir die Gewichtskraft G als Produkt aus Masse m und Fallbeschleunigung g.

$$G = V \rho g \qquad G = m g$$

G	V	ρ	m	g
$\text{N} = \frac{\text{kg m}}{\text{s}^2}$	m^3	$\frac{\text{kg}}{\text{m}^3}$	kg	$\frac{\text{m}}{\text{s}^2}$

5.2.2.5. Ketten

Zur Vereinfachung werden Ketten entgegen den tatsächlichen Beanspruchungsverhältnissen nur auf Zug berechnet. Die Sicherheit im Hinblick auf die tatsächliche größte Beanspruchung eines Kettengliedes liegt in der behördlich vorgeschriebenen zulässigen Zugspannung. Bei den Rechnungen wird häufig vergessen, daß der Schnitt x–x *zwei* Rundstahlquerschnitte trifft.

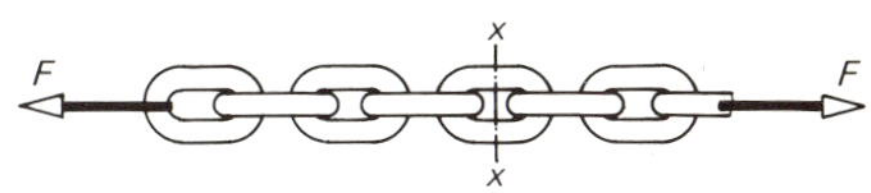

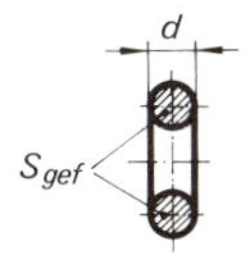

$$S_{gef} = 2 \frac{\pi}{4} d^2 = \frac{\pi}{2} d^2$$

5.2.3. Elastische Formänderung (Hookesches Gesetz)

Bei Belastung verändert ein Werkstück seine Form. Man unterscheidet „elastische“ und „plastische“ Formänderung. Hier gehen wir nur auf die *elastische* Formänderung ein, bei der das Werkstück nach Entlastung seine ursprüngliche Form wieder annimmt.

Das von *Robert Hooke* (engl. Physiker, 1635–1703) gefundene Gesetz ist das Grundgesetz für jede elastische Verformung fester Körper.
Im Physik-Lehrbuch [1]) wird ein Versuch zum Hookeschen Gesetz beschrieben.

1) *A. Böge*, Physik – Grundlagen · Versuche · Aufgaben · Lösungen, Verlag Vieweg, Braunschweig

5.2.3.1. Verlängerung Δl und Dehnung ϵ

Jeder auf Zug beanspruchte Körper (Gummifaden, Stahldraht, Zugstab eines Fachwerkes usw.) verlängert sich um einen bestimmten Betrag Δl. Hat der Körper im ungespannten Zustand die Ursprungslänge l_0, im gespannten Zustand dagegen die Länge l, so ist seine *Verlängerung* Δl die Differenz von Länge l bei Belastung und Ursprungslänge l_0.

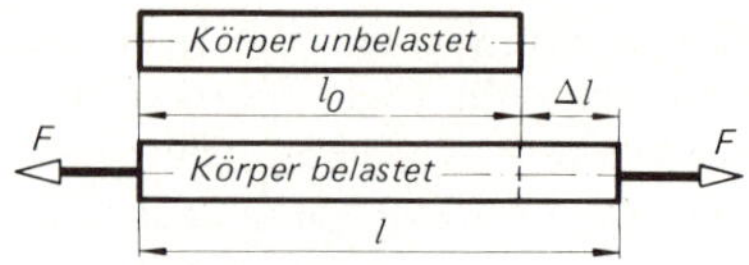

Stab ungespannt und gespannt

$$\Delta l = l - l_0$$

Nehmen wir an, ein Stahlstab von beliebiger Länge l_0 verlängere sich bei einer bestimmten Zugspannung um 10 mm. Dann würde sich ein doppelt so langer Stab unter sonst gleichen Voraussetzungen um 20 mm verlängern. Je nach größerer oder kleinerer Ursprungslänge l_0 wird also die Verlängerung Δl trotz gleicher Spannung größer oder kleiner. Um längen*unabhängige* Vergleichswerte für die Werkstoffbeurteilung zu erhalten, bezieht man die Verlängerung Δl auf die Ursprungslänge l_0. Dieser Quotient aus Verlängerung Δl und Ursprungslänge l_0 heißt *Dehnung* ϵ.

$$\textit{Dehnung}\ \epsilon = \frac{\text{Verlängerung } \Delta l}{\text{Ursprungslänge } l_0}$$

$$\epsilon = \frac{\Delta l}{l_0} = \frac{l - l_0}{l_0}$$

ϵ	$\Delta l, l_0, l$
1	mm

Beachte: Als Verhältnis zweier Längen (Verlängerung Δl und Ursprungslänge l_0) ist die Dehnung ϵ eine Verhältnisgröße mit der Einheit Eins.

In der Werkstoffprüfung gibt man die Dehnung in Prozenten an. In Festigkeitsrechnungen dagegen dürfen wir nur mit der Dezimalzahl rechnen.

Beispiel:

Ein Stab von 100 mm Länge verlängert sich bei einer bestimmten Belastung um 10 mm. Dann beträgt die Dehnung

$$\epsilon = \frac{\Delta l}{l_0} = \frac{10\ \text{mm}}{100\ \text{mm}} = 0{,}1\ (10\ \%)$$

5.2.3.2. Querdehnung ϵ_q

An einem Gummifaden erkennen wir, daß er bei Belastung nicht nur länger sondern auch dünner wird. Ebenso nimmt auch der Querschnitt eines auf Zug beanspruchten Metallstabes ab, wenn auch nicht mit bloßen Augen erkennbar.

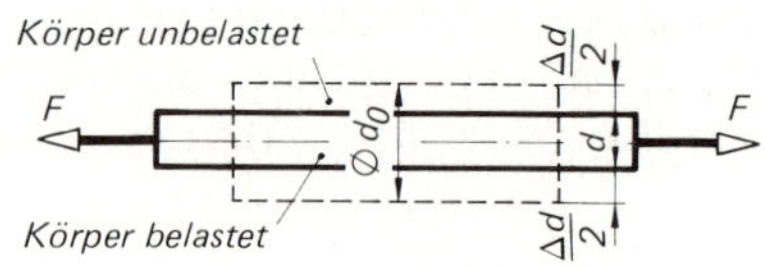

Querdehnung des Stabes

Jede Dehnung ist also mit einer Querschnittsminderung verbunden. Daher hat man entsprechend der Dehnung ϵ die *Querdehnung* ϵ_q definiert und zwar als Verhältnis von Dickenänderung Δd (entsprechend Δl) und Ursprungsdicke d_0 (entsprechend l_0).

Als Verhältnis zweier Längen muß auch die Querdehnung ϵ_q die Einheit Eins erhalten.

$$\textit{Querdehnung}\ \epsilon_q = \frac{\text{Dickenänderung } \Delta d}{\text{ursprüngliche Dicke } d_0}$$

$$\epsilon_q = \frac{\Delta d}{d_0} = \frac{d_0 - d}{d_0}$$

ϵ_q	$\Delta d, d_0, d$
1	mm

5.2.3.3. Poisson-Zahl μ

Für bestimmte Festigkeitsuntersuchungen ist es bequem, mit dem Verhältnis von Querdehnung ϵ_q und Dehnung ϵ zu rechnen. Dieses Verhältnis bezeichnet man als *Poisson-Zahl* μ. Für Stahl wurde die Poisson-Zahl $\mu = 0{,}3$ ermittelt; für GG ist $\mu = 0{,}25$; für Gummi ist $\mu = 0{,}5$.

$$\textit{Poisson-Zahl } \mu = \frac{\text{Querdehnung } \epsilon_q}{\text{Längsdehnung } \epsilon}$$

$$\mu = \frac{\epsilon_q}{\epsilon}$$

5.2.3.4. Das Hookesche Gesetz

Für viele Festigkeitsrechnungen ist es wichtig, den Zusammenhang zwischen der Spannung σ und der zugehörigen Dehnung ϵ zu kennen. Beim Ziehen eines Gummifadens erkennen wir, daß mit zunehmender Spannung σ auch die Dehnung ϵ (Verlängerung Δl) ansteigt. Versuche mit Probestäben (siehe Spannungs-Dehnungs-Diagramm, Seite 352) zeigen, daß bei vielen Werkstoffen die Dehnung ϵ mit der Spannung σ im gleichen Verhältnis (proportional) wächst. Bei doppelter Spannung σ zeigt sich dann auch die doppelte Dehnung ϵ. Man kann auch sagen: Das Verhältnis von Spannung σ und Dehnung ϵ ist für jeden Werkstoff ein bestimmter, in den für die Praxis wichtigen Spannungsgrenzen gleichbleibender Wert, der *Elastizitätsmodul E*.

$$\textit{Elastizitätsmodul } E = \frac{\text{Spannung } \sigma}{\text{Dehnung } \epsilon}$$

Umgestellt und für $\epsilon = \Delta l / l_0$ eingesetzt ergibt sich die übliche Form:

$$\sigma = \epsilon E = \frac{\Delta l}{l_0} E$$

Hookesches Gesetz

σ, E	$\Delta l, l_0$	ϵ
$\frac{N}{mm^2}$	mm	1

Hinweis: Versuche mit druckbeanspruchten Stäben zeigen die gleichen Gesetzmäßigkeiten wie bei Zugbeanspruchung: Das Hookesche Gesetz gilt für Zug- und Druckbeanspruchung. Statt σ_z und σ_d schreiben wir daher hier nur σ.

Der Elastizitätsmodul (kurz: E-Modul) ist eine Werkstoffkonstante, die wir selbst durch einfache Dehnversuche ermitteln können. Im Physik-Lehrbuch auf S. 191 ist ein solcher Versuch ausführlich beschrieben. Die Tafeln 5.8 und 5.9 enthalten den E-Modul für die wichtigsten Werkstoffe.

Beispiele:

$$E_{Stahl} = 210\,000 \frac{N}{mm^2} = 2{,}1 \cdot 10^5 \frac{N}{mm^2}$$

$$E_{AlCuMg} = 0{,}72 \cdot 10^5 \frac{N}{mm^2}$$

$$E_{GG\,26} = 1{,}2 \cdot 10^5 \frac{N}{mm^2}$$

Dem Elastizitätsmodul E entspricht für Schubspannungen (Abscher- und Torsionspannung) der Schubmodul G (5.6.2 und 5.8.3).

Hinweis: Manchmal erscheint eine Aufgabe nur deshalb schwierig, weil man vergißt, daß der E-Modul schon bekannt ist (Tafel 5.8).

Nach dem Hookeschen Gesetz $\sigma = \epsilon E$ muß der E-Modul die Einheit der Spannung haben (N/mm²), denn die Dehnung ϵ hat die Einheit Eins. Über das Hookesche Gesetz $E = \sigma/\epsilon$ können wir den E-Modul auch als diejenige Spannung ansehen, die bei der Dehnung $\epsilon = 1$ auftreten würde. Allerdings müssen wir dabei beachten, daß Metallstäbe sich nicht auf das Doppelte ihrer Ursprungslänge verlängern lassen, und daß das Hookesche Gesetz nur im elastischen Bereich gilt (siehe Spannungs-Dehnungs-Diagramm, 5.12.1).

Beispiel:
Nehmen wir an, ein Probestab verlängere sich bei der Spannung $\sigma_z = 1000\ \text{N/mm}^2$ auf das Doppelte seiner Ursprungslänge. Dann wäre seine Dehnung $\epsilon = \Delta l/l_0 = 1$ und damit

$$E = \frac{\sigma_z}{\epsilon} = \frac{1000}{1}\ \frac{\text{N}}{\text{mm}^2} = 1000\ \frac{\text{N}}{\text{mm}^2} = \sigma_z$$

5.2.3.5. Wärmespannung

Alle Metallstäbe dehnen sich bei Erwärmung aus und ziehen sich bei Abkühlung wieder auf die Ursprungslänge l_0 zusammen. Die Verlängerung Δl (Verkürzung) des Stabes ist abhängig von der Ursprungslänge l_0, von der Temperaturdifferenz $\Delta\vartheta = \vartheta_2 - \vartheta_1$ vor und nach der Erwärmung (Abkühlung) und vom Längen-Ausdehnungskoeffizienten α (siehe Physik-Lehrbuch).

$$\Delta l = l_0\, \alpha\, \Delta\vartheta$$

Δl, l_0	α	$\Delta\vartheta$
mm	$\frac{1}{\text{K}}$	K

Hinweis: Für Stahl ist $\alpha_{St} = 12 \cdot 10^{-6}\ \frac{1}{\text{K}}$, das heißt, ein Stahlstab von 1 m Länge verlängert sich bei Erwärmung um 1 K = 1 °C um $12 \cdot 10^{-6}$ m = 0,012 mm.

Wird ein Metallstab durch entsprechende Einspannungen an der Längenänderung gehindert, dann müssen Zug- oder Druckspannungen auftreten. Sie können mit Hilfe des Hookeschen Gesetzes berechnet werden. Diese Normalspannungen heißen *Wärmespannung* σ_ϑ, weil die Temperatur allgemein mit dem griechischen Buchstaben Theta bezeichnet wird. Den Elastizitätsmodul E entnehmen wir den Tafeln 5.8 und 5.9, den Längen-Ausdehnungskoeffizienten dem Techniker Handbuch.

$$\sigma_\vartheta = \epsilon E = \frac{\Delta l}{l_0} E$$ Hookesches Gesetz in allgemeiner Form

Für die Verlängerung (Verkürzung) wird $\Delta l = l_0\, \alpha\, \Delta\vartheta$ eingesetzt:

$$\sigma_\vartheta = \frac{l_0\, \alpha\, \Delta\vartheta}{l_0} E$$

$$\sigma_\vartheta = \alpha\, \Delta\vartheta\, E$$

Wärmespannung

σ_ϑ, E	α	$\Delta\vartheta$
$\frac{\text{N}}{\text{mm}^2}$	$\frac{1}{\text{K}}$	K

Beachte: Die Wärmespannung σ_ϑ ist unabhängig von den Abmessungen des Stabes.

5.2.3.6. Formänderungsarbeit W_f

Im elastischen Bereich (siehe 5.12.1) steigt die Belastung F von Zug- und Druckstäben proportional zur Längenänderung an. Dabei verrichtet die Kraft F auf dem Wege Δl (Verlängerung) eine mechanische Arbeit, die im Werkstoff gespeichert und bei Entlastung wieder vollständig frei wird. Man sagt: Der Körper „federt".

Das Kraft-Verlängerungs-Schaubild zeigt als Kraftlinie eine ansteigende Gerade. Aus der Mechanik wissen wir, daß die mechanische Arbeit einer Kraft im Kraft-Weg-Diagramm der Fläche unter

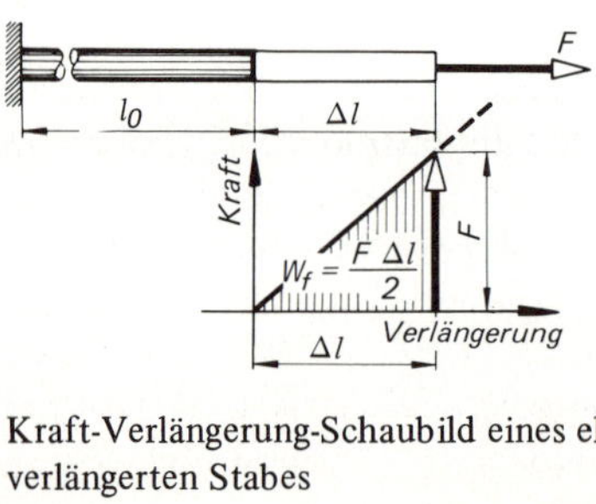

Kraft-Verlängerung-Schaubild eines elastisch verlängerten Stabes

der F-Kurve entspricht. Bei Zug- oder Druckfedern ist diese Arbeitsfläche ein Dreieck.

$$W_f = \frac{\text{Kraft } F \times \text{Verlängerung } \Delta l}{2}$$

Mit Hilfe des Hookeschen Gesetzes $\sigma = \epsilon E = \Delta l E / l_0$ schreiben wir für die Verlängerung

$$\Delta l = \frac{\sigma l_0}{E}.$$

$$W_f = \frac{F \Delta l}{2} \quad \textit{Formänderungsarbeit}$$

Für die Zugkraft F schreiben wir mit der Zug-Hauptgleichung $F = \sigma S$.

$$W_f = \frac{\sigma A \sigma l_0}{2E}$$

Dann ergibt sich mit $S l_0$ = Volumen V die übliche Form für W_f.

$$W_f = \frac{F \Delta l}{2} = \frac{\sigma^2 V}{2E}$$

Die Formänderungsarbeit W_f wird auch als Federarbeit bezeichnet. Als Einheit erhalten wir das Newtonmillimeter. Zur Umrechnung in J = Nm teilen wir den Betrag durch 1000 (1 mm = 1/1000 m = 10^{-3} m).

W_f	F	Δl	σ, E	V
Nmm = 10^{-3} J	N	mm	$\frac{N}{mm^2}$	mm^3

5.2.4. Reißlänge

Die Belastung frei hängender Seile z. B. in Förderanlagen setzt sich aus der Nutzlast und der Eigengewichtskraft des Seiles zusammen. Mit zunehmender Seillänge werden wir infolge der ansteigenden Gewichtskraft G des Seiles immer weniger Nutzlast anhängen dürfen, bis der gefährdete Querschnitt (Aufhängequerschnitt) nur noch die Seilgewichtskraft G tragen kann.

Wie das Bild zeigt, steigt die allein durch die Seilgewichtskraft verursachte Zugspannung σ_z linear mit der Länge an. Das zeigt auch die folgende Entwicklung (siehe auch 5.2.2.4).

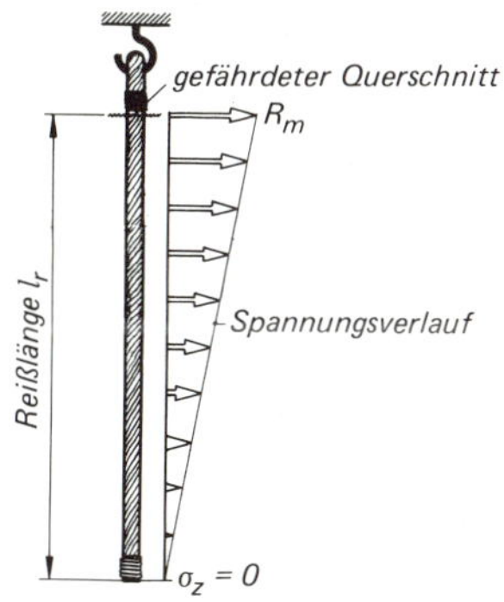

In der Zug-Hauptgleichung ersetzen wir die Zugkraft F durch die Gewichtskraft $G = mg$. Die Masse m des Seiles ersetzen wir durch das Produkt aus Dichte ρ und Volumen V, letzteres wieder durch das Produkt aus Querschnittsfläche S und Seillänge l.

$$\sigma_z = \frac{G}{S}; \quad G = mg = \rho V g = \rho S l g$$

$$\sigma_z = \frac{\rho S l g}{S} = \rho l g$$

$$\sigma_z = \rho l g$$

Die Gleichung $\sigma_z = \rho l g$ zeigt, daß die Zugspannung im Seil nicht vom Seildurchmesser abhängt.

Hinweis: Die Gleichung für σ_z zeigt, daß die Zugspannung gleichmäßig mit der Seillänge l nach oben hin ansteigt.

Setzen wir in $\sigma_z = \rho l g$ statt der Zugspannung σ_z die Zugfestigkeit R_m für den Seilwerkstoff ein, so erhalten wir eine Gleichung für die sogenannte *Reißlänge* l_r, bei der das frei hängende Seil unter seiner Eigengewichtskraft reißt.

$$\sigma_z = \rho l g; \quad \sigma_z = R_m; \quad l = l_r$$

$$l_r = \frac{R_m}{\rho g}$$

Reißlänge

R_m Zugfestigkeit (S. 352, 360)
ρ Dichte
g Fallbeschleunigung

Setzen wir in die Größengleichung für die Reißlänge die Zugfestigkeit R_m in N/mm² ein, die Dichte ρ in kg/m³ und die Fallbeschleunigung g in m/s², dann müssen wir bei der Ausrechnung die Flächeneinheit mm² in m² umwandeln. Hierfür gilt
$1\ \text{mm}^2 = (10^{-3}\ \text{m})^2 = 10^{-6}\ \text{m}^2$.

$$(l_r) = \frac{(R_m)}{(\rho)(g)} = \frac{\frac{\text{N}}{\text{mm}^2}}{\frac{\text{kg}}{\text{m}^3} \cdot \frac{\text{m}}{\text{s}^2}} = \frac{\text{N} \cdot \text{m}^3 \cdot \text{s}^2}{\text{mm}^2 \cdot \text{kg} \cdot \text{m}}$$

$$(l_r) = \frac{\frac{\text{kgm}}{\text{s}^2} \cdot \text{m}^3 \cdot \text{s}^2}{10^{-6}\ \text{m}^2 \cdot \text{kg} \cdot \text{m}} = \frac{\text{kg} \cdot \text{m}^4 \cdot \text{s}^2}{10^{-6}\ \text{m}^2 \cdot \text{kg} \cdot \text{m} \cdot \text{s}^2}$$

$$(l_r) = 10^6\ \text{m} = 10^3\ \text{km}$$

Damit können wir auch eine auf die Längeneinheit km zugeschnittene Zahlenwertgleichung entwickeln.

Auch die Zahlenwertgleichung zeigt, daß die Reißlänge eines Seiles *nicht* vom Seildurchmesser oder vom Querschnitt S abhängt.

$$l_r = 10^3 \frac{R_m}{\rho g}$$

Zahlenwertgleichung

l_r	R_m	ρ	g
km	$\frac{\text{N}}{\text{mm}^2}$	$\frac{\text{kg}}{\text{m}^3}$	$\frac{\text{m}}{\text{s}^2}$

R_m siehe Seite 352 und 360

5.3. Beanspruchung auf Druck

Die äußeren Kräfte wirken hier entgegengesetzt wie bei der Zugbeanspruchung. Wir können sagen: Zug- und Druckbeanspruchung liegen spiegelbildlich zueinander und die Gesetzmäßigkeiten sind von gleicher Art. Das gilt sowohl für die Spannungs*art* (Normalspannung) als auch für die Spannungs*verteilung*. Daher hat die Druck-Hauptgleichung die gleiche Form wie die Zug-Hauptgleichung.

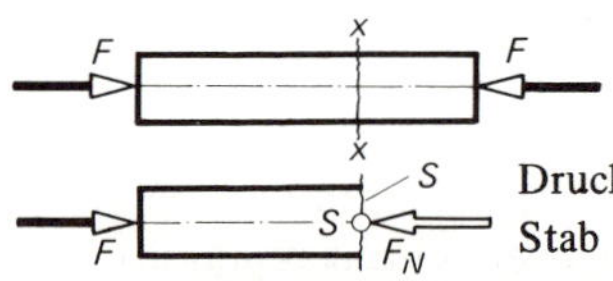

Druckbeanspruchter Stab

$$\textit{Druckspannung}\ \sigma_d = \frac{\text{Normalkraft}\ F_N}{\text{Querschnittsfläche}\ S}$$

Grundsätzlich gilt auch für die Druckbeanspruchung:

Bei gleichbleibendem Querschnitt herrscht in jedem Schnitt die gleiche Spannung.

Bei Querschnittsänderungen tritt im kleineren Querschnitt die größere Spannung auf und umgekehrt.

Die im *gefährdeten* Querschnitt vorhandene Spannung darf den festgelegten zulässigen Spannungsbetrag nicht überschreiten.

Gefährdet ist der Querschnitt mit dem kleinsten Flächeninhalt (siehe auch 5.2.2).

Für die Formänderungsarbeit W_f gelten die Beziehungen aus 5.2.4 (siehe auch 5.4, zweite Übung).

$$\sigma_d = \frac{F_N}{S}$$

Druck-Hauptgleichung

σ_d	F_N	S
$\frac{\text{N}}{\text{mm}^2}$	N	mm²

Je nach vorliegender Aufgabe wird die Druck-Hauptgleichung umgestellt:

$$S_{erf} = \frac{F_N}{\sigma_{d\,zul}}$$

erforderlicher Querschnitt

$$\sigma_{d\,vorh} = \frac{F_N}{S} \leqq \sigma_{d\,zul}$$

vorhandene Spannung

$$F_{N\,max} = S\,\sigma_{d\,zul}$$

maximale Belastung

5.4. Übungen zur Zug- und Druckbeanspruchung

Hier wird die rechnerische Auswertung der bisher bekannten festigkeitstechnischen Beziehungen vorgeführt. Der Studierende wird vor allem lernen, welche Form seine Rechnungen haben müssen und nach welchem Konzept er technische Berechnungen aufbauen sollte.

Die beiden folgenden Aufgaben sind von der gleichen Art, wie wir sie in unserer „Aufgabensammlung zur Mechanik und Festigkeitslehre" zusammengestellt haben.
Die Lösungsgedanken stehen links, die numerische Rechnung in der rechten Spalte.

1. Übung: Ein Federstahldraht von 1 mm Durchmesser und 2 m Länge wird durch Zugbelastung um 4 mm verlängert.

Zu bestimmen sind
a) die Dehnung des Drahtes,
b) die vorhandene Zugspannung,
c) die Zugkraft.
d) Es soll nachgewiesen werden, daß im Rechnungsbereich das Hookesche Gesetz tatsächlich noch gilt.

Gegeben:

$$S = \frac{\pi}{4} d^2 = \frac{\pi}{4} (1\ \text{mm})^2 = 0{,}785\ \text{mm}^2$$

$l_0 = 2\ \text{m} = 2 \cdot 10^3\ \text{mm};\quad \Delta l = 4\ \text{mm}$

$$E_{\text{Stahl}} = 2{,}1 \cdot 10^5\ \frac{\text{N}}{\text{mm}^2}$$

Gesucht:

a) ϵ b) $\sigma_{z\,\text{vorh}}$ c) F d) Spannungsnachweis für Hooke

Lösung:

a) Da Ursprungslänge l_0 und Verlängerung Δl gegeben sind, läßt sich die Dehnung ϵ sofort berechnen (als Dezimalzahl und in %).

$$\epsilon = \frac{\Delta l}{l_0} = \frac{4\ \text{mm}}{2 \cdot 10^3\ \text{mm}} = 2 \cdot 10^{-3} = 0{,}002$$

$$\epsilon = 2 \cdot 10^{-3} \cdot 100\ \% = 2 \cdot 10^{-1}\ \% = 0{,}2\ \%$$

b) Ist eine Formänderung im Spiel, hier die gegebene Verlängerung Δl, dann können wir sicher sein, daß das Hookesche Gesetz gebraucht wird ($\sigma_z = \epsilon E$ oder auch in der Form $\sigma_z = \Delta l E / l_0$). Daher haben wir unter „gegeben" auch sofort den E-Modul hingeschrieben.

$$\sigma_{z\,\text{vorh}} = \frac{F_N}{S} = \frac{F}{S} \Rightarrow \text{führt nicht weiter!}$$

$$\sigma_{z\,\text{vorh}} = \epsilon E = 2 \cdot 10^{-3} \cdot 2{,}1 \cdot 10^5\ \frac{\text{N}}{\text{mm}^2}$$

$$\sigma_{z\,\text{vorh}} = 4{,}2 \cdot 10^{-3} \cdot 10^5\ \frac{\text{N}}{\text{mm}^2} = 420\ \frac{\text{N}}{\text{mm}^2}$$

c) Die Zugkraft F läßt sich nun über die Zug-Hauptgleichung mit der vorher bestimmten Zugspannung berechnen. Allerdings: Das Ergebnis dieser Rechnung kann nur dann richtig sein, wenn $\sigma_{z\,\text{vorh}}$ fehlerfrei bestimmt worden ist. Auch für Teilrechnungen sollten wir daher stets versuchen, eine Gleichung für die gesuchte Größe (hier Zugkraft F) zu entwickeln, in der rechts vom Gleichheitszeichen nur die gegebenen Ausgangsgrößen stehen. In diesem Sinne wäre auch die hier vorgeführte Kontrollrechnung noch nicht exakt, weil wir statt $\pi d^2/4$ den schon berechneten Wert für den Querschnitt $S = 0{,}785\ \text{mm}^2$ eingesetzt haben.

$$F = \sigma_{z\,\text{vorh}}\, S = 420\ \frac{\text{N}}{\text{mm}^2} \cdot 0{,}785\ \text{mm}^2$$

$F = 329{,}7\ \text{N}$

Kontrolle:

$$\sigma_z = \frac{\Delta l}{l_0} E; \quad \sigma_z = \frac{F}{S}\ \text{eingesetzt:}$$

$$\frac{F}{S} = \frac{\Delta l}{l_0} E \Rightarrow \text{nach } F \text{ aufgelöst:}$$

$$F = \frac{\Delta l E S}{l_0}$$

$$F = \frac{4\ \text{mm} \cdot 2{,}1 \cdot 10^5\ \frac{\text{N}}{\text{mm}^2} \cdot 0{,}785\ \text{mm}^2}{2 \cdot 10^3\ \text{mm}}$$

$F = 329{,}7\ \text{N}$ (wie oben)

d) Nach Tafel 5.8 beträgt die $\sigma_{0,2}$-Dehngrenze für Federstahl 1150 N/mm², d. h. bei dieser Spannung würde sich der Probestab um 0,2 % *bleibend* gedehnt haben. Da die hier vorhandene Spannung (420 N/mm²) weit unter dieser Dehngrenze (1150 N/mm²) liegt, durften wir tatsächlich mit dem Hookeschen Gesetz rechnen.

$$\sigma_{0,2\,(\text{Federstahl})} = 1150\,\frac{\text{N}}{\text{mm}^2}$$

$$\sigma_{z\,\text{vorh}} = 420\,\frac{\text{N}}{\text{mm}^2} \ll \sigma_{0,2}$$

2. Übung: Ein Gummipuffer mit Kreisquerschnitt soll durch eine Druckkraft $F = 500$ N von 30 mm auf 25 mm elastisch zusammengedrückt werden. Der E-Modul der verwendeten Gummisorte ist mit 5 N/mm² angegeben.

Zu bestimmen sind

a) die Druckspannung im Gummipuffer,

b) der erforderliche Pufferdurchmesser,

c) die vom Puffer aufgenommene Formänderungsarbeit.

Gegeben:

$F = 500$ N

$l_0 = 30$ mm; $\Delta l = 5$ mm

$$E = 5\,\frac{\text{N}}{\text{mm}^2}$$

Gesucht:

a) $\sigma_{d\,\text{vorh}}$ b) d_{erf} c) W_f

Lösung:

a) Wir sollten uns künftig die Erkenntnisse aus der vorigen Aufgabe zunutze machen und grundsätzlich die entsprechende Hauptgleichung *und* das Hookesche Gesetz hinschreiben. Entweder führt dann eine der beiden Gleichungen direkt zum Ziel oder beide werden zu einer Gleichung für die gesuchte Größe entwickelt.

$$\sigma_{d\,\text{vorh}} = \frac{F}{S} = \epsilon E$$

$$\sigma_{d\,\text{vorh}} = \epsilon E = \frac{\Delta l}{l_0} E = \frac{5\text{ mm}}{30\text{ mm}} \cdot 5\,\frac{\text{N}}{\text{mm}^2}$$

$$\sigma_{d\,\text{vorh}} = 0{,}83\,\frac{\text{N}}{\text{mm}^2}$$

b) Aus der Druck-Hauptgleichung *und* dem Hookeschen Gesetz wird eine Gleichung für die gesuchte Größe (hier d_{erf}) entwickelt. Nur so erhalten wir eine „rechnergemäße“ Beziehung, die es uns ermöglicht die gegenseitigen Abhängigkeiten aller Größen zu diskutieren. Beispielsweise erkennen wir, daß bei größerem E-Modul der erforderliche Durchmesser kleiner wird, denn E steht im Nenner der Funktionsgleichung $d = f(F, l_0, \Delta l, E)$.

$$\sigma_{d\,\text{vorh}} = \frac{F}{S} = \frac{\Delta l}{l_0} E; \quad S = \frac{\pi}{4} d^2$$

$$S = \frac{\pi}{4} d^2 = \frac{F l_0}{\Delta l E} \quad \text{und daraus}$$

$$d_{\text{erf}} = \sqrt{\frac{4 F l_0}{\pi \Delta l E}} = \sqrt{\frac{4 \cdot 500\text{ N} \cdot 30\text{ mm}}{\pi \cdot 5\text{ mm} \cdot 5\,\frac{\text{N}}{\text{mm}^2}}}$$

$$d_{\text{erf}} = 27{,}6\text{ mm}$$

c) Die aufgenommene Federarbeit W_f erhalten wir direkt aus den gegebenen Größen F und Δl (siehe auch 5.2.4).

$$W_f = \frac{F \Delta l}{2} = \frac{500\text{ N} \cdot 5\text{ mm}}{2} = 1250\text{ Nmm}$$

$$W_f = 1{,}25\text{ Nm} = 1{,}25\text{ J}$$

5.5. Flächenpressung

5.5.1. Begriff und Hauptgleichung

Unter Flächenpressung p (auch: Pressung) versteht man die Beanspruchung in den Berührungsflächen (Oberflächen) zweier gegeneinander gedrückter Bauteile. Ursache jeder Flächenpressung ist eine Normalkraft F_N, die häufig erst aus der beliebig gerichteten Kraft F bestimmt werden muß. Werden zwei *ebene* Flächen gegeneinander gepreßt, dann gilt:

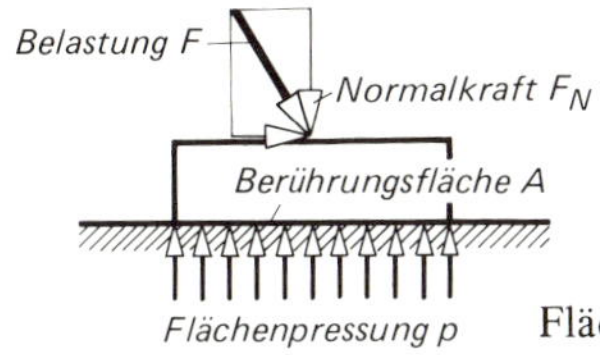

Flächenpressung ebener Flächen

Die Flächenpressung p ist der Quotient aus der Normalkraft F_N und dem Flächeninhalt A der Berührungsfläche.

$$\textit{Flächenpressung}\ p = \frac{\text{Normalkraft } F_N}{\text{Berührungsfläche } A}$$

$$p = \frac{F_N}{A}$$

Flächenpressungs-Hauptgleichung

p	F_N	A
$\frac{N}{mm^2}$	N	mm^2

Je nach vorliegender Aufgabe stellen wir die Flächenpressungs-Hauptgleichung um.

$$A_{erf} = \frac{F_N}{p_{zul}}$$

erforderliche Berührungsfläche

$$p_{vorh} = \frac{F_N}{A} \leqq p_{zul}$$

vorhandene Flächenpressung

$$F_{N\,max} = A\,p_{zul}$$

maximale Normalkraft

5.5.2. Flächenpressung an geneigten Flächen

Im Maschinenbau und in der Feinwerktechnik stellt sich uns häufig die Aufgabe, die Flächenpressung auf geneigten ebenen Flächen zu bestimmen, wie beispielsweise zwischen den Gleitflächen einer Prismenführung.

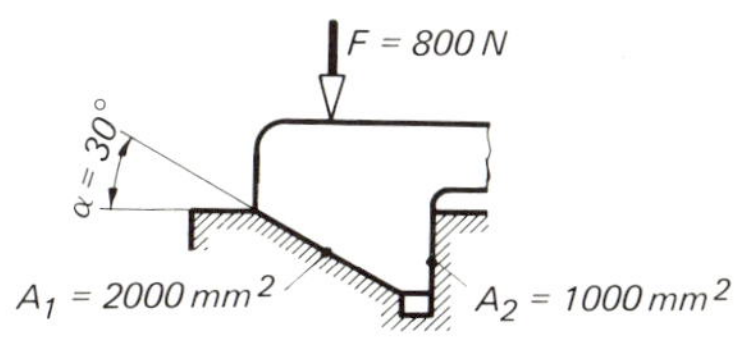

Wir machen zunächst den herausgeschnittenen Teil der Gleitführung frei und erkennen, daß das Prisma neben der Belastung $F = 800$ N die Normalkräfte F_{N1} und F_{N2} aufzunehmen hat. Beide Normalkräfte lassen sich leicht aus der Kraft F und dem Winkel α bestimmen.

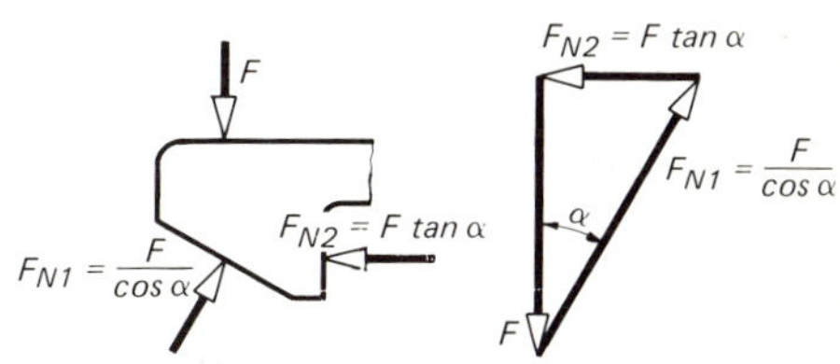

Sind die Flächeninhalte A_1, A_2 der Gleitflächen bekannt, dann können wir die Flächenpressung p_1 und p_2 berechnen.

$$p_1 = \frac{F_{N1}}{A_1} = \frac{F}{A_1 \cos\alpha} = 0{,}462\ \frac{N}{mm^2}$$

$$p_2 = \frac{F_{N2}}{A_2} = \frac{F \tan\alpha}{A_2} = 0{,}462\ \frac{N}{mm^2}$$

Die Flächenpressung p_1 auf der geneigten Gleitfläche A_1 läßt sich bequemer nach folgender Überlegung berechnen:

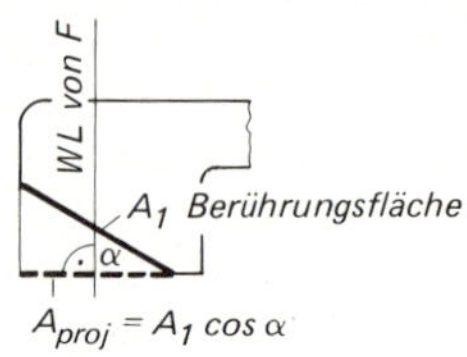

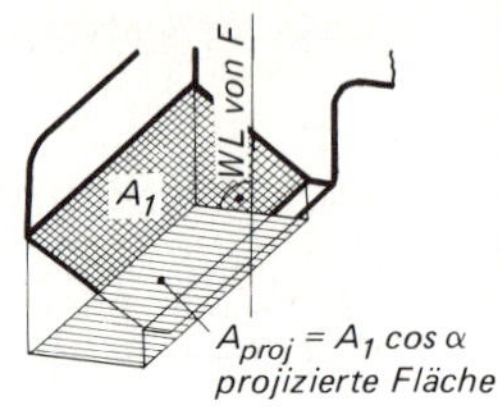

Im Nenner der Gleichung $p_1 = F/A_1 \cos\alpha$ steht der Ausdruck $A_1 \cos\alpha$. Da ist die *Projektion* der Berührungsfläche A_1 auf die zur Wirklinie von F senkrechte Ebene. Daraus folgt: Wir können – ohne den Umweg über die Normalkraft – mit der Kraft F und der sogenannten *projizierten Berührungsfläche* A_{proj} die Flächenpressung p berechnen.

$$p = \frac{F}{A_{proj}}$$

p	F	A_{proj}
$\frac{N}{mm^2}$	N	mm^2

Wir wollen uns aber merken, daß der Weg über das exakte Freimachen und das Bestimmen der Normalkraft F_N immer zum Ziel führt. Aber in vielen praktischen Fällen ist es einfacher, den Weg über die projizierte Fläche zu gehen. Typische technische Beispiele zeigt die folgende Bildtafel.

Beachte: A_{proj} ist die Projektion der Berührungsfläche auf eine Ebene, die senkrecht zur Wirklinie der Belastung F steht. Beispielsweise ist beim Kegelzapfen A_{proj} eine Kreisringfläche, wie das folgende Bild zeigt.

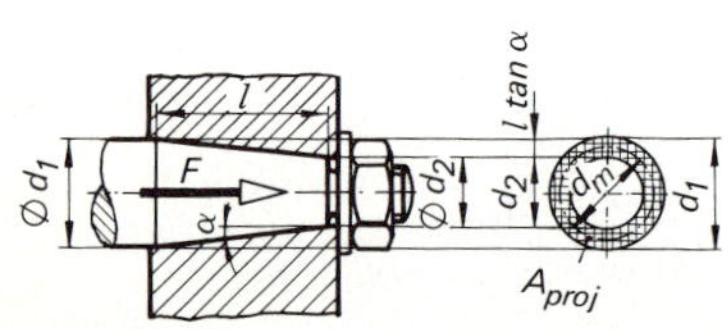

Kegelzapfen: $p = \frac{F}{A_{proj}} = \frac{F}{\frac{\pi}{4}(d_1^2 - d_2^2)} = \frac{F}{\pi d_m \, l \tan\alpha}$

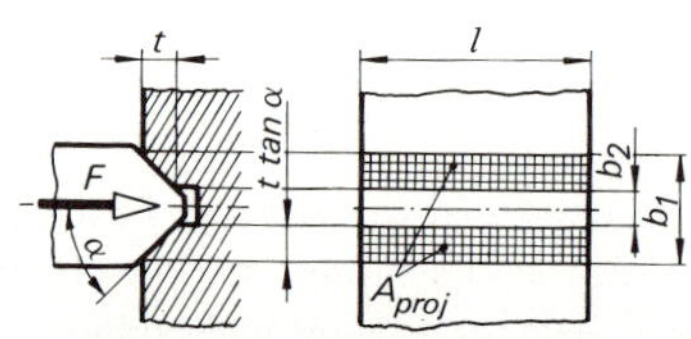

Prismenführung: $p = \frac{F}{A_{proj}} = \frac{F}{(b_1 - b_2)l} = \frac{F}{2l \, t \tan\alpha}$

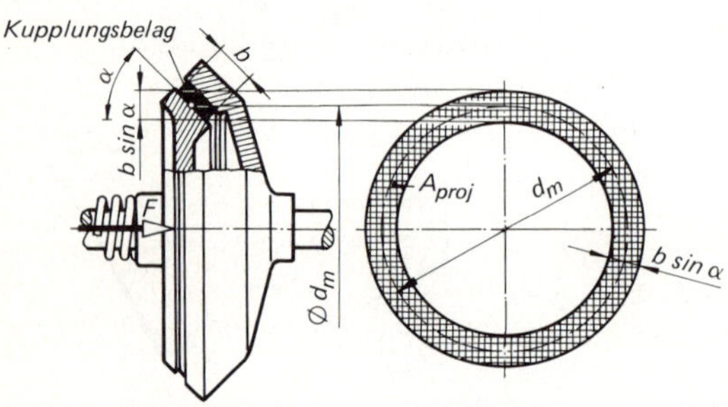

Kegelkupplung: $p = \frac{F}{A_{proj}} = \frac{F}{\pi d_m \, b \sin\alpha}$

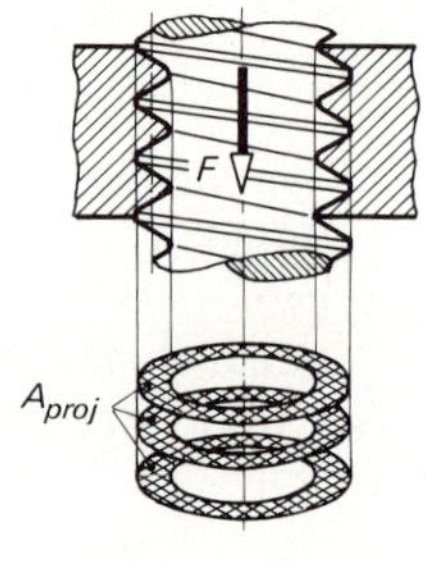

Gewinde: $p = \frac{F}{A_{proj}}$

Typische technische Beispiele für die Verwendung der Gleichung $p = F/A_{proj}$

5.5.3. Flächenpressung am Gewinde

Der Verschleiß an den Gewindegängen einer Schraubenverbindung ist von der Flächenpressung zwischen Mutter- und Bolzengewinde abhängig. Vor allem bei sogenannten Bewegungsschrauben (Spindeln in Pressen, Leitspindeln in Drehmaschinen usw.) muß die Mutterhöhe m so groß gemacht werden, daß die zulässige Flächenpressung im Gewinde nicht überschritten wird.

Für Bewegungsschrauben benutzt man hauptsächlich metrisches ISO-Trapezgewinde, seltener metrisches ISO-Gewinde. Für beide Formen gelten die im Bild eingetragenen Bezeichnungen.

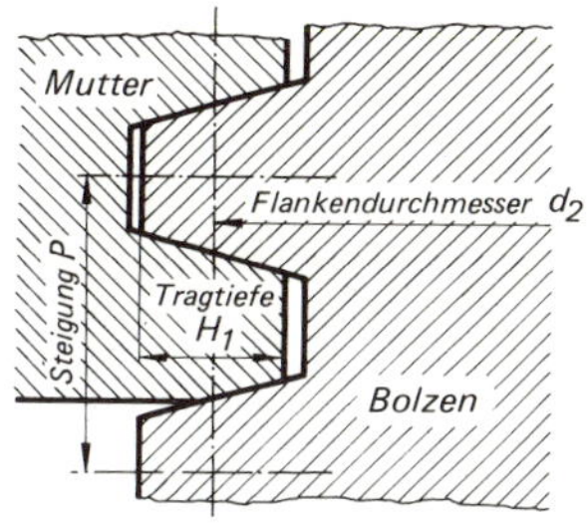

Bezeichnungen am Trapezgewinde

Zur Herleitung einer Gleichung für die erforderliche Mutterhöhe m gehen wir von der projizierten Fläche *eines* Gewindeganges aus (ΔA_{proj} = Delta-A-projiziert). Diese projizierte Fläche A_{proj} ist eine Kreisringfläche mit der Tragtiefe H_1 als Ringbreite (siehe auch Bildtafel Seite 264).

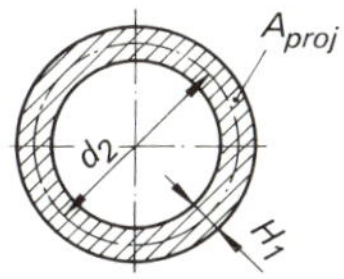

$\Delta A_{proj} = \pi d_2 H_1$

Die Anzahl der tragenden Gewindegänge i erhalten wir, wenn wir die Mutterhöhe m durch die Gewindesteigung P teilen.

$$i = \frac{\text{Mutterhöhe } m}{\text{Gewindesteigung } P}$$

Die gesamte projizierte Berührungsfläche A_{proj} zwischen Gewindebolzen und Mutter muß das Produkt aus ΔA_{proj} und i sein. Damit erhalten wir eine Gleichung zur Berechnung der Flächenpressung p im Gewinde.

$$A_{proj} = \Delta A_{proj}\, i = \pi d_2 H_1 i = \pi d_2 H_1 \frac{m}{P}$$

$$p = \frac{F}{A_{proj}} = \frac{F P}{\pi d_2 H_1 m} \leqq p_{zul}$$

Flächenpressungsgleichung für Gewinde

Zum Schluß stellen wir die Flächenpressungsgleichung zur Berechnung der erforderlichen Mutterhöhe m_{erf} um.

$$m_{erf} = \frac{F P}{\pi d_2 H_1 p_{zul}}$$

erforderliche Mutterhöhe

m, P, d_2, H_1	F	p
mm	N	$\frac{N}{mm^2}$

5.5.4. Flächenpressung in Gleitlagern, Niet- und Bolzenverbindungen

Schwieriger als bei ebenen Flächen sind die Pressungsverhältnisse an der Oberfläche eines Lagerzapfens, eines Bolzens oder eines Nietes. Die Flächenpressung ist in Belastungsrichtung am größten (p_{max}) und nimmt nach den Seiten hin bis auf Null ab. Der Maximalwert p_{max} müßte eingesetzt werden, wenn z. B. für ein Gleitlager die erforderliche Lagerlänge l bestimmt werden soll. Beziehungen zur Berechnung von p_{max} hat *Hertz* aufgestellt (Hertzsche Gleichungen, siehe 5.5.5). Diese Gleichungen sind nicht einfach aufgebaut. Deshalb arbeitet man bei der Berechnung von Gleitlagerabmessungen sowie bei Niet- oder Bolzenverbindungen nicht mit den Hertzschen Gleichungen, sondern rechnet mit einem Mittelwert p der Flächenpressung. Dazu denkt man sich die Kraft F gleichmäßig über die *projizierte Fläche* A_{proj} des Zapfens (Bolzen, Niet) verteilt.

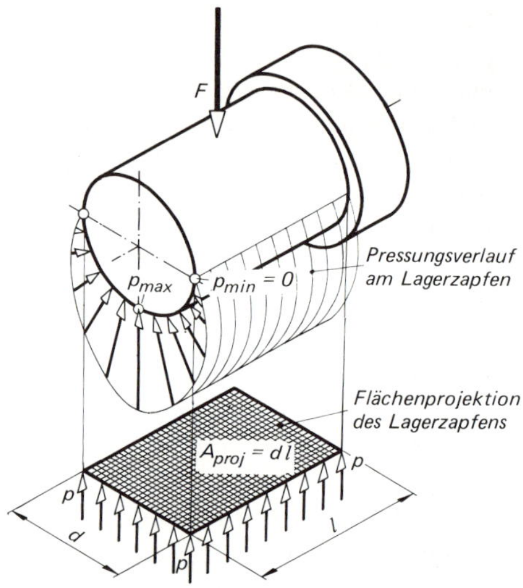

Der „Fehler“ bei dieser Betrachtung wird dadurch ausgeglichen, daß man die zulässige Flächenpressung entsprechend niedriger festlegt, so daß die tatsächlich auftretende Pressung p_{max} von den verwendeten Werkstoffen vertragen wird.

$$p = \frac{F}{A_{proj}} = \frac{F}{d\,l} \leqq p_{zul}$$

p	F	d, l
$\frac{N}{mm^2}$	N	mm

Flächenpressungsgleichung für Gleitlager und Bolzenverbindungen

Die Flächenpressung am Nietschaft wird *Lochleibungsdruck* σ_l genannt. Er ist abhängig von der aufzunehmenden Kraft F, von der Anzahl n der Niete und von der projizierten Schaftfläche $A_{proj} = d_1 s$ eines Nietes.

$$\sigma_l = \frac{F}{n A_{proj}} = \frac{F}{n d_1 s} \leqq \sigma_{l\,zul}$$

Flächenpressungsgleichung für Nietverbindungen

Bei *einschnittigen* Nietverbindungen müssen wir für s die kleinere der beiden Blechdicken einsetzen, weil hier der größere Lochleibungsdruck auftritt.

Ist die Verbindung *mehrschnittig*, dann ist s die kleinere der beiden Blechdicken*summen* in einer Kraftrichtung. Im skizzierten Beispiel (vierschnittig) hätten wir also $s = 10{,}5$ mm in die Gleichung für den Lochleibungsdruck σ_l einzusetzen.

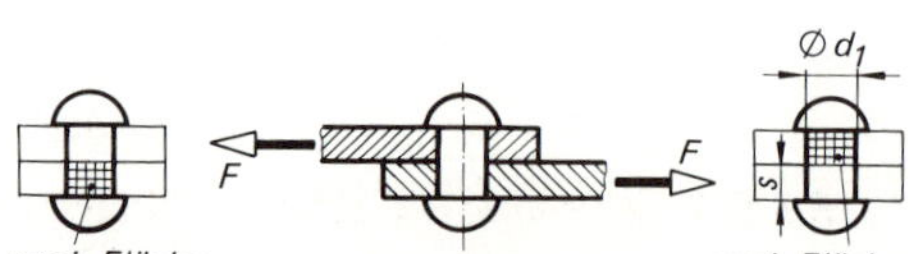

einschnittige Verbindung

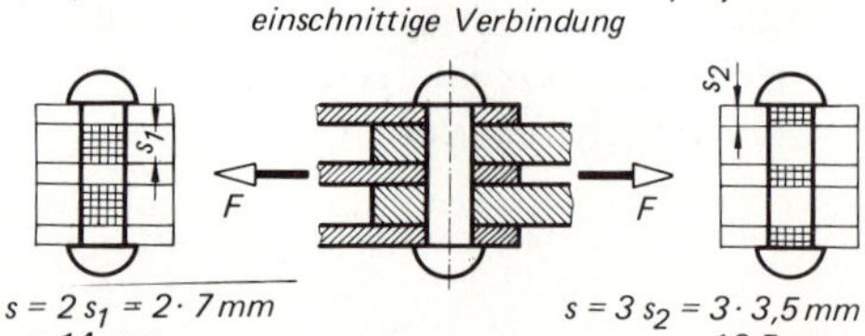

mehrschnittige Verbindung

5.5.5. Flächenpressung an gewölbten Flächen (Hertzsche Gleichungen)

Die Flächenpressung zwischen Körpern mit gekrümmter (gewölbter) Oberfläche läßt sich mit den von *Hertz* aufgestellten Gleichungen berechnen. Diese Beanspruchungsart tritt beispielsweise zwischen den Wälzkörpern (Kugeln, Walzen, Rollen, Nadeln) und Laufringen von Wälzlagern auf (Kugellager, Kegelrollenlager usw.).

Die Hertzschen Gleichungen gelten unter folgenden Voraussetzungen:

a) die Körper verhalten sich vollkommen elastisch (keine bleibende Formänderung);

b) es gilt das Hookesche Gesetz $\sigma = \epsilon E$ nach 5.2.3.4;

c) die elastische Verformung ist klein gegenüber den Abmessungen des Körpers;

d) in der Berührungsfläche beider Körper treten nur Normalspannungen σ auf, keine Schubspannungen τ.

Bedeutung der Formelzeichen:

a Radius der kreisförmigen oder halbe Breite der rechteckigen Druckfläche in mm

F Druckkraft in N

μ Querzahl, Verhältnisgröße mit Einheit 1, siehe 5.2.3.3.

r Krümmungsradius der Kugel oder des Zylinders in mm; bei Krümmung beider Körper ist die Summe beider Krümmungen einzusetzen, also $1/r = 1/r_1 + 1/r_2$. Für die ebene Platte ist $1/r_2 = 0$, für die Hohlkugel ist $1/r_2$ negativ einzusetzen

E Elastizitätsmodul in N/mm^2; bei unterschiedlichen E-Moduln ist $E = 2E_1E_2/(E_1 + E_2)$ einzusetzen

l Länge des Zylinders in mm

p Druck auf der Berührungsfläche im Abstand ρ in N/mm^2

$p_0 = p_{max}$ Druck in der Mitte der Berührungsfläche in N/mm^2

ρ veränderlicher Radius oder Ordinate in Breitenrichtung der Berührungsfläche in mm

δ Gesamtabplattung in mm, d.h. die gesamte Näherung der beiden Körper

5.5.5.1. Pressung zwischen Kugel und Ebene oder zwischen zwei Kugeln

$$a = \sqrt[3]{\frac{1{,}5(1-\mu^2)Fr}{E}} = 1{,}11\sqrt[3]{\frac{Fr}{E}}$$

$$p = p_0\,\frac{\sqrt{a^2-\rho^2}}{a}$$

$$p_0 = \frac{1}{\pi}\sqrt[3]{\frac{1{,}5\,FE^2}{r^2(1-\mu^2)^2}} = 0{,}388\sqrt[3]{\frac{FE^2}{r^2}} = \frac{1{,}5\,F}{\pi a^2}$$

$$\delta = \frac{a^2}{r} = \sqrt[3]{\frac{2{,}25(1-\mu^2)^2F^2}{E^2r}} = 1{,}23\sqrt[3]{\frac{F^2}{E^2r}}$$

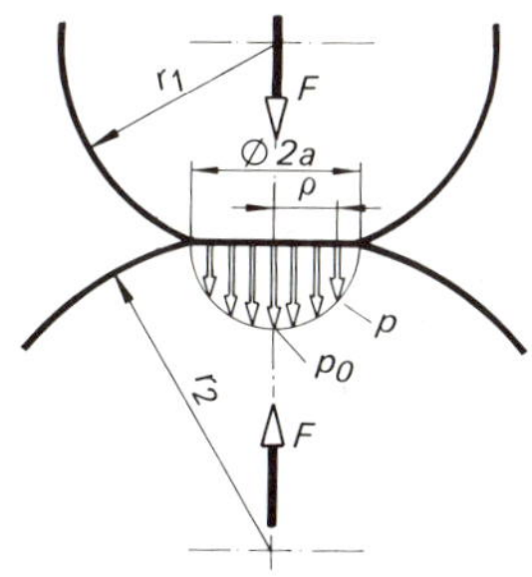

5.5.5.2. Pressung zwischen Zylinder und Ebene oder zwischen zwei Zylindern

$$a = \sqrt{\frac{8(1-\mu^2)Fr}{\pi El}} = 1{,}52\sqrt{\frac{Fr}{El}}$$

$$p = p_0\,\frac{\sqrt{a^2-\rho^2}}{a}$$

$$p_0 = \sqrt{\frac{FE}{2\pi rl(1-\mu^2)}} = 0{,}418\sqrt{\frac{FE}{rl}} = \frac{2F}{\pi al}$$

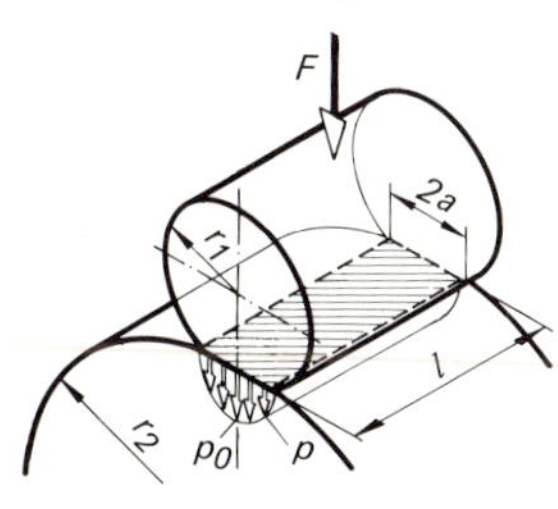

5.5.6. Übungen zur Flächenpressung

1. Übung: Eine Zugspindel soll über die Mutter in Längsrichtung 20 kN übertragen. Die Zugspannung in der Spindel darf 80 N/mm² nicht überschreiten, die Flächenpressung im Gewinde soll höchstens 15 N/mm² betragen.

Zu bestimmen sind

das erforderliche Trapezgewinde,
die erforderliche Mutterhöhe.

Gegeben:
Zugkraft $F = 20 \text{ kN} = 20 \cdot 10^3 \text{ N}$

$\sigma_{z\,zul} = 80 \dfrac{\text{N}}{\text{mm}^2}$; $p_{zul} = 15 \dfrac{\text{N}}{\text{mm}^2}$

Gesucht:
Trapezgewinde
Mutterhöhe m

Lösung: Der Kernquerschnitt der Zugspindel muß bei $\sigma_{z\,zul} = 80 \text{ N/mm}^2$ die Zugkraft $F = 20\,000$ N übertragen. Aus der Zug-Hauptgleichung finden wir für $A_{erf} = 250 \text{ mm}^2$ Kernquerschnitt.

$$\sigma_z = \frac{F}{A} \quad \text{(Zug-Hauptgleichung)}$$

$$A_{erf} = \frac{F}{\sigma_{z\,zul}} = \frac{20\,000 \text{ N}}{80 \dfrac{\text{N}}{\text{mm}^2}} = 250 \text{ mm}^2$$

Aus der Formelsammlung wählen wir dasjenige Trapezgewinde, das den nächstgrößeren Kernquerschnitt $A_k = A_3 = 269 \text{ mm}^2$ besitzt.

Gewählt wird Tr 24 × 5 mit $A_3 = 269 \text{ mm}^2$, Steigung $P = 5$ mm, Flankendurchmesser $d_2 = 21{,}5$ mm, Tragtiefe $H_1 = 2{,}5$ mm

Zur Berechnung der Mutterhöhe m setzen wir in die Gleichung nach 5.5.3 die gegebenen und die aus der Gewindetafel (Formelsammlung) entnommenen Größen ein.

Als Normmaß wird $m = 40$ mm gewählt.

$$m = \frac{F P}{\pi d_2 H_1 p_{zul}}$$

$$m = \frac{20 \cdot 10^3 \text{ N} \cdot 5 \text{ mm}}{\pi \cdot 21{,}5 \text{ mm} \cdot 2{,}5 \text{ mm} \cdot 15 \dfrac{\text{N}}{\text{mm}^2}}$$

$$m = 39{,}48 \text{ mm}$$

$$m = 40 \text{ mm gewählt}$$

2. Übung: Ein Gleitlager hat eine Radialkraft $F_r = 15\,000$ N und eine Axialkraft $F_a = 6\,000$ N aufzunehmen. Das Bauverhältnis soll $l/d = 1{,}2$, die zulässige Flächenpressung 5 N/mm² betragen.

Zu bestimmen sind die Maße d, D, l.

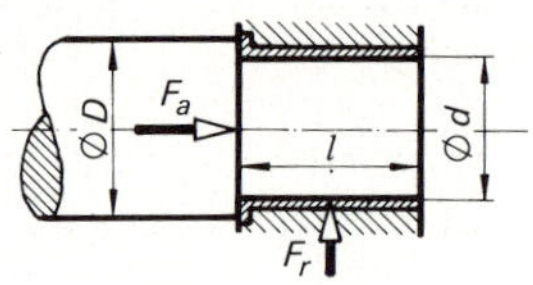

Lösung: In die Flächenpressungsgleichung für Gleitlager (5.5.4) setzen wir aus dem vorgegebenen Bauverhältnis $l/d = 1{,}2$ entweder $d = l/1{,}2$ oder für $l = 1{,}2\,d$ ein. Hier entscheiden wir uns für die zweite Möglichkeit und erhalten damit eine Gleichung zur Bestimmung des erforderlichen Wellendurchmessers d. Im anderen Falle hätte sich eine Gleichung zur Berechnung der Lagerlänge l ergeben.

$$p = \frac{F_r}{A_{proj}} = \frac{F_r}{d l}\,; \quad \frac{l}{d} = 1{,}2 \;\Rightarrow\; l = 1{,}2\,d$$

$$p = \frac{F_r}{d \cdot 1{,}2\,d} = \frac{F_r}{1{,}2\,d^2}$$

$$d_{erf} = \sqrt{\frac{F_r}{1{,}2\,p_{zul}}} = \sqrt{\frac{15\,000 \text{ N}}{1{,}2 \cdot 5 \dfrac{\text{N}}{\text{mm}^2}}}$$

$$d_{erf} = 50 \text{ mm}$$

Aus dem Bauverhältnis $l/d = 1{,}2$ ergibt sich die Lagerungslänge l.

$$l = 1{,}2\,d = 1{,}2 \cdot 50 \text{ mm} = 60 \text{ mm}$$

Wir setzen die Beziehung für den Kreisringquerschnitt A in die Flächenpressungs-Hauptgleichung $p = F_N/A = F_a/A$ ein und entwickeln eine Gleichung zur Berechnung des erforderlichen Bunddurchmessers $D = f(F_a, p_{zul}, d)$, aus der wir D berechnen können.

$$p = \frac{F_N}{A} = \frac{F_a}{\frac{\pi}{4}(D^2 - d^2)}$$

$$D_{erf} = \sqrt{\frac{4F_a}{\pi p_{zul}} + d^2} \qquad D = f(F_a, p_{zul}, d)$$

Gewählt wird $D = 65$ mm als nächsthöheres Normmaß.

$D_{erf} = 63{,}47$ mm
$D = 65$ mm gewählt

3. Übung: Für die Festigkeitsüberprüfung (Spannungsnachweis) der Abmessungen eines Zahnrades, insbesondere des gewählten Moduls, ist die Flächenpressung p_C im Wälzpunkt C der beiden Zahnflanken von besonderer Bedeutung. p_C darf nicht größer sein als ein Grenzwert p_{zul}, der in Versuchen ermittelt worden ist.

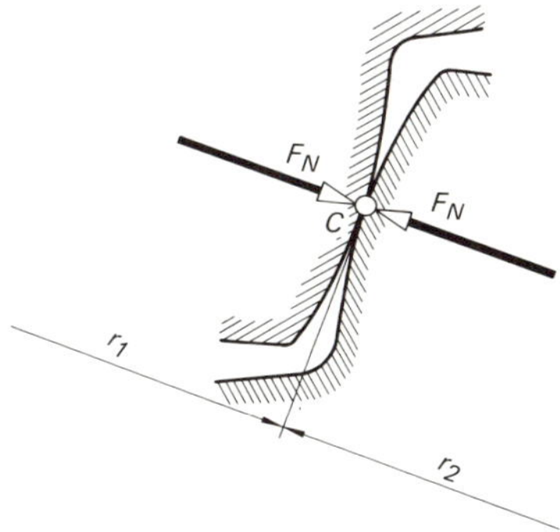

Die Krümmungsradien r_1, r_2 für die skizzierte Nullstellung beider Räder lassen sich berechnen; hier ist $r_1 = 60$ mm, $r_2 = 40$ mm.

Für $b = 50$ mm Zahnradbreite und $p_{zul} = 530\ \text{N/mm}^2$ soll die maximale Normalkraft $F_{N\max}$ bestimmt werden, die zwischen den beiden Zahnflanken auftreten darf.

Lösung: Die Berührung zweier Zahnflanken im Wälzpunkt C entspricht der Pressung zwischen zwei Zylindern nach 5.5.5.2.

$$p_0 = 0{,}418\sqrt{\frac{FE}{rl}} \qquad \text{Hertzsche Gleichung}$$

$$p_0 = p_C;\quad F = F_N;\quad l = b$$

Da beide Körper gekrümmt sind, müssen wir nach 5.5.5 den Krümmungsradius r aus $1/r = 1/r_1 + 1/r_2$ berechnen. Diese Gleichung können wir in eine zweckmäßigere Form bringen und daraus dann r berechnen.

$$\frac{1}{r} = \frac{1}{r_1} + \frac{1}{r_2} = \frac{r_2 + r_1}{r_1 r_2}$$

$$r = \frac{r_1 r_2}{r_1 + r_2} = \frac{(60 \cdot 40)\ \text{mm}^2}{(60 + 40)\ \text{mm}} = 24\ \text{mm}$$

Wir stellen die Ausgangsgleichung nach $F_{N\max}$ um, wobei wir auch noch $p_C = p_{zul}$ setzen. Wegen der Wurzel muß die Gleichung zuerst quadriert werden. Der Elastizitätsmodul für Stahl beträgt wie üblich $2{,}1 \cdot 10^5\ \text{N/mm}^2$. Wir erhalten als Ergebnis für die größte Normalkraft $F_{N\max} = 9187$ N.

Damit kann der Konstrukteur das maximal zulässige Drehmoment und die entsprechende Getriebeleistung festlegen.

$$p_C^2 = 0{,}418^2\left(\sqrt{\frac{F_N E}{rb}}\right)^2$$

$$p_C^2 = 0{,}418^2\,\frac{F_N E}{rb}$$

$$F_{N\max} = \frac{p_{zul}^2\, r b}{0{,}418^2 E}$$

$$F_{N\max} = \frac{\left(530\ \frac{\text{N}}{\text{mm}^2}\right)^2 \cdot 24\ \text{mm} \cdot 50\ \text{mm}}{0{,}418^2 \cdot 2{,}1 \cdot 10^5\ \frac{\text{N}}{\text{mm}^2}} = 9187\ \text{N}$$

5.6. Beanspruchung auf Abscheren

5.6.1. Spannung

Die Belastung F wirkt abscherend auf den Stab, wenn sie senkrecht zur Achse wirkt und kein Moment in bezug auf den Querschnitt hat, d. h. wenn die Kraft-Wirklinie im Querschnitt liegt.

Exakt gibt es diesen Fall in der Technik nicht; immer wirkt ein Kraftmoment, wie z. B. beim Trennen auf der Blechschere.

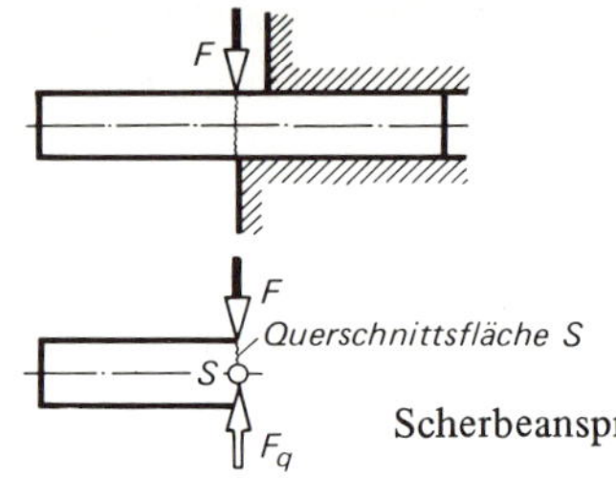

Scherbeanspruchter Stab

Im abgeschnittenen Teil ergibt die Untersuchung des Kräftegleichgewichts die innere Querkraft $F_q = F$. Sie wirkt *in* der Schnittfläche. Die auftretenden Spannungen sind also *Schubspannungen* τ.

$$\textit{Abscherspannung}\ \tau_a = \frac{\text{Querkraft } F_q}{\text{Querschnittsfläche } S}$$

Nehmen wir auch hier wieder an, daß jedes Flächenteilchen gleichmäßig an der Übertragung der inneren Kraft beteiligt ist, dann erhalten wir die Abscher-Hauptgleichung in der gleichen Form wie die Zug/Druck-Hauptgleichungen.

$$\tau_a = \frac{F_q}{S}$$

Abscher-Hauptgleichung

τ_a	F_q	S
$\frac{N}{mm^2}$	N	mm^2

Die Abscher*festigkeit* τ_{aB} von Stahl und Grauguß kann aus der Zugfestigkeit R_m bestimmt werden:

für Flußstahl ist $\tau_{aB} = 0{,}85\ R_m$
für GGG ist $\tau_{aB} = 1{,}1\ R_m$

Mit der Abscherfestigkeit τ_{aB} rechnen wir vor allem in Aufgaben aus der Stanzereitechnik (siehe Aufgabe 741 der Aufgabensammlung). Zur Frage des gefährdeten Querschnitts in Abscheraufgaben geben die nachstehenden *Lehrbeispiele* Anregungen.

Je nach vorliegender Aufgabe wird die Abscher-Hauptgleichung umgestellt:

$$S_{erf} = \frac{F_q}{\tau_{a\,zul}}$$ erforderlicher Querschnitt

$$\tau_{a\,vorh} = \frac{F_q}{S} \leqq \tau_{a\,zul}$$ vorhandene Spannung

$$F_{q\,max} = S\,\tau_{a\,zul}$$ maximale Belastung

Bolzen und Niete werden nach den obigen Gleichungen berechnet, obwohl in der Schnittfläche noch ein Biegemoment übertragen werden muß. Berücksichtigt wird dies durch ein geringeres $\tau_{a\,zul}$.

Die zulässigen Abscherspannungen für Nietverbindungen im Stahlhochbau und Kranbau sind vorgeschrieben (siehe Tafeln 5.5 und 5.6).

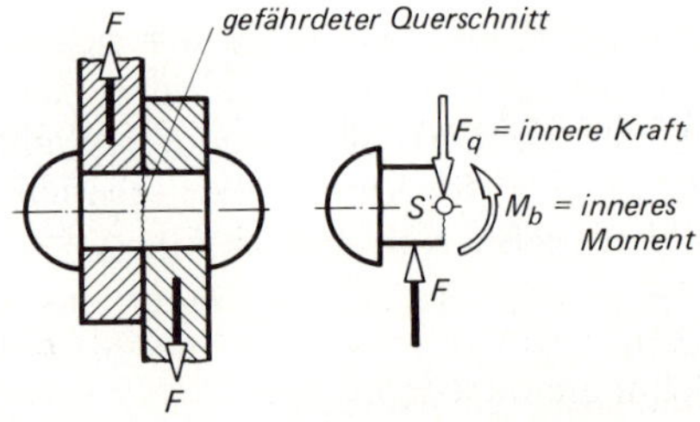

Schnittuntersuchung am Niet

5.6.2. Elastische Formänderung (Hookesches Gesetz für Schub)

Am Beispiel einer würfelförmigen Schubfeder können wir die Formänderung bei Schub erläutern:

Die Kraft F verschiebt die beiden Schnittufer 1 und 2 parallel gegeneinander, so daß sich die Seitenflächen des Würfels um den Winkel γ neigen.

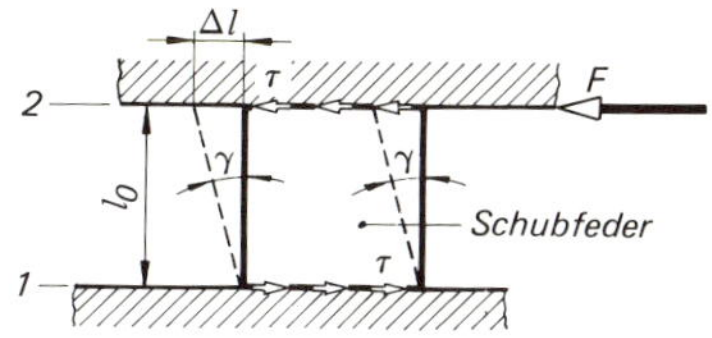

Für kleine Winkel γ dürfen wir annehmen, daß der Abstand l_0 der beiden Schnittufer während der elastischen Formänderung erhalten bleibt. Dann ist der Tangens des Winkels γ ungefähr gleich dem Winkel im Bogenmaß, also $\tan\gamma = \Delta l/l_0 \approx \gamma$. Der Winkel γ wird als *Schiebung* bezeichnet.

$$\textit{Schiebung}\ \gamma = \frac{\text{Verschiebung } \Delta l}{\text{Schnittuferabstand } l_0}$$

$$\tan\gamma \approx \gamma = \frac{\Delta l}{l_0}$$

γ	$\Delta l, l_0$
rad	mm

Wir verstehen die Zusammenhänge besser und erhalten zusätzlich eine gute Gedächtnisstütze, wenn wir die Formänderungen bei Schub und bei Zug (5.2.3.4) einander gegenüberstellen.

Bei *Zug* ist die Dehnung ϵ das Verhältnis von Verlängerung Δl und Ursprungslänge l_0, bei *Schub* ist die Schiebung γ das Verhältnis von Verschiebung Δl und Schnittuferabstand l_0.

Die bei Schubverformungen auftretende Schubspannung τ wächst mit der Schiebung γ verhältnisgleich: Bei doppelter Schiebung stellt sich die doppelte Spannung ein.

Bei *Zug* wächst die Dehnung ϵ proportional mit der Normalspannung σ (siehe 5.2.3.4), bei *Schub* wächst die Schiebung γ proportional mit der Schubspannung τ.

Wie bei der Zugbeanspruchung (5.2.3.4) ist auch hier das Verhältnis von Spannung τ und Schiebung γ ein bestimmter und bei elastischer Verformung gleichbleibender Wert. Nach DIN 1304 heißt er *Schubmodul G.*

$$\textit{Schubmodul}\ G = \frac{\text{Schubspannung } \tau}{\text{Schiebung } \gamma}$$

Stellen wir die Gleichung für den Schubmodul G um, so erhalten wir das Hookesche Gesetz für Schub mit dem gleichen Aufbau wie bei Zugbeanspruchung.

$$\tau = \gamma G = \frac{\Delta l}{l_0} G$$

Hookesches Gesetz für Schub

τ, G	$\Delta l, l_0$	γ
$\frac{\text{N}}{\text{mm}^2}$	mm	1 = rad

Mit der Definitionsgleichung für den Schubmodul $G = \tau/\gamma$ erkennen wir, daß G die Einheit der Spannung besitzt (vergleiche mit 5.2.3.4).

$$(G) = \frac{(\tau)}{(\gamma)} = \frac{\frac{\text{N}}{\text{mm}^2}}{\text{rad}} = \frac{\text{N}}{\text{mm}^2}$$

Ebenso wie der Elastizitätsmodul E ist auch der Schubmodul G eine Werkstoffkonstante, die wir den Tafeln 5.8 und 5.9 entnehmen können.

Beispiel:

$$G_{\text{Stahl}} = 80\,000\ \frac{\text{N}}{\text{mm}^2} = 8 \cdot 10^4\ \frac{\text{N}}{\text{mm}^2}$$

Lehrbeispiel: Nietverbindung im Stahlhochbau

Aufgabenstellung:

An einen L 200 x 100 x 10 soll ein Flachstahl genietet werden. Zugkraft $F = 70$ kN.
Nietung und Flachstahlprofil sind zu berechnen, wenn das Breitenverhältnis für den Flachstahl

$$\frac{\text{Breite } b}{\text{Dicke } s} = 10 \text{ gewählt wird.}$$

Niete aus St 34; Stab aus St 37; Lastfall H (Hauptlasten).

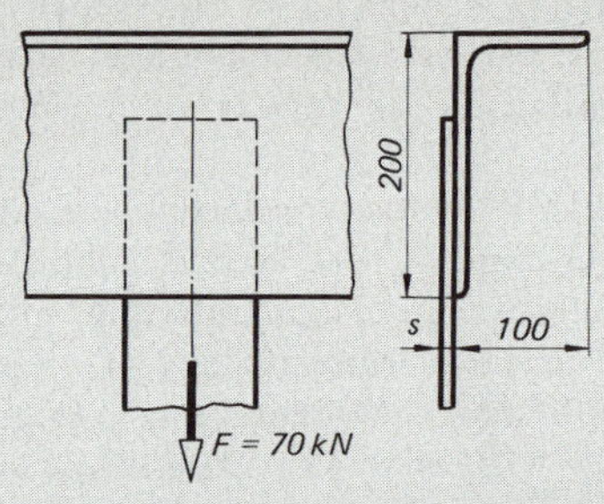

Lösung:

a) Stabprofil:

Beanspruchung auf Zug, gefährdeter Querschnitt im Schnitt quer zur Stabachse durch ein Nietloch.
Die Schwächung des Stabprofils durch die Nietlöcher wird durch das

$$\text{Verschwächungsverhältnis } v = \frac{S_n}{S} = \frac{\text{Nutzquerschnitt}}{\text{ungeschwächter Querschnitt}} \text{ berücksichtigt.}$$

Wir wählen $v \approx 0{,}8$.

Die zulässige Spannung wird Tafel 5.5 entnommen:
Für Bauteile aus St 37: $\sigma_{z\,zul} = 160 \frac{N}{mm^2}$

$$S_{erf} = \frac{F}{\sigma_{z\,zul} v} \qquad S_{erf} = \frac{70\,000\ N}{160 \frac{N}{mm^2} \cdot 0{,}8} = 547\ mm^2 = bs = 10\,s \cdot s = 10\,s^2$$

$$s_{erf} = \sqrt{\frac{S_{erf}}{10}} = \sqrt{54{,}7\ mm^2} = 7{,}4\ mm$$

$s = 8$ mm; $b = 10\,s = 80$ mm; gewählt: ▭ 80 x 8

b) Nietdurchmesser d_1:

Der Nietdurchmesser wird nach der Erfahrungsformel gewählt:

$d_1 \approx s + 10$ mm $d_1 = 8\ mm + 10\ mm = 18\ mm$
s kleinste Blechdicke ($d_{max} = 28$ mm nach DIN 997)
d_1 Durchmesser des geschlagenen Nietes

gewählt: $d_1 = 17$ mm
$A_1 = 227\ mm^2$
Rohnietdurchmesser $d = 16$ mm

c) Nietanzahl n:

Beanspruchung der Niete auf Abscheren. (Einschnittige Verbindung: m = 1)

$$n_{erf} = \frac{F}{\tau_{a\,zul} A_1 m} \qquad \tau_{a\,zul} = 140 \frac{N}{mm^2} \qquad n_{erf} = \frac{70\,000\ N}{140 \frac{N}{mm^2} \cdot 227\ mm^2 \cdot 1} = 2{,}2$$

(für Nietverbindungen mit Bauteilen aus St 37 und Nietwerkstoff St 34 nach Tafel 5.5)

gewählt: n = 3 Niete

d) Nachprüfung des Lochleibungsdruckes σ_l:

Der Lochleibungsdruck kann unzulässig hohe Werte erreichen, auch wenn der Niet auf Abscheren sicher bestimmt wurde.

$$\sigma_{l\,vorh} = \frac{F}{d_1 s n}; \quad \sigma_{l\,zul} = 280 \frac{N}{mm^2} \text{ nach Tafel 5.5}$$

s kleinste Blechdicke
s = 8 mm

$$\sigma_{l\,vorh} = \frac{70\,000\ N}{17\ mm \cdot 8\ mm \cdot 3} = 172 \frac{N}{mm^2}$$

$$\sigma_{l\,vorh} = 172 \frac{N}{mm^2} < \sigma_{l\,zul} = 280 \frac{N}{mm^2}$$

3 Niete zulässig mit d = 16 mm Rohnietdurchmesser

e) Spannungsnachweis für Stabprofil im Schnitt I–II:

$$\sigma_{z\,vorh} = \frac{F}{S_n}$$

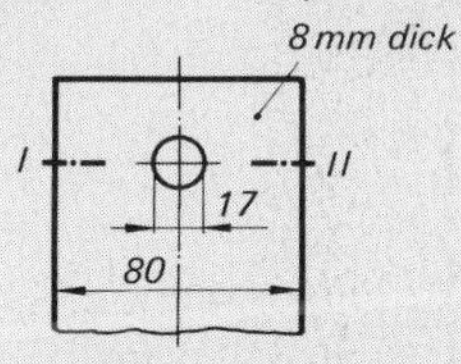

$$\sigma_{z\,vorh} = \frac{70\,000\ N}{80\ mm \cdot 8\ mm - 17\ mm \cdot 8\ mm} = 139 \frac{N}{mm^2}$$

$$\sigma_{z\,vorh} = 139 \frac{N}{mm^2} < \sigma_{z\,zul} = 160 \frac{N}{mm^2}$$

f) Nietbild:

Das Nietbild wird mit den Maßen für Nietabstand a und Randabstand e entwickelt.

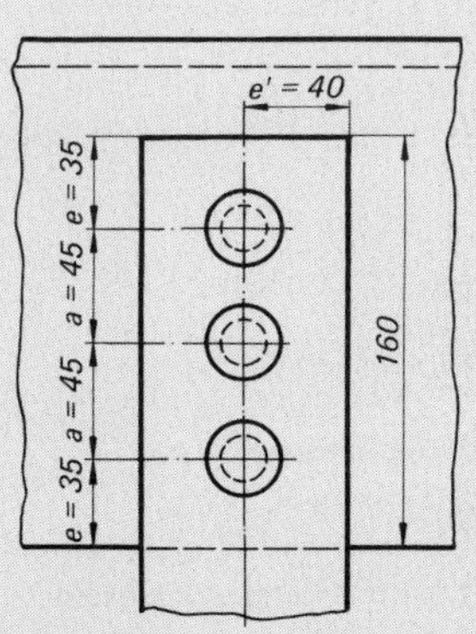

Nietbild Maßstab 1:5

Nietabstand:

$a \geqslant 2{,}5\ d_1 = 2{,}5 \cdot 17\ mm = 42{,}5\ mm$

$a \approx 45\ mm$

Randabstand:

$e = 2 d_1 = 2 \cdot 17\ mm = 34\ mm$

$e \approx 35\ mm$

seitlicher Randabstand:

$e' \geqslant 1{,}5\ d_1 = 1{,}5 \cdot 17\ mm = 25{,}5\ mm$

für ▭ 80 x 8 wird:

$e' \approx 40\ mm$

Lehrbeispiel: Nietverbindung im Stahlbau

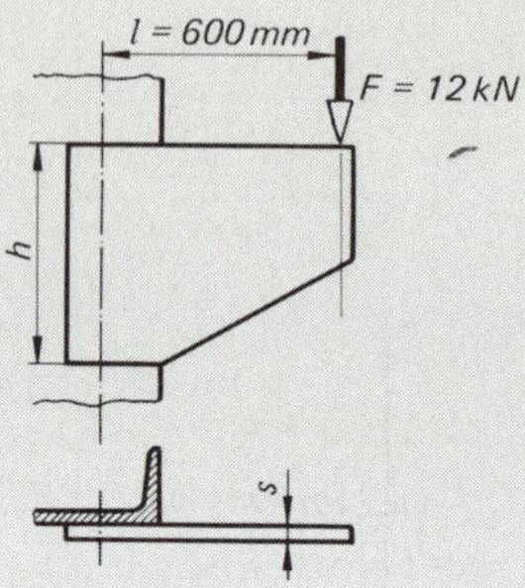

Aufgabenstellung:

Für eine Laufbühne sollen Konsolbleche an Stützen genietet werden. Blech St 37; Niete St 34. Zulässige Spannungen nach Tafel 5.5.
Es sind die Abmessungen des Bleches (s und h) und die Vernietung zu berechnen. Lastfall H.

Lösung:

a) Konsolblech

Beanspruchung auf Biegung; gefährdeter Querschnitt in der Nietreihe.

$$W_{erf} = \frac{M_{b\,max}}{\sigma_{b\,zul}} \qquad \sigma_{b\,zul} = 160\,\frac{N}{mm^2} \qquad W_{erf} = \frac{F\,l}{\sigma_{b\,zul}} = \frac{12\,000\,N \cdot 600\,mm}{160\,\frac{N}{mm^2}} = 45 \cdot 10^3\,mm^3$$

bei ungeschwächtem Querschnitt.

Die Schwächung des Querschnittes wird durch das Verschwächungsverhältnis v = 0,8 berücksichtigt:

$$W_{erf} = \frac{45 \cdot 10^3\,mm^3}{0{,}8} = 56{,}25 \cdot 10^3\,mm^3$$

Daraus kann – bei s = 8 mm (gewählt) – die Konsolblechhöhe h berechnet werden:

$$W = \frac{s\,h^2}{6} \qquad h_{erf} = \sqrt{\frac{6\,W_{erf}}{s}} = \sqrt{\frac{6 \cdot 56{,}25 \cdot 10^3\,mm^3}{8\,mm}} = 205\,mm$$

gewählt: h = 210 mm (Normmaß nach DIN 3)

b) Nietdurchmesser d_1

$d_1 \approx s + 10\,mm$ $\qquad$ *d_1 Durchmesser des geschlagenen Nietes:* $d_1 = 8\,mm + 10\,mm = 18\,mm$

gewählt: $d_1 = 19\,mm$

$A_1 = 284\,mm^2$

Rohnietdurchmesser d = 18 mm

c) Nietanzahl

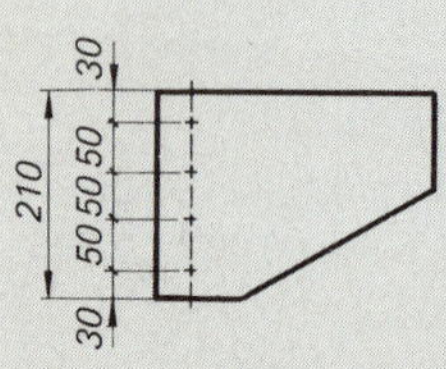

Es werden zunächst n = 4 Niete gewählt, weil diese gut in der Höhe verteilt werden können (a = 2,5 d = 2,5 · 18 mm ≈ 50 mm).
Das Nietsystem muß sowohl das äußere Biegemoment $M_b = F\,l$, als auch die Querkraft übertragen. Dabei werden die äußeren Niete am stärksten beansprucht. Die Abscherspannung und der Lochleibungsdruck sind nachzuprüfen.

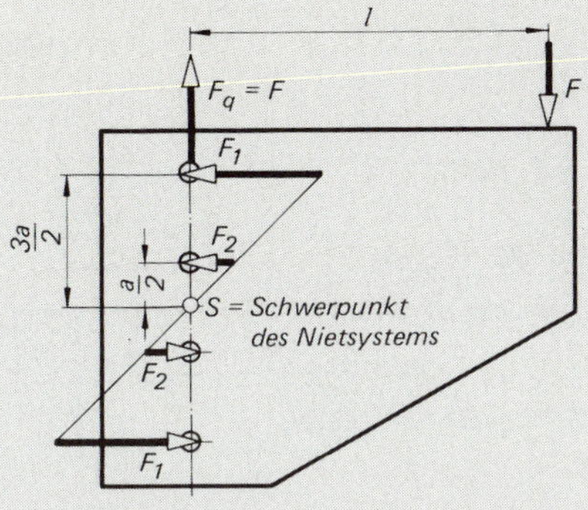

Konsolblech freigemacht (Kräfte bezogen auf Blech-Lochquerschnitt)

Aus der Skizze des freigemachten Konsolbleches entnimmt man:

$\Sigma M_{(S)} = 0$

$$2F_1 \cdot \frac{3}{2}a + 2F_2 \cdot \frac{a}{2} - Fl = 0$$

Das Belastungsbild zeigt die Proportion:

$$\frac{F_1}{F_2} = \frac{3\frac{a}{2}}{\frac{a}{2}} = \frac{3}{1}; \text{ daraus:}$$

$$F_2 = \frac{F_1}{3}; \text{ eingesetzt in } \Sigma M_{(S)} = 0$$

$$2F_1 \cdot \frac{3}{2}a + 2 \cdot \frac{F_1}{3} \cdot \frac{a}{2} - Fl = 0$$

$$F_1\left(3a + \frac{a}{3}\right) = Fl = 7{,}2 \cdot 10^6 \text{ Nmm}$$

$$F_1 = \frac{7{,}2 \cdot 10^6 \text{Nmm}}{3 \cdot 50 \text{ mm} + \frac{50}{3} \text{ mm}} = 43\,200 \text{ N}$$

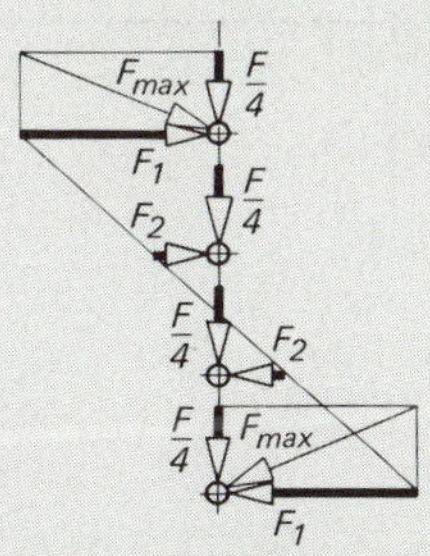

Kräfte bezogen auf den einzelnen Niet (Reaktionskräfte aus obiger Skizze)

Die maximale Nietbelastung wird:

$$F_{max} = \sqrt{F_1^2 + \left(\frac{F}{4}\right)^2} = \sqrt{(43{,}2 \cdot 10^3 \text{N})^2 + (3 \cdot 10^3 \text{N})^2}$$

$$F_{max} = 43\,300 \text{ N}$$

Die zusätzliche Belastung der Niete durch die Querkraft $\frac{F}{4}$ hätte man hier nicht zu berücksichtigen brauchen!

Abscherspannung τ_a:

$$\tau_a = \frac{F_{max}}{A_1} = \frac{43\,300 \text{ N}}{284 \text{ mm}^2} = 152{,}46 \frac{\text{N}}{\text{mm}^2} > \tau_{a\,zul} = 140 \frac{\text{N}}{\text{mm}^2}$$

Die zulässige Abscherspannung ist also überschritten!
Neue Abmessungen geschätzt und nachgeprüft:
4 Niete mit $d_1 = 21$ mm; $A_1 = 346$ mm^2
Blechhöhe $h = 210$ mm

Nachprüfung für 4 Niete mit $d_1 = 21$ mm:

Abscherspannung τ_a:

$$\tau_a = \frac{F_{max}}{A_1} = \frac{43\,300 \text{ N}}{346 \text{ mm}^2} = 125 \frac{\text{N}}{\text{mm}^2} < \tau_{a\,zul} = 140 \frac{\text{N}}{\text{mm}^2}$$

Lochleibungsdruck σ_l:

$$\sigma_l = \frac{F_{max}}{d_1 s} = \frac{43\,300 \text{ N}}{21 \text{ mm} \cdot 8 \text{ mm}} = 258 \frac{\text{N}}{\text{mm}^2} < \sigma_{l\,zul} = 280 \frac{\text{N}}{\text{mm}^2}$$

4 Niete mit $d = 20$ mm Rohnietdurchmesser zulässig!

Lehrbeispiel: Zugbolzen

Aufgabenstellung:

Für den skizzierten Zugbolzen, der von einer Kraft $F = 2 \cdot 10^4$ N ruhend belastet wird, sind zu bestimmen:

a) Der erforderliche Bolzendurchmesser d, wenn $\sigma_{z\,zul} = 60 \frac{N}{mm^2}$ ist.

b) Der Kopfdurchmesser D, wenn die Flächenpressung an der Berührungsstelle $p_{zul} = 15 \frac{N}{mm^2}$ nicht überschreiten soll.

c) Die Kopfhöhe h bei einer zulässigen Abscherspannung $\tau_{a\,zul} = 30 \frac{N}{mm^2}$.

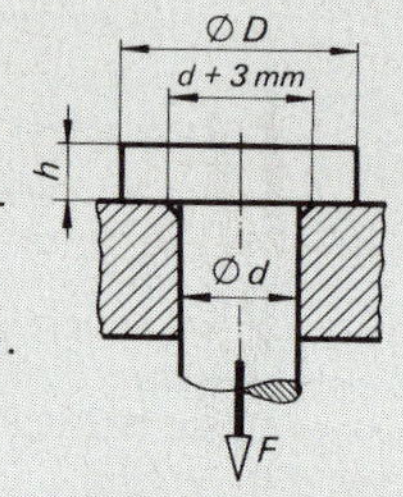

Lösung:

a) Bolzendurchmesser d:

$$\sigma_z = \frac{F}{S} \qquad S_{erf} = \frac{F}{\sigma_{z\,zul}} = \frac{20\,000\ N}{60 \frac{N}{mm^2}} = 333\ mm^2$$

$d_{erf} = 20{,}6$ mm

gewählt: d = 22 mm (Normmaß, DIN 3)

b) Kopfdurchmesser D:

$$p = \frac{F}{A} \qquad A_{erf} = \frac{F}{p_{zul}} = \frac{20\,000\ N}{15 \frac{N}{mm^2}} = 1333\ mm^2\ \text{(Ringfläche)}$$

$$A = \frac{\pi}{4}(D^2 - d^2);\ D^2 = \frac{4}{\pi}A + d^2;\ D_{erf} = \sqrt{\frac{4}{\pi}A_{erf} + d^2}$$

Bohrung angefast: Für d hier 22 mm + 3 mm = 25 mm

$$D_{erf} = \sqrt{\left(\frac{4}{\pi} \cdot 1333 + 25^2\right) mm^2} = 48{,}2\ mm$$

gewählt: D = 50 mm

c) Kopfhöhe h:

$$\tau_a = \frac{F}{S}$$

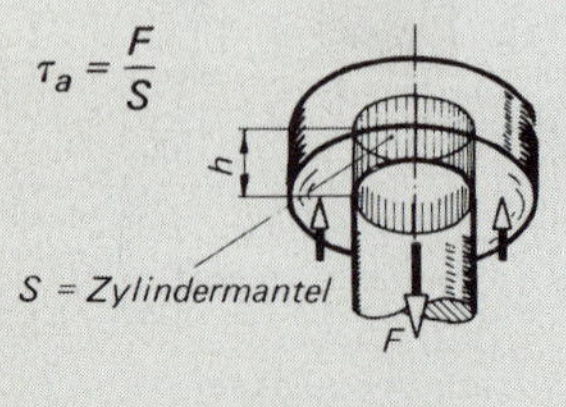

$$S_{erf} = \frac{F}{\tau_{a\,zul}} = \frac{20\,000\ N}{30 \frac{N}{mm^2}} = 667\ mm^2$$

$$S = \pi d h;\ h_{erf} = \frac{S_{erf}}{\pi d} = \frac{667\ mm^2}{\pi \cdot 22\ mm} = 9{,}66\ mm$$

gewählt: h = 10 mm

5.7. Flächenmomente 2. Grades I und Widerstandsmomente W

Es bleibt selbstverständlich dem Lehrer überlassen, an welcher Stelle er im Stoffplan die Flächenmomente 2. Grades und die Widerstandsmomente behandelt. Mancher Lehrer wird diesen Abschnitt erst einmal auslassen, um mit der Torsionsbeanspruchung und der Herleitung der Torsions-Hauptgleichung (5.8.2) einen engeren Bezug zu den Flächenmomenten herzustellen. Einige Lehrer sind der Meinung, man sollte auch noch die Biege-Hauptgleichung (5.9.4) vor diesen Abschnitt ziehen. Zum leichteren Einstieg für den Studierenden wurde der Stoff in viele Teilschritte zerlegt, und die Teilprobleme sind so eingehend behandelt, daß auch das Selbststudium zum Ziele führt.

Die Aufgabenstellungen in den Übungen der Abschnitte 5.7.4 und 5.7.7 können den Gruppen zur selbständigen Lösung vorgelegt werden.

5.7.1. Gleichmäßige und lineare Spannungsverteilung (Gegenüberstellung)

Zum Verständnis der Beanspruchungsarten Torsion, Biegung und Knickung müssen wir eine geometrische Betrachtung vorausschicken.

Die uns bisher bekannten Hauptgleichungen sind alle nach dem gleichen Schema aufgebaut:

Im Zähler des Bruches steht in allen Fällen die Kraft F als statische Größe, im Nenner die Fläche S als geometrische Größe, weil bei diesen vier Beanspruchungsarten jedes Flächenteilchen den *gleichen* Spannungsbetrag zu übertragen hat. Wir sagen auch: Die Spannung (oder Pressung) ist *gleichmäßig* über dem Querschnitt verteilt.

$$\sigma_{z,d} = \frac{F_N}{S}$$

Zug/Druck-Hauptgleichung

$$\tau_a = \frac{F_q}{S}$$

Abscher-Hauptgleichung

$$p = \frac{F_N}{A} \qquad \sigma_l = \frac{F_l}{A_{proj}}$$

Flächenpressungs-Hauptgleichungen

Das ist bei den Beanspruchungsarten Torsion und Biegung anders. Hier haben die Randfasern des Querschnittes die größte Spannung zu übertragen (τ_{max} bei Torsion und σ_{max} bei Biegung).

Nach der Querschnittsmitte zu, genauer: zur *neutralen Faser* hin, sinkt die Spannung gleichmäßig bis auf Null ab. Wir sprechen dann von einer *linearen* Spannungsverteilung, im Gegensatz zur gleichmäßigen Spannungsverteilung bei den Beanspruchungsarten Zug, Druck, Abscheren und Flächenpressung.

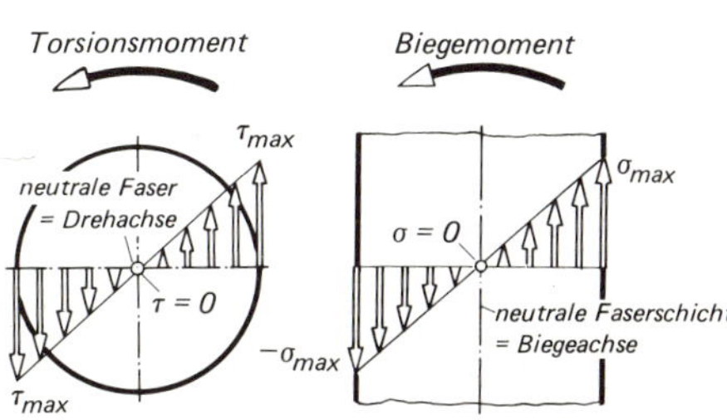

Spannungsbild bei Torsions- und Biegebeanspruchung (lineare Spannungsverteilung)

5.7.2. Definition der Flächenmomente 2. Grades

Aus der unterschiedlichen Spannungsverteilung gegenüber Zug-, Druck-, Abscher- und Pressungsbeanspruchung wird verständlich, daß die Hauptgleichungen für Biegung und Torsion nicht ganz so einfach aufgebaut sein können, wie die bisher bekannten Hauptgleichungen.

Beachte:
Gleichmäßige Spannungsverteilung bei Zug, Druck, Abscheren und Flächenpressung.
Lineare Spannungsverteilung bei Biegung und Torsion.

Tatsächlich erscheint in den Herleitungen dieser Gleichungen (5.8.2 und 5.9.4) *nicht* mehr die *Querschnittsfläche* als geometrische Größe im Nenner, sondern ein Summenausdruck, der als *Flächenmoment 2. Grades I* bezeichnet wird.

$$\sigma_b = \frac{M_b}{I} e \qquad \tau_t = \frac{T}{I_p} r$$

Biege- und Torsions-Hauptgleichung in noch nicht endgültiger Form (siehe Seite 297 und 305)

Das Flächenomoment für Biegung heißt axiales, das für Torsion polares Flächenmoment 2. Grades. Da beide Flächenmomente aus der Herleitung heraus gleichartig aufgebaut sind, gilt die folgende Definition.

$$I_x = \Delta A_1 y_1^2 + \Delta A_2 y_2^2 + \Delta A_3 y_3^2 + \ldots + \Delta A_n y_n^2$$

$$I_x = \Sigma \Delta A y^2 \qquad I_y = \Sigma \Delta A x^2$$

axiales Flächenmoment 2. Grades (für Biegung und Knickung erforderlich)

Definitionsgleichung

> Multipliziert man jedes Flächenteilchen ΔA einer Fläche mit dem Quadrat seines Abstandes ρ von einem Bezugspunkt bzw. y oder x von einer Bezugsachse, dann ergibt die Summe dieser Produkte das Flächenmoment zweiten Grades I dieser Fläche.

$$I_p = \Delta A_1 \rho_1^2 + \Delta A_2 \rho_2^2 + \Delta A_3 \rho_3^2 + \ldots + \Delta A_n \rho_n^2$$

$$I_p = \Sigma \Delta A \rho^2$$

polares Flächenmoment 2. Grades (für Torsion erforderlich)

Definitionsgleichung

Aus dieser Definition ergibt sich auch die Einheit mm^4 (Fläche mal Abstandsquadrat).

$$(I) = (A) \cdot (x, y, \rho)^2 = mm^2 \cdot mm^2 = mm^4$$
$$(I) = mm^4$$

Hinweis: Wir gehen hier von der Längeneinheit mm aus, weil im Maschinenbau und in der Feinwerktechnik damit gearbeitet wird. Grundsätzlich dürfen auch cm und m benutzt werden (cm^4, m^4).

Bezugsachse ist immer diejenige neutrale Faser des Querschnitts, um die gebogen oder verdreht wird.

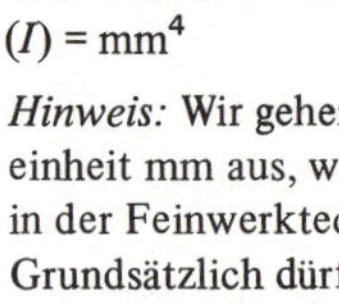

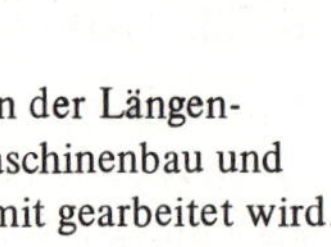

In den Herleitungen in den Abschnitten 5.8.2 und 5.9.4 erscheint außer dem Summenausdruck der Quotient I_p/r (bei Torsion) und I/e (bei Biegung). Darin sind r und e die *Randfaserabstände*, d.h. die Abstände vom Bezugspunkt oder von der Bezugsachse bis zur Randfaser. Dieser Quotient heißt

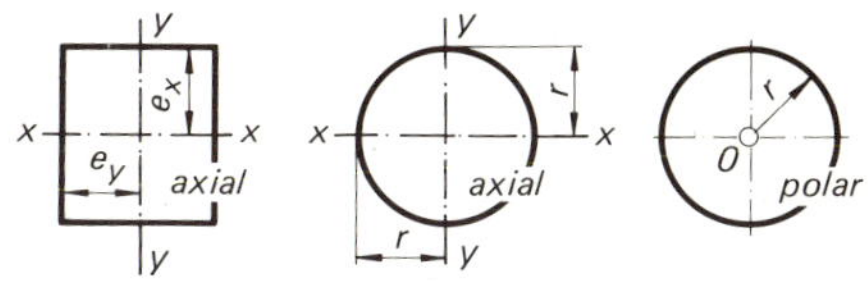

Randfaserabstand e und r

$$\textit{Widerstandsmoment } W = \frac{\text{Flächenmoment } I}{\text{Randfaserabstand } r \text{ (oder } e)}$$

$$W = \frac{I}{e}$$

$$W_p = \frac{I_p}{r}$$

W, W_p	I, I_p	e, r
mm^3	mm^4	mm

Am häufigsten werden die *Widerstandsmomente* in bezug auf die beiden *in* der Querschnittsfläche liegenden Achsen x, y und in bezug auf die senkrecht zum Querschnitt stehende 0-Achse gebraucht. Nach den Achsen werden sie auch bezeichnet.

Mit Hilfe der Integralrechnung lassen sich für die verschiedenen Querschnittsformen Berechnungsgleichungen entwickeln; die wichtigsten sind in den Tafeln 5.1 und 5.2 zusammengestellt. Für genormte Profile (Winkel-, I-Profil usw.) enthalten die Profilstahltafeln ausgerechnete Werte für Flächenmomente I und Widerstandsmomente W.

$$W_x = \frac{I_x}{e_x}$$

axiales Widerstandsmoment in bezug auf die x-Achse

$$W_y = \frac{I_y}{e_y}$$

axiales Widerstandsmoment in bezug auf die y-Achse

$$W_p = \frac{I_p}{r}$$

polares Widerstandsmoment in bezug auf die Verdrehachse 0

5.7.3. Herleitungsübung

Um das Verständnis für das Flächenmoment zu vertiefen, wollen wir versuchen, eine Berechnungsgleichung für das Flächenmoment I_x eines Rechteckquerschnittes ohne Integralrechnung zu entwickeln. Bezugsachse soll also die waagerecht im Rechteckquerschnitt liegende x-Achse sein.

Was bei unserer Untersuchung herauskommen muß, können wir aus Tafel 5.1 ablesen: In bezug auf die dort eingezeichnete waagerechte Achse muß $I = bh^3/12$ sein.

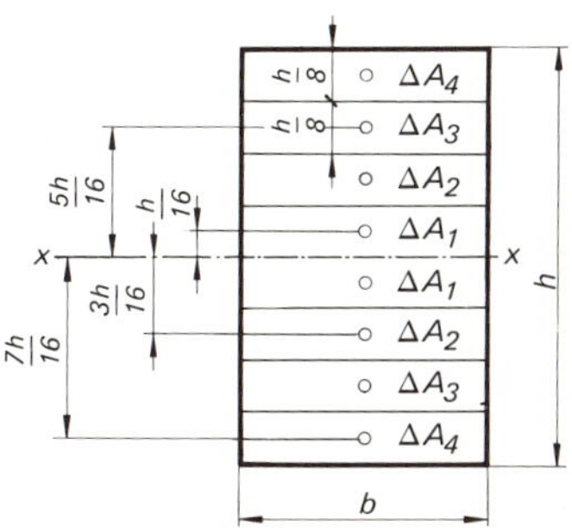

Gegebener Rechteckquerschnitt bh, zerlegt in Flächenstreifen ΔA parallel zur x-Achse.

Lösung: Wir zerlegen die Rechteckfläche von der Breite b und der Höhe h in 8 Flächenstreifen gleicher Höhe, deren Flächeninhalt dann $\Delta A = b\,h/8$ beträgt. Die mittleren Abstände der Flächenstreifen von der Bezugsachse x drükken wir als Bruchteile der Gesamthöhe h aus und bilden die Produkte aus Flächenteilchen ΔA und zugehörigem Abstandsquadrat.

$$\Delta A_1\, y_1^2 = \frac{b\,h}{8}\left(\frac{1}{16}h\right)^2$$

$$\Delta A_2\, y_2^2 = \frac{b\,h}{8}\left(\frac{3}{16}h\right)^2$$

$$\Delta A_3\, y_3^2 = \frac{b\,h}{8}\left(\frac{5}{16}h\right)^2$$

$$\Delta A_4\, y_4^2 = \frac{b\,h}{8}\left(\frac{7}{16}h\right)^2$$

Die Definitionsgleichung weist uns den weiteren Weg: Gemäß $I_x = \Sigma\,\Delta A\, y^2$ summieren wir die Produkte aus Flächenteilchen ΔA und Abstandsquadrat und rechnen die bestimmten Zahlen aus:

$$I_x = \Sigma\,\Delta A\, y^2 = (\Delta A_1\, y_1^2 + \Delta A_2\, y_2^2 + \Delta A_3\, y_3^2 + \Delta A_4\, y_4^2)\cdot 2$$

Ausgerechnet ergibt das:

$$I_x = \left(\frac{b\,h}{8}\cdot\frac{1}{256}h^2 + \frac{b\,h}{8}\cdot\frac{9}{256}h^2 + \frac{b\,h}{8}\cdot\frac{25}{256}h^2 + \frac{b\,h}{8}\cdot\frac{49}{256}h^2\right)\cdot 2$$

$$I_x = 2\cdot\frac{b\,h}{8}\cdot\frac{h^2}{256}(1 + 9 + 25 + 49) = \frac{b\,h^3}{12{,}2}$$

Der Vergleich mit der Gleichung in Tafel 5.1 ($I_x = b\,h^3/12$) zeigt, daß schon die grobe Aufteilung des Querschnitts dicht an den richtigen Wert im Nenner heranführt (12,2 statt 12). Auf gleiche Weise könnten wir sämtliche Gleichungen der Tafeln 5.1 und 5.2 genügend genau entwickeln. Allerdings führt die Integralrechnung schneller zum genauen Ergebnis.

5.7.4. Übungen mit Flächen- und Widerstandsmomenten einfacher Querschnitte

1. Übung: Für eine Welle von 60 mm Durchmesser sollen die axialen und polaren Flächen- und Widerstandsmomente berechnet werden.

Die erforderlichen Gleichungen stehen in den Tafeln 5.1 und 5.2.

Gegeben:

Wellendurchmesser $d = 60$ mm

Gesucht:

I_x, W_x, I_y, W_y, I_p, W_p

Lösung: Wegen der Querschnittssymmetrie sind die axialen Flächenmomente I_x, I_y und die zugehörigen Widerstandsmomente W_x, W_y jeweils gleich groß.

$$I_x = I_y = \frac{\pi d^4}{64} = 63{,}6\cdot 10^4\ \text{mm}^4$$

$$W_x = W_y = \frac{\pi d^3}{32} = 21{,}2\cdot 10^3\ \text{mm}^3$$

Die axialen Widerstandsmomente W_x, W_y können wir auch einfacher aus den vorher berechneten Flächenmomenten bestimmen, wenn wir uns daran erinnern, daß allgemein $W = I/e$ ist (e Randfaserabstand).

$$W_x = \frac{I_x}{e} = \frac{I_x}{(d/2)} = 21{,}2\cdot 10^3\ \text{mm}^3$$

$$W_y = \frac{I_y}{e} \quad \text{wie vorher}$$

Ein Vergleich der Ergebnisse und auch der Gleichungen aus den Tafeln 5.1 und 5.2 zeigt uns:

> Die *polaren* Flächen- und Widerstandsmomente (I_p, W_p) sind beim Kreisquerschnitt (auch beim Kreisringquerschnitt) *doppelt so groß* wie die *axialen* (I, W).

$$I_p = \frac{\pi d^4}{32} = \frac{\pi}{32} \cdot (60 \text{ mm})^4 = 127{,}2 \cdot 10^4 \text{ mm}^4$$

$$W_p = \frac{\pi d^3}{16} = \frac{\pi}{16} \cdot (60 \text{ mm})^3 = 42{,}4 \cdot 10^3 \text{ mm}^3$$

oder einfacher wie beim axialen Widerstandsmoment:

$$W_p = \frac{I_p}{r} = \frac{127{,}2 \cdot 10^4 \text{ mm}^4}{30 \text{ mm}} = 42{,}4 \cdot 10^3 \text{ mm}^3$$

2. Übung: Für eine Hohlwelle von 60 mm Außen- und 40 mm Innendurchmesser sollen wie in der ersten Übung die axialen und polaren Flächen- und Widerstandsmomente bestimmt werden.

Gegeben:
$D = d_a = 60$ mm, $d = d_i = 40$ mm
Gesucht:
I_x, I_y, I_p, W_x, W_y, W_p

Lösung: Die axialen Flächen- und Widerstandsmomente sind auch hier wegen der Querschnittssymmetrie für jede Schwerachse jeweils gleich groß, so daß wir sie einfach mit I und W bezeichnen können.

$$I = \frac{\pi}{64}(D^4 - d^4) = \frac{\pi}{64}(60^4 - 40^4) \text{ mm}^4$$

$$I = 51 \cdot 10^4 \text{ mm}^4$$

$$W = \frac{I}{(D/2)} = \frac{51 \cdot 10^4 \text{ mm}^4}{30 \text{ mm}} = 17 \cdot 10^3 \text{ mm}^3$$

Auch hier erkennen wir wieder, daß die polaren Flächenmomente doppelt so groß sind wie die axialen, so daß wir I_p und W_p noch einfacher hätten berechnen können ($I_p = 2\,I$ und $W_p = 2\,W$).

$$I_p = \frac{\pi}{32}(d_a^4 - d_i^4) = \frac{\pi}{32}(60^4 - 40^4) \text{ mm}^4$$

$$I_p = 102 \cdot 10^4 \text{ mm}^4$$

$$W_p = \frac{I_p}{(d_a/2)} = \frac{102 \cdot 10^4 \text{ mm}^4}{30 \text{ mm}} = 34 \cdot 10^3 \text{ mm}^3$$

3. Übung: Für einen Holzbalken mit Rechteckquerschnitt von 180 mm Höhe und 90 mm Breite sollen die axialen Flächenmomente 2. Grades bestimmt werden. Wird nichts anderes gesagt, gelten als Bezugsachsen stets die beiden senkrecht aufeinander stehenden „Hauptachsen" (x- und y-Achse).

Gegeben:
Rechteckquerschnitt mit $h = 180$ mm, $b = 90$ mm
Gesucht:
I_x, W_x, I_y, W_y

Lösung: Die axialen Flächenmomente sind ein Maß für die *Steifigkeit* des Querschnittes gegen Biegung oder Knickung. Der Balken ist „hochkant" schwerer zu biegen ($I_x = 43{,}74 \cdot 10^6$ mm^4) als „flachkant" ($I_y = 10{,}94 \cdot 10^6$ mm^4). Bei Knickbeanspruchung würde er nach der Seite mit dem geringsten I ausknicken, also flachkant (um die y-Achse), weil $I_y < I_x$ ist.

$$I_x = \frac{b h^3}{12} = 43{,}74 \cdot 10^6 \text{ mm}^4$$

$$W_x = \frac{I_x}{e} = 48{,}6 \cdot 10^4 \text{ mm}^3$$

$$I_y = \frac{h b^3}{12} = 10{,}94 \cdot 10^6 \text{ mm}^4$$

$$W_y = \frac{I_y}{e} = 24{,}3 \cdot 10^4 \text{ mm}^3$$

4. Übung: Für den skizzierten Querschnitt (H-Profil) sollen die axialen Flächenmomente um die x- und y-Achse berechnet werden, damit festgelegt werden kann, um welche Achse ein Balken mit diesem Querschnitt die größere Biege- und Knicksteifigkeit besitzt.

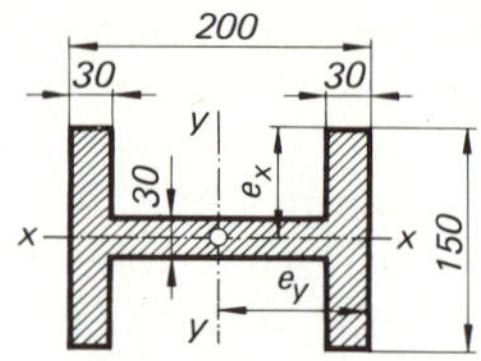

Lösung: Wir benutzen die Gleichungen aus Tafel 5.1 zur Bestimmung von I_x und I_y und erkennen aus den Ergebnissen:

Die größere Steifigkeit gegen Biegung und Knickung besitzt ein Balken dieses Querschnitts um die y-Achse ($I_y > I_x$). Bei Knickung würde er um die x-Achse ausknicken, weil $I_x < I_y$ ist.

$$I_x = \frac{BH^3 + bh^3}{12} = \frac{60\text{ mm} \cdot (150\text{ mm})^3 + 140\text{ mm} \cdot (30\text{ mm})^3}{12}$$

$$I_x = 17{,}19 \cdot 10^6\text{ mm}^4$$

$$W_x = \frac{I_x}{e} = \frac{17{,}19 \cdot 10^6\text{ mm}^4}{75\text{ mm}} = 22{,}92 \cdot 10^4\text{ mm}^3$$

$$I_y = \frac{BH^3 - bh^3}{12} = \frac{150\text{ mm} \cdot (200\text{ mm})^3 - 120\text{ mm} \cdot (140\text{ mm})^3}{12}$$

$$I_y = 72{,}56 \cdot 10^6\text{ mm}^4$$

$$W_y = \frac{I_y}{e} = \frac{72{,}56 \cdot 10^6\text{ mm}^4}{100\text{ mm}} = 72{,}56 \cdot 10^4\text{ mm}^3$$

Beachte:
Flächenmomente I (nicht Widerstandsmomente W!) von Teilflächen dürfen dann addiert oder subtrahiert werden, wenn die Schwerachsen der Teilflächen sich mit der Bezugsachse des Querschnitts decken. Das läßt sich hier sowohl für I_x als auch für I_y durch eine entsprechende Zerlegung der Gesamtfläche erreichen. Das Vorgehen wird im folgenden Abschnitt 5.7.5 erläutert.

5. Übung: Zur Übung im Auswerten von Tabellen wollen wir die Flächenmomente 2. Grades gegen Biegung und Knickung und die Widerstandsmomente aus den Profilstahltafeln heraussuchen (siehe Formelsammlung).

Lösung:

IPE 100 $A = 1030\text{ mm}^2$; $I_x = 171 \cdot 10^4\text{ mm}^4$; $W_x = 34{,}2 \cdot 10^3\text{ mm}^3$;
$I_y = 15{,}9 \cdot 10^4\text{ mm}^4$; $W_y = 5{,}79 \cdot 10^3\text{ mm}^3$;
größter Widerstand gegen Biegung und Knickung also um die x-Achse!

U 100 $A = 1350\text{ mm}^2$; $I_x = 206 \cdot 10^4\text{ mm}^4$; $W_x = 41{,}2 \cdot 10^3\text{ mm}^3$;
$I_y = 29{,}3 \cdot 10^3\text{ mm}^3$; $W_{y1} = 18{,}9 \cdot 10^3\text{ mm}^3$;
$W_{y2} = 8{,}49 \cdot 10^3\text{ mm}^3$.

L 60 × 6 $A = 691\text{ mm}^2$; $I_x = 22{,}8 \cdot 10^4\text{ mm}^4$; $W_{x1} = 13{,}5 \cdot 10^3\text{ mm}^3$;
$W_{x2} = 5{,}29 \cdot 10^3\text{ mm}^3$.

Tafel 5.1. Axiale Flächenmomente I, Widerstandsmomente W und Trägheitsradius i für Biegung und Knickung

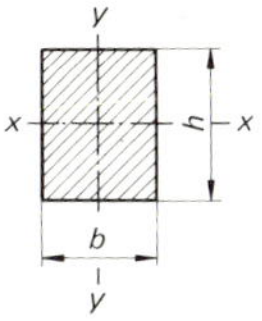

$$I_x = \frac{b h^3}{12} \qquad I_y = \frac{h b^3}{12}$$
$$W_x = \frac{b h^2}{6} \qquad W_y = \frac{h b^2}{6}$$
$$i_x = 0{,}289\, h \qquad i_y = 0{,}289\, b$$

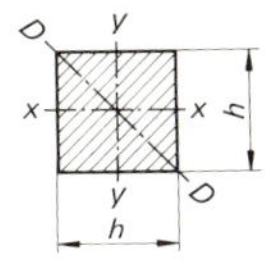

$$I_x = I_y = I_D = \frac{h^4}{12}$$
$$W_x = W_y = \frac{h^3}{6}; \quad W_D = \sqrt{2}\,\frac{h^3}{12}$$
$$i = 0{,}289\, h$$

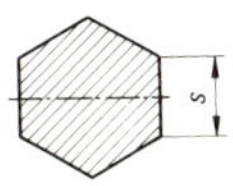

$$I = \frac{5\sqrt{3}}{16} s^4 = 0{,}5413\, s^4$$
$$W = 0{,}5413\, s^3$$
$$i = 0{,}456\, s$$

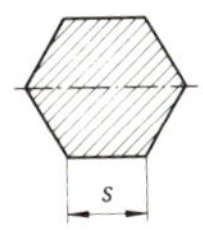

$$I = \frac{5\sqrt{3}}{16} s^4 = 0{,}5413\, s^4$$
$$W = \tfrac{5}{8}\, s^3 = 0{,}625\, s^3$$
$$i = 0{,}456\, s$$

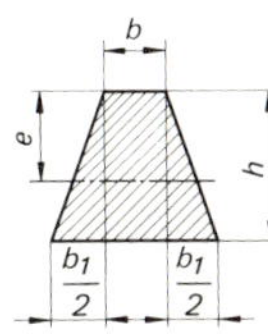

$$I = \frac{6 b^2 + 6 b b_1 + b_1^2}{36(2b + b_1)}\, h^3$$
$$W = \frac{6 b^2 + 6 b b_1 + b_1^2}{12(3b + 2b_1)}\, h^2$$
$$e = \frac{1}{3}\,\frac{3b + 2b_1}{2b + b_1}\, h$$

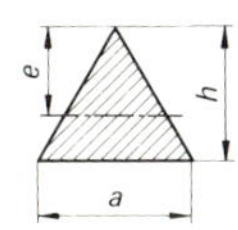

$$I = \frac{a h^3}{36} \qquad e = \tfrac{2}{3}\, h$$
$$W = \frac{a h^2}{24} \qquad i = 0{,}236\, h$$

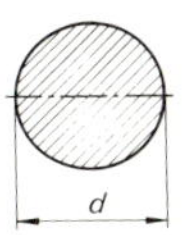

$$I = \frac{\pi d^4}{64} \approx \frac{d^4}{20}$$
$$W = \frac{\pi d^3}{32} \approx \frac{d^3}{10}$$
$$i = \frac{d}{4}$$

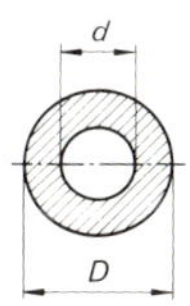

$$I = \frac{\pi}{64}(D^4 - d^4)$$
$$W = \frac{\pi}{32}\,\frac{D^4 - d^4}{D}$$
$$i = 0{,}25\sqrt{D^2 + d^2}$$

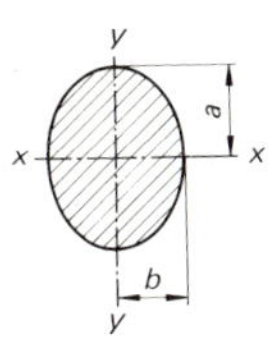

$$I_x = \frac{\pi a^3 b}{4}; \qquad I_y = \frac{\pi b^3 a}{4}$$
$$W_x = \frac{\pi a^2 b}{4}; \qquad W_y = \frac{\pi b^2 a}{4}$$
$$i_x = \frac{a}{2}; \qquad i_y = \frac{b}{2}$$

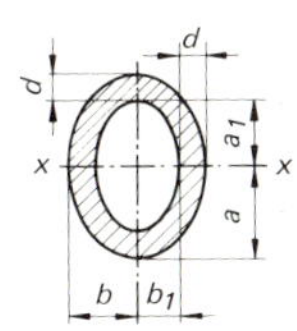

$$I_x = \frac{\pi}{4}(a^3 b - a_1^3 b_1)$$
$$I_x \approx \frac{\pi}{4} a^2 d (a + 3b)$$
$$W = \frac{I_x}{a} \approx \frac{\pi}{4} a d (a + 3b)$$

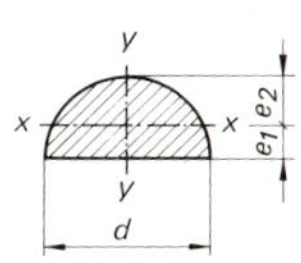

$$I_x = 0{,}0068\, d^4 \qquad I_y = 0{,}0245\, d^4$$
$$W_{x1} = 0{,}0238\, d^3 \qquad W_{x2} = 0{,}0323\, d^3 \qquad e_1 = \frac{4r}{3\pi} = 0{,}4244\, r$$
$$W_y = 0{,}049\, d^3 \qquad i_x = 0{,}132\, d$$

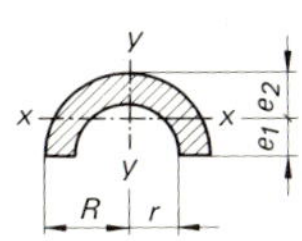

$$I_x = 0{,}1098\,(R^4 - r^4) - 0{,}283\, R^2 r^2\, \frac{R - r}{R + r} \qquad W_{x1} = \frac{I_x}{e_1}$$
$$e_1 = \frac{2(D^3 - d^3)}{3\pi(D^2 - d^2)}$$
$$I_y = \pi\,\frac{R^4 - r^4}{8}; \qquad W_y = \pi\,\frac{(R^4 - r^4)}{8R} \qquad W_{x2} = \frac{I_x}{e_2}$$

Fortsetzung Tafel 5.1

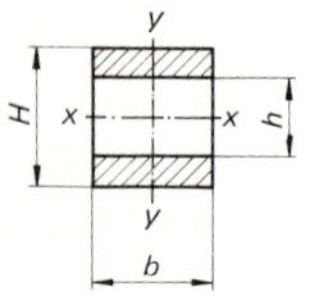

$$I_x = \frac{b}{12}(H^3 - h^3) \qquad I_y = \frac{b^3}{12}(H - h)$$

$$W_x = \frac{b}{6H}(H^3 - h^3) \qquad W_y = \frac{b^2}{6}(H - h)$$

$$i_x = \sqrt{\frac{H^3 - h^3}{12(H - h)}} \qquad i_y = 0{,}289\, b$$

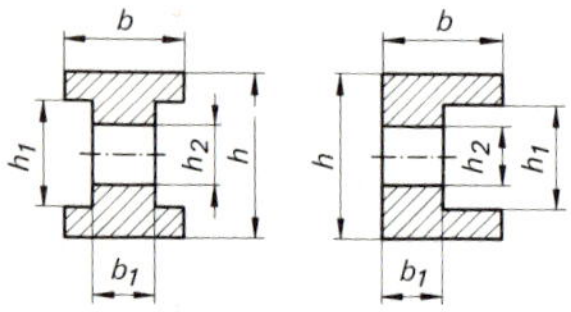

$$I = \frac{b(h^3 - h_1^3) + b_1(h_1^3 - h_2^3)}{12}$$

$$W = \frac{b(h^3 - h_1^3) + b_1(h_1^3 - h_2^3)}{6h}$$

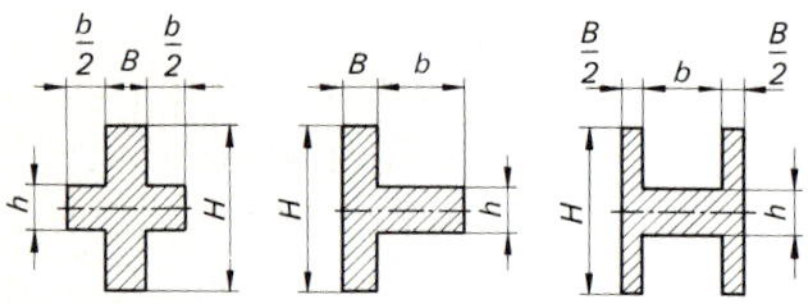

$$I = \frac{BH^3 + bh^3}{12}$$

$$W = \frac{BH^3 + bh^3}{6H}$$

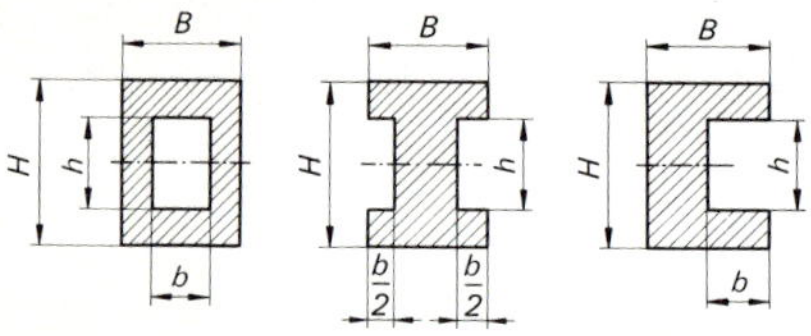

$$I = \frac{BH^3 - bh^3}{12}$$

$$W = \frac{BH^3 - bh^3}{6H}$$

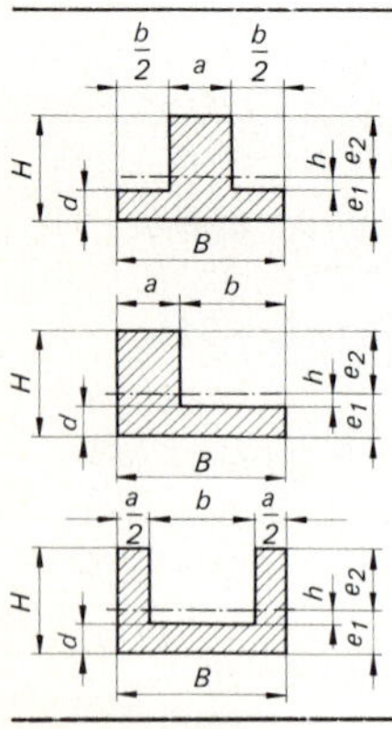

$$I = \frac{1}{3}(Be_1^3 - bh^3 + ae_2^3)$$

$$e_1 = \frac{1}{2} \cdot \frac{aH^2 + bd^2}{aH + bd}$$

$$e_2 = H - e_1$$

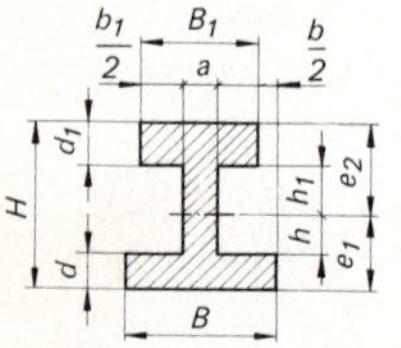

$$I = \frac{1}{3}(Be_1^3 - bh^3 + B_1e_2^3 - b_1h_1^3)$$

$$e_1 = \frac{1}{2} \cdot \frac{aH^2 + bd^2 + b_1d_1(2H - d_1)}{aH + bd + b_1d_1}$$

$$e_2 = H - e_1$$

Tafel 5.2. Polare Flächenmomente I_p und Widerstandsmomente W_p für Torsion

Querschnitt	Widerstandsmoment W_p	Trägheitsmoment I_p	Bemerkung
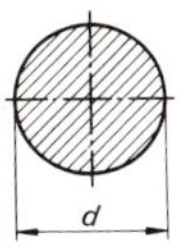	$W_p = \frac{\pi}{16} d^3 \approx \frac{d^3}{5}$	$I_p = \frac{\pi}{32} d^4 \approx \frac{d^4}{10}$	größte Spannung in allen Punkten des Umfanges
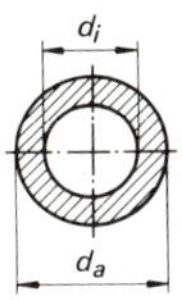	$W_p = \frac{\pi}{16} \cdot \frac{d_a^4 - d_i^4}{d_a}$	$I_p = \frac{\pi}{32}(d_a^4 - d_i^4)$	größte Spannung in allen Punkten des Umfanges
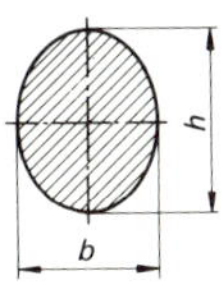	$W_p = \frac{\pi}{16} n b^3$; $\frac{h}{b} = n > 1$	$I_p = \frac{\pi}{16} \cdot \frac{n^3 b^4}{n^2 + 1}$	in den Endpunkten der kleinen Achse: $\tau_{t\,max} = \frac{M_t}{W_p}$ in den Endpunkten der großen Achse: $\tau_t = \frac{\tau_{t\,max}}{n}$
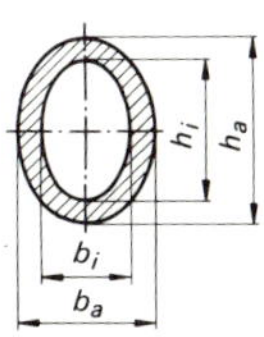	$\frac{h_a}{b_a} = \frac{h_i}{b_i} = n > 1$ $\frac{h_i}{h_a} = \frac{b_i}{b_a} = \alpha < 1$ $W_p = \frac{\pi}{16} n b_a^3 (1 - \alpha^4)$	$I_p = \frac{\pi}{16} \cdot \frac{n^3}{n^2 + 1} \cdot b_a^4 (1 - \alpha^4)$	in den Endpunkten der kleinen Achse: $\tau_{t\,max}$ in den Endpunkten der großen Achse: $\tau_t = \frac{\tau_{t\,max}}{n}$
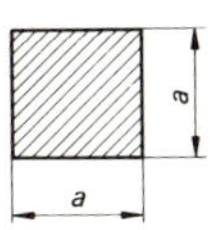	$W_p = 0{,}208\, a^3$	$I_p = 0{,}14\, a^4 = \frac{a^4}{7{,}1}$	in der Mitte der Seite: $\tau_{t\,max}$ in den Ecken: $\tau_t = 0$
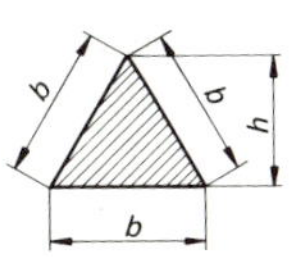	$W_p = 0{,}05\, b^3 = \frac{h^3}{7{,}5\sqrt{3}}$ $W_p = \frac{h^3}{13} = \frac{2 I_t}{h}$	$I_p = \frac{h^4}{15\sqrt{3}}$ $I_p = \frac{b^4}{46{,}2}$	in der Mitte der Seite: $\tau_{t\,max}$ in den Ecken: $\tau_t = 0$

5.7.5. Axiale Flächenmomente 2. Grades symmetrischer Querschnitte

Lassen sich Querschnitte derart in Teilflächen zerlegen, daß alle *Teilschwerachsen mit der Gesamtschwerachse zusammenfallen,* dann können wir das Flächenmoment 2. Grades des Gesamtquerschnittes aus der Summe oder Differenz der Teilflächenmomente berechnen. Anders ausgedrückt:

> Flächenmomente 2. Grades dürfen wir addieren und subtrahieren, wenn Teil- und Gesamtschwerachse zusammenfallen.
> Widerstandsmomente dürfen keinesfalls addiert oder subtrahiert werden.

Wir wollen uns am Beispiel eines H-Profiles klarmachen, wie vorzugehen ist. Das Profil läßt sich in drei Teilflächen zerlegen, deren Teilschwerachsen mit der Gesamtschwerachse $x-x$ zusammenfallen:

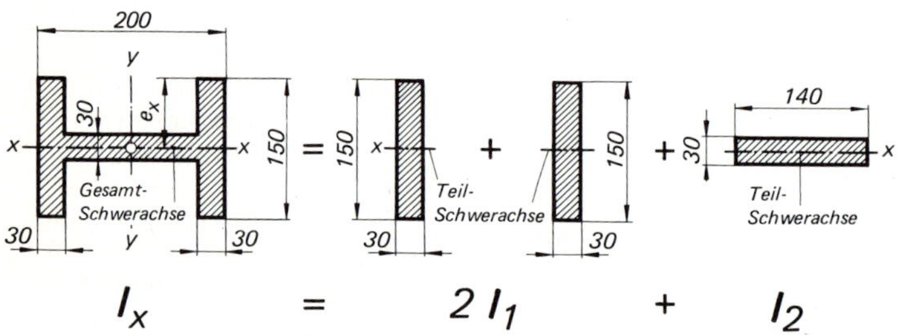

Gesamtflächenmoment 2. Grades als Summe von Teilflächenmomenten

Nun berechnen wir das Gesamtflächenmoment einfach aus der Summe der Teilflächenmomente. Die Teilflächen sind Rechtecke, für die $I = bh^3/12$ gilt (Tafel (5.1):

$$I_x = 2I_1 + I_2 = 2 \cdot \frac{30\text{ mm} \cdot (150\text{ mm})^3}{12} + \frac{140\text{ mm} \cdot (30\text{ mm})^3}{12} = 17{,}19 \cdot 10^6\text{ mm}^4$$

$$W_x = \frac{I_x}{e} = \frac{17{,}19 \cdot 10^6\text{ mm}^4}{75\text{ mm}} = 22{,}92 \cdot 10^4\text{ mm}^3$$

Auch das axiale Flächenmoment des Querschnittes für die y-Achse läßt sich so bestimmen. Zur besseren Übersicht drehen wir für die Rechnung den Querschnitt um 90°.

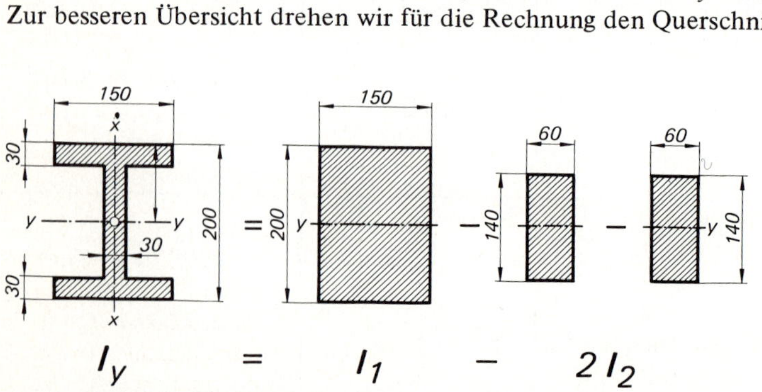

Gesamtflächenmoment 2. Grades als Differenz von Teilflächenmomenten

Wie vorher lesen wir den Rechengang aus dem Bild der Teilflächen ab, das heißt, wir ziehen vom Teilflächenmoment I_1 das doppelte Teilflächenmoment I_2 ab:

$$I_y = I_1 - 2I_2 = \frac{150\text{ mm} \cdot (200\text{ mm})^3}{12} - 2 \cdot \frac{60\text{ mm} \cdot (140\text{ mm})^3}{12} = 72{,}56 \cdot 10^6\text{ mm}^4$$

$$W_y = \frac{I_y}{e} = \frac{72{,}56 \cdot 10^6\text{ mm}^4}{100\text{ mm}} = 72{,}56 \cdot 10^4\text{ mm}^3$$

In der folgenden Bildtafel sind andere symmetrische Querschnitte so zerlegt, daß die Teilschwerachsen mit der Gesamtschwerachse zusammenfallen. Das Gesamtflächenmoment 2. Grades kann dann als Summe oder Differenz der Teilflächenmomente berechnet werden.

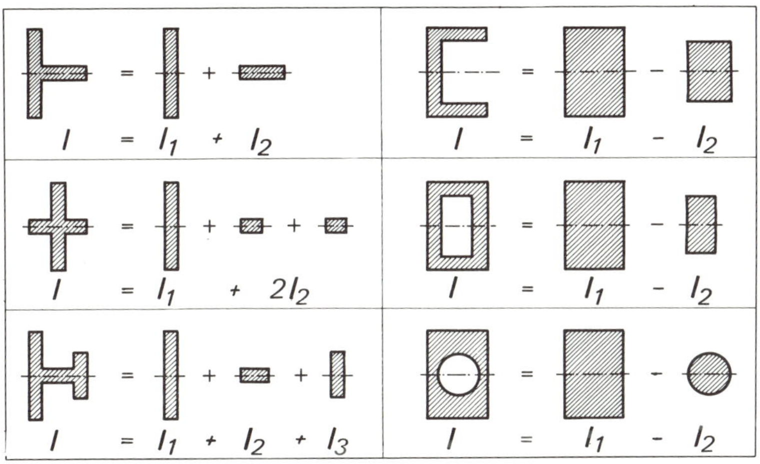

Profile mit gleichen Gesamt- und Teilschwerachsen

5.7.6. Axiale Flächenmomente 2. Grades unsymmetrischer Querschnitte (Steinerscher Verschiebesatz)

Zerlegen wir die skizzierten unsymmetrischen Querschnitte in Teilflächen A_1, A_2, dann fällt auf, daß die Schwerachsen der Teilflächen ($x_1 - x_1$ und $x_2 - x_2$) *nicht* mit der Gesamtschwerachse x–x zusammenfallen. Beim Winkelprofil gilt das auch für die Achse y–y. Die Schwerachsen aller Teilflächen sind gegenüber den Gesamtschwerachsen um die Längen l parallel verschoben. Daher dürfen wir hier die Teilflächenmomente 2. Grades *nicht* einfach addieren, wie bei den Querschnitten in Abschnitt 5.7.5.

Wie wir in solchen Fällen vorzugehen haben, wollen wir am Beispiel des T-Profils lernen. Dabei soll aus dem speziellen Beispiel eine allgemein gültige Beziehung entwickelt werden.

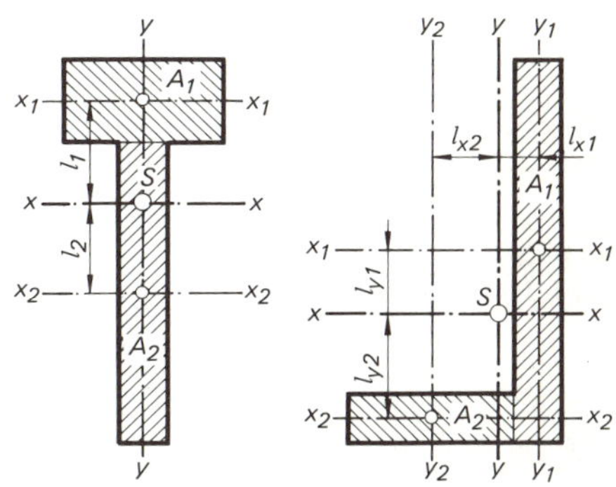

Teil- und Gesamtschwerachsen unsymmetrischer zusammengesetzter Querschnitte

5.7.6.1. Erste Herleitung des Steinerschen Satzes[1])

Für ein T-Profil soll das axiale Flächenmoment I_x für die Gesamtschwerachse x–x ermittelt werden. Wir vereinfachen das Problem, indem wir nur die Teilfläche A_1 betrachten. Deren Teilschwerachse $x_1 - x_1$ liegt um die Länge l_1 gegenüber der Gesamtschwerachse parallel verschoben. Erinnern wir uns: Das Flächenmoment I_{x1} der Teilfläche A_1 in bezug auf die Teilschwerachse $x_1 - x_1$ ist uns bekannt; mit $I_{x1} = bh^3/12$ könnten wir es sofort berechnen. Wir brauchen aber eine Gleichung, in der das Flächenmoment der Teilfläche A_1 auf die Gesamtschwerachse x–x bezogen ist.

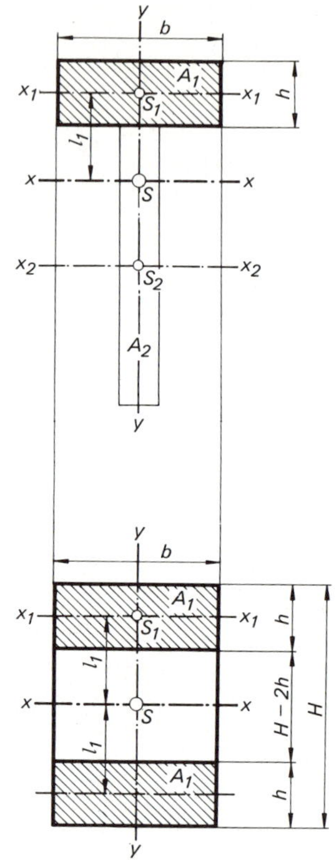

Das erreichen wir mit dem folgenden Kunstgriff.

Wir bilden ein zur Achse x–x symmetrisches Profil, indem wir die obere Teilfläche A_1 noch einmal unterhalb der x-Achse ansetzen. Dann können wir nach Abschnitt 5.7.5 vorgehen und das Gesamtflächenmoment in bezug auf die x-Achse mit den allgemeinen Bezeichnungen bestimmen. Wir ziehen vom Flächenmoment der aus bH gebildeten Rechteckfläche das Flächenmoment der Rechteckfläche $b(H - 2h)$ ab (beide Schwerachsen decken sich). Dieses Flächenmoment muß doppelt so groß sein, wie das von nur *einer* Teilfläche A_1 gebildete Flächenmoment I_x, da die beiden Teilflächen A_1 symmetrisch zur x-Achse liegen. Wir können also $I_{x\,\text{ges}} = 2\,I_x$ setzen.

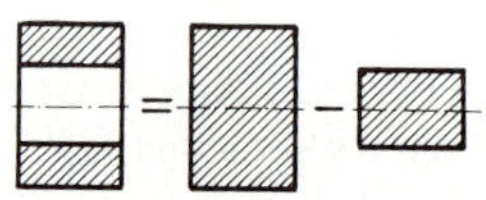

Mit der bekannten Gleichung zur Berechnung des Flächenmomentes von Rechteckquerschnitten finden wir die Ausgangsbeziehung, in die wir für die Höhe H die Beziehung $H = 2\,l_1 + h$ einführen (siehe Skizze).

$$I_{x\,\text{ges}} = 2\,I_x = \frac{bH^3}{12} - \frac{b(H - 2\,h)^3}{12}$$

$$2\,I_x = \frac{b(2\,l_1 + h)^3}{12} - \frac{b(2\,l_1 + h - 2\,h)^3}{12}$$

$$2\,I_x = \frac{b\,[(2\,l_1 + h)^3 - (2\,l_1 - h)^3]}{12}$$

Die Differenz der Potenzausdrücke
$(2\,l_1 + h)^3 - (2\,l_1 - h)^3$
rechnen wir gesondert aus und setzen das Ergebnis ein.

$$(2\,l_1 + h)^3 - (2\,l_1 - h)^3 = 24\,h\,l_1^2 + 2\,h^3$$

[1]) *Jakob Steiner,* Schweizer Mathematiker, 1796–1863. Siehe auch Fußnote Seite 324.

Nach der Ausrechnung erhalten wir rechts vom Gleichheitszeichen eine Summe. Diese kann mit $bh = A_1$ vereinfacht werden. Darüber hinaus wissen wir, daß $bh^3/12$ das axiale Flächenmoment I_{x1} der Teilfläche A_1 in bezug auf die eigene Schwerachse $x_1 - x_1$ ist. Damit haben wir den *Verschiebesatz von Steiner* gefunden:

$$2I_x = \frac{b(24hl_1^2 + 2h^3)}{12} = \frac{24bhl_1^2 + 2bh^3}{12}$$

$$I_x = bhl_1^2 + \frac{bh^3}{12}$$

$$I_x = A_1 l_1^2 + I_{x1}$$

Das axiale Flächenmoment 2. Grades I_x einer Teilfläche A_1 in bezug auf eine zur Schwerachse parallel verschobene Achse ist gleich dem Flächenmoment I_{x1} der Teilfläche in bezug auf deren Schwerachse, vermehrt um das Produkt aus Teilfläche A_1 und Abstandsquadrat l_1^2.

$$I_x = I_{x1} + A_1 l_1^2$$ *Verschiebesatz von Steiner*

I_x Flächenmoment für parallele Achse x–x
I_{x1} Flächenmoment der Teilfläche in bezug auf die eigene Schwerachse $x_1 - x_1$
A_1 Flächeninhalt der Teilfläche
l_1 Abstand der parallelen Achsen

Häufig müssen wir mit mehreren Teilflächen A_1, A_2 ... rechnen, deren Teilschwerachsen die Abstände l_1, l_2 ... von der Bezugsachse haben. Dazu schreiben wir den Steinerschen Satz in allgemeiner Form. I_1, I_2 ... sind die Flächenmomente 2. Grades der Teilflächen in bezug auf die eigene Teilschwerachse. Sie werden mit den Gleichungen aus Tafel 5.1 berechnet.

$$I = I_1 + A_1 l_1^2 + I_2 + A_2 l_2^2 + \ldots + I_n + A_n l_n^2$$

Verschiebesatz von Steiner

Beachte: Fallen Teilschwerachsen und Bezugsachse zusammen, dann sind die Abstände l_1, l_2 ... gleich Null, und es wird $I = I_1 + I_2 + \ldots I_n$, d. h. die Teilflächenmomente 2. Grades werden einfach addiert (siehe 5.7.5).

5.7.6.2. Zweite Herleitung des Steinerschen Satzes

Gesucht wird wieder eine Beziehung zur Berechnung des Flächenmomentes 2. Grades I_x einer Teilfläche A_1 in bezug auf eine zur Teilschwerachse parallel um den Abstand l_1 verschobene Achse x–x. Das Flächenmoment I_{x1} der Teilfläche setzen wir als bekannt voraus (Tafel 5.1). Wir beginnen die Entwicklung mit der für alle Achsen gültigen allgemeinen Definitionsgleichung:

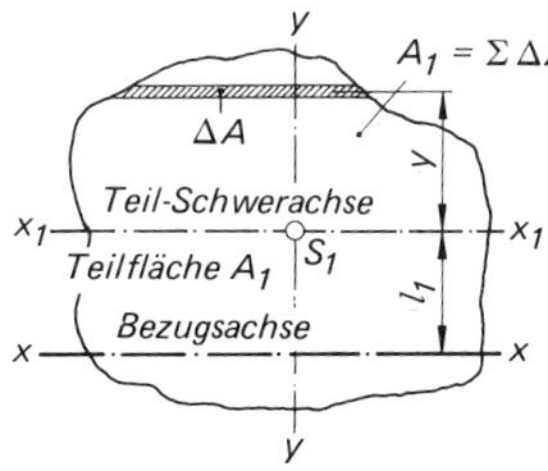

Lösungsskizze

Als „Abstandsquadrat" haben wir hier $(l_1 + y)^2$ einzusetzen. Nach der Ausrechnung erhalten wir eine Summe von drei Gliedern. Die konstanten Größen haben wir vor das Summenzeichen geschrieben.

$$I_x = \Sigma\Delta A(l_1 + y)^2$$
$$I_x = \Sigma\Delta A(l_1^2 + 2l_1 y + y^2)$$
$$I_x = \Sigma\Delta A\, l_1^2 + \Sigma\Delta A\, 2l_1 y + \Sigma\Delta A\, y^2$$
$$I_x = l_1^2\, \Sigma\Delta A + 2l_1\, \Sigma\Delta A\, y + \Sigma\Delta A\, y^2$$

Das erste Glied ergibt das Produkt aus dem Abstandsquadrat und der Teilfläche, weil $\Sigma\Delta A = A_1$ ist.

$$l_1^2\, \Sigma\Delta A = l_1^2 A_1$$

Das zweite Glied ist gleich Null, denn der Faktor $\Sigma \Delta A y$ stellt die Summe der Flächenmomente 1. Grades aller Flächenteilchen ΔA in bezug auf die Achse $x_1 - x_1$ dar. Da das die *Schwer*achse der Fläche A_1 ist, wird $y_0 = 0$ und damit auch das Produkt $A_1 y_0$.

$$2 l_1 \, \Sigma \Delta A y = 2 l_1 \, A_1 y_0 = 0$$

Beachte: Das Produkt aus einer Fläche A und ihrem Schwerpunktsabstand x oder y von einer Bezugsachse heißt Flächenmoment *1. Grades* (siehe Schwerpunktslehre 2.2.1).

Das dritte Glied ist das axiale Flächenmoment I_{x1} der Teilfläche A_1, bezogen auf die Teilschwerachse $x_1 - x_1$.

$$\Sigma \Delta A y^2 = I_{x1}$$

Damit erhalten wir zum Schluß die gleiche Form für den Steinerschen Satz wie in der ersten Herleitung über den speziellen Fall auf Seite 288.

$$I_x = I_{x1} + A_1 l_1^2$$

Verschiebesatz von Steiner

5.7.6.3. Arbeitsplan zur Berechnung axialer Flächenmomente 2. Grades

Querschnitt in Teilflächen $A_1, A_2 \ldots$ zerlegen und deren Flächenschwerpunkte $S_1, S_2 \ldots$ bestimmen.	1. Schritt
Abstände $l_1, l_2 \ldots$ der Teilschwerachsen von der Bezugsachse für das Flächenmoment festlegen.	2. Schritt
Flächenmomente $I_1, I_2 \ldots$ der Teilflächen $A_1, A_2 \ldots$ nach Tafel 5.1 berechnen.	3. Schritt
Flächeninhalte der Teilflächen und die Quadrate der Abstände ($l_1^2, l_2^2 \ldots$) berechnen.	4. Schritt
Steinerschen Satz aufstellen und ausrechnen.	5. Schritt

5.7.7. Übungen mit Flächen- und Widerstandsmomenten zusammengesetzter Querschnitte

1. Übung: Für das skizzierte Winkelprofil soll das axiale Flächenmoment für die Profilschwerachse x–x bestimmt werden.

Nach dem Lösungsplan zerlegen wir den Querschnitt in die Teilflächen A_1, A_2. Die Lage der Teilschwerpunkte ergibt sich aus den gegebenen Längenmaßen, ebenso die Abstände l_1, l_2.

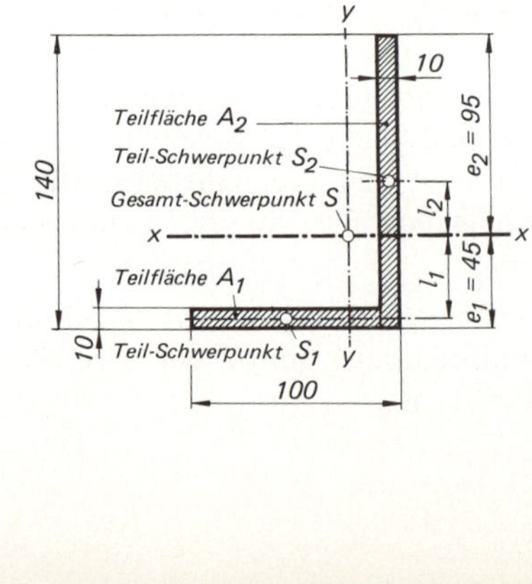

Lösung:

$I_x = I_1 + A_1 l_1^2 + I_2 + A_2 l_2^2$

$I_x = (0{,}75 + 144 + 229 + 87{,}5) \cdot 10^4\ \mathrm{mm}^4$

$I_x = 461{,}25 \cdot 10^4\ \mathrm{mm}^4$

Nebenrechnung:

$$I_1 = \frac{bh^3}{12} = \frac{90\ \mathrm{mm} \cdot (10\ \mathrm{mm})^3}{12} = 0{,}75 \cdot 10^4\ \mathrm{mm}^4$$

$A_1 = bh = 900\ \mathrm{mm}^2;\ l_1 = 40\ \mathrm{mm}$

$$I_2 = \frac{bh^3}{12} = \frac{10\ \mathrm{mm} \cdot (140\ \mathrm{mm})^3}{12} = 229 \cdot 10^4\ \mathrm{mm}^4$$

$A_2 = bh = 1400\ \mathrm{mm}^2;\ l_2 = 25\ \mathrm{mm}$

Aus dem Flächenmoment I_x erhalten wir die beiden axialen Widerstandsmomente W_{x1} und W_{x2}.

$$W_{x1} = \frac{I_x}{e_1} = \frac{461{,}25 \cdot 10^4\ \mathrm{mm}^4}{45\ \mathrm{mm}} = 10{,}25 \cdot 10^4\ \mathrm{mm}^3$$

$$W_{x2} = \frac{I_x}{e_2} = \frac{461{,}25 \cdot 10^4\ \mathrm{mm}^4}{95\ \mathrm{mm}} = 4{,}86 \cdot 10^4\ \mathrm{mm}^3$$

2. Übung: Da der Steinersche Satz für beliebige parallele Achsen gilt, können wir das axiale Flächenmoment des Winkelprofiles aus der 1. Übung auch für die Achse N–N bestimmen.

Die Schwerpunkte S_1, S_2 der Teilflächen sind festgelegt, ebenso die Abstände der Teilschwerachsen von der Bezugsachse N–N mit $l_1 = 5$ mm und $l_2 = 70$ mm.

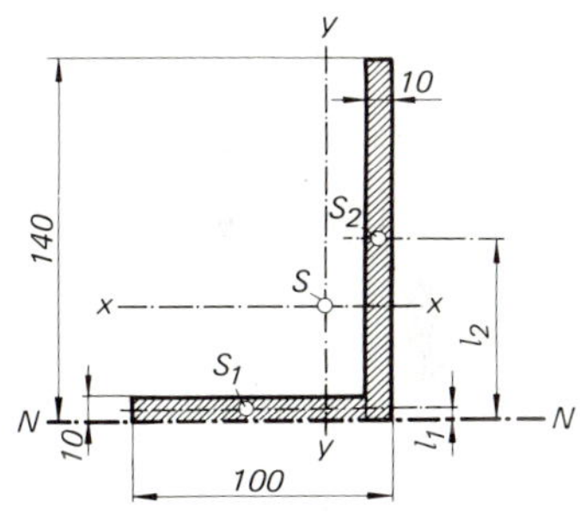

Lösung:

$I_N = I_1 + A_1 l_1^2 + I_2 + A_2 l_2^2$

$I_N = (0{,}75 + 9 \cdot 0{,}25 + 229 + 14 \cdot 49) \cdot 10^4\ \mathrm{mm}^4$

$I_N = 918 \cdot 10^4\ \mathrm{mm}^4$

Nebenrechnung:

$$I_1 = \frac{bh^3}{12} = 0{,}75 \cdot 10^4\ \mathrm{mm}^4$$

$A_1 = bh = 9 \cdot 10^2\ \mathrm{mm}^2$

$l_1^2 = (5\ \mathrm{mm})^2 = 0{,}25 \cdot 10^2\ \mathrm{mm}^2$

$$I_2 = \frac{bh^3}{12} = 229 \cdot 10^4\ \mathrm{mm}^4$$

$A_2 = bh = 14 \cdot 10^2\ \mathrm{mm}^2$

$l_2^2 = (70\ \mathrm{mm})^2 = 49 \cdot 10^2\ \mathrm{mm}^2$

3. Übung: Zu bestimmen sind das axiale Flächenmoment I_x und die Widerstandsmomente W_{x1}, W_{x2} für den skizzierten zusammengesetzten Querschnitt.

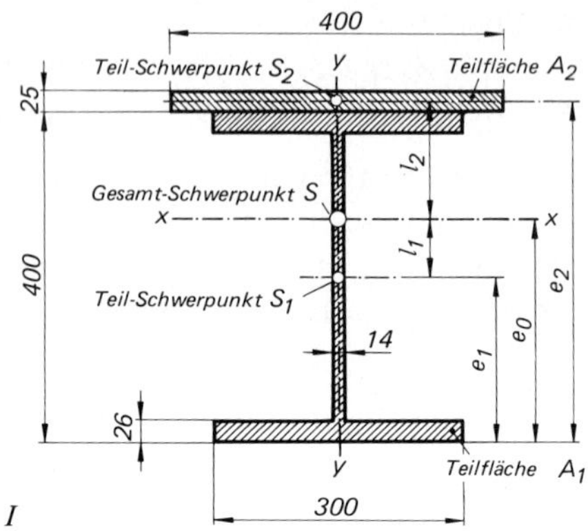

Lösung: Wir vermeiden Fehler, wenn wir uns eine kleine Übersicht zusammenstellen, etwa in der Form:

Teilfläche	A in mm²	e in mm	l in mm	l^2 in mm²	I in mm⁴
1	$204{,}7 \cdot 10^2$	200	70	$49 \cdot 10^2$	$59\,556 \cdot 10^4$
2	$100 \cdot 10^2$	412,5	142,5	$203 \cdot 10^2$	$52 \cdot 10^4$
Gesamt	$304{,}7 \cdot 10^2$				

Die Teilschwerpunkte S_1, S_2 liegen im Abstand e_1, e_2 von der unteren Kante (= Bezugsachse für die Schwerpunktsbestimmung) entfernt.

$$e_1 = \frac{400\text{ mm}}{2} = 200\text{ mm}$$

$$e_2 = (400 + 12{,}5)\text{ mm} = 412{,}5\text{ mm}$$

Die Lage des Gesamtschwerpunktes S berechnen wir nach 2.2.3.1. Als Bezugsachse benutzen wir die Unterkante des Querschnitts.

$$e_0 = \frac{A_1 e_1 + A_2 e_2}{A_1 + A_2} = 270\text{ mm}$$

Mit e_0 können wir die Abstände der Teilschwerachsen von der Bezugsachse x–x bestimmen.

$$l_1 = e_0 - e_1 = 70\text{ mm}; \quad l_1^2 = 49 \cdot 10^2\text{ mm}^2$$

$$l_2 = e_2 - e_0 = 142{,}5\text{ mm}; \quad l_2^2 = 203 \cdot 10^2\text{ mm}^2$$

Nun lassen sich die Flächenmomente I_1, I_2 der Teilflächen in bezug auf ihre Schwerachsen berechnen. Zur Berechnung von I_1 gehen wir nach 5.7.5 vor.

$$I_1 = \frac{300\text{ mm}(400\text{ mm})^3}{12} - 2 \cdot \frac{143\text{ mm}(348\text{ mm})^3}{12}$$

$$I_1 = 59\,556 \cdot 10^4\text{ mm}^4$$

$$I_2 = \frac{400\text{ mm} \cdot (25\text{ mm})^3}{12} = 52 \cdot 10^4\text{ mm}^4$$

Wir haben nun alle Größen zusammen, die wir zur Berechnung des Flächenmomentes I_x brauchen. Damit stellen wir wieder den Steinerschen Satz auf.

$$I_x = I_1 + A_1 l_1^2 + I_2 + A_2 l_2^2$$

$$I_x = (59\,556 + 204{,}7 \cdot 49 + 52 + 100 \cdot 203) \cdot 10^4\text{ mm}^4$$

$$I_x = 89\,938 \cdot 10^4\text{ mm}^4 \approx 9 \cdot 10^8\text{ mm}^4$$

Zum Schluß berechnen wir die beiden axialen Widerstandsmomente W_{x1} und W_{x2}. Der äußere Randfaserabstand für W_{x1} ist die Länge $e_0 = 270$ mm, für W_{x2} dagegen 425 mm $- e_0$ = 155 mm.

$$W_{x1} = \frac{I_x}{e_0} = \frac{89\,938 \cdot 10^4\text{ mm}^4}{270\text{ mm}} = 3\,331 \cdot 10^3\text{ mm}^3$$

$$W_{x2} = \frac{I_x}{425\text{ mm} - e_0} = 5\,802 \cdot 10^3\text{ mm}^3$$

4. Übung: Für den skizzierten unsymmetrischen Querschnitt sollen die Flächen- und Widerstandsmomente berechnet werden.

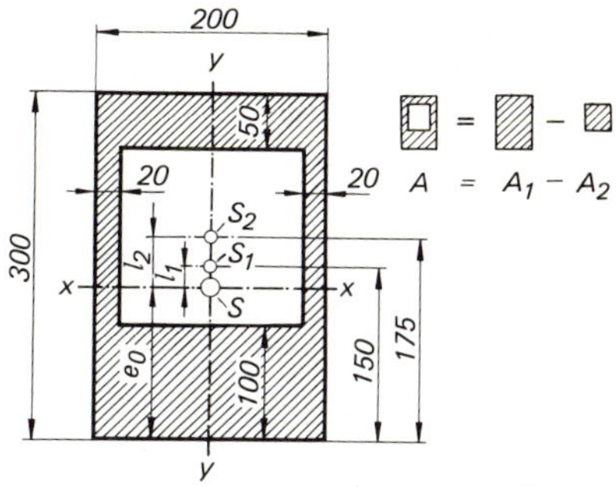

Unsymmetrischer Querschnitt mit Hohlraum

Lösung für die x-Achse: Wir denken uns den Querschnitt entstanden aus der vollen Rechteckfläche (200 × 300) mm² abzüglich der Hohlraumfläche (160 × 150) mm², also $A = A_1 - A_2$. Mit dieser Überlegung berechnen wir sowohl die Schwerpunktslage (e_0) als auch die Flächenmomente 2. Grades. Wir beginnen mit der Schwerpunksberechnung.

$$A\,e_0 = A_1 \cdot 150\text{ mm} - A_2 \cdot 175\text{ mm} \quad \text{(Momentensatz für Flächen nach 2.2.3.1)}$$

$$A_1 = (200 \cdot 300)\text{ mm}^2 = 600 \cdot 10^2\text{ mm}^2; \quad A_2 = (160 \cdot 150)\text{ mm}^2 = 240 \cdot 10^2\text{ mm}^2$$

$$A = A_1 - A_2 = (600 - 240) \cdot 10^2\text{ mm}^2 = 360 \cdot 10^2\text{ mm}^2$$

$$e_0 = \frac{600 \cdot 10^2\text{ mm}^2 \cdot 1{,}5 \cdot 10^2\text{ mm} - 240 \cdot 10^2\text{ mm}^2 \cdot 1{,}75 \cdot 10^2\text{ mm}}{360 \cdot 10^2\text{ mm}^2} = \frac{900 \cdot 10^4\text{ mm}^3 - 420 \cdot 10^4\text{ mm}^3}{3{,}6 \cdot 10^4\text{ mm}^2}$$

$$e_0 = 133\text{ mm}$$

$$l_1 = 150\text{ mm} - e_0 = 17\text{ mm}; \quad l_1^2 = 2{,}89 \cdot 10^2\text{ mm}^2; \quad l_2 = 175\text{ mm} - e_0 = 42\text{ mm}; \quad l_2^2 = 17{,}6 \cdot 10^2\text{ mm}^2$$

$$I_1 = \frac{200\text{ mm} \cdot (300\text{ mm})^3}{12} = 45\,000 \cdot 10^4\text{ mm}^4; \quad I_2 = \frac{160\text{ mm} \cdot (150\text{ mm})^3}{12} = 4\,500 \cdot 10^4\text{ mm}^4$$

$$I_x = I_1 + A_1 l_1^2 - (I_2 + A_2 l_2^2) = (45\,000 + 600 \cdot 2{,}89 - 4\,500 - 240 \cdot 17{,}6) \cdot 10^4\text{ mm}^4$$

$$I_x = 3{,}8 \cdot 10^8\text{ mm}^4$$

$$W_{x1} = \frac{I_x}{e_0} = \frac{3{,}8 \cdot 10^8\text{ mm}^4}{133\text{ mm}} = 2{,}85 \cdot 10^6\text{ mm}^3; \quad W_{x2} = \frac{I_x}{300\text{ mm} - e_0} = \frac{3{,}8 \cdot 10^8\text{ mm}^4}{167\text{ mm}} = 2{,}28 \cdot 10^6\text{ mm}^3$$

Lösung für die y-Achse: Die Berechnung der Flächen- und Widerstandsmomente für die y-Achse ist einfacher als für die x-Achse, weil jetzt Teilschwerachsen und Gesamtschwerachse zusammenfallen:

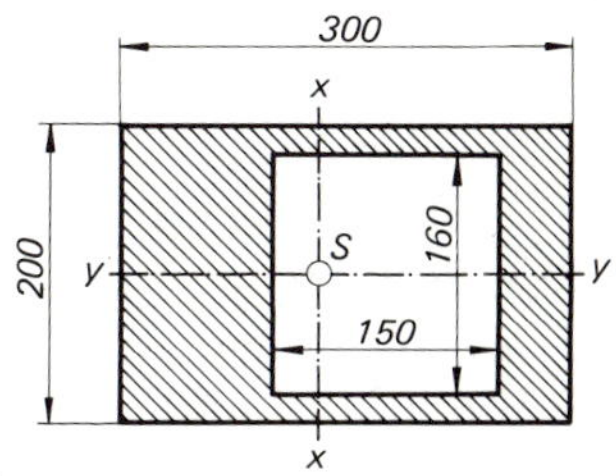

$$I_y = I_1 - I_2 = \frac{300\text{ mm} \cdot (200\text{ mm})^3}{12} - \frac{150\text{ mm} \cdot (160\text{ mm})^3}{12}$$

$$I_y = 1{,}488 \cdot 10^8\text{ mm}^4$$

$$W_{y1} = W_{y2} = \frac{I_y}{e} = \frac{1{,}488 \cdot 10^8\text{ mm}^4}{100\text{ mm}} = 1{,}488 \cdot 10^6\text{ mm}^3$$

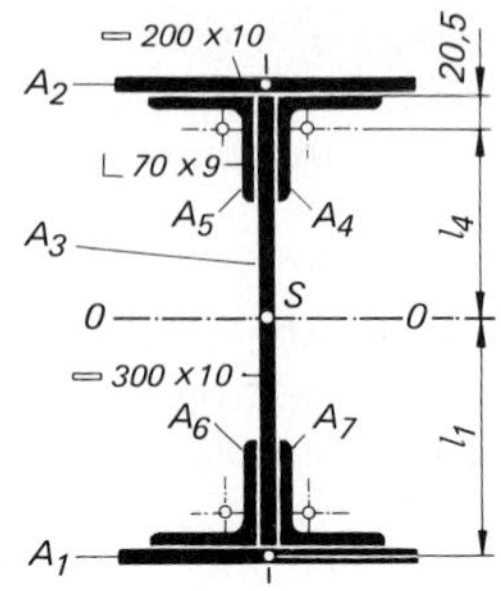

5. Übung: Ein Träger hat den skizzierten zusammengesetzten Querschnitt aus genormten ∟-Stählen und Blechen. Mit Hilfe der Profilstahltabelle aus der Formelsammlung ist zu berechnen:

a) das Flächenmoment der oberen und unteren Gurtplatte,
b) das Flächenmoment des Stegbleches,
c) das Flächenmoment der ∟-Profile,
d) das Gesamtflächenmoment in bezug auf die Gesamtschwerachse 0–0,
e) das Widerstandsmoment.

Lösung:

a) $I_1 = I_2 = \dfrac{200\ \text{mm} \cdot (10\ \text{mm})^3}{12} = 1{,}67 \cdot 10^4\,\text{mm}^4$ b) $I_3 = \dfrac{10\ \text{mm} \cdot (300\ \text{mm})^3}{12} = 2\,250 \cdot 10^4\,\text{mm}^4$

c) $I_4 = I_5 = I_6 = I_7 = 52{,}6 \cdot 10^4\,\text{mm}^4$ (Formelsammlung)

d) $I_{ges} = 2(I_1 + A_1 l_1^2) + (I_3 + A_3 l_3^2) + 4(I_4 + A_4 l_4^2)$

Zwischenrechnung: $A_1 = 200 \cdot 10\ \text{mm}^2 = 20 \cdot 10^2\,\text{mm}^2$ $l_1 = 155\ \text{mm};\ l_1^2 = 240 \cdot 10^2\,\text{mm}^2$

$A_3 = 10 \cdot 300\ \text{mm}^2 = 30 \cdot 10^2\,\text{mm}^2;\ l_3 = 0;\ l_3^2 = 0$

$A_4 = 11{,}9 \cdot 10^2\,\text{mm}^2$ (Formelsammlung)

$l_4 = (150 - 20{,}5)\ \text{mm} = 129{,}5\ \text{mm};\ l_4^2 = 167{,}7 \cdot 10^2\,\text{mm}^2$

$$I_{ges} = [\overbrace{2\ (1{,}67 + 20 \cdot 240)}^{9603} + (2\,250 + 30 \cdot 0) + 4(52{,}6 + 11{,}9 \cdot 167{,}7)] \cdot 10^4\,\text{mm}^4 = 2 \cdot 10^8\,\text{mm}^4$$

e) $W = \dfrac{I_{ges}}{e} = \dfrac{2 \cdot 10^8\ \text{mm}^4}{1{,}6 \cdot 10^2\ \text{mm}} = 1{,}25 \cdot 10^6\ \text{mm}^3$

Eine kritische Betrachtung der Teillösungen zeigt uns folgendes: Obwohl die Einzelflächenmomente I_1, I_2 der Gurtplatten nur je $1{,}67 \cdot 10^4$ mm^4 groß sind, tragen sie doch den größten Anteil ($\approx 9\,600 \cdot 10^4$ mm^4 $\approx 10^8$ mm^4!) zum I_{ges} bei, einfach deshalb, weil sie am weitesten von der Bezugsachse 0–0 entfernt liegen.

Daraus erkennen wir:
Es kommt beim Flächenmoment 2. Grades eines Querschnitts nicht auf den Flächen*inhalt* sondern auf die Flächen*form* an, d. h. es muß möglichst viel Werkstoff möglichst weit von der Bezugsachse entfernt liegen, wenn der Querschnitt ein großes Flächenmoment haben soll. Weiter können wir sagen: Bohrungen in Schwerpunktsnähe haben nur geringen Einfluß; sie mindern das Flächenmoment 2. Grades nur geringfügig.

Würden wir die Querschnittsfläche des geschweißten Trägers in einen einfachen Rechteckquerschnitt gleichen Flächeninhalts zusammenfassen, so erhielten wir ein viel kleineres Flächenmoment 2. Grades. Die Gesamtfläche des geschweißten Trägers beträgt $A = (2 \cdot 20 + 30 + 4 \cdot 11{,}9) \cdot 10^2$ mm^2 $\approx 120 \cdot 10^2$ mm^2. Aufgeteilt in den Rechteckquerschnitt von 120 mm Breite und 100 mm Höhe ergibt sich ein Flächenmoment 2. Grades von

$$I = \frac{b \cdot h^3}{12} = \frac{120\ \text{mm} \cdot (100\ \text{mm})^3}{12} = 1000 \cdot 10^4\ \text{mm}^4 = 0{,}1 \cdot 10^8\ \text{mm}^4$$

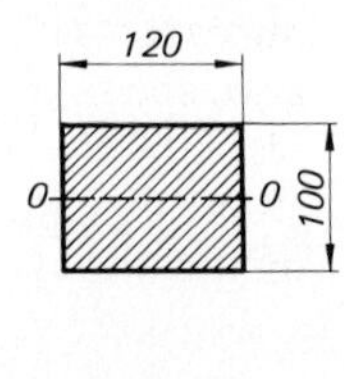

Das ist nur $\approx 1/20$ des I_{ges}. Der so geformte Träger würde wesentlich geringer belastet werden dürfen. Der Werkstoff wäre schlecht ausgenutzt.

5.8. Beanspruchung auf Torsion

5.8.1. Spannungsverteilung

Eine Welle wird durch das Drehmoment M auf Torsion (Verdrehung) beansprucht. Ein achsparallel angebrachter Kreidestrich geht dabei in eine Schraubenlinie über. Wir legen einen Schnitt senkrecht zur Stabachse und stellen durch das innere Torsionsmoment $T = M$ das Gleichgewicht am Stabteil I wieder her. Die Mantelgerade AB ist zur Schraubenlinie AC geworden. Die Schnittufer werden demnach drehend gegeneinander verschoben. Es entsteht eine *in* der Fläche wirkende *Schub*spannung. Sie heißt *Torsionsspannung* τ_t.

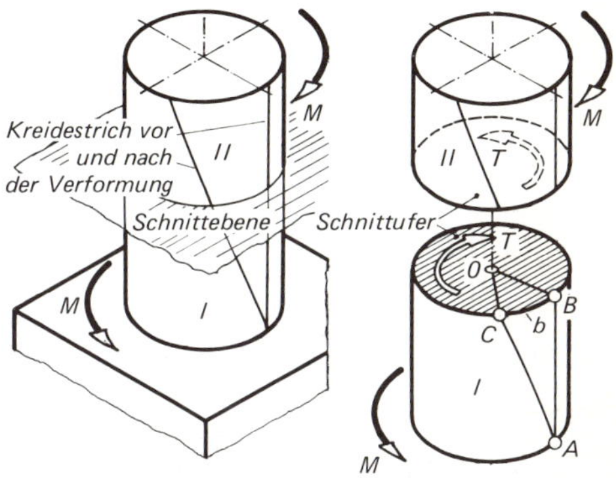

Torsionsbeanspruchte Welle

Im Gegensatz zur Zug-, Druck- und Abscherbeanspruchung werden die Werkstoffteilchen bei der Torsionsbeanspruchung *nicht* gleich stark verformt. Dementsprechend wird sich auch eine andere Spannungsverteilung über dem Querschnitt einstellen müssen. Verformungs- und Spannungsbild geben darüber Aufschluß.

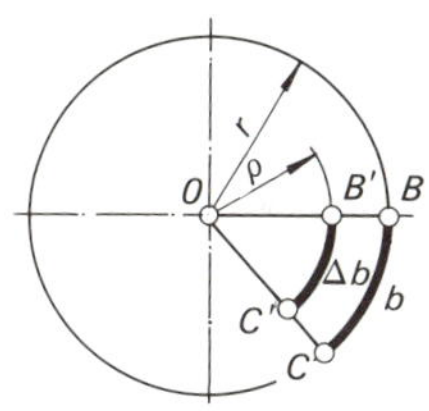

Verformungsbild

Das Verformungsbild des Schnittufers zeigt, daß die Stoffteilchen um so weiter drehend gegeneinander verschoben werden, je weiter sie von der Wellenachse entfernt liegen. Wir sehen, daß Teilchen B auf dem Bogen b nach C gewandert ist, d.h. die stärkste Verdrehung stellt sich am Querschnittsumfang ein. Im Abstand ρ von der Wellenachse ist die Verdrehung schon geringer (B' wandert auf Δb nach C'). Die Wellenachse 0 selbst ist unverformt.

Die Verformungen wachsen linear mit dem Abstand von der neutralen Faser:

$$\frac{\Delta b}{b} = \frac{\rho}{r}.$$

Nach Hooke sind die Verformungen den Spannungen proportional:

$$\frac{\Delta b}{b} = \frac{\tau}{\tau_{max}}, \quad \text{und folglich} \quad \frac{\tau}{\tau_{max}} = \frac{\rho}{r}.$$

Daraus ergibt sich für die Spannung τ an einer beliebigen Stelle:

$$\tau = \tau_{max} \frac{\rho}{r}$$

Nun ist aber im elastischen Bereich die Verformung der Spannung proportional (siehe Hookesches Gesetz, 5.2.3.4), d.h. die Spannung muß im Querschnitt ebenso verteilt sein wie die Verformung. Wir sprechen von einer *linearen* Spannungsverteilung: Die Wellenachse ist unverformt, also spannungsfrei. Die Spannung wächst mit ρ bis zum Höchstwert τ_{max} am Querschnittsumfang (Randspannung). Mit dieser Randspannung müssen die Festigkeitsrechnungen erfolgen.

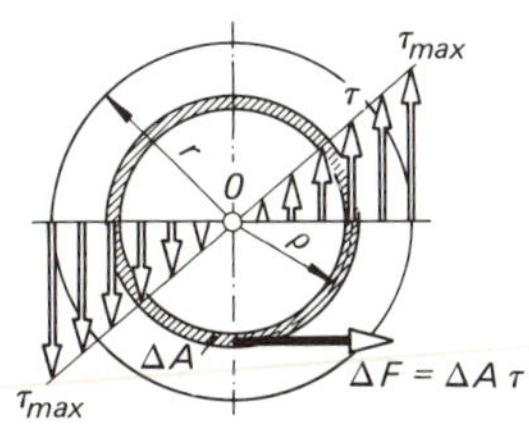

Spannungsbild

Bei Torsion erhalten die Randfasern die stärkste Beanspruchung, die Wellenachse ist spannungslos. Daher kann die Wellenachse auch zentrisch ausgebohrt werden.

Hinweis: Vor allem im Fahrzeugbau wird der Konstrukteur *Hohl*wellen vorsehen (Leichtbau).

5.8.2. Herleitung der Torsions-Hauptgleichung

Das Flächenteilchen ΔA im Abstand ρ von der Wellenachse (Spannungsbild) überträgt die im Querschnitt liegende Teilkraft ΔF. Unter der Annahme, daß die Spannung τ über dem (sehr klein gedachten) Flächenteilchen ΔA gleichmäßig verteilt ist (wie beim Abscheren), können wir $\Delta F = \Delta A\,\tau$ schreiben.

$$\Delta F = \Delta A\,\tau$$

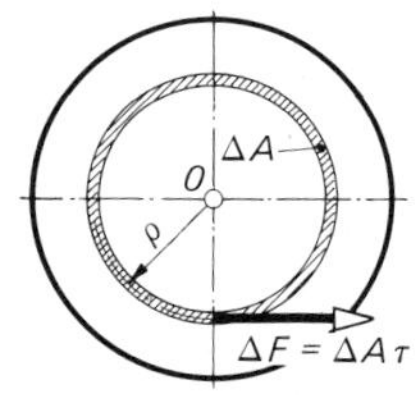

Die Teilkraft ΔF wirkt in bezug auf die Wellenachse drehend am Hebelarm ρ, erzeugt also ein „kleines" Torsionsmoment $\Delta T = \Delta F\,\rho$.

$$\Delta T = \Delta F\,\rho = \Delta A\,\tau\,\rho$$

Mit der Spannung τ können wir nichts anfangen; dagegen brauchen wir die Randfaserspannung τ_{max}, denn durch sie wird der Werkstoff am stärksten beansprucht. Wir ersetzen daher τ durch die aus dem Spannungsbild abgelesene Beziehung $\tau = \tau_{max}\,\rho/r$ und erhalten damit eine erweiterte Gleichung für das Torsionsmoment ΔT.

$$\Delta T = \Delta A\,\tau\,\rho = \Delta A\,\tau_{max}\,\frac{\rho}{r}\,\rho$$

$$\Delta T = \frac{\tau_{max}}{r}\,\Delta A\,\rho^2$$

Die Summe dieser kleinen Torsionsmomente ist das im Querschnitt wirkende (innere) Torsionsmoment T.

$$T = \Sigma\Delta T$$

$$T = \Sigma\Delta T = \Sigma\,\frac{\tau_{max}}{r}\,\Delta A\,\rho^2$$

Die gleichbleibenden Größen τ_{max} und r können vor das Summenzeichen gesetzt werden.

$$T = \frac{\tau_{max}}{r}\,\Sigma\Delta A\,\rho^2$$

Der Summenausdruck $\Sigma\,\Delta\,A\,\rho^2$ ist das uns schon bekannte polare Flächenmoment 2. Grades I_p, der Ausdruck I_p/r ist das polare Widerstandsmoment W_p. Nur wegen der einfacheren Schreibweise wird $\tau_{max} = \tau_t$ eingesetzt. τ_t ist also ab jetzt immer die Randfaserspannung, die größte Spannung im Querschnitt.

$$\Sigma\,\Delta A\,\rho^2 = I_p \quad \text{(siehe 5.7.2)}$$

$$\frac{I_p}{r} = W_p$$

$$T = \tau_t\,\frac{I_p}{r} = \tau_t\,W_p$$

Die gefundene Gleichung lösen wir nach der Spannung auf und erhalten so die gesuchte Torsions-Hauptgleichung.

$$\text{Torsionsspannung } \tau_t = \frac{\text{Torsionsmoment } T}{\text{polares Widerstandsmoment } W_p}$$

$$\tau_t = \frac{T}{W_p}$$

Torsions-Hauptgleichung

τ_t	T	W_p
$\frac{N}{mm^2}$	Nmm	mm^3

Am häufigsten werden Kreisring- und Kreisquerschnitte zu berechnen sein. Ist aus Torsionsmoment T und zulässiger Torsionsspannung $\tau_{t\,zul}$ das erforderliche Widerstandsmoment $W_{p\,erf}$ ermittelt worden, dann lassen sich mit den Gleichungen in Tafel 5.2 die erforderlichen Durchmesser (d, d_a, d_i) berechnen. Ob dabei mit den genauen Gleichungen oder mit den abgerundeten Beziehungen gerechnet wird, ist gleichgültig.

Statt zuerst $W_{p\,erf}$ und daraus erst den Durchmesser zu bestimmen, kann man auch sofort eine Gleichung für den erforderlichen Durchmesser entwickeln. Das wird in den folgenden Lehrbeispielen vorgeführt.

Je nach vorliegender Aufgabe wird die Torsions-Hauptgleichung umgestellt:

$$W_{p\,erf} = \frac{T}{\tau_{t\,zul}}$$

erforderliches Widerstandsmoment

$$\tau_{t\,vorh} = \frac{T}{W_p} \leqq \tau_{t\,zul}$$

vorhandene Spannung

$$T_{max} = W_p \, \tau_{t\,zul}$$

maximales Torsionsmoment

Das die Welle beanspruchende Torsionsmoment T ist gleich dem von der Welle zu übertragenden Drehmoment M.

Man bestimmt das Drehmoment M entweder mit Hilfe der aus der Mechanik bekannten Größengleichung $P = M\,\omega$ oder mit der im Maschinenbau gebräuchlichen Zahlenwertgleichung. Dann sind die im Einheitenraster angegebenen Einheiten zu benutzen. Bei der Größengleichung ist man von dieser Bedingung frei.

Die Zahlenwertgleichung ist hier zugeschnitten auf die Einheit Nm für das Drehmoment M, wenn die Leistung P in kW und die Drehzahl n in min^{-1} eingesetzt werden.

$$T = M$$

$$M = \frac{P}{\omega} \qquad \omega = 2\pi n$$

Größengleichung zwischen Drehmoment M, Leistung P und Winkelgeschwindigkeit ω

$$M = 9550\,\frac{P}{n}$$

M	P	n
Nm	kW	min^{-1}

Zahlenwertgleichung mit P in kW und n in U/min = 1/min = min^{-1}

5.8.3. Formänderung bei Torsion

Zwei benachbarte Querschnitte einer Welle werden durch Torsionsbeanspruchung gegeneinander verdreht. Bringen wir vor der Verformung auf der Welle mit Wellenlänge l den Kreidestrich AB an, dann wird daraus nach der Verformung die Schraubenlinie AC. Zugleich dreht sich der Radius OB um den Kreismittelpunkt O in die Stellung OC, das heißt, die beiden Stirnflächen der Welle haben sich um den *Verdrehwinkel* φ gegeneinander verdreht.

Die stärkste Verformung zeigt die Randfaser: Das Stoffteilchen in B durchläuft die Formänderung b (Bogen $\widehat{BC}$).

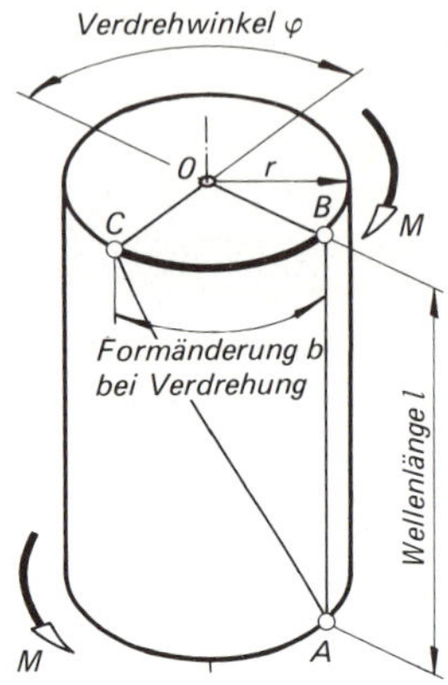

Formänderung bei Torsionsbeanspruchung

Im Bereich der elastischen Formänderung gilt auch bei Torsion das Hookesche Gesetz (siehe 5.2.3 und 5.6.2), in das wir die entsprechenden Größen der Torsionsbeanspruchung einsetzen. Wir setzen für

$$\tau_t = \frac{b}{l} G \quad \Longleftrightarrow \quad \sigma = \frac{\Delta l}{l_0} E$$

Hookesches Gesetz für Torsion — *Hookesches Gesetz für Zug/Druck*

Zugspannung σ	$\Rightarrow$	Torsionsspannung τ_t
Formänderung Δl	$\Rightarrow$	Formänderung b
Stablänge l_0	$\Rightarrow$	Wellenlänge l
Stoffkonstante E (Elastizitätsmodul)	$\Rightarrow$	Stoffkonstante G (Schubmodul)

Beachte: Der Schubmodul G entspricht dem Elastizitätsmodul (siehe Tafel 5.8 und Abschnitt 5.6.2):

$G_{Stahl} = 80\,000 \text{ N/mm}^2$

$E_{Stahl} = 210\,000 \text{ N/mm}^2$

Das Bogenstück $\widehat{BC} = b$ ist vom Radius r abhängig. Es ist einfacher, mit dem Verdrehwinkel φ in Grad zu rechnen. Zwischen b und φ besteht eine Beziehung, die wir aus der Skizze für die Formänderung (oben) ablesen können.

$$\frac{b}{2\pi r} = \frac{\varphi}{360°}$$

$$\varphi = \frac{b \cdot 360°}{2\pi r} = \frac{b}{r} \cdot \frac{180°}{\pi}$$

$$\varphi = \frac{b}{r} \cdot \frac{180°}{\pi}$$

Wir setzen nun in die Gleichung $\varphi = b \cdot 180°/\pi$ den Wert $b = \tau_t l/G$ nach dem Hookeschen Gesetz ein.

$$\varphi = \frac{\tau_t l}{Gr} \cdot \frac{180°}{\pi}$$

Für τ_t können wir auch $\tau_t = T/W_p$ und für $W_p r = I_p$ einsetzen und damit drei *Formänderungsgleichungen* für Torsionsbeanspruchung entwickeln.

Wir erkennen aus den Gleichungen, daß bei Stahlwellen der Verdrehwinkel φ *unabhängig* von der Werkstoffgüte ist, denn der Schubmodul G ist für alle Stahlsorten gleich groß (siehe Tafel 5.8).

$$\varphi = \frac{\tau_t l}{Gr} \cdot \frac{180°}{\pi}$$

φ	τ_t, G	l, r	T
°	$\frac{\text{N}}{\text{mm}^2}$	mm	Nmm

$$\varphi = \frac{T l}{W_p r G} \cdot \frac{180°}{\pi}$$

W_p	I_p
mm^3	mm^4

$$\varphi = \frac{T l}{I_p G} \cdot \frac{180°}{\pi}$$

5.8.4. Formänderungsarbeit W_f

Bei der Beanspruchung einer Welle auf Torsion steigt das Torsionsmoment T von Null bis zu einem Höchstwert proportional zum Verdrehwinkel an. Dabei wird in der Welle eine Formänderungsarbeit gespeichert, deren Betrag wir wieder aus dem Arbeitsdiagramm als Fläche unter der Belastungskurve ablesen können. Das Arbeitsdiagramm oder Federungsdiagramm für Torsionsstabfedern entsteht, wenn wir über dem Verdrehwinkel φ (im Bogenmaß) das Torsionsmoment T auftragen.

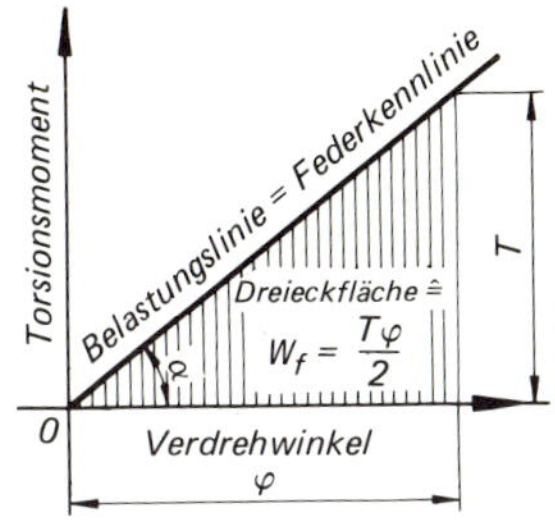

Arbeitsdiagramm für Torsionsstabfedern

Geht die Belastung von Null aus, dann ist die Fläche unter der Federkennlinie ein Dreieck und es gilt $W_f = T\varphi/2$. Bei vorbelasteter Feder ergibt sich eine Trapezfläche mit entsprechender Flächenformel.

$$W_f = T\frac{\varphi}{2}$$

W_f	T	φ	c
J	Nm	rad = 1	$\frac{\text{Nm}}{\text{rad}}$

Formänderungsarbeit (Federarbeit)

Die Neigung der Federkennlinie ist ein Maß für die „Härte" oder „Weichheit" der Feder. Eine Feder ist um so weicher, je flacher die Kennlinie verläuft oder, rechnerisch ausgedrückt, je kleiner die Federsteifigkeit c ist. Sie entspricht dem Tangens des Neigungswinkels α (siehe Arbeitsdiagramm).

$$c = \frac{T}{\varphi} \mathrel{\hat{=}} \tan\alpha$$

Federsteifigkeit (Federrate)

Für Torsionsstabfedern von kreisförmigem Querschnitt können wir wie für die Zugfedern (5.2.3.6) die Gleichung für die Formänderungsarbeit weiter entwickeln, indem wir für $T = \tau_t W_p$ (Torsions-Hauptgleichung) und für $W_p = \pi d^3/16$ (Tafel 5.2) einsetzen.

$$T = \tau_t W_p; \quad W_p = \frac{\pi d^3}{16} = \frac{\pi d^2}{4}\frac{d}{4}$$

$$\varphi = \frac{\tau_t l}{G\frac{d}{2}}; \quad \frac{\pi d^2}{4} l = \text{Volumen } V$$

$$W_f = T\frac{\varphi}{2} = \tau_t A \frac{d}{4}\frac{\tau_t l}{G\frac{d}{2}2} = \frac{\tau_t^2 V}{4G}$$

Mit der Formänderungsgleichung für den Verdrehwinkel φ im Bogenmaß erhalten wir die endgültige Form der gesuchten Beziehung für W_f.

$$W_f = T\frac{\varphi}{2} = \frac{\tau_t^2 V}{4G}$$

Formänderungsarbeit (Federarbeit), vergleiche mit 5.2.4

Solange die Torsionsbeanspruchung im elastischen Bereich liegt (und nur dafür gelten die entwickelten Gleichungen), wird die im Werkstoff gespeicherte Arbeit bei Entlastung wieder vollständig frei. Torsions- oder Drehstabfedern verwendet man z. B. als Wagenfeder oder Drehstab-Stabilisator im Kraftfahrzeugbau, für Drehmomentenschlüssel zum Anziehen von Schrauben und Muttern oder im Meßgerätebau.

Lehrbeispiel: Torsionsfeder

Aufgabenstellung:

Eine Torsionsstabfeder soll für folgende Einbaugrößen berechnet werden:

$l_1 = 400\ mm$
$l = 600\ mm$
$F = 2500\ N$
Werkstoff mit $\tau_{t\,zul} = 320\ \frac{N}{mm^2}$; $G = 80000\ \frac{N}{mm^2}$

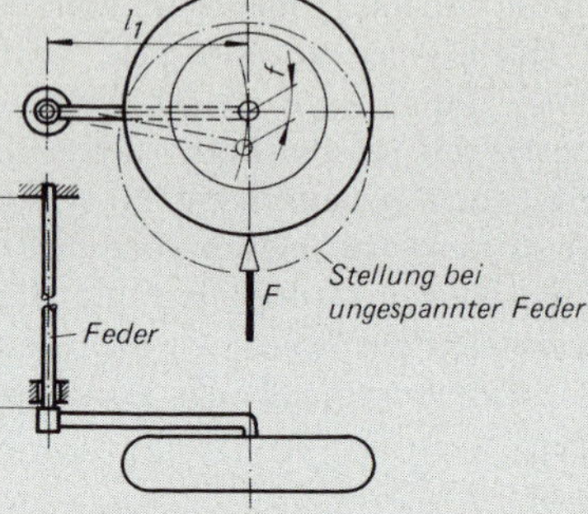

Es sind zu berechnen:

a) Federdurchmesser d bei Vollprofil,
b) Federweg f,
c) Außendurchmesser D und Innendurchmesser d für Rohrquerschnitt der Feder mit $\frac{D}{d} = \frac{10}{8}$,
d) Federweg f′ für Rohrquerschnitt.

Lösung:

a) Federdurchmesser d: $T = F\,l_1 = 2500\ N \cdot 400\ mm = 10^6\ Nmm$

$$\tau_t = \frac{T}{W_p} \qquad W_p \approx \frac{d^3}{5} = 0{,}2\,d^3$$

$$d_{erf} = \sqrt[3]{\frac{T}{0{,}2\,\tau_{t\,zul}}} = \sqrt[3]{\frac{10^6\ Nmm}{0{,}2 \cdot 320\ \frac{N}{mm^2}}} = 25\ mm$$

gewählt: $d = 25\ mm$

b) Federweg f: $I_p \approx \frac{d^4}{10} = 0{,}1 \cdot 25^4 mm^4 = 3{,}91 \cdot 10^4 mm^4$

$$\varphi = \frac{T\,l}{I_p\,G} \qquad \varphi = \frac{10^6 Nmm \cdot 0{,}6 \cdot 10^3 mm}{3{,}91 \cdot 10^4 mm^4 \cdot 8 \cdot 10^4 \frac{N}{mm^2}} = 0{,}192\ rad$$

$$f = \varphi\,l_1 = 0{,}192 \cdot 400\ mm = 76{,}8\ mm$$

c) Rohrquerschnitt: $W_{p\,erf} = \frac{T}{\tau_{t\,zul}} = \frac{10^6\ Nmm}{320\ \frac{N}{mm^2}} = 3{,}125 \cdot 10^3\ mm^3$; $d = 0{,}8\,D$

$$W_p \approx \frac{D^4 - d^4}{5D} \qquad W_{p\,erf} = \frac{D^4 - (0{,}8D)^4}{5\,D} = \frac{D^4(1 - 0{,}8^4)}{5\,D} = D^3\,\frac{1 - 0{,}41}{5} = 0{,}118\,D^3$$

$$D_{erf} = \sqrt[3]{\frac{3{,}125 \cdot 10^3 mm^3}{0{,}118}} = 29{,}8\ mm$$

gewählt:
$D = 30\ mm$
$d = 0{,}8D = 24\ mm$

d) Federweg f′: $I_p = \frac{(30^4 - 24^4)\ mm^4}{10} = \frac{(81 \cdot 10^4 - 33{,}18 \cdot 10^4)\ mm^4}{10} = 4{,}782 \cdot 10^4\ mm^4$

$$I_p \approx \frac{D^4 - d^4}{10} \qquad \varphi = \frac{T\,l}{I_p\,G} = \frac{10^6\ Nmm \cdot 0{,}6 \cdot 10^3\ mm}{4{,}782 \cdot 10^4\ mm^4 \cdot 8 \cdot 10^4\ \frac{N}{mm^2}} = 0{,}157\ rad$$

$$f' = \varphi\,l_1 = 0{,}157 \cdot 400\ mm = 62{,}8\ mm$$

Lehrbeispiel: Verdrehwinkel (Drehmomentenschlüssel)

Aufgabenstellung:

Ein Torsionsstab-Meßgerät soll bei einem Torsionsmoment von $T = 80$ Nm einen Verdrehwinkel von $\varphi = 35°$ zeigen.
Werkstoff St 70; $\tau_{t\,zul} = 70\,\frac{N}{mm^2}$.
Bestimme:
a) Stabdurchmesser d,
b) Stablänge l.

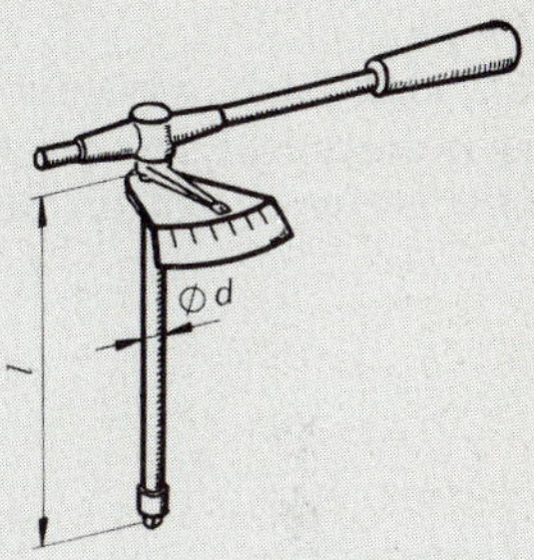

Lösung:

a) Stabdurchmesser d:

$$\tau_t = \frac{T}{W_p} \qquad W_{p\,erf} = \frac{T}{\tau_{t\,zul}} = \frac{80 \cdot 10^3\,Nmm}{70\,\frac{N}{mm^2}} = 1{,}143 \cdot 10^3\,mm^3 = 1143\,mm^3$$

$$W_p \approx 0{,}2\,d^3; \quad d_{erf} = \sqrt[3]{\frac{W_{perf}}{0{,}2}} = \sqrt[3]{5\,W_{perf}}$$

$$d_{erf} = \sqrt[3]{5 \cdot 1143\,mm^3} = 17{,}88\,mm$$

gewählt: d = 18 mm

b) Stablänge l aus Verdrehwinkel-Gleichung:

$$G = 8 \cdot 10^4\,\frac{N}{mm^2}; \quad I_p = 0{,}1\,d^4 = 0{,}1 \cdot 18^4\,mm^4 = 1{,}05 \cdot 10^4\,mm^4$$

$$\varphi = \frac{T\,l}{G\,I_p} \cdot \frac{180°}{\pi}; \quad l = \frac{\pi \varphi G I_p}{180°\,T} = \frac{\pi \cdot 35° \cdot 8 \cdot 10^4\,\frac{N}{mm^2} \cdot 1{,}05 \cdot 10^4\,mm^4}{180° \cdot 80 \cdot 10^3\,Nmm} = 6414\,mm$$

Ausführung also praktisch unmöglich!

Um l kleiner zu erhalten, sind zwei Wege möglich:

1. *Werkstoff wählen, der bei gleichem $\tau_{t\,zul}$ einen kleineren Schubmodul besitzt (Bronzen, Ti-Legierung).*
2. *I_p muß kleiner werden, damit auch W_p. Dadurch wird τ_t größer. Also muß ein Werkstoff mit höherer zulässiger Torsionsspannung gewählt werden.*

Für vergüteten Cr-Mo-Stahl kann gesetzt werden: $\tau_{t\,zul} = 350\,\frac{N}{mm^2}$.

$$d_{erf} = \sqrt[3]{\frac{T}{0{,}2\,\tau_{t\,zul}}} = \sqrt[3]{\frac{80 \cdot 10^3\,Nmm}{0{,}2 \cdot 350\,\frac{N}{mm^2}}} \approx 11\,mm$$

$$I_p = 0{,}1 \cdot 11^4\,mm^4 = 1464\,mm^4$$

$$l = \frac{35° \cdot \pi \cdot 8 \cdot 10^4\,\frac{N}{mm^2} \cdot 1464\,mm^4}{180° \cdot 80 \cdot 10^3\,Nmm} = 894{,}3\,mm$$

Ausführung:
d = 11 mm; l = 894 mm

5.9. Beanspruchung auf Biegung

5.9.1. Spannungsarten und inneres Kräftesystem bei Biegeträgern

Der skizzierte Stab wird durch die Kraft F auf Biegung beansprucht. Die vor der Belastung gerade Stabachse verformt sich zur Biegelinie.

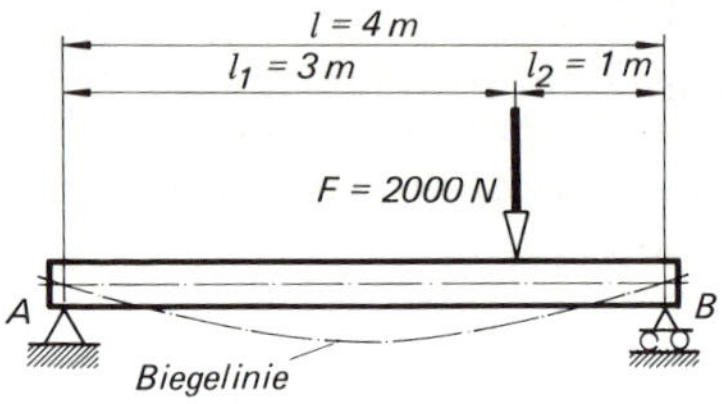

An einer beliebigen Stelle der Trägerlänge l legen wir den Schnitt x–x senkrecht zur Stabachse und bringen im Schnittflächenschwerpunkt dasjenige innere Kräftesystem an (F_q und M_b), das den Restteil I ins Gleichgewicht setzt.

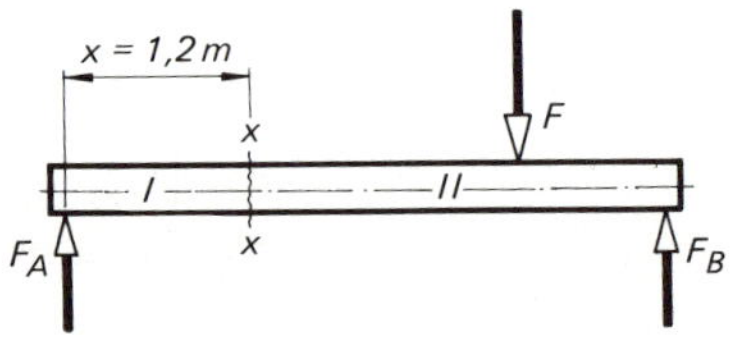

Nach der Berechnung der Stützkräfte $F_A = 500$ N und $F_B = 1500$ N ergibt die Untersuchung des Kräftegleichgewichtes für Trägerteil I:

$$\Sigma F_y = 0 = +F_A - F_q; \quad F_q = F_A = 500 \text{ N}$$
$$\Sigma M_{(S)} = 0 = -F_A\, x + M_b$$
$$M_b = F_A\, x = 500 \text{ N} \cdot 1{,}2 \text{ m} = 600 \text{ Nm}$$

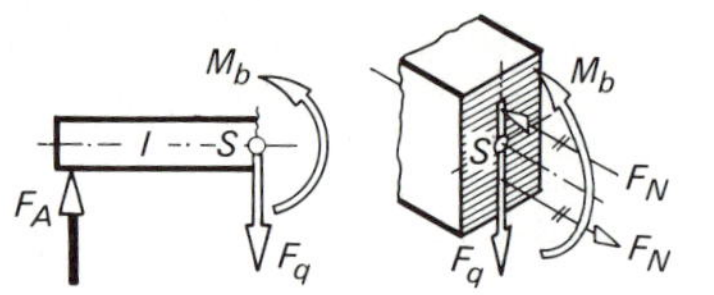

Inneres Kräftesystem bei Biegung

Der Querschnitt hat demnach wegen $\Sigma F_y = 0$ die in der Fläche liegende *Querkraft* $F_q = F_A = 500$ N zu übertragen. Die Querkraft F_q ruft die *Schub*spannung τ hervor.

Aus $\Sigma M_{(S)} = 0$ ergibt sich weiter, daß der Querschnitt noch das senkrecht zur Fläche wirkende *Biegemoment* $M_b = F_A\, x = 600$ Nm zu übertragen hat.

Hinweis: Das Biegemoment M_b ruft im Schnitt die Normalspannung σ hervor, weil es dem senkrecht auf der Fläche stehenden Kräftepaar F_N entspricht. Diese Normalspannung heißt Biegespannung σ_b und besteht aus Zug- und Druckspannungen, entsprechend den beiden Normalkräften F_N (Zug- und Druckkraft).

Bei Biegung muß der Querschnitt eine *Querkraft* F_q und ein *Biegemoment* M_b übertragen. Das Biegemoment belastet den Querschnitt am stärksten; es erzeugt *Biegespannungen* σ_b.

Hinweis: Bei langen Stäben ist der Einfluß der Querkraft gering, d.h. die Schubspannung ist klein gegenüber der Biegespannung. Die Schubspannung τ werden wir daher meist vernachlässigen können. Jedoch müssen wir bei kurzen, dicken Stäben ihren Einfluß überprüfen.

5.9.2. Bestimmung der Biegemomente und Querkräfte an beliebigen Trägerstellen

Das Biegemoment M_b für eine beliebige Stelle längs des Biegeträgers erhalten wir als Momentensumme für die Schnittstelle am linken oder rechten Trägerteil; ebenso erhalten wir die Querkraft F_q als Kraftsumme an einem der beiden Teile. Das haben wir schon im Abschnitt 5.1.7 erläutert und geübt. Am besten gehen wir Schritt für Schritt nach folgendem Arbeitsplan vor:

Arbeitsplan:

Freimachen des Bauteiles (Biegeträger).	1. Schritt
Bestimmung der Stützkräfte, zeichnerisch mit Hilfe des Schlußlinienverfahrens oder rechnerisch mit den drei statischen Gleichgewichtsbedingungen ($\Sigma F_x = 0$, $\Sigma F_y = 0$, $\Sigma M = 0$).	2. Schritt
Momentensumme für die Schnittstelle bilden, damit ergibt sich das dort vorhandene Biegemoment M_b.	3. Schritt
Kraftsumme für die Schnittstelle bilden (nur Querkräfte nehmen), damit ergibt sich die dort vorhandene Querkraft F_q.	4. Schritt

Man schaut von der Schnittstelle aus nach links (oder rechts) und addiert die Momente. Das Ergebnis ist das Biegemoment M_b.

Man schaut von der Schnittstelle aus nach links (oder rechts) und addiert die Querkräfte. Das Ergebnis ist die Querkraft F_q.

Hinweis: Dieser Merksatz veranschaulicht den dritten und vierten Schritt. Da sich Biegemoment und Querkraft längs des Trägers ändern, müssen mehrere Schnittstellen untersucht werden. Rationellere Verfahren werden in 5.9.7 erläutert.

5.9.3. Spannungsverteilung

Die äußere Kraft F biegt den Träger nach unten durch. Die vorher gerade Trägerachse wird eine gekrümmte Linie, auch Biegelinie oder „elastische Linie" genannt.

Zwei vorher parallele Schnitte ab, cd stellen sich bei Biegebelastung schräg gegeneinander: $a'b'$, $c'd'$. Dabei werden die oberen Werkstoff-Fasern verkürzt (Stauchung $-\epsilon$), die unteren dagegen verlängert (Dehnung $+\epsilon$), so wie es das Verformungsbild auf der folgenden Seite zeigt.

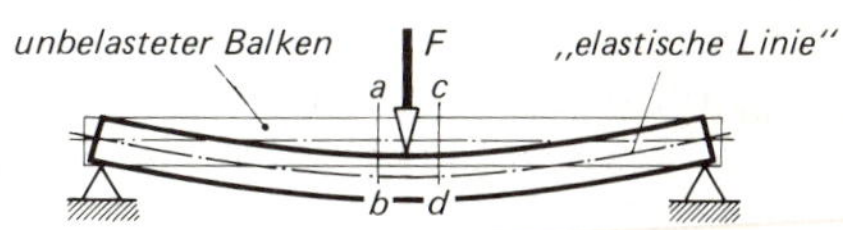

Biegebeanspruchter Träger (Biegeträger)

Zwischen den oberen (gestauchten) und den unteren (gestreckten) Stoffteilchen muß eine Faserschicht liegen, die sich weder verkürzt noch verlängert, die ihre Länge also beibehält. Das ist die „neutrale Faserschicht“, bei der $\pm \epsilon = 0$ ist. Sie geht durch den Schwerpunkt S der Schnittfläche.

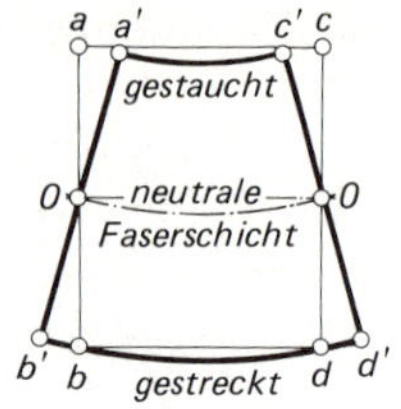

Verformungsbild

Nach dem Hookeschen Gesetz sind im elastischen Bereich die Spannungen ebenso verteilt wie die Formänderungen (hier Längenänderungen). Wie die Längenänderung wächst auch die Spannung von der neutralen Faserschicht (Nullinie) nach oben und unten gleichmäßig. Die Spannung verteilt sich *linear.* Die neutrale Faserschicht ist unverformt, also auch spannungslos. Die Spannung wächst mit dem Abstand y von der neutralen Faser bis zum Höchstwert $+\ \sigma_{max}$ (Zugspannung) und $-\sigma_{max}$ (Druckspannung). Genau wie bei der Torsion müssen wir also auch bei der Biegung mit der Randspannung σ_{max} rechnen, wobei die Unterscheidung zwischen $+\sigma_{max}$ als größter Zugspannung und $-\sigma_{max}$ als größter Druckspannung nur bei solchen Werkstoffen notwendig ist, die auf Zug und Druck unterschiedlich reagieren, z. B. Grauguß.

Die Verformungen wachsen linear mit dem Abstand von der neutralen Faserschicht. Nach Hooke sind die Verformungen den Spannungen proportional, also wachsen auch die Spannungen linear mit dem Abstand von der neutralen Faserschicht. Es ist

$$\frac{\sigma}{\sigma_{max}} = \frac{y}{e}\ .$$

Daraus ergibt sich für die Spannung σ an einer beliebigen Stelle:

$$\sigma = \sigma_{max}\ \frac{y}{e}$$

Bei Biegung erhalten die Randfasern die stärkste Beanspruchung, die neutrale Faserschicht ist spannungslos, Bohrungen in Schwerpunktsnähe schaden daher nichts. Biegespannungen sind Zug- und Druckspannungen (Normalspannungen). Sie sind linear über dem Querschnitt verteilt.

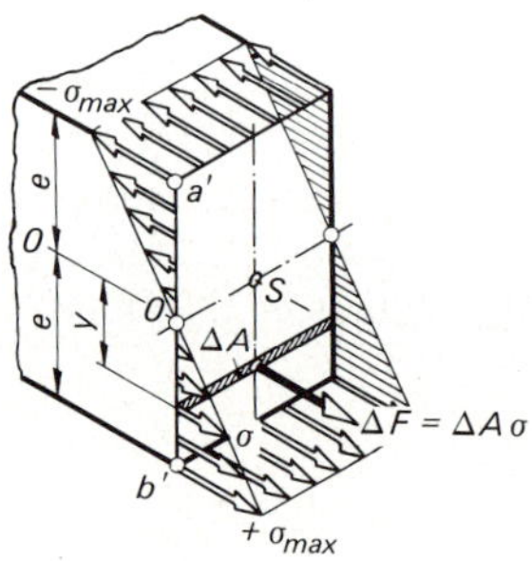

Spannungsbild

5.9.4. Herleitung der Biege-Hauptgleichung[1])

Das Flächenteilchen ΔA im Abstand y von der x-Achse (Schwerachse) überträgt die senkrecht auf dem Querschnitt stehende Teilkraft ΔF. Unter der Annahme, daß die Spannung σ gleichmäßig über dem (sehr klein vorzustellenden) Flächenteilchen ΔA verteilt ist (wie bei Zug), können wir für $\Delta F = \Delta A\, \sigma$ schreiben.

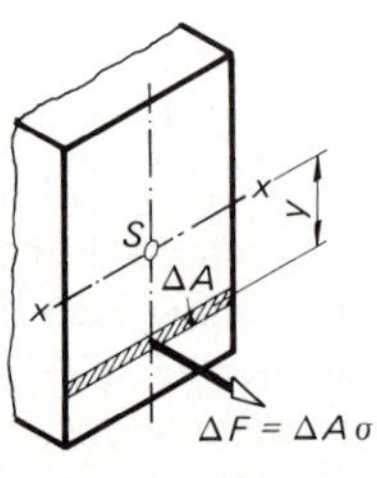

1) Ein Vergleich mit 5.8.2 zeigt Analogie

Die Teilkraft ΔF wirkt in bezug auf die x-Achse drehend am Hebelarm y, erzeugt also ein „kleines" Innenmoment $\Delta M_i = \Delta F y$.

$$\Delta M_i = \Delta F y = \Delta A \sigma y$$

Die Spannung σ ändert ihren Betrag mit dem Abstand y. Für die Hauptgleichung brauchen wir die Randfaserspannung σ_{max}, weil sie den Werkstoff am stärksten beansprucht. Wir ersetzen daher σ durch die aus dem Spannungsbild abgelesene Beziehung $\sigma = \sigma_{max} y/e$.

$$\Delta M_i = \Delta A \sigma y = \Delta A \sigma_{max} \frac{y}{e} y$$

$$\Delta M_i = \frac{\sigma_{max}}{e} \Delta A y^2$$

Die Summe der kleinen Innenmomente ΔM_i hält dem einwirkenden Biegemoment M_b das Gleichgewicht.

$$M_b = \Sigma \Delta M_i = \Sigma \frac{\sigma_{max}}{e} \Delta A y^2$$

Die gleichbleibenden Größen σ_{max} und Randfaserabstand e können vor das Summenzeichen gesetzt werden.

$$M_b = \frac{\sigma_{max}}{e} \Sigma \Delta A y^2$$

Der Summenausdruck $\Sigma \Delta A y^2$ ist das uns schon bekannte axiale Flächenmoment 2. Grades I; der Ausdruck I/e ist das axiale Widerstandsmoment W. Die gefundene Gleichung lösen wir nach der Spannung auf und erhalten so die gesuchte Biege-Hauptgleichung.

$$M_b = \sigma_b \frac{I}{e} = \sigma_b W$$

Hinweis: Nur wegen der einfacheren Schreibweise wird σ_b statt σ_{max} geschrieben. σ_b ist also stets die Randfaserspannung, die größte Spannung im Querschnitt.

$$\textit{Biegespannung}\ \sigma_b = \frac{\text{Biegemoment } M_b}{\text{axiales Widerstandsmoment } W}$$

$$\sigma_b = \frac{M_b}{W}$$

Biege-Hauptgleichung

σ_b	M_b	W
$\frac{N}{mm^2}$	Nmm	mm^3

Ist aus Biegemoment und zulässiger Biegespannung das erforderliche axiale Widerstandsmoment W_{erf} bestimmt worden, dann lassen sich mit den Gleichungen aus Tafel 5.1 die Querschnittsmaße festlegen.

Je nach vorliegender Aufgabe wird die Biege-Hauptgleichung umgestellt:

$$W_{erf} = \frac{M_{b\,max}}{\sigma_{b\,zul}}$$

erforderliches Widerstandsmoment

Bei Trägern konstanten Querschnittes, z.B. bei allen Profilstählen, reicht die Bestimmung des maximalen Biegemomentes aus, dagegen ist es bei abgesetzten Bauteilen nötig, das Biegemoment für sämtliche Übergangsstellen zu ermitteln und zu garantieren, daß $\sigma_{b\,vorh} \leqq \sigma_{b\,zul}$ ist.

$$\sigma_{b\,vorh} = \frac{M_{b\,max}}{W} \leqq \sigma_{b\,zul}$$

vorhandene Spannung

$$M_{b\,max} = W \sigma_{b\,zul}$$

maximales Biegemoment

5.9.5. Spannungsverteilung im unsymmetrischen Querschnitt

Im unsymmetrischen Querschnitt, z.B. im skizzierten T-Profil, sind die Randfaserabstände verschieden groß ($e_1 < e_2$). Wir berechnen also zwei verschiedene Widerstandsmomente W_1 und W_2 und damit auch zwei verschiedene Randfaserspannungen. Das gilt für alle unsymmetrischen Querschnitte.

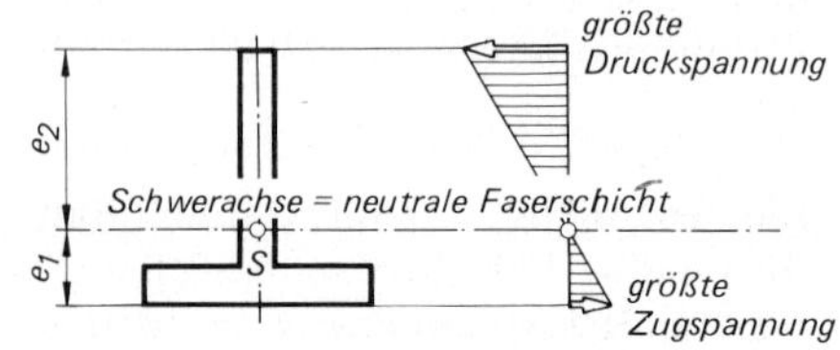

Spannungsverteilung im unsymmetrischen Querschnitt

Aus der Beziehung $I/e_1 = W_1$ erhalten wir im Beispiel die größte Zugspannung, die kleiner sein muß als $\sigma_{z\,zul}$.

$$\sigma_{z\,max} = \frac{M_b\,e_1}{I} = \frac{M_b}{W_1}$$ *größte Zugspannung*

Aus der Beziehung $I/e_2 = W_2$ erhalten wir die größte Druckspannung, die kleiner sein muß als $\sigma_{d\,zul}$.

$$\sigma_{d\,max} = \frac{M_b\,e_2}{I} = \frac{M_b}{W_2}$$ *größte Druckspannung*

Übung: Wir wollen die beiden Randfaserspannungen σ_{b1}, σ_{b2} in dem gleichschenkligen Winkelstahl ∟ 80 × 10 für die x-Achse berechnen (siehe Formelsammlung). Das zu übertragende Biegemoment beträgt $M_b = 520$ Nm.

Lösung: Der Profilstahltafel entnehmen wir $I_x = 87{,}5 \cdot 10^4\ \text{mm}^4$; $e_1 = e = 23{,}4$ mm; $e_2 = 80\ \text{mm} - 23{,}4\ \text{mm} = 56{,}6$ mm.

Damit berechnen wir:

$$\sigma_{b1} = \frac{M_b\,e_1}{I_x} = \frac{52 \cdot 10^4\,\text{Nmm} \cdot 23{,}4\,\text{mm}}{87{,}5 \cdot 10^4\ \text{mm}^4} = 13{,}9\,\frac{\text{N}}{\text{mm}^2}$$

$$\sigma_{b2} = \frac{M_b\,e_2}{I_x} = \frac{52 \cdot 10^4\,\text{Nmm} \cdot 56{,}6\,\text{mm}}{87{,}5 \cdot 10^4\ \text{mm}^4} = 33{,}6\,\frac{\text{N}}{\text{mm}^2}$$

5.9.6. Gültigkeitsbedingungen für die Biege-Hauptgleichung

Die Biegehauptgleichung $\sigma_b = M_b/W$ gilt unter folgenden Voraussetzungen:

1. Die Stabachse ist gerade, also nicht gekrümmt, wie z.B. beim Kranhaken.
2. Die Belastungen F liegen in einer Ebene, die durch die Stabachse geht. Das ist gleichzeitig die Ebene, in der die Biegemomente wirken.
3. Die Querschnitte bleiben bei der Beanspruchung eben.
4. Für den Werkstoff gilt das Hookesche Gesetz.
5. Der Elastizitätsmodul ist für Zug- und Druckbeanspruchung gleich groß (wie bei Stahl).
6. Die Spannungen bleiben unter der Proportionalitätsgrenze σ_P.

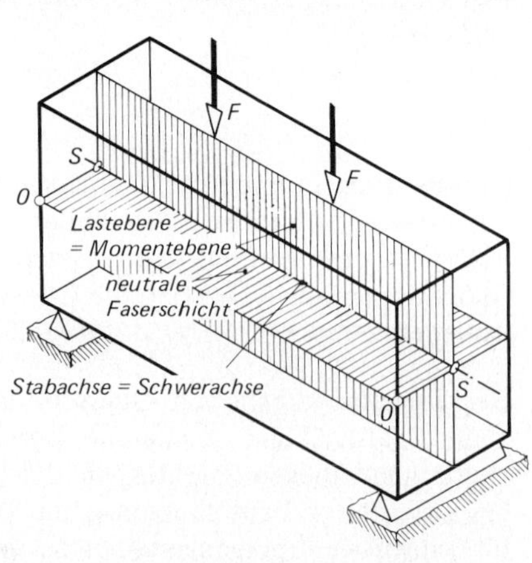

Rechteckträger, biegebeansprucht

5.9.7. Bestimmung des größten Biegemomentes $M_{b\,max}$

Mit der Biege-Hauptgleichung $\sigma_b = M_b/W$ erhalten wir für jede Trägerstelle die dort auftretende Randfaserspannung, die stets kleiner sein muß als die zulässige Biegespannung $\sigma_{b\,zul}$. Die veränderlichen Größen (Variablen) in der Biege-Hauptgleichung sind das Biegemoment M_b und das Widerstandsmoment W. Das Widerstandsmoment können wir für jede Trägerstelle mit Hilfe der Gleichungen aus Tafel 5.1 berechnen. Zur Bestimmung des zugehörigen Biegemomentes gibt es mehrere Möglichkeiten.

Hinweis: Beim Profilstahl-Träger ohne Querschnittsänderungen ist an jeder Trägerstelle das Widerstandsmoment W gleich groß. Das Biegemoment M_b ist meistens nicht konstant. Das gilt dann auch für die Biegespannung σ_b.

5.9.7.1. Punktweise Berechnung des Biegemomentes

Zur Berechnung der Biegespannung brauchen wir Klarheit über den Verlauf des Biegemomentes längs des Biegeträgers. Nach dem Arbeitsplan 5.9.2 können wir für mehrere Trägerstellen das Biegemoment M_b berechnen und als Strecken y (Ordinatenwert y) über der Trägerlänge auftragen. Auf diese Weise entsteht die Momentenfläche, begrenzt durch die Momentenlinie.

Für die Trägerstelle 4 erhalten wir beispielsweise:

$M_{b4} = F_A \cdot 180\text{ mm} = 108\,000\text{ Nmm} = M_{b\max}$.

Bei Biegeträgern mit Querschnittssprüngen ist die $M_{b\max}$-Stelle nicht unbedingt die Stelle, in der auch die größte Biegespannung auftritt. Das kann erst durch die Rechnung $\sigma_b = M_b/W$ nachgewiesen werden.

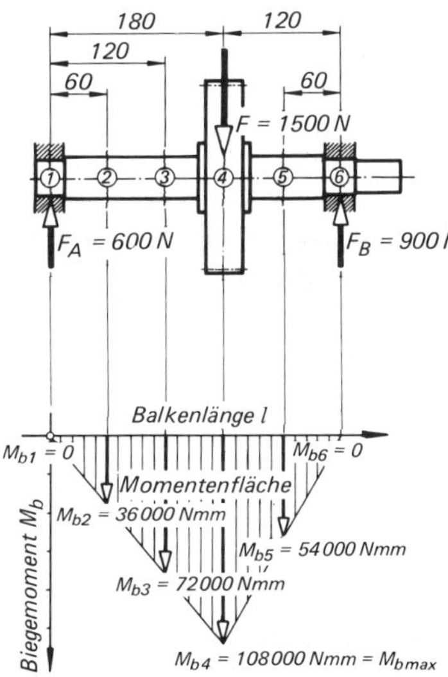

Biegemomentverlauf längs einer Getriebewelle

Die Biegespannung σ_b ist längs eines Biegeträgers verschieden groß. Sie ist beim Träger mit gleichbleibendem Querschnitt dort am größten, wo das Biegemoment M_b am größten ist. Diese $M_{b\max}$-Stelle (der gefährdete Querschnitt) muß vor jeder Rechnung festgestellt und $M_{b\max}$ berechnet werden.

Beachte: Ist der Querschnitt (genauer: das Flächenmoment 2. Grades I) eines Biegeträgers nicht konstant, z.B. bei einer abgesetzten Welle, müssen Biegemoment und Biegespannung für jede Stelle mit Querschnittssprung bestimmt werden.

5.9.7.2. $M_{b\,max}$-Bestimmung mit Hilfe der Seileckfläche

Wir erklären das Verfahren am Beispiel eines Stützträgers mit konstantem Querschnitt, der durch die Einzelkraft $F = 1200$ N belastet wird. Mit dem Längenmaßstab $M_L = 1$ m/cm und dem Kräftemaßstab $M_K = 500$ N/cm zeichnen wir Lage- und Kräfteplan und entwickeln die Seileckfläche mit der Schlußlinie S (Schlußlinienverfahren).

Seil- und Polstrahlen O, S begrenzen in der Seileckfläche und im Kräfteplan für die Schnittstelle I zwei ähnliche Dreiecke (schraffiert), aus denen wir die Proportion ablesen können:

$$\frac{F_A}{H} = \frac{y}{x} \quad \text{oder} \quad F_A\, x = H\, y$$

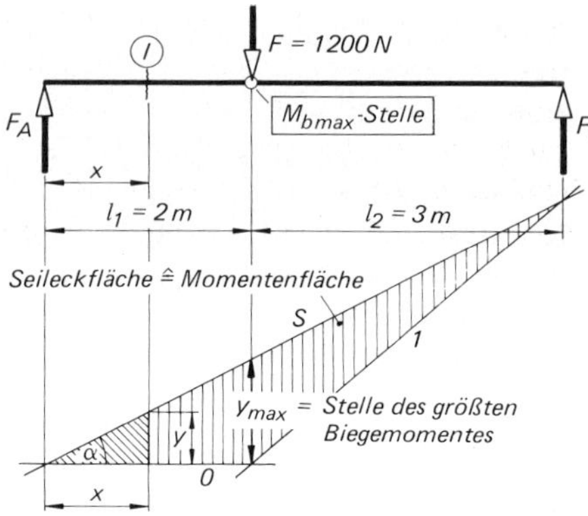

Lageplan
Längenmaßstab: $M_L = 1\,\frac{m}{cm}$ (1 cm ≙ 1 m)

Nach Abschnitt 5.9.1 ist das Produkt $F_A\, x$ das Biegemoment $M_{b\,I}$ für die Schnittstelle I:

$$M_{b\,I} = F_A\, x = H\, y$$

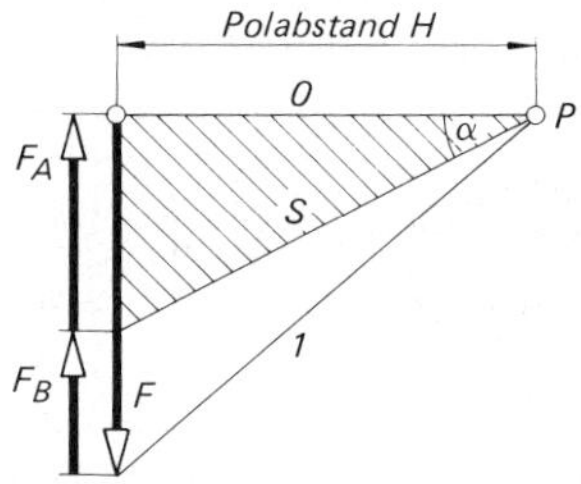

Kräfteplan
Kräftemaßstab: $M_K = 500\,\frac{N}{cm}$ (1 cm ≙ 500 N)

Damit haben wir den Beweis erbracht, daß das Produkt aus Polabstand H und dem jeweiligen Ordinatenwert y dem Biegemoment M_b für eine bestimmte Trägerstelle entspricht. Die Seileckfläche kann also gleichzeitig als Momentenfläche bezeichnet werden. Sie zeigt uns, wie das Biegemoment M_b längs des Trägers verläuft (Zu- und Abnahme). Vor allem sehen wir, an welcher Stelle das Biegemoment am größten ist ($M_{b\,max}$-Stelle). Das muß diejenige Trägerstelle sein, für die der Ordinatenwert y am größten ist (y_{max}).

Zur Berechnung der Biegemomente müssen wir den Polabstand H mit dem Kräftemaßstab M_K multiplizieren (denn wir messen H im Kräfteplan), ebenso multiplizieren wir den Ordinatenwert y mit dem Längenmaßstab M_L (denn wir messen ihn im Lageplan).

$$M_{b\,max} = H\, y_{max}\, M_K\, M_L$$

Die Seileckfläche (= Momentenfläche) zeigt den Verlauf des Biegemomentes längs des Biegeträgers. Man sagt auch: Der Ordinatenwert y ist proportional dem Biegemoment.
Die $M_{b\,max}$-Stelle liegt dort, wo der Ordinatenwert y am größten ist (y_{max}).

Beispiel:

Aus dem Kräfteplan greifen wir $H = 2{,}75$ cm und aus der Seileckfläche $y_{max} = 1$ cm ab. Mit den gewählten Maßstäben wird dann:

$$M_{b\,max} = H\, y_{max}\, M_K\, M_L$$

$$M_{b\,max} = 2{,}75\,\text{cm} \cdot 1\,\text{cm} \cdot 500\,\frac{N}{cm} \cdot 1\,\frac{m}{cm} = 1375\,\text{Nm}$$

5.9.7.3. $M_{b\,max}$-Bestimmung mit Hilfe der Querkraftfläche

Auch dieses Verfahren soll am Beispiel des Stützträgers beschrieben werden. Um einen Vergleich zum vorher beschriebenen Verfahren zu haben, zeichnen wir noch einmal Kräfteplan und Seileckfläche. Da der Polpunkt P jetzt anders liegt, hat auch die Seileckfläche eine andere Form.

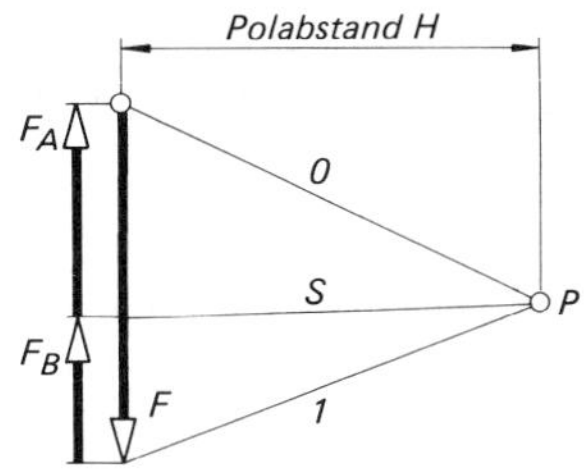

Kräfteplan
Kräftemaßstab: $M_K = 500\ \frac{N}{cm}$ (1 cm ≙ 500 N)

Die Charakteristik der Seileckfläche ist aber gleich geblieben: Das Biegemoment steigt vom Lagerpunkt A nach rechts linear bis zur $M_{b\,max}$-Stelle an und fällt danach wieder auf Null ab:

$$M_{b\,max} = F_A l_1 = F_B l_2 \,.$$

Zur Querkraftaufzeichnung stellen wir uns vor, wir wanderten auf dem Träger vom linken Lagerpunkt A rückwärtsschreitend nach rechts. Die gesuchte Querkraftfläche erhalten wir dann einfach dadurch, daß wir für jede Trägerstelle die senkrecht zur Trägerachse wirkende resultierende Kraft als Ordinate von der Nullinie aus auftragen:

Direkt neben dem Lager A sehen wir nur die Stützkraft F_A. Es ist also Querkraft $F_q = F_A$ (aufzeichnen!). Nach wenigen Schritten, z.B. an der Trägerstelle I ist noch immer nur F_A zu sehen, also auch hier die Querkraft $F_q = F_A$ (aufzeichnen!). Kurz hinter dem Kraftangriff F erkennen wir als Querkraft die Kräftesumme $F_q = + F_A - F$ (aufzeichnen!). Hier geht die Querkraftlinie durch Null, und die entstehende Querkraftfläche wird jetzt negativ (–). Das bleibt so, bis wir hinter dem Lagerpunkt B stehen. Dort ergibt die Kräftesumme $F_q = + F_A - F + F_B = 0$, d.h. mit der Stützkraft F_B kehren wir mit der Querkraftlinie wieder zur Nullinie zurück. Praktisch haben wir für jede Stelle die Querkraft nach dem Merksatz unter 5.9.2 berechnet und aufgezeichnet. Verbinden wir die Pfeilspitzen miteinander, erhalten wir die gesuchte Querkraftfläche.

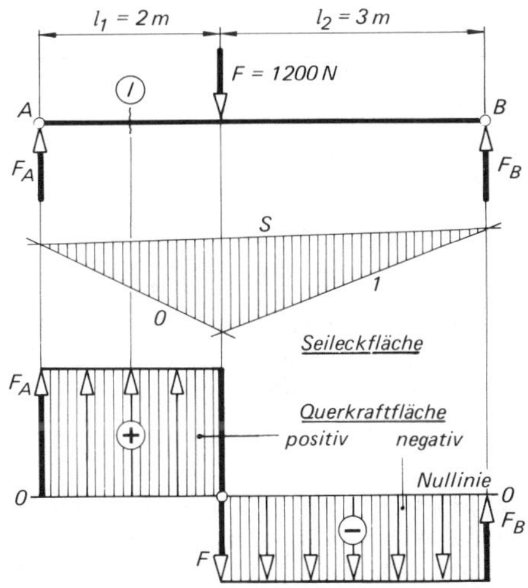

Lageplan
Längenmaßstab: $M_L = 1\ \frac{m}{cm}$ (1 cm ≙ 1 m)

Beachte: Die Flächeninhalte von positiver und negativer Querkraftfläche müssen immer gleich groß sein.

In vielen Fällen läßt sich beim Aufzeichnen erkennen, ob diese Tatsache eingehalten worden ist. Erscheinen die Flächeninhalte nicht gleich groß, liegt ein Fehler vor, so können z. B. die Stützkräfte F_A, F_B nicht richtig berechnet worden sein.

Zwei Erkenntnisse können wir aus Seileck- und Querkraftfläche ablesen:

An der Trägerstelle I ist das Biegemoment $M_{bI} = F_A\ x$. Dies ist aber auch der Flächeninhalt A_{qI} der zugehörigen Querkraftfläche vom Auflager A bis zum Querschnitt I. Das Biegemoment M_b entspricht der Querkraftfläche. Biegemoment und Querkraftfläche nehmen von links nach rechts zu (bis zur Kraftangriffsstelle von F, positive Querkraftfläche). Von dort aus nehmen die Werte bis zum Lager B wieder ab.

Weiter erkennen wir aus Seileckfläche und Querkraftfläche, daß die Stelle des größten Biegemomentes dort liegt, wo die Querkraftlinie durch die Nullinie geht. Das ist die Kraftangriffsstelle von F. Dort hat tatsächlich die Querkraftfläche ihren größten Wert.

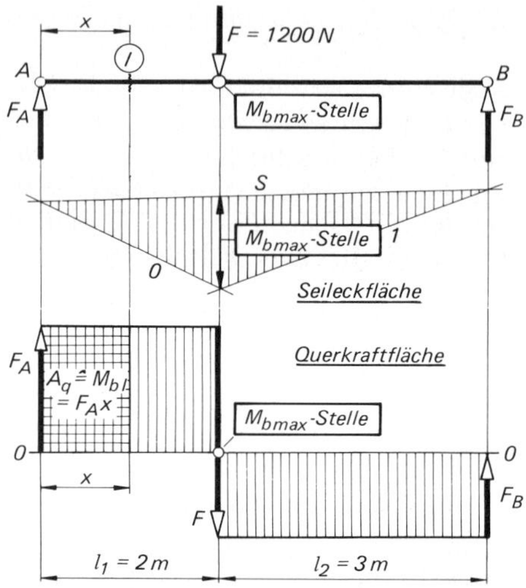

Das Biegemoment M_b entspricht der Querkraftfläche A_q.
Das größte Biegemoment M_{bmax} und damit der gefährdete Querschnitt liegt dort, wo
die Momenten-(Seileck-)fläche die größte Ordinate hat bzw. wo
die Querkraftlinie durch die Nullinie geht.
Geht die Querkraftlinie mehrfach durch Null, berechnen wir für alle Nulldurchgänge die Biegemomente und ermitteln so M_{bmax}.

Beispiel:
Mit F_A = 720 N, F_B = 480 N (berechnet mit den Gleichgewichtsbedingungen), sowie l_1 = 2 m und l_2 = 3 m wird

$M_{b\,max} = F_A l_1 = 720\ \text{N} \cdot 2\ \text{m} = 1\,440\ \text{Nm}$
$M_{b\,max} = F_B l_2 = 480\ \text{N} \cdot 3\ \text{m} = 1\,440\ \text{Nm}$

Beachte: Weil es hier nur auf den *Betrag* des Biegemomentes ankommt, bleibt der Drehsinn unbeachtet.

5.9.8. Übungen im Aufzeichnen von Querkraft- und Momentenflächen für verschiedene Trägerbelastungen

Vor jeder Festigkeitsrechnung bei Biegebeanspruchung muß ermittelt werden, an welcher Stelle des Biegeträgers das maximale Biegemoment M_{bmax} auftritt. Damit wir diese *Lage* des maximalen Biegemomentes schneller finden, sind nachfolgend für häufig wiederkehrende Trägerbelastungen Momentenverlauf (Seileckfläche) und Querkraftverlauf (Querkraftfläche) aufgezeichnet worden. Es ist sehr zu empfehlen, diese Beispiele gründlich durchzuarbeiten, weil dadurch die Sicherheit in der richtigen Behandlung anderer Trägerbelastungen erheblich wächst.

5.9.8.1. Freiträger mit Einzellast

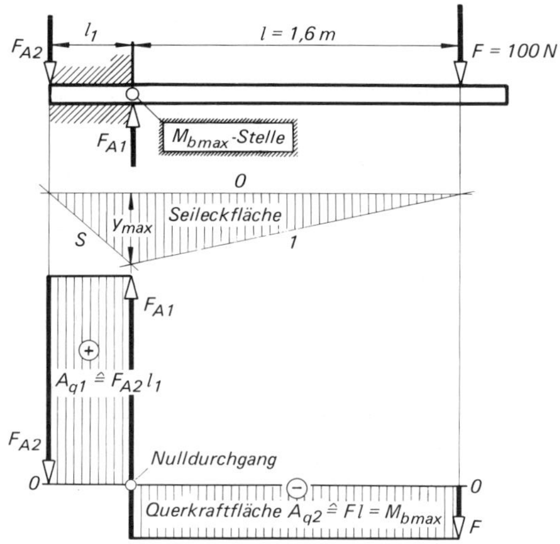

Lageplan
Längenmaßstab: $M_L = 0{,}4\,\frac{m}{cm}$ (1 cm ≙ 0,4 m)

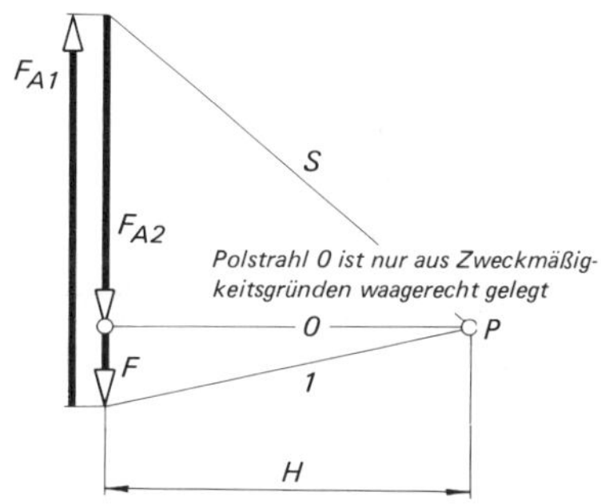

Kräfteplan
Kräftemaßstab: $M_K = 150\,\frac{N}{cm}$ (1 cm ≙ 150 N)

Die mit Hilfe des Seileckverfahrens entwickelte *Seileckfläche* zeigt, daß der Ordinatenwert y von rechts nach links linear ansteigt. Der Größtwert $y_{max} \approx 0{,}9$ cm liegt an der Einspannstelle.

$$M_{b\,max} = H\,y_{max}\,M_K\,M_L$$

Mit dem Polabstand $H = 3$ cm, dem Kräftemaßstab $M_K = 150$ N/cm und dem Längenmaßstab $M_L = 0{,}4$ m/cm erhalten wir den Betrag des maximalen Biegemomentes $M_{b\,max}$.

$$M_{b\,max} = 3\,\text{cm} \cdot 0{,}9\,\text{cm} \cdot 150\,\frac{\text{N}}{\text{cm}} \cdot 0{,}4\,\frac{\text{m}}{\text{cm}}$$

$$M_{b\,max} = 162\,\text{Nm} = 162 \cdot 10^3\,\text{Nmm}$$

Die *Querkraftfläche* zeigt zwei gleich große Rechtecke $A_{q1} = A_{q2}$ rechts und links vom Nulldurchgang. Da nur *ein* Nulldurchgang auftritt, können wir beide Flächen zur $M_{b\,max}$-Bestimmung heranziehen.

$$M_{b\,max} \mathrel{\hat{=}} A_{q1} = A_{q2}$$

$$M_{b\,max} = F_{A2}\,l_1 = Fl$$

$$M_{b\,max} = 100\,\text{N} \cdot 1{,}6\,\text{m} = 160\,\text{Nm}$$

$$M_{b\,max} = 160 \cdot 10^3\,\text{Nmm}$$

Der Vergleich von Seileckfläche und Querkraftfläche zeigt, daß der Ordinatenwert y und der Flächeninhalt der Querkraftfläche von rechts nach links linear zunehmen. Das Biegemoment steigt von rechts nach links fortschreitend bis $M_{b\,max}$ an der Einspannstelle an.

Beachte: Beim Freiträger mit Einzellast liegt das maximale Biegemoment $M_{b\,max}$ stets an der (inneren) Einspannstelle des Trägers. y_{max}-Stelle und Nulldurchgang decken sich.

5.9.8.2. Freiträger mit mehreren Einzellasten

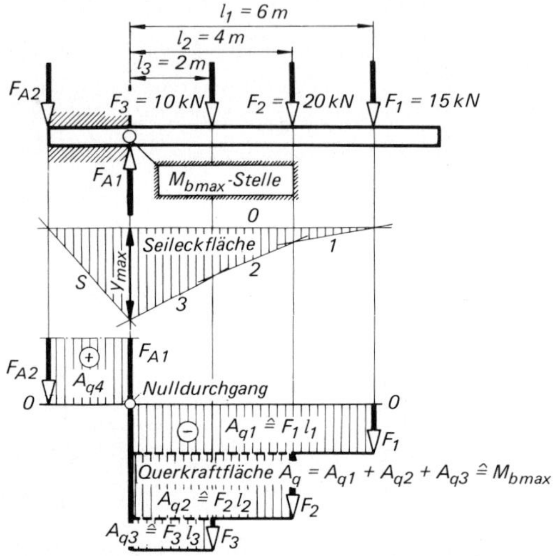

Lageplan
Längenmaßstab: $M_L = 2\,\frac{m}{cm}$ (1 cm ≙ 2 m)

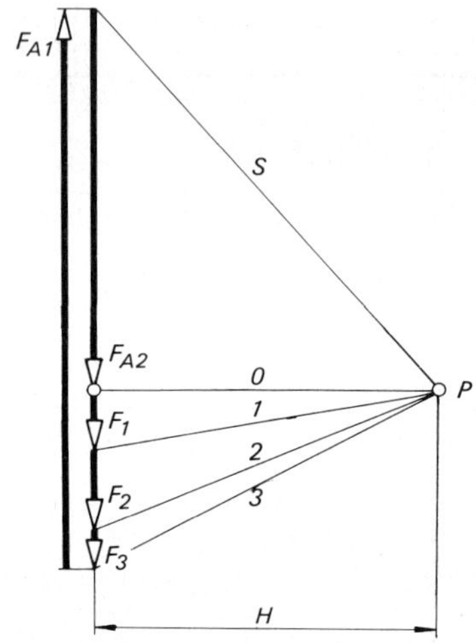

Kräfteplan
Kräftemaßstab: $M_K = 25\,\frac{kN}{cm}$ (1 cm ≙ 25 kN)

Wie beim Freiträger mit Einzellast (5.9.8.1) steigt der Ordinatenwert y von rechts nach links linear an, hier jedoch mit unterschiedlichem Steigungswinkel zwischen den Angriffsstellen der Kräfte F_1, F_2, F_3.

$$M_{b\,max} = H y_{max} M_K M_L$$

Mit dem Größtwert $y_{max} = 1{,}12$ cm, dem Polabstand $H = 3{,}4$ cm und den Maßstäben $M_K = 25$ kN/cm sowie $M_L = 2$ m/cm erhalten wir auch hier wieder $M_{b\,max}$.

$$M_{b\,max} = 3{,}4\text{ cm} \cdot 1{,}12\text{ cm} \cdot 25\,\frac{kN}{cm} \cdot 2\,\frac{m}{cm}$$

$$M_{b\,max} = 190\text{ kNm} = 190 \cdot 10^6\text{ Nmm}$$

Die *Querkraftfläche* A_q rechts vom Nulldurchgang setzt sich aus den drei Rechteckflächen $A_{q1} + A_{q2} + A_{q3} = A_q$ zusammen. Die gleich große Querkraftfläche A_{q4} wurde in der Höhe abgebrochen, um Platz zu sparen.

$$M_{b\,max} \mathrel{\hat=} A_{q1} + A_{q2} + A_{q3} = A_{q4}$$

$$M_{b\,max} = F_1 l_1 + F_2 l_2 + F_3 l_3$$

$$M_{b\,max} = 15\text{ kN} \cdot 6\text{ m} + 20\text{ kN} \cdot 4\text{ m} + 10\text{ kN} \cdot 2\text{ m}$$

$$M_{b\,max} = 190\text{ kNm} = 190 \cdot 10^6\text{ Nmm}$$

Der Vergleich von Seileckfläche und Querkraftfläche zeigt, daß der Stufung der Querkraftfläche jeweils ein steilerer Anstieg des Ordinatenwertes y entspricht.

Beachte: Auch beim Freiträger mit mehreren Einzellasten liegt $M_{b\,max}$ an der (inneren) Einspannstelle des Trägers.

y_{max}-Stelle und Nulldurchgang decken sich.

5.9.8.3. Freiträger mit konstanter Streckenlast (gleichmäßig verteilter Last)

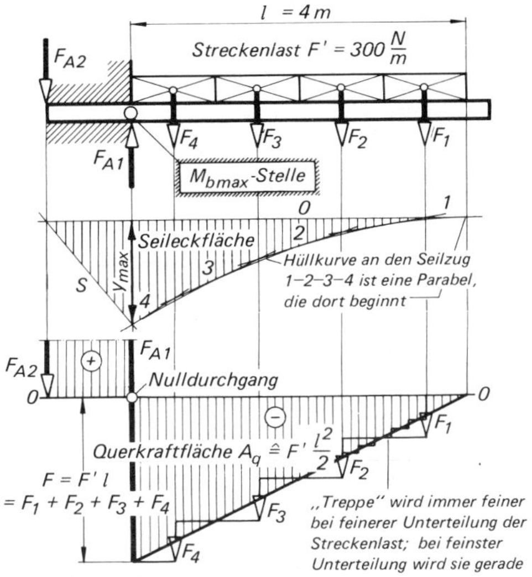

Lageplan
Längenmaßstab: $M_L = 1\,\frac{\text{m}}{\text{cm}}$ (1 cm ≙ 1 m)

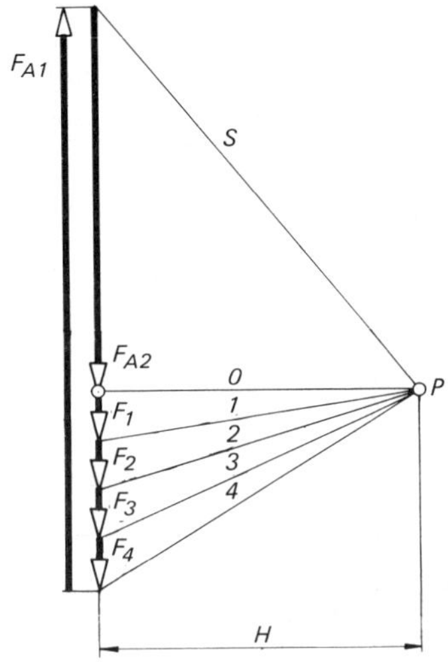

Kräfteplan
Kräftemaßstab: $M_K = 600\,\frac{\text{N}}{\text{cm}}$ (1 cm ≙ 600 N)

Wie in den vorhergehenden Fällen nimmt auch hier der Ordinatenwert y von rechts nach links zu. Bei feinster Unterteilung der Streckenlast steigt y und damit das Biegemoment parabolisch an, weil die Begrenzungslinie der Seileckfläche eine Parabel wird.

$$M_{b\,max} = H\,y_{max}\,M_K\,M_L$$

Beachte: Streckenlasten werden mit F' bezeichnet. F' gibt die auf die Länge bezogene Kraft an, z.B. 300 N je Meter.

Mit dem Größtwert $y_{max} = 1{,}25$ cm, dem Polabstand $H = 3{,}2$ cm und den Maßstäben $M_K = 600$ N/cm sowie $M_L = 1$ m/cm erhalten wir wie gewohnt $M_{b\,max}$.

$$M_{b\,max} = 3{,}2\text{ cm} \cdot 1{,}25\text{ cm} \cdot 600\,\frac{\text{N}}{\text{cm}} \cdot 1\,\frac{\text{m}}{\text{cm}}$$

$$M_{b\,max} = 2\,400\text{ Nm} = 2{,}4 \cdot 10^6\text{ Nmm}$$

Die *Querkraftfläche* A_q rechts vom Nulldurchgang wird durch eine „Treppe" begrenzt, die mit zunehmend feinerer Unterteilung der Streckenlast (z.B. $F' = 3$ N/m statt 300 N/m) immer feiner gestuft wird, bis sich eine Dreieckfläche ergibt.

$$M_{b\,max} \mathrel{\hat{=}} A_q$$

$$M_{b\,max} = F\,\frac{l}{2} = F'\,l\,\frac{l}{2}$$

$$M_{b\,max} = \frac{F'\,l^2}{2} \qquad F = F'\,l$$

Die senkrechte Kathete des rechtwinkligen Dreiecks entspricht der Resultierenden F der konstanten Streckenlast F', also $F = F'\,l$.

$$M_{b\,max} = \frac{300\,\frac{\text{N}}{\text{m}} \cdot (4\text{ m})^2}{2} = 2\,400\text{ Nm}$$

Mit $l = x$ als der von rechts nach links wachsenden Variablen wird $M_x = F'x^2/2$, und mit $F'/2 = m$ = konstant wird $M_x = mx^2$. Das ist die Gleichung einer Parabel ($y = mx^2$).

Beachte: Auch beim Freiträger mit Streckenlast liegt $M_{b\,max}$ an der (inneren) Einspannstelle des Trägers.

y_{max}-Stelle und Nulldurchgang decken sich.

5.9.8.4. Freiträger mit Mischlast (Einzellast und konstante Streckenlast)

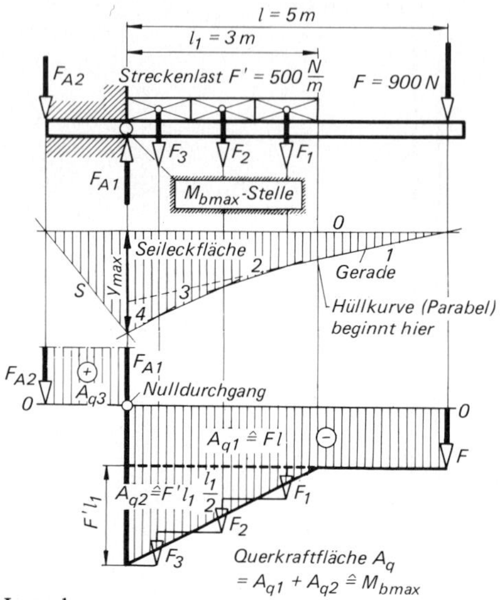

Lageplan

Längenmaßstab: $M_L = 1{,}25 \frac{m}{cm}$ (1 cm ≙ 1,25 m)

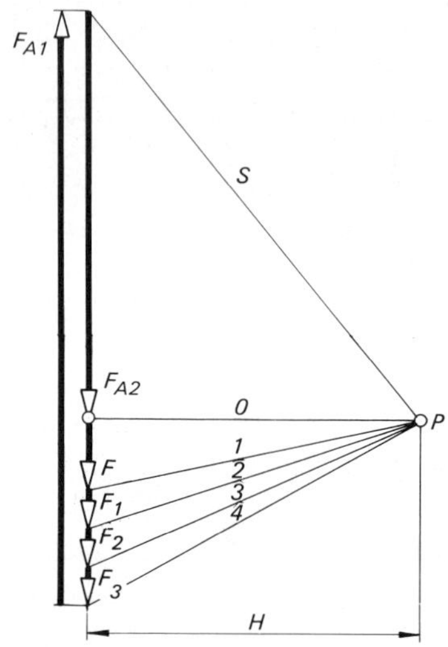

Kräfteplan

Kräftemaßstab: $M_K = 1200 \frac{N}{cm}$ (1 cm ≙ 1200 N)

Die *Seileckfläche* rechts vom Nulldurchgang wird bis zum Beginn der konstanten Streckenlast durch eine Gerade (Seilstrahl 1) und anschließend durch eine Parabel begrenzt (Hüllkurve an die Seilstrahlen 2, 3, 4).

$$M_{b\,max} = H\, y_{max}\, M_K\, M_L$$

Mit dem Größtwert $y_{max} = 1{,}28$ cm, dem Polabstand $H = 3{,}5$ cm und den Maßstäben $M_K = 1200$ N/cm sowie $M_L = 1{,}25$ m/cm erhalten wir wieder $M_{b\,max}$.

$$M_{b\,max} = 3{,}5\ \text{cm} \cdot 1{,}28\ \text{cm} \cdot 1200\ \frac{N}{cm} \cdot 1{,}25\ \frac{m}{cm}$$

$$M_{b\,max} = 6\,720\ \text{Nm} = 6{,}72 \cdot 10^6\ \text{Nmm}$$

Die *Querkraftfläche* A_q rechts vom Nulldurchgang setzt sich aus der Rechteckfläche $A_{q1} = Fl$ und der Dreieckfläche $A_{q2} = F' l_1 l_1/2$ zusammen, so daß $M_{b\,max}$ aus dem Inhalt dieser beiden Teilflächen bestimmt werden kann.

$$M_{b\,max} \mathrel{\hat{=}} A_q = A_{q1} + A_{q2}$$

$$M_{b\,max} = F\,l + \frac{F' l_1^2}{2}$$

Wir wären zu der Gleichung für $M_{b\,max}$ auch dann gekommen, wenn wir uns vorgestellt hätten, die Belastung wäre *nacheinander* auf den Träger aufgesetzt worden, also erst allein die Einzelkraft F und danach allein die Streckenlast F'.

Hinweis: Das Verfahren, Belastungen schrittweise aufzusetzen, heißt *Überlagerungsverfahren* (auch: Überlagerungsprinzip oder Superpositionsprinzip).

Setzen wir zunächst die Kraft F allein auf den Träger, so erhalten wir nach 5.9.8.1 für M_{bmax1} das Produkt aus Kraft und Wirkabstand.

$$M_{b\,max\,1} = F\,l$$

Freiträger mit Einzellast F

Setzen wir nun die konstante Streckenlast F' allein auf, so erhalten wir nach 5.9.8.3 für $M_{bmax2} = F' l_1^2/2$.

$$M_{b\,max\,2} = \frac{F' l_1^2}{2}$$

Freiträger mit konstanter Streckenlast F'

Werden beide Belastungen „überlagert", dann ergibt sich das resultierende maximale Biegemoment für *dieselbe* Trägerstelle als Summe der Teilmomente.

$$M_{b\,max} = M_{b\,max\,1} + M_{b\,max\,2}$$

$$M_{b\,max} = F\,l + \frac{F' l_1^2}{2}$$

Überlagerung: Freiträger mit Mischlast

Das Überlagerungsverfahren wendet man auch an, um bei komplizierterer Trägerbelastung die gesamte Durchbiegung zu ermitteln.

$$M_{b\,max} = 900\text{ N} \cdot 5\text{ m} + \frac{500\,\frac{\text{N}}{\text{m}} \cdot (3\text{ m})^2}{2}$$

$$M_{b\,max} = 6\,750\text{ Nm}$$

Auch Seileck- und Querkraftfläche zeigen uns deutlich die Überlagerung:

a) Seileckfläche

Die Einzelkraft F allein ergibt eine dreieckige Seileckfläche, die rechts vom Nulldurchgang durch die Seilstrahlen 0 und 1 begrenzt ist. Seilstrahl 1 schneidet y_{max1} ab.

y_{max2} entsteht durch die anschließend aufgesetzte Streckenlast F'. Auch hier ist dann der resultierende Ordinatenwert y_{max} die Summe der beiden Teilwerte.

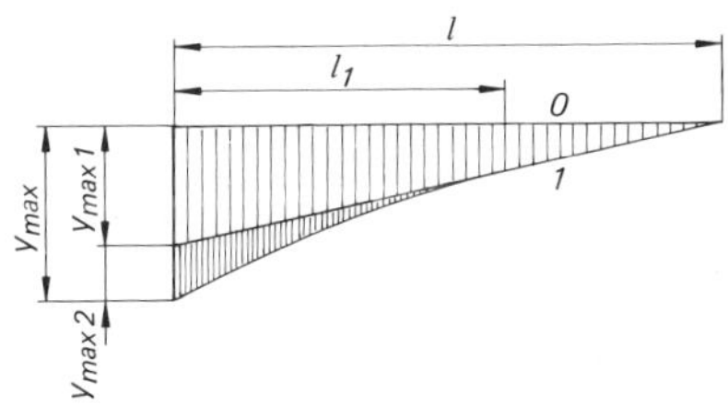

$$y_{max} = y_{max\,1} + y_{max\,2}$$

$$M_{b\,max} = H(y_{max\,1} + y_{max\,2})\,M_K\,M_L$$

b) Querkraftfläche

Die Einzelkraft F allein ergibt die Rechteckfläche $A_{q1} = Fl$ (rechts vom Nulldurchgang). Dadurch entsteht an der Einspannstelle $M_{bmax1} = Fl$.

Der anschließend aufgesetzten Streckenlast F' entspricht die Querkraftfläche $A_{q2} = F' l_1 l_1/2$. Diese Streckenlast führt zum Biegemoment $M_{bmax2} = F' l_1^2/2$, und die Summe beider Biegemomente ergibt dann $M_{bmax} = M_{bmax1} + M_{bmax2}$, wie wir schon bei der Untersuchung oben erkannt haben.

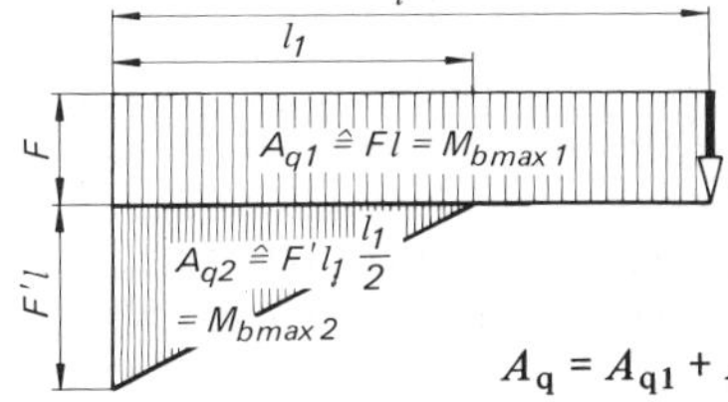

$$A_q = A_{q1} + A_{q2}$$

$$M_{b\,max} = F\,l + \frac{F' l^2}{2}$$

Beachte: Bei *jedem* Freiträger liegt $M_{b\,max}$ an der (inneren) Einspannstelle.
y_{max}-Stelle und Nulldurchgang decken sich.

5.9.8.5. Stützträger mit Einzellast

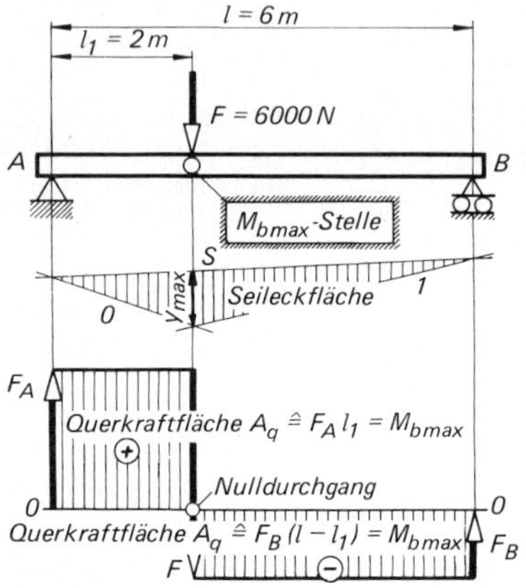

Lageplan
Längenmaßstab: $M_L = 1{,}5\,\frac{\text{m}}{\text{cm}}$ (1 cm ≙ 1,5 m)

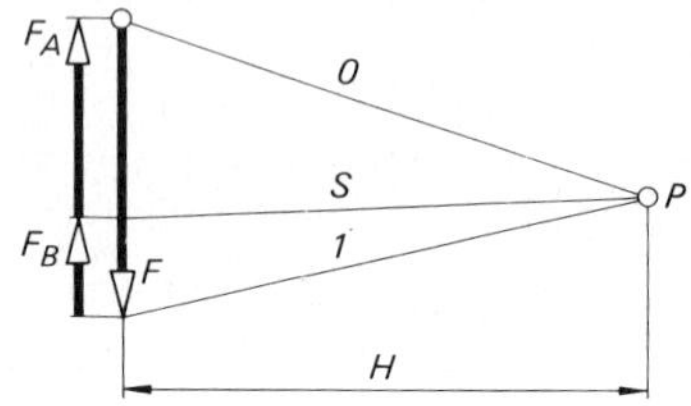

Berechnung der Stützkräfte:

$\Sigma M_{(A)} = 0 = F_B l - F l_1$

$F_B = F \frac{l_1}{l} = 2\,000\ N$

$\Sigma F_y = 0 = F_A + F_B - F$

$F_A = F - F_B = 4\,000\ N$

Kräfteplan
Kräftemaßstab: $M_K = 3000\,\frac{\text{N}}{\text{cm}}$ (1 cm ≙ 3000 N)

Die *Seileckfläche* wird durch die Geraden 0, 1 und *S* (Schlußlinie) begrenzt. Der Ordinatenwert *y* wächst von den Lagerpunkten *A* und *B* linear an und erreicht an der Kraftangriffsstelle den Höchstwert y_{max} (vgl. mit 5.9.8.1: Freiträger mit Einzellast).

$$M_{b\,max} = H\,y_{max}\,M_K\,M_L$$

Beachte: Einzelkraft ergibt linearen Biegemomentenverlauf, im Gegensatz zur Streckenlast.

Mit dem Größtwert $y_{max} = 0{,}52$ cm, dem Polabstand $H = 3{,}4$ cm und den Maßstäben $M_K = 3\,000$ N/cm sowie $M_L = 1{,}5$ m/cm können wir $M_{b\,max}$ berechnen.

$M_{b\,max} = 3{,}4\ \text{cm} \cdot 0{,}52\ \text{cm} \cdot 3\,000\ \frac{\text{N}}{\text{cm}} \cdot 1{,}5\ \frac{\text{m}}{\text{cm}}$

$M_{b\,max} = 7\,956\ \text{Nm} \approx 8\,000\ \text{Nm}$

Die *Querkraftflächen* A_q rechts und links vom Nulldurchgang sind Rechtecke gleichen Flächeninhalts (vgl. mit 5.9.7.3). Wir können also beide Flächen zur Bestimmung des maximalen Biegemoments heranziehen.

$M_{b\,max} \mathrel{\hat{=}} A_q$

$$M_{b\,max} = F_A\,l_1 = F_B\,(l - l_1)$$

Im Gegensatz zum Freiträger müssen wir bei Stützträgern immer zuerst die Stützkräfte F_A, F_B bestimmen, weil mit diesen das maximale Biegemoment berechnet wird (siehe Bild oben).

$F_A = 4\,000$ N; $F_B = 2\,000$ N

$M_{b\,max} = F_A\,l_1 = 4\,000\ \text{N} \cdot 2\ \text{m} = 8\,000\ \text{Nm}$

$M_{b\,max} = F_B\,(l - l_1) = 2\,000\ \text{N} \cdot 4\ \text{m} = 8\,000\ \text{Nm}$

Greift die Einzelkraft in der Mitte des Trägers an, dann wird mit $F_A = F_B = F/2$ und $l_1 = l/2$ das maximale Biegemoment $M_{b\,max} = (F/2)\,(l/2) = Fl/4$.

Beachte: Beim Stützträger mit Einzellast wirkt $M_{b\,max}$ dort, wo die Einzelkraft angreift. Berechne $M_{b\,max}$ aus der Querkraftfläche rechts oder links vom Nulldurchgang!

5.9.8.6. Stützträger (Kragträger) mit mehreren Einzellasten

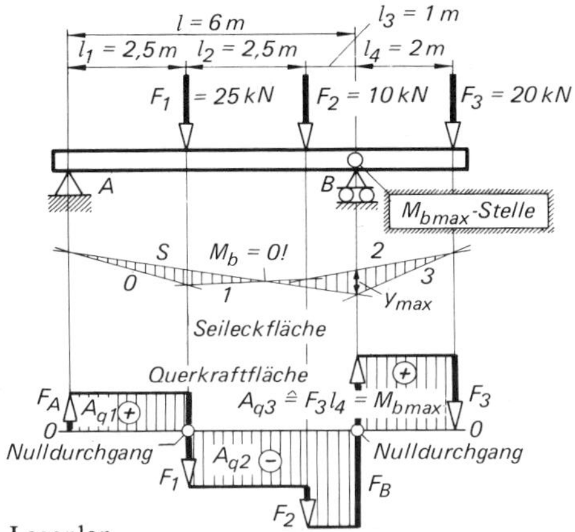

Lageplan
Längenmaßstab: $M_L = 2\ \frac{\text{m}}{\text{cm}}$ (1 cm ≙ 2 m)

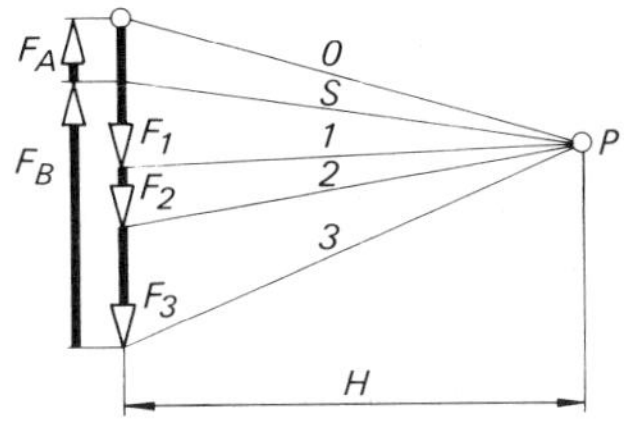

Berechnung der Stützkräfte:

$$\Sigma M_{(B)} = 0 = F_1(l_2 + l_3) + F_2 l_3 - F_3 l_4 - F_A l$$

$$F_A = \frac{F_1(l_2 + l_3) + F_2 l_3 - F_3 l_4}{l} = 9{,}583\ \text{kN}$$

$$\Sigma F_y = 0 = F_A + F_B - F_1 - F_2 - F_3$$

$$F_B = F_1 + F_2 + F_3 - F_A = 45{,}417\ \text{kN}$$

Kräfteplan
Kräftemaßstab: $M_K = 25\ \frac{\text{kN}}{\text{cm}}$ (1 cm ≙ 25 kN)

Die *Seileckfläche* wird hier erstmalig durch eine „Schleife" begrenzt. Dementsprechend wächst der Ordinatenwert y von rechts nach links an, erreicht den Höchstwert im Lagerpunkt B, fällt dann auf Null ab, um anschließend bis zum Angriffspunkt F_1 wieder zuzunehmen. Mit dem Seilstrahl O sinkt y danach wieder bis Null ab.

$$M_{b\,max} = H\,y_{max}\,M_K\,M_L$$

Hinweis: $y = 0$ heißt auch $M_b = 0$; im Kreuzungspunkt der „Schleife" ist also das Biegemoment M_b gleich Null.

Hier kehrt sich der Richtungssinn des Biegemoments und damit auch die Biegerichtung um.

Mit dem Größtwert $y_{max} = 0{,}27$ cm, dem Polabstand $H = 3$ cm und den Maßstäben $M_K = 25$ kN/cm sowie $M_L = 2$ m/cm berechnen wir $M_{b\,max}$.

$$M_{b\,max} = 3\ \text{cm} \cdot 0{,}27\ \text{cm} \cdot 25\ \frac{\text{kN}}{\text{cm}} \cdot 2\ \frac{\text{m}}{\text{cm}}$$

$$M_{b\,max} = 40{,}5\ \text{kNm} = 40{,}5 \cdot 10^6\ \text{Nmm}$$

Die *Querkraftfläche* zeigt hier *zwei* Nulldurchgänge. Aus der Seileckfläche wissen wir, daß $M_{b\,max}$ an der Lagerstelle B auftritt, folglich entspricht die Querkraftfläche rechts oder links von *diesem* Nulldurchgang dem maximalen Biegemoment. Am einfachsten läßt sich die Querkraftfläche A_{q3} rechts vom Nulldurchgang berechnen.

$$M_{b\,max} \mathrel{\hat{=}} A_{q3} = A_{q2} - A_{q1}$$

$$M_{b\,max} = F_3\,l_4 \qquad \text{oder}$$

$$M_{b\,max} = (F_B - F_3)\,l_3 + (F_1 - F_A)\,l_2 - F_A\,l_1$$

Hier sind einmal beide Rechenwege gegenübergestellt, und wir sehen, wie schnell man mit $M_{b\,max} \mathrel{\hat{=}} A_{q3}$ zum Ergebnis kommt, ganz im Gegensatz zum zweiten Weg.

$$M_{b\,max} = 20\ \text{kN} \cdot 2\ \text{m} = 40\ \text{kNm} = 40 \cdot 10^6\ \text{Nmm}$$

oder:

$$M_{b\,max} = 25{,}417\ \text{kN} \cdot 1\ \text{m} + 15{,}417\ \text{kN} \cdot 2{,}5\ \text{m} - 9{,}583\ \text{kN} \cdot 2{,}5\ \text{m}$$

$$M_{b\,max} = 25{,}417\ \text{kNm} + 38{,}54\ \text{kNm} - 23{,}95\ \text{kNm} = 40\ \text{kNm}$$

$$M_{b\,max} = 40 \cdot 10^6\ \text{Nmm}$$

Wenn wir uns noch einmal Seileck- und Querkraftfläche ansehen, dann können wir uns vorstellen, daß es nicht immer einfach sein wird, die *Lage* des maximalen Biegemomentes zu erkennen, wenn zwei oder mehr Nulldurchgänge vorliegen (vgl. dazu auch den folgenden Fall 5.9.8.7).

Beachte: Hat die Querkraftfläche mehrere Nulldurchgänge, so muß entweder die Seileckfläche zur Lagebestimmung von $M_{b\,max}$ herangezogen werden oder es werden die Biegemomente für jeden Nulldurchgang berechnet und miteinander verglichen.

5.9.8.7. Stützträger (Kragträger) mit konstanter Streckenlast

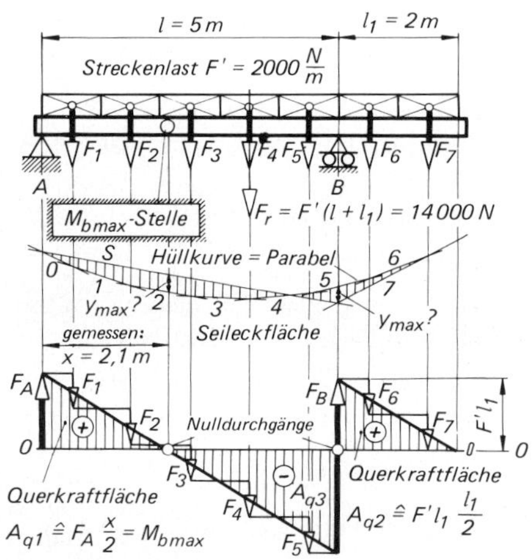

Lageplan
Längenmaßstab: $M_L = 1{,}5\,\frac{\text{m}}{\text{cm}}$ (1 cm ≙ 1,5 m)

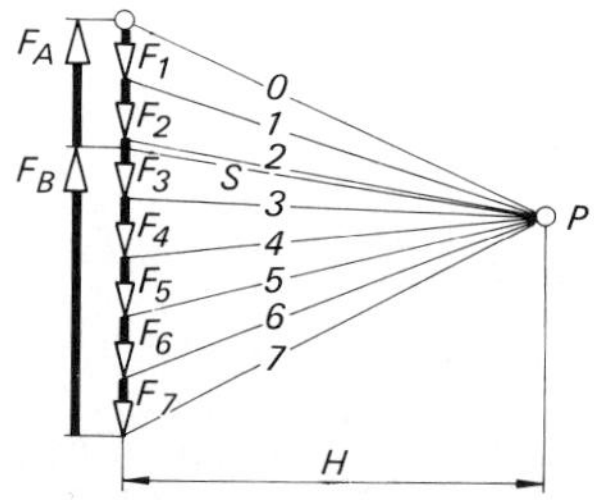

Berechnung der Stützkräfte:

$$\Sigma M_{(A)} = 0 = F_B l - F_r \frac{l + l_1}{2}$$

(F_r ist die in Mitte der Streckenlast angreifende Resultierende der Teil-Streckenlasten.)

$$F_B = F_r \frac{l + l_1}{2l} = 9\,800\ \text{N}$$

$$\Sigma F_y = 0 = F_A + F_B - F_r$$

$$F_A = F_r - F_B = 4\,200\ \text{N}$$

Kräfteplan
Kräftemaßstab: $M_K = 5000\,\frac{\text{N}}{\text{cm}}$ (1 cm ≙ 5000 N)

Die *Seileckfläche* zeigt wie unter 5.9.8.6 eine „Schleifenbildung". Das Besondere aber ist hier die Unsicherheit bei der y_{max}-Bestimmung, denn y_{max} kann sowohl zwischen F_2 und F_3 als auch im Lagerpunkt B liegen.

Beachte: Läßt die Seileckfläche nicht deutlich erkennen, an welcher Trägerstelle y_{max} liegt, dann hilft immer die Untersuchung des Querkraftverlaufs.

Die *Querkraftfläche* zeigt zwei Nulldurchgänge. Nur an einem der beiden kann $M_{b\,max}$ auftreten. Läßt sich nicht sofort erkennen, welche der beiden Querkraftflächen A_{q1} und A_{q2} größer ist, müssen beide berechnet werden.

Beachte: Zur Berechnung des Biegemomentes im Lagerpunkt B berechnen wir die Querkraftfläche A_{q2} (Blickrichtung nach rechts).
Dem Biegemoment im anderen Nulldurchgang entspricht A_{q1} (Blickrichtung nach links).

Eine Kathete des rechtwinkligen Dreiecks der Querkraftfläche A_{q1} hat die Länge x. Sie kann abgemessen oder berechnet werden. Zur Rechnung benutzen wir hier die Einsicht, daß beim Nulldurchgang, von links nach rechts gesehen, die Querkraft gleich Null geworden ist (siehe auch 5.9.8.8).

Vom Nulldurchgang aus nach links gesehen ergibt:

$$F_A - F'x = 0$$

$$x = \frac{F_A}{F'} = \frac{4\,200\text{ N}}{2\,000\,\frac{\text{N}}{\text{m}}} = 2{,}1\text{ m}$$

$$x = 2{,}1\text{ m}$$

Nun lassen sich beide Querkraftflächen auswerten und damit das maximale Biegemoment und dessen Lage bestimmen.

$$M_{b1} \mathrel{\hat{=}} A_{q1} = \frac{F_A x}{2} = \frac{4\,200\text{ N} \cdot 2{,}1\text{ m}}{2}$$

$$M_{b1} = 4\,410\text{ Nm}$$

$$M_{b2} \mathrel{\hat{=}} A_{q2} = F' l_1 \frac{l_1}{2} = F' \frac{l_1^2}{2}$$

Der Vergleich zeigt, daß das maximale Biegemoment von 4410 Nm im linken Nulldurchgang auftritt.

$$M_{b2} = 2\,000\,\frac{\text{N}}{\text{m}} \cdot \frac{4\text{ m}^2}{2} = 4\,000\text{ Nm} < M_{b1}$$

$$M_{b\,max} = M_{b1} = 4\,410\text{ Nm}$$

5.9.8.8. Stützträger mit Mischlast (Einzellast und konstante Streckenlast)

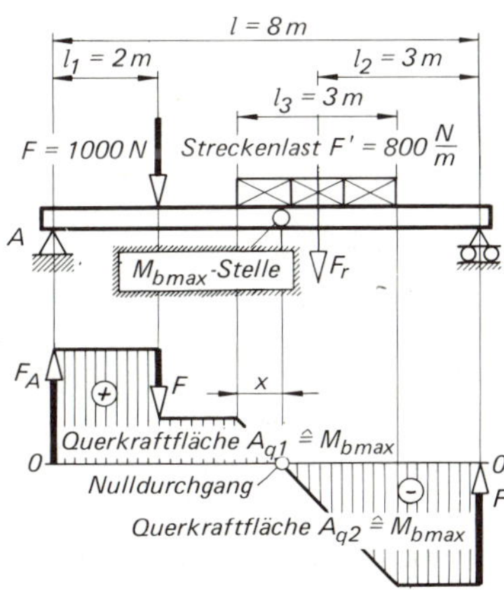

Lageplan
Längenmaßstab: $M_L = 2\,\frac{\text{m}}{\text{cm}}$ (1 cm ≙ 2 m)

Berechnung der Stützkräfte:

Resultierende aus der Streckenlast $F_r = F' l_3 = 2\,400\text{ N}$, *angreifend in Streckenmitte.*

$$\Sigma M_{(A)} = 0 = -F l_1 - F_r (l - l_2) + F_B l$$

$$F_B = \frac{F l_1 + F_r (l - l_2)}{l} = 1\,750\text{ N}$$

$$\Sigma F_y = 0 = F_A - F - F_r + F_B$$

$$F_A = F + F_r - F_B = 1\,650\text{ N}$$

Berechnung des Abstandes x:

Beim Nulldurchgang wird die Querkraft gleich Null; das bedeutet

$F_A - F - F'x = 0$ ($F'x$ = *Streckenlast von der Länge x*)

$$x = \frac{F_A - F}{F'} = 0{,}8125\text{ m}$$

Berechnung des maximalen Biegemoments $M_{b\,max}$:

Biegemoment ≙ Querkraftfläche

$$M_{b\,max} \mathrel{\hat{=}} A_{q1} = F_A\, 2\text{ m} + (F_A - F)\, 1{,}5\text{ m} + \frac{(F_A - F)x}{2} = 4\,539\text{ Nm}$$

oder

$$M_{b\,max} \mathrel{\hat{=}} A_{q2} = F_B\, 1{,}5\text{ m} + \frac{F_B\,(3\text{ m} - x)}{2} = 4\,539\text{ Nm}$$

Dieser Fall zeigt besonders deutlich, wie einfach sich Lage und Betrag von $M_{b\,max}$ mit Hilfe der Querkraftfläche bestimmen lassen.

Nachdem die Stützkräfte berechnet wurden, kann der Querkraftverlauf aufgezeichnet werden. Bei nur *einem* Nulldurchgang liegt die $M_{b\,max}$-Stelle sofort fest. Das Maß x wird abgemessen oder berechnet. Damit läßt sich dann aus der Querkraftfläche rechts oder links vom Nulldurchgang $M_{b\,max}$ berechnen.

5.9.9. Träger gleicher Biegespannung

5.9.9.1. Allgemeine Anformungsgleichung

Hat ein Biegeträger durchgehend gleichen Querschnitt (W = konstant), dann hat im Normalfall jeder Querschnitt eine andere Biegespannung σ_b. Die Maximalspannung $\sigma_{b\max}$ tritt nur in dem Querschnitt auf, der das maximale Biegemoment zu übertragen hat.

Durch die sogenannte Anformung erreicht man, daß jeder Querschnitt gerade so groß wird, wie es zur Aufnahme der zulässigen Biegespannung $\sigma_{b\,zul}$ erforderlich ist. Wir haben dann einen Träger gestaltet, der in allen Querschnitten die gleiche Biegespannung aufweist.

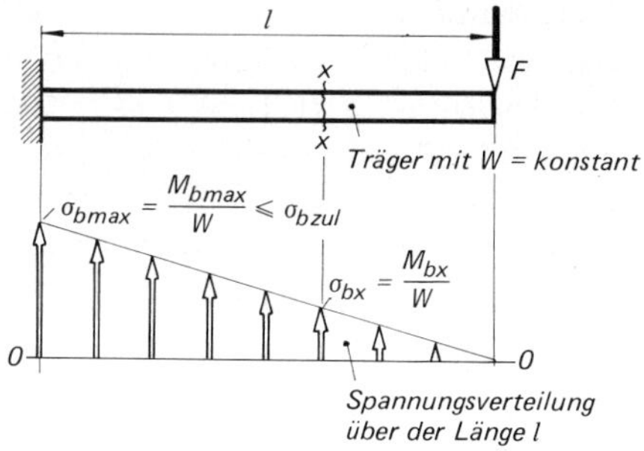

Für jeden beliebigen Querschnitt x gilt die Biege-Hauptgleichung $\sigma_{bx} = M_{bx}/W_x$, mit Biegemoment M_{bx} und dem Widerstandsmoment W_x. Gleiche Biegespannung $\sigma_{bx} = \sigma_{b\,zul}$ erreichen wir dann, wenn wir dafür sorgen, daß überall der Quotient M_{bx}/W_x gleich groß ist. Diese Bedingung führt zur Anformungsgleichung in der allgemeinen Form.

$$\sigma_{bx} = \frac{M_{bx}}{W_x} = \sigma_{b\,zul} = \text{konstant}$$

$$\frac{M_{bx1}}{W_{x1}} = \frac{M_{bx2}}{W_{x2}} = \ldots = \text{konstant}$$

Anformungsgleichung, allgemeine Form

5.9.9.2 Achsen und Wellen

Am Beispiel einer Radachse von kreisförmigem Querschnitt wird die Anformung von Achsen und Wellen erläutert:

Die Einspannstelle hat das maximale Biegemoment $M_{b\max} = Fl$ zu übertragen, der (beliebige) Querschnitt x–x das Biegemoment $M_{bx} = Fl_x$. Die Anformung erfordert, daß der Quotient aus Biegemoment M_b und Widerstandsmoment W in allen Querschnitten gleich groß bleibt.

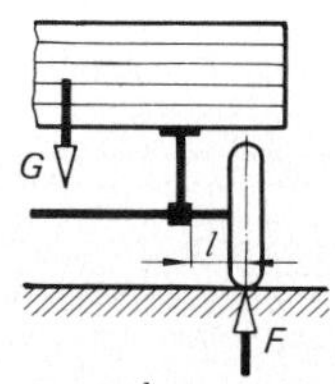

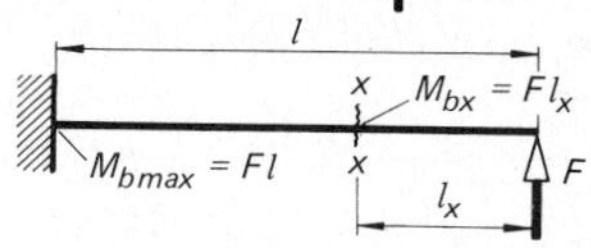

Für die $M_{b\max}$-Stelle gilt $M_{b\max}/W_{\max} = \sigma_{b\,zul}$, für jede beliebige Stelle $M_{bx}/W_x = \sigma_{b\,zul}$, so daß wir beide Quotienten gleichsetzen können.

$$\frac{M_{b\max}}{W_{\max}} = \frac{M_{bx}}{W_x} \Rightarrow \frac{M_{b\max}}{M_{bx}} = \frac{W_{\max}}{W_x}$$

Beim Kreisquerschnitt gilt für das axiale Widerstandsmoment $W = 0{,}1\,d^3$. Setzen wir diesen Ausdruck in die Ausgangsgleichung ein, dann erhalten wir die gesuchte Anformungsgleichung für Achsen und Wellen mit kreisförmigem Querschnitt, wenn wir außerdem die beiden Biegemomente durch Fl und Fl_x ersetzen.

$$\frac{Fl}{Fl_x} = \frac{0{,}1\,d_{\max}^3}{0{,}1\,d_x^3}; \quad \frac{l}{l_x} = \frac{d_{\max}^3}{d_x^3}$$

$$d_x = d_{\max}\sqrt[3]{\frac{l_x}{l}}$$

Anformungsgleichung für Achsen und Wellen

Mit der Anformungsgleichung können wir nun die Durchmesser d_x für mehrere Trägerstellen x berechnen und in eine Wertetabelle eintragen:

Wertetabelle

Lastentfernung l_x =	l	$\frac{3}{4}l$	$\frac{1}{2}l$	$\frac{1}{4}l$	$\frac{1}{8}l$
Wurzelfaktor =	1	$\sqrt[3]{\frac{3}{4}} \approx 0{,}9$	$\sqrt[3]{\frac{1}{2}} \approx 0{,}8$	$\sqrt[3]{\frac{1}{4}} \approx 0{,}63$	$\sqrt[3]{\frac{1}{8}} \approx 0{,}5$
Durchmesserwert d_x =	d_{max}	$d_1 = 0{,}9 \cdot d_{max}$	$d_2 = 0{,}8 \cdot d_{max}$	$d_3 = 0{,}63 \cdot d_{max}$	$d_4 = 0{,}5 \cdot d_{max}$

Die Durchmesser nehmen vom Höchstwert d_{max} an der Einspannstelle bis zum Trägerende nach einer *kubischen Parabel* ab. Als praktische Ausführung der Anformung dient die *Kegelform*. Der Kegelstumpfmantel muß den Parabelkörper einhüllen.

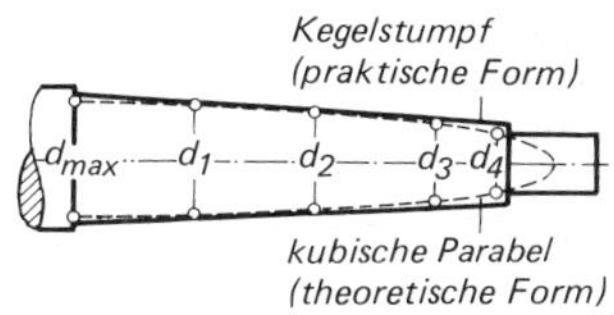

Anformung einer Radachse

5.9.9.3. Biegefeder mit Rechteckquerschnitt

Der Rechteckquerschnitt von Biegeträgern läßt sich in der Breite b oder in der Höhe h anformen.

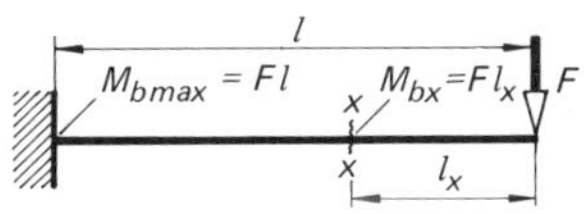

Als Beispiel wollen wir die Biegefeder als Biegeträger ansehen und sie in der Breite b anformen, also die Höhe (Dicke) h konstant halten. Dazu gehen wir in gleicher Weise vor wie unter 5.9.9.2 bei der angeformten Achse. Statt $W = 0{,}1\, d^3$ müssen wir hier $W = bh^2/6$ einsetzen (Tafel 5.1). Die Anformung der Höhe h bei konstanter Breite b wird im Anschluß unter 5.9.9.4 behandelt.

$$\frac{M_{b\,max}}{M_{b\,x}} = \frac{W_{max}}{W_x}$$

$$\frac{Fl}{Fl_x} = \frac{b_{max}\, h^2\, 6}{b_x\, h^2\, 6}; \quad \frac{l}{l_x} = \frac{b_{max}}{b_x}$$

$$b_x = b_{max}\frac{l_x}{l}$$

Anformungsgleichung für Blattfedern

Die Anformungsgleichung zeigt, daß die Breite von b_{max} an der Einspannstelle bis zum Trägerende gleichmäßig abnimmt. Es entsteht eine *Dreieckblattfeder* von gleichbleibender Dicke h.

Wird der Wert b_{max} zu groß, teilen wir die Blattfeder in gleich breite Streifen auf und schichten diese aufeinander zur *Mehrschichtfeder*.

Bei z = Blattzahl ist $b_{max} = z b_0$, wobei b_0 die Blattbreite ist.

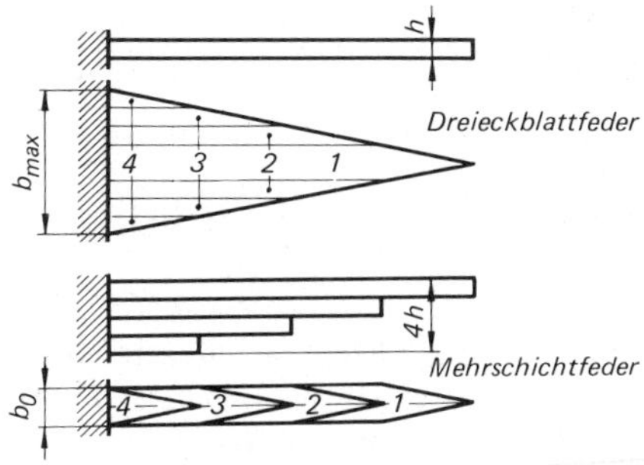

Anformung einer Biegefeder

5.9.9.4. Konsolträger mit Einzellast

Das Belastungsschema ist beim Konsolträger das gleiche wie bei der Blattfeder, nur wird man beim Konsolträger nicht die Breite b, sondern die Höhe h anformen.

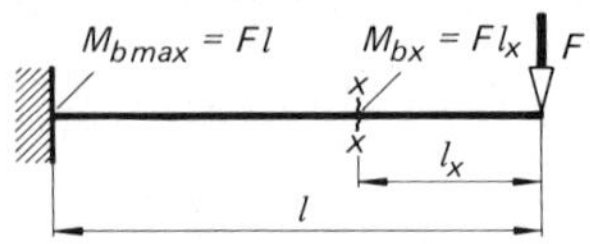

Legen wir auch hier wieder den Rechteckquerschnitt zugrunde, also $W = bh^2/6$, dann kürzt sich in der Gleichung unter anderem die Breite b heraus. Wir erhalten die Anformungsgleichung für die Höhe h_x.

$$\frac{M_{b\,max}}{M_{bx}} = \frac{W_{max}}{W_x}$$

$$\frac{Fl}{Fl_x} = \frac{b\,h_{max}^2\,6}{b\,h_x^2\,6}; \quad \frac{l}{l_x} = \frac{h_{max}^2}{h_x^2}$$

Mit der Anformungsgleichung können wir die Höhe h_x für mehrere Trägerstellen x berechnen und in eine Wertetabelle eintragen:

$$h_x = h_{max}\sqrt{\frac{l_x}{l}}$$ *Anformungsgleichung für Konsolträger*

Wertetabelle

Lastentfernung l_x =	l	$\frac{3l}{4}$	$\frac{l}{2}$	$\frac{l}{4}$	$\frac{l}{8}$
Trägerhöhe h_x =	h_{max}	$h_1 = 0{,}866 \cdot h_{max}$	$h_2 = 0{,}707 \cdot h_{max}$	$h_3 = 0{,}5 \cdot h_{max}$	$h_4 = 0{,}354 \cdot h_{max}$

Die Höhen h_1, h_2 ... nehmen vom Höchstwert h_{max} an der Einspannstelle bis zum Trägerende hin nach einer quadratischen Parabel ab.

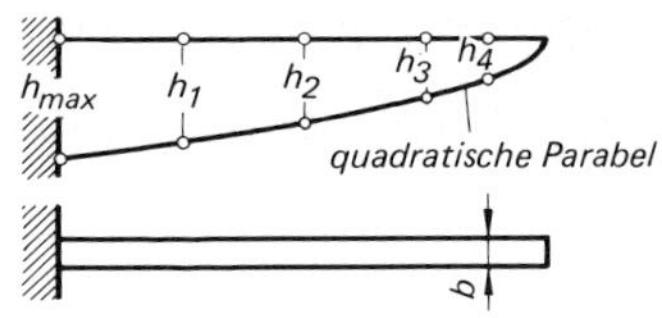

Angeformter Konsolträger mit Einzellast

5.9.9.5. Konsolträger mit Streckenlast

Auch bei gleichmäßig verteilter Last wird man einen Konsolträger nach der Höhe h anformen.

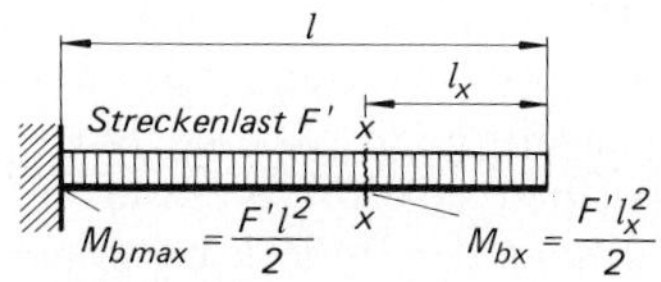

Im Gegensatz zum Konsolträger mit Einzellast haben wir hier in die allgemeine Anformungsgleichung für die Biegemomente einzusetzen: $M_{b\,max} = F'l^2/2$ und $M_{bx} = F'l_x^2/2$. Dann entwickeln wir in gewohnter Weise die Anformungsgleichung. Sie ist ebenso aufgebaut wie die Gleichung in 5.9.9.3: Die Höhe h_x wächst proportional mit l_x.

$$\frac{M_{bx}}{M_{b\,max}} = \frac{W_x}{W_{max}}$$

$$\frac{F'l_x^2/2}{F'l^2/2} = \frac{b\,h_x^2\,6}{b\,h_{max}^2\,6}; \quad \frac{l_x^2}{l^2} = \frac{h_x^2}{h_{max}^2}$$

$$h_x = h_{max}\frac{l_x}{l}$$ *Anformungsgleichung für Freiträger mit Streckenlast*

Die Querschnittshöhe nimmt vom Höchstwert h_{max} an der Einspannstelle bis zum Trägerende gleichmäßig ab. Es entsteht ein Träger in *Hochdreieckform* (Keilform).

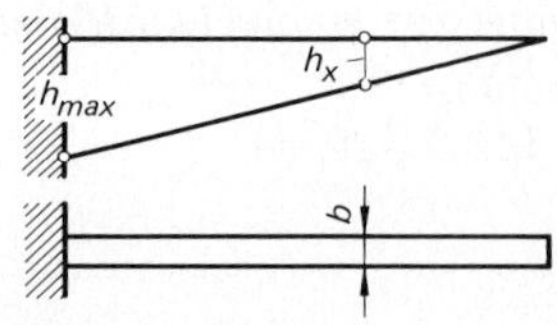

Angeformter Konsolträger mit Streckenlast

5.9.10. Formänderung bei Biegung[1])

Wird ein Stab elastisch gebogen, dann behält nur die neutrale Faserschicht ihre ursprüngliche Länge bei, alle anderen Schichten verlängern oder verkürzen sich.

Die in der neutralen Faserschicht liegende und vor dem Kraftangriff noch gerade Stabachse wird zur *Biegelinie* verformt. Dabei entsteht die *Durchbiegung f*. Die Endtangente *t* der Biegelinie liegt unter dem *Neigungswinkel* α.

Beide Größen sind für die Konstruktion von Biegeträgern aller Art von Bedeutung, z. B. für Getriebewellen. Wir wollen deshalb Berechnungsgleichungen für Durchbiegung und Neigung der Biegelinie entwickeln. Dabei gehen wir stets von einem Träger mit gleichbleibendem Querschnitt aus (Achse, aus I-Träger).

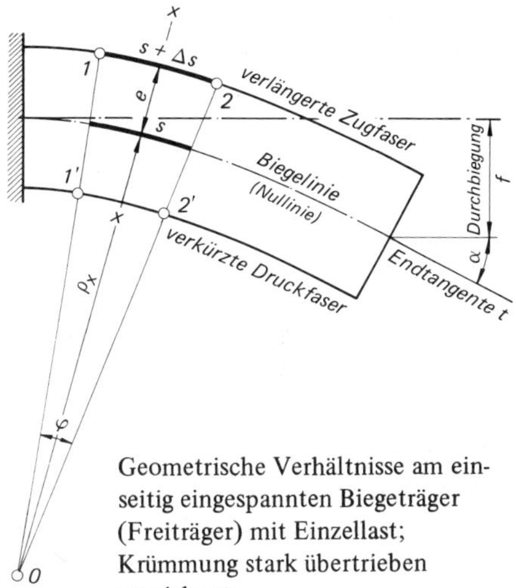

Geometrische Verhältnisse am einseitig eingespannten Biegeträger (Freiträger) mit Einzellast; Krümmung stark übertrieben gezeichnet.

5.9.10.1. Krümmungsradius, Krümmung

Die beiden dicht beieinander liegenden Schnittufer 1 und 2, die vor der Verformung parallel zueinander lagen, stehen nun unter dem Winkel φ zueinander geneigt. Ihre Fluchtlinien schneiden sich im *Krümmungsmittelpunkt O* und ergeben den *Krümmungsradius* ρ_x an der untersuchten Trägerstelle x.

Gegenüber dem kleinen Bogenstück s der Biegelinie hat sich die äußere Zugfaser um Δs verlängert. Mit dem Ähnlichkeitssatz erhalten wir die Proportion $\Delta s/s = e/\rho_x$.

$$\frac{s + \Delta s}{s} = \frac{\rho_x + e}{\rho_x} \quad \text{(Ähnlichkeitssatz)}$$

$$1 + \frac{\Delta s}{s} = 1 + \frac{e}{\rho_x} \quad \Rightarrow \quad \frac{\Delta s}{s} = \frac{e}{\rho_x}$$

[1]) Formeln zur Berechnung der Stützkräfte, Momente und Durchbiegungen bei Biegeträgern siehe Formelsammlung.

Mit dem Hookeschen Gesetz, hier also mit $\sigma_x = \epsilon E$, ergibt sich aus der Ausgangsproportion $\Delta s/s = e/\rho_x$ eine Beziehung für den Krümmungsradius ρ_x an der untersuchten Trägerstelle x.

Darin ist σ_x die zwischen den Schnittufern herrschende Biegespannung.

$$\frac{\Delta s}{s} = \text{Dehnung } \epsilon \text{ (siehe 5.2.3.1)}$$

$$\epsilon = \frac{\sigma_x}{E} \quad \text{(Hookesches Gesetz nach 5.2.3.4)}$$

$$\frac{\Delta s}{s} = \frac{e}{\rho_x} = \frac{\sigma_x}{E} \quad \text{und daraus} \quad \rho_x = \frac{eE}{\sigma_x}$$

Schreiben wir die Biegehauptgleichung in der Form $\sigma_b = M_b\, e/I$ nach 5.9.5, dann lassen sich Biegespannung σ_x und Randfaserabstand e durch die Größen Biegemoment M_x und axiales Flächenmoment 2. Grades I ersetzen.

$$\rho_x = \frac{eE}{\sigma_x}; \quad \sigma_x = \frac{M_x e}{I} \Rightarrow \frac{e}{\sigma_x} = \frac{I}{M_x}$$

$$\rho_x = \frac{EI}{M_x}$$

ρ_x	E	I	M_x
mm	$\frac{\text{N}}{\text{mm}^2}$	mm^4	Nmm

Krümmungsradius

Der Kehrwert des Krümmungsradius wird als Krümmung k_x bezeichnet.

$$k_x = \frac{1}{\rho_x} = \frac{M_x}{EI}$$

Krümmung

5.9.10.2. Allgemeine Durchbiegungsgleichung[1])

Durch die Neigung der einzelnen Querschnitte entsteht am Trägerende die *Durchbiegung f*. Werden in den Punkten 1 und 2 an die Biegelinie die Tangenten angelegt, so schließen sie ebenso wie die Krümmungsradien ρ_x den Winkel φ ein. Die Tangenten schneiden auf der Senkrechten am Trägerende von der gesamten Durchbiegung f das stark übertrieben gezeichnete Stück Δf ab. Es ist also $f = \Sigma\, \Delta f$.

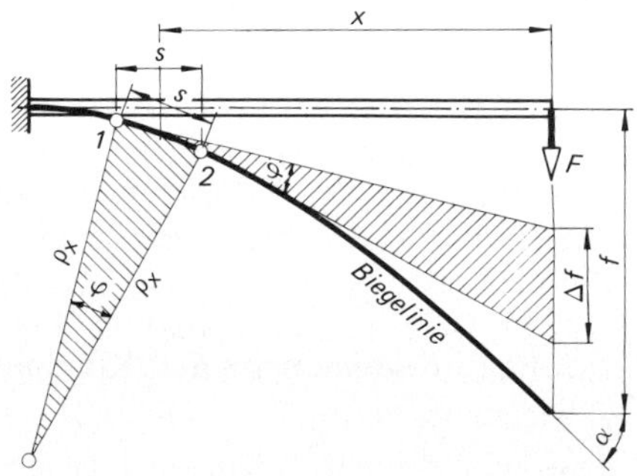

Aus der Ähnlichkeit der schraffierten Dreiecke an der Biegelinie ergibt sich die Proportion $s/\rho_x = \Delta f/x$. Für den Krümmungsradius ρ_x können wir die oben hergeleitete Beziehung einsetzen. Summieren wir noch die Teillängen Δf, dann finden wir die gesuchte Gleichung für die gesamte Durchbiegung f. Elastizitätsmodul E und Flächenmoment 2. Grades I sind Konstante, sie können also vor das Summenzeichen Σ gezogen werden.

Beachte: Nur im Grenzfall sind die beiden schraffierten Dreiecke ähnlich.

$$\frac{s}{\rho_x} = \frac{\Delta f}{x} \Rightarrow \Delta f = \frac{sx}{\rho_x}$$

$$\Delta f = \frac{sxM_x}{EI} = \frac{1}{EI} M_x s x$$

$$f = \Sigma\, \Delta f = \Sigma \frac{1}{EI} M_x s x$$

$$f = \frac{1}{EI} \Sigma M_x s x$$

[1]) Die mathematisch exakte Behandlung der Durchbiegung mit Hilfe der Infinitesimalrechnung kann in der Broschüre „Höhere Mathematik zur Mechanik und Festigkeitslehre" nachgelesen werden, erschienen im gleichen Verlag.

Das Produkt $M_x s$ (Biegemoment mal Teillänge s an der Trägerstelle x) ist im Bild der Momentenfläche das Teilstück ΔA_M der gesamten Momentenfläche A_M. Aus der Schwerpunktslehre (2.2) wissen wir, daß die Summe der Momente der Teilflächen gleich dem Moment der Gesamtfläche ist.

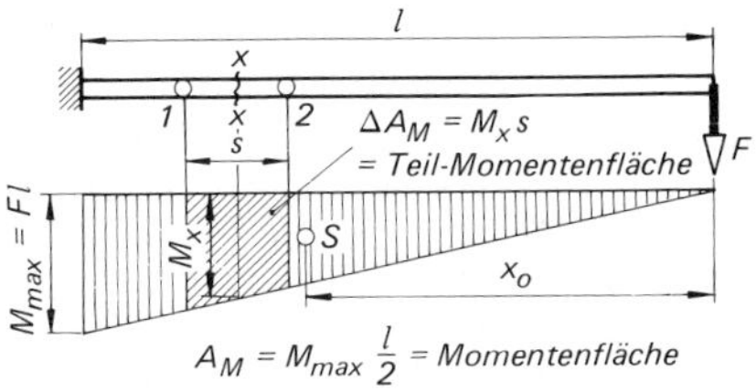

Mit x_0 als Schwerpunktsabstand der gesamten Momentenfläche (hier Dreieckfläche) ergibt sich abschließend die allgemeine Durchbiegungsgleichung.

$$\Sigma M_x s x = \Sigma \Delta A_M x = A_M x_0$$

$$f = \frac{1}{EI} A_M x_0$$ *Allgemeine Durchbiegungsgleichung*

Die Momentenfläche ΔA_M ist das Produkt aus dem Biegemoment M_x und der Teillänge s; folglich hat A_M die Einheit Nmm · mm = Nmm^2.

f	E	I	A_M	x_0
mm	$\frac{N}{mm^2}$	mm^4	Nmm^2	mm

5.9.10.3. Neigungswinkel der Biegelinie

Das Bild zur allgemeinen Durchbiegungsgleichung zeigt, daß zwei dicht benachbarte Tangenten an die Biegelinie den Winkel φ einschließen. Der Neigungswinkel α der Endtangente ist also die Summe aller Winkel φ. Die Gleichung $\varphi = s/\rho$ ist die Definitionsgleichung für den Winkel φ im Bogenmaß. Das Produkt $M_x s$ ist gleich dem Flächeninhalt der Teilfläche ΔA_M; außerdem ist $\Sigma \Delta A_M = A_M$.

$$\varphi = \frac{\text{Bogenstück } s}{\text{Krümmungsradius } \rho}$$

$$\alpha = \Sigma\varphi = \Sigma\frac{s}{\rho}; \qquad \rho = \frac{EI}{M_x} \text{ eingesetzt}$$

$$\alpha = \sum \frac{s}{\frac{EI}{M_x}} = \sum \frac{s M_x}{EI} = \frac{1}{EI}\Sigma M_x s$$

$$\alpha = \frac{1}{EI}\Sigma \Delta A_M = \frac{1}{EI} A_M$$

Wir wissen, daß man für kleine Winkel im Bogenmaß auch den Tangens des Winkels einsetzen kann. Damit haben wir die Endform für die Gleichung des Neigungswinkels α gefunden. In der zweiten Form dieser Beziehung haben wir entsprechend der allgemeinen Durchbiegungsgleichung $A_M/EI = f/x_0$ eingesetzt.

$$\alpha = \text{arc}\,\alpha = \tan\alpha$$

$$\tan\alpha = \frac{1}{EI} A_M$$

$$\tan\alpha = \frac{f}{x_0}$$ *Neigung der Endtangente an die Biegelinie*

5.9.11. Übungen zur Durchbiegungsgleichung

1. Übung: Freiträger mit Einzellast

Für den skizzierten Freiträger mit Einzellast hat die Momentenfläche die Form eines Dreiecks (Momentenfläche = Seileckfläche, siehe 5.9.8.1). Mit der Balkenlänge l und der Dreieckshöhe $M_{b\,max} = Fl$ läßt sich der Flächeninhalt A_M ausdrücken. Der Schwerpunktsabstand der Dreieckfläche beträgt $x_0 = 2\,l/3$. Mit den Beziehungen für $M_{b\,max}$, A_M und x_0 erhalten wir aus der allgemeinen Durchbiegungsgleichung die spezielle Durchbiegungsgleichung und die Gleichung zur Berechnung des Neigungswinkels α für die Endtangente.

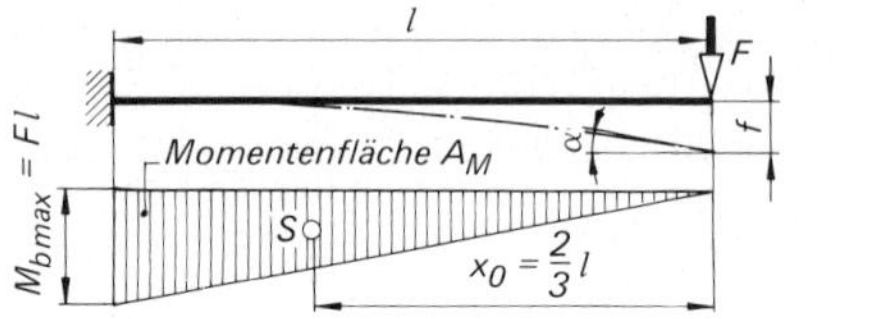

$$f = \frac{1}{EI} A_M x_0; \quad A_M = M_{b\,max} \frac{l}{2} = Fl\frac{l}{2} = \frac{Fl^2}{2}$$

$$f = \frac{1}{EI} \cdot \frac{Fl^2}{2} \cdot \frac{2}{3} l$$

$$f = \frac{Fl^3}{3EI} \qquad \tan\alpha = \frac{f}{x_0} = \frac{Fl^2}{2EI}$$

2. Übung: Freiträger mit konstanter Streckenlast

Die Momentenfläche beim Freiträger mit konstanter Streckenlast ist eine Parabel (siehe 5.9.8.3), deren Flächeninhalt A_M gleich einem Drittel der umschriebenen Rechteckfläche ist, also $A_M = M_{b\,max}\,l/3$. Der Schwerpunktsabstand beträgt $x_0 = 3\,l/4$ (Formelsammlung).

Das maximale Biegemoment ist hier halb so groß wie beim Freiträger mit Einzellast, also $M_{b\,max} = Fl/2$, mit der Resultierenden aus der Streckenlast $F = F'l$.

Damit erhalten wir wie in der 1. Übung die spezielle Durchbiegungsgleichung und die Gleichung für den Neigungswinkel α der Endtangente an die Biegelinie.

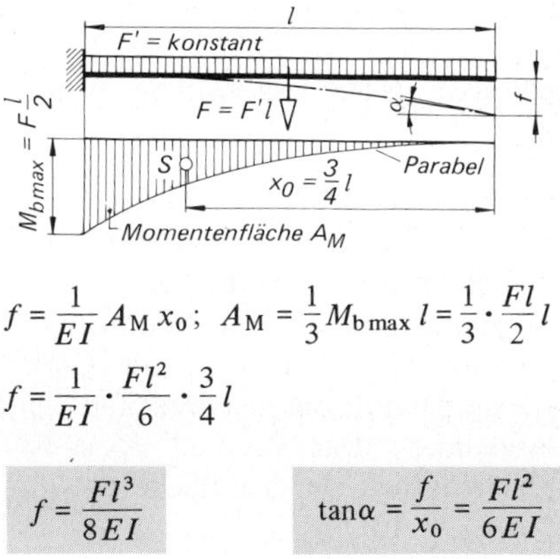

$$f = \frac{1}{EI} A_M x_0; \quad A_M = \frac{1}{3} M_{b\,max}\, l = \frac{1}{3} \cdot \frac{Fl}{2} l$$

$$f = \frac{1}{EI} \cdot \frac{Fl^2}{6} \cdot \frac{3}{4} l$$

$$f = \frac{Fl^3}{8EI} \qquad \tan\alpha = \frac{f}{x_0} = \frac{Fl^2}{6EI}$$

3. Übung: Stützträger mit Einzellast in Trägermitte

Zur Herleitung einer Gleichung für die maximale Durchbiegung f in Trägermitte dürfen wir nur mit der Momentenfläche bis zur Stelle der größten Durchbiegung rechnen. Das ist zugleich die $M_{b\,max}$-Stelle, mit $M_{b\,max} = (F/2) \cdot (l/2) = Fl/4$ (siehe 5.9.8.5). Der Schwerpunktsabstand der Momentenfläche A_M (Dreieckfläche) beträgt $x_0 = l/3$.

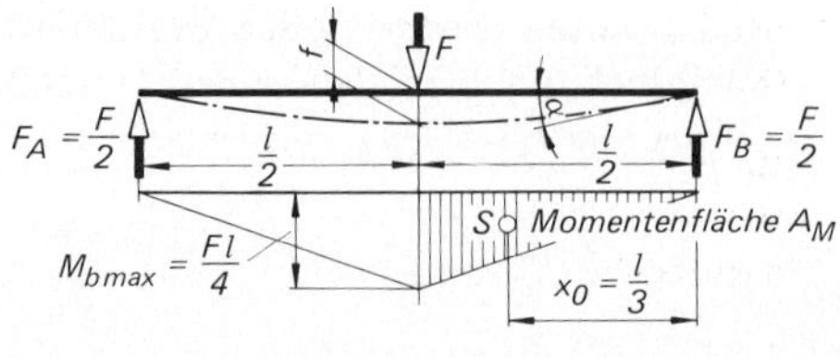

Mit dem Ausdruck für x_0 und mit der Beziehung für den Flächeninhalt der Momentenfläche $A_M = Fl^2/16$ ergibt sich die spezielle Durchbiegungsgleichung und die Gleichung zur Berechnung des Neigungswinkels α für die Endtangente.

$$f = \frac{1}{EI} A_M x_0; \quad A_M = M_{b\,max} \frac{l}{4} = \frac{Fl}{4} \cdot \frac{l}{4} = \frac{Fl^2}{16}$$

$$f = \frac{1}{EI} \cdot \frac{Fl^2}{16} \cdot \frac{l}{3}$$

$$f = \frac{Fl^3}{48EI} \qquad \tan\alpha = \frac{f}{x_0} = \frac{Fl^2}{16EI}$$

4. Übung: Stützträger mit konstanter Streckenlast

Zur Herleitung einer Gleichung für die maximale Durchbiegung f in Trägermitte dürfen wir nur mit der Momentenfläche bis zur Stelle der größten Durchbiegung rechnen (siehe 3. Übung). Das ist hier zugleich die $M_{b\,max}$-Stelle, mit $M_{b\,max} = Fl/8$. Der Flächeninhalt A_M der Parabelfläche beträgt zwei Drittel der umschriebenen Rechteckfläche (siehe 2. Übung). Der Schwerpunktsabstand beträgt $5\,l/16$ (siehe auch Techniker Handbuch Seite 241, Flächenschwerpunkt).

Wie in der 2. Übung wird die Resultierende der Streckenlast mit $F = F'l$ berechnet.

Wie in den vorhergehenden Übungen gehen wir von der allgemeinen Durchbiegungsgleichung aus, um die speziellen Gleichungen für f und $\tan\alpha$ zu bekommen.

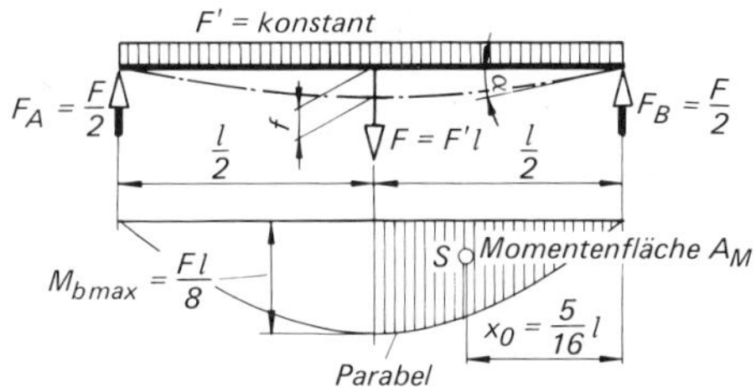

$$f = \frac{1}{EI} A_M x_0; \quad A_M = \frac{2}{3} M_{b\,max} \frac{l}{2} = \frac{2}{3} \cdot \frac{Fl}{8} \cdot \frac{l}{2}$$

$$f = \frac{1}{EI} \cdot \frac{Fl^2}{24} \cdot \frac{5}{16} l$$

$$f = \frac{5}{384} \cdot \frac{Fl^3}{EI} \qquad \tan\alpha = \frac{f}{x_0} = \frac{Fl^2}{24EI}$$

5. Übung: Biegeträger mit mehreren Belastungen (Überlagerungsprinzip)

In praktischen Aufgaben wirken häufig mehrere Belastungen zugleich in einer Ebene biegend, z. B. neben der gleichmäßig über dem Träger verteilten Eigengewichtskraft eine Einzelkraft. Solche Aufgabenstellungen löst man nach dem Überlagerungsprinzip (siehe 5.9.8.4). Es besteht darin, daß man sich die Belastungen einzeln auf den Träger aufgesetzt vorstellt, deren Einzeldurchbiegungen f_1, f_2, f_3 ... mit den bekannten Gleichungen bestimmt und zum Schluß diese Beträge addiert.

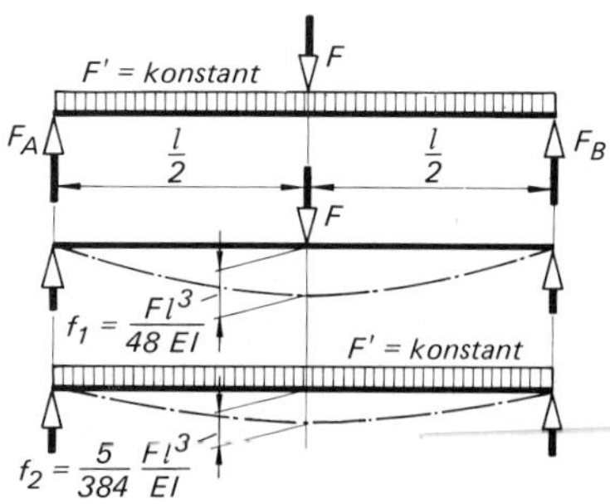

Im vorliegenden Fall kennen wir die Gleichungen für f_1 (3. Übung) und f_2 (4. Übung) und können damit eine Gleichung für $f_{ges} = f_1 + f_2$ erstellen.

$$f_{ges} = f_1 + f_2 = \frac{Fl^3}{EI}\left(\frac{1}{48} + \frac{5}{384}\right)$$

$$f_{ges} = 0{,}034 \cdot \frac{Fl^3}{EI}$$

5.10. Beanspruchung auf Knickung

5.10.1. Grundbegriffe

Ist bei der Beanspruchung auf Druck der Stab sehr schlank, d. h. ist die Stablänge l im Verhältnis zu seiner Querschnittsfläche S sehr groß, so besteht die Gefahr des seitlichen Ausknickens. Das kann geschehen, obwohl der Stab genau in Richtung seiner Achse belastet wird und obwohl die Druckspannung σ_d noch unter der Proportionalitätsgrenze σ_{dP} liegt. Die Tragfähigkeit ist also schon vorher erschöpft. Knickung ist daher auch kein Spannungsproblem wie Zug, Druck, Biegung und Torsion, sondern ein Stabilitätsproblem: Trotz gleicher Querschnittsfläche S und gleicher Druckkraft F steigt die Gefahr des Ausknickens mit zunehmender Länge l.

Beispiele knickgefährdeter Bauteile aus dem Maschinenbau:
Pleuelstangen, Kolbenstangen, Stößel, Spindeln von Pressen, Bremsgestänge

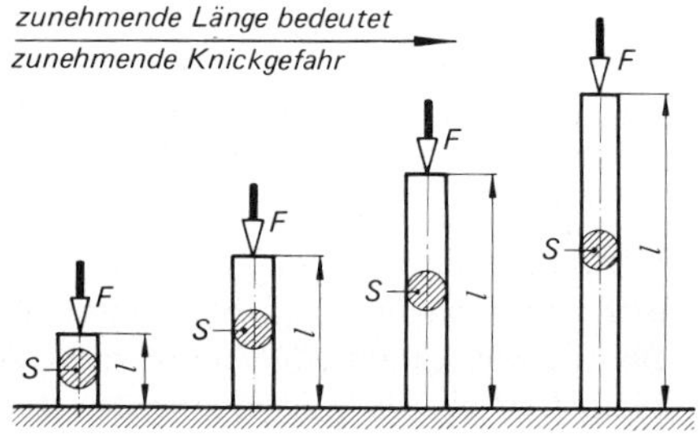

Die besondere Problematik der Knickung hat zur Definition besonderer Größen geführt.

Neue Größen sind:
Knickkraft F_K, Knickspannung σ_K, Trägheitsradius i, Schlankheitsgrad λ (Lambda)

Knickkraft F_K ist diejenige Kraft, bei der das Ausknicken eines Stabes gerade beginnt. Teilt man die Knickkraft F_K durch die Querschnittsfläche S, erhält man eine Spannung, die als *Knickspannung* σ_K bezeichnet wird. Entsprechend der Definition von F_K herrscht die Knickspannung σ_K dann, wenn der Stab auszuknicken beginnt.

Knickspannung $\sigma_K = \dfrac{\text{Knickkraft } F_K}{\text{Querschnittsfläche } S}$

$$\sigma_K = \frac{F_K}{S}$$

σ_K	F_K	S
$\frac{N}{mm^2}$	N	mm^2

Da ein Bauteil nicht ausknicken darf, ist dafür zu sorgen, daß die tatsächliche Belastung, die Druckkraft F, immer wesentlich kleiner bleibt als die Knickkraft F_K. Das gleiche gilt dann auch für die tatsächlich im Bauteil vorhandene Druckspannung $\sigma_{d\,vorh}$ und für die Knickspannung σ_K. Immer muß $\sigma_{d\,vorh} < \sigma_K$ sein. Knickkraft F_K und Knickspannung σ_K sind also Größen, die niemals erreicht werden dürfen.

Sicherheit gegen Knicken (Knicksicherheit) $\nu = \dfrac{\text{Knickkraft } F_K}{\text{Druckkraft } F}$

$$\nu = \frac{F_K}{F} = \frac{\sigma_K}{\sigma_{d\,vorh}}$$

$\nu \approx 3 \dots 10$ im Maschinenbau

Die Knickkraft F_K (Knickspannung σ_K) ist diejenige Kraft (Spannung), bei der das Ausknicken beginnt. Die vorhandene Druckkraft muß mit Sicherheit unter der Knickkraft bleiben, ebenso die vorhandene Druckspannung unter der Knickspannung.

Beispiel:
Für die Kolbenstange einer Kolbenpumpe sei die Knickkraft F_K = 20000 N. Mit Knicksicherheit ν = 8 darf die vorhandene Druckkraft höchstens
$F = F_K/\nu$ = 20 000 N/8 = 2500 N betragen.

5.10.2. Elastische Knickung (Eulerfall)

Für den Fall, daß die Knickspannung σ_K noch unterhalb der Proportionalitätsgrenze σ_{dP} des Werkstoffes liegt, hat *Euler*[1]) eine Gleichung für die Knickkraft F_K entwickelt.

$$F_K = \frac{E I_{min} \pi^2}{s^2}$$

F_K	E	I	s
N	$\frac{N}{mm^2}$	mm^4	mm

Mit einem Lineal können wir uns klarmachen, daß ein Stab stets um diejenige Achse knickt, für die das axiale Flächenmoment 2. Grades den kleinsten Wert hat (I_{min}).

E Elastizitätsmodul (Tafel 5.8)
I_{min} *kleinstes* axiales Flächenmoment 2. Grades des Querschnittes (Tafel 5.1)
s freie Knicklänge

Die Knickkraft F_K, also diejenige Kraft, bei der das Knicken gerade beginnen würde, kann allein durch die Führungsverhältnisse verändert werden, unter denen sich die Stabenden in Richtung der Stabachse aufeinander zu bewegen. Je sicherer es ist, daß die Druckkraft F während des Zusammendrückens exakt in der Stabachse wirkt, desto größer kann die Knickkraft F_K angesetzt werden. Mit Ausnahme der Einspannung mit freiem Ende (Fall 1) sollten wir stets nach dem Grundfall (Fall 2) arbeiten, das heißt, wir setzen nicht $s = 0{,}707\, l$ (Fall 3) oder $s = 0{,}5\, l$ (Fall 4) sondern $s = l$ in die Eulergleichung ein.

Freie Knicklänge s für verschiedene Führungsverhältnisse

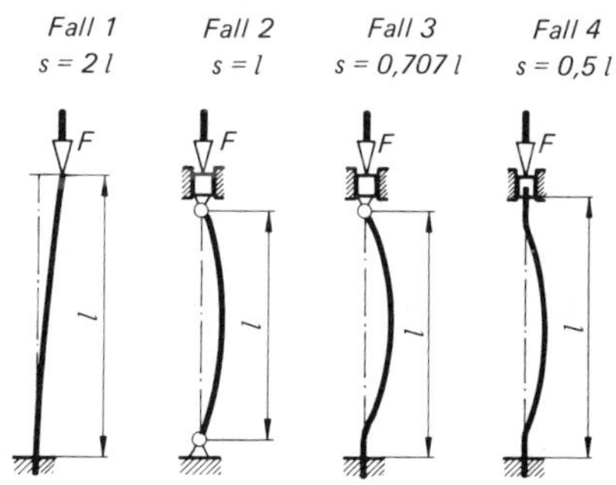

Wir schreiben nun die Eulergleichung so, wie wir sie für das Lösen von praktischen Aufgaben brauchen. Dazu erinnern wir uns der Beziehung zwischen Knickkraft F_K und vorhandener Druckkraft F über die Knicksicherheit $\nu = F_K/F$. Statt I_{min} schreiben wir I_{erf}, in Anlehnung an die Arbeitsgleichungen der vorangegangenen Beanspruchungsarten. Haben wir das erforderliche axiale Flächenmoment 2. Grades I_{erf} berechnet, dann können wir mit den Gleichungen aus Tafel 5.1 die Querschnittsmaße festlegen.

$$F_K = F\nu = \frac{E I_{min} \pi^2}{s^2}$$

$$I_{erf} = \frac{\nu F s^2}{E \pi^2}$$

I_{erf}	ν	F	E
mm^4	1	N	$\frac{N}{mm^2}$

ν Knicksicherheit (Einheit Eins)
F vorhandene Druckkraft
$s = l$ Einspannlänge
E Elastizitätsmodul (Tafel 5.8)

[1]) *Leonhard Euler*, Mathematiker, 1707–1783

Die nach I_{erf} aufgelöste Eulergleichung garantiert uns nicht, daß der vorliegende Fall tatsächlich im Gültigkeitsbereich dieser Gleichung liegt, also im Gültigkeitsbereich des Hookeschen Gesetzes. Nur in diesem Bereich ist der E-Modul eine Konstante, und nur für diesen Fall kann die Eulergleichung gelten.

Beachte: Die Eulergleichung gilt nur dann, wenn die Knickspannung σ_K gleich oder kleiner ist als die Proportionalitätsgrenze σ_{dP} des Werkstoffes.

Zur Proportionalitätsgrenze siehe Abschnitt 5.12.1.

Um zu wissen, ob und wann wir im Einzelfall mit der Eulergleichung rechnen dürfen, entwickeln wir eine Gleichung für die Knickspannung σ_K. Dazu benutzen wir die Beziehung $\sigma_K = F_K/S$. Statt I_{min} schreiben wir der Einfachheit halber nur I.

$$\sigma_K = \frac{F_K}{S} = \frac{E I \pi^2}{s^2 S}$$

$$\sigma_K = E\pi^2 \cdot \frac{I}{S} \cdot \frac{1}{s^2}$$

$$\sigma_K = E\pi^2 \frac{\frac{I}{S}}{s^2} = E\pi^2 \frac{i^2}{s^2} = \frac{E\pi^2}{\frac{s^2}{i^2}}$$

Mit dem Ziel, eine möglichst einfach aufgebaute Gleichung für σ_K zu erhalten, hat man zwei neue Größen eingeführt, den Trägheitsradius i und den Schlankheitsgrad λ:

Zunächst bieten sich die beiden geometrischen Größen I und S zur Vereinfachung der Beziehung an. Man setzt das axiale Flächenmoment $I = i^2 S$ und bezeichnet i als den Trägheitsradius des Querschnitts.

Trägheitsradius $i = \sqrt{\frac{I}{S}}$ $\qquad i^2 = \frac{I}{S}$

(Gleichungen für i in Tafel 5.1)

Für den *Kreis*querschnitt ist nach Tafel 5.1 das axiale Flächenmoment $I = \pi d^4/64$; die Kreisfläche berechnet sich aus $S = \pi d^2/4$. Damit erhalten wir eine sehr einfache Beziehung für den Trägheitsradius eines Kreisquerschnitts.

$$I_\circ = \frac{\pi d^4}{64}; \qquad S_\circ = \frac{\pi d^2}{4}$$

$$i_\circ = \sqrt{\frac{I_\circ}{S_\circ}} = \sqrt{\frac{\pi d^4}{64} \cdot \frac{4}{\pi d^2}}$$

$$i_\circ = \frac{d}{4}$$ *Trägheitsradius für Kreisquerschnitt*

Nach der Einführung des Trägheitsradius erscheint bei entsprechender Schreibweise in der Eulergleichung für die Knickspannung nun der Quotient s^2/i^2. Die Wurzel daraus heißt Schlankheitsgrad λ.

Schlankheitsgrad $\lambda = \frac{\text{freie Knicklänge } s}{\text{Trägheitsradius } i}$

$$\lambda = \frac{s}{i}$$

Damit haben wir die einfachste Form für die Eulergleichung gefunden. Sie zeigt, daß Stäbe von gleichem Schlankheitsgrad (geometrisch ähnliche Stäbe) die gleiche Knickspannung σ_K haben und daß σ_K außer von λ nur vom Elastizitätsmodul E abhängig ist.

$$\sigma_K = \frac{E\pi^2}{\lambda^2}$$

Knickspannung

σ_K, E	λ	s, i
$\frac{N}{mm^2}$	1	mm

Tragen wir entsprechend der Eulergleichung die Knickspannung σ_K über dem Schlankheitsgrad λ auf, so erhalten wir eine Hyperbel dritten Grades. Wir rechnen mit dem Elastizitätsmodul für Stahl:

$$E = 210\,000\ \text{N/mm}^2 = 2{,}1 \cdot 10^5\ \text{N/mm}^2.$$

Wir wissen, daß die Eulergleichung nur gilt, solange die Knickspannung $\sigma_K \leqq \sigma_{dP}$ (Proportionalitätsgrenze) ist. Mit bekanntem Wert für σ_{dP} (für St37 etwa 190 N/mm²) können wir mit einer Waagerechten im Diagramm die obere und linke Grenze des Gültigkeitsbereichs für die Eulergleichung festlegen (elastischer Bereich). Loten wir vom Schnittpunkt der Waagerechten mit der Euler-Hyperbel auf die λ-Achse, dann finden wir als einfaches Kriterium für alle Rechnungen den *Grenzschlankheitsgrad* λ_0. Nur mit Schlankheitsgraden λ rechts vom Grenzschlankheitsgrad λ_0 ist die Gültigkeit der Eulergleichung gewahrt (siehe Arbeitsplan 5.10.4).

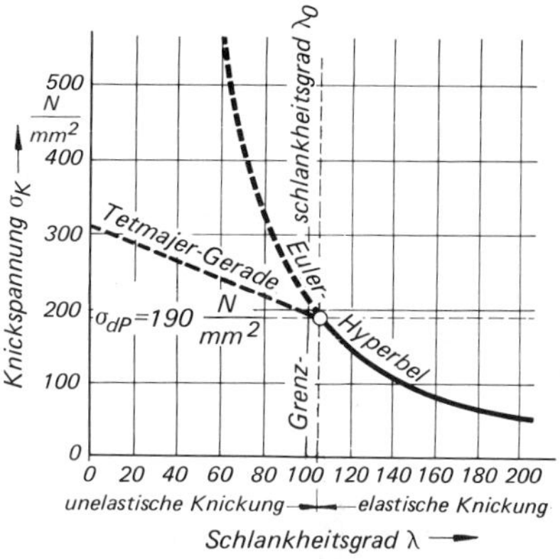

Euler-Hyperbel mit Grenzschlankheitsgrad λ_0 für St 37 (Tetmajer-Gerade siehe 5.10.3)

Beachte: Bei allen Rechnungen nach Euler muß garantiert sein, daß der vorhandene Schlankheitsgrad λ_{vorh} ***größer*** ist als der Grenzschlankheitsgrad λ_0:

$\lambda_{vorh} > \lambda_0$ *Eulerbedingung*

Über die Eulergleichung für die Knickspannung können wir den Grenzschlankheitsgrad λ_0 für verschiedene Werkstoffe in Abhängigkeit von der Proportionalitätsgrenze σ_{dP} ausrechnen. Da λ_0 stets der *untere* Grenzwert ist, für den die Eulergleichung gerade noch gilt, schreiben wir $\lambda_0 = \lambda_{min}$.

$$\lambda_0 = \lambda_{min} = \pi \sqrt{\frac{E}{\sigma_{dP}}}$$

Grenzschlankheitsgrad

Je höher die Proportionalitätsgrenze σ_{dP} des Werkstoffes liegt, um so kleiner ist der Grenzschlankheitsgrad λ_0, das heißt, um so größer wird der Bereich, für den die Eulergleichung gilt.

Für die wichtigsten Werkstoffe gibt Tafel 5.3 die Grenzschlankheitsgrade zur Eulerschen Knickberechnung an.

Beispiel:

Für den Werkstoff Stahl mit $E = 2{,}1 \cdot 10^5$ N/mm² und einer Proportionalitätsgrenze $\sigma_{dP} = 190$ N/mm² (St 37) wird der Grenzschlankheitsgrad:

$$\lambda_0 = \pi \sqrt{\frac{E}{\sigma_{dP}}} = \pi \sqrt{\frac{2{,}1 \cdot 10^5\ \frac{\text{N}}{\text{mm}^2}}{190\ \frac{\text{N}}{\text{mm}^2}}} \approx 105$$

Die Eulergleichung gilt nur, solange der errechnete Schlankheitsgrad λ gleich oder ***größer*** ist als der in Tafel 5.3 angegebene Grenzschlankheitsgrad λ_0. Gültigkeitsbereich der Eulergleichung: $s/i = \lambda_{vorh} \geqq \lambda_0$.

Tafel 5.3. Grenzschlankheitsgrad λ_0 für Eulersche Knickung und Tetmajergleichungen

Werkstoff	E-Modul in $\frac{N}{mm^2}$	Grenz-schlankheitsgrad λ_0	Tetmajergleichungen für σ_K in $\frac{N}{mm^2}$
Nadelholz	10 000	100	$\sigma_K = 29{,}3 - 0{,}194 \cdot \lambda$
Grauguß	100 000	80	$\sigma_K = 776 - 12 \cdot \lambda + 0{,}053 \cdot \lambda^2$
St 37	210 000	105	$\sigma_K = 310 - 1{,}14 \cdot \lambda$
St 50 und St 60	210 000	89	$\sigma_K = 335 - 0{,}62 \cdot \lambda$
Al-Cu-Mg	70 000	66	*Beachte:* Die Tetmajergleichungen sind
Al-Mg 3	70 000	110	Zahlenwertgleichungen mit σ_K in N/mm²!

5.10.3. Unelastische Knickung (Tetmajerfall)

Wir klären nun die Frage, was zu tun ist, wenn sich bei der Nachrechnung des Schlankheitsgrades λ mit den gegebenen Abmessungen zeigt, daß der Grenzschlankheitsgrad λ_0 (Tafel 5.3) *unterschritten* worden ist ($\lambda_{vorh} < \lambda_0$).

Beispiel:

Für einen knickbeanspruchten Stab aus St37 stellt sich heraus:

$$\lambda_{vorh} = \frac{s}{i} = \frac{100\text{ mm}}{2\text{ mm}} = 50 < \lambda_{0\,(St37)} = 105$$

In diesem Fall können die Eulergleichungen nicht mehr gelten. Wir hätten dann mit einer Knickspannung σ_K gerechnet, die größer ist als die Proportionalitätsgrenze σ_{dP}. In diesem Spannungsbereich gilt das Hookesche Gesetz nicht mehr, das Euler seiner Gleichung zugrunde gelegt hat. Das erkennen wir daran, daß in den Eulergleichungen für Knickkraft F_K und Knickspannung σ_K der Elastizitätsmodul E erscheint.

Beispiel:

Für $\lambda_{vorh} = 50$ und $E = 2{,}1 \cdot 10^5$ N/mm² wird

$$\sigma_K = \frac{E\pi^2}{\lambda^2} = \frac{2{,}1 \cdot 10^5 \frac{N}{mm^2}\,\pi^2}{2\,500} = 828\,\frac{N}{mm^2}$$

Die Proportionalitätsgrenze für St37 liegt dagegen bei etwa 190 N/mm² (siehe auch Euler-Hyperbel Seite 331).

Tetmajer und andere Forscher haben für die Fälle $\lambda_{vorh} < \lambda_0$ aus vielen Versuchen Berechnungsgleichungen entwickelt. Weil diesen Versuchen Knickspannungen σ_K zugrunde liegen, die *größer* sind als die Proportionalitätsgrenze σ_{dP}, spricht man von unelastischer Knickung.

Beispiel:

Nach Tafel 5.3 ergibt sich mit $\lambda = 50$ aus der Tetmajergleichung für St37:

$$\sigma_K = 310 - 1{,}14 \cdot \lambda$$

$$\sigma_K = (310 - 1{,}14 \cdot 50)\,\frac{N}{mm^2} = 253\,\frac{N}{mm^2}$$

Mit den Tetmajergleichungen ist eine unmittelbare Berechnung der Querschnittsabmessungen im Gegensatz zum Eulerfall nicht möglich.

Bei allen Knickaufgaben mit unbekannten Querschnittsabmessungen, also auch unbekanntem Schlankheitsgrad λ, berechnen wir daher zunächst das erforderliche axiale Flächenmoment 2. Grades aus der Eulergleichung und bestimmen nach Tafel 5.1 die Querschnittsabmessungen (im Beispiel den Durchmesser d) und den Trägheitsradius i.

Beispiel:

Für einen Stab aus St37 (Kreisquerschnitt) wird bei $s = l = 300$ mm, $F = 10\,000$ N und 10facher Knicksicherheit ($\nu = 10$):

$$I_{erf} = \frac{\nu F l^2}{E\pi^2} = \frac{10 \cdot 10^4\text{ N} \cdot 9 \cdot 10^4\text{ mm}^2}{2{,}1 \cdot 10^5 \frac{N}{mm^2} \cdot \pi^2}$$

$$I_{erf} = 4\,347\text{ mm}^4$$

$$d_{erf} = \sqrt[4]{20\,I_{erf}} = 17{,}2\text{ mm};\quad i = \frac{d}{4} = 4{,}3\text{ mm}$$

Jetzt läßt sich der vorhandene Schlankheitsgrad berechnen und mit dem Grenzschlankheitsgrad (Tafel 5.3) vergleichen. Ist λ_{vorh} größer als λ_0, dann war die Rechnung nach Euler zulässig. Die Aufgabe wäre damit gelöst.

$$\lambda_{vorh} = \frac{s}{i} = \frac{300\ \text{mm}}{4{,}3\ \text{mm}} = 69{,}8 < \lambda_0 = 105$$

Also war die Rechnung nach Euler nicht zulässig ($\lambda_{vorh} < \lambda_0$), daher mit etwas vergrößertem $d = 20$ mm nach Tetmajer:

Im anderen Fall berechnen wir λ_{vorh} mit etwas vergrößerten Abmessungen und bestimmen damit nach *Tetmajer* die Knickspannung σ_K.

$$\lambda_{vorh} = \frac{l}{d/4} = \frac{4\,l}{d} = \frac{4 \cdot 300\ \text{mm}}{20\ \text{mm}} = 60$$

$$\sigma_K = 310 - 1{,}14 \cdot \lambda_{vorh} = 241{,}6\,\frac{\text{N}}{\text{mm}^2}$$

Zur Überprüfung der Knicksicherheit ν muß die vorhandene Druckspannung ermittelt werden. Ist ν_{vorh} kleiner als die geforderte Knicksicherheit ν_{erf}, sind die Querschnittsabmessungen noch ein oder mehrere Male zu vergrößern, bis endlich ν_{erf} erreicht worden ist.

$$\sigma_{d\,vorh} = \frac{F}{S} = \frac{10^4\ \text{N}}{314\ \text{mm}^2} = 31{,}85\,\frac{\text{N}}{\text{mm}^2}$$

$$\nu_{vorh} = \frac{\sigma_K}{\sigma_{d\,vorh}} = \frac{241{,}6\ \text{N/mm}^2}{31{,}85\ \text{N/mm}^2} = 7{,}586$$

$$\nu_{vorh} = 7{,}586 < \nu_{erf} = 10$$

5.10.4. Arbeitsplan für Knickungsaufgaben

Knickkraft F_K aus Sicherheit ν und Belastung F berechnen.	1. Schritt
Erforderliches Flächenmoment 2. Grades I_{erf} nach der Eulergleichung berechnen.	2. Schritt
Durchmesser oder andere Querschnittsabmessungen mit den Gleichungen aus Tafel 5.1 festlegen.	3. Schritt
Trägheitsradius i nach Tafel 5.1 berechnen.	4. Schritt
Schlankheitsgrad λ_{vorh} berechnen und mit dem Grenzschlankheitsgrad λ_0 nach Tafel 5.3 vergleichen. Ist $\lambda_{vorh} \geqq \lambda_0$, dann ist die Rechnung beendet.	5. Schritt
Bei λ_{vorh} kleiner als λ_0 wird nun mit den Tetmajer-Formeln aus Tafel 5.3 die Knickspannung σ_K berechnet. Dabei λ_{vorh} (eventuell neu mit vergrößertem Querschnitt), nicht etwa λ_0 einsetzen!	6. Schritt
Vorhandene Druckspannung $\sigma_{d\,vorh} = F/S$ berechnen.	7. Schritt
Mit σ_K und $\sigma_{d\,vorh}$ die *vorhandene* Sicherheit ν berechnen und mit der *geforderten* Sicherheit vergleichen.	8. Schritt
Bei zu kleiner Sicherheit ν müssen die Querschnittsabmessungen vergrößert werden. Die Rechnung ist vom 5. Schritt an zu wiederholen.	9. Schritt
Eventuell muß noch die auftretende Druckspannung $\sigma_{d\,vorh}$ mit der zulässigen $\sigma_{d\,zul}$ verglichen werden.	10. Schritt

Lehrbeispiel: Knickung im elastischen Bereich

Aufgabenstellung:

Die Kolbenstange einer Wasserpumpe hat kreisförmigen Querschnitt.
Werkstoff: St 50 mit einer zulässigen Druckspannung von 98 $\frac{N}{mm^2}$.
Gegebene Größen:
$F = 80$ kN; Sicherheit gegen Knicken $\nu = 3{,}5$
Gesucht: Kolbenstangendurchmesser d.

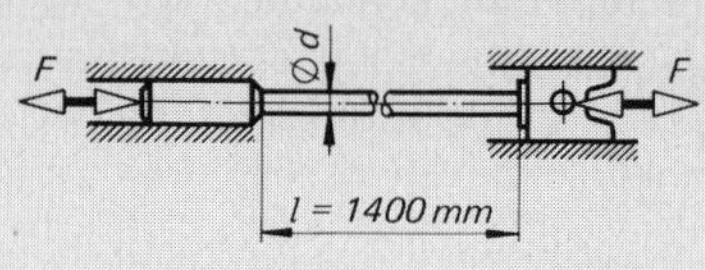

Lösung:

a) Kolbenstangendurchmesser d:

$$F_K = \frac{E I \pi^2}{s^2} \qquad I_{erf} = \frac{F_K s^2}{E \pi^2}; \qquad \text{Knickkraft } F_K = F\nu, \quad s = l \text{ (Grundfall)}$$

$$I_{erf} = \frac{F \nu l^2}{E \pi^2} = \frac{80 \cdot 10^3 N \cdot 3{,}5 \cdot (1{,}4 \cdot 10^3 mm)^2}{2{,}1 \cdot 10^5 \frac{N}{mm^2} \cdot \pi^2} = 26{,}48 \cdot 10^4 mm^4$$

$$I_\bigcirc \approx \frac{d^4}{20} \rightarrow d_{erf} = \sqrt[4]{20\, I_{erf}} = \sqrt[4]{20 \cdot 26{,}48 \cdot 10^4 mm^4} = 48 \text{ mm}$$

gewählt: $d = 50$ mm (Normmaß nach DIN 3)

b) Nachprüfung des Schlankheitsgrades λ:

$$\lambda = \frac{s}{i} = \frac{l}{i}$$

$(s = l)$

$$i_\bigcirc = \sqrt{\frac{I_\bigcirc}{S_\bigcirc}} = \frac{d}{4}$$

$$\lambda = \frac{1400 \text{ mm} \cdot 4}{50 \text{ mm}} = 112 > \lambda_0 \ (\approx 89)$$

Also war die Rechnung nach Euler richtig!

c) Spannungsnachweis für die Druckspannung σ_d:

$$\sigma_{d\,vorh} = \frac{F}{S} = \frac{80 \cdot 10^3 N \cdot 4}{50^2 \cdot mm^2 \cdot \pi} = 40{,}7 \frac{N}{mm^2} < \sigma_{d\,zul} = 98 \frac{N}{mm^2}$$

Zulässige Spannung also eingehalten!

Lehrbeispiel: Knickung im unelastischen Bereich

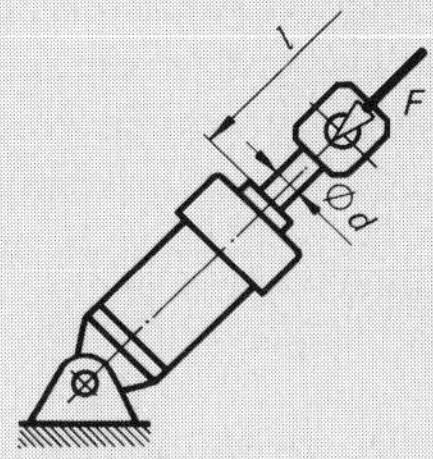

Aufgabenstellung:

Ein Hydraulikarbeitszylinder soll eine Kraft $F = 100$ kN aufbringen. Die freie Knicklänge beträgt $s = l = 350$ mm. Es ist der Durchmesser der Kolbenstange mit kreisförmigem Querschnitt zu bestimmen. Sicherheit gegen Knicken $\nu = 5$. Werkstoff St 50.

Lösung:

$F_K = \frac{E I \pi^2}{s^2}$

Die Knickkraft F_K, die der Stab gerade noch aushält, soll sein:

$F_K = F \nu = 100 \text{ kN} \cdot 5 = 500 \text{ kN}$

$$I_{erf} = \frac{F_K s^2}{E \pi^2} = \frac{500 \cdot 10^3 \text{ N} \cdot 3{,}5^2 \cdot 10^4 \text{ mm}^2}{2{,}1 \cdot 10^5 \frac{\text{N}}{\text{mm}^2} \cdot \pi^2} = 2{,}955 \cdot 10^4 \text{ mm}^4$$

$I \approx \frac{d^4}{20}$

$$d_{erf} = \sqrt[4]{20\, I_{erf}} = \sqrt[4]{20 \cdot 2{,}955 \cdot 10^4 \text{mm}^4} = 27{,}7 \text{ mm}$$

gewählt: $d = 30$ mm

Nachprüfung des Schlankheitsgrades:

$\lambda = \frac{s}{i} = \frac{l}{i}$

$$\lambda = \frac{4\,s}{d} = \frac{4 \cdot 350 \text{ mm}}{30 \text{ mm}} = 46{,}7 < \lambda_0 = 89$$

Die Rechnung nach Euler ist also unzulässig!

Nachrechnung nach Tetmajer:

Da $\lambda = 47$ sehr weit im Tetmajer-Bereich liegt, wird der Durchmesser erhöht auf $d = 35$ mm. Dadurch wird $\lambda = \frac{4 \cdot 350 \text{ mm}}{35 \text{ mm}} = 40$.

$\sigma_K = 335 - 0{,}62\,\lambda$

$$\sigma_K = 335 - 0{,}62 \cdot 40 = 310{,}2 \frac{\text{N}}{\text{mm}^2}$$

Die vorhandene Druckspannung σ_{dvorh} ist:

$$\sigma_{dvorh} = \frac{F}{S} = \frac{100 \cdot 10^3 \text{N} \cdot 4}{35^2 \text{mm}^2\, \pi} = 103{,}94 \frac{\text{N}}{\text{mm}^2}$$

$$\nu_{vorh} = \frac{\sigma_K}{\sigma_{dvorh}} = \frac{310{,}2 \frac{\text{N}}{\text{mm}^2}}{103{,}94 \frac{\text{N}}{\text{mm}^2}} = 2{,}98 < \nu_{erf} = 5$$

d neu gewählt: $d = 45$ mm

$$\text{Neuer Schlankheitsgrad } \lambda = \frac{4 \cdot 350 \text{ mm}}{45 \text{ mm}} = 31{,}1$$

$$\sigma_K = 335 - 0{,}62 \cdot 31{,}1 = 315{,}7 \frac{\text{N}}{\text{mm}^2}$$

$$\sigma_{dvorh} = \frac{100 \cdot 10^3 \text{N} \cdot 4}{45^2 \text{mm}^2 \cdot \pi} = 62{,}88 \frac{\text{N}}{\text{mm}^2}$$

$$\nu_{vorh} = \frac{\sigma_K}{\sigma_{dvorh}} = \frac{315{,}7 \frac{\text{N}}{\text{mm}^2}}{62{,}88 \frac{\text{N}}{\text{mm}^2}} = 5{,}02$$

Die verlangte Sicherheit ist vorhanden!

5.10.5. Das Omegaverfahren (ω-Verfahren)

Zur knicksicheren Ausbildung der Druckstäbe im Hoch-, Kran- und Brückenbau ist das sogenannte ω-Verfahren behördlich vorgeschrieben. ω ist die „Knickzahl". Ihre Einführung führt die Knickaufgabe auf die einfache Berechnung eines Druckstabes zurück.

Hinweis: Das Omegaverfahren ist auf Knicksicherheiten aufgebaut, die zwischen 1,7 und 2,5 liegen. Das ist für die Knickbeanspruchung im Maschinenbau zu wenig, weil hier durch Massenkräfte, unübersichtlichere Einspannverhältnisse usw. zusätzliche Unsicherheiten in die Rechnung hineinkommen.

Aus der Druck-Hauptgleichung wissen wir, daß der Quotient aus Druckkraft F und Querschnittsfläche S gleich oder kleiner sein muß als die zulässige Druckspannung.

$$\sigma_{d\,vorh} = \frac{F}{S} \leqq \sigma_{zul}$$

In der Rechnung nach dem Omegaverfahren läßt man nur einen Teil der Druckkraft F als Knickkraft F_K zu und setzt daher $F_K = F\omega$ (mit $\omega > 1$ nach Tafel 5.4).

$$\frac{F_K}{S} = \frac{F\omega}{S} \leqq \sigma_{zul}$$

Da es sich nur um eine Druckspannung handeln kann, schreibt man statt $\sigma_{d\,zul}$ kürzer σ_{zul}.

Der Ausdruck $F\omega/S = F_K/S$ ist eine Spannung, die stets kleiner sein muß als die zulässige Druckspannung σ_{zul}. Sie heißt *Omegaspannung*. Die Knickzahl ω ist abhängig von der Stahlsorte und vom Schlankheitsgrad λ (siehe Tafel 5.4).

$$\sigma_\omega = \frac{F\omega}{S} \leqq \sigma_{zul}$$

σ_ω	F	S	ω
$\frac{N}{mm^2}$	N	mm^2	1

Hauptgleichung für Knickstäbe

Die zulässige Spannung σ_{zul} entnehmen wir in Abhängigkeit vom verwendeten Werkstoff für die Knickstäbe den Tafeln 5.5 und 5.6 auf Seite 339.

Beispiele für Stahlhochbau:
für St 37: $\sigma_{zul} = 140\ N/mm^2$
für St 52: $\sigma_{zul} = 210\ N/mm^2$
(beide Spannungen für den Hauptfall *H*)

Der Schlankheitsgrad λ ist auch hier aus Knicklänge und Trägheitsradius i zu berechnen. Die Knicklänge wird mit s_K bezeichnet.

Schlankheitsgrad $\lambda = \frac{s_K}{i}$

Trägheitsradius i siehe Profilstahltabellen.

Die druckbeanspruchten Stäbe in Fachwerken können in der Fachwerkebene und senkrecht dazu ausknicken:

Für das Ausknicken *in* der Fachwerkebene ist $s_K = s_0$ der geschätzte Abstand der beiden Anschlußverbindungen an den Stabenden.

Für das Ausknicken *rechtwinklig zur* Fachwerkebene setzt man $s_K = s$ als Abstand der Netzlinie.

Für Gebäudestützen rechnet man mit $s_K = l$ als Bauhöhe.

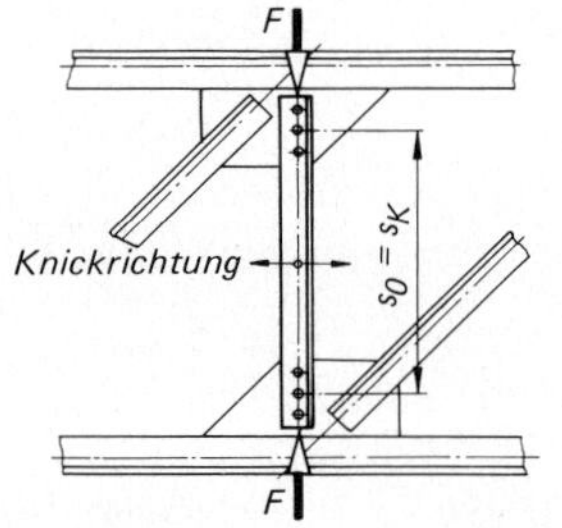

Ausknicken *in* der Fachwerkebene

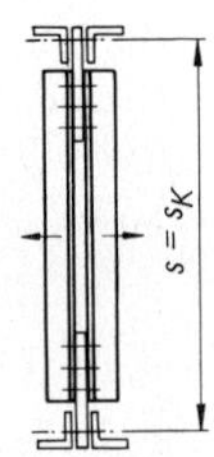

Ausknicken *senkrecht zur* Fachwerkebene

Die Stabilität eines Knickstabes nimmt mit wachsendem Schlankheitsgrad λ schnell ab. Man hat daher obere Grenzwerte für den Schlankheitsgrad festgelegt.

Schlankheitsgrad $\lambda < 20$ machen eine Knickrechnung unnötig, weil hier $\omega = 1$ ist. Der Stab wird dann nur auf Druck berechnet.

Grenzwerte für λ:

Knickstäbe in Stahlbauten	$\lambda = 250$
Knickstäbe in Brückenbauten	$\lambda = 150$
Einzelstäbe in zusammengesetzten Knickstäben	$\lambda = 50$

Die direkte Querschnittsbestimmung ist mit dem Omegaverfahren nicht möglich, weil der Schlankheitsgrad λ bekannt sein muß, wenn die Knickzahl ω aus der Tabelle (Seite 338) abgelesen werden soll. Man nimmt daher versuchsweise einen Querschnitt an, z. B. aus der Profilstahltabelle, bestimmt i, S, I und λ, liest ω ab und prüft, ob $\sigma_\omega = F\omega/S \leqq \sigma_{zul}$ ist. Wird diese Bedingung nicht erfüllt, muß die Rechnung mit anderen Annahmen wiederholt werden.

Eine Hilfe zur Querschnittsermittlung geben die nebenstehenden Gebrauchsgleichungen.

Zahlenwertgleichungen (Faustformeln) für F in kN, s_K in m, S_{erf} in cm² und I_{erf} in cm⁴:

$$I_{erf} = 0{,}12\,F s_K^2$$ für den elastischen Bereich ($\lambda > 100$)

$$S_{erf} = \frac{F}{14} + 0{,}577\,k\,s_K^2$$ für St 37 Lastfall H

$$S_{erf} = \frac{F}{21} + 0{,}718\,k\,s_K^2$$ für St 52 Lastfall H und HZ

Beide Gleichungen gelten für den unelastischen Bereich ($\lambda < 100$).

Der *Profilwert k* wird aus Querschnittsfläche S und Trägheitsradius i berechnet.

$$\text{Profilwert } k = \frac{S}{i^2}$$

Knickgünstig sind alle Querschnitte, deren Trägheitsradien i für alle Knickachsen gleich groß und im Verhältnis zur Querschnittsfläche S groß sind. Diese Forderungen sind am besten im Rohrquerschnitt verwirklicht. Die Wanddicke δ sollte jedoch nicht kleiner als $D/10$ sein, weil eine dünnere Wandung durch „Beulung" der Belastung ausweichen wird.

Günstigster Querschnitt für Knickstäbe

Die entwickelten Berechnungsgrundlagen gelten für alle mittig belasteten, einteiligen Knickstäbe. Dazu gehören auch die aus mehreren Walzprofilen zusammengesetzten Knickstäbe. Jedoch müssen die Einzelprofile durch Nieten oder Schweißen (nicht Schrauben) so verbunden sein, daß der Stab als einzelnes Bauglied angesehen werden kann.

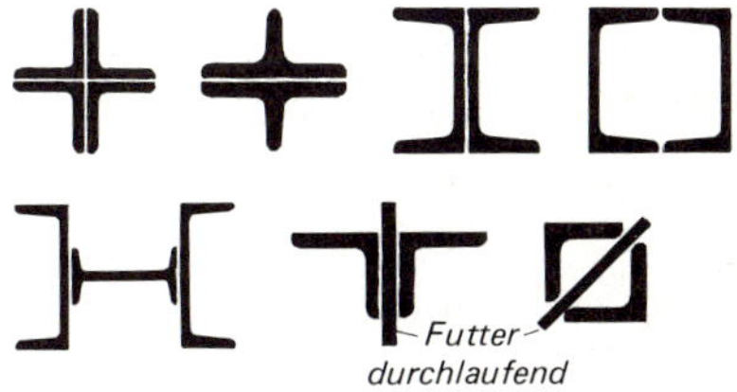

Einteilige Knickstäbe

Die obigen Gleichungen gelten *nicht* für Knickstäbe, deren Querschnitt eine stofffreie Biegeachse f–f besitzt.

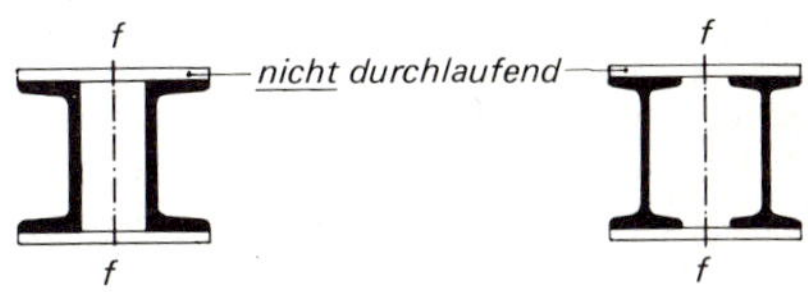

Querschnitte mit stofffreier Biegeachse

Tafel 5.4. Knickzahlen ω

λ	0	1	2	3	4	5	6	7	8	9
St 37 ($\sigma_{d\ zul}$ = 140 N/mm^2)										
20	1,04	1,04	1,04	1,05	1,05	1,06	1,06	1,07	1,07	1,08
30	1,08	1,09	1,09	1,10	1,10	1,11	1,11	1,12	1,13	1,13
40	1,14	1,14	1,15	1,16	1,16	1,17	1,18	1,19	1,19	1,20
50	1,21	1,22	1,23	1,23	1,24	1,25	1,26	1,27	1,28	1,29
60	1,30	1,31	1,32	1,33	1,34	1,35	1,36	1,37	1,39	1,40
70	1,41	1,42	1,44	1,45	1,46	1,48	1,49	1,50	1,52	1,53
80	1,55	1,56	1,58	1,59	1,61	1,62	1,64	1,66	1,68	1,69
90	1,71	1,73	1,74	1,76	1,78	1,80	1,82	1,84	1,86	1,88
100	1,90	1,92	1,94	1,96	1,98	2,00	2,02	2,05	2,07	2,09
110	2,11	2,14	2,16	2,18	2,21	2,23	2,27	2,31	2,35	2,39
120	2,43	2,47	2,51	2,55	2,60	2,64	2,68	2,72	2,77	2,81
130	2,85	2,90	2,94	2,99	3,03	3,08	3,12	3,17	3,22	3,26
140	3,31	3,36	3,41	3,45	3,50	3,55	3,60	3,65	3,70	3,75
150	3,80	3,85	3,90	3,95	4,00	4,06	4,11	4,16	4,22	4,27
160	4,32	4,38	4,43	4,49	4,54	4,60	4,65	4,71	4,77	4,82
170	4,88	4,94	5,00	5,05	5,11	5,17	5,23	5,29	5,35	5,41
180	5,47	5,53	5,59	5,66	5,72	5,78	5,84	5,91	5,97	6,03
190	6,10	6,16	6,23	6,29	6,36	6,42	6,49	6,55	6,62	6,69
200	6,75	6,82	6,89	6,96	7.03	7,10	7,17	7,24	7,31	7,38
210	7,45	7,52	7,59	7,66	7,73	7,81	7,88	7,95	8,03	8,10
220	8,17	8,25	8,32	8,40	8,47	8,55	8,63	8,70	8,78	8,86
230	8,93	9,01	9,09	9,17	9,25	9,33	9,41	9,49	9,57	9,65
St 52 ($\sigma_{d\ zul}$ = 210 N/mm^2)										
20	1,06	1,06	1,07	1,07	1,08	1,08	1,09	1,09	1,10	1,11
30	1,11	1,12	1,12	1,13	1,14	1,15	1,15	1,16	1,17	1,18
40	1,19	1,19	1,20	1,21	1,22	1,23	1,24	1,25	1,26	1,27
50	1,28	1,30	1,31	1,32	1,33	1,35	1,36	1,37	1,39	1,40
60	1,41	1,43	1,44	1,46	1,48	1,49	1,51	1,53	1,54	1,56
70	1,58	1,60	1,62	1,64	1,66	1,68	1,70	1,72	1,74	1,77
80	1,79	1,81	1,83	1,86	1,88	1,91	1,93	1,95	1,98	2,01
90	2,05	2,10	2,14	2,19	2,24	2,29	2,33	2,38	2,43	2,48
100	2,53	2,58	2,64	2,69	2,74	2,79	2,85	2,90	2,95	3,01
110	3,06	3,12	3,18	3,23	3,29	3,35	3,41	3,47	3,53	3,59
120	3,65	3,71	3,77	3,83	3,89	3,96	4,02	4,09	4,15	4,22
130	4,28	4,35	4,41	4,48	4,55	4,62	4,69	4,75	4,82	4,89
140	4,96	5,04	5,11	5,18	5,25	5,33	5,40	5,47	5,55	5,62
150	5,70	5,78	5,85	5,93	6,01	6,09	6,16	6,24	6,32	6,40
160	6,48	6,57	6,65	6,73	6,81	6,90	6,98	7,06	7,15	7,23
170	7,32	7,41	7,49	7,58	7,67	7,76	7,85	7,94	8,03	8,12
180	8,21	8,30	8,39	8,48	8,58	8,67	8,76	8,86	8,95	9,05
190	9,14	9,24	9,34	9,44	9,53	9,63	9,73	9,83	9,93	10,03
200	10,13	10,23	10,34	10,44	10,54	10,65	10,75	10,85	10,96	11,06
210	11,17	11,28	11,38	11,49	11,60	11,71	11,82	11,93	12,04	12,15
220	12,26	12,37	12,48	12,60	12,71	12,82	12,94	13,05	13,17	13,28
230	13,40	13,52	13,63	13,75	13,87	13,99	14,11	14,23	14,35	14,47

Tafel 5.5. Zulässige Spannungen im Stahlhochbau

a) Zulässige Spannungen in N/mm² für Bauteile

Spannungsart	Werkstoff St 37, Lastfall H	St 37 HZ	St 52 H	St 52 HZ
Druck und Biegedruck, wenn Nachweis auf Knicken und Kippen nach DIN 4114 erforderlich ist	140	160	210	240
Zug und Biegezug, Biegedruck, wenn Ausweichen der gedrückten Gurte nicht möglich ist	160	180	240	270
Schub	90	105	135	155
Lochleibungsdruck bei Verbindung durch Niete oder Paßschrauben	280	320	420	480

b) Zulässige Spannung in N/mm² für Verbindungsmittel

Spannungsart		Niete (DIN 124 und DIN 302) USt 36-1 für Bauteile aus St 37		Niete R St 44-2 für Bauteile aus St 52		Paßschrauben (DIN 7968) 4.6 für Bauteile aus St 37		Paßschrauben 5.6 für Bauteile aus St 52		Rohe Schrauben (DIN 7990) 4.6	
Lastfall		H	HZ	H	HZ	H	HZ	H	HZ	H	HZ
Abscheren	$\tau_{a\,zul}$	140	160	210	240	140	160	210	240	112	126
Lochleibungsdruck	$\sigma_{l\,zul}$	280	320	420	480	280	320	420	480	240	270
Zug	$\sigma_{z\,zul}$	48	54	72	81	112	112	150	150	112	112

Tafel 5.6. Zulässige Spannungen im Kranbau

a) Zulässige Spannungen in N/mm² für Bauteile

Spannungsart	Werkstoff St 37 H	St 37 HZ	St 52-3 H	St 52-3 HZ
Zug- und Vergleichsspannung	160	180	240	270
Druckspannung, Nachweis auf Knicken	140	160	210	240
Schubspannung	92	104	138	156

Außer dem Allgemeinen Spannungsnachweis auf Sicherheit gegen Erreichen der Fließgrenze ist für Krane mit mehr als 20 000 Spannungsspielen noch ein *Betriebsfestigkeitsnachweis* auf Sicherheit gegen Bruch bei zeitlich veränderlichen, häufig wiederholten Spannungen für die Lastfälle H zu führen. Zulässige Spannungen beim Betriebsfestigkeitsnachweis siehe Normblatt.

b) Zulässige Spannungen in N/mm² für Verbindungsmittel

Spannungsart		Niete (DIN 124 u. DIN 302) USt 36-1		Niete RSt 44-2		Paßschrauben (DIN 7968) 4.6		Paßschrauben 5.6		Schrauben (DIN 7990) 4.6		Schrauben 5.6	
Lastfall		H	HZ	H	HZ	H	HZ	H	HZ	H	HZ	H	HZ
Abscheren	einschnittig	84	96	126	144	84	96	126	144	70	80	70	80
	zweischnittig	112	128	168	192	112	128	168	192				
Lochleibungsdruck	einschnittig	210	240	315	360	210	240	315	360	160	180	160	180
	zweischnittig	280	320	420	480	280	320	420	480				
Zug	einschnittig	30	30	45	45	100	110	140	154	100	110	140	154
	zweischnittig	30	30	45	45	100	110	140	154				

5.10.6. Übungen zum Omegaverfahren

1. Übung: Für die skizzierte Gebäudestütze soll die Omegaspannung σ_ω und die maximale Tragfähigkeit bestimmt werden. Die mittige Belastung beträgt $F = 240$ kN bei einer Baulänge von 1,75 m.

Verwendet wird ein I PE 200 (siehe Formelsammlung) mit $\sigma_{zul} = 140\ \text{N/mm}^2$ nach Tafel 5.5.

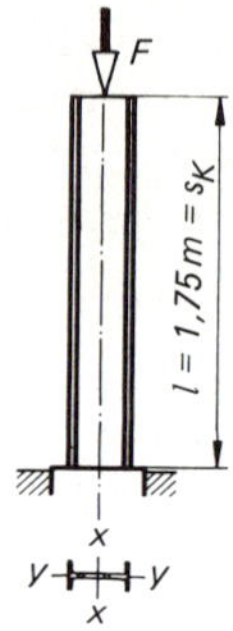

Gegeben:

$s_K = l = 1750$ mm
$F = 240$ kN $= 240\,000$ N
$i_{min} = i_y = \sqrt{I_y/S} = 22{,}3$ mm
$S = 2850\ \text{mm}^2$

Gesucht:

σ_ω und F_{max}

Lösung: Aus den gegebenen Größen bestimmen wir als erstes den Schlankheitsgrad λ.

Der Schlankheitsgrad λ ist größer als 20, folglich muß die Omegaspannung σ_ω nachgewiesen und mit $\sigma_{zul} = 140\ \text{N/mm}^2$ verglichen werden. Aus Tafel 5.4 nehmen wir für $\lambda = 79$ die Knickzahl $\omega = 1{,}53$. Die Gegenüberstellung der Omegaspannung σ_ω mit der zulässigen Spannung σ_{zul}, der sogenannte Spannungsnachweis, ist nach DIN 1050 § 5 für alle Berechnungen im Bauwesen erforderlich.

$$\lambda = \frac{s_K}{i_y} = \frac{1750\ \text{mm}}{22{,}3\ \text{mm}} = 78{,}5 \approx 79$$

$$\sigma_\omega = \frac{F\omega}{S} = \frac{240 \cdot 10^3\,\text{N} \cdot 1{,}53}{2{,}85 \cdot 10^3\,\text{mm}^2} = 129\ \frac{\text{N}}{\text{mm}^2}$$

$$\sigma_\omega = 129\ \frac{\text{N}}{\text{mm}^2} < \sigma_{zul} = 140\ \frac{\text{N}}{\text{mm}^2}$$

(Spannungsnachweis)

Aus $\sigma_\omega = F\omega/S$ kann mit $F_{max} = S\sigma_{zul}/\omega$ die maximale Tragfähigkeit bestimmt werden.

$$F_{max} = \frac{S\sigma_{zul}}{\omega} = \frac{2850\ \text{mm}^2 \cdot 140\ \dfrac{\text{N}}{\text{mm}^2}}{1{,}53}$$

$$F_{max} = 260{,}8\ \text{kN}$$

2. Übung: Ein mittig gedrückter Stab wird bei einer Baulänge $l = s_K = 1{,}5$ m mit $F = 50$ kN belastet. Als Querschnittsform ist U-Stahl aus St 37 mit $\sigma_{zul} = 140\ \text{N/mm}^2$ vorgesehen (Formelsammlung).

Mit einer der gebräuchlichen Faustformeln soll zunächst der Querschnitt bestimmt und anschließend der Spannungsnachweis geführt werden.

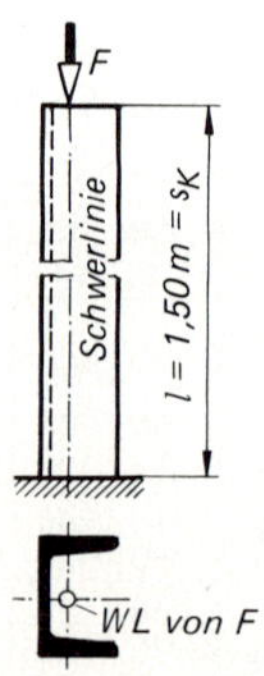

Gegeben:

$\sigma_{zul} = 140\ \text{N/mm}^2$
siehe Tafel 5.5
Druckkraft $F = 50$ kN
$l = s_K = 1{,}5$ m

Gesucht:

Erforderliches U-Profil und Spannungsnachweis.

Lösung: Mit der Gebrauchsgleichung für elastische Knickung (zunächst nur angenommen) berechnen wir das erforderliche axiale Flächenmoment 2. Grades I_{erf}. Da es sich hier um eine Zahlenwertgleichung handelt, dürfen wir nur mit den Zahlenwerten arbeiten, die zu den vorgeschriebenen Einheiten gehören.

$I_{erf} = 0{,}12\, F s_K^2$

Eingesetzt werden sollen:
Druckkraft F in kN: Zahlenwert 50
Knicklänge $l = s_K$ in m: Zahlenwert 1,5
I_{erf} ergibt sich dann in cm^4.

$I_{erf} = 0{,}12 \cdot 50 \cdot 2{,}25\ cm^4 = 13{,}5\ cm^4$

Mit dem erforderlichen axialen Flächenmoment 2. Grades $I_{erf} = 13{,}5 \cdot 10^4\ mm^4$ gehen wir in die Profilstahltabelle und wählen das entsprechende U-Profil aus.

Wir finden das Profil U65 mit dem Flächenmoment $I_y = 14{,}1 \cdot 10^4\ mm^4$.

$I_y = I_{min} = 14{,}1 \cdot 10^4\ mm^4$
$S = 903\ mm^2$
$i_y = \sqrt{I_y/S} = 12{,}5\ mm$

Beachte: Es muß stets das *kleinste* axiale Flächenmoment I_{min} des Profils als Vergleichsgröße zu I_{erf} benutzt werden, weil der Stab um diese Achse knickt, hier also um die Achse y–y.

Mit Knicklänge $l = s_K = 1500$ mm und Trägheitsradius $i = 12{,}5$ mm wird der Schlankheitsgrad λ berechnet.

$$\lambda = \frac{l}{i} = \frac{1500\ mm}{12{,}5\ mm} = 120$$ (elastischer Bereich, wie angenommen)

Aus Tafel 5.4 lesen wir für $\lambda = 120$ die Knickzahl ω ab.

$\omega = 2{,}43$ (Tafel 5.4)

Abschließend berechnen wir die Omegaspannung σ_ω und vergleichen sie mit der gegebenen zulässigen Spannung σ_{zul}, das heißt, wir führen den vorgeschriebenen Spannungsnachweis.

$$\sigma_\omega = \frac{F\omega}{S} = \frac{50\,000\ N \cdot 2{,}43}{903\ mm^2} = 135\ \frac{N}{mm^2}$$

$$\sigma_\omega = 135\ \frac{N}{mm^2} < \sigma_{zul} = 140\ \frac{N}{mm^2}$$

(Spannungsnachweis)

Das gewählte Profil ist also ausreichend.

5.11. Zusammengesetzte Beanspruchung

5.11.1. Zug und Biegung

Am Beispiel der skizzierten Schraubzwinge wollen wir uns Klarheit über das innere Kräfte- und Spannungssystem verschaffen und die Spannungsgleichungen herleiten. Wie gewohnt, legen wir einen Schnitt x–x an einer zweckmäßigen Querschnittsstelle und bringen dort dasjenige innere Kräftesystem an, durch das der Restkörper wieder ins Gleichgewicht gesetzt wird.

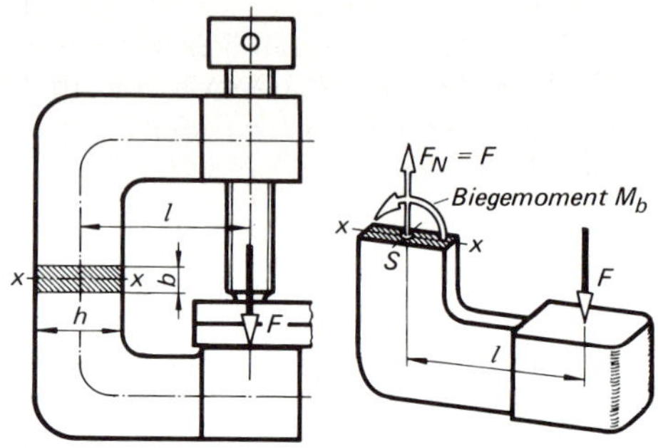

Schraubzwinge Inneres Kräftesystem

Aus der Kraft-Gleichgewichtsbedingung $\Sigma F_y = 0$ ergibt sich als innere Kraft die Zugkraft F_N, aus der Momentengleichgewichtsbedingung das Biegemoment M_b.

$$\Sigma F_y = 0 = F_N - F \Rightarrow F_N = F$$
$$\Sigma M_{(S)} = 0 = M_b - F l \Rightarrow M_b = F l$$

Die innere Kraft F_N (Normalkraft) ruft im Querschnitt x–x die gleichmäßig verteilte Zugspannung $\sigma_z = F_N/S$ hervor (Zug-Hauptgleichung).

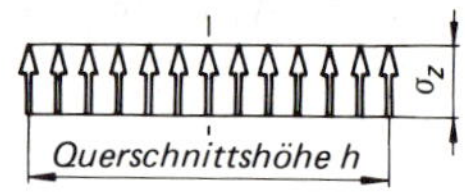

$$\sigma_z = \frac{F_N}{S}$$

Gleichmäßig verteilte Zugspannung

Durch das innere Biegemoment M_b entsteht im Querschnitt x–x das bekannte System der Biegespannung, aufgebaut aus den linear verteilten Zug- und Druckspannungen (Biege-Hauptgleichung). Im symmetrischen Querschnitt sind die Größtwerte beider Normalspannungen gleich groß, also $\sigma_{bz} = \sigma_{bd} = \sigma_b = M_b/W$.

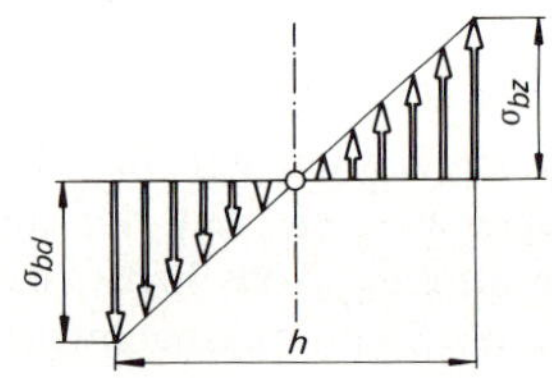

$$\sigma_b = \frac{M_b}{W}$$

Linear verteilte Biegespannung

Sowohl Zug- als auch Biegebeanspruchung ergeben Normalspannungen σ (senkrecht auf der Schnittfläche stehend), die wir wie parallele Kräfte addieren und subtrahieren können. Tragen wir an die Spitzen der Biegespannung die Zugspannung richtungsgemäß an, erhalten wir das Bild der Gesamtspannung (resultierende Spannung).

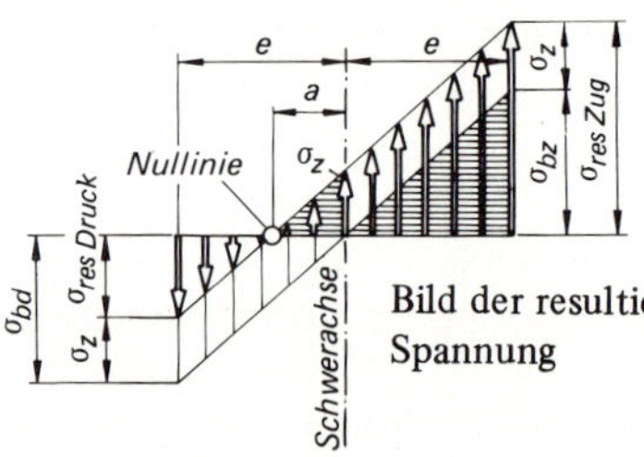

Bild der resultierenden Spannung

Aus dem Bild der Gesamtspannung lassen sich nun leicht die Beziehungen für die resultierende Zug- und Druckspannung ablesen. Beide müssen gleich oder kleiner als die zugehörige zulässige Spannung sein.

$$\sigma_{res\,Zug} = \sigma_{bz} + \sigma_z \leqq \sigma_{z\,zul}$$
$$\sigma_{res\,Druck} = \sigma_{bd} - \sigma_z \leqq \sigma_{d\,zul}$$

Manchmal ist es zweckmäßiger, die Biegespannungen σ_{bz}, σ_{bd} nicht mit dem Widerstandsmoment W, sondern mit dem axialen Flächenmoment 2. Grades I zu bestimmen. Das gilt vor allem bei unsymmetrischen Querschnitten mit unterschiedlichen Randfaserabständen e (siehe 5.9.5). In beiden Gleichungen haben wir für das Biegemoment $M_b = Fl$ eingesetzt.

$$\sigma_{bz} = \frac{M_b e_1}{I} = \frac{F l e_1}{I}$$

$$\sigma_{bd} = \frac{M_b e_2}{I} = \frac{F l e_2}{I}$$

$$\sigma_{res\,Zug} = \frac{Fle_1}{I} + \frac{F}{S} \leqq \sigma_{z\,zul}$$

$$\sigma_{res\,Druck} = \frac{Fle_2}{I} - \frac{F}{S} \leqq \sigma_{d\,zul}$$

Wie uns das Bild der resultierenden Spannung zeigt, ist die spannungsfreie Faserschicht um den Betrag a nach links verschoben. Aus der Ähnlichkeit der schraffierten Dreiecke erhalten wir eine Proportion, die zu einer einfachen Beziehung für die Verschiebungsgröße a weiterentwickelt werden kann.

$$\frac{a}{\sigma_z} = \frac{e}{\sigma_{bz}} \Longrightarrow a = \frac{\sigma_z}{\sigma_{bz}} e$$

$\sigma_z = \frac{F}{S}$ und $\sigma_{bz} = \frac{M_b}{W} = \frac{Fle}{I}$ eingesetzt:

$$a = \frac{FI}{SFle} e = \frac{I/S}{l} = \frac{i^2}{l}$$

Aus dem Spannungsbild erkennen wir weiter, daß die Verschiebungsgröße a ein Kriterium für die Spannungsverteilung ist.

$a > e$ bedeutet, daß nur Zugspannungen σ_z auftreten

$a < e$ bedeutet, daß sowohl Zug- als auch Druckspannungen auftreten

5.11.2. Druck und Biegung

Im Prinzip unterscheidet sich diese Beanspruchung von der vorangegangenen nur dadurch, daß sich hier der Biegespannung σ_b nicht eine Zugspannung σ_z, sondern die Druckspannung σ_d überlagert. Wieder erhalten wir das Bild der resultierenden Spannung, indem wir an die Spitzen der Biegespannung richtungsgemäß die über dem Querschnitt konstante Druckspannung antragen.

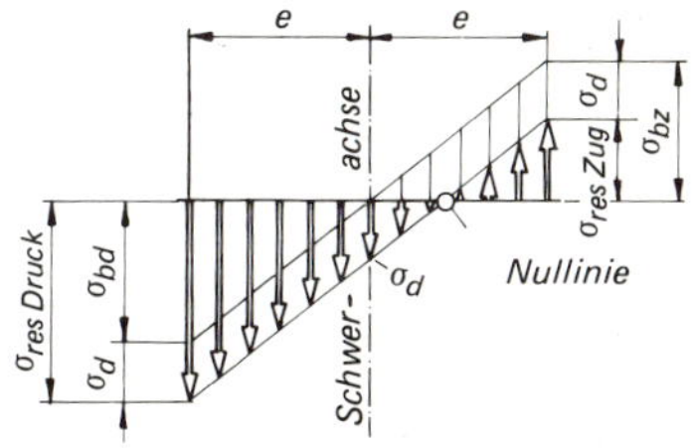

Bild der resultierenden Spannung

Die resultierende Druckspannung $\sigma_{res\,Druck}$ ergibt sich ebenso wie die resultierende Zugspannung $\sigma_{res\,Zug}$ nach dem Spannungsbild wieder als Summe oder Differenz der beiden Normalspannungen.

$$\sigma_{res\,Druck} = \sigma_{bd} + \sigma_d \leqq \sigma_{d\,zul}$$

$$\sigma_{res\,Zug} = \sigma_{bz} - \sigma_d \leqq \sigma_{z\,zul}$$

Ist die Stablänge eines auf Druck und Biegung beanspruchten Bauteils groß im Verhältnis zum Querschnitt (schlanker Stab), dann muß auf Knickung nachgerechnet werden.

$$\sigma_{res\,Druck} = \frac{Fle}{I} + \frac{F}{S}$$

$$\sigma_{res\,Zug} = \frac{Fle}{I} - \frac{F}{S}$$

5.11.3. Übung zur zusammengesetzten Beanspruchung durch Normalspannungen

An einen Träger aus IPE 160 ist ein 12 mm dickes Knotenblech angeschweißt, das die Zugkraft F in den Träger einleitet. Wie groß darf diese Zugkraft im Hinblick auf den Querschnitt A–B des Trägers höchstens werden, wenn $\sigma_{z\,zul} = \sigma_{d\,zul} = 120$ N/mm² nicht überschritten werden darf?

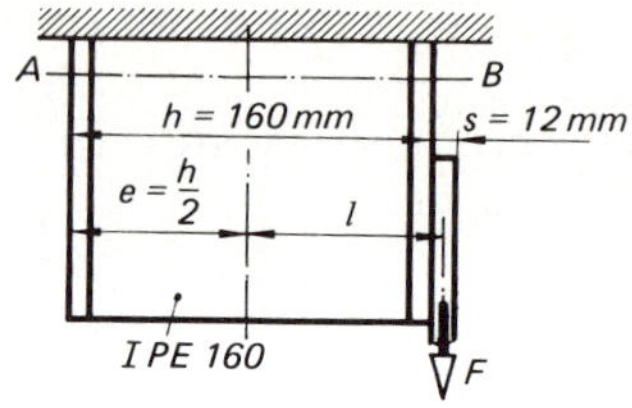

Lösung: Wie gewohnt setzen wir den abgeschnittenen Restkörper durch das innere Kräftesystem wieder ins Gleichgewicht. Als inneres Kräftesystem erscheint die Zugkraft $F_N = F$ und das Biegemoment $M_b = F\,l$.

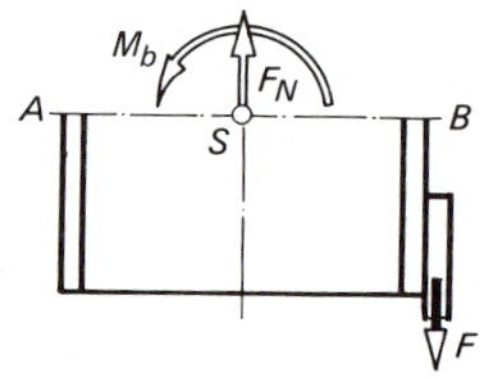

Inneres Kräftesystem

Mit der Vorstellung vom inneren Kräftesystem ist es leicht, das Bild der resultierenden Spannung zu skizzieren, wenn wir zuerst den Verlauf der Biegespannung zeichnen und darauf die konstante Zugspannung aufsetzen. Allerdings wissen wir noch nicht, ob die Verschiebungsgröße a tatsächlich kleiner ist als der Randfaserabstand e. Das wird erst die Rechnung erweisen.

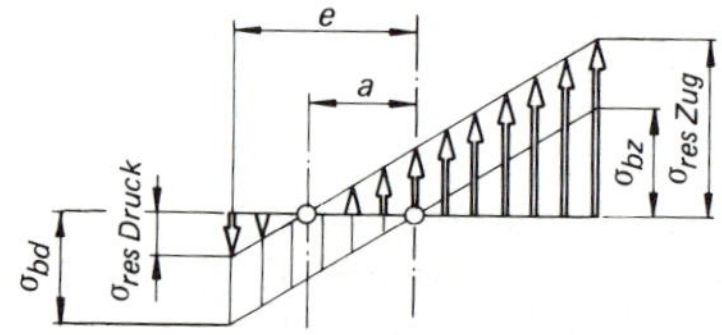

Bild der resultierenden Spannung

In der Formstahltabelle finden wir alle für die weitere Rechnung nötigen Größen, wobei wir vor allem darauf achten müssen, daß wir das richtige Flächenmoment 2. Grades ablesen, hier also I_x.

$I_x = 869\ \text{cm}^4 = 869 \cdot 10^4\ \text{mm}^4$

$S = 20{,}1\ \text{cm}^2 = 20{,}1 \cdot 10^2\ \text{mm}^2$

Trägheitsradius $i = 6{,}58\ \text{cm} = 65{,}8\ \text{mm}$

Randfaserabstand $e = 80\ \text{mm}$

Die Frage, ob die Verschiebungsgröße a größer oder kleiner als der Randfaserabstand e ist, wird durch die Rechnung $a = i^2/l$ schnell geklärt. Da hier tatsächlich $a < e$ ist, muß neben $\sigma_{res\,Zug}$ noch $\sigma_{res\,Druck}$ auftreten.

$$a = \frac{i^2}{l} = \frac{i^2}{e + \frac{s}{2}} = \frac{(65{,}8\ \text{mm})^2}{86\ \text{mm}}$$

$$a = 50{,}3\ \text{mm} < e = 80\ \text{mm}$$

Die resultierende Zugspannung $\sigma_{res\,Zug}$ ist größer als die resultierende Druckspannung. Folglich gehen wir von der Beziehung

$$\sigma_{res\,Zug} = \sigma_z + \sigma_{bz} \leqq \sigma_{z\,zul}$$

aus, schreiben sie in der erweiterten Form und entwickeln daraus eine „gleich-kleiner-Beziehung" für die Zugkraft F.

$$\frac{F}{S} + \frac{Fle}{I} \leqq \sigma_{z\,zul}$$

$$F\left(\frac{1}{S} + \frac{le}{I}\right) \leqq \sigma_{z\,zul}$$

$$F \leqq \frac{\sigma_{z\,zul}}{\frac{1}{S} + \frac{le}{I}}$$

Das Ergebnis sagt uns, daß die Zugkraft F stets unter 93 079 N bleiben muß, wenn $\sigma_{z\,zul}$ nicht überschritten werden soll.

$$F \leqq \frac{120\,\frac{\text{N}}{\text{mm}^2}}{\frac{1}{2010\,\text{mm}^2} + \frac{86\,\text{mm} \cdot 80\,\text{mm}}{869 \cdot 10^4\,\text{mm}^4}} = 93\,079\ \text{N}$$

Obgleich hier bei richtiger Ausrechnung die Verhältnisse schon klar sind, weil $\sigma_{z\,zul} = \sigma_{d\,zul}$ ist, soll zur besseren Übersicht und zur Übung der Spannungsnachweis für die Zug- und Druckseite des I-Profiles geführt werden. Zuerst berechnen wir die Zugspannung σ_z, dann die Biegespannung $\sigma_{bz} = \sigma_{bd} = \sigma_b$. Beide setzen wir dann zur resultierenden Spannung zusammen und vergleichen diese Beträge mit der angegebenen zulässigen Spannung. Für die Zugseite ist das zugleich eine Kontrolle unserer Kraftberechnung, denn nur bei richtiger Rechnung kann sich

$\sigma_{res\,Zug} = \sigma_{z\,zul} = 120\ \text{N/mm}^2$ ergeben.

$$\sigma_z = \frac{F}{S} = \frac{93\,079\ \text{N}}{2\,010\ \text{mm}^2} = 46{,}3\ \frac{\text{N}}{\text{mm}^2}$$

$$\sigma_{bz} = \sigma_{bd} = \sigma_b = \frac{Fle}{I}$$

$$\sigma_b = \frac{93\,079\ \text{N} \cdot 86\ \text{mm} \cdot 80\ \text{mm}}{869 \cdot 10^4\ \text{mm}^4}$$

$$\sigma_{bz} = \sigma_{bd} = 73{,}7\ \frac{\text{N}}{\text{mm}^2}$$

$$\sigma_{res\,Zug} = \sigma_z + \sigma_{bz} = (46{,}3 + 73{,}7)\ \frac{\text{N}}{\text{mm}^2}$$

$$\sigma_{res\,Zug} = 120\ \frac{\text{N}}{\text{mm}^2} = \sigma_{z\,zul}$$

Die resultierende Druckspannung $\sigma_{res\,Druck}$ erhalten wir nach dem Spannungsbild als Differenz von Biege- und Zugspannung ($\sigma_{res\,Druck} = \sigma_{bd} - \sigma_z$).

$$\sigma_{res\,Druck} = \sigma_{bd} - \sigma_z = (73{,}7 - 46{,}3)\ \frac{\text{N}}{\text{mm}^2}$$

$$\sigma_{res\,Druck} = 27{,}4\ \frac{\text{N}}{\text{mm}^2} < \sigma_{d\,zul} = 120\ \frac{\text{N}}{\text{mm}^2}$$

5.11.4. Biegung und Torsion

5.11.4.1. Vergleichsspannung σ_v

Wellen sollen Drehmomente übertragen, z.B. vom Elektromotor über ein Zahnradpaar auf eine zweite Getriebewelle. Neben der dadurch hervorgerufenen Torsionsbeanspruchung tritt aber auch noch Biegung auf. Der Querschnitt einer Welle hat demnach sowohl Normalspannungen (Biegespannung σ_b), als auch Schubspannungen (Torsionsspannung τ_t) aufzunehmen. Während die Normalspannung *senkrecht auf* dem Querschnitt steht (siehe 5.1.4), liegt die Schubspannung *im* Querschnitt. Eine einfache Addition beider Spannungen – wie bei Biegung und Zug/Druck – ist hier nicht möglich.

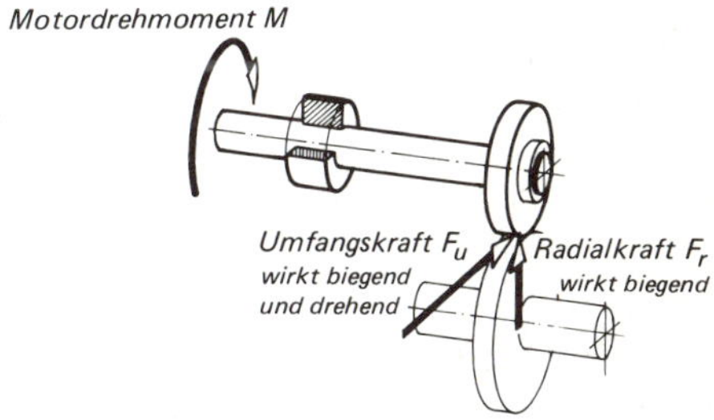

Kräfte und Momente in bezug auf die obere Getriebewelle

Da beide Spannungsarten senkrecht aufeinander stehen, könnte man auf den Gedanken kommen, sie wie zwei Kräfte geometrisch zu einer resultierenden Spannung $\sigma_{res} = \sqrt{\sigma^2 + \tau^2}$ zusammenzusetzen. So einfach geht das schon deshalb nicht, weil der Werkstoff gegenüber einer Schubspannung anders reagiert als gegenüber einer Normalspannung (vergleiche Schub- und Elastizitätsmodul, Seite 362).

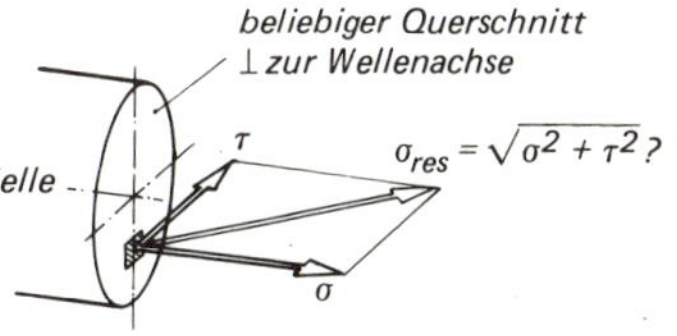

Alle Hypothesen zur Lösung dieses Problems laufen darauf hinaus, mit Hilfe einer sogenannten *Vergleichsspannung* σ_v die gemeinsame Wirkung der beiden ungleichartigen Spannungen zu erfassen. Die Vergleichsspannung wird auch ideelle Spannung genannt.

Hinweis: Bekannt geworden sind vor allem Dehnungshypothese, Schubspannungshypothese und die Hypothese der größten Gestaltänderungsenergie.

Eine Hypothese ist eine wissenschaftliche Annahme, die noch zu beweisen ist.

Wir arbeiten mit der Vergleichsspannung σ_v nach der Hypothese der größten Gestaltänderungsenergie, weil sie mit Versuchsergebnissen gut übereinstimmt. Die geometrische Addition beider Spannungen nach unserer vorherigen Überlegung ist noch erkennbar.

$$\sigma_v = \sqrt{\sigma_b^2 + 3\,(\alpha_0\,\tau_t)^2} \leqq \sigma_{b\,zul}$$

Beachte: Die Gleichung für die Vergleichsspannung ist entwickelt worden im Hinblick auf die zulässige *Biegespannung* $\sigma_{b\,zul}$, nicht bezüglich der Torsionsspannung.

Der bei τ_t stehende Faktor α_0 heißt *Anstrengungsverhältnis*. Es ist abhängig von den zulässigen Spannungen für den betreffenden Werkstoff.

$$\alpha_0 = \frac{\sigma_{b\,zul}}{1{,}73\,\tau_{zul}}$$ *Anstrengungsverhältnis*

Für Wellen aus Stahl ist das Verhältnis der zulässigen Spannungen in Abhängigkeit vom jeweiligen Belastungsfall annähernd bekannt, so daß wir die angegebenen Werte für α_0 einsetzen können.

Der Begriff *Belastungsfall* wird im Abschnitt 5.12.3.3 erläutert (Seite 354 und folgende).

$\alpha_0 = 1$ wenn σ_b und τ_t im gleichen Belastungsfall wirken

$\alpha_0 = 0{,}7$ wenn σ_b wechselnd (III) und τ_t schwellend (II) wirkt (Hauptfall bei Wellen, weil die Randfasern während jeder Wellenumdrehung einmal unter $+\sigma_b$ und $-\sigma_b$ stehen)

5.11.4.2. Vergleichsmoment M_v

Für Wellen mit Kreis- oder Kreisringquerschnitt läßt sich die Gleichung für die Vergleichsspannung weiter entwickeln. Dazu setzen wir für die Spannungen σ_b und τ_t, entsprechend den zugehörigen Hauptgleichungen, die Quotienten aus dem Kraftmoment und dem Widerstandsmoment ein.

$$\sigma_v = \sqrt{\sigma_b^2 + 3\,(\alpha_0\,\tau_t)^2}$$

$$\sigma_b = \frac{M_b}{W}\,; \quad \tau_t = \frac{T}{W_p} = \frac{T}{2\,W} \quad \text{eingesetzt:}$$

$$\sigma_v = \sqrt{\left(\frac{M_b}{W}\right)^2 + 3\left(\alpha_0\,\frac{T}{2\,W}\right)^2}$$

Die Gleichungen für axiales und polares Widerstandsmoment bei Kreis- und Kreisringquerschnitten zeigen uns, daß das polare Widerstandsmoment W_p doppelt so groß ist wie das axiale Widerstandsmoment W ($W_p = 2\,W$), so daß wir im Nenner der Torsions-Hauptgleichung W_p durch $2\,W$ ersetzen können.

Beispiel:

Für den Kreisquerschnitt ist

$W = 0{,}1\,d^3$ und

$W_p = 0{,}2\,d^3$ also auch

$W_p = 2 \cdot 0{,}1\,d^3 = 2\,W$

Das Quadrat des Widerstandsmomentes läßt sich unter der Wurzel ausklammern und dann als $1/W$ vor die Wurzel schreiben. Bringen wir das Widerstandsmoment W nun noch auf die linke Seite der Gleichung, dann erhalten wir dort das Produkt $\sigma_v W$. In Anlehnung an die Bezeichnungen in der Biege-Hauptgleichung (Biegemoment $M_b = \sigma_b W$) wird hier das entsprechende Produkt $\sigma_v W$ als *Vergleichsmoment* M_v bezeichnet.

$$\sigma_v = \sqrt{\frac{M_b^2}{W^2} + 3\,\alpha_0^2\,\frac{T^2}{4\,W^2}}$$

$$\sigma_v = \frac{1}{W}\sqrt{M_b^2 + \tfrac{3}{4}(\alpha_0 T)^2}$$

$$\sigma_v W = \sqrt{M_b^2 + 0{,}75\,(\alpha_0 T)^2}$$

$$M_v = \sqrt{M_b^2 + 0{,}75\,(\alpha_0 T)^2}$$

Vergleichsmoment

Das Vergleichsmoment M_v läßt sich auch zeichnerisch bestimmen (rechtwinkliges Dreieck, Lehrsatz des Pythagoras), wenn wir beachten, daß $0{,}866^2\,\alpha_0^2\,T^2 = 0{,}75\,(\alpha_0 T)^2$ ist.

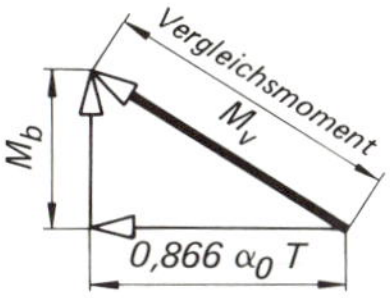

Zeichnerische Bestimmung des Vergleichsmomentes M_v

Entsprechend der Biege-Hauptgleichung schreiben wir $\sigma_v = M_v/W \leqq \sigma_{b\,zul}$ und entwickeln daraus mit $W = 0{,}1\,d^3$ eine Gleichung für den *erforderlichen Durchmesser* einer Welle mit Kreisquerschnitt.

$$d_{erf} = \sqrt[3]{\frac{M_v}{0{,}1\,\sigma_{b\,zul}}}$$

d_{erf}	M_v	$\sigma_{b\,zul}$
mm	Nmm	$\frac{N}{mm^2}$

gilt für Kreisquerschnitt

Ebenso können wir beim Kreisringquerschnitt verfahren und
$W_{erf} = M_v/\sigma_{b\,zul} = 0{,}1\,d_{erf}^3\,(1 - q^4)$
schreiben, wenn wir $q = d_i/d$ setzen. Auf diese Weise erhalten wir auch für den Kreisringquerschnitt eine Gleichung für den *erforderlichen Durchmesser*.

$$d_{erf} = \sqrt[3]{\frac{M_v}{0{,}1\,\sigma_{b\,zul}\,(1 - q^4)}}$$

gilt für Kreisringquerschnitt mit

$$q = \frac{\text{Innendurchmesser } d_i}{\text{Außendurchmesser } d}$$

5.11.4.3. Übung zu Biegung und Torsion

Der gefährdete Querschnitt einer Getriebewelle (Kreisquerschnitt) wird durch ein Biegemoment und ein Torsionsmoment beansprucht. Daraus sollen Vergleichsmoment und Wellendurchmesser bestimmt werden. Für das Anstrengungsverhältnis setzen wir $\alpha_0 = 0{,}7$ ein (siehe 5.11.4.1).

Gegeben: $M_b = 416$ Nm
$T = 200$ Nm
$\sigma_{b\,zul} = 60\ \text{N/mm}^2$
$\alpha_0 = 0{,}7$

Gesucht: M_v und d

Lösung: Die Lösung macht keine Schwierigkeiten, weil wir hier nur mit den entwickelten Gleichungen zu arbeiten brauchen.

$$M_v = \sqrt{M_b^2 + 0{,}75\,(\alpha_0 T)^2}$$

$$M_v = \sqrt{(416 \cdot 10^3\,\text{Nmm})^2 + 0{,}75\,(0{,}7 \cdot 200 \cdot 10^3\,\text{Nmm})^2}$$

$$M_v = 43{,}3 \cdot 10^4\ \text{Nmm}$$

$$d_{erf} = \sqrt[3]{\frac{M_v}{0{,}1\,\sigma_{b\,zul}}} = \sqrt[3]{\frac{433 \cdot 10^3\ \text{Nmm}}{0{,}1 \cdot 60\,\frac{\text{N}}{\text{mm}^2}}}$$

$d_{erf} = 41{,}6$ mm; $d_{ausgeführt} = 42$ mm (Normmaß)

Lehrbeispiel: Berechnung einer Getriebewelle

Aufgabenstellung:

Ein Getriebe mit Geradzahn-Stirnrädern (Eingriffswinkel $\alpha_n = 20°$) soll eine Gesamtübersetzung

$$i_{ges} = \frac{n_1}{n_4} = \frac{960\ \text{min}^{-1}}{48\ \text{min}^{-1}} = 20$$

durch zwei Zahnradpaare ermöglichen.
Die Entwurfsberechnung ergab die Teilkreisdurchmesser:

$d_1 = 48$ mm
$d_2 = 240$ mm $i_1 = 5$
$d_3 = 72$ mm
$d_4 = 288$ mm $i_2 = 4$

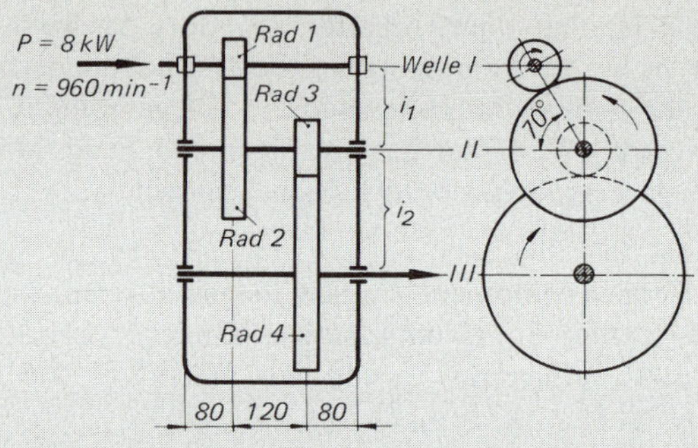

Getriebeskizze

Es wird die Aufgabe gestellt, den Durchmesser für die Getriebewelle II festzulegen, für die Werkstoff St 60 verwendet werden soll. Da der Wirkungsgrad η für Zahnradgetriebe sehr gut ist (hier etwa $\eta \approx 0{,}96$), kann er bei Festigkeitsrechnungen unberücksichtigt bleiben.

Lösung:

Die zu übertragenden Drehmomente können aus gegebener Antriebsleistung P = 8 kW und Antriebsdrehzahl $n = 960\ \text{min}^{-1}$ berechnet werden.

$$M = 9550\,\frac{P}{n}$$

$$M_I = 9550\,\frac{P}{n} = 9550 \cdot \frac{8}{960}\ \text{Nm} = 79{,}583\ \text{Nm}$$

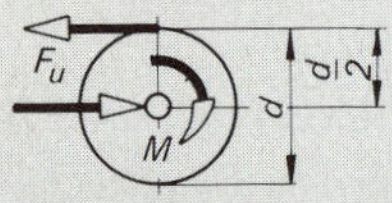

$$M_{II} = M_I\, i_1 = 79{,}583\ \text{Nm} \cdot 5 = 397{,}915\ \text{Nm}$$

$$M_{III} = M_{II}\, i_2 = 397{,}915\ \text{Nm} \cdot 4 = 1591{,}66\ \text{Nm}$$

Aus den errechneten Drehmomenten ergeben sich die Umfangskräfte am Teilkreisumfang:

$$M = F_u\,\frac{d}{2}$$

$$F_{u2} = \frac{2\,M_{II}}{d_2} = \frac{2 \cdot 397{,}915 \cdot 10^3\ \text{Nmm}}{240\ \text{mm}} = 3316\ \text{N}$$

$$F_{u3} = \frac{2\,M_{II}}{d_3} = \frac{2 \cdot 397{,}915 \cdot 10^3\ \text{Nmm}}{72\ \text{mm}} = 11\,053\ \text{N}$$

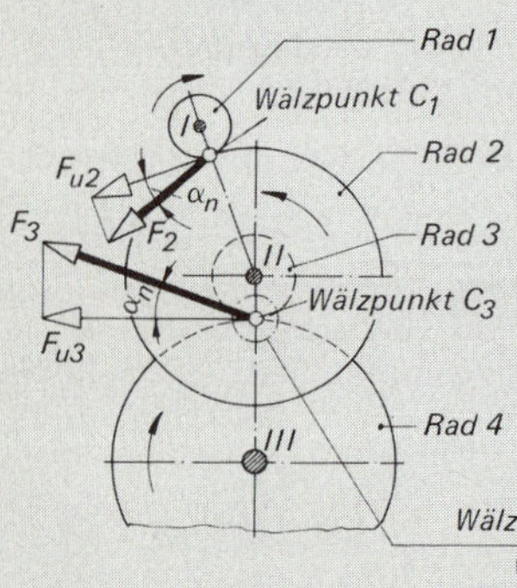

Die Umfangskräfte F_{u2}, F_{u3} sind Komponenten der in Eingriffsrichtung auf die Zähne wirkenden Zahnkräfte F_2 und F_3. Der Eingriffswinkel beträgt $\alpha_n = 20°$.

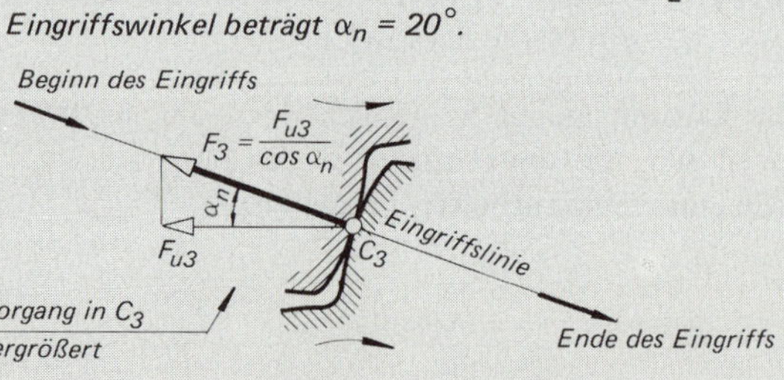

Beachte: F_3 ist die von Rad 4 auf Rad 3 ausgeübte Kraft!
Überprüfe die Kraftrichtungen nach dem Gefühl: Zahnrad 2 muß von Rad 1 nach unten, Rad 3 dagegen von Rad 4 nach oben gedrückt werden!

$$F_2 = \frac{F_{u2}}{\cos\alpha_n} = \frac{3316\ N}{\cos 20^\circ} = 3529\ N$$

$$F_3 = \frac{F_{u3}}{\cos\alpha_n} = \frac{11\,053\ N}{\cos 20^\circ} = 11\,762\ N$$

Diese Zahnkräfte F_2 und F_3 beanspruchen die Welle II auf Verdrehung und Biegung: Bringe in den Radmittelpunkten je zwei Kräfte F_2 bzw. F_3 an (zweite und vierte statische Grundoperation), dann ergibt sich je ein Kräftepaar (Drehmoment M_{II}) und eine Einzelkraft (Biegekraft F_2 und F_3).

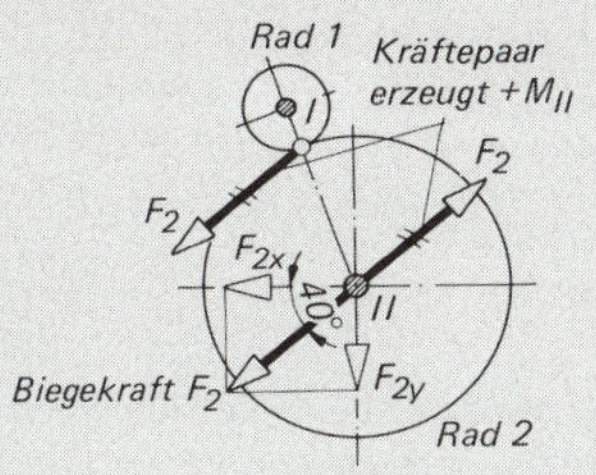

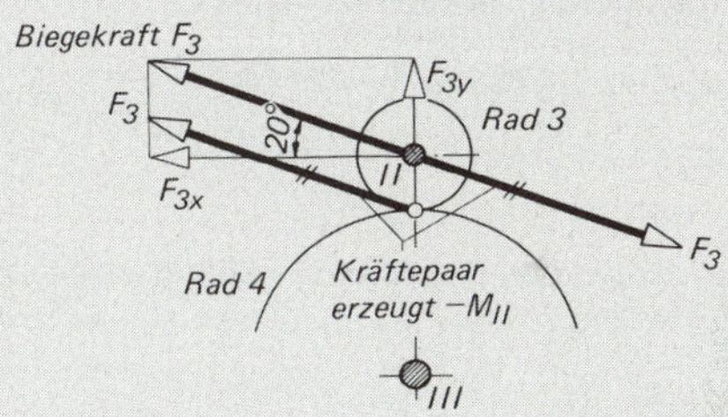

Die Kräftepaare ergeben Momente, die gleich groß sind und sich entgegenwirken: $+M_{II} - M_{II} = 0$; Welle II wird davon auf Verdrehung beansprucht. Die Komponenten F_x und F_y der Biegekräfte F_2 und F_3 sind aus dem Krafteck abzulesen:

$$F_{2y} = F_2 \sin 40^\circ = 3\,529\ N \cdot \sin 40^\circ = 2\,268\ N$$
$$F_{2x} = F_2 \cos 40^\circ = 3\,529\ N \cdot \cos 40^\circ = 2\,703\ N$$
$$F_{3y} = F_3 \sin 20^\circ = 11\,762\ N \cdot \sin 20^\circ = 4\,023\ N$$
$$F_{3x} = F_3 \cos 20^\circ = 11\,762\ N \cdot \cos 20^\circ = 11\,053\ N$$

Die perspektivische Belastungsskizze gibt Aufschluß über die Weiterentwicklung der Rechnung:

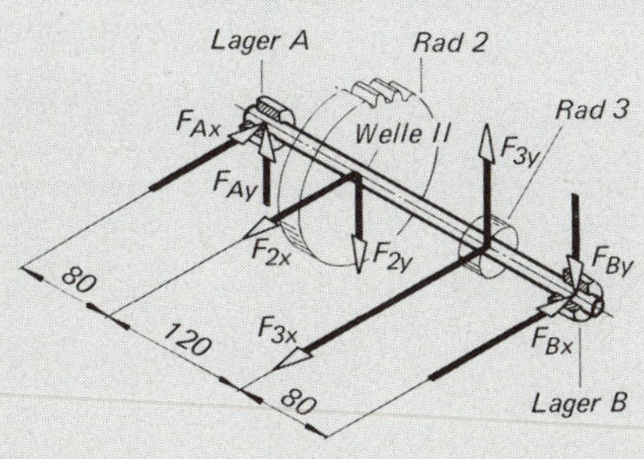

Wir bestimmen nun die Stützkraft-Komponenten F_{Ax}, F_{Ay}, F_{Bx}, F_{By} mit Hilfe der statischen Gleichgewichtsbedingungen (aus Platzgründen kann hier $\Sigma M = 0$ nicht ausgeschrieben werden):

waagerechte Ebene

$$\Sigma M_{(A)} = 0 = \ldots$$

$$F_{Bx} = \frac{F_{2x} \cdot 80\,\text{mm} + F_{3x} \cdot 200\,\text{mm}}{280\,\text{mm}}$$

$$F_{Bx} = 8\,667\,\text{N}$$

$$\Sigma F_x = 0 = + F_{Ax} - F_{2x} - F_{3x} + F_{Bx}$$

$$F_{Ax} = 5\,089\,\text{N}$$

senkrechte Ebene

$$\Sigma M_{(A)} = 0 = \ldots$$

$$F_{By} = \frac{F_{3y} \cdot 200\,\text{mm} - F_{2y} \cdot 80\,\text{mm}}{280\,\text{mm}}$$

$$F_{By} = 2\,226\,\text{N}$$

$$\Sigma F_y = 0 = + F_{Ay} - F_{2y} + F_{3y} - F_{By}$$

$$F_{Ay} = 471\,\text{N}$$

Die Komponenten werden geometrisch addiert:

$$F_A = \sqrt{F_{Ax}^2 + F_{Ay}^2} = \sqrt{5089^2\,\text{N}^2 + 471^2\,\text{N}^2} = 5\,111\,\text{N}$$

$$F_B = \sqrt{F_{Bx}^2 + F_{By}^2} = \sqrt{8667^2\,\text{N}^2 + 2226^2\,\text{N}^2} = 8\,948\,\text{N}$$

Zur Ermittlung der größten Biegebeanspruchung werden für die beiden Ebenen die Momentenflächen gezeichnet und zu einer resultierenden Momentenfläche geometrisch addiert.

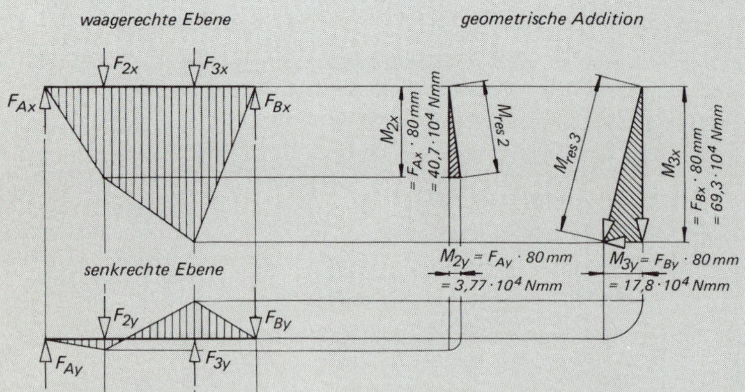

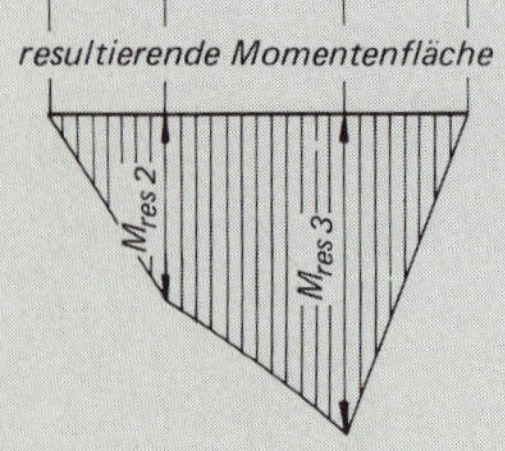

Die größte Biegebeanspruchung ist also bei Rad 3 vorhanden.

$$M_{b\,max} = M_{res3} = \sqrt{M_{3x}^2 + M_{3y}^2}$$

$$M_{b\,max} = \sqrt{(69{,}3 \cdot 10^4\,\text{Nmm})^2 + (17{,}8 \cdot 10^4\,\text{Nmm})^2}$$

$$M_{b\,max} = 71{,}55 \cdot 10^4\,\text{Nmm}$$

Die Welle II wird beim Rad 3 also beansprucht durch

das Biegemoment $M_{b\,max} = 71{,}55 \cdot 10^4$ *Nmm und*
das Torsionsmoment $T = 39{,}8 \cdot 10^4$ *Nmm.*

Weil das Torsionsmoment T in der Welle II von Rad 2 bis Rad 3 konstant ist, ergibt sich der gefährdete Querschnitt im Punkt der größten Biegebeanspruchung, also bei Rad 3!

Das resultierende Moment M_v *aus Biege- und Torsionsbeanspruchung (= Vergleichsmoment) beträgt:*

$$M_v = \sqrt{M_b^2 + 0{,}75\,(\alpha_0\,T)^2}$$

Bei gleichbleibender Drehrichtung liegt wechselnde Biege- und schwellende Torsionsbeanspruchung vor, also $\alpha_0 = 0{,}7$

$$M_v = \sqrt{(71{,}55 \cdot 10^4\,\text{Nmm})^2 + 0{,}75\,(0{,}7 \cdot 39{,}8 \cdot 10^4\,\text{Nmm})^2}$$

$$M_v = 75{,}5 \cdot 10^4\,\text{Nmm}$$

Nach Abschnitt 5.11.4.2 läßt sich das Vergleichsmoment M_v *auch zeichnerisch bestimmen.*
Beachte: $0{,}866 \cdot \alpha_0 \cdot T = 0{,}866 \cdot 0{,}7 \cdot T = 0{,}606 \cdot T$.

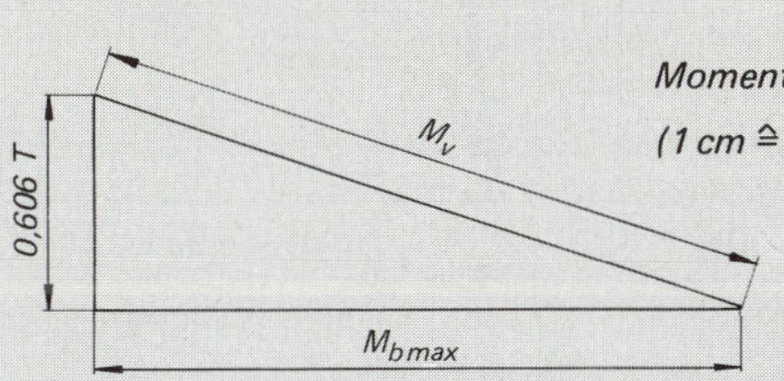

Momentenmaßstab $M_M = 15 \cdot 10^4 \dfrac{\text{Nmm}}{\text{cm}}$
(1 cm ≙ 15 · 10⁴ Nmm)

Ergebnis:

$$M_v = 5{,}04\,\text{cm} \cdot 15 \cdot 10^4 \frac{\text{Nmm}}{\text{cm}} = 75{,}6 \cdot 10^4\,\text{Nmm}$$

Mit dem Vergleichsmoment M_v *und der zulässigen Biegespannung kann der Wellendurchmesser bestimmt werden:*

$$\sigma_v = \frac{M_v}{W} \leqq \sigma_{b\,zul}$$

$W = 0{,}1\,d^3$ *für Kreisquerschnitt eingesetzt und nach d aufgelöst:*

$$d_{erf} = \sqrt[3]{\frac{M_v}{0{,}1\,\sigma_{b\,zul}}} \qquad \sigma_{b\,zul} = 80 \frac{\text{N}}{\text{mm}^2} \text{ gewählt}$$

$$d_{erf} = \sqrt[3]{\frac{75{,}6 \cdot 10^4\,\text{Nmm}}{0{,}1 \cdot 80 \frac{\text{N}}{\text{mm}^2}}}$$

$d_{erf} = 45{,}55$ *mm;* $d = 46$ *mm gewählt (Normmaß)*

5.12. Festigkeit und zulässige Spannung

5.12.1. Festigkeitswerte im Spannungs-Dehnungs-Diagramm

Beim Zugversuch nach DIN 50145 wird der Probestab allmählich verlängert und die dabei von der Zerreißmaschine angezeigte Zugkraft F ermittelt. Aus der Zugkraft F wird die auf den Ausgangsquerschnitt S_0 bezogene Zugspannung $\sigma_z = F/S_0$ berechnet. Ebenso aus der Längenänderung Δl die auf die Meßlänge l_0 bezogene Dehnung ϵ.

$$\textit{Dehnung}\ \epsilon = \frac{\text{Verlängerung}\ \Delta l}{\text{Ursprungslänge}\ l_0}$$

$$\epsilon = \frac{\Delta l}{l_0} = \frac{l - l_0}{l_0}$$

ϵ	$\Delta l, l, l_0$
1	mm

Zu jeder berechneten Spannung gehört ein bestimmter Dehnungswert. Trägt man die Spannung σ über der Dehnung ϵ in ein rechtwinkliges Achsenkreuz ein, dann erhält man das *Spannungs-Dehnungs-Diagramm*. Bis zum Punkt E verhält sich Stahl elastisch. Der zugehörige Festigkeitswert ist die *Elastizitätsgrenze* σ_E. Bei anschließender Entlastung ist keine bleibende Dehnung festzustellen.

Bis zum Punkt P ist der Spannungsanstieg geradlinig, also gilt bis zur *Proportionalitätsgrenze* σ_P das Hookesche Gesetz $\sigma = \epsilon E$. Der *Elastizitätsmodul* E erscheint im schraffierten Dreieck als Tangens des Neigungswinkels der Spannungslinie.

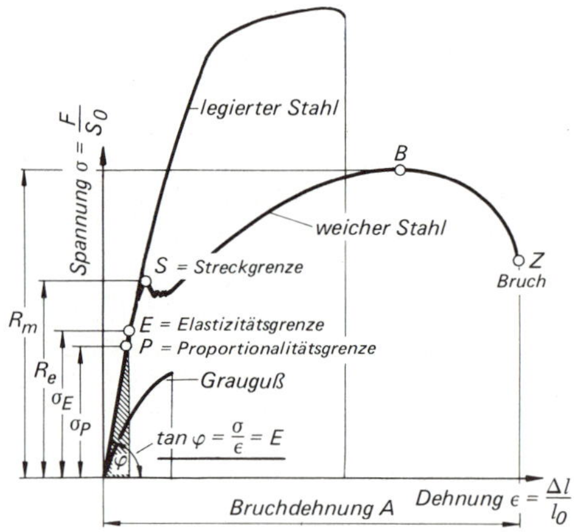

Spannungs-Dehnungs-Diagramm

Die den Punkten P und E entsprechenden Festigkeitswerte (Proportionalitäts- und Elastizitätsgrenze) sind nicht leicht zu bestimmen.

Anders dagegen ist es mit Punkt S (*Streckgrenze* R_e). Er ist durch einen plötzlichen Spannungsabfall deutlich markiert (jedenfalls bei weichem Stahl) und erscheint in allen Festigkeitsangaben. Die Streckgrenze ist der wichtigste Festigkeitswert. Den eigentümlichen Zustand des Spannungsabfalls bei fortschreitender Verlängerung des Stabes nennt man *Fließen* des Werkstoffes.

Zusammenfassung der Festigkeitswerte für Zugbeanspruchung (Tafel 5.8):

σ_E	Elastizitätsgrenze	von geringerer Bedeutung
σ_P	Proportionalitätsgrenze	
R_e	**Streckgrenze, wichtigster Kennwert, für St 37 z.B. R_e = 240 N/mm²**	
R_m	**Zugfestigkeit für St 37 z.B. $R_m \geqq 370$ N/mm²**	

Es gibt Werkstoffe ohne erkennbare Streckgrenze (z.B. legierte Stähle). Als gleichwertigen Ersatz ermittelt man für diese Werkstoffe die 0,2 %-Dehngrenze und nennt diese Spannung $R_{p0,2}$.

$R_{p0,2}$ 0,2-Dehngrenze ist die Spannung, bei der nach Entlastung der Zugprobe eine bleibende Dehnung ϵ = 0,2 % zurückbleibt.

In Werkstofftafeln steht die Spannung $R_{p0,2}$ unter der Streckgrenze R_e (Tafel 5.8).

5.12.2. Begriff der zulässigen Spannung σ_{zul}

Nehmen wir an, ein stabförmiges Maschinenteil aus St37 wird ebenso zugbeansprucht wie ein Probestab. Zur Festlegung des Querschnitts brauchen wir die zulässige Zugspannung σ_{zzul}, um mit der Arbeitsgleichung $S_{erf} = F/\sigma_{zzul}$ rechnen zu können. Aus den Festigkeitstabellen sind uns

Beachte: Festigkeitswerte stehen in den Tafeln 5.8 und 5.9 auf Seite 362.

Zugfestigkeit $R_m = 370\ N/mm^2$ und
Streckgrenze $R_e = 240\ N/mm^2$

bekannt. Würden wir als zulässige Spannung die Zugfestigkeit R_m benutzen, so müßten wir unter Betriebsbedingungen stets mit dem Bruch des Teiles rechnen. Das darf nicht sein. Benutzen wir die Streckgrenze $R_e = 240\ N/mm^2$, so würde sich ein 100 mm langes Werkstück aus St37 um 2/10 mm und mehr *bleibend* verlängern. Auch das darf nicht sein, weil danach ein Gerät oder eine Maschine unbrauchbar ist.

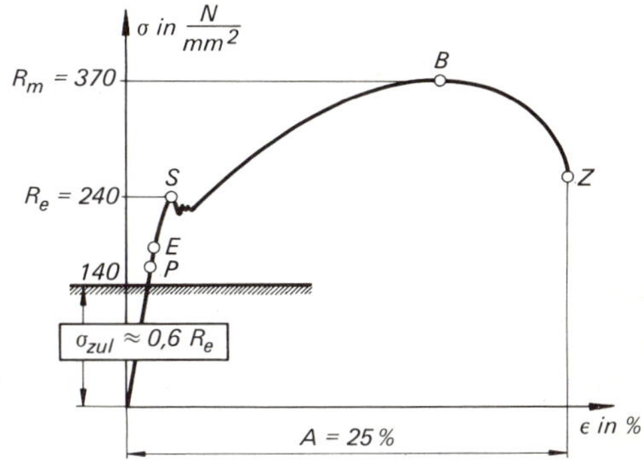

Die zulässige Spannung σ_{zul} muß also sicher noch *unter der Streckgrenze* R_e liegen, so daß nur geringfügige *elastische* Formänderungen auftreten können.

Beachte: Kein Maschinenteil darf sich unter der Betriebsbelastung *bleibend* verformen; selbst die elastische Verformung darf nur bestimmte Werte erreichen.

Für sogenannte *ruhende* Belastung (Bauwerke usw.) dürfen wir mit etwa 60 % von der Streckgrenze rechnen.

$$\sigma_{zul} \approx 0{,}6 \cdot R_e$$

für ruhende Belastung

Da die „Gestalt" des Werkstücks meist erheblich von der Form des glatten, polierten Probestabs abweicht (z. B. durch scharfe Querschnittsänderungen, Kerben, andere Oberflächen), gelten streng genommen für das *Maschinenteil* die am *Probestab* ermittelten Festigkeitswerte nicht. Vielmehr müßten die Festigkeitswerte, z. B. die Streckgrenze σ_S, am Bauteil selbst abgenommen worden sein. Das ist praktisch undurchführbar. Man hat deshalb Verfahren entwickelt, nach denen die Einflüsse der Werkstück*größe*, *-form* und *-oberfläche* (Gestalt) berücksichtigt werden.

Beachte: Die zulässige Spannung (σ_{zul}, τ_{zul}, p_{zul}), die zur Berechnung der Abmessungen eines Bauteiles ermittelt wird, muß gegenüber der jeweils vorhandenen *Festigkeit des Maschinenteiles* (Gestaltfestigkeit) noch eine ausreichende Sicherheit ν ergeben.

5.12.3. Einflüsse auf die Festigkeit des Werkstücks

5.12.3.1. Beanspruchungsart und Festigkeit

Die verschiedenen Beanspruchungsarten (Zug, Abscheren, Biegung usw.) rufen in den Bauteilen Spannungen verschiedener Richtung (Normal- und Schubspannungen) hervor. Auch die Spannungs*verteilung* über dem Querschnitt ist z.B. bei Zug und Biegung verschieden, so daß es einleuchtet, daß die Festigkeitswerte für die einzelnen Beanspruchungsarten zum Teil recht unterschiedlich sind.

Beispiel:
Die Zugfestigkeit R_m von GG-18 bei Raumtemperatur beträgt (siehe Tafel 5.9):
*Zug*festigkeit $R_m = 180\ \text{N/mm}^2$,
*Druck*festigkeit $\sigma_{dB} = 800\ \text{N/mm}^2$,
*Biege*festigkeit $\sigma_{bB} = 340\ \text{N/mm}^2$.

Den erheblichen Unterschied zwischen Zug- und Druckfestigkeit bei *Grauguß* erklärt der Gefügeaufbau: Die zwischen den Korngrenzen liegenden Graphitteilchen vermindern bei Zugbeanspruchung den Zusammenhang der Körner, während sie bei Druck mittragen.

$$\sigma_{dB} \approx 4 \cdot R_m$$ (gilt nur für GG)

Stahl hält im Gegensatz zu Grauguß bei Zug- und Druckbeanspruchung gleich viel aus. Natürlich werden auch andere Festigkeitswerte von der Art der Beanspruchung beeinflußt. So ändert sich beispielsweise die Streckgrenze bei St 50 in folgender Weise:

R_e bei Zug $= 300\ \text{N/mm}^2$,
R_e bei Biegung $= 370\ \text{N/mm}^2$,
R_e bei Verdrehung $= 200\ \text{N/mm}^2$.

Beachte: Bei der Auswahl der Festigkeitswerte ist die Beanspruchungs*art* (Zug, Druck, Biegung, Torsion) zu berücksichtigen.

5.12.3.2. Temperatur und Festigkeit

Bei höherer Temperatur als 20 °C wird die Festigkeit des Werkstoffes vermindert. Zum Vergleich die Streckgrenzenwerte für GS-45:

R_e bei 20 °C = $220\ \text{N/mm}^2$,
R_e bei 200 °C = $180\ \text{N/mm}^2$,
R_e bei 300 °C = $140\ \text{N/mm}^2$.

Beachte: Bei Auswahl der Festigkeitswerte ist die *Temperatur* zu berücksichtigen.

5.12.3.3. Belastungsart und Festigkeit

Die Festigkeit eines Bauteiles ist nicht nur von der *Beanspruchungs*art wie Zug, Verdrehung usw. abhängig; sie wird außerdem sehr stark beeinflußt durch die *Belastungs*art, d.h. durch den zeitlichen Verlauf der jeweils vorliegenden Spannung.

Beachte: Man unterscheidet drei idealisierte Belastungsfälle: ruhende, schwellende und wechselnde Belastung (Fall I, II und III).

a) Ruhende Belastung

Biegen wir eine Blechscheibe im Schraubstock in eine Richtung und halten sie in dieser Stellung dauernd fest, so haben wir „ruhende" Belastung. Die Spannung σ steigt dabei von Null auf einen Höchstwert an und bleibt dann gleich groß. Wir kennzeichnen diese Belastungsart als *Belastungsfall* I. Er kann bei jeder Beanspruchungsart (Zug, Druck, Biegung, Torsion) auftreten.

Unterscheide: *Belastung* und *Beanspruchung*!

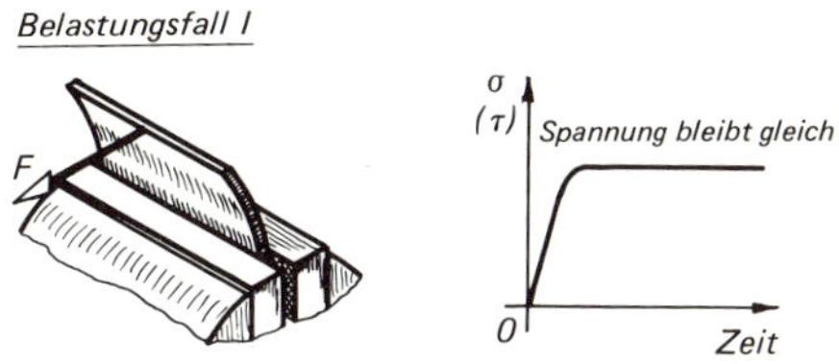

Belastungsart ruhend

Für Festigkeitsrechnungen an Bauteilen, die in dieser Weise belastet werden, müssen wir zur Bestimmung der zulässigen Spannung die im *statischen* Festigkeitsversuch (z. B. Zugversuch nach DIN 50145) ermittelte *Streckgrenze* R_e benutzen.

Beachte: Belastungsfall I kennzeichnet „ruhende" Spannung. Maßgebender Festigkeitswert für die zulässige Spannung σ_{zul} ist die Streckgrenze R_e oder die 0,2-Dehngrenze $R_{p0,2}$ in Tafel 5.8.

b) Schwellende Belastung

Biegen wir das Blech in eine Richtung, führen es wieder in die Ausgangsstellung (Nullstellung) zurück und wiederholen diese Verformung fortwährend, so haben wir „schwellende" Belastung. Die Spannung σ schwillt dabei zwischen Null und einem Höchstwert an und ab. Die Zeitdauer einer solchen Schwingung ist ohne Einfluß.

Wir kennzeichnen diese Belastungsart als *Belastungsfall* II. Er kann ebenfalls bei jeder Beanspruchsart auftreten.

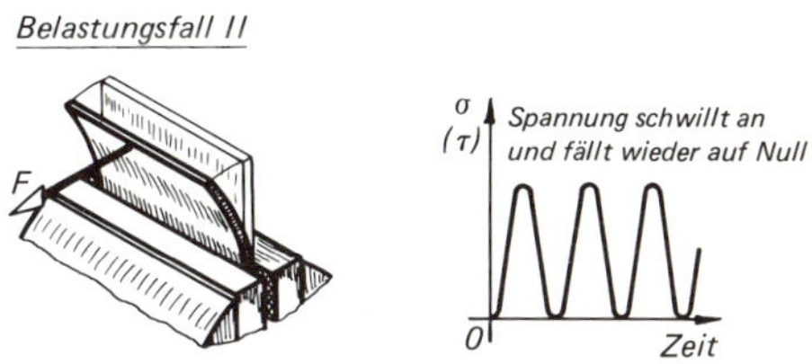

Belastungsart schwellend

Für Festigkeitsrechnungen an Bauteilen, die in dieser Weise belastet werden, müssen wir zur Bestimmung der zulässigen Spannung die im *Dauerschwingversuch* (kurz Dauerversuch) nach DIN 50100 ermittelte *Schwellfestigkeit* σ_{Sch} (τ_{Sch}) benutzen:

> Die *Schwellfestigkeit* ist diejenige Spannung, die ein schwellend belasteter, glatter, polierter Probestab *dauernd* erträgt, ohne zu brechen.

Beachte: Belastungsfall II kennzeichnet „schwellende" Spannung. Maßgebender Festigkeitswert für die zulässige Spannung σ_{zul} ist die Schwellfestigkeit σ_{Sch} (τ_{Sch}) in Tafel 5.8.

c) Wechselnde Belastung

Biegen wir das Blech fortwährend in entgegengesetzte Richtungen, so haben wir „wechselnde" Belastung. Ebenso wie die Belastung F wechselt die Spannung ihre Richtung zwischen gleich großen Plus- und Minuswerten.

Wir kennzeichnen diese Belastungsart als *Belastungsfall* III. Auch er kann bei jeder Beanspruchungsart auftreten.

Für Festigkeitsrechnungen an Bauteilen, die in dieser Weise belastet werden, müssen wir zur Bestimmung der zulässigen Spannung die *Wechselfestigkeit* σ_W (τ_W) benutzen. Sie wird ebenfalls im Dauerversuch nach DIN 50 100 ermittelt und ist stets kleiner als die Schwellfestigkeit. Das sagt uns schon unsere Erfahrung: Ein mehrfach hin- und hergebogenes Blech (Belastungsfall III) bricht schon nach einer geringeren Anzahl Lastwechsel als ein nur schwellend belastetes Blech.

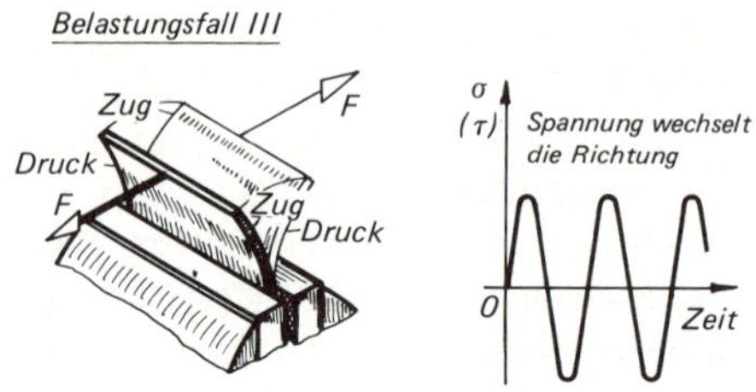

Belastungsart wechselnd

Die *Wechselfestigkeit* ist diejenige Spannung, die ein wechselnd belasteter glatter, polierter Probestab *dauernd* erträgt, ohne zu brechen.

Beachte: Belastungsfall III kennzeichnet „wechselnde" Spannung. Maßgebender Festigkeitswert für die zulässige Spannung σ_{zul} ist die Wechselfestigkeit σ_W (τ_W) in Tafel 5.8.

5.12.3.4. Gestalt und Dauerfestigkeit

Die Festigkeitswerte σ_{Sch}, τ_{Sch}, σ_W, τ_W aus dem Dauerschwingversuch nach DIN 50100 werden mit dem Sammelbegriff „Dauerfestigkeit σ_D, τ_D" bezeichnet. Man ermittelt sie an glatten, polierten Stäben mit einem Durchmesser von 7 bis 15 mm; am häufigsten als Biegewechselfestigkeit σ_{bW}.

Beispiele (siehe Tafel 5.8):

$\sigma_{b\,Sch,\,St\,60} = 470\ \text{N/mm}^2$

$\tau_{t\,Sch,\,St\,50} = 210\ \text{N/mm}^2$

$\sigma_{zW,\,St\,70} = 320\ \text{N/mm}^2$

$\tau_{tW,\,St\,37} = 140\ \text{N/mm}^2$

Beachte: Die Beanspruchungsart wird mit kleinem, die Belastungsart mit großem Buchstaben gekennzeichnet.

Wollen wir die an Probestäben gemessenen Festigkeitswerte auf Bauteile anderer Größe, Form und Oberfläche übertragen, so ist noch folgendes zu beachten:

a) Größe und Dauerfestigkeit

Die Dauerfestigkeitswerte nehmen vor allem bei Biegebeanspruchung mit steigendem Durchmesser ab. Bei Großteilen muß also mit kleineren Werten gerechnet werden.

Beispiele:

10 % weniger bei 20 mm Durchmesser
20 % weniger bei 30 mm Durchmesser
30 % weniger bei 50 mm Durchmesser
40 % weniger bei 100 mm Durchmesser

b) *Form und Dauerfestigkeit*

Die meisten Bauteile weichen von der Form des Probestabes ab, hauptsächlich durch *Kerben* jeder Form. Im erweiterten Sinne ist jede schroffe Querschnittsänderung eine Kerbe.

Beispiele für Kerben:
Wellenabsätze, Keilnuten, Bohrungen, Naben.

Die Kerbe ruft im Querschnitt örtliche *Spannungsspitzen* hervor. Messungen zeigen, daß die Spannungsspitze im Kerbgrund ein Mehrfaches der rechnerischen Spannung betragen kann. Die rechnerische Spannung heißt *Nennspannung* σ_n. Die Spannungsspitze wird um so größer, je spitzer die Kerbe ist; jedoch tritt nicht bei allen Werkstoffen die Spannungserhöhung in gleichem Maße auf. Hochlegierte und gehärtete Stähle sind am kerbempfindlichsten, Grauguß und viele Leichtmetalllegierungen sind wenig kerbempfindlich.

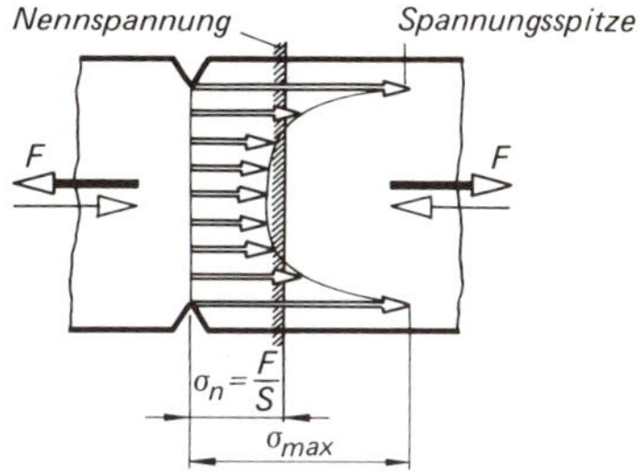

Spannungsverlauf im Kerbquerschnitt (Belastungsart wechselnd, Beanspruchungsart Zug/Druck).

Die tatsächliche Spannungsspitze σ_{max} kann man aus Nennspannung σ_n und sogenannter *Kerbwirkungszahl* β_k berechnen.

$$\sigma_{max} = \sigma_n \cdot \beta_k$$

Jede Kerbe verringert demnach die Dauerfestigkeit des Bauteiles mehr oder weniger, wie wir am Beispiel eines wechselnd auf Biegung beanspruchten Probestabes erkennen können. σ_{bWK} ist die *Kerb-Wechselfestigkeit.*

Beispiel:
Biege-Wechselfestigkeit des *glatten, polierten* und des *gekerbten* (Index K) Stabes aus St 50:
$\sigma_{bW,\,glatt} = 250\ \text{N/mm}^2$ (Tafel 5.8)
$\sigma_{bWK} = 139\ \text{N/mm}^2$

Der festigkeitsmindernde Einfluß der Kerbe wird bei hochfesten Stählen besonders deutlich.

Beispiel:
Für Federstahl beträgt:
$\sigma_{bW} = 560\ \text{N/mm}^2$ (Wechselfestigkeit)
$\sigma_{bWK} = 270\ \text{N/mm}^2$ (Kerb-Wechselfestigkeit)

Die *Dauerfestigkeitswerte* σ_{Sch}, σ_W, τ_{Sch}, τ_W kennzeichnen diejenige Spannung, die ein *glatter,* polierter Probestab im Dauerschwingversuch (DIN 50 100) dauernd erträgt, ohne zu brechen.
Die *Kerb-Dauerfestigkeitswerte* σ_{SchK}, σ_{WK}, τ_{SchK}, τ_{WK} dagegen geben diejenigen Spannungen an, die ein *gekerbter* Probestab im Dauerschwingversuch dauernd erträgt, ohne zu brechen.

Das Verhältnis von Dauerfestigkeit zur Kerb-Dauerfestigkeit nennt man die

$$\textit{Kerbwirkungszahl}\ \beta_k = \frac{\text{Dauerfestigkeit}}{\text{Kerb-Dauerfestigkeit}}$$

$$\beta_k = \frac{\sigma_D}{\sigma_{DK}}$$

Kerbwirkungszahl (Tafel 5.7)

Die Kerbwirkungszahl β_k ist abhängig vom Werkstoff, von der Kerbform und von der Beanspruchungsart des gekerbten Stabes.

Mit bekannter Kerbwirkungszahl β_k und Dauerfestigkeit können wir die Kerb-Dauerfestigkeit berechnen.

$$\sigma_{DK} = \frac{\sigma_D}{\beta_k}$$ *Kerb-Dauerfestigkeit*

Nehmen wir an, die Kerbwirkungszahl β_k einer mit Lagerzapfen abgesetzten Welle aus St 50 sei bekannt (β_k = 1,8). Die Welle wird wechselnd auf Biegung beansprucht. Dann können wir mit dem Festigkeitswert aus Tafel 5.8 die Kerbwechselfestigkeit σ_{bWK} angeben.

Beispiel:

$\sigma_{bW,St50} = 250\ \mathrm{N/mm^2}$ (Tafel 5.8)

$$\sigma_{bWK} = \frac{\sigma_{bW}}{\beta_k} = \frac{250\ \frac{N}{mm^2}}{1{,}8} = 139\ \frac{N}{mm^2}$$

c) Oberfläche und Dauerfestigkeit

Die Probestäbe sind poliert und geläppt. Eine andere Oberflächengüte setzt die Dauerfestigkeit des Bauteiles herab.

Oberflächendrücken, Härten und Ziehen kann dagegen die Dauerfestigkeit wesentlich erhöhen.

Hinweis: Man rechnet mit einem Abzug von 10 % bei geschliffener Oberfläche; von 20 % bei geschlichteter Oberfläche und von 30 % bei Walz-, Glüh- oder Gußhaut.

5.12.4. Ansatz der zulässigen Spannung im Maschinenbau

Im *Stahlbau, Hochbau, Kranbau, Brückenbau* sind die zulässigen Spannungen σ_{zul}, τ_{zul}, $\sigma_{l\,zul}$ (zulässiger Lochleibungsdruck) in den DIN-Blättern zusammengestellt und für die Festigkeitsrechnungen behördlich vorgeschrieben. Der Konstrukteur hat hier keine Mühe, die zulässigen Spannungen zu ermitteln (siehe Tafeln 5.5 und 5.6).

Anders dagegen ist es im *Maschinenbau.* Außer in bestimmten Fällen (z.B. für Landdampfkessel) muß der Konstrukteur hier die zulässige Spannung meist für jedes Maschinenteil neu berechnen. Der umfangreiche Werkstoffkatalog des Maschinenbaues, die häufig recht verwickelten Kraftwirkungen und sonstigen Betriebseinflüsse (Temperatur, Vorbehandlung, Stöße, Korrosion) setzen gründliche Überlegungen und umfassende Kenntnisse des Werkstoffverhaltens beim sogenannten „Ansatz der zulässigen Spannung" voraus. Auf der Suche nach Richtlinien und für die Praxis verwertbaren Angaben wird der Konstrukteur häufig auf Schwierigkeiten stoßen. Nicht jeder Theorie kann er folgen, nicht jedes Verfahren ist für ihn brauchbar. Erst wenn er sich einen guten Überblick über das vorhandene und für ihn brauchbare Material geschaffen hat, wird er den sicheren Boden der Werkserfahrung Schritt für Schritt verlassen können, um neue Erkenntnisse zu verwerten. Deshalb kann ihm auch hier nur eine kurze, keineswegs ausreichende Einführung in die praktische Seite der Wahl der zulässigen Spannungen gegeben werden.

5.12.4.1. Zulässige Spannung bei ruhender Belastung

Ruhende Belastung ist im Maschinenbau selten. Der zugehörige Festigkeitswert ist die *Streckgrenze* R_e oder die 0,2-Dehngrenze $R_{p0,2}$ des betreffenden Werkstoffes und der vorliegenden Beanspruchungsart (Zug, Druck, Biegung, Torsion). Eine Übersicht gibt Tafel 5.8.

Bei Werkstoffen ohne Fließgrenze, z. B. bei Grauguß (GG), werden die Zugfestigkeit R_m und die Bruchfestigkeiten σ_{dB}, σ_{bB}, aus Tafel 5.9 verwendet.

Überschlägig kann man für alle Beanspruchungsarten setzen:

$$\sigma_{zul} = \frac{R_e}{\nu}$$ ν = Sicherheit $\approx$ 1,5 für Stahl

$$\sigma_{zul} = \frac{R_m}{\nu}$$ ν = Sicherheit $\approx$ 2 für GG

Beim *Spannungsnachweis* an Bauteilen darf die rechnerisch vorhandene Spannung $\sigma_{vorh} = \sigma_n$ die zulässige Spannung σ_{zul} nicht überschreiten, das heißt, die vorhandene Spannung muß gegenüber dem geltenden Festigkeitswert die angegebene Mindestsicherheit ν haben.

Überschlägig kann man für alle Beanspruchungsarten setzen:

$$\nu_{vorh} = \frac{R_e}{\sigma_{vorh}} = \text{mindestens } 1{,}2$$ für Stahl

$$\nu_{vorh} = \frac{R_m}{\sigma_{vorh}} = \text{mindestens } 1{,}8$$ für GG

Kerbwirkungen sind beim Belastungsfall I (ruhend) *nicht* zu berücksichtigen. Die Bruchgefahr wird bei Ruhelast nicht erhöht, sondern durch Stützwirkung weniger beanspruchter Stoffteilchen sogar vermindert. Bei GG ist die Kerbwirkung durch das besondere, schon von Graphitteilchen vorgekerbte Gefüge selbst bei schwellender oder wechselnder Belastung kaum spürbar (β_k = 1).

5.12.4.2. Zulässige Spannung bei schwellender und wechselnder Belastung

Schwellende oder wechselnde Belastung tritt im Maschinenbau am häufigsten auf.

Der zugehörige Festigkeitswert ist die *Dauerfestigkeit* σ_D des betreffenden Werkstoffes und der vorliegenden Beanspruchungsart (Zug/Druck, Biegung, Torsion). Eine Übersicht gibt Tafel 5.8.

$$\sigma_{zul} = \frac{\sigma_D\, b_1\, b_2}{\nu}$$ ν = Sicherheit $\approx$ 1,5

Bauteile *ohne* Kerbwirkung

Soll die Kerbwirkung berücksichtigt werden, muß die *Kerbwirkungszahl* β_k oder die *Kerb-Dauerfestigkeit* σ_{DK} bekannt sein. Einige Kerbwirkungszahlen nennt Tafel 5.7. Sie müssen bei Bedarf aus der Literatur ergänzt werden.

σ_D ist der Oberbegriff für die Festigkeitswerte σ_{Sch}, σ_W, τ_{Sch}, τ_W.

$$\sigma_{zul} = \frac{\sigma_D\, b_1\, b_2}{\nu\, \beta_k}$$ ν = Sicherheit $\approx$ 1,5

Bauteile *mit* Kerbwirkung (β_k bekannt oder abzuschätzen)

Die *vorhandene Sicherheit* ν_{vorh} läßt sich mit der Dauerfestigkeit, der Nennspannung σ_n und den beiden Beiwerten für Oberflächen- und Größeneinfluß sowie der Kerbwirkungszahl β_k bestimmen.

$$\nu_{vorh} = \frac{\sigma_D\, b_1\, b_2}{\sigma_n} = \text{mindestens } 1{,}2$$

bei Bauteilen *ohne* Kerbwirkung

Die Nennspannung σ_n ist die Spannung, die mit Hilfe der bekannten Hauptgleichungen berechnet worden ist.

$$\nu_{vorh} = \frac{\sigma_D\, b_1\, b_2}{\sigma_n\, \beta_k} = \text{mindestens } 1{,}2$$

bei Bauteilen *mit* Kerbwirkung, β_k bekannt

Der *Oberflächenbeiwert* b_1 berücksichtigt das Zurückgehen der Dauerfestigkeit durch Oberflächenrauhigkeiten (Schleif- oder Drehriefen, Poren, Walznarben).

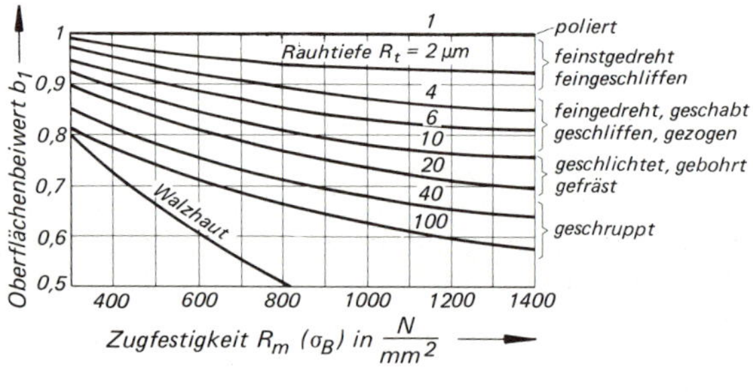

Der *Größenbeiwert* b_2 berücksichtigt das Zurückgehen der Dauerfestigkeit mit zunehmender Baugröße. b_2 kann nur für Wellen angegeben werden.

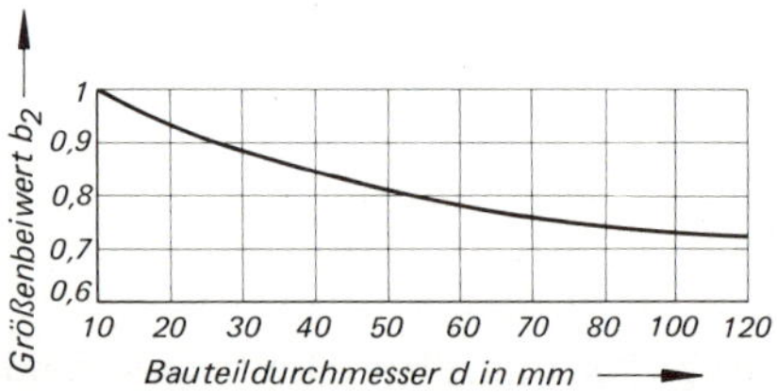

5.12.5. Übungen zum Ansatz der zulässigen Spannung

1. Übung: Ein Bauteil aus St 37 wird durch $F = 6\,000$ N schwellend auf Zug beansprucht. Gefährdeter Querschnitt $S = 100$ mm^2; Kerbwirkungszahl $\beta_k = 3{,}1$.

Die vorhandene Sicherheit und die maximale Spannung sollen berechnet werden.

Gegeben: Werkstoff St 37
Zugkraft $F = 6\,000$ N
Belastungsfall II (schwellend)
Querschnitt $S = 100$ mm^2
Kerbwirkungszahl $\beta_k = 3{,}1$

Gesucht: Vorhandene Sicherheit ν_{vorh}
Spannungsspitze σ_{max}

Lösung: Die Nennspannung σ_n wird stets aus den bekannten Hauptgleichungen berechnet, hier also aus der Zug-Hauptgleichung.

$$\sigma_n = \frac{F}{S} = \frac{6\,000\ \text{N}}{100\ \text{mm}^2} = 60\,\frac{\text{N}}{\text{mm}^2}$$

Aus Tafel 5.8 entnehmen wir die Zug-Schwellfestigkeit des Werkstoffes St 37
($\sigma_{z\,Sch} = 240\ N/mm^2$)
und bestimmen damit die vorhandene Sicherheit.

$$\nu_{vorh} = \frac{\sigma_{zSch}}{\sigma_n \beta_k} = \frac{240 \frac{N}{mm^2}}{60 \frac{N}{mm^2} \cdot 3{,}1} = 1{,}29$$

Die Spannungsspitze ist das Produkt aus Nennspannung und Kerbwirkungszahl. Die Rechnung zeigt, daß $\sigma_{max} < \sigma_{z\,Sch}$ ist.

$$\sigma_{max} = \sigma_n \beta_k = 60 \frac{N}{mm^2} \cdot 3{,}1 = 186 \frac{N}{mm^2}$$

Zeichnerische Darstellung siehe Seite 357.

Abschließend bestimmen wir noch die Festigkeit des *gekerbten* Bauteiles, also die Kerb-Dauerfestigkeit σ_{DK}.

$$\sigma_{DK} = \sigma_{zSch\,K} = \frac{\sigma_{zSch}}{\beta_k} = \frac{240 \frac{N}{mm^2}}{3{,}1} = 77{,}4 \frac{N}{mm^2}$$

2. Übung: Für eine auf Biegung schwellend beanspruchte Achse aus St 42 ist die zulässige Spannung zu ermitteln.

Der Querschnitt ist durch eine Seegerring-Kerbe geschwächt.

Gegeben:
Werkstoff St 42
Belastungsfall II
Biegebeanspruchung
Durchmesser $d = 50$ mm

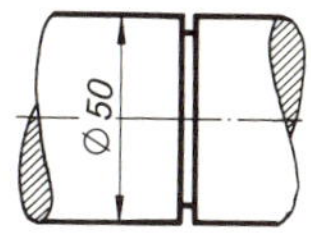

Gesucht:
Zulässige Biegespannung

Lösung: Auf Tafel 5.8 entnehmen wir die Biege-Schwellfestigkeit $\sigma_{b\,Sch} = 360\ N/mm^2$,

aus Tafel 5.7 die Kerbwirkungszahl $\beta_k \approx 3$ für Seegerringkerben.

Mit dem Oberflächenbeiwert $b_1 = 0{,}85$ (geschlichtet) und mit dem Größenbeiwert $b_2 = 0{,}7$ (für 40...120 mm) erhalten wir die zulässige Biegespannung für die Achse.

$$\sigma_{b\,zul} = \frac{\sigma_D\, b_1\, b_2}{\nu\, \beta_k}$$

$$\sigma_{b\,zul} = \frac{\sigma_{bSch}\, b_1\, b_2}{\nu\, \beta_k}$$

$$\sigma_{b\,zul} = \frac{360 \frac{N}{mm^2} \cdot 0{,}85 \cdot 0{,}7}{1{,}5 \cdot 3{,}0} = 47{,}6 \frac{N}{mm^2}$$

3. Übung: Für einen schwellend auf Zug beanspruchten Flachstab mit Bohrung ist die zulässige Spannung zu ermitteln. Werkstoff St 37.

Gegeben: Werkstoff St 37
Belastungsfall II
Zugbeanspruchung

Gesucht: Zulässige Zugspannung

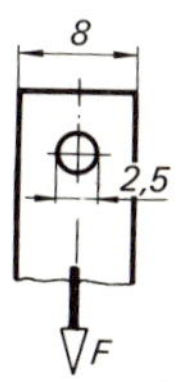

Lösung: Mit $\sigma_{z\,Sch} = 240\ N/mm^2$ aus Tafel 5.8 und $\beta_k = 1{,}8$ aus Tafel 5.7 für Flachstäbe mit Querbohrung sowie $b_1 = 0{,}8$ (geschruppt) und $b_2 = 1$ (geschätzt) erhalten wir die zulässige Zugspannung.

$$\sigma_{z\,zul} = \frac{\sigma_{zSch}\, b_1\, b_2}{\nu\, \beta_k}$$

$$\sigma_{z\,zul} = \frac{240 \frac{N}{mm^2} \cdot 0{,}8 \cdot 1{,}0}{1{,}5 \cdot 1{,}8} = 71{,}1 \frac{N}{mm^2}$$

Tafel 5.7. Richtwerte für die Kerbwirkungszahl β_k

Kerbform	Beanspruchung	Werkstoff	β_k
Hinterdrehung in Welle (Rundkerbe)	Biegung	St 37…60	1,5…2,2
Hinterdrehung in Welle (Rundkerbe)	Verdrehung	St 37…60	1,3…1,8
Eindrehung für Sg-Ring in Welle	Biegung und Verdrehung	St 37…60	3…4
abgesetzte Welle (Lagerzapfen)	Biegung	St 37…60	1,5…2,0
abgesetzte Welle (Lagerzapfen)	Verdrehung	St 37…60	1,3…1,8
Paßfedernut in Welle	Biegung	St 37…60	1,5
Paßfedernut in Welle	Biegung	Cr-Ni-St	1,8
Paßfedernut in Welle	Verdrehung	St 37…60	2,3
Paßfedernut in Welle	Verdrehung	Cr-Ni-St	2,8
Querbohrung in Achse (Schmierloch)	Biegung und Verdrehung	St 37…80	1,4…1,7
Bohrung in Flachstab	Zug	St 37	1,6…1,8
Bohrung in Flachstab	Biegung	St 37	1,3…1,5
Welle an Übergangsstelle zu festsitzender Nabe	Biegung und Verdrehung	St 37…60	2

Tafel 5.8. Festigkeitswerte zum Ansatz der zulässigen Spannung (alle Werte in N/mm²)

Werkstoff	Elastizitätsmodul E	R_m	R_e / $R_{p\,0,2}$	$\sigma_{z\,Sch}$	σ_{zW}	$\sigma_{b\,Sch}$	σ_{bW}	τ_{tSch}	τ_{tW}	Schubmodul G
St 37	210 000	370	240	240	175	340	200	170	140	80 000
St 42	210 000	420	260	260	190	360	220	180	150	80 000
St 50	210 000	500	300	300	230	420	260	210	180	80 000
St 52	210 000	520	320	320	240	430	280	220	190	80 000
St 60	210 000	600	340	340	270	470	300	230	210	80 000
St 70	210 000	700	370	370	320	520	340	260	240	80 000
50 Cr Mo 4	210 000	–	900	860	500	940	540	630	370	80 000
20 Mn Cr 5	210 000	–	700	700	540	980	600	490	340	80 000
Al Cu Mg	72 000	420	280	190	110	270	150	130	90	28 000

Tafel 5.9. Festigkeitswerte für GG zum Ansatz der zulässigen Spannung (alle Werte in N/mm²)

Werkstoff	Elastizitätsmodul E	R_m	σ_{bB}	σ_{dB}	σ_{zW}	σ_{bW}	τ_{tW}	$\sigma_{d\,Sch}$	Schubmodul G
GG 12	75 000	120	250	550	30	50	40	140	30 000
GG 14	80 000	140	280	650	40	60	50	170	35 000
GG 18	100 000	180	340	800	50	80	70	200	40 000
GG 22	120 000	220	400	950	60	100	80	240	49 000
GG 26	120 000	260	460	1100	70	120	90	280	50 000
GG 30	120 000	300	480	1200	80	140	100	320	60 000
GTW 35	170 000	350	–	$\sigma_{0,2} = 190$	100	140	120	250	68 000
GTS 35	170 000	350	–		80	120	100	200	68 000

Diese Werte gelten für 15…30 mm Wanddicke; für 8…15 mm 10 % höher, für > 30 mm 10 % niedriger; Dauerfestigkeitswerte im bearbeiteten Zustand; für Gußhaut 20 % Abzug.

5.13. Rechentafeln

Die vier Rechentafeln für die Beanspruchungsarten:

Zug/Druck, Abscheren, Torsion und Biegung

sind gleichartig aufgebaut. Auf der senkrechten linken Achse ist jeweils die Kraft oder das Moment aufgetragen. Auf der unteren Achse sind die Flächeninhalte oder Widerstandsmomente zu finden. Die schräg verlaufenden Linien sind Spannungslinien.

Die Rechentafeln sollen die überschlägige Ermittlung der Größen aus den Arbeitsgleichungen der Festigkeitslehre erleichtern. Sie können auch zur Nachprüfung von Rechnungsergebnissen dienen.

Aus den Rechentafeln Zug/Druck und Torsion ist auch noch die elastische Verformung ablesbar. Die Tafeln gelten jedoch nur für Stähle mit dem

Elastizitätsmodul $E = 2{,}1 \cdot 10^5$ N/mm^2
und dem

Schubmodul $G = 0{,}8 \cdot 10^5$ N/mm^2.

Die fünfte Rechentafel für Knickung ist ebenfalls nur für Stähle mit einem Elastizitätsmodul $E = 2{,}1 \cdot 10^5$ N/mm^2 verwendbar.

5.13.1. Rechentafel Zug, Druck und Längenänderung

Die Rechentafel besteht aus zwei Teilen. Die linke und untere Achse dienen der Festigkeitsrechnung. Hier ist sie für beliebige Werkstoffe verwendbar.

Die obere und rechte Achse dienen der Bestimmung der Längenänderung. Sie ist hier nur für Stähle mit dem Elastizitätsmodul $E = 2{,}1 \cdot 10^5$ N/mm^2 verwendbar.

Ablesebeispiel:

Eine Kraft $F = 33\,000$ N wirkt an einem Zuganker von der Länge $l_0 = 1{,}3$ m. Wie groß ist der Durchmesser für $\sigma_{zzul} = 120$ N/mm^2 zu wählen?
Wie groß ist die Verlängerung des gewählten Stabes unter der Last?

Von $F = 33\,000$ N auf der linken Achse geht man waagerecht nach rechts bis zum Schnittpunkt mit der Spannungslinie 120 N/mm^2. Senkrecht nach unten gelotet kann man auf der unteren Achse ablesen:

Erforderlicher Querschnitt: $S = 275$ mm^2 ; $d = 18{,}7$ mm.

Gewählt wird $d = 20$ mm.

Die in diesem Querschnitt vorhandene Spannung ermitteln: Von der unteren Achse bei $d = 20$ mm geht man senkrecht nach oben bis zum Schnittpunkt mit der waagerechten Linie $F = 33\,000$ N. Der Schnittpunkt liegt zwischen den Spannungslinien 100 und 120 N/mm^2. Geschätzt: $\sigma_{z\,vorh} = 105$ N/mm^2.

Das Ablesen der Verlängerung eines Stabes von $l_0 = 1{,}3$ m geht von dieser vorhandenen Spannung aus. Man zieht eine Parallele zu den Spannungslinien bis zum Schnittpunkt mit einer Linie, die von der oberen Achse bei $l = 1{,}3$ senkrecht nach unten läuft. Von diesem neuen Schnittpunkt geht man waagerecht nach rechts und liest auf der rechten Achse ab:
$\Delta l = 650\ \mu$m $= 0{,}65$ mm.

Ablesebeispiel:

Ein hölzerner Stempel, Querschnitt 5 X 9 cm, soll auf Druck beansprucht werden. Welche Last ist zulässig, wenn $\sigma_{d\,zul} = 10$ N/mm^2 nicht überschritten werden soll?

Die Querschnittsfläche beträgt $S = (50 \cdot 90)$ mm $= 4\,500$ mm^2.

Man sucht auf der unteren Achse $S = 4500$ mm^2 und geht senkrecht nach oben bis zum Schnittpunkt mit der Spannungslinie 10 N/mm^2. Von dort aus geht man waagerecht nach links und liest auf der linken Achse ab: $F = 45\,000$ N.

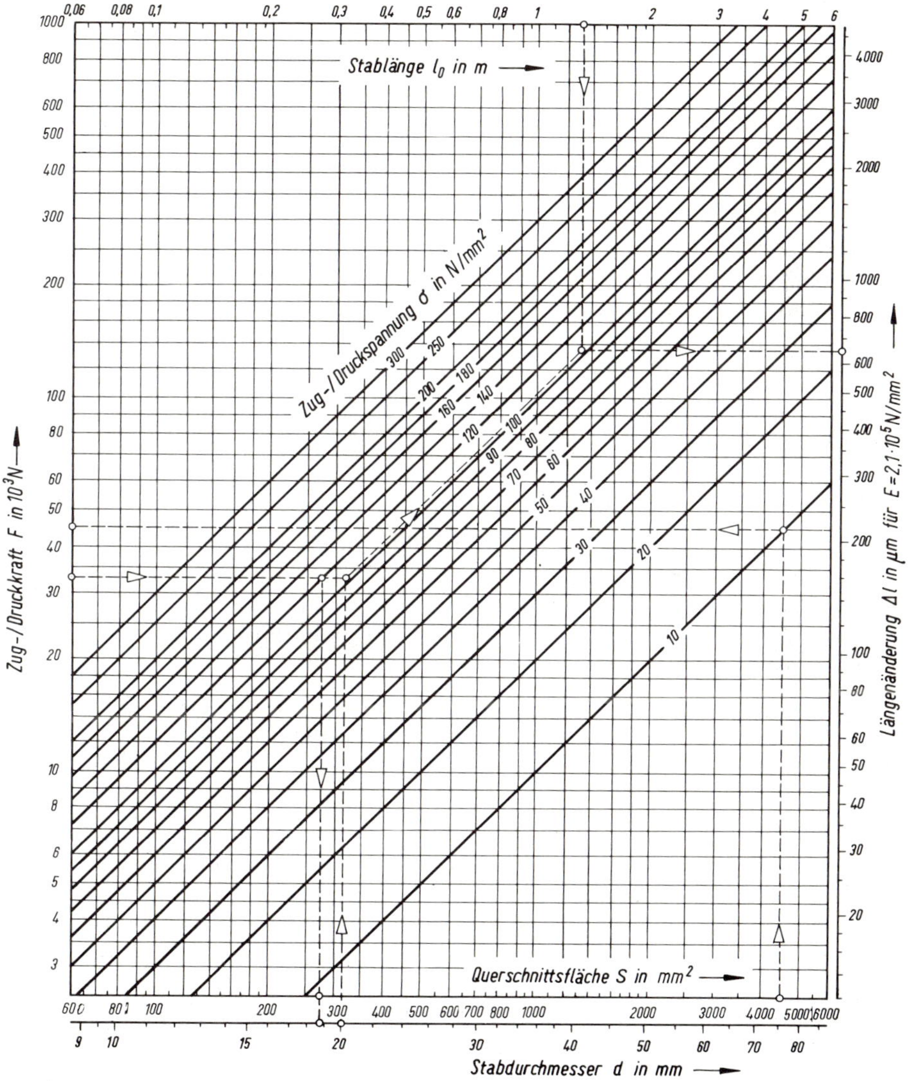

Stablänge l_0 in m
0,06 0,08 0,1 0,2 0,3 0,4 0,5 0,6 0,8 1 2 3 4 5 6
Zug-/Druckspannung σ in N/mm²
300 250 200 180 160 140 120 100 90 80 70 60 50 40 30 20 10
Zug-/Druckkraft F in 10³N
1000 800 600 500 400 300 200 100 80 60 50 40 30 20 10 8 6 5 4 3
Längenänderung Δl in µm für E = 2,1·10⁵ N/mm²
4000 3000 2000 1000 800 600 500 400 300 200 100 80 60 50 40 30 20
Querschnittsfläche S in mm²
600 80 100 200 300 400 500 600 700 800 1000 2000 3000 4000 5000 6000
Stabdurchmesser d in mm
9 10 15 20 30 40 50 60 70 80

5.13.2. Rechentafel Abscheren

Unter der waagerechten Achse sind hier Felder aufgetragen, aus denen für einen erforderlichen Querschnitt die Größe und Anzahl der Niete abzulesen ist. Die Größe der Niete liegt durch Blechstärke oder Profil meist fest, so daß die erforderliche Nietanzahl abgelesen werden kann.

Ablesebeispiel:

Eine zweischnittige Nietverbindung ist mit $F_{ges} = 124\,000$ N belastet. Gesucht: Größe und Anzahl der Niete bei $\tau_{a\,zul} = 140$ N/mm².

Die Abscherkraft je Schnittfläche wird

$$F = \frac{124\,000\ \text{N}}{2} = 62\,000\ \text{N}.$$

Man sucht $F = 62\,000$ N auf der senkrechten Achse und geht von dort aus waagerecht nach rechts bis zum Schnittpunkt mit der Spannungslinie 140 N/mm². Dann geht man senkrecht nach unten und liest auf der unteren Achse ab: Erforderlicher Querschnitt $S = 440$ mm².

Die Verlängerung der Linie in die Nietfelder zeigt, daß dieser Querschnitt aufgebracht wird von:

5 Nieten 10 Durchmesser oder 4 Nieten 12 Durchmesser oder
2 Nieten 16 Durchmesser oder 2 Nieten 20 Durchmesser oder
2 Nieten 22 Durchmesser.

Hierbei wären 2 Niete 16 Durchmesser am besten ausgenutzt, da die senkrechte Linie hier am weitesten nach rechts in das Nietfeld stößt.

Ablesebeispiel:

Eine dreischnittige Nietverbindung mit 3 Nieten von 20 mm Rohniet-Durchmesser ist gegeben. Wie groß ist die größte übertragbare Abscherkraft, wenn die zulässige Abscherspannung $\tau_{a\,zul} = 100$ N/mm² beträgt?

Man geht von der rechten Grenze des Feldes „3 Niete 20 Durchmesser" senkrecht nach oben bis zum Schnittpunkt mit der schrägen Spannungslinie 100 N/mm². Von dortaus geht man waagerecht nach links und liest auf der linken Achse ab:

Abscherkraft je Schnittfläche $F = 100\,000$ N.
Damit wird die Gesamtkraft $F_{ges} = 300\,000$ N.

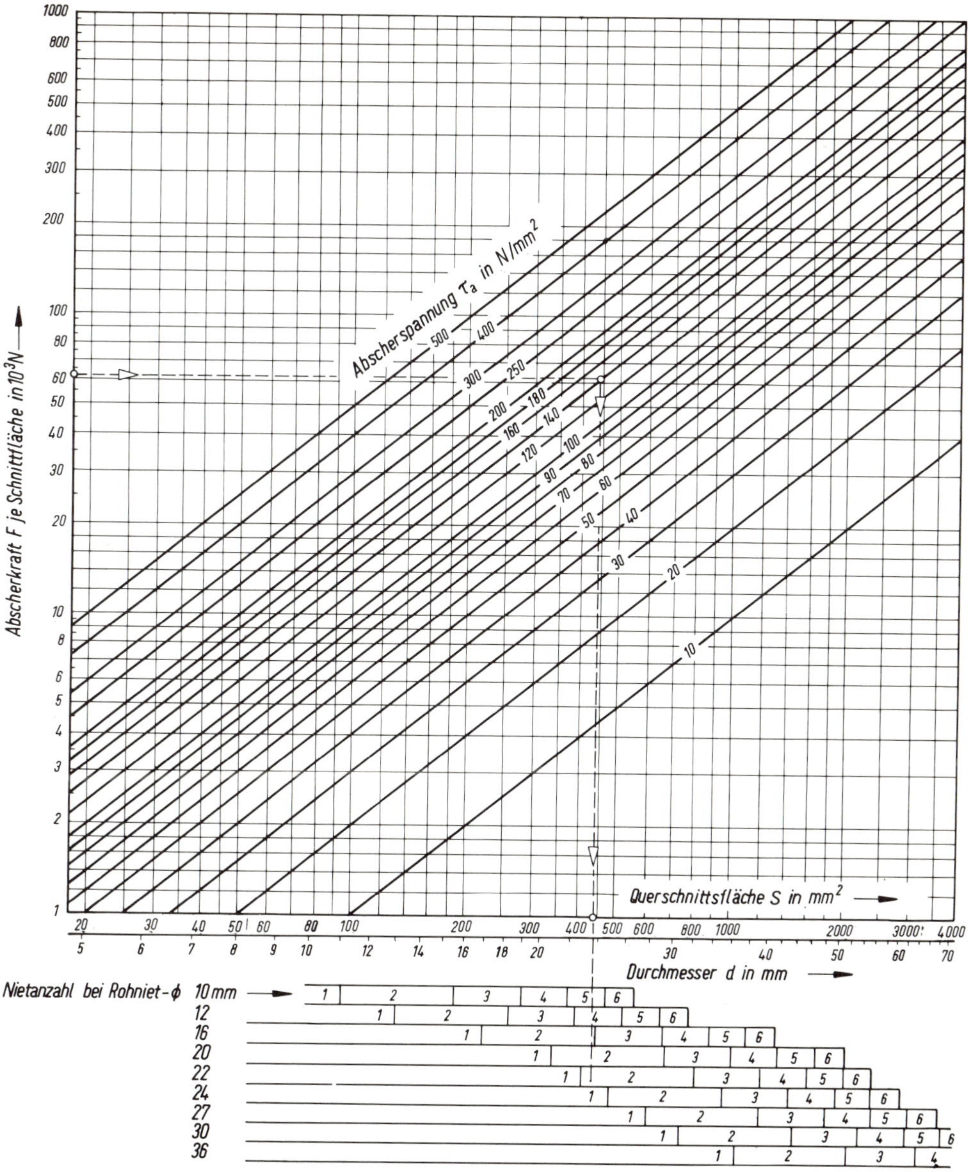

Abscherkraft F je Schnittfläche in 10^3N
Abscherspannung τ_a in N/mm²
500
400
300
250
200
180
160
140
120
100
90
80
70
60
50
40
30
20
10
Querschnittsfläche S in mm²
Durchmesser d in mm
Nietanzahl bei Rohniet-ϕ 10 mm
12
16
20
22
24
27
30
36

5.13.3. Rechentafel Torsion und Verdrehwinkel

Die Rechentafel besteht aus zwei Teilen. Die linke und untere Achse dienen der Festigkeitsrechnung. Hier ist sie für beliebige Werkstoffe verwendbar.

Die obere und rechte Achse dienen der Bestimmung des Verdrehwinkels. Sie ist hier nur für Stähle mit dem Schubmodul $G = 0{,}8 \cdot 10^5$ N/mm^2 verwendbar.

Ablesebeispiel:

Eine Welle wird durch ein Torsionsmoment $T = 570$ Nm beansprucht. Welcher Durchmesser ergibt sich für $\tau_{t\,zul} = 80$ N/mm^2?

Man sucht auf der linken Achse $T = 270 \cdot 10^3$ und geht waagerecht nach rechts bis zum Schnittpunkt mit der Spannungslinie 80 N/mm^2. Von da aus geht man senkrecht nach unten und liest auf der unteren Achse ab:

Erforderliches Widerstandsmoment $W_p = 7{,}2 \cdot 10^3$ mm^3.

Wellendurchmesser $d = 33$ mm. Gewählt wird: $d = 35$ mm.

Ablesebeispiel:

Wie groß sind der Verdrehwinkel und die vorhandene Spannung für die im vorigen Beispiel gewählte Welle mit $d = 35$ mm bei gleicher Belastung?

Eine waagerechte Linie von $T = 57 \cdot 10^3$ Nmm und eine senkrechte von $d = 35$ mm aus führen zum Schnitt zwischen den Spannungslinien zwischen 60 und 70 N/mm^2. Das ist die vorhandene Spannung.

Geschätzt: $\tau_{t\,vorh} = 67$ N/mm^2. Von da aus geht man parallel zu den Spannungslinien nach unten bis zum Schnittpunkt mit einer senkrechten Linie, die von der oberen Achse durch $d = 35$ mm gezogen wird. Von diesem Schnittpunkt aus nach rechts gehend kann man auf der rechten Achse ablesen: $\varphi = 2{,}8°$/m.

Ablesebeispiel:

Eine Welle mit $d = 50$ mm darf mit $\tau_{t\,zul} = 40$ N/mm^2 beansprucht werden. Wie groß ist das Torsionsmoment T_{max}?

Man geht von der unteren Achse bei $d = 50$ mm senkrecht nach oben bis zum Schnitt mit der schrägen Spannungslinie 40 N/mm^2. Von da aus geht man waagerecht nach links und liest auf der linken Achse ab:

Torsionsmoment $T_{max} = 1000 \cdot 10^3$ Nmm $= 10^6$ Nmm.

Die gleiche Welle zeigt unter Belastung einen Verdrehwinkel $\varphi = 0{,}28$ °/m. Wie groß ist die jetzt vorhandene Spannung?

Von der oberen Achse bei $d = 50$ mm geht man senkrecht nach unten bis zum Schnittpunkt mit einer Waagerechten, die von der rechten Achse bei 0,28°/m nach links gezogen wird. Der Schnittpunkt liegt auf der Spannungslinie 10 N/mm^2.

Vorhandene Spannung $\tau_{t\,vorh} = 10$ N/mm^2.

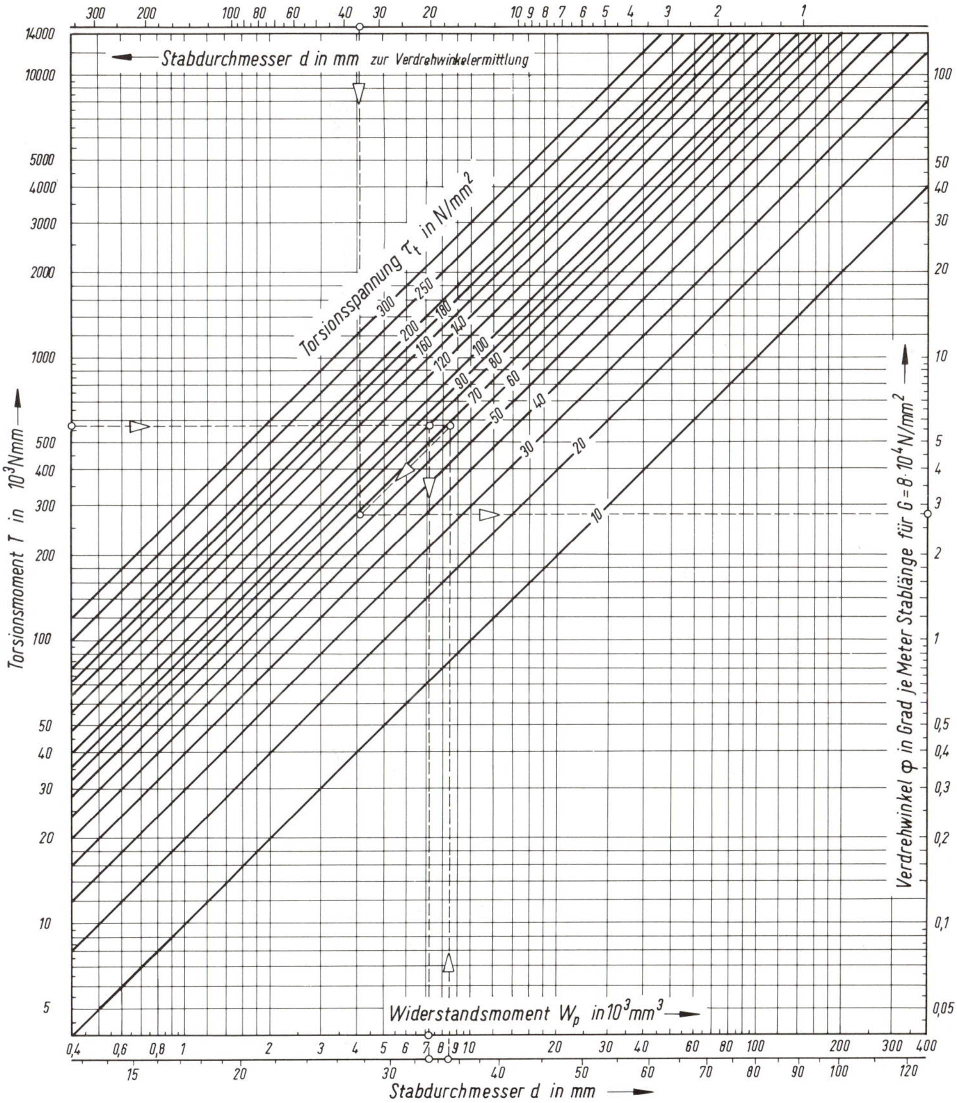
Stabdurchmesser d in mm zur Verdrehwinkelermittlung
Torsionsspannung τ_t in N/mm²
300 250 200 180 160 140 120 100 90 80 70 60 50 40 30 20 10
Torsionsmoment T in 10^3 Nmm
Verdrehwinkel φ in Grad je Meter Stablänge für G = 8 · 10^4 N/mm²
Widerstandsmoment W_p in 10^3 mm³
Stabdurchmesser d in mm

5.13.4. Rechentafel Biegung

Auf der waagerechten Achse ist das Widerstandsmoment aufgetragen, parallel dazu der Durchmesser für den Kreisquerschnitt. Darunter sind in Feldern die zu den Widerstandsmomenten gehörenden IPE- und U-Trägerprofile zu finden.

Ablesebeispiel:

Ein Bauteil wird auf Biegung beansprucht.

$M_b = 8\,600$ Nm; $\sigma_{b\,zul} = 140$ N/mm².

Welches Widerstandsmoment ist erforderlich? Welcher Durchmesser ergibt sich für Rundstahl, welches Trägerprofil könnte dafür genommen werden?

Von $M_b = 8600 \cdot 10^3$ Nmm auf der linken senkrechten Achse aus geht man waagerecht bis zum Schnittpunkt mit der Spannungslinie 140 N/mm². Von dort aus ist senkrecht nach unten auf der Achse abzulesen:

Erforderliches Widerstandsmoment	$W = 61{,}4 \cdot 10^3$ mm³
Durchmesser des Rundstahles	$d = 85{,}5$ mm
Trägerprofil	I PE 140

Ablesebeispiel:

Für die oben angegebene Belastung wird ein Trägerprofil I PE 120 verwendet. Wie hoch wird die vorhandene Spannung?

Man geht von der rechten Grenze des Feldes 120 senkrecht nach oben bis zum Schnittpunkt mit der waagerechten Linie durch $M_b = 8600 \cdot 10^3$ Nmm. Der Schnittpunkt liegt etwas oberhalb der Spannungslinie 160 N/mm².

Vorhandene Spannung $\sigma_{b\,vorh} = 165$ N/mm² geschätzt.

Ablesebeispiel:

Eine Achse von 50 mm Durchmesser kann mit $\sigma_{b\,zul} = 250$ N/mm² beansprucht werden. Wie groß ist das Biegemoment $M_{b\,max}$?

Von der unteren Achse bei $d = 50$ mm geht man senkrecht nach oben bis zum Schnitt mit der Spannungslinie 250 N/mm². Vom Schnittpunkt aus nach links kann man auf der Achse ablesen:

Biegemoment $M_{b\,max} = 3\,000 \cdot 10^3$ Nmm $= 3\,000$ Nm.

Ablesebeispiel:

Ein Träger IPE 200 darf mit der Spannung $\sigma_{b\,zul} = 140$ N/mm² beansprucht werden. Wie groß ist das Biegemoment $M_{b\,max}$?

Von der rechten Grenze des Feldes 200 geht man senkrecht nach oben bis zum Schnitt mit der Spannungslinie 140 N/mm². Vom Schnittpunkt waagerecht nach links kann man auf der Achse ablesen:

Biegemoment $M_{b\,max} = 26\,000 \cdot 10^3$ Nmm $= 26\,000$ Nm.

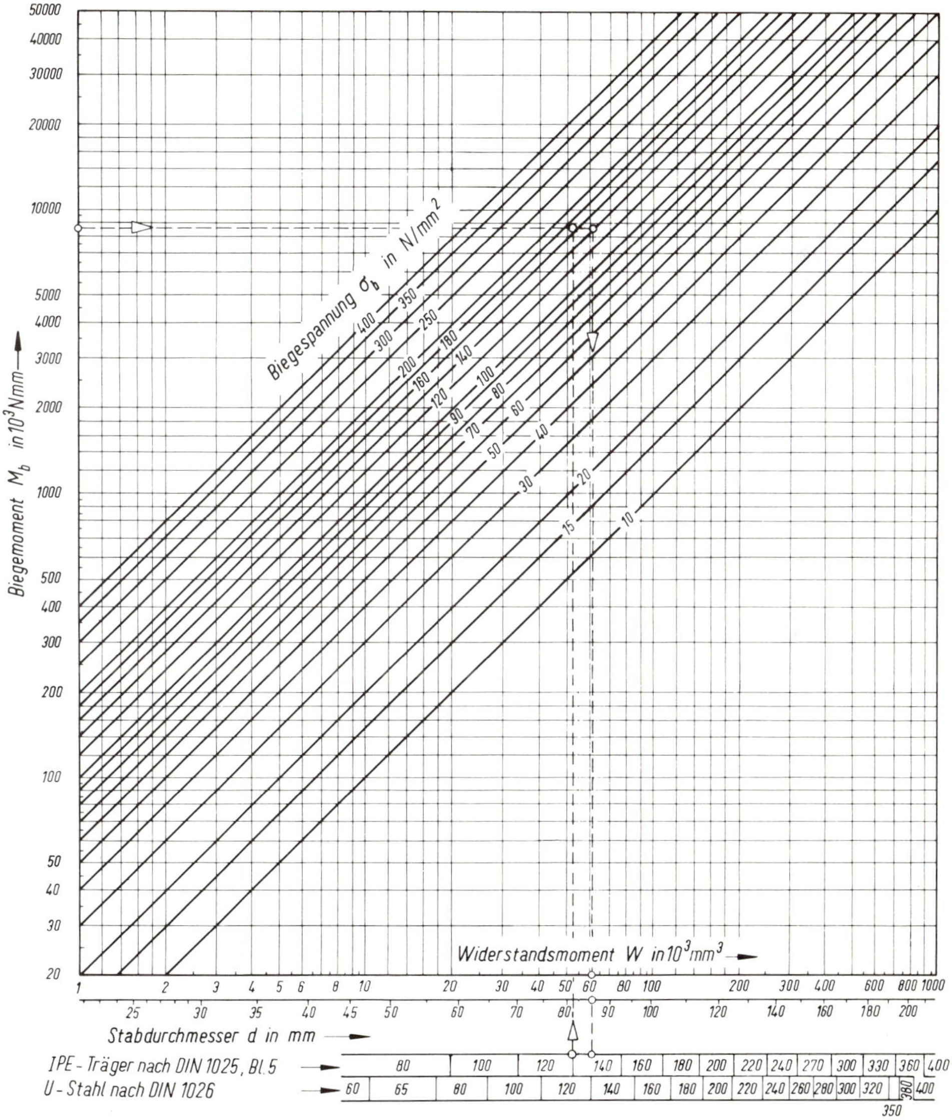
Biegemoment M_b in 10^3 N/mm
50000
40000
30000
20000
10000
5000
4000
3000
2000
1000
500
400
300
200
100
50
40
30
20
Biegespannung σ_b in N/mm^2
400
350
300
250
200
180
160
140
120
100
90
80
70
60
50
40
30
20
15
10
Widerstandsmoment W in 10^3 mm^3
1 2 3 4 5 6 8 10 20 30 40 50 60 80 100 200 300 400 600 800 1000
25 30 35 40 45 50 60 70 80 90 100 120 140 160 180 200
Stabdurchmesser d in mm
IPE-Träger nach DIN 1025, Bl. 5
80 100 120 140 160 180 200 220 240 270 300 330 360 400
U-Stahl nach DIN 1026
60 65 80 100 120 140 160 180 200 220 240 260 280 300 320 380 400
350

5.13.5. Rechentafel Knickung

Die Rechentafel ermöglicht die Bestimmung des Durchmessers eines Knickstabes, wenn die freie Knicklänge s und die Knickkraft $F_K = F \cdot \nu$ bekannt sind, aber nur für den Fall der elastischen Knickung, also im Euler-Bereich. Für diesen Bereich sind die Netzlinien ausgezogen, während sie im unelastischen Bereich fehlen. Die Rechentafel wird durch die steil verlaufende Linie $\lambda = 89$ (für St 50) in diese beiden Bereiche geteilt.

Ablesebeispiel:

Eine Schubstange aus St50 wird durch eine Kraft $F = 10\,000$ N = 10 kN auf Knickung beansprucht. Freie Knicklänge $s = 1\,400$ mm. Es soll 10fache Sicherheit gegen Ausknicken vorhanden sein. Die Knickkraft F_K wird:

$F_K = F \cdot \nu = 10\text{ kN} \cdot 10 = 100\text{ kN}$.

Von $s = 1400$ mm auf der unteren Achse geht man senkrecht nach oben bis zum Schnitt mit der unter 45° laufenden F_K-Linie 100 kN.

Der Schnittpunkt liegt rechts vom Grenzschlankheitsgrad 89, also im Eulerbereich. Vom Schnittpunkt geht man waagerecht nach rechts und liest auf der rechten Achse ab:

Erforderliches Flächenmoment 2. Grades: $I = 9{,}2 \cdot 10^4\text{ mm}^4$; $d = 37{,}2$ mm.

Ablesebeispiel:

Ein Stab von $d = 13$ mm und $s = 350$ mm soll belastet werden. Wie groß kann die Betriebslast werden, wenn 4fache Sicherheit gegen Ausknicken vorhanden sein soll? Werkstoff St50.

Von der unteren Achse bei $s = 350$ mm geht man senkrecht nach oben bis zum Schnitt mit einer Linie, die von der rechten Achse bei $d = 13$ mm nach links läuft. Der Schnittpunkt liegt zwischen den Knickkraft-Linien 20 und 30 kN.

Geschätzt: $F_K = 24$ kN. Damit ergibt sich die Betriebskraft

$$F = \frac{F_K}{\nu} = \frac{24\,000\text{ N}}{4} = 6000\text{ N}.$$

Ablesebeispiel:

Für eine freie Knicklänge $s = 550$ mm und eine Knicklast $F_K = 2\,000$ kN ergibt sich der Schnittpunkt links vom Grenzschlankheitsgrad, also im unelastischen Bereich. Der Schnittpunkt liegt zwischen den steil verlaufenden λ-Linien für $\lambda = 40$ und $\lambda = 50$. Der Schlankheitsgrad beträgt $\lambda \approx 45$. Mit diesem Wert kann nach den Gleichungen von Tetmajer weitergerechnet werden (Tafel 5.3).

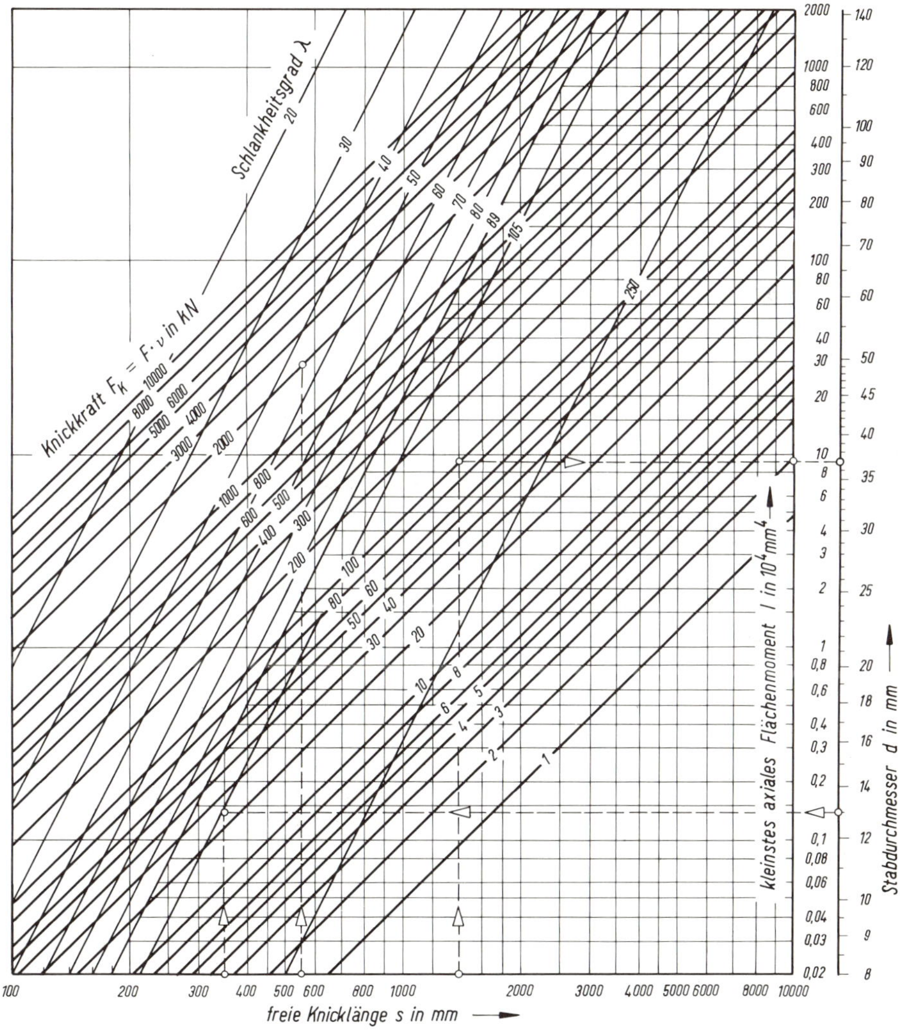
Schlankheitsgrad λ
Knickkraft $F_K = F \cdot \nu$ in kN
kleinstes axiales Flächenmoment I in 10^4 mm^4
Stabdurchmesser d in mm
freie Knicklänge s in mm
100
200
300
400
500
600
800
1000
2000
3000
4000
5000
6000
8000
10000
2000
1000
800
600
400
300
200
100
80
60
40
30
20
10
8
6
4
3
2
1
0,8
0,6
0,4
0,3
0,2
0,1
0,08
0,06
0,04
0,03
0,02
140
120
100
90
80
70
60
50
45
40
35
30
25
20
18
16
14
12
10
9
8

6. Fluidmechanik

6.1. Statik der Flüssigkeiten (Hydrostatik)

6.1.1. Eigenschaften der Flüssigkeiten

Flüssigkeiten unterscheiden sich von festen Körpern durch *leichte Verschiebbarkeit* der Teilchen. Während bei festen Körpern vielfach erhebliche Kräfte nötig sind, um ihre Form zu ändern, ist die Formänderung einer Flüssigkeit ohne Krafteinwirkung möglich, wenn nur hinreichend Zeit zur Verfügung steht. Bei raschem Formwechsel ist auch bei Flüssigkeiten ein Widerstand spürbar; er hat seine Ursache in der „Zähigkeit" (Viskosität) und in der Massenträgheit.

Bei Ruhezuständen oder sehr langsamen Bewegungen darf der Widerstand gegen Formänderung gleich Null gesetzt werden.

Hinweis: Das Wort „Hydraulik" kommt aus dem Griechischen: hydor = Wasser. Im übertragenen Sinne sprechen wir von „Hydraulik" auch bei Verwendung anderer Flüssigkeiten, wie z.B. Öl (Ölhydraulik). Die Hydraulik behandelt alle Vorgänge, bei denen Kräfte und Bewegungen durch eine Flüssigkeit übertragen werden. Die Flüssigkeit ist der Energieträger, z.B. im hydraulischen Getriebe, bestehend aus den hydraulischen Elementen Pumpe, Motor und Leitung.

Fluid ist die übergeordnete Bezeichnung für Flüssigkeiten, Gase und Dämpfe.

Der widerstandslosen Formänderung der Flüssigkeiten steht ihr *großer Widerstand bei Volumenänderung* gegenüber. Beispielsweise wird es nicht gelingen, 1 Liter Wasser in ein Gefäß von $^1/_2$ Liter hineinzupressen. Ebensowenig ist es möglich, $^1/_2$ Liter Wasser auf ein Volumen von 1 Liter auszudehnen. Erst bei sehr hohen Drücken ist eine kleine Volumenänderung meßbar, z.B. in Einspritzleitungen von Dieselmotoren. Wasser drückt sich bei einem Druck von 1000 bar um ca. 5 % zusammen. Stöße und Drücke werden daher in unverminderter Stärke übertragen, z.B. Wasserschläge in Rohrleitungen und Drücke in hydraulischen Pressen.

Beachte: Flüssigkeiten zeigen keinen Widerstand gegen Formänderung, aber großen Widerstand gegen Volumenänderung.

6.1.2. Hydrostatischer Druck (Flüssigkeitsdruck, hydraulische Pressung)

In der Festigkeitslehre nennt man die im Inneren eines festen Körpers je Flächeneinheit aufzunehmende Kraft die *Spannung*. Die Spannung in einer ruhenden Flüssigkeit heißt *hydrostatischer Druck* oder kurz *Druck p*.

Beachte: Der Druck p steht immer senkrecht auf der betrachteten Fläche.

Der hydrostatische Druck ist die je Flächeneinheit von außen auf eine Flüssigkeit oder in ihrem Inneren wirkende Kraft.

$$p = \frac{\text{Kraft } F}{\text{Fläche } A}$$

hydrostatischer Druck

p	F	A
$\frac{N}{m^2}$	N	m^2

Die *Einheit* des Druckes ergibt sich aus der Definitionsgleichung $p = F/A$: Sie ist der Quotient aus einer Krafteinheit und einer Flächeneinheit.

$$(p) = \frac{(F)}{(A)} = \frac{N}{m^2} = N m^{-2} = \text{Pascal (Pa)}$$

Die gesetzliche und internationale Einheit (SI-Einheit) des Druckes p ist das Newton je Quadratmeter. Einheitenname: Pascal[1]) mit dem Kurzzeichen Pa:

$$1 \frac{N}{m^2} = 1 \text{ Pa}$$

Hinweis: Weitere gesetzliche Einheiten sind

$$1 \text{ MPa (Megapascal)} = 10^6 \text{ Pa} = 10^6 \frac{N}{m^2}$$

$$1 \text{ bar (Bar)} = 10^5 \text{ Pa} = 10^5 \frac{N}{m^2}$$

Die früher gebräuchliche Druckeinheit kp/cm^2 = at ist ungefähr so groß wie das Bar (1 at ≈ 1 bar).

$$1 \text{ bar} = 10 \frac{N}{cm^2} \approx 1 \frac{kp}{cm^2} = 1 \text{ at.}$$

6.1.3. Druckverteilung in einer Flüssigkeit ohne Berücksichtigung der Schwerkraft, das Druck-Ausbreitungsgesetz

Jede Flüssigkeit hat eine Masse und folglich auch eine Schwerkraft (= Gewichtskraft). In vielen Fällen, z. B. bei hohen Drücken, brauchen wir sie nicht zu berücksichtigen.

Wir stellen uns im Inneren einer Flüssigkeit einen flachliegenden „Flüssigkeitsquader" vor. Wir begehen keinen Fehler, wenn wir diesen „Flüssigkeitskörper" als erstarrte Flüssigkeit betrachten und die Gesetze der Statik starrer Körper auf ihn anwenden.

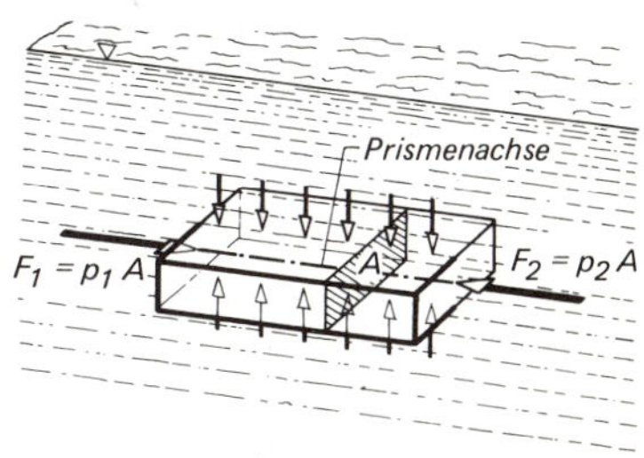

[1]) *Blaise Pascal*, 1623–1662.

Wir wollen das Gleichgewicht gegen Verschieben längs der Prismenachse betrachten, wobei wir zunächst annehmen, daß die Drücke auf die Stirnseiten (p_1 und p_2) verschieden groß sind. Da die Druckkräfte auf den Seitenflächen stets senkrecht auf diesen Flächen stehen, tragen sie zu den Kräften F_1 und F_2 auf die Stirnflächen nichts bei.

Beachte: Weil $p = \frac{F}{A}$ ist, ist auch $F = pA$, also $F_1 = p_1 A$ und $F_2 = p_2 A$.

Da der Quader in der Flüssigkeit ruht, muß für die auf die senkrechten Stirnflächen wirkenden Kräfte F_1 und F_2 die Gleichgewichtsbedingung $\Sigma F = 0$ erfüllt sein.

$$\Sigma F = 0 = F_1 - F_2 = p_1 A - p_2 A$$

$$p_1 A = p_2 A \quad \rightarrow \quad p_1 = p_2$$

d. h. es herrscht Druckgleichheit:

$$p_1 = p_2 = p_3 = \ldots$$

Die Entwicklung der Gleichung zeigt, daß der Druck an beiden Stirnseiten gleich ist. Dasselbe muß auch für die anderen einander gegenüber liegenden Flächen gelten.

Daraus ergibt sich das von Pascal aufgestellte *Druck-Ausbreitungsgesetz:*

Der Druck, der auf irgendeinen Teil einer abgesperrten Flüssigkeit ausgeübt wird, breitet sich nach allen Richtungen hin gleichmäßig aus.

Beachte: Das Druck-Ausbreitungsgesetz, also Druckgleichheit an jeder Stelle der Flüssigkeit, gilt nur ohne Berücksichtigung der Schwerkraft der Flüssigkeit (siehe 6.1.5).

6.1.4. Anwendungen des Druck-Ausbreitungsgesetzes

6.1.4.1. Hydraulischer Hebebock

An das vollständig mit Wasser gefüllte Gefäß eines Wasserdruckhebebockes sind zwei Zylinder angeschlossen, in denen Kolben gleiten. Die Kolbenflächen sind A_1 und A_2. Auf den Kolben mit der Fläche A_1 wirkt die Triebkraft F_1.

Wir wollen die Beziehungen zwischen den Kolbenkräften, Kolbenflächen und Kolbenwegen untersuchen.

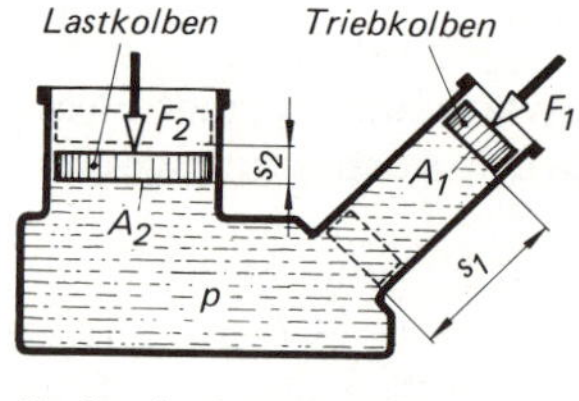

Hydraulischer Hebebock

Der Druck in der abgeschlossenen Flüssigkeit ist überall gleich groß. Wir können ihn aus Triebkraft F_1 und Triebkolbenfläche A_1 oder aus der Last F_2 und der Lastkolbenfläche A_2 berechnen.

$$p = \frac{F_1}{A_1} = \frac{F_2}{A_2} = \ldots = \frac{F_n}{A_n}$$

Hat der Triebkolben einen kleineren Durchmesser als der Lastkolben, kann man mit kleiner Triebkraft größere Lasten heben.

$$\frac{F_1}{F_2} = \frac{A_1}{A_2}$$

Die Kolbenkräfte verhalten sich zueinander wie die Kolbenflächen.

Bewegt sich der Triebkolben um die Strecke s_1 nach unten, so verdrängt er das Volumen $V = A_1 s_1$. Das vom Triebkolben verdrängte Volumen muß gleich dem vom Lastkolben freigegebenen Raum $V = A_2 s_2$ sein.

$$V = A_1 s_1 = A_2 s_2$$

$$\frac{s_1}{s_2} = \frac{A_2}{A_1}$$

Die Kolbenwege verhalten sich umgekehrt zueinander wie die Kolbenflächen.

Zum gleichen Ergebnis kommen wir mit der Überlegung, daß die Triebarbeit $W = F_1 s_1$ gleich der Lastarbeit $W = F_2 s_2$ sein muß, wenn die Reibung unberücksichtigt bleibt. Für $F = pA$ eingesetzt ergibt sich für das Verhältnis der Kolbenwege $s_1/s_2 = A_2/A_1$.

$$W = F_1 s_1 = F_2 s_2$$

$$p A_1 s_1 = p A_2 s_2$$

$$\frac{s_1}{s_2} = \frac{A_2}{A_1}$$

Setzen wir in die zuletzt gefundene Gleichung schließlich für die Fläche $A_1 = \frac{\pi}{4} d_1^2$ und für die Fläche $A_2 = \frac{\pi}{4} d_2^2$ ein, dann erhalten wir die Beziehung zwischen Kolbenwegen und -durchmessern.

$$\frac{s_1}{s_2} = \frac{A_2}{A_1} = \frac{\frac{\pi}{4} d_2^2}{\frac{\pi}{4} d_1^2}$$

$$\frac{s_1}{s_2} = \frac{d_2^2}{d_1^2}$$

Die Kolbenwege verhalten sich umgekehrt zueinander wie die Quadrate der Kolbendurchmesser.

Übung: Mit einem hydraulischen Hebebock soll am Lastkolben eine Kraft von 80 kN erzeugt werden. Mit einer entsprechenden Hebelübersetzung wird auf den Triebkolben eine Triebkraft von 1,2 kN ausgeübt. Der hydrostatische Druck im Behälter soll 45 bar betragen.

Ohne Berücksichtigung der Reibung sind die Durchmesser der beiden Zylinder zu bestimmen. Außerdem ist die erforderliche Hebelübersetzung für eine Handkraft von 150 N zu berechnen.

Gegeben:

Hubkraft $F_2 = 80 \text{ kN} = 80 \cdot 10^3 \text{ N}$

Triebkraft $F_1 = 1{,}2 \text{ kN} = 1{,}2 \cdot 10^3 \text{ N}$

Druck $p = 45 \text{ bar} = 45 \cdot 10^5 \frac{\text{N}}{\text{m}^2}$

Handkraft $F = 150 \text{ N}$

Gesucht:

Triebkolbendurchmesser d_1

Lastkolbendurchmesser d_2

Hebelübersetzung i

Lösung: Aus dem hydrostatischen Druck p, der Triebkraft F_1 und der Hubkraft F_2 können wir mit Hilfe der Druckgleichung die Kolbenflächen A_1 und A_2 und daraus die Zylinderdurchmesser d_1 und d_2 berechnen. Wir setzen für

$$1 \text{ kN} = 10^3 \text{ N} \quad \text{und} \quad 1 \text{ bar} = 10^5 \frac{\text{N}}{\text{m}^2}$$

in die Gleichungen ein und erhalten die Kolbenflächen in der Einheit m^2. Mit $10^{-6} \text{ m}^2 = 1 \text{ mm}^2$ können wir dann umrechnen.

$p = \frac{F_1}{A_1}$; daraus erhalten wir

$$A_1 = \frac{F_1}{p} = \frac{1{,}2 \cdot 10^3 \text{ N}}{45 \cdot 10^5 \frac{\text{N}}{\text{m}^2}} = 2{,}67 \cdot 10^{-4} \text{ m}^2$$

$A_1 = 267 \text{ mm}^2$; $d_1 = 18{,}4 \text{ mm}$

$p = \frac{F_2}{A_2}$; daraus erhalten wir

$$A_2 = \frac{F_2}{p} = \frac{80 \cdot 10^3 \text{ N}}{45 \cdot 10^5 \frac{\text{N}}{\text{m}^2}} = 1{,}778 \cdot 10^{-2} \text{ m}^2$$

$A_2 = 17\,780 \text{ mm}^2$; $d_2 = 150{,}5 \text{ mm}$

Die erforderliche Hebelübersetzung i drücken wir durch das Verhältnis der Triebkraft F_1 zur Handkraft F aus.

$$i = \frac{F_1}{F} = \frac{1\,200 \text{ N}}{150 \text{ N}} = 8:1$$

6.1.4.2. Druckkraft auf gewölbte Böden

Der zylindrische Kessel wird in Richtung seiner Längsachse durch die beiden Kräfte F_1 und F_2 belastet. Beide Kräfte sind gleich groß und werden aus dem inneren Überdruck p und der kreisförmigen Querschnittsfläche berechnet.

Die Querschnittsfläche ist die Projektion der gewölbten Böden auf eine Ebene senkrecht zur Kraftrichtung.

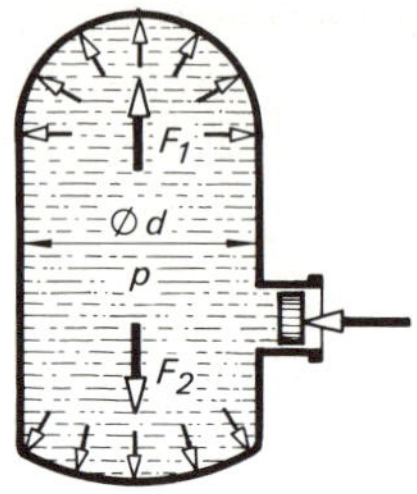

Im technischen Anwendungsbereich sind die Drücke meist in bar und die Durchmesser in mm oder cm gegeben. Man sollte diese Größen wie in der vorangegangenen Übung *vor* der Rechnung in die kohärenten Einheiten umrechnen.

Um die dabei möglichen Fehler zu vermeiden, kann man aber auch eine Zahlenwertgleichung benutzen, in die der Druck in bar und der Durchmesser in mm unmittelbar eingesetzt werden können.

$$F_1 = F_2 = p\frac{\pi}{4}d^2$$

F_1, F_2	p	d
N	$\text{Pa} = \frac{\text{N}}{\text{m}^2}$	m

$$F_1 = F_2 = 0{,}1\,p\frac{\pi}{4}d^2$$

Zahlenwertgleichung

F_1, F_2	p	d
N	bar	mm

6.1.4.3. Beanspruchung einer Kessel- oder Rohrlängsnaht

Die Kraft F, die einen Kessel oder ein Rohr in radialer Richtung auseinanderzureißen versucht, wird in ähnlicher Weise berechnet wie die Axialkraft auf gewölbte Böden. Die projizierte Fläche ist ein Rechteck mit den Seitenlängen d (lichter Durchmesser) und l (Kessel- oder Rohrlänge). Aus der Beziehung $p = F/A$ ergibt sich die Gleichung für die Kraft F.

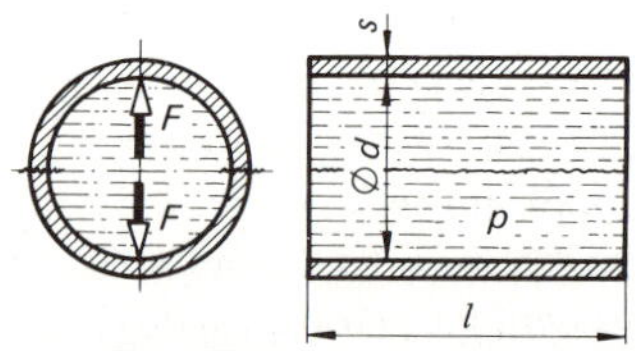

$$p = \frac{F}{A} = \frac{F}{dl}$$

$$F = pdl$$

F	p	d, l
N	$\text{Pa} = \frac{\text{N}}{\text{m}^2}$	m

Auch hier können wir eine Zahlenwertgleichung benutzen, in die wir den Druck p in bar und den Durchmesser d und die Länge l in mm einsetzen können.

$$F = 0{,}1\,pdl$$

Zahlenwertgleichung

F	p	d, l
N	bar	mm

Ist s die Wanddicke des Kessels oder Rohres, dann erzeugt die Radialkraft F in zwei einander gegenüberliegenden Längsnähten die Zugspannung $\sigma = F/S = F/2sl$. Setzen wir in diese Gleichung für $F = pdl$ ein, dann erhalten wir schließlich eine Gleichung für die erforderliche Wanddicke s bei gegebener zulässiger Spannung σ_{zul}.

$\sigma = \frac{F}{S}$; S Bruchfläche beim Auseinanderreißen; es entstehen *zwei* Bruchflächen: $S = 2sl$.

$\sigma = \frac{pdl}{2sl}$; daraus folgt die Wanddicke:

$$s = \frac{pd}{2\sigma_{zul}}$$

Wanddicke

s	p	d	σ_{zul}
m	$\text{Pa} = \frac{\text{N}}{\text{m}^2}$	m	$\frac{\text{N}}{\text{m}^2}$

Gebräuchlich ist eine Zahlenwertgleichung mit der zulässigen Zugspannung in N/mm^2.

$$s = \frac{p\,d}{20\,\sigma_{zul}}$$

Zahlenwertgleichung

s	p	d	σ_{zul}
mm	bar	mm	$\frac{N}{mm^2}$

6.1.4.4. Hydraulische Presse

Die hydraulische Presse arbeitet wie der hydraulische Hebebock in 6.1.4.1. Auch hier gilt das Druck-Ausbreitungsgesetz. Beim Hebebock hatten wir die *Reibung an den Dichtungsstellen* vernachlässigt. Bei der hydraulischen Presse wird die Reibung berücksichtigt.

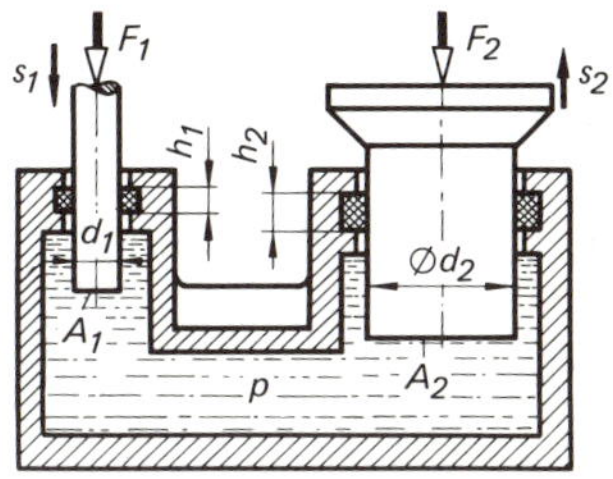

Bei *reibungsfreiem Betrieb* verhalten sich die Kräfte zueinander wie die Kolbenflächen. Daraus erhalten wir eine Gleichung für die Preßkraft F_2.

$$\frac{F_1}{F_2} = \frac{A_1}{A_2} = \frac{\frac{\pi}{4}d_1^2}{\frac{\pi}{4}d_2^2}$$

$$F_2 = F_1 \frac{d_2^2}{d_1^2}$$

Preßkraft bei reibungsfreiem Betrieb

Soll die *Reibung berücksichtigt* werden, dann müssen wir uns klar darüber sein, daß die Reibkräfte an den Dichtungsstellen den Kolbenkräften *entgegen* wirken. Die Lippendichtungen werden mit dem Druck p an die Kolben auf einer Ringfläche angepreßt, die sich aus dem Kolbenumfang πd und der Dichtungshöhe h ergibt.

$$F_{r1} = F_{n1}\mu = p\pi d_1 h_1 \mu$$

$$F_{r2} = F_{n2}\mu = p\pi d_2 h_2 \mu$$

$$F_1' = p\frac{\pi}{4}d_1^2 + p\pi d_1 h_1 \mu = p\frac{\pi}{4}d_1^2\left(1 + 4\mu\frac{h_1}{d_1}\right)$$

$$F_2' = p\frac{\pi}{4}d_2^2 - p\pi d_2 h_2 \mu = p\frac{\pi}{4}d_2^2\left(1 - 4\mu\frac{h_2}{d_2}\right)$$

Um in der Flüssigkeit den Druck p zu erzeugen, muß die *tatsächliche* Triebkraft F_1' um die Reibkraft F_{r1} größer sein als bei reibungsfreiem Betrieb. Die Preßkraft F_2' dagegen ist um die Reibkraft F_{r2} kleiner. Bilden wir das Verhältnis $F_1'/F_2' = (F_1 + F_{r1})/(F_2 - F_{r2})$, dann können wir daraus eine Gleichung zur Berechnung der tatsächlichen Preßkraft F_2' in Abhängigkeit von der tatsächlichen Triebkraft F_1', den Zylinderdurchmessern d_1 und d_2 und der Reibzahl μ zwischen Dichtung und Kolben entwickeln.

Beide Gleichungen durcheinander dividiert:

$$\frac{F_1'}{F_2'} = \frac{p\frac{\pi}{4}d_1^2\left(1 + 4\mu\frac{h_1}{d_1}\right)}{p\frac{\pi}{4}d_2^2\left(1 - 4\mu\frac{h_2}{d_2}\right)} = \frac{d_1^2}{d_2^2} \cdot \frac{1 + 4\mu\frac{h_1}{d_1}}{1 - 4\mu\frac{h_2}{d_2}}$$

$$F_2' = F_1'\frac{d_2^2}{d_1^2} \cdot \frac{1 - 4\mu\frac{h_2}{d_2}}{1 + 4\mu\frac{h_1}{d_1}}$$

Preßkraft bei Berücksichtigung der Reibung

Den letzten Faktor in der Gleichung für die Preßkraft bezeichnet man als Wirkungsgrad η der hydraulischen Presse.

$$\eta = \frac{1 - 4\mu\frac{h_2}{d_2}}{1 + 4\mu\frac{h_1}{d_1}}$$

Wirkungsgrad

Wir erkennen, daß er von der Reibzahl, den Kolbendurchmessern und den Höhen der Kolbendichtungen abhängt.

$$F_2' = F_1'\frac{d_2^2}{d_1^2}\eta$$

Preßkraft bei Berücksichtigung der Reibung

Übung: Der Lastkolben einer hydraulischen Presse hat 500 mm Durchmesser, der Triebkolben hat 40 mm Durchmesser. Die Höhen der Lederdichtungen betragen $h_2 = 100$ mm und $h_1 = 16$ mm. Die Reibzahl beträgt $\mu = 0{,}1$.

a) Wie groß ist der Wirkungsgrad η?
b) Wie groß ist die Preßkraft F_2', wenn die Triebkraft $F_1' = 1\,000$ N wirkt?
c) Wie groß ist das Hubverhältnis der Kolben?

Gegeben:

Lastkolbendurchmesser	$d_2 = 500$ mm
Triebkolbendurchmesser	$d_1 = 40$ mm
Dichtungshöhe	$h_2 = 100$ mm
Dichtungshöhe	$h_1 = 16$ mm
Triebkraft	$F_1' = 1\,000$ N
Reibzahl	$\mu = 0{,}1$

Gesucht:
Wirkungsgrad η, Preßkraft F_2', Hubverhältnis s_2/s_1

Lösung:

a) Der Wirkungsgrad wird mit der bekannten Gleichung aus den Kolbendurchmessern d_1, d_2, den Dichtungshöhen h_1, h_2 und der Reibzahl μ bestimmt.

$$\eta = \frac{1 - 4\,\mu \dfrac{h_2}{d_2}}{1 + 4\,\mu \dfrac{h_1}{d_1}} = \frac{1 - 4 \cdot 0{,}1 \cdot \dfrac{10\,\text{cm}}{50\,\text{cm}}}{1 + 4 \cdot 0{,}1 \cdot \dfrac{1{,}6\,\text{cm}}{4\,\text{cm}}} = 0{,}79$$

b) Da der Wirkungsgrad bekannt ist, verwenden wir die letzte Preßkraftgleichung und berechnen F_2' aus der Triebkraft F_1', den Kolbendurchmessern d_1, d_2 und dem Wirkungsgrad.

$$F_2' = F_1' \frac{d_2^2}{d_1^2}\eta = 1\,\text{kN} \cdot \frac{(500\,\text{mm})^2}{(40\,\text{mm})^2} \cdot 0{,}79$$

$$F_2' = 123{,}4\ \text{kN}$$

c) Unter dem Hubverhältnis versteht man das Verhältnis der Kolbenwege s_2/s_1.

$$\frac{s_2}{s_1} = \frac{d_1^2}{d_2^2} = \frac{(40\ \text{mm})^2}{(500\ \text{mm})^2} = \frac{1}{156{,}25}$$

6.1.5. Druckverteilung in einer Flüssigkeit unter Berücksichtigung der Schwerkraft

Im Abschnitt 6.1.3 hatten wir erkannt, daß der Druck in jeder waagerechten Ebene innerhalb einer Flüssigkeit konstant ist. Anders ausgedrückt: Der Druck an allen Stellen gleicher Flüssigkeitshöhe ist gleich groß.

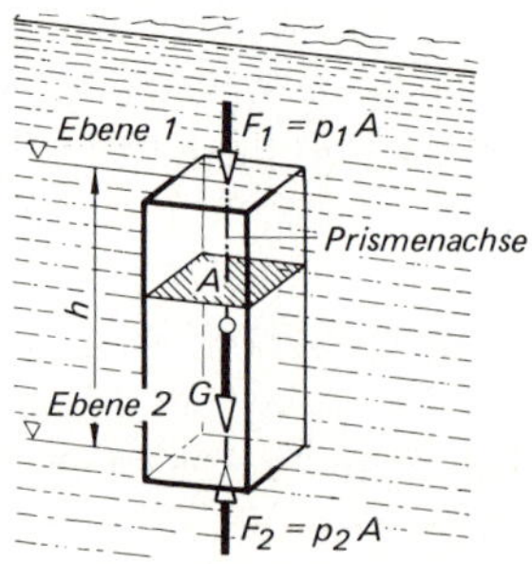

Wir wollen nun feststellen, welche Beziehungen zwischen *verschiedenen* waagerechten Ebenen bestehen. Dazu untersuchen wir das Gleichgewicht eines Flüssigkeitsquaders, dessen Längsachse senkrecht steht.

Die Gewichtskraft G (Schwerkraft) müssen wir jetzt in die Gleichgewichtsbetrachtung in Richtung der Längsachse mit einbeziehen.

Nach den Gesetzen der Statik müssen die Druckkräfte F_1 und F_2 auf die Stirnseiten des Quaders und die Gewichtskraft G die Gleichgewichtsbedingung erfüllen. Entwickeln wir die Ansatzgleichung weiter, dann ergibt sich eine Beziehung zwischen beiden Drücken p_1, p_2 und der Druckwirkung der Schwerkraft ($\rho g h$).

$$\Sigma F_y = 0 = F_2 - F_1 - G$$
$$F_2 = F_1 + G$$

für $F_1 = p_1 A$, $F_2 = p_2 A$ und $G = \rho g V = \rho g A h$ gesetzt, ergibt

$$p_2 A = p_1 A + \rho g A h.$$

$$p_2 = p_1 + \rho g h$$

Legen wir die obere Stirnfläche des Quaders in die Flüssigkeitsoberfläche, so ist dort der Druck $p_1 = 0$. Auf seine untere Stirnfläche wirkt dann allein der Druck $p (= p_2)$, der durch die Schwerkraft in der Tiefe h verursacht wird. Der hydrostatische Druck ist an allen Stellen gleicher Tiefe gleichgroß. Die Funktionsgleichung $p = f(\rho, h)$ zeigt, daß der hydrostatische Druck proportional mit der Flüssigkeitsdichte und der Tiefe zunimmt.

$$p = \rho g h$$

Druck infolge der Schwerkraft

p	ρ	g	h
$\text{Pa} = \frac{\text{N}}{\text{m}^2}$	$\frac{\text{kg}}{\text{m}^3}$	$\frac{\text{m}}{\text{s}^2}$	m

Die Flüssigkeitshöhe h, die den Druck p hervorruft, heißt *Druckhöhe* oder auch *Pressungshöhe*.

Die Einheitenrechnung kann bei dieser Gleichung Schwierigkeiten bereiten.
Wir müssen die Einheit $\text{kg/s}^2\,\text{m}$ mit $1 = \frac{\text{m}}{\text{m}}$ erweitern, um die Druckeinheit Pa zu erhalten.

$$(p) = (\rho)(g)(h) = \frac{\text{kg}}{\text{m}^3} \cdot \frac{\text{m}}{\text{s}^2} \cdot \text{m} = \frac{\text{kg}}{\text{s}^2\text{m}}$$

$$\frac{\text{kg m}}{\text{s}^2\,\text{m}^2} = \frac{\text{kg m/s}^2}{\text{m}^2} = \frac{\text{N}}{\text{m}^2} = \text{Pa}$$

Die Erkenntnis über den hydrostatischen Druck von Flüssigkeiten infolge ihrer Schwerkraft verwendet man unter anderem zum Messen von Drücken, besonders des Luftdrucks. Den Luftdruckunterschied zwischen zwei voneinander abgeschlossenen Räumen (oder Gefäßen) kann man z. B. mit einem beiderseits offenen U-Rohr messen, das teilweise mit einer Flüssigkeit gefüllt ist (siehe Skizze).

Der Druck auf die Flüssigkeit an der Stelle E_2 des U-Rohres ist gleich dem absoluten Luftdruck im abgeschlossenen Raum (z. B. in einem Kesselraum).

Der Druck in waagerechten Ebenen einer zusammenhängenden Flüssigkeit ist konstant. Folglich herrscht an der Stelle E_1 des U-Rohres der gleiche Druck p_2 wie bei E_2. Der Druck p_2 ist die Summe aus dem Flüssigkeitsdruck der Säule von der Höhe h und dem Atmosphärendruck (äußeren Luftdruck) p_1.

Beispiel:
Der Kesselraum eines Schiffes wird durch ein Gebläse unter Überdruck $p_ü$ gesetzt. Das mit Wasser gefüllte U-Rohrmanometer zeigt einen Höhenunterschied von 200 mm an. Der äußere Luftdruck beträgt 1027 mbar. Berechne den Überdruck $p_ü$ und den absoluten Druck p_2 im Kesselraum.

Lösung:

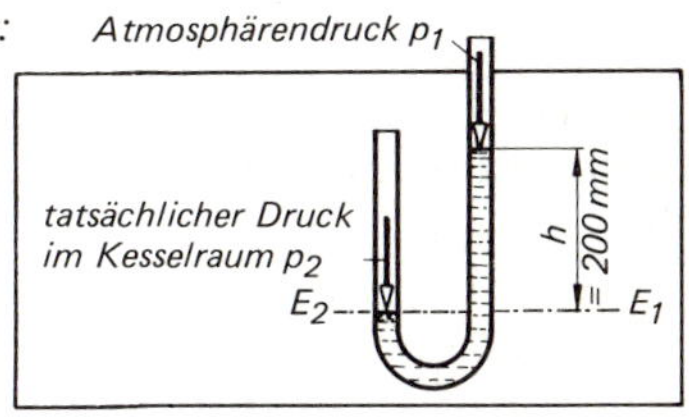

Den Überdruck $p_ü$ berechnen wir aus der Flüssigkeitshöhe $h = 200$ mm.

$$p_ü = \rho g h = 10^3\,\frac{\text{kg}}{\text{m}^3} \cdot 9{,}81\,\frac{\text{m}}{\text{s}^2} \cdot 0{,}2\,\text{m} = 1962\,\text{Pa}$$
$$p_ü = 19{,}62\,\text{mbar}$$
$$p_2 = p_1 + p_ü = 1027\,\text{mbar} + 19{,}62\,\text{mbar}$$
$$p_2 = 1047\,\text{mbar}$$

6.1.6. Kommunizierende Röhren

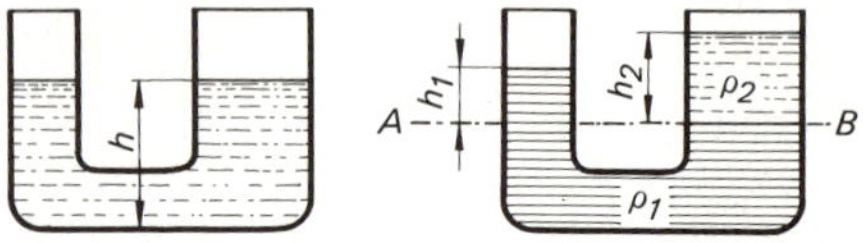

Kommunizierende Röhren sind oben offene, unten miteinander verbundene Röhren (vgl. U-Rohr). Enthält dieses Röhrengefäß nur *eine* Flüssigkeit, so steht sie in den beiden Schenkeln gleich hoch, unabhängig von der Form und Größe der Schenkel. Die Flüssigkeitsspiegel stehen stets waagerecht. Enthält das Gefäß *zwei* Flüssigkeiten von verschiedener Dichte, so steht bei Gleichgewicht die leichtere Flüssigkeit in dem einen Schenkel höher als die schwerere in dem anderen Schenkel.

Sind ρ_1 und ρ_2 die Flüssigkeitsdichten und h_1 und h_2 ihre Flüssigkeitshöhen über der Trennebene $A-B$, so sind in dieser Ebene die Drücke in beiden Schenkeln gleich groß: $p_1 = p_2 = p$. Die Entwicklung der Gleichung zeigt, daß sich die Flüssigkeitshöhen über der Trennebene umgekehrt zueinander verhalten wie die Flüssigkeitsdichten.

$$p = p_1 = p_2 = \rho_1 g h_1 = \rho_2 g h_2$$

$$\frac{h_1}{h_2} = \frac{\rho_2}{\rho_1}$$

Beispiel:

Wie groß ist die Dichte eines Öles, das einer 500 mm hohen Wassersäule mit einer Höhe von 545 mm das Gleichgewicht hält?

Lösung:

$$\frac{h_1}{h_2} = \frac{\rho_2}{\rho_1}; \quad \text{und daraus}$$

$$\rho_2 = \frac{h_1 \rho_1}{h_2} = \frac{500\,\text{mm} \cdot 1000\,\frac{\text{kg}}{\text{m}^3}}{545\,\text{mm}} = 917\,\frac{\text{kg}}{\text{m}^3}$$

6.1.7. Bodenkraft

Auf den waagerechten Boden eines Flüssigkeitsbehälters wirkt der hydrostatische Druck $p = \rho g h$ (h Flüssigkeitshöhe über dem Boden). Die Bodenfläche A wird dann mit der Bodenkraft $F_b = pA = \rho g h A$ belastet.

$$F_b = pA = \rho g h A \quad \textit{Bodenkraft}$$

F_b	p	ρ	g	h	A
N	$\text{Pa} = \frac{\text{N}}{\text{m}^2}$	$\frac{\text{kg}}{\text{m}^3}$	$\frac{\text{m}}{\text{s}^2}$	m	m^2

Die Belastung des Bodens ist also abhängig von der Flüssigkeitshöhe h über dem Boden, von der Bodenfläche A und von der Dichte der Flüssigkeit. Sie ist dagegen unabhängig von der Form des Gefäßes. Das zeigt auch die Versuchsanordnung zur Messung der Bodenkraft. Die vier Behälter haben die gleiche Bodenfläche A, die über einen Hebel gegen die Bodenöffnung gepreßt wird. Füllen wir die Gefäße nacheinander mit Wasser, so werden wir feststellen, daß sich die Bodenklappe bei allen Gefäßen bei der gleichen Füllhöhe h öffnet. Die Bodenkraft ist in allen vier Fällen gleich groß.

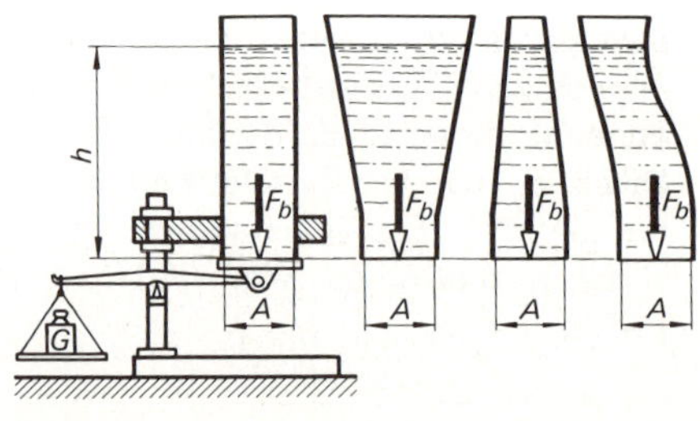

6.1.8. Seitenkraft

Da sich der Druck in einer Flüssigkeit nach allen Seiten hin gleichmäßig ausbreitet, wird nicht nur der Boden eines Gefäßes belastet, sondern auch seine Seitenwände.

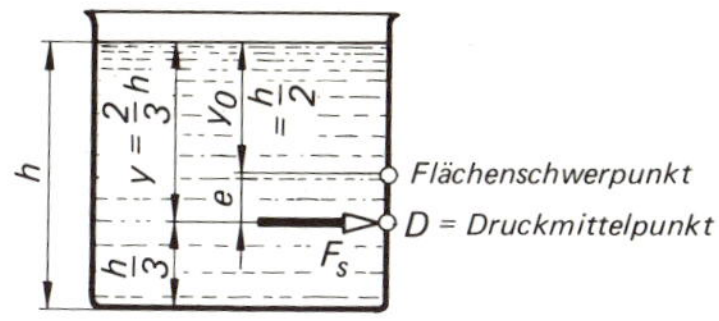

Teilen wir die rechteckige Seitenwand eines Gefäßes in eine Anzahl schmaler Flächenstreifen ΔA von gleichem Flächeninhalt, so wird z. B. das Flächenteilchen ΔA unter der Höhe h_1 mit $F_1 = \rho g h_1 \Delta A$, dasjenige unter der Höhe h_2 mit $F_2 = \rho g h_2 \Delta A$ belastet. Die Belastung nimmt proportional mit der Höhe nach dem Flüssigkeitsspiegel hin ab. Das Belastungsbild veranschaulicht diese Tatsache.

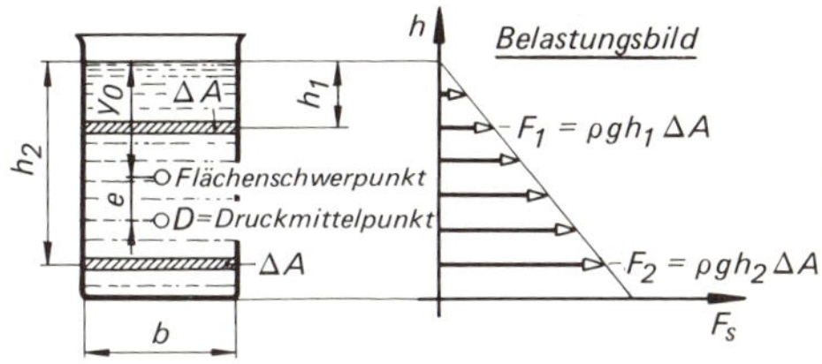

Die Gesamtbelastung der Seitenfläche – die Seitenkraft F_s – ist die Summe aller Teillasten F.

$$F_s = \Sigma F = \rho g \Delta A\, h_1 + \rho g \Delta A\, h_2 + \ldots \rho g \Delta A\, h_n$$

Der Klammerwert ist, bezogen auf den Flüssigkeitsspiegel, die Summe aller Flächenmomente der Teilflächen ΔA. Diese Summe muß gleich dem Flächenmoment der gesamten Fläche A sein (siehe 2.2.1 Flächenschwerpunkt). Für die Seitenkraft F_s ergibt sich daraus eine Funktionsgleichung der Form $F_s = f(A, y_0, \rho)$. Daraus geht hervor, daß die Seitenkraft vom Betrag der Seitenfläche A, von ihrem Schwerpunktsabstand y_0, d.h. also ihrer Form, und von der Dichte ρ der Flüssigkeit abhängt.

$$F_s = \rho g (\Delta A\, h_1 + \Delta A\, h_2 + \ldots \Delta A\, h_n) = \rho g A y_0$$

$$F_s = \rho g A y_0 \quad \textit{Seitenkraft}$$

y_0 Schwerpunktsabstand der belasteten Seitenfläche vom Flüssigkeitsspiegel

Beachte: Diese Momente der Flächen ($\Delta A h$, $A y_0$) heißen nach DIN 1304 „Flächenmomente 1. Grades".

Der Angriffspunkt der Seitenkraft F_s heißt *Druckmittelpunkt D,* er liegt stets tiefer als der Schwerpunkt der gedrückten Fläche. Ist z. B. die gedrückte Fläche ein Rechteck, so ist das Belastungsbild ein Dreieck. Die Resultierende F_s aller Teilkräfte F muß durch den Schwerpunkt D des Dreiecks gehen, der $h/3$ von der Basis bzw. $2h/3$ vom Flüssigkeitsspiegel entfernt liegt.

Ist e der Abstand des Druckmittelpunktes D vom Flächenschwerpunkt, so gilt allgemein:

$$e = \frac{\text{Flächenmoment 2. Grades der gedrückten Fläche bezogen auf die waagerechte Flächenschwerachse}}{\text{Flächenmoment 1. Grades der gedrückten Fläche bezogen auf den Flüssigkeitsspiegel}}$$

$$e = \frac{I}{A y_0}$$

e	I	A	y_0
m	m^4	m^2	m

Abstand des Druckmittelpunktes vom Schwerpunkt

$$y = y_0 + e$$

Abstand des Druckmittelpunktes vom Flüssigkeitsspiegel

Die Gleichungen für Seitenkraft und Abstände gelten nicht nur für die ganze Seitenwand und Rechteckflächen, sondern auch für Teile oder Ausschnitte der Wand von beliebiger Form.

Beispiel:

Für die im Bild dargestellte Rechteckfläche wird

$$e = \frac{I}{A y_0} = \frac{\frac{b h^3}{12}}{b h \frac{h}{2}} = \frac{h}{6}, \quad y = y_0 + e = \frac{h}{2} + \frac{h}{6} = \frac{2}{3} h,$$

d.h. der Druckmittelpunkt D liegt um $2h/3$ unter dem Flüssigkeitsspiegel.

1. Übung: Eine Ufermauer wird einseitig durch den Druck des Wassers belastet, das 6 m über der Sohle steht.

a) Wie groß ist die Seitenkraft F_s für $b = 1$ m Mauerlänge?

b) Wie tief liegt der Druckmittelpunkt unter dem Wasserspiegel?

c) Wie groß ist das Kippmoment je Meter Länge, bezogen auf die Kippkante A?

Gegeben:

$h = 6$ m

$b = 1$ m

$\rho = 1000 \frac{\text{kg}}{\text{m}^3}$

Gesucht:

Seitenkraft F_s

Abstand y

Kippmoment M_k

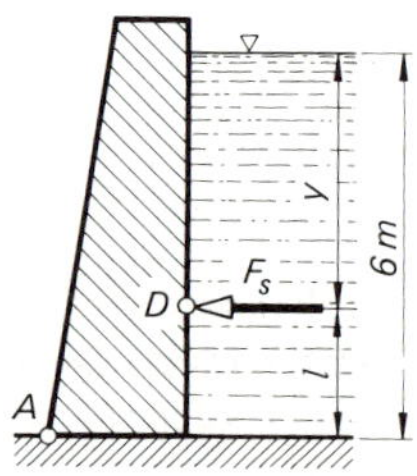

Lösung:

a) Die gedrückte Fläche ist ein Rechteck mit Breite $b = 1$ m und Höhe $h = 6$ m. Ihr Schwerpunkt liegt in halber Höhe: $y_0 = h/2 = 3$ m. Wir berechnen F_s mit der Seitenkraft-Gleichung.

$$F_s = \rho g A y_0 = 10^3 \frac{\text{kg}}{\text{m}^3} \cdot 9{,}81 \frac{\text{m}}{\text{s}^2} \cdot 1\,\text{m} \cdot 6\,\text{m} \cdot 3\,\text{m}$$

$$F_s = 176{,}6 \cdot 10^3 \frac{\text{kgm}}{\text{s}^2} = 176{,}6\,\text{kN}$$

b) Das Flächenmoment 2. Grades der Rechteckfläche ist $I = bh^3/12$, ihr Flächeninhalt $A = bh$ und ihr Schwerpunktsabstand $y_0 = h/2$. Mit diesen Größen entwickeln wir eine Gleichung für den Druckmittelpunktsabstand e.

$$e = \frac{I}{A y_0} = \frac{h}{6} = \frac{6\,\text{m}}{6} = 1\,\text{m}$$

(Entwicklung der Gleichung für e siehe oben).

$y = y_0 + e = 3\text{ m} + 1\text{ m} = 4\text{ m}$

c) Das Kippmoment ist das Produkt aus der Seitenkraft F_s und ihrem Wirkabstand l von der Kippkante A.

$M_k = F_s l = 176{,}6\text{ kN} \cdot (6\text{ m} - 4\text{ m})$

$M_k = 353{,}2\text{ kNm}$

2. Übung: In einem Wehr befindet sich 1 m unter dem höchsten Wasserspiegel eine rechteckige Öffnung von 400 mm Breite und 600 mm Höhe. Die Öffnung ist mit einer drehbaren Klappe verschlossen, die sich öffnen soll, falls die Höhe des Wasserspiegels 1,80 m übersteigt.

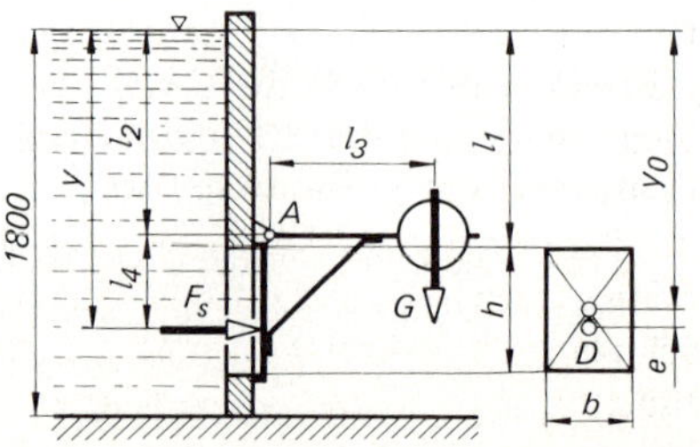

Mit welcher Gewichtskraft G muß der Klappenhebel belastet werden, wenn der Klappendrehpunkt 950 mm unter dem höchsten Wasserspiegel liegt und die Hebelausladung 800 mm beträgt?

Gegeben:

Öffnungsabstand	$l_1 = 1$ m
Öffnungshöhe	$h = 0{,}6$ m
Öffnungsbreite	$b = 0{,}4$ m
Drehpunktsabstand	$l_2 = 0{,}95$ m
Hebelausladung	$l_3 = 0{,}8$ m
Dichte	$\rho = 10^3$ kg/m^3

Gesucht:
Gewichtskraft G

Lösung: Um die Momentenverhältnisse an der Klappe untersuchen zu können, müssen wir die Seitenkraft F_s kennen, mit der die Klappe durch den Wasserdruck belastet wird. Dafür bestimmen wir zuerst den Schwerpunktsabstand der Klappenfläche (Rechteck) vom höchsten Flüssigkeitsspiegel: $y_0 = l_1 + h/2$.

$$y_0 = l_1 + \frac{h}{2} = 1\,\text{m} + 0{,}3\,\text{m} = 1{,}3\,\text{m}$$

Dann ist die Seitenkraft

$$F_s = \rho g A y_0 = 10^3\,\frac{\text{kg}}{\text{m}^3} \cdot 9{,}81\,\frac{\text{m}}{\text{s}^2} \cdot 0{,}24\,\text{m}^2 \cdot 1{,}3\,\text{m}$$

$$F_s = 3{,}06 \cdot 10^3\,\text{N} = 3\,060\,\text{N}$$

Außerdem müssen wir den Angriffspunkt der Seitenkraft kennen. Wir ermitteln hierfür den Druckmittelpunkts-Abstand e und daraus den Abstand y der Seitenkraft vom Wasserspiegel.

$$e = \frac{I}{A y_0} = \frac{b h^3}{12 b h y_0} = \frac{h^2}{12 y_0} = 0{,}023\,\text{m}$$

$$y = y_0 + e = 1{,}3\,\text{m} + 0{,}023\,\text{m} = 1{,}323\,\text{m}$$

Die Klappe muß im Momentengleichgewicht sein. Wir ermitteln den Wirklinienabstand l_4 der Kraft F_s vom Klappendrehpunkt A und setzen dann die Momentengleichgewichtsbedingung für den Drehpunkt A an.

$$l_4 = y - l_2 = 1{,}323\,\text{m} - 0{,}95\,\text{m} = 0{,}373\,\text{m}$$

$$\Sigma M_{(A)} = 0 = F_s l_4 - G l_3$$

$$G = F_s \frac{l_4}{l_3} = 3\,060\,\text{N} \cdot \frac{0{,}373\,\text{m}}{0{,}8\,\text{m}} = 1\,427\,\text{N}$$

6.1.9. Auftriebskraft

Taucht ein Körper in eine Flüssigkeit ein, so wird seine Oberfläche allseitig durch den Flüssigkeitsdruck belastet. Die waagerechten Druckkräfte F_3 heben sich auf, aber in senkrechter Richtung ist die nach oben gerichtete Kraft F_2 größer als die nach unten gerichtete Kraft F_1.

Die Resultierende dieser beiden Kräfte ist nach oben gerichtet. Sie heißt *Auftriebskraft* $F_a = F_2 - F_1$.

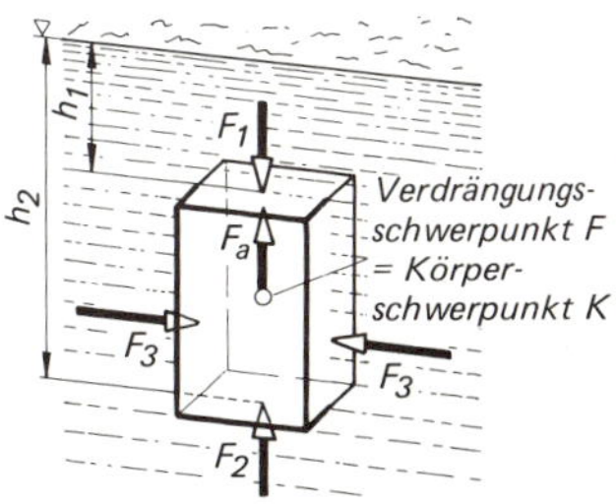

Ganz eingetauchter Körper: Verdrängungsschwerpunkt F fällt mit Körperschwerpunkt K zusammen.

Entwickeln wir die Gleichung $F_a = F_2 - F_1$ weiter, dann erkennen wir, daß die Auftriebskraft F_a genauso groß ist wie die Gewichtskraft G der von dem eingetauchten Körper verdrängten Flüssigkeitsmenge. Ihr Angriffspunkt muß demzufolge im Schwerpunkt F der verdrängten Flüssigkeitsmenge liegen (Verdrängungsschwerpunkt, Formschwerpunkt). Das gilt auch für teilweise eingetauchte, also schwimmende Körper.

Es ist $F_1 = \rho g h_1 A$ und $F_2 = \rho g h_2 A$ und $F_a = F_2 - F_1 = \rho g A (h_2 - h_1)$.
Hierin ist $A(h_2 - h_1) = V$ das Volumen,
$\rho A(h_2 - h_1) = \rho V = m$ die Masse und
$\rho A(h_2 - h_1) g = mg$ die Gewichtskraft der verdrängten Flüssigkeitsmenge.

$$F_a = V \rho g$$

Auftriebskraft

F_a	V	ρ	g
N	m^3	$\frac{\text{kg}}{\text{m}^3}$	$\frac{\text{m}}{\text{s}^2}$

Auftriebskraft und Gewichtskraft des eingetauchten Körpers sind entgegengerichtete Kräfte. Daraus folgt:

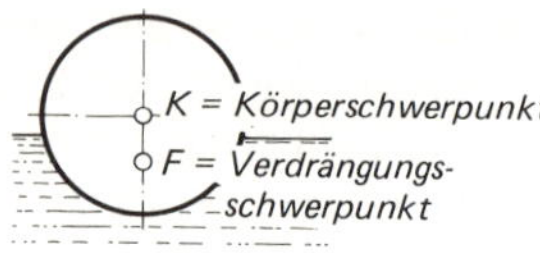

Schwimmender Körper: Verdrängungsschwerpunkt F liegt unter dem Körperschwerpunkt K.

Die Gewichtskraft eines in eine Flüssigkeit eingetauchten Körpers verringert sich (scheinbar) um die Gewichtskraft der von ihm verdrängten Flüssigkeitsmenge.

Beachte: Die Auftriebskraft, die ein Körper in einer Flüssigkeit erfährt, ist nach oben gerichtet und gleich der Gewichtskraft der von ihm verdrängten Flüssigkeitsmenge. Die Auftriebskraft greift im Formschwerpunkt F (Verdrängungsschwerpunkt) der verdrängten Flüssigkeitsmenge an.

Übung: Ein Körper mit der Masse $m_k = 250$ g hängt ganz in Wasser eingetaucht an einer Waage. Die Waage ist im Gleichgewicht, wenn sie mit einem Wägestück von 200 g Masse belastet ist.

Wie groß sind Volumen V und Dichte ρ_k des Körpers?

Gegeben:
Masse des Körpers $m_k = 250$ g
Masse des Wägestücks $m = 200$ g
Dichte des Wassers $\rho_w = 10^3$ kg/m³

Gesucht:
Volumen V und Dichte ρ_k des Körpers

Lösung: Die Auftriebskraft F_a am Körper ist die Differenz der Gewichtskräfte des Körpers G_k und des Wägestücks G. In die Auftriebsgleichung setzen wir für die Kräfte die Produkte aus Masse und Fallbeschleunigung ein und erkennen, daß die Masse m_w des verdrängten Wassers gleich der Differenz zwischen Körpermasse m_k und Wägestückmasse m ist.

$F_a = G_k - G$, folglich ist auch

$m_w g = m_k g - mg$ (m_w Masse des verdrängten Wassers)

Daraus ergibt sich:

$$m_w = m_k - m$$

Aus der Beziehung $m_w = V\rho_w$ bestimmen wir das Verdrängungsvolumen V, das gleich dem Körpervolumen V sein muß.

$m_w = V\rho_w$, folglich

$$V = \frac{m_w}{\rho_w} = \frac{m_k - m}{\rho_w} = \frac{50 \cdot 10^{-3}\ \text{kg}}{10^3\ \frac{\text{kg}}{\text{m}^3}}$$

$$V = 50 \cdot 10^{-6}\ \text{m}^3 = 50\ \text{cm}^3$$

Die Körpermasse m_k ist das Produkt aus dem Volumen V und der Körperdichte ρ_k. Aus dieser Beziehung können wir die Dichte ρ_k des eingetauchten Körpers bestimmen.

$m_k = V\rho_k$, folglich

$$\rho_k = \frac{m_k}{V} = \frac{250 \cdot 10^{-3}\ \text{kg}}{50 \cdot 10^{-6}\ \text{m}^3} = 5 \cdot 10^3\ \frac{\text{kg}}{\text{m}^3}$$

6.1.10. Schwimmen

Wirken nur die Gewichtskraft G und die Auftriebskraft F_a auf einen Körper, so richtet sich sein Verhalten in einer Flüssigkeit danach, wie groß die Auftriebskraft ist.

Beispiel:
Wie tief taucht ein Würfel aus Grauguß mit $a = 10$ cm Kantenlänge und der Dichte $\rho_1 = 7\,500$ kg/m³ in ein Quecksilberbad mit der Dichte $\rho_2 = 13\,600$ kg/m³ ein?

Ist die Auftriebskraft *kleiner* als die Gewichtskraft des Körpers, so *sinkt* er. Ist die Auftriebskraft *gleich* der Gewichtskraft, so bleibt der Körper an jeder beliebigen Stelle innerhalb der Flüssigkeit, er *schwebt*. Ist die Auftriebskraft *größer* als die Gewichtskraft, *schwimmt* der Körper an der Oberfläche. Er ist im Gleichgewicht, wenn er so weit auftaucht, daß die Auftriebskraft (= Gewichtskraft der verdrängten Flüssigkeit) gleich der Gewichtskraft des schwimmenden Körpers ist. Dann ist auch die Masse der verdrängten Flüssigkeit gleich der Masse des Körpers.

Lösung:

Die Masse des Würfels ist

$$m_1 = V_1 \rho_1 = a^3 \rho_1 = 10^{-3}\,\mathrm{m}^3 \cdot 7{,}5 \cdot 10^3\,\frac{\mathrm{kg}}{\mathrm{m}^3}$$

$$m_1 = 7{,}5\,\mathrm{kg}$$

Bei Schwimmen ist die Masse m_2 des verdrängten Quecksilbers gleich der Masse m_1 des Würfels. Das verdrängte Quecksilbervolumen hat die Form eines quadratischen Prismas mit der Höhe h: $V_2 = a^2 h$.

Folglich ist:

$$m_2 = V_2 \rho_2 = a^2 h \rho_2 = m_1$$

$$h = \frac{m_1}{a^2 \rho_2} = \frac{7{,}5\,\mathrm{kg}}{10^{-2}\,\mathrm{m}^2 \cdot 13{,}6 \cdot 10^3\,\frac{\mathrm{kg}}{\mathrm{m}^3}} = 5{,}51\,\mathrm{cm}$$

6.1.11. Gleichgewichtslagen schwimmender Körper

Man unterscheidet bei schwimmenden Körpern *stabile* und *labile* Gleichgewichtslagen (siehe auch Schwerpunktslehre, 2.5).

Das Bild zeigt den Fall einer *stabilen* Schwimmlage. Zwei Kräfte wirken auf den schwimmenden Körper: Die im Körperschwerpunkt K angreifende, nach unten gerichtete Schwerkraft G (Gewichtskraft) und die im Verdrängungsschwerpunkt F angreifende Auftriebskraft F_a. In der Gleichgewichtslage wirken die beiden gleich großen Kräfte F_a und G längs der gemeinsamen Wirklinie W – der Körpermittellinie – in entgegengesetzter Richtung.

Drehen wir nun den Körper in der Zeichenebene nach links (Schräglage), so wird die vorher senkrechte Mittellinie W um den Winkel φ geneigt.

Dabei bleibt zwar die Lage des Körperschwerpunkts K erhalten, jedoch bringt jede Neigungsänderung den Verdrängungsschwerpunkt F an eine andere Stelle. Das heißt aber auch: Die Parallelkräfte F_a und G bekommen einen mehr oder weniger großen Wirkabstand h, sie bilden ein rechtsdrehendes Kräftepaar.

Das Drehmoment von Auftriebskraft F_a und Gewichtskraft G wirkt der Drehung des Körpers entgegen: Der Körper hat also eine *stabile* Schwimmlage.

Das Wiederaufrichtmoment – die Stabilität – hängt vom Wirkabstand h ab. Er heißt deshalb auch: *Hebelarm der statischen Stabilität.*

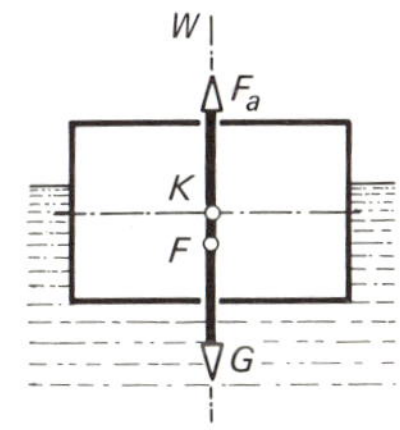

Stabile Schwimmlage

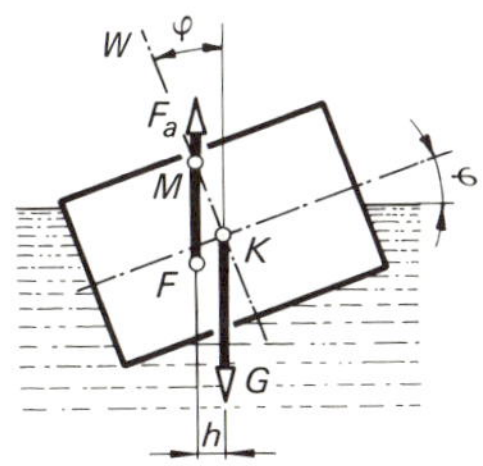

F_a Auftriebskraft, in F angreifend
G Gewichtskraft, in K angreifend
W Mittellinie des Körpers (Schwimmachse)
F Verdrängungsschwerpunkt = Schwerpunkt der verdrängten Flüssigkeit
K Schwerpunkt des Körpers
M Metazentrum = Schnittpunkt der Mittellinie W mit der Wirklinie der Auftriebskraft
$h = \overline{MK} \cdot \sin\varphi$ Hebelarm der statischen Stabilität
φ Neigungswinkel
$\overline{MK}$ metazentrische Höhe

Jeder andere Neigungswinkel φ bringt eine andere Lage des Verdrängungsschwerpunktes F und damit auch einen anderen Hebelarm h.

Kennzeichnend und entscheidend für das Verhalten eines schwimmenden Körpers bei Störungen des Gleichgewichts ist das sogenannte *Metazentrum* M, der Schnittpunkt der Körpermittellinie W mit der Wirklinie der Auftriebskraft: Liegt M über dem Körperschwerpunkt K, so schwimmt der Körper stabil. Das Drehmoment von Auftriebskraft und Gewichtskraft hat dann eine aufrichtende Wirkung. Die Strecke MK heißt *metazentrische Höhe*.

Die *labile* Schwimmlage erkennen wir sofort daran, daß das Metazentrum M *unterhalb* des Körperschwerpunktes K liegt. Der nach links gedrehte Körper richtet sich nicht wieder auf. Das linksdrehende Kräftepaar aus Auftriebskraft und Gewichtskraft unterstützt die Drehung des Körpers noch, bis er in die stabile Schwimmlage kommt (s. 387).

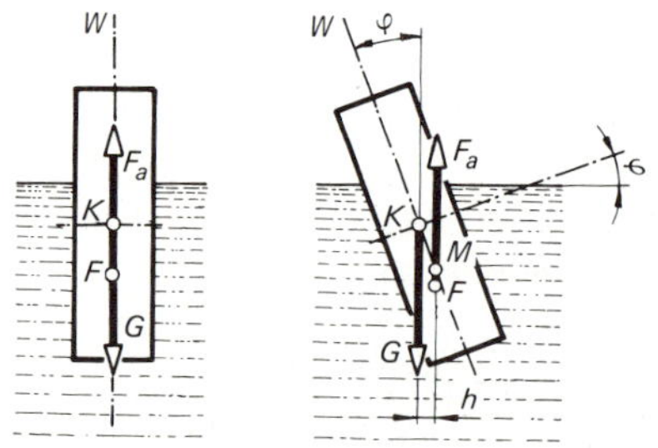

Labile Schwimmlage

6.1.12. Stabilität eines Schiffes

Das Bild zeigt ein Schiff von bestimmtem Ausrüstungszustand geneigt um zwei verschiedene Neigungswinkel φ_1 und φ_2. Während bei allen Neigungen die Lage des Schiffsschwerpunkts K unverändert bleibt, bekommt der Verdrängungsschwerpunkt F jeweils eine andere Lage (hier von F_1 nach F_2). Damit ändert sich auch die Lage des Metazentrums M (hier von M_1 nach M_2), es wandert je nach Neigung auf der Schiffsmittellinie auf- oder abwärts, die metazentrische Höhe $\overline{MK}$ wird größer oder kleiner. Ebenso verändert sich der Hebelarm h, dessen Größe die Stabilität des Schiffes, d. h. sein Wiederaufrichtvermögen bestimmt. Ist h klein, so ist auch das Drehmoment von Schiffsgewichtskraft G und Auftriebskraft F_a klein.

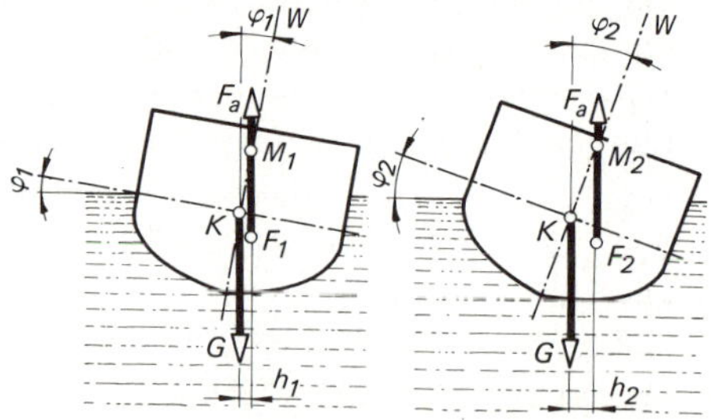

Durch Auftragen der Größe h in Abhängigkeit vom Neigungswinkel φ erhält man die „Stabilitätskurve". Sie vermittelt eine Vorstellung von den Stabilitätseigenschaften des Schiffes. Je steiler die Hebelarmkurve gleich im Anfang ansteigt, d.h. je rascher die Hebelarme h zunehmen, desto stabiler (steifer) ist das Schiff. Die aufrichtenden Drehmomente sind dann schon bei Neigungsbeginn verhältnismäßig groß. Je flacher dagegen die Hebelarmkurve verläuft, desto weicher (ranker) ist das Schiff. Das größte Aufrichtvermögen wird gekennzeichnet durch den höchsten Punkt der Kurve, d.h. durch den maximalen Hebelarm h. Er liegt im Beispiel bei 35°. Bei einem guten Schiff liegt er zwischen 30° und 45°. 10° bis 15° sind schon unzulässig schlechte Werte.

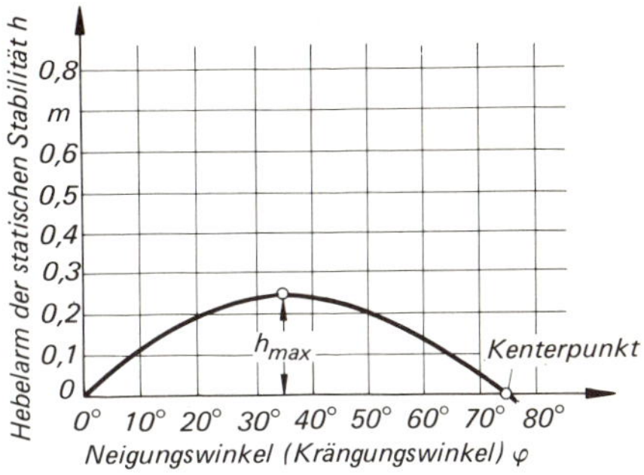

Stabilitätskurve

Neigt sich das Schiff über den Nulldurchgang der Hebelarmkurve hinaus (hier bei 75°), so kehrt sich die Momentendrehrichtung um und unterstützt die Neigung des Schiffes; es würde kentern. Dieser Punkt wird deshalb auch Kenterpunkt genannt. Der Bereich von 0° bis zum Kenterpunkt heißt „Umfang der Stabilität". Der Kenterpunkt (hier 75°) gilt jedoch nur dann, wenn das Schiff z.B. im Seegang bis auf diesen Winkel aufgeschaukelt würde, *ohne daß* ein kontinuierlich wirkendes krängendes Moment, z.B. durch einseitige Beladung, Trossenzug, Winddruck oder die Zentrifugalkraft im Drehkreis verursacht wird. Neigt sich dagegen das Schiff durch ein solches, anhaltend wirkendes Moment bis zu dem Winkel, bei dem die Hebelarmkurve ihr Maximum besitzt (hier 35°), so kentert es bereits bei dieser Schräglage, nicht erst beim eigentlichen Kenterpunkt.

Treten ein kontinuierlich wirkendes, jedoch zum Kentern allein nicht ausreichendes krängendes Moment *und* Schlingerbewegungen gleichzeitig auf, so liegt der Kenterwinkel zwischen Kurvenmaximum und Nulldurchgang (hier zwischen 35° und 75°). Das Schiff schlingert dann um diejenige Neigung als Mittellage, die dem krängenden Moment entspricht.

Hinweise:

1. Sehr stabile (steife) Schiffe haben unangenehme, im Verhältnis zur Größe rasche Schlingerbewegungen. Im Fall der Resonanz mit den Wellenbewegungen, die bei diesen Schiffen leichter eintritt, werden die Ausschläge groß.
2. Wenig stabile, ranke (weiche) Schiffe haben angenehme, im Verhältnis zur Größe langsame, meist kleine Schlingerbewegungen.
3. Bei einem guten, seetüchtigen Schiff liegen die Eigenschaften dazwischen.

6.2. Dynamik der Fluide (Strömungsmechanik)

Die folgenden Gesetzmäßigkeiten gelten nicht nur für Flüssigkeiten, sondern auch für Gase und Dämpfe, wenn ihre Strömungsgeschwindigkeit unter 100 m/s liegt, was in der Technik meistens der Fall ist. Diese Flüssigkeiten, Gase und Dämpfe nennt man Fluide (das Fluid, die Fluide).

6.2.1. Kontinuitätsgleichung (Stetigkeitsgleichung)

Verändert ein Fluid sein Volumen nicht, so muß durch die verschiedenen Querschnitte A_1, A_2 einer Leitung in jeder Sekunde das gleiche Volumen fließen.

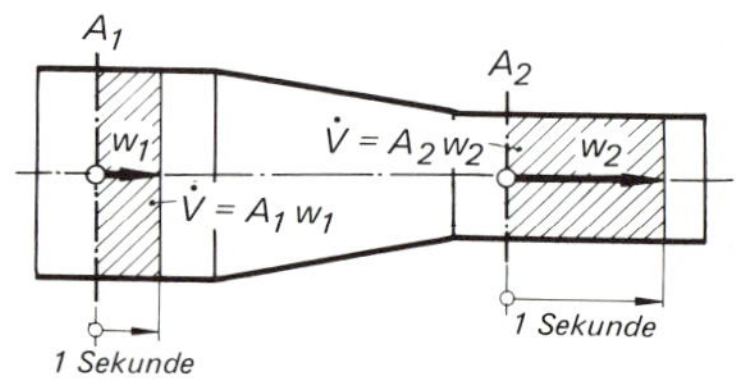

Das in einer Sekunde gleichförmig durch einen Strömungsquerschnitt fließende Volumen heißt *Volumenstrom* $\dot{V}$ (auch Volumendurchfluß und Volumendurchsatz genannt).

Beachte: Die kohärente Einheit des *Volumenstroms* $\dot{V}$ ist das

$$\frac{\text{Kubikmeter}}{\text{Sekunde}} = \frac{\text{m}^3}{\text{s}}$$

Der Volumenstrom $\dot{V}$ ist das Produkt aus dem Strömungsquerschnitt A und der Strömungsgeschwindigkeit w. Er ist in allen Strömungsquerschnitten konstant (siehe Bild).

Volumenstrom $\dot{V} = A\,w$

$\dot{V}$	A	w
$\frac{\text{m}^3}{\text{s}}$	m^2	$\frac{\text{m}}{\text{s}}$

$$\dot{V} = A_1 w_1 = A_2 w_2 = \text{konstant}$$

Kontinuitätsgleichung

6.2.2. Bernoullische Gleichung (Energieerhaltungssatz der Strömung)

6.2.2.1. Horizontale Strömung (Strömung ohne Höhenunterschied)

In einer horizontalen Leitung mit veränderlichem Querschnitt strömt ein Fluid. Im Querschnitt A hat es die kinetische Energie $W_{\text{kin}\,1} = m\,w_1^2/2$, im Querschnitt E die kinetische Energie $W_{\text{kin}\,2} = m\,w_2^2/2$ (siehe 4.7.3).

Da der Leitungsquerschnitt $A_2 > A_1$ ist, muß nach der Kontinuitätsgleichung die Strömungsgeschwindigkeit $w_2 < w_1$ sein. Die Drücke p_1, p_2 heißen *statische* Drücke.

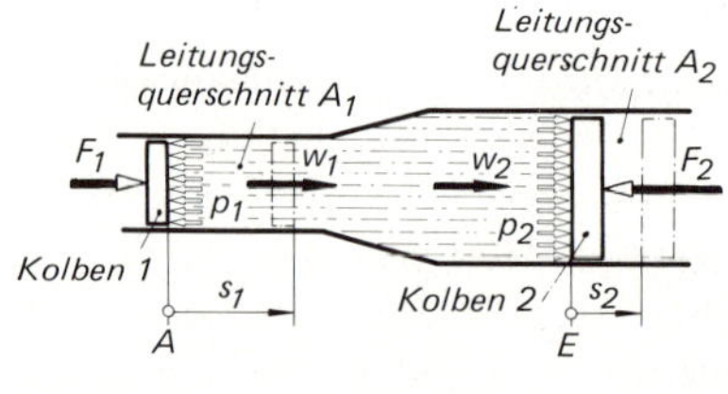

An einer beliebigen Stelle, z.B. bei A, wird dem Fluid über einen Kolben durch die Kraft F_1 längs des Weges s_1 die Arbeit $W_1 = F_1 s_1$ zugeführt. Bei E wird gegen die Kraft F_2 die Arbeit $W_2 = F_2 s_2$ abgeführt.

$W_1 = F_1 s_1$ zugeführte Arbeit $\qquad W_2 = F_2 s_2$ abgeführte Arbeit

Nach dem Energieerhaltungssatz (siehe 4.7.5) ist die Energie W_E am Ende dieses Vorganges gleich der Energie W_A am Anfang, vermehrt um die zugeführte Arbeit W_{zu} und vermindert um die abgeführte Arbeit W_{ab}.

$$W_E = W_A + W_{zu} - W_{ab}$$
$$W_{kin\,2} = W_{kin\,1} + W_1 - W_2$$
$$\frac{m w_2^2}{2} = \frac{m w_1^2}{2} + F_1 s_1 - F_2 s_2$$

Setzen wir in den Quotienten für die kinetische Energie für die Masse m das Produkt Volumen V mal Dichte ρ ein, dann erhalten wir den Energieerhaltungssatz in einer neuen Form.

$$\frac{m w_1^2}{2} = \frac{\rho w_1^2}{2} V; \qquad \frac{m w_2^2}{2} = \frac{\rho w_2^2}{2} V$$

Auch die Ausdrücke $F_1 s_1$ und $F_2 s_2$ können wir weiterentwickeln, indem wir für die Kräfte $F = pA$ und für As das Volumen V setzen.

$$F_1 s_1 = p_1 A_1 s_1 = p_1 V$$
$$F_2 s_2 = p_2 A_2 s_2 = p_2 V$$

Der Energieerhaltungssatz erhält dann eine Form, in der die Quotienten $\rho w^2 V/2$ die *kinetische Energie* des Fluids und die Produkte pV seine *Druckenergie* sind.

$$\frac{\rho}{2} w_2^2 V = \frac{\rho}{2} w_1^2 V + p_1 V - p_2 V$$

Energieerhaltungssatz für horizontale Strömung

Dividieren wir den Energieerhaltungssatz noch durch das Volumen V, dann erhalten wir die *Bernoullische Druckgleichung* für *horizontal* strömende Fluide.

$$p_1 + \frac{\rho}{2} w_1^2 = p_2 + \frac{\rho}{2} w_2^2$$

Bernoullische Druckgleichung für horizontale Strömung

p	ρ	w	V
$\mathrm{Pa} = \frac{\mathrm{N}}{\mathrm{m}^2}$	$\frac{\mathrm{kg}}{\mathrm{m}^3}$	$\frac{\mathrm{m}}{\mathrm{s}}$	m^3

Die einzelnen Glieder der Bernoulligleichung sind also nichts anderes, als die Energien je Volumeneinheit.

Aus der Druckgleichung erkennen wir:

Bei horizontaler Strömung ist die Summe aus dem statischen Druck p und dem kinetischen Druck $q = \rho w^2/2$ konstant.

Beachte: Der kinetische Druck $q = \rho w^2/2$ wird auch Geschwindigkeitsdruck oder Staudruck genannt.

6.2.2.2. Nichthorizontale Strömung (Strömung mit Höhenunterschied)

Der einzige Unterschied gegenüber der horizontalen Strömung besteht darin, daß die Fluidteilchen im Verlauf der Strömung ihre Höhenlage gegenüber einer beliebig gewählten horizontalen Bezugsebene ändern. Dadurch erhalten sie verschieden große potentielle Energie (Lageenergie).

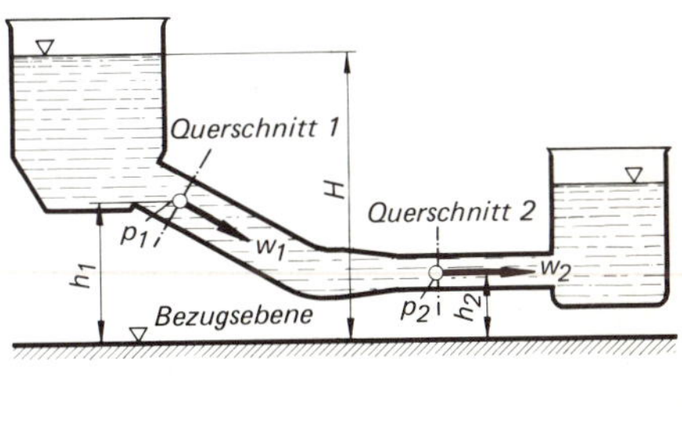

Wir müssen also im Energieerhaltungssatz noch die potentielle Energie $W_{pot} = mgh$ im Anfangs- und Endzustand hinzufügen, hier bezogen auf die gekennzeichnete Bezugsebene.

$$W_E = W_A + W_{zu} - W_{ab}$$

$$\frac{mw_2^2}{2} + mgh_2 = \frac{mw_1^2}{2} + mgh_1 + F_1 s_1 - F_2 s_2$$

Setzen wir dann wieder $m = V\rho$ und $Fs = pV$, dann erhalten wir den Energiesatz für die nichthorizontale Strömung.

$$\frac{\rho}{2} w_2^2 V + \rho g h_2 V = \frac{\rho}{2} w_1^2 V + \rho g h_1 V + p_1 V - p_2 V$$

Energieerhaltungssatz für nichthorizontale Strömung

Die Division durch das Volumen V ergibt wieder die Energien je Volumeneinheit und damit die *Bernoullische Druckgleichung* für *nichthorizontal* strömende Fluide.

$$p_1 + \rho g h_1 + \frac{\rho}{2} w_1^2 = p_2 + \rho g h_2 + \frac{\rho}{2} w_2^2$$

Bernoullische Druckgleichung für nichthorizontale Strömung

Wir erkennen:

In einem Fluid ist die Summe aus dem statischen Druck p, dem kinetischen Druck $q = \rho w^2/2$ und dem geodätischen Druck $\rho g h$ konstant.

Beachte:

p statischer Druck

$q = \frac{\rho}{2} w^2$ kinetischer Druck (Geschwindigkeitsdruck, Staudruck)

$\rho g h$ geodätischer Druck

Die Summe der drei Drücke ist der Gesamtdruck p_{ges}. Er ist an allen Stellen der Leitung gleich groß.

In der Praxis wird die Bernoulligleichung oft in einer anderen Form angewendet. Wird die Druckgleichung durch ρg dividiert, dann ergeben sich für die einzelnen Glieder Ausdrücke, die Höhen darstellen.

Die auf diese Weise gewonnene Gleichung nennen wir die *Bernoullische Druckhöhengleichung* für *nichthorizontal* strömende Fluide.

$$\frac{p_1}{\rho g} + h_1 + \frac{w_1^2}{2g} = \frac{p_2}{\rho g} + h_2 + \frac{w_2^2}{2g}$$

Bernoullische Druckhöhengleichung für nichthorizontale Strömung

p	ρ	g	h	w	V
$\mathrm{Pa} = \frac{N}{m^2}$	$\frac{kg}{m^3}$	$\frac{m}{s^2}$	m	$\frac{m}{s}$	m^3

Wir erkennen:

Bei nichthorizontaler Strömung ist die Summe aus der statischen Druckhöhe, der kinetischen Druckhöhe und der geodätischen Druckhöhe konstant.

Beachte:

$\frac{p}{\rho g}$ statische Druckhöhe

$\frac{w^2}{2g}$ kinetische Druckhöhe

h geodätische Druckhöhe

Die drei Gleichungen dieses Abschnittes sind auch für die horizontale Strömung anwendbar. Dann ist $h_1 = h_2$ und die Glieder, welche die Höhenlage berücksichtigen, fallen aus den Gleichungen heraus.

Die Summe der drei Höhen ist die *Gesamthöhe H*. Sie ist für alle Stellen der Leitung gleich groß.

6.2.3. Anwendung der Bernoulligleichung

6.2.3.1. Druck in einer Leitung

In einer Leitung herrscht im Querschnitt 1 der Druck $p_1 = 1{,}2$ bar. Das Fluid hat eine Geschwindigkeit $w_1 = 5$ m/s. Es soll sich im ersten Fall um Wasser ($\rho_w = 1000$ kg/m³), im zweiten Fall um Luft von 20 °C ($\rho_l = 1{,}4$ kg/m³) handeln.

Der Atmosphärendruck beträgt in beiden Fällen $p_0 = 1\,050$ mbar.

In beiden Fällen sollen für den Querschnitt 2 der Druck p_2 und der Unterdruck p_u gegenüber dem Atmosphärendruck p_0 ermittelt werden.

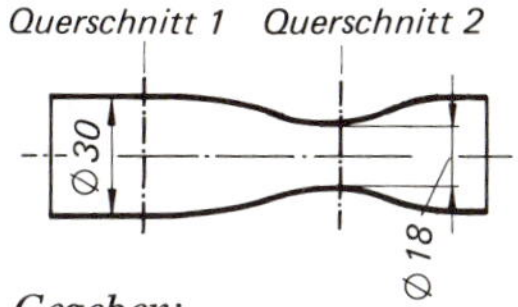

Gegeben:
Druck $p_1 = 1{,}2 \text{ bar} = 1{,}2 \cdot 10^5$ Pa
Geschwindigkeit $w_1 = 5$ m/s
Dichte des Wassers $\rho_w = 1000$ kg/m³
Dichte der Luft $\rho_l = 1{,}4$ kg/m³
Atmosphärendruck $p_0 = 1050$ mbar

Gesucht:
Druck p_2
Unterdruck p_u

Wir berechnen zunächst nach der Kontinuitätsgleichung die Strömungsgeschwindigkeit w_2 im Querschnitt 2.

$$A_1 w_1 = A_2 w_2$$

$$w_2 = \frac{A_1}{A_2} w_1 = \frac{707 \text{ mm}^2}{254 \text{ mm}^2} \cdot 5 \frac{\text{m}}{\text{s}} = 13{,}92 \frac{\text{m}}{\text{s}}$$

Dann entwickeln wir aus der Bernoullischen Druckgleichung für die horizontale Strömung eine Gleichung für den Druck p_2.

Für den Fall des strömenden Wassers setzen wir in diese Gleichung neben den anderen Größen die Dichte des Wassers $\rho_w = 1000$ kg/m³ ein.

$$p_1 + \frac{\rho}{2} w_1^2 = p_2 + \frac{\rho}{2} w_2^2$$

$$p_2 = p_1 + \frac{\rho}{2} w_1^2 - \frac{\rho}{2} w_2^2 = p_1 + \frac{\rho}{2}(w_1^2 - w_2^2)$$

$$p_2 = 1{,}2 \cdot 10^5 \frac{\text{N}}{\text{m}^2} + \frac{10^3 \text{ kg}}{2 \text{ m}^3}(5^2 - 13{,}92^2) \frac{\text{m}^2}{\text{s}^2}$$

$$p_2 = 1{,}2 \cdot 10^5 \text{ Pa} - 0{,}844 \cdot 10^5 \text{ Pa}$$

$$p_2 = 0{,}356 \cdot 10^5 \text{ Pa} = 356 \text{ mbar}$$

Den Unterdruck berechnen wir aus dem Atmosphärendruck p_0 und dem Druck p_2 in der Leitung.

$$p_u = p_0 - p_2 = 1050 \text{ mbar} - 356 \text{ mbar}$$

$$p_u = 694 \text{ mbar}$$

Für den Fall der strömenden Luft verfahren wir genauso, allerdings mit $\rho_l = 1{,}4$ kg/m³.

$$p_2 = p_1 + \frac{\rho}{2}(w_1^2 - w_2^2)$$

$$p_2 = 1{,}2 \cdot 10^5 + 0{,}7 \frac{\text{kg}}{\text{m}^3}(25 - 194) \frac{\text{m}^2}{\text{s}^2}$$

Die Rechnung ergibt im Querschnitt 2 einen größeren Druck als in der Atmosphäre. Es herrscht also kein Unterdruck, sondern *Überdruck*.

$$p_2 = 1{,}2 \cdot 10^5 \text{ Pa} - 118 \text{ Pa} = 1{,}1988 \text{ bar}$$

$$p_ü = p_2 - p_0 = 1198{,}8 \text{ mbar} - 1050 \text{ mbar}$$

$$p_ü = 148{,}8 \text{ mbar}$$

6.2.3.2. Ausfluß aus einem Gefäß

Wir nehmen an, die Fluidspiegelfläche B eines Gefäßes sei groß gegenüber der Ausflußöffnung A. Dann sinken die Fluidteilchen bei B sehr langsam ab, und wir können das Quadrat ihrer Geschwindigkeit gegen das der Geschwindigkeit bei A vernachlässigen. Da das Gefäß bei A und B offen ist, ist der statische Druck an beiden Stellen gleich dem Atmosphärendruck $p_0 = p_A = p_B$.

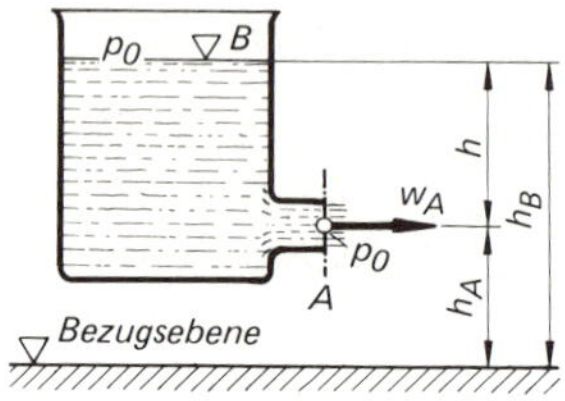

Die Ausflußgeschwindigkeit ermitteln wir mit Hilfe der Bernoullischen Druckhöhengleichung.

Bernoullische Druckhöhengleichung:

$$\frac{p_0}{\rho g} + h_B + \frac{w_B^2}{2g} = \frac{p_0}{\rho g} + h_A + \frac{w_A^2}{2g}$$

Die statische Druckhöhe $p_0/\rho g$ fällt auf beiden Seiten heraus, die Geschwindigkeitshöhe $w_B^2/2g$ kann vernachlässigt werden, und es verbleibt

$$\frac{w_A^2}{2g} = h_B - h_A = h.$$

Wir erkennen, daß die theoretische Ausflußgeschwindigkeit w_A ebenso groß ist, wie wenn das ausfließende Flüssigkeitsteilchen die Höhe h frei durchfallen hätte. Tatsächlich ist es so, daß die Teilchen an der Oberfläche bei B etwas tiefer gerückt sind. Das gleiche ist mit den vorher an dieser Stelle befindlichen Teilchen geschehen und so fort. Dabei haben sich die Arbeiten dieser Teilchen gerade so addiert, als wenn das ausfließende Teilchen die Höhe h frei herabgefallen wäre. Die Gleichung gilt für alle Fluide, da in ihr die Dichte ρ nicht enthalten ist.

$$w = \sqrt{2gh}$$ *theoretische Ausflußgeschwindigkeit*

Die Höhe h, die dem Fluid die Geschwindigkeit w erteilt, nennt man die *Geschwindigkeitshöhe.*

$$h = \frac{w^2}{2g}$$ *Geschwindigkeitshöhe*

Nach der gleichen Überlegung, die uns zur Kontinuitätsgleichung führte, strömt aus einer Öffnung mit dem Querschnitt A in jeder Sekunde der Volumenstrom $\dot{V} = Aw$ aus.

$$\dot{V} = Aw = A\sqrt{2gh}$$ *theoretischer Volumenstrom*

Der wirkliche Volumenstrom ist kleiner als der theoretische, weil die Ausflußgeschwindigkeit w_e infolge der inneren Reibung und der Reibung an den Gefäßwänden nicht ganz den theoretischen Wert $w = \sqrt{2gh}$ erreicht. Dieser Einfluß wird durch die Geschwindigkeitszahl $\varphi < 1$ berücksichtigt.

$$w_e = \varphi w = \varphi\sqrt{2gh}$$

wirkliche Ausflußgeschwindigkeit

φ ist abhängig von der Zähigkeit des Fluids und beträgt für Wasser 0,97 ... 0,99.

Von noch größerem Einfluß auf die Verringerung des Volumenstroms ist die Einschnürung (sogenannte Kontraktion) des Fluidstrahles: Die Stromfäden im Inneren des Gefäßes laufen radial auf die Öffnung zu und können nicht plötzlich in Strahlrichtung umlenken. Der wirkliche Strahlquerschnitt ist dann nicht A sondern αA. α ist die *Kontraktionszahl;* sie ist stets kleiner als 1. Das Produkt $\alpha\varphi$ heißt *Ausflußzahl* μ.

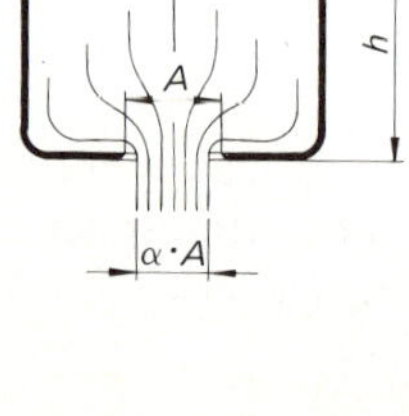

Strahlkontraktion

Der wirkliche Volumenstrom $\dot{V}_e$ ist das Produkt aus Ausflußzahl μ und theoretischem Volumenstrom $\dot{V}$.

Die Ausflußzahl μ ist abhängig von der Form der Ausflußöffnung. Drei Hauptformen mit den zugehörigen Ausflußzahlen für Wasser zeigt das nebenstehende Bild.

$$\dot{V}_e = \mu \dot{V} = \mu A \sqrt{2gh}$$

wirklicher Volumenstrom

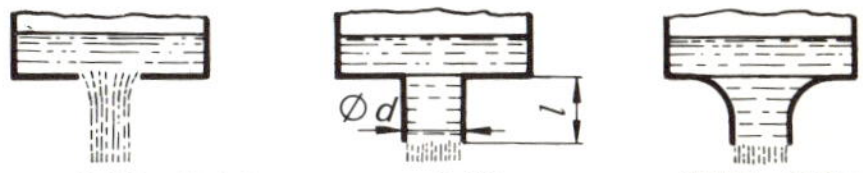

$\mu = 0{,}62 \ldots 0{,}64$ $\mu = 0{,}82$ für $l \approx 2{,}5\,d$ $\mu = 0{,}97 \ldots 0{,}99$

Ausflußzahlen für Wasser

Übung: Ein Wasserbehälter hat eine Bodenöffnung von 65 mm Durchmesser. Sie liegt 5 m unter dem unveränderlich gedachten Wasserspiegel. Die Ausflußzahl beträgt 0,8.

In welcher Zeit fließen $V_e = 2{,}5\ \text{m}^3$ Wasser aus der Bodenöffnung?

Gegeben:

Öffnungsdurchmesser	$d = 65$ mm
Geschwindigkeitshöhe	$h = 5$ m
Ausflußzahl	$\mu = 0{,}8$
Wirkliches Ausflußvolumen	$V_e = 2{,}5\ \text{m}^3$

Gesucht:

Ausflußzeit t

Lösung: Wir berechnen zunächst die Querschnittsfläche A der Bodenöffnung.

Um zu wissen, wieviel Wasser in 1 Sekunde ausströmt, berechnen wir den Volumenstrom $\dot{V}_e$.

Dann können wir aus dem Ausflußvolumen V_e und dem sekundlichen Ausflußvolumen = Volumenstrom $\dot{V}_e$ die Ausflußzeit t berechnen.

$$A = \frac{\pi}{4} d^2 = \frac{\pi}{4} (0{,}065\ \text{m})^2 = 0{,}00332\ \text{m}^2$$

$$\dot{V}_e = \mu A \sqrt{2gh}$$

$$\dot{V}_e = 0{,}8 \cdot 0{,}00332\ \text{m}^2 \cdot \sqrt{2 \cdot 9{,}81\ \frac{\text{m}}{\text{s}^2} \cdot 5\ \text{m}} = 0{,}0263\ \frac{\text{m}^3}{\text{s}}$$

$$t = \frac{V_e}{\dot{V}_e} = \frac{2{,}5\ \text{m}^3}{0{,}0263\ \frac{\text{m}^3}{\text{s}}} = 95\ \text{s}$$

6.2.3.3. Ausfluß unter dem Fluidspiegel

Verbindet eine Ausflußöffnung zwei benachbarte Gefäße unterhalb ihrer Fluidspiegel, so strömt das Fluid aus dem Gefäß 1 in das Gefäß 2 über, solange noch eine Höhendifferenz $h = h_1 - h_2$ vorhanden ist.

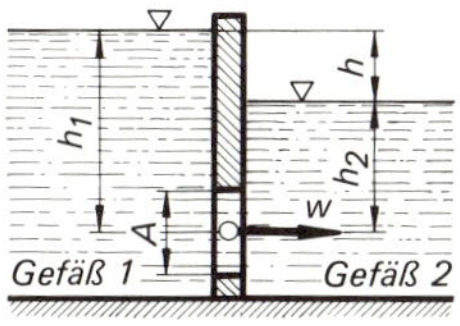

Die theoretische Ausflußgeschwindigkeit w ist von dieser Druckhöhendifferenz abhängig, ebenso der wirkliche Volumenstrom $\dot{V}_e$.

$$w = \sqrt{2g(h_1 - h_2)}$$

theoretische Ausflußgeschwindigkeit

$$\dot{V}_e = \mu A \sqrt{2g(h_1 - h_2)}$$

wirklicher Volumenstrom

6.2.3.4. Ausfluß bei Überdruck im Gefäß

Auf dem Fluidspiegel B eines Gefäßes lastet der Druck p_1, während an der Ausflußöffnung A der Atmosphärendruck p_0 herrscht. Wir nehmen wieder an, daß die Geschwindigkeit der Fluidteilchen bei B vernachlässigbar klein ist.

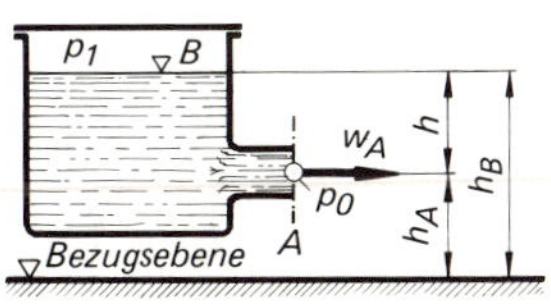

Die Ausflußgeschwindigkeit ermitteln wir mit Hilfe der Bernoullischen Druckhöhengleichung. Darin ist $w_B^2/2g$ vernachlässigbar, also gleich Null. Statt der beiden geodätischen Höhen h_A und h_B setzen wir die geodätische Höhendifferenz
$h = h_B - h_A$
ein und erhalten damit eine Gleichung für die theoretische Ausflußgeschwindigkeit $w_A = w$.

$$\frac{p_1}{\rho g} + h_B + \frac{w_B^2}{2g} = \frac{p_0}{\rho g} + h_A + \frac{w_A^2}{2g}$$

$$\frac{w_A^2}{2g} = \frac{p_1}{\rho g} - \frac{p_0}{\rho g} + h_B - h_A = \frac{p_1 - p_0}{\rho g} + h$$

$$w = \sqrt{2g\left(h + \frac{p_1 - p_0}{\rho g}\right)}$$

theoretische Ausflußgeschwindigkeit

Den wirklichen Volumenstrom erhalten wir mit dieser Geschwindigkeit, der Öffnungsfläche A und der Ausflußzahl μ mit Hilfe der bekannten Gleichung.

Setzen wir nun noch den Überdruck $p_ü$ im Behälter gegenüber dem äußeren Luftdruck für die Druckdifferenz $p_1 - p_0$, dann vereinfacht sich die Gleichung.

$$\dot{V}_e = \mu A w = \mu A \sqrt{2g\left(h + \frac{p_1 - p_0}{\rho g}\right)}$$

$$\dot{V}_e = \mu A \sqrt{2g\left(h + \frac{p_ü}{\rho g}\right)}$$

wirklicher Volumenstrom

$\dot{V}_e$	μ	A	g	h	$p_1, p_0, p_ü$	ρ
$\frac{m^3}{s}$	1	m^2	$\frac{m}{s^2}$	m	$Pa = \frac{N}{m^2}$	$\frac{kg}{m^3}$

Übung: In einem Dampfkessel lastet auf der Wasseroberfläche ein Überdruck von 3,5 bar. Das Ablaßrohr liegt 2,3 m unter dem Wasserspiegel und hat eine lichte Weite von 50 mm. Die Ausflußzahl beträgt 0,8.

Wieviel Wasser strömt in jeder Sekunde durch das Rohr?

Gegeben:
Überdruck $p_ü = 3{,}5$ bar $= 3{,}5 \cdot 10^5$ Pa
geodätische Druckhöhendifferenz $h = 2{,}3$ m
Rohrdurchmesser $d = 50$ mm
Ausflußzahl $\mu = 0{,}8$

Gesucht:
wirklicher Volumenstrom $\dot{V}_e$

Lösung: Wir berechnen zunächst die Querschnittsfläche A des Ablaßrohres.

Dann bestimmen wir mit Hilfe der bekannten Gleichung den Volumenstrom $\dot{V}_e$. Dabei müssen wir beachten, daß der Überdruck $p_ü$ mit der Einheit $Pa = \frac{N}{m^2}$ eingesetzt wird (1 bar = 10^5 Pa).

$$A = \frac{\pi}{4} d^2 = \frac{\pi}{4} \cdot 25 \cdot 10^{-4}\ m^2 = 19{,}64 \cdot 10^{-4}\ m^2$$

$$\dot{V}_e = \mu A \sqrt{2g\left(h + \frac{p_ü}{\rho g}\right)} = 0{,}0429\ \frac{m}{s^2}$$

6.2.3.5. Ausfluß bei sinkendem Fluidspiegel

Bei unseren bisherigen Betrachtungen haben wir die geodätische Druckhöhe h des Fluidspiegels gegenüber der Ausflußöffnung als konstant angenommen. Damit war auch die Ausflußgeschwindigkeit konstant.

Soll ein Gefäß aber ganz oder teilweise entleert werden, dann müssen wir den absinkenden Fluidspiegel berücksichtigen. Mit sinkendem Fluidspiegel nimmt die Ausflußgeschwindigkeit w und natürlich auch der Volumenstrom $\dot{V}_e$ ab.

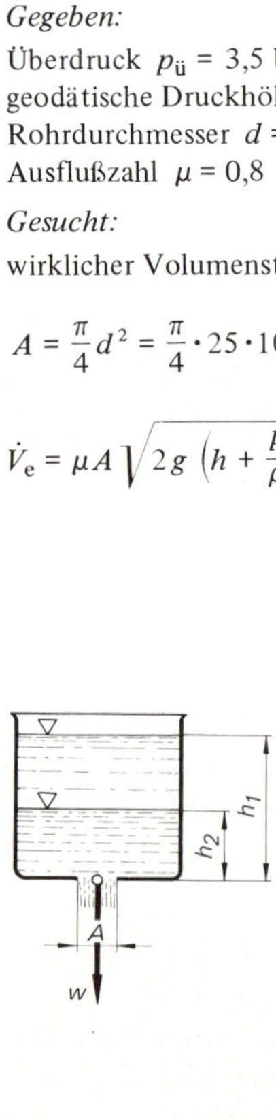

Die Ausflußgeschwindigkeit folgt dem Gesetz des freien Falls: $w = \sqrt{2gh}$. Weil hier die Höhe aber nicht zu- sondern abnimmt, handelt es sich um einen gleichmäßig *verzögerten* Geschwindigkeitsverlauf.

Bei *teilweiser Entleerung* sind die Ausflußgeschwindigkeiten

$$w_1 = \sqrt{2gh_1} \quad \text{und} \quad w_2 = \sqrt{2gh_2}$$

Wir rechnen deshalb in diesem Falle mit der *mittleren Ausflußgeschwindigkeit* w_m und erhalten daraus den *mittleren Volumenstrom* $\dot{V}_{em}$. Das wirklich ausfließende Volumen V_e ist das Produkt aus dem mittleren Volumenstrom $\dot{V}_{em}$ und der Ausflußzeit t: $V_e = \dot{V}_{em}\, t$. Aus dieser Beziehung können wir schließlich auch die *Ausflußzeit* $t = V_e/\dot{V}_{em}$ ermitteln.

$$w_m = \frac{w_1 + w_2}{2} = \frac{\sqrt{2gh_1} + \sqrt{2gh_2}}{2}$$

mittlere theoretische Ausflußgeschwindigkeit

$$\dot{V}_{em} = \mu A \frac{\sqrt{2gh_1} + \sqrt{2gh_2}}{2}$$

mittlerer wirklicher Volumenstrom

$$t = \frac{V_e}{\dot{V}_{em}} = \frac{2\,V_e}{\mu A (\sqrt{2gh_1} + \sqrt{2gh_2})}$$

wirkliche Ausflußzeit

Soll das Gefäß völlig entleert werden, dann verringert sich die Ausflußgeschwindigkeit vom Anfangswert w_1 bis auf $w_2 = 0$, weil die Höhe h_2 am Ende der Entleerung gleich Null ist. Dann vereinfachen sich die Gleichungen durch den Fortfall des letzten Zähler- oder Nennergliedes.

$$w_m = \frac{\sqrt{2gh_1}}{2}$$

mittlere theoretische Ausflußgeschwindigkeit bei völliger Entleerung

$$\dot{V}_{em} = \mu A \frac{\sqrt{2gh_1}}{2}$$

mittlerer wirklicher Volumenstrom

$$t = \frac{2\,V_e}{\mu A \sqrt{2gh_1}}$$

wirkliche Ausflußzeit

Übung: Ein zylindrischer Wasserbehälter von 8 m Durchmesser hat in seinem Boden eine Ausflußöffnung von 400 mm Durchmesser. Das Wasser steht im Behälter 6 m hoch. Die Ausflußzahl beträgt 0,65.

In welcher Zeit fließen 120 m³ Wasser aus?

Gegeben:

Behälterdurchmesser	$d = 8$ m
Öffnungsdurchmesser	$d_1 = 0{,}4$ m
Wasserspiegelhöhe	$h_1 = 6$ m
Ausflußzahl	$\mu = 0{,}65$
wirkliches Ausflußvolumen	$V_e = 120\ \text{m}^3$

Gesucht:
Ausflußzeit t

Lösung: Wir wissen nicht, ob der Behälter nach der Entnahme von 120 m³ Wasser teilweise oder völlig entleert ist. Wir bestimmen daher zunächst die Wasserspiegelhöhe h_2 nach der Entnahme.

$$V_e = \frac{\pi}{4} d^2 (h_1 - h_2)$$

$$h_2 = h_1 - \frac{4\,V_e}{\pi d^2} = 6\ \text{m} - \frac{4 \cdot 120\ \text{m}^3}{\pi \cdot (8\ \text{m})^2} = 3{,}61\ \text{m}$$

Der Behälter wird nur teilweise entleert.

Dann berechnen wir die Ausflußzeit mit der Gleichung für teilweise Entleerung.

$$t = \frac{2\,V_e}{\mu A (\sqrt{2gh_1} + \sqrt{2gh_2})}$$

$$t = \frac{2 \cdot 120\ \text{m}^3}{0{,}65 \cdot \frac{\pi}{4} (0{,}4\,\text{m})^2 \left(\sqrt{2 \cdot 9{,}81 \frac{\text{m}}{\text{s}^2} \cdot 6\,\text{m}} + \sqrt{2 \cdot 9{,}81 \frac{\text{m}}{\text{s}^2} \cdot 3{,}61\,\text{m}}\right)} = 152{,}5\ \text{s}$$

6.2.4. Strömung in Rohrleitungen

Fließt ein Fluid durch eine Rohrleitung, so muß es dabei Reibungswiderstände an den Rohrwänden überwinden. Die Folge ist ein *Druckabfall* Δp (Druckverlust), der von der Fluiddichte ρ, der Strömungsgeschwindigkeit w, dem Verhältnis zwischen Rohrlänge l und Rohrdurchmesser d und der Rohrreibungszahl λ abhängt.

Die Reibungszahl λ (auch Widerstandszahl genannt) ist abhängig von der Reynoldsschen Zahl Re und von der Rauhigkeit der Rohrwandung.

$$\Delta p = \lambda \frac{l}{d} \frac{\rho}{2} w^2$$ *Druckabfall*

Δp	λ	l, d	ρ	w
$\mathrm{Pa} = \frac{\mathrm{N}}{\mathrm{m}^2}$	1	m	$\frac{\mathrm{kg}}{\mathrm{m}^3}$	$\frac{\mathrm{m}}{\mathrm{s}^2}$

1. Übung: Durch eine gerade, 600 m lange Rohrleitung von 400 mm Durchmesser fließen 12 m³ Wasser in der Minute. Die Widerstandszahl ist 0,03.

Berechne die Ausflußgeschwindigkeit w und den Druckabfall Δp in der Rohrleitung!

Gegeben:
Rohrlänge $l = 600$ m
Rohrdurchmesser $d = 0{,}4$ m
Volumenstrom $\dot{V} = 12 \frac{\mathrm{m}^3}{\mathrm{min}} = 0{,}2 \frac{\mathrm{m}^3}{\mathrm{s}}$
Rohrreibungszahl $\lambda = 0{,}03$

Gesucht:
Ausflußgeschwindigkeit w
Druckabfall Δp

Lösung: Nach der Überlegung, die uns zur Kontinuitätsgleichung führte, fließt aus der Leitung der Volumenstrom $\dot{V} = A w$ aus. Aus dieser Beziehung berechnen wir die Ausflußgeschwindigkeit w = Strömungsgeschwindigkeit.

Mit den bekannten Größen wird der Druckabfall Δp ermittelt.

$$\dot{V} = A w$$

$$w = \frac{\dot{V}}{A} = \frac{0{,}02 \frac{\mathrm{m}^3}{\mathrm{s}}}{\frac{\pi}{4}(0{,}4\ \mathrm{m})^2} = 1{,}59 \frac{\mathrm{m}}{\mathrm{s}}$$

$$\Delta p = \frac{\lambda l \rho w^2}{2d}$$

$$\Delta p = \frac{0{,}03 \cdot 600\ \mathrm{m} \cdot 10^3 \frac{\mathrm{kg}}{\mathrm{m}^3} \cdot (1{,}59 \frac{\mathrm{m}}{\mathrm{s}})^2}{2 \cdot 0{,}4\ \mathrm{m}}$$

$$\Delta p = 56\,880 \frac{\mathrm{N}}{\mathrm{m}^2} = 56\,880\ \mathrm{Pa} = 0{,}569\ \mathrm{bar}$$

2. Übung: Durch eine Stahlrohrleitung von 100 NW und 60 m Länge sollen 210 m³ Wasser je Stunde gedrückt werden.

Welcher Druckunterschied ist zwischen den beiden Leitungsenden erforderlich, wenn die Rohrreibungszahl $\lambda = 0{,}03$ beträgt?

Gegeben:
Rohrdurchmesser $d = 100$ mm $= 0{,}1$ m
Rohrlänge $l = 60$ m
Volumenstrom $\dot{V} = 210 \frac{\mathrm{m}^3}{\mathrm{h}} = 0{,}0583 \frac{\mathrm{m}^3}{\mathrm{s}}$
Rohrreibungszahl $\lambda = 0{,}03$

Gesucht:
Druckabfall Δp

Lösung: Hier führen uns dieselben Gedanken wie in der 1. Übung zum Ergebnis.

$$w = \frac{\dot{V}}{A} = \frac{0{,}0583 \frac{\mathrm{m}^3}{\mathrm{s}}}{\frac{\pi}{4} \cdot (0{,}1\ \mathrm{m})^2} = 7{,}43 \frac{\mathrm{m}}{\mathrm{s}}$$

$$\Delta p = \frac{\lambda l \rho w^2}{2d} = 4{,}97\ \mathrm{bar}$$

Sachwortverzeichnis

Umrechnungsbeziehungen für die gesetzlichen Einheiten

Größe	Gesetzliche Einheit Name und Einheitenzeichen	Gesetzliche Einheit ausgedrückt als Potenzprodukt der Basiseinheiten	Früher gebräuchliche Einheit (nicht mehr zulässig) und Umrechnungsbeziehung
Kraft F	Newton N	$1\ \mathrm{N} = 1\ \mathrm{m\ kg\ s^{-2}}$	Kilopond kp $1\ \mathrm{kp} = 9{,}806\,65\ \mathrm{N} \approx 10\ \mathrm{N}$ $1\ \mathrm{kp} \approx 1\ \mathrm{daN}$
Druck p	$\frac{\text{Newton}}{\text{Quadratmeter}}\ \frac{\mathrm{N}}{\mathrm{m^2}}$ $1\ \frac{\mathrm{N}}{\mathrm{m^2}} = 1$ Pascal Pa 1 Bar = 10^5 Pascal 1 bar = 10^5 Pa	$1\ \frac{\mathrm{N}}{\mathrm{m^2}} = 1\ \mathrm{m^{-1}\ kg\ s^{-2}}$	Meter Wassersäule mWS $1\ \mathrm{mWS} = 9{,}806\,65 \cdot 10^3\ \mathrm{Pa}$ $1\ \mathrm{mWS} \approx 0{,}1\ \mathrm{bar}$ Millimeter Wassersäule mmWS $1\ \mathrm{mm\ WS} \approx 9{,}806\,65\ \frac{\mathrm{N}}{\mathrm{m^2}} \approx 10\ \mathrm{Pa}$
Die gebräuchlichsten Vorsätze und deren Kurzzeichen	für das Millionenfache (10^6fache) der Einheit: Mega M für das Tausendfache (10^3fache) der Einheit: Kilo k für das Zehnfache (10fache) der Einheit: Deka da für das Hundertstel (10^{-2}fache) der Einheit: Zenti c für das Tausendstel (10^{-3}fache) der Einheit: Milli m für das Millionstel (10^{-6}fache) der Einheit: Mikro μ		Millimeter Quecksilbersäule mmHg $1\ \mathrm{mmHg} = 133{,}3224\ \mathrm{Pa}$ Torr $1\ \mathrm{Torr} = 133{,}3224\ \mathrm{Pa}$ Technische Atmosphäre at $1\ \mathrm{at} = 1\ \frac{\mathrm{kp}}{\mathrm{cm^2}} = 9{,}806\,65 \cdot 10^4\ \mathrm{Pa}$ $1\ \mathrm{at} \approx 1\ \mathrm{bar}$ Physikal. Atmosphäre atm $1\ \mathrm{atm} = 1{,}01325 \cdot 10^5\ \mathrm{Pa} \approx 1{,}01\ \mathrm{bar}$
Mechanische Spannung σ, τ, ebenso Festigkeit, Flächenpressung, Lochleibungsdruck	$\frac{\text{Newton}}{\text{Quadratmillimeter}}$ $\frac{\mathrm{N}}{\mathrm{mm^2}}$ $1\ \frac{\mathrm{N}}{\mathrm{mm^2}} = 10^6\ \frac{\mathrm{N}}{\mathrm{m^2}} = 10^6\ \mathrm{Pa}$ $= 1\ \mathrm{MPa} = 10\ \mathrm{bar}$	$1\ \frac{\mathrm{N}}{\mathrm{mm^2}} = 10^6\ \mathrm{m^{-1}\ kg\ s^{-2}}$	$\frac{\mathrm{kp}}{\mathrm{mm^2}}$ und $\frac{\mathrm{kp}}{\mathrm{cm^2}}$ $1\ \frac{\mathrm{kp}}{\mathrm{mm^2}} = 9{,}806\,65\ \frac{\mathrm{N}}{\mathrm{mm^2}} \approx 10\ \frac{\mathrm{N}}{\mathrm{mm^2}}$ $1\ \frac{\mathrm{kp}}{\mathrm{cm^2}} = 0{,}0980665\ \frac{\mathrm{N}}{\mathrm{mm^2}} \approx 0{,}1\ \frac{\mathrm{N}}{\mathrm{mm^2}}$
Drehmoment M (Moment einer Kraft oder eines Kräftepaares)	Newtonmeter Nm	$1\ \mathrm{Nm} = 1\ \mathrm{m^2\ kg\ s^{-2}}$	Kilopondmeter kpm $1\ \mathrm{kpm} = 9{,}806\,65\ \mathrm{Nm} \approx 10\ \mathrm{Nm}$ Kilopondzentimeter kpcm $1\ \mathrm{kpcm} = 0{,}0980665\ \mathrm{Nm} \approx 0{,}1\ \mathrm{Nm}$
Arbeit W, Energie W	Joule J $1\ \mathrm{J} = 1\ \mathrm{Nm} = 1\ \mathrm{Ws}$	$1\ \mathrm{J} = 1\ \mathrm{Nm} = 1\ \mathrm{m^2\ kg\ s^{-2}}$	Kilopondmeter kpm $1\ \mathrm{kpm} = 9{,}806\,65\ \mathrm{J} \approx 10\ \mathrm{J}$
Leistung P	Watt W $1\ \mathrm{W} = 1\ \frac{\mathrm{J}}{\mathrm{s}} = 1\ \frac{\mathrm{Nm}}{\mathrm{s}}$	$1\ \mathrm{W} = 1\ \mathrm{m^2\ kg\ s^{-3}}$	$\frac{\text{Kilopondmeter}}{\text{Sekunde}}\ \frac{\mathrm{kpm}}{\mathrm{s}}$ $1\ \frac{\mathrm{kpm}}{\mathrm{s}} = 9{,}806\,65\ \mathrm{W} \approx 10\ \mathrm{W}$ Pferdestärke PS $1\ \mathrm{PS} = 75\ \frac{\mathrm{kpm}}{\mathrm{s}} = 735{,}498\,75\ \mathrm{W}$

Größe	Gesetzliche Einheit: Name und Einheitenzeichen	Gesetzliche Einheit: ausgedrückt als Potenzprodukt der Basiseinheiten	Früher gebräuchliche Einheit (nicht mehr zulässig) und Umrechnungsbeziehung
Impuls $F\Delta t$	Newtonsekunde Ns $1\ \text{Ns} = 1\ \frac{\text{kgm}}{\text{s}}$	$1\ \text{Ns} = 1\ \text{m kg s}^{-1}$	Kilopondsekunde kps $1\ \text{kps} = 9{,}80665\ \text{Ns} \approx 10\ \text{Ns}$
Drehimpuls $M\,\Delta t$	Newtonmeter-sekunde Nms $1\ \text{Nms} = 1\ \frac{\text{kgm}^2}{\text{s}}$	$1\ \text{Nms} = 1\ \text{m}^2\ \text{kg s}^{-1}$	Kilopondmetersekunde kpms $1\ \text{kpms} = 9{,}80665\ \text{Nms} \approx 10\ \text{Nms}$
Trägheits-moment J	Kilogramm-meterquadrat kgm^2	$1\ \text{m}^2\ \text{kg}$	Kilopondmetersekundequadrat kpms^2 $1\ \text{kpms}^2 = 9{,}80665\ \text{kgm}^2 \approx 10\ \text{kgm}^2$
Wärme Q (Wärmemenge)	Joule J 1 J = 1 Nm = 1 Ws	$1\ \text{J} = 1\ \text{Nm} = 1\ \text{m}^2\ \text{kg s}^{-2}$	Kalorie cal 1 cal = 4,1868 J Kilokalorie kcal 1 kcal = 4 186,8 J
Temperatur ϑ	Kelvin K und Grad Celsius °C	Basiseinheit Kelvin K	Grad Kelvin °K 1 °K = 1 K
Temperatur-intervall $\Delta\vartheta$	Kelvin K und Grad Celsius °C	Basiseinheit Kelvin K	Grad grd 1 grd = 1 K = 1 °C
Längenausdehnungs-koeffizient α	Eins durch Kelvin $\frac{1}{\text{K}}$	$\frac{1}{\text{K}} = \text{K}^{-1}$	$\frac{1}{\text{grd}}$ oder $\frac{1}{°\text{C}}$ $\frac{1}{\text{grd}} = \frac{1}{°\text{C}} = \frac{1}{\text{K}}$

Die Basiseinheiten und Basisgrößen des Internationalen Einheitensystems

Meter m	für Basisgröße Länge	Kelvin K	für Basisgröße Temperatur
Kilogramm kg	für Basisgröße Masse	Candela cd	für Basisgröße Lichtstärke
Sekunde s	für Basisgröße Zeit	Mol mol	für Basisgröße Stoffmenge
Ampere A	für Basisgröße Stromstärke		